Vorwort zur zwölften Auflage

Mit der vorliegenden zwölften Auflage legen wir Dubbels Taschenbuch für den Maschinenbau in sorgfältig überarbeiteter und erweiterter Ausgabe der Fachwelt vor.

An dem Aufbau und dem Charakter des Werkes, das zugleich ein Lehrbuch für Studierende und ein Nachschlagewerk für den in der Praxis stehenden Maschinenbauingenieur zu sein wünscht, haben wir nichts geändert. Die außerordentlich weite Verbreitung, die der „Dubbel" seit seinem ersten Erscheinen 1914 im In- und Ausland gefunden hat, zeigt, daß das Buch den Bedürfnissen von Lehre und Praxis entspricht. Daß wir uns bemüht haben, den Inhalt aller Abschnitte auf den neuesten Stand der Technik zu bringen, ist selbstverständlich.

Im ersten Band wurden die Tafeln des Abschnitts „Mathematik" um die Primzahlen von 1 bis 1000 sowie um eine Zahlentafel der Evolventenfunktion erweitert, die bei dem Entwurf von Zahnflankenformen und ihrer Nachprüfung nützlich ist. Der Abschnitt „Statik starrer Körper" ist neu bearbeitet worden. Der Abschnitt „Strömungslehre" bringt jetzt auch das Colebrook-Diagramm, das die Widerstandsbeiwerte der Rohrströmung besonders übersichtlich darstellt. Betrachtungen über den räumlichen Spannungszustand ergänzen den Inhalt der „Festigkeitslehre".

Der Abschnitt „Werkstoffkunde" wurde erweitert und teilweise neu bearbeitet. Teil III der „Werkstoffkunde", der neu geschrieben worden ist, behandelt jetzt auch das Verhalten der Werkstoffe bei ihrer Verarbeitung und die Änderung ihrer Eigenschaften infolge der Verarbeitung. Die neuesten Entwicklungen auf dem Gebiet der legierten Stähle und der hochwarmfesten Metallegierungen wurden berücksichtigt. Der Abschnitt über die immer wichtiger werdenden Kunststoffe wurde erheblich erweitert.

Der Abschnitt „Maschinenteile" wurde in zwei selbständige Abschnitte zerlegt, deren erster die „Elemente des Maschinenbaues" behandelt, soweit man sie nicht als Maschinenteile zu bezeichnen pflegt. Der Unterabschnitt „Grundlagen" gibt dem angehenden Ingenieur Hinweise für seine Arbeit im Konstruktionsbüro; es folgen die „Nichtlösbaren Verbindungen". Von diesen wurde der Abschnitt „Schweißen" neu verfaßt, der Abschnitt „Löten" erweitert. Einen Abschnitt über das Kleben, das im Maschinenbau mehr und mehr verwendet wird, haben wir neu aufgenommen. Der die Maschinenteile behandelnde Abschnitt berücksichtigt die Fortschritte, die der Maschinenbau inzwischen gemacht hat. Ein neuer Abschnitt „Getriebetechnik" trägt der zunehmenden Bedeutung dieses Wissenzweiges Rechnung.

Auch die Abschnitte des zweiten Bandes sind, soweit es erforderlich war, gründlich überarbeitet worden. Dies gilt insbesondere für die „Hebe- und Fördermittel", einen Abschnitt, der völlig neu verfaßt worden ist, wobei die Stetigförderer ausführlicher als bisher berücksichtigt wurden. Der umfangreiche Abschnitt „Verfahren und Maschinen der Metallbearbeitung" erhielt einen Zusatz über die Walzverfahren und die dazugehörigen Maschinen. Die Herstellung von Rohren durch Umformen wurde neu aufgenommen; die verschiedenen Steuerungen der Werkzeugmaschinen werden eingehend besprochen. Die Regeltechnik, die im modernen Maschinenbau eine wichtige Rolle spielt, wurde in einem neuen Abschnitt behandelt.

Die Herausgeber haben in der zwölften Auflage des „Dubbel", eines Handbuches, das in zahlreichen Industrieländern in Benutzung ist, das Technische Maßsystem beibehalten, weil es auf Grund der bisherigen Ausbildung der Maschinenbauingenieure von allen Maschinenbauern und Technikern verstanden wird. Wer im MKS-System (s. Bd. I, S. 243) zu rechnen wünscht, findet in der Tafelsammlung auf Seite 855 am Ende des ersten Bandes und im zweiten Band S. XVI eine Übersicht über die Beziehungen, die zwischen den beiden Maßsystemen bestehen.

Unsere Arbeit an der zwölften Auflage möchten wir mit dem Dank an unsere Mitarbeiter für ihre Mühewaltung beenden. Auch dem Springer-Verlag und den Herstellern des schwierigen Satzes, die es an keiner Sorgfalt haben fehlen lassen, um der Fachwelt ein Werk von anerkanntem Wert in ansprechender Gestalt darzubieten, sind wir zu Dank verpflichtet.

Berlin, im Mai 1961

Die Herausgeber

Vorwort

zum ersten berichtigten Neudruck der zwölften Auflage

In dem Neudruck, der schon ein Jahr nach dem Erscheinen der 12. Auflage erforderlich geworden ist, haben wir im Abschnitt Werkstoffkunde des I. Bandes die Zahlenangaben einiger Tabellen in Übereinstimmung mit den neuerschienenen Normblättern gebracht. Ferner wurden in den Zahlentafeln die Angaben über die Walzprofile (Stab- und Formstähle) durch die Anreißmaße (Wurzelmaße) und die Lochabstände gemäß den inzwischen neu aufgestellten Normen DIN 997 bis 999 ergänzt.

Berlin, im Oktober 1962

Die Herausgeber

Vorwort

zum zweiten berichtigten Neudruck der zwölften Auflage

Die unvermindert anhaltende Nachfrage nach „Dubbels Taschenbuch für den Maschinenbau" hat einen weiteren Neudruck erforderlich gemacht. Außer der Beseitigung einiger bisher übersehener Druckfehler, auf die wir freundlicherweise aus dem großen Leserkreis aufmerksam gemacht worden sind, haben wir keine Änderungen vorgenommen.

Berlin, im August 1965

Die Herausgeber

Inhaltsverzeichnis

Erster Band

Mathematik

Bearbeitet von Prof. Dr.-Ing. *W. Meyer zur Capellen, Aachen* Seite

Mechanik

Festigkeitslehre

Bearbeitet von Prof. Dr.-Ing. *W. Meyer zur Capellen*, Aachen

Wärmelehre

Bearbeitet von Dr.-Ing. *O. Deublein*, Dortmund

Brennstoffe und Verbrennung

Bearbeitet von Dr.-Ing. *W. Gumz*, Essen

Werkstoffkunde

Bearbeitet von Dr.-Ing. *H. Sigwart*, Stuttgart-Untertürkheim

Elemente des Maschinenbaues

Bearbeitet von Dipl.-Ing. *Ch. Bouché*, Berlin

Maschinenteile

Bearbeitet von Dipl.-Ing. *Ch. Bouché*, Berlin

Getriebetechnik

Bearbeitet von Ing. *K. Hain*, Braunschweig

Zweiter Band

Mathematik

I. Tafeln

A. Tafel der Potenzen, Wurzeln, natürlichen Logarithmen, Kreisumfänge und -inhalte

n	n^2	n^3	$\sqrt{n}$	$\sqrt[3]{n}$	$\ln n$	$\frac{1000}{n}$	πn	$\frac{\pi n^2}{4}$	n
1	1	1	1,0000	1,0000	0,0000	1000,000	3,142	0,7854	1
2	4	8	1,4142	1,2599	0,6932	500,000	6,283	3,1416	2
3	9	27	1,7321	1,4422	1,0986	333,333	9,425	7,0686	3
4	16	64	2,0000	1,5874	1,3863	250,000	12,566	12,5664	4
5	25	125	2,2361	1,7100	1,6094	200,000	15,708	19,6350	5
6	36	216	2,4495	1,8171	1,7918	166,667	18,850	28,2743	6
7	49	343	2,6458	1,9129	1,9459	142,857	21,991	38,4845	7
8	64	512	2,8284	2,0000	2,0794	125,000	25,133	50,2655	8
9	81	729	3,0000	2,0801	2,1972	111,111	28,274	63,6173	9
10	100	1 000	3,1623	2,1544	2,3026	100,000	31,416	78,5398	**10**
11	121	1 331	3,3166	2,2240	2,3979	90,9091	34,558	95,0332	11
12	144	1 728	3,4641	2,2894	2,4849	83,3333	37,699	113,097	12
13	169	2 197	3,6056	2,3513	2,5650	76,9231	40,841	132,732	13
14	196	2 744	3,7417	2,4101	2,6391	71,4286	43,982	153,938	14
15	225	3 375	3,8730	2,4662	2,7081	66,6667	47,124	176,715	15
16	256	4 096	4,0000	2,5198	2,7726	62,5000	50,265	201,062	16
17	289	4 913	4,1231	2,5713	2,8332	58,8235	53,407	226,980	17
18	324	5 832	4,2426	2,6207	2,8904	55,5556	56,549	254,469	18
19	361	6 859	4,3589	2,6684	2,9444	52,6316	59,690	283,529	19
20	400	8 000	4,4721	2,7144	2,9957	50,0000	62,832	314,159	**20**
21	441	9 261	4,5826	2,7589	3,0445	47,6190	65,973	346,361	21
22	484	10 648	4,6904	2,8020	3,0910	45,4545	69,114	380,133	22
23	529	12 167	4,7958	2,8439	3,1355	43,4783	72,257	415,476	23
24	576	13 824	4,8990	2,8845	3,1781	41,6667	75,398	452,389	24
25	625	15 625	5,0000	2,9240	3,2189	40,0000	78,540	490,874	25
26	676	17 576	5,0990	2,9625	3,2581	38,4615	81,681	530,929	26
27	729	19 683	5,1962	3,0000	3,2958	37,0370	84,823	572,555	27
28	784	21 952	5,2915	3,0366	3,3322	35,7143	87,965	615,752	28
29	841	24 389	5,3852	3,0723	3,3673	34,4828	91,106	660,520	29
30	900	27 000	5,4772	3,1072	3,4012	33,3333	94,248	706,858	**30**
31	961	29 791	5,5678	3,1414	3,4340	32,2581	97,389	754,768	31
32	1024	32 768	5,6569	3,1748	3,4657	31,2500	100,531	804,248	32
33	1089	35 937	5,7446	3,2075	3,4965	30,3030	103,673	855,299	33
34	1156	39 304	5,8310	3,2396	3,5264	29,4118	106,814	907,920	34
35	1225	42 875	5,9161	3,2711	3,5554	28,5714	109,956	962,113	35
36	1296	46 656	6,0000	3,3019	3,5835	27,7778	113,097	1017,88	36
37	1369	50 653	6,0828	3,3322	3,6109	27,0270	116,239	1075,21	37
38	1444	54 872	6,1644	3,3620	3,6376	26,3158	119,381	1134,11	38
39	1521	59 319	6,2450	3,3912	3,6636	25,6410	122,522	1194,59	39
40	1600	64 000	6,3246	3,4200	3,6889	25,0000	125,66	1256,64	**40**
41	1681	68 921	6,4031	3,4482	3,7136	24,3902	128,81	1320,25	41
42	1764	74 088	6,4807	3,4760	3,7377	23,8095	131,95	1385,44	42
43	1849	79 507	6,5574	3,5034	3,7612	23,2558	135,09	1452,20	43
44	1936	85 184	6,6332	3,5303	3,7842	22,7273	138,23	1520,53	44
45	2025	91 125	6,7082	3,5569	3,8067	22,2222	141,37	1590,43	45
46	2116	97 336	6,7823	3,5830	3,8286	21,7391	144,51	1661,90	46
47	2209	103 823	6,8557	3,6088	3,8502	21,2766	147,65	1734,94	47
48	2304	110 592	6,9282	3,6342	3,8712	20,8333	150,80	1809,56	48
49	2401	117 649	7,0000	3,6593	3,8918	20,4082	153,94	1885,74	49
50	2500	125 000	7,0711	3,6840	3,9120	20,0000	157,08	1963,50	**50**

$\ln 10^{\pm 1} = \pm 2{,}3026$, $\ln 10^{\pm 2} = \pm 4{,}6052$, $\ln 10^{\pm 3} = \pm 6{,}9078$,
$\ln 10^{\pm 4} = \pm 9{,}2103$, $\ln 10^{\pm 5} = \pm 11{,}5129$, $\ln 10^{\pm 6} = \pm 13{,}8155$,
$\ln 10^{\pm 7} = \pm 16{,}1181$, $\ln 10^{\pm 8} = \pm 18{,}4207$.

n	n^2	n^3	$\sqrt{n}$	$\sqrt[3]{n}$	$\ln n$	$\frac{1000}{n}$	πn	$\frac{\pi n^2}{4}$	n
50	2500	125000	7,0711	3,6840	3,9120	20,0000	157,08	1963,50	**50**
51	2601	132651	7,1414	3,7084	3,9318	19,6078	160,22	2042,82	51
52	2704	140608	7,2111	3,7325	3,9512	19,2308	163,36	2123,72	52
53	2809	148877	7,2801	3,7563	3,9703	18,8679	166,50	2206,18	53
54	2916	157464	7,3485	3,7798	3,9890	18,5185	169,65	2290,22	54
55	3025	166375	7,4162	3,8030	4,0073	18,1818	172,79	2375,83	55
56	3136	175616	7,4833	3,8259	4,0254	17,8571	175,93	2463,01	56
57	3249	185193	7,5498	3,8485	4,0431	17,5439	179,07	2551,76	57
58	3364	195112	7,6158	3,8709	4,0604	17,2414	182,21	2642,08	58
59	3481	205379	7,6811	3,8930	4,0775	16,9492	185,35	2733,97	59
60	3600	216000	7,7460	3,9149	4,0943	16,6667	188,50	2827,43	**60**
61	3721	226981	7,8102	3,9365	4,1109	16,3934	191,64	2922,47	61
62	3844	238328	7,8740	3,9579	4,1271	16,1290	194,78	3019,07	62
63	3969	250047	7,9373	3,9791	4,1431	15,8730	197,92	3117,25	63
64	4096	262144	8,0000	4,0000	4,1589	15,6250	201,06	3216,99	64
65	4225	274625	8,0623	4,0207	4,1744	15,3846	204,20	3318,31	65
66	4356	287496	8,1240	4,0412	4,1897	15,1515	207,35	3421,19	66
67	4489	300763	8,1854	4,0615	4,2047	14,9254	210,49	3525,65	67
68	4624	314432	8,2462	4,0817	4,2195	14,7059	213,63	3631,68	68
69	4761	328509	8,3066	4,1016	4,2341	14,4928	216,77	3739,28	69
70	4900	343000	8,3666	4,1213	4,2485	14,2857	219,91	3848,45	**70**
71	5041	357911	8,4261	4,1408	4,2627	14,0845	223,05	3959,19	71
72	5184	373248	8,4853	4,1602	4,2767	13,8889	226,19	4071,50	72
73	5329	389017	8,5440	4,1793	4,2905	13,6986	229,34	4185,39	73
74	5476	405224	8,6023	4,1983	4,3041	13,5135	232,48	4300,84	74
75	5625	421875	8,6603	4,2172	4,3175	13,3333	235,62	4417,86	75
76	5776	438976	8,7178	4,2358	4,3307	13,1579	238,76	4536,46	76
77	5929	456533	8,7750	4,2543	4,3438	12,9870	241,90	4656,63	77
78	6084	474552	8,8318	4,2727	4,3567	12,8205	245,04	4778,36	78
79	6241	493039	8,8882	4,2908	4,3695	12,6582	248,19	4901,67	79
80	6400	512000	8,9443	4,3089	4,3820	12,5000	251,33	5026,55	**80**
81	6561	531441	9,0000	4,3267	4,3945	12,3457	254,47	5153,00	81
82	6724	551368	9,0554	4,3445	4,4067	12,1951	257,61	5281,02	82
83	6889	571787	9,1104	4,3621	4,4188	12,0482	260,75	5410,61	83
84	7056	592704	9,1652	4,3795	4,4308	11,9048	263,89	5541,77	84
85	7225	614125	9,2195	4,3968	4,4427	11,7647	267,04	5674,50	85
86	7396	636056	9,2736	4,4140	4,4544	11,6279	270,18	5808,80	86
87	7569	658503	9,3274	4,4310	4,4659	11,4943	273,32	5944,68	87
88	7744	681472	9,3808	4,4480	4,4773	11,3636	276,46	6082,12	88
89	7921	704969	9,4340	4,4647	4,4886	11,2360	279,60	6221,14	89
90	8100	729000	9,4868	4,4814	4,4998	11,1111	282,74	6361,73	**90**
91	8281	753571	9,5394	4,4979	4,5109	10,9890	285,88	6503,88	91
92	8464	778688	9,5917	4,5144	4,5218	10,8696	289,03	6647,61	92
93	8649	804357	9,6437	4,5307	4,5326	10,7527	292,17	6792,91	93
94	8836	830584	9,6954	4,5468	4,5433	10,6383	295,31	6939,78	94
95	9025	857375	9,7468	4,5629	4,5539	10,5263	298,45	7088,22	95
96	9216	884736	9,7980	4,5789	4,5644	10,4167	301,59	7238,23	96
97	9409	912673	9,8489	4,5947	4,5747	10,3093	304,73	7389,81	97
98	9604	941192	9,8995	4,6104	4,5850	10,2041	307,88	7542,96	98
99	9801	970299	9,9499	4,6261	4,5951	10,1010	311,02	7697,69	99
100	10000	1000000	10,0000	4,6416	4,6052	10,0000	314,16	7853,98	**100**

1. Beispiel: **ln 66377** = ?
ln 66 377 = ln (663,77 · 100) = ln 663,77 + ln 100 = 6,4980 + 4,6052 = **11,1032.**

2. Beispiel: ln **0,003 745** = ? 0,003 745 = 374,5 · 10^{-5}
ln 0,003 745 = 5,9256 − 11,5129 = **− 5,5873.**

n	n^2	n^3	$\sqrt{n}$	$\sqrt[3]{n}$	$\ln n$	$\frac{1000}{n}$	πn	$\frac{\pi n^2}{4}$	n
100	10000	1000000	10,0000	4,6416	4,6052	10,0000	314,16	7853,98	**100**
101	10201	1030301	10,0499	4,6570	4,6151	9,9010	317,30	8011,85	101
102	10404	1061208	10,0995	4,6723	4,6250	9,8039	320,44	8171,28	102
103	10609	1092727	10,1489	4,6875	4,6347	9,7087	323,58	8332,29	103
104	10816	1124864	10,1980	4,7027	4,6444	9,6154	326,73	8494,87	104
105	11025	1157625	10,2470	4,7177	4,6540	9,5238	329,87	8659,01	105
106	11236	1191016	10,2956	4,7326	4,6634	9,4340	333,01	8824,73	106
107	11449	1225043	10,3441	4,7475	4,6728	9,3458	336,15	8992,02	107
108	11664	1259712	10,3923	4,7622	4,6821	9,2593	339,29	9160,88	108
109	11881	1295029	10,4403	4,7769	4,6914	9,1743	342,43	9331,32	109
110	12100	1331000	10,4881	4,7914	4,7005	9,0909	345,58	9503,32	**110**
111	12321	1367631	10,5357	4,8059	4,7095	9,0090	348,72	9676,89	111
112	12544	1404928	10,5830	4,8203	4,7185	8,9286	351,86	9852,03	112
113	12769	1442897	10,6301	4,8346	4,7274	8,8496	355,00	10028,7	113
114	12996	1481544	10,6771	4,8488	4,7362	8,7719	358,14	10207,0	114
115	13225	1520875	10,7238	4,8629	4,7449	8,6957	361,28	10386,9	115
116	13456	1560896	10,7703	4,8770	4,7536	8,6207	364,42	10568,3	116
117	13689	1601613	10,8167	4,8910	4,7622	8,5470	367,57	10751,3	117
118	13924	1643032	10,8628	4,9049	4,7707	8,4746	370,71	10935,9	118
119	14161	1685159	10,9087	4,9187	4,7791	8,4034	373,85	11122,0	119
120	14400	1728000	10,9545	4,9324	4,7875	8,3333	376,99	11309,7	**120**
121	14641	1771561	11,0000	4,9461	4,7958	8,2645	380,13	11499,0	121
122	14884	1815848	11,0454	4,9597	4,8040	8,1967	383,27	11689,9	122
123	15129	1860867	11,0905	4,9732	4,8122	8,1301	386,42	11882,3	123
124	15376	1906624	11,1355	4,9866	4,8203	8,0645	389,56	12076,3	124
125	15625	1953125	11,1803	5,0000	4,8283	8,0000	392,70	12271,8	125
126	15876	2000376	11,2250	5,0133	4,8363	7,9365	395,84	12469,0	126
127	16129	2048383	11,2694	5,0265	4,8442	7,8740	398,98	12667,7	127
128	16384	2097152	11,3137	5,0397	4,8520	7,8125	402,12	12868,0	128
129	16641	2146689	11,3578	5,0528	4,8598	7,7519	405,27	13069,8	129
130	16900	2197000	11,4018	5,0658	4,8675	7,6923	408,41	13273,2	**130**
131	17161	2248091	11,4455	5,0788	4,8752	7,6336	411,55	13478,2	131
132	17424	2299968	11,4891	5,0916	4,8828	7,5758	414,69	13684,8	132
133	17689	2352637	11,5326	5,1045	4,8904	7,5188	417,83	13892,9	133
134	17956	2406104	11,5758	5,1172	4,8978	7,4627	420,97	14102,6	134
135	18225	2460375	11,6190	5,1299	4,9053	7,4074	424,12	14313,9	135
136	18496	2515456	11,6619	5,1420	4,9127	7,3529	427,26	14526,7	136
137	18769	2571353	11,7047	5,1551	4,9200	7,2993	430,40	14741,1	137
138	19044	2628072	11,7473	5,1676	4,9273	7,2464	433,54	14957,1	138
139	19321	2685619	11,7898	5,1801	4,9345	7,1942	436,68	15174,7	139
140	19600	2744000	11,8322	5,1925	4,9416	7,1429	439,82	15393,8	**140**
141	19881	2803221	11,8743	5,2048	4,9488	7,0922	442,96	15614,5	141
142	20164	2863288	11,9164	5,2171	4,9558	7,0423	446,11	15836,8	142
143	20449	2924207	11,9583	5,2293	4,9628	6,9930	449,25	16060,6	143
144	20736	2985984	12,0000	5,2415	4,9698	6,9444	452,39	16286,0	144
145	21025	3048625	12,0416	5,2536	4,9767	6,8966	455,53	16513,0	145
146	21316	3112136	12,0830	5,2656	4,9836	6,8493	458,67	16741,5	146
147	21609	3176523	12,1244	5,2776	4,9904	6,8027	461,81	16971,7	147
148	21904	3241792	12,1655	5,2896	4,9972	6,7568	464,96	17203,4	148
149	22201	3307949	12,2066	5,3015	5,0040	6,7114	468,10	17436,6	149
150	22500	3375000	12,2474	5,3133	5,0106	6,6667	471,24	17671,5	**150**

n	n^2	n^3	$\sqrt{n}$	$\sqrt[3]{n}$	$\ln n$	$\frac{1000}{n}$	πn	$\frac{\pi n^2}{4}$	n
150	22500	3375000	12,2474	5,3133	5,0106	6,6667	471,24	17671,5	**150**
151	22801	3442951	12,2882	5,3251	5,0173	6,6225	474,38	17907,9	151
152	23104	3511808	12,3288	5,3368	5,0239	6,5790	477,52	18145,8	152
153	23409	3581577	12,3693	5,3485	5,0304	6,5360	480,66	18385,4	153
154	23716	3652264	12,4097	5,3601	5,0370	6,4935	483,81	18626,5	154
155	24025	3723875	12,4499	5,3717	5,0434	6,4516	486,95	18869,2	155
156	24336	3796416	12,4900	5,3832	5,0499	6,4103	490,09	19113,4	156
157	24649	3869893	12,5300	5,3947	5,0563	6,3694	493,23	19359,3	157
158	24964	3944312	12,5698	5,4061	5,0626	6,3291	496,37	19606,7	158
159	25281	4019679	12,6095	5,4175	5,0689	6,2893	499,51	19855,7	159
160	25600	4096000	12,6491	5,4288	5,0752	6,2500	502,65	20106,2	**160**
161	25921	4173281	12,6886	5,4401	5,0814	6,2112	505,80	20358,3	161
162	26244	4251528	12,7279	5,4514	5,0876	6,1728	508,94	20612,0	162
163	26569	4330747	12,7671	5,4626	5,0938	6,1350	512,08	20867,2	163
164	26896	4410944	12,8062	5,4737	5,0999	6,0976	515,22	21124,1	164
165	27225	4492125	12,8452	5,4848	5,1060	6,0606	518,36	21382,5	165
166	27556	4574296	12,8841	5,4959	5,1120	6,0241	521,50	21642,4	166
167	27889	4657463	12,9228	5,5069	5,1180	5,9880	524,65	21904,0	167
168	28224	4741632	12,9615	5,5178	5,1240	5,9524	527,79	22167,1	168
169	28561	4826809	13,0000	5,5288	5,1299	5,9172	530,93	22431,8	169
170	28900	4913000	13,0384	5,5397	5,1358	5,8824	534,07	22698,0	**170**
171	29241	5000211	13,0767	5,5505	5,1417	5,8480	537,21	22965,8	171
172	29584	5088448	13,1149	5,5613	5,1475	5,8140	540,35	23235,2	172
173	29929	5177717	13,1529	5,5721	5,1533	5,7804	543,50	23506,2	173
174	30276	5268024	13,1909	5,5828	5,1591	5,7471	546,64	23778,7	174
175	30625	5359375	13,2288	5,5934	5,1648	5,7143	549,78	24052,8	175
176	30976	5451776	13,2665	5,6041	5,1705	5,6818	552,92	24328,5	176
177	31329	5545233	13,3041	5,6147	5,1762	5,6497	556,06	24605,7	177
178	31684	5639752	13,3417	5,6252	5,1818	5,6180	559,20	24884,6	178
179	32041	5735339	13,3791	5,6357	5,1874	5,5866	562,35	25164,9	179
180	32400	5832000	13,4164	5,6462	5,1930	5,5556	565,49	25446,9	**180**
181	32761	5929741	13,4536	5,6567	5,1985	5,5249	568,63	25730,4	181
182	33124	6028568	13,4907	5,6671	5,2040	5,4945	571,77	26015,5	182
183	33489	6128487	13,5277	5,6774	5,2095	5,4645	574,91	26302,2	183
184	33856	6229504	13,5647	5,6877	5,2149	5,4348	578,05	26590,4	184
185	34225	6331625	13,6015	5,6980	5,2204	5,4054	581,19	26880,3	185
186	34596	6434856	13,6382	5,7083	5,2257	5,3763	584,34	27171,6	186
187	34969	6539203	13,6748	5,7185	5,2311	5,3476	587,48	27464,6	187
188	35344	6644672	13,7113	5,7287	5,2364	5,3192	590,62	27759,1	188
189	35721	6751269	13,7477	5,7388	5,2418	5,2910	593,76	28055,2	189
190	36100	6859000	13,7840	5,7489	5,2470	5,2632	596,90	28352,9	**190**
191	36481	6967871	13,8203	5,7590	5,2523	5,2356	600,04	28652,1	191
192	36864	7077888	13,8564	5,7690	5,2575	5,2083	603,19	28952,9	192
193	37249	7189057	13,8924	5,7790	5,2627	5,1814	606,33	29255,3	193
194	37636	7301384	13,9284	5,7890	5,2679	5,1546	609,47	29559,2	194
195	38025	7414875	13,9642	5,7989	5,2730	5,1282	612,61	29864,8	195
196	38416	7529536	14,0000	5,8088	5,2781	5,1020	615,75	30171,9	196
197	38809	7645373	14,0357	5,8186	5,2832	5,0761	618,89	30480,5	197
198	39204	7762392	14,0712	5,8285	5,2883	5,0505	622,04	30790,7	198
199	39601	7880599	14,1067	5,8383	5,2933	5,0251	625,18	31102,6	199
200	40000	8000000	14,1421	5,8480	5,2983	5,0000	628,32	31415,9	**200**

n	n^2	n^3	$\sqrt{n}$	$\sqrt[3]{n}$	$\ln n$	$\frac{1000}{n}$	πn	$\frac{\pi n^2}{4}$	n
200	40000	8000000	14,1421	5,8480	5,2983	5,0000	628,32	31415,9	**200**
201	40401	8120601	14,1774	5,8578	5,3033	4,9751	631,46	31730,9	201
202	40804	8242408	14,2127	5,8675	5,3083	4,9505	634,60	32047,4	202
203	41209	8365427	14,2478	5,8771	5,3132	4,9261	637,74	32365,5	203
204	41616	8489664	14,2829	5,8868	5,3181	4,9020	640,88	32685,1	204
205	42025	8615125	14,3178	5,8964	5,3230	4,8781	644,03	33006,4	205
206	42436	8741816	14,3527	5,9059	5,3279	4,8544	647,17	33329,2	206
207	42849	8869743	14,3875	5,9155	5,3327	4,8309	650,31	33653,5	207
208	43264	8998912	14,4222	5,9250	5,3375	4,8077	653,45	33979,5	208
209	43681	9129329	14,4568	5,9345	5,3423	4,7847	656,59	34307,0	209
210	44100	9261000	14,4914	5,9439	5,3471	4,7619	659,73	34636,1	**210**
211	44521	9393931	14,5258	5,9533	5,3519	4,7393	662,88	34966,7	211
212	44944	9528128	14,5602	5,9627	5,3566	4,7170	666,02	35298,9	212
213	45369	9663597	14,5945	5,9721	5,3613	4,6948	669,16	35632,7	213
214	45796	9800344	14,6287	5,9814	5,3660	4,6729	672,30	35968,1	214
215	46225	9938375	14,6629	5,9907	5,3706	4,6512	675,44	36305,0	215
216	46656	10077696	14,6969	6,0000	5,3753	4,6296	678,58	36643,5	216
217	47089	10218313	14,7309	6,0092	5,3799	4,6083	681,73	36983,6	217
218	47524	10360232	14,7648	6,0185	5,3845	4,5872	684,87	37325,3	218
219	47961	10503459	14,7986	6,0277	5,3891	4,5662	688,01	37668,5	219
220	48400	10648000	14,8324	6,0368	5,3936	4,5455	691,15	38013,3	**220**
221	48841	10793861	14,8661	6,0459	5,3982	4,5249	694,29	38359,6	221
222	49284	10941048	14,8997	6,0550	5,4027	4,5045	697,43	38707,6	222
223	49729	11089567	14,9332	6,0641	5,4072	4,4843	700,58	39057,1	223
224	50176	11239424	14,9666	6,0732	5,4116	4,4643	703,72	39408,1	224
225	50625	11390625	15,0000	6,0822	5,4161	4,4444	706,86	39760,8	225
226	51076	11543176	15,0333	6,0912	5,4205	4,4248	710,00	40115,0	226
227	51529	11697083	15,0665	6,1002	5,4250	4,4053	713,14	40470,8	227
228	51984	11852352	15,0997	6,1091	5,4294	4,3860	716,28	40828,1	228
229	52441	12008989	15,1327	6,1180	5,4337	4,3668	719,42	41187,1	229
230	52900	12167000	15,1658	6,1269	5,4381	4,3478	722,57	41547,6	**230**
231	53361	12326391	15,1987	6,1358	5,4424	4,3290	725,71	41909,6	231
232	53824	12487168	15,2315	6,1446	5,4467	4,3103	728,85	42273,3	232
233	54289	12649337	15,2643	6,1534	5,4510	4,2919	731,99	42638,5	233
234	54756	12812904	15,2971	6,1622	5,4553	4,2735	735,13	43005,3	234
235	55225	12977875	15,3297	6,1710	5,4596	4,2553	738,27	43373,6	235
236	55696	13144256	15,3623	6,1797	5,4638	4,2373	741,42	43743,5	236
237	56169	13312053	15,3948	6,1885	5,4681	4,2194	744,56	44115,0	237
238	56644	13481272	15,4272	6,1972	5,4723	4,2017	747,70	44488,1	238
239	57121	13651919	15,4596	6,2058	5,4765	4,1841	750,84	44862,7	239
240	57600	13824000	15,4919	6,2145	5,4806	4,1667	753,98	45238,9	**240**
241	58081	13997521	15,5242	6,2231	5,4848	4,1494	757,12	45616,7	241
242	58564	14172488	15,5563	6,2317	5,4889	4,1322	760,27	45996,1	242
243	59049	14348907	15,5885	6,2403	5,4931	4,1152	763,41	46377,0	243
244	59536	14526784	15,6205	6,2488	5,4972	4,0984	766,55	46759,5	244
245	60025	14706125	15,6525	6,2573	5,5013	4,0816	769,69	47143,5	245
246	60516	14886936	15,6844	6,2658	5,5053	4,0650	772,83	47529,2	246
247	61009	15069223	15,7162	6,2743	5,5094	4,0486	775,97	47916,4	247
248	61504	15252992	15,7480	6,2828	5,5134	4,0323	779,11	48305,1	248
249	62001	15438249	15,7797	6,2912	5,5175	4,0161	782,26	48695,5	249
250	62500	15625000	15,8114	6,2996	5,5215	4,0000	785,40	49087,4	**250**

n	n^2	n^3	$\sqrt{n}$	$\sqrt[3]{n}$	$\ln n$	$\frac{1000}{n}$	πn	$\frac{\pi n^2}{4}$	n
250	62500	15625000	15,8114	6,2996	5,5215	4,0000	785,40	49087,4	**250**
251	63001	15813251	15,8430	6,3080	5,5255	3,9841	788,54	49480,9	251
252	63504	16003008	15,8745	6,3164	5,5294	3,9683	791,68	49875,9	252
253	64009	16194277	15,9060	6,3247	5,5334	3,9526	794,82	50272,6	253
254	64516	16387064	15,9374	6,3330	5,5373	3,9370	797,96	50670,7	254
255	65025	16581375	15,9687	6,3413	5,5413	3,9216	801,11	51070,5	255
256	65536	16777216	16,0000	6,3496	5,5452	3,9063	804,25	51471,9	256
257	66049	16974593	16,0312	6,3579	5,5491	3,8911	807,39	51874,8	257
258	66564	17173512	16,0624	6,3661	5,5530	3,8760	810,53	52279,2	258
259	67081	17373979	16,0935	6,3743	5,5568	3,8610	813,67	52685,3	259
260	67600	17576000	16,1245	6,3825	5,5607	3,8462	816,81	53092,9	**260**
261	68121	17779581	16,1555	6,3907	5,5645	3,8314	819,96	53502,1	261
262	68644	17984728	16,1864	6,3988	5,5683	3,8168	823,10	53912,9	262
263	69169	18191447	16,2173	6,4070	5,5722	3,8023	826,24	54325,2	263
264	69696	18399744	16,2481	6,4151	5,5760	3,7879	829,38	54739,1	264
265	70225	18609625	16,2788	6,4232	5,5797	3,7736	832,52	55154,6	265
266	70756	18821096	16,3095	6,4312	5,5835	3,7594	835,66	55571,6	266
267	71289	19034163	16,3401	6,4393	5,5873	3,7453	838,81	55990,2	267
268	71824	19248832	16,3707	6,4473	5,5910	3,7313	841,95	56410,4	268
269	72361	19465109	16,4012	6,4553	5,5947	3,7175	845,09	56832,2	269
270	72900	19683000	16,4317	6,4633	5,5984	3,7037	848,23	57255,5	**270**
271	73441	19902511	16,4621	6,4713	5,6021	3,6900	851,37	57680,4	271
272	73984	20123648	16,4924	6,4792	5,6058	3,6765	854,51	58106,9	272
273	74529	20346417	16,5227	6,4872	5,6095	3,6630	857,65	58534,9	273
274	75076	20570824	16,5529	6,4951	5,6131	3,6496	860,80	58964,6	274
275	75625	20796875	16,5831	6,5030	5,6168	3,6364	863,94	59395,7	275
276	76176	21024576	16,6132	6,5108	5,6204	3,6232	867,08	59828,5	276
277	76729	21253933	16,6433	6,5187	5,6240	3,6101	870,22	60262,8	277
278	77284	21484952	16,6733	6,5265	5,6276	3,5971	873,36	60698,7	278
279	77841	21717639	16,7033	6,5343	5,6312	3,5842	876,50	61136,2	279
280	78400	21952000	16,7332	6,5421	5,6348	3,5714	879,65	61575,2	**280**
281	78961	22188041	16,7631	6,5499	5,6384	3,5587	882,79	62015,8	281
282	79524	22425768	16,7929	6,5577	5,6419	3,5461	885,93	62458,0	282
283	80089	22665187	16,8226	6,5654	5,6455	3,5336	889,07	62901,8	283
284	80656	22906304	16,8523	6,5731	5,6490	3,5211	892,21	63347,1	284
285	81225	23149125	16,8819	6,5808	5,6525	3,5088	895,35	63794,0	285
286	81796	23393656	16,9115	6,5885	5,6560	3,4965	898,50	64242,4	286
287	82369	23639903	16,9411	6,5962	5,6595	3,4843	901,64	64692,5	287
288	82944	23887872	16,9706	6,6039	5,6630	3,4722	904,78	65144,1	288
289	83521	24137569	17,0000	6,6115	5,6664	3,4602	907,92	65597,2	289
290	84100	24389000	17,0294	6,6191	5,6699	3,4483	911,06	66052,0	**290**
291	84681	24642171	17,0587	6,6267	5,6733	3,4364	914,20	66508,3	291
292	85264	24897088	17,0880	6,6343	5,6768	3,4247	917,35	66966,2	292
293	85849	25153757	17,1172	6,6419	5,6802	3,4130	920,49	67425,6	293
294	86436	25412184	17,1464	6,6494	5,6836	3,4014	923,63	67886,7	294
295	87025	25672375	17,1756	6,6569	5,6870	3,3898	926,77	68349,3	295
296	87616	25934336	17,2047	6,6644	5,6904	3,3784	929,91	68813,4	296
297	88209	26198073	17,2337	6,6719	5,6937	3,3670	933,05	69279,2	297
298	88804	26463592	17,2627	6,6794	5,6971	3,3557	936,19	69746,5	298
299	89401	26730899	17,2916	6,6869	5,7004	3,3445	939,34	70215,4	299
300	90000	27000000	17,3205	6,6943	5,7038	3,3333	942,48	70685,8	**300**

n	n^2	n^3	$\sqrt{n}$	$\sqrt[3]{n}$	$\ln n$	$\frac{1000}{n}$	πn	$\frac{\pi n^2}{4}$	n
300	90000	27000000	17,3205	6,6943	5,7038	3,3333	942,48	70685,8	**300**
301	90601	27270901	17,3494	6,7018	5,7071	3,3223	945,62	71157,9	301
302	91204	27543608	17,3781	6,7092	5,7104	3,3113	948,76	71631,5	302
303	91809	27818127	17,4069	6,7166	5,7137	3,3003	951,90	72106,6	303
304	92416	28094464	17,4356	6,7240	5,7170	3,2895	955,04	72583,4	304
305	93025	28372625	17,4642	6,7313	5,7203	3,2787	958,19	73061,7	305
306	93636	28652616	17,4929	6,7387	5,7236	3,2680	961,33	73541,5	306
307	94249	28934443	17,5214	6,7460	5,7269	3,2573	964,47	74023,0	307
308	94864	29218112	17,5499	6,7533	5,7301	3,2468	967,61	74506,0	308
309	95481	29503629	17,5784	6,7606	5,7333	3,2363	970,75	74990,6	309
310	96100	29791000	17,6068	6,7679	5,7366	3,2258	973,89	75476,8	**310**
311	96721	30080231	17,6352	6,7752	5,7398	3,2154	977,04	75964,5	311
312	97344	30371328	17,6635	6,7824	5,7430	3,2051	980,18	76453,8	312
313	97969	30664297	17,6918	6,7897	5,7462	3,1949	983,32	76944,7	313
314	98596	30959144	17,7200	6,7969	5,7494	3,1847	986,46	77437,1	314
315	99225	31255875	17,7482	6,8041	5,7526	3,1746	989,60	77931,1	315
316	99856	31554496	17,7764	6,8113	5,7557	3,1646	992,74	78426,7	316
317	100489	31855013	17,8045	6,8185	5,7589	3,1546	995,88	78923,9	317
318	101124	32157432	17,8326	6,8256	5,7621	3,1447	999,03	79422,6	318
319	101761	32461759	17,8606	6,8328	5,7652	3,1348	1002,2	79922,9	319
320	102400	32768000	17,8885	6,8399	5,7683	3,1250	1005,3	80424,8	**320**
321	103041	33076161	17,9165	6,8470	5,7714	3,1153	1008,5	80928,2	321
322	103684	33386248	17,9444	6,8541	5,7746	3,1056	1011,6	81433,2	322
323	104329	33698267	17,9722	6,8612	5,7777	3,0960	1014,7	81939,8	323
324	104976	34012224	18,0000	6,8683	5,7807	3,0864	1017,9	82448,0	324
325	105625	34328125	18,0278	6,8753	5,7838	3,0769	1021,0	82957,7	325
326	106276	34645976	18,0555	6,8824	5,7869	3,0675	1024,2	83469,0	326
327	106929	34965783	18,0831	6,8894	5,7900	3,0581	1027,3	83981,8	327
328	107584	35287552	18,1108	6,8964	5,7930	3,0488	1030,4	84496,3	328
329	108241	35611289	18,1384	6,9034	5,7961	3,0395	1033,6	85012,3	329
330	108900	35937000	18,1659	6,9104	5,7991	3,0303	1036,7	85529,9	**330**
331	109561	36264691	18,1934	6,9174	5,8021	3,0212	1039,9	86049,0	331
332	110224	36594368	18,2209	6,9244	5,8051	3,0121	1043,0	86569,7	332
333	110889	36926037	18,2483	6,9313	5,8081	3,0030	1046,2	87092,0	333
334	111556	37259704	18,2757	6,9382	5,8111	2,9940	1049,3	87615,9	334
335	112225	37595375	18,3030	6,9451	5,8141	2,9851	1052,4	88141,3	335
336	112896	37933056	18,3303	6,9521	5,8171	2,9762	1055,6	88668,0	336
337	113569	38272753	18,3576	6,9589	5,8201	2,9674	1058,7	89196,9	337
338	114244	38614472	18,3848	6,9658	5,8231	2,9586	1061,9	89727,0	338
339	114921	38958219	18,4120	6,9727	5,8260	2,9499	1065,0	90258,7	339
340	115600	39304000	18,4391	6,9795	5,8290	2,9412	1068,1	90792,0	**340**
341	116281	39651821	18,4662	6,9864	5,8319	2,9326	1071,3	91326,9	341
342	116964	40001688	18,4932	6,9932	5,8348	2,9240	1074,4	91863,3	342
343	117649	40353607	18,5203	7,0000	5,8377	2,9155	1077,6	92401,3	343
344	118336	40707584	18,5472	7,0068	5,8406	2,9070	1080,7	92940,9	344
345	119025	41063625	18,5742	7,0136	5,8435	2,8986	1083,8	93482,0	345
346	119716	41421736	18,6011	7,0203	5,8464	2,8902	1087,0	94024,7	346
347	120409	41781923	18,6279	7,0271	5,8493	2,8818	1090,1	94569,0	347
348	121104	42144192	18,6548	7,0338	5,8522	2,8736	1093,3	95114,9	348
349	121801	42508549	18,6815	7,0406	5,8551	2,8653	1096,4	95662,3	349
350	122500	42875000	18,7083	7,0473	5,8579	2,8571	1099,6	96211,3	**350**

n	n^2	n^3	$\sqrt{n}$	$\sqrt[3]{n}$	$\ln n$	$\frac{1000}{n}$	πn	$\frac{\pi n^2}{4}$	n
350	122500	42875000	18,7083	7,0473	5,8579	2,8571	1099,6	96211,3	**350**
351	123201	43243551	18,7350	7,0540	5,8608	2,8490	1102,7	96761,8	351
352	123904	43614208	18,7617	7,0607	5,8636	2,8409	1105,8	97314,0	352
353	124609	43986977	18,7883	7,0674	5,8665	2,8329	1109,0	97867,7	353
354	125316	44361864	18,8149	7,0740	5,8693	2,8249	1112,1	98423,0	354
355	126025	44738875	18,8414	7,0807	5,8721	2,8169	1115,3	98979,8	355
356	126736	45118016	18,8680	7,0873	5,8749	2,8090	1118,4	99538,2	356
357	127449	45499293	18,8944	7,0940	5,8777	2,8011	1121,5	100098	357
358	128164	45882712	18,9209	7,1006	5,8805	2,7933	1124,7	100660	358
359	128881	46268279	18,9473	7,1072	5,8833	2,7855	1127,8	101223	359
360	129600	46656000	18,9737	7,1138	5,8861	2,7778	1131,0	101788	**360**
361	130321	47045881	19,0000	7,1204	5,8889	2,7701	1134,1	102354	361
362	131044	47437928	19,0263	7,1269	5,8916	2,7624	1137,3	102922	362
363	131769	47832147	19,0526	7,1335	5,8944	2,7548	1140,4	103491	363
364	132496	48228544	19,0788	7,1400	5,8972	2,7473	1143,5	104062	364
365	133225	48627125	19,1050	7,1466	5,8999	2,7397	1146,7	104635	365
366	133956	49027896	19,1311	7,1531	5,9026	2,7322	1149,8	105209	366
367	134689	49430863	19,1572	7,1596	5,9054	2,7248	1153,0	105784	367
368	135424	49836032	19,1833	7,1661	5,9081	2,7174	1156,1	106362	368
369	136161	50243409	19,2094	7,1726	5,9108	2,7100	1159,2	106941	369
370	136900	50653000	19,2354	7,1791	5,9135	2,7027	1162,4	107521	**370**
371	137641	51064811	19,2614	7,1855	5,9162	2,6954	1165,5	108103	371
372	138384	51478848	19,2873	7,1920	5,9189	2,6882	1168,7	108687	372
373	139129	51895117	19,3132	7,1984	5,9216	2,6810	1171,8	109272	373
374	139876	52313624	19,3391	7,2048	5,9243	2,6738	1175,0	109858	374
375	140625	52734375	19,3649	7,2112	5,9269	2,6667	1178,1	110447	375
376	141376	53157376	19,3907	7,2177	5,9296	2,6596	1181,2	111036	376
377	142129	53582633	19,4165	7,2240	5,9323	2,6525	1184,4	111628	377
378	142884	54010152	19,4422	7,2304	5,9349	2,6455	1187,5	112221	378
379	143641	54439939	19,4679	7,2368	5,9375	2,6385	1190,7	112815	379
380	144400	54872000	19,4936	7,2432	5,9402	2,6316	1193,8	113411	**380**
381	145161	55306341	19,5192	7,2495	5,9428	2,6247	1196,9	114009	381
382	145924	55742968	19,5448	7,2558	5,9454	2,6178	1200,1	114608	382
383	146689	56181887	19,5704	7,2622	5,9480	2,6110	1203,2	115209	383
384	147456	56623104	19,5959	7,2685	5,9506	2,6042	1206,4	115812	384
385	148225	57066625	19,6214	7,2748	5,9532	2,5974	1209,5	116416	385
386	148996	57512456	19,6469	7,2811	5,9558	2,5907	1212,7	117021	386
387	149769	57960603	19,6723	7,2874	5,9584	2,5840	1215,8	117628	387
388	150544	58411072	19,6977	7,2936	5,9610	2,5773	1218,9	118237	388
389	151321	58863869	19,7231	7,2999	5,9636	2,5707	1222,1	118847	389
390	152100	59319000	19,7484	7,3061	5,9662	2,5641	1225,2	119459	**390**
391	152881	59776471	19,7737	7,3124	5,9687	2,5575	1228,4	120072	391
392	153664	60236288	19,7990	7,3186	5,9713	2,5510	1231,5	120687	392
393	154449	60698457	19,8242	7,3248	5,9738	2,5445	1234,6	121304	393
394	155236	61162984	19,8494	7,3310	5,9764	2,5381	1237,8	121922	394
395	156025	61629875	19,8746	7,3372	5,9789	2,5317	1240,9	122542	395
396	156816	62099136	19,8997	7,3434	5,9814	2,5253	1244,1	123163	396
397	157609	62570773	19,9249	7,3496	5,9839	2,5189	1247,2	123786	397
398	158404	63044792	19,9499	7,3558	5,9865	2,5126	1250,4	124410	398
399	159201	63521199	19,9750	7,3619	5,9890	2,5063	1253,5	125036	399
400	160000	64000000	20,0000	7,3681	5,9915	2,5000	1256,6	125664	**400**

n	n^2	n^3	$\sqrt{n}$	$\sqrt[3]{n}$	$\ln n$	$\frac{1000}{n}$	πn	$\frac{\pi n^2}{4}$	n
400	160000	64000000	20,0000	7,3681	5,9915	2,5000	1256,6	125664	**400**
401	160801	64481201	20,0250	7,3742	5,9940	2,4938	1259,8	126293	401
402	161604	64964808	20,0499	7,3803	5,9965	2,4876	1262,9	126923	402
403	162409	65450827	20,0749	7,3864	5,9989	2,4814	1266,1	127556	403
404	163216	65939264	20,0998	7,3925	6,0014	2,4753	1269,2	128190	404
405	164025	66430125	20,1246	7,3986	6,0039	2,4691	1272,3	128825	405
406	164836	66923416	20,1494	7,4047	6,0064	2,4631	1275,5	129462	406
407	165649	67419143	20,1742	7,4108	6,0088	2,4570	1278,6	130100	407
408	166464	67917312	20,1990	7,4169	6,0113	2,4510	1281,8	130741	408
409	167281	68417929	20,2237	7,4229	6,0137	2,4450	1284,9	131382	409
410	168100	68921000	20,2485	7,4290	6,0162	2,4390	1288,1	132025	**410**
411	168921	69426531	20,2731	7,4350	6,0186	2,4331	1291,2	132670	411
412	169744	69934528	20,2978	7,4410	6,0210	2,4272	1294,3	133317	412
413	170569	70444997	20,3224	7,4470	6,0235	2,4213	1297,5	133965	413
414	171396	70957944	20,3470	7,4530	6,0259	2,4155	1300,6	134614	414
415	172225	71473375	20,3715	7,4590	6,0283	2,4096	1303,8	135265	415
416	173056	71991296	20,3961	7,4650	6,0307	2,4039	1306,9	135918	416
417	173889	72511713	20,4206	7,4710	6,0331	2,3981	1310,0	136572	417
418	174724	73034632	20,4450	7,4770	6,0355	2,3923	1313,2	137228	418
419	175561	73560059	20,4695	7,4829	6,0379	2,3866	1316,3	137885	419
420	176400	74088000	20,4939	7,4889	6,0403	2,3810	1319,5	138544	**420**
421	177241	74618461	20,5183	7,4948	6,0426	2,3753	1322,6	139205	421
422	178084	75151448	20,5426	7,5007	6,0450	2,3697	1325,8	139867	422
423	178929	75686967	20,5670	7,5067	6,0474	2,3641	1328,9	140531	423
424	179776	76225024	20,5913	7,5126	6,0497	2,3585	1332,0	141196	424
425	180625	76765625	20,6155	7,5185	6,0521	2,3529	1335,2	141863	425
426	181476	77308776	20,6398	7,5244	6,0544	2,3474	1338,3	142531	426
427	182329	77854483	20,6640	7,5302	6,0568	2,3419	1341,5	143201	427
428	183184	78402752	20,6882	7,5361	6,0591	2,3365	1344,6	143872	428
429	184041	78953589	20,7123	7,5420	6,0615	2,3310	1347,7	144545	429
430	184900	79507000	20,7364	7,5478	6,0638	2,3256	1350,9	145220	**430**
431	185761	80062991	20,7605	7,5537	6,0661	2,3202	1354,0	145896	431
432	186624	80621568	20,7846	7,5595	6,0684	2,3148	1357,2	146574	432
433	187489	81182737	20,8087	7,5654	6,0707	2,3095	1360,3	147254	433
434	188356	81746504	20,8327	7,5712	6,0730	2,3042	1363,5	147934	434
435	189225	82312875	20,8567	7,5770	6,0754	2,2989	1366,6	148617	435
436	190096	82881856	20,8806	7,5828	6,0776	2,2936	1369,7	149301	436
437	190969	83453453	20,9045	7,5886	6,0799	2,2883	1372,9	149987	437
438	191844	84027672	20,9284	7,5944	6,0822	2,2831	1376,0	150674	438
439	192721	84604519	20,9523	7,6001	6,0845	2,2779	1379,2	151363	439
440	193600	85184000	20,9762	7,6059	6,0868	2,2727	1382,3	152053	**440**
441	194481	85766121	21,0000	7,6117	6,0890	2,2676	1385,4	152745	441
442	195364	86350888	21,0238	7,6174	6,0913	2,2624	1388,6	153439	442
443	196249	86938307	21,0476	7,6232	6,0936	2,2573	1391,7	154134	443
444	197136	87528384	21,0713	7,6289	6,0958	2,2523	1394,9	154830	444
445	198025	88121125	21,0950	7,6346	6,0981	2,2472	1398,0	155528	445
446	198916	88716536	21,1187	7,6403	6,1003	2,2422	1401,2	156228	446
447	199809	89314623	21,1424	7,6460	6,1026	2,2371	1404,3	156930	447
448	200704	89915392	21,1660	7,6517	6,1048	2,2321	1407,4	157633	448
449	201601	90518849	21,1896	7,6574	6,1070	2,2272	1410,6	158337	449
450	202500	91125000	21,2132	7,6631	6,1093	2,2222	1413,7	159043	**450**

n	n^2	n^3	$\sqrt{n}$	$\sqrt[3]{n}$	$\ln n$	$\frac{1000}{n}$	πn	$\frac{\pi n^2}{4}$	n
450	202500	91125000	21,2132	7,6631	6,1093	2,2222	1413,7	159043	**450**
451	203401	91733851	21,2368	7,6688	6,1115	2,2173	1416,9	159751	451
452	204304	92345408	21,2603	7,6744	6,1137	2,2124	1420,0	160460	452
453	205209	92959677	21,2838	7,6801	6,1159	2,2075	1423,1	161171	453
454	206116	93576664	21,3073	7,6857	6,1181	2,2026	1426,3	161883	454
455	207025	94196375	21,3307	7,6914	6,1203	2,1978	1429,4	162597	455
456	207936	94818816	21,3542	7,6970	6,1225	2,1930	1432,6	163313	456
457	208849	95443993	21,3776	7,7026	6,1247	2,1882	1435,7	164030	457
458	209764	96071912	21,4009	7,7082	6,1269	2,1834	1438,8	164748	458
459	210681	96702579	21,4243	7,7138	6,1291	2,1787	1442,0	165468	459
460	211600	97336000	21,4476	7,7194	6,1312	2,1739	1445,1	166190	**460**
461	212521	97972181	21,4709	7,7250	6,1334	2,1692	1448,3	166914	461
462	213444	98611128	21,4942	7,7306	6,1356	2,1645	1451,4	167639	462
463	214369	99252847	21,5174	7,7362	6,1377	2,1598	1454,6	168365	463
464	215296	99897344	21,5407	7,7418	6,1399	2,1552	1457,7	169093	464
465	216225	100544625	21,5639	7,7473	6,1420	2,1505	1460,8	169823	465
466	217156	101194696	21,5870	7,7529	6,1442	2,1459	1464,0	170554	466
467	218089	101847563	21,6102	7,7584	6,1463	2,1413	1467,1	171287	467
468	219024	102503232	21,6333	7,7639	6,1485	2,1368	1470,3	172021	468
469	219961	103161709	21,6564	7,7695	6,1506	2,1322	1473,4	172757	469
470	220900	103823000	21,6795	7,7750	6,1527	2,1277	1476,5	173494	**470**
471	221841	104487111	21,7025	7,7805	6,1549	2,1231	1479,7	174234	471
472	222784	105154048	21,7256	7,7860	6,1570	2,1186	1482,8	174974	472
473	223729	105823817	21,7486	7,7915	6,1591	2,1142	1486,0	175716	473
474	224676	106496424	21,7715	7,7970	6,1612	2,1097	1489,1	176460	474
475	225625	107171875	21,7945	7,8025	6,1633	2,1053	1492,3	177205	475
476	226576	107850176	21,8174	7,8079	6,1654	2,1008	1495,4	177952	476
477	227529	108531333	21,8403	7,8134	6,1675	2,0964	1498,5	178701	477
478	228484	109215352	21,8632	7,8188	6,1696	2,0921	1501,7	179451	478
479	229441	109902239	21,8861	7,8243	6,1717	2,0877	1504,8	180203	479
480	230400	110592000	21,9089	7,8297	6,1738	2,0833	1508,0	180956	**480**
481	231361	111284641	21,9317	7,8352	6,1759	2,0790	1511,1	181711	481
482	232324	111980168	21,9545	7,8406	6,1779	2,0747	1514,2	182467	482
483	233289	112678587	21,9773	7,8460	6,1800	2,0704	1517,4	183225	483
484	234256	113379904	22,0000	7,8514	6,1821	2,0661	1520,5	183984	484
485	235225	114084125	22,0227	7,8568	6,1842	2,0619	1523,7	184745	485
486	236196	114791256	22,0454	7,8622	6,1862	2,0576	1526,8	185508	486
487	237169	115501303	22,0681	7,8676	6,1883	2,0534	1530,0	186272	487
488	238144	116214272	22,0907	7,8730	6,1903	2,0492	1533,1	187038	488
489	239121	116930169	22,1133	7,8784	6,1924	2,0450	1536,2	187805	489
490	240100	117649000	22,1359	7,8837	6,1944	2,0408	1539,4	188574	**490**
491	241081	118370771	22,1585	7,8891	6,1964	2,0367	1542,5	189345	491
492	242064	119095488	22,1811	7,8944	6,1985	2,0325	1545,7	190117	492
493	243049	119823157	22,2036	7,8998	6,2005	2,0284	1548,8	190890	493
494	244036	120553784	22,2261	7,9051	6,2025	2,0243	1551,9	191665	494
495	245025	121287375	22,2486	7,9105	6,2046	2,0202	1555,1	192442	495
496	246016	122023936	22,2711	7,9158	6,2066	2,0161	1558,2	193221	496
497	247009	122763473	22,2935	7,9211	6,2086	2,0121	1561,4	194000	497
498	248004	123505992	22,3159	7,9264	6,2106	2,0080	1564,5	194782	498
499	249001	124251499	22,3383	7,9317	6,2126	2,0040	1567,7	195565	499
500	250000	125000000	22,3607	7,9370	6,2146	2,0000	1570,8	196350	**500**

n	n^2	n^3	$\sqrt{n}$	$\sqrt[3]{n}$	$\ln n$	$\frac{1000}{n}$	πn	$\frac{\pi n^2}{4}$	n
500	250000	12500 0000	22,3607	7,9370	6,2146	2,0000	1570,8	196350	**500**
501	251001	125751501	22,3830	7,9423	6,2166	1,9960	1573,9	197136	501
502	252004	126506008	22,4054	7,9476	6,2186	1,9920	1577,1	197923	502
503	253009	127263527	22,4277	7,9528	6,2206	1,9881	1580,2	198713	503
504	254016	128024064	22,4499	7,9581	6,2226	1,9841	1583,4	199504	504
505	255025	128787625	22,4722	7,9634	6,2246	1,9802	1586,5	200296	505
506	256036	129554216	22,4944	7,9686	6,2265	1,9763	1589,6	201090	506
507	257049	130323843	22,5167	7,9739	6,2285	1,9724	1592,8	201886	507
508	258064	131096512	22,5389	7,9791	6,2305	1,9685	1595,9	202683	508
509	259081	131872229	22,5610	7,9843	6,2324	1,9646	1599,1	203482	509
510	260100	132651000	22,5832	7,9896	6,2344	1,9608	1602,2	204282	**510**
511	261121	133432831	22,6053	7,9948	6,2364	1,9570	1605,4	205084	511
512	262144	134217728	22,6274	8,0000	6,2383	1,9531	1608,5	205887	512
513	263169	135005697	22,6495	8,0052	6,2403	1,9493	1611,6	206692	513
514	264196	135796744	22,6716	8,0104	6,2422	1,9455	1614,8	207499	514
515	265225	136590875	22,6936	8,0156	6,2442	1,9418	1617,9	208307	515
516	266256	137388096	22,7156	8,0208	6,2461	1,9380	1621,1	209117	516
517	267289	138188413	22,7376	8,0260	6,2480	1,9342	1624,2	209928	517
518	268324	138991832	22,7596	8,0311	6,2500	1,9305	1627,3	210741	518
519	269361	139798359	22,7816	8,0363	6,2519	1,9268	1630,5	211556	519
520	270400	140608000	22,8035	8,0415	6,2538	1,9231	1633,6	212372	**520**
521	271441	141420761	22,8254	8,0466	6,2558	1,9194	1636,8	213189	521
522	272484	142236648	22,8473	8,0517	6,2577	1,9157	1639,9	214008	522
523	273529	143055667	22,8692	8,0569	6,2596	1,9121	1643,1	214829	523
524	274576	143877824	22,8910	8,0620	6,2615	1,9084	1646,2	215651	524
525	275625	144703125	22,9129	8,0671	6,2634	1,9048	1649,3	216475	525
526	276676	145531576	22,9347	8,0723	6,2653	1,9011	1652,5	217301	526
527	277729	146363183	22,9565	8,0774	6,2672	1,8975	1655,6	218128	527
528	278784	147197952	22,9783	8,0825	6,2691	1,8939	1658,8	218956	528
529	279841	148035889	23,0000	8,0876	6,2710	1,8904	1661,9	219787	529
530	280900	148877000	23,0217	8,0927	6,2729	1,8868	1665,0	220618	**530**
531	281961	149721291	23,0434	8,0978	6,2748	1,8832	1668,2	221452	531
532	283024	150568768	23,0651	8,1028	6,2766	1,8797	1671,3	222287	532
533	284089	151419437	23,0868	8,1079	6,2785	1,8762	1674,5	223123	533
534	285156	152273304	23,1084	8,1130	6,2804	1,8727	1677,6	223961	534
535	286225	153130375	23,1301	8,1180	6,2823	1,8692	1680,8	224801	535
536	287296	153990656	23,1517	8,1231	6,2841	1,8657	1683,9	225642	536
537	288369	154854153	23,1733	8,1281	6,2860	1,8622	1687,0	226484	537
538	289444	155720872	23,1948	8,1332	6,2879	1,8587	1690,2	227329	538
539	290521	156590819	23,2164	8,1382	6,2897	1,8553	1693,3	228175	539
540	291600	157464000	23,2379	8,1433	6,2916	1,8519	1696,5	229022	**540**
541	292681	158340421	23,2594	8,1483	6,2934	1,8484	1699,6	229871	541
542	293764	159220088	23,2809	8,1533	6,2953	1,8450	1702,7	230722	542
543	294849	160103007	23,3024	8,1583	6,2971	1,8416	1705,9	231574	543
544	295936	160989184	23,3238	8,1633	6,2990	1,8382	1709,0	232428	544
545	297025	161878625	23,3452	8,1683	6,3008	1,8349	1712,2	233283	545
546	298116	162771336	23,3666	8,1733	6,3026	1,8315	1715,3	234140	546
547	299209	163667323	23,3880	8,1783	6,3045	1,8282	1718,5	234998	547
548	300304	164566592	23,4094	8,1833	6,3063	1,8248	1721,6	235858	548
549	301401	165469149	23,4307	8,1882	6,3081	1,8215	1724,7	236720	549
550	302500	166375000	23,4521	8,1932	6,3099	1,8182	1727,9	237583	**550**

n	n^2	n^3	$\sqrt{n}$	$\sqrt[3]{n}$	$\ln n$	$\frac{1000}{n}$	πn	$\frac{\pi n^2}{4}$	n
550	302500	166375000	23,4521	8,1932	6,3099	1,8182	1727,9	237583	**550**
551	303601	167284151	23,4734	8,1982	6,3117	1,8149	1731,0	238448	551
552	304704	168196608	23,4947	8,2031	6,3136	1,8116	1734,2	239314	552
553	305809	169112377	23,5160	8,2081	6,3154	1,8083	1737,3	240182	553
554	306916	170031464	23,5372	8,2130	6,3172	1,8051	1740,4	241051	554
555	308025	170953875	23,5584	8,2180	6,3190	1,8018	1743,6	241922	555
556	309136	171879616	23,5797	8,2229	6,3208	1,7986	1746,7	242795	556
557	310249	172808693	23,6008	8,2278	6,3226	1,7953	1749,9	243669	557
558	311364	173741112	23,6220	8,2327	6,3244	1,7921	1753,0	244545	558
559	312481	174676879	23,6432	8,2377	6,3261	1,7889	1756,2	245422	559
560	313600	175616000	23,6643	8,2426	6,3279	1,7857	1759,3	246301	**560**
561	314721	176558481	23,6854	8,2475	6,3297	1,7825	1762,4	247181	561
562	315844	177504328	23,7065	8,2524	6,3315	1,7794	1765,6	248063	562
563	316969	178453547	23,7276	8,2573	6,3333	1,7762	1768,7	248947	563
564	318096	179406144	23,7487	8,2621	6,3351	1,7731	1771,9	249832	564
565	319225	180362125	23,7697	8,2670	6,3368	1,7699	1775,0	250719	565
566	320356	181321496	23,7908	8,2719	6,3386	1,7668	1778,1	251607	566
567	321489	182284263	23,8118	8,2768	6,3404	1,7637	1781,3	252497	567
568	322624	183250432	23,8328	8,2816	6,3421	1,7606	1784,4	253388	568
569	323761	184220009	23,8537	8,2865	6,3439	1,7575	1787,6	254281	569
570	324900	185193000	23,8747	8,2913	6,3456	1,7544	1790,7	255176	**570**
571	326041	186169411	23,8956	8,2962	6,3474	1,7513	1793,8	256072	571
572	327184	187149248	23,9165	8,3010	6,3491	1,7483	1797,0	256970	572
573	328329	188132517	23,9374	8,3059	6,3509	1,7452	1800,1	257869	573
574	329476	189119224	23,9583	8,3107	6,3526	1,7422	1803,3	258770	574
575	330625	190109375	23,9792	8,3155	6,3544	1,7391	1806,4	259672	575
576	331776	191102976	24,0000	8,3203	6,3561	1,7361	1809,6	260576	576
577	332929	192100033	24,0208	8,3251	6,3578	1,7331	1812,7	261482	577
578	334084	193100552	24,0416	8,3300	6,3596	1,7301	1815,8	262389	578
579	335241	194104539	24,0624	8,3348	6,3613	1,7271	1819,0	263298	579
580	336400	195112000	24,0832	8,3396	6,3630	1,7241	1822,1	264208	**580**
581	337561	196122941	24,1039	8,3443	6,3648	1,7212	1825,3	265120	581
582	338724	197137368	24,1247	8,3491	6,3665	1,7182	1828,4	266033	582
583	339889	198155287	24,1454	8,3539	6,3682	1,7153	1831,6	266948	583
584	341056	199176704	24,1661	8,3587	6,3699	1,7123	1834,7	267865	584
585	342225	200201625	24,1868	8,3634	6,3716	1,7094	1837,8	268783	585
586	343396	201230056	24,2074	8,3682	6,3733	1,7065	1841,0	269703	586
587	344569	202262003	24,2281	8,3730	6,3750	1,7036	1844,1	270624	587
588	345744	203297472	24,2487	8,3777	6,3767	1,7007	1847,3	271547	588
589	346921	204336469	24,2693	8,3825	6,3784	1,6978	1850,4	272471	589
590	348100	205379000	24,2899	8,3872	6,3801	1,6949	1853,5	273397	**590**
591	349281	206425071	24,3105	8,3919	6,3818	1,6921	1856,7	274325	591
592	350464	207474688	24,3311	8,3967	6,3835	1,6892	1859,8	275254	592
593	351649	208527857	24,3516	8,4014	6,3852	1,6863	1863,0	276184	593
594	352836	209584584	24,3721	8,4061	6,3869	1,6835	1866,1	277117	594
595	354025	210644875	24,3926	8,4108	6,3886	1,6807	1869,2	278051	595
596	355216	211708736	24,4131	8,4155	6,3902	1,6779	1872,4	278986	596
597	356409	212776173	24,4336	8,4202	6,3919	1,6750	1875,5	279923	597
598	357604	213847192	24,4540	8,4249	6,3936	1,6722	1878,7	280862	598
599	358801	214921799	24,4745	8,4296	6,3953	1,6695	1881,8	281802	599
600	360000	216000000	24,4949	8,4343	6,3969	1,6667	1885,0	282743	**600**

n	n^2	n^3	$\sqrt{n}$	$\sqrt[3]{n}$	$\ln n$	$\frac{1000}{n}$	πn	$\frac{\pi n^2}{4}$	n
600	360000	216000000	24,4949	8,4343	6,3969	1,6667	1885,0	282743	**600**
601	361201	217081801	24,5153	8,4390	6,3986	1,6639	1888,1	283687	601
602	362404	218167208	24,5357	8,4437	6,4003	1,6611	1891,2	284631	602
603	363609	219256227	24,5561	8,4484	6,4019	1,6584	1894,4	285578	603
604	364816	220348864	24,5764	8,4530	6,4036	1,6556	1897,5	286526	604
605	366025	221445125	24,5967	8,4577	6,4052	1,6529	1900,7	287475	605
606	367236	222545016	24,6171	8,4623	6,4069	1,6502	1903,8	288426	606
607	368449	223648543	24,6374	8,4670	6,4085	1,6475	1906,9	289379	607
608	369664	224755712	24,6577	8,4716	6,4102	1,6447	1910,1	290333	608
609	370881	225866529	24,6779	8,4763	6,4118	1,6420	1913,2	291289	609
610	372100	226981000	24,6982	8,4809	6,4135	1,6393	1916,4	292247	**610**
611	373321	228099131	24,7184	8,4856	6,4151	1,6367	1919,5	293206	611
612	374544	229220928	24,7386	8,4902	6,4167	1,6340	1922,7	294166	612
613	375769	230346397	24,7588	8,4948	6,4184	1,6313	1925,8	295128	613
614	376996	231475544	24,7790	8,4994	6,4200	1,6287	1928,9	296092	614
615	378225	232608375	24,7992	8,5040	6,4216	1,6260	1932,1	297057	615
616	379456	233744896	24,8193	8,5086	6,4232	1,6234	1935,2	298024	616
617	380689	234885113	24,8395	8,5132	6,4249	1,6208	1938,4	298992	617
618	381924	236029032	24,8596	8,5178	6,4265	1,6181	1941,5	299962	618
619	383161	237176659	24,8797	8,5224	6,4281	1,6155	1944,6	300934	619
620	384400	238328000	24,8998	8,5270	6,4297	1,6129	1947,8	301907	**620**
621	385641	239483061	24,9199	8,5316	6,4313	1,6103	1950,9	302882	621
622	386884	240641848	24,9399	8,5362	6,4329	1,6077	1954,1	303858	622
623	388129	241804367	24,9600	8,5408	6,4346	1,6051	1957,2	304836	623
624	389376	242970624	24,9800	8,5453	6,4362	1,6026	1960,4	305815	624
625	390625	244140625	25,0000	8,5499	6,4378	1,6000	1963,5	306796	625
626	391876	245314376	25,0200	8,5544	6,4394	1,5974	1966,6	307779	626
627	393129	246491883	25,0400	8,5590	6,4410	1,5949	1969,8	308763	627
628	394384	247673152	25,0599	8,5635	6,4425	1,5924	1972,9	309748	628
629	395641	248858189	25,0799	8,5681	6,4441	1,5898	1976,1	310736	629
630	396900	250047000	25,0998	8,5726	6,4457	1,5873	1979,2	311725	**630**
631	398161	251239591	25,1197	8,5772	6,4473	1,5848	1982,3	312715	631
632	399424	252435968	25,1396	8,5817	6,4489	1,5823	1985,5	313707	632
633	400689	253636137	25,1595	8,5862	6,4505	1,5798	1988,6	314700	633
634	401956	254840104	25,1794	8,5907	6,4521	1,5773	1991,8	315696	634
635	403225	256047875	25,1992	8,5952	6,4536	1,5748	1994,9	316692	635
636	404496	257259456	25,2190	8,5997	6,4552	1,5723	1998,1	317690	636
637	405769	258474853	25,2389	8,6043	6,4568	1,5699	2001,2	318690	637
638	407044	259694072	25,2587	8,6088	6,4583	1,5674	2004,3	319692	638
639	408321	260917119	25,2784	8,6132	6,4599	1,5650	2007,5	320695	639
640	409600	262144000	25,2982	8,6177	6,4615	1,5625	2010,6	321699	**640**
641	410881	263374721	25,3180	8,6222	6,4630	1,5601	2013,8	322705	641
642	412164	264609288	25,3377	8,6267	6,4646	1,5576	2016,9	323713	642
643	413449	265847707	25,3574	8,6312	6,4661	1,5552	2020,0	324722	643
644	414736	267089984	25,3772	8,6357	6,4677	1,5528	2023,2	325733	644
645	416025	268336125	25,3969	8,6401	6,4693	1,5504	2026,3	326745	645
646	417316	269586136	25,4165	8,6446	6,4708	1,5480	2029,5	327759	646
647	418609	270840023	25,4362	8,6490	6,4724	1,5456	2032,6	328775	647
648	419904	272097792	25,4558	8,6535	6,4739	1,5432	2035,8	329792	648
649	421201	273359449	25,4755	8,6579	6,4754	1,5408	2038,9	330810	649
650	422500	274625000	25,4951	8,6624	6,4770	1,5385	2042,0	331831	**650**

n	n^2	n^3	$\sqrt{n}$	$\sqrt[3]{n}$	$\ln n$	$\frac{1000}{n}$	πn	$\frac{\pi n^2}{4}$	n
650	422500	274625000	25,4951	8,6624	6,4770	1,5385	2042,0	331831	**650**
651	423801	275894451	25,5147	8,6668	6,4785	1,5361	2045,2	332853	651
652	425104	277167808	25,5343	8,6713	6,4800	1,5337	2048,3	333876	652
653	426409	278445077	25,5539	8,6757	6,4816	1,5314	2051,5	334901	653
654	427716	279726264	25,5734	8,6801	6,4831	1,5291	2054,6	335927	654
655	429025	281011375	25,5930	8,6845	6,4846	1,5267	2057,7	336955	655
656	430336	282300416	25,6125	8,6890	6,4862	1,5244	2060,9	337985	656
657	431649	283593393	25,6320	8,6934	6,4877	1,5221	2064,0	339016	657
658	432964	284890312	25,6515	8,6978	6,4892	1,5198	2067,2	340049	658
659	434281	286191179	25,6710	8,7022	6,4907	1,5175	2070,3	341083	659
660	435600	287496000	25,6905	8,7066	6,4922	1,5152	2073,5	342119	**660**
661	436921	288804781	25,7099	8,7110	6,4938	1,5129	2076,6	343157	661
662	438244	290117528	25,7294	8,7154	6,4953	1,5106	2079,7	344196	662
663	439569	291434247	25,7488	8,7198	6,4968	1,5083	2082,9	345237	663
664	440896	292754944	25,7682	8,7241	6,4983	1,5060	2086,0	346279	664
665	442225	294079625	25,7876	8,7285	6,4998	1,5038	2089,2	347323	665
666	443556	295408296	25,8070	8,7329	6,5013	1,5015	2092,3	348368	666
667	444889	296740963	25,8263	8,7373	6,5028	1,4993	2095,4	349415	667
668	446224	298077632	25,8457	8,7416	6,5043	1,4970	2098,6	350464	668
669	447561	299418309	25,8650	8,7460	6,5058	1,4948	2101,7	351514	669
670	448900	300763000	25,8844	8,7503	6,5073	1,4925	2104,9	352565	**670**
671	450241	302111711	25,9037	8,7547	6,5088	1,4903	2108,0	353618	671
672	451584	303464448	25,9230	8,7590	6,5103	1,4881	2111,2	354673	672
673	452929	304821217	25,9422	8,7634	6,5118	1,4859	2114,3	355730	673
674	454276	306182024	25,9615	8,7677	6,5132	1,4837	2117,4	356788	674
675	455625	307546875	25,9808	8,7721	6,5147	1,4815	2120,6	357847	675
676	456976	308915776	26,0000	8,7764	6,5162	1,4793	2123,7	358908	676
677	458329	310288733	26,0192	8,7807	6,5177	1,4771	2126,9	359971	677
678	459684	311665752	26,0384	8,7850	6,5192	1,4749	2130,0	361035	678
679	461041	313046839	26,0576	8,7893	6,5206	1,4728	2133,1	362101	679
680	462400	314432000	26,0768	8,7937	6,5221	1,4706	2136,3	363168	**680**
681	463761	315821241	26,0960	8,7980	6,5236	1,4684	2139,4	364237	681
682	465124	317214568	26,1151	8,8023	6,5250	1,4663	2142,6	365308	682
683	466489	318611987	26,1343	8,8066	6,5265	1,4641	2145,7	366380	683
684	467856	320013504	26,1534	8,8109	6,5280	1,4620	2148,8	367453	684
685	469225	321419125	26,1725	8,8152	6,5294	1,4599	2152,0	368528	685
686	470596	322828856	26,1916	8,8194	6,5309	1,4577	2155,1	369605	686
687	471969	324242703	26,2107	8,8237	6,5323	1,4556	2158,3	370684	687
688	473344	325660672	26,2298	8,8280	6,5338	1,4535	2161,4	371764	688
689	474721	327082769	26,2488	8,8323	6,5352	1,4514	2164,6	372845	689
690	476100	328509000	26,2679	8,8366	6,5367	1,4493	2167,7	373928	**690**
691	477481	329939371	26,2869	8,8408	6,5381	1,4472	2170,8	375013	691
692	478864	331373888	26,3059	8,8451	6,5396	1,4451	2174,0	376099	692
693	480249	332812557	26,3249	8,8493	6,5410	1,4430	2177,1	377187	693
694	481636	334255384	26,3439	8,8536	6,5425	1,4409	2180,3	378276	694
695	483025	335702375	26,3629	8,8578	6,5439	1,4389	2183,4	379367	695
696	484416	337153536	26,3818	8,8621	6,5453	1,4368	2186,5	380459	696
697	485809	338608873	26,4008	8,8663	6,5468	1,4347	2189,7	381553	697
698	487204	340068392	26,4197	8,8706	6,5482	1,4327	2192,8	382649	698
699	488601	341532099	26,4386	8,8748	6,5497	1,4306	2196,0	383746	699
700	490000	343000000	26,4575	8,8790	6,5511	1,4286	2199,1	384845	**700**

n	n^2	n^3	$\sqrt{n}$	$\sqrt[3]{n}$	$\ln n$	$\frac{1000}{n}$	πn	$\frac{\pi n^2}{4}$	n
700	490000	343000000	26,4575	8,8790	6,5511	1,4286	2199,1	384845	**700**
701	491401	344472101	26,4764	8,8833	6,5525	1,4265	2202,3	385945	701
702	492804	345948408	26,4953	8,8875	6,5539	1,4245	2205,4	387047	702
703	494209	347428927	26,5141	8,8917	6,5554	1,4225	2208,5	388151	703
704	495616	348913664	26,5330	8,8959	6,5568	1,4205	2211,7	389256	704
705	497025	350402625	26,5518	8,9001	6,5582	1,4184	2214,8	390363	705
706	498436	351895816	26,5707	8,9043	6,5596	1,4164	2218,0	391471	706
707	499849	353393243	26,5895	8,9085	6,5610	1,4144	2221,1	392580	707
708	501264	354894912	26,6083	8,9127	6,5624	1,4124	2224,2	393692	708
709	502681	356400829	26,6271	8,9169	6,5639	1,4104	2227,4	394805	709
710	504100	357911000	26,6458	8,9211	6,5653	1,4085	2230,5	395919	**710**
711	505521	359425431	26,6646	8,9253	6,5667	1,4065	2233,7	397035	711
712	506944	360944128	26,6833	8,9295	6,5681	1,4045	2236,8	398153	712
713	508369	362467097	26,7021	8,9337	6,5695	1,4025	2240,0	399272	713
714	509796	363994344	26,7208	8,9378	6,5709	1,4006	2243,1	400393	714
715	511225	365525875	26,7395	8,9420	6,5723	1,3986	2246,2	401515	715
716	512656	367061696	26,7582	8,9462	6,5737	1,3967	2249,4	402639	716
717	514089	368601813	26,7769	8,9503	6,5751	1,3947	2252,5	403765	717
718	515524	370146232	26,7955	8,9545	6,5765	1,3928	2255,7	404892	718
719	516961	371694959	26,8142	8,9587	6,5779	1,3908	2258,8	406020	719
720	518400	373248000	26,8328	8,9628	6,5793	1,3889	2261,9	407150	**720**
721	519841	374805361	26,8514	8,9670	6,5806	1,3870	2265,1	408282	721
722	521284	376367048	26,8701	8,9711	6,5820	1,3850	2268,2	409415	722
723	522729	377933067	26,8887	8,9752	6,5834	1,3831	2271,4	410550	723
724	524176	379503424	26,9072	8,9794	6,5848	1,3812	2274,5	411687	724
725	525625	381078125	26,9258	8,9835	6,5862	1,3793	2277,7	412825	725
726	527076	382657176	26,9444	8,9876	6,5876	1,3774	2280,8	413965	726
727	528529	384240583	26,9629	8,9918	6,5889	1,3755	2283,9	415106	727
728	529984	385828352	26,9815	8,9959	6,5903	1,3736	2287,1	416248	728
729	531441	387420489	27,0000	9,0000	6,5917	1,3717	2290,2	417393	729
730	532900	389017000	27,0185	9,0041	6,5930	1,3699	2293,4	418539	**730**
731	534361	390617891	27,0370	9,0082	6,5944	1,3680	2296,5	419686	731
732	535824	392223168	27,0555	9,0123	6,5958	1,3661	2299,6	420835	732
733	537289	393832837	27,0740	9,0164	6,5972	1,3643	2302,8	421986	733
734	538756	395446904	27,0924	9,0205	6,5985	1,3624	2305,9	423138	734
735	540225	397065375	27,1109	9,0246	6,5999	1,3605	2309,1	424293	735
736	541696	398688256	27,1293	9,0287	6,6012	1,3587	2312,2	425447	736
737	543169	400315553	27,1477	9,0328	6,6026	1,3569	2315,4	426604	737
738	544644	401947272	27,1662	9,0369	6,6039	1,3550	2318,5	427762	738
739	546121	403583419	27,1846	9,0410	6,6053	1,3532	2321,6	428922	739
740	547600	405224000	27,2029	9,0450	6,6067	1,3514	2324,8	430084	**740**
741	549081	406869021	27,2213	9,0491	6,6080	1,3495	2327,9	431247	741
742	550564	408518488	27,2397	9,0532	6,6094	1,3477	2331,1	432412	742
743	552049	410172407	27,2580	9,0572	6,6107	1,3459	2334,2	433578	743
744	553536	411830784	27,2764	9,0613	6,6120	1,3441	2337,3	434746	744
745	555025	413493625	27,2947	9,0654	6,6134	1,3423	2340,5	435916	745
746	556516	415160936	27,3130	9,0694	6,6147	1,3405	2343,6	437087	746
747	558009	416832723	27,3313	9,0735	6,6161	1,3387	2346,8	438259	747
748	559504	418508992	27,3496	9,0775	6,6174	1,3369	2349,9	439433	748
749	561001	420189749	27,3679	9,0816	6,6187	1,3351	2353,1	440609	749
750	562500	421875000	27,3861	9,0856	6,6201	1,3333	2356,2	441786	**750**

n	n^2	n^3	$\sqrt{n}$	$\sqrt[3]{n}$	$\ln n$	$\frac{1000}{n}$	πn	$\frac{\pi n^2}{4}$	n
750	562500	421875000	27,3861	9,0856	6,6201	1,3333	2356,2	441786	**750**
751	564001	423564751	27,4044	9,0896	6,6214	1,3316	2359,3	442965	751
752	565504	425259008	27,4226	9,0937	6,6227	1,3298	2362,5	444146	752
753	567009	426957777	27,4408	9,0977	6,6241	1,3280	2365,6	445328	753
754	568516	428661064	27,4591	9,1017	6,6254	1,3263	2368,8	446511	754
755	570025	430368875	27,4773	9,1057	6,6267	1,3245	2371,9	447697	755
756	571536	432081216	27,4955	9,1098	6,6280	1,3228	2375,0	448883	756
757	573049	433798093	27,5136	9,1138	6,6294	1,3210	2378,2	450072	757
758	574564	435519512	27,5318	9,1178	6,6307	1,3193	2381,3	451262	758
759	576081	437245479	27,5500	9,1218	6,6320	1,3175	2384,5	452453	759
760	577600	438976000	27,5681	9,1258	6,6333	1,3158	2387,6	453646	**760**
761	579121	440711081	27,5862	9,1298	6,6346	1,3141	2390,8	454841	761
762	580644	442450728	27,6043	9,1338	6,6360	1,3123	2393,9	456037	762
763	582169	444194947	27,6225	9,1378	6,6373	1,3106	2397,0	457234	763
764	583696	445943744	27,6405	9,1418	6,6386	1,3089	2400,2	458434	764
765	585225	447697125	27,6586	9,1458	6,6399	1,3072	2403,3	459635	765
766	586756	449455096	27,6767	9,1498	6,6412	1,3055	2406,5	460837	766
767	588289	451217663	27,6948	9,1537	6,6425	1,3038	2409,6	462041	767
768	589824	452984832	27,7128	9,1577	6,6438	1,3021	2412,7	463247	768
769	591361	454756609	27,7308	9,1617	6,6451	1,3004	2415,9	464454	769
770	592900	456533000	27,7489	9,1657	6,6464	1,2987	2419,0	465663	**770**
771	594441	458314011	27,7669	9,1696	6,6477	1,2970	2422,2	466873	771
772	595984	460099648	27,7849	9,1736	6,6490	1,2953	2425,3	468085	772
773	597529	461889917	27,8029	9,1775	6,6503	1,2937	2428,5	469298	773
774	599076	463684824	27,8209	9,1815	6,6516	1,2920	2431,6	470513	774
775	600625	465484375	27,8388	9,1855	6,6529	1,2903	2434,7	471730	775
776	602176	467288576	27,8568	9,1894	6,6542	1,2887	2437,9	472948	776
777	603729	469097433	27,8747	9,1933	6,6554	1,2870	2441,0	474168	777
778	605284	470910952	27,8927	9,1973	6,6567	1,2854	2444,2	475389	778
779	606841	472729139	27,9106	9,2012	6,6580	1,2837	2447,3	476612	779
780	608400	474552000	27,9285	9,2052	6,6593	1,2821	2450,4	477836	**780**
781	609961	476379541	27,9464	9,2091	6,6606	1,2804	2453,6	479062	781
782	611524	478211768	27,9643	9,2130	6,6619	1,2788	2456,7	480290	782
783	613089	480048687	27,9821	9,2170	6,6631	1,2771	2459,9	481519	783
784	614656	481890304	28,0000	9,2209	6,6644	1,2755	2463,0	482750	784
785	616225	483736625	28,0179	9,2248	6,6657	1,2739	2466,2	483982	785
786	617796	485587656	28,0357	9,2287	6,6670	1,2723	2469,3	485216	786
787	619369	487443403	28,0535	9,2326	6,6682	1,2707	2472,4	486451	787
788	620944	489303872	28,0713	9,2365	6,6695	1,2690	2475,6	487688	788
789	622521	491169069	28,0891	9,2404	6,6708	1,2674	2478,7	488927	789
790	624100	493039000	28,1069	9,2443	6,6720	1,2658	2481,9	490167	**790**
791	625681	494913671	28,1247	9,2482	6,6733	1,2642	2485,0	491409	791
792	627264	496793088	28,1425	9,2521	6,6746	1,2626	2488,1	492652	792
793	628849	498677257	28,1603	9,2560	6,6758	1,2610	2491,3	493897	793
794	630436	500566184	28,1780	9,2599	6,6771	1,2595	2494,4	495143	794
795	632025	502459875	28,1957	9,2638	6,6783	1,2579	2497,6	496391	795
796	633616	504358336	28,2135	9,2677	6,6796	1,2563	2500,7	497641	796
797	635209	506261573	28,2312	9,2716	6,6809	1,2547	2503,8	498892	797
798	636804	508169592	28,2489	9,2754	6,6821	1,2531	2507,0	500145	798
799	638401	510082399	28,2666	9,2793	6,6834	1,2516	2510,1	501399	799
800	640000	512000000	28,2843	9,2832	6,6846	1,2500	2513,3	502655	**800**

n	n^2	n^3	$\sqrt{n}$	$\sqrt[3]{n}$	$\ln n$	$\frac{1000}{n}$	πn	$\frac{\pi n^2}{4}$	n
800	640000	512000000	28,2843	9,2832	6,6846	1,2500	2513,3	502655	**800**
801	641601	513922401	28,3019	9,2870	6,6859	1,2484	2516,4	503912	801
802	643204	515849608	28,3196	9,2909	6,6871	1,2469	2519,6	505171	802
803	644809	517781627	28,3373	9,2948	6,6884	1,2453	2522,7	506432	803
804	646416	519718464	28,3549	9,2986	6,6896	1,2438	2525,8	507694	804
805	648025	521660125	28,3725	9,3025	6,6908	1,2422	2529,0	508958	805
806	649636	523606616	28,3901	9,3063	6,6921	1,2407	2532,1	510223	806
807	651249	525557943	28,4077	9,3102	6,6933	1,2392	2535,3	511490	807
808	652864	527514112	28,4253	9,3140	6,6946	1,2376	2538,4	512758	808
809	654481	529475129	28,4429	9,3179	6,6958	1,2361	2541,5	514028	809
810	656100	531441000	28,4605	9,3217	6,6970	1,2346	2544,7	515300	**810**
811	657721	533411731	28,4781	9,3255	6,6983	1,2331	2547,8	516573	811
812	659344	535387328	28,4956	9,3294	6,6995	1,2315	2551,0	517848	812
813	660969	537367797	28,5132	9,3332	6,7007	1,2300	2554,1	519124	813
814	662596	539353144	28,5307	9,3370	6,7020	1,2285	2557,3	520402	814
815	664225	541343375	28,5482	9,3408	6,7032	1,2270	2560,4	521681	815
816	665856	543338496	28,5657	9,3447	6,7044	1,2255	2563,5	522962	816
817	667489	545338513	28,5832	9,3485	6,7056	1,2240	2566,7	524245	817
818	669124	547343432	28,6007	9,3523	6,7069	1,2225	2569,8	525529	818
819	670761	549353259	28,6182	9,3561	6,7081	1,2210	2573,0	526814	819
820	672400	551368000	28,6356	9,3599	6,7093	1,2195	2576,1	528102	**820**
821	674041	553387661	28,6531	9,3637	6,7105	1,2180	2579,2	529391	821
822	675684	555412248	28,6705	9,3675	6,7117	1,2166	2582,4	530681	822
823	677329	557441767	28,6880	9,3713	6,7130	1,2151	2585,5	531973	823
824	678976	559476224	28,7054	9,3751	6,7142	1,2136	2588,7	533267	824
825	680625	561515625	28,7228	9,3789	6,7154	1,2121	2591,8	534562	825
826	682276	563559976	28,7402	9,3827	6,7166	1,2107	2595,0	535858	826
827	683929	565609283	28,7576	9,3865	6,7178	1,2092	2598,1	537157	827
828	685584	567663552	28,7750	9,3902	6,7190	1,2077	2601,2	538456	828
829	687241	569722789	28,7924	9,3940	6,7202	1,2063	2604,4	539758	829
830	688900	571787000	28,8097	9,3978	6,7214	1,2048	2607,5	541061	**830**
831	690561	573856191	28,8271	9,4016	6,7226	1,2034	2610,7	542365	831
832	692224	575930368	28,8444	9,4053	6,7238	1,2019	2613,8	543671	832
833	693889	578009537	28,8617	9,4091	6,7250	1,2005	2616,9	544979	833
834	695556	580093704	28,8791	9,4129	6,7262	1,1990	2620,1	546288	834
835	697225	582182875	28,8964	9,4166	6,7274	1,1976	2623,2	547599	835
836	698896	584277056	28,9137	9,4204	6,7286	1,1962	2626,4	548912	836
837	700569	586376253	28,9310	9,4241	6,7298	1,1947	2629,5	550226	837
838	702244	588480472	28,9482	9,4279	6,7310	1,1933	2632,7	551541	838
839	703921	590589719	28,9655	9,4316	6,7322	1,1919	2635,8	552858	839
840	705600	592704000	28,9828	9,4354	6,7334	1,1905	2638,9	554177	**840**
841	707281	594823321	29,0000	9,4391	6,7346	1,1891	2642,1	555497	841
842	708964	596947688	29,0172	9,4429	6,7358	1,1877	2645,2	556819	842
843	710649	599077107	29,0345	9,4466	6,7370	1,1862	2648,4	558142	843
844	712336	601211584	29,0517	9,4503	6,7382	1,1848	2651,5	559467	844
845	714025	603351125	29,0689	9,4541	6,7393	1,1834	2654,6	560794	845
846	715716	605495736	29,0861	9,4578	6,7405	1,1820	2657,8	562122	846
847	717409	607645423	29,1033	9,4615	6,7417	1,1806	2660,9	563452	847
848	719104	609800192	29,1204	9,4652	6,7429	1,1793	2664,1	564783	848
849	720801	611960049	29,1376	9,4690	6,7441	1,1779	2667,2	566116	849
850	722500	614125000	29,1548	9,4727	6,7452	1,1765	2670,4	567450	**850**

n	n^2	n^3	$\sqrt{n}$	$\sqrt[3]{n}$	$\ln n$	$\frac{1000}{n}$	πn	$\frac{\pi n^2}{4}$	n
850	722500	614125000	29,1548	9,4727	6,7452	1,1765	2670,4	567450	**850**
851	724201	616295051	29,1719	9,4764	6,7464	1,1751	2673,5	568786	851
852	725904	618470208	29,1890	9,4801	6,7476	1,1737	2676,6	570124	852
853	727609	620650477	29,2062	9,4838	6,7488	1,1723	2679,8	571463	853
854	729316	622835864	29,2233	9,4875	6,7499	1,1710	2682,9	572803	854
855	731025	625026375	29,2404	9,4912	6,7511	1,1696	2686,1	574146	855
856	732736	627222016	29,2575	9,4949	6,7523	1,1682	2689,2	575490	856
857	734449	629422793	29,2746	9,4986	6,7534	1,1669	2692,3	576835	857
858	736164	631628712	29,2916	9,5023	6,7546	1,1655	2695,5	578182	858
859	737881	633839779	29,3087	9,5060	6,7558	1,1641	2698,6	579530	859
860	739600	636056000	29,3258	9,5097	6,7569	1,1628	2701,8	580880	**860**
861	741321	638277381	29,3428	9,5134	6,7581	1,1614	2704,9	582232	861
862	743044	640503928	29,3598	9,5171	6,7593	1,1601	2708,1	583585	862
863	744769	642735647	29,3769	9,5207	6,7604	1,1588	2711,2	584940	863
864	746496	644972544	29,3939	9,5244	6,7616	1,1574	2714,3	586297	864
865	748225	647214625	29,4109	9,5281	6,7627	1,1561	2717,5	587655	865
866	749956	649461896	29,4279	9,5317	6,7639	1,1547	2720,6	589014	866
867	751689	651714363	29,4449	9,5354	6,7650	1,1534	2723,8	590375	867
868	753424	653972032	29,4618	9,5391	6,7662	1,1521	2726,9	591738	868
869	755161	656234909	29,4788	9,5427	6,7673	1,1508	2730,0	593102	869
870	756900	658503000	29,4958	9,5464	6,7685	1,1494	2733,2	594468	**870**
871	758641	660776311	29,5127	9,5501	6,7696	1,1481	2736,3	595835	871
872	760384	663054848	29,5296	9,5537	6,7708	1,1468	2739,5	597204	872
873	762129	665338617	29,5466	9,5574	6,7719	1,1455	2742,6	598575	873
874	763876	667627624	29,5635	9,5610	6,7731	1,1442	2745,8	599947	874
875	765625	669921875	29,5804	9,5647	6,7742	1,1429	2748,9	601320	875
876	767376	672221376	29,5973	9,5683	6,7754	1,1416	2752,0	602696	876
877	769129	674526133	29,6142	9,5719	6,7765	1,1403	2755,2	604073	877
878	770884	676836152	29,6311	9,5756	6,7777	1,1390	2758,3	605451	878
879	772641	679151439	29,6479	9,5792	6,7788	1,1377	2761,5	606831	879
880	774400	681472000	29,6648	9,5828	6,7799	1,1364	2764,6	608212	**880**
881	776161	683797841	29,6816	9,5865	6,7811	1,1351	2767,7	609595	881
882	777924	686128968	29,6985	9,5901	6,7822	1,1338	2770,9	610980	882
883	779689	688465387	29,7153	9,5937	6,7833	1,1325	2774,0	612366	883
884	781456	690807104	29,7321	9,5973	6,7845	1,1312	2777,2	613754	884
885	783225	693154125	29,7489	9,6010	6,7856	1,1299	2780,3	615143	885
886	784996	695506456	29,7658	9,6046	6,7867	1,1287	2783,5	616534	886
887	786769	697864103	29,7825	9,6082	6,7878	1,1274	2786,6	617927	887
888	788544	700227072	29,7993	9,6118	6,7890	1,1261	2789,7	619321	888
889	790321	702595369	29,8161	9,6154	6,7901	1,1249	2792,9	620717	889
890	792100	704969000	29,8329	9,6190	6,7912	1,1236	2796,0	622114	**890**
891	793881	707347971	29,8496	9,6226	6,7923	1,1223	2799,2	623513	891
892	795664	709732288	29,8664	9,6262	6,7935	1,1211	2802,3	624913	892
893	797449	712121957	29,8831	9,6298	6,7946	1,1198	2805,4	626315	893
894	799236	714516984	29,8998	9,6334	6,7957	1,1186	2808,6	627718	894
895	801025	716917375	29,9166	9,6370	6,7968	1,1173	2811,7	629124	895
896	802816	719323136	29,9333	9,6406	6,7979	1,1161	2814,9	630530	896
897	804609	721734273	29,9500	9,6442	6,7991	1,1148	2818,0	631938	897
898	806404	724150792	29,9666	9,6477	6,8002	1,1136	2821,2	633348	898
899	808201	726572699	29,9833	9,6513	6,8013	1,1124	2824,3	634760	899
900	810000	729000000	30,0000	9,6549	6,8024	1,1111	2827,4	636173	**900**

n	n^2	n^3	$\sqrt{n}$	$\sqrt[3]{n}$	$\ln n$	$\frac{1000}{n}$	πn	$\frac{\pi n^2}{4}$	n
900	810000	729000000	30,0000	9,6549	6,8024	1,1111	2827,4	636173	**900**
901	811801	731432701	30,0167	9,6585	6,8035	1,1099	2830,6	637587	901
902	813604	733870808	30,0333	9,6620	6,8046	1,1087	2833,7	639003	902
903	815409	736314327	30,0500	9,6656	6,8057	1,1074	2836,9	640421	903
904	817216	738763264	30,0666	9,6692	6,8068	1,1062	2840,0	641840	904
905	819025	741217625	30,0832	9,6727	6,8079	1,1050	2843,1	643261	905
906	820836	743677416	30,0998	9,6763	6,8090	1,1038	2846,3	644683	906
907	822649	746142643	30,1164	9,6799	6,8101	1,1025	2849,4	646107	907
908	824464	748613312	30,1330	9,6834	6,8112	1,1013	2852,6	647533	908
909	826281	751089429	30,1496	9,6870	6,8124	1,1001	2855,7	648960	909
910	828100	753571000	30,1662	9,6905	6,8134	1,0989	2858,8	650388	**910**
911	829921	756058031	30,1828	9,6941	6,8145	1,0977	2862,0	651818	911
912	831744	758550528	30,1993	9,6976	6,8156	1,0965	2865,1	653250	912
913	833569	761048497	30,2159	9,7012	6,8167	1,0953	2868,3	654684	913
914	835396	763551944	30,2324	9,7047	6,8178	1,0941	2871,4	656118	914
915	837225	766060875	30,2490	9,7082	6,8189	1,0929	2874,6	657555	915
916	839056	768575296	30,2655	9,7118	6,8200	1,0917	2877,7	658993	916
917	840889	771095213	30,2820	9,7153	6,8211	1,0905	2880,8	660433	917
918	842724	773620632	30,2985	9,7188	6,8222	1,0893	2884,0	661874	918
919	844561	776151559	30,3150	9,7224	6,8233	1,0881	2887,1	663317	919
920	846400	778688000	30,3315	9,7259	6,8244	1,0870	2890,3	664761	**920**
921	848241	781229961	30,3480	9,7294	6,8255	1,0858	2893,4	666207	921
922	850084	783777448	30,3645	9,7329	6,8266	1,0846	2896,5	667654	922
923	851929	786330467	30,3809	9,7364	6,8276	1,0834	2899,7	669103	923
924	853776	788889024	30,3974	9,7400	6,8287	1,0823	2902,8	670554	924
925	855625	791453125	30,4138	9,7435	6,8298	1,0811	2906,0	672006	925
926	857476	794022776	30,4302	9,7470	6,8309	1,0799	2909,1	673460	926
927	859329	796597983	30,4467	9,7505	6,8320	1,0788	2912,3	674915	927
928	861184	799178752	30,4631	9,7540	6,8330	1,0776	2915,4	676372	928
929	863041	801765089	30,4795	9,7575	6,8341	1,0764	2918,5	677831	929
930	864900	804357000	30,4959	9,7610	6,8352	1,0753	2921,7	679291	**930**
931	866761	806954491	30,5123	9,7645	6,8363	1,0741	2924,8	680752	931
932	868624	809557568	30,5287	9,7680	6,8373	1,0730	2928,0	682216	932
933	870489	812166237	30,5450	9,7715	6,8384	1,0718	2931,1	683680	933
934	872356	814780504	30,5614	9,7750	6,8395	1,0707	2934,2	685147	934
935	874225	817400375	30,5778	9,7785	6,8406	1,0695	2937,4	686615	935
936	876096	820025856	30,5941	9,7819	6,8416	1,0684	2940,5	688084	936
937	877969	822656953	30,6105	9,7854	6,8427	1,0672	2943,7	689555	937
938	879844	825293672	30,6268	9,7889	6,8438	1,0661	2946,8	691028	938
939	881721	827936019	30,6431	9,7924	6,8448	1,0650	2950,0	692502	939
940	883600	830584000	30,6594	9,7959	6,8459	1,0638	2953,1	693978	**940**
941	885481	833237621	30,6757	9,7993	6,8469	1,0627	2956,2	695455	941
942	887364	835896888	30,6920	9,8028	6,8480	1,0616	2959,4	696934	942
943	889249	838561807	30,7083	9,8063	6,8491	1,0605	2962,5	698415	943
944	891136	841232384	30,7246	9,8097	6,8501	1,0593	2965,7	699897	944
945	893025	843908625	30,7409	9,8132	6,8512	1,0582	2968,8	701380	945
946	894916	846590536	30,7571	9,8167	6,8522	1,0571	2971,9	702865	946
947	896809	849278123	30,7734	9,8201	6,8533	1,0560	2975,1	704352	947
948	898704	851971392	30,7896	9,8236	6,8544	1,0549	2978,2	705840	948
949	900601	854670349	30,8058	9,8270	6,8554	1,0537	2981,4	707330	949
950	902500	857375000	30,8221	9,8305	6,8565	1,0526	2984,5	708822	**950**

n	n^2	n^3	$\sqrt{n}$	$\sqrt[3]{n}$	$\ln n$	$\frac{1000}{n}$	πn	$\frac{\pi n^2}{4}$	n
950	902500	857375000	30,8221	9,8305	6,8565	1,0526	2984,5	708822	**950**
951	904401	860085351	30,8383	9,8339	6,8575	1,0515	2987,7	710315	951
952	906304	862801408	30,8545	9,8374	6,8586	1,0504	2990,8	711809	952
953	908209	865523177	30,8707	9,8408	6,8596	1,0493	2993,9	713306	953
954	910116	868250664	30,8869	9,8443	6,8607	1,0482	2997,1	714803	954
955	912025	870983875	30,9031	9,8477	6,8617	1,0471	3000,2	716303	955
956	913936	873722816	30,9192	9,8511	6,8628	1,0460	3003,4	717804	956
957	915849	876467493	30,9354	9,8546	6,8638	1,0449	3006,5	719306	957
958	917764	879217912	30,9516	9,8580	6,8649	1,0438	3009,6	720810	958
959	919681	881974079	30,9677	9,8614	6,8659	1,0428	3012,8	722316	959
960	921600	884736000	30,9839	9,8648	6,8669	1,0417	3015,9	723823	**960**
961	923521	887503681	31,0000	9,8683	6,8680	1,0406	3019,1	725332	961
962	925444	890277128	31,0161	9,8717	6,8690	1,0395	3022,2	726842	962
963	927369	893056347	31,0322	9,8751	6,8701	1,0384	3025,4	728354	963
964	929296	895841344	31,0483	9,8785	6,8711	1,0373	3028,5	729867	964
965	931225	898632125	31,0644	9,8819	6,8721	1,0363	3031,6	731382	965
966	933156	901428696	31,0805	9,8854	6,8732	1,0352	3034,8	732899	966
967	935089	904231063	31,0966	9,8888	6,8742	1,0341	3037,9	734417	967
968	937024	907039232	31,1127	9,8922	6,8752	1,0331	3041,1	735937	968
969	938961	909853209	31,1288	9,8956	6,8763	1,0320	3044,2	737458	969
970	940900	912673000	31,1448	9,8990	6,8773	1,0309	3047,3	738981	**970**
971	942841	915498611	31,1609	9,9024	6,8783	1,0299	3050,5	740506	971
972	944784	918330048	31,1769	9,9058	6,8794	1,0288	3053,6	742032	972
973	946729	921167317	31,1929	9,9092	6,8804	1,0278	3056,8	743559	973
974	948676	924010424	31,2090	9,9126	6,8814	1,0267	3059,9	745088	974
975	950625	926859375	31,2250	9,9160	6,8824	1,0256	3063,1	746619	975
976	952576	929714176	31,2410	9,9194	6,8835	1,0246	3066,2	748151	976
977	954529	932574833	31,2570	9,9227	6,8845	1,0235	3069,3	749685	977
978	956484	935441352	31,2730	9,9261	6,8855	1,0225	3072,5	751221	978
979	958441	938313739	31,2890	9,9295	6,8865	1,0215	3075,6	752758	979
980	960400	941192000	31,3050	9,9329	6,8876	1,0204	3078,8	754296	**980**
981	962361	944076141	31,3209	9,9363	6,8886	1,0194	3081,9	755837	981
982	964324	946966168	31,3369	9,9396	6,8896	1,0183	3085,0	757378	982
983	966289	949862087	31,3528	9,9430	6,8906	1,0173	3088,2	758922	983
984	968256	952763904	31,3688	9,9464	6,8916	1,0163	3091,3	760466	984
985	970225	955671625	31,3847	9,9497	6,8926	1,0152	3094,5	762013	985
986	972196	958585256	31,4006	9,9531	6,8937	1,0142	3097,6	763561	986
987	974169	961504803	31,4166	9,9565	6,8947	1,0132	3100,8	765111	987
988	976144	964430272	31,4325	9,9598	6,8957	1,0122	3103,9	766662	988
989	978121	967361669	31,4484	9,9632	6,8967	1,0111	3107,0	768214	989
990	980100	970299000	31,4643	9,9666	6,8977	1,0101	3110,2	769769	**990**
991	982081	973242271	31,4802	9,9699	6,8987	1,0091	3113,3	771325	991
992	984064	976191488	31,4960	9,9733	6,8997	1,0081	3116,5	772882	992
993	986049	979146657	31,5119	9,9766	6,9007	1,0071	3119,6	774441	993
994	988036	982107784	31,5278	9,9800	6,9017	1,0060	3122,7	776002	994
995	990025	985074875	31,5436	9,9833	6,9027	1,0050	3125,9	777564	995
996	992016	988047936	31,5595	9,9866	6,9038	1,0040	3129,0	779128	996
997	994009	991026973	31,5753	9,9900	6,9048	1,0030	3132,2	780693	997
998	996004	994011992	31,5911	9,9933	6,9058	1,0020	3135,3	782260	998
999	998001	997002999	31,6070	9,9967	6,9068	1,0010	3138,5	783828	999

B. Tafel der 4stelligen Mantissen der Briggsschen Logarithmen von 100 bis 999

Zahl	0	1	2	3	4	5	6	7	8	9	*D*
10	0000	0043	0086	0128	0170	0212	0253	0294	0334	0374	40
11	0414	0453	0492	0531	0569	0607	0645	0682	0719	0755	37
12	0792	0828	0864	0899	0934	0969	1004	1038	1072	1106	33
13	1139	1173	1206	1239	1271	1303	1335	1367	1399	1430	31
14	1461	1492	1523	1553	1584	1614	1644	1673	1703	1732	29
15	1761	1790	1818	1847	1875	1903	1931	1959	1987	2014	27
16	2041	2068	2095	2122	2148	2175	2201	2227	2253	2279	25
17	2304	2330	2355	2380	2405	2430	2455	2480	2504	2529	24
18	2553	2577	2601	2625	2648	2672	2695	2718	2742	2765	23
19	2788	2810	2833	2856	2878	2900	2923	2945	2967	2989	21
20	3010	3032	3054	3075	3096	3118	3139	3160	3181	3201	21
21	3222	3243	3263	3284	3304	3324	3345	3365	3385	3404	20
22	3424	3444	3464	3483	3502	3522	3541	3560	3579	3598	19
23	3617	3636	3655	3674	3692	3711	3729	3747	3766	3784	18
24	3802	3820	3838	3856	3874	3892	3909	3927	3945	3962	17
25	3979	3997	4014	4031	4048	4065	4082	4099	4116	4133	17
26	4150	4166	4183	4200	4216	4232	4249	4265	4281	4298	16
27	4314	4330	4346	4362	4378	4393	4409	4425	4440	4456	16
28	4472	4487	4502	4518	4533	4548	4564	4579	4594	4609	15
29	4624	4639	4654	4669	4683	4698	4713	4728	4742	4757	14
30	4771	4786	4800	4814	4829	4843	4857	4871	4886	4900	14
31	4914	4928	4942	4955	4969	4983	4997	5011	5024	5038	13
32	5051	5065	5079	5092	5105	5119	5132	5145	5159	5172	13
33	5185	5198	5211	5224	5237	5250	5263	5276	5289	5302	13
34	5315	5328	5340	5353	5366	5378	5391	5403	5416	5428	13
35	5441	5453	5465	5478	5490	5502	5514	5527	5539	5551	12
36	5563	5575	5587	5599	5611	5623	5635	5647	5658	5670	12
37	5682	5694	5705	5717	5729	5740	5752	5763	5775	5786	12
38	5798	5809	5821	5832	5843	5855	5866	5877	5888	5899	12
39	5911	5922	5933	5944	5955	5966	5977	5988	5999	6010	11
40	6021	6031	6042	6053	6064	6075	6085	6096	6107	6117	11
41	6128	6138	6149	6160	6170	6180	6191	6201	6212	6222	10
42	6232	6243	6253	6263	6274	6284	6294	6304	6314	6325	10
43	6335	6345	6355	6365	6375	6385	6395	6405	6415	6425	10
44	6435	6444	6454	6464	6474	6484	6493	6503	6513	6522	10
45	6532	6542	6551	6561	6571	6580	6590	6599	6609	6618	10
46	6628	6637	6646	6656	6665	6675	6684	6693	6702	6712	9
47	6721	6730	6739	6749	6758	6767	6776	6785	6794	6803	9
48	6812	6821	6830	6839	6848	6857	6866	6875	6884	6893	9
49	6902	6911	6920	6928	6937	6946	6955	6964	6972	6981	9
50	6990	6998	7007	7016	7024	7033	7042	7050	7059	7067	9
51	7076	7084	7093	7101	7110	7118	7126	7135	7143	7152	8
52	7160	7168	7177	7185	7193	7202	7210	7218	7226	7235	8
53	7243	7251	7259	7267	7275	7284	7292	7300	7308	7316	8
54	7324	7332	7340	7348	7356	7364	7372	7380	7388	7396	8

Spalte *D* enthält die Differenz des letzten lg mit dem ersten der folgenden Zeile.

B. Tafel der 4 stelligen Mantissen der Briggsschen Logarithmen
von 550 bis 999

Zahl	0	1	2	3	4	5	6	7	8	9	D
55	7404	7412	7419	7427	7435	7443	7451	7459	7466	7474	8
56	7482	7490	7497	7505	7513	7520	7528	7536	7543	7551	8
57	7559	7566	7574	7582	7589	7597	7604	7612	7619	7627	7
58	7634	7642	7649	7657	7664	7672	7679	7686	7694	7701	8
59	7709	7716	7723	7731	7738	7745	7752	7760	7767	7774	8
60	7782	7789	7796	7803	7810	7818	7825	7832	7839	7846	7
61	7853	7860	7868	7875	7882	7889	7896	7903	7910	7917	7
62	7924	7931	7938	7945	7952	7959	7966	7973	7980	7987	6
63	7993	8000	8007	8014	8021	8028	8035	8041	8048	8055	7
64	8062	8069	8075	8082	8089	8096	8102	8109	8116	8122	7
65	8129	8136	8142	8149	8156	8162	8169	8176	8182	8189	6
66	8195	8202	8209	8215	8222	8228	8235	8241	8248	8254	7
67	8261	8267	8274	8280	8287	8293	8299	8306	8312	8319	6
68	8325	8331	8338	8344	8351	8357	8363	8370	8376	8382	6
69	8388	8395	8401	8407	8414	8420	8426	8432	8439	8445	6
70	8451	8457	8463	8470	8476	8482	8488	8494	8500	8506	7
71	8513	8519	8525	8531	8537	8543	8549	8555	8561	8567	6
72	8573	8579	8585	8591	8597	8603	8609	8615	8621	8627	6
73	8633	8639	8645	8651	8657	8663	8669	8675	8681	8686	6
74	8692	8698	8704	8710	8716	8722	8727	8733	8739	8745	6
75	8751	8756	8762	8768	8774	8779	8785	8791	8797	8802	6
76	8808	8814	8820	8825	8831	8837	8842	8848	8854	8859	6
77	8865	8871	8876	8882	8887	8893	8899	8904	8910	8915	6
78	8921	8927	8932	8938	8943	8949	8954	8960	8965	8971	5
79	8976	8982	8987	8993	8998	9004	9009	9015	9020	9025	6
80	9031	9036	9042	9047	9053	9058	9063	9069	9074	9079	6
81	9085	9090	9096	9101	9106	9112	9117	9122	9128	9133	5
82	9138	9143	9149	9154	9159	9165	9170	9175	9180	9186	5
83	9191	9196	9201	9206	9212	9217	9222	9227	9232	9238	5
84	9243	9248	9253	9258	9263	9269	9274	9279	9284	9289	5
85	9294	9299	9304	9309	9315	9320	9325	9330	9335	9340	5
86	9345	9350	9355	9360	9365	9370	9375	9380	9385	9390	5
87	9395	9400	9405	9410	9415	9420	9425	9430	9435	9440	5
88	9445	9450	9455	9460	9465	9469	9474	9479	9484	9489	5
89	9494	9499	9504	9509	9513	9518	9523	9528	9533	9538	4
90	9542	9547	9552	9557	9562	9566	9571	9576	9581	9586	4
91	9590	9595	9600	9605	9609	9614	9619	9624	9628	9633	5
92	9638	9643	9647	9652	9657	9661	9666	9671	9675	9680	5
93	9685	9689	9694	9699	9703	9708	9713	9717	9722	9727	4
94	9731	9736	9741	9745	9750	9754	9759	9763	9768	9773	4
95	9777	9782	9786	9791	9795	9800	9805	9809	9814	9818	5
96	9823	9827	9832	9836	9841	9845	9850	9854	9859	9863	5
97	9868	9872	9877	9881	9886	9890	9894	9899	9903	9908	4
98	9912	9917	9921	9926	9930	9934	9939	9943	9948	9952	4
99	9956	9961	9965	9969	9974	9978	9983	9987	9991	9996	4

Spalte *D* enthält die Differenz des letzten lg mit dem ersten der folgenden Zeile.

sin 0° ↓ 45°

Min.	0	6	12	18	24	30	36	42	48	54	60	
Grd	,0	,1	,2	,3	,4	,5	,6	,7	,8	,9	1,0	
0	0,0000	0017	0035	0052	0070	0087	0105	0122	0140	0157	0175	89
1	0175	0192	0209	0227	0244	0262	0279	0297	0314	0332	0349	88
2	0349	0366	0384	0401	0419	0436	0454	0471	0488	0506	0523	87
3	0523	0541	0558	0576	0593	0610	0628	0645	0663	0680	0698	86
4	0698	0715	0732	0750	0767	0785	0802	0819	0837	0854	0872	85
5	0,0872	0889	0906	0924	0941	0958	0976	0993	1011	1028	1045	84
6	1045	1063	1080	1097	1115	1132	1149	1167	1184	1201	1219	83
7	1219	1236	1253	1271	1288	1305	1323	1340	1357	1374	1392	82
8	1392	1409	1426	1444	1461	1478	1495	1513	1530	1547	1564	81
9	1564	1582	1599	1616	1633	1650	1668	1685	1702	1719	1736	**80**
10	0,1736	1754	1771	1788	1805	1822	1840	1857	1874	1891	1908	79
11	1908	1925	1942	1959	1977	1994	2011	2028	2045	2062	2079	78
12	2079	2096	2113	2130	2147	2164	2181	2198	2215	2233	2250	77
13	2250	2267	2284	2300	2317	2334	2351	2368	2385	2402	2419	76
14	2419	2436	2453	2470	2487	2504	2521	2538	2554	2571	2588	75
15	0,2588	2605	2622	2639	2656	2672	2689	2706	2723	2740	2756	74
16	2756	2773	2790	2807	2823	2840	2857	2874	2890	2907	2924	73
17	2924	2940	2957	2974	2990	3007	3024	3040	3057	3074	3090	72
18	3090	3107	3123	3140	3156	3173	3190	3206	3223	3239	3256	71
19	3256	3272	3289	3305	3322	3338	3355	3371	3387	3404	3420	**70**
20	0,3420	3437	3453	3469	3486	3502	3518	3535	3551	3567	3584	69
21	3584	3600	3616	3633	3649	3665	3681	3697	3714	3730	3746	68
22	3746	3762	3778	3795	3811	3827	3843	3859	3875	3891	3907	67
23	3907	3923	3939	3955	3971	3987	4003	4019	4035	4051	4067	66
24	4067	4083	4099	4115	4131	4147	4163	4179	4195	4210	4226	65
25	0,4226	4242	4258	4274	4289	4305	4321	4337	4352	4368	4384	64
26	4384	4399	4415	4431	4446	4462	4478	4493	4509	4524	4540	63
27	4540	4555	4571	4586	4602	4617	4633	4648	4664	4679	4695	62
28	4695	4710	4726	4741	4756	4772	4787	4802	4818	4833	4848	61
29	4848	4863	4879	4894	4909	4924	4939	4955	4970	4985	5000	**60**
30	0,5000	5015	5030	5045	5060	5075	5090	5105	5120	5135	5150	59
31	5150	5165	5180	5195	5210	5225	5240	5255	5270	5284	5299	58
32	5299	5314	5329	5344	5358	5373	5388	5402	5417	5432	5446	57
33	5446	5461	5476	5490	5505	5519	5534	5548	5563	5577	5592	56
34	5592	5606	5621	5635	5650	5664	5678	5693	5707	5721	5736	55
35	0,5736	5750	5764	5779	5793	5807	5821	5835	5850	5864	5878	54
36	5878	5892	5906	5920	5934	5948	5962	5976	5990	6004	6018	53
37	6018	6032	6046	6060	6074	6088	6101	6115	6129	6143	6157	52
38	6157	6170	6184	6198	6211	6225	6239	6252	6266	6280	6293	51
39	6293	6307	6320	6334	6347	6361	6374	6388	6401	6414	6428	**50**
40	0,6428	6441	6455	6468	6481	6494	6508	6521	6534	6547	6561	49
41	6561	6574	6587	6600	6613	6626	6639	6652	6665	6678	6691	48
42	6691	6704	6717	6730	6743	6756	6769	6782	6794	6807	6820	47
43	6820	6833	6845	6858	6871	6884	6896	6909	6921	6934	6947	46
44	0,6947	6959	6972	6984	6997	7009	7022	7034	7046	7059	7071	45
	1,0	,9	,8	,7	,6	,5	,4	,3	,2	,1	,0	Grd
	60	54	48	42	36	30	24	18	12	6	0	Min.

90° ↑ 45° cos

sin 45° ↓ 90°

Min.	0	6	12	18	24	30	36	42	48	54	60	
Grd	,0	,1	,2	,3	,4	,5	,6	,7	,8	,9	1,0	
45	0,7071	7083	7096	7108	7120	7133	7145	7157	7169	7181	7193	44
46	7193	7206	7218	7230	7242	7254	7266	7278	7290	7302	7314	43
47	7314	7325	7337	7349	7361	7373	7385	7396	7408	7420	7431	42
48	7431	7443	7455	7466	7478	7490	7501	7513	7524	7536	7547	41
49	7547	7559	7570	7581	7593	7604	7615	7627	7638	7649	7660	**40**
50	0,7660	7672	7683	7694	7705	7716	7727	7738	7749	7760	7771	39
51	7771	7782	7793	7804	7815	7826	7837	7848	7859	7869	7880	38
52	7880	7891	7902	7912	7923	7934	7944	7955	7965	7976	7986	37
53	7986	7997	8007	8018	8028	8039	8049	8059	8070	8080	8090	36
54	8090	8100	8111	8121	8131	8141	8151	8161	8171	8181	8192	35
55	0,8192	8202	8211	8221	8231	8241	8251	8261	8271	8281	8290	34
56	8290	8300	8310	8320	8329	8339	8348	8358	8368	8377	8387	33
57	8387	8396	8406	8415	8425	8434	8443	8453	8462	8471	8480	32
58	8480	8490	8499	8508	8517	8526	8536	8545	8554	8563	8572	31
59	8572	8581	8590	8599	8607	8616	8625	8634	8643	8652	8660	**30**
60	0,8660	8669	8678	8686	8695	8704	8712	8721	8729	8738	8746	29
61	8746	8755	8763	8771	8780	8788	8796	8805	8813	8821	8829	28
62	8829	8838	8846	8854	8862	8870	8878	8886	8894	8902	8910	27
63	8910	8918	8926	8934	8942	8949	8957	8965	8973	8980	8988	26
64	8988	8996	9003	9011	9018	9026	9033	9041	9048	9056	9063	25
65	0,9063	9070	9078	9085	9092	9100	9107	9114	9121	9128	9135	24
66	9135	9143	9150	9157	9164	9171	9178	9184	9191	9198	9205	23
67	9205	9212	9219	9225	9232	9239	9245	9252	9259	9265	9272	22
68	9272	9278	9285	9291	9298	9304	9311	9317	9323	9330	9336	21
69	9336	9342	9348	9354	9361	9367	9373	9379	9385	9391	9397	**20**
70	0,9397	9403	9409	9415	9421	9426	9432	9438	9444	9449	9455	19
71	9455	9461	9466	9472	9478	9483	9489	9494	9500	9505	9511	18
72	9511	9516	9521	9527	9532	9537	9542	9548	9553	9558	9563	17
73	9563	9568	9573	9578	9583	9588	9593	9598	9603	9608	9613	16
74	9613	9617	9622	9627	9632	9636	9641	9646	9650	9655	9659	15
75	0,9659	9664	9668	9673	9677	9681	9686	9690	9694	9699	9703	14
76	9703	9707	9711	9715	9720	9724	9728	9732	9736	9740	9744	13
77	9744	9748	9751	9755	9759	9763	9767	9770	9774	9778	9781	12
78	9781	9785	9789	9792	9796	9799	9803	9806	9810	9813	9816	11
79	9816	9820	9823	9826	9829	9833	9836	9839	9842	9845	9848	**10**
80	0,9848	9851	9854	9857	9860	9863	9866	9869	9871	9874	9877	9
81	9877	9880	9882	9885	9888	9890	9893	9895	9898	9900	9903	8
82	9903	9905	9907	9910	9912	9914	9917	9919	9921	9923	9925	7
83	9925	9928	9930	9932	9934	9936	9938	9940	9942	9943	9945	6
84	9945	9947	9949	9951	9952	9954	9956	9957	9959	9960	9962	5
85	0,9962	9963	9965	9966	9968	9969	9971	9972	9973	9974	9976	4
86	9976	9977	9978	9979	9980	9981	9982	9983	9984	9985	9986	3
87	9986	9987	9988	9989	9990	9990	9991	9992	9993	9993	9994	2
88	9994	9995	9995	9996	9996	9997	9997	9997	9998	9998	9998	1
89	0,9998	9999	9999	9999	9999	1,0	1,0	1,0	1,0	1,0	1,0	**0**
	1,0	,9	,8	,7	,6	,5	,4	,3	,2	,1	,0	Grd
	60	54	48	42	36	30	24	18	12	6	0	Min.

45° ↑ 0° cos

tg 0° ↓ 45°

Min.	0	6	12	18	24	30	36	42	48	54	60	
Grd	,0	,1	,2	,3	,4	,5	,6	,7	,8	,9	1,0	
0	0,0000	0017	0035	0052	0070	0087	0105	0122	0140	0157	0175	89
1	0175	0192	0209	0227	0244	0262	0279	0297	0314	0332	0349	88
2	0349	0367	0384	0402	0419	0437	0454	0472	0489	0507	0524	87
3	0524	0542	0559	0577	0594	0612	0629	0647	0664	0682	0699	86
4	0699	0717	0734	0752	0769	0787	0805	0822	0840	0857	0875	85
5	0,0875	0892	0910	0928	0945	0963	0981	0998	1016	1033	1051	84
6	1051	1069	1086	1104	1122	1139	1157	1175	1192	1210	1228	83
7	1228	1246	1263	1281	1299	1317	1334	1352	1370	1388	1405	82
8	1405	1423	1441	1459	1477	1495	1512	1530	1548	1566	1584	81
9	1584	1602	1620	1638	1655	1673	1691	1709	1727	1745	1763	**80**
10	0,1763	1781	1799	1817	1835	1853	1871	1890	1908	1926	1944	79
11	1944	1962	1980	1998	2016	2035	2053	2071	2089	2107	2126	78
12	2126	2144	2162	2180	2199	2217	2235	2254	2272	2290	2309	77
13	2309	2327	2345	2364	2382	2401	2419	2438	2456	2475	2493	76
14	2493	2512	2530	2549	2568	2586	2605	2623	2642	2661	2679	75
15	0,2679	2698	2717	2736	2754	2773	2792	2811	2830	2849	2867	74
16	2867	2886	2905	2924	2943	2962	2981	3000	3019	3038	3057	73
17	3057	3076	3096	3115	3134	3153	3172	3191	3211	3230	3249	72
18	3249	3269	3288	3307	3327	3346	3365	3385	3404	3424	3443	71
19	3443	3463	3482	3502	3522	3541	3561	3581	3600	3620	3640	**70**
20	0,3640	3659	3679	3699	3719	3739	3759	3779	3799	3819	3839	69
21	3839	3859	3879	3899	3919	3939	3959	3979	4000	4020	4040	68
22	4040	4061	4081	4101	4122	4142	4163	4183	4204	4224	4245	67
23	4245	4265	4286	4307	4327	4348	4369	4390	4411	4431	4452	66
24	4452	4473	4494	4515	4536	4557	4578	4599	4621	4642	4663	65
25	0,4663	4684	4706	4727	4748	4770	4791	4813	4834	4856	4877	64
26	4877	4899	4921	4942	4964	4986	5008	5029	5051	5073	5095	63
27	5095	5117	5139	5161	5184	5206	5228	5250	5272	5295	5317	62
28	5317	5340	5362	5384	5407	5430	5452	5475	5498	5520	5543	61
29	5543	5566	5589	5612	5635	5658	5681	5704	5727	5750	5774	**60**
30	0,5774	5797	5820	5844	5867	5890	5914	5938	5961	5985	6009	59
31	6009	6032	6056	6080	6104	6128	6152	6176	6200	6224	6249	58
32	6249	6273	6297	6322	6346	6371	6395	6420	6445	6469	6494	57
33	6494	6519	6544	6569	6594	6619	6644	6669	6694	6720	6745	56
34	6745	6771	6796	6822	6847	6873	6899	6924	6950	6976	7002	55
35	0,7002	7028	7054	7080	7107	7133	7159	7186	7212	7239	7265	54
36	7265	7292	7319	7346	7373	7400	7427	7454	7481	7508	7536	53
37	7536	7563	7590	7618	7646	7673	7701	7729	7757	7785	7813	52
38	7813	7841	7869	7898	7926	7954	7983	8012	8040	8069	8098	51
39	8098	8127	8156	8185	8214	8243	8273	8302	8332	8361	8391	**50**
40	0,8391	8421	8451	8481	8511	8541	8571	8601	8632	8662	8693	49
41	8693	8724	8754	8785	8816	8847	8878	8910	8941	8972	9004	48
42	9004	9036	9067	9099	9131	9163	9195	9228	9260	9293	9325	47
43	9325	9358	9391	9424	9457	9490	9523	9556	9590	9623	9657	46
44	0,9657	9691	9725	9759	9793	9827	9861	9896	9930	9965	1,0	45
	1,0	,9	,8	,7	,6	,5	,4	,3	,2	,1	,0	Grd
	60	54	48	42	36	30	24	18	12	6	0	Min.

90° ↑ 45° ctg

tg 45° → 90°

Min.	0	6	12	18	24	30	36	42	48	54	60	
Grd	,0	,1	,2	,3	,4	,5	,6	,7	,8	,9	1,0	
45	1,000	1,003	1,007	1,011	1,014	1,018	1,021	1,025	1,028	1,032	1,036	44
46	1,036	1,039	1,043	1,046	1,050	1,054	1,057	1,061	1,065	1,069	1,072	43
47	1,072	1,076	1,080	1,084	1,087	1,091	1,095	1,099	1,103	1,107	1,111	42
48	1,111	1,115	1,118	1,122	1,126	1,130	1,134	1,138	1,142	1,146	1,150	41
49	1,150	1,154	1,159	1,163	1,167	1,171	1,175	1,179	1,183	1,188	1,192	**40**
50	1,192	1,196	1,200	1,205	1,209	1,213	1,217	1,222	1,226	1,230	1,235	39
51	1,235	1,239	1,244	1,248	1,253	1,257	1,262	1,266	1,271	1,275	1,280	38
52	1,280	1,285	1,289	1,294	1,299	1,303	1,308	1,313	1,317	1,322	1,327	37
53	1,327	1,332	1,337	1,342	1,347	1,351	1,356	1,361	1,366	1,371	1,376	36
54	1,376	1,381	1,387	1,392	1,397	1,402	1,407	1,412	1,418	1,423	1,428	35
55	1,428	1,433	1,439	1,444	1,450	1,455	1,460	1,466	1,471	1,477	1,483	34
56	1,483	1,488	1,494	1,499	1,505	1,511	1,517	1,522	1,528	1,534	1,540	33
57	1,540	1,546	1,552	1,558	1,564	1,570	1,576	1,582	1,588	1,594	1,600	32
58	1,600	1,607	1,613	1,619	1,625	1,632	1,638	1,645	1,651	1,658	1,664	31
59	1,664	1,671	1,678	1,684	1,691	1,698	1,704	1,711	1,718	1,725	1,732	**30**
60	1,732	1,739	1,746	1,753	1,760	1,767	1,775	1,782	1,789	1,797	1,804	29
61	1,804	1,811	1,819	1,827	1,834	1,842	1,849	1,857	1,865	1,873	1,881	28
62	1,881	1,889	1,897	1,905	1,913	1,921	1,929	1,937	1,946	1,954	1,963	27
63	1,963	1,971	1,980	1,988	1,997	2,006	2,014	2,023	2,032	2,041	2,050	26
64	2,050	2,059	2,069	2,078	2,087	2,097	2,106	2,116	2,125	2,135	2,145	25
65	2,145	2,154	2,164	2,174	2,184	2,194	2,204	2,215	2,225	2,236	2,246	24
66	2,246	2,257	2,267	2,278	2,289	2,300	2,311	2,322	2,333	2,344	2,356	23
67	2,356	2,367	2,379	2,391	2,402	2,414	2,426	2,438	2,450	2,463	2,475	22
68	2,475	2,488	2,500	2,513	2,526	2,539	2,552	2,565	2,578	2,592	2,605	21
69	2,605	2,619	2,633	2,646	2,660	2,675	2,689	2,703	2,718	2,733	2,747	**20**
70	2,747	2,762	2,778	2,793	2,808	2,824	2,840	2,856	2,872	2,888	2,904	19
71	2,904	2,921	2,937	2,954	2,971	2,989	3,006	3,024	3,042	3,060	3,078	18
72	3,078	3,096	3,115	3,133	3,152	3,172	3,191	3,211	3,230	3,251	3,271	17
73	3,271	3,291	3,312	3,333	3,354	3,376	3,398	3,420	3,442	3,465	3,487	16
74	3,487	3,511	3,534	3,558	3,582	3,606	3,630	3,655	3,681	3,706	3,732	15
75	3,732	3,758	3,785	3,812	3,839	3,867	3,895	3,923	3,952	3,981	4,011	14
76	4,011	4,041	4,071	4,102	4,134	4,165	4,198	4,230	4,264	4,297	4,331	13
77	4,331	4,366	4,402	4,437	4,474	4,511	4,548	4,586	4,625	4,665	4,705	12
78	4,705	4,745	4,787	4,829	4,872	4,915	4,959	5,005	5,050	5,097	5,145	11
79	5,145	5,193	5,242	5,292	5,343	5,396	5,449	5,503	5,558	5,614	5,671	**10**
80	5,671	5,730	5,789	5,850	5,912	5,976	6,041	6,107	6,174	6,243	6,314	9
81	6,314	6,386	6,460	6,535	6,612	6,691	6,772	6,855	6,940	7,026	7,115	8
82	7,115	7,207	7,300	7,396	7,495	7,596	7,700	7,806	7,916	8,028	8,144	7
83	8,144	8,264	8,386	8,513	8,643	8,777	8,915	9,058	9,205	9,357	9,514	6
84	9,514	9,677	9,845	10,02	10,20	10,39	10,58	10,78	10,99	11,20	11,43	5
85	11,43	11,66	11,91	12,16	12,43	12,71	13,00	13,30	13,62	13,95	14,30	4
86	14,30	14,67	15,06	15,46	15,89	16,35	16,83	17,34	17,89	18,46	19,08	3
87	19,08	19,74	20,45	21,20	22,02	22,90	23,86	24,90	26,03	27,27	28,64	2
88	28,64	30,14	31,82	33,69	35,80	38,19	40,92	44,07	47,74	52,08	57,29	1
89	57,29	63,66	71,62	81,85	95,49	114,6	143,2	191,0	286,5	573,0	∞	**0**
	1,0	,9	,8	,7	,6	,5	,4	,3	,2	,1	,0	Grd
	60	54	48	42	36	30	24	18	12	6	0	Min.

45° ↑ 0° ctg

D. Bogenlängen, Bogenhöhen, Sehnenlängen

Zentriwinkel in Grad	Bogenlänge arc φ	Bogenhöhe	Sehnenlänge	Inhalt des Kreisabschnitts	Zentriwinkel in Grad	Bogenlänge arc φ	Bogenhöhe	Sehnenlänge	Inhalt des Kreisabschnitts
1	0,0175	0,0000	0,0175	0,00000	46	0,8029	0,0795	0,7815	0,0418
2	0,0349	0,0002	0,0349	0,00000	47	0,8203	0,0829	0,7975	0,0445
3	0,0524	0,0003	0,0524	0,00001	48	0,8378	0,0865	0,8135	0,0473
4	0,0698	0,0006	0,0698	0,00003	49	0,8552	0,0900	0,8294	0,0503
5	0,0873	0,0010	0,0872	0,00006	**50**	0,8727	0,0937	0,8452	0,0533
6	0,1047	0,0014	0,1047	0,00010	51	0,8901	0,0974	0,8610	0,0565
7	0,1222	0,0019	0,1221	0,00015	52	0,9076	0,1012	0,8767	0,0598
8	0,1396	0,0024	0,1395	0,0002	53	0,9250	0,1051	0,8924	0,0632
9	0,1571	0,0031	0,1569	0,0003	54	0,9425	0,1090	0,9080	0,0667
10	0,1745	0,0038	0,1743	0,0004	55	0,9599	0,1130	0,9235	0,0704
11	0,1920	0,0046	0,1917	0,0006	56	0,9774	0,1171	0,9389	0,0742
12	0,2094	0,0055	0,2091	0,0008	57	0,9948	0,1212	0,9543	0,0781
13	0,2269	0,0064	0,2264	0,0010	58	1,0123	0,1254	0,9696	0,0821
14	0,2443	0,0075	0,2437	0,0012	59	1,0297	0,1296	0,9848	0,0863
15	0,2618	0,0086	0,2611	0,0015	**60**	1,0472	0,1340	1,0000	0,0906
16	0,2793	0,0097	0,2783	0,0018	61	1,0647	0,1384	1,0151	0,0950
17	0,2967	0,0110	0,2956	0,0022	62	1,0821	0,1428	1,0301	0,0996
18	0,3142	0,0123	0,3129	0,0026	63	1,0996	0,1474	1,0450	0,1043
19	0,3316	0,0137	0,3301	0,0030	64	1,1170	0,1520	1,0598	0,1091
20	0,3491	0,0152	0,3473	0,0035	65	1,1345	0,1566	1,0746	0,1141
21	0,3665	0,0167	0,3645	0,0041	66	1,1519	0,1613	1,0893	0,1192
22	0,3840	0,0184	0,3816	0,0047	67	1,1694	0,1661	1,1039	0,1244
23	0,4014	0,0201	0,3987	0,0054	68	1,1868	0,1710	1,1184	0,1298
24	0,4189	0,0219	0,4158	0,0061	69	1,2043	0,1759	1,1328	0,1354
25	0,4363	0,0237	0,4329	0,0069	**70**	1,2217	0,1808	1,1472	0,1410
26	0,4538	0,0256	0,4499	0,0077	71	1,2392	0,1859	1,1614	0,1468
27	0,4712	0,0276	0,4669	0,0086	72	1,2566	0,1910	1,1756	0,1528
28	0,4887	0,0297	0,4838	0,0096	73	1,2741	0,1961	1,1896	0,1589
29	0,5061	0,0319	0,5008	0,0107	74	1,2915	0,2014	1,2036	0,1651
30	0,5236	0,0341	0,5176	0,0118	75	1,3090	0,2066	1,2175	0,1715
31	0,5411	0,0364	0,5345	0,0130	76	1,3265	0,2120	1,2313	0,1781
32	0,5585	0,0387	0,5513	0,0143	77	1,3439	0,2174	1,2450	0,1848
33	0,5760	0,0412	0,5680	0,0157	78	1,3614	0,2229	1,2586	0,1916
34	0,5934	0,0437	0,5847	0,0171	79	1,3788	0,2284	1,2722	0,1986
35	0,6109	0,0463	0,6014	0,0186	**80**	1,3963	0,2340	1,2856	0,2057
36	0,6283	0,0489	0,6180	0,0203	81	1,4137	0,2396	1,2989	0,2130
37	0,6458	0,0517	0,6346	0,0220	82	1,4312	0,2453	1,3121	0,2205
38	0,6632	0,0545	0,6511	0,0238	83	1,4486	0,2510	1,3252	0,2280
39	0,6807	0,0574	0,6676	0,0257	84	1,4661	0,2569	1,3383	0,2358
40	0,6981	0,0603	0,6840	0,0277	85	1,4835	0,2627	1,3512	0,2437
41	0,7156	0,0633	0,7004	0,0298	86	1,5010	0,2686	1,3640	0,2517
42	0,7330	0,0664	0,7167	0,0320	87	1,5184	0,2746	1,3767	0,2599
43	0,7505	0,0696	0,7330	0,0343	88	1,5359	0,2807	1,3893	0,2683
44	0,7679	0,0728	0,7492	0,0366	89	1,5533	0,2867	1,4018	0,2768
45	0,7854	0,0761	0,7654	0,0392	**90**	1,5708	0,2929	1,4142	0,2854

Ist r der Kreishalbmesser und φ der Zentriwinkel in Grad, so ergibt sich:

1. die Bogenlänge: $b = \pi r \frac{\varphi}{180} = 0{,}0175\, r\varphi \approx \sqrt{s^2 + \frac{16}{3} h^2}$;

2. die Bogenhöhe: $h = r\left(1 - \cos\frac{\varphi}{2}\right) = \frac{s}{2}\,\mathrm{tg}\,\frac{\varphi}{4} = 2r\sin^2\frac{\varphi}{4}$;

und Kreisabschnitte für den Halbmesser $r = 1$

Zentri-winkel in Grad	Bogen-länge arc φ	Bogen-höhe	Sehnen-länge	Inhalt des Kreisab-schnitts	Zentri-winkel in Grad	Bogen-länge arc φ	Bogen-höhe	Sehnen-länge	Inhalt des Kreisab-schnitts
91	1,5882	0,2991	1,4265	0,2942	136	2,3736	0,6254	1,8544	0,8395
92	1,6057	0,3053	1,4387	0,3032	137	2,3911	0,6335	1,8608	0,8546
93	1,6232	0,3116	1,4507	0,3123	138	2,4086	0,6416	1,8672	0,8697
94	1,6406	0,3180	1,4627	0,3215	139	2,4260	0,6498	1,8733	0,8850
95	1,6581	0,3244	1,4746	0,3309	**140**	2,4435	0,6580	1,8794	0,9003
96	1,6755	0,3309	1,4863	0,3405	141	2,4609	0,6662	1,8853	0,9158
97	1,6930	0,3374	1,4979	0,3502	142	2,4784	0,6744	1,8910	0,9314
98	1,7104	0,3439	1,5094	0,3601	143	2,4958	0,6827	1,8966	0,9470
99	1,7279	0,3506	1,5208	0,3701	144	2,5133	0,6910	1,9021	0,9627
100	1,7453	0,3572	1,5321	0,3803	145	2,5307	0,6993	1,9074	0,9786
101	1,7628	0,3639	1,5432	0,3906	146	2,5482	0,7076	1,9126	0,9945
102	1,7802	0,3707	1,5543	0,4010	147	2,5656	0,7160	1,9176	1,0105
103	1,7977	0,3775	1,5652	0,4117	148	2,5831	0,7244	1,9225	1,0266
104	1,8151	0,3843	1,5760	0,4224	149	2,6005	0,7328	1,9273	1,0428
105	1,8326	0,3912	1,5867	0,4333	**150**	2,6180	0,7412	1,9319	1,0590
106	1,8500	0,3982	1,5973	0,4444	151	2,6354	0,7496	1,9363	1,0753
107	1,8675	0,4052	1,6077	0,4556	152	2,6529	0,7581	1,9406	1,0917
108	1,8850	0,4122	1,6180	0,4670	153	2,6704	0,7666	1,9447	1,1082
109	1,9024	0,4193	1,6282	0,4785	154	2,6878	0,7750	1,9487	1,1247
110	1,9199	0,4264	1,6383	0,4901	155	2,7053	0,7836	1,9526	1,1413
111	1,9373	0,4336	1,6483	0,5019	156	2,7227	0,7921	1,9563	1,1580
112	1,9548	0,4408	1,6581	0,5138	157	2,7402	0,8006	1,9598	1,1747
113	1,9722	0,4481	1,6678	0,5259	158	2,7576	0,8092	1,9633	1,1915
114	1,9897	0,4554	1,6773	0,5381	159	2,7751	0,8178	1,9665	1,2084
115	2,0071	0,4627	1,6868	0,5504	**160**	2,7925	0,8264	1,9696	1,2253
116	2,0246	0,4701	1,6961	0,5629	161	2,8100	0,8350	1,9726	1,2422
117	2,0420	0,4775	1,7053	0,5755	162	2,8274	0,8436	1,9754	1,2592
118	2,0595	0,4850	1,7143	0,5883	163	2,8449	0,8522	1,9780	1,2763
119	2,0769	0,4925	1,7233	0,6012	164	2,8623	0,8608	1,9805	1,2934
120	2,0944	0,5000	1,7321	0,6142	165	2,8798	0,8695	1,9829	1,3105
121	2,1118	0,5076	1,7407	0,6273	166	2,8972	0,8781	1,9851	1,3277
122	2,1293	0,5152	1,7492	0,6406	167	2,9147	0,8868	1,9871	1,3449
123	2,1468	0,5228	1,7576	0,6540	168	2,9322	0,8955	1,9890	1,3621
124	2,1642	0,5305	1,7659	0,6676	169	2,9496	0,9042	1,9908	1,3794
125	2,1817	0,5383	1,7740	0,6813	**170**	2,9671	0,9128	1,9924	1,3967
126	2,1991	0,5460	1,7820	0,6951	171	2,9845	0,9215	1,9938	1,4140
127	2,2166	0,5538	1,7899	0,7090	172	3,0020	0,9302	1,9951	1,4314
128	2,2340	0,5616	1,7976	0,7230	173	3,0194	0,9390	1,9963	1,4488
129	2,2515	0,5695	1,8052	0,7372	174	3,0369	0,9477	1,9973	1,4662
130	2,2689	0,5774	1,8126	0,7514	175	3,0543	0,9564	1,9981	1,4836
131	2,2864	0,5853	1,8199	0,7658	176	3,0718	0,9651	1,9988	1,5010
132	2,3038	0,5933	1,8271	0,7803	177	3,0892	0,9738	1,9993	1,5185
133	2,3213	0,6013	1,8341	0,7950	178	3,1067	0,9825	1,9997	1,5359
134	2,3387	0,6093	1,8410	0,8097	179	3,1241	0,9913	1,9999	1,5533
135	2,3562	0,6173	1,8478	0,8245	**180**	3,1416	1,0000	2,0000	1,5708

3. die Sehnenlänge: $s = 2r \sin\frac{\varphi}{2}$;

4. der Inhalt des Kreisabschnitts $= \frac{r^2}{2}\left(\frac{\pi}{180}\varphi - \sin\varphi\right)$;

5. „ „ „ Kreisausschnitts $= \frac{\varphi}{360}\pi r^2 = 0{,}0087\,\varphi r^2$.

E. Tafel der Hyperbelfunktionen[1]

Sin φ für φ = 0 bis φ = 5,99

φ	0	1	2	3	4	5	6	7	8	9	D
0,0	0,0000	0100	0200	0300	0400	0500	0600	0701	0801	0901	101
0,1	0,1002	1102	1203	1304	1405	1506	1607	1708	1810	1912	102
0,2	0,2013	2116	2218	2320	2423	2526	2629	2733	2837	2941	104
0,3	0,3045	3150	3255	3360	3466	3572	3678	3785	3892	4000	108
0,4	0,4108	4216	4325	4434	4543	4653	4764	4875	4987	5098	113
0,5	0,5211	5324	5438	5552	5666	5782	5897	6014	6131	6248	119
0,6	0,6367	6485	6605	6725	6846	6968	7090	7213	7336	7461	125
0,7	0,7586	7712	7838	7966	8094	8223	8353	8484	8615	8748	133
0,8	0,8881	9015	9150	9286	9423	9561	9700	9840	9981	*0122	143
0,9	1,0265	0409	0554	0700	0847	0995	1144	1294	1446	1598	154
1,0	1,1752	1907	2063	2220	2379	2539	2700	2862	3025	3190	167
1,1	1,3357	3524	3693	3863	4035	4208	4382	4558	4736	4914	181
1,2	1,5095	5276	5460	5645	5831	6019	6209	6400	6593	6788	196
1,3	1,6984	7182	7381	7583	7786	7991	8198	8406	8617	8829	214
1,4	1,9043	9259	9477	9697	9919	*0143	*0369	*0597	*0827	*1059	234
1,5	2,1293	1529	1768	2008	2251	2496	2743	2993	3245	3499	257
1,6	2,3756	4015	4276	4540	4806	5075	5346	5620	5896	6175	281
1,7	2,6456	6741	7027	7317	7609	7904	8202	8503	8806	9113	309
1,8	2,9422	9734	*0049	*0367	*0689	*1013	*1340	*1671	*2005	*2342	340
1,9	3,2682	3025	3372	3722	4075	4432	4792	5156	5523	5894	375
2,0	3,6269	6647	7028	7414	7803	8196	8593	8993	9398	9806	413
2,1	4,0219	0635	1056	1480	1909	2342	2779	3221	3666	4117	454
2,2	4,4571	5030	5494	5962	6434	6912	7394	7880	8372	8868	502
2,3	4,9370	9876	*0387	*0903	*1425	*1951	*2483	*3020	*3562	*4109	553
2,4	5,4662	5221	5785	6354	6929	7510	8097	8689	9288	9892	610
2,5	6,0502	1118	1741	2369	3004	3645	4293	4946	5607	6274	673
2,6	6,6947	7628	8315	9009	9709	*0417	*1132	*1854	*2583	*3319	744
2,7	7,4063	4814	5572	6338	7112	7894	8683	9480	*0285	*1098	821
2,8	8,1919	2749	3586	4432	5287	6150	7021	7902	8791	9689	907
2,9	9,0596	1512	2437	3371	4315	5268	6231	7203	8185	9177	1002
3,0	10,0179	1191	2212	3245	4287	5340	6403	7477	8562	9658	1107
3,1	11,0765	1882	3011	4151	5303	6466	7641	8827	*0026	*1236	1223
3,2	12,2459	3694	4941	6201	7473	8758	*0056	*1367	*2691	*4028	1351
3,3	13,5379	6743	8121	9513	*0919	*2338	*3772	*5221	*6684	*8161	1493
3,4	14,965	15,116	15,268	15,422	15,577	15,734	15,893	16,053	16,214	16,378	165
3,5	16,543	16,709	16,877	17,047	17,219	17,392	17,567	17,744	17,923	18,103	182
3,6	18,285	18,470	18,655	18,843	19,033	19,224	19,418	19,613	19,811	20,010	201
3,7	20,211	20,415	20,620	20,828	21,037	21,249	21,463	21,679	21,897	22,117	222
3,8	22,339	22,564	22,791	23,020	23,252	23,486	23,722	23,961	24,202	24,445	246
3,9	24,691	24,939	25,190	25,444	25,700	25,958	26,219	26,483	26,749	27,018	272
4,0	27,290	27,564	27,842	28,122	28,404	28,690	28,979	29,270	29,564	29,862	300
4,1	30,162	30,465	30,772	31,081	31,393	31,709	32,028	32,350	32,675	33,004	332
4,2	33,336	33,671	34,009	34,351	34,697	35,046	35,398	35,754	36,113	36,476	367
4,3	36,843	37,214	37,588	37,966	38,347	38,733	39,122	39,515	39,913	40,314	405
4,4	40,719	41,129	41,542	41,960	42,382	42,808	43,238	43,673	44,112	44,556	448
4,5	45,003	45,455	45,912	46,374	46,840	47,311	47,787	48,267	48,752	49,242	495
4,6	49,737	50,237	50,742	51,252	51,767	52,288	52,813	53,344	53,880	54,422	547
4,7	54,969	55,522	56,080	56,643	57,213	57,788	58,369	58,955	59,548	60,147	604
4,8	60,751	61,362	61,979	62,601	63,231	63,866	64,508	65,157	65,812	66,473	668
4,9	67,141	67,816	68,498	69,186	69,882	70,584	71,293	72,010	72,734	73,465	738
5,0	74,203	74,949	75,702	76,463	77,232	78,008	78,792	79,584	80,384	81,192	816
5,1	82,008	82,832	83,665	84,506	85,355	86,213	87,079	87,955	88,839	89,732	901
5,2	90,633	91,544	92,464	93,394	94,332	95,281	96,238	97,205	98,182	99,169	997
5,3	100,166	101,173	102,189	103,217	104,254	105,302	106,360	107,429	108,509	109,599	1102
5,4	110,701	111,814	112,938	114,072	115,219	116,377	117,547	118,728	119,921	121,127	1217
5,5	122,344	123,574	124,816	126,070	127,337	128,617	129,910	131,215	132,534	133,866	1345
5,6	135,211	136,570	137,943	139,329	140,730	142,144	143,573	145,016	146,473	147,945	1487
5,7	149,432	150,934	152,451	153,983	155,531	157,094	158,673	160,267	161,878	163,505	1643
5,8	165,148	166,808	168,485	170,178	171,888	173,616	175,361	177,123	178,903	180,701	1816
5,9	182,517	184,352	186,205	188,076	189,966	191,875	193,804	195,752	197,719	199,706	2007

[1] *Hayashi, K.:* Fünfstellige Tafeln der Kreis- und Hyperbelfunktionen sowie der Funk

Cof φ für φ = 0 bis φ = 5,99

φ	0	1	2	3	4	5	6	7	8	9	D
0,0	1,0000	0001	0002	0005	0008	0013	0018	0025	0032	0041	9
0,1	1,0050	0061	0072	0085	0098	0113	0128	0145	0162	0181	20
0,2	1,0201	0221	0243	0266	0289	0314	0340	0367	0395	0424	29
0,3	1,0453	0484	0516	0550	0584	0619	0655	0692	0731	0770	41
0,4	1,0811	0852	0895	0939	0984	1030	1077	1125	1174	1225	51
0,5	1,1276	1329	1383	1438	1494	1551	1609	1669	1730	1792	63
0,6	1,1855	1919	1984	2051	2119	2188	2258	2330	2403	2477	75
0,7	1,2552	2628	2706	2785	2865	2947	3030	3114	3199	3286	88
0,8	1,3374	3464	3555	3647	3740	3835	3932	4029	4128	4229	102
0,9	1,4331	4434	4539	4645	4753	4862	4973	5085	5199	5314	117
1,0	1,5431	5549	5669	5790	5913	6038	6164	6292	6421	6553	132
1,1	1,6685	6820	6956	7093	7233	7374	7517	7662	7808	7957	150
1,2	1,8107	8258	8412	8568	8725	8884	9045	9208	9373	9540	169
1,3	1,9709	9880	*0053	*0228	*0404	*0583	*0764	*0947	*1132	*1320	189
1,4	2,1509	1701	1894	2090	2288	2488	2691	2896	3103	3312	212
1,5	2,3524	3738	3955	4174	4395	4619	4845	5074	5305	5538	237
1,6	2,5775	6014	6255	6499	6746	6995	7247	7502	7760	8020	263
1,7	2,8283	8549	8818	9090	9364	9642	9922	*0206	*0493	*0782	293
1,8	3,1075	1371	1669	1972	2277	2585	2897	3212	3531	3852	325
1,9	3,4177	4506	4838	5173	5512	5855	6201	6551	6904	7261	361
2,0	3,7622	7987	8355	8727	9103	9483	9867	*0255	*0647	*1043	400
2,1	4,1443	1847	2256	2669	3086	3507	3932	4362	4797	5236	443
2,2	4,5679	6127	6580	7037	7499	7966	8437	8914	9395	9881	491
2,3	5,0372	0868	1370	1876	2388	2905	3427	3954	4487	5026	544
2,4	5,5570	6119	6674	7235	7801	8373	8951	9535	*0125	*0721	602
2,5	6,1323	1931	2545	3166	3793	4426	5066	5712	6365	7024	666
2,6	6,7690	8363	9043	9729	*0423	*1123	*1831	*2546	*3268	*3998	737
2,7	7,4735	5479	6231	6990	7758	8533	9316	*0107	*0905	*1712	815
2,8	8,2527	3351	4182	5022	5871	6728	7594	8469	9352	*0244	902
2,9	9,1146	2056	2976	3905	4844	5792	6749	7716	8693	9680	997
3,0	10,0677	1684	2701	3728	4765	5814	6872	7942	9022	*0113	1102
3,1	11,1215	2328	3453	4589	5736	6895	8065	9247	*0442	*1648	1219
3,2	12,2867	4097	5340	6596	7864	9146	*0440	*1747	*3067	*4401	1347
3,3	13,5748	7108	8483	9871	*1273	*2689	*4120	*5565	*7024	*8498	1489
3,4	14,999	15,149	15,301	15,455	15,610	15,766	15,924	16,084	16,245	16,408	165
3,5	16,573	16,739	16,907	17,077	17,248	17,421	17,596	17,772	17,951	18,131	182
3,6	18,313	18,497	18,682	18,870	19,059	19,250	19,444	19,639	19,836	20,035	201
3,7	20,236	20,439	20,644	20,852	21,061	21,272	21,486	21,702	21,919	22,140	222
3,8	22,362	22,586	22,813	23,042	23,273	23,507	23,743	23,982	24,222	24,466	245
3,9	24,711	24,960	25,210	25,463	25,719	25,977	26,238	26,502	26,768	27,037	271
4,0	27,308	27,583	27,860	28,139	28,422	28,707	28,996	29,287	29,581	29,878	300
4,1	30,178	30,482	30,788	31,097	31,409	31,725	32,044	32,365	32,691	33,019	332
4,2	33,351	33,686	34,024	34,366	34,711	35,060	35,412	35,768	36,127	36,490	367
4,3	36,857	37,227	37,601	37,979	38,360	38,746	39,135	39,528	39,925	40,326	406
4,4	40,732	41,141	41,554	41,972	42,393	42,819	43,250	43,684	44,123	44,566	448
4,5	45,014	45,466	45,923	46,385	46,851	47,321	47,797	48,277	48,762	49,252	495
4,6	49,747	50,247	50,752	51,262	51,777	52,297	52,823	53,354	53,890	54,431	547
4,7	54,978	55,531	56,089	56,652	57,221	57,796	58,377	58,964	59,556	60,155	604
4,8	60,759	61,370	61,987	62,609	63,239	63,874	64,516	65,164	65,819	66,481	668
4,9	67,149	67,823	68,505	69,193	69,889	70,591	71,300	72,017	72,741	73,472	738
5,0	74,210	74,956	75,709	76,470	77,238	78,014	78,798	79,590	80,390	81,198	816
5,1	82,014	82,838	83,671	84,512	85,361	86,219	87,085	87,960	88,844	89,737	902
5,2	90,639	91,550	92,470	93,399	94,338	95,286	96,243	97,211	98,187	99,174	997
5,3	100,171	101,178	102,194	103,221	104,259	105,307	106,365	107,434	108,513	109,604	1102
5,4	110,706	111,818	112,942	114,077	115,223	116,381	117,551	118,732	119,925	121,131	1217
5,5	122,348	123,578	124,820	126,074	127,341	128,621	129,913	131,219	132,538	133,870	1345
5,6	135,215	136,574	137,947	139,333	140,733	142,147	143,576	145,019	146,476	147,949	1486
5,7	149,435	150,937	152,454	153,986	155,534	157,097	158,676	160,270	161,881	163,508	1643
5,8	165,151	166,811	168,488	170,181	171,891	173,619	175,364	177,126	178,906	180,704	1816
5,9	182,520	184,354	186,207	188,079	189,969	191,878	193,806	195,754	197,721	199,709	2007

tionen e^x und e^{-x}. Neudruck. Berlin/Hamburg: W. de Gruyter 1960.

$\mathfrak{Tg}\,\varphi$ für $\varphi = 0$ bis $\varphi = 2{,}89$

φ	0	1	2	3	4	5	6	7	8	9	D
0,0	0,0000	0100	0200	0300	0400	0500	0599	0699	0798	0898	99
0,1	0,0997	1096	1194	1293	1391	1489	1587	1684	1781	1878	96
0,2	0,1974	2070	2165	2260	2355	2449	2543	2636	2729	2821	92
0,3	0,2913	3004	3095	3185	3275	3364	3452	3540	3627	3714	86
0,4	0,3800	3885	3969	4053	4136	4219	4301	4382	4462	4542	79
0,5	0,4621	4700	4777	4854	4930	5005	5080	5154	5227	5299	71
0,6	0,5371	5441	5511	5581	5649	5717	5784	5850	5915	5980	64
0,7	0,6044	6107	6169	6231	6291	6352	6411	6469	6527	6584	56
0,8	0,6640	6696	6751	6805	6858	6911	6963	7014	7064	7114	49
0,9	0,7163	7211	7259	7306	7352	7398	7443	7487	7531	7574	42
1,0	0,7616	7658	7699	7739	7779	7818	7857	7895	7932	7969	36
1,1	0,8005	8041	8076	8110	8144	8178	8210	8243	8275	8306	31
1,2	0,8337	8367	8397	8426	8455	8483	8511	8538	8565	8591	26
1,3	0,8617	8643	8668	8693	8717	8741	8764	8787	8810	8832	22
1,4	0,8854	8875	8896	8917	8937	8957	8977	8996	9015	9033	19
1,5	0,9052	9069	9087	9104	9121	9138	9154	9170	9186	9202	15
1,6	0,9217	9232	9246	9261	9275	9289	9302	9316	9329	9342	12
1,7	0,9354	9367	9379	9391	9402	9414	9425	9436	9447	9458	10
1,8	0,9468	9478	9488	9498	9508	9518	9527	9536	9545	9554	8
1,9	0,9562	9571	9579	9587	9595	9603	9611	9619	9626	9633	7
2,0	0,9640	9647	9654	9661	9668	9674	9680	9687	9693	9699	6
2,1	0,9705	9710	9716	9722	9727	9732	9738	9743	9748	9753	4
2,2	0,9757	9762	9767	9771	9776	9780	9785	9789	9793	9797	4
2,3	0,9801	9805	9809	9812	9816	9820	9823	9827	9830	9834	3
2,4	0,9837	9840	9843	9846	9849	9852	9855	9858	9861	9864	2
2,5	0,9866	9869	9871	9874	9876	9879	9881	9884	9886	9888	2
2,6	0,9890	9892	9895	9897	9899	9901	9903	9905	9906	9908	2
2,7	0,9910	9912	9914	9915	9917	9919	9920	9922	9923	9925	1
2,8	0,9926	9928	9929	9931	9932	9933	9935	9936	9937	9938	2

F. e^x und e^{-x} für $x = 0$ bis $x = 7$

x	e^x	e^{-x}	x	e^x	e^{-x}	x	e^x	e^{-x}
0,00	1,00000	1,00000	0,20	1,22140	0,81873	0,40	1,49182	0,67032
01	1,01005	0,99005	21	1,23368	0,81058	41	1,50682	0,66365
02	1,02020	0,98020	22	1,24608	0,80252	42	1,52196	0,65705
03	1,03045	0,97045	23	1,25860	0,79453	43	1,53726	0,65051
04	1,04081	0,96079	24	1,27125	0,78663	44	1,55271	0,64404
05	1,05127	0,95123	25	1,28403	0,77880	45	1,56831	0,63763
06	1,06184	0,94176	26	1,29693	0,77105	46	1,58407	0,63128
07	1,07251	0,93239	27	1,30996	0,76338	47	1,59999	0,62500
08	1,08329	0,92312	28	1,32313	0,75578	48	1,61607	0,61878
09	1,09417	0,91393	29	1,33643	0,74826	49	1,63232	0,61263
0,10	1,10517	0,90484	0,30	1,34986	0,74082	0,50	1,64872	0,60653
11	1,11628	0,89583	31	1,36343	0,73345	51	1,66529	0,60050
12	1,12750	0,88692	32	1,37713	0,72615	52	1,68203	0,59452
13	1,13883	0,87810	33	1,39097	0,71892	53	1,69893	0,58860
14	1,15027	0,86936	34	1,40495	0,71177	54	1,71601	0,58275
15	1,16183	0,86071	35	1,41907	0,70469	55	1,73325	0,57695
16	1,17351	0,85214	36	1,43333	0,69768	56	1,75067	0,57121
17	1,18530	0,84366	37	1,44773	0,69073	57	1,76827	0,56553
18	1,19722	0,83527	38	1,46228	0,68386	58	1,78604	0,55990
19	1,20925	0,82696	39	1,47698	0,67706	59	1,80399	0,55433
0,20	1,22140	0,81873	0,40	1,49182	0,67032	0,60	1,82212	0,54881

x	e^x	e^{-x}	x	e^x	e^{-x}	x	e^x	e^{-x}
0,60	1,82212	0,54881	1,10	3,00417	0,33287	2,00	7,38906	0,13534
61	1,84043	0,54335	11	3,03436	0,32956	10	8,16617	0,12246
62	1,85893	0,53794	12	3,06485	0,32628	20	9,02501	0,11080
63	1,87761	0,53259	13	3,09566	0,32303	30	9,97418	0,10026
64	1,89648	0,52729	14	3,12677	0,31982	40	11,02318	0,09072
65	1,91554	0,52205	15	3,15819	0,31664	50	12,18249	0,08208
66	1,93479	0,51685	16	3,18993	0,31349	60	13,46374	0,07427
67	1,95424	0,51171	17	3,22199	0,31037	70	14,87973	0,06721
68	1,97388	0,50662	18	3,25437	0,30728	80	16,44465	0,06081
69	1,99372	0,50158	19	3,28708	0,30422	90	18,17415	0,05502
0,70	2,01375	0,49659	1,20	3,32012	0,30119	3,00	20,08554	0,04979
71	2,03399	0,49164	21	3,35348	0,29820	10	22,19795	0,04505
72	2,05443	0,48675	22	3,38718	0,29523	20	24,53253	0,04076
73	2,07508	0,48191	23	3,42123	0,29229	30	27,11264	0,03688
74	2,09594	0,47711	24	3,45561	0,28938	40	29,96410	0,03337
75	2,11700	0,47237	25	3,49034	0,28650	50	33,11545	0,03020
76	2,13828	0,46767	26	3,52542	0,28365	60	36,59823	0,02732
77	2,15977	0,46301	27	3,56085	0,28083	70	40,44730	0,02472
78	2,18147	0,45841	28	3,59664	0,27804	80	44,70118	0,02237
79	2,20340	0,45384	29	3,63279	0,27527	90	49,40245	0,02024
0,80	2,22554	0,44933	1,30	3,66930	0,27253	4,00	54,59815	0,01832
81	2,24791	0,44486	31	3,70617	0,26982	10	60,34029	0,01657
82	2,27050	0,44043	32	3,74342	0,26714	20	66,68633	0,01500
83	2,29332	0,43605	33	3,78104	0,26448	30	73,69979	0,01357
84	2,31637	0,43171	34	3,81904	0,26185	40	81,45087	0,01228
85	2,33965	0,42741	35	3,85743	0,25924	50	90,01713	0,01111
86	2,36316	0,42316	36	3,89619	0,2 666	60	99,48432	0,01005
87	2,38691	0,41895	37	3,93535	0,25411	70	109,9472	0,00910
88	2,41090	0,41478	38	3,97490	0,25158	80	121,5104	0,00823
89	2,43513	0,41066	39	4,01485	0,24908	90	134,2898	0,00745
0,90	2,45960	0,40657	1,40	4,05520	0,24660	5,00	148,4132	0,00674
91	2,48432	0,40252	41	4,09596	0,24414	10	164,0219	0,00610
92	2,50929	0,39852	42	4,13712	0,24171	20	181,2722	0,00552
93	2,53451	0,39455	43	4,17870	0,23931	30	200,3368	0,00499
94	2,55998	0,39063	44	4,22070	0,23693	40	221,4064	0,00452
95	2,58571	0,38674	45	4,26311	0,23457	50	244,6919	0,00409
96	2,61170	0,38289	46	4,30596	0,23224	60	270,4264	0,00370
97	2,63794	0,37908	47	4,34924	0,22993	70	298,8674	0,00335
98	2,66446	0,37531	48	4,39295	0,22764	80	330,2996	0,00303
99	2,69123	0,37158	49	4,43710	0,22537	90	365,0375	0,00274
1,00	2,71828	0,36788	1,50	4,48169	0,22313	6,00	403,4288	0,00248
01	2,74560	0,36422	55	4,71147	0,21225	10	445,8578	0,00224
02	2,77319	0,36059	60	4,95303	0,20190	20	492,7490	0,00203
03	2,80107	0,35701	65	5,20698	0,19205	30	544,5719	0,00184
04	2,82922	0,35345	70	5,47395	0,18268	40	601,8450	0,00166
05	2,85765	0,34994	75	5,75460	0,17377	50	665,1416	0,00150
06	2,88637	0,34646	80	6,04965	0,16530	60	735,0952	0,00136
07	2,91538	0,34301	85	6,35982	0,15724	70	812,4058	0,00123
08	2,94468	0,33960	90	6,68589	0,14957	80	897,8473	0,00111
09	2,97427	0,33622	95	7,02869	0,14227	90	992,2747	0,00101
1,10	3,00417	0,33287	2,00	7,38906	0,13534	7,00	1096,6332	0,00091

	0	1	2	3	4	5	6	7	8	9
0					2^2		$2\cdot 3$		2^3	3^2
1	$2\cdot 5$		$2^2\cdot 3$		$2\cdot 7$	$3\cdot 5$	2^4		$2\cdot 3^2$	
2	$2^2\cdot 5$	$3\cdot 7$	$2\cdot 11$		$2^3\cdot 3$	5^2	$2\cdot 13$	3^3	$2^2\cdot 7$	
3	$2\cdot 3\cdot 5$		2^5	$3\cdot 11$	$2\cdot 17$	$5\cdot 7$	$2^2\cdot 3^2$		$2\cdot 19$	$3\cdot 13$
4	$2^3\cdot 5$		$2\cdot 3\cdot 7$		$2^2\cdot 11$	$3^2\cdot 5$	$2\cdot 23$		$2^4\cdot 3$	7^2
5	$2\cdot 5^2$	$3\cdot 17$	$2^2\cdot 13$		$2\cdot 3^3$	$5\cdot 11$	$2^3\cdot 7$	$3\cdot 19$	$2\cdot 29$	
6	$2^2\cdot 3\cdot 5$		$2\cdot 31$	$3^2\cdot 7$	2^6	$5\cdot 13$	$2\cdot 3\cdot 11$		$2^2\cdot 17$	$3\cdot 23$
7	$2\cdot 5\cdot 7$		$2^3\cdot 3^2$		$2\cdot 37$	$3\cdot 5^2$	$2^2\cdot 19$	$7\cdot 11$	$2\cdot 3\cdot 13$	
8	$2^4\cdot 5$	3^4	$2\cdot 41$		$2^2\cdot 3\cdot 7$	$5\cdot 17$	$2\cdot 43$	$3\cdot 29$	$2^3\cdot 11$	
9	$2\cdot 3^2\cdot 5$	$7\cdot 13$	$2^2\cdot 23$	$3\cdot 31$	$2\cdot 47$	$5\cdot 19$	$2^5\cdot 3$		$2\cdot 7^2$	$3^2\cdot 11$
10	$2^2\cdot 5^2$		$2\cdot 3\cdot 17$		$2^3\cdot 13$	$3\cdot 5\cdot 7$	$2\cdot 53$		$2^2\cdot 3^3$	
11	$2\cdot 5\cdot 11$	$3\cdot 37$	$2^4\cdot 7$		$2\cdot 3\cdot 19$	$5\cdot 23$	$2^2\cdot 29$	$3^2\cdot 13$	$2\cdot 59$	$7\cdot 17$
12	$2^3\cdot 3\cdot 5$	11^2	$2\cdot 61$	$3\cdot 41$	$2^2\cdot 31$	5^3	$2\cdot 3^2\cdot 7$		2^7	$3\cdot 43$
13	$2\cdot 5\cdot 13$		$2^2\cdot 3\cdot 11$	$7\cdot 19$	$2\cdot 67$	$3^3\cdot 5$	$2^3\cdot 17$		$2\cdot 3\cdot 23$	
14	$2^2\cdot 5\cdot 7$	$3\cdot 47$	$2\cdot 71$	$11\cdot 13$	$2^4\cdot 3^2$	$5\cdot 29$	$2\cdot 73$	$3\cdot 7^2$	$2^2\cdot 37$	
15	$2\cdot 3\cdot 5^2$		$2^3\cdot 19$	$3^2\cdot 17$	$2\cdot 7\cdot 11$	$5\cdot 31$	$2^2\cdot 3\cdot 13$		$2\cdot 79$	$3\cdot 53$
16	$2^5\cdot 5$	$7\cdot 23$	$2\cdot 3^4$		$2^2\cdot 41$	$3\cdot 5\cdot 11$	$2\cdot 83$		$2^3\cdot 3\cdot 7$	13^2
17	$2\cdot 5\cdot 17$	$3^2\cdot 19$	$2^2\cdot 43$		$2\cdot 3\cdot 29$	$5^2\cdot 7$	$2^4\cdot 11$	$3\cdot 59$	$2\cdot 89$	
18	$2^2\cdot 3^2\cdot 5$		$2\cdot 7\cdot 13$	$3\cdot 61$	$2^3\cdot 23$	$5\cdot 37$	$2\cdot 3\cdot 31$	$11\cdot 17$	$2^2\cdot 47$	$3^3\cdot 7$
19	$2\cdot 5\cdot 19$		$2^6\cdot 3$		$2\cdot 97$	$3\cdot 5\cdot 13$	$2^2\cdot 7^2$		$2\cdot 3^2\cdot 11$	
20	$2^3\cdot 5^2$	$3\cdot 67$	$2\cdot 101$	$7\cdot 29$	$2^2\cdot 3\cdot 17$	$5\cdot 41$	$2\cdot 103$	$3^2\cdot 23$	$2^4\cdot 13$	$11\cdot 19$
21	$2\cdot 3\cdot 5\cdot 7$		$2^2\cdot 53$	$3\cdot 71$	$2\cdot 107$	$5\cdot 43$	$2^3\cdot 3^3$	$7\cdot 31$	$2\cdot 109$	$3\cdot 73$
22	$2^2\cdot 5\cdot 11$	$13\cdot 17$	$2\cdot 3\cdot 37$		$2^5\cdot 7$	$3^2\cdot 5^2$	$2\cdot 113$		$2^2\cdot 3\cdot 19$	
23	$2\cdot 5\cdot 23$	$3\cdot 7\cdot 11$	$2^3\cdot 29$		$2\cdot 3^2\cdot 13$	$5\cdot 47$	$2^2\cdot 59$	$3\cdot 79$	$2\cdot 7\cdot 17$	
24	$2^4\cdot 3\cdot 5$		$2\cdot 11^2$	3^5	$2^2\cdot 61$	$5\cdot 7^2$	$2\cdot 3\cdot 41$	$13\cdot 19$	$2^3\cdot 31$	$3\cdot 83$
25	$2\cdot 5^3$		$2^2\cdot 3^2\cdot 7$	$11\cdot 23$	$2\cdot 127$	$3\cdot 5\cdot 17$	2^8		$2\cdot 3\cdot 43$	$7\cdot 37$
26	$2^2\cdot 5\cdot 13$	$3^2\cdot 29$	$2\cdot 131$		$2^3\cdot 3\cdot 11$	$5\cdot 53$	$2\cdot 7\cdot 19$	$3\cdot 89$	$2^2\cdot 67$	
27	$2\cdot 3^3\cdot 5$		$2^4\cdot 17$	$3\cdot 7\cdot 13$	$2\cdot 137$	$5^2\cdot 11$	$2^2\cdot 3\cdot 23$		$2\cdot 139$	$3^2\cdot 31$
28	$2^3\cdot 5\cdot 7$		$2\cdot 3\cdot 47$		$2^2\cdot 71$	$3\cdot 5\cdot 19$	$2\cdot 11\cdot 13$	$7\cdot 41$	$2^5\cdot 3^2$	17^2
29	$2\cdot 5\cdot 29$	$3\cdot 97$	$2^2\cdot 73$		$2\cdot 3\cdot 7^2$	$5\cdot 59$	$2^3\cdot 37$	$3^3\cdot 11$	$2\cdot 149$	$13\cdot 23$
30	$2^2\cdot 3\cdot 5^2$	$7\cdot 43$	$2\cdot 151$	$3\cdot 101$	$2^4\cdot 19$	$5\cdot 61$	$2\cdot 3^2\cdot 17$		$2^2\cdot 7\cdot 11$	$3\cdot 103$
31	$2\cdot 5\cdot 31$		$2^3\cdot 3\cdot 13$		$2\cdot 157$	$3^2\cdot 5\cdot 7$	$2^2\cdot 79$		$2\cdot 3\cdot 53$	$11\cdot 29$
32	$2^6\cdot 5$	$3\cdot 107$	$2\cdot 7\cdot 23$	$17\cdot 19$	$2^2\cdot 3^4$	$5^2\cdot 13$	$2\cdot 163$	$3\cdot 109$	$2^3\cdot 41$	$7\cdot 47$
33	$2\cdot 3\cdot 5\cdot 11$		$2^2\cdot 83$	$3^2\cdot 37$	$2\cdot 167$	$5\cdot 67$	$2^4\cdot 3\cdot 7$		$2\cdot 13^2$	$3\cdot 113$
34	$2^2\cdot 5\cdot 17$	$11\cdot 31$	$2\cdot 3^2\cdot 19$	7^3	$2^3\cdot 43$	$3\cdot 5\cdot 23$	$2\cdot 173$		$2^2\cdot 3\cdot 29$	
35	$2\cdot 5^2\cdot 7$	$3^3\cdot 13$	$2^5\cdot 11$		$2\cdot 3\cdot 59$	$5\cdot 71$	$2^2\cdot 89$	$3\cdot 7\cdot 17$	$2\cdot 179$	
36	$2^3\cdot 3^2\cdot 5$	19^2	$2\cdot 181$	$3\cdot 11^2$	$2^2\cdot 7\cdot 13$	$5\cdot 73$	$2\cdot 3\cdot 61$		$2^4\cdot 23$	$3^2\cdot 41$
37	$2\cdot 5\cdot 37$	$7\cdot 53$	$2^2\cdot 3\cdot 31$		$2\cdot 11\cdot 17$	$3\cdot 5^3$	$2^3\cdot 47$	$13\cdot 29$	$2\cdot 3^3\cdot 7$	
38	$2^2\cdot 5\cdot 19$	$3\cdot 127$	$2\cdot 191$		$2^7\cdot 3$	$5\cdot 7\cdot 11$	$2\cdot 193$	$3^2\cdot 43$	$2^2\cdot 97$	
39	$2\cdot 3\cdot 5\cdot 13$	$17\cdot 23$	$2^3\cdot 7^2$	$3\cdot 131$	$2\cdot 197$	$5\cdot 79$	$2^2\cdot 3^2\cdot 11$		$2\cdot 199$	$3\cdot 7\cdot 19$
40	$2^4\cdot 5^2$		$2\cdot 3\cdot 67$	$13\cdot 31$	$2^2\cdot 101$	$3^4\cdot 5$	$2\cdot 7\cdot 29$	$11\cdot 37$	$2^3\cdot 3\cdot 17$	
41	$2\cdot 5\cdot 41$	$3\cdot 137$	$2^2\cdot 103$	$7\cdot 59$	$2\cdot 3^2\cdot 23$	$5\cdot 83$	$2^5\cdot 13$	$3\cdot 139$	$2\cdot 11\cdot 19$	
42	$2^2\cdot 3\cdot 5\cdot 7$		$2\cdot 211$	$3^2\cdot 47$	$2^3\cdot 53$	$5^2\cdot 17$	$2\cdot 3\cdot 71$	$7\cdot 61$	$2^2\cdot 107$	$3\cdot 11\cdot 13$
43	$2\cdot 5\cdot 43$		$2^4\cdot 3^3$		$2\cdot 7\cdot 31$	$3\cdot 5\cdot 29$	$2^2\cdot 109$	$19\cdot 23$	$2\cdot 3\cdot 73$	
44	$2^3\cdot 5\cdot 11$	$3^2\cdot 7^2$	$2\cdot 13\cdot 17$		$2^2\cdot 3\cdot 37$	$5\cdot 89$	$2\cdot 223$	$3\cdot 149$	$2^6\cdot 7$	
45	$2\cdot 3^2\cdot 5^2$	$11\cdot 41$	$2^2\cdot 113$	$3\cdot 151$	$2\cdot 227$	$5\cdot 7\cdot 13$	$2^3\cdot 3\cdot 19$		$2\cdot 229$	$3^3\cdot 17$
46	$2^2\cdot 5\cdot 23$		$2\cdot 3\cdot 7\cdot 11$		$2^4\cdot 29$	$3\cdot 5\cdot 31$	$2\cdot 233$		$2^2\cdot 3^2\cdot 13$	$7\cdot 67$
47	$2\cdot 5\cdot 47$	$3\cdot 157$	$2^3\cdot 59$	$11\cdot 43$	$2\cdot 3\cdot 79$	$5^2\cdot 19$	$2^2\cdot 7\cdot 17$	$3^2\cdot 53$	$2\cdot 239$	
48	$2^5\cdot 3\cdot 5$	$13\cdot 37$	$2\cdot 241$	$3\cdot 7\cdot 23$	$2^2\cdot 11^2$	$5\cdot 97$	$2\cdot 3^5$		$2^3\cdot 61$	$3\cdot 163$
49	$2\cdot 5\cdot 7^2$		$2^2\cdot 3\cdot 41$	$17\cdot 29$	$2\cdot 13\cdot 19$	$3^2\cdot 5\cdot 11$	$2^4\cdot 31$	$7\cdot 71$	$2\cdot 3\cdot 83$	

	0	1	2	3	4	5	6	7	8	9
50	$2^2\cdot5^3$	$3\cdot167$	$2\cdot251$		$2^3\cdot3^2\cdot7$	$5\cdot101$	$2\cdot11\cdot23$	$3\cdot13^2$	$2^2\cdot127$	
51	$2\cdot3\cdot5\cdot17$	$7\cdot73$	2^9	$3^3\cdot19$	$2\cdot257$	$5\cdot103$	$2^2\cdot3\cdot43$	$11\cdot47$	$2\cdot7\cdot37$	$3\cdot173$
52	$2^3\cdot5\cdot13$		$2\cdot3^2\cdot29$		$2^2\cdot131$	$3\cdot5^2\cdot7$	$2\cdot263$	$17\cdot31$	$2^4\cdot3\cdot11$	23^2
53	$2\cdot5\cdot53$	$3^2\cdot59$	$2^2\cdot7\cdot19$	$13\cdot41$	$2\cdot3\cdot89$	$5\cdot107$	$2^3\cdot67$	$3\cdot179$	$2\cdot269$	$7^2\cdot11$
54	$2^2\cdot3^3\cdot5$		$2\cdot271$	$3\cdot181$	$2^5\cdot17$	$5\cdot109$	$2\cdot3\cdot7\cdot13$		$2^2\cdot137$	$3^2\cdot61$
55	$2\cdot5^2\cdot11$	$19\cdot29$	$2^3\cdot3\cdot23$	$7\cdot79$	$2\cdot277$	$3\cdot5\cdot37$	$2^2\cdot139$		$2\cdot3^2\cdot31$	$13\cdot43$
56	$2^4\cdot5\cdot7$	$3\cdot11\cdot17$	$2\cdot281$		$2^2\cdot3\cdot47$	$5\cdot113$	$2\cdot283$	$3^4\cdot7$	$2^3\cdot71$	
57	$2\cdot3\cdot5\cdot19$		$2^2\cdot11\cdot13$	$3\cdot191$	$2\cdot7\cdot41$	$5^2\cdot23$	$2^6\cdot3^2$		$2\cdot17^2$	$3\cdot193$
58	$2^2\cdot5\cdot29$	$7\cdot83$	$2\cdot3\cdot97$	$11\cdot53$	$2^3\cdot73$	$3^2\cdot5\cdot13$	$2\cdot293$		$2^2\cdot3\cdot7^2$	$19\cdot31$
59	$2\cdot5\cdot59$	$3\cdot197$	$2^4\cdot37$		$2\cdot3^3\cdot11$	$5\cdot7\cdot17$	$2^2\cdot149$	$3\cdot199$	$2\cdot13\cdot23$	
60	$2^3\cdot3\cdot5^2$		$2\cdot7\cdot43$	$3^2\cdot67$	$2^2\cdot151$	$5\cdot11^2$	$2\cdot3\cdot101$		$2^5\cdot19$	$3\cdot7\cdot29$
61	$2\cdot5\cdot61$	$13\cdot47$	$2^2\cdot3^2\cdot17$		$2\cdot307$	$3\cdot5\cdot41$	$2^3\cdot7\cdot11$		$2\cdot3\cdot103$	
62	$2^2\cdot5\cdot31$	$3^3\cdot23$	$2\cdot311$	$7\cdot89$	$2^4\cdot3\cdot13$	5^4	$2\cdot313$	$3\cdot11\cdot19$	$2^2\cdot157$	$17\cdot37$
63	$2\cdot3^2\cdot5\cdot7$		$2^3\cdot79$	$3\cdot211$	$2\cdot317$	$5\cdot127$	$2^2\cdot3\cdot53$	$7^2\cdot13$	$2\cdot11\cdot29$	$3^2\cdot71$
64	$2^7\cdot5$		$2\cdot3\cdot107$		$2^2\cdot7\cdot23$	$3\cdot5\cdot43$	$2\cdot17\cdot19$		$2^3\cdot3^4$	$11\cdot59$
65	$2\cdot5^2\cdot13$	$3\cdot7\cdot31$	$2^2\cdot163$		$2\cdot3\cdot109$	$5\cdot131$	$2^4\cdot41$	$3^2\cdot73$	$2\cdot7\cdot47$	
66	$2^2\cdot3\cdot5\cdot11$		$2\cdot331$	$3\cdot13\cdot17$	$2^3\cdot83$	$5\cdot7\cdot19$	$2\cdot3^2\cdot37$	$23\cdot29$	$2^2\cdot167$	$3\cdot223$
67	$2\cdot5\cdot67$	$11\cdot61$	$2^5\cdot3\cdot7$		$2\cdot337$	$3^3\cdot5^2$	$2^2\cdot13^2$		$2\cdot3\cdot113$	$7\cdot97$
68	$2^3\cdot5\cdot17$	$3\cdot227$	$2\cdot11\cdot31$		$2^2\cdot3^2\cdot19$	$5\cdot137$	$2\cdot7^3$	$3\cdot229$	$2^4\cdot43$	
69	$2\cdot3\cdot5\cdot23$		$2^2\cdot173$	$3^2\cdot7\cdot11$	$2\cdot347$	$5\cdot139$	$2^3\cdot3\cdot29$	$17\cdot41$	$2\cdot349$	$3\cdot233$
70	$2^2\cdot5^2\cdot7$		$2\cdot3^3\cdot13$	$19\cdot37$	$2^6\cdot11$	$3\cdot5\cdot47$	$2\cdot353$	$7\cdot101$	$2^2\cdot3\cdot59$	
71	$2\cdot5\cdot71$	$3^2\cdot79$	$2^3\cdot89$	$23\cdot31$	$2\cdot3\cdot7\cdot17$	$5\cdot11\cdot13$	$2^2\cdot179$	$3\cdot239$	$2\cdot359$	
72	$2^4\cdot3^2\cdot5$	$7\cdot103$	$2\cdot19^2$	$3\cdot241$	$2^2\cdot181$	$5^2\cdot29$	$2\cdot3\cdot11^2$		$2^3\cdot7\cdot13$	3^6
73	$2\cdot5\cdot73$	$17\cdot43$	$2^2\cdot3\cdot61$		$2\cdot367$	$3\cdot5\cdot7^2$	$2^5\cdot23$	$11\cdot67$	$2\cdot3^2\cdot41$	
74	$2^2\cdot5\cdot37$	$3\cdot13\cdot19$	$2\cdot7\cdot53$		$2^3\cdot3\cdot31$	$5\cdot149$	$2\cdot373$	$3^2\cdot83$	$2^2\cdot11\cdot17$	$7\cdot107$
75	$2\cdot3\cdot5^3$		$2^4\cdot47$	$3\cdot251$	$2\cdot13\cdot29$	$5\cdot151$	$2^2\cdot3^3\cdot7$		$2\cdot379$	$3\cdot11\cdot23$
76	$2^3\cdot5\cdot19$		$2\cdot3\cdot127$	$7\cdot109$	$2^2\cdot191$	$3^2\cdot5\cdot17$	$2\cdot383$	$13\cdot59$	$2^8\cdot3$	
77	$2\cdot5\cdot7\cdot11$	$3\cdot257$	$2^2\cdot193$		$2\cdot3^2\cdot43$	$5^2\cdot31$	$2^3\cdot97$	$3\cdot7\cdot37$	$2\cdot389$	$19\cdot41$
78	$2^2\cdot3\cdot5\cdot13$	$11\cdot71$	$2\cdot17\cdot23$	$3^3\cdot29$	$2^4\cdot7^2$	$5\cdot157$	$2\cdot3\cdot131$		$2^2\cdot197$	$3\cdot263$
79	$2\cdot5\cdot79$	$7\cdot113$	$2^3\cdot3^2\cdot11$	$13\cdot61$	$2\cdot397$	$3\cdot5\cdot53$	$2^2\cdot199$		$2\cdot3\cdot7\cdot19$	$17\cdot47$
80	$2^5\cdot5^2$	$3^2\cdot89$	$2\cdot401$	$11\cdot73$	$2^2\cdot3\cdot67$	$5\cdot7\cdot23$	$2\cdot13\cdot31$	$3\cdot269$	$2^3\cdot101$	
81	$2\cdot3^4\cdot5$		$2^2\cdot7\cdot29$	$3\cdot271$	$2\cdot11\cdot37$	$5\cdot163$	$2^4\cdot3\cdot17$	$19\cdot43$	$2\cdot409$	$3^2\cdot7\cdot13$
82	$2^2\cdot5\cdot41$		$2\cdot3\cdot137$		$2^3\cdot103$	$3\cdot5^2\cdot11$	$2\cdot7\cdot59$		$2^2\cdot3^2\cdot23$	
83	$2\cdot5\cdot83$	$3\cdot277$	$2^6\cdot13$	$7^2\cdot17$	$2\cdot3\cdot139$	$5\cdot167$	$2^2\cdot11\cdot19$	$3^3\cdot31$	$2\cdot419$	
84	$2^3\cdot3\cdot5\cdot7$	29^2	$2\cdot421$	$3\cdot281$	$2^2\cdot211$	$5\cdot13^2$	$2\cdot3^2\cdot47$	$7\cdot11^2$	$2^4\cdot53$	$3\cdot283$
85	$2\cdot5^2\cdot17$	$23\cdot37$	$2^2\cdot3\cdot71$		$2\cdot7\cdot61$	$3^2\cdot5\cdot19$	$2^3\cdot107$		$2\cdot3\cdot11\cdot13$	
86	$2^2\cdot5\cdot43$	$3\cdot7\cdot41$	$2\cdot431$		$2^5\cdot3^3$	$5\cdot173$	$2\cdot433$	$3\cdot17^2$	$2^2\cdot7\cdot31$	$11\cdot79$
87	$2\cdot3\cdot5\cdot29$	$13\cdot67$	$2^3\cdot109$	$3^2\cdot97$	$2\cdot19\cdot23$	$5^3\cdot7$	$2^2\cdot3\cdot73$		$2\cdot439$	$3\cdot293$
88	$2^4\cdot5\cdot11$		$2\cdot3^2\cdot7^2$		$2^2\cdot13\cdot17$	$3\cdot5\cdot59$	$2\cdot443$		$2^3\cdot3\cdot37$	$7\cdot127$
89	$2\cdot5\cdot89$	$3^4\cdot11$	$2^2\cdot223$	$19\cdot47$	$2\cdot3\cdot149$	$5\cdot179$	$2^7\cdot7$	$3\cdot13\cdot23$	$2\cdot449$	$29\cdot31$
90	$2^2\cdot3^2\cdot5^2$	$17\cdot53$	$2\cdot11\cdot41$	$3\cdot7\cdot43$	$2^3\cdot113$	$5\cdot181$	$2\cdot3\cdot151$		$2^2\cdot227$	$3^2\cdot101$
91	$2\cdot5\cdot7\cdot13$		$2^4\cdot3\cdot19$	$11\cdot83$	$2\cdot457$	$3\cdot5\cdot61$	$2^2\cdot229$	$7\cdot131$	$2\cdot3^3\cdot17$	
92	$2^3\cdot5\cdot23$	$3\cdot307$	$2\cdot461$	$13\cdot71$	$2^2\cdot3\cdot7\cdot11$	$5^2\cdot37$	$2\cdot463$	$3^2\cdot103$	$2^5\cdot29$	
93	$2\cdot3\cdot5\cdot31$	$7^2\cdot19$	$2^2\cdot233$	$3\cdot311$	$2\cdot467$	$5\cdot11\cdot17$	$2^3\cdot3^2\cdot13$		$2\cdot7\cdot67$	$3\cdot313$
94	$2^2\cdot5\cdot47$		$2\cdot3\cdot157$	$23\cdot41$	$2^4\cdot59$	$3^3\cdot5\cdot7$	$2\cdot11\cdot43$		$2^2\cdot3\cdot79$	$13\cdot73$
95	$2\cdot5^2\cdot19$	$3\cdot317$	$2^3\cdot7\cdot17$		$2\cdot3^2\cdot53$	$5\cdot191$	$2^2\cdot239$	$3\cdot11\cdot29$	$2\cdot479$	$7\cdot137$
96	$2^6\cdot3\cdot5$	31^2	$2\cdot13\cdot37$	$3^2\cdot107$	$2^2\cdot241$	$5\cdot193$	$2\cdot3\cdot7\cdot23$		$2^3\cdot11^2$	$3\cdot17\cdot19$
97	$2\cdot5\cdot97$		$2^2\cdot3^5$	$7\cdot139$	$2\cdot487$	$3\cdot5^2\cdot13$	$2^4\cdot61$		$2\cdot3\cdot163$	$11\cdot89$
98	$2^2\cdot5\cdot7^2$	$3^2\cdot109$	$2\cdot491$		$2^3\cdot3\cdot41$	$5\cdot197$	$2\cdot17\cdot29$	$3\cdot7\cdot47$	$2^2\cdot13\cdot19$	$23\cdot43$
99	$2\cdot3^2\cdot5\cdot11$		$2^5\cdot31$	$3\cdot331$	$2\cdot7\cdot71$	$5\cdot199$	$2^2\cdot3\cdot83$		$2\cdot499$	$3^3\cdot37$
100	$2^3\cdot5^3$	$7\cdot11\cdot13$	$2\cdot3\cdot167$	$17\cdot59$	$2^2\cdot251$	$3\cdot5\cdot67$	$2\cdot503$	$19\cdot53$	$2^4\cdot3^2\cdot7$	

H. Evolventenfunktion $\operatorname{ev}\alpha = \operatorname{tg}\alpha - \operatorname{arc}\alpha$ (s. S. 141 u. S. 727)

$\alpha°$	0′	10′	20′	30′	40′	50′
12	0,003117	0,003250	0,003387	0,003528	0,003673	0,003822
13	0,003975	4132	4294	4459	4629	4803
14	0,004982	5165	5353	5545	5742	5943
15	0,006150	6361	6577	6798	7025	7256
16	0,007493	7735	7982	8234	8492	8756
17	0,009025	9299	9580	9866	10158	10456
18	0,010760	11071	11387	11709	12038	12373
19	0,012715	13063	13418	13779	14148	14523
20	0,014904	0,015293	0,015689	0,016092	0,016502	0,016920
21	0,017345	17777	18217	18665	19120	19583
22	0,020054	20533	21019	21514	22018	22529
23	0,023049	23577	24114	24660	25214	25777
24	0,026350	26931	27521	28121	28729	29348
25	0,029975	30613	31260	31917	32583	33260
26	0,033947	34644	35352	36069	36798	37537
27	0,038287	39047	39819	40602	41395	42201
28	0,043017	43845	44685	45537	46400	47276
29	0,048164	49064	49976	50901	51838	52788
30	0,053751	0,054728	0,055717	0,056720	0,057736	0,058765

J. Wichtige Zahlenwerte und ihre Briggsschen Logarithmen

Größe	n	$\lg n$	Größe	n	$\lg n$	Größe	n	$\lg n$
π	3,14159	0,49715	$\sqrt[3]{\pi}$	1,46459	0,16572	g	9,81	0,99167
$\pi:2$	1,57080	0,19612	$\sqrt[3]{2\pi}$	1,84526	0,26606		(9,80665)	(0,99152)
$\pi:3$	1,04720	0,02003	$\pi\sqrt[3]{\pi}$	4,60115	0,66287	g^2	96,2361	1,98334
$\pi:4$	0,78540	0,89509−1	$\sqrt[3]{\pi^2}$	2,14503	0,33143	$\sqrt{g}$	3,13209	0,49583
$\pi:6$	0,52360	0,71900−1	$\pi\sqrt[3]{\pi^2}$	6,73881	0,82858	$2\sqrt{g}$	6,26418	0,79686
$\pi:12$	0,26180	0,41797−1	$\sqrt[3]{\pi:2}$	1,16245	0,06537	$\pi\sqrt{g}$	9,83976	0,99298
$\pi:16$	0,19635	0,29303−1	$1:\pi$	0,31831	0,50285−1	$\sqrt{2g}$	4,42945	0,64635
$\pi:32$	0,09818	0,99202−2	$2:\pi$	0,63662	0,80388−1	$\pi\sqrt{2g}$	13,91536	1,14350
$\pi:64$	0,04909	0,69099−2	$16:\pi$	5,09296	0,70697	$1:g$	0,10194	0,00833−1
$\pi:90$	0,03491	0,54295−2	$32:\pi$	10,18592	1,00800	$1:2g$	0,05097	0,70730−2
$\pi:180$	0,01745	0,24180−2	$64:\pi$	20,37184	1,30903	$\pi^2:g$	1,00608	0,00263
π^2	9,86960	0,99430	$90:\pi$	28,64790	1,45709	$1:g^2$	0,01039	0,01666−2
$4\pi^2$	39,47842	1,59636	$180:\pi$	57,29580	1,75812	$1:\sqrt{g}$	0,31928	0,50417−1
$\pi^2:4$	2,46740	0,39224	$1:\pi^2$	0,10132	0,00570−1	$\pi:\sqrt{g}$	1,00303	0,00132
$\pi^2:16$	0,61685	0,79018−1	$1:\pi^3$	0,03225	0,50855−2	$\pi:\sqrt{2g}$	0,70925	0,85080−1
π^3	31,00628	1,49145	$1:\pi^4$	0,01027	0,01140−2			
π^4	97,40909	1,98860	$\sqrt{1:\pi}$	0,56419	0,75143−1	e	2,71828	0,43429
$\sqrt{\pi}$	1,77245	0,24858	$\sqrt{2:\pi}$	0,79789	0,90194−1	e^2	7,38906	0,86859
$\sqrt{2\pi}$	2,50663	0,39909	$\sqrt{3:\pi}$	0,97721	0,98998−1	$1:e$	0,36788	0,56571−1
$2\sqrt{\pi}$	3,54491	0,54961	$\sqrt[3]{1:\pi}$	0,68278	0,83428−1	$1:e^2$	0,13534	0,23141−1
$\sqrt{\pi:2}$	1,25331	0,09806	$\sqrt[3]{2:\pi}$	0,86025	0,93463−1	$\sqrt{e}$	1,64872	0,21715
$\pi\sqrt{\pi}$	5,56833	0,74572	$\sqrt[3]{3:\pi}$	0,98475	0,99332−1	$\sqrt[3]{e}$	1,39561	0,14476

Die Abschnitte II bis VIII, X und XI sind bearbeitet von Prof. Dr.-Ing. **W. Meyer zur Capellen,** Aachen, Abschnitt IX von Dr. **V. Happach,** Ratzeburg

II. Arithmetik und Algebra

A. Potenz-, Wurzel- und Logarithmenrechnung

1. Potenzrechnung

1. *Begriff:* $a^n = a \cdot a \cdot a \ldots$ (n-mal als Faktor); $3^4 = 3 \cdot 3 \cdot 3 \cdot 3 = 81$, $a^1 = a$. a = Grundzahl (Basis), n = Exponent, a^n = Potenz.

2. $0^n = 0$. 3. $\lim\limits_{n \to \infty} a^n = \begin{matrix} 0 \\ \infty \end{matrix}$ für $\begin{matrix} |a| < 1 \\ |a| > 1 \end{matrix}$ *; (1^∞, 0^0, ∞^0 s. „unbest. Formen" S. 61, ferner S. 72 u. f.).

4. Gerader Exponent: $(\pm a)^{2n} = + a^{2n}$; $(\pm 4)^2 = +16$.

5. Ungerader Exponent: $(\pm a)^{2n+1} = \pm a^{2n+1}$; $(+4)^3 = +64$, $(-4)^3 = -64$.

6. $a^m a^n = a^{m+n}$; $2^2 \cdot 2^5 = 2^7$. 7. $a^m b^m = (ab)^m$; $3^3 \cdot 2^3 = 6^3$.

8. $a^m/a^n = a^{m-n} = 1/a^{n-m}$ (s. 11); $5^5/5^2 = 5^3$; $5^2/5^5 = 5^{-3} = 1/5^3$.

9. $a^m/b^m = (a/b)^m$; $8^3/2^3 = 4^3$. 10. $(a^m)^n = a^{mn}$; $(3^2)^4 = 3^8$.

11. $a^{-m} = 1/a^m$; $10^{-4} = 1/10000 = 0{,}0001$.

Die Regeln 6 bis 11 gelten für jeden Exponenten — für positive, negative, ganze oder gebrochene Werte.

12. $a^0 = 1$. 13. $\lim\limits_{n \to 0} 1/n = \infty$. 14. $\lim\limits_{n \to \infty} 1/n = 0$.

Das Zeichen ∞ bedeutet, daß die betreffende Zahl über alle Grenzen wächst.

15. $a^{m/n} = \sqrt[n]{a^m}$ (s. Wurzelrechnung); $a^{4/3} = \sqrt[3]{a^4} = a \cdot a^{1/3} = a\sqrt[3]{a}$; $a^{0,8} \cdot a^{0,3} = a^{1,1}$; $a^{1,41}/a^{0,41} = a^1 = a$.

16. $(a+b)(a-b) = a^2 - b^2$; $164^2 - 36^2 = (164+36)(164-36) = 200 \cdot 128 = 25600$.

17. $(a \pm b)^2 = a^2 \pm 2ab + b^2$; $98^2 = (100-2)^2 = 10000 - 2 \cdot 2 \cdot 100 + 4 = 9604$.

18. $(a \pm b)^3 = a^3 \pm 3a^2 b + 3ab^2 \pm b^3$; $29^3 = (30-1)^3 = 27000 - 2700 + 90 - 1 = 24389$.

19. *Binomischer Lehrsatz* für ganze, positive n (Erweiterung s. S. 60)

$$(a+b)^n = a^n + \binom{n}{1} a^{n-1} b + \binom{n}{2} a^{n-2} b^2 + \cdots + \binom{n}{k} a^{n-k} b^k + \cdots + \binom{n}{n-1} a b^{n-1} + b^n.$$

Ist b negativ, so sind die Vorzeichen der ungeraden Potenzen von b negativ. $\binom{n}{k}$, sprich „n über k", ist der k-te Binomialkoeffizient, und zwar ist

$$\binom{n}{k} = \frac{n(n-1)(n-2)(n-3)\cdots(n-k+1)}{1 \cdot 2 \cdot 3 \cdot 4 \cdots k}.$$

Der Nenner heißt $1 \cdot 2 \cdot 3 \cdots k = k!$, sprich „$k$ Fakultät" (s. a. S. 41).

Es ist $\binom{n}{1} = \binom{n}{n-1} = n$, $\binom{n}{0} = \binom{n}{n} = 1$. Für ganze Werte n können die Beiwerte aus dem nebenstehenden *Pascalschen* Dreieck abgelesen werden (hier von $n = 0$ bis $n = 7$ fortgeführt), in dem sich jede Zahl als Summe der beiden in der vorhergehenden Reihe rechts und links von ihr stehenden Zahlen ergibt.

$$\begin{array}{c}
1 \\
1 \quad 1 \\
1 \quad 2 \quad 1 \\
1 \quad 3 \quad 3 \quad 1 \\
1 \quad 4 \quad 6 \quad 4 \quad 1 \\
1 \quad 5 \quad 10 \quad 10 \quad 5 \quad 1 \\
1 \quad 6 \quad 15 \quad 20 \quad 15 \quad 6 \quad 1 \\
1 \quad 7 \quad 21 \quad 35 \quad 35 \quad 21 \quad 7 \quad 1 \\
\cdot \quad \cdot \quad \cdot \quad \cdot \quad \cdot \quad \cdot \quad \cdot \quad \cdot \quad \cdot \quad \cdot \quad \cdot \quad \cdot \quad \cdot \quad \cdot \quad \cdot
\end{array}$$

Wenn n ganz und positiv ist, so gelten folgende Beziehungen:

20. $(a^n - b^n) : (a-b) = a^{n-1} + a^{n-2} b + \cdots + a b^{n-2} + b^{n-1}$.

$(a^3 - b^3) : (a-b) = a^2 + ab + b^2$;

21. $(a^{2n} - b^{2n}) : (a+b) = a^{2n-1} - a^{2n-2} b + a^{2n-3} b^2 - + \cdots - b^{2n-1}$.

$(a^6 - b^6) : (a+b) = a^5 - a^4 b + a^3 b^2 - a^2 b^3 + a b^4 - b^5$.

---

* $|\;|$ heißt absoluter Betrag.

22. $(a^{2n+1} + b^{2n+1}) : (a + b) = a^{2n} - a^{2n-1}\,b + a^{2n-2}\,b^2 - + \cdots + b^{2n}$.

$(a^5 + b^5) : (a + b) = a^4 - a^3\,b + a^2\,b^2 - a\,b^3 + b^4$.

Das Potenzieren hat zwei Umkehrungen, je nachdem in $a^b = c$ die Zahl a gesucht wird (Wurzelrechnung) oder die Zahl b (Logarithmenrechnung).

2. Wurzelrechnung

1. *Begriff:* Wenn $b^n = a$, so ist $b = \sqrt[n]{a}$; a heißt Radikand, b Wurzel und n Wurzelexponent[1]. Dann ist

2. $\left(\sqrt[n]{a}\right)^n = a$; 3. $\sqrt[1]{a} = a$; 4. $\sqrt[n]{0} = 0$.

5. Jede Wurzel kann als Potenz mit gebrochenem Exponent angesehen werden (s. oben 15): $b = \sqrt[n]{a} = a^{1/n}$, da $b^n = (a^{1/n})^n = a^1 = a$.

6. Gerader Wurzelexponent: $\sqrt[2n]{+a}$ ist reell; $\sqrt[2n]{-a}$ ist komplex (S. 40/41); $\sqrt[4]{81} = 3$.

7. Ungerader Wurzelexponent: $\sqrt[2n+1]{\pm a} = \pm\left|\sqrt[2n+1]{a}\right|$; $\sqrt[3]{-64} = -4$, $\sqrt[3]{64} = 4$.

8. $\sqrt[m]{a}\,\sqrt[m]{b} = \sqrt[m]{a\,b}$. 9. $\sqrt[m]{a}\,/\sqrt[m]{b} = \sqrt[m]{a/b}$. 10. $\sqrt[m]{a^n} = \left(\sqrt[m]{a}\right)^n = a^{n/m}$.

$\sqrt{3}\cdot\sqrt{12} = \sqrt{36} = 6$; $\sqrt{28}/\sqrt{7} = \sqrt{4} = 2$; $\sqrt{16^3} = \left(\sqrt{16}\right)^3 = 4^3 = 64$.

11. Exponent der Wurzel und des Radikanden können mit ein und derselben Zahl multipliziert und durch ein und dieselbe Zahl dividiert werden:

$$\sqrt{x^3} = \sqrt[4]{x^6};\quad \sqrt[9]{8\,x^6} = \sqrt[9]{2^3\,x^6} = \sqrt[3]{2\,x^2}.$$

12. $\sqrt[m]{\sqrt[n]{a}} = (a^{1/n})^{1/m} = \sqrt[n]{\sqrt[m]{a}} = \sqrt[mn]{a}$; $\sqrt[3]{\sqrt[4]{27}} = \sqrt[4]{\sqrt[3]{27}} = \sqrt[4]{3}$.

13. $a\sqrt[n]{b} = \sqrt[n]{a^n b}$. 14. $\sqrt[n]{a}\,\sqrt[m]{b} = \sqrt[nm]{a^m b^n}$. 15. $\sqrt{a} \pm \sqrt{b} = +\sqrt{a + b \pm 2\sqrt{a\,b}}$, $a > b$.

3. Logarithmenrechnung

1. *Begriff:* $m = {}^a\log b$, sprich: Logarithmus b zur Basis a, heißt $b = a^m$. a ist die Grundzahl (Basis), m der Logarithmus. (Verlauf der logarithm. Kurve s. Bild 129, S. 138). Es ist im allgemeinen $a > 1$.

2. *Briggs*sche oder *dekadische* Logarithmen haben die Grundzahl 10. Man schreibt nach DIN 1302 ${}^{10}\log b = \lg b$.

3. Die *natürlichen* Logarithmen haben als Grundzahl die *Euler*sche Zahl $e = 2{,}7182818..$ (s. S. 59 u. 72). Man schreibt ${}^e\log b = \ln b$ (logarithmus naturalis).

4. Zur Umrechnung gilt $\ln x = 2{,}3026 \cdot \lg x$ und $\lg x = 0{,}4343 \cdot \ln x$. Die Zahl $1/2{,}3026 = 0{,}4343$ heißt *Modul* des *Briggs*schen Logarithmensystems (genauer $1/2{,}302585\ldots = 0{,}434294\ldots$).

5. Aus dem Begriff des Logarithmus folgt

${}^a\log 1 = 0$, ${}^a\log 0 = -\infty$, $\log\infty = \infty$, ${}^a\log a = 1$, $\lg 10 = 1$, $\ln e = 1$.

Die *Briggs*schen und die natürlichen Logarithmen negativer Zahlen sind komplex.

Für das Rechnen mit Logarithmen gelten die folgenden vier Regeln:

6. ${}^a\log(uv) = {}^a\log u + {}^a\log v$; 7. ${}^a\log(u/v) = {}^a\log u - {}^a\log v$;

8. ${}^a\log u^n = n\,{}^a\log u$; 9. ${}^a\log\sqrt[n]{u} = \frac{1}{n}\,{}^a\log u$. 10. $\lg 10^n = n$, d. h.

$\lg 1 = 0$, da $10^0 = 1$	
$\lg 10 = 1$, da $10^1 = 10$	$\lg 0{,}1 = -1$, da $10^{-1} = 0{,}1$
$\lg 100 = 2$, da $10^2 = 100$	$\lg 0{,}01 = -2$, da $10^{-2} = 0{,}01$
$\lg 1000 = 3$, da $10^3 = 1000$	$\lg 0{,}001 = -3$, da $10^{-3} = 0{,}001$.

11. Für dekadische Logarithmen ist ferner zu beachten:

[1] Über die n verschiedenen Werte der n-ten Wurzeln vgl. S. 41. Für $k = 1$ erhält man den „Hauptwert", d. h. z. B. $\sqrt{4} = 2$, $\sqrt[3]{27} = 3$. Dieser ist hier gemeint. Dagegen lautet die Parabelgleichung (S. 121) $y^2 = a\,x$ aufgelöst $y = \pm\sqrt{a\,x}$ (vgl. a. S. 40).

Es ist z. B. lg 1,092 = 0,0382 (s. S. 22); ferner ist lg 10,92 = lg (1,092 · 10) = lg 1,092 + + lg 10 = 1,0382; sinngemäß ist lg 0,1092 = lg (1,092/10) = lg 1,092 — lg 10 = 0,0382 — 1. Entsprechend ist

lg 109,2 = 2,0382; lg 0,01092 = 0,0382 — 2;
lg 1092 = 3,0382 usw., lg 0,001092 = 0,0382 — 3 usw.

Die vom Stellenwert der ersten Ziffer der zu logarithmierenden Zahl (Numerus) abhängige ganze Zahl des Logarithmus (0, 1, 2, 3, ..., —1, —2, —3, ...) heißt *Kennziffer*, der dahinter stehende Dezimalbruch heißt *Mantisse*. Zahlen mit gleicher Ziffernfolge haben die gleiche Mantisse. Diese ist in den Tafeln für die *Briggs*schen Logarithmen zu finden (z. B. S. 22/23).

Beispiele: Zweckmäßig ist die Verwendung eines Schemas, bei dem links die Zahlen und rechts ihre jeweiligen Logarithmen stehen:

1. $x = \frac{0{,}536 \cdot 217{,}3}{0{,}0281}$

Zahl	Logarithmus
0,536	0,7292 — 1
217,3	2,3371
Zähler	2,0663
0,0281	0,4487 — 2 (—)
x = 4146	3,6176

2. $x = \frac{\sqrt[3]{0{,}0827 \cdot 565{,}1}}{0{,}923^4 \cdot 46{,}2}$

0,0827	0,9175 — 2	
	= 1,9175 — 3	
		: 3
	0,6392 — 1	
565,1	2,7521	(+)
Zähler	2,3913	
0,923	0,9652 — 1	
		× 4
	3,8608 — 4	
	= 0,8608 — 1	
46,2	1,6646	(+)
Nenner	1,5254	
x = 7,343	0,8659	

3. $x = 2{,}78^{1,41}$

2,78	0,4440	
		× 1,41
x = 1,227	0,6260	

4. $x = 0{,}687^{1,33}$

0,687	0,8370 — 1	
		× 1,33
	1,1132 — 1,33	
	— 0,33 + 0,33	
x = 0,607	0,7832 — 1	

5. $x = 0{,}427^{1/1,05}$

0,427	0,6304 — 1	
	+ 0,05 — 0,05	
	0,6804 — 1,05	
x = 0,4446	0,6480 — 1	: 1,05

6. $x = \ln \frac{0{,}678}{0{,}0753}$, d. h. $x = \ln \frac{678 \cdot 10}{753}$

678	6,5191
10	2,3026
	8,8217
753	6,6241
	2,1976 = x

B. Zahlensysteme

Zahlen
- komplexe Zahlen
- reelle Zahlen
  - rationale Zahlen
    - ganze Zahlen
    - Brüche
  - irrationale Zahlen
    - algebraisch irrationale Zahlen
    - transzendent irrationale Zahlen
- imaginäre Zahlen

1. Reelle Zahlen

Sämtliche ganze Zahlen, gewöhnliche Brüche, endliche und unendlich *periodische* Dezimalbrüche bilden das System der *rationalen* Zahlen. Alle übrigen reellen Zahlen, deren Wert durch einen unendlichen, *nicht* periodischen Dezimalbruch ausgedrückt wird, nennt man *irrationale* Zahlen. Diejenigen irrationalen Zahlen, die Lösungen einer Gleichung n-ten Grades mit rationalen Koeffizienten sind, z. B. alle Wurzeln, heißen algebraische, die übrigen transzendente Zahlen, z. B. π, e.

2. Imaginäre und komplexe Zahlen

a) Die **imaginäre Einheit** ist $i = +\sqrt{-1}$, so daß $i^2 = -1$. Eine *imaginäre Zahl* ib ist das Produkt aus der imaginären Einheit und einer reellen Zahl. So ist z. B. $+\sqrt{-9} = 3i$. Die Werte der Potenzen von i sind aus nebenstehendem Schema zu ersehen.

Potenzen von i	Wert
$\cdot\cdot\, i^{-4}\quad i^0\quad i^4\,\cdot\cdot\, i^{4n}$	$+1$
$\cdot\cdot\, i^{-3}\quad i^1\quad i^5\,\cdot\cdot\, i^{4n+1}$	$+i$
$\cdot\cdot\, i^{-2}\quad i^2\quad i^6\,\cdot\cdot\, i^{4n+2}$	-1
$\cdot\cdot\, i^{-1}\quad i^3\quad i^7\,\cdot\cdot\, i^{4n+3}$	$-i$

Eine Verbindung zwischen einer reellen und einer imaginären Zahl, z. B. $z = a + ib$, heißt **komplexe Zahl.** a ist der Realteil, b der Imaginärteil. $a + ib$ und $a - ib$ sind konjugiert komplexe Zahlen. Aus $a + ib = 0$ folgt $a = 0$ und $b = 0$; aus $a + ib = c + id$ folgt $a = c$ und $b = d$. Unter Beachtung von $i^2 = -1$ gelten für komplexe Zahlen die gleichen Rechenregeln wie für reelle Zahlen. Potenzieren s. c). — Ausdrücke i^i und i^{-i} vgl. S. 99, Nr. 12.

Beispiele: $(a + ib) + (c + id) = (a + c) + i(b + d)$; $(a + ib) - (c + id) = (a - c) + i(b - d)$, $(a + ib)(c + id) = (ac - bd) + i(ad + bc)$; $(a + ib)(a - ib) = a^2 + b^2$.

$$\frac{a + ib}{c + id} = \frac{(a + ib)(c - id)}{(c + id)(c - id)} = \frac{ac + bd}{c^2 + d^2} + i \cdot \frac{bc - ad}{c^2 + d^2}, \quad c + id \neq 0.$$

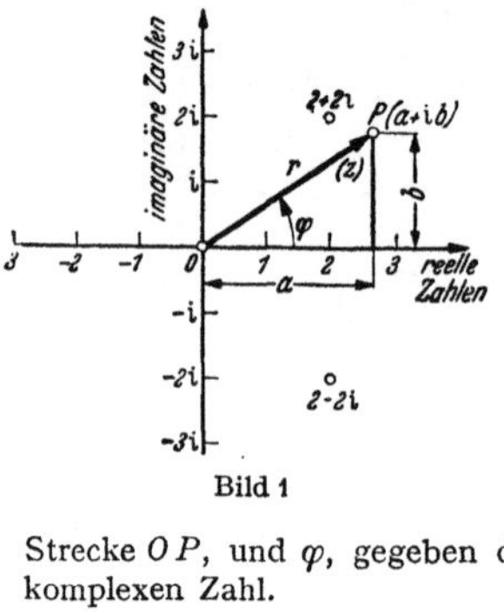

Bild 1

b) Eine komplexe Zahl $z = a + ib$ wird in der **Gaußschen Zahlenebene** durch einen Punkt mit den Koordinaten a und b dargestellt, Bild 1: Den reellen Zahlen wird die waagerechte Achse, den imaginären Zahlen die dazu senkrechte Achse zugeordnet.

Unter Einführung von Polarkoordinaten liest man mit $a = r\cos\varphi$, $b = r\sin\varphi$ die **Normalform** oder trigonometrische Form

$$z = a + ib = r(\cos\varphi + i\sin\varphi)$$

ab. Hierin ist $r = \sqrt{a^2 + b^2}$ der Absolut*betrag* (Modul) der komplexen Zahl, d. i. die Länge der Strecke OP, und φ, gegeben durch $\operatorname{tg}\varphi = b/a$, der *Winkel* (das Argument) der komplexen Zahl.

Man kann auch den von O nach P gezogenen Vektor (s. S. 150) $z = \overrightarrow{OP}$ als Darstellung der komplexen Zahl auffassen; seine Richtung ist durch φ, seine Länge durch r gegeben.

c) Die Normalform liefert den **Moivreschen Satz** für beliebiges reelles n:

$$(\cos\varphi \pm i\sin\varphi)^n = \cos n\varphi \pm i\sin n\varphi;$$

eine komplexe Zahl $z = r(\cos\varphi + i\sin\varphi)$ wird hiernach mit n potenziert, indem man den Absolutbetrag mit n potenziert und den Winkel mit n multipliziert. So wird

$$\sqrt[n]{a + ib} = \left|\sqrt[n]{r}\right| \cdot \left(\cos\frac{\varphi + 2k\pi}{n} + i\sin\frac{\varphi + 2k\pi}{n}\right), \qquad \varphi \text{ im Bogenmaß};$$

mit den Werten $k = 0, 1, 2, \ldots, n - 1$ erhält man sämtliche n Wurzeln oder Lösungen.

d) Aus c) folgen mit $r = 1$ und $\varphi = 0$ bzw. $\varphi = \pi$ die **Einheitswurzeln:**

$$\sqrt[n]{1} = \cos\frac{2k\pi}{n} + \mathrm{i}\sin\frac{2k\pi}{n}, \qquad k = 0, 1, 2, \ldots, n-1.$$

$$\sqrt[n]{-1} = \cos\frac{(2k+1)\pi}{n} + \mathrm{i}\sin\frac{(2k+1)\pi}{n}, \qquad k = 0, 1, 2, \ldots, n-1.$$

Beispiel: $\sqrt[3]{1} = +1$ bzw. $-0{,}5 + 0{,}866\,\mathrm{i}$ bzw. $-0{,}5 - 0{,}866\,\mathrm{i}$.

Die komplexe Zahl $z = r(\cos\varphi + \mathrm{i}\sin\varphi)$ kann auch geschrieben werden $z = r\,e^{\mathrm{i}\varphi}$ (s. S. 59). — Anwendung auf die konforme Abbildung vgl. S. 100.

C. Kombinationslehre

a) Die Zahl der **Permutationen,** d. h. der möglichen Zusammenstellungen von n ungleichen Elementen, ist

$$1 \cdot 2 \cdot 3 \cdot 4 \cdots (n-1) \cdot n = n! \text{ (sprich „}n\text{-Fakultät“).}$$

Befinden sich unter den n Elementen p gleiche einer Art, q gleiche einer anderen Art, r gleiche einer dritten Art usw., so ist die Anzahl der möglichen Permutationen $\dfrac{n!}{p! \cdot q! \cdot r! \cdots}$.

Beispiele: 1. 6 Elemente $abcdef$ haben $6! = 720$ Permutationen.

2. Die 3 Elemente abc haben $3! = 6$ Permutationen, nämlich abc, bca, cab, cba, acb, bac, wie sich durch zyklisches Vertauschen und nachfolgendes Umkehren der Reihenfolge ergibt.

3. Die 9 Elemente $aaaabbbcc$ haben $\dfrac{9!}{4! \cdot 3! \cdot 2!} = 1260$ Permutationen.

b) Eine Zusammenstellung, die nicht sämtliche n Elemente enthält, heißt eine **Variation:** ist k die Anzahl der zusammengestellten Elemente, so liegt eine Variation der n Elemente zur k-ten Klasse vor. Die Anzahl aller möglichen Variationen ist damit

$$\text{ohne Wiederholung } \binom{n}{k} \cdot k! = \frac{n!}{(n-k)!}, \text{ mit Wiederholung } n^k,$$

d. h. je nachdem das gleiche Element in der Zusammenstellung nur einmal oder mehrfach vorkommt. $\binom{n}{k}$ sind die Binomialkoeffizienten von S. 37.

Beispiele: 1. Die 4 Gegenstände $abcd$ haben in Gruppen zu je 2 Elementen ohne Wiederholung $\binom{4}{2} \cdot 2! = 12$ Variationen, nämlich ab, ac, ad, bc, bd, cd, ba, ca, da, cb, db, dc.

2. Bei Wiederholung erhält man $4^2 = 16$, d. h. außer den genannten noch aa, bb, cc, dd.

c) Die Anzahl der **Kombinationen** von n Elementen zur k-ten Klasse, d. h. die Anzahl der verschiedenen Arten, auf welche man n Elemente zu je k Elementen ohne Rücksicht auf die Reihenfolge anordnen kann, ist

$$\text{ohne Wiederholung (s. o.) } \binom{n}{k}, \text{ mit Wiederholung } \binom{n+k-1}{k}.$$

Beispiele: 1. Die 4 Gegenstände $abcd$ haben in Gruppen zu je 2 Gliedern ohne Wiederholung $\binom{4}{2} = \dfrac{4 \cdot 3}{1 \cdot 2} = 6$ Kombinationen, nämlich ab, ac, ad, bc, bd, cd.

2. Mit Wiederholung erhält man $\binom{4+2-1}{2} = \binom{5}{2} = 10$ Kombinationen. Es kommen hinzu aa, bb, cc, dd.

D. Determinanten

Literatur: 1. *Neiss, Fr.:* Determinanten und Matrizen. 4. Aufl. Berlin: Springer 1955. — 2. *Schmeidler, W.:* Vorträge über Determinanten und Matrizen mit Anwendungen in Physik und Technik. Berlin: Akademie-Verl. 1949. — 3. *Zurmühl, R.:* Matrizen. 2. Aufl. Berlin: Springer 1958.

Bei verschiedenen Aufgaben der Mathematik und ihrer Anwendungsgebiete trifft man auf gewisse Zahlenausdrücke, die *Determinanten*, die nach ganz bestimmten Gesetzen gebaut sind und durch besondere Schreibweise auch besonders einfach darzustellen sind.

U. a. läßt sich — um aus den vielen Anwendungsmöglichkeiten *eine* herauszugreifen — in der Schwingungslehre die Bedingungsgleichung zur Bestimmung der Eigenfrequenzen eines schwingungsfähigen, mehrgliedrigen Systems in der Form $D = 0$ schreiben, wo D eine gewisse Determinante bedeutet.

a) Determinanten 2. und 3. Grades sind $\begin{vmatrix} a_1 & b_1 \\ a_2 & b_2 \end{vmatrix} = a_1 b_2 - a_2 b_1$;

$$\begin{vmatrix} a_1 & b_1 & c_1 \\ a_2 & b_2 & c_2 \\ a_3 & b_3 & c_3 \end{vmatrix} = a_1 \begin{vmatrix} b_2 & c_2 \\ b_3 & c_3 \end{vmatrix} - a_2 \begin{vmatrix} b_1 & c_1 \\ b_3 & c_3 \end{vmatrix} + a_3 \begin{vmatrix} b_1 & c_1 \\ b_2 & c_2 \end{vmatrix}$$

$$= a_1 (b_2 c_3 - b_3 c_2) - a_2 (b_1 c_3 - b_3 c_1) + a_3 (b_1 c_2 - b_2 c_1)$$

$$= a_1 b_2 c_3 + a_2 b_3 c_1 + a_3 b_1 c_2 - a_1 b_3 c_2 - a_2 b_1 c_3 - a_3 b_2 c_1 .$$

Die *Determinante n-ten Grades* von n^2 Elementen $a_1, a_2, \ldots, a_n$; $b_1, b_2, \ldots, b_n$; $r_1, r_2, \ldots, r_n$ hat n Zeilen (waagerechte Reihen) und n Spalten (senkrechte Reihen). Sie wird geschrieben

$$\begin{vmatrix} a_1 & b_1 & c_1 & \cdots & r_1 \\ a_2 & b_2 & c_2 & \cdots & r_2 \\ a_3 & b_3 & c_3 & \cdots & r_3 \\ \cdot & \cdot & \cdot & \cdots & \cdot \\ \cdot & \cdot & \cdot & \cdots & \cdot \\ a_n & b_n & c_n & \cdots & r_n \end{vmatrix}$$

und stellt die Summe $\sum \pm (a_1 b_2 c_3 \ldots r_n)$ dar, in der die einzelnen Summanden durch Permutation (S. 41) der Zeiger (Indizes) 1, 2, 3, ... des diagonalen Produktes $a_1 b_2 c_3 \ldots r_n$ gewonnen werden. Jedes alphabetisch geordnete Produkt erhält ein positives oder negatives Vorzeichen, je nachdem die Zahl der Umkehrungen seiner Zeiger gerade oder ungerade ist. Die Determinante enthält $n! = 1 \cdot 2 \cdot 3 \cdots n$ Produkte. Beispiele vgl. a).

b) Eine Determinante n-ten Grades kann mit Hilfe von *Unterdeterminanten* $(n-1)$-ten Grades zerlegt werden [s. a) u. h)]:

$$\begin{vmatrix} a_1 & b_1 & c_1 & d_1 \\ a_2 & b_2 & c_2 & d_2 \\ a_3 & b_3 & c_3 & d_3 \\ a_4 & b_4 & c_4 & d_4 \end{vmatrix} = a_1 \begin{vmatrix} b_2 & c_2 & d_2 \\ b_3 & c_3 & d_3 \\ b_4 & c_4 & d_4 \end{vmatrix} - a_2 \begin{vmatrix} b_1 & c_1 & d_1 \\ b_3 & c_3 & d_3 \\ b_4 & c_4 & d_4 \end{vmatrix} + a_3 \begin{vmatrix} b_1 & c_1 & d_1 \\ b_2 & c_2 & d_2 \\ b_4 & c_4 & d_4 \end{vmatrix} - a_4 \begin{vmatrix} b_1 & c_1 & d_1 \\ b_2 & c_2 & d_2 \\ b_3 & c_3 & d_3 \end{vmatrix} .$$

Die *Unterdeterminante* zu einem Element in der i-ten Zeile und der k-ten Spalte wird erhalten, indem man die i-te Zeile und die k-te Spalte der ursprünglichen Determinante durchstreicht und die so entstehende Determinante mit $(-1)^{i+k}$ multipliziert.

c) In einer Determinante kann man die Zeilen mit den Spalten unter Beibehaltung der Reihenfolge vertauschen:

$$\begin{vmatrix} a_1 & b_1 \\ a_2 & b_2 \end{vmatrix} = \begin{vmatrix} a_1 & a_2 \\ b_1 & b_2 \end{vmatrix}; \qquad \begin{vmatrix} a_1 & b_1 & c_1 \\ a_2 & b_2 & c_2 \\ a_3 & b_3 & c_3 \end{vmatrix} = \begin{vmatrix} a_1 & a_2 & a_3 \\ b_1 & b_2 & b_3 \\ c_1 & c_2 & c_3 \end{vmatrix} .$$

d) Werden in der Determinante 2 Zeilen oder 2 Spalten miteinander vertauscht, so ändert die Determinante ihr Vorzeichen.

e) Sind die entsprechenden Elemente zweier Spalten oder zweier Zeilen verhältnisgleich (also auch einander gleich und gleich null), so ist die Determinante gleich null.

$$\begin{vmatrix} a_1 & a_1 & c_1 \\ a_2 & a_2 & c_2 \\ a_3 & a_3 & c_3 \end{vmatrix} = 0; \qquad \begin{vmatrix} a_1 & b_1 & c_1 \\ a_1 & b_1 & c_1 \\ a_3 & b_3 & c_3 \end{vmatrix} = 0; \qquad \begin{vmatrix} a_1 & a_2 & k a_2 \\ b_1 & b_2 & k b_2 \\ c_1 & c_2 & k c_2 \end{vmatrix} = 0 .$$

f) Sind alle Elemente einer Zeile oder einer Spalte mit der gleichen Zahl multipliziert, so kann der Faktor vor die Determinante gesetzt werden:

$$\begin{vmatrix} k a_1 & b_1 & c_1 \\ k a_2 & b_2 & c_2 \\ k a_3 & b_3 & c_3 \end{vmatrix} = k \begin{vmatrix} a_1 & b_1 & c_1 \\ a_2 & b_2 & c_2 \\ a_3 & b_3 & c_3 \end{vmatrix} = \begin{vmatrix} k a_1 & k b_1 & k c_1 \\ a_2 & b_2 & c_2 \\ a_3 & b_3 & c_3 \end{vmatrix}.$$

g) Der Wert einer Determinante bleibt unverändert, wenn man zu den Elementen einer Zeile oder Spalte das gleiche Vielfache der entsprechenden Elemente einer anderen Zeile oder Spalte addiert oder subtrahiert:

$$\begin{vmatrix} a_1 & b_1 & c_1 \\ a_2 & b_2 & c_2 \\ a_3 & b_3 & c_3 \end{vmatrix} = \begin{vmatrix} a_1 & b_1 & c_1 + k a_1 \\ a_2 & b_2 & c_2 + k a_2 \\ a_3 & b_3 & c_3 + k a_3 \end{vmatrix}.$$

h) Eine *Determinante 3. Grades* kann auch folgendermaßen gebildet werden:

$$\left|\begin{matrix} a_1 & b_1 & c_1 \\ a_2 & b_2 & c_2 \\ a_3 & b_3 & c_3 \end{matrix}\right| \begin{matrix} a_1 & b_1 \\ a_2 & b_2 \\ a_3 & b_3 \end{matrix} = \begin{matrix} a_1 b_2 c_3 + b_1 c_2 a_3 + c_1 a_2 b_3 \\ - a_3 b_2 c_1 - b_3 c_2 a_1 - c_3 a_2 b_1 , \end{matrix}$$

d. h. man setzt die beiden ersten Spalten in der gleichen Reihenfolge neben die letzte und bildet die 6 Produkte der Elemente, die auf einer Diagonalen liegen. Die Produkte erhalten je nach Pfeilrichtung + (↘) oder − (↗) als Vorzeichen.

Zahlenbeispiele: 1. Zu b):

$$\begin{vmatrix} 2 & 3 & 4 \\ 1 & 3 & 4 \\ 3 & 0 & 2 \end{vmatrix} = 2 \begin{vmatrix} 3 & 4 \\ 0 & 2 \end{vmatrix} - 1 \begin{vmatrix} 3 & 4 \\ 0 & 2 \end{vmatrix} + 3 \begin{vmatrix} 3 & 4 \\ 3 & 4 \end{vmatrix} = 2 \cdot (3 \cdot 2) - 1 \cdot (3 \cdot 2) + 0 = 6.$$

2. Zu e):

$$\begin{vmatrix} 12 & 4 & 2 \\ 6 & 2 & 1 \\ 3 & 5 & 3 \end{vmatrix} = \begin{vmatrix} 2 \cdot 6 & 2 \cdot 2 & 2 \cdot 1 \\ 6 & 2 & 1 \\ 3 & 5 & 3 \end{vmatrix} = 0.$$

3. Zu f), g), b):

$$\begin{vmatrix} 4 & 12 & 8 \\ 2 & 3 & 4 \\ 3 & 6 & 9 \end{vmatrix} = 4 \cdot \begin{vmatrix} 1 & 3 & 2 \\ 2 & 3 & 4 \\ 3 & 6 & 9 \end{vmatrix} = 4 \cdot 3 \cdot \begin{vmatrix} 1 & 3 & 2 \\ 2 & 3 & 4 \\ 1 & 2 & 3 \end{vmatrix} = 12 \cdot \begin{vmatrix} 1 & 3 & 2 \\ 1 & 1 & 1 \\ 1 & 2 & 3 \end{vmatrix} = 12 \cdot \begin{vmatrix} 0 & 2 & 1 \\ 1 & 1 & 1 \\ 1 & 2 & 3 \end{vmatrix}$$

$$= 12 \cdot \begin{vmatrix} 0 & 2 & 1 \\ 1 & 1 & 1 \\ 0 & 1 & 2 \end{vmatrix} = 12 \cdot \left\{ 0 - 1 \cdot \begin{vmatrix} 2 & 1 \\ 1 & 2 \end{vmatrix} + 0 \right\} = -12 \cdot (2 \cdot 2 - 1 \cdot 1) = -36.$$

Über Anwendung bei Gleichungen 1. Grades mit mehreren Unbekannten vgl. S. 44. Ferner vgl. S. 113.

i) Unter einer *Matrix* versteht man ein rechteckiges Schema von Zahlen oder Elementen. Besteht sie aus m waagerechten Zeilen zu je n Elementen oder, was dasselbe ist, aus n waagerechten Zeilen zu je m Elementen, so hat man eine mn-reihige Matrix oder, kürzer, eine m-n-Matrix. Das Schema einer Matrix wird durch eine runde Klammer angegeben;

$$\begin{pmatrix} \alpha_1 & \beta_1 & \gamma_1 & \delta_1 & \varepsilon_1 \\ \alpha_2 & \beta_2 & \gamma_2 & \delta_2 & \varepsilon_2 \\ \alpha_3 & \beta_3 & \gamma_3 & \delta_3 & \varepsilon_3 \end{pmatrix}$$

ist eine Matrix mit 3 Zeilen und 5 Spalten.

Die quadratische Matrix ($m = n$) $\begin{pmatrix} a_1 b_1 c_1 \\ a_2 b_2 c_2 \\ a_3 b_3 c_3 \end{pmatrix}$ ist die Matrix der Determinante $D = \begin{vmatrix} a_1 b_1 c_1 \\ a_2 b_2 c_2 \\ a_3 b_3 c_3 \end{vmatrix}$,

oder umgekehrt, D ist die Determinante der quadratischen Matrix.

E. Gleichungen

Eine Gleichung drückt aus, daß 2 Größen einander gleich sind. Eine *identische* Gleichung zeigt eine algebraische oder rechnerische Umformung an, z. B. $(a + b)(a - b) = a^2 - b^2$. Eine *Bestimmungs*gleichung, z. B. $x - 9 = 0$, dient zur Ermittlung einer unbekannten Größe, z. B. x, und ist nur für einen bestimmten Wert x (oder mehrere) eine identische, im Beispiel für $x = 9$.

Werden auf beiden Seiten einer Gleichung die gleichen Rechenoperationen vorgenommen, so führt die neue Form der Gleichung zu den gleichen Lösungen[1].

Zur Ermittlung von n Unbekannten sind n voneinander unabhängige Gleichungen erforderlich.

Gleichungen, die sich derart umformen lassen, daß nur ganzzahlige Potenzen der Unbekannten auftreten, heißen *algebraische* Gleichungen (E, 1). In *transzendenten* Gleichungen (S. 51) tritt mindestens eine nicht zu beseitigende transzendente Funktion der Unbekannten auf. *Beispiel:* $\operatorname{tg} x - \lambda x = 0$.

Schreibt man eine Gleichung in der Form $f(x) = 0$, so sind die Lösungen die *Nullstellen* der Funktion $y = f(x)$.

1. Algebraische Gleichungen

Algebraische Gleichungen haben die Form

$$R(x) \equiv x^n + a_{n-1} x^{n-1} + a_{n-2} x^{n-2} + \cdots + a_1 x + a_0 = 0;$$

ihre Lösungen sind also die Nullstellen der ganzen rationalen Funktion n-ten Grades $R(x)$, vgl. S. 62.

a) Lineare Gleichungen (Gleichungen 1. Grades). α) *Gleichung mit einer Unbekannten.* Eine solche läßt sich immer auf die Form $ax - b = 0$ oder $ax = b$ bringen. Zur Umformung (die in entsprechender Weise auch auf andere Gleichungen übertragen werden kann) ist zu beachten:

1. Sind in einer Gleichung mehrere Glieder mit x und mehrere Glieder ohne x enthalten, so bringt man die Glieder mit x auf die eine und die ohne x auf die andere Seite. Hierbei müssen Klammerausdrücke, die x enthalten, aufgelöst werden.
2. Enthält die Gleichung Brüche, steht besonders x im Nenner, so ist die Gleichung mit dem Hauptnenner zu multiplizieren.
3. Steht x in der Basis einer Potenz (oder im Radikanden einer Wurzel), so ist die Potenz (Wurzel) auf eine Seite zu bringen und dann die Wurzel zu ziehen (die Gleichung zu potenzieren). Sind mehrere Wurzeln vorhanden, so ist mehrfaches Potenzieren erforderlich.
4. Steht x im Exponenten einer Potenz (Exponentialgleichung), so ist die Potenz auf eine Seite zu bringen und dann die Gleichung zu logarithmieren.

Beispiel: $4{,}6 + 2{,}3^{3-x} = 10$; $2{,}3^{3-x} = 5{,}4$; $(3 - x) \cdot \lg 2{,}3 = \lg 5{,}4$; $3 - x = \frac{\lg 5{,}4}{\lg 2{,}3} = \frac{0{,}7324}{0{,}3617}$ $= 2{,}025$; $x = 3 - 2{,}025 = 0{,}975$. — Das Logarithmieren kann auch fortfallen bei Benutzung der doppellogarithmischen Teilung auf dem Rechenstab[2].

β) *Gleichungen mit mehreren Unbekannten.* $\alpha\alpha$) *Rückführung auf $n - 1$ Gleichungen.* n Gleichungen mit n Unbekannten werden rechnerisch derart aufgelöst, daß man zunächst aus ihnen durch Umformen und Zusammenfassen passender Gleichungen $n - 1$ Gleichungen mit $n - 1$ Unbekannten bildet. Durch Wiederholung dieses Verfahrens erhält man $n - 2$ Gleichungen mit $n - 2$ Unbekannten usw., schließlich 1 Gleichung mit einer Unbekannten. Nach Ausrechnung dieser Unbekannten setzt man ihren Wert in eine der zwei Gleichungen mit 2 Unbekannten ein und erhält so die zweite Unbekannte. Durch weiteres Einsetzen erhält man der Reihe nach sämtliche n Unbekannten.

Zur Rückführung sind folgende Wege möglich:

Additionsmethode: Wegschaffen einer Unbekannten durch Addition bzw. Subtraktion der Gleichungen nach passender Umformung (gleiche Faktoren der wegzuschaffenden Größen).

Gleichsetzungsmethode: Wegschaffen einer Unbekannten dadurch, daß man diese oder ein passendes Vielfaches von ihr in jeder Gleichung durch die anderen Unbekannten ausdrückt und die so erhaltenen Werte einander gleichsetzt.

Einsetzungsmethode: Eine Unbekannte wird dadurch weggeschafft, daß man in einer Gleichung diese Unbekannte durch die anderen ausdrückt und den so erhaltenen Wert in die übrigen Gleichungen einsetzt.

$\beta\beta$) Unter *Benutzung von Determinanten* (S. 41) können die Lösungen unmittelbar hingeschrieben werden. So folgt z. B. für ein System von 3 linearen Gleichungen:

---

[1] Division durch Null ist naturgemäß nicht erlaubt.

[2] *Meyer zur Capellen, W.:* Mathematische Instrumente. 3. Aufl. Leipzig: Akad. Verlagsges. 1949; ders.: Instrumentelle Mathematik für den Ingenieur. Essen: W. Girardet 1952.

$$a_1 x + b_1 y + c_1 z = d_1\,,\quad a_2 x + b_2 y + c_2 z = d_2\,,\quad a_3 x + b_3 y + c_3 z = d_3\,,\qquad D = \begin{vmatrix} a_1 & b_1 & c_1 \\ a_2 & b_2 & c_2 \\ a_3 & b_3 & c_3 \end{vmatrix} \neq 0,$$

$x = D_1/D$, $y = D_2/D$, $z = D_3/D$, wo

$$D_1 = \begin{vmatrix} d_1 & b_1 & c_1 \\ d_2 & b_2 & c_2 \\ d_3 & b_3 & c_3 \end{vmatrix}, \quad D_2 = \begin{vmatrix} a_1 & d_1 & c_1 \\ a_2 & d_2 & c_2 \\ a_3 & d_3 & c_3 \end{vmatrix}, \quad D_3 = \begin{vmatrix} a_1 & b_1 & d_1 \\ a_2 & b_2 & d_2 \\ a_3 & b_3 & d_3 \end{vmatrix}.$$

Für ein beliebiges lineares Gleichungssystem gelten entsprechende Formeln: Die Faktoren der Unbekannten liefern, unter Beachtung von Zeile und Spalte, die „Systemdeterminante" D. Die Determinanten $D_1, D_2, \ldots$ findet man, indem man in D die Spalte der Beiwerte der betreffenden Unbekannten ersetzt durch die Werte auf den rechten Seiten.

Ist $D = 0$, so widersprechen sich die Gleichungen, oder eine Gleichung ist die Folge der anderen (z. B. $x - y = 4$ und $2x - 2y = 8$), vgl. aber $\gamma\gamma$).

Beispiel: $2x + 1{,}4\,y = 13;\quad 6{,}5\,x - 3{,}1\,y = 4;$

$$D = \begin{vmatrix} 2 & 1{,}4 \\ 6{,}5 & -3{,}1 \end{vmatrix} = -2 \cdot 3{,}1 - 6{,}5 \cdot 1{,}4 = -15{,}3;$$

$$D_1 = \begin{vmatrix} 13 & 1{,}4 \\ 4 & -3{,}1 \end{vmatrix} = -13 \cdot 3{,}1 - 4 \cdot 1{,}4 = -45{,}9; \qquad x = -45{,}9 : (-15{,}3) = 3;$$

$$D_2 = \begin{vmatrix} 2 & 13 \\ 6{,}5 & 4 \end{vmatrix} = 2 \cdot 4 - 6{,}5 \cdot 13 = -76{,}5; \qquad y = -76{,}5 : (-15{,}3) = 5.$$

Für *viele* Unbekannte führen beide Wege ($\alpha\alpha$ und $\beta\beta$) im allgemeinen nur langsam zum Ziel. Dann empfehlen sich zeichnerische oder instrumentelle Methoden[1] oder Verfahren zur schrittweisen Näherung („Iterationsverfahren").[2]

$\gamma\gamma$) In ***homogenen Gleichungen*** sind im Gegensatz zu inhomogenen Gleichungen die rechten Seiten (oben $d_1, d_2, \ldots$) gleich null. n homogene lineare Gleichungen

$$\begin{aligned} a_{11} x_1 + a_{12} x_2 + a_{13} x_3 + \cdots + a_{1n} x_n &= 0 \\ a_{21} x_1 + a_{22} x_2 + a_{23} x_3 + \cdots + a_{2n} x_n &= 0 \\ \cdots\cdots\cdots\cdots\cdots\cdots\cdots\cdots & \\ a_{n1} x_1 + a_{n2} x_2 + a_{n3} x_3 + \cdots + a_{nn} x_n &= 0 \end{aligned}$$

für die Unbekannten $x_1, x_2, \ldots, x_n$ können nur dann nebeneinander bestehen, wenn ihre Systemdeterminante, d. h. die Determinante der Koeffizienten

$$D = \begin{vmatrix} a_{11} & a_{12} & \cdots & a_{1n} \\ a_{21} & a_{22} & \cdots & a_{2n} \\ \cdots & \cdots & \cdots & \cdots \\ a_{n1} & a_{n2} & \cdots & a_{nn} \end{vmatrix} = 0$$

ist, wenn man von den trivialen Lösungen $x_1 = x_2 = \cdots = x_n = 0$ absieht.

Ein homogenes System kann durch die *Substitution* $x_1/x_n = \xi_1, x_2/x_n = \xi_2, \ldots, x_n/x_n = \xi_n = 1$ in ein äquivalentes inhomogenes umgewandelt werden, dessen erste Gleichung z. B. $a_{11}\xi_1 + a_{12}\xi_2 + a_{13}\xi_3 + \cdots + a_{1(n-1)}\xi_{n-1} = -a_{1n}$ lauten würde. Es können danach nur die Verhältnisse der Unbekannten ermittelt werden, so daß hierfür eine Gleichung überflüssig ist.

Ist z. B. $a_{11} x_1 + a_{12} x_2 = 0,\quad a_{21} x_1 + a_{22} x_2 = 0,$ so muß $\begin{vmatrix} a_{11} & a_{12} \\ a_{21} & a_{22} \end{vmatrix} = 0$ sein, und es ist $x_1 : x_2 = -a_{12} : a_{11} = -a_{22} : a_{21}$.

Bei 3 Gleichungen mit 3 Unbekannten gilt entsprechend

$$x_1 : x_2 : x_3 = \begin{vmatrix} a_{12} & a_{13} \\ a_{22} & a_{23} \end{vmatrix} : \begin{vmatrix} a_{13} & a_{11} \\ a_{23} & a_{21} \end{vmatrix} : \begin{vmatrix} a_{11} & a_{12} \\ a_{21} & a_{22} \end{vmatrix}.$$

Umgekehrt kann ein inhomogenes Gleichungssystem

$$\begin{aligned} a_{11} x_1 + a_{12} x_2 + \cdots + a_{1n} x_n &= b_1 \\ a_{21} x_1 + a_{22} x_2 + \cdots + a_{2n} x_n &= b_2 \\ \cdots\cdots\cdots\cdots\cdots\cdots & \\ a_{n1} x_1 + a_{n2} x_2 + \cdots + a_{nn} x_n &= b_n \end{aligned}$$

durch die Substitution $x_1 = u_1/t,\ x_2 = u_2/t, \ldots x_n = u_n/t$ in ein homogenes verwandelt werden, dessen erste Gleichung z. B. $a_{11} u_1 + a_{12} u_2 + \cdots + a_{1n} u_n - b_1 t = 0$ lauten würde.

[1] Vgl. *Runge, C.:* Graphische Methoden, S. 17f., Leipzig: Teubner 1928, u. Anm. 1, S 44.
[2] Vgl. z. B. *Zurmühl, R.:* Praktische Mathematik für Ingenieure und Physiker. 2. Aufl. Berlin: Springer 1957.

b) Gleichungen n-ten Grades. Nach dem *Fundamentalsatz* der Algebra hat eine Gleichung n-ten Grades von der Form

$$R(x) \equiv x^n + a_{n-1}x^{n-1} + \cdots + a_1 x + a_0 = 0$$

n Lösungen oder Wurzeln (wenn die u. U. zusammenfallenden Lösungen[1] in ihrer Vielfachheit mitgezählt werden). Komplexe Lösungen treten bei reellen Koeffizienten immer paarweise konjugiert auf. Sind $x_1, x_2, \ldots x_n$ die Lösungen, so kann die Gleichung auch

$$(x - x_1)(x - x_2)\cdots(x - x_n) = 0$$

geschrieben werden, und wenn eine Lösung, z. B. x_1, bekannt ist, so erniedrigt die Division von $R(x)$ durch $(x - x_1)$ den Grad der Gleichung auf $n - 1$.

Beispiel: Die Gleichung $x^3 - 13x - 12 = 0$ hat offensichtlich die Lösung $x_1 = -1$. Nach Division durch $(x - x_1) = (x + 1)$ folgt $x^2 - x - 12 = 0$ mit $x_2 = 4$ und $x_3 = -3$ als weiteren Lösungen.

Durch Ausmultiplikation und Koeffizientenvergleich ergeben sich gewisse Beziehungen zwischen den Lösungen und den Koeffizienten einer Gleichung n-ten Grades (*Satz von Viëta*). Es gilt

$$\begin{aligned} a_{n-1} &= -(x_1 + x_2 + \cdots + x_n),\\ a_{n-2} &= x_1x_2 + x_1x_3 + x_1x_4 + \cdots + x_2x_3 + x_3x_4 + \cdots x_{n-1}x_n,\\ a_{n-3} &= -(x_1x_2x_3 + x_1x_2x_4 + \cdots x_{n-2}x_{n-1}x_n).\\ &\cdots\cdots\cdots\cdots\cdots\cdots\\ a_0 &= (-1)^n x_1 x_2 \ldots x_{n-1}x_n; \end{aligned}$$

d. h. der Koeffizient a_{n-k} ist gleich $(-1)^k$-mal der Summe aller k-fachen Produkte der Lösungen $x_1, x_2, \ldots, x_n$. Diese Summe besteht aus $\binom{n}{k}$ Summanden (vgl. Abschn. C, c).

Geschlossene Lösungen, d. h. durch Wurzelausdrücke angebbare Lösungen einer Gleichung n-ten Grades sind, abgesehen von Sonderfällen, nur bei Gleichungen bis zum 4. Grad möglich. Gleichungen höheren Grades müssen instrumentell[2] oder mit Näherungsverfahren gelöst werden (S. 52).

α) *Gleichungen 2. Grades mit einer Unbekannten.* $\alpha\alpha$) Rechnerische Lösung. Jede quadratische Gleichung kann auf die

$$\textit{Normalform}\ x^2 + ax + b = 0$$

gebracht werden. Hierfür ähnliche Umformungen wie unter a, α) S. 44.

Für die Lösungen der quadratischen Gleichung $x^2 + ax + b = 0$ folgt mit

$$x^2 + 2\cdot(a/2)\cdot x + (a/2)^2 = (a/2)^2 - b \quad \text{oder} \quad (x + a/2)^2 = (a/2)^2 - b:$$

$$\left.\begin{aligned} x_1 &= -a/2 + \sqrt{(a/2)^2 - b},\\ x_2 &= -a/2 - \sqrt{(a/2)^2 - b}, \end{aligned}\right\} \quad \text{worin } (a/2)^2 - b = \Delta = \text{„Diskriminante“}.$$

Die Gleichung hat 2 reelle Wurzeln, wenn $\Delta > 0$,
2 zusammenfallende reelle „ , „ $\Delta = 0$,
2 konjugiert komplexe „ , „ $\Delta < 0$.

Ist $a = 0$, so liegt eine rein quadratische Gleichung vor: $x_{1,2} = \pm\sqrt{-b}$.

Ist $b = 0$, so ist $x_1 = 0$ und $x_2 = -a$, denn es ist $x^2 + ax = 0$ oder $x(x + a) = 0$, d. h. $x_1 = 0$ oder $(x + a) = 0$, d. h. $x_2 = -a$.

Beispiele:

1. $x^2 - \frac{3}{2}x - 1 = 0$	2. $x^2 - 10x + 25 = 0$	3. $x^2 + 6x + 10 = 0$	4. $x^2 - 10x = 0$
$x = +\frac{3}{4} \pm \sqrt{\frac{9}{16} + 1}$	$(x - 5)^2 = 0$	$x = -3 \pm \sqrt{9 - 10}$	$x(x - 10) = 0$
$x_1 = \frac{3}{4} + \frac{5}{4} = 2$	$x_1 = x_2 = 5.$	$x_1 = -3 + i$	$x_1 = 0$
$x_2 = \frac{3}{4} - \frac{5}{4} = -\frac{1}{2}.$		$x_2 = -3 - i.$	$x_2 = 10.$

[1] Bei einer Gleichung 2. Grades können zwei, bei einer Gleichung 3. Grades zwei oder drei Lösungen zusammenfallen (vgl. α und γ).

[2] Vgl. Anm. 1, S. 44.

Nach dem *Satz von Viéta* (S. 46) muß

$$x_1 x_2 = b \text{ und } x_1 + x_2 = -a$$

sein. Bei *komplexen* Lösungen ist

$$x_1 = \alpha + \mathrm{i}\beta, \quad x_2 = \alpha - \mathrm{i}\beta \quad \text{mit} \quad \alpha = -a/2, \quad \beta = \sqrt{b - (a/2)^2}.$$

Lösung mit dem Rechenstab: Stellt man b auf der Grundteilung des Stabes ein und dividiert durch einen angenommenen Wert x_1, so folgt nach vorstehendem $x_2 = b/x_1$. Die Wurzeln sind richtig, wenn gleichzeitig $x_1 + x_2 = -a$ ist. Bei Benutzung der Reziprok-Teilung R, die man auch durch Umdrehen des Schiebers (d. h. der Zunge) erhalten kann, folgt, Bild 2: Die 10 oder 1 der R-Teilung über b der Grundteilung D einstellen. Der Strich des Glasläufers über x_1 der R-Teilung liefert auf D den Wert $x_2 = b/x_1$. Es muß dann wie oben $x_1 + x_2 = -a$ sein. Ist b negativ, so ist eine Wurzel negativ.

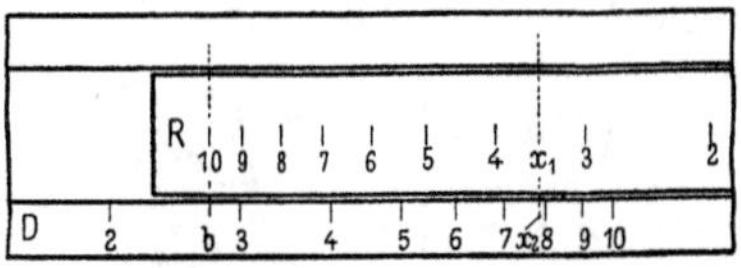

Bild 2

Beispiel: $x^2 + 4{,}3\,x - 27{,}3 = 0$ (Bild 2); $x_1 x_2 = -27{,}3$; $x_1 + x_2 = -a = -4{,}3$. Einstellen von $x_1 = 3{,}5$ liefert $x_2 = -27{,}3/3{,}5 = -7{,}8$; $3{,}5 - 7{,}8 = -4{,}3$, d. h. die Lösungen sind richtig.

$\beta\beta$) Zeichnerische Lösung. Trägt man die Kurve $y = x^2 + a\,x + b$ (Parabel, S. 121) als Funktion von x auf, so sind die Abszissen ihrer Schnittpunkte mit der x-Achse die gesuchten Lösungen, Bild 3. Je nach dem Wert von Δ (s. $\alpha\alpha$) schneidet die Parabel die x-Achse ($\Delta > 0$), berührt sie diese ($\Delta = 0$) oder schneidet sie nicht ($\Delta < 0$).

Im *Beispiel*, Bild 3, sind benutzt

$$x^2 - 4x + 3 = 0, \qquad \Delta > 0;$$
$$x^2 - 4x + 4 = 0, \qquad \Delta = 0;$$
$$x^2 - 4x + 5 = 0, \qquad \Delta < 0.$$

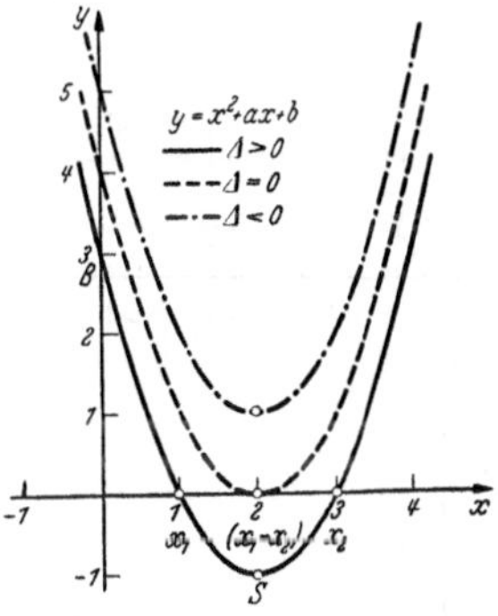

Bild 3. Schnittverfahren bei der quadratischen Gleichung

1. Schnittverfahren für reelle Lösungen: Die Schnittpunkte der Kurve $y = x^2 + a\,x + b$ mit der x-Achse geben die Lösungen an. $y = \mathrm{f}(x)$ stellt die verschobene Einheitsparabel dar: Sie geht durch den Punkt B der y-Achse mit der Ordinate $y = b$ (Bild 3), ihre Achse ist parallel der y-Achse, und ihr Scheitel S hat die Koordinaten $x_0 = -a/2$, $y_0 = f(-a/2) = -\Delta$ (s. $\alpha\alpha$). — Die nicht verschobene Einheitsparabel hat die Gleichung $y = x^2$.

2. Aufspaltung für reelle Lösungen: Schreibt man die Gleichung $x^2 + a\,x + b = 0$ in der Form $x^2 = -a\,x - b$ und setzt $y_1 = \mathrm{f}_1(x) = x^2$, $y_2 = \mathrm{f}_2(x) = -a\,x - b$, so sind die Lösungen die Abszissen der Schnittpunkte der Kurve y_1 mit der Kurve y_2, da nur im Schnittpunkt $y_1 = y_2$, also $x^2 = -a\,x - b$ ist, Bild 4. y_1 ist die für alle Gleichungen festliegende Einheitsparabel, y_2 ist eine Gerade, deren Lage durch a und b bestimmt ist.

Liegen die Schnittpunkte sehr weit auseinander, so müssen für x und y verschiedene Maßstäbe gewählt werden; diese brauchen auch sonst nicht gleich zu sein.

Je nach der Größe von Δ (s. o. $\alpha\alpha$) schneidet die Gerade die Parabel ($\Delta > 0$), berührt sie ($\Delta = 0$) oder schneidet sie nicht ($\Delta < 0$).

Beispiele, Bild 4:

1. $x^2 - 1{,}1\,x - 1{,}26 = 0$	2. $x^2 - 1{,}6\,x + 0{,}64 = 0$	3. $x^2 - x + 1{,}25 = 0$
$x_1 = 1{,}8, \quad x_2 = -0{,}7$	$x_1 = x_2 = 0{,}8$	komplexe Wurzeln.

3. Verfahren von Lill: Man trägt, Bild 5, waagerecht die Strecke b auf, positiv nach rechts, negativ nach links; dazu senkrecht die Strecke a, positiv nach oben, negativ nach unten; daran waagerecht nach links die Strecke „Eins".

Der Halbkreis über OE schneidet auf a (oder der Verlängerung) vom Endpunkt D aus gemessen die Wurzeln x_1 und x_2 aus, nach oben positiv, nach unten negativ.

Beweis: Setzt man $DB = -x$ (da nach unten gerichtet), so folgt nach Bild 5, daß $\operatorname{tg}\alpha = DB : 1 = OA : AB$ oder daß $-x : 1 = b : [a - (-x)]$ oder $b = -x(a + x)$ oder $x^2 + ax + b = 0$ ist; d. h. die Gleichung ist erfüllt. Das gleiche gilt für C, ebenso für andere Vorzeichen von a und b.

Beispiel: In Bild 5 ist $b = 4\,(+)$, $a = 5\,(+)$; daher x_1 und x_2 von D aus gemessen negativ: $x_1 = -1$, $x_2 = -4$.

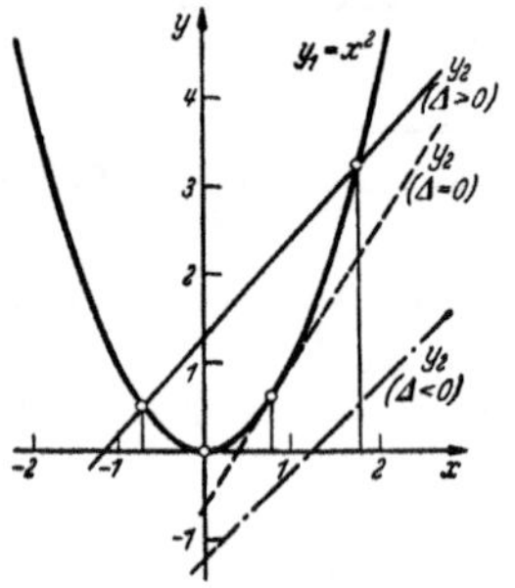

Bild 4. Aufspaltung bei der quadratischen Gleichung

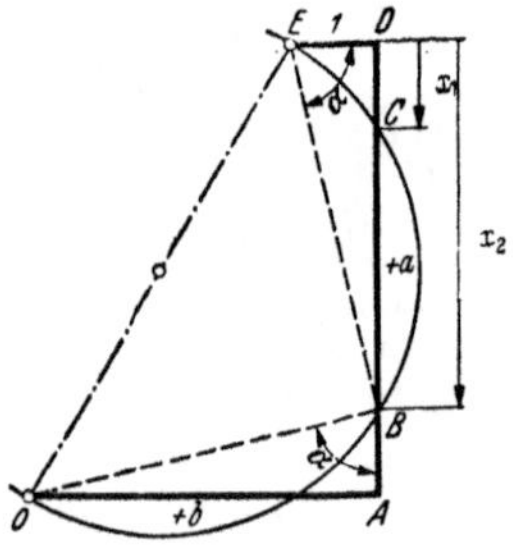

Bild 5. Verfahren von *Lill*

4. Das *nomographische* Verfahren[1] bei reellen Lösungen zeigt für beliebige Werte a und b das aus einer gekrümmten und zwei parallelen, geraden und linear geteilten Leitern bestehende Nomogramm, Bild 6: Die durch a und b gelegte Fluchtgerade schneidet auf der gekrümmten Leiter die Lösungen x_1 und x_2 aus. Die Flucht 2a in Bild 6 schneidet jedoch nur einmal; es gilt dann allgemein für das Vorzeichen die Regel: x hat das obere (+) oder das untere (−) Vorzeichen, je nachdem das Vorzeichen für den Wert a der betreffenden Gleichung oben oder unten steht. Ist überhaupt kein Schnittpunkt vorhanden (Beisp. 4, s. u.), so liegen komplexe Lösungen vor, die rechnerisch bestimmt werden müssen oder auch aus einem Sondernomogramm[2] abgelesen werden können.

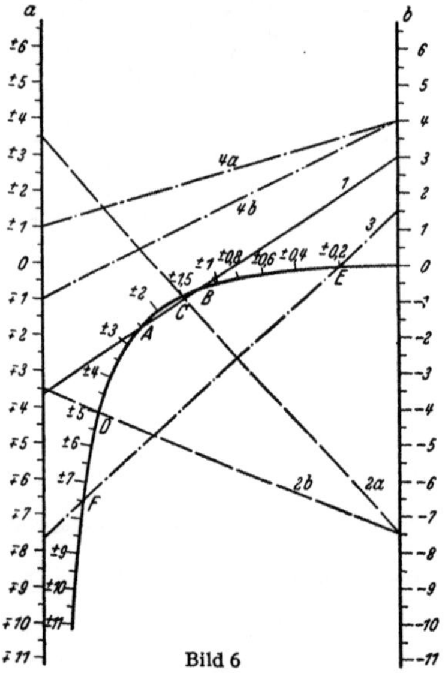

Bild 6
Nomogramm zur quadratischen Gleichung

Beispiele: 1. $x^2 - 3{,}7\,x + 3 = 0$; a negativ, Gerade 1, Punkte A und B, $x_1 = +\,2{,}5$; $x_2 = +\,1{,}2$.

2. $x^2 + 3{,}5\,x - 7{,}5 = 0$; a positiv; Gerade 2a, Punkt C, ergibt $x_1 = +\,1{,}5$; Gerade 2b, Punkt D, ergibt $x_2 = -\,5$, da das Vorzeichen von a (+) unten steht.

3. $x^2 + 7{,}7\,x + 1{,}5 = 0$; a positiv, Gerade 3, Punkte E und F, $x_1 = -\,0{,}2$, $x_2 = -\,7{,}5$, da das Vorzeichen von a (+) unten steht.

4. $x^2 + x + 4 = 0$; Gerade 4a bzw. 4b liefert keinen Schnittpunkt; daher komplexe Lösungen.

---

[1] S. a. Abschn. Nomographie, S. 168.

[2] *Heck, O.* u. *A. Walther:* Ing.-Arch. Bd. 1 (1930) S. 211; vgl. a.: *Meyer zur Capellen, W.:* Leitfaden der Nomographie. Berlin: Springer 1953.

Entwurf des Nomogramms:

Für alle durch den Punkt P (Bild 7) mit den Koordinaten u und v gehenden Geraden folgt nach Bild 7 mit den Abschnitten a und b auf den Leitern a und b

$$\frac{b-v}{c-u} = \frac{v-a}{c+u};$$

ausmultipliziert und geordnet: $-2vc + a(c-u) + b(c+u) = 0$ oder

$$-\frac{2vc}{c+u} + a\frac{c-u}{c+u} + b = 0.$$

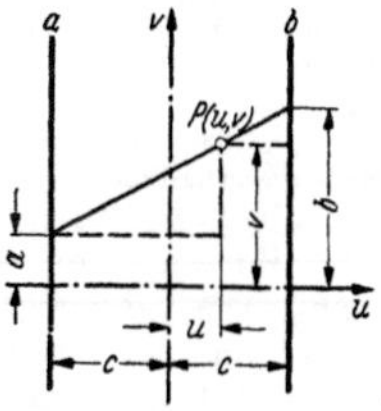

Bild 7

Vergleicht man diese Form mit der quadratischen Gleichung $x^2 + ax + b = 0$, so müssen, wenn für einen bestimmten Wert $x = x_0$ die Gleichungen für jeden Wert a und b übereinstimmen sollen, auch die Koeffizienten übereinstimmen, d. h. es muß sein

$$-\frac{2vc}{c+u} = x_0^2 \quad \text{und} \quad \frac{c-u}{c+u} = x_0.$$

Daraus berechnen sich die Koordinaten u, v des Punktes P zu

$$u = -c\frac{x_0-1}{x_0+1} \quad \text{und} \quad v = -\frac{x_0^2}{x_0+1}.$$

Der Wert für c kann beliebig angenommen werden.

Die Folge dieser Punkte P liefert die gekrümmte Leiter (Hyperbel), die hiernach für glatte Werte x_0 gezeichnet und mit diesen Werten $x = x_0$ beziffert werden kann. Die Fluchtgerade für ein Wertepaar a und b trifft dann die Kurve in den Lösungen x_1 und x_2 der quadratischen Gleichung $x^2 + ax + b = 0$.

Für negative Lösungen kann man x durch $(-x)$ ersetzen und erhält dann die oben angegebene Regel für das Vorzeichen.

β) *Gleichungen 2. Grades mit mehreren Unbekannten.* $\alpha\alpha$) n Gleichungen mit n Unbekannten werden in der auf S. 44 für lineare Gleichungen angegebenen Weise durch allmähliches Wegschaffen der einzelnen Unbekannten bis auf eine Gleichung mit einer Unbekannten aufgelöst. Im allgemeinen sind hierzu die dort angegebenen Methoden anwendbar, doch wird häufig die Einführung neuer Unbekannter u. ä. die Rechnung wesentlich vereinfachen.

Beispiele:

1. $x^2 + y^2 = 20{,}5;$ $\quad x - y = 4;$ $\quad x = 4 + y;$

$y^2 + 8y + 16 + y^2 = 20{,}5;$

$y^2 + 4y = 2{,}25;$

$y = -2 \pm \sqrt{4 + 2{,}25};$

$y = -2 \pm 2{,}5;$

$y_1 = +0{,}5;$ $\quad y_2 = -4{,}5;$

$x_1 = +4{,}5;$ $\quad x_2 = -0{,}5.$

2. $x^2 - 2xy + 3y^2 = 3(x-y) \;|\cdot 3$

$2x^2 + xy - y^2 = 9(x-y) \;|\cdot 1$

$3x^2 - 6xy + 9y^2 = 2x^2 + xy - y^2,$

$x^2 - 7xy + 10y^2 = 0,$

$$\left(\frac{x}{y}\right)^2 - 7\cdot\frac{x}{y} + 10 = 0,$$

$$\frac{x}{y} = \frac{7}{2} \pm \sqrt{\frac{49-40}{4}} = \frac{7}{2} \pm \frac{3}{2},$$

$$\left(\frac{x}{y}\right)_1 = 5, \qquad \left(\frac{x}{y}\right)_2 = 2.$$

$x = 5y$ in die erste Gleichung eingesetzt, ergibt

$25y^2 - 10y^2 + 3y^2 = 12y,$

$18y^2 - 12y = 0$ oder $6y(3y-2) = 0,$

d. h. $\underline{y_1 = 0}$ und $\underline{x_1 = 5y_1 = 0}$, oder $3y - 2 = 0$,

also $\underline{y_2 = 2/3}$ und $\underline{x_2 = 5y_2 = 3^1/_3}$.

$x = 2y$ eingesetzt, ergibt

$4y^2 - 4y^2 + 3y^2 = 3y,$

$y^2 - y = 0$ oder $y(y-1) = 0,$

d. h. $\underline{y_3 = 0 = y_1}$ und $\underline{x_3 = 0 = x_1}$ oder $y - 1 = 0$, also $\underline{y_4 = 1}$ und $\underline{x_4 = 2y_4 = 2}$.

$\beta\beta$) Ist eine der beiden Gleichungen linear, so erhält man 2 Lösungspaare (Beisp. 1); sind aber im allgemeinsten Fall beide Gleichungen quadratisch (Kegelschnitte), so erhält man 4 Lösungspaare (Beisp. 2, wo 2 Paare zusammenfallen).

Man kann in beiden Fällen auch *zeichnerisch* vorgehen: Jede Gleichung stellt eine Kurve (Gerade oder Kegelschnitt mit Kreis als Sonderfall) dar. Die Koordinaten der Schnittpunkte der Kurven sind dann die gesuchten Lösungspaare.

Zahlenbeispiel: I. $(x + 3{,}5)^2 + (y - 2{,}7)^2 = 21.$

II. $(x + 7{,}2)\cdot(y + 1{,}3) = 2.$

Gleichung I stellt einen Kreis um P_0 ($x_0 = -3{,}5$, $y_0 = +2{,}7$) mit dem Radius $\sqrt{21} \approx 4{,}6$, Bild 8, Gleichung II dagegen eine gleichseitige Hyperbel dar, deren Asymptoten die Parallelen zu den Achsen im Abstand $-1{,}3$ und $-7{,}2$ sind. Kreis und Hyperbel schneiden sich in den beiden reellen Punkten P_1 ($x_1 = -6{,}9$, $y_1 = 5{,}9$) und P_2 ($x_2 = -0{,}7$, $y_2 = -1{,}0$). Die beiden anderen Schnittpunkte sind imaginär. Die Gleichungen haben also die beiden reellen Lösungen:

$$x_1 = -6{,}9, \quad y_1 = +5{,}9, \quad x_2 = -0{,}7, \quad y_2 = -1{,}0.$$

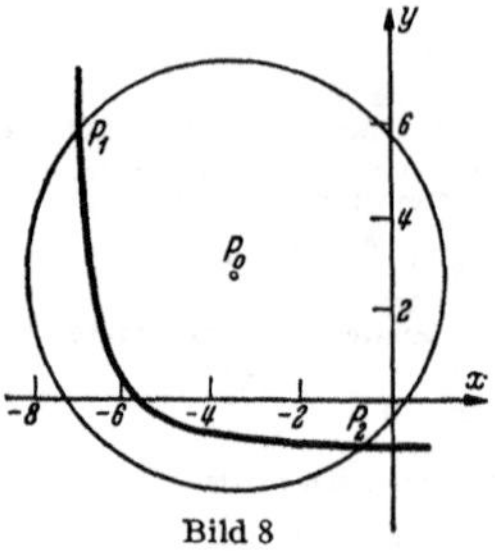

Bild 8

Da sich rechnerisch durch Elimination von x oder y eine Gleichung 4. Grades ergibt, liefert nach b) S. 46 eine Division der Gleichung durch $(x-x_1)(x-x_2)$ bzw. $(y-y_1)(y-y_2)$ eine Gleichung 2. Grades für die fehlenden Lösungen x_3, x_4 bzw. y_3, y_4.

Genügt bei nur flüchtiger Skizze die Genauigkeit der Ablesung nicht, so lassen sich die erhaltenen Werte mittels der Näherungsverfahren (S. 52) verbessern.

Schneiden sich die beiden Kurven nicht, so sind sämtliche Lösungen komplex; ein viermaliger Schnitt liefert 4 Paare reeller Lösungen, ein zweimaliger (vorstehendes Beisp.) 2 Paare reeller Lösungen (die 2 anderen Paare sind komplex). Wird im Grenzfall aus 2 Schnittpunkten 1 Berührungspunkt, so fallen 2 Paare reeller Lösungen in 1 Paar (Beisp. 2 oben) zusammen.

γ) Gleichungen 3. Grades. αα) Rechnerische Lösung. Eine *kubische* Gleichung in der Form

$$y^3 + A y^2 + B y + C = 0$$

geht durch Einsetzen von $y = x - A/3$ über in die

$$\textit{reduzierte Form} \quad x^3 + a x + b = 0,$$

wobei $a = B - \frac{1}{3} A^2$ und $b = C + \frac{2}{27} A^3 - \frac{1}{3} A B$. Ist $\Delta = (b/2)^2 + (a/3)^3$ die „Diskriminante", so hat man folgende Hauptfälle und Lösungswege:

1. $\Delta > 0$: 1 reelle und 2 konjugiert komplexe Wurzeln, Lösung mit der *Cardanischen* Formel:

$$x_1 = \alpha + \beta, \quad x_{2,3} = -\frac{1}{2}(\alpha + \beta) \pm \frac{i}{2}\sqrt{3}\cdot(\alpha - \beta),$$

wo

$$\alpha = \sqrt[3]{-b/2 + \sqrt{\Delta}}, \quad \beta = \sqrt[3]{-b/2 - \sqrt{\Delta}}, \quad i = \sqrt{-1}.$$

Beispiel: $x^3 - 9x + 28 = 0$, $\Delta = 14^2 + (-3)^3 = 169$, $\sqrt{\Delta} = 13$, $\alpha = \sqrt[3]{-14 + 13} = -1$, $\beta = \sqrt[3]{-14 - 13} = \sqrt[3]{-27} = -3$, $\alpha - \beta = 2$, $x_1 = \alpha + \beta = -4$, $x_2 = 2 + i\sqrt{3}$, $x_3 = 2 - i\sqrt{3}$.

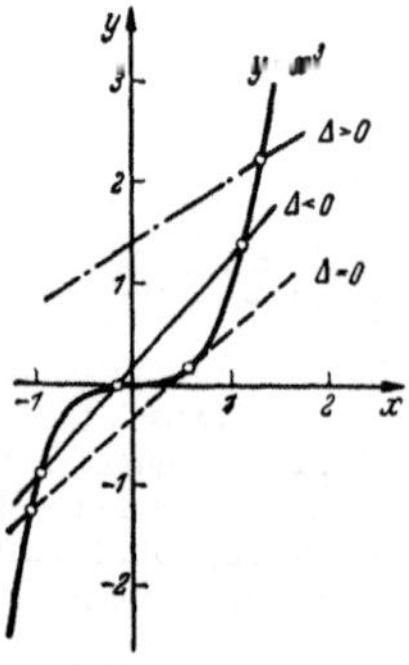

Bild 9. Aufspaltung bei der kubischen Gleichung

2. $\Delta \leqq 0$: 3 reelle Wurzeln. Am besten *trigonometrische* Lösung: Mit Einführung des Winkels φ, der aus $\cos 3\varphi = -\frac{b}{2\sqrt{(-a/3)^3}}$ berechnet wird, folgt:

$$x_1 = 2\sqrt{-a/3}\cdot\cos\varphi,$$

$$x_2 = 2\sqrt{-a/3}\cdot\cos(\varphi + 120°),$$

$$x_3 = 2\sqrt{-a/3}\cdot\cos(\varphi + 240°).$$

Beispiel: Reduzierte Form $x^3 - 7x + 5 = 0$, $\Delta = 2{,}5^2 + (-7/3)^3 < 0$, also Fall 2.

$$\cos 3\varphi = -\frac{5}{2\sqrt{(7/3)^3}} = -0{,}7015;$$

$$3\varphi = 134°\,33', \qquad \varphi = 44°\,51'.$$

$$x_1 = 2\sqrt{7/3}\cdot\cos 44°\,51' = +2{,}166;$$

$$x_2 = 2\sqrt{7/3}\cdot\cos 164°\,51' = -2{,}949;$$

$$x_3 = 2\sqrt{7/3}\cdot\cos 284°\,51' = +0{,}783.$$

3. Für $\Delta = 0$ sind 2 Lösungen einander gleich und halb so groß (aber von entgegengesetztem Vorzeichen) wie die dritte. Dann wird nach der *Cardani*schen Formel $\alpha = \beta = \sqrt[3]{-b/2}$, also $x_1 = 2\alpha$ und $x_2 = x_3 = -\alpha$.

$\beta\beta$) Zeichnerische Lösungen nach gleichen Methoden wie bei quadratischen Gleichungen (S. 47).

1. *Schnittverfahren:* Die Lösungen der Gleichung $f(x) = 0$ sind die Abszissen der Schnittpunkte der Kurve $y = f(x)$ mit der x-Achse.

Beispiel: $x^3 - 3x^2 - 9x + 9 = 0$. Die Schnittpunkte der Kurve $y = f(x) = x^3 - 3x^2 - 9x + 9$ (Bild 43, S. 79) ergeben die Wurzeln $x_1 = -2{,}37$, $x_2 = 0{,}83$, $x_3 = 4{,}54$. Eine Multiplikation mit einem konstanten Faktor — in dem Bild mit 1/6 — ist für die Nullstellen ohne Belang; u. U. Verbesserung nach 3.), S. 52.

2. *Aufspaltung:* Die Zerlegung der *reduzierten Form* $x^3 + ax + b = 0$ in $f_1(x) = f_2(x)$, wo $y_1 = f_1(x) = x^3$ (kubische Einheitsparabel) und $y_2 = f_2(x) = -ax - b$ (Gerade) ist, liefert die Lösungen als die Abszissen der Schnittpunkte dieser beiden Kurven, Bild 9, mit den 3 Sonderfällen (s. o.).

3. Zur *nomographischen Lösung* für die *reduzierte* Form führt der gleiche Weg wie auf S. 48, vgl. Bild 10.

Nur folgt jetzt für die Koordinaten u und v des Punktes P in entsprechender Weise

$$u = -c\,\frac{x_0 - 1}{x_0 + 1} \quad \text{und} \quad v = \frac{x_0^3}{x_0 + 1}\,.$$

Die Fluchtgerade durch die Punkte a und b schneidet die gekrümmte Leiter in den gesuchten Lösungen. Hinsichtlich des Vorzeichens gilt:

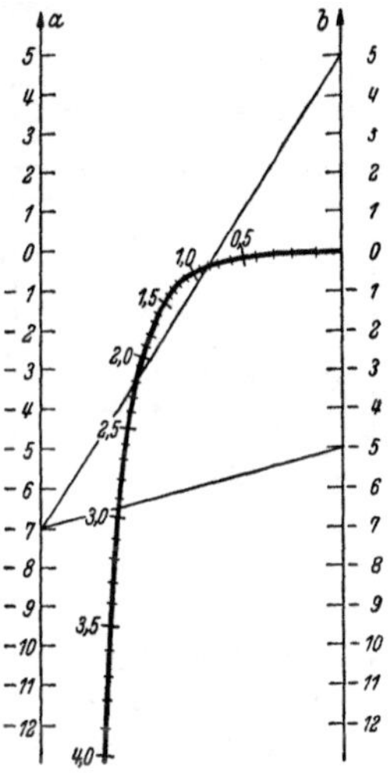

Bild 10. Nomogramm zur kubischen reduzierten Gleichung

Schneidet die Fluchtgerade die gekrümmte Leiter zweimal, so liefert die Gerade durch $-b$ die dritte, aber negative Wurzel; im Beispiel $x^3 - 7x + 5 = 0$ wird für $+b = +5$ (Bild 10) $x_1 = 0{,}78$ und $x_2 = 2{,}17$, während für $-b = -5$ der Wert $x_3 = -2{,}95$ folgt. Schneidet die Gerade nur einmal ($x^3 - 7x - 5 = 0$), so hat man eine positive Wurzel ($x_1 = +2{,}95$). Für die beiden anderen Wurzeln zeichnet man die Gerade durch $-b$; schneidet diese die gekrümmte Leiter, so hat man die beiden anderen, aber negativen Wurzeln (im Beispiel $x_2 = -0{,}78$, $x_3 = -2{,}17$); schneidet sie nicht, so liegen komplexe Wurzeln vor.

Schneidet schließlich die Gerade die Leiter überhaupt nicht, so liegen zwei komplexe Wurzeln vor, die dritte, negative, findet man mit der Geraden durch $-b$.

Ersetzt man nämlich x durch $-x$, so wird $x^3 + ax - b = 0$, die Gleichung ist für $-b$ zu lösen.

Der *nomographische* Weg ist auch für Gleichungen *höheren* Grades von der Form $x^n + ax^m + b = 0$ gangbar. Ein (graphisches) Verfahren zur Auflösung algebraischer Gleichungen 4. Grades s.[1].

2. Transzendente Gleichungen

Transzendente Gleichungen müssen — von Sonderfällen abgesehen — nach den unter 3. geschilderten Methoden gelöst werden. So hat $\cos x = 1$ die reellen Lösungen $x = (2k - 1)\pi/2$ mit $k = 0, \pm 1, \pm 2, \ldots$, während $\operatorname{tg} x - \lambda x = 0$ nur mit Näherungsverfahren gelöst werden kann.

So könnte die Kurve $y_1 = \operatorname{tg} x$ mit der Geraden $y_2 = \lambda x$ zum Schnitt gebracht werden. Eine Skizze zeigt, daß für $\lambda > 0$ die Lösungen sich immer mehr den Werten $(2k - 1)\pi/2$ nähern, $k = 1, 2, \ldots$ für $\lambda > 1$ bzw. $k = 2, 3, \ldots$ für $\lambda < 1$. Deswegen schreibt man besser $x = (2k - 1)\pi/2 - \varepsilon_k$ und findet nach dem Additionstheorem für $\operatorname{tg}(\alpha + \beta)$ nach S. 66: $\operatorname{tg} x = \operatorname{ctg} \varepsilon_k$, also $\operatorname{ctg} \varepsilon_k = \lambda(2k - 1)\pi/2 - \lambda\varepsilon_k$. Dann braucht man nur den im ersten Quadranten gelegenen Teil der ctg-Kurve mit den Geraden $\lambda(\pi/2 - \varepsilon)$, $\lambda(3\pi/2 - \varepsilon)$, ··· zum Schnitt zu bringen. Eine weitere Verbesserung ist mit den Verfahren unter 3 a) und b) möglich. — Beispiel vgl. a. S. 138.

[1] *Gonnermann, H.:* Regelungstechnik Bd. 7 (1959) Nr. 2 S. 53/56.

3. Näherungsverfahren

a) Zeichnerische Verfahren beruhen auf den bereits bei den Gleichungen 2. und 3. Grades (S. 47 u. 51) und vorstehend benutzten Verfahren: Aufzeichnen der Funktionskurve $f(x)$ und Bestimmung ihrer Nullstellen oder Aufspalten der Gleichung in $f_1(x) = f_2(x)$ und Bestimmung der Abszissen der Schnittpunkte dieser Kurven.

b) Newtonsches Verfahren. Ist x_0 ein Näherungswert für die Lösung einer Gleichung $f(x) = 0$ [in der Nähe des Schnittpunktes der Kurve $y = f(x)$ mit der x-Achse], so denke man sich, Bild 11, im Punkt P_0 mit der Ordinate $y_0 = f(x_0)$ die Tangente mit der Steigung (Ableitung) $y'_0 = f'(x_0)$ gezogen. $x_1 = x_0 - h$ ist ein besserer Näherungswert. Es folgt $x_1 = x_0 - h = x_0 - \frac{f(x_0)}{f'(x_0)} = x_0 - \frac{y_0}{y'_0}$.

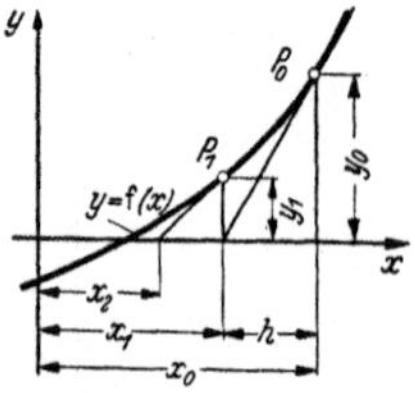

Bild 11. Zum Verfahren von *Newton*

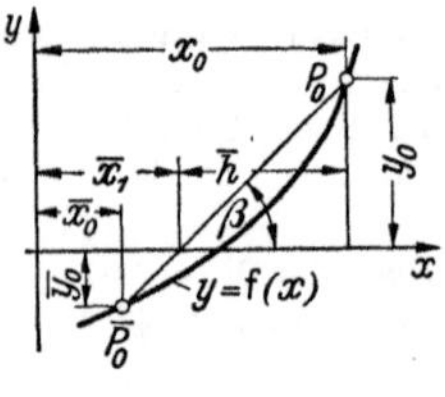

Bild 12. Zur regula falsi

Durch Wiederholung für x_1 läßt sich dieser Wert x_1 verbessern: $x_2 = x_1 - y_1/y'_1$ usw. (s. Zahlenbeispiel).

Das Verfahren konvergiert gegen die richtige Lösung, wenn auf dem die Lösung enthaltenden Kurvenbogen $y' \neq 0$, $y'' \neq 0$, $y' \neq \infty$, und wenn in einem Punkt begonnen wird, in dem y' und y'' gleiches Vorzeichen haben.

c) Regula falsi. Hierbei ersetzt man die Tangente durch die Sekante durch 2 auf verschiedenen Seiten der x-Achse in der Nähe des Schnittpunktes der Kurve mit der x-Achse liegende Punkte P_0 und $\overline{P_0}$, Bild 12. Der Schnittpunkt mit der x-Achse liefert den zwischen x_0 und $\bar{x}_0$ liegenden Näherungswert $\bar{x}_1 = x_0 - \bar{h}$. Da $\bar{h} = y_0/\text{tg}\,\beta$ und $\text{tg}\,\beta = [f(x_0) - f(\bar{x}_0)] : (x_0 - \bar{x}_0)$, folgt

$$\bar{x}_1 = x_0 - \frac{f(x_0) \cdot (x_0 - \bar{x}_0)}{f(x_0) - f(\bar{x}_0)} = x_0 - \frac{y_0 \cdot (x_0 - \bar{x}_0)}{y_0 - \bar{y}_0}.$$

Eine Fortsetzung liefert bessere Näherungswerte (s. Beisp.).

Das Verfahren konvergiert, wenn auf dem die Lösung enthaltenden Bogen $y' \neq 0$, $y'' \neq 0$, $y' \neq \infty$, und wenn Funktionswerte von entgegengesetzten Vorzeichen benutzt werden.

Für $\lim (x_0 - \bar{x}_0) \to 0$ erhält man das *Newton*sche Verfahren. Aus dem Differenzenquotient wird der Differentialquotient (S. 72).

Beispiel: $y = f(x) \equiv x^3 - 7x + 5 = 0$; also $y' = f'(x) = 3x^2 - 7$.

Nach *Newton*: $x_0 = 2{,}2$, $y_0 = f(x_0) = 0{,}248$, $y'_0 = f'(x_0) = 7{,}52$,

$$x_1 = x_0 - h = 2{,}2 - \frac{0{,}248}{7{,}52} = 2{,}2 - 0{,}033 = 2{,}167 \text{ (zu groß)};$$

x	$y = f(x)$
2	— 1
3	+ 11
2,1	— 0,439
2,2	+ 0,248

Regula falsi: $x_0 = 2{,}2$, $y_0 = 0{,}248$, $\bar{x}_0 = 2{,}1$, $\bar{y}_0 = -0{,}439$,

$$\bar{x}_1 = \bar{x}_0 - \bar{h} = 2{,}2 - \frac{0{,}248 \cdot 0{,}1}{0{,}687} = 2{,}2 - 0{,}036 = 2{,}164 \text{ (zu klein)}.$$

Der nächste Schritt liefert unter Verwendung von x_1 und $\bar{x}_1$: $y_1 = 0{,}007$, $y'_1 = 7{,}088$, $\bar{y}_1 = f(\bar{x}_1) = -0{,}0142$, $x_1 - \bar{x}_1 = 0{,}003$, $y_1 - \bar{y}_1 = 0{,}0212$.

Newton: $x_2 = x_1 - h_1 = 2{,}167 - \frac{0{,}007}{7{,}088} \approx 2{,}167 - 0{,}001 = 2{,}166$ (zu groß);

Regula falsi: $\bar{x}_2 = x_1 - \bar{h}_1 = 2{,}167 - \frac{0{,}007 \cdot 0{,}003}{0{,}0212} \approx 2{,}167 - 0{,}001 = 2{,}166$ (zu klein).

Man hat also durch Benutzung beider Näherungsverfahren zusammen die gleiche Genauigkeit wie auf unmittelbarem Wege (S. 50) mit vierstelligen Tafeln.

4. Transformationen

Eng verknüpft mit der Theorie der Gleichungen ist die der Transformationen, speziell der Lineartransformationen.

a) Lineartransformationen. Unter einer *Linearform* der Veränderlichen x_1, x_2, ... versteht man die Funktion 1. Grades oder die lineare Funktion $a_1 x_1 + a_2 x_2 + \cdots$, worin die a_i Konstanten sind. Oft ist es zweckmäßig, in einer Funktion $f(x_1, x_2, \ldots, x_n)$ der Veränderlichen $x_1, x_2, \ldots, x_n$ an Stelle dieser neue Veränderliche $y_1, y_2, \ldots, y_n$ einzuführen (zu substituieren) gemäß der Vorschrift

$$\left.\begin{array}{l} x_1 = a_{11} y_1 + a_{12} y_2 + \cdots + a_{1n} y_n, \\ x_2 = a_{21} y_1 + a_{22} y_2 + \cdots + a_{2n} y_n, \\ \cdots\cdots\cdots\cdots\cdots\cdots \\ x_n = a_{n1} y_1 + a_{n2} y_2 + \cdots + a_{nn} y_n, \end{array}\right\} \qquad (1)$$

so daß die x_i *linear* von den y_i abhängen.

Unter Abbildung oder Transformation eines bestimmten Teiles eines Raumes oder einer Ebene versteht man ein Gesetz, nach dem jedem Punkt, dem Originalpunkt, ein anderer Punkt, der Bildpunkt, zugeordnet ist. Man kann hierbei an die Umzeichnung einer Figur denken oder auch daran, daß der betreffende Raum- bzw. Ebenenteil von einer deformierbaren Substanz erfüllt ist, so daß also die Transformation gleichbedeutend einer Deformation ist, bei der jeder Punkt aus einer Anfangs- in eine Endlage übergeht (elastischer Körper).

Sind x, y, z die Koordinaten des Originalpunktes, x', y', z' die Koordinaten des Bildpunktes im gleichen, rechtwinkligen Koordinatensystem, so bedeutet die entsprechende lineare Transformation des Raumes (bzw. der Ebene) eine *affine* Transformation gemäß den Gleichungen

$$\left.\begin{array}{l} x' = a_{11}x + a_{12}y + a_{13}z \\ y' = a_{21}x + a_{22}y + a_{23}z \\ z' = a_{31}x + a_{32}y + a_{33}z \end{array}\right\} \text{(2a)} \qquad \left.\begin{array}{l} x' = a_{11}x + a_{12}y \\ y' = a_{21}x + a_{22}y \end{array}\right\} \text{(2b)}$$ [1]

Man kann aber die Transformationsgleichungen auch so auffassen, daß x, y, z die Koordinaten eines Punktes im System x, y, z und x', y', z' die Koordinaten des gleichen Punktes im neuen Koordinatensystem x', y', z' bedeuten (wobei das letztere an sich nicht rechtwinklig oder orthogonal zu sein braucht).

Eine Transformation gemäß den Gleichungen (1) heißt *umkehrbar* (reversibel, nichtsingulär) oder *nichtumkehrbar* (irreversibel, singulär), je nachdem die Systemdeterminante der Koeffizienten a_{ik} nicht verschwindet oder gleich null ist.

Bei der affinen Abbildung des Raumes bzw. der Ebene bedeutet die Umkehrbarkeit, daß Bild und Originalpunkt vertauscht werden können, also zu jedem Bildpunkt ein eindeutig bestimmter Originalpunkt gehört. Dazu brauchen die Gln. (2a) bzw. (2b) nur nach x, y, z aufgelöst zu werden. Das ist aber nach S. 44 nur dann möglich, wenn die Determinante D nicht verschwindet.

b) Orthogonale Transformation.

Bei der Transformation des als *orthogonal* vorausgesetzten Koordinatensystems x, y, z in ein wiederum orthogonales System $x', y' z'$ gemäß den Gln. (2a) oder (2b) bleibt der Abstand des Punktes vom gemeinsamen Koordinatenursprung unveränderlich, d. h. es muß

$$x^2 + y^2 + z^2 = x'^2 + y'^2 + z'^2 \quad \text{sein.}$$

Hieran anlehnend nennt man die Transformation oder Substitution gemäß den Gln. (1) *orthogonal*, wenn die Summe der Variablenquadrate unverändert bleibt, also

$$x_1^2 + x_2^2 + \cdots + x_n^2 = y_1^2 + y_2^2 + \cdots + y_n^2 \qquad (3a)$$

ist. Die Bedingung für die *Orthogonalität* lautet, wenn μ, ν beliebige Zahlen der Reihe $1, 2, \ldots, n$ bedeuten,

$$a_{1\mu} a_{1\nu} + a_{2\mu} a_{2\nu} + \cdots + a_{n\mu} a_{n\nu} = \begin{array}{l} 0 \text{ für } \mu \neq \nu, \\ 1 \text{ für } \mu = \nu. \end{array} \qquad (3b)$$

Gemäß den Gln. (2a) für den Raum müßte

$$a_{11}^2 + a_{21}^2 + a_{31}^2 = 1,$$
$$a_{12}^2 + a_{22}^2 + a_{32}^2 = 1,$$
$$a_{13}^2 + a_{23}^2 + a_{33}^2 = 1,$$

und die anderen Produkte müßten gleich null sein. Die a_{ik} sind hierbei die cosinus der Winkel zwischen den Achsen für den Raum wie für die Ebene (vgl. Analytische Geometrie S. 115).

[1] Vgl. a. S. 115.

Im Fall der Orthogonalität gilt für die Auflösung der Gln. (1) nach den y_i:

$$y_i = a_{1i} x_1 + a_{2i} x_2 + a_{3i} x_3 + \cdots + a_{ni} x_n, \tag{4}$$

$i = 1, 2, \ldots, n$; d. h. gegenüber den ursprünglichen Koeffizienten sind Zeile und Spalte vertauscht.

c) Quadratische Formen. Eine *quadratische* Form ist eine homogene Funktion f 2. Grades von n Argumenten $x_1, x_2, \ldots$ und wird geschrieben

$$f = \sum a_{ik} x_i x_k, \tag{5}$$

wobei die Indizes i und k unabhängig voneinander die Zahlen $1, 2, \ldots n$ durchlaufen und die gegebenen konstanten Koeffizienten a_{ik} die Bedingung $a_{ik} = a_{ki}$ erfüllen.

Solche Formen treten u. a. bei Untersuchung der Flächen 2. Grades und deren Anwendungen, z. B. der Trägheitsmomente (S. 341), auf.

Bei *zwei* Argumenten $x_1 = x$, $x_2 = y$ folgt die *binäre* Form: $f = a_{11} x^2 + 2 a_{12} xy + a_{22} y^2$
Bei *drei* Argumenten $x_1 = x$, $x_2 = y$, $x_3 = z$ folgt die *ternäre* Form:

$$f = a_{11} x^2 + 2 a_{12} x y + a_{22} y^2 + 2 a_{23} y z + a_{33} z^2 + 2 a_{31} z x.$$

Die wegen der Bedingung $a_{ik} = a_{ki}$ *symmetrische* Determinante

$$\Delta = \begin{vmatrix} a_{11} & a_{12} \ldots a_{1n} \\ a_{21} & a_{22} \ldots a_{2n} \\ \ldots & \ldots \\ a_{n1} & a_{n2} \ldots a_{nn} \end{vmatrix}$$

heißt die Diskriminante der quadratischen Form.

Die quadratische Form kann mit Hilfe der linearen Substitution

$$u_\nu = a_{\nu_1} x_1 + a_{\nu_2} x_2 + \cdots + a_{\nu n} x_n \quad (\nu = 1, 2, \ldots, n)$$

auf die Gestalt $f = x_1 u_1 + x_2 u_2 + \cdots + x_n u_n$ gebracht werden.

d) Säkulargleichung.

Eine gegebene reelle quadratische Form gemäß Gl. (5) soll durch eine reelle Orthogonalsubstitution

$$x_\nu = \alpha_{\nu 1} y_1 + \alpha_{\nu 2} y_2 + \cdots + \alpha_{\nu n} y_n \quad (\nu = 1, 2, \ldots, n)$$

in eine Summe von Quadraten der Gestalt

$$\lambda_1 y_1^2 + \lambda_2 y_2^2 + \cdots + \lambda_n y_n^2$$

transformiert werden. Dies führt zunächst auf das homogene Gleichungssystem

$$\begin{array}{l} (a_{11} - \lambda) \alpha_{1\nu} + a_{12} \alpha_{2\nu} + \cdots + a_{1n} \alpha_{n\nu} = 0, \\ a_{21} \alpha_{1\nu} + (a_{22} - \lambda) \alpha_{2\nu} + \cdots + a_{2n} \alpha_{n\nu} = 0, \\ \ldots\ldots\ldots\ldots\ldots\ldots\ldots\ldots \\ a_{n1} \alpha_{1\nu} + a_{n2} \alpha_{2\nu} + \cdots + (a_{nn} - \lambda) \alpha_{n\nu} = 0 \end{array}$$

für die n Unbekannten $\alpha_{1\nu}, \alpha_{2\nu}, \cdots, \alpha_{n\nu}$. Dieses Gleichungssystem kann aber nur existieren, wenn die Systemdeterminante D gleich null ist, d. h.

$$D = \begin{vmatrix} (a_{11} - \lambda) & a_{12} \cdots\cdots a_{1n} \\ a_{21} & (a_{22} - \lambda) \cdots\cdots a_{2n} \\ \ldots & \ldots \\ a_{n1} & a_{n2} \cdots\cdots (a_{nn} - \lambda) \end{vmatrix} = 0.$$

Diese Bedingung liefert zur Berechnung der gesuchten λ eine Gleichung n-ten Grades, die sogenannte *Säkulargleichung*. Substituiert man einen Wert λ_ν in das Gleichungssystem, so erhält man durch Auflösen das Verhältnis der Unbekannten $\alpha_{1\nu}, \alpha_{2\nu}, \ldots, \alpha_{n\nu}$. Zur endgültigen Bestimmung wird noch die Orthogonalitätsbedingung $\alpha_{1\nu}^2 + \alpha_{2\nu}^2 + \cdots + \alpha_{n\nu}^2 = 1$ hinzugenommen. Die Säkulargleichung hat nur *reelle* Werte (vgl. Schwingungen, S. 269).

F. Reihen

Ist $u_1, u_2, u_3, \ldots, u_n \ldots$ eine Folge von Zahlen bestimmter Gesetzmäßigkeit, so ist $u_1 + u_2 + u_3 + \cdots + u_n + \cdots$ eine Reihe. Die einzelnen positiven oder negativen Zahlen $u_1, u_2, u_3, \ldots, u_n, \ldots$ heißen die Glieder der Reihe. Eine *endliche* Reihe hat endlich viele Glieder (n endlich), eine *unendliche* Reihe hat unendlich viele Glieder ($n \to \infty$).

Die *Summe* einer Reihe ist $s = u_1 + u_2 + u_3 + \cdots + u_n$. Existiert bei einer unendlichen Reihe der Grenzwert, dem sich die Summe der ersten n Glieder nähert, wenn n nach unendlich geht, so heißt dieser die Summe der Reihe. Es ist dann $s = \sum_{n=1}^{n=\infty} u_n$. Weiteres s. u. 2.

Beispiele: 1. $1 + 2 + 3 + 4 + 5 + \cdots + 100 = 5050$ [s. 1. a)].
2. $0{,}3 + 0{,}03 + 0{,}003 + \cdots = 1/3$ [s. 2. a)].

1. Endliche Reihen

a) Eine **arithmetische Reihe 1. Ordnung** ist eine Reihe, in der die Differenz zweier aufeinanderfolgender Glieder konstant ist. Schreibt man

a = Anfangsglied, d = Differenz (const.), n = Anzahl der Glieder,

so lauten die Glieder $a, a + d, a + 2d, \ldots, a + (n-1)d$. Dabei ist jedes Glied das *arithmetische Mittel* aus den beiden benachbarten Gliedern. Ferner ist die Summe des ersten und letzten Gliedes gleich der Summe des zweiten und vorletzten usw. Daraus folgt für die *Summe* der Reihe mit $t = a + (n-1)d$ als n-tem Glied (Endglied):

$$s = a + a + d + a + 2d + \cdots + a + (n-1)d = \frac{n}{2}(a + t)$$

$$\text{oder } s = \frac{n}{2}[2a + (n-1)d].$$

Beispiele: 1. $\sum_{k=1}^{k=1000} k = 1 + 2 + 3 + \cdots + 1000 = \frac{1000}{2} \cdot (1 + 1000) = 500500$,

2. $\sum_{k=1}^{k=500} (2k - 1) = 1 + 3 + 5 + 7 + \cdots + 999 = \frac{500}{2} \cdot (1 + 999) = 250000$.

b) Eine **arithmetische Reihe n-ter Ordnung** ist eine solche Reihe, bei der die n-ten Differenzen konstant sind oder die n-te Differenzenreihe aus konstanten Gliedern besteht. Eine Differenzenreihe wird gebildet aus den Differenzen je zweier aufeinanderfolgender Glieder einer gegebenen Reihe:

2, 3, 7, 8, 15, 52, 158, 387 ...	Hauptreihe
1, 4, 1, 7, 37, 106, 229 ...	1. Differenzenreihe
3, −3, 6, 30, 69, 123 ...	2. „
−6, 9, 24, 39, 54 ...	3. „
15, 15, 15, 15 ...	4. „
0, 0, 0 ...	

Die Hauptreihe ist also eine arithmetische Reihe 4. Ordnung.

Eine Reihe n-ter Ordnung ist durch das Anfangsglied A_1 und die Anfangsglieder a_1, b_1, c_1 usw. aller Differenzenreihen eindeutig bestimmt:

$$\begin{array}{cccccccc} A_1 & A_2 & A_3 & A_4 & A_5 & A_6 & A_7 & A_8 \ldots \\ a_1 & a_2 & a_3 & a_4 & a_5 & a_6 & a_7 \ldots & \\ b_1 & b_2 & b_3 & b_4 & b_5 & b_6 \ldots & & \\ c_1 & c_2 & c_3 & c_4 & c_5 \ldots & & & \end{array}$$

Die Summe der ersten k Glieder der Hauptreihe ist

$$s_k = \binom{k}{1} A_1 + \binom{k}{2} a_1 + \binom{k}{3} b_1 + \binom{k}{4} c_1 + \cdots \quad \left[\text{Binomialkoeffizienten } \binom{k}{r} \text{ S. 37}\right].$$

Beispiele: 1. Im obigen Zahlenbeispiel ist für die 7 Glieder (bis 158):

$$\begin{aligned} s_7 &= \binom{7}{1} \cdot 2 + \binom{7}{2} \cdot 1 + \binom{7}{3} \cdot 3 + \binom{7}{4} \cdot (-6) + \binom{7}{5} \cdot 15 \\ &= 7 \cdot 2 + 21 \cdot 1 + 35 \cdot 3 + 35 \cdot (-6) + 21 \cdot 15 \\ &= 14 + 21 + 105 - 210 + 315 = 245. \end{aligned}$$

Probe: $2 + 3 + 7 + 8 + 15 + 52 + 158 = 245$.

2. $\sum_{x=1}^{x=n} x^2 = 1^2 + 2^2 + 3^2 + \cdots + n^2 = 1 + 4 + 9 + 16 + \cdots + n^2$ Hauptreihe

3 5 7 ...	1. Differenzenreihe
2 2 ...	2. „

$$\sum_{x=1}^{x=n} x^2 = \binom{n}{1} + \binom{n}{2} \cdot 3 + \binom{n}{3} \cdot 2 = n + \frac{n \cdot (n-1)}{1 \cdot 2} \cdot 3 + \frac{n \cdot (n-1) \cdot (n-2)}{1 \cdot 2 \cdot 3} \cdot 2 =$$

$$= \frac{n^3}{3} + \frac{n^2}{2} + \frac{n}{6} = \frac{1}{6} \cdot n \cdot (n+1) \cdot (2n+1).$$

3. $$\sum_{x=1}^{x=n} x^3 = 1^3 + 2^3 + 3^3 + \cdots + n^3 = \frac{n^4}{4} + \frac{n^3}{2} + \frac{n^2}{4} = \frac{1}{4} \cdot n^2 \cdot (n+1)^2.$$

Wird in eine ganze rationale Funktion n-ten Grades

$$f(x) = A\,x^n + B\,x^{n-1} + C\,x^{n-2} + \cdots$$

für x der Reihe nach 0, 1, 2, 3 ... gesetzt, so bilden die Werte $f(0)$, $f(1)$, $f(2)$, $f(3)$ ... der äquidistanten Ordinaten eine arithmetische Folge n-ter Ordnung.

c) Eine **geometrische Reihe** ist eine Reihe, in welcher der Quotient zweier aufeinanderfolgender Glieder konstant ist. Ihre Glieder sind $a, aq, aq^2, aq^3, \ldots, aq^{n-1}$ (n-tes Glied). Jedes Glied ist das *geometrische Mittel* aus den beiden benachbarten Gliedern. Die *Summe* der ersten n Glieder beträgt

$$s = a \cdot \frac{1-q^n}{1-q} = a \cdot \frac{q^n - 1}{q-1},$$

denn

$$\begin{aligned} s &= a + aq + aq^2 + \cdots + aq^{n-1}; \\ sq &= \phantom{a + {}} aq + aq^2 + aq^3 + \cdots + aq^n; \ (-) \\ \hline s\,(1-q) &= a\,(1-q^n). \end{aligned}$$

Ist $|q| < 1$, so ist für $n \to \infty$ die Summe der *unendlichen* geometrischen Reihe mit $\lim\limits_{n\to\infty} q^n = 0$ durch $s = \frac{a}{1-q}$ (s. a. S. 60) gegeben. Die Logarithmen der Glieder einer geometrischen Reihe bilden eine arithmetische Reihe 1. Ordnung.

Beispiele aus Zinseszins- und Rentenrechnung. 1. Ein Kapital vom Betrag K_0, das zu $p\,\%$ auf Zinsen steht, wächst in n Jahren auf den Betrag

$$K_n = K_0 \left(1 + \frac{p}{100}\right)^n = K_0\,q^n \quad \text{(Zinseszinsformel von \textit{Leibniz})}$$

an, wenn die Zinsen am Ende jedes Jahres zum Kapital geschlagen werden. Bei halbjährlicher Verzinsung ist statt $q = 1 + p/100$ der Zinsfaktor $1 + p/200$ und statt n die Anzahl der Zeitabschnitte $2n$, bei vierteljährlicher Verzinsung entsprechend $1 + p/400$ und $4n$ zu setzen. Für Zinszuschlag in jedem Augenblick (stetige Verzinsung) wird mit $e = 2{,}718\cdots$ (S. 72)

$$K_n = K_0\,e^{0{,}01\,pn}.$$

2. Der Barwert K eines nach n Jahren fälligen Betrages K_n ist $K = K_n/q^n = K_n\,v^n$, worin $1/q = v$ = Diskontierungsfaktor; $K_n - K$ = Diskont.

3. Wird am Ende jedes Jahres ein Kapital R eingezahlt, so ist das Endkapital

$$K_n = R\,\frac{q^n - 1}{q-1} \quad \text{(nachschüssig)},$$

wird das Kapital R am Anfang jedes Jahres eingezahlt, so folgt

$$K_n = R\,q\,\frac{q^n - 1}{q-1} \quad \text{(vorschüssig)}.$$

4. Ist ein Kapital K_0 vorhanden und werden jährlich R Mark hinzugezahlt bzw. fortgenommen, so folgt die Sparerformel (+) bzw. die Rentnerformel (−):

$$K_n = K_0\,q^n \pm R\,\frac{q^n-1}{q-1} \quad \text{(nachschüssig)}, \qquad K_n = K_0\,q^n \pm R\,q\,\frac{q^n-1}{q-1} \quad \text{(vorschüssig)}.$$

5. Setzt man in der Rentnerformel $K_n = 0$, so ergibt sich, daß die Rente durch eine sofortige Zahlung, durch ihren „Barwert" abgelöst werden kann:

$$K_0 = R\,\frac{q^n-1}{q^n\,(q-1)} \quad \text{(nachschüssig)}, \qquad K_0 = R\,\frac{q^n-1}{q^{n-1}\,(q-1)} \quad \text{(vorschüssig)}.$$

6. Läuft die Rente dauernd ($n \to \infty$), so ist der Barwert dieser „ewigen Rente"

$$K_0 = \frac{R}{q-1} = R\,\frac{100}{p} \quad \text{(nachschüssig)}, \qquad K_0 = R\,\frac{q}{q-1} \quad \text{(vorschüssig)}.$$

7. Ein Kapital K_0 ist nach 4. in n Jahren abgeschrieben, wenn bei einem Zinsfaktor $q = 1 + p/100$ die jährliche Abschreibungssumme $R = K_0\,q^n\,\frac{q-1}{q^n-1}$ beträgt.

Zahlenbeispiel: Wann ist ein Kapital von 20000 Mark aufgezehrt, wenn am Ende jedes Jahres 3000 Mark fortgenommen werden? $p = 3^1/_2\%$ — Setzt man in der ersten Formel von 4. $K_n = 0$, so wird $0 = K_0 q^n (q-1) - R(q^n - 1)$, d. h. $q^n = \frac{R}{R - K_0(q-1)}$,

$$1{,}035^n = \frac{3000}{3000 - 20000 \cdot 0{,}035} = \frac{3}{3 - 0{,}7} = \frac{3}{2{,}3}.$$

$$n \cdot \lg 1{,}035 = \lg \frac{3}{2{,}3}, \quad n \cdot 0{,}0149 = 0{,}1154, \quad n = \frac{0{,}1154}{0{,}0149} = 7{,}74;$$

d. h. man kann 7 Jahre lang 3000 Mark und dann noch einen Rest fortnehmen. (Mit der Log-Log-Teilung auf dem Rechenstab kann n ohne Logarithmieren unmittelbar abgelesen werden.)

2. Unendliche Reihen

a) Existiert bei einer unendlichen Reihe der Grenzwert, dem sich die einzelnen Teilsummen s_n für $n \to \infty$ nähern, so heißt dieser die **Summe** der Reihe. Es ist $s = \sum_{i=1}^{i=\infty} u_i = \lim_{n\to\infty} s_n$, worin die Teilsummen die Werte $s_1 = u_1$, $s_2 = u_1 + u_2$, $s_3 = u_1 + u_2 + u_3$, ..., $s_n = u_1 + u_2 + \cdots + u_n$ bedeuten.

Beispiel: $0{,}3 + 0{,}03 + 0{,}003 + \cdots$ hat die Teilsummen $s_1 = 0{,}3$, $s_2 = 0{,}33$, $s_3 = 0{,}333, \ldots$, so daß $\lim_{n\to\infty} s_n = 1/3$.

b) In einer **konvergenten Reihe** existiert der in Abs. a) definierte Grenzwert der Teilsummen, bei einer **divergenten Reihe** nicht.

Beispiele: 1. Die Reihe im Beispiel zu a) ist konvergent, da $\lim_{n\to\infty} s_n = 1/3$.

2. Die *harmonische* Reihe $1 + \frac{1}{2} + \frac{1}{3} + \cdots + \frac{1}{n} + \cdots$ ist divergent, da $\lim_{n\to\infty} s_n = \infty$: Für die folgenden n Glieder ist $\frac{1}{n+1} + \frac{1}{n+2} + \cdots + \frac{1}{2n} > \left(n \cdot \frac{1}{2n} = \frac{1}{2}\right)$. Die Summe der nächsten $2n$ Glieder $\left(\frac{1}{2n+1} + \cdots\right)$ ist wieder $> \frac{1}{2}$. Wieviel Glieder man auch zusammenfaßt, der Rest muß immer größer als $^1/_2$ bleiben, d. h. die Summe ist unendlich groß.

c) Konvergenzbedingungen. α) *Notwendige* Bedingung ist $\lim_{n\to\infty} u_n = 0$, d. h. von einem bestimmten n an müssen die Glieder kleiner werden und mit wachsendem n gegen null streben. Daß diese Bedingung nicht hinreichend ist, zeigt Beisp. 2 zu b). Bei Reihen mit abwechselnd positiven und negativen Gliedern (*alternierenden* Reihen) ist diese Bedingung *auch hinreichend.*

Beispiel: Die Reihe $1 - \frac{1}{2} + \frac{1}{3} - \frac{1}{4} + - \cdots$ ist hiernach konvergent. Nach Formel 10, S. 59, stellt diese unendliche Reihe den Wert ln 2 dar.

β) *Hinreichende* Bedingung nach *Cauchy:* Eine Reihe ist konvergent (divergent), wenn von einem beliebigen Glied an der Quotient der Absolutbeträge aus einem Glied und dem vorangehenden kleiner (größer) ist als eine bestimmte Zahl $q < 1$ $(q > 1)$ oder auch wenn

$$\lim_{n\to\infty} \left|\frac{u_{n+1}}{u_n}\right| < 1 \text{ (Konvergenz)}, \quad \lim_{n\to\infty} \left|\frac{u_{n+1}}{u_n}\right| > 1 \text{ (Divergenz)}.$$

Ist der Quotient gleich 1, so sind besondere Untersuchungen anzustellen.

Beispiele: 1. In der *harmonischen* Reihe $1 + \frac{1}{2} + \frac{1}{3} + \cdots + \frac{1}{n} + \frac{1}{n+1} + \cdots$ ist $u_{n+1} : u_n = 1 : (1 + 1/n)$, also $\lim_{n\to\infty} (u_{n+1} : u_n) = 1$, daher besonderer Beweis, s. Beisp. 2 zu b).

2. In der Reihe für $e^x = 1 + \frac{x}{1!} + \frac{x^2}{2!} + \frac{x^3}{3!} + \cdots$ (s. S. 59) ist $|u_{n+1} : u_n| = q = |x| : n$. Von $n > |x|$ ab ist $q < 1$, und es wird $\lim_{n\to\infty} |u_{n+1} : u_n| = 0$, d. h. die Reihe konvergiert für jeden Wert x.

γ) Eine Reihe mit Gliedern *beliebigen Vorzeichens* ist konvergent, wenn die Reihe aus den absoluten Beträgen konvergiert (absolut konvergente Reihe).

Beispiel: Für die Reihe $1 - x + x^2 - x^3 + x^4 + - \cdots$ ist $|u_{n+1} : u_n| = q = |x|$, d. h. die Reihe konvergiert für $|x| < 1$.

δ) Bildet man aus zwei konvergenten Reihen eine neue durch *Addition oder Subtraktion* der entsprechenden Glieder (oder auch eine lineare Kombination), so ist die neue Reihe auch konvergent.

Beispiel: Die Subtraktion der Reihen 10 und 11 (S. 59) liefert die Reihe für $\ln \frac{1+x}{1-x}$, die für $|x| < 1$ konvergiert.

Ferner gelten noch folgende Regeln:

ε) Eine Reihe von nur positiven Gliedern konvergiert, wenn von einem beliebigen n an $\sqrt[n]{u_n} \leqq k$ ist, wo $0 < k < 1$; sie divergiert, wenn $\sqrt[n]{u_n} \geqq 1$ ist.

ζ) Eine Reihe konvergiert, wenn von einem beliebigen Glied an die absoluten Beträge ihrer Glieder kleiner sind als die entsprechenden Glieder einer anderen konvergenten Reihe.

3. Entwicklung der Funktionen in Potenzreihen

a) Der **Taylorsche Satz:** Ist eine Funktion $f(x)$ in dem Intervall x_0 (einschließlich) bis $x_0 + h$ (einschließlich) nebst ihren sämtlichen Ableitungen $f'(x_0)$, $f''(x_0), \ldots$ stetig, und sind sämtliche Werte der Funktion und ihrer Ableitungen endlich (und nicht sämtlich gleich null), so gilt für $f(x_0 + h)$ die folgende, konvergente, nach ganzen, positiven Potenzen von h fortschreitende Reihenentwicklung

$$f(x_0 + h) = f(x_0) + \frac{h}{1!} f'(x_0) + \frac{h^2}{2!} f''(x_0) + \cdots + \frac{h^{n-1}}{(n-1)!} f^{(n-1)}(x_0) + \cdots$$

Bricht man die Reihe hinter dem n-ten Glied ab, so ist der Rest

$$R_n = \frac{h^n}{n!} f^{(n)}(x_0) + \frac{h^{n+1}}{(n+1)!} f^{(n+1)}(x_0) + \cdots = \frac{h^n}{n!} f^{(n)}(x_0 + kh)$$

(*Lagrange*sche Form des Restgliedes); hierin ist $0 < k < 1$, und es muß $\lim_{n\to\infty} R_n = 0$ sein. Die Konvergenz ist im Einzelfall zu prüfen.

b) Entwickelt man die Funktion von $x_0 = 0$ aus, setzt also $x_0 = 0$ und ersetzt dabei h durch x, so folgt die **Potenzreihe**

$$f(x) = f(0) + \frac{x}{1!} f'(0) + \frac{x^2}{2!} f''(0) + \cdots,$$

worin das Restglied $R_n = \frac{x^n}{n!} f^{(n)}(kx)$; $0 < k < 1$. Konvergenz s. a).

c) Auf S. 182, Prakt. Math., wird gezeigt, daß eine Funktion $f(x)$ sich durch eine ganze rationale Funktion $f^*(x) = c_0 + c_1 x + c_2 x^2 + \cdots + c_n x^n$, die mit der Kurve $f(x)$ n Punkte gemeinsam hat, ersetzen läßt. Diese Näherung ist um so besser, je mehr Glieder berücksichtigt werden; für $n \to \infty$ entsteht die obige unendliche Potenzreihe. Bricht man diese Potenzreihe hinter dem n-ten Glied ab, so hat sie mit der Kurve n unendlich benachbarte Punkte gemeinsam und schmiegt sich mehr oder weniger gut der Kurve in dem betrachteten Punkt an (s. a. S. 118).

Beispiele: 1. $y = f(x) = \sin x$, $f(0) = 0$, $f'(x) = \cos x$, $f'(0) = 1$, $f''(x) = -\sin x$ $f''(0) = 0 \ldots$, also $\sin x = \frac{x}{1!} - \frac{x^3}{3!} + \frac{x^5}{5!} - \frac{x^7}{7!} + - \cdots$. Für $\sin 15^0 = \sin \frac{\pi}{12}$ folgt $\sin 15^0 \approx 0{,}261799 - 0{,}261799^3/6 + 0{,}261799^5/120 - 0{,}261799^7/5040 = 0{,}261799 - 0{,}002990 + 0{,}000010 - 0{,}000000 = 0{,}258819$ (vgl. damit S. 24, wo auf 4 Stellen nach dem Komma abgerundet ist).

2. Für $y = f(x) = e^x$ folgt $y = e^x = y' = y'' = \cdots$ oder $f(0) = f'(0) = f''(0) = \cdots = 1$, also $e^x = 1 + x/1! + x^2/2! + x^3/3! + \cdots$. Insbesondere folgt für $x = 1$ die *Euler*sche Zahl e (S. 72).

3. $f(x) = \ln x$ läßt sich nicht für $x = 0$ entwickeln, da $\ln 0 = -\infty$. Für $f(x) = \ln(1 + x)$ wird jedoch $f'(x) = \frac{1}{1+x}$, $f''(x) = -\frac{1}{(1+x)^2}$, $f'''(x) = \frac{1 \cdot 2}{(1+x)^3}$ usw., d.h. $f(0) = 0$, $f'(0) = 1$, $f''(0) = -1$, $f'''(0) = 1 \cdot 2$ usw., also $\ln(1 + x) = \frac{x}{1} - \frac{x^2}{2} + \frac{x^3}{3} - \frac{x^4}{4} + - \cdots$.

4. Für $f(x) = (1+x)^m$ ist $f'(x) = m \cdot (1+x)^{m-1}$, $f''(x) = m(m-1)(1+x)^{m-2}, \ldots$, d.h. $f(0) = 1$, $f'(0) = m$, $f''(0) = m(m-1), \ldots$, also wird, da $\frac{m(m-1)}{2!} = \binom{m}{2}$ usw.

$$(1+x)^m = 1 + \binom{m}{1}x + \binom{m}{2}x^2 + \binom{m}{3}x^3 + \cdots.$$

Für ganze und positive m entsteht der binomische Lehrsatz (S. 37) mit endlich vielen Gliedern; für beliebige m entsteht eine unendliche Reihe, diese konvergiert für $|x| < 1$.

d) Ist eine Funktion $f(x)$ durch eine Potenzreihe darstellbar, so kann das Integral $\int f(x)\,dx$ durch **gliedweise ausgeführte Integration** der Potenzreihe gewonnen werden. Die Reihe für das Integral konvergiert stärker, da $\int x^n\,dx = x^{n+1}/(n+1)$. (Anwendung zur angenäherten Integration.)

Aus $y = \arcsin x$ folgt $y' = \frac{1}{\sqrt{1-x^2}} = 1 + \frac{1}{2}x^2 + \frac{1\cdot 3}{2\cdot 4}x^4 + \frac{1\cdot 3\cdot 5}{2\cdot 4\cdot 6}x^6 + \cdots$. Integriert man gliedweise, so ergibt sich die unter 4 Nr. 28 angegebene Reihe.

4. Zusammenstellung der wichtigsten Potenzreihen

a) Exponentialreihen (für jedes x konvergent):

1. $e^x = 1 + x/1! + x^2/2! + x^3/3! + \cdots$; also $e = 1 + 1/1! + 1/2! + 1/3! + \cdots$.
2. $e^{-x} = 1 - x/1! + x^2/2! - x^3/3! + \cdots$.
3. $\frac{1}{2}(e^x + e^{-x}) = 1 + x^2/2! + x^4/4! + \cdots = \mathfrak{Cof}\, x$ (S. 70).
4. $\frac{1}{2}(e^x - e^{-x}) = x + x^3/3! + x^5/5! + \cdots = \mathfrak{Sin}\, x$ (S. 70).
5. $e^{ix} = 1 + ix/1! - x^2/2! - ix^3/3! + x^4/4! + ix^5/5! - + \cdots$
   $= 1 - x^2/2! + x^4/4! - \cdots + i(x/1! - x^3/3! + x^5/5! - \cdots)$
   $= \cos x + i \sin x$, nach 24 u. 25.
6. $e^{-ix} = 1 - ix/1! - x^2/2! + ix^3/3! + x^4/4! - + \cdots$
   $= \cos x - i \sin x$, nach 24 u. 25.

(5. und 6.: *Euler*sche Formeln)

Addition bzw. Subtraktion von 5. und 6. ergibt:

7. $\frac{1}{2}(e^{ix} + e^{-ix}) = \cos x$. 8. $\frac{1}{2}(e^{ix} - e^{-ix}) = i \sin x$.

9. $a^x = 1 + \frac{\ln a}{1!}x + \frac{(\ln a)^2}{2!}x^2 + \frac{(\ln a)^3}{3!}x^3 + \cdots$; gilt für $a > 0$.

b) Logarithmische Reihen:

10. $\ln(1+x) = x - x^2/2 + x^3/3 - x^4/4 + - \cdots$; $\quad -1 < x \leqq +1$.
11. $\ln(1-x) = -x - x^2/2 - x^3/3 - x^4/4 - \cdots$; $\quad -1 \leqq x < +1$.

Durch Substraktion von 10. und 11. folgt:

12. $\ln\frac{1+x}{1-x} = 2\left\{x + \frac{x^3}{3} + \frac{x^5}{5} + \frac{x^7}{7} + \cdots\right\}$; $\quad -1 < x < +1$.

13. $\ln\frac{x+1}{x-1} = \ln\frac{1+1/x}{1-1/x} = 2\left\{\frac{1}{x} + \frac{1}{3x^3} + \frac{1}{5x^5} + \frac{1}{7x^7} + \cdots\right\}$; $\quad |x| > 1$.

Ersetzt man x in 12. durch $\frac{x-1}{x+1}$ oder durch $\frac{x}{2a+x}$, so erhält man 14. bzw. 15.

14. $\ln x = 2\left\{\frac{x-1}{x+1} + \frac{1}{3}\left(\frac{x-1}{x+1}\right)^3 + \frac{1}{5}\left(\frac{x-1}{x+1}\right)^5 + \cdots\right\}$ gilt für jedes positive x.

15. $\ln(a+x) = \ln a + 2\left\{\frac{x}{2a+x} + \frac{1}{3}\left(\frac{x}{2a+x}\right)^3 + \frac{1}{5}\left(\frac{x}{2a+x}\right)^5 + \cdots\right\}$
gilt für $x > -a$, wenn a positive Zahl.

c) Binomische Reihen, konvergent für $|x| < 1$:

16. $(1+x)^n = \sum_{k=0}^{\infty} \binom{n}{k} x^k = 1 + \binom{n}{1} x + \binom{n}{2} x^2 + \binom{n}{3} x^3 + \cdots.$

Hierbei ist n eine beliebige reelle Zahl. Für ganze, positive n bricht die Reihe ab und gilt dann für *jedes* x (Binomischer Lehrsatz S. 37).

17. $(a+b)^n = a^n (1 + b/a)^n = a^n (1+x)^n$ ist nach dieser Reihe zu entwickeln, wenn $|b/a| < 1$, d. h. wenn a die größere der beiden Zahlen des zu entwickelnden Binoms bezeichnet.

Für Sonderfälle der binomischen Reihe wird:

18. $(1 \pm x)^{-1} = \frac{1}{1 \pm x} = 1 \mp x + x^2 \mp x^3 + x^4 \mp \cdots;$ unendliche geometrische Reihe (S. 56).

19. $\frac{x}{x \pm 1} = \frac{1}{1 \pm 1/x} = 1 \mp \frac{1}{x} + \frac{1}{x^2} \mp \frac{1}{x^3} + \frac{1}{x^4} \mp \cdots;$ $\quad |x| > 1.$

20. $(1+x)^{1/2} = \sqrt{1+x} = 1 + \frac{1}{2} x - \frac{1}{2 \cdot 4} x^2 + \frac{1 \cdot 3}{2 \cdot 4 \cdot 6} x^3 - \frac{1 \cdot 3 \cdot 5}{2 \cdot 4 \cdot 6 \cdot 8} x^4 + - \cdots$

$= 1 + \frac{1}{2} x - \frac{1}{8} x^2 + \frac{1}{16} x^3 - \frac{5}{128} x^4 + \frac{7}{256} x^5 - + \cdots.$

21. $(1+x)^{1/3} = \sqrt[3]{1+x} = 1 + \frac{1}{3} x - \frac{1 \cdot 2}{3 \cdot 6} x^2 + \frac{1 \cdot 2 \cdot 5}{3 \cdot 6 \cdot 9} x^3 - \frac{1 \cdot 2 \cdot 5 \cdot 8}{3 \cdot 6 \cdot 9 \cdot 12} x^4 + - \cdots$

$= 1 + \frac{1}{3} x - \frac{1}{9} x^2 + \frac{5}{81} x^3 - \frac{10}{243} x^4 + \frac{22}{729} x^5 - + \cdots.$

22. $\frac{1}{\sqrt{1+x}} = 1 - \frac{1}{2} x + \frac{1 \cdot 3}{2 \cdot 4} x^2 - \frac{1 \cdot 3 \cdot 5}{2 \cdot 4 \cdot 6} x^3 + \frac{1 \cdot 3 \cdot 5 \cdot 7}{2 \cdot 4 \cdot 6 \cdot 8} x^4 - + \cdots$

$= 1 - \frac{1}{2} x + \frac{3}{8} x^2 - \frac{5}{16} x^3 + \frac{35}{128} x^4 - \frac{63}{256} x^5 + - \cdots.$

23. $\frac{1}{\sqrt[3]{1+x}} = 1 - \frac{1}{3} x + \frac{1 \cdot 4}{3 \cdot 6} x^2 - \frac{1 \cdot 4 \cdot 7}{3 \cdot 6 \cdot 9} x^3 + \frac{1 \cdot 4 \cdot 7 \cdot 10}{3 \cdot 6 \cdot 9 \cdot 12} x^4 - + \cdots$

$= 1 - \frac{1}{3} x + \frac{2}{9} x^2 - \frac{14}{81} x^3 + \frac{35}{243} x^4 - \frac{91}{729} x^5 + - \cdots.$

d) Reihen für Kreis-, Arcus- und Hyperbelfunktionen. In den Formeln 24 bis 27 ist x im Bogenmaß zu messen (S. 63).

24. $\sin x = x/1! - x^3/3! + x^5/5! - x^7/7! + - \cdots$ gilt für jedes x.

25. $\cos x = 1 - x^2/2! + x^4/4! - x^6/6! + - \cdots$ gilt für jedes x.

26. $\operatorname{tg} x = x + \frac{1}{3} x^3 + \frac{2}{15} x^5 + \frac{17}{315} x^7 + \frac{62}{2835} x^9 + \cdots$ $\quad |x| < \pi/2.$

27. $\operatorname{ctg} x = \frac{1}{x} - \frac{1}{3} x - \frac{1}{45} x^3 - \frac{2}{945} x^5 - \frac{1}{4725} x^7 - \cdots$ $\quad 0 < |x| < \pi.$

28. $\operatorname{arc\,sin} x = x + \frac{1}{2} \frac{x^3}{3} + \frac{1 \cdot 3}{2 \cdot 4} \frac{x^5}{5} + \frac{1 \cdot 3 \cdot 5}{2 \cdot 4 \cdot 6} \frac{x^7}{7} + \cdots.$ $\quad |x| \leqq 1.$

Sonderfall: $\operatorname{arc\,sin} 1/2 = \pi/6 = 1/2 + 1/48 + 3/1280 + 5/14336 + \cdots.$

29. $\operatorname{arc\,tg} x = x/1 - x^3/3 + x^5/5 - x^7/7 + - \cdots.$ $\quad |x| \leqq 1.$

Sonderfall: $\operatorname{arc\,tg} 1 = \pi/4 = 1 - 1/3 + 1/5 - 1/7 + - \cdots$ *Leibniz*sche Reihe.

30. $\mathfrak{Sin}\, x = x + x^3/3! + x^5/5! + x^7/7! + \cdots$ hyperbolischer Sinus; } gilt für jedes x.

31. $\mathfrak{Cos}\, x = 1 + x^2/2! + x^4/4! + x^6/6! + \cdots$ hyperbolischer Cosinus; }

5. Anwendungen

a) Näherungsformeln (Rechnen mit kleinen Größen). In Rechnungen, in denen so kleine Größen vorkommen, daß ihre zweiten und höheren Potenzen sowie ihre Produkte untereinander vernachlässigt werden können, lassen sich die Formeln sehr vereinfachen. Viele derartige Formeln beruhen auf der *Taylor*schen Entwicklung eines Ausdrucks: So ist $f(x_0 + h) \approx f(x_0) + hf'(x_0)$ oder $f(x) \approx f(0) + xf'(0)$, wenn die höheren Potenzen von h oder x vernachlässigt werden. Da hiernach $f(x_0 + h) - f(x_0) \approx hf'(x_0)$ gilt, so ist die Funktionsdifferenz (S. 72) $\Delta y = f(x_0 + h) - f(x_0)$ durch das Differential $\mathrm{d}y = f'(x_0)\,\mathrm{d}x = f'(x_0)\,h$, Bild 13, ersetzt worden. So wird z. B. $\sin(x + h) \approx \sin x + h \cos x$.

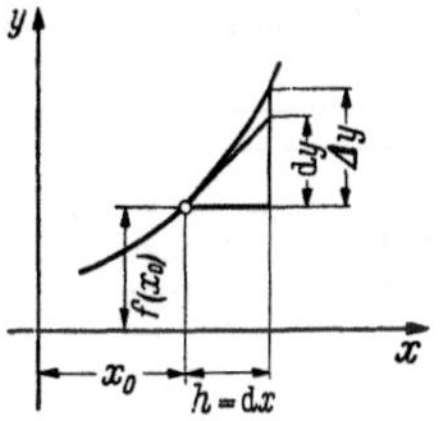

Bild 13

Unter Umständen können die Näherungsformeln unter Berücksichtigung auch der zweiten Potenzen der kleinen Größen erweitert werden. Ist ε im folgenden die „kleine Größe" und φ der Fehler, so ergibt sich:

1. $(a + \varepsilon_1)(b + \varepsilon_2) \approx a\,b\,(1 + \varepsilon_1/a + \varepsilon_2/b)$.
2. $(a + \varepsilon_1)/(b + \varepsilon_2) \approx \dfrac{a}{b}\,(1 + \varepsilon_1/a - \varepsilon_2/b)$.
3. $(1 \pm \varepsilon)^n \approx 1 \pm n\,\varepsilon$.
4. $(a \pm b)^n \approx a^n\,(1 \pm n\,b/a)$, wenn $|b| \ll |a|$.
5. $(1 \pm \varepsilon)^2 \approx 1 \pm 2\,\varepsilon$. $\varphi < 1\%$ $(0{,}1\%)$ für $\varepsilon < 0{,}1$ $(0{,}01)$.
6. $1/(1 \pm \varepsilon) \approx 1 \mp \varepsilon$, $\varphi < 1\%$ $(0{,}1\%)$ für $\varepsilon < 0{,}1$ $(0{,}01)$.
7. $\sqrt[m]{1 \pm \varepsilon} \approx 1 \pm \varepsilon/m$.
8. $\sqrt{a^2 \pm b^2} \approx a\,(1 \pm \tfrac{1}{2}\,b^2/a^2)$, wenn $b^2 \ll a^2$.
9. $\sqrt{1 \pm \varepsilon} \approx 1 \pm \varepsilon/2$, $\begin{cases} \varphi < 1\% \; (0{,}12\%) \text{ für } \varepsilon < 0{,}3 \; (0{,}1) \text{ bei } \sqrt{1 + \varepsilon}, \\ \varphi < 1\% \; (0{,}13\%) \text{ für } \varepsilon < 0{,}27 \; (0{,}1) \text{ bei } \sqrt{1 - \varepsilon}. \end{cases}$
10. $e^{\pm \varepsilon} \approx 1 \pm \varepsilon$.
11. $e^{x \pm \varepsilon} \approx e^x\,(1 \pm \varepsilon)$.
12. $a^{x \pm \varepsilon} \approx a^x\,(1 \pm \varepsilon \ln a)$, wenn $|\varepsilon \ln a| \ll 1$.
13. $\sin \varepsilon° \approx \operatorname{tg} \varepsilon° \approx \varepsilon = \varepsilon°\,\pi/180° = 0{,}01745\,\varepsilon°$;
    Beispiel: $\sin 5° \approx 0{,}01745 \cdot 5 \approx 0{,}0873$.
14. $\cos \varepsilon° \approx 1 - \varepsilon^2/2 \approx 1$.
15. $\operatorname{ctg} \varepsilon° \approx 1/\varepsilon$.
16. $\sin(\alpha° \pm \varepsilon°) \approx \sin \alpha° \pm \varepsilon \cos \alpha°$.
17. $\cos(\alpha° \pm \varepsilon°) \approx \cos \alpha° \mp \varepsilon \sin \alpha°$.

(13.–17.: $\varepsilon°$ im Gradmaß, ε im Bogenmaß.)

18. $\mathfrak{Sin}\,\varepsilon \approx \mathfrak{Tg}\,\varepsilon \approx \varepsilon$.
19. $\mathfrak{Cof}\,\varepsilon \approx 1 + \varepsilon^2/2 \approx 1$.
20. $\mathfrak{Ctg}\,\varepsilon \approx 1/\varepsilon$.

b) Unbestimmte Formen. Nähern sich in dem Bruch $y(x) = \dfrac{F(x)}{f(x)}$ für $x \to a$ Zähler und Nenner je dem Wert null, so entsteht eine „unbestimmte Form" 0/0. Die Funktion kann jedoch nach S. 72 einen bestimmten Wert (Grenzwert) haben:

Nach dem Satz von *Taylor* gilt

$$y(a + h) = \frac{F(a + h)}{f(a + h)} = \frac{F(a) + hF'(a) + \frac{1}{2}h^2F''(a) + \cdots}{f(a) + hf'(a) + \frac{1}{2}h^2f''(a) + \cdots}.$$

Da $F(a) = 0$ und $f(a) = 0$, ergibt sich nach Kürzung durch h

$$y(a + h) = \frac{F'(a) + \frac{1}{2}h\,F''(a) + \cdots}{f'(a) + \frac{1}{2}h\,f''(a) + \cdots}.$$

Damit wird für $x \to a$, d. h. $h \to 0$:

$$\lim_{x \to a} \frac{F(x)}{f(x)} = \lim_{h \to 0} \frac{F(a + h)}{f(a + h)} = \lim_{h \to 0} y(a + h) = \frac{F'(a)}{f'(a)}.$$

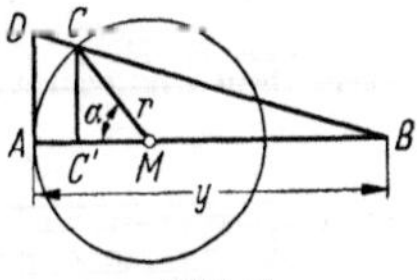

Bild 14

Um den Grenzwert zu bestimmen, hat man also nur Zähler und Nenner einzeln nach x zu differentiieren (S. 72) und dann $x = a$ zu setzen. Erhält man wieder 0/0, so ist das Verfahren zu wiederholen (S. 77). Das gleiche gilt für die Form ∞/∞. Andere unbestimmte Formen, wie $0 \cdot \infty$, $\infty - \infty$, 1^∞, 0^0, ∞^0 u. a. lassen sich auf beide Fälle zurückführen.

Beispiel: Angenäherte Streckung eines Kreisbogens. Es sei, Bild 14, AD Tangente an den Kreis und $\overline{AD} = \widehat{AC}$. Die Verlängerung von DC schneidet die Verlängerung von AM in B. Welchem Grenzwert nähert sich die Strecke $y = \overline{AB}$ für kleine Bögen, d. h. für $\alpha \to 0$?

Es ist $BA : BC' = DA : CC' = \widehat{AC} : CC'$ oder $\dfrac{y}{y - r(1 - \cos\alpha)} = \dfrac{r\alpha}{r\sin\alpha}$, d. h.

$y = r \cdot \dfrac{\alpha(1 - \cos\alpha)}{\alpha - \sin\alpha}$. Für $\alpha = 0$ folgt $y = 0/0$; dann wird, wenn man Zähler und Nenner für sich differentiiert,

$$\lim_{\alpha \to 0} y = r \cdot \lim_{\alpha \to 0} \frac{1 - \cos\alpha + \alpha\sin\alpha}{1 - \cos\alpha} \left(= \frac{0}{0}\right) = r \cdot \lim_{\alpha \to 0} \frac{2\sin\alpha + \alpha\cos\alpha}{\sin\alpha} \left(= \frac{0}{0}\right) =$$

$$= r \cdot \lim_{\alpha \to 0} \frac{3\cos\alpha - \alpha\sin\alpha}{\cos\alpha} = 3r.$$

Wenn man also $AB = 3r$ macht und B mit C verbindet, so wird auf der Tangente in A eine Strecke AD abgeschnitten, die für kleine Winkel α angenähert gleich dem kleinen Bogen AC ist. (Hilfsmittel zur angenäherten Streckung eines Kreisbogens.)[1]

III. Funktionenlehre

Literatur: 1. *Emde, F.:* Tafeln elementarer Funktionen. Teubner: Leipzig 1940. — 2. *Tölke, Fr.:* Praktische Funktionenlehre, 1. Bd. Elementare und elementare transzendente Funktionen. 2. Aufl. Berlin: Springer 1950.

A. Algebraische Funktionen

1. Rationale Funktionen

a) Eine **ganze rationale Funktion** n-ten Grades

$$y = a_0 + a_1 x + \cdots + a_{n-1} x^{n-1} + a_n x^n$$

mit positivem, ganzen n hat höchstens n reelle Nullstellen ($y = 0$), s. S. 44, und $n - 1$ reelle Extrema (Minima bzw. Maxima, S. 78).

Ist n gerade, so ist mindestens ein reelles Extremum vorhanden, ist n ungerade, so ist mindestens eine reelle Nullstelle vorhanden.

Numerische Berechnung und zeichnerische Ermittlung S. 183.

b) Eine **gebrochene rationale Funktion**

$$y = \frac{a_0 + a_1 x + \cdots + a_n x^n}{b_0 + b_1 x + \cdots + b_m x^m} = \frac{g(x)}{h(x)}$$

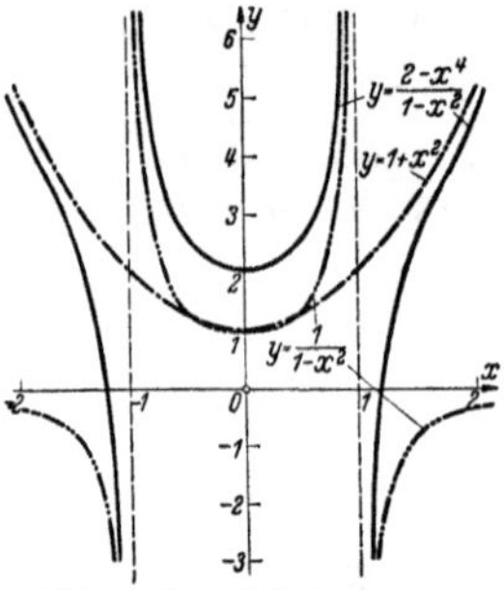

Bild 15. Beispiel einer unecht gebrochenen rationalen Funktion

ist der Quotient zweier ganzer rationaler Funktionen g und h. Zähler und Nenner sollen keinen gemeinsamen Faktor mehr haben. Die Nullstellen des Zählers sind Nullstellen von y, und Nullstellen des Nenners geben unendlich große Werte von y.

Die Funktion ist *echt* oder *unecht* gebrochen, je nachdem $n < m$ oder $n \geq m$ ist. Eine unecht gebrochene Funktion läßt sich stets als Summe einer ganzen rationalen Funktion und einer echt gebrochenen Funktion darstellen.

Eine echt gebrochene Funktion strebt für $x \to \pm\infty$ nach null und hat die x-Achse als Asymptote, während eine unecht gebrochene Funktion der zugehörigen ganzen rationalen Funktion zustrebt (Bild 15 und Beisp. 2).

Beispiele: 1. $y = \dfrac{ax + b}{cx + d}$ führt nach Division auf $y = \dfrac{a}{c} + \dfrac{bc - ad}{c(cx + d)}$; $bc - ad \neq 0$.

2. $y = \dfrac{2 - x^4}{1 - x^2}$ führt auf $y = \dfrac{1 - x^4}{1 - x^2} + \dfrac{1}{1 - x^2} = (1 + x^2) + \dfrac{1}{1 - x^2}$, vgl. Bild 15.

Jede echt gebrochene rationale Funktion läßt sich in *Partialbrüche* zerlegen, d. h. als Summe von einzelnen Brüchen schreiben, und zwar auf nur eine Weise:

[1] Getriebetechnische Anwendung bei *Meyer zur Capellen, W.:* Die Streckung eines Kreisbogens und die Kurbelschleife. Konstruktion Bd. 11 (1959) Nr. 9 S. 329/32.

Ist $h(x) = (x-a)^{\alpha}(x-b)^{\beta}\ldots(x-m)^{\mu}$, d. h. sind $a, b, \ldots, m$ die Nullstellen und $\alpha, \beta, \ldots \mu$ ihre Ordnungszahlen, so läßt sich $g(x)/h(x)$ als Summe von Teilbrüchen mit konstanten Zählern und mit $(x-a)^{\alpha}, (x-a)^{\alpha-1}, \ldots, (x-b)^{\beta}, (x-b)^{\beta-1}, \ldots, (x-m)^{\mu}, (x-m)^{\mu-1}, \ldots$ als Nennern schreiben. Wenn man die Brüche auf den Hauptnenner bringt und addiert, so ergeben sich durch Vergleich gleich hoher Potenzen von x genügend viele lineare Gleichungen zur Bestimmung der Konstanten der Zähler.

Beispiele: 1. $y = \frac{26+3x}{x^2+x-12}$ führt auf $y = \frac{26+3x}{(x-3)(x+4)} = \frac{A}{x-3} + \frac{B}{x+4} = \frac{A(x+4)+B(x-3)}{(x-3)(x+4)}$. Durch Vergleich der Zähler ergibt sich:

$$\left.\begin{array}{l}\text{Glieder mit } x^0:\ 26 = 4A - 3B,\\ \text{Glieder mit } x^1:\ \ 3 = \ \ A + \ B,\end{array}\right\}\ \text{d. h. } A = 5 \text{ und } B = -2, \text{ also } y = \frac{5}{x-3} - \frac{2}{x+4}.$$

2. Es ist $y = \frac{1}{x^2(x-p)} = \frac{A}{x^2} + \frac{B}{x} + \frac{C}{x-p} = \frac{A(x-p) + Bx(x-p) + Cx^2}{x^2(x-p)}$.

Der Vergleich der Zähler liefert:

$$\left.\begin{array}{l}\text{Glieder mit } x^0:\ 1 = -pA,\\ \quad,,\quad\ ,,\quad x^1:\ 0 = A - pB,\\ \quad,,\quad\ ,,\quad x^2:\ 0 = B + C,\end{array}\right\}\ \text{d. h.}\ \begin{array}{l}A = -1/p,\\ B = -1/p^2,\\ C = 1/p^2.\end{array}$$

3. Für $y = \frac{mx+n}{x^2+2px+q}$ ist der Nenner gleich $(x+p)^2 - (p^2-q) = (x-a)(x-b)$, worin $a = -p + \sqrt{p^2-q}$ und $b = -p - \sqrt{p^2-q}$. Es sei

a) $p^2 - q > 0$, d. h. a, b reell. Dann ist $y = \frac{mx+n}{(x-a)(x-b)} = \frac{A}{x-a} + \frac{B}{x-b}$. Aus $mx+n = A(x-b) + B(x-a)$ folgt durch Koeffizientenvergleich, oder wenn man beachtet, daß die Gleichung für jedes x erfüllt ist, auch für $x = a$ der Wert $A = \frac{ma+n}{a-b}$ und für $x = b$ der Wert $B = \frac{mb+n}{b-a}$.

b) Ist $p^2 - q = 0$, also $a = b = -p$, so gilt $y = \frac{mx+n}{(x-a)^2}$, d. h. nach der auf S. 63 oben allgemein angegebenen Zerlegung des Nenners $h(x)$ ist der Exponent $\alpha = 2$. Hiernach wird $y = \frac{A}{(x-a)^2} + \frac{B}{x-a}$, also $mx + n = A + B(x-a)$, was auf $B = m$ und $A = n + am = n - pm$ führt.

c) Ist $p^2 - q < 0$, so ergeben sich komplexe Werte für die Nullstellen des Nenners; Anwendung in der Integralrechnung S 83.

2. Irrationale Funktionen

Irrationale Funktionen können in der impliziten Form

$$f_0 + y f_1 + y^2 f_2 + y^3 f_3 + \cdots + y^n f_n = 0$$

geschrieben werden, wobei $f_0, f_1, \ldots, f_n$ ganze rationale Funktionen von x sind.

Auf solche Funktionen wird man z. B. geführt, wenn man die Umkehrfunktionen zu den rationalen Funktionen betrachtet. Die Umkehrung von $y = x^n$ führt auf $y = \sqrt[n]{x}$, oder die ganze rationale Funktion $R(x)$ auf $y = \sqrt[m]{R(x)}$ oder die gebrochene rationale Funktion auf $y = \sqrt[m]{g(x)/h(x)}$, worin g und h ganze rationale Funktionen (1.a) sind.

B. Elementare transzendente Funktionen

1. Die trigonometrischen Funktionen

Das *Gradmaß* eines Winkels gibt die Gradzahl an, um die ein Schenkel eines Winkels gedreht werden muß, damit er mit dem anderen zur Deckung gebracht wird. Eine volle Drehung wird gleich 360° gesetzt, $1° = 60'$, $1' = 60''$.

Bei der *Neugrad*teilung wird eine volle Umdrehung gleich 400 Neugrad (g) gesetzt:

$$100^g = 90°;\ 1^g = 54';\ 1^g = 100^c \text{ (Neuminuten)};$$
$$1^c = 100^{cc} \text{ (Neusekunden)}.$$
$$1° = 1^g\,11^c\,11,11\ldots^{cc} = 1,11\ldots^g.$$

Das *Bogenmaß* ist die Länge des Bogens (arcus), der zwischen den Schenkeln des Winkels im Einheitskreis liegt, Bild 16. Einer mehrfachen Umdrehung entspricht daher ein Mehrfaches von 2π als Winkel im Bogenmaß.

Zur *Umrechnung* gilt:

Gradmaß φ°	360°	180°	90°	φ°	1°	$57^\circ\,17'\,45''$
Bogenmaß $\text{arcus}\,\varphi = \widehat{\varphi}$.	2π	π	$\pi/2$	$\varphi^\circ \cdot \pi/180$	0,01745	1

a) Begriff der trigonometrischen Funktion. α) *Spitze Winkel*: Im rechtwinkligen Dreieck, Bild 17, ist der

sinus (sin)	eines Winkels das Verhältnis von	Gegenkathete zu Hypotenuse,
cosinus (cos)	„ „ „ , „	Ankathete zu Hypotenuse,
tangens (tg)	„ „ „ „ „	Gegenkathete zu Ankathete,
cotangens (ctg)	„ „ „ „ „	Ankathete zu Gegenkathete.

Nach Bild 17 ist also: $\sin\alpha = a/c$, $\cos\alpha = b/c$, $\text{tg}\,\alpha = a/b$, $\text{ctg}\,\alpha = b/a$.

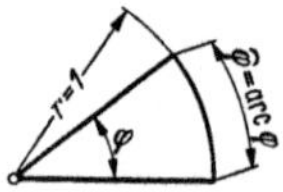

Bild 16

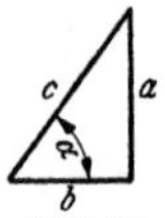

Bild 17

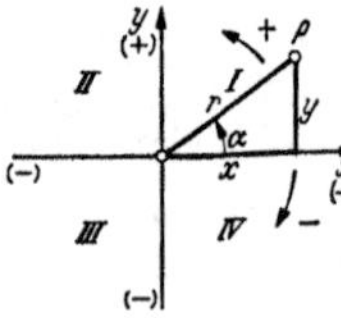

Bild 18

β) *Beliebige Winkel*: Hat der Punkt P, Bild 18, im Koordinatensystem die Abszisse x, die Ordinate y und den Abstand r (Radius) vom Ursprung, so ist

$$\begin{aligned}\sin\alpha &= \text{Ordinate/Radius} &&= y/r;\\ \cos\alpha &= \text{Abszisse/Radius} &&= x/r;\\ \text{tg}\,\alpha &= \text{Ordinate/Abszisse} &&= y/x;\\ \text{ctg}\,\alpha &= \text{Abszisse/Ordinate} &&= x/y.\end{aligned}$$

γ) Am *Einheitskreis*, Bild 19, werden, da $r = 1$ ist, die trigonometrischen Funktionen durch Strecken dargestellt (Beispiele für einen Winkel φ im 1. Quadranten mit Punkt P und für einen Winkel β im 2. Quadranten mit Punkt Q): Der sinus ist die Ordinate des Punktes P bzw. Q, der cosinus ist die Abszisse des Punktes P bzw. Q. Der tangens wird auf der Tangente durch A, der cotangens auf der Cotangente (durch B) abgeschnitten.

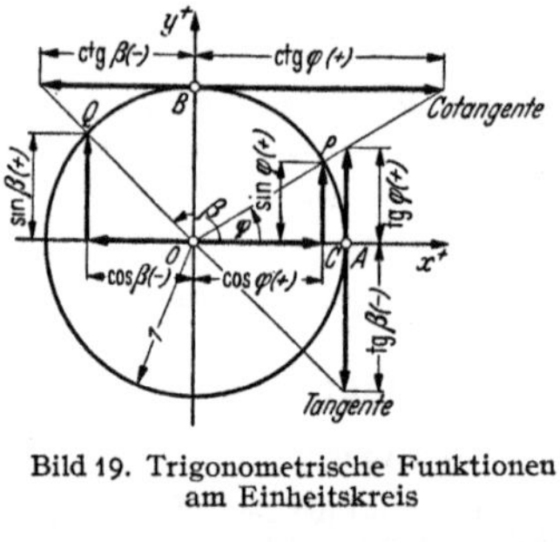

Bild 19. Trigonometrische Funktionen am Einheitskreis

δ) Die *Grundbeziehungen* zwischen den vier trigonometrischen Funktionen sind nach Bild 19, da $OP = r = 1$, $CP = \sin\varphi$ und $OC = \cos\varphi$ ist:

$\sin^2\varphi + \cos^2\varphi = 1$; $\text{tg}\,\varphi = \sin\varphi/\cos\varphi$;

$\text{ctg}\,\varphi = \cos\varphi/\sin\varphi$; $\text{tg}\,\varphi\,\text{ctg}\,\varphi = 1$.

ε) Die *Vorzeichen der Funktionen* sind nach β) und γ) durch die Vorzeichen von Abszisse und Ordinate bestimmt, insbesondere hat sin das Vorzeichen von y, cos das Vorzeichen von x und tg dasselbe wie ctg (s. Tafel). Nach β) und γ) lassen sich die trigonometrischen Funktionen beliebiger Winkel auf die der spitzen Winkel zurückführen (s. Tafel).

φ / Funktion	Vorzeichen in den Quadranten				Umformungen			
	I 0 bis $\pi/2$	II $\pi/2$ bis π	III π bis $3\pi/2$	IV $3\pi/2$ bis 2π	$\pm\varphi$	$\pi/2 \pm \varphi$	$\pi \pm \varphi$	$3\pi/2 \pm \varphi$
sinus	+	+	−	−	$\pm\sin\varphi$	$+\cos\varphi$	$\mp\sin\varphi$	$-\cos\varphi$
cosinus	+	−	−	+	$+\cos\varphi$	$\mp\sin\varphi$	$-\cos\varphi$	$\pm\sin\varphi$
tangens	+	−	+	−	$\pm\text{tg}\,\varphi$	$\mp\text{ctg}\,\varphi$	$\pm\text{tg}\,\varphi$	$\mp\text{ctg}\,\varphi$
cotangens	+	−	+	−	$\pm\text{ctg}\,\varphi$	$\mp\text{tg}\,\varphi$	$\pm\text{ctg}\,\varphi$	$\mp\text{tg}\,\varphi$

ζ) *Wichtige Werte der Funktionen:*

φ	0	$\frac{\pi}{2}$	π	$\frac{3}{2\pi}$	2π	30°	45°	60°	120°
sin	0	1	0	−1	0	$\frac{1}{2} = 0{,}5$	$\frac{1}{2}\sqrt{2} = 0{,}707$	$\frac{1}{2}\sqrt{3} = 0{,}866$	$\frac{1}{2}\sqrt{3} = 0{,}866$
cos	1	0	−1	0	1	$\frac{1}{2}\sqrt{3} = 0{,}866$	$\frac{1}{2}\sqrt{2} = 0{,}707$	$\frac{1}{2} = 0{,}5$	$-\frac{1}{2} = -0{,}5$
tg	0	∞	0	∞	0	$\frac{1}{3}\sqrt{3} = 0{,}577$	1	$\sqrt{3} = 1{,}732$	$-\sqrt{3} = -1{,}732$
ctg	∞	0	∞	0	∞	$\sqrt{3} = 1{,}732$	1	$\frac{1}{3}\sqrt{3} = 0{,}577$	$-\frac{1}{3}\sqrt{3} = -0{,}577$

η) Für den *Verlauf der Funktionen*, Bild 20 und 21, ist zu beachten, daß sie *periodisch* sind: sinus und cosinus haben die Periode 2π, so daß mit k als ganzer Zahl gilt: $\sin(\varphi \pm 2k\pi) = \sin\varphi$ und $\cos(\varphi \pm 2k\pi) = \cos\varphi$.

Dagegen haben tangens und cotangens die Periode π, d. h. es ist:

$$\operatorname{tg}(\varphi \pm k\pi) = \operatorname{tg}\varphi$$

und

$$\operatorname{ctg}(\varphi \pm k\pi) = \operatorname{ctg}\varphi.$$

Während für $\sin\varphi$ und $\cos\varphi$ die Grenzen

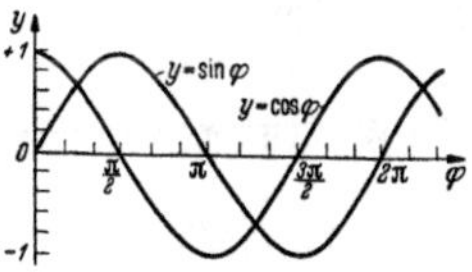

Bild 20

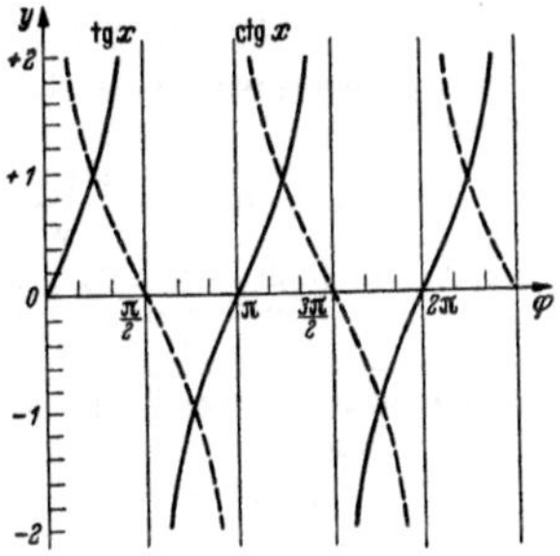

Bild 21

$-1 \leqq \begin{matrix}\sin\varphi\\ \cos\varphi\end{matrix} \leqq 1$ gelten, können $\operatorname{tg}\varphi$ und $\operatorname{ctg}\varphi$ alle Zahlenwerte annehmen.

Die cos-Kurve ist eine um $90° = \pi/2$ verschobene sin-Kurve.

ϑ) Für *kleine Winkel* (S. 61) ist $\sin\varphi° \approx \operatorname{tg}\varphi° \approx \operatorname{arc}\varphi \approx 0{,}01745 \cdot \varphi°$ und $\cos\varphi° \approx 1 - \varphi^2/2 \approx 1$ (φ im Bogenmaß).

b) Beziehungen zwischen den Funktionen eines Winkels.

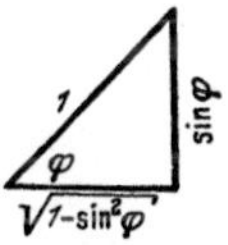

Bild 22

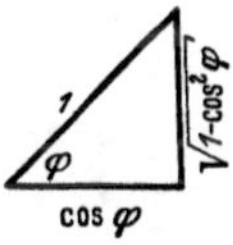

Bild 23

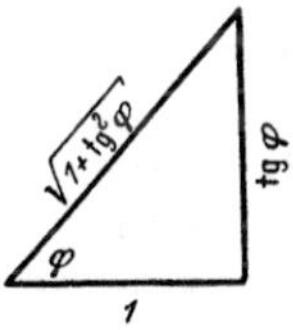

Bild 24

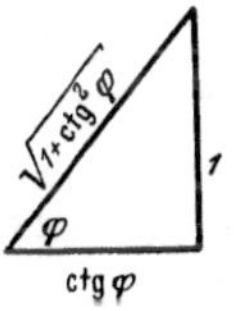

Bild 25

1.	2.	3.	4.
$\cos\varphi = \sqrt{1-\sin^2\varphi}$	$\sin\varphi = \sqrt{1-\cos^2\varphi}$	$\sin\varphi = \frac{\operatorname{tg}\varphi}{\sqrt{1+\operatorname{tg}^2\varphi}}$	$\sin\varphi = \frac{1}{\sqrt{1+\operatorname{ctg}^2\varphi}}$
$\operatorname{tg}\varphi = \frac{\sin\varphi}{\sqrt{1-\sin^2\varphi}}$	$\operatorname{tg}\varphi = \frac{\sqrt{1-\cos^2\varphi}}{\cos\varphi}$	$\cos\varphi = \frac{1}{\sqrt{1+\operatorname{tg}^2\varphi}}$	$\cos\varphi = \frac{\operatorname{ctg}\varphi}{\sqrt{1+\operatorname{ctg}^2\varphi}}$
$\operatorname{ctg}\varphi = \frac{\sqrt{1-\sin^2\varphi}}{\sin\varphi}$	$\operatorname{ctg}\varphi = \frac{\cos\varphi}{\sqrt{1-\cos^2\varphi}}$	$\operatorname{ctg}\varphi = \frac{1}{\operatorname{tg}\varphi}$	$\operatorname{tg}\varphi = \frac{1}{\operatorname{ctg}\varphi}$

5. $1 + \operatorname{tg}^2\varphi = 1/\cos^2\varphi$; 6. $1 + \operatorname{ctg}^2\varphi = 1/\sin^2\varphi$.

Das Vorzeichen der Wurzeln ist durch den Quadranten bestimmt, in dem der Endschenkel des Winkels liegt.

c) Beziehungen zwischen den Funktionen zweier Winkel. α) *Funktionen von Summe und Differenz*

$$\sin(\alpha \pm \beta) = \sin\alpha\cos\beta \pm \cos\alpha\sin\beta,$$
$$\cos(\alpha \pm \beta) = \cos\alpha\cos\beta \mp \sin\alpha\sin\beta,$$
$$\operatorname{tg}(\alpha \pm \beta) = \frac{\operatorname{tg}\alpha \pm \operatorname{tg}\beta}{1 \mp \operatorname{tg}\alpha\operatorname{tg}\beta}, \qquad \operatorname{ctg}(\alpha \pm \beta) = \frac{\operatorname{ctg}\alpha\operatorname{ctg}\beta \mp 1}{\operatorname{ctg}\beta \pm \operatorname{ctg}\alpha}.$$

β) Aus den ersten beiden Formeln folgt für $\alpha + \beta = x$ und $\alpha - \beta = y$ durch Addition bzw. Subtraktion:

$$\sin x + \sin y = 2\sin\frac{x+y}{2}\cos\frac{x-y}{2}, \qquad \cos x + \cos y = 2\cos\frac{x+y}{2}\cos\frac{x-y}{2},$$
$$\sin x - \sin y = 2\cos\frac{x+y}{2}\sin\frac{x-y}{2}, \qquad \cos x - \cos y = -2\sin\frac{x+y}{2}\sin\frac{x-y}{2}.$$

γ) Aus den beiden ersten Formeln von α) folgt je durch Addition bzw. Subtraktion:

$$2\sin\alpha\cos\beta = \sin(\alpha+\beta) + \sin(\alpha-\beta),$$
$$2\cos\alpha\cos\beta = \cos(\alpha+\beta) + \cos(\alpha-\beta),$$
$$2\sin\alpha\sin\beta = -[\cos(\alpha+\beta) - \cos(\alpha-\beta)].$$

δ) Aus der ersten Formel von α) folgt durch Division mit $\cos\alpha\cos\beta$ bzw. $\sin\alpha\sin\beta$:

$$\operatorname{tg}\alpha \pm \operatorname{tg}\beta = \frac{\sin(\alpha \pm \beta)}{\cos\alpha\cos\beta}; \qquad \operatorname{ctg}\alpha \pm \operatorname{ctg}\beta = \frac{\sin(\beta \pm \alpha)}{\sin\alpha\sin\beta}.$$

ε) Aus den beiden ersten Formeln von α) folgt durch Multiplikation:

$$\sin(\alpha+\beta)\sin(\alpha-\beta) = \sin^2\alpha - \sin^2\beta = \cos^2\beta - \cos^2\alpha,$$
$$\cos(\alpha+\beta)\cos(\alpha-\beta) = \cos^2\alpha - \sin^2\beta = \cos^2\beta - \sin^2\alpha.$$

d) Funktionen der Vielfachen und Teile eines Winkels. α) Aus c, α) folgt mit $\alpha = \beta$:

$$\sin 2\alpha = 2\sin\alpha\cos\alpha, \qquad \sin\alpha = 2\sin(\alpha/2)\cos(\alpha/2,)$$
$$\cos 2\alpha = \cos^2\alpha - \sin^2\alpha, \qquad \cos\alpha = \cos^2(\alpha/2) - \sin^2(\alpha/2),$$
$$\operatorname{tg}2\alpha = \frac{2\operatorname{tg}\alpha}{1 - \operatorname{tg}^2\alpha}, \qquad \operatorname{tg}\alpha = \frac{2\operatorname{tg}(\alpha/2)}{1 - \operatorname{tg}^2(\alpha/2)},$$
$$\operatorname{ctg}2\alpha = \frac{\operatorname{ctg}^2\alpha - 1}{2\operatorname{ctg}\alpha}. \qquad \operatorname{ctg}\alpha = \frac{\operatorname{ctg}^2(\alpha/2) - 1}{2\operatorname{ctg}(\alpha/2)}.$$

β) Aus α) folgt mit $\sin^2\alpha + \cos^2\alpha = 1$:

$$\sin\alpha = \sqrt{(1 - \cos 2\alpha)/2}, \qquad \sin(\alpha/2) = \sqrt{(1 - \cos\alpha)/2},$$
$$\cos\alpha = \sqrt{(1 + \cos 2\alpha)/2}, \qquad \cos(\alpha/2) = \sqrt{(1 + \cos\alpha)/2},$$

oder:

$$2\sin^2\alpha = 1 - \cos 2\alpha, \qquad 2\sin^2(\alpha/2) = 1 - \cos\alpha,$$
$$2\cos^2\alpha = 1 + \cos 2\alpha, \qquad 2\cos^2(\alpha/2) = 1 + \cos\alpha.$$
$$\operatorname{tg}\alpha = \sqrt{\frac{1 - \cos 2\alpha}{1 + \cos 2\alpha}}, \qquad \operatorname{tg}\frac{\alpha}{2} = \sqrt{\frac{1 - \cos\alpha}{1 + \cos\alpha}},$$
$$\cos\alpha \pm \sin\alpha = \sqrt{1 \pm \sin 2\alpha}.$$

Das Vorzeichen der Wurzeln ist durch den Quadranten bestimmt, in dem sich jeweilig der Winkel befindet.

γ) $\sin 3\alpha = 3\sin\alpha - 4\sin^3\alpha$; $\quad \cos 3\alpha = 4\cos^3\alpha - 3\cos\alpha$.

δ) $\sin n\alpha = n\sin\alpha\cos^{n-1}\alpha - \binom{n}{3}\sin^3\alpha\cos^{n-3}\alpha + \binom{n}{5}\sin^5\alpha\cos^{n-5}\alpha - + \cdots$ *

$$\cos n\alpha = \cos^n\alpha - \binom{n}{2}\sin^2\alpha\cos^{n-2}\alpha + \binom{n}{4}\sin^4\alpha\cos^{n-4}\alpha - + \cdots \,{}^*$$

Binomialkoeffizienten $\binom{n}{k}$ s. S. 37.

* Über die Reihenentwicklung von $\sin^n\alpha$ und $\cos^n\alpha$ nach Fourier vgl. z. B. *Meyer zur Capellen, W.:* Integraltafeln. Berlin: Springer 1950.

e) Funktionen für 3 Winkel, wenn $\alpha + \beta + \gamma = \pi$.

$$\sin\alpha + \sin\beta + \sin\gamma = 4\cos\frac{\alpha}{2}\cos\frac{\beta}{2}\cos\frac{\gamma}{2}$$

$$\cos\alpha + \cos\beta + \cos\gamma = 4\sin\frac{\alpha}{2}\sin\frac{\beta}{2}\sin\frac{\gamma}{2} + 1$$

$$\sin\alpha + \sin\beta - \sin\gamma = 4\sin\frac{\alpha}{2}\sin\frac{\beta}{2}\cos\frac{\gamma}{2}$$

$$\cos\alpha + \cos\beta - \cos\gamma = 4\cos\frac{\alpha}{2}\cos\frac{\beta}{2}\sin\frac{\gamma}{2} - 1$$

$$\sin 2\alpha + \sin 2\beta + \sin 2\gamma = 4\sin\alpha\sin\beta\sin\gamma$$
$$\cos 2\alpha + \cos 2\beta + \cos 2\gamma = -4\cos\alpha\cos\beta\cos\gamma - 1$$
$$\sin 2\alpha + \sin 2\beta - \sin 2\gamma = 4\cos\alpha\cos\beta\sin\gamma$$
$$\cos 2\alpha + \cos 2\beta - \cos 2\gamma = -4\sin\alpha\sin\beta\cos\gamma + 1$$
$$\sin^2\alpha + \sin^2\beta + \sin^2\gamma = 2\cos\alpha\cos\beta\cos\gamma + 2$$
$$\cos^2\alpha + \cos^2\beta + \cos^2\gamma = -2\cos\alpha\cos\beta\cos\gamma + 1$$
$$\sin^2\alpha + \sin^2\beta - \sin^2\gamma = 2\sin\alpha\sin\beta\cos\gamma$$
$$\cos^2\alpha + \cos^2\beta - \cos^2\gamma = -2\sin\alpha\sin\beta\cos\gamma + 1$$
$$\operatorname{tg}\alpha + \operatorname{tg}\beta + \operatorname{tg}\gamma = \operatorname{tg}\alpha\operatorname{tg}\beta\operatorname{tg}\gamma$$

$$\operatorname{ctg}\frac{\alpha}{2} + \operatorname{ctg}\frac{\beta}{2} + \operatorname{ctg}\frac{\gamma}{2} = \operatorname{ctg}\frac{\alpha}{2}\operatorname{ctg}\frac{\beta}{2}\operatorname{ctg}\frac{\gamma}{2}$$
$$\operatorname{ctg}\alpha\operatorname{ctg}\beta + \operatorname{ctg}\beta\operatorname{ctg}\gamma + \operatorname{ctg}\gamma\operatorname{ctg}\alpha = 1.$$

Derartige Umformungen von Summen in Produkte sind besonders bei logarithmischen Rechnungen nützlich.

2. Dreiecksberechnung

a) Das **rechtwinklige Dreieck.** α) Gegeben 1 Kathete und 1 Winkel, z. B. a und α (Bild 26):

$$\beta = 90 - \alpha, \quad c = a/\sin\alpha, \quad b = a\operatorname{ctg}\alpha.$$

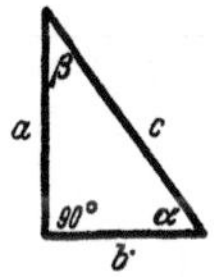

Bild 26

β) Gegeben Hypotenuse und 1 Winkel, z. B. c und α (Bild 26):

$$\beta = 90 - \alpha, \quad a = c\sin\alpha, \quad b = c\cos\alpha.$$

γ) Gegeben beide Katheten a und b (Bild 26):

$\operatorname{tg}\alpha = a/b$, $\operatorname{tg}\beta = b/a$ oder $\beta = 90 - \alpha$, $c = \sqrt{a^2 + b^2} = a/\sin\alpha$.

δ) Gegeben Hypotenuse und 1 Kathete, z. B. c und a (Bild 26):

$\sin\alpha = \cos\beta = a/c$, $\quad b = \sqrt{c^2 - a^2} = c\cos\alpha = a\operatorname{ctg}\alpha$.

b) Das **schiefwinklige Dreieck.** Bedeutung der einzelnen Stücke s. Bild 27.

Aus den folgenden Formeln findet man weitere durch „zyklische Vertauschung“, indem man

von a nach b,	von b nach c,	von c nach a	und
von α nach β,	von β nach γ,	von γ nach α	weitergeht.

α) *Grundformeln.*

1. $\alpha + \beta + \gamma = 180° = \pi$;
   $\alpha/2 + \beta/2 + \gamma/2 = 90° = \pi/2$.
2. $\sin\alpha = \sin(\beta + \gamma)$; $\quad \sin\frac{\alpha}{2} = \cos\frac{\beta + \gamma}{2}$.
3. $\cos\alpha = -\cos(\beta + \gamma)$; $\cos\frac{\alpha}{2} = \sin\frac{\beta + \gamma}{2}$.
4. *Projektionssatz:* $a = b\cos\gamma + c\cos\beta$.
5. *Sinussatz:* $a : b : c = \sin\alpha : \sin\beta : \sin\gamma$.
6. *Cosinussatz* (allgemeiner pythagoreischer Lehrsatz):
   $a^2 = b^2 + c^2 - 2bc\cos\alpha = (b + c)^2 - 4bc\cos^2(\alpha/2) = (b - c)^2 + 4bc\sin^2(\alpha/2)$.
7. *Tangenssatz* (*Neper*sche Formeln):
   $$(a + b) : (a - b) = \operatorname{tg}\frac{\alpha + \beta}{2} : \operatorname{tg}\frac{\alpha - \beta}{2}.$$

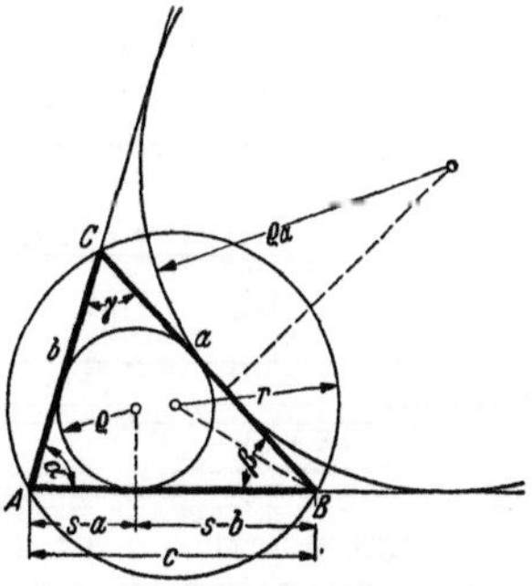

Bild 27. Bezeichnungen am schiefwinkligen Dreieck

8. *Mollweide*sche Formeln:

$$a\cos\frac{\beta-\gamma}{2}=(b+c)\sin\frac{\alpha}{2}=(b+c)\cos\frac{\beta+\gamma}{2};$$

$$a\sin\frac{\beta-\gamma}{2}=(b-c)\cos\frac{\alpha}{2}=(b-c)\sin\frac{\beta+\gamma}{2}.$$

9. *Sehnenformeln:* $a=2r\sin\alpha,\quad b=2r\sin\beta,\quad c=2r\sin\gamma.$

10. Mit $a+b+c=2s$, also

$a+b-c=2(s-c),\qquad a-b+c=2(s-b),\qquad -a+b+c=2(s-a),$

wird $\qquad \sin\frac{\alpha}{2}=\sqrt{\frac{(s-b)(s-c)}{bc}};\qquad \cos\frac{\alpha}{2}=\sqrt{\frac{s(s-a)}{bc}}.$

Durch zyklische Vertauschung folgt hier:

$$\sin\frac{\beta}{2}=\sqrt{\frac{(s-c)(s-a)}{ca}};\qquad \cos\frac{\beta}{2}=\sqrt{\frac{s(s-b)}{ca}};$$

$$\sin\frac{\gamma}{2}=\sqrt{\frac{(s-a)(s-b)}{ab}};\qquad \cos\frac{\gamma}{2}=\sqrt{\frac{s(s-c)}{ab}}.$$

11. $\operatorname{tg}\frac{\alpha}{2}=\sqrt{\frac{(s-b)(s-c)}{s(s-a)}}=\frac{\varrho}{s-a}.$

12. *Flächeninhalt:* $F=\varrho s=\sqrt{s(s-a)(s-b)(s-c)}$

$$=\tfrac{1}{2}ab\sin\gamma=2r^2\sin\alpha\sin\beta\sin\gamma.$$

13. $$\varrho=4r\sin\frac{\alpha}{2}\sin\frac{\beta}{2}\sin\frac{\gamma}{2}=\frac{abc}{4rs};$$

$$\varrho_a=s\operatorname{tg}\frac{\alpha}{2}=\frac{\varrho s}{s-a}=\sqrt{\frac{s(s-b)(s-c)}{s-a}}.$$

14. $$s=4r\cos(\alpha/2)\cdot\cos(\beta/2)\cdot\cos(\gamma/2).$$

β) *Die vier Grundaufgaben.* 1. Gegeben 2 Seiten und der eingeschlossene Winkel, z. B. a, b und γ:

$$\frac{\alpha+\beta}{2}=90^\circ-\frac{\gamma}{2},\qquad \alpha=\frac{\alpha+\beta}{2}+\frac{\alpha-\beta}{2},$$

$$\operatorname{tg}\frac{\alpha-\beta}{2}=\frac{a-b}{a+b}\operatorname{ctg}\frac{\gamma}{2},\qquad \beta=\frac{\alpha+\beta}{2}-\frac{\alpha-\beta}{2}.$$

$$c=a\sin\gamma/\sin\alpha\quad\text{oder}\quad c=\sqrt{a^2+b^2-2ab\cos\gamma}.$$

2. Gegeben 1 Seite und 2 Winkel, z. B. a, α und β:

$$\gamma=180^\circ-(\alpha+\beta),\quad b=a\sin\beta/\sin\alpha,\quad c=a\sin\gamma/\sin\alpha.$$

3. Gegeben alle 3 Seiten a, b und c:

$$a+b+c=2s,\qquad \varrho=\frac{\sqrt{s(s-a)(s-b)(s-c)}}{s},$$

$$\operatorname{tg}\frac{\alpha}{2}=\frac{\varrho}{s-a},\qquad \operatorname{tg}\frac{\beta}{2}=\frac{\varrho}{s-b},\qquad \operatorname{tg}\frac{\gamma}{2}=\frac{\varrho}{s-c},$$

oder auch

$$\cos\alpha=\frac{b^2+c^2-a^2}{2bc},\qquad \cos\beta=\frac{c^2+a^2-b^2}{2ca},\qquad \cos\gamma=\frac{a^2+b^2-c^2}{2ab}.$$

4. Gegeben 2 Seiten und 1 Gegenwinkel, z. B. a, b und α:

$$\sin\beta=\frac{b\sin\alpha}{a},\qquad \gamma=180^\circ-(\alpha+\beta),\qquad c=\frac{a\sin\gamma}{\sin\alpha}.$$

Lösung nur möglich, wenn $b \sin \alpha \leqq a$. Ist $b \sin \alpha = a$, dann wird $\beta = 90°$. Ist $b \sin \alpha < a$ und außerdem $a < b$, dann erhält man 2 Werte für β, also zwei Dreiecke $(\beta_2 = 180° - \beta_1)$.

Ist $b \sin \alpha < a$ und außerdem $a \geqq b$, dann erhält man nur eine Lösung.

γ) *Konstruktion von Winkeln* mit Hilfe der trigonometrischen Funktionen: Ist der Tangens eines Winkels bekannt, z. B. $\operatorname{tg} \alpha = z$, so erhält man den Winkel selbst, indem man senkrecht zur Strecke l die Strecke $lz = l \operatorname{tg} \alpha$ aufträgt (l glatte Werte 1, 2, 5, 10 o. ä.), Bild 28. Ist der Sinus eines Winkels bekannt, z. B. $\sin \alpha = y$, so erhält man den Winkel selbst, indem man über der Strecke l einen Halbkreis zieht, Bild 29, und die Strecke $l y = l \sin \alpha$ als Kathete einträgt. Entsprechendes gilt für ctg und cos.

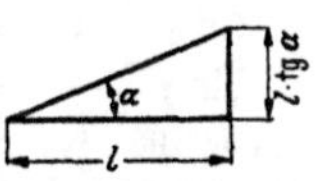

Bild 28

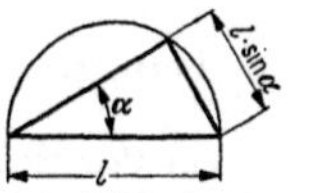

Bild 29

3. Die Arcusfunktionen

a) Die **Umkehrfunktionen** (S. 75) der trigonometrischen Funktionen heißen **„zyklometrische"** (Kreisbogen messende) oder Arcus-Funktionen. Ihre graphischen Darstellungen sind also Spiegelbilder der trigonometrischen Funktionen zur Winkelhalbierenden im I. Quadranten des Koordinatensystems, vgl. Bild 30.

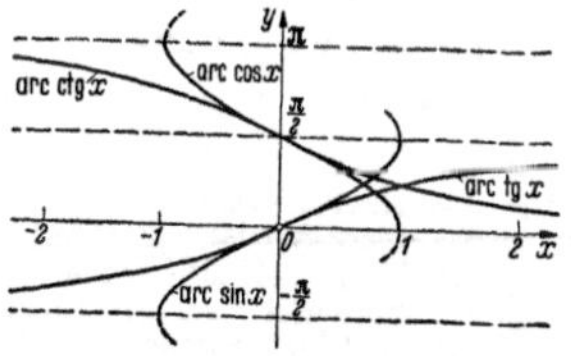

Bild 30

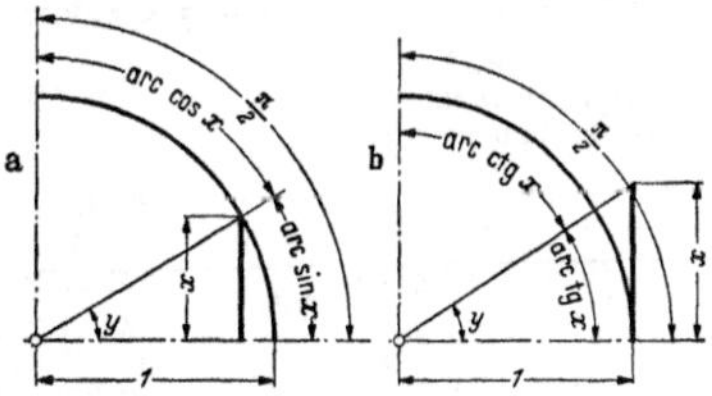

Bild 31 a u. b

$x = \sin y$ heißt $y = \operatorname{arc} \sin x$ (sprich „arcus sinus x"), d. h. y ist der Bogen im Einheitskreis oder der Winkel im Bogenmaß, dessen sinus gleich x ist, Bild 31 a.

b) Da die trigonometrischen Funktionen periodisch sind, so sind die Arcusfunktionen *vieldeutig*; zu einem Wert x gehören unendlich viele Werte y. Um diese Vieldeutigkeit zu vermeiden, hat man die **Hauptwerte** eingeführt, und es gilt dann, s. a. Bild 31 a, b:

$y = \operatorname{arc} \sin x$	heißt $x = \sin y$,	$-1 \leqq x \leqq 1$;	Hauptwerte:	$-\pi/2 \leqq y \leqq \pi/2$.
$y = \operatorname{arc} \cos x$	„ $x = \cos y$,	$-1 \leqq x \leqq 1$;	„	$0 \leqq y \leqq \pi$.
$y = \operatorname{arc} \operatorname{tg} x$	„ $x = \operatorname{tg} y$	x beliebig;	„	$-\pi/2 < y < \pi/2$.
$y = \operatorname{arc} \operatorname{ctg} x$	„ $x = \operatorname{ctg} y$		„	$0 < y < \pi$.

c) Für Funktion und **Kofunktion** folgt:

$$\operatorname{arc} \sin x + \operatorname{arc} \cos x = \pi/2, \text{ Bild 31 a}, \quad \text{da} \quad \sin \alpha = \cos(\pi/2 - \alpha);$$
$$\operatorname{arc} \operatorname{tg} x + \operatorname{arc} \operatorname{ctg} x = \pi/2, \text{ Bild 31 b}, \quad \text{da} \quad \operatorname{tg} \alpha = \operatorname{ctg}(\pi/2 - \alpha);$$
$$\operatorname{arc} \operatorname{tg} x = \operatorname{arc} \operatorname{ctg} (1/x), \quad \text{da} \quad \operatorname{tg} \alpha = 1/\operatorname{ctg} \alpha.$$

d) Für **negative** Werte x folgt durch Umkehrung:

$$\operatorname{arc} \sin(-x) = -\operatorname{arc} \sin x, \qquad \operatorname{arc} \cos(-x) = \pi - \operatorname{arc} \cos x.$$
$$\operatorname{arc} \operatorname{tg}(-x) = -\operatorname{arc} \operatorname{tg} x, \qquad \operatorname{arc} \operatorname{ctg}(-x) = \pi - \operatorname{arc} \operatorname{ctg} x.$$

4. Hyperbelfunktionen

a) Begriff. Die Hyperbel- oder hyperbolischen Funktionen sind folgendermaßen definiert[1]:

---

[1] Im Ausland, z. T. auch im Inland, werden die Hyperbelfunktionen in der Form $\operatorname{sh} \varphi$, $\operatorname{ch} \varphi$, $\operatorname{th} \varphi$, $\operatorname{cth} \varphi$ geschrieben; s. ferner S. 70 oben.

Hyperbolischer Sinus: $\mathfrak{Sin}\,\varphi = \frac{1}{2}(e^{\varphi} - e^{-\varphi})$

„ Cosinus: $\mathfrak{Cof}\,\varphi = \frac{1}{2}(e^{\varphi} + e^{-\varphi})$ } Reihenentwicklung S. 60,

„ Tangens: $\mathfrak{Tg}\,\varphi = \frac{\mathfrak{Sin}\,\varphi}{\mathfrak{Cof}\,\varphi} = \frac{e^{\varphi} - e^{-\varphi}}{e^{\varphi} + e^{-\varphi}}$,

„ Cotangens: $\mathfrak{Ctg}\,\varphi = \frac{\mathfrak{Cof}\,\varphi}{\mathfrak{Sin}\,\varphi} = \frac{e^{\varphi} + e^{-\varphi}}{e^{\varphi} - e^{-\varphi}}$.

Gem. DIN 1302 (Ausg. Febr. 1961) sind die Zeichen für die Hyperbelfunktionen: sinh cosh tanh coth und für deren Umkehrfunktionen (S. 71): arsinh arcosh artanh arcoth

b) Geometrisch können die Hyperbelfunktionen in ähnlicher Weise an der Einheitshyperbel durch Strecken dargestellt werden, Bild 32, wie die trigonometrischen Funktionen am Kreis.

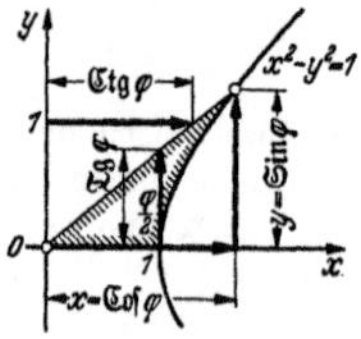

Bild 32
Hyperbelfunktionen an der Einheitshyperbel

Aus $2\,\mathfrak{Cof}\,\varphi = e^{\varphi} + e^{-\varphi}$ folgt $2\,e^{\varphi}\,\mathfrak{Cof}\,\varphi = e^{2\varphi} + 1$ oder nach Lösen der in e^{φ} quadratischen Gleichung:

$$e^{\varphi} = \mathfrak{Cof}\,\varphi + \sqrt{\mathfrak{Cof}^2\,\varphi - 1}\,{}^*,$$

d. h.

$$\varphi = \ln\left[\mathfrak{Cof}\,\varphi + \sqrt{\mathfrak{Cof}^2\,\varphi - 1}\right]. \tag{1}$$

Für den Inhalt F des doppelten Sektors der Einheitshyperbel $x^2 - y^2 = 1$, Bild 32, erhält man aber

$$F = x\,y - 2\int y\,\mathrm{d}x = x\,y - 2\int_1^x \sqrt{x^2-1}\,\mathrm{d}x = \ln\left(x + \sqrt{x^2-1}\right) \tag{2}$$

nach S. 85, Formel 7.

Setzt man $x = \mathfrak{Cof}\,\varphi$, so zeigt der Vergleich von (1) und (2), daß φ den doppelten Hyperbelsektor darstellt. In gleicher Weise sind, Bild 32, $y = \sqrt{x^2-1} = \sqrt{\mathfrak{Cof}^2\,\varphi - 1} = \mathfrak{Sin}\,\varphi$ [s. a)] als Ordinate, $\mathfrak{Tg}\,\varphi = \mathfrak{Sin}\,\varphi/\mathfrak{Cof}\,\varphi$ auf der Scheiteltangente und $\mathfrak{Ctg}\,\varphi = 1/\mathfrak{Tg}\,\varphi$ auf der x-Parallelen $y = 1$ zu deuten.

In Analogie kann in Bild 19, S. 64, φ als der Flächeninhalt des doppelten Kreissektors aufgefaßt werden, dessen Inhalt gleich $2 \cdot 1^2 \cdot \varphi/2 = \varphi$ ist.

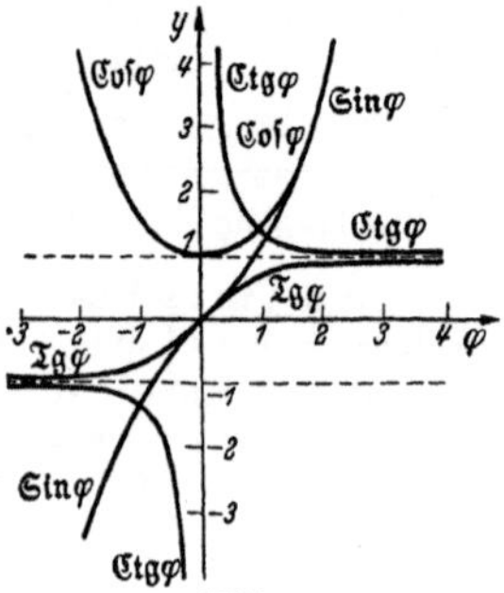

Bild 33

c) Der Verlauf der Hyperbelfunktionen ist aus den Tafeln S. 30/32 und aus Bild 33 zu erkennen. Hierbei ist zu beachten, daß $\mathfrak{Sin}\,\varphi$ jeden positiven und negativen Wert annehmen kann, während für reelle Werte φ

$$\mathfrak{Cof}\,\varphi \geqq 1, \quad -1 \leqq \mathfrak{Tg}\,\varphi \leqq 1, \quad -1 \geqq \mathfrak{Ctg}\,\varphi \geqq 1$$

ist. Für *kleine* Werte φ gilt (S. 61)

$$\mathfrak{Sin}\,\varphi \approx \mathfrak{Tg}\,\varphi \approx \varphi, \quad \mathfrak{Cof}\,\varphi \approx 1 + \varphi^2/2 \approx 1, \quad \mathfrak{Ctg}\,\varphi \approx 1/\varphi.$$

$\mathfrak{Sin}\,\varphi$ und $\mathfrak{Cof}\,\varphi$ haben die Periode $2\pi\mathrm{i}$, $\mathfrak{Tg}\,\varphi$ und $\mathfrak{Ctg}\,\varphi$ die Periode $\pi\mathrm{i}$ [s. e)]. Über Anwendung der Hyperbelfunktionen bei der Kettenlinie vgl. S. 105 und 138.

d) Grundformeln. Aus der Begriffsbestimmung ergibt sich ähnlich wie bei den trigonometrischen Funktionen:

$$\mathfrak{Cof}^2\varphi - \mathfrak{Sin}^2\varphi = 1; \quad \mathfrak{Tg}\,\varphi = \frac{\mathfrak{Sin}\,\varphi}{\mathfrak{Cof}\,\varphi}; \quad \mathfrak{Ctg}\,\varphi = \frac{\mathfrak{Cof}\,\varphi}{\mathfrak{Sin}\,\varphi},$$

$$\mathfrak{Cof}\,\varphi + \mathfrak{Sin}\,\varphi = e^{\varphi}; \quad \mathfrak{Cof}\,\varphi - \mathfrak{Sin}\,\varphi = e^{-\varphi}.$$

Ferner

$$\mathfrak{Sin}\,(-\varphi) = -\mathfrak{Sin}\,\varphi, \quad \mathfrak{Cof}\,(-\varphi) = +\mathfrak{Cof}\,\varphi,$$

$$\mathfrak{Tg}\,(-\varphi) = -\mathfrak{Tg}\,\varphi, \quad \mathfrak{Ctg}\,(-\varphi) = -\mathfrak{Ctg}\,\varphi.$$

$$\mathfrak{Sin}\,(\alpha \pm \beta) = \mathfrak{Sin}\,\alpha\,\mathfrak{Cof}\,\beta \pm \mathfrak{Cof}\,\alpha\,\mathfrak{Sin}\,\beta,$$

$$\mathfrak{Cof}\,(\alpha \pm \beta) = \mathfrak{Cof}\,\alpha\,\mathfrak{Cof}\,\beta \pm \mathfrak{Sin}\,\alpha\,\mathfrak{Sin}\,\beta,$$

* Das negative Vorzeichen der Wurzel ist unterdrückt.

$$\mathfrak{Tg}\,(\alpha \pm \beta) = \frac{\mathfrak{Tg}\,\alpha \pm \mathfrak{Tg}\,\beta}{1 \pm \mathfrak{Tg}\,\alpha\,\mathfrak{Tg}\,\beta}, \qquad \mathfrak{Ctg}\,(\alpha \pm \beta) = \frac{1 \pm \mathfrak{Ctg}\,\alpha\,\mathfrak{Ctg}\,\beta}{\mathfrak{Ctg}\,\alpha \pm \mathfrak{Ctg}\,\beta}.$$

$$\mathfrak{Sin}\,n\alpha = n\,\mathfrak{Sin}\,\alpha\,\mathfrak{Cos}^{n-1}\alpha + \binom{n}{3}\mathfrak{Sin}^3\alpha\,\mathfrak{Cos}^{n-3}\alpha + \cdots$$

$$\mathfrak{Cos}\,n\alpha = \mathfrak{Cos}^n\alpha + \binom{n}{2}\mathfrak{Cos}^{n-2}\alpha\;\mathfrak{Sin}^2\alpha + \binom{n}{4}\mathfrak{Cos}^{n-4}\alpha\;\mathfrak{Sin}^4\alpha + \cdots$$

e) Der **Zusammenhang zwischen Hyperbel- und Kreisfunktionen** folgt aus den Reihenentwicklungen für $\mathfrak{Sin}\,\varphi$, $\mathfrak{Cos}\,\varphi$ bzw. $\sin\varphi$, $\cos\varphi$ (S. 60):

$$\begin{array}{lll} \mathfrak{Sin}\,\varphi = -\,\mathrm{i}\sin\mathrm{i}\,\varphi, & \sin\varphi = -\,\mathrm{i}\,\mathfrak{Sin}\,\mathrm{i}\,\varphi, & \sin\mathrm{i}\,\varphi = \mathrm{i}\,\mathfrak{Sin}\,\varphi, \\ \mathfrak{Cos}\,\varphi = \cos\mathrm{i}\,\varphi, & \cos\varphi = \mathfrak{Cos}\,\mathrm{i}\,\varphi, & \cos\mathrm{i}\,\varphi = \mathfrak{Cos}\,\varphi, \\ \mathfrak{Tg}\,\varphi = -\,\mathrm{i}\,\mathrm{tg}\,\mathrm{i}\,\varphi, & \mathrm{tg}\,\varphi = -\,\mathrm{i}\,\mathfrak{Tg}\,\mathrm{i}\,\varphi, & \mathrm{tg}\,\mathrm{i}\,\varphi = \mathrm{i}\,\mathfrak{Tg}\,\varphi, \\ \mathfrak{Ctg}\,\varphi = \mathrm{i}\,\mathrm{ctg}\,\mathrm{i}\,\varphi, & \mathrm{ctg}\,\varphi = \mathrm{i}\,\mathfrak{Ctg}\,\mathrm{i}\,\varphi, & \mathrm{ctg}\,\mathrm{i}\,\varphi = -\,\mathrm{i}\,\mathfrak{Ctg}\,\varphi. \end{array}$$

f) Die **Umkehrfunktionen** der Hyperbelfunktionen heißen *Areafunktionen* [area = Fläche, geometrisch deutbar als Fläche des Hyperbelsektors, s. b)]:

$y = \mathfrak{Ar}\,\mathfrak{Sin}\,x$ (sprich „Area Sinus x") heißt $x = \mathfrak{Sin}\,y$ usw.

Die Werte der Areafunktionen lassen sich aus den Tafeln S. 30/32 durch Vertauschen von abhängig und unabhängig Veränderlicher ablesen. Sie können jedoch unmittelbar, wie unter b) für $\mathfrak{Cos}\,\varphi$ gezeigt ist, mit Hilfe des natürlichen Logarithmus ausgedrückt werden:

$$\mathfrak{Ar}\,\mathfrak{Sin}\,x = \ln\left(x + \sqrt{x^2+1}\right);$$

$$\mathfrak{Ar}\,\mathfrak{Cos}\,x = \ln\left(x \pm \sqrt{x^2-1}\right), \quad x \geqq 1;$$

$$\mathfrak{Ar}\,\mathfrak{Tg}\,x = \frac{1}{2}\ln\frac{1+x}{1-x}, \quad -1 \leqq x \leqq 1;$$

$$\mathfrak{Ar}\,\mathfrak{Ctg}\,x = \frac{1}{2}\ln\frac{x+1}{x-1}, \quad -1 \geqq x \geqq 1.$$

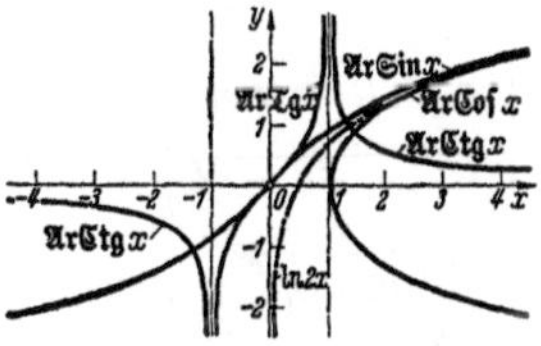

Bild 34

Die *graphische Darstellung* der Areafunktionen erhält man durch Spiegelung der Hyperbelfunktionen an der Winkelhalbierenden des I. Quadranten, vgl. Bild 34. $\mathfrak{Ar}\,\mathfrak{Tg}\,x$ und $\mathfrak{Ar}\,\mathfrak{Ctg}\,x$ streben für $x = \pm 1$ nach ∞; $\mathfrak{Ar}\,\mathfrak{Ctg}\,x$ geht für $x = \infty$ nach null, während $\mathfrak{Ar}\,\mathfrak{Sin}\,x$ und $\mathfrak{Ar}\,\mathfrak{Cos}\,x$ sich der Kurve $\ln 2x$ nähern.

IV. Differential- und Integralrechnung

Literatur: 1. *Grüss, G.:* Differential- und Integralrechnung. 2. Aufl. Leipzig, Akad. Verl.-Ges. 1953. — 2. *Timpe:* Grundschule der höheren Mathematik. T. 1 u. 2. Berlin: Industr.-Verl. C. Haenchen 1949. — 3. *Courant, R.:* Vorlesungen über Differential- und Integralrechnung. 3. Aufl. Berlin: Springer 1955.

A. Differentialrechnung

1. Grenzwert, Differentialquotient, Differential

a) Es bedeutet $x \to a$ oder $\lim x = a$ (limes = Grenzwert), daß die Veränderliche x sich immer mehr dem Festwert a nähert.

b) Ist $y = f(x)$ eine Funktion von x, d. h. sind die Werte der Veränderlichen y den Werten einer anderen Veränderlichen x zugeordnet, so hat

$$\lim_{x \to a} f(x) = b$$

folgende Bedeutung: Wenn sich x immer mehr dem Wert a nähert, so nähert sich $f(x)$ immer mehr dem Wert b. Hierbei braucht der Wert $f(x)$ für $x = a$ nicht zu existieren; z. B. ist der Funktionswert $y = (x^2-1)/(x-1)$ für $x = 1$

nicht definiert, da null durch null unbestimmt ist. Die Kurve $y = f(x)$ hat für $x = 1$ eine Lücke. Man formt um und bestimmt die beiden Grenzwerte von y für $x \to 1 - 0$ und $x \to 1 + 0$. Dann folgt $\lim\limits_{x \to 1 \pm 0} (x^2 - 1)/(x - 1) = \lim\limits_{x \to 1 \pm 0} (x + 1) = 2$ als Funktionswert für $x = 1$.

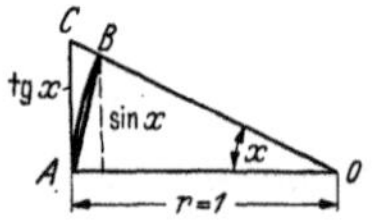

Bild 35

Beispiele: 1. In Bild 35 ist der Inhalt des Dreiecks OAB kleiner als der Inhalt des Kreisausschnittes OAB, während der Inhalt des Dreiecks OAC größer ist. Folglich wird

$$\frac{1}{2} \sin x < \frac{1}{2} x < \frac{1}{2} \operatorname{tg} x \quad \text{oder} \quad 1 < x/\sin x < 1/\cos x$$

und

$$\cos x < x/\operatorname{tg} x < 1 .$$

Für $x \to 0$ geht $\dfrac{1}{\cos x} \to 1$. Da $\dfrac{x}{\sin x}$ zwischen 1 und $\dfrac{1}{\cos x}$ liegt, so ist

$\lim\limits_{x \to 0} \dfrac{x}{\sin x} = 1$ und damit auch $\lim\limits_{x \to 0} \dfrac{\sin x}{x} = 1$. Ebenso wird $\lim\limits_{x \to 0} \dfrac{\operatorname{tg} x}{x} = 1$.

Für kleine Winkel kann der sin bzw. tg angenähert durch den Bogen ersetzt werden (S. 61).

2. Der Grenzwert $\lim\limits_{n \to \infty} \left(1 + \dfrac{1}{n}\right)^n$ ist gleich 2,7182818... und wird mit e (*Euler*sche Zahl) bezeichnet; er folgt angenähert, wenn man $n = 1, 10, 100, \ldots$ setzt.

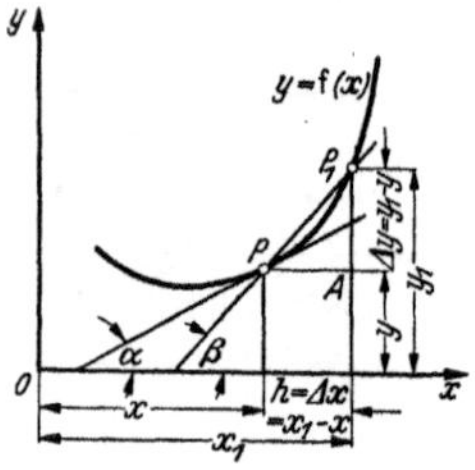

Bild 36

c) In Bild 36 werde der Punkt $P(x, y)$ der Kurve $y = f(x)$ mit dem Punkt $P_1(x_1, y_1)$ verbunden; diese Verbindungsgerade, die Sekante der Kurve, bildet mit der positiven Richtung der x-Achse den Winkel β. Dann ist

$$\operatorname{tg} \beta = \frac{y_1 - y}{x_1 - x} = \frac{\Delta y}{\Delta x} = \frac{\Delta y}{h},$$

wenn man den Zuwachs $y_1 - y$ von y mit Δy und den Zuwachs $x_1 - x$ von x mit h oder Δx bezeichnet. $\operatorname{tg} \beta$ heißt die Steigung der Sekante und $\Delta y / \Delta x$ der Differenzenquotient. Da $x_1 = x + \Delta x = x + h$ ist und y_1 dem Werte x_1 zugeordnet ist, so kann für y_1 auch $f(x_1) = f(x + \Delta x) = f(x + h)$ geschrieben werden, so daß

$$\frac{\Delta y}{\Delta x} = \frac{f(x + \Delta x) - f(x)}{\Delta x} = \frac{f(x + h) - f(x)}{h}.$$

Nähert sich nun der Punkt P_1 immer mehr dem Punkt P, d. h. geht $x_1 \to x$ oder $\Delta x \to 0$, d. h. $h \to 0$, so kann sich auch der Differenzenquotient einem Grenzwert nähern; dieser Wert, der von der Abszisse x des betrachteten Punktes abhängt, wird der **Differentialquotient** oder die **Ableitung** der Funktion y genannt und mit $\mathrm{d}y/\mathrm{d}x$, $y'(x)$ oder $f'(x)$ bezeichnet. Es ist also

$$\frac{\mathrm{d}y}{\mathrm{d}x} = f'(x) = \frac{\mathrm{d}}{\mathrm{d}x}[f(x)] = \lim_{\Delta x \to 0} \frac{\Delta y}{\Delta x} = \lim_{h \to 0} \frac{f(x + h) - f(x)}{h}.$$

Geometrisch bedeutet der Grenzübergang, daß die Sekante ihrer Grenzlage als Tangente zustrebt. Bildet diese mit der positiven Richtung der x-Achse den Winkel α (Bild 36), so muß

$$\operatorname{tg} \alpha = \lim_{h \to 0} \operatorname{tg} \beta = y'(x) = f'(x)$$

sein. Die Steigung der Tangente ist gleich dem Differentialquotienten oder der Ableitung.

d) In Bild 37 ist $AB = \operatorname{tg}\alpha \cdot h = y'\,dx$, wenn man für h auch dx schreibt. Dieses Produkt aus der Ableitung y' und der Abszissendifferenz h heißt das **Differential** von y und wird dy oder $d[f(x)]$ geschrieben.

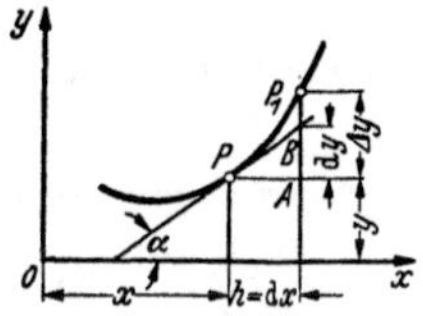

Bild 37

Ebenso heißt auch dx das Differential von x. Dann ist das Differential

$$dy = y'\,dx = f'(x)\,dx,$$

und die Ableitung y' („Differential-Quotient") erscheint als Quotient der im allgemeinen *endlichen* Differentiale dy und dx:

$$y' = f'(x) = dy/dx.$$

2. Beispiele für die Ableitung elementarer Funktionen

a) Ableitung von $y = x^n$ (*Potenzfunktion*). Ist n eine positive ganze Zahl, so folgt nach dem binomischen Lehrsatz (S. 37) für den Differenzenquotienten

$$\frac{f(x+h) - f(x)}{h} = \frac{(x+h)^n - x^n}{h} = \frac{x^n + n x^{n-1} h + \frac{n(n-1)}{2} x^{n-2} h^2 + \cdots + h^n - x^n}{h} =$$

$$= n x^{n-1} + \frac{n(n-1)}{2} x^{n-2} h + \cdots + h^{n-1}.$$

Daher ergibt sich

$$y' = \lim_{h \to 0} \frac{f(x+h) - f(x)}{h} = n x^{n-1}.$$

Über die Gültigkeit für beliebiges n vgl. S. 75, Abs. f, Beispiel 3.

b) Ableitung von $y = \sin x$. Für den Differenzenquotienten folgt (S. 66):

$$\frac{\sin(x+h) - \sin x}{h} = \frac{2}{h} \cos\frac{(x+h)+x}{2} \sin\frac{(x+h)-x}{2} =$$

$$= \frac{2}{h} \cos\frac{2x+h}{2} \sin\frac{h}{2} = \cos\frac{2x+h}{2} \cdot \frac{\sin(h/2)}{h/2}.$$

Da mit h auch $h/2$ gegen null geht, so wird $\lim\limits_{h \to 0} \frac{\sin(h/2)}{h/2} = 1$ (S. 72); folglich ist

$$y' = \cos x.$$

Ableitungen der übrigen trigonometrischen Funktionen siehe 3. und 5.

c) Ableitung der logarithmischen Funktion $y = \ln x$. Für den Differenzenquotienten folgt nach Umformung mit $h = x/n$:

$$\frac{\ln(x+h) - \ln x}{h} = \frac{1}{h} \ln\left(\frac{x+h}{x}\right) = \frac{n}{x} \ln\left(1 + \frac{1}{n}\right) = \frac{1}{x} \ln\left(1 + \frac{1}{n}\right)^n.$$

Beim Grenzübergang $h \to 0$, d. h. $n \to \infty$, wird $\lim\limits_{n \to \infty} (1 + 1/n)^n = e$ (*Euler*sche Zahl), also $\ln e = 1$ und damit

$$\frac{d}{dx}(\ln x) = \frac{1}{x}.$$

3. Differentialformeln[1]

1. $y = a$;	$dy = 0$.	2. $y = mx + b$;	$dy = m\,dx$.
3. $y = x^n$;	$dy = n x^{n-1}\,dx$.	4. $y = a x^n$;	$dy = a n x^{n-1}\,dx$.
5. $y = \sqrt{x}$;	$dy = dx/(2\sqrt{x})$.	6. $y = 1/x$;	$dy = -dx/x^2$.
7. $y = e^x$;	$dy = e^x\,dx$.	8. $y = a^x$;	$dy = a^x \ln a\,dx$.
9. $y = \ln x$;	$dy = dx/x$.	10. $y = {}^a\log x$;	$dy = \frac{1}{\ln a} \frac{dx}{x}$.

[1] Vgl. auch 4. und 5.

11. $y = \sin x$; $\mathrm{d}y = \cos x\,\mathrm{d}x$.

12. $y = \cos x$; $\mathrm{d}y = -\sin x\,\mathrm{d}x$.

13. $y = \mathrm{tg}\,x$; $\mathrm{d}y = (1 + \mathrm{tg}^2 x)\,\mathrm{d}x = \mathrm{d}x/\cos^2 x$.

14. $y = \mathrm{ctg}\,x$; $\mathrm{d}y = -(1 + \mathrm{ctg}^2 x)\,\mathrm{d}x = -\mathrm{d}x/\sin^2 x$.

15. $y = \arcsin x$; $\mathrm{d}y = \dfrac{\mathrm{d}x}{\sqrt{1 - x^2}}$.

16. $y = \arccos x$; $\mathrm{d}y = -\dfrac{\mathrm{d}x}{\sqrt{1 - x^2}}$.

17. $y = \mathrm{arc\,tg}\,x$; $\mathrm{d}y = \dfrac{\mathrm{d}x}{1 + x^2}$.

18. $y = \mathrm{arc\,ctg}\,x$; $\mathrm{d}y = -\dfrac{\mathrm{d}x}{1 + x^2}$.

19. $y = \mathfrak{Sin}\,x$; $\mathrm{d}y = \mathfrak{Cof}\,x\,\mathrm{d}x$.

20. $y = \mathfrak{Cof}\,x$; $\mathrm{d}y = \mathfrak{Sin}\,x\,\mathrm{d}x$.

21. $y = \mathfrak{Tg}\,x$; $\mathrm{d}y = (1 - \mathfrak{Tg}^2 x)\,\mathrm{d}x = \mathrm{d}x/\mathfrak{Cof}^2 x$.

22. $y = \mathfrak{Ctg}\,x$; $\mathrm{d}y = (1 - \mathfrak{Ctg}^2 x)\,\mathrm{d}x = -\mathrm{d}x/\mathfrak{Sin}^2 x$.

23. $y = \mathfrak{Ar}\mathfrak{Sin}\,x$; $\mathrm{d}y = \dfrac{\mathrm{d}x}{\sqrt{x^2 + 1}}$.

24. $y = \mathfrak{Ar}\mathfrak{Cof}\,x$; $\mathrm{d}y = \dfrac{\mathrm{d}x}{\sqrt{x^2 - 1}}$.

25. $y = \mathfrak{Ar}\,\mathfrak{Tg}\,x$; $\mathrm{d}y = \dfrac{\mathrm{d}x}{1 - x^2}$.

26. $y = \mathfrak{Ar}\mathfrak{Ctg}\,x$; $\mathrm{d}y = \dfrac{\mathrm{d}x}{1 - x^2}$.

4. Allgemeine Regeln

a) Ableitung einer Funktion, die einen konstanten Faktor enthält. Ist $y = c f(x)$, so wird die Ableitung $y' = c f'(x)$: Ein konstanter Faktor kann vor das Differentialzeichen gesetzt werden.

Beispiel: Für $y = 2\sin x$ wird $y' = 2\cos x$.

b) Ableitung von Summe und Differenz. Ist $y = \mathrm{u}(x) + \mathrm{v}(x)$, wobei u und v differentiierbare Funktionen von x sind, so wird die Ableitung

$$\mathrm{y}'(x) = \mathrm{u}'(x) + \mathrm{v}'(x) \quad \text{oder das Differential} \quad \mathrm{d}y = \mathrm{d}u + \mathrm{d}v.$$

Eine Summe wird differentiiert, indem man die Summanden einzeln differentiiert und addiert.

Ist $y = \mathrm{u}(x) - \mathrm{v}(x)$, so wird entsprechend $\mathrm{y}'(x) = \mathrm{u}'(x) - \mathrm{v}'(x)$.
Ist $y = u + v + w + \cdots$, so wird $\mathrm{y}'(x) = \mathrm{u}'(x) + \mathrm{v}'(x) + \mathrm{w}'(x) + \cdots$.

c) Ableitung von Produkt und Quotient. α) Ist $y = \mathrm{u}(x)\,\mathrm{v}(x)$, so wird $\mathrm{y}'(x) = \mathrm{u}(x)\,\mathrm{v}'(x) + \mathrm{v}(x)\,\mathrm{u}'(x)$ oder $\mathrm{d}y = u\,\mathrm{d}v + v\,\mathrm{d}u$ (*Produktregel*).

$$\text{Ist } y = uvw\ldots, \text{ so wird } \mathrm{d}y = \left(\frac{\mathrm{d}u}{u} + \frac{\mathrm{d}v}{v} + \frac{\mathrm{d}w}{w} + \cdots\right) uvw\ldots$$

β) Aus $y = \mathrm{u}(x)/\mathrm{v}(x)$ folgt $\mathrm{u}(x) = \mathrm{y}(x)\,\mathrm{v}(x)$ und daraus nach c) durch Differentiieren von $u(x)$:

$$\mathrm{y}'(x) = \frac{\mathrm{v}(x)\,\mathrm{u}'(x) - \mathrm{u}(x)\,\mathrm{v}'(x)}{[\mathrm{v}(x)]^2} \quad (\textit{Bruchregel}).$$

d) Kettenregel. Es sei $y = \mathrm{f}(z)$ und $z = \varphi(x)$; durch Einsetzen entsteht die zusammengesetzte Funktion $y = \mathrm{f}[\varphi(x)]$. Durch Differentiieren von y nach z und von z nach x folgt

$$\mathrm{d}y = \mathrm{f}'(z)\,\mathrm{d}z \quad \text{und} \quad \mathrm{d}z = \varphi'(x)\,\mathrm{d}x.$$

Einsetzen von $\mathrm{d}z$ in $\mathrm{d}y$ liefert mit $\mathrm{f}'(z) = \mathrm{d}y/\mathrm{d}z$ und $\varphi'(x) = \mathrm{d}z/\mathrm{d}x$

$$\mathrm{d}y = \mathrm{f}'(z)\,\varphi'(x)\,\mathrm{d}x \quad \text{oder} \quad \frac{\mathrm{d}y}{\mathrm{d}x} = \mathrm{f}'(z)\,\varphi'(x) = \frac{\mathrm{d}y}{\mathrm{d}z}\,\frac{\mathrm{d}z}{\mathrm{d}x}.$$

Man zerlegt also $y = \mathrm{f}[\varphi(x)]$ in $y = \mathrm{f}(z)$ und $z = \varphi(x)$, bildet von beiden Funktionen die Ableitungen und multipliziert diese miteinander. Schließlich ist $\varphi(x)$ für z zu setzen.

Beispiel: $y = \cos^2 x$ wird zerlegt in $y = z^2$ und $z = \cos x$.

Es ist $\quad y'(z) = 2z$ und $z'(x) = -\sin x$,

folglich $\quad y'(x) = y'(z)\,z'(x) = -2z\sin x = -2\cos x\sin x = -\sin 2x$.

e) Ableitung der Umkehrfunktionen. Vertauscht man x und y in der Gleichung $y = \mathrm{f}(x)$, d. h. schreibt man $x = \mathrm{f}(y)$, so heißt $y = \varphi(x)$ die Umkehrfunktion zu $y = \mathrm{f}(x)$. Löst man $y = \mathrm{f}(x)$ nach x auf, so gilt $x = \varphi(y)$, und nach 1 d) (S. 73) folgt:

$$\frac{\mathrm{d}x}{\mathrm{d}y} = 1 : \frac{\mathrm{d}y}{\mathrm{d}x} \quad \text{oder} \quad \varphi'(y) = \frac{1}{\mathrm{f}'(x)}; \quad \text{d. h.} \quad \mathrm{f}'(x) = \frac{1}{\varphi'(y)}.$$

Beispiele: 1. $y = \mathrm{f}(x) = \arcsin x$ gibt $x = \varphi(y) = \sin y$ und $\mathrm{d}x = \cos y\,\mathrm{d}y$; also

$$\mathrm{f}'(x) = 1/\cos y = 1/\sqrt{1-x^2}.$$

2. Aus $y = a^x$ folgt $x = {}^a\!\log y$, $\mathrm{d}x = \mathrm{d}y/(y \ln a)$, $y' = \mathrm{d}y/\mathrm{d}x = y \ln a = a^x \ln a$; insbesondere wird für $y = \mathrm{e}^x$ mit $\ln \mathrm{e} = 1$ die Ableitung $y' = \mathrm{e}^x$.

f) Ableitung unentwickelter Funktionen. Ist die Beziehung zwischen x und y in der Form $\mathrm{f}(x) = \varphi(y)$ gegeben, d. h. $\mathrm{f}(x) = \varphi\,[y(x)]$, so folgt durch Differentiieren nach x unter Anwendung der Kettenregel für die rechte Seite

$$\frac{\mathrm{d}f}{\mathrm{d}x} = \frac{\mathrm{d}\varphi}{\mathrm{d}y} \cdot \frac{\mathrm{d}y}{\mathrm{d}x} \quad \text{oder} \quad \mathrm{f}'(x) = \varphi'(y) \cdot \frac{\mathrm{d}y}{\mathrm{d}x},$$

d. h.

$$\mathrm{f}'(x)\,\mathrm{d}x = \varphi'(y)\,\mathrm{d}y.$$

Beispiele: 1. Aus $y^2 = 2px$ (Parabel) folgt $2y\,\mathrm{d}y = 2p\,\mathrm{d}x$ oder $\mathrm{d}y/\mathrm{d}x = p/y$.
2. Aus $y^2 = r^2 - x^2$ (Kreis): $2y\,\mathrm{d}y = -2x\,\mathrm{d}x$ oder $\mathrm{d}y/\mathrm{d}x = -x/y$.
3. Aus $y = x^n$ bei beliebigem Exponenten folgt durch Logarithmieren $\ln y = n \ln x$. Also wird

$$\frac{1}{y}\,\mathrm{d}y = n\,\frac{1}{x}\,\mathrm{d}x \quad \text{oder} \quad \frac{\mathrm{d}y}{\mathrm{d}x} = \frac{ny}{x} = n x^{n-1}.$$

g) Ableitung bei Parameterdarstellung. Sind $x = \mathrm{x}(t)$ und $y = \mathrm{y}(t)$ als Funktionen des veränderlichen Parameters t gegeben, so schreibt man für die Ableitungen der beiden Funktionen nach t abgekürzt $\mathrm{d}x/\mathrm{d}t = \dot{x}$, $\mathrm{d}y/\mathrm{d}t = \dot{y}$ und hat dann

$$\mathrm{d}y/\mathrm{d}x = \mathrm{d}y/\mathrm{d}t : \mathrm{d}x/\mathrm{d}t \quad \text{oder} \quad \mathrm{y}'(x) = \dot{y}/\dot{x}.$$

Beispiel: Aus der Gleichung der Ellipse $x = a\cos t$, $y = b \sin t$ folgt $\dot{x} = -a \sin t$, $\dot{y} = b \cos t$, also für die Steigung der Tangente

$$\mathrm{y}'(x) = b\cos t/(-a \sin t) = -b^2/a^2 \cdot x/y.$$

In der *Mathematik* ist t die allgemeine Bezeichnung für einen Parameter; dagegen haben $\dot{x}$ und $\dot{y}$ in der *Mechanik* die spezielle Bedeutung der Ableitung nach der *Zeit* t (gemäß DIN 1302).

h) Partielle Ableitung. Die Funktion $z = \mathrm{f}(x, y)$ der beiden Veränderlichen x und y kann aufgefaßt werden als Darstellung einer Fläche. Eine Ebene $y = \text{const.}$ schneidet eine Kurve aus, auf der nur x veränderlich ist. Die so bei konstantem y nach x gebildete Ableitung heißt partielle Ableitung von f nach x und wird geschrieben $\partial\mathrm{f}/\partial x = \mathrm{f}_x$. Ebenso ist $\partial\mathrm{f}/\partial y = \mathrm{f}_y$ die partielle Ableitung nach y bei konstantem x. Da f_x und f_y wiederum Funktionen von x und y sind, können weitere Ableitungen gebildet werden:

$$\frac{\partial}{\partial x}\left(\frac{\partial \mathrm{f}}{\partial x}\right) = \frac{\partial^2 \mathrm{f}}{\partial x^2} = \mathrm{f}_{xx}; \quad \frac{\partial}{\partial y}\left(\frac{\partial \mathrm{f}}{\partial y}\right) = \frac{\partial^2 \mathrm{f}}{\partial y^2} = \mathrm{f}_{yy}; \quad \frac{\partial}{\partial x}\left(\frac{\partial \mathrm{f}}{\partial y}\right) = \frac{\partial^2 \mathrm{f}}{\partial x \partial y} = \mathrm{f}_{yx}$$

und $\dfrac{\partial}{\partial y}\left(\dfrac{\partial \mathrm{f}}{\partial x}\right) = \dfrac{\partial^2 \mathrm{f}}{\partial y \partial x} = \mathrm{f}_{xy}$, ebenso die dritten Ableitungen usw. Wenn die „gemischten" Ableitungen f_{xy} und f_{yx} stetige Funktionen von x sind, so ist $\mathrm{f}_{xy} = \mathrm{f}_{yx}$.

Beispiele: 1. $z = x^2 + xy + y^2$; $z_x = 2x + y$; $z_y = x + 2y$; $z_{xx} = 2$; $z_{yy} = 2$; $z_{xy} = z_{yx} = 1$.
2. $z = \mathrm{e}^{xy}$; $z_x = y\,\mathrm{e}^{xy}$; $z_y = x\,\mathrm{e}^{xy}$; $z_{xx} = y^2 \mathrm{e}^{xy}$; $z_{yy} = x^2 \mathrm{e}^{xy}$; $z_{xy} = z_{yx} = (1 + xy)\,\mathrm{e}^{xy}$.

Entsprechend dem Differential bei zwei Veränderlichen in der Ebene (s. S. 73) bezeichnet man die Summe der beiden Differentiale in der x- und in der y-Richtung, d. h.

$$\mathrm{d}z = \frac{\partial z}{\partial x}\,\mathrm{d}x + \frac{\partial z}{\partial y}\,\mathrm{d}y = z_x\,\mathrm{d}x + z_y\,\mathrm{d}y$$

als *totales Differential* von $z = \mathrm{f}(x, y)$, vgl. Bild 38.

Wenn man zwei Punkte mit den Koordinaten x, y und $x + \Delta x = x + h$, $y + \Delta y = y + k$ betrachtet, so ist

$$\frac{dz}{dx} = \lim_{\substack{\Delta x \to 0 \\ \Delta y \to 0}} \frac{\Delta z}{\Delta x} = \lim_{\substack{h \to 0 \\ k \to 0}} \frac{f(x+h, y+k) - f(x, y)}{h}$$

oder durch Hinzufügen von $f(x+h, y) - f(x+h, y)$ und Erweiterung mit k auch

$$\frac{dz}{dx} = \lim_{h \to 0, k \to 0} \left[\frac{f(x+h, y) - f(x, y)}{h} + \frac{f(x+h, y+k) - f(x+h, y)}{k} \cdot \frac{k}{h}\right] = \frac{\partial f}{\partial x} + \frac{\partial f}{\partial y} \cdot \frac{dy}{dx},$$

da $\lim\limits_{h \to 0} \frac{k}{h} = \lim\limits_{h \to 0} \frac{y(x+h) - y(x)}{h} = \frac{dy}{dx}$ ist und die anderen Differenzenquotienten in die partiellen Differentialquotienten $\partial f / \partial x$ und $\partial f / \partial y$ übergehen. Multiplikation mit dx liefert die angegebene Formel für dz.

In Bild 38 ist $\operatorname{tg} \alpha = z_x$, $\operatorname{tg} \beta = z_y$ und sind $dx \operatorname{tg} \alpha$, $dy \operatorname{tg} \beta$ die zugehörigen Differentiale, so daß dz ihre Summe ist.

Die Endpunkte der Differentiale, Bild 38, liegen in der Tangentialebene, und für kleine Zunahmen h und k der Veränderlichen x und y kann die Funktionsdifferenz

$$z = f(x+h, y+k) - f(x, y)$$

durch das Differential dz ersetzt werden.

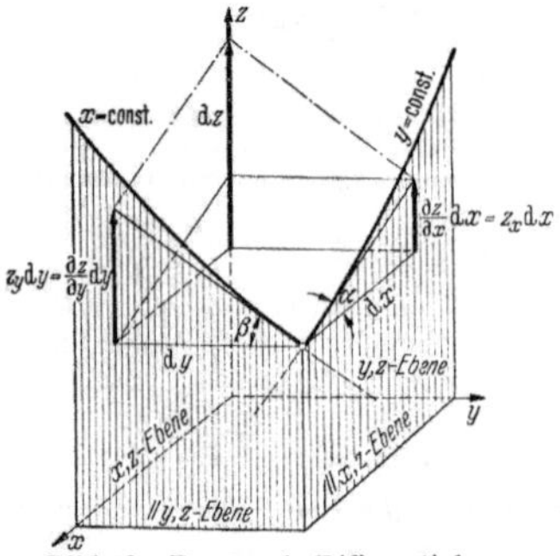

Bild 38. Das totale Differential

Bei *impliziter* Darstellung einer Funktion von zwei Veränderlichen in der Form $f(x, y) = 0$ kann diese als Schnittkurve der Fläche $z = f(x, y)$ mit der x,y-Ebene aufgefaßt werden. Auf dieser Kurve ist $z = \text{const.} = \text{null}$ und damit dz ständig gleich null. Daraus folgt $f_x\, dx + f_y\, dy = 0$ oder

$$y'(x) = dy/dx = -f_x/f_y.$$

Beispiel: Es ist die Steigung $m = \operatorname{tg} \alpha$ der Tangente im Punkte $P(x, y)$ der Hyperbel $x^2/a^2 - y^2/b^2 = 1$ zu bestimmen. Man schreibt die Gleichung $b^2x^2 - a^2y^2 - a^2b^2 = 0$ und findet $f_x = 2b^2x$, $f_y = -2a^2y$, also $y' = \operatorname{tg} \alpha = m = b^2x/a^2y$.

5. Anwendung der Differentialformeln

1. $y = mx + b$; $\quad dy/dx = y' = m$.

2. $y = a^2 - x^2$; $\quad dy/dx = y' = -2x$.

3. $y = \sqrt{ax} = \sqrt{a} \cdot x^{1/2}$; $\quad y' = \sqrt{a} \cdot {}^1/_2 \cdot x^{-1/2} = \sqrt{a}/2\sqrt{x} = {}^1/_2 \cdot \sqrt{a/x}$.

4. $y = 1/x^3 = x^{-3}$; $\quad y' = -3x^{-4} = -3/x^4$.

5. $y = (a + bx)^n$; setze $a + bx = z$; $\quad b\,dx = dz$; $\quad y = z^n$;
$dy = nz^{n-1}\,dz = n(a + bx)^{n-1}\,b\,dx$; $\quad y' = nb(a + bx)^{n-1}$.

6. $y = \sqrt{a^2 - x^2}$ oder $y^2 = a^2 - x^2$. Nach 4f) folgt $2y\,dy = -2x\,dx$;
$dy/dx = -x/y = -x/\sqrt{a^2 - x^2}$.

7. $y = \sqrt{a^2 + bx + cx^2}$; $\quad y^2 = a^2 + bx + cx^2$; $\quad 2y\,dy = (b + 2cx)\,dx$;
$dy/dx = (b + 2cx)/2y = (b + 2cx)/2\sqrt{a^2 + bx + cx^2}$.

8. $y = a/\sqrt{a - x} = a/\sqrt{z}$; $\quad dy = -{}^1/_2\, a z^{-3/2}\, dz = -{}^1/_2\, a z^{-3/2}(-dx)$;
$y' = a/2\sqrt{(a - x)^3}$.

9. $y = x^2(a + bx^3)$; setze $x^2 = u$; $\quad a + bx^3 = v$; $\quad 2x = u'$; $\quad 3bx^2 = v'$;
$y' = x^2 \cdot 3bx^2 + (a + bx^3) \cdot 2x = x(2a + 5bx^3)$.

10. $y = x^m(a - bx)^n$; setze $u = x^m$; $\quad v = (a - bx)^n$; $\quad u' = mx^{m-1}$;
$v' = -nb(a - bx)^{n-1}$ (s. 5.); also $y' = x^m \cdot [-nb(a - bx)^{n-1}] +$
$+ (a - bx)^n \cdot mx^{m-1} = x^{m-1}(a - bx)^{n-1}[ma - (m + n)bx]$.

11. $y = \frac{1}{x}\sqrt{a^2 - x^2}$; $\quad y^2 = \frac{a^2}{x^2} - 1$; $\quad 2y\,dy = -\frac{2a^2}{x^3}\,dx$; $\quad y' = -\frac{a^2}{x^3 y} = -\frac{a^2}{x^2\sqrt{a^2 - x^2}}$.

12. $y = \sqrt{a + x}\,\sqrt{b - x^2}$ oder $y^2 = (a + x)(b - x^2)$. Mit $u = a + x$,
$du = dx$ und $v = b - x^2$, $dv = -2x\,dx$ folgt
$2y\,dy = u\,dv + v\,du = (a + x)(-2x\,dx) + (b - x^2)\,dx = (b - 2ax - 3x^2)\,dx$;
$y' = (b - 2ax - 3x^2)/2\sqrt{(a + x)(b - x^2)}$.

13. $y = \frac{ax}{b + x} = a\frac{u}{v}$, wenn $x = u$; $\quad b + x = v$; $\quad u' = 1$; $\quad v' = 1$;
$y' = a \cdot \frac{(b + x) \cdot 1 - x \cdot 1}{(b + x)^2}$; $\quad y' = \frac{ab}{(b + x)^2}$

14. $y = \frac{a-x^n}{a+x^n}$; $u = a - x^n$; $u' = -n\,x^{n-1}$; $v = a + x^n$; $v' = n\,x^{n-1}$;

$y' = \frac{(a+x^n)(-n\,x^{n-1}) - (a-x^n)\,n\,x^{n-1}}{(a+x^n)^2} = -\frac{2\,a\,n\,x^{n-1}}{(a+x^n)^2}$.

15. $y = \frac{x}{\sqrt{a^2-x^2}} = \frac{u}{v}$; $u' = 1$; $v' = -x/\sqrt{a^2-x^2}$ (s. 6.);

$y' = \frac{\sqrt{a^2-x^2} + x^2/\sqrt{a^2-x^2}}{a^2-x^2} = \frac{a^2}{\sqrt{(a^2-x^2)^3}}$.

16. $y = \sqrt{\frac{a^2-x^2}{a^2+x^2}}$; $y^2 = \frac{a^2-x^2}{a^2+x^2}$; $2y\,dy = -\frac{2a^2\cdot 2x}{(a^2+x^2)^2}dx$ (s. 14.);

$dy/dx = -2a^2x/y\,(a^2+x^2)^2 = -2a^2x/[(a^2+x^2)\sqrt{a^4-x^4}]$.

17. $y = \sin a\,x$; setze $a\,x = z$; $dz = a\,dx$;
$dy = \cos z\,dz = \cos a\,x\cdot a\,dx$; $y' = a\cos a\,x$.

18. $y = \sin a\,x + \cos b\,x$; $y' = a\cos a\,x - b\sin b\,x$.

19. $y = \sin^n x$; setze $\sin x = z$; $dz = \cos x\,dx$;
$dy = n\,z^{n-1}\,dz = n\sin^{n-1}x\cos x\,dx$; $y' = n\sin^{n-1}x\cos x$.

20. $y = \sin(\omega x + \varphi)$; setze $\omega x + \varphi = z$; $dz = \omega\,dx$; $y = \sin z$;
$dy = \cos z\,dz = \omega\cos(\omega x + \varphi)\,dx$; $y' = \omega\cos(\omega x + \varphi)$.

21. $y = x\sin a\,x$; $x = u$; $u' = 1$; $\sin a\,x = v$; $v' = a\cos a\,x$;
$y' = a\,x\cos a\,x + \sin a\,x$.

22. $y = \mathrm{tg}\,x = \sin x/\cos x$; $u = \sin x$; $u' = \cos x$; $v = \cos x$; $v' = -\sin x$;

$y' = \frac{\cos x\cos x + \sin x\sin x}{\cos^2 x} = \frac{1}{\cos^2 x} = 1 + \mathrm{tg}^2 x$ (S. 65).

23. $y = \ln[f(x)]$; setze $f(x) = z$; $dz = f'(x)\,dx$; $y = \ln z$;
$dy = dz/z = f'(x)\,dx/f(x)$; $y' = f'(x)/f(x)$.
Z. B. wird für $y = \ln\cos x$; $f(x) = \cos x$; $f'(x) = -\sin x$;
$y' = -\sin x/\cos x = -\mathrm{tg}\,x$.

24. $y = \ln\frac{1+x}{1-x} = \ln(1+x) - \ln(1-x) = \ln u - \ln v$; also $du = -dv = dx$ und

$dy = \frac{dx}{1+x} + \frac{dx}{1-x} = \frac{2\,dx}{1-x^2}$; $y' = \frac{2}{1-x^2}$.

25. $y = e^{kx}$; setze $kx = z$; $dz = k\,dx$; $y = e^z$;
$dy = e^z\,dz = e^{kx}k\,dx$; $y' = k\,e^{kx}$.

26. $y = e^x x^n$; setze $e^x = u$; $u' = e^x$; $x^n = v$; $v' = n\,x^{n-1}$,
so daß $y' = e^x n\,x^{n-1} + x^n e^x = e^x x^{n-1}(n + x)$.

27. $y = x^x$; $\ln y = x\ln x$; $d(\ln y) = d(x\ln x)$;
$dy/y = x\,dx/x + \ln x\,dx = (1 + \ln x)\,dx$;
$y' = dy/dx = y\,(1 + \ln x) = x^x(1 + \ln x)$.

28. $y = \mathfrak{Cof}\,x = {}^1/_2(e^x + e^{-x})$; $y' = {}^1/_2(e^x - e^{-x}) = \mathfrak{Sin}\,x$ (S. 70).

29. $y = \mathfrak{Ar}\,\mathfrak{Cof}\,x$ oder $x = \mathfrak{Cof}\,y$; $dx = \mathfrak{Sin}\,y\,dy = \sqrt{\mathfrak{Cof}^2 y - 1}\,dy =$
$= \sqrt{x^2 - 1}\,dy$; $dy/dx = 1/\sqrt{x^2 - 1}$

6. Ableitungen höherer Ordnung, Differentialkurven

Ist $y = f(x)$ die gegebene Funktion, so muß die Ableitung $y' = f'(x)$ wieder eine Funktion von x sein; für die Ableitung dieser Funktion, d. h die zweite Ableitung, folgt:

$$d(y')/dx = y'' = d^2y/dx^2 = f''(x).$$

Die zweite Ableitung ist wieder eine Funktion von x. Ihre Ableitung ergibt die dritte Ableitung $d(y'')/dx$, für die man $y''' = d^3y/dx^3 = f'''(x)$ schreibt.

Bei n-maliger Wiederholung ergibt sich der n-te Differentialquotient oder die n-te Ableitung

$$d^n y/dx^n = y^{(n)} = f^{(n)}(x).$$

Die in diesen höheren Ableitungen auftretenden Differentiale d^2y, d^3y, ... $d^{(n)}y$ bezeichnet man als Differentiale zweiter, dritter, ... n-ter Ordnung. Für die Berechnung einer höheren Ableitung gelten dieselben Regeln wie bei der ersten Ableitung.

Geometrisch bedeutet $y' = \mathrm{tg}\,\alpha$ die Steigung der Kurve $y = f(x)$. Ist y' als Funktion von x aufgetragen, so kann leicht (Bild 39) im Punkt P_1 der Kurve $y = f(x)$ die Tangente gezogen werden.

Man bezeichnet die Kurve $y'(x)$ als Differentialkurve. Trägt man die Steigung dieser ersten Differentialkurve, d. h. $d(y')/dx = y''$ als Funktion von x auf, so erhält man die zweite Differentialkurve und durch Wiederholen die n-te Differentialkurve $y^{(n)} = f^{(n)}(x)$.

Beispiele: 1. Ist t die Zeit, v_0 die Anfangsgeschwindigkeit und g die konstante Beschleunigung, so ist der Weg der gleichmäßig beschleunigten Bewegung (S. 226) $s = v_0 t + {}^1/_2 g t^2$. Die Ableitung des Weges nach der Zeit gibt die Geschwindigkeit $v = ds/dt = v_0 + gt$, die Ableitung der Geschwindigkeit nach der Zeit die Beschleunigung $b = dv/dt = d^2s/dt^2 = g$. Es ist $v = f(t)$ die Differentialkurve zu $s = f(t)$; $b = f(t)$ ist die Differentialkurve zu $v = f(t)$, also die zweite Differentialkurve zu $s = f(t)$ (Bild 40).

2. $y = \sin x$ hat die Ableitungen

$$y' = dy/dx = \cos x, \quad y'' = d(y')/dx = -\sin x, \quad y''' = d(y'')/dx = -\cos x.$$

Die Differentialkurven $y', y'', y''', \ldots$ der Funktion $y = \sin x$ sind Sinuslinien, gegen y um $\pi/2$ bzw. π bzw. $3\pi/2$ usw. nach links verschoben (Bild 41), so daß $y^{(4)} = \sin x$.

Ist das Gesetz der Kurve durch ihre Gleichung $y = f(x)$ gegeben, so kann die Differentialkurve rechnerisch aus $y' = f'(x)$ bestimmt werden. Ist aber, wie in vielen technischen Beispielen (zeitlicher Verlauf eines Weges, einer Geschwindigkeit, eines Kraftflusses u. a. m.), das Gesetz nur zeichnerisch gegeben, so muß man zeichnerisch oder instrumentell differentiieren (S. 186).

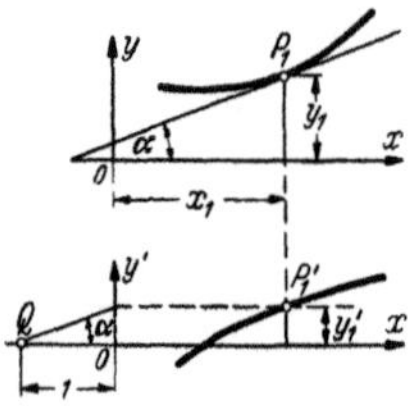

Bild 39
Erste Differentialkurve

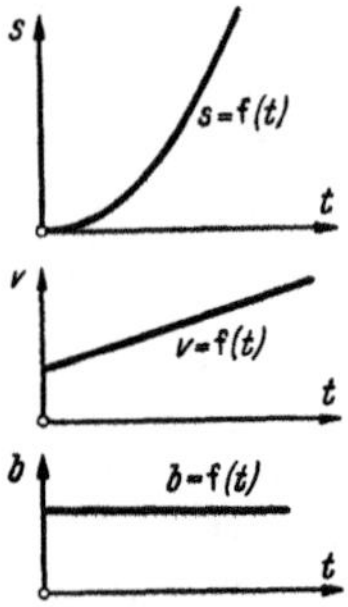

Bild 40

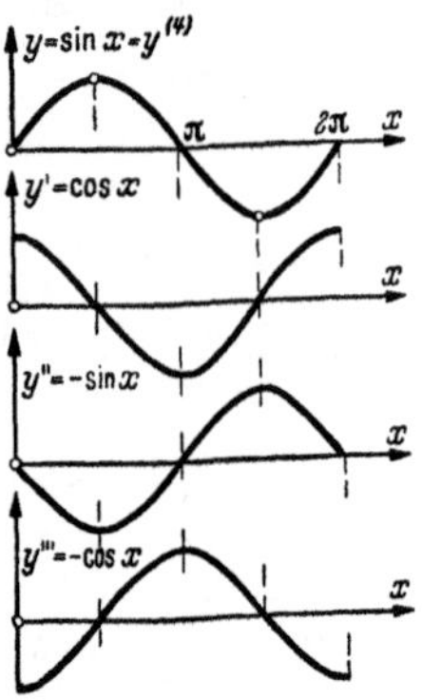

Bild 41

7. Maxima und Minima

Ein (relatives) Maximum bzw. Minimum einer Funktion oder ein Gipfel- bzw. Talpunkt der sie darstellenden Kurve (G bzw. T in Bild 42) liegt vor, wenn der betreffende Funktionswert oder die entsprechende Ordinate größer bzw. kleiner als die benachbarten ist. Es müssen somit diese Kurvenpunkte zur x-Achse parallele Tangenten haben, d. h. es muß $y'(x) = 0$ werden. In der Nähe des Gipfelpunktes G geht die Ableitung und damit die Differentialkurve $y'(x)$ fallend, in der Nähe des Talpunktes T steigend durch null. Wenn aber $y'(x)$ fällt bzw. steigt, muß die Steigung von y', d. h. $y''(x)$ kleiner bzw. größer als null sein:

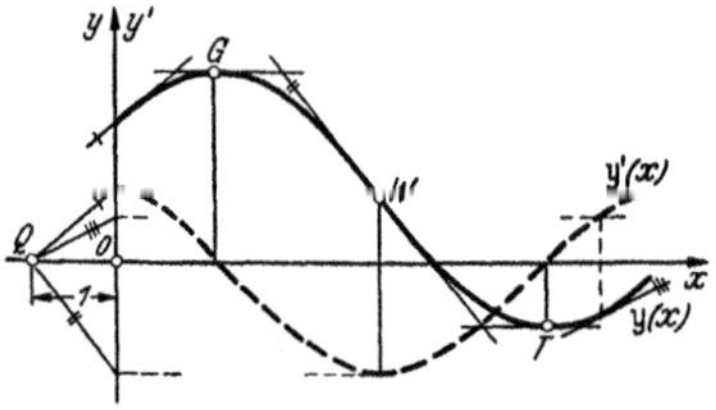

Bild 42. Maximum, Minimum, Wendepunkt

Ein $\begin{matrix}\text{Maximum}\\\text{Minimum}\end{matrix}$ liegt vor, wenn $y' = 0$ und $\begin{matrix}y'' < 0.\\ y'' > 0.\end{matrix}$

Vgl. auch Bild 41 mit den höheren Ableitungen von $y = \sin x$.

Man bildet also $y'(x)$, $y''(x)$, berechnet aus der Gleichung $y'(x) = 0$ die entsprechenden x-Werte und stellt fest, ob für diese x-Werte $y''(x)$ größer oder kleiner als null ist. Danach berechnet man die zugehörigen gesuchten Funktionswerte $y(x)$.

Im Wendepunkt W, Bild 42, muß die Steigung ein Maximum bzw. Minimum haben, d. h. es muß $y''(x) = 0$ sein (vgl. S. 118).

Beispiele: 1. Die Maxima und Minima der Funktion (Bild 43) $y = \frac{1}{6}(x^3 - 3x^2 - 9x + 9)$ sind zu bestimmen. Aus $y' = \frac{1}{2} \cdot x^2 - x - 1{,}5 = 0$ folgt $x = 1 \pm 2$, also $x_1 = -1$, $x_2 = 3$. Durch die zweite Ableitung $y'' = x - 1$ ergibt sich

für $x_1 = -1$ ein Maximum, da $y''(x_1) = y''(-1) = -2 < 0$,
für $x_2 = 3$ ein Minimum, da $y''(x_2) = y''(3) = 2 > 0$.

Die zugehörigen Funktionswerte sind somit $y_1 = 2\frac{1}{3}$ und $y_2 = -3$. Das Aufzeichnen der Kurve läßt erkennen, daß größere und kleinere Funktionswerte auftreten können als im Maximum bzw. Minimum; sie erfüllen aber nicht die Maximum- oder Minimum-Bedingung, größer bzw. kleiner als ***benachbarte*** Funktionswerte zu sein. Wendepunkt vgl. S. 118, Beispiel 2.

2. Aus einem quadratischen Blech soll ein oben offener Kasten größten Rauminhalts mit quadratischer Grundfläche hergestellt werden. Wie groß sind seine Höhe und sein Rauminhalt?

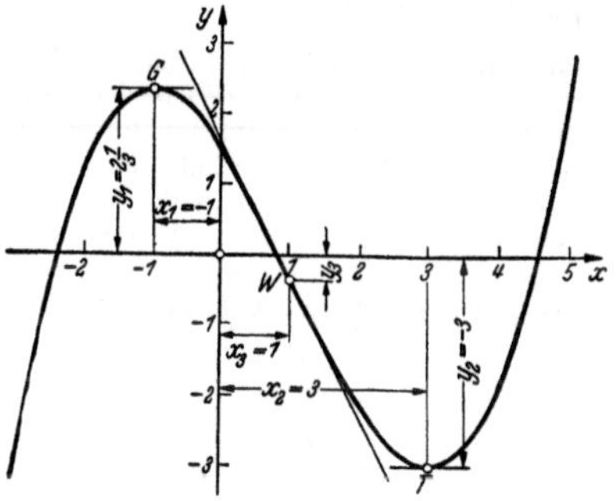

Bild 43

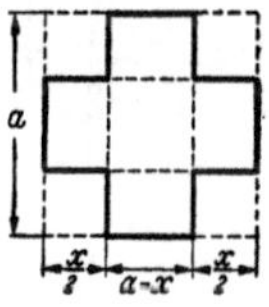

Bild 44

Durch Wegschneiden der Ecken (Bild 44) folgt für den Rauminhalt $V = (a - x)^2 \cdot x/2$. Mit $2 \cdot V'(x) = (a - x)^2 - 2x(a - x) = (a - x)(a - 3x) = 0$ hat man $a - 3x = 0$ oder $x_1 = a/3$ und $a - x = 0$ oder $x_2 = a$. Da $V''(x) = -2a + 3x$ und damit $V''(x_1) = -a < 0$, $V''(x_2) = a > 0$, hat der Rauminhalt für die Höhe $x_1/2 = a/6$ ein Maximum von der Größe $V_{max} = 2a^3/27$.

Sind in einem Punkt sowohl y' als auch y'' gleich null, so liegt ein Wendepunkt vor, wenn die erste der weiteren Ableitungen, welche nicht verschwindet, ungerader Ordnung ist. Ist diese gerader Ordnung, so liegt ein Maximum (Minimum) vor, wenn dies negativ (positiv) ist. So hat die Kurve $y = x^5$ für $x = 0$ einen Wendepunkt und die Kurve $y = x^6$ dort ein Minimum.

B. Integralrechnung

1. Unbestimmtes und bestimmtes Integral. Flächeninhalt

a) Das **unbestimmte Integral.** In der Differentialrechnung wird zu einer gegebenen Funktion $y = \mathrm{J}(x)$ die Ableitung $\mathrm{J}'(x) = \mathrm{f}(x)$ gesucht; in der Integralrechnung soll umgekehrt eine Funktion ermittelt werden, deren Ableitung gegeben ist; diese Ableitung sei gleich $\mathrm{f}(x)$. Zunächst ist $\mathrm{J}(x)$ eine gesuchte Funktion, weil $\mathrm{J}'(x) = \mathrm{f}(x)$ ist. Weitere Funktionen, deren Ableitungen gleich der gegebenen Funktion $\mathrm{f}(x)$ sind, findet man durch Hinzufügen einer willkürlichen Konstanten C zu $\mathrm{J}(x)$. Denn die Ableitung von $\mathrm{J}(x) + C$ ist gleich $\mathrm{J}'(x) = \mathrm{f}(x)$, da die Ableitung einer Konstanten gleich null ist.

Die gesuchten Funktionen unterscheiden sich nur um konstante Zahlen und werden nach *Leibniz* mit

$$\int \mathrm{f}(x)\,\mathrm{d}x = \mathrm{J}(x) + C$$

bezeichnet. Die vorstehende Gleichung bedeutet dasselbe wie

$$\frac{\mathrm{d}}{\mathrm{d}x}\int \mathrm{f}(x)\,\mathrm{d}x = \mathrm{f}(x) \qquad \text{oder} \qquad \mathrm{d}\int \mathrm{f}(x)\,\mathrm{d}x = \mathrm{f}(x)\,\mathrm{d}x;$$

Differentiieren und Integrieren sind inverse Operationen.

$\int \mathrm{f}(x)\,\mathrm{d}x$ heißt das unbestimmte Integral von $\mathrm{f}(x)$; C wird Integrationskonstante genannt.

Beispiele: 1. Ein Körper habe die konstante Geschwindigkeit v m/sek; wie groß ist der nach t sek zurückgelegte Weg s in m? Die Geschwindigkeit wurde als Ableitung des Weges nach der Zeit definiert, s ist daher so zu bestimmen, daß $ds/dt = v$ wird. Durch Probieren findet man $s = v\,t$, denn es ist tatsächlich $d\,s/d\,t = v$. Daher ist $s = \int v\,d\,t = v\,t + s_0$, wenn man die Integrationskonstante mit s_0 bezeichnet; s_0 ist der zur Zeit $t = 0$ zurückgelegte Weg.

2. Da die Ableitung von $\sin x$ gleich $\cos x$ ist, wird $\int \cos x\,d\,x = \sin x + C$.

3. Aus $y = \frac{x^{n+1}}{n+1}$ folgt $d\,y = x^n\,d\,x$ und daher $y = \int x^n\,d\,x = \frac{x^{n+1}}{n+1} + C$. Hierbei muß n verschieden von -1 sein, weil $y = \frac{x^{n+1}}{n+1} = \frac{x^0}{0} = \infty$ keinen Sinn hat. Aber auch das Integral von $1/x$ kann durch Umkehren einer Differentialformel gewonnen werden. Aus $y = \ln x$ folgt $d\,y = d\,x/x$, und daher $y = \int dx/x = \ln x + C$.

b) Das bestimmte Integral. Flächeninhalt. In Bild 45 wird die mit $F(x)$ bezeichnete Fläche von der Kurve $y = f(x)$, der x-Achse und den beiden Ordinaten $f(a)$ und $f(x)$ begrenzt. Wächst x um h, so wächst der Flächeninhalt um die über h liegende Fläche $F(x+h) - F(x)$; wie Bild 45 erkennen läßt, liegt dieser Flächenzuwachs zwischen dem Inhalt des kleineren Rechteckes von der Breite h und der Höhe $f(x)$ und dem Inhalt des größeren Rechteckes, das die Breite h und die Höhe $f(x+h)$ hat. Es ist daher

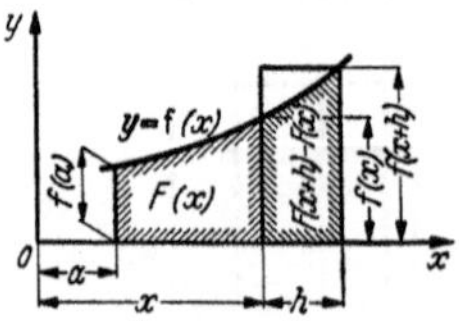

Bild 45

$$f(x)\,h < F(x+h) - F(x) < f(x+h)\,h.$$

Die Division durch h ergibt

$$f(x) < \frac{F(x+h) - F(x)}{h} < f(x+h).$$

Geht h gegen null, so unterscheidet sich $f(x)$ immer weniger von $f(x+h)$. Für den dazwischenliegenden Wert wird für $h \to 0$ nach S. 79

$$\lim_{h\to 0} \frac{F(x+h) - F(x)}{h} = F'(x),$$

folglich muß $F'(x) = f(x)$ sein, oder nach der Erklärung des unbestimmten Integrals S. 72

$$F(x) = \int f(x)\,d\,x = J(x) + C.$$

Die Integrationskonstante C ergibt sich aus der Bedingung, daß für $x = a$ der Wert des Flächeninhaltes verschwindet; es ist daher

$$F(a) = J(a) + C = 0, \qquad J(a) = -C$$

und

$$F(x) = J(x) - J(a).$$

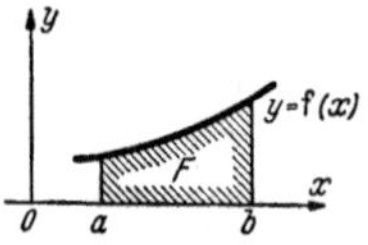

Bild 46

Um anzudeuten, daß der Flächeninhalt zwischen den Abszissen a und x genommen werden soll, schreibt man diese Werte an das Integralzeichen:

$$F(x) = \int_a^x f(x)\,d\,x = J(x)\Big|_a^x = J(x) - J(a);$$

a wird die untere, x die obere Grenze des Integrals genannt.

Wählt man für x einen festen Wert b, so hat der Flächeninhalt einen ganz **bestimmten** Wert F (Bild 46). Durch Einsetzen von $x = b$ in die letzte Gleichung wird

$$F = \int_a^b f(x)\,d\,x = J(x)\Big|_a^b = J(b) - J(a).$$

$\int_a^b f(x)\,d\,x$ heißt das *bestimmte Integral* von $f(x)\,d\,x$ und wird nach vorstehendem dadurch erhalten, daß man das Integral $J(x)$ bildet und den Funktionswert $J(b)$ für die obere Grenze vermindert um den Funktionswert $J(a)$ für die untere Grenze. $y_m = F/(b-a)$ heißt *mittlere Höhe*.

Wächst $f(x)$ nicht beständig mit x, wie in Bild 45 angenommen, so kann der Beweis ähnlich wie oben geführt werden.

Die in Bild 45 über h liegende schraffierte Fläche kann als Flächenzuwachs mit ΔF bezeichnet werden. Aus $dF/dx = f(x)$ folgt $dF = f(x)\,dx$. Mit $h = dx$ (S. 73) ist daher das kleinere Rechteck des Bildes 45 gleich dem Differential dF der Fläche.

Beispiele: 1. Es soll die Fläche ermittelt werden, die von der Kurve $y = x^2/2$, der x-Achse und den zu $x = 1$ und $x = 3$ gehörenden Ordinaten begrenzt wird (Bild 47).

$$\text{Es ist } F = \frac{1}{2}\int_1^3 x^2\,dx = \frac{1}{2}\left[\frac{x^3}{3}\right]_1^3 = \frac{1}{6}(27-1) = \frac{13}{3}.$$

2. Es ist die *Arbeitsleistung bei isothermischer Zustandsänderung* von v_0 auf v_1 zu bestimmen. Ist p_0, v_0 (Bild 48) der Anfangszustand eines Gases, so gilt bei konstanter Temperatur

$$p v = p_0 v_0.$$

Bezeichnet man die Kolbenfläche mit F, die auf den Kolben wirkende Kraft mit P und den Weg mit s, so ist $P = Fp$ und $v = Fs$, mithin das Differential der Arbeit $dA = P\,ds = Fp\,dv/F = p\,dv$; hieraus ergibt sich $A = \int p\,dv$. Mit $p = p_0 v_0/v$ wird $A = p_0 v_0 \int dv/v = p_0 v_0 \ln v \Big|_{v_0}^{v_1}$ (S. 82), oder $A = p_0 v_0 (\ln v_1 - \ln v_0) = p_0 v_0 \ln (v_1/v_0)$.

Für $p_0 = 8$ at $= 80000$ kg/m²; $v_0 = 1$ m³; $v_1 = 3$ m³ wird

$$A = 80\,000 \cdot 1 \cdot \ln 3 = 80\,000 \cdot 1{,}0986 = 87\,888 \text{ mkg}.$$

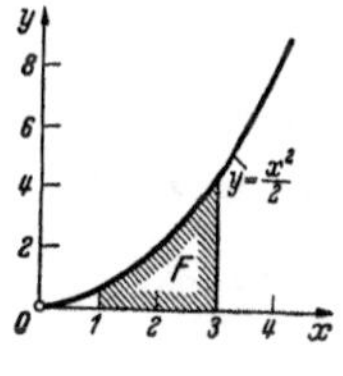

Bild 47

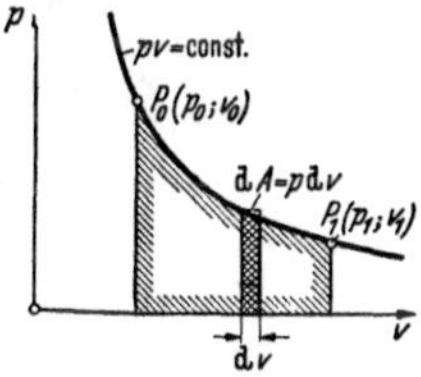

Bild 48

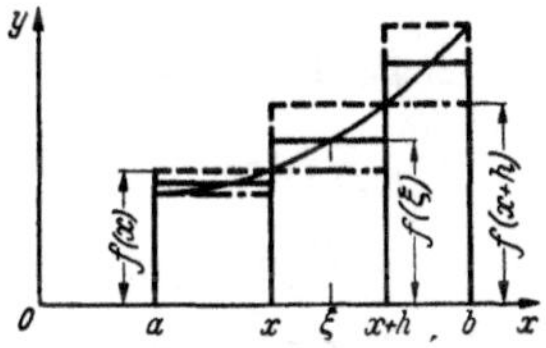

Bild 49

Flächen, die *unterhalb* der x-Achse liegen und für welche die Anfangsordinate links und die Endordinate rechts liegt, erhalten das negative Vorzeichen. Will man den *absoluten* Flächeninhalt haben, so ist besonders darauf zu achten: Jeder ober- oder unterhalb der x-Achse befindliche Flächenteil muß für sich integriert werden.

c) Das bestimmte Integral als Grenzwert einer Summe. Nach S. 80 kann der Flächeninhalt F oder das Integral $\int_a^b f(x)\,dx$ als Grenzwert der Summen $U = \Sigma f(x)\,h$ und $O = \Sigma f(x+h)\,h$ aufgefaßt werden (Bild 49). Wählt man in jedem Teilintervall einen Wert ξ zwischen x und $x+h$, so ist $f(x) < f(\xi) < f(x+h)$ und daher auch $U < \Sigma f(\xi)\,h < O$. Daher muß $M = \Sigma f(\xi)\,h$ mit wachsender Unterteilung gegen $\int_a^b f(x)\,dx$ gehen, wenn die Breiten aller Teilintervalle kleiner und kleiner werden; es ist

$$\lim_{h\to 0} \Sigma f(\xi)\,h = \int_a^b f(x)\,dx^* \qquad x < \xi < (x+h).$$

d) Flächeninhalt bei Parameterdarstellung. Wenn die Kurve durch $x = x(t)$ und $y = y(t)$ (S. 75) gegeben ist, kann $dF = y\,dx$ mit $dx = \dot{x}(t)\,dt$ geschrieben werden $dF = y\dot{x}(t)\,dt$, so daß $F = \int y(t)\,\dot{x}(t)\,dt$.

Beispiel: Für den Flächeninhalt F der Ellipse $x = a\cos t$, $y = b\sin t$ folgt mit den Grenzen $t_1 = \pi$, $t_2 = 0$, da $\dot{x} = -a\sin t$, $dF = -ab\sin^2 t\,dt$, oder da die Fläche der ganzen Ellipse gleich der doppelten Fläche der halben Ellipse ist,

$$F = -2ab\int_\pi^0 \sin^2 t\,dt = -2ab\left[{}^1\!/\!_2\,t - {}^1\!/\!_4 \sin 2t\right]_\pi^0 = ab\pi$$

(vgl. S. 86, Formel 5).

* Voraussetzung bei dieser Entwicklung ist, daß die Summen U und O für $h \to 0$ den gleichen Grenzwert haben.

e) Flächeninhalt bei Polarkoordinaten. Ähnlich wie bei rechtwinkligen Koordinaten kann nachgewiesen werden, daß das Differential der Fläche durch den in Bild 50 schraffierten Kreisausschnitt dargestellt werden kann; demnach ist

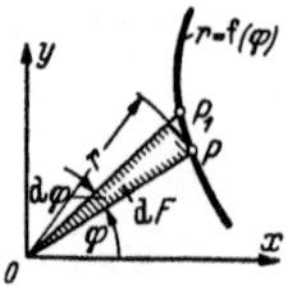

Bild 50

$$\mathrm{d}F = {}^1/_2\, r^2\, \mathrm{d}\varphi \quad \text{und} \quad F = {}^1/_2 \int_{\varphi}^{\varphi_1} r^2\, \mathrm{d}\varphi .$$

Beispiel: Welchen Flächeninhalt beschreibt der Leitstrahl der Archimedischen Spirale? Es ist $r = a\varphi$, $r^2 = a^2\varphi^2$, so daß

$$F = {}^1/_2 \int_0^{\varphi} a^2\varphi^2\, \mathrm{d}\varphi = {}^1/_2\, a^2 \left.\frac{\varphi^3}{3}\right|_0^{\varphi} = a^2\varphi^3/6 = r^2\varphi/6 = r^3/6\,a \text{ wird.}$$

2. Grundintegrale

Diese Integrale können durch „Umkehren“ (S. 79) aus den Differentialformeln S. 73/74 gewonnen werden (s. A, 3).

1. $\int x^n\, \mathrm{d}x = \frac{x^{n+1}}{n+1} + C;\; n \neq -1$ (s. 2.).
2. $\int \frac{\mathrm{d}x}{x} = \ln x + C = \ln c\,x.$
3. $\int e^x\, \mathrm{d}x = e^x + C.$
4. $\int a^x\, \mathrm{d}x = \frac{a^x}{\ln a} + C.$
5. $\int \sin x\, \mathrm{d}x = -\cos x + C.$
6. $\int \cos x\, \mathrm{d}x = \sin x + C.$
7. $\int \frac{\mathrm{d}x}{\sin^2 x} = -\operatorname{ctg} x + C.$
8. $\int \frac{\mathrm{d}x}{\cos^2 x} = \operatorname{tg} x + C.$
9. $\int \frac{\mathrm{d}x}{\sqrt{1-x^2}} = \arcsin x + C = -\arccos x + C_1.$
10. $\int \frac{\mathrm{d}x}{1+x^2} = \operatorname{arc\,tg} x + C = -\operatorname{arc\,ctg} x + C_1.$

3. Allgemeine Regeln

a) Integration einer Funktion mit konstantem Faktor. Bedeutet c eine Konstante, so folgt durch Umkehrung der Regel für die Ableitung einer Funktion mit konstantem Faktor (S. 74), daß

$$\int c\, f(x)\, \mathrm{d}x = c \int f(x)\, \mathrm{d}x.$$

Man kann also einen konstanten Faktor vor das Integralzeichen setzen.

b) Integration einer Summe oder Differenz. Durch Umkehrung der Regel für das Differentiieren einer Summe oder Differenz zweier Funktionen (S. 74) folgt

$$\int [u(x) \pm v(x)]\, \mathrm{d}x = \int u(x)\, \mathrm{d}x \pm \int v(x)\, \mathrm{d}x.$$

Das Integral einer Summe oder Differenz von Funktionen ist gleich der Summe oder Differenz der Integrale der einzelnen Funktionen.

Beispiel: Eine Fläche ist durch die Kurve $y = 4x^3 + 9x^2 - 8x - 5$ begrenzt; wie groß ist ihr Flächeninhalt zwischen $a = 0$ und $b = 3$? Aus $F = \int y\, \mathrm{d}x$ erhält man

$$F = \int_0^3 (4x^3 + 9x^2 - 8x - 5)\, \mathrm{d}x = \int_0^3 4x^3\, \mathrm{d}x + \int_0^3 9x^2\, \mathrm{d}x - \int_0^3 8x\, \mathrm{d}x - \int_0^3 5\, \mathrm{d}x,$$

$$F = \left[4 \cdot \frac{x^4}{4} + 9 \cdot \frac{x^3}{3} - 8 \cdot \frac{x^2}{2} - 5 \cdot x\right]_0^3 = 3^4 + 3 \cdot 3^3 - 4 \cdot 3^2 - 5 \cdot 3 = 111.$$

c) Partielle Integration *(Teilintegration)*. Aus $\mathrm{d}(uv) = u\,\mathrm{d}v + v\,\mathrm{d}u$ erhält man durch Integration $\int \mathrm{d}(uv) = uv = \int u\, \mathrm{d}v + \int v\, \mathrm{d}u$,

so daß $\int u\, \mathrm{d}v = uv - \int v\, \mathrm{d}u$ wird.

Beispiele: 1. Für $u = \ln x$, $dv = dx$ wird $du = \frac{1}{x}\,dx$, $v = x$, und daher

$$\int \ln x\,dx = \ln x \cdot x - \int x\,\frac{1}{x}\,dx = x \ln x - x + C = x(\ln x - 1) + C.$$

2. Für $u = \sin^{n-1} x$, $dv = \sin x\,dx$ wird $du = (n-1)\sin^{n-2} x \cos x\,dx$, $v = -\cos x$ und

$$\begin{aligned}\int \sin^n x\,dx &= -\sin^{n-1} x \cos x - \int (-\cos x)(n-1)\sin^{n-2} x \cos x\,dx\\ &= -\sin^{n-1} x \cos x + (n-1)\int \sin^{n-2} x\,(1-\sin^2 x)\,dx\\ &= -\sin^{n-1} x \cos x + (n-1)\int \sin^{n-2} x\,dx - (n-1)\int \sin^n x\,dx,\end{aligned}$$

$$n\int \sin^n x\,dx = -\sin^{n-1} x \cos x + (n-1)\int \sin^{n-2} x\,dx$$

oder

$$\int \sin^n x\,dx = -\frac{\cos x \sin^{n-1} x}{n} + \frac{n-1}{n}\int \sin^{n-2} x\,dx.$$

Das Integral $\int \sin^n x\,dx$ kann also nicht sofort gelöst werden, doch wird durch wiederholte Anwendung der „Rekursionsformel" der Potenzgrad des sinus immer um 2 erniedrigt, bis schließlich $\int \sin^0 x\,dx = \int dx = x + C$ oder $\int \sin x\,dx = -\cos x + C$ erhalten wird.

d) Einführen einer neuen Veränderlichen. Oft gelingt es, das gesuchte Integral durch Einführen *(Substitution)* einer neuen Veränderlichen auf ein Grundintegral (S. 82) zurückzuführen.

Beispiele: 1. $J = \int \frac{x\,dx}{1-x^2}$; setzt man $z = 1 - x^2$, so wird $dz = -2x\,dx$, $x\,dx = -\frac{1}{2}\,dz$ und damit $J = \int -\frac{dz}{2z} = -\frac{1}{2}\int \frac{dz}{z} = -\frac{1}{2}\ln z = -\frac{1}{2}\ln(1-x^2) + C = -\ln\sqrt{1-x^2} + C.$

2. $\int e^{mx}\,dx = \int e^z \frac{dz}{m} = \frac{1}{m}\int e^z\,dz = \frac{1}{m}e^z = \frac{1}{m}e^{mx} + C.$

e) Integration durch Partialbruchzerlegung. Gebrochene rationale Funktionen lassen sich durch Partialbruchzerlegung (S. 62/63) integrieren.

Beispiele: 1. Nach Seite 63 ist $y = \frac{26+3x}{x^2+x-12} = \frac{5}{x-3} - \frac{2}{x+4}$, also

$$\int y\,dx = 5\int \frac{dx}{x-3} - 2\int \frac{dx}{x+4} = 5\ln(x-3) - 2\ln(x+4).$$

2. $y = \frac{mx+n}{x^2+2ax+b^2}$. Nach S. 63 folgt

a) Für $a^2 - b^2 > 0$: $\int y\,dx = A\int \frac{dx}{x-\alpha} + B\int \frac{dx}{x-\beta} = A\ln(x-\alpha) + B\ln(x-\beta)$;
Bedeutung von A, B, α, β s. S. 63.

b) Für $a^2 - b^2 = 0$: $\int y\,dx = A\int \left(\frac{1}{x+a}\right)^2 dx + B\int \frac{dx}{x+a} = -\frac{A}{x+a} + B\ln(x+a)$;
Bedeutung von A, B s. S. 63.

c) Für $a^2 - b^2 < 0$ schreibt man $y = \frac{mx+n}{(x+a)^2 + (b^2-a^2)} = \frac{mz + (n-am)}{z^2+c^2}$ mit $x + a = z$ und $b^2 - a^2 = c^2$, also wird

$\int y\,dx = m\int \frac{z\,dz}{z^2+c^2} + (n-am)\int \frac{dz}{z^2+c^2}$. Das erste Integral führt mit $z^2+c^2 = u$ auf $\frac{1}{2}\int \frac{du}{u}$, das zweite mit $\frac{z}{c} = v$ auf $\frac{1}{c}\int \frac{dv}{(1+v^2)}$, d. h.

$$\begin{aligned}\int y\,dx &= \frac{m}{2}\ln(z^2+c^2) + \frac{n-am}{c}\operatorname{arc\,tg}\frac{z}{c}\\ &= \frac{m}{2}\ln(x^2+2ax+b^2) + \frac{n-am}{\sqrt{b^2-a^2}}\operatorname{arc\,tg}\frac{x+a}{\sqrt{b^2-a^2}}.\end{aligned}$$

f) Integration durch Reihenentwicklung. Bei nicht geschlossen lösbaren Integralen läßt sich (S. 59) der Integrand in eine Reihe entwickeln und dann gliedweise integrieren. Hierdurch können auch neue Funktionen gewonnen werden (S. 71, e u. S. 91). Beisp. vgl. S. 59, d.

g) Differentiation eines Integrals. Das Integral $\int_a^b f(x,t)\,dt$ ist eine Funktion von x, da nach ausgeführter Integration die Integrationsveränderliche t durch die Grenzen ersetzt wird. Hierbei können auch die Grenzen a und b Funktionen von x sein, wie z. B. bei $\int_0^x f(t)\,dt$. — Für die Ableitungen eines Integrals ergeben sich folgende wichtige Fälle:

1. $\frac{d}{dx}\int_a^b f(x,t)\,dt = \int_a^b \frac{\partial}{\partial x}[f(x,t)]\,dt$, d. h. bei *festen* Grenzen kann unter dem Integralzeichen differentiiert werden. So ist z. B. $\frac{d}{d\lambda}\int_a^b \sin\lambda t\,dt = \int_a^b t\cos\lambda t\,dt$.

2. $\frac{d}{dx}\int_0^x f(t)\,dt = f(x)$.

3. $\frac{d}{dx}\int_a^x f(x,t)\,dt = \int_a^x \frac{\partial}{\partial x}[f(x,t)]\,dt + f(x,x)$,

bzw. $\frac{d}{dx}\int_x^b f(x,t)\,dt = \int_x^b \frac{\partial}{\partial x}[f(x,t)]\,dt - f(x,x)$,

d. h. die *Ableitung des Integrals nach der oberen* (unteren) *Grenze* ist gleich dem Integral der Ableitung des Integranden, vermehrt (vermindert) um den Funktionswert des Integranden für die obere (untere) Grenze. (Anwendung s. Abs. B 6 über uneigentliche Integrale, S. 90, ferner Beispiel 3, S. 91).

Beispiel: $\frac{d}{dx}\int_a^x \sin(x+t)\,dt = \int_a^x \cos(x+t)\,dt + \sin(x+x) = \sin(x+t)\Big|_a^x + \sin 2x =$

$= 2\sin 2x - \sin(x+a)$.

Sind die Grenzen Funktionen von x, so wird

$$\frac{d}{dx}\int_a^b f(x,t)\,dt = \int_a^b \frac{\partial}{\partial x}[f(x,t)]\,dt + f(x,b)\frac{db}{dx} - f(x,a)\frac{da}{dx}.$$

4. Integralformeln

Literatur: Meyer zur Capellen, W.: Integraltafeln. Berlin: Springer 1950.

a) Rationale Funktionen.

1. $\int (a+bx)^n\,dx = \frac{1}{(n+1)\,b}(a+bx)^{n+1} + C, \quad n \neq -1$ (vgl. 2.).

2. $\int \frac{dx}{a+bx} = \frac{1}{b}\ln|a+bx| + C = \frac{1}{b}\ln|c\,(a+bx)|$.

3. $\int \frac{dx}{x^2} = -\frac{1}{x} + C$. 4. $\int \frac{dx}{(a+bx)^2} = -\frac{1}{b\,(a+bx)} + C$.

5. $\int \frac{dx}{a+bx^2} = \frac{1}{\sqrt{ab}}\operatorname{arc\,tg}\left(\sqrt{\frac{b}{a}}\,x\right) + C$

6. $\int \frac{dx}{a-bx^2} = \frac{1}{2\sqrt{ab}}\ln\left|\frac{\sqrt{ab}+bx}{\sqrt{ab}-bx}\right| + C = \frac{1}{\sqrt{ab}}\,\mathfrak{Ar}\,\mathfrak{Tg}\sqrt{\frac{b}{a}}\,x + C$

(5. und 6.) für $ab > 0$.

7. $\int \frac{dx}{a+2bx+cx^2} = \frac{1}{\sqrt{ac-b^2}}\operatorname{arc\,tg}\frac{b+cx}{\sqrt{ac-b^2}} + C$, wenn $ac > b^2$,

$= \frac{1}{2\sqrt{b^2-ac}}\ln\left|\frac{\sqrt{b^2-ac}-b-cx}{\sqrt{b^2-ac}+b+cx}\right| + C$, wenn $b^2 > ac$

$= -\frac{1}{b+cx} + C$, wenn $b^2 = ac$.

b) Algebraisch irrationale Funktionen.

1. $\int R\left(x, \sqrt[n]{a+bx}\right) dx$, worin R = rationale Funktion, führt mit $a+bx=v^n$ auf das Integral rationaler Funktionen

$$\frac{n}{b}\int R\left(\frac{v^n-a}{b}, v\right) v^{n-1} dv;$$ vgl. a) 1. für gebrochene Exponenten.

2. $$\int \frac{x\,dx}{\sqrt{a+bx}} = \frac{2}{b^2}\left[\frac{1}{3}\sqrt{(a+bx)^3} - a\sqrt{a+bx}\right] + C.$$

3. $$\int \frac{dx}{x\sqrt{a+bx}} = \frac{2}{\sqrt{-a}} \operatorname{arc\,tg} \frac{v}{\sqrt{-a}} + C \quad \text{für } a<0,$$

$$= \frac{1}{\sqrt{a}} \ln\left|\frac{v-\sqrt{a}}{v+\sqrt{a}}\right| + C \quad \text{für } a>0,$$

mit $v=\sqrt{a+bx}$.

4. $$\int \frac{dx}{\sqrt{a^2-x^2}} = \arcsin\frac{x}{a} + C_1 = -\arccos\frac{x}{a} + C_2.$$

5. $$\int \sqrt{a^2-x^2}\,dx = \frac{1}{2}x\sqrt{a^2-x^2} + \frac{1}{2}a^2 \arcsin\frac{x}{a} + C.$$

6. $$\int \frac{dx}{\sqrt{x^2 \pm a^2}} = \ln\left(x+\sqrt{x^2\pm a^2}\right) + C = \begin{cases} \operatorname{Ar\,Sin}\frac{x}{a} + C_1 \\ \operatorname{Ar\,Cof}\frac{x}{a} + C_2 \end{cases}$$ für das obere / untere Vorzeichen.

7. $$\int \sqrt{x^2\pm a^2}\,dx = \frac{1}{2}x\sqrt{x^2\pm a^2} \pm \frac{1}{2}a^2 \ln\left(x+\sqrt{x^2\pm a^2}\right) + C;$$ s. Nr. 6.

8. $\int R\left(x, \sqrt{\alpha+\beta x^2}\right) dx$, R = rationale Funktion, wird auf eine der folgenden Formen gebracht. Diese werden durch die angegebenen Substitutionen auf Integrale rationaler Funktionen zurückgeführt.

8a. $\int R\left(x, \sqrt{a^2-x^2}\right) dx$; Substitution $v=\sqrt{\frac{a-x}{a+x}}$; $x=a\frac{1-v^2}{1+v^2}$;

$$\sqrt{a^2-x^2} = \frac{2av}{1+v^2}; \quad dx = -\frac{4av\,dv}{(1+v^2)^2}.$$

8b. $\int R\left(x, \sqrt{x^2-a^2}\right) dx$; Substitution $v=\sqrt{\frac{x-a}{x+a}}$; $x=a\frac{1+v^2}{1-v^2}$;

$$\sqrt{x^2-a^2} = \frac{2av}{1-v^2}; \quad dx = \frac{4av\,dv}{(1-v^2)^2}.$$

8c. $\int R\left(x, \sqrt{x^2+a^2}\right) dx$; Substitution $v=x+\sqrt{x^2+a^2}$; $x=\frac{v^2-a^2}{2v}$;

$$\sqrt{x^2+a^2} = \frac{v^2+a^2}{2v}; \quad dx = \frac{v^2+a^2}{2v^2}dv.$$

9. $\int R\left(x, \sqrt{ax^2+2bx+c}\right) dx$ führt mit $\Delta = ac-b^2 \neq 0$ und

$$u = \frac{ax+b}{\sqrt{\pm\Delta}} \quad \left(\begin{matrix}+\\-\end{matrix} \text{ für } \Delta \gtrless 0\right)$$ auf eine der Formen 8,

und zwar wird die Wurzel gleich

$\sqrt{\Delta/a}\cdot\sqrt{u^2+1}$ für $a>0$, $\Delta>0$;

$\sqrt{-\Delta/a}\cdot\sqrt{u^2-1}$ für $a>0$, $\Delta<0$;

$\sqrt{\Delta/a}\cdot\sqrt{1-u^2}$ für $a<0$, $\Delta<0$.

9a. So wird z. B.

$$\int \mathrm{d}x/\sqrt{a x^2 + 2 b x + c} = 1/\sqrt{a} \cdot \int \mathrm{d}u/\sqrt{u^2+1} \quad \text{für } a > 0, \quad \Delta > 0 \quad \text{(s. Nr. 6)};$$

$$= 1/\sqrt{a} \cdot \int \mathrm{d}u/\sqrt{u^2-1} \quad \text{für } a > 0, \quad \Delta < 0 \quad \text{(s. Nr. 6)};$$

$$= 1/\sqrt{-a} \cdot \int \mathrm{d}u/\sqrt{1-u^2} \quad \text{für } a < 0, \quad \Delta < 0 \quad \text{(s. Nr. 4)}.$$

10. $\int \mathrm{R}(x, \sqrt{y})\,\mathrm{d}x$, worin y eine ganze rationale Funktion 3. oder 4. Grades von der Form $y = a_0 + a_1 x + a_2 x^2 + a_3 x^3 + a_4 x^4$ ist, führt durch geeignete Umformungen und Substitutionen auf *elliptische Integrale* (vgl. S. 94 u. S. 84 Lit.).

10a. $$\int_0^x \frac{\mathrm{d}t}{\sqrt{(a^2 - t^2)(b^2 - t^2)}} = \frac{1}{b} \int_0^\varphi \frac{\mathrm{d}\psi}{\sqrt{1 - k^2 \sin^2 \psi}} = \frac{1}{b} \mathrm{F}(\alpha, \varphi);$$

10b. $$\int_0^x \sqrt{\frac{b^2 - t^2}{a^2 - t^2}}\,\mathrm{d}t = b \int_0^\varphi \sqrt{1 - k^2 \sin^2 \psi}\,\mathrm{d}\psi = b\,\mathrm{E}(\alpha, \varphi);$$

$t = a \sin \psi$ bzw. $x = a \sin \varphi$; $\sin \alpha = k = a/b$; $a^2 < b^2$.

c) Transzendente Funktionen.

1. $\int \ln x \,\mathrm{d}x = x(\ln x - 1) + C.$

2. $\int \mathrm{e}^{mx}\,\mathrm{d}x = \frac{1}{m}\mathrm{e}^{mx} + C.$

3. $\int \mathfrak{Sin}\, x \,\mathrm{d}x = \mathfrak{Cof}\, x + C.$

4. $\int \mathfrak{Cof}\, x \,\mathrm{d}x = \mathfrak{Sin}\, x + C.$

5. $\int \sin^2 x \,\mathrm{d}x = -\frac{1}{4}\sin 2x + \frac{1}{2}x + C.$

6. $\int \cos^2 x \,\mathrm{d}x = \frac{1}{4}\sin 2x + \frac{1}{2}x + C.$

7. $\int \sin^n x \cos x \,\mathrm{d}x = \frac{\sin^{n+1} x}{n+1} + C; \quad n \neq -1.$

8. $\int \sin^n x \,\mathrm{d}x = -\frac{\cos x \sin^{n-1} x}{n} + \frac{n-1}{n}\int \sin^{n-2} x \,\mathrm{d}x;$

9. $\int \cos^n x \,\mathrm{d}x = \frac{\sin x \cos^{n-1} x}{n} + \frac{n-1}{n}\int \cos^{n-2} x \,\mathrm{d}x;$

(n ganz und positiv.)

10. $\int \sin mx \,\mathrm{d}x = -\frac{\cos mx}{m} + C.$

11. $\int \cos mx \,\mathrm{d}x = \frac{\sin mx}{m} + C.$

12. $\int \sin mx \cos nx \,\mathrm{d}x = -\frac{\cos(m+n)x}{2(m+n)} - \frac{\cos(m-n)x}{2(m-n)} + C$

13. $\int \sin mx \sin nx \,\mathrm{d}x = \frac{\sin(m-n)x}{2(m-n)} - \frac{\sin(m+n)x}{2(m+n)} + C$

14. $\int \cos mx \cos nx \,\mathrm{d}x = \frac{\sin(m-n)x}{2(m-n)} + \frac{\sin(m+n)x}{2(m+n)} + C$

($m \neq n$.)

15. $\int \operatorname{tg} x \,\mathrm{d}x = -\ln\cos x + C.$

16. $\int \operatorname{ctg} x \,\mathrm{d}x = \ln\sin x + C.$

17. $\int \frac{\mathrm{d}x}{\sin x} = \ln\operatorname{tg}\frac{x}{2} + C.$

18. $\int \frac{\mathrm{d}x}{\cos x} = \ln\operatorname{tg}\left(\frac{\pi}{4} + \frac{x}{2}\right) + C.$

19. $\int \frac{\mathrm{d}x}{1 + \cos x} = \operatorname{tg}\frac{x}{2} + C.$

20. $\int \frac{\mathrm{d}x}{1 - \cos x} = -\operatorname{ctg}\frac{x}{2} + C.$

21. $\int x^n e^x \, dx = x^n e^x - n \int x^{n-1} e^x \, dx$; n ganz und positiv.

22. $\int e^{ax} \sin bx \, dx = \dfrac{e^{ax}(a \sin bx - b \cos bx)}{a^2 + b^2} + C.$

23. $\int e^{ax} \cos bx \, dx = \dfrac{e^{ax}(a \cos bx + b \sin bx)}{a^2 + b^2} + C.$ Vgl. ferner S. 92.

5. Anwendungen

a) Bogenlänge. α) *Grundformel.* Um die Bogenlänge $AB = s$ der gegebenen Kurve $y = f(x)$ zu ermitteln, greift man ein Bogenelement $\widehat{PP_1} = \Delta s$ heraus, das man zunächst durch die zugehörige Sehne Δl ersetzen kann, Bild 51. Aus dem rechtwinkligen Dreieck folgt

$$\Delta l = \sqrt{\Delta x^2 + \Delta y^2} = \Delta x \sqrt{1 + (\Delta y / \Delta x)^2} \quad \text{oder}$$

$$\frac{\Delta s}{\Delta x} = \frac{\Delta s}{\Delta l} \frac{\Delta l}{\Delta x} = \frac{\Delta s}{\Delta l} \sqrt{1 + \left(\frac{\Delta y}{\Delta x}\right)^2}.$$

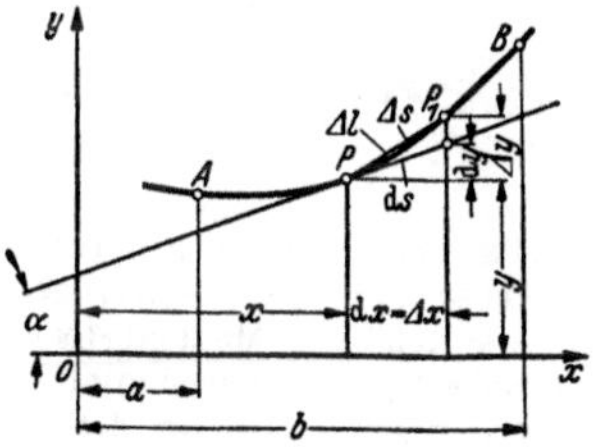

Bild 51. Bogenlänge allgemein

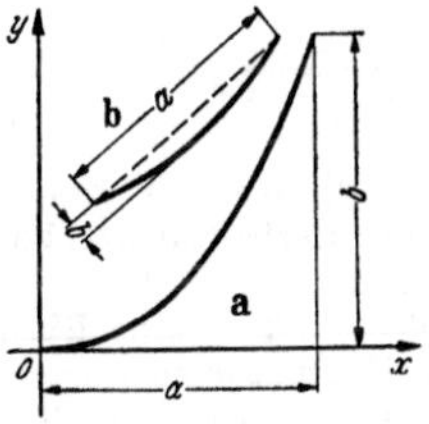

Bild 52
a) Bogenlänge einer Parabel,
b) eines flachen Bogens

Beim Grenzübergang $\Delta x \to 0$ wird $\lim\limits_{\Delta x \to 0} \Delta s / \Delta l = 1$, $\lim\limits_{\Delta x \to 0} \Delta y / \Delta x = y'$, $\lim\limits_{\Delta x \to 0} \Delta s / \Delta x = ds/dx$, also folgt $ds/dx = \sqrt{1 + y'^2}$ oder das *Bogenelement* $ds = \sqrt{1 + y'^2}\, dx$ und die *Bogenlänge* $s = \int\limits_{x_1}^{x_2} \sqrt{1 + y'^2}\, dx$.

Beispiel: Gesucht die *Bogenlänge der Parabel* $y = b\,(x/a)^2$, Bild 52. Es ist $y' = 2b\,x/a^2$ und $s = \int\limits_0^a \sqrt{1 + \frac{4 b^2 x^2}{a^4}}\, dx = \frac{2b}{a^2} \int\limits_0^a \sqrt{\left(\frac{a^2}{2b}\right)^2 + x^2}\, dx$. Dies führt nach Formel Nr. 7 in 4 b, wenn dort a durch $a^2/2b = \lambda$ ersetzt wird, auf

$$s = \frac{1}{\lambda} \left[\frac{1}{2} x \sqrt{x^2 + \lambda^2} + \frac{1}{2} \lambda^2 \ln\left(x + \sqrt{x^2 + \lambda^2}\right)\right]_0^a$$

$$= \frac{1}{\lambda} \left[\frac{1}{2} a \sqrt{a^2 + \lambda^2} + \frac{1}{2} \lambda^2 \left\{\ln\left(a + \sqrt{a^2 + \lambda^2}\right) - \ln \lambda\right\}\right]$$

$$= \frac{1}{2} \sqrt{a^2 + 4b^2} + \frac{a^2}{4b} \ln\left(\frac{2b}{a} + \frac{1}{a} \sqrt{a^2 + 4b^2}\right).$$

Angenähert ist $s \approx a \left[1 + \frac{2}{3}\left(\frac{b}{a}\right)^2 - \frac{2}{5}\left(\frac{b}{a}\right)^4\right]$,

wenn b/a klein ist. Diese Formel gilt auch für einen beliebigen flachen Bogen, Bild 52b, wenn a die Sehne, b die Höhe des Bogens ist und in der Klammer a durch $a/2$ ersetzt wird.

β) *Die Parameterform* der Kurve $x = x(t)$ und $y = y(t)$ liefert (S. 75) $dx = \dot{x}(t)\, dt$ und $dy = \dot{y}(t)\, dt$, d. h. $ds^2 = (\dot{x}^2 + \dot{y}^2)\, dt^2$ oder

$$s = \int \sqrt{\dot{x}^2 + \dot{y}^2}\, dt.$$

Beispiel: Es ist die *Länge des Bogens der gewöhnlichen Zykloide* zu berechnen. Die Gleichung der Kurve lautet in Parameterform (S. 139):

$$x = r\,(\varphi - \sin\varphi); \qquad y = r\,(1 - \cos\varphi),$$

folglich ist

$$\dot{x}\,(\varphi) = r\,(1 - \cos\varphi)\,\mathrm{d}\varphi; \qquad \dot{y}\,(\varphi) = r\sin\varphi\,\mathrm{d}\varphi;$$

$$\mathrm{d}s^2 = [r^2\,(1 - \cos\varphi)^2 + r^2\sin^2\varphi]\,\mathrm{d}\varphi^2 = 2\,r^2\,(1 - \cos\varphi)\,\mathrm{d}\varphi^2 = 4\,r^2\sin^2\frac{\varphi}{2}\cdot\mathrm{d}\varphi^2;$$

$$s = \int \mathrm{d}s = \int 2r\sin\frac{\varphi}{2}\,\mathrm{d}\varphi = 4\,r\left(-\cos\frac{\varphi}{2}\right)_0^{\varphi} = 4\,r\left(1 - \cos\frac{\varphi}{2}\right).$$

Rollt der Kreis ganz ab, d. h. wächst φ von 0 bis 2π, so wird $s = 4r\,(1 - \cos\pi) = 8r$.

γ) *Die Polarkoordinaten* liefern unmittelbar aus Bild 84a, b (S. 117), wobei zu beachten ist, daß r eine Funktion von φ ist:

$$\mathrm{d}s^2 = (r\,\mathrm{d}\varphi)^2 + (\mathrm{d}r)^2 \quad \text{oder} \quad \mathrm{d}s = \sqrt{r^2 + (\mathrm{d}r/\mathrm{d}\varphi)^2}\,\mathrm{d}\varphi = \sqrt{r^2 + r'^2}\,\mathrm{d}\varphi \quad \text{und}$$

$$s = \int \sqrt{r^2 + r'^2}\,\mathrm{d}\varphi.$$

Beispiel: Aus der Gleichung der logarithmischen Spirale (S. 142) $r = a\,\mathrm{e}^{m\varphi}$ folgt

$$r' = \mathrm{d}r/\mathrm{d}\varphi = a\,m\,\mathrm{e}^{m\varphi}, \qquad s = \int_0^{\varphi} \sqrt{a^2\mathrm{e}^{2m\varphi} + a^2m^2\mathrm{e}^{2m\varphi}}\,\mathrm{d}\varphi = \int_0^{\varphi} a\,\mathrm{e}^{m\varphi}\sqrt{1 + m^2}\,\mathrm{d}\varphi$$

$$= \left[\frac{a\sqrt{1 + m^2}}{m}\,\mathrm{e}^{m\varphi}\right]_0^{\varphi} = \frac{a\sqrt{1 + m^2}}{m}\,(\mathrm{e}^{m\varphi} - 1) = \frac{r - a}{m}\sqrt{1 + m^2} = (r - a)\sqrt{1 + \left(\frac{1}{m}\right)^2}$$

$= (r - a)/\cos\alpha$ (Bild 136, S. 143).

b) Oberfläche von Drehkörpern. Wird eine ebene Kurve $y = \mathrm{f}(x)$ von der Länge s um eine in ihrer Ebene liegende Achse, z. B. die x-Achse, gedreht, so schneiden, Bild 53, zwei Ebenen senkrecht zur Achse im Abstand Δx eine ringförmige Oberfläche aus, deren Inhalt ΔO genähert gleich dem Mantel des Kegelstumpfes von der Mantellänge Δl ist und dessen mittlerer Radius gleich $^1/_2\,(y + y + \Delta y) = y + {}^1/_2\,\Delta y$ ist.

Also wird
$$\Delta O = 2\pi\,(y + {}^1/_2\,\Delta y)\,\Delta l = 2\pi\,(y + {}^1/_2\,\Delta y)\,\frac{\Delta l}{\Delta s}\,\Delta s$$

oder $\Delta O/\Delta s = 2\pi\,(y + {}^1/_2\,\Delta y)\,\Delta l/\Delta s$. Für $\Delta s \to 0$ bleibt, da $\Delta l/\Delta s \to 1$ strebt [s. a)], $\mathrm{d}O/\mathrm{d}s = 2\pi y$ oder $O = 2\pi\int y\,\mathrm{d}s$ und bei Drehung um die y-Achse $O = 2\,\pi\int x\,\mathrm{d}\,s$ (vgl. auch S. 190).

Beispiele: 1. Oberfläche der *Kugel.* Der Kreis, Bild 54, wird um die x-Achse gedreht. Dann wird $\mathrm{d}s = r\,\mathrm{d}\varphi$, $y = r\sin\varphi$ und damit für die Kugel*kappe*

$$O = 2\pi\int y\,\mathrm{d}s = 2\,\pi\,r^2\int_0^{\varphi_0}\sin\varphi\,\mathrm{d}\varphi = 2\,\pi\,r^2\,(-\cos\varphi)\Big|_0^{\varphi_0} = 2\,\pi\,r\,(r - r\cos\varphi_0) = 2\,\pi\,r\,h_1,$$

wofür auch mit $2rh_1 = a^2 + h_1^2$ geschrieben werden kann: $\quad O = \pi\,(a^2 + h_1^2)$.

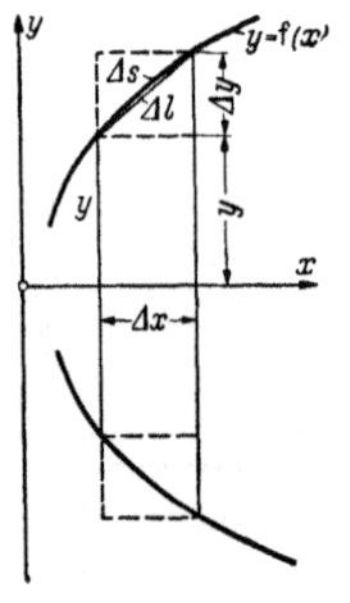

Bild 53

Für die Kugel*zone* als Differenz zweier Kugelkappen folgt, Bild 54, $O = 2\,\pi r\,(h_2 - h_1) = 2\,\pi r h$ (vgl. auch S. 189) und für die ganze *Kugel* mit $h = 2r$

$$O = 4\,\pi r^2.$$

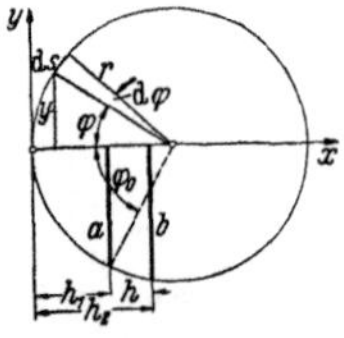

Bild 54

2. Oberfläche des *Drehparaboloids* bei Drehung um die x-Achse. Die Gleichung der durch den Punkt mit den Koordinaten $x = a$ und $y = b$ gehenden Parabel lautet

$$y = b\sqrt{\frac{x}{a}}. \quad \text{Damit wird } y' = \frac{b}{2\sqrt{a\,x}}$$

und
$$O = 2\pi\int y\,\mathrm{d}s = 2\pi\int y\sqrt{1 + y'^2}\,\mathrm{d}x$$

$$= 2\pi\int_0^a b\sqrt{\frac{x}{a}}\sqrt{1 + \frac{b^2}{4\,a\,x}}\,\mathrm{d}x = \pi\,\frac{b}{a}\int_0^a \sqrt{4\,a\,x + b^2}\,\mathrm{d}x.$$

Nach Formel Nr. 1 in 4a) (S. 84) folgt mit $n = 1/2$, und wenn dort a durch b^2 und b durch $4a$ ersetzt wird, der Wert

$$O = \frac{\pi b}{6a^2}\left[(4ax+b^2)^{3/2}\right]_0^a = \frac{\pi b}{6a^2}\left[(4a^2+b^2)^{3/2} - b^3\right].$$

Ist der Parabelbogen sehr *flach*, also a/b klein, so ist $O \approx \pi b^2\left[1+\left(\frac{a}{b}\right)^2 - \frac{2}{3}\left(\frac{a}{b}\right)^4\right]$.

c) Rauminhalt von Drehkörpern. Wird das unter der Kurve $y = f(x)$ liegende Flächenstück um die x-Achse gedreht, so liegt der Raumzuwachs ΔV, Bild 53, zwischen zwei Zylindern mit der Höhe Δx und den Radien y bzw. $y + \Delta y$. Es ist also

$$\pi y^2 \Delta x < \Delta V < \pi (y+\Delta y)^2 \Delta x \quad \text{oder} \quad \pi y^2 < \Delta V/\Delta x < \pi (y+\Delta y)^2.$$

Beim Grenzübergang $\Delta x \to 0$ wird $\lim\limits_{\Delta x\to 0} (y+\Delta y) = y$ und

$$\lim_{\Delta x \to 0} \Delta V/\Delta x = \mathrm{d}V/\mathrm{d}x, \quad \text{d. h.} \quad \mathrm{d}V/\mathrm{d}x = \pi y^2 \quad \text{oder} \quad V = \pi \int_{x_1}^{x_2} y^2\,\mathrm{d}x.$$

Bei Drehung der *gleichen* Fläche um die y-Achse kann man sich den Körper in kleine Hohlzylinder von der Wandstärke Δx, den mittleren Radien x und den Höhen y zerlegt denken (vgl. auch S. 190). Dann gilt ähnlich

$$V = 2\pi \int_{x_2}^{x_1} x y\,\mathrm{d}x.$$

Bei Drehung der zwischen Kurve und y-Achse gelegenen Fläche folgt entsprechend

$$V = \pi \int_{y_2}^{y_1} x^2\,\mathrm{d}y; \text{ vgl. Beisp. 2.}$$

Beispiele: 1. *Inhalt eines Drehparaboloids.* Wird die Parabel $y = b\sqrt{x/a}$ (s. oben) um die x-Achse gedreht, so folgt

$$V = \pi \int_{x=0}^{x=a} y^2\,\mathrm{d}x = \pi \int_0^a \frac{b^2}{a} x\,\mathrm{d}x = \pi\, \frac{b^2}{a}\cdot\frac{x^2}{2}\Bigg|_0^a = \pi\,\frac{a b^2}{2},$$

d. h. der Rauminhalt des Drehparaboloids ist halb so groß wie der Rauminhalt des Zylinders, der durch Drehung des Rechtecks mit den Seiten a und b um die x-Achse entsteht.

2. *Inhalt eines Drehhyperboloids.* Die Hyperbel $x^2/a^2 - y^2/b^2 = 1$ wird um die y-Achse gedreht (Bild 55). Der Rauminhalt zwischen den Ebenen $y = h$ und $y = -h$ ist zu bestimmen:

$$V = \pi \int x^2\,\mathrm{d}y = \pi a^2 \int_{-h}^{h}\left(1+\frac{y^2}{b^2}\right)\mathrm{d}y = 2\pi a^2\left[y + \frac{y^3}{3b^2}\right]_0^h = 2\pi a^2 h\left(1+\frac{h^2}{3b^2}\right).$$

Da aus der Hyperbelgleichung $\frac{y^2}{b^2} = \frac{x^2}{a^2} - 1$, also $\frac{h^2}{b^2} = \frac{r^2}{a^2} - 1$ folgt (s. Bild 55), wird

$$V = 2\pi a^2 h\left(1 + \frac{r^2}{3a^2} - \frac{1}{3}\right) = \frac{2\pi h}{3}\,(2a^2 + r^2).$$

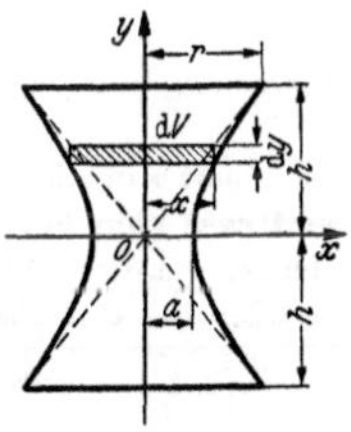

Bild 55

Für $r = a$ und $b = \infty$ entartet die Hyperbel in 2 parallele Geraden, und man erhält den Rauminhalt $V = \pi a^2 \cdot 2h$ eines Zylinders von der Höhe $2h$ und dem Grundkreisradius a; für $a = 0$ entartet die Hyperbel in 2 sich schneidende Geraden, und es folgt der Rauminhalt des Doppelkegels (Bild 55 gestrichelt) zu

$$V = {}^2/_3\, \pi r^2 h.$$

Oberfläche und Inhalt von Umdrehungskörpern können auch mit Hilfe der *Guldin*schen Regel (S. 190) ermittelt werden, sofern der Schwerpunkt der gedrehten Linie bzw. Fläche bekannt ist. Weitere Anwendungen des bestimmten Integrals enthält der Abschnitt Trägheits-, Widerstands- und Fliehmomente ebener Flächen (S. 341), ferner dynamische Trägheitsmomente S. 255.

d) Integralkurven. Gegeben sei die Kurve $y = f(x)$. Dann heißt das graphische Bild des Integrals, d. h. der Funktion

$$F(x) = \int f(x)\,\mathrm{d}x,$$

die Integralkurve zu $y = f(x)$. Da bei der Integration eine willkürliche Konstante hinzugefügt werden kann, ist die Aufgabe zunächst unbestimmt. Es gibt zu $y = f(x)$ unendlich viele Integralkurven. Die Konstante kann aus den jeweiligen Anfangsbedingungen bestimmt werden, wie diese bei physikalischen oder technischen Aufgaben vorliegen.

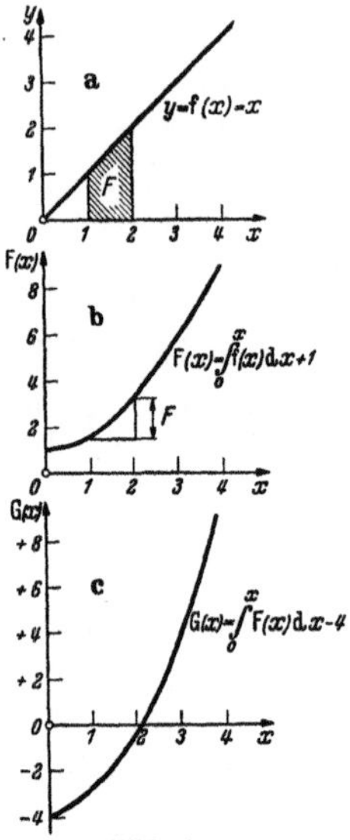

Bild 56a, b, c
Integralkurven

So ist z. B. für $y = x$ (Bild 56a) $F(x) = \int x\,dx = \frac{1}{2}x^2 + C$ (Bild 56b); soll $F(x)$ durch den Punkt mit den Koordinaten $x = 0$ und $F = 1$ gehen, so folgt aus $1 = 0 + C$, daß $C = 1$ sein muß, also $F(x) = \frac{1}{2}x^2 + 1$ die gesuchte, die Anfangsbedingung erfüllende Lösung ist.

Gemäß der Definition des Integrals ist $F'(x) = f(x)$, d. h. die gegebene Kurve $y = f(x)$ ist die Differentialkurve von $F(x)$, vgl. S. 77.

Das *bestimmte* Integral $\int_a^b f(x)\,dx = F(b) - F(a)$,

d. h. der Flächeninhalt unter der Kurve $y = f(x)$ in den Grenzen $x = a$ und $x = b$ ist der Unterschied der Ordinaten $F(b)$ und $F(a)$.

So ist in Bild 56b die Strecke F ein Maß für die schraffierte Fläche in Bild 56a, bei der $a = 1$ und $b = 2$ ist.

Zur Kurve $F(x)$ läßt sich nochmals die Integralkurve $G(x) = \int F(x)\,dx$, d. h. die *zweite* Integralkurve bilden.

Im obigen Beisp., Bild 56b, war $F(x) = \frac{1}{2}x^2 + 1$. Es ist also $G(x) = \int (\frac{1}{2}x^2 + 1)\,dx = \frac{1}{6}x^3 + x + C_1$. Soll z. B. $G = -4$ für $x = 0$ sein, so muß $C_1 = -4$ sein, d. h. es folgt $G(x) = \frac{1}{6}x^3 + x - 4$, vgl. Bild 56c.

Anwendungen und Weiteres vgl. Differentialgleichungen S. 102, Dynamik S. 227, Festigkeitslehre S. 379.

6. Eigentliche und uneigentliche bestimmte Integrale

a) Das bestimmte Integral war auf S. 80 als $\int_a^b f(x)\,dx = J(a) - J(b)$ definiert; hierbei kann auch das Intervall unterteilt werden, so daß $\int_a^b = \int_a^{a_1} + \int_{a_1}^b$ ist. Geht nun der Integrand in dem betrachteten Intervall ins Unendliche oder erstreckt sich eine Integrationsgrenze ins Unendliche, so hat man kein eigentliches, sondern ein **uneigentliches Integral.** Es muß im Einzelfall untersucht werden, ob das Integral existiert oder nicht.

Strebt der Integrand für $x = b$ einem unendlich großen Wert zu, so ist das Integral $\int_a^b f(x)\,dx$ definiert durch $\lim_{\varepsilon \to 0} \int_a^{b-\varepsilon} f(x)\,dx$, sofern dieser Grenzwert existiert.

Wird das Intervall unendlich groß, so ist das Integral $\int_a^{\infty} f(x)\,dx$ definiert durch $\lim_{A \to \infty} \int_a^A f(x)\,dx$, sofern dieser Grenzwert existiert.

Beispiele: 1. Gesucht $\int \mathrm{d}\,x/x^m$ von $x = 0$ bis $x = 1$.

Man bildet $\int\limits_\varepsilon^1 \mathrm{d}x/x^m = \int\limits_\varepsilon^1 x^{-m}\,\mathrm{d}\,x = (1-\varepsilon^{1-m})/(1-m)$, $m \neq 1$, und erkennt, daß dieser Wert für $\varepsilon \to 0$ nur dann existiert, wenn $m < 1$ ist. Es folgt dann der Wert $1/(1-m)$. Für $m = 1$ ergibt sich $\ln \varepsilon$, d. h. auch hier existiert das Integral nicht, da $\ln 0 = -\infty$.

$$2.\quad \int\limits_0^\infty \mathrm{e}^{-kx}\,\mathrm{d}\,x = \lim_{A\to\infty}\int\limits_0^A \mathrm{e}^{-kx}\mathrm{d}x = \lim_{A\to\infty} -\frac{1}{k}\,\mathrm{e}^{-kx}\Big|_0^A = \lim_{A\to\infty}\frac{1}{k}\,(1-\mathrm{e}^{-kA}) = \frac{1}{k}.$$

3. Nach Beisp. 2 ist $\int\limits_0^\infty \mathrm{e}^{-xt}\,\mathrm{d}\,x = \frac{1}{t}$. Nach den Regeln über die Differentiation eines Integrals nach einem Parameter (S. 84) folgt für die linke Seite

$$\frac{\mathrm{d}}{\mathrm{d}t}\int\limits_0^\infty \mathrm{e}^{-xt}\,\mathrm{d}x = \int\limits_0^\infty \frac{\partial}{\partial t}\,(\mathrm{e}^{-xt})\,\mathrm{d}x = -\int\limits_0^\infty x\,\mathrm{e}^{-xt}\,\mathrm{d}\,x.$$

Für die rechte Seite folgt als Ableitung $-\frac{1}{t^2}$, d. h. $\int\limits_0^\infty x\,\mathrm{e}^{-xt}\,\mathrm{d}\,x = \frac{1}{t^2}$. Wiederholung der Differentiation liefert

$$\int\limits_0^\infty x^2\,\mathrm{e}^{-xt}\,\mathrm{d}x = \frac{2!}{t^3},\quad \ldots,\quad \int\limits_0^\infty x^n\,\mathrm{e}^{-xt}\,\mathrm{d}x = \frac{n!}{t^{n+1}}.$$

Für $t = 1$ insbesondere folgt $\int\limits_0^\infty x^n\,\mathrm{e}^{-x}\,\mathrm{d}\,x = n!$, d. h. die Integraldarstellung der Γ-Funktion $\Pi(n) = n!$, vgl. S. 96.

b) Wichtige bestimmte Integrale.

$$1.\quad \int\limits_0^a \frac{\mathrm{d}x}{x^m} = \frac{a^{1-m}}{1-m};\quad m < 1.$$

$$2.\quad \int\limits_a^\infty \frac{\mathrm{d}x}{x^m} = \frac{1}{(m-1)\,a^{m-1}};\quad m > 1.$$

$$3.\quad \int\limits_0^{\sqrt{a/b}} \frac{\mathrm{d}x}{a+bx^2} = \frac{\pi}{4\sqrt{ab}} = \frac{1}{2}\int\limits_0^\infty \frac{\mathrm{d}x}{a+bx^2}.$$

$$4.\quad \int\limits_0^a \frac{\mathrm{d}x}{\sqrt{a^2-x^2}} = \frac{\pi}{2}.$$

$$5.\quad \int\limits_a^b \frac{\mathrm{d}x}{\sqrt{x^2-a^2}} = \mathfrak{Ar}\,\mathfrak{Cof}\,\frac{b}{a}.$$

$$6.\quad \int\limits_0^a \sqrt{a^2-x^2}\,\mathrm{d}x = \frac{a^2\pi}{4}.$$

$$7.\quad \int\limits_0^{\pi/2k} \sin kx\,\mathrm{d}x = \int\limits_0^{\pi/2k} \cos kx\,\mathrm{d}x = 1.$$

$$8.\quad \int\limits_0^{2\pi/k} \sin kx\,\mathrm{d}x = \int\limits_0^{2\pi/k} \cos kx\,\mathrm{d}x = 0.$$

$$9.\quad \int\limits_0^{\pi/2k} \sin^{2m+1} kx\,\mathrm{d}x = \int\limits_0^{\pi/2k} \cos^{2m+1} kx\,\mathrm{d}x = \frac{2\cdot 4\cdot 6\ldots 2m}{3\cdot 5\cdot 7\ldots(2m+1)}$$

$$10.\quad \int\limits_0^{\pi/2k} \sin^{2m} kx\,\mathrm{d}x = \int\limits_0^{\pi/2k} \cos^{2m} kx\,\mathrm{d}x = \frac{1\cdot 3\cdot 5\ldots(2m-1)}{2\cdot 4\cdot 6\ldots 2m}\cdot\frac{\pi}{2}$$

(9. und 10.: m ganz und > 0.)

$$11.\quad \int\limits_0^{\pi/2} \frac{\mathrm{d}\varphi}{\sqrt{1-k^2\sin^2\varphi}} = \mathrm{F}\left(\alpha, \frac{\pi}{2}\right) \quad\text{und}\quad 12.\quad \int\limits_0^{\pi/2} \sqrt{1-k^2\sin^2\varphi}\,\mathrm{d}\varphi = \mathrm{E}\left(\alpha, \frac{\pi}{2}\right);$$

vgl. S. 94/95.

13. $\int\limits_0^\infty \frac{\sin k x}{x}\,dx = \frac{\pi}{2}$; $k > 0$. 14. $\int\limits_0^\infty \frac{\operatorname{tg} k x}{x}\,dx = \frac{\pi}{2}$; $k > 0$.

15. $\int\limits_0^\infty e^{-kx}\,dx = \frac{1}{k}$. 16. $\int\limits_0^\infty e^{-x^2}\,dx = \frac{1}{2}\sqrt{\pi}$.

17. $\int\limits_0^\infty x^n e^{-kx}\,dx = \frac{n!}{k^{n+1}}$; $k > 0$, n ganz und > 0. 18. $\int\limits_0^\infty \frac{x^{n-1}}{x+1}\,dx = \frac{\pi}{\sin n\pi}$; $0 < n < 1$.

7. Mehrfache Integrale und Linienintegrale

a) Mehrfache Integrale. Gesucht ist das Integral der Funktion $z = f(x, y)$ über dem Bereich $\mathfrak{B}$ der x, y-Ebene. Dieser möge zwischen den Stützgeraden $x = x_0$, $x = x_1$ und $y = y_0$, $y = y_1$ liegen, und es mögen die begrenzenden Kurven die Gleichungen $y = \psi_1(x)$, $y_2 = \psi_2(x)$ bzw. $x = \varphi_1(y)$, $x = \varphi_2(y)$ haben, Bild 57. Dann sind die Integrale

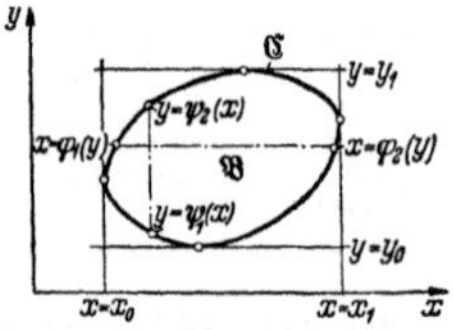

Bild 57

$$\int\limits_{\varphi_1(y)}^{\varphi_2(y)} f(x, y)\,dx \quad \text{und} \quad \int\limits_{\psi_1(x)}^{\psi_2(x)} f(x, y)\,dy$$

längs der Sehnen, d. h. längs der Geraden $y = \text{const.}$ bzw. $x = \text{const.}$, erstreckt, und es ist im ersten Fall y ein Parameter, der auch in den Grenzen erscheint. Das gleiche gilt hinsichtlich x für das zweite Integral. Dann hat das gesuchte *Doppelintegral* den Wert

$$\iint\limits_{\mathfrak{B}} f(x, y)\,dx\,dy = \int\limits_{y_0}^{y_1} dy \int\limits_{\varphi_1(y)}^{\varphi_2(y)} f(x, y)\,dx = \int\limits_{x_0}^{x_1} dx \int\limits_{\psi_1(x)}^{\psi_2(x)} f(x, y)\,dy.$$

In gleicher Weise kann ein *dreifaches* Integral von $F(x, y, z)$ über einen räumlichen Bereich $\mathfrak{R}$ erstreckt werden.

Beispiele: 1. Das vorstehende Doppelintegral kann als Rauminhalt des über dem Bereich liegenden Raumes der Fläche $z = f(x, y)$ aufgefaßt werden, wobei $z\,dx\,dy$ als das über dem Flächenelement $dx\,dy$ gelegene Volumenelement angesehen werden kann.

2. Ist der Bereich der Kreis mit der Gleichung $x^2 + y^2 = 1$, so wird man schreiben

$$\iint\limits_{\mathfrak{B}} f(x, y)\,dx\,dy = \int\limits_{-1}^{+1} dx \int\limits_{-\sqrt{1-x^2}}^{+\sqrt{1-x^2}} f(x, y)\,dy \quad \text{oder} \quad \int\limits_{-1}^{+1} dy \int\limits_{-\sqrt{1-y^2}}^{+\sqrt{1-y^2}} f(x, y)\,dx.$$

3. So wie $dx\,dy$ als Flächenelement dF einer ebenen Fläche mit $f(x, y) = 1$ aufgefaßt werden kann, so $dx\,dy\,dz$ als Raumelement dV mit $F(x, y, z) = 1$; d. h. Flächeninhalt und Rauminhalt können als Doppelintegral bzw. dreifaches Integral dargestellt werden:

$$F = \iint\limits_{\mathfrak{B}} dx\,dy \quad \text{bzw.} \quad V = \iiint\limits_{\mathfrak{R}} dx\,dy\,dz.$$

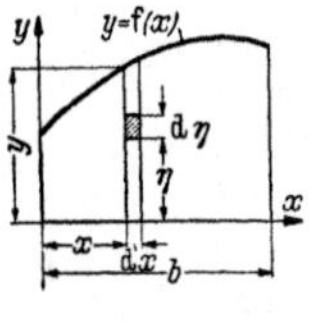

Bild 58

4. Gesucht das Trägheitsmoment der ebenen Fläche, die von der y-Achse, der x-Achse, der Kurve $y = f(x)$ und der Geraden $x = b$ begrenzt ist, in Bezug auf die x-Achse, Bild 58. Es folgt mit $dx\,d\eta = dF$ als Flächenelement

$$J_x = \int \eta^2\,dF = \int \eta^2\,dx\,d\eta = \int\limits_0^b dx \int\limits_0^y \eta^2\,d\eta = \frac{1}{3}\int\limits_0^b y^3\,dx =$$

$$= \frac{1}{3}\int\limits_0^b [f(x)]^3\,dx.$$

Ist z. B. $y = \text{const.} = h$ (*Rechteck*), so bleibt $J_x = b h^3/3$. Ist $y = h x/b$ (*Dreieck*), so bleibt $J_x = \frac{1}{3}\left(\frac{h}{b}\right)^3 \int_0^b x^3 \, dx = \frac{1}{12} b h^3$.

b) Linienintegrale. Ist $\mathfrak{C}$ eine ebene Kurve, deren Koordinaten x, y Funktionen eines gemeinsamen Parameters t sind, und ist $\mathfrak{f}(x, y)$ eine gegebene Funktion, so versteht man unter

$$\int_{\mathfrak{C}} \mathfrak{f}(x, y) \, dx$$

ein über die Kurve $\mathfrak{C}$ erstrecktes *Kurven-* bzw. *Linienintegral*. Hierbei ist auch $\mathfrak{f}(x, y)$ eine Funktion des Parameters t.

Sind *allgemeiner* $a = \mathfrak{a}(x, y, z)$, $b = \mathfrak{b}(x, y, z)$, $c = \mathfrak{c}(x, y, z)$ gegebene Funktionen, so ist das über die Kurve $\mathfrak{C}$ erstreckte *Linienintegral* gegeben durch

$$\int_{\mathfrak{C}} (a \, dx + b \, dy + c \, dz) = \int_{\alpha}^{\beta} (a \dot{x} + b \dot{y} + c \dot{z}) \, dt,$$

wobei x, y, z Funktionen eines gemeinsamen Parameters t sind, also $\dot{x} = dx/dt$, $\dot{y} = dy/dt$, $\dot{z} = dz/dt$ ist und α, β die Grenzen des Parameters t auf der Kurve $\mathfrak{C}$ bedeuten (vgl. S. 75).

α) Sind a, b, c die Komponenten eines Vektors $\mathfrak{P}$ (s. Vektorrechnung S. 151), und ist $\mathfrak{r}$ der zum Kurvenpunkt x, y, z hinweisende Ortsvektor, so sind $\dot{x}, \dot{y}, \dot{z}$ die Komponenten des Vektors $\dot{\mathfrak{r}} = \frac{d\mathfrak{r}}{dt}$, und der Integrand ist das *innere* Produkt $\mathfrak{P} \cdot \dot{\mathfrak{r}}$, so daß dann das Linienintegral gleich $\int_{\alpha}^{\beta} \mathfrak{P} \dot{\mathfrak{r}} \, dt = \int_{\mathfrak{C}} \mathfrak{P} \, d\mathfrak{r}$ wird.

β) Ist $\mathfrak{P}$ eine Kraft, so bedeutet $\mathfrak{P} \, d\mathfrak{r} = dA$ das Differential der Arbeit, d. h. $\int_{\mathfrak{C}} \mathfrak{P} \, d\mathfrak{r}$ ist die gesamte bei Bewegung längs der Kurve $\mathfrak{C}$ verrichtete Arbeit.

γ) Für einen *ebenen* Bereich fällt die Funktion c fort.

Wenn der Integrand ein *totales Differential* der Funktion $\mathrm{H}(x, y, z)$ ist, d. h. $a = \partial \mathrm{H}/\partial x = H_x$, $b = \partial \mathrm{H}/\partial y = H_y$ und $c = \partial \mathrm{H}/\partial z = H_z$ ist, d. h. also $H_x \, dx + H_y \, dy + H_z \, dz = dH$, d. h. gleich dem totalen Differential von H wird, so folgt

$$\int_{\mathfrak{C}} (a \, dx + b \, dy + c \, dz) = \int_{\alpha}^{\beta} (H_x \dot{x} + H_y \dot{y} + H_z \dot{z}) \, dt = \int_{\alpha}^{\beta} dH = H_2 - H_1,$$

wobei in $H[\mathrm{x}(t), \mathrm{y}(t), \mathrm{z}(t)]$ für den Index 1 bzw. 2 die Werte α bzw. β für den Parameter einzusetzen sind. Es hängt also das Kurvenintegral *nicht* von dem Verbindungsweg ab, und längs einer geschlossenen Kurve muß das Integral den Wert null haben (S. 100 u. 152).

Die vorstehenden Bedingungen bedeuten vektoriell (S. 153), daß der Vektor $\mathfrak{P}$ mit den Koordinaten a, b, c der *Gradient* einer von den Koordinaten abhängigen Funktion $\mathrm{H}(x, y, z)$, d. h. eines *Potentials* ist. Es wird $\mathfrak{P} = \operatorname{grad} \mathrm{H}$ (sprich „Gradient von H“).

Ist $\mathfrak{B}$ ein einfach zusammenhängender Bereich und beschränkt man sich auf die Ebene, so lautet die Bedingung für die Unabhängigkeit des Integrals $\int_{\mathfrak{C}} (a \, dx + b \, dy)$ vom Verbindungsweg zweier Punkte, daß $a_y = b_x$ oder $H_{xy} = H_{yx}$ sein muß.

c) Der **Integralsatz von Gauß** verknüpft das Linienintegral mit dem Kurvenintegral und lautet, hier auf die Ebene beschränkt,

$$\iint_{\mathfrak{B}} (\mathfrak{f}_x + \mathfrak{g}_y) \, dx \, dy = \int_{\mathfrak{C}} (\mathfrak{f} \, dy - \mathfrak{g} \, dx).$$

Hierbei ist $\mathfrak{B}$ ein abgeschlossener Bereich, bedeuten $\mathfrak{f}(x, y)$, $\mathfrak{g}(x, y)$ zwei die üblichen Stetigkeitsbedingungen erfüllende Funktionen, und das Linienintegral der rechten Seite ist längs des Randes $\mathfrak{C}$ im positiven Sinn (das Innere des Gebietes links lassend) zu erstrecken, vgl. Bild 57.

Führt man die Bogenlänge s der Randkurve $\mathfrak{C}$ als Parameter t ein, so ist $dx/ds = \dot{x}(s)$ und $dy/ds = \dot{y}(s)$. Ferner läßt sich zeigen, daß auch, wenn n die Normalenrichtung bedeutet, $\dot{y}(s) = \partial x/\partial n$ und $\dot{x}(s) = -\partial y/\partial n$ ist. Dann hat der Satz von *Gauß* die Form

$$\iint\limits_{\mathfrak{B}} (f_x + g_y)\, dx\, dy = \int\limits_{\mathfrak{C}} \left(f \frac{\partial x}{\partial n} + g \frac{\partial y}{\partial n}\right) ds\,.$$

Wenn nun f und g die Komponenten eines Vektors $\mathfrak{P}$ sind (S. 151), so bedeutet der Integrand links div $\mathfrak{P}$ (sprich „Divergenz $\mathfrak{P}$") $= f_x + g_y$ und der Integrand rechts das skalare Produkt $\mathfrak{P} \cdot \mathfrak{n}$ ($\mathfrak{n}$ = Normalenvektor von der Länge 1); dann hat der Satz von *Gauß* die Form

$$\iint\limits_{\mathfrak{B}} \operatorname{div} \mathfrak{P}\, dx\, dy = \int\limits_{\mathfrak{C}} \mathfrak{P} \cdot \mathfrak{n}\, ds = \int\limits_{\mathfrak{C}} \mathfrak{P}_n\, ds\,,$$

mit $\mathfrak{P}_n$ als Komponente von $\mathfrak{P}$ senkrecht der Randlinie.

Wird oben im Integralsatz — g statt g eingeführt, so folgt mit s als Parameter

$$\iint\limits_{\mathfrak{B}} (f_x - g_y)\, dx\, dy = \int\limits_{\mathfrak{C}} (g\dot{x} + f\dot{y})\, ds.$$

Wenn jetzt aber g die x-Komponente, f die y-Komponente eines Vektorfeldes $\mathfrak{P}$ bedeuten und beachtet wird, daß $\dot{x}(s)$, $\dot{y}(s)$ die Komponenten des Tangentenvektors $\mathfrak{t}$ sind, so hat der Integrand rechts den Wert $\mathfrak{P} \cdot \mathfrak{t} = \mathfrak{P}_t$, d. h. er ist gleich der Tangentialkomponente des Vektors $\mathfrak{P}$. Der Integrand der linken Seite stellt aber rot $\mathfrak{P}$ (sprich „Rotor $\mathfrak{P}$") $= f_x - g_y$ dar, so daß

$$\iint\limits_{\mathfrak{B}} \operatorname{rot} \mathfrak{P}\, dx\, dy = \int\limits_{\mathfrak{C}} \mathfrak{P}_t\, ds$$

wird (*Integralsatz* von *Stokes*).

C. Höhere transzendente Funktionen

Literatur: 1. *Schafheitlin, P.:* Die Theorie der *Bessel*schen Funktionen. Leipzig: B. G. Teubner 1908. — 2. *Jahnke, E.*, u. *F. Emde:* Funktionentafeln mit Formeln und Kurven. 3. Aufl., Leipzig: B. G. Teubner 1938. — 3. *Lense, J.:* Kugelfunktionen. Leipzig: Akad. Verlagsges. 1950. — 4. *Doerrie, H.:* Einführung in die Funktionentheorie, München: R. Oldenbourg 1951. — 5. *Byrd, P. F.*, u. *M. D. Friedman:* Handbook of elliptic integrals for engineers and physicists. Berlin: Springer 1954. — 6. *Schuler, M.*, u. *H. Gebelein:* Fünfstellige (ein zweites Buch: Acht- u. neunstellige) Tabellen zu den elliptischen Funktionen. Berlin: Springer 1955.

1. Elliptische Integrale und Funktionen

a) Elliptische Integrale. α) Unter den *unvollständigen elliptischen Integralen* versteht man die folgenden, durch unbestimmte Integrale dargestellten Funktionen (*Legendre*sche Normalformen):

Elliptisches Integral 1. Gattung
$$F(\alpha, \varphi) = \int\limits_0^{\varphi} \frac{d\psi}{\sqrt{1 - k^2 \sin^2 \psi}} = \int\limits_0^{\sin\varphi} \frac{dx}{\sqrt{(1 - x^2)(1 - k^2 x^2)}}\,;$$

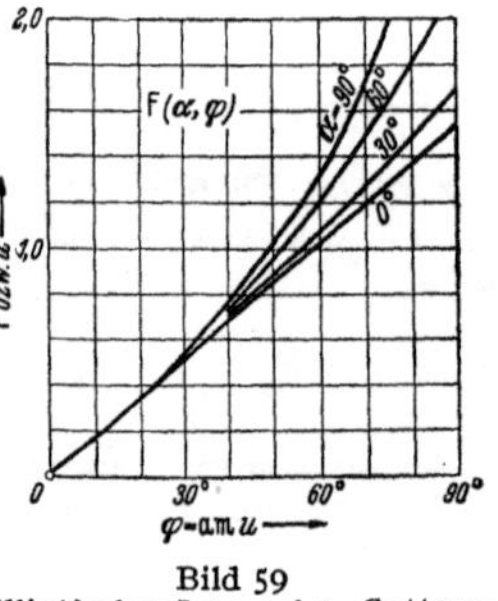

Bild 59
Elliptisches Integral 1. Gattung

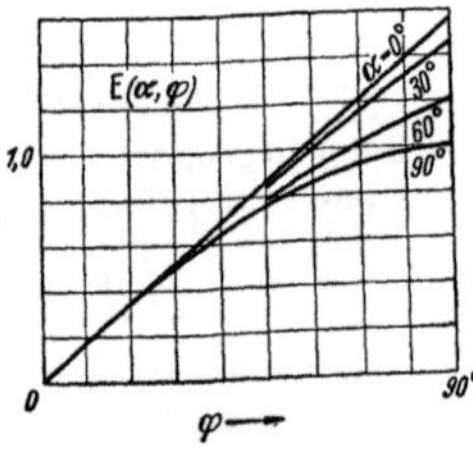

Bild 60
Elliptisches Integral 2. Gattung

Elliptisches Integral 2. Gattung $$\mathrm{E}(\alpha,\varphi) = \int_0^{\varphi} \sqrt{1 - k^2 \sin^2 \psi}\, \mathrm{d}\psi = \int_0^{\sin\varphi} \sqrt{\frac{1 - k^2 x^2}{1 - x^2}}\, \mathrm{d}x,$$

wofür auch F (k,φ) bzw. E (k,φ) geschrieben wird. Hierin ist $k = \sin\alpha$, außerdem wird $\cos\alpha = \sqrt{1 - k^2}$ auch mit k' bezeichnet; F und E können durch Entwicklung des Integranden in eine Reihe und durch gliedweise ausgeführte Integration gewonnen werden. Graphische Darstellung vgl. Bilder 59 und 60.

Tafeln der elliptischen Integrale mit den Eingängen für α und φ finden sich bei Lit. 2; 5 u. 6. Der Name „elliptische" Integrale rührt daher, daß die Berechnung des Ellipsenumfanges auf das zweite Integral führt (vgl. S. 86 u. 127). Für $\alpha = \pi/2$, d. h. $k = 1$ wird

$$\mathrm{F}\left(\frac{\pi}{2}, \varphi\right) = \int_0^{\varphi} \mathrm{d}\psi/\cos\psi = \ln \operatorname{tg}(\pi/4 + \varphi/2) \quad \text{und}$$

$$\mathrm{E}\left(\frac{\pi}{2}, \varphi\right) = \int_0^{\varphi} \cos\psi\, \mathrm{d}\psi = \sin\varphi .$$

β) Die *vollständigen elliptischen Integrale* sind die Werte der unvollständigen für $\varphi = \pi/2$, d. h. also bestimmte Integrale. Sie sind nur noch eine Funktion von k und werden mit $\mathbf{K}(k) = \mathrm{F}(k, \pi/2)$ bzw. $\mathrm{E}(k) = \mathbf{E}(k, \pi/2)$ bezeichnet.

So ist $\mathbf{K}(1) = \ln \operatorname{tg}(\pi/2) = \infty$ und $\mathbf{E}(1) = \sin \pi/2 = 1$. Ferner gelten die Bezeichnungen $\mathbf{K}(k') = \mathbf{K}'(k)$, $\mathbf{E}(k') = \mathbf{E}'(k)$, so daß $\mathbf{K}\mathbf{E}' + \mathbf{K}'\mathbf{E} - \mathbf{K}\mathbf{K}' = \pi/2$ wird.

b) Elliptische Funktionen. α) Ist $u = \mathrm{F}(k, \varphi)$ eine Funktion von φ, so ist umgekehrt auch φ eine Funktion von u. Diese Umkehrfunktion zum elliptischen Integral 1. Gattung heißt die *Jacobi*sche *Amplitudenfunktion*:

$$\varphi = \operatorname{am} u \quad \text{(sprich „Amplitude von } u\text{")}.$$

Ihr Verlauf ist aus Bild 59 zu erkennen, wenn u statt F und am u statt φ geschrieben wird. Die Werte können den oben erwähnten Tafeln durch Umkehrung entnommen werden.

β) Aus der Amplitudenfunktion ergeben sich die *elliptischen Funktionen* von *Jacobi* in folgender Weise:

$$x = \sin\varphi \equiv \sin \operatorname{am} u \equiv \operatorname{sn} u \quad \text{(sinus der Amplitude } u\text{)},$$
$$\sqrt{1 - x^2} = \cos\varphi \equiv \cos \operatorname{am} u \equiv \operatorname{cn} u \quad \text{(cosinus der Amplitude } u\text{)},$$
$$\sqrt{1 - k^2 x^2} = \sqrt{1 - k^2 \sin^2\varphi} \equiv \Delta \operatorname{am} u \quad \text{(Delta der Amplitude } u\text{)}.$$

2. Integralsinus und verwandte Funktionen[1]

a) Der **Integralsinus** ist definiert durch

$$\operatorname{Si} x = \int_0^x \frac{\sin t}{t}\, \mathrm{d}t = x - \frac{x^3}{3 \cdot 3!} + \frac{x^5}{5 \cdot 5!} - \frac{x^7}{7 \cdot 7!} + - \cdots,$$

wie aus der Integration der einzelnen Glieder der Reihe für $\frac{\sin t}{t}$ folgt. Den graphischen Verlauf zeigt Bild 61. Es ist $\operatorname{Si}\infty = \pi/2$, und ferner ist $\operatorname{si} x = -\pi/2 + \operatorname{Si} x$, wobei $\operatorname{si} x = -\int_x^{\infty} \frac{\sin t}{t}\, \mathrm{d}t$ ist.

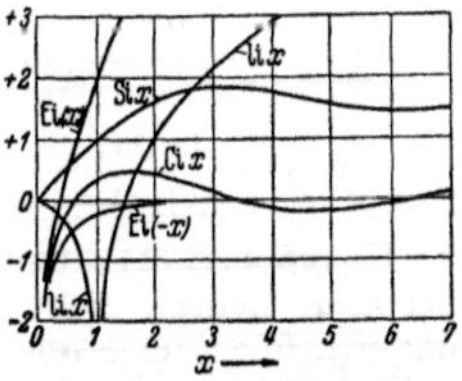

Bild 61. Integralsinus und verwandte Funktionen

[1] Hinsichtlich Tabellen vgl. Lit. 2.

b) Der **Integralcosinus** (vgl. Bild 61) ist definiert durch

$$\mathrm{Ci}\,x = -\int_x^{\infty} \frac{\cos t}{t}\,\mathrm{d}t = \ln\gamma x - \int_0^x \frac{1-\cos t}{t}\,\mathrm{d}t =$$

$$= \ln\gamma x - \left(\frac{x^2}{2\cdot 2!} - \frac{x^4}{4\cdot 4!} + \frac{x^6}{6\cdot 6!} - + \cdots\right),$$

worin $\ln\gamma = 0{,}577\,215\,665 = \lim\limits_{n\to\infty}\left(1 + \frac{1}{2} + \frac{1}{3} + \cdots + \frac{1}{n} - \ln n\right)$

gleich der *Euler*schen Konstanten ist (nicht zu verwechseln mit der *Euler*-Zahl e).

c) Ferner gilt für den **Integrallogarithmus** (vgl. Bild 61) die Entwicklung

$$\mathrm{li}\,x = \int_0^x \frac{\mathrm{d}t}{\ln t} = \ln\gamma + \ln|\ln x| + \ln x + \frac{1}{2}\,\frac{(\ln x)^2}{2!} + \frac{1}{3}\,\frac{(\ln x)^3}{3!} + \cdots;\ \ln\gamma \text{ vgl. b).}$$

Verwandt mit li x ist die Funktion $\mathrm{Ei}\,x = \int_{\infty}^{-x} \frac{\mathrm{e}^{-u}}{u}\,\mathrm{d}u = \mathrm{li}\,(\mathrm{e}^x)$, so daß auch $\mathrm{li}\,x = \mathrm{Ei}\,(\ln x)$ ist, d. h., wenn die Tabellen für Ei x zur Ermittlung von li x benutzt werden sollen, so muß man $z = \ln x$ ermitteln und dazu den Wert Ei z bzw. für negative z statt dessen Ei $(-z)$ ablesen, wobei $\mathrm{Ei}\,(-x) = -\int_x^{\infty} \frac{\mathrm{e}^{-t}}{t}\,\mathrm{d}t$ ist, vgl. Bild 61 *.

d) Die **Gammafunktion** ist definiert durch

$$\Gamma(1+x) = \Pi x = x! = \lim_{n\to\infty} \frac{n!\,n^x}{(x+1)\,(x+2)\cdots(x+n)} = \int_0^{\infty} \mathrm{e}^{-t} t^x\,\mathrm{d}t.$$

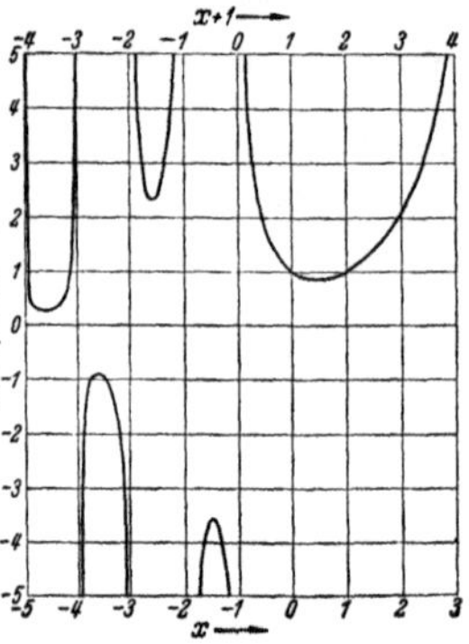

Bild 62. Gammafunktion

Für ganze und positive Werte x erhält man die Fakultäten nach S. 41. Es ist $\Gamma(1) = \Pi(0) = 1$, und die Gammafunktion hat für $x = -1, -2, \ldots$ Unendlichkeitstellen, Bild 62, ihre reziproken Werte Nullstellen. — Über die Integraldarstellung vgl. S. 91.

Es ist ferner $\Gamma\,(0{,}5) = \Pi\,(-0{,}5) = (-0{,}5)! = \sqrt{\pi}$, und es gelten die Rekursionsformeln

$$\Gamma\,(1+x) = x\,\Gamma(x) \quad \text{oder} \quad x! = x\cdot(x-1)!;$$

$$\Gamma\,(x)\,\Gamma\,(1-x) = (x-1)!\,(-x)! = \frac{\pi}{\sin\pi x};$$

$$\Gamma\,(1+x)\,\Gamma\,(1-x) = x!\,(-x)! = \frac{\pi x}{\sin\pi x}.$$

3. Besselsche (Zylinder-) Funktionen

a) Die **Besselschen Funktionen erster Art** p-ter Ordnung sind definiert durch die Reihe

$$\mathrm{J}_p(x) = \frac{(x/2)^p}{\Pi(p)}\left(1 - \frac{x^2}{2^2\cdot 1!\,(1+p)} + \frac{x^4}{2^4\cdot 2!\,(1+p)\,(2+p)} - + \cdots\right).$$

Hierbei braucht p nicht ganzzahlig zu sein; $\mathrm{J}_p(x)$ ist aber nur bei ganzem oder bei gebrochenem, aber positivem p für $x = 0$ endlich (vgl. Bild 63a für J_0 und J_1). Bedeutung von $\Pi(p)$ vgl. 2d), Differentialformeln vgl. 3c), Zahlentafeln vgl. Lit. 2.

* An anderen Stellen (vgl. Lit. 2. u. Anm. S. 66) wird $\overline{\mathrm{Ei}}\,x$ bzw. $\overline{\mathrm{Ei}}\,(x)$ statt Ei x geschrieben.

So ist $J_0(x) = 1 - \frac{x^2}{2^2 \cdot 1!} + \frac{x^4}{2^4 \cdot (2!)^2} - \frac{x^6}{2^6 \cdot (3!)^2} + - \cdots$

und $-J_0' = J_1(x) = \frac{x}{2}\left(1 - \frac{x^2}{2^2 \cdot 1! \cdot 2!} + \frac{x^4}{2^4 \cdot 2! \cdot 3!} - \frac{x^6}{2^6 \cdot 3! \cdot 4!} + - \cdots\right).$

Ferner gilt $\lim_{x \to 0} J_p(x) = \lim_{x \to 0} \frac{(x/2)^p}{\Pi(p)}$, und für $p = 1/2$ folgt, wie der Vergleich mit der

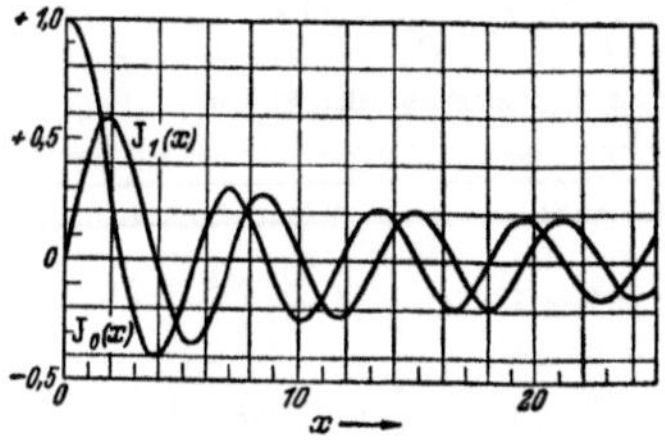

Bild 63a. Besselsche Funktion 1. Art (und nullter bzw. 1. Ordnung)

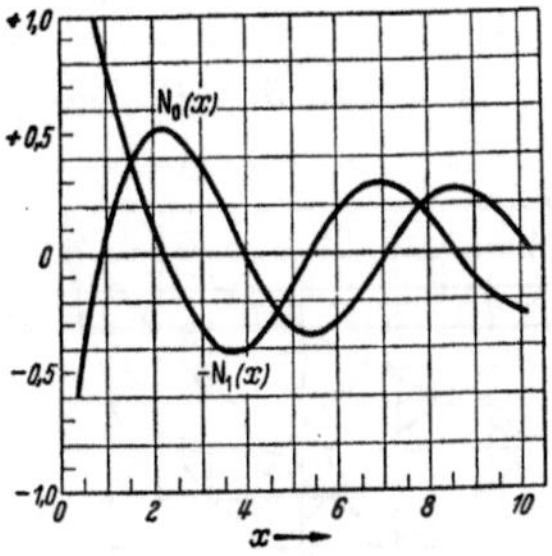

Bild 63b. Besselsche Funktion 2. Art (und nullter bzw. 1. Ordnung)

Reihe für $\sin x$ zeigt unter Beachtung, daß $\Pi(0,5) = \sqrt{\pi}$ ist, die Darstellung $J_{1/2}(x) = \frac{\sin x}{\sqrt{0,5\,\pi x}}$. Für ganze n hat man die folgende Integraldarstellung:

$$J_{2n}(x) = \frac{2}{\pi}\int_0^{\pi/2} \cos(x \sin\varphi)\cos 2n\varphi\, d\varphi,$$

$$J_{2n+1}(x) = \frac{2}{\pi}\int_0^{\pi/2} \sin(x \sin\varphi)\sin(2n+1)\varphi\, d\varphi.$$

b) Die **Besselschen Funktionen zweiter Art** p-ter Ordnung $N_p(x)$, die *Neumann*schen Funktionen, sind mit den Funktionen erster Ordnung verknüpft. So ist

$$N_p(x)\sin p\pi = J_p(x)\cos p\pi - J_{-p}(x),$$

und wenn x nach ∞ strebt, so verschwindet $N_p(x)$ ebenso wie $J_p(x)$, während für $x = 0$ die Funktionen zweiter Art immer nach ∞ gehen, vgl. Bild 63b.

Für $p = 0$ ergibt sich auch

$$\frac{\pi}{2} N_0(x) = J_0(x)\ln\frac{\gamma x}{2} - 2\left[J_2(x) - \frac{1}{2}J_4(x) + \frac{1}{3}J_6(x) - \frac{1}{4}J_8(x) + - \cdots\right];$$

$\ln \gamma$ s. 2b).

c) Weitere Beziehungen. Bezeichnet $Z_p = Z_p(x)$ die Abkürzung für $c_1 J_p(x) + c_2 N_p(x)$ mit willkürlichen Konstanten c_1 und c_2, so gelten für Z_p bzw. J_p, N_p u. a. noch die folgenden Beziehungen:

$$Z_{p-1} + Z_{p+1} = \frac{2p}{x} Z_p; \quad \text{z. B.} \quad J_0 + J_2 = \frac{2}{x} J_1.$$

$$Z_p' = \frac{dZ_p}{dx} = -\frac{p}{x}Z_p + Z_{p-1} = -\frac{p}{x}Z_p - Z_{p+1} = \frac{1}{2}Z_{p-1} - \frac{1}{2}Z_{p+1},$$

$$\text{z. B.} \quad J_1' = -\frac{1}{x}J_1 + J_0 = -\frac{1}{x}J_1 - J_2 = \frac{1}{2}J_{-1} - \frac{1}{2}J_2.$$

Die *Bessel*schen Funktionen J_p, N_p sind die partikulären Integrale der *Bessel*schen *Differentialgleichung*

$$x^2 y'' + x y' + (x^2 - p^2) y = 0,$$

vgl. a. Differentialgleichungen S. 109.

4. Legendresche (Kugel-) Funktionen

a) Die **Kugelfunktionen erster Art** n-ter Ordnung sind definiert durch

$$P_n(x) = \frac{1}{2^n \cdot n!} \frac{d^n}{d x^n} (x^2 - 1)^n, \quad n = 1, 2, \ldots .$$

Sie treten auf bei der folgenden Entwicklung:

$$(1 - 2r \cos\vartheta + r^2)^{-1/2} = \begin{cases} P_0(x) + r P_1(x) + r^2 P_2(x) + \cdots, & r < 1; \\ \frac{1}{r} P_0(x) + \frac{1}{r^2} P_1(x) + \frac{1}{r^3} P_2(x) + \cdots, & r > 1, \end{cases}$$

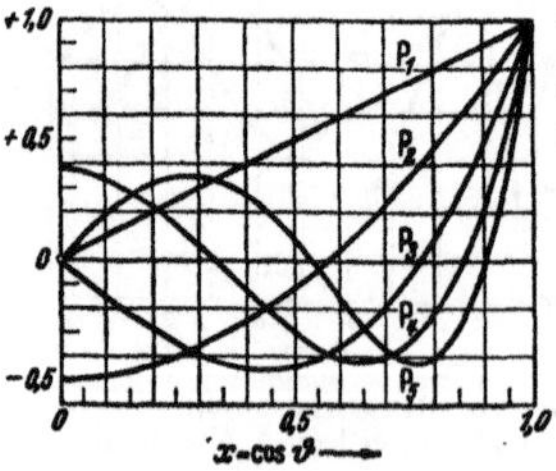

Bild 64
Kugelfunktionen 1. Art

wobei $\cos\vartheta = x$ gesetzt ist. Es gilt

$$P_0(x) = 1,$$

$$P_1(x) = x = \cos\vartheta,$$

$$P_2(x) = \frac{1}{2}(3x^2 - 1) = \frac{1}{4}(3\cos 2\vartheta + 1),$$

$$P_3(x) = \frac{1}{2}(5x^3 - 3x) = \frac{1}{8}(5\cos 3\vartheta + 3\cos\vartheta);$$

vgl. Bild 64.

Weitere Beziehungen:

$$P_{2n+1}(0) = 0; \quad P_{2n}(0) = (-1)^n \cdot \frac{1 \cdot 3 \cdot 5 \ldots (2n-1)}{2 \cdot 4 \cdot 6 \ldots \cdot 2n};$$

$$P_n(1) = 1; \qquad P_n(-x) = (-1)^n P_n(x)$$

$(n+1) P_{n+1} - (2n+1) x P_n + n P_{n-1} = 0$;
$n P_n = x P_n' - P_{n-1}'$ (Striche = Ableitungen nach x); } gilt auch für die Funktionen zweiter Art (4b).

$$\int_{-1}^{+1} P_n(x) P_m(x) \, dx = 0 \text{ für } m \neq n \text{ (Orthogonalität)};$$

$$\int_{-1}^{+1} P_n^2(x) \, dx = \frac{2}{2n+1}.$$

b) Die **Kugelfunktionen zweiter Art** n-ter Ordnung lassen sich durch die Funktionen erster Ordnung $P_n(x) = P_n$ ausdrücken. Es ist

$$Q_n(x) = \frac{1}{2} P_n \cdot \ln\frac{1+x}{1-x} - \left[\frac{2n-1}{1 \cdot n} P_{n-1} + \frac{2n-5}{3(n-1)} P_{n-3} + \frac{2n-9}{5(n-2)} P_{n-5} + \cdots\right].$$

Insbesondere wird $Q_0(x) = \frac{1}{2} \ln\frac{1+x}{1-x} = \mathfrak{Ar}\,\mathfrak{Tg}\, x$ (S. 71);

$$Q_1(x) = x\, Q_0(x) - 1; \qquad Q_2(x) = P_2(x)\, Q_0(x) - \frac{3}{2} x.$$

Ferner sind die Kugelfunktionen P_n und Q_n die partikulären Integrale der *Legendre*schen *Differentialgleichung*

$$(x^2 - 1) y'' + 2xy' - n(n+1) y = 0.$$

D. Konforme Abbildung

Literatur: Betz, A.: Konforme Abbildung. Berlin: Springer 1948.

1. Funktionen eines komplexen Argumentes

a) Wird die komplexe Veränderliche $z = x + iy$ (S. 40) eingeführt, so läßt sich jede **rationale Funktion** $w = f(z)$ in der Form $w = u(x, y) + i\, v(x, y)$ schreiben, wobei u und v rationale Funktionen sind. Hierbei ist u der *Realteil* $R(w)$ und v der *Imaginärteil* $J(w)$ der Funktion $w = f(z)$. Das gleiche gilt für algebraisch **irrationale Funktionen,** z. B. $w^2 = z$ oder $w^2 + z^2 = 1$.

Beispiele: 1. Aus $w = z^2 = (x + \mathrm{i}\,y)^2$ folgt $w = x^2 - y^2 + 2\,\mathrm{i}\,x\,y$, d.h. $u = x^2 - y^2$ und $v = 2\,x\,y$.

2. Aus $w = \frac{1}{z}$ folgt $w = \frac{1}{x + \mathrm{i}\,y} = \frac{x - \mathrm{i}\,y}{x^2 + y^2}$,

$$\text{d.h.}\quad u = \frac{x}{x^2 + y^2} = \frac{x}{r^2} \quad \text{und} \quad v = \frac{-y}{x^2 + y^2} = -\frac{y}{r^2}.$$

3. Aus $w = \sqrt{z}$ oder $w^2 = z$ folgt $u^2 - v^2 + 2\,\mathrm{i}\,u\,v = x + \mathrm{i}\,y$ oder $u^2 - v^2 = x$ und $2\,u\,v = y$, woraus $u = \pm\sqrt{(r + x)/2}$ und $v = \pm\sqrt{(r - x)/2}$ folgt mit $r = \sqrt{x^2 + y^2}$.

b) Transzendente Funktionen werden durch ihre Potenzreihen ausgedrückt. Sie ergeben sich aus den Reihen für reelle Veränderliche, wenn diese durch komplexe Veränderliche ersetzt werden; vgl. auch die Potenzreihen für $\mathrm{e}^{\mathrm{i}\,x}$ und $\mathrm{e}^{-\mathrm{i}\,x}$ S. 59.

Beispiele: 1. Es ist $\mathrm{e}^{\mathrm{i}\,x} = \cos x + \mathrm{i}\sin x$, wonach einer komplexen Zahl (S. 40) die Form $z = r\,\mathrm{e}^{\mathrm{i}\varphi}$ gegeben werden kann, $r = \sqrt{x^2 + y^2}$, $\operatorname{tg}\varphi = y/x$.

2. $\mathrm{e}^z = \mathrm{e}^x(\cos y + \mathrm{i}\sin y)$; $u = \mathrm{e}^x\cos y$ und $v = \mathrm{e}^x \sin y$.

3. $\ln z = \ln(r\,\mathrm{e}^{\mathrm{i}\varphi}) = \ln r + \mathrm{i}\,\varphi$; $u = \ln r$ und $v = \varphi$.

4. $\cos\mathrm{i}\,x = \mathfrak{Cof}\,x$ nach Gl. 25 u. 31, S. 60; $\mathfrak{Cof}\,\mathrm{i}\,x = \cos x$.

5. $\sin\mathrm{i}\,x = \mathrm{i}\,\mathfrak{Sin}\,x$ nach Gl. 24 u. 30, S. 60; $\mathfrak{Sin}\,\mathrm{i}\,x = \mathrm{i}\sin x$.

6. $\cos z = \cos(x + \mathrm{i}\,y) = \cos x\,\mathfrak{Cof}\,y - \mathrm{i}\sin x\,\mathfrak{Sin}\,y$.

7. $\sin z = \sin(x + \mathrm{i}\,y) = \sin x\,\mathfrak{Cof}\,y + \mathrm{i}\cos x\,\mathfrak{Sin}\,y$, also auch $\cos^2 z + \sin^2 z = 1$.

8. $\operatorname{tg} z = \frac{\sin z}{\cos z} = \frac{\sin 2\,x + \mathrm{i}\,\mathfrak{Sin}\,2\,y}{\cos 2\,x + \mathfrak{Cof}\,2\,y}$.

9. $\mathfrak{Cof}\,z = \mathfrak{Cof}\,(x + \mathrm{i}\,y) = \mathfrak{Cof}\,x\cos y + \mathrm{i}\,\mathfrak{Sin}\,x\sin y$.

10. $\mathfrak{Sin}\,z = \mathfrak{Sin}\,(x + \mathrm{i}\,y) = \mathfrak{Sin}\,x\cos y + \mathrm{i}\,\mathfrak{Cof}\,x\sin y$, also auch $\mathfrak{Cof}^2 z - \mathfrak{Sin}^2 z = 1$.

11. $\mathfrak{Tg}\,z = \frac{\mathfrak{Sin}\,2\,x + \mathrm{i}\sin 2\,y}{\mathfrak{Cof}\,2\,x + \cos 2\,y}$.

$$\left.\begin{array}{ll} \text{12a.} & \mathrm{i}^{\mathrm{i}} = \mathrm{e}^{\mathrm{i}(\pi/2 + 2k\pi)\cdot\mathrm{i}} = \mathrm{e}^{-(\pi/2 + 2k\pi)} \\ \text{12b.} & \mathrm{i}^{-\mathrm{i}} = \mathrm{e}^{-\mathrm{i}(\pi/2 + 2k\pi)\cdot\mathrm{i}} = \mathrm{e}^{(\pi/2 + 2k\pi)} \end{array}\right\}\; k = 0, \pm 1, \pm 2 \ldots$$

2. Differentiieren und Integrieren im Komplexen

a) Die **Ableitung** $f'(z)$ der Funktion $w = f(z)$ ist definiert durch

$$f'(z) = \frac{\mathrm{d}w}{\mathrm{d}z} = \lim_{\Delta z \to 0}\frac{\Delta w}{\Delta z} = \lim_{\Delta z \to 0}\frac{f(z + \Delta z) - f(z)}{\Delta z}, \tag{1}$$

wobei gegenüber den reellen Veränderlichen (S. 72) hier $\Delta z = h + \mathrm{i}k$ ist, so daß h und k gleichzeitig nach null gehen müssen. Der Wert $\mathrm{d}w/\mathrm{d}z$ muß aber existieren, ganz gleich auf welchem Weg der Grenzübergang gemacht wird (Bild 65). Diese Eindeutigkeit ist erfüllt oder $f(z)$ ist eine *analytische Funktion*, wenn für diese die *Cauchy-Riemann*schen Differentialgleichungen

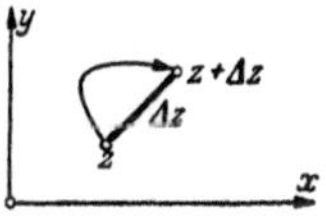

Bild 65

$$\partial u/\partial x = \partial v/\partial y \quad \text{und} \quad \partial u/\partial y = -\,\partial v/\partial x \quad \text{oder} \quad u_x = v_y \quad \text{und} \quad u_y = -v_x \tag{2}$$

gemäß der Schreibweise nach S. 75 erfüllt sind. An einer singulären Stelle sind diese Gleichungen nicht erfüllt.

Es ist, wenn in Gl. (1) $\Delta z = h + \mathrm{i}\,k$ und $f(z) = u + \mathrm{i}\,v$ eingesetzt wird,

$$f'(z) = \lim_{(h,k \to 0)}\frac{u(x + h,\, y + k) - u(x,y) + \mathrm{i}\,[v(x + h,\, y + k) - v(x,y)]}{h + \mathrm{i}\,k}.$$

Setzt man nun einmal $k = 0$ und läßt dann $h \to 0$ gehen, das andere Mal $h = 0$ und läßt $k \to 0$ gehen, so müssen die gleichen Werte folgen, d. h.

$$f'(z) = \frac{\partial u}{\partial x} + \mathrm{i}\,\frac{\partial v}{\partial x} = \frac{\partial w}{\partial x} \quad \text{und} \quad f'(z) = \frac{1}{\mathrm{i}}\frac{\partial u}{\partial y} + \frac{\partial v}{\partial y} = \frac{1}{\mathrm{i}}\frac{\partial w}{\partial y}.$$

Aus der Gleichheit beider Werte folgen dann die Gln. (2).

Beispiel: Für $w = \frac{1}{z}$ folgt $\frac{\mathrm{d}w}{\mathrm{d}z} = -\left(\frac{1}{z}\right)^2 = -\left(\frac{1}{x + \mathrm{i}\,y}\right)^2 = -\frac{x^2 - y^2 - 2\,\mathrm{i}\,x\,y}{(x^2 + y^2)^2}$. Andererseits folgt nach Beispiel 2 unter 1a), daß $u = x/r^2$, $v = -y/r^2$ mit $r^2 = x^2 + y^2$, so daß hiernach $\frac{\partial u}{\partial x} = -\frac{x^2 - y^2}{r^4} = \frac{\partial v}{\partial y}$ und $\frac{\partial u}{\partial y} = -\frac{2\,x\,y}{r^4} = -\frac{\partial v}{\partial x}$ wird, also die Gln. (2) erfüllt sind.

Durch Differentiieren der Gln. (2) folgt $u_{xx} + u_{yy} = 0$ oder $\Delta u = 0$ bzw. $v_{xx} + v_{yy} = 0$ oder $\Delta v = 0$, d. h. Real- und Imaginärteil einer analytischen Funktion befriedigen die gleiche partielle Differentialgleichung 2. Ordnung, die *Potentialgleichung* (S. 110 u. S. 153).

b) Das **bestimmte Integral** einer analytischen Funktion f(z) ist gegeben durch

$$\int_{z_0}^{z} f(z)\,dz = \int_C f(z)\,dz\,, \tag{3}$$

wobei das Integral von $z_0 = x_0 + i y_0$ bis $z = x + i y$, und zwar längs der Kurve C zu erstrecken ist (Schreibweise $\int_C$, vgl. Gl. 3). Dieses Integral ist vermöge des Satzes von *Gauß* (S. 93) und der *Cauchy-Riemann*schen Differentialgleichungen *unabhängig* vom Weg, oder es ist $\int_C f(z)\,dz = 0$, wenn das Integral längs einer geschlossenen Kurve genommen wird (Hauptsatz der Funktionentheorie).

Es ist $\int_{z_0}^{z} f(z)\,dz = \int_{x_0, y_0}^{x, y} (u + i v)(dx + i\,dy) = \int_{x_0, y_0}^{x, y} (u\,dx - v\,dy) + i \int_{x_0, y_0}^{x, y} (v\,dx + u\,dy)$.

Nach dem Satz von *Gauß* ist bei einer geschlossenen Kurve C

$$\oint_C (u\,dx - v\,dy) = -\iint_{\mathfrak{B}} \left(\frac{\partial v}{\partial x} + \frac{\partial u}{\partial y}\right) dx\,dy\,,$$

$$\oint_C (v\,dx + u\,dy) = \iint_{\mathfrak{B}} \left(\frac{\partial u}{\partial x} - \frac{\partial v}{\partial y}\right) dx\,dy\,.$$

Die Integration auf der rechten Seite ist über den Bereich $\mathfrak{B}$ zu erstrecken. Die rechten Seiten verschwinden gemäß Gln. (2), also wird

$$\oint_C f(z)\,dz = 0\,.$$

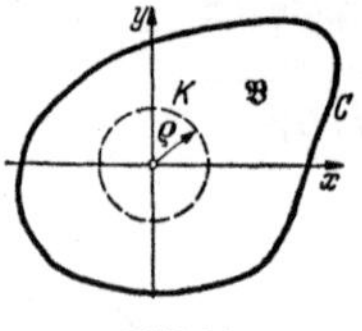

Bild 66

Die Bedingung, daß das Integral unabhängig vom Weg ist, stimmt mit der überein, daß in einem Potentialfeld die Arbeit unabhängig vom Weg ist.

Hat die Funktion eine *singuläre* Stelle, so wird das Integral von null verschieden, wenn der Weg die singuläre Stelle umschließt.

Beispiel: Da die Funktion $f(z) = 1/z$ außer für $z = 0$ analytisch ist, hat $\oint dz/z$ den Wert null, wenn der Weg den Nullpunkt nicht umschließt. Andernfalls zieht man um den Nullpunkt einen Kreis K von genügend kleinem Radius ϱ, Bild 66, so daß mit $z = \varrho e^{i\varphi}$ und $dz = i\varrho e^{i\varphi} d\varphi$ das Integral den Wert $\oint dz/z = i \int_0^{2\pi} d\varphi = 2\pi i$ erhält. Denn der Rand des Bereiches $\mathfrak{B}$, über den das Integral erstreckt wird, besteht aus der Kurve C und dem Kreise K (vgl. hierzu den *Gauß*schen Satz S. 93).

3. Konforme Abbildung

Durch die Funktion $w = f(z)$ wird die z-Ebene auf die w-Ebene abgebildet, Bild 67. Diese durch eine *analytische* Funktion vermittelte *Abbildung* (oder Transformation) ist in den kleinsten Teilen *ähnlich* oder *konform* und ist *winkeltreu*.

Nach Bild 68 liegt der Vektor $dz = dx + i\,dy = |ds|\,e^{i\alpha}$ (a) auf der Kurventangente, da $\alpha = \operatorname{arc}(dz) = \operatorname{arc\,tg}(dy/dx)$ ist. Seine Länge beträgt $|ds| = |dz| = \sqrt{dx^2 + dy^2}$ und ist das Bogenelement der Kurve. Ferner gilt $dw = f'(z)\,dz = g(z)\,dz$ mit $f'(z) = g(z)$ (b). Setzt man entsprechend in der w-Ebene $|dw| = |dS|$, $\operatorname{arc}(dw) = \vartheta$, so daß $dw = |dS|\,e^{i\vartheta}$ (c) wird, so folgt aus (a) und (b) für (c) die Beziehung $|dS|\,e^{i\vartheta} = g(z)\,|ds|\,e^{i\alpha}$. Der Vergleich von Betrag und Argument auf beiden Seiten dieser Gleichung liefert, da ja $f'(z) \neq 0$ sein soll:

$$|dS| = |g(z)|\,|ds| = |f'(z)|\,|ds|, \quad \text{und mit} \quad g(z) = |g(z)|\,e^{i\beta},$$

$$\text{also} \quad \beta = \operatorname{arc}[g(z)] = \operatorname{arc}[f'(z)], \quad \text{folgt ferner} \quad \vartheta = \beta + \alpha = \operatorname{arc}[f'(z)] + \alpha.$$

Durch $f'(z)$ wird daher das *Verzerrungsverhältnis* entsprechender Linienelemente ds, dS und durch $\operatorname{arc}[f'(z)]$ die *Drehung* der Linienelemente bestimmt.

Sind nun in Bild 67a I und II zwei durch den Punkt z der z-Ebene gehende Kurven mit den Linienelementen ds_{I}, ds_{II} und den Tangentenwinkeln α_{I}, α_{II}, so gilt für die Übertragung auf die w-Ebene, Bild 67b, $dS_{\mathrm{I}} : dS_{\mathrm{II}} = ds_{\mathrm{I}} : ds_{\mathrm{II}}$ und $\vartheta_{\mathrm{I}} - \vartheta_{\mathrm{II}} = \alpha_{\mathrm{I}} - \alpha_{\mathrm{II}}$. Die *Längenverhältnisse* im Unendlichkleinen und die *Schnittwinkel* bleiben erhalten.

a

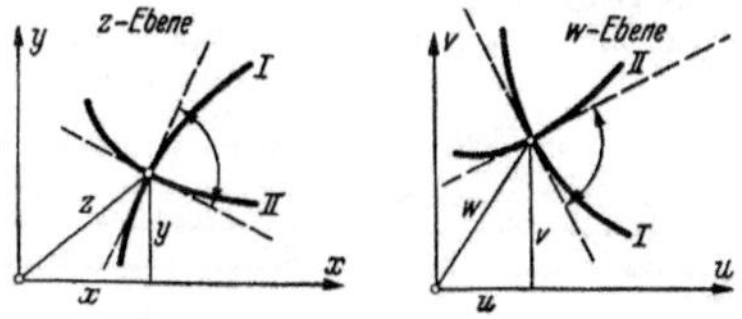

b

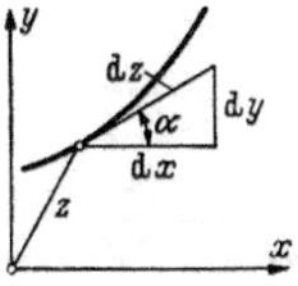

Bild 67. Zur konformen Abbildung

Bild 68

Die *Cauchy-Riemann*schen Diff.-Gln. (2) in der Form $\dfrac{\partial u}{\partial x}\dfrac{\partial v}{\partial x} + \dfrac{\partial u}{\partial y}\dfrac{\partial v}{\partial y} = 0$ stellen die Bedingungen dafür dar, daß sich die Kurvenscharen $u(x, y) = \text{const.}$ und $v(x, y) = \text{const.}$ in der z-Ebene senkrecht schneiden, wie es die Bilder dieser Kurven in der w-Ebene, d. h. die achsenparallelen Geraden $u = \text{const.}$ und $v = \text{const.}$ tun müssen.

Durch die konforme Abbildung ist es u. a. möglich, Strömungen in der x, y-Ebene vermöge einer geeigneten Abbildung in eine neue Strömung in der u, v-Ebene zu transformieren.

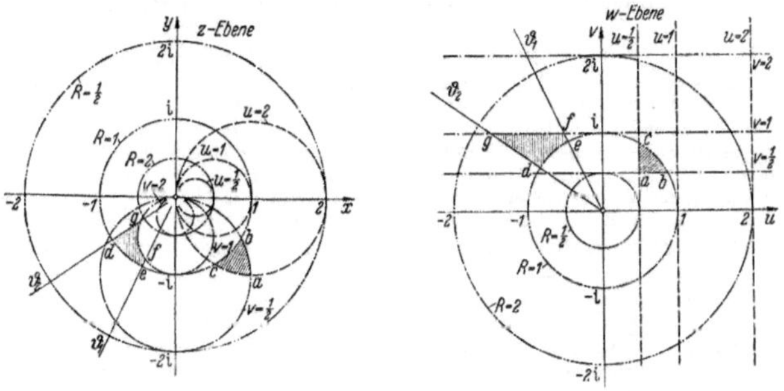

a b

Bild 69. Abbildung $w = 1/z$ (Abb. durch reziproke Radien)

Beispiele: 1. $w = z - z_0$: Verschiebung der z-Ebene längs des Vektors z_0.
2. $w = \lambda z$ mit reellem λ: Maßstäbliche Verzerrung der z-Ebene (S. 53).
3. $w = \lambda z$ mit komplexem λ: Drehstreckung, da $|w| = |\lambda|\,|z|$ und $\operatorname{arc}(w) = \operatorname{arc}(\lambda) + \operatorname{arc}(z)$
4. $w = az + b$: Verschiebung längs b und Drehstreckung.
5. $w = \dfrac{1}{z}$: Mit $w = Re^{i\psi}$ und $z = re^{i\varphi}$, d. h. $R = 1/r$ und $\psi = -\varphi$ folgt eine Abbildung durch reziproke Radien am Einheitskreis mit nachfolgender Spiegelung an der x-Achse. Kreise um den Nullpunkt bilden sich in Kreise um diesen ab, das Innere des Einheitskreises auf das Äußere und das Äußere auf das Innere, während der Einheitskreis in sich selbst übergeht, aber seine Punkte in die konjugiert komplexe Lage kommen, Bild 69.

Nach Beispiel 2, Abs. D 1a, war $u = x/r^2$ und $v = -y/r^2$; also entsprechen den Kurven $u = \text{const.}$ und $v = \text{const.}$ der w-Ebene (Bild 69b) in der z-Ebene (Bild 69a) die durch $x = 0$ und $y = 0$ gehenden Kreise

$$(x - \tfrac{1}{2}u)^2 + y^2 = (\tfrac{1}{2}u)^2 \quad \text{bzw.} \quad x^2 + (y + \tfrac{1}{2}v)^2 = (\tfrac{1}{2}v)^2$$

mit der y- bzw. x-Achse als Tangente im Ursprung. Der Punkt $z = 0$ entspricht dem unendlich fernen Punkt der Geraden.

6. Die linear gebrochene Transformation

$w = \frac{az+b}{cz+d} = \frac{\alpha z+\beta}{z+\delta}$ (mit $\alpha = a/c$, $\beta = b/c$, $\delta = d/c$) oder nach Beisp. 1, S. 62, auch

$w = \alpha + \frac{\lambda}{z+\delta}$, $\lambda = \beta - \alpha\delta \neq 0$, wobei a, b, c, d reelle oder komplexe Konstanten sind, kann auf die Transformationen 1, 3, 5 zurückgeführt werden:

$_1w = z + \delta$ bedeutet eine Verschiebung der z-Ebene um δ gemäß 1;
$_2w = 1/(z+\delta) = 1/{_1w}$ eine Transformation gemäß 5.;
$_3w = \lambda \cdot {_2w}$ eine Drehstreckung gemäß 3.;
$w = \alpha + {_3w}$ wieder eine Verschiebung, und zwar der $_3w$-Ebene um α.

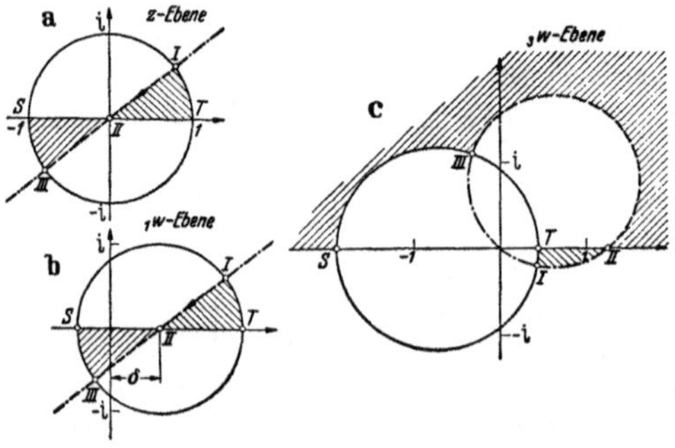

Bild 70. Linear gebrochene Transformation (Beispiel 6)

Bild 70 zeigt diese Abbildung für reelle Konstanten unter Beschränkung auf die Transformation des Einheitskreises und eines Durchmessers (Bild 70a). Die Verschiebung um δ zeigt Bild 70b, während Bild 70c sofort den Übergang zur $_3w$-Ebene darstellt: Bild 70c entsteht aus 70b durch Abbildung gemäß $1/{_1w}$ bei gleichzeitiger Multiplikation mit dem reellen λ (gemäß Transformation 2). Die weitere Verschiebung um α zu $w = \alpha + {_3w}$ ist nicht mehr angegeben.

Diese linear gebrochene Transformation (mit den vorhergehenden Sonderfällen) ist die einzige *eindeutig umkehrbare* Abbildung. Hier werden im übrigen Kreise in Kreise transformiert (einschließlich der in gerade Linien entarteten).

7. $w = z^2$: Hier ist $z = 0$ eine singuläre Stelle, und nach Beisp. 1 unter D 1a entsprechen den Kurven $u = \text{const.}$ und $v = \text{const.}$ die gleichseitigen Hyperbeln $x^2 - y^2 = u$ und $2xy = v$. Es ist aber auch $R = r^2$ und $\psi = 2\varphi$ mit $w = R e^{i\psi}$, d. h. Kreise um den Ursprung O gehen in Kreise um O, Strahlen durch O in Strahlen durch O über, aber es findet eine Winkelverdoppelung statt. Die w-Ebene wird doppelt bedeckt, daher die Vorstellung der zweiblättrigen *Riemann*schen Fläche. — Den Geraden $x = \text{const.}$ und $y = \text{const.}$ entsprechen die konfokalen Parabeln $v^2 = -4x^2(u - x^2)$ und $v^2 = 4y^2(u + y^2)$.

8. $w = \sqrt{z}$: Dies ist die Umkehrung zum vorigen Beisp. Da auch $z = r\,e^{i(\varphi + 2k\pi)}$ geschrieben werden kann, ($k = 0; 1$), so folgen die Werte $w = r\,e^{i\varphi/2}$ und $w = r\,e^{i(\varphi/2+\pi)}$, d. h. die Funktion ist doppeldeutig.

9. $w = \cos x$ führt gemäß Beisp. 6 unter 1 b) auf $u = \cos x \operatorname{Cos} y$ und $v = -\sin x \operatorname{Sin} y$, und es wird von $x = 0$ bis $x = \pi$ bereits die ganze w-Ebene bedeckt. Die Geraden $x = \text{const.}$ und $y = \text{const.}$ transformieren sich in die konfokalen Hyperbeln $u^2/\cos^2 x - v^2/\sin^2 x = 1$ [die Asymptotenrichtung wird $\operatorname{arc\,tg}(b/a) = x$] und Ellipsen $u^2/\operatorname{Cos}^2 y + v^2/\operatorname{Sin}^2 y = 1$.

E. Differentialgleichungen

Literatur: 1. *Horn, J.:* Gewöhnliche Differentialgleichungen. 5. Aufl. Berlin: de Gruyter 1948. — 2. Ders.: Partielle Differentialgleichungen. 4. Aufl. Berlin: de Gruyter 1949. — 3. *Kamke, E.:* Differentialgleichungen reeller Funktionen. 3. Aufl. Leipzig: Akad. Verl.-Ges. 1956. — 4. Ders.: Differentialgleichungen. Lösungsmethoden und Lösungen. I. Gewöhnliche Differentialgleichungen. 5. Aufl. Ebenda 1956. II. Partielle Differentialgleichungen 1. Ordnung. 3. Aufl. Ebenda 1956. — 5. *Collatz, L.:* Differentialgleichungen für Ingenieure. Hannover: Wissensch. Verl.-Anst. u. Wolfenbütteler Verl.-Anst. 1949. — 6. *Hort, W.* u. *A. Thoma:* Die Differentialgleichungen der Technik und Physik. 7. Aufl. Leipzig: J. A. Barth 1956. — 7. *Collatz, L.:* Numerische Behandlung von Differentialgleichungen, 2. Aufl. Berlin: Springer 1955.

Eine Gleichung, die zur Bestimmung einer oder mehrerer unbekannter Funktionen dient und in welcher Ableitungen der gesuchten Funktionen auftreten, heißt Differentialgleichung. Sie heißt *gewöhnlich*, wenn diese Funktionen nur von einer unabhängig Veränderlichen abhängen, andernfalls *partiell*. Die Ordnung einer Differentialgleichung ist gleich der Ordnung des höchsten in ihr auftretenden Differentialquotienten.

1. Gewöhnliche Differentialgleichungen

a) Differentialgleichungen 1. Ordnung in der allgemeinen Form $\mathrm{d}y/\mathrm{d}x = y' = \mathrm{f}(x, y)$ ordnen jedem Punkt x, y eine bestimmte Richtung zu, da $y' = \operatorname{tg}\alpha$ die Steigung der Kurve ist. Die bei der Integration auftretende Konstante ist durch die *Anfangsbedingungen*, d. h. durch $y(x_0) = y_0$ bestimmt.

α) Für die Form $\underline{y' = \mathrm{f}(x)}$ folgt die Lösung $y = \int\limits_{x_0} \mathrm{f}(x)\,\mathrm{d}x + y_0$ durch einfache Quadratur (s. Integralkurven, S. 89/90).

β) Die Form $\underline{y' = \mathrm{f}(x)/\mathrm{g}(y)}$ ist durch *Trennung der Veränderlichen* zu lösen: Es folgt $\mathrm{f}(x)\,\mathrm{d}x = \mathrm{g}(y)\,\mathrm{d}y$ oder $\int\limits_{x_0} \mathrm{f}(x)\,\mathrm{d}x = \int\limits_{y_0} \mathrm{g}(y)\,\mathrm{d}y$.

Beispiele: 1. Ein Behälter fasse $V\,\mathrm{m}^3$, die Heizschlange habe $F\,\mathrm{m}^2$ Oberfläche; die Anfangstemperatur der Flüssigkeit sei $T_0°$ abs., die Temperatur der Heizschlange $T_1°$ abs., das spez. Gewicht der Flüssigkeit sei γ, die spez. Wärme c, die Wärmeübergangszahl α. Gesucht ist der Verlauf der Temperatur T als Funktion der Zeit t bei ideal isoliertem Gefäß.

Die Wärmemenge, die in der Zeit $\mathrm{d}t$ durch die Fläche F hindurchgeht, bestimmt sich zu $\mathrm{d}Q = \alpha F\,(T_1 - T)\,\mathrm{d}t$. Da andererseits der Zuwachs an Wärmeinhalt gleich $\mathrm{d}Q = V c \gamma\,\mathrm{d}T$ ist, folgt mit $F\alpha/(V c \gamma) = \varrho$ durch Gleichsetzen $\mathrm{d}T/\mathrm{d}t = \varrho\,(T_1 - T)$ oder nach Trennen der Veränderlichen $\int\limits_{T_0} \frac{\mathrm{d}T}{T_1 - T} = \int\limits_0 \varrho\,\mathrm{d}t$. Gemäß Formel 2 in B 4 a) S. 84 folgt weiter

$$-\ln(T_1 - T)\Big|_{T_0}^{T} = \varrho t \quad \text{oder} \quad \ln\frac{T_1 - T}{T_1 - T_0} = -\varrho t, \quad \text{d. h.} \quad \frac{T_1 - T}{T_1 - T_0} = \mathrm{e}^{-\varrho t} \quad \text{oder}$$

$T = T_1 - (T_1 - T_0)\,\mathrm{e}^{-\varrho t}$.

2. Gleichung der Adiabate. Im 1. Hauptsatz $\mathrm{d}q = c_v\,\mathrm{d}T + A\,p\,\mathrm{d}v$ (s. Wärmelehre) ist $\mathrm{d}q = 0$ zu setzen, da weder Wärme zu- noch abgeführt wird. Setzt man $A = (c_p - c_v)/R$ und $c_p/c_v = \varkappa$ ein, so folgt $c_v\mathrm{d}T = -\frac{c_p - c_v}{R}\,p\,\mathrm{d}v$ oder $R\,\mathrm{d}T = -(\varkappa - 1)\,p\,\mathrm{d}v$. Aus der Zustandsgleichung $RT = p\,v$ folgt aber durch Differentiieren $R\,\mathrm{d}T = p\,\mathrm{d}v + v\,\mathrm{d}p$ und daraus durch Gleichsetzen $\varkappa\,p\,\mathrm{d}v = -v\,\mathrm{d}p$ oder nach Trennung der Veränderlichen $\varkappa\int\frac{\mathrm{d}v}{v} + \int\frac{\mathrm{d}p}{p} = 0$, d. h. $\varkappa\ln v + \ln p = \ln C$ oder $p\,v^{\varkappa} = C = \text{const.}$

γ) Die Form $\underline{y' = \mathrm{f}(Ax + By + C)}$, worin A, B, C Konstanten sind, führt mit der Substitution $Ax + By + C = u$, d. h. $A + By' = u'$ oder $y' = (u' - A)/B$ auf $u' = B\,\mathrm{f}(u) + A$ oder nach α) auf $x = \int \frac{\mathrm{d}u}{B\,\mathrm{f}(u) + A}$, d. h. $x = \mathrm{x}(u)$. Zum Schluß ist u wieder durch x und y auszudrücken.

δ) Die Form $\underline{y' = \mathrm{f}(y/x)}$ wird durch die Substitution $u = y/x$ auf β) zurückgeführt: $y = u\,x$; $y' = u + x u'$; $u + x u' = \mathrm{f}(u)$; $\frac{\mathrm{d}u}{\mathrm{d}x} = \frac{\mathrm{f}(u) - u}{x}$ oder $\int\frac{\mathrm{d}x}{x} = \int\frac{\mathrm{d}u}{\mathrm{f}(u) - u}$. Nach ausgeführter Integration ist u wieder durch y/x zu ersetzen.

Beispiel: Gegeben $y' = -\frac{x + y}{x}$ oder $y' = -\left(1 + \frac{y}{x}\right)$. Nach vorstehendem wird mit $u = y/x$ hier $\int\frac{\mathrm{d}x}{x} = \int\frac{\mathrm{d}u}{-(1 + u) - u}$ oder $\int\frac{\mathrm{d}x}{x} = -\int\frac{\mathrm{d}u}{1 + 2u}$, d. h. $\ln x = -\frac{1}{2}\ln(1 + 2u) + \frac{1}{2}\ln C$; $x^2(1 + 2u) = C$ oder, wenn wieder $u = y/x$ eingesetzt wird, $x^2 + 2xy = C$ bzw. $y = (C - x^2)/2x$ (Hyperbelschar).

ε) *Die lineare Differentialgleichung* $\underline{y' + y\,\mathrm{g}(x) + \mathrm{h}(x) = 0}$ heißt *homogen*, wenn $\mathrm{h}(x) = 0$, andernfalls *inhomogen*. Die Lösung für die homogene Gleichung ergibt nach β) $y = C\mathrm{e}^{-\mathrm{G}(x)}$, wobei $\mathrm{G}(x) = \int \mathrm{g}(x)\,\mathrm{d}x$ ist.

Für die inhomogene Gleichung führt (nach *Bernoulli*) der Ansatz $y = uv$ mit u als Lösung der homogenen Gleichung auf

$$y = -\mathrm{e}^{-\mathrm{G}(x)}\int \mathrm{h}(x)\,\mathrm{e}^{\mathrm{G}(x)}\,\mathrm{d}x + C\mathrm{e}^{-\mathrm{G}(x)},$$

Der erste Teil stellt eine Partikulärlösung, der zweite die Lösung der homogenen Gleichung dar, d. h. die Gesamtlösung ist die Summe aus der partikulären Lösung und der Lösung der homogenen Gleichung.

Beispiel: Für die Stromstärke I in einem Stromkreis mit Wechselstromquelle von der Spannung $U = U_0 \sin \omega t$, dem *Ohm*schen Widerstand R und der Selbstinduktion L folgt $U = I R + L \, \mathrm{d}I/\mathrm{d}t$ oder $\mathrm{d}I/\mathrm{d}t + IR/L - U_0/L \cdot \sin \omega t = 0$. Nach vorstehendem ist also $\mathrm{g}(t) = R/L = \text{const.}$ und $\mathrm{h}(t) = -U_0/L \cdot \sin \omega t$, d. h. $\mathrm{G}(t) = \int \mathrm{g}(t)\,\mathrm{d}t = Rt/L = \lambda t$.

Also $\psi(t) = \int \mathrm{h}(t)\, \mathrm{e}^{\mathrm{G}(t)}\, \mathrm{d}t = -\dfrac{U_0}{L} \int \mathrm{e}^{\lambda t} \sin \omega t \,\mathrm{d}t = -\dfrac{U_0}{L} \dfrac{\mathrm{e}^{\lambda t}}{\lambda^2 + \omega^2} (\lambda \sin \omega t - \omega \cos \omega t)$

(nach Formel 22 in B. 4c, S. 87) und demnach

$$I = -\mathrm{e}^{-\lambda t} \psi(t) + C\,\mathrm{e}^{-\lambda t} = \frac{U_0}{L(\lambda^2 + \omega^2)} (\lambda \sin \omega t - \omega \cos \omega t) + C\,\mathrm{e}^{-\lambda t}.$$

Soll für $t = 0$ die Stromstärke $I = 0$ sein, so folgt $0 = -\dfrac{U_0\,\omega}{L(\lambda^2 + \omega^2)} + C$, $C = \dfrac{U_0\,\omega}{L(\lambda^2 + \omega^2)}$,

also $I = \dfrac{U_0}{R^2 + L^2 \omega^2} (R \sin \omega t - L \omega \cos \omega t) + \dfrac{U_0 L \omega}{R^2 + L^2 \omega^2} \mathrm{e}^{-Rt/L}$.

b) Differentialgleichungen 2. und höherer Ordnung. Eine Diff.-Gl. *zweiter* Ordnung hat die Gestalt $y'' = \mathrm{f}(x, y)$ oder $\mathrm{F}(x, y', y'') = 0$. Bei der Integration treten *zwei Integrationskonstanten* auf, d. h. es müssen zwei Bedingungen gegeben sein: Sind für $x = x_0$ die Ordinate $y(x_0) = y_0$ und die Steigung $y'(x_0) = y_0'$ gegeben, so liegt ein *Anfangswertproblem* vor (s. Beisp. 1). Sind aber für zwei Abszissen x_1, x_2 (an den Rändern des Intervalls) die Ordinaten $y_1 = y(x_1)$ und $y_2 = y(x_2)$ gegeben oder auch $y_1 = y(x_1)$ und $y_2' = y'(x_2)$ oder eine entsprechende lineare Kombination zwischen Steigung und Ordinate, so liegt ein *Randwertproblem* vor (s. Beisp. 2).

α) Bei der Form $\underline{y'' = \mathrm{f}(x)}$ liefert zweimalige Integration die Lösung

$$y' = \int \mathrm{f}(x)\,\mathrm{d}x + C_1 \equiv \mathrm{F}(x); \qquad y = \int \mathrm{F}(x)\,\mathrm{d}x + C_2.$$

Beispiele: 1. Anfangswertproblem: Bei der gleichförmig beschleunigten Bewegung ist $\mathrm{d}^2 s/\mathrm{d}t^2 = b = \text{const.}$ (S. 226). Für $t = 0$ soll $v = v_0$ und $s = s_0$ sein, d. h. $v = \int b\,\mathrm{d}t = bt + v_0$ und ferner $s = \int v\,\mathrm{d}t = {}^1\!/_2\, b t^2 + v_0 t + s_0$.

2. Randwertproblem: Die Diff.-Gl. der elastischen Linie (S. 356, Bild 55d) lautet für kleine Durchbiegungen $y''(x) = M/EJ$, wobei M das Biegemoment und J das Trägheitsmoment des Querschnittes ist. Für einen am Ende mit der Kraft P belasteten Freiträger gilt $M = -Px$. Folglich wird für konstantes J:

$$y'' = -\frac{1}{EJ} P x \quad \text{oder} \quad y' = -\frac{P}{EJ} \int x\,\mathrm{d}x = -\frac{P}{EJ} \frac{x^2}{2} + C_1.$$

Die Randbedingungen lauten: 1. Für $x = l$ soll $y' = 0$ sein (Einspannstelle, horizontale Tangente); 2. Für $x = 0$ soll $y = 0$ sein. Aus der ersten Bedingung folgt $0 = -\dfrac{P}{EJ} \dfrac{l^2}{2} + C_1$; $C_1 = \dfrac{P}{EJ} \dfrac{l^2}{2}$. Nochmalige Integration liefert

$$y = -\frac{P}{2EJ} \int x^2\,\mathrm{d}x + C_1 \int \mathrm{d}x = -\frac{P}{2EJ} \frac{x^3}{3} + C_1 x + C_2.$$

Aus der zweiten Randbedingung folgt $C_2 = 0$, und nach Einsetzen des Wertes für C_1 ergibt sich

$$y = \frac{P l^3}{2EJ} \left(\frac{x}{l} - \frac{1}{3} \frac{x^3}{l^3} \right).$$

β) Die Form $\underline{y^{(n)} = \mathrm{f}(x)}$ wird durch wiederholte Integration gelöst: $y^{(n-1)} = \int \mathrm{f}(x)\,\mathrm{d}x + C_1$ usw. Zur Bestimmung der n Integrationskonstanten $C_1, C_2, \ldots, C_n$ müssen n voneinander unabhängige Bedingungen gegeben sein.

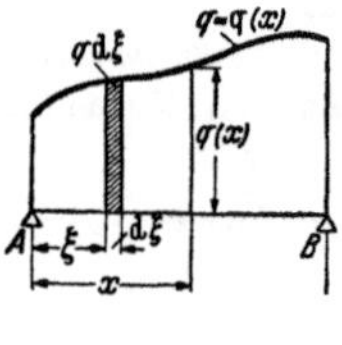

Bild 71

Beispiele: 1. Träger mit veränderlicher stetiger Belastung $q = \mathrm{q}(x)$, Bild 71. Die *Querkraft* Q ist die Summe sämtlicher links (rechts) vom betrachteten Querschnitt angreifenden Kräfte (S. 350), d. h. $Q = -\int_{\xi=0}^{\xi=x} q\,\mathrm{d}\xi + A$ mit A als Auflagerkraft, d. h. es ist $\mathrm{d}Q/\mathrm{d}x = -q$, und die Integrationskonstante ist gleich A. Q stellt die Auflagerkraft A, vermindert um die der Fläche unter der q-Kurve entsprechende Belastung, dar.

Das *Biegemoment M* ist die algebraische Summe der statischen Momente aller links (rechts) von der Stelle x angreifenden Kräfte. Die Kraft $q\,\mathrm{d}\xi$ liefert das Moment $-(x-\xi)q\,\mathrm{d}\xi$ (S. 350 betr. Vorzeichen), so daß $M = -\int\limits_{\xi=0}^{\xi=x} (x-\xi)\,q\,\mathrm{d}\xi + A\,x$ ist. Nach der Regel über die Differentiation eines Integrals nach einem Parameter (S. 83) folgt $\dfrac{\mathrm{d}M}{\mathrm{d}x} = -\int\limits_{\xi=0}^{\xi=x} q\,\mathrm{d}\xi + A$, d. h. es ist $\dfrac{\mathrm{d}M}{\mathrm{d}x} = Q$, und M ist die Integralkurve zur Querkraft Q. Ferner wird demnach $\mathrm{d}^2M/\mathrm{d}x^2 = -q$ und folgt in Verbindung mit der Differentialgleichung für die Biegelinie $y'' = -M/EJ$ auch $y^{(4)} = q/EJ$ und $Q = EJ\,y'''$.

Es können somit durch wiederholte rechnerische oder zeichnerische oder instrumentelle Integration (S. 185) die Querkraft-, die Momenten- und die Biegelinie gefunden werden unter Beachtung der Randbedingungen.

2. Anwendung auf einen beiderseits eingespannten Träger mit gleichmäßig verteilter Belastung (Nr. 15, S. 368, x hier von A aus gerechnet). Aus $y^{(4)} = q/EJ$ folgt $EJ\,y''' = q\,(x + C_1)$. Aus Symmetriegründen muß für die Stabmitte, d. h. $x = l/2$, die Querkraft und damit $y''' = 0$ sein. Dies liefert $C_1 = -l/2$, also $EJ\,y''' = q\left(x - \dfrac{l}{2}\right)$ und $EJ\,y'' = EJ\int y'''\,\mathrm{d}x = q\left(\dfrac{x^2}{2} - \dfrac{l}{2}\,x + C_2\right)$; $EJ\,y' = EJ\int y''\,\mathrm{d}x = q\left(\dfrac{x^3}{6} - \dfrac{l\,x^2}{4} + C_2 x + C_3\right)$. Wegen Symmetrie kann die linke Stabhälfte betrachtet werden, d. h. für $x = 0$ ist $y' = 0$, also $C_3 = 0$, und für $x = \dfrac{l}{2}$ ist $y' = 0$, d. h. $\dfrac{l^3}{8\cdot 6} - \dfrac{l^3}{4\cdot 4} + C_2\,\dfrac{l}{2} = 0$ oder $C_2 = \dfrac{l^2}{12}$ und $EJ\,y' = \dfrac{q}{12}\,(2x^3 - 3x^2 l + l^2 x)$ oder $y = \int y'\,\mathrm{d}x = \dfrac{q}{12\,EJ}\left(\dfrac{x^4}{2} - x^3 l + \dfrac{x^2 l^2}{2} + C_4\right)$. Für $x = 0$ ist $y = 0$, also $C_4 = 0$, und somit $y = \dfrac{q\,l^4}{24\,EJ}\left[\left(\dfrac{x}{l}\right)^4 - 2\left(\dfrac{x}{l}\right)^3 + \left(\dfrac{x}{l}\right)^2\right]$.

3. Ein Seil ohne Biegesteifigkeit sei zwischen zwei festen Punkten aufgehängt und erfahre eine vertikale Belastung $\mathrm{q}(x)$. Die Seilkurve sei in ein Koordinatensystem gelegt, dessen y-Achse senkrecht nach oben gerichtet ist, Bild 72. Dann kann die Seilkraft S in eine horizontale Komponente H und eine vertikale Komponente V zerlegt werden, und die Gleichgewichtsbedingungen für ein Seilstück $P_1\,P_2$ ergeben: 1. $\sum H = 0$, d. h. $H_1 - H_2 = 0$ oder $H_1 = H_2 = H = \text{const.}$ 2. $\sum V = 0$, d. h. $V_2 - V_1 = \int \mathrm{q}(x)\,\mathrm{d}x$ oder, wenn der Punkt P_1 in den Punkt P_2 übergeht, auch $\mathrm{d}V/\mathrm{d}x = \mathrm{q}(x)$. Da $V = H\,\mathrm{tg}\,\alpha = H\,y'$ ist, folgt $H\,y'' = \mathrm{q}(x)$ wie unter α).

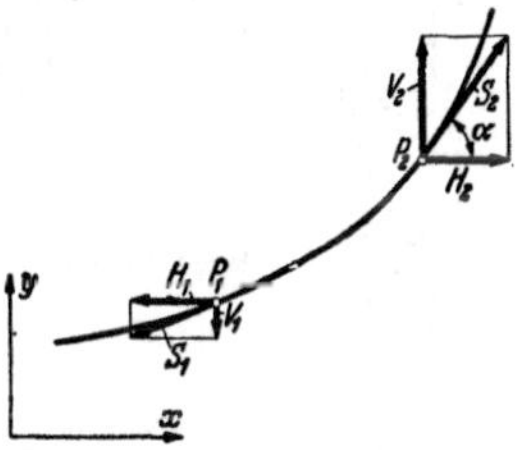

Bild 72

γ) Die Form $y''(x) = \mathrm{f}[y'(x)]$ führt mit $y' = z$, $y'' = z'$ auf $z' = \mathrm{f}(z)$, $\mathrm{d}x = \mathrm{d}z/\mathrm{f}(z)$ oder $x = \int \mathrm{d}z/\mathrm{f}(z) + C_1 = \mathrm{g}(z)$. Auflösung nach z liefert $z = \varphi(x) = y'$, d. h. $y = \int \varphi(x)\,\mathrm{d}x + C_2$. — Oder: Da $\mathrm{d}y = z\,\mathrm{d}x = z\,\mathrm{d}z/\mathrm{f}(z)$ ist, wird auch $y = \int z\,\mathrm{d}z/\mathrm{f}(z) + C = \mathrm{h}(z)$, und durch Elimination von z aus $\mathrm{g}(z)$ und $\mathrm{h}(z)$ folgt dann $y = \mathrm{y}(x)$.

Beispiele: 1. Die Diff.-Gl. $y'' = a + b\,y'$ liefert bei konstantem a und b mit $y' = z$ und $\mathrm{f}(y') = a + b\,y'$ nach vorstehendem $x = \int \dfrac{\mathrm{d}z}{a+bz} = \dfrac{1}{b}\ln(a+bz) - \dfrac{1}{b}\ln c_1$ $\left(\text{wenn } C_1 = -\dfrac{1}{b}\ln c_1 \text{ gesetzt wird}\right)$ oder $b\,x = \ln\dfrac{a+bz}{c_1}$; $a + bz = c_1\,\mathrm{e}^{b\,x}$; $z = y' = \dfrac{c_1}{b}\,\mathrm{e}^{b\,x} - \dfrac{a}{b}$, also $y = \dfrac{c_1}{b^2}\,\mathrm{e}^{bx} - \dfrac{a}{b}\,x + c_2$.

2. *Die Kettenlinie.* Bei der Seilkurve gemäß Bild 72 und Beisp. 3 unter β) sei nur das Eigengewicht berücksichtigt. Ist dieses je Längeneinheit gleich γ, so entfällt auf das Bogenelement $\mathrm{d}s$ der Betrag $\gamma\,\mathrm{d}s$, und mit $\mathrm{d}s = \sqrt{1+y'^2}\,\mathrm{d}x$ ist also in der Gleichung unter β), Beisp. 3, $\mathrm{q}(x)$ durch $\gamma\,\mathrm{d}s/\mathrm{d}x = \gamma\sqrt{1+y'^2}$ zu ersetzen; d. h. $H\,y'' = \gamma\sqrt{1+y'^2}$ oder mit $H/\gamma = h$ auch $h\,y'' = \sqrt{1+y'^2}$. Wird $y' = z$ gesetzt, so folgt mit $h\,f(y') = \sqrt{1+y'^2}$ nach obigen Herleitungen $\dfrac{x}{h} = \int \dfrac{\mathrm{d}z}{\sqrt{1+z^2}} = \mathfrak{Ar}\,\mathfrak{Sin}\,z + C_1$ (s. S. 85) oder $y' = z = \mathfrak{Sin}\,(x/h - C_1)$.

Legt man das Koordinatensystem so, daß für $x = 0$ die Tangente waagerecht liegt, also $y'(0) = 0$ ist, so muß $C_1 = 0$ sein. Es wird $y' = \mathfrak{Sin}\, x/h$, und die Integration ergibt $y = \int \mathfrak{Sin} \frac{x}{h} \mathrm{d}x = h \,\mathfrak{Cof} \frac{x}{h} + C_2$. Setzt man $y = h$ für $x = 0$, so bleibt $y = h \,\mathfrak{Cof} \frac{x}{h}$.

δ) Die Form $y'' = \mathrm{f}(y)$ führt nach Multiplikation mit y' auf $y''y' = \mathrm{f}(y)\, y'$ oder $\frac{1}{2} \mathrm{d}(y'^2) = \mathrm{f}(y)\, \mathrm{d}y$ oder $y'^2 = 2 \int \mathrm{f}(y)\, \mathrm{d}y + C_1 \equiv \mathrm{G}(y)$ oder aufgelöst $y' = \pm \sqrt{\mathrm{G}(y)} = \mathrm{F}(y)$. Daraus $x = \int \frac{\mathrm{d}y}{\mathrm{F}(y)} + C_2 = \varphi(y)$ oder $y = \mathrm{y}(x)$.

Beispiele: 1. $y'' + a^2 y = 0$ oder $y'' = -a^2 y$ liefert hiernach $y'^2 = -2a^2 \int y\, \mathrm{d}y + C_1$ oder $y'^2 = -a^2 y^2 + C_1$ und mit $C_1 = c^2 a^2$ (> 0, da $y'^2 > 0$ sein muß) $y' = a\sqrt{c^2 - y^2}$*, d. h. $\int \frac{\mathrm{d}y}{\sqrt{c^2 - y^2}} = a \int \mathrm{d}x$; $\arcsin y/c = a\,x + c_2$ mit c_2 als zweiter Integrationskonstanten; $y = c \sin(c_2 + a\,x) = c \sin c_2 \cos a\,x + c \cos c_2 \sin a\,x$ oder mit $c \sin c_2 = A$ und $c \cos c_2 = B$ auch

$$y = A \cos a\,x + B \sin a\,x;$$

Anwendungen s. folgendes Beisp., ferner Schwingungslehre S. 266.

2. Anwendung auf den auf Knicken beanspruchten Stab, Bild 73. Die Diff.-Gl. hat die Form

$$\mathrm{d}^2 y/\mathrm{d}x^2 = -M/EJ.$$

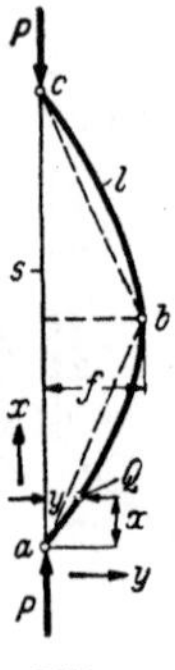

Bild 73
Zur Knickung

Für den Punkt $Q\,(x, y)$ ist $M = P\,y$ und daher

$$\mathrm{d}^2 y/\mathrm{d}x^2 = -P\,y/EJ = -a^2 y \quad \text{mit} \quad a^2 = P/EJ.$$

Folglich ist

$$y = A \cos ax + B \sin ax.$$

Da für $x = 0$ auch $y = 0$ sein muß, Punkt a, so ist zunächst $A = 0$ und $y = B \sin ax$. Wird die Sehne $a\,c$ mit s bezeichnet, so muß für $x = s/2$ die Durchbiegung $y = f$ sein, Punkt b, und für $x = s$, $y = 0$ sein, Punkt c. Einsetzen dieser Werte in $y = B \sin ax$ ergibt: $f = B \sin(as/2)$ und $0 = B \sin(as)$. Nach der letzten Gleichung muß $as = \pi$, $as/2 = \pi/2$ und daher nach der ersten Gleichung $B = f$, mithin $y = f \sin ax$ sein. Wird die Länge der elastischen Linie mit l bezeichnet und durch den in Bild 73 gestrichelten Linienzug ersetzt, so ist

$$f^2 \approx (l/2)^2 - (s/2)^2 = l^2/4 - s^2/4 = l^2/4 - \pi^2/4\,a^2 = l^2/4 - \pi^2 EJ/4\,P$$

und daher $\quad f^2/l^2 = {}^1/_4\,(1 - \pi^2 EJ/P\,l^2), \qquad f/l = {}^1/_2 \sqrt{1 - \pi^2 EJ/P\,l^2}.$

Wird die *Euler*sche Knickkraft

$$K = \pi^2 EJ/l^2$$

eingeführt (S. 389), so ist

$$f/l = {}^1/_2 \sqrt{1 - K/P}.$$

Hieraus folgt: Ist die Last P kleiner als K, so wird f imaginär; ist $P = K$, so ist $f = 0$. In beiden Fällen ist keine Durchbiegung möglich, der Stab behält seine ursprüngliche gerade Form bei. Ist aber $P > K$, so wird f reell und der Stab knickt aus.

Diese Herleitung gibt nur ein *qualitativ* richtiges Bild. Denn für größere Durchbiegungen und solche, die die Proportionalitätsgrenze des Materials (S. 329) überschreiten, die also das *Hooke*sche Gesetz (S. 329) nicht mehr erfüllen, gilt die Diff.-Gl. der elastischen Linie in der obigen Form nicht mehr. Für eine quantitativ richtige Näherungslösung muß auf die strenge Diff.-Gl. $\varrho = -EJ/M$ (S. 356) zurückgegriffen werden.

ε) *Homogene lineare Differentialgleichungen* mit konstanten Koeffizienten haben die Form

$$y^{(n)} + a_{n-1}\, y^{(n-1)} + \cdots + a_1 y' + a_0 y = 0.$$

Geht man mit dem Ansatz $y = \mathrm{e}^{\alpha x}$ in die Gleichung ein, so folgt, da $y^{(n)} = \alpha^n \mathrm{e}^{\alpha x}$ ist, für die Bestimmung der α eine Gleichung n-ten Grades

$$\alpha^n + a_{n-1}\, \alpha^{n-1} + \cdots + a_1 \alpha + a_0 = 0$$

mit den Lösungen $\alpha_1, \alpha_2, \ldots, \alpha_n$. Dann sind $y_1 = \mathrm{e}^{\alpha_1 x}$, $y_2 = \mathrm{e}^{\alpha_2 x}, \ldots$ die Partikulärlösungen, und die Gesamtlösung ist gegeben durch

$$y = C_1 \mathrm{e}^{\alpha_1 x} + C_2 \mathrm{e}^{\alpha_2 x} + \cdots + C_n \mathrm{e}^{\alpha_n x},$$

wobei die Konstanten $C_1, C_2, \ldots$ aus den Anfangs- oder Randbedingungen folgen.

---

* Das negative Vorzeichen der Wurzel ist unterdrückt; es führt zum gleichen Ergebnis.

Treten mehrfache Wurzeln auf, z. B. $\alpha_1 = \alpha_2 = \cdots \alpha_\nu = \alpha$, während die anderen α voneinander verschieden sind, so wird

$$y = (C_1 + C_2 x + C_3 x^2 + \cdots + C_\nu x^{\nu-1})\, e^{\alpha x} + C_{\nu+1} e^{\alpha_{\nu+1} x} + \cdots C_n e^{\alpha_n x}.$$

Da komplexe Lösungen konjugiert auftreten, so lassen sich vermöge der *Euler*schen Formeln entsprechende Glieder zu reellen Gliedern zusammenfassen (s. Beisp.).

Beispiel: Gesucht die Lösung der Diff.-Gl.

$$y'' + 2b y' + a^2 y = 0.$$

Der Ansatz $y = e^{\alpha x}$ führt auf $\alpha^2 + 2\alpha b + a^2 = 0$, woraus die Wurzeln

$$\alpha_1 = -b + \sqrt{b^2 - a^2} \quad \text{und} \quad \alpha_2 = -b - \sqrt{b^2 - a^2}$$

folgen. Damit sind $y_1 = e^{\alpha_1 x}$ und $y_2 = e^{\alpha_2 x}$ zwei partikuläre Lösungen der Diff.-Gl.:

1. Ist $b^2 > a^2$, so werden die Werte α_1, α_2 negativ oder positiv, je nachdem $b > 0$ oder $b < 0$. Im ersten Fall liegt ein aperiodisch gedämpfter Vorgang vor, im zweiten Fall wächst y mit zunehmendem x.

2. Ist $b^2 < a^2$, so werden die Wurzeln komplex, d. h. $\alpha_1 = -b + i\delta$, $\alpha_2 = -b - i\delta$, wo $\delta = \sqrt{a^2 - b^2}$, und damit

$$y_1 = e^{-bx} e^{i\delta x} = e^{-bx} (\cos\delta x + i \sin\delta x),$$
$$y_2 = e^{-bx} e^{-i\delta x} = e^{-bx} (\cos\delta x - i \sin\delta x).$$

Weitere partikuläre Lösungen sind dann

$$y_3 = (y_1 + y_2)/2 = e^{-bx} \cos\delta x, \qquad y_4 = (y_1 - y_2)/2\,i = e^{-bx} \sin\delta x.$$

Das allgemeine Integral ist, wenn C_1 und C_2 Integrationskonstanten sind,

$$y = C_1 y_3 + C_2 y_4 = e^{-bx} (C_1 \cos\delta x + C_2 \sin\delta x).$$

Mit $C_1 = C \sin\varepsilon$ und $C_2 = C \cos\varepsilon$, also C und ε als Integrationskonstanten kann auch geschrieben werden

$$y = C e^{-bx} \sin(\delta x + \varepsilon).$$

Es ergibt sich dann ein periodisch gedämpfter oder periodisch angefachter Vorgang, je nachdem $b > 0$ oder $b < 0$. Vgl. Bild 141, S. 146, für $b > 0$.

Der Sonderfall von Beisp. 1 unter δ) ist hierin für $b = 0$ enthalten.

3. Ist $b^2 = a^2$, so fallen die Wurzeln zusammen, d. h. es ist $\alpha_1 = \alpha_2 = -b$, und nach obigem wird, wie sich auch durch Einsetzen prüfen läßt,

$$y = (C_1 + C_2 x)\, e^{-bx}$$

als Grenzfall zwischen periodischem und aperiodischem Vorgang. Anwendungen vgl. Schwingungslehre S. 267.

ζ) Bei der *inhomogenen linearen Differentialgleichung* mit konstanten Koeffizienten von der Form

$$y^{(n)} + a_{n-1} y^{(n-1)} + \cdots + a_1 y' + a_0 y = h(x)$$

steht rechts die Störungsfunktion $h(x)$; zur Lösung führt wie oben der Ansatz

$$y = \sum_{m=1}^{m=n} C_m y_m \quad \text{mit} \quad y_m = e^{\alpha_m x}$$

als Lösung der homogenen Gleichung, wobei aber die C_m *keine* Konstanten, sondern Funktionen von x sind (*Variation der Konstanten*). Ihre Ableitungen C_1', C_2', ..., C_n' lassen sich aus den folgenden n linearen Gleichungen ermitteln:

$$\begin{aligned} C_1' y_1 + C_2' y_2 + \cdots + C_n' y_n &= 0 \\ C_1' y_1' + C_2' y_2' + \cdots + C_n' y_n' &= 0 \\ \cdots\cdots\cdots\cdots\cdots\cdots \\ C_1' y_1^{(n-1)} + C_2' y_2^{(n-1)} + \cdots + C_n' y_n^{(n-1)} &= h(x). \end{aligned}$$

Sind die C_1', C_2', ... berechnet, so folgen die C_1, C_2 durch einfache Integration. — Häufig führen aber die folgenden Wege zum Ziel:

1. Ist $h(x)$ eine trigonometrische Summe (Summe aus cos- und sin-Gliedern; S. 162), so wird

$$y = C_1 y_1 + C_2 y_2 + \cdots C_n y_n + H(x),$$

worin die C_i Konstanten sind und $H(x)$ eine trigonometrische Summe darstellt, deren Koeffizienten durch Einsetzen von y in die Diff.-Gl. und durch Koeffizientenvergleich gefunden werden (s. Beisp.).

2. Ist $h(x)$ eine ganze rationale Funktion m-ten Grades, so gilt der gleiche Ansatz, nur ist $H(x)$ eine ganze rationale Funktion m-ten Grades, deren Koeffizienten in gleicher Weise gefunden werden.

Beispiel: Die Diff.-Gl. der gedämpften erzwungenen Schwingung für ein Einmassensystem führt auf die Form

$$\ddot{y} + 2b\dot{y} + a^2 y = r \sin \omega t$$

(die Punkte bedeuten Ableitungen nach der Zeit) und fordert nach obigem den Ansatz

$$y = (C_1 y_1 + C_2 y_2) + A \cos \omega t + B \sin \omega t,$$

wobei der erste Anteil gemäß Beispiel unter ε) ermittelt werden kann. Durch Einsetzen von y in die Diff.-Gl. folgt

$$(-A\omega^2 + 2\omega b B + a^2 A)\cos \omega t + (-B\omega^2 - 2\omega b A + a^2 B)\sin \omega t = r \sin \omega t.$$

Durch Vergleich entsprechender Koeffizienten von $\cos \omega t$ bzw. $\sin \omega t$ folgt

$$A(a^2 - \omega^2) + 2\omega b B = 0,$$
$$-2\omega b A + B(a^2 - \omega^2) = r.$$

Diese beiden Gleichungen mit den Unbekannten A und B ergeben

$$A = -\frac{2\omega b r}{D}, \quad B = \frac{r(a^2 - \omega^2)}{D}, \quad \text{worin} \quad D = (a^2 - \omega^2)^2 + 4b^2\omega^2;$$

vgl. Schwingungslehre S. 267.

2. Partielle Differentialgleichungen

a) Definition vgl. S. 102. So ist z. B. $F(z_x, z_y, z, x, y)$ die *allgemeinste Form der partiellen Diff.-Gl. 1. Ordnung* für eine Funktion $z(x, y)$ der zwei unabhängig Veränderlichen x und y. Jede Funktion $z(x, y)$, die, in die Diff.-Gl. eingesetzt, diese identisch erfüllt, ist eine Lösung (ein „Integral") der Diff.-Gl. Eine solche wird schon als gelöst angesehen, wenn sie auf die Lösung einer gewöhnlichen Diff.-Gl. zurückgeführt werden kann.

Beispiele: 1. Gesucht die Flächen, welche die Diff.-Gl. $z_x = 0$ erfüllen. Ihre Lösung ist $z = w(y)$, wobei $w(y)$ eine beliebige Funktion von y ist. Dies ist ein Zylinder, der eine beliebige Kurve in der y, z-Ebene als Basis hat.

2. Gesucht die Lösung von $z_{xx} = 0$. Einmalige Integration hinsichtlich x liefert $z_x = w(y)$ und Wiederholung $z = x\,w(y) + v(y)$, wobei w und v willkürliche Funktionen von x sind.

3. Die Diff.-Gl. $z_{xx} + z = 0$ kann als gewöhnliche Differentialgleichung von der Form $z'' + z = 0$ behandelt werden, deren Lösung $z = A \cos x + B \sin x$ ist. Für die partielle Diff.-Gl. folgt aber, daß A und B Funktionen von y sind, so daß

$$z = A(y)\cos x + B(y)\sin x$$

wird, wie sich auch durch Einsetzen prüfen läßt.

b) Für die Anwendungen bedeutsam sind besonders die **linearen partiellen Differentialgleichungen 2. Ordnung** von der Form

$$a z_{xx} + 2b z_{xy} + c z_{yy} + d z_x + e z_y + f z = 0,$$

worin $a, \ldots f$ Konstanten sind.

Diese läßt sich durch eine reelle Transformation der unabhängig Veränderlichen auf die folgenden Formen zurückführen:

$$u_{xy} + A u_x + B u_y + C u = 0 \quad \text{(hyperbolisch)},$$
$$u_{xx} + u_{yy} + A u_x + B u_y + C u = 0 \quad \text{(elliptisch)},$$
$$u_{xx} + A u_x + B u_y + C u = 0 \quad \text{(parabolisch)}.$$

c) Die **wichtigsten** in der *Technik* vorkommenden **Differentialgleichungen** werden nach der *Methode der Partikulärlösungen* von *Bernoulli* gelöst, wie in den folgenden Beispielen gezeigt.

α) *Die Differentialgleichung der schwingenden Saite* lautet

$$\partial^2 y/\partial t^2 = a^2 \partial^2 y/\partial x^2.$$

Hierin ist y die transversale Verschiebung, welche ein Punkt der Saite mit der Abszisse x zur Zeit t erfährt; $a^2 = S/\varrho$, S = Spannung und $\varrho = \gamma/g$ = spez. Masse.

Die Saite sei an den Enden ($x = 0$ und $x = l$) eingespannt und zur Zeit $t = 0$ gemäß dem Gesetz $f(x)$ ausgelenkt. Die Anfangsgeschwindigkeit sei gleich 0. — Der Ansatz (nach *Bernoulli*) $y = v(x)\,T(t)$ führt auf $\frac{1}{a^2}\frac{T''(t)}{T} = \frac{v''(x)}{v}$, und dieser Quotient muß konstant sein, er wird gleich $-\lambda^2$ gesetzt. Also bleiben die gewöhnlichen Differentialgleichungen

$$\frac{d^2 v}{d x^2} + \lambda^2 v = 0 \quad (1) \quad \text{und} \quad \frac{d^2 T}{d t^2} + a^2 \lambda^2 T = 0 \quad (2).$$

Die Lösung von (1) liefert $v = A\cos\lambda x + B\sin\lambda x$. Da für $x = 0$ und $x = l$ die Ordinate $y = 0$ sein soll, also auch $v = 0$ ist, folgt $A = 0$ und $\sin\lambda l = 0$, d. h. $\lambda = n\pi/l$, $n = 1, 2, \ldots$ (Die Randbedingungen bestimmen hiernach nur *eine* Konstante, aber außerdem den „Eigenwert" λ^2 dieses „Eigenwertproblems"). Damit ist $v = v_n \sin(n\pi x/l)$, $n = 1, 2, \ldots$, wenn $B = 1$ gesetzt wird (v_n ist die n-te „Eigenfunktion").

Die Difl.-Gl. (2) ergibt nach Einsetzen von λ die Lösung

$$T = T_n = A_n\cos\omega_n t + B_n\sin\omega_n t,\quad \omega_n = n\pi a/l.$$

Damit sind unendlich viele partikuläre Lösungen

$$y_n = (A_n\cos\omega_n t + B_n\sin\omega_n t)\sin(n\pi x/l),\quad n = 1, 2, \ldots$$

gefunden, welche die Randbedingungen $y(0) = y(l) = 0$ erfüllen. Zu $n = 1$ gehört der Grundton, zu $n = 2, 3, \ldots$ gehören die harmonischen Obertöne, und die Knotenpunkte liegen bei $x = l/n, 2l/n, \ldots (n-1)\,l/n$. Auch $u = \sum u_n$ ist eine Lösung.

Um die Anfangsbedingungen zu erfüllen, muß $B_n = 0$ und $f(x) = \sum_{n=1}^{n=\infty} A_n \sin(n\pi x/l)$ sein.

Zur Ermittlung der A_n hat man also f(x) durch eine Fourierreihe darzustellen (S. 162), es ist

$$A_n = \frac{2}{l}\int_0^l f(x)\sin\frac{n\pi x}{l}\,dx.$$

Auf die gleiche Diff.-Gl. führen die *Längs-* und die *Torsionsschwingungen* von Stäben. Dann ist $a^2 = E/\varrho$ bzw. $a^2 = G/\varrho$, E = Elastizitätsmodul, G = Gleitmodul.

β) *Die Differentialgleichung für die Biegeschwingungen von Stäben* führt auf die partielle Diff.-Gl. 4. Ordnung

$$a^4\,\partial^2 y/\partial t^2 + \partial^4 y/\partial x^4 = 0.$$

y = Auslenkung zur Zeit t an der Stelle x; $a^4 = \varrho F/EJ$, $\varrho = \gamma/g$, F = Querschnitt, E = Elastizitätsmodul, J = Trägheitsmoment des Querschnitts.

Die Lösung, wieder mit dem Ansatz von *Bernoulli* $y = v(x)\,T(t)$, liefert

$$a^4\,T''(t)/T = -v^{(4)}/v = -\lambda^4$$

oder die gewöhnlichen Diff.-Gln.

$$T''(t) + (\lambda/a)^4\,T(t) = 0 \quad\text{und}\quad v^{(4)}(x) - \lambda^4 v(x) = 0.$$

Die erste führt auf $T = A\cos\omega t + B\sin\omega t$, $\omega = (\lambda/a)^2$, die zweite (nach C 1b ε) auf

$$v = C_1\cos\lambda x + C_2\sin\lambda x + C_3\operatorname{Cof}\lambda x + C_4\operatorname{Sin}\lambda x.$$

Die Werte von λ folgen aus den Randbedingungen (Art der Einspannung an den Enden). Ist der Stab an beiden Enden frei gelagert, so ist $v(0) = v(l) = 0$ und $v''(0) = v''(l) = 0$, da dort die v'' proportionalen Momente verschwinden müssen. Dies liefert $C_1 = C_3 = C_4 = 0$ und $\sin\lambda l = 0$, d. h. $\lambda = n\pi/l$, $n = 1, 2, \ldots$ (s. o.), also

$$\omega = \omega_n = (n\pi/a\,l)^2;\quad y_n = (A_n\cos\omega_n t + B_n\sin\omega_n t)\sin(n\pi x/l)\ \text{mit}\ C_2 = 1.$$

γ) *Die Differentialgleichung für die Schwingungen einer Membran*

$$\partial^2 u/\partial t^2 = a^2(\partial^2 u/\partial x^2 + \partial^2 u/\partial y^2)$$

mit $a^2 = S/\varrho$, S = Spannung, $\varrho = \gamma/g$, führt, wenn die Umrandung ein *Rechteck* von den Seiten p und q ist, mit dem Ansatz $u = T(t)\,v(x)\,w(y)$ auf

$$u = \sum_{m,n}^{1,\ldots\infty}(A_{mn}\cos\omega_{mn}t + B_{mn}\sin\omega_{mn}t)\sin(m\pi x/p)\cdot\sin(n\pi y/q),$$

wobei $\omega_{mn} = a\pi\sqrt{m^2/p^2 + n^2/q^2}$ ist. Die Anfangsbedingungen $u = f(x,y)$ und $\partial u/\partial t = g(x,y)$ für $t = 0$ liefern für die A_{mn}, B_{mn} zweifache Integrale gemäß einer zweidimensionalen Fourieranalyse. — Bei *kreisförmiger* Umrandung bringen Polarkoordinaten $x = r\cos\varphi$ und $y = r\sin\varphi$ die obige Gleichung auf die Form

$$\frac{\partial^2 u}{\partial t^2} = a^2\left(\frac{\partial^2 u}{\partial r^2} + \frac{1}{r^2}\frac{\partial^2 u}{\partial\varphi^2} + \frac{1}{r}\frac{\partial u}{\partial r}\right).$$

Der *Bernoulli*sche Ansatz $u = T(t)\,v(\varphi)\,w(r)$ führt auf

$$\frac{T''(t)}{a^2 T} = \frac{1}{r^2}\left(\frac{w'' r^2 + r w'}{w} + \frac{v''}{v}\right) = \text{const} = -\lambda^2$$

und mit $v''/v = \text{const} = -n^2$ auf die gewöhnlichen Diff.-Gln.

$$T''(t) + \omega^2 T(t) = 0;\quad v''(\varphi) + n^2 v(\varphi) = 0;\quad r^2 w''(r) + r\,w'(r) + (r^2\lambda^2 - n^2)\,w(r) = 0,$$

wobei $\omega = a\,\lambda$; diese haben die Lösungen

$$T = A\cos\omega t + B\sin\omega t;\quad v = \bar{A}\cos n\varphi + \bar{B}\sin n\varphi;\quad w = J_n(\lambda r),$$

wobei J_n die *Bessel*sche Funktion erster Art ist (S. 96/97). Die *Bessel*sche Funktion zweiter Art, die an sich auch die *Bessel*sche Diff.-Gl. für w befriedigt, ist hier keine partikuläre Lösung, weil für $r = 0$ die Auslenkung u endlich sein muß. Da v die Periode 2π (aus Symmetriegründen) haben muß, ist $n = 1, 2, \ldots$, und da am Rande $r = r_0$ die Auslenkung $u = 0$ sein muß, führt die transzendente Gleichung $J_n(\lambda r_0) = 0$ oder $J_n(\alpha) = 0$ mit $\lambda = \alpha/r_0$ zur Ermittlung der λ- bzw. α-Werte. Ein partikuläres Integral der partiellen Diff.-Gl. ist somit

$$u = (A \cos \omega t + B \sin \omega t)\,(\overline{A} \cos n\varphi + \overline{B} \sin n\varphi)\; J_n(\alpha r/r_0),$$

wobei $\omega = \omega_{mn} = \alpha_{mn} a/r_0$, da für jedes n die Gleichung $J_n(\alpha)$ unendlich viele Lösungen α_{mn}, $m = 1, 2, \ldots$ hat.

δ) *Die Differentialgleichung der Wärmeleitung in einem Stab* führt, wenn dessen Querschnittdimensionen klein gegen die Länge sind, auf

$$\partial\vartheta/\partial t = a^2 \partial^2\vartheta/\partial x^2 - \beta^2 \vartheta + \delta^2,$$

worin ϑ die Übertemperatur gegenüber der Umgebung zur Zeit t an der Stelle x ist $(0 \leqq x \leqq l)$ und a, β, δ Konstanten sind.

Die Gleichung wird mit $\vartheta = \delta^2/\beta^2 + e^{-\beta^2 t}\, w(x,t)$ auf $\partial w/\partial t = a^2 \partial^2 w/\partial x^2$ gebracht, und der Ansatz $w = v(t)\, u(x)$ liefert die gewöhnlichen Diff.-Gln. $v' + \lambda^2 a^2 v = 0$ und $u'' + \lambda^2 u = 0$ mit den Lösungen $v = C e^{-\lambda^2 a^2 t}$, $u = A \cos \lambda x + B \sin \lambda x$.
Die Randbedingungen $\vartheta(0,t) = \vartheta(l,t)$, d. h. $w(0,t) = w(l,t) = 0$, und die Bedingung über die anfängliche Temperaturverteilung

$$\vartheta(x,0) = f(x), \quad \text{d. h.} \quad w(x,0) = g(x) = f(x) - \delta^2/\beta^2$$

führen mit $C = 1$ auf $w = \sum_{n=1}^{\infty} B_n\, e^{-\lambda_n^2 a^2 t} \sin \lambda_n x$; $\quad \lambda_n = n\pi/l, \quad n = 1, 2, \ldots,$

wobei B_n als Fourierkoeffizient der Entwicklung von $g(x) = \sum_{n=1}^{\infty} B_n \sin \lambda_n x$ erscheint.

ε) Die Lösung der *Potentialgleichung* $\Phi_{xx} + \Phi_{yy} = 0$ oder $\Delta\Phi = 0$ (s. S. 100 u. 153) wird durch $\Phi = w(x + iy) + v(x - iy)$ gegeben, d. h. alle Funktionen eines komplexen Argumentes $x + iy$ sind demnach Lösungen, also auch Real- und Imaginärteil dieser Funktionen und ihrer linearen Kombinationen. — Der Ansatz $\Phi = e^{\alpha x + \beta y}$ liefert $\beta = \pm i\alpha$, also $\Phi = e^{\alpha(x \pm iy)} = e^{\alpha x}(\cos \alpha y \pm i \sin \alpha y)$, so daß für jedes Wertetripel α, A, B auch $\Phi = e^{\alpha x}(A \cos \alpha y + B \sin \alpha y)$ eine Lösung der Potentialgleichung ist.

F. Variationsrechnung

Literatur: 1. *Grüss, G.:* Variationsrechnung. 2. Aufl. Leipzig: Quelle u. Meyer 1955. — 2. *Bolza, O.:* Vorlesungen über Variationsrechnung. Leipzig: Koehler u. Amelang 1949. — 3. *Baule, B.:* Die Mathematik des Naturforschers u. Ingenieurs, Bd. V: Variationsrechnung, 4. Aufl. Leipzig: Hirzel 1954.

Gegenüber den Maximum- und Minimumaufgaben der Differentialrechnung (S. 78), bei denen die Werte von Variablen gesucht wurden, die eine Funktion zu einem Extrem machen, wird bei der Variationsrechnung nach denjenigen *Funktionen* gesucht, die ein bestimmtes Integral zum Extrem machen.

1. Die einfachsten Variationsprobleme

a) Eulersche Differentialgleichung. Gegeben zwei Punkte $P_1(x_1, y_1)$, $P_2(x_2, y_2)$ in der x, y-Ebene, gesucht ist diejenige Funktion $y = y_0(x)$, welche das Integral

$$J = \int_{x_1}^{x_2} F(x, y, y')\, dx$$

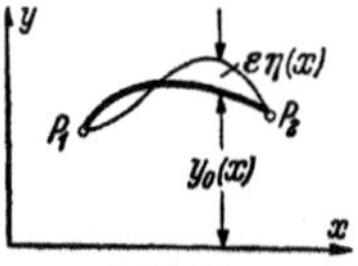

Bild 74

zu einem *Extrem* macht. Die gesuchte Funktion heißt „*Extremale*". Die Funktion F soll die üblichen Stetigkeitsbedingungen im Intervall $x_1 \leqq x \leqq x_2$ erfüllen.

Ändert man die Extremale $y_0(x)$ durch Hinzufügen einer Kurve $\varepsilon\eta(x)$, wobei η für $x = x_1$ und für $x = x_2$ gleich null sein muß, damit auch $y_0 + \varepsilon\eta(x)$ durch P_1 und P_2 hindurchgeht, Bild 74, so muß das Integral für diese neue Kurve einen kleineren bzw. größeren Wert haben, je nachdem jenes für $y = y_0(x)$ ein Maximum bzw. Minimum hat. ε ist ein noch freier Parameter. Jetzt wird

$J(\varepsilon) = \int_{x_1}^{x_2} [F(x, y_0 + \varepsilon\eta, y_0' + \varepsilon\eta')]\,dx$, wobei $y = y_0 + \varepsilon\eta$, $y' = y_0' + \varepsilon\eta'$ ist. Für $\varepsilon = 0$ muß J ein Extrem haben, d. h. die Ableitung $J'(\varepsilon)$ muß für $\varepsilon = 0$ verschwinden. Die Integrationsgrenzen sind fest, also kann unter dem Integralzeichen differentiiert werden (S. 84):

$$J'(\varepsilon) = \int_{x_1}^{x_2} [F_y(x, y_0 + \varepsilon\eta,\ y_0' + \varepsilon\eta')\,\eta + F_{y'}(x, y_0 + \varepsilon\eta,\ y_0' + \varepsilon\eta')\,\eta']\,dx,$$

wobei $F_y = \partial F/\partial y$, $F_{y'} = \partial F/\partial y'$ bedeuten. Es muß also

$$J'(0) = \int_{x_1}^{x_2} [F_y(x, y_0, y_0')\,\eta + F_{y'}(x, y_0, y_0')\,\eta']\,dx = 0$$

sein. Durch Teilintegration beim zweiten Summanden ergibt sich

$$\int_{x_1}^{x_2} \left[F_y - \frac{d}{dx} F_{y'}\right] \eta(x)\,dx + F_{y'}\,\eta(x)\Big|_{x_1}^{x_2} = 0.$$

Das letzte Glied verschwindet, da $\eta(x_1) = \eta(x_2) = 0$, und das Integral kann für jede zugelassene Funktion $\eta(x)$ nur dann gleich null sein, wenn der Integrand gleich null ist, d. h. es muß sein

$$F_y - \frac{d}{dx} F_{y'} = 0 \qquad (\textit{Euler}\text{sche } \textit{Differentialgleichung}).$$

Da F eine gegebene Funktion von x, y, y' ist, liegt eine gewöhnliche Diff.-Gl. 2. Ordnung vor.

b) Oft ist die Darstellung in **Parameterform** (S. 75) zweckmäßig. Dann muß

$$J = \int_{t_1}^{t_2} F(x, y, \dot{x}, \dot{y})\,dt$$

ein Extrem werden, und man erhält die beiden *Euler*schen Diff.-Gln.

$$F_x - \frac{d}{dt} F_{\dot{x}} = 0, \qquad F_y - \frac{d}{dt} F_{\dot{y}} = 0,$$

die nicht unabhängig voneinander sind. Je nach Art der Aufgabe kann es zweckmäßig sein, x oder y oder eine andere Veränderliche als Parameter zu wählen. Eine Parameterdarstellung ist besonders bei räumlichen Problemen zweckmäßig, wenn also $\int_{t_1}^{t_2} F(x, y, z, \dot{x}, \dot{y}, \dot{z})\,dt$ ein Extrem werden soll.

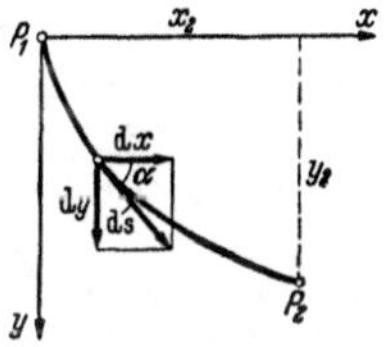

Bild 75

Beispiel: Gegeben zwei Punkte $P_1(x_1, y_1)$ und $P_2(x_2, y_2)$ in einer vertikalen Ebene. Gesucht ist die zwischen P_1 und P_2 gelegene Kurve, auf welcher ein nur der Schwere unterworfener punktförmiger Körper in der kürzesten Zeit von P_1 nach P_2 gelangt (Brachistochrone). Die Anfangsgeschwindigkeit sei null, und P_1 falle mit dem Ursprung des gewählten Koordinatensystems zusammen, vgl. Bild 75. Da $ds = \sqrt{\dot{x}^2 + \dot{y}^2}\,d\tau$ ist, mit zunächst noch nicht festgelegter Bedeutung des Parameters τ, und die Geschwindigkeit $ds/dt = \sqrt{2gy}$ beträgt, muß die Zeit

$$t = \int \frac{ds}{v} = \frac{1}{\sqrt{2g}} \int_{\tau_1}^{\tau_2} \sqrt{\frac{\dot{x}^2 + \dot{y}^2}{y}}\,d\tau \qquad \text{oder das Integral} \qquad \int_{\tau_1}^{\tau_2} \sqrt{\frac{\dot{x}^2 + \dot{y}^2}{y}}\,d\tau = \int F(y, \dot{x}, \dot{y})\,d\tau$$

ein Minimum werden. Die *Euler*sche Diff.-Gl. $F_x - \frac{d}{d\tau} F_{\dot{x}} = 0$ führt, da $F_x = 0$, auf $F_{\dot{x}} = a = \text{const}$ oder auf $\dfrac{\dot{x}}{\sqrt{(\dot{x}^2 + \dot{y}^2)\,y}} = a$ (1). Ist z. B. $a = 0$, so muß $x = \text{const}$ sein (vertikale Gerade). Ist $a \neq 0$, so sei der Tangentenwinkel α als Parameter τ eingeführt, wonach $\dot{x}/\sqrt{\dot{x}^2 + \dot{y}^2} = dx/ds = \cos\alpha$ (2) und $\dot{y} = \dot{x}\,\text{tg}\,\alpha$ (3) ist. Nach (1) und (2) wird $y = (1/a)^2 \cos^2\alpha = (1 + \cos 2\alpha)/2a^2$ (4), und Differentiieren von (4) nach α liefert $\dot{y} = -\dfrac{1}{a^2}\sin 2\alpha$ und Einsetzen in (3) $\dot{x} = \dot{y}\,\text{ctg}\,\alpha = -\dfrac{2}{a^2}\cos^2\alpha$ oder Integration $x = \int \dot{x}\,d\alpha = -\dfrac{1}{a^2}\left(\alpha + \dfrac{1}{2}\sin 2\alpha\right) + C$ (5) mit C als Integrationskonstante. Führt man jetzt noch in (4) und (5) statt α den Parameter $\beta = 2\alpha + \pi$ ein, so bleibt, wenn man beachtet, daß für $x = 0$ auch $y = 0$, also $\beta = 0$ sein soll,

$$x = \frac{1}{2a^2}(\beta - \sin\beta); \quad y = \frac{1}{2a^2}(1 - \cos\beta) \quad (6).$$

Die gesuchte Kurve ist eine gewöhnliche Zykloide (S. 139), die durch Abrollen des Kreises vom Radius $R = a^2/2$ auf der x-Achse entsteht. In P_1 liegt die Spitze der Zykloide.

Aus $y(x_2) = y_2$ folgt a und damit R. Soll z. B. $y_2 = 2x_2/\pi$ sein, so folgt $\beta_2 = \pi$ und $R = y_2/2$, und P_2 liegt im Scheitel der Kurve. Für die Zeit t folgt dann $t_{\min} = \pi\sqrt{y_2/2g}$, während z. B. für Bewegung auf der Geraden P_1P_2 der größere Wert $t = t_{\min}\sqrt{1+(2/\pi)^2}$ folgt.

2. Isoperimetrische Probleme

Ursprünglich handelte es sich um die Aufgabe, mit einer Kurve gegebener Länge eine möglichst große Fläche zu umgrenzen; man versteht jetzt darunter aber jedes *Variationsproblem* mit einer *Nebenbedingung* in *Integralform*:

$$J = \int_{t_1}^{t_2} \mathrm{F}(x, y, \dot{x}, \dot{y})\,\mathrm{d}t = \text{Extrem}; \quad \text{Nebenbedingung} \int_{t_1}^{t_2} \mathrm{G}(x, y, \dot{x}, \dot{y})\,\mathrm{d}t = k,$$

wobei wie oben $x(t_1) = x_1$, $y(t_1) = y_1$, $x(t_2) = x_2$, $y(t_2) = y_2$. Die Lösung führt wiederum auf zwei *Euler*sche Diff.-Gln. von der Form

Bild 76

$$\mathrm{H}_x - \frac{\mathrm{d}}{\mathrm{d}t}\mathrm{H}_{\dot{x}} = 0 \quad (1) \qquad \text{und} \qquad \mathrm{H}_y - \frac{\mathrm{d}}{\mathrm{d}t}\mathrm{H}_{\dot{y}} = 0 \quad (2),$$

wobei aber $\mathrm{H} = \mathrm{F} - \lambda\mathrm{G}$ (3) ist und λ einen *konstanten* Faktor, den *Lagrange*schen Multiplikator bedeutet.

Beispiele: 1. Es soll zwischen zwei auf der x-Achse befindliche Punkte P_1, P_2 eine Kurve von gegebener Länge L so gelegt werden, daß mit der x-Achse eine möglichst große Fläche eingeschlossen wird, Bild 76:

$$\int_{x_1}^{x_2} y\,\mathrm{d}x = \int_{t_1}^{t_2} y\dot{x}\,\mathrm{d}t = \text{Extrem}; \quad \text{Nebenbedingung} \int_{x_1}^{x_2} \mathrm{d}s = \int_{t_1}^{t_2} \sqrt{\dot{x}^2+\dot{y}^2}\,\mathrm{d}t = L.$$

Also ist $\mathrm{H} = \mathrm{F} - \lambda\mathrm{G} = y\dot{x} - \lambda\sqrt{\dot{x}^2+\dot{y}^2}$. Die *Euler*schen Gleichungen ergeben, da $\mathrm{H}_x = 0$, $\mathrm{H}_{\dot{x}} = y - \lambda\dfrac{\dot{x}}{\sqrt{\dot{x}^2+\dot{y}^2}} = y - \lambda\dfrac{\dot{x}}{\dot{s}}$ und $\mathrm{H}_y = \dot{x}$, $\mathrm{H}_{\dot{y}} = -\lambda\dfrac{\dot{y}}{\sqrt{\dot{y}^2+\dot{x}^2}} = -\lambda\dfrac{\dot{y}}{\dot{s}}$ wird, $-\dot{y} + \lambda\dfrac{\mathrm{d}}{\mathrm{d}t}(\dot{x}/\dot{s}) = 0$ und $\dot{x} + \lambda\dfrac{\mathrm{d}}{\mathrm{d}t}(\dot{y}/\dot{s}) = 0$ oder nach Integration $y + C_2 = \lambda\dot{x}/\dot{s}$, $x + C_1 = -\lambda\dot{y}/\dot{s}$. Da aber mit α als Tangentenwinkel (vgl. Beisp. zu 1b) $\dot{x}/\dot{s} = \cos\alpha$ und $\dot{y}/\dot{s} = \sin\alpha$ ist, folgt $y + C_2 = \lambda\cos\alpha$, $x + C_1 = -\lambda\sin\alpha$, also ein Kreis vom Radius λ mit der Gleichung $(x+C_1)^2 + (y+C_2)^2 = \lambda^2$.

Die Konstanten C_1, C_2, λ folgen aus den Abszissen von P_1, P_2 (Randbedingungen) und der Nebenbedingung. Ist z. B. $L = (x_2 - x_1)\,\pi/2$, so entsteht ein Halbkreis, $\lambda = (x_2 - x_1)/2$.

2. Gleichgewichtslage eines schweren, an seinen beiden Enden befestigten Seils. Dieses stellt sich so ein, daß sein Schwerpunkt möglichst tief liegt. Ist L die Länge, so ist die Schwerpunktsordinate durch $y_s = M/L$ gegeben, wobei $M = \int y\,\mathrm{d}s$ das statische Moment ist. Es bleibt also die Aufgabe

$$\int_{t_1}^{t_2} y\sqrt{\dot{x}^2+\dot{y}^2}\,\mathrm{d}t = \text{Extrem mit der Nebenbedingung} \int_{t_1}^{t_2} \sqrt{\dot{x}^2+\dot{y}^2}\,\mathrm{d}t = L.$$

Als Parameter sei $t = y$ gewählt, so daß $\dot{y} = 1$, $\dot{x} = \mathrm{d}x/\mathrm{d}y = 1/y'$ wird. Demnach $\mathrm{H} = (y-\lambda)\sqrt{\dot{x}^2+1}$; $\mathrm{H}_x = 0$; $\mathrm{H}_{\dot{x}} = \dot{x}(y-\lambda)/\sqrt{\dot{x}^2+1}$. Also liefert die *Euler*sche Diff.-Gl. $\dfrac{\mathrm{d}}{\mathrm{d}t}\mathrm{H}_{\dot{x}} = 0$; $\mathrm{H}_{\dot{x}} = a^2 = \text{const.}$ oder $\dot{x}^2(y-\lambda)^2 = a^2(\dot{x}^2+1)$; $\dot{x}^2[(y-\lambda)^2 - a^2] = a^2$; $\dfrac{\mathrm{d}x}{\mathrm{d}y} = \dfrac{a}{\sqrt{(y-\lambda)^2-a^2}}$; $y - \lambda = au$; $x + C = \displaystyle\int\frac{a\,\mathrm{d}u}{\sqrt{u^2-1}} = a\,\mathfrak{Ar}\mathfrak{Cof}\,u$; $u = \mathfrak{Cof}\,\dfrac{x+C}{a}$; $y = \lambda + a\,\mathfrak{Cof}\,\dfrac{x+C}{a}$ (Kettenlinie). — Die Konstanten a, λ, C folgen aus den Anfangsbedingungen und aus der Nebenbedingung. Ist z. B. $x_1 = -x_2$ und $y_1 = y_2$, ferner $y = a$ für $x = 0$, so bleibt $y = a\,\mathfrak{Cof}\,\dfrac{x}{a}$, a aus der Nebenbedingung (S. 105 u. S. 138).

Auf die gleiche Lösung führt die Aufgabe, in einer Ebene zwischen den Punkten P_1, P_2 eine Kurve gegebener Länge so zu ziehen, daß die Oberfläche des durch Drehung der Kurve um die x-Achse entstehenden Drehkörpers ein Minimum sein soll.

3. Variationsprobleme höherer Ordnung

Bei solchen kommen im Integranden auch Funktionen von mehreren Variablen oder von höheren Ableitungen vor. So hat z. B. beim Problem

$$\int_{x_1}^{x_2} \mathrm{F}(x, y, y', y'')\, \mathrm{d}x = \text{Extrem}$$

die *Euler*sche Diff.-Gl. die Form

$$\mathrm{F}_y - \frac{\mathrm{d}}{\mathrm{d}x}(\mathrm{F}_{y'}) + \frac{\mathrm{d}^2}{\mathrm{d}x^2}(\mathrm{F}_{y''}) = 0.$$

V. Analytische Geometrie und Kurvenlehre

Literatur: 1. *Kommerell, K.:* Vorlesungen über analytische Geometrie der Ebene; desgl. des Raumes. 2. Aufl. Leipzig: Koehler u. Amelang 1949. — 2. *Neiss, F.:* Analytische Geometrie. Berlin: Springer 1950.

A. Punkt und Gerade in der Ebene

1. Punkt und Gerade

a) Die Lage eines Punktes P ist durch die Angabe seiner rechtwinkligen (kartesischen) Koordinaten x, y bzw. durch seine Polarkoordinaten r und φ eindeutig bestimmt (Bild 77). Die positive Richtung der Achsen ist durch einen Pfeil gekennzeichnet. Man nennt x die Abszisse und y die Ordinate des Punktes P.

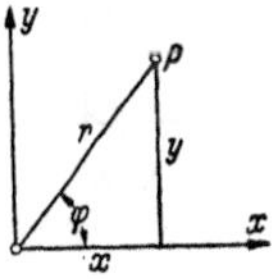

Bild 77

Sind x_1, y_1 und x_2, y_2 die Koordinaten zweier Punkte P_1 und P_2, so ist ihre Entfernung l bestimmt durch

$$l = \sqrt{(x_2 - x_1)^2 + (y_2 - y_1)^2}.$$

Für $P_1\,(7;\,4)$ und $P_2\,(2;\,-8)$, d. h. $x_1 = 7$, $y_1 = 4$ und $x_2 = 2$, $y_2 = -8$ folgt

$$l = \sqrt{[(+2) - (+7)]^2 + [(-8) - (+4)]^2} = 13.$$

b) Teilt man die Strecke $P_1 P_2$ innen im Verhältnis $m:n$, d. h. ist $\overline{P_i P_1} : \overline{P_i P_2} = m:n$, so sind die Koordinaten x_i, y_i des inneren Teilpunktes P_i

$$x_i = \frac{m x_2 + n x_1}{m + n}; \qquad y_i = \frac{m y_2 + n y_1}{m + n}.$$

Für die Koordinaten x_a, y_a des äußeren Teilpunktes ist n durch $-n$ zu ersetzen.

c) Ist α der Winkel, den $P_1 P_2$ mit der positiven Richtung der x-Achse bildet, so wird

$$\operatorname{tg}\alpha = \frac{y_2 - y_1}{x_2 - x_1}, \qquad 0° \leqq \alpha \leqq 180°.$$

Die Strecke $P_1\,(2;\,-6)$ $P_2\,(-4;\,1)$ schließt mit der positiven Richtung der x-Achse entsprechend

$$\operatorname{tg}\alpha = \frac{1 - (-6)}{-4 - 2} = \frac{1 + 6}{-6} = -\frac{7}{6} = -1{,}1667$$

den Winkel (Tafel S. 27) $\alpha = 180° - 49{,}4° = 130{,}6°$ ein.

2. Inhalt eines Dreiecks

Sind $P_1\,(x_1, y_1)$, $P_2\,(x_2, y_2)$, $P_3\,(x_3, y_3)$ die Koordinaten der Eckpunkte des Dreiecks, so ist der Inhalt

$$F = \tfrac{1}{2}\,[x_1 (y_2 - y_3) + x_2 (y_3 - y_1) + x_3 (y_1 - y_2)] = \tfrac{1}{2} \begin{vmatrix} x_1 & y_1 & 1 \\ x_2 & y_2 & 1 \\ x_3 & y_3 & 1 \end{vmatrix}$$

(s. Determinanten S. 42).

F wird positiv, wenn der Umfahrungssinn des Dreiecks positiv ist, d. h. die Punkte P_1, P_2 und P_3 entgegengesetzt der Bewegung des Uhrzeigers aufeinanderfolgen.

3. Gleichung einer Kurve

Ist eine Kurve gegeben und will man ihre Gleichung ermitteln, so gibt man einem beliebigen Punkt P der Kurve die Koordinaten x und y und versucht, eine Beziehung zwischen diesen Koordinaten zu finden. Diese Beziehung $y = f(x)$ stellt die Gleichung der Kurve dar.

Maßstäbe: Die Form einer Kurve hängt von den benutzten Maßstäben ab. So stellt $y = \sqrt{R^2 - x^2}$, wenn y und x in gleichen Maßstäben aufgetragen werden, einen Kreis vom Radius R, bei verschiedenen Maßstäben aber eine Ellipse dar. — Sehr häufig sind die darzustellenden Größen keine Längen, z. B. kann x eine Zeit (sek) und y eine Geschwindigkeit (m/sek) sein. Dann werden die Größen in geeigneten, z. B. durch Platz oder Größtwerte bedingten Maßstäben dargestellt, am besten in der Form:

Auf der x-Achse bedeutet 1 cm der Zeichnung k_1 Einheiten E_1 (z. B. sek), ausgedrückt: 1 cm $\triangleq k_1$ sek;

auf der y-Achse bedeutet 1 cm der Zeichnung k_2 Einheiten E_2 (z. B. m/sek), ausgedrückt: 1 cm $\triangleq k_2$ m/sek.

Ist das graphische Bild eine Gerade vom Gesetz $y = \lambda x$, so ist die Steigung der Geraden in der Zeichnung durch $\operatorname{tg}\alpha = m = \lambda k_2/k_1$ gegeben, Bild 78 (vgl. graphisches Differentiieren und Integrieren S. 185/86).

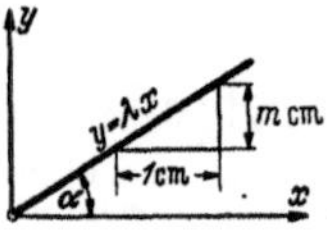

Bild 78

4. Gerade Linie

a) Sind x und y die Koordinaten eines Punktes und ist die Richtung durch den Neigungswinkel α der Geraden gegen die x-Achse ($\operatorname{tg}\alpha = m$) gegeben (Bild 79), so lautet die Gleichung der Geraden, die auf der y-Achse das Stück b abschneidet:

$$y = mx + b \quad \textbf{(Normalform)}.$$

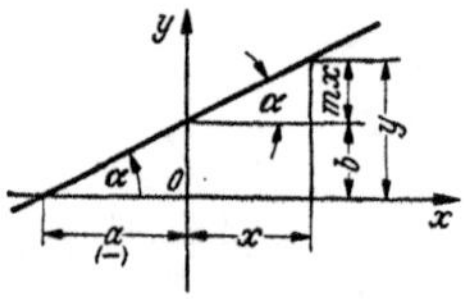

Bild 79

Der Neigungswinkel der Geraden gegen die x-Achse ist gleich dem Winkel, um den die positive Richtung der x-Achse nach der positiven Richtung der y-Achse hin gedreht werden muß, damit sie in die Richtung der Geraden fällt.

$m = 0$ ergibt $y = b$ als Gleichung einer Parallelen zur x-Achse,

$b = 0$ ergibt $y = mx$ als Gleichung einer Geraden durch den Koordinatenanfangspunkt,

$x = a$ ist die Gleichung einer Parallelen zur y-Achse.

b) Geht die Gerade durch den Punkt $P_1(x_1, y_1)$ und ist $m = \operatorname{tg}\alpha$ ihre Richtungskonstante, so heißt ihre Gleichung:

$$y - y_1 = m(x - x_1);$$

geht die Gerade durch die Punkte $P_1(x_1, y_1)$ und $P_2(x_2, y_2)$, so wird

$$y - y_1 = \frac{y_1 - y_2}{x_1 - x_2}(x - x_1).$$

Sollen die drei Punkte P_1, P_2, P_3 auf einer Geraden liegen, so muß die Determinante (s. 2.) verschwinden.

c) Schneidet die Gerade auf der x-Achse die Strecke a, auf der y-Achse die Strecke b ab, so folgt (Bild 79) mit $m = \operatorname{tg}\alpha = b/(-a) = -b/a$

$$\frac{x}{a} + \frac{y}{b} = 1 \quad \textbf{(Abschnittsform)}.$$

Löst man die allgemeine Gleichung der geraden Linie

$$Ax + By + C = 0$$

nach y auf, so entsteht die Normalform; formt man sie um, daß rechts $+1$ steht, so entsteht die Abschnittsgleichung.

d) Ist β der Winkel, den das Lot vom Ursprung aus auf die gerade Linie mit der positiven x-Achse bildet, und ist l die Länge des Lotes (Bild 80), so wird

$$x\cos\beta + y\sin\beta - l = 0 \quad \textbf{(Hessesche Form)}.$$

Man erhält diese aus der allgemeinen Gleichung durch Division mit $\lambda = \sqrt{A^2 + B^2}$:

$$\frac{A}{\lambda}x + \frac{B}{\lambda}y + \frac{C}{\lambda} = 0.$$

Hierbei ist der Wurzel ein solches Vorzeichen zu geben, daß

$$l = -C/\lambda$$

positiv wird. Die Größe des Winkels β wird mit Hilfe von

$$\operatorname{tg}\beta = B/A; \quad \cos\beta = A/\lambda; \quad \sin\beta = B/\lambda$$

bestimmt. l ist stets positiv; β liegt zwischen 0° und 360°.

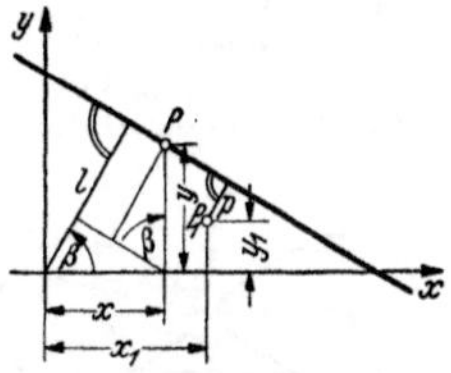

Bild 80

e) Man findet den **Abstand** p eines Punktes $P_1(x_1, y_1)$ von einer Geraden, Bild 80, indem man die *Hesse*sche Normalform der Geraden mit -1 multipliziert und für x und y die Koordinaten des Punktes P_1 einsetzt:

$$p = -(x_1\cos\beta + y_1\sin\beta - l);$$

p wird positiv, wenn der Punkt P_1 und der Koordinatenanfangspunkt auf derselben Seite der geraden Linie liegen, und wird negativ, wenn die Gerade zwischen beiden Punkten verläuft.

f) Der **Winkel** δ, den zwei gerade Linien

$$y = m_1 x + b_1; \qquad y = m_2 x + b_2$$

miteinander bilden, ergibt sich aus

$$\operatorname{tg}\delta = \frac{m_2 - m_1}{1 + m_1 m_2}.$$

Die Geraden sind parallel ($\delta = 0$), wenn $m_2 = m_1$ ist; sie stehen senkrecht aufeinander, wenn $m_1 m_2 = -1$ ist. Die Koordinaten x_0, y_0 des *Schnittpunktes* P_0 dieser Geraden ergeben sich, da P_0 beiden Geraden angehört, aus den beiden Gleichungen

$$y_0 = m_1 x_0 + b_1; \qquad y_0 = m_2 x_0 + b_2.$$

5. Umwandlung der Koordinaten

Um die Gleichungen von Kurven zu vereinfachen, bezieht man sie häufig zweckmäßig auf ein anderes Achsenkreuz (*Koordinatentransformation;* S. 53). Die Koordinaten eines Punktes in bezug auf das alte Achsenkreuz seien x, y, in bezug auf das neue ξ, η (Bild 81).

a) Das **zweite Achsenkreuz** liege **parallel** zum ersten. Die Koordinaten des neuen Anfangspunktes O' in Beziehung auf das erste Achsenkreuz seien a und b, dann ist:

$$x = a + \xi; \qquad y = b + \eta;$$

oder

$$\xi = x - a; \qquad \eta = y - b.$$

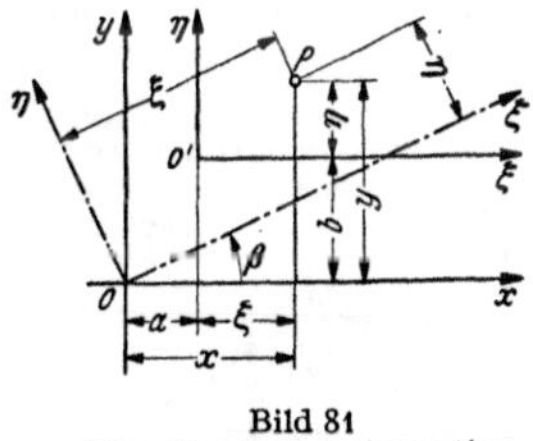

Bild 81
Koordinatentransformation

b) Ist das **zweite Achsenkreuz** unter Beibehaltung des Anfangspunktes O gegen das erste um den **Winkel β gedreht** (Bild 81), so gilt

$$x = \xi\cos\beta - \eta\sin\beta; \qquad \xi = x\cos\beta + y\sin\beta;$$
$$y = \xi\sin\beta + \eta\cos\beta; \quad \text{oder} \quad \eta = -x\sin\beta + y\cos\beta.$$

c) Sollen die Parallelkoordinaten x und y eines Punktes P durch die **Polarkoordinaten** r und φ ausgedrückt werden, so ist für den Fall, daß der Pol mit dem

Anfangspunkt und die Polarachse mit der positiven x-Achse zusammenfallen,

$$x = r\cos\varphi; \qquad y = r\sin\varphi; \qquad r = \sqrt{x^2 + y^2} \quad \text{(Bild 77)}.$$

Beispiele: 1. Die Gleichung der Kurve $y = (1 - x)/(1 + x)$, bezogen auf ein Achsenkreuz, dessen Ursprung die Koordinaten $a = -1$, $b = -1$ hat, ist zu bestimmen.

Es ist $x = -1 + \xi$; $y = -1 + \eta$; also $-1 + \eta = \dfrac{1 + 1 - \xi}{\xi}$ oder $\xi \cdot \eta = 2$ (gleichseitige Hyperbel, S. 129).

2. Die Lemniskate (Schleifenkurve), Bild 82, ist der geometrische Ort aller Punkte P, für die das Produkt der Abstände von zwei festen Punkten F_1 und F_2 den konstanten Wert e^2 hat, wenn $OF_1 = OF_2 = e$ gesetzt wird. Mit $OA_1 = OA_2 = a = e\sqrt{2}$ wird

$$(x^2 + y^2)^2 = a^2(x^2 - y^2).$$

Führt man Polarkoordinaten ein, so wird mit $x = r\cos\varphi$, $y = r\sin\varphi$, $x^2 + y^2 = r^2$:

$$r^4 = a^2 r^2(\cos^2\varphi - \sin^2\varphi) = a^2 r^2 \cos 2\varphi,$$

d. h. $r^2 - a^2\cos 2\varphi = 0$ oder $r = a\sqrt{\cos 2\varphi}$.

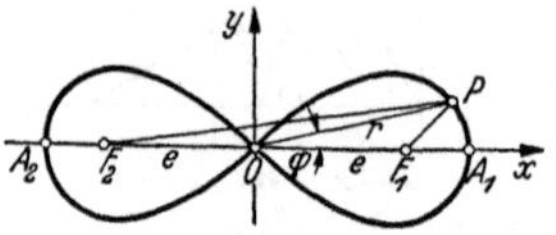

Bild 82. Lemniskate

B. Krumme Linien in der Ebene

1. Allgemeine Sätze und Erklärungen

a) Sind x und y die laufenden Koordinaten, so lautet die **Gleichung der Kurve** in Parallelkoordinaten:

$$y = f(x),$$

wenn die Gleichung nach y aufgelöst ist (*explizite* Form),

$$F(x, y) = 0,$$

wenn die Gleichung nicht nach y aufgelöst ist (*implizite* Form). Mit r und φ als *Polarkoordinaten* des laufenden Punktes erhält man entsprechend

$$r = f(\varphi) \quad \text{bzw.} \quad F(r, \varphi) = 0.$$

Es ist häufig bequemer, statt der impliziten Form bzw. der expliziten Form die Gleichung einer Kurve mit Hilfe einer dritten Veränderlichen t, die *Parameter* heißt, zu entwickeln. Die Gleichung $f(x, y)$ erscheint in zwei Einzelfunktionen

$$x = x(t) = f_1(t) \quad \text{und} \quad y = y(t) = f_2(t)$$

aufgelöst, wobei $f_1(t)$ und $f_2(t)$ irgendwelche Funktionen des Parameters sind.

Dies ist besonders zweckmäßig, wenn zu einem Wert x mehrere y-Werte gehören, also die Funktion mehrdeutig ist.

Z. B. lautet die Scheitelgleichung des Kreises mit dem Radius R für Parallelkoordinaten (vgl. S. 121, Bild 93):

$$y^2 - 2Rx + x^2 = 0, \qquad F(x, y) = 0$$

oder:

$$y = \pm\sqrt{2Rx - x^2}, \qquad y = f(x),$$

$$r - 2R\cos\varphi = 0, \qquad F(r, \varphi) = 0,$$

$$r = 2R\cos\varphi, \qquad r = f(\varphi).$$

$$x = R(1 + \cos t), \qquad y = R\sin t, \qquad x = f_1(t), \qquad y = f_2(t).$$

b) Liegt ein Punkt $P_1(x_1, y_1)$ auf der Kurve, so müssen seine Koordinaten der Gleichung der Kurve genügen, d. h. die Gleichungen $F(x_1, y_1) = 0$ oder $y_1 = f(x_1)$ oder $F(r_1, \varphi_1) = 0$ oder $r_1 = f(\varphi_1)$ oder $x_1 = f_1(t_1)$, $y_1 = f_2(t_1)$ müssen erfüllt sein.

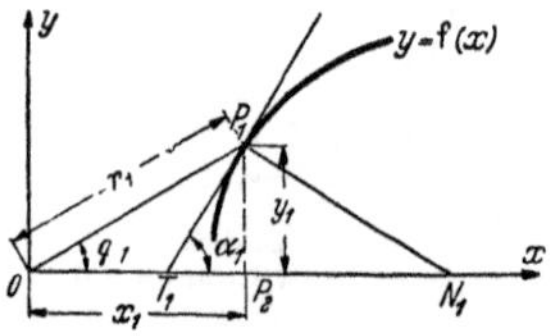

Bild 83

c) Eine Gerade, die die Kurve in zwei Punkten schneidet, heißt **Sekante** (S. 72). Eine Gerade P_1T_1, die die Kurve in dem Punkt P_1 (Bild 83) berührt, heißt *Tangente*. Die gerade Linie P_1N_1, die im Berührungspunkte P_1 auf der Tangente senkrecht steht, heißt *Normale*.

d) Tangente und Normale. Unter dem Neigungswinkel α_1 der Tangente P_1T_1 versteht man den Winkel, um den man die positive Richtung der x-Achse um den Punkt T_1 nach der positiven Richtung der y-Achse drehen muß, bis sie in die Lage der Tangente fällt. Da die Tangente durch den Punkt $P_1(x_1, y_1)$ hindurchgehen soll, hat sie als gerade Linie die Gleichung (S. 114) $y - y_1 = m(x - x_1)$. Die Richtungskonstante $m = m_t$ ist aber gleich $\operatorname{tg}\alpha_1 = f'(x_1) = y_1'$. Folglich ist

$$y - y_1 = y_1'(x - x_1)$$

die *Gleichung der Tangente* im Punkte P_1.

Ist T_1 der Schnittpunkt der Tangente mit der x-Achse, so ist die Länge der Tangente

$$P_1T_1 = y_1/\sin\alpha_1.$$

Die Länge der *Subtangente* wird $P_2T_1 = y_1 \operatorname{ctg}\alpha_1 = y_1/y_1'$.

Die *Normale* P_1N_1 steht senkrecht auf der Tangente. Für ihren Richtungsfaktor m_n folgt (S. 115, Abs. 4f) $m_n m_t = -1$ oder $m_n = -1/y_1'$, und ihre Gleichung lautet $y - y_1 = -(x - x_1)/y_1'$.

Die Länge der Normalen ist $P_1N_1 = y_1/\cos\alpha_1$, die Länge der *Subnormalen*,

$$P_2N_1 = y_1 \operatorname{tg}\alpha_1 = y_1 y_1'.$$

Beispiel: Es ist an die Kurve $y = y_0(x/x_0)^n$ (Potenzkurve S. 132) im Punkt $P_1(x_1, y_1)$ die Tangente zu zeichnen.

Es folgt

$$y' = \frac{y_0}{x_0^n}\, n\, x^{n-1} = n\,\frac{y_0}{x}\left(\frac{x}{x_0}\right)^n = n\,\frac{y}{x},$$

d. h. für den Punkt $P_1(x_1, y_1)$

$$\operatorname{tg}\alpha_1 = y_1' = n\, y_1/x_1.$$

Damit wird die Subtangente $P_2T_1 = y_1/y_1' = x_1/n$. Trägt man also vom Punkt P_2 auf der x-Achse (Bild 83) den n-ten Teil der Abszisse x_1 nach links für $n > 0$, nach rechts für $n < 0$ ab, so erhält man den Schnittpunkt T_1 der Tangente mit der x-Achse (vgl. a. Bild 110, S. 129 für $n = -1$).

e) Tangente und Normale in Polarkoordinaten. Aus Bild 84a folgt beim Grenzübergang von der Sekante PP_1 zur Tangente für $\sphericalangle\,\psi$ zwischen Fahrstrahl OP_1 und Sekante P_1P, die im Grenzübergang zur Tangente in P wird (Bild 84b),

$$\operatorname{ctg}\psi = \lim_{P_1 \to P} \frac{\overline{AP_1}}{\overline{AP}} = \lim_{\Delta\varphi \to 0} \frac{\Delta r}{r\,\Delta\varphi} = \frac{1}{r}\lim_{\Delta\varphi \to 0}\frac{\Delta r}{\Delta\varphi} = \frac{1}{r}\,\frac{\mathrm{d}r}{\mathrm{d}\varphi} = \frac{r'(\varphi)}{r}$$

oder

$$\operatorname{tg}\psi = r/r'(\varphi) = r/r'.$$

Mit der Polarachse (Bild 84b) bildet die Tangente den Winkel α, für den

$$\operatorname{tg}\alpha = \operatorname{tg}(\varphi + \psi) = \frac{\operatorname{tg}\varphi + \operatorname{tg}\psi}{1 - \operatorname{tg}\varphi\,\operatorname{tg}\psi} = \frac{r'\operatorname{tg}\varphi + r}{r' - r\operatorname{tg}\varphi} \text{ ist.}$$

Polarsubnormale bzw. *-tangente* haben die Länge

$$ON = S_n = r\operatorname{ctg}\psi = r'(\varphi)$$

bzw. $OT = S_t = r\operatorname{tg}\psi = r^2/r'$,

während *Normale* PN und *Tangente* PT die Länge

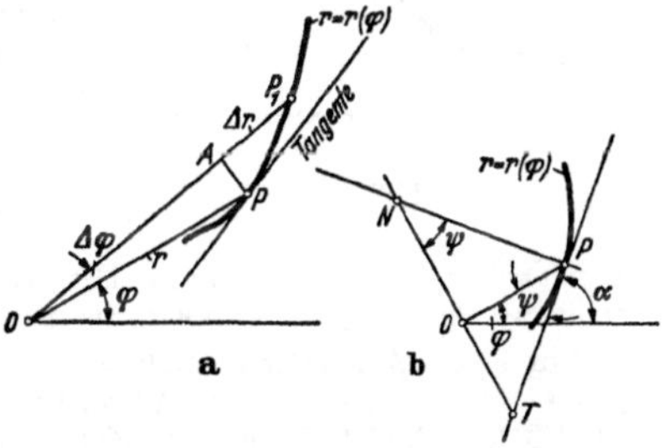

Bild 84

$$PN = \sqrt{S_n^2 + r^2} = \sqrt{r^2 + r'^2} = \mathrm{d}s/\mathrm{d}\varphi \quad \text{(S. 88)}$$

$$\text{bzw. } PT = PN\operatorname{tg}\psi = \frac{r}{r'}\sqrt{r^2 + r'^2} \text{ haben.}$$

Beispiel: Es sind die Subnormale, Subtangente, Normale und Tangente für die Archimedische Spirale $r = a\varphi$ zu berechnen. Da $r'(\varphi) = a$, folgt, daß die Subnormale ON für alle Punkte den konstanten Wert a hat. Die Konstruktion von Normale und Tangente ergibt sich in einfacher Weise: Ziehe den beliebigen Leitstrahl OP und senkrecht dazu NT (Bild 135, S. 142). Mache $ON = a$; verbinde N mit P, so ist PN Normale und PT Tangente, wenn $PT \perp PN$. Ferner ist

$$\operatorname{tg}\psi = r/r'(\varphi) = a\varphi/a = \varphi.$$

Für $\varphi = 0$ werden auch r und ψ gleich null, d. h. die Kurve geht durch den Koordinatenanfangspunkt, und die Tangente in diesem Punkt fällt mit der Polarachse zusammen. Die Subtangente wird

$$OT = r^2/r'(\varphi) = r^2/a = a\varphi^2.$$

Die Länge der Normale folgt zu

$$NP = \sqrt{r'^2 + r^2} = \sqrt{a^2 + r^2}$$

und die der Tangente zu

$$PT = \frac{r}{r'}\sqrt{r'^2 + r^2} = \frac{a\varphi}{a}\sqrt{a^2 + r^2} = \varphi\sqrt{a^2 + r^2} = \frac{r}{a}\sqrt{a^2 + r^2}\,.$$

f) Wandert der Kurvenpunkt ins Unendliche und nähert sich die Kurve einer Geraden, ohne sie zu erreichen, und zwar von einer Seite (Hyperbel) oder diese dauernd schneidend (vgl. Bild 141), so ist diese Gerade die **Asymptote** der Kurve.

g) Berührung. Zwei Kurven, die einen Punkt gemeinsam haben, bilden eine Berührung n-ter Ordnung, wenn in dem betreffenden Punkt für die beiden Kurven die ersten n Ableitungen y', y'', ..., $y^{(n)}$ gleich, die $(n+1)$-ten $y^{(n+1)}$ aber verschieden sind. Die Kurven haben dann $(n+1)$ „unendlich benachbarte" Punkte gemeinsam und berühren sich „$(n+1)$-punktig". Die Berührung ist n-ter Ordnung.

Für eine Berührung erster Ordnung müssen die ersten Ableitungen y' gleich sein; die Tangente an eine Kurve berührt mindestens in der ersten Ordnung oder mindestens „zweipunktig".

Für eine Berührung zweiter Ordnung müssen die ersten Ableitungen y' und die zweiten y'' gleich sein. Eine solche Berührung liegt im gewöhnlichen Wendepunkt [s. h)] vor, da für beide Kurven $y'' = 0$ ist und die dritten Ableitungen verschieden sind. Bei einer Berührung von gerader Ordnung durchsetzen sich die Kurven in dem gemeinsamen Berührungspunkt. Bei einer Berührung von ungerader Ordnung berühren sich die Kurven, ohne sich zu durchsetzen.

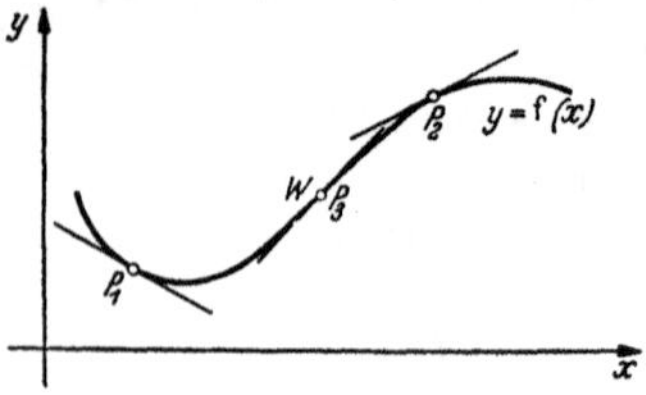

Bild 85

h) Wendepunkt. Ist in der Nähe eines Punktes P_1 (Bild 85, vgl. Bild 42, S. 78) $y'' > 0$, so wird y' mit wachsendem x größer, die dem Berührungspunkt P_1 benachbarten Punkte liegen oberhalb der Tangente, und die Kurve ist nach oben konkav. Ist aber $y'' < 0$ in der Nähe eines Punktes P_2, so wird y' mit wachsendem x kleiner, die dem Berührungspunkt P_2 benachbarten Punkte liegen unterhalb der Tangente, die Kurve ist nach oben konvex. Geht die Kurve mit wachsendem x von der konkaven in die konvexe Form über (Punkt P_3, Bild 85) bzw. umgekehrt, so heißt der Punkt P_3 *Wendepunkt*, die Tangente in diesem Punkt *Wendetangente*.

Für einen Wendepunkt muß $y'' = 0$ sein; für einen gewöhnlichen Wendepunkt ist $y''' \neq 0$. Da die Wendetangente durch die Kurve hindurchgeht (Bild 85), so bildet sie mit der Kurve eine Berührung gerader Ordnung, d. h. die letzte Ableitung von y, welche wie die vorhergehenden y'', y''' usw. verschwindet, muß gerade sein [s. g)]. Eine Wendetangente hat also eine ungerade Zahl von unendlich benachbarten Punkten mit der Kurve gemeinsam, aber mindestens drei (mindestens dreipunktige Berührung, d. h. zweiter Ordnung).

Beispiele: 1. Für $y = \sin x$ (Bild 41, S. 78) ist in den Schnittpunkten mit der x-Achse $y'' = 0$, y''' aber $\neq 0$; folglich sind diese Punkte Wendepunkte.

2. Es ist der Wendepunkt der Kurve $y = {}^1/_6\,(x^3 - 3x^2 - 9x + 9)$ (Bild 43, S. 79) zu bestimmen. Es ist $y' = {}^1/_2 x^2 - x - 1{,}5$; $y'' = x - 1$; $y''' = 1$. Aus $y'' = x - 1 = 0$ folgt die Abszisse x_w des Wendepunktes W zu $x_w = x_3 = 1$. Da $y''' \neq 0$ ist, liegt ein gewöhnlicher Wendepunkt vor. Für $x_w = 1$ wird $y_w = y_3 = -{}^1/_3$ und $y' = -2$.

i) Krümmung, Krümmungskreis, Evolute und Evolvente. 1. Unter der Krümmung k einer Kurve versteht man den Grenzwert, dem sich das Verhältnis der Änderung der Tangentenrichtung zur Änderung der Bogenlänge nähert, wenn die Bogenlänge sehr klein wird. Es ist also (Bild 86)

$$k = \lim_{\Delta s \to 0} \Delta\alpha/\Delta s = \mathrm{d}\alpha/\mathrm{d}s.$$

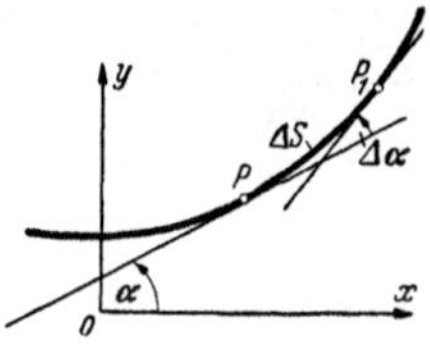

Bild 86

Nach dieser Definition hat die Krümmung einer Kurve ein Vorzeichen. Durchläuft man einen Kreis im mathematisch positiven Sinn (Bild 87), so wird

$s = r\alpha$, also ist $\mathrm{d}s = r\,\mathrm{d}\alpha$, $k = \mathrm{d}\alpha/\mathrm{d}s = 1/r$,

und zwar positiv. Ein Kreis ist um so stärker gekrümmt, je kleiner der Radius ist.

Für eine beliebige Kurve erklärt man entsprechend als Krümmungsradius den Reziprokwert der Krümmung: es ist der *Krümmungsradius*

$$\varrho = 1/k = \mathrm{d}s/\mathrm{d}\alpha\,.$$

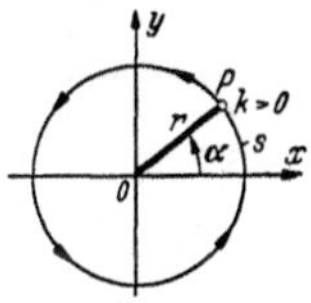

Bild 87

2. Aus $\operatorname{tg}\alpha = y'$ folgt $\alpha = \operatorname{arc\,tg} y'$.

Es ist daher unter Benutzung der Kettenregel und der Formel 17 (S. 74).

$$\frac{\mathrm{d}\alpha}{\mathrm{d}x} = \frac{\mathrm{d}\alpha}{\mathrm{d}y'}\cdot\frac{\mathrm{d}y'}{\mathrm{d}x} = \frac{y''}{1+y'^2},$$

worin y'' die Ableitung von y' nach x bedeutet.

Nun ist aber (S. 87) $\mathrm{d}s/\mathrm{d}x = \sqrt{1+y'^2}$, folglich ist die *Krümmung* $k = \mathrm{d}\alpha/\mathrm{d}s = \mathrm{d}\alpha/\mathrm{d}x : \mathrm{d}s/\mathrm{d}x = y''/(1+y'^2)^{3/2}$ und der *Krümmungsradius*

$$\varrho = \frac{1}{k} = \frac{(1+y'^2)^{3/2}}{y''}\,.$$

Gibt man der Wurzel das positive Vorzeichen, so haben die Krümmung und der Krümmungsradius das Vorzeichen von y''.

3. In der *Parameter*darstellung (S. 75 u. 116) ist die Kurve durch $x = \mathrm{x}(t)$ und $y = \mathrm{y}(t)$ gegeben. Dann wird

$$\varrho = 1/k = \mathrm{d}s/\mathrm{d}\alpha = \mathrm{d}s/\mathrm{d}t : \mathrm{d}\alpha/\mathrm{d}t.$$

Aus $\operatorname{tg}\alpha = \dot{y}/\dot{x}$ folgt $\alpha = \operatorname{arc\,tg}(\dot{y}/\dot{x})$ und daraus schließlich

$$\varrho = \frac{(\dot{x}^2+\dot{y}^2)^{3/2}}{\dot{x}\ddot{y} - \dot{y}\ddot{x}}, \quad \text{worin} \quad \ddot{x} = \mathrm{d}\dot{x}/\mathrm{d}t = \mathrm{d}^2x/\mathrm{d}t^2 \quad \text{und} \quad \ddot{y} = \mathrm{d}\dot{y}/\mathrm{d}t = \mathrm{d}^2y/\mathrm{d}t^2.$$

4. Bei *Polarkoordinaten* $r = \mathrm{r}(\varphi)$ erhält man mit $x = \mathrm{r}(\varphi)\cos\varphi$ und $y = \mathrm{r}(\varphi)\sin\varphi$ als Funktion des Parameters φ nach vorstehender Formel für ϱ den Wert

$$\varrho = \frac{(r^2+r'^2)^{3/2}}{r^2+2r'^2-r\,r''},$$

worin die Striche Ableitungen nach φ bedeuten.

5. Der *Krümmungskreis* berührt die Kurve im Kurvenpunkt, und zwar mindestens dreipunktig (vgl. Bild 91). Sein Halbmesser ist der Krümmungsradius. Sein Mittelpunkt, der *Krümmungsmittelpunkt*, ist der Schnittpunkt zweier unendlich benachbarter Normalen und liegt auf der Normale. Der Krümmungsmittelpunkt befindet sich links oder rechts von der Kurve in der durch x oder t oder φ festgelegten Fortschreitrichtung, je nachdem $\varrho > 0$ (Bild 88) oder $\varrho < 0$ (Bild 89), da dann $y'' > 0$ bzw. $y'' < 0$ ist.

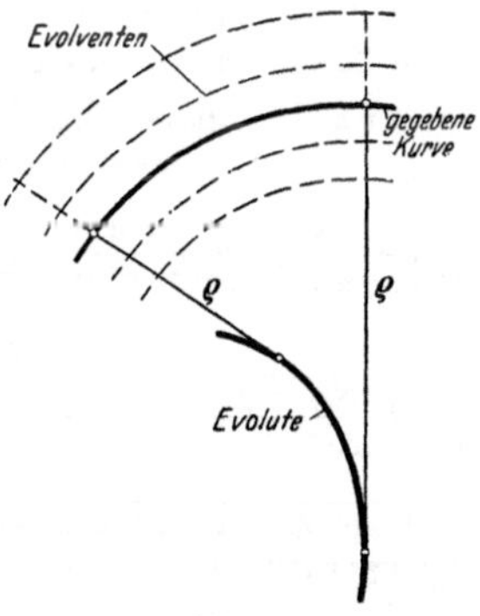

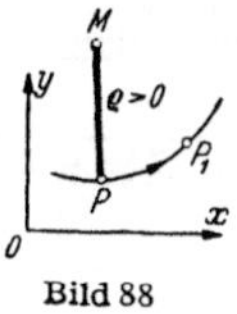

Bild 88

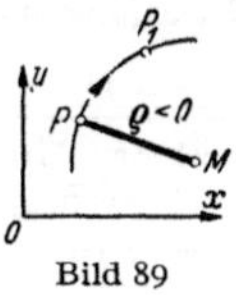

Bild 89

Bild 90

6. Der geometrische Ort der Krümmungsmittelpunkte einer Kurve heißt *Evolute*. Wickelt man die Tangente (einen gespannten Faden) von ihr ab, so beschreiben die Punkte dieser Tangente eine Schar paralleler Kurven, welche die *Evolventen* der Evolute heißen und zu denen auch die ursprüngliche Kurve gehört (Bild 90). Die Tangenten der Evolute sind zugleich die Normalen der Evolventen. Bei der Kreisevolvente (S. 141) ist z. B. der Grundkreis die Evolute; auf ihm liegen die entsprechenden Krümmungsmittelpunkte.

7. Wird an einer Stelle der Krümmungsradius $\varrho = 0$, so hat die Kurve eine *Spitze*.

Beispiele: 1. Es ist der Krümmungsradius der Parabel $x^2 = 2py$ oder $y = x^2/2p$ zu berechnen. Es wird

$$y' = x/p; \quad y'' = 1/p; \quad 1 + y'^2 = (p^2 + x^2)/p^2;$$

damit

$$\varrho = (p^2 + x^2)^{3/2}/p^2.$$

Im Scheitel, für $x = 0$, ist der Krümmungsradius ϱ gleich dem halben Parameter, d. h. gleich p (Bild 91). Dort berührt der Krümmungskreis vierpunktig.

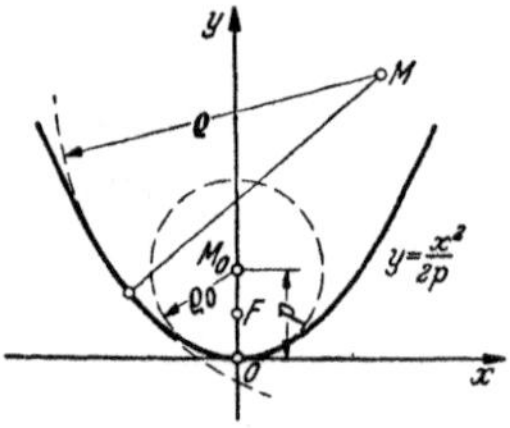

Bild 91
Krümmungskreise der Parabel

2. Die Krümmungsradien in den Scheiteln der Ellipse sind zu berechnen. Aus der Parameterdarstellung der Ellipse

$$x = a\cos t, \qquad y = b\sin t$$

folgt

$$\dot{x} = -a\sin t; \quad \dot{y} = b\cos t;$$
$$\ddot{x} = -a\cos t; \quad \ddot{y} = -b\sin t;$$

also

$$\dot{x}^2 + \dot{y}^2 = a^2\sin^2 t + b^2\cos^2 t$$

und

$$\dot{x}\ddot{y} - \dot{y}\ddot{x} = ab\sin^2 t + ab\cos^2 t = ab,$$

d. h.

$$\varrho = \frac{1}{ab}(a^2\sin^2 t + b^2\cos^2 t)^{3/2}.$$

In den Endpunkten der großen Achse wird $t = 0$ oder $t = \pi$, d. h. $\varrho = b^2/a$; in den Endpunkten der kleinen Achse wird $t = \pi/2$ oder $t = 3\pi/2$, d. h. $\varrho = a^2/b$.

3. Für den Krümmungsradius der logarithmischen Spirale $r = r_0 e^{m\varphi}$ folgt mit $r' = m r_0 e^{m\varphi} = mr$ und $r'' = m^2 r_0 e^{m\varphi} = m^2 r$, daß $r^2 + r'^2 = r^2(1 + m^2)$, $r^2 + 2r'^2 - rr'' = r^2(1 + m^2)$, also

$$\varrho = \frac{[r^2(1 + m^2)]^{3/2}}{r^2(1 + m^2)} = r\sqrt{1 + m^2}.$$

ϱ ist gleich der Normale PN, Bild 84 bzw. Bild 136, S. 143.

k) Doppelpunkt. Geht eine Kurve zweimal durch denselben Punkt, so heißt er Doppelpunkt. In diesem Fall ist die Tangentenrichtung unbestimmt. Bei impliziter Darstellung $F(x, y) = 0$ müssen dann F_x und F_y (S. 75) gleichzeitig verschwinden.

Beispiel: Bei der Lemniskate (Bild 82, S. 116) ist $F(x, y) \equiv (x^2 + y^2)^2 - a^2(x^2 - y^2) = 0$. Dann wird $F_x = 4x(x^2 + y^2) - 2a^2 x$; $F_y = 4y(x^2 + y^2) + 2a^2 y$.

Für $x = 0$ und $y = 0$ hat die Kurve einen Doppelpunkt: es verschwinden F_x und F_y gleichzeitig.

l) Über **Bogenlänge** S. 87.

m) Über den **Inhalt einer Fläche** S. 80.

n) Einhüllende Kurve. Die durch die Gleichung $F(x, y, p) = 0$ dargestellte Kurvenschar, worin p ein veränderlicher Parameter ist, kann eine Hüllkurve haben, deren Gleichung sich durch Elimination von p aus

$$\partial F(x, y, p)/\partial p = 0 \quad \text{und} \quad F(x, y, p) = 0$$

ergibt.

o) Eine Kurve, welche eine gegebene Kurvenschar unter einem konstanten Winkel schneidet, heißt **Trajektorie;** ist der Winkel ein Rechter, so heißt sie *orthogonale Trajektorie.*

2. Die Kegelschnitte

a) Der **Kreis.** Die allgemeine Gleichung für Parallelkoordinaten lautet (Bild 92):

$$(x - a)^2 + (y - b)^2 = R^2.$$

Liegt der Koordinatenanfangspunkt im Mittelpunkt, so ergibt sich die *Mittelpunktgleichung*, da $a = 0$ und $b = 0$ werden, zu

$$x^2 + y^2 = R^2.$$

Liegt der Koordinatenanfangspunkt auf der Kreislinie, so lautet die *Scheitelgleichung* mit OM als Halbmesser und der y-Achse als Scheiteltangente, da $a = R$ und $b = 0$, Bild 93:

$$y^2 = 2Rx - x^2.$$

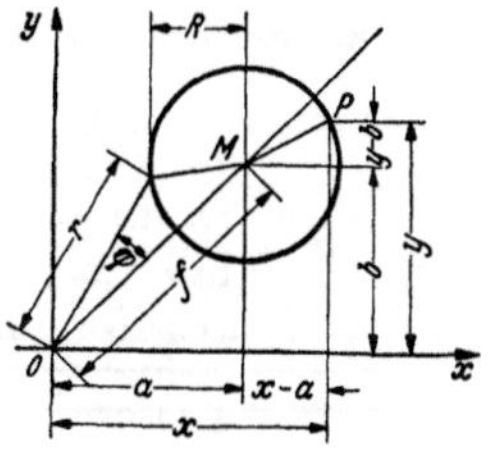

Bild 92
Kreis in allgemeiner Lage

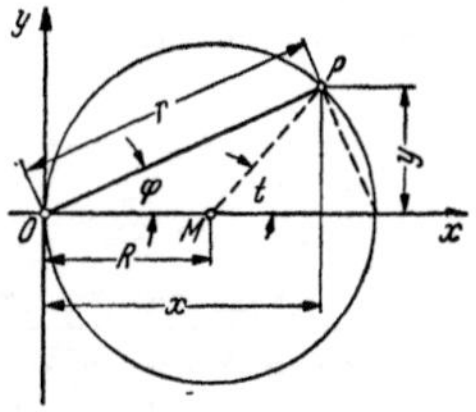

Bild 93
Zur Scheitelgleichung des Kreises

Die Gleichung

$$Ax^2 + By^2 + Cx + Dy + E = 0$$

stellt einen Kreis dar, wenn $A = B$ und $C^2 + D^2 > 4AE$ ist.

Denn für $A = B$ wird

$$x^2 + y^2 + Cx/A + Dy/A + E/A = 0,$$

$$(x + C/2A)^2 + (y + D/2A)^2 = C^2/4A^2 + D^2/4A^2 - 4AE/4A^2,$$

und es ist daher

$$a = -C/2A; \qquad b = -D/2A; \qquad R = \sqrt{C^2 + D^2 - 4AE}/2A;$$

der Ausdruck unter der Wurzel muß größer als null sein.

Für die Kreisgleichung charakteristisch sind die gleichen Koeffizienten der quadratischen Glieder und das Fehlen des Produktes xy.

Die *Polargleichung* mit $OM = f$ als Polarachse und O als Pol lautet:

$$r^2 - 2rf\cos\varphi + f^2 = R^2,$$

wobei r der Fahrstrahl ist. Geht der Kreis durch O hindurch, Bild 93, so gilt $r = 2R\cos\varphi$. Bildet PM mit der x-Achse den Winkel t, so gilt die *Parameterdarstellung*, Bild 92.

$$x = a + R\cos t, \qquad y = b + R\sin t \quad \text{(vgl. Bild 93 für } a = R \text{ und } b = 0\text{)}.$$

Die *Gleichung* der *Tangente* im Punkt $P_1(x_1, y_1)$ lautet bei der allgemeinen Form $(x - a)(x_1 - a) + (y - b)(y_1 - b) = R^2$.

Umfang und *Inhalt* der Kreisfläche siehe S. 188 und Tafel A, S. 2.

Inhalt des Kreisausschnittes S. 188. Vgl. ferner Tafel D, S. 28/29.

b) Die **Parabel.** *Bildungsgesetz:* Ein Punkt P (Bild 94) bewege sich so, daß seine Entfernungen von einem festen Punkt F, dem Brennpunkt, und einer festen Geraden L, der Leitlinie, gleich groß sind, d. h. daß $PF = PD$ ist.

Scheitelgleichung: $y^2 = 2px$; der Parameter $2p$ ist die doppelte Ordinate im Brennpunkt und die doppelte Entfernung des Brennpunktes von der Leitlinie, der Anfangspunkt O halbiert diese Entfernung.

Eigenschaften der Parabel: Die zur x-Achse parallele Gerade Px' heißt Durchmesser der Parabel, sie halbiert alle Sehnen ab, die der Tangente AP parallel sind. Die *Tangente* AP halbiert im Punkt E die Strecke $OH = y$ und steht senkrecht auf FE. Die Subtangente AC ist gleich $2x$. Die Gerade BP ist *Normale*, die Subnormale BC ist gleich p, also für alle Punkte der Parabel konstant. Der von dem Brennstrahl FP und dem Durchmesser Px' gebildete Winkel 2α wird von der Normalen PB halbiert.

Hat der Scheitel der Parabel die Koordinaten x_0 und y_0, so hat sie die Gleichung

$$(y - y_0)^2 = 2p(x - x_0).$$

Öffnet sich die Parabel nach links, so kehren sich die Vorzeichen auf der rechten Seite um.

Vertauscht man die x- und y-Achse, so erhält man die Parabel mit *senkrechter* Achse (Bild 95 u. 91), ihre Scheitelgleichung lautet

$$x^2 = 2py \quad \text{oder} \quad y = x^2/2p.$$

Geht die Parabel durch den Punkt P_0 mit den Koordinaten $x = x_0$ und $y = y_0$, so lautet die Gleichung der Parabel

$$y = y_0 \sqrt{x/x_0}$$

(Parabel mit waagerechter Achse, Bild 94)

bzw. $y = y_0\,(x/x_0)^2$

(Parabel mit senkrechter Achse, Bild 95).

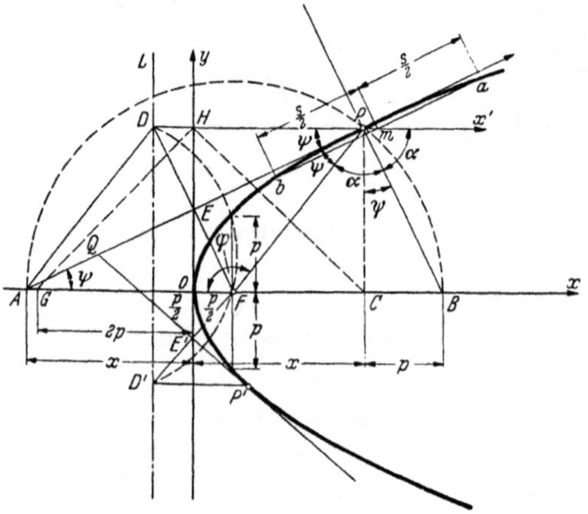

Bild 94. Parabel

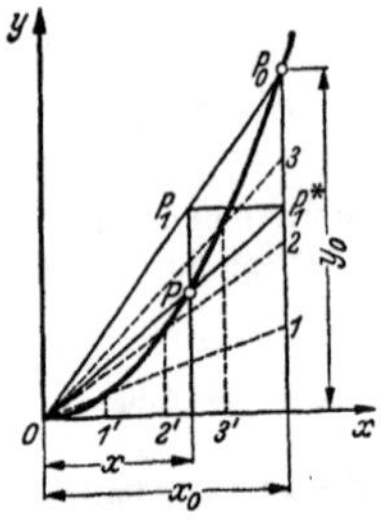

Bild 95

Hat der Scheitel die Koordinaten x_0 und y_0, so hat die Parabel mit *senkrechter* Achse die Gleichung

$$(y - y_0) = (x - x_0)^2/2p,$$

die auf die Form $y = a + bx + cx^2$ gebracht werden kann. Ist c negativ, so öffnet sich die Parabel nach unten, und der Scheitel ist der höchste Punkt.

Im Scheitel der Parabel

$$y = a + bx + cx^2 \qquad (c \neq 0)$$

ist die Tangente horizontal, d. h. $y' = b + 2cx = 0$. Hieraus folgen seine Koordinaten x_0 und $y_0 = y(x_0)$ zu

$$x_0 = -b/2c \quad \text{und} \quad y_0 = a - b^2/4c.$$

Die Parabelachse halbiert die Sehnen, die parallel zur x-Achse sind.

Löst man die Gleichung $y - y_0 = (x - x_0)^2/2p$ nach y auf, so ist der Faktor von x^2 gleich $1/(2p)$. Durch Vergleich mit der gegebenen Form folgt $|c| = 1/(2p)$, d. h. der Parameter der Parabel ist $2p = |1/c|$.

Konstruktionen der Parabel: α) Mache OG (Bild 94) gleich $2p$. Ziehe den beliebigen Strahl GH; CH senkrecht GH, dann schneiden sich die Waagerechte durch H und die Senkrechte durch C in dem Parabelpunkt P.

β) Gegeben sei der Punkt $P_0(x_0, y_0)$ (Bild 95).

Projiziere den beliebigen Punkt P_1 der Geraden OP_0, dessen Abszisse x ist, auf die gegebene Ordinate y_0; verbinde P_1^* mit dem Anfangspunkt O, dann schneidet OP_1^* die Ordinate des Punktes P_1 im Parabelpunkt P. Daraus folgt die Konstruktion: teile die gegebenen Koordinaten x_0 und y_0 in dieselbe Anzahl gleicher Teile, ziehe das Strahlenbüschel O *1*, *2*, *3*, dann schneiden die Senkrechten durch *1'*, *2'*, *3'* die entsprechenden Strahlen in Punkten der Kurve.

γ) Gegeben sei der Scheitel O (Bild 96) und der Brennpunkt F. Ziehe den beliebigen Strahl Fz und $zz' \perp Fz$, dann ist zz' Tangente an die Parabel. (1. Hüllkonstruktion.) Schneidet die Tangente $z'z$ die x-Achse in A, so trifft der Kreis um z mit zA die Tangente zz' in ihrem Berührungspunkt P mit der Parabel.

δ) Gegeben seien zwei Tangenten PA und PB; die Punkte A und B seien Berührungspunkte. Teile beide Strecken in dieselbe Anzahl gleicher Teile (Bild 97) und verbinde die entsprechenden Punkte, dann sind die Geraden *11*; *22*; *33*... Tangenten an die Parabel. (2. Hüllkonstruktion.)

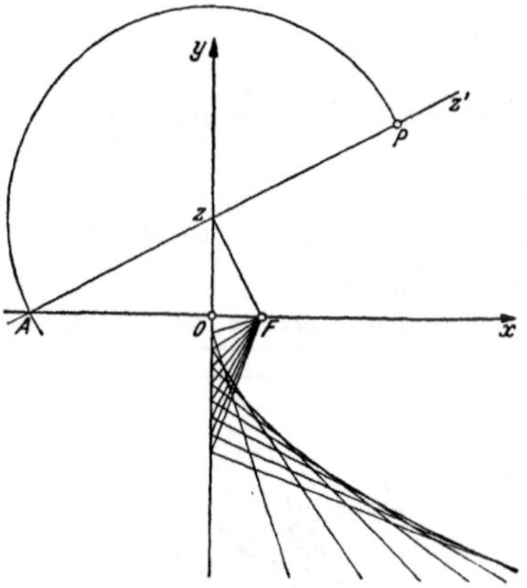

Bild 96. 1. Hüllkonstruktion der Parabel

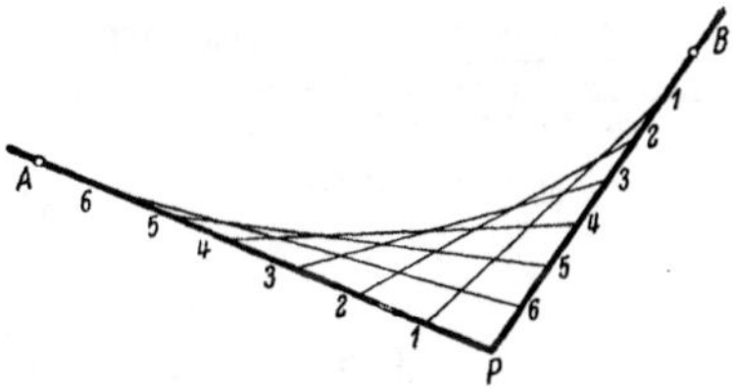

Bild 97. 2. Hüllkonstruktion der Parabel

Das rechtwinklige Achsenkreuz hierzu mit der y-Achse als Scheiteltangente wird in folgender Weise gefunden: halbiere AB in C (Bild 98), verbinde P mit C, dann ist PC Durchmesser der Parabel, der Halbierungspunkt D ist ein Punkt der Kurve. Die x-Achse läuft parallel PC. Da die Subnormalen, d. h. die Projektionen der Normalen auf die x-Achse gleich sein müssen, folgt: Ziehe durch A und B zu dem Durchmesser PC Parallelen, mache $A\,a_1 = p_2 =$ der Projektion der Normale BB_1 auf den Durchmesser und $Bb_1 = p_1 =$ der Projektion der Normale AA_1 auf den Durchmesser, dann schneidet $a_1 b_1$ die Sehne AB im Punkt E der x-Achse, die parallel PC läuft. Der Anfangspunkt O halbiert die Subtangenten $a_2 A_2$ und $B_2 b_2$.

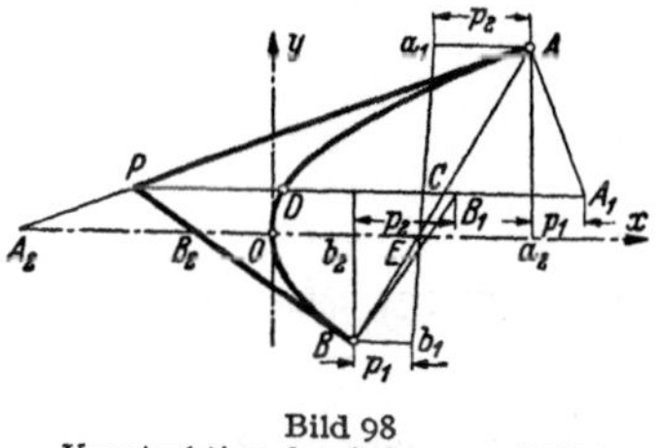

Bild 98
Konstruktion der Achsen zu Bild 97

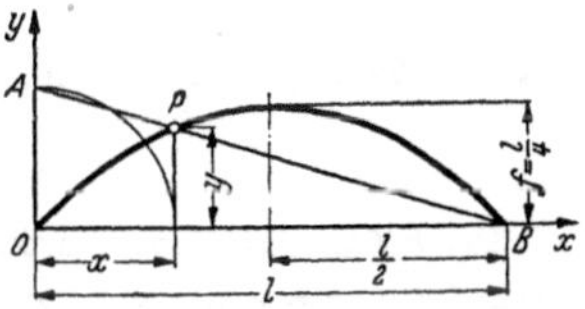

Bild 99

ε) In einem Punkt P (Bild 94) soll an die Parabel die Tangente gezogen werden: Mache $OA = OC$, dann ist AP Tangente, oder halbiere OH in E, dann ist EP Tangente.

ζ) Von einem Punkt Q außerhalb der Parabel soll an diese die Tangente gezogen werden: beschreibe (Bild 94) mit QF um Q einen Kreis, der die Leitlinie in D und D' schneidet, verbinde F mit D bzw. mit D'. Treffen FD und FD' die y-Achse in E und E', so sind die Geraden QE und QE' die Tangenten. Ihre Berührungspunkte P und P' sind die Schnittpunkte der Tangenten und der Parallelen zur x-Achse durch D bzw. D'.

Pfeilhöhe als Parameter. Die Parabel verlaufe nach Bild 99, die Pfeilhöhe sei f, dann lautet die *Gleichung*

$$y = \frac{4f}{l^2}\,x\,(l - x) \qquad \text{oder} \qquad y = \frac{4f}{l}\,\frac{x\,(l - x)}{l},$$

und es ergibt sich folgende Konstruktion: Beschreibe mit x um den Anfangspunkt O einen Kreis, so daß $OA = x$ wird, dann schneidet die Gerade AB die Parallele $x = \text{const.}$ zur y-Achse im Parabelpunkt P; die Pfeilhöhe wird für diesen Fall $f = l/4$.

Man kann auch $y = 4f\,x\,(l-x)/l^2$ in

$$y = 4f\,x/l - 4f\,x^2/l^2 = y_1 - y_2$$

zerlegen, wobei $y_1 = 4f\,x/l$ eine durch den Anfangspunkt und den Punkt $P_0\,(x_0 = l;\ y_0 = 4f)$ gehende Gerade und $y_2 = 4f\,x^2/l^2$ eine symmetrisch zur y-Achse liegende, durch denselben Punkt P_0 gehende Parabel darstellen (Bild 100). Die Differenz beider Ordinaten gibt die gesuchte Ordinate. Diese Zerlegung empfiehlt sich besonders bei Parabeln höherer Ordnung (S. 183).

Polargleichung: Ist der Brennpunkt F Pol, die negative Richtung der x-Achse Polarachse, so lautet mit $\sphericalangle AFP = \varphi$ als Polarwinkel (Bild 94) die Gleichung der Parabel

$$r = p/(1 + \cos\varphi) = p/(2\cos^2 \tfrac{1}{2}\varphi).$$

Gleichung der Tangente: Ist $P_1(x_1, y_1)$ ein Punkt der Parabel $y^2 = 2px$, so hat die Tangente in diesem Punkt die Gleichung

$$y y_1 = p\,(x + x_1);$$

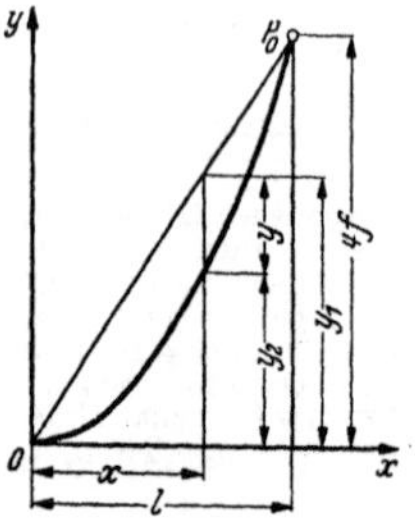

Bild 100

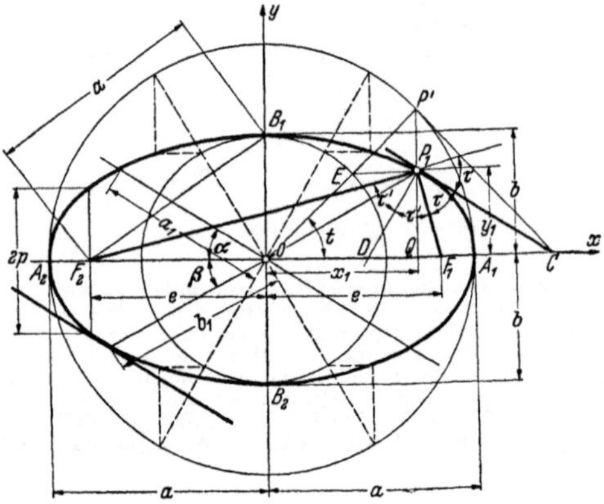

Bild 101. Ellipse

die *Gleichung der Normale* im Punkt P_1 ist:

$$y - y_1 = -\frac{y_1}{p}\,(x - x_1).$$

Der *Flächeninhalt* des Parabelsegmentes OCP, Bild 94, folgt mit $OC = x = a$ und $CP = y = \sqrt{2pa} = b$ zu

$$F = \int_0^a y\,dx = \int_0^a \sqrt{2px}\,dx = \frac{2}{3}\sqrt{2p}\,x^{3/2}\Big|_0^a = \frac{2}{3}\,a\sqrt{2pa} = \frac{2}{3}\,ab,$$

ist also gleich $^2/_3$ des umbeschriebenen Rechtecks $OCPH$.

Bogenlänge der Parabel siehe S. 87.

Der *Krümmungsradius* der Parabel im Scheitel ist gleich p, siehe Bild 91, S. 120.

c) Die Ellipse. *Bildungsgesetz:* Ein Punkt P bewegt sich so, daß die Summe $2a$ seiner Entfernungen von zwei festen Punkten, den Brennpunkten F_1 und F_2, konstant ist; d. h. es muß $P_1F_1 + P_1F_2 = 2a$ sein.

Für die Hauptachsen als Koordinatensystem (Bild 101) lautet die *Mittelpunktgleichung*

$$\frac{x^2}{a^2} + \frac{y^2}{b^2} = 1,$$

wobei $OA_1 = a$ und $OB_1 = b$ die Halbachsen sind.

Die entwickelte Form der Gleichung heißt

$$y = \pm\, b/a \cdot \sqrt{a^2 - x^2}\,.$$

Ist die y-Achse Scheiteltangente im Punkt A_2, so heißt die *Scheitelgleichung* der Ellipse

$$y^2 = \frac{b^2}{a^2}\, x\,(2a - x) = 2\,p\,x\left(1 - \frac{x}{2a}\right),$$

mit $p = b^2/a$ als Halbparameter (Ordinate im Brennpunkt).

Eigenschaften der Ellipse: Ist $2e$ die Entfernung der Brennpunkte, so besteht zwischen e, der linearen Exzentrizität, und den Halbachsen a und b die Beziehung

$$OF_1 = OF_2 = e = \sqrt{a^2 - b^2} = a\sqrt{1 - p/a}\,.$$

Das Verhältnis $OF_1/OA_1 = e/a = \sqrt{a^2 - b^2}/a = \sqrt{1 - p/a} = \varepsilon < 1$ heißt *numerische Exzentrizität.*

Zieht man von einem beliebigen Punkt P_1 nach den Brennpunkten die Brennstrahlen P_1F_1 und P_1F_2, so ist

$$P_1F_1 = a - \varepsilon x\,; \qquad P_1F_2 = a + \varepsilon x\,.$$

Geraden durch den Mittelpunkt heißen *Durchmesser*; sie sind *zugeordnet* (konjugiert), wenn der eine alle Sehnen halbiert, die zu dem andern parallel sind. Bilden sie mit der großen Hauptachse $2a$ die Winkel α und β (in Bild 101 sind $2a_1$ und $2b_1$ konjugierte Durchmesser), so ist, wenn beide Winkel spitz sind,

$$a^2 + b^2 = a_1^2 + b_1^2\,.$$

Tangente und Normale *halbieren* die Winkel, die von den Brennstrahlen gebildet werden.

Die *Parameter*darstellung lautet (vgl. Konstruktionen β u. γ)

$$x = a\cos t\,, \qquad y = b\sin t\,.$$

Konstruktionen der Ellipse. α) Aus der Bedingung

$$P_1F_1 + P_1F_2 = r_1 + r_2 = 2a$$

ergibt sich die Fadenkonstruktion, wenn die Brennpunkte F_1 und F_2 gegeben sind.

β) Sind die Halbachsen a und b bekannt, so ziehe man mit a und b als Radien Kreise um den Mittelpunkt O (Bild 101); ziehe einen beliebigen Strahl OP', projiziere den Schnittpunkt E auf die Senkrechte durch P', dann ist P_1 ein Punkt der Ellipse. Wenn Winkel $A_1OP' = t$ ist, so liest man ab $x = a\cos t$, $y = b\sin t$.

γ) Bewegt man eine Strecke AB (Bild 102) derart, daß ihre Endpunkte auf zwei zueinander senkrechten Geraden wandern, so beschreibt ein auf ihr gelegener Punkt P eine Ellipse. Die zwischen den Schenkeln liegende Strecke AB bzw. $A'B'$ stellt dann die Summe $a + b$ bzw. die Differenz $a - b$ der Halbachsen dar. (*Papierstreifenkonstruktion; Ellipsenzirkel*). Jeder mit der Strecke AB fest verbundene, auch nicht auf ihr selbst liegende Punkt beschreibt eine Ellipse.

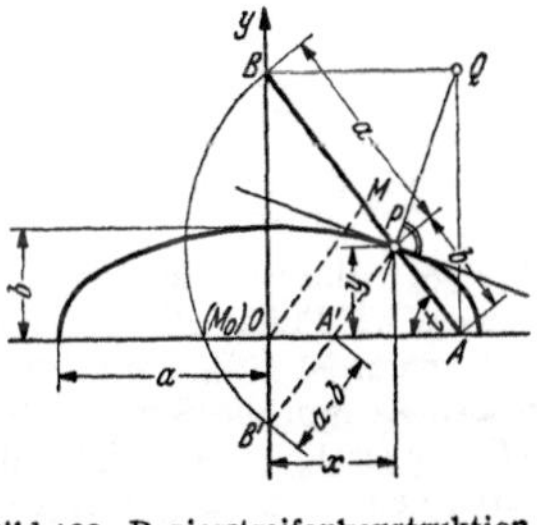

Bild 102. Papierstreifenkonstruktion

δ) Rollt ein Kreis vom Halbmesser r (Bild 103) bei Innenberührung auf einem Kreis mit dem Halbmesser $2r$ ab, so beschreibt jeder Punkt auf dem Umfang des Rollkreises einen Durchmesser und jeder mit dem Rollkreis fest verbundene Punkt P eine Ellipse vom Mittelpunkt M_0 (Kardan-Kreise, *Kardan-Bewegung*). Die Gerade PM trifft den Rollkreis in A und B. Dann sind M_0A und M_0B die Richtungen der Achsen und $PA = b$ und $PB = a$ die Halbachsen der Ellipse.

ε) Sind MA_1 und MB_1 (Bild 104) zwei zugeordnete Halbmesser einer Ellipse, so ziehe man die Tangenten durch die Endpunkte der Durchmesser parallel MA_1

und MB_1; teile B_1C und B_1M in dieselbe Anzahl gleicher Teile und ziehe durch die Teilpunkte aus A_1 und A_2 Strahlen, dann liegen die Schnittpunkte entsprechender Strahlen auf einer Ellipse.

ζ) *Ersatz durch Korbbögen* (Näherungskonstruktionen)[1]. $\alpha\alpha$) Das Lot von C auf BA (Bild 105, rechts)

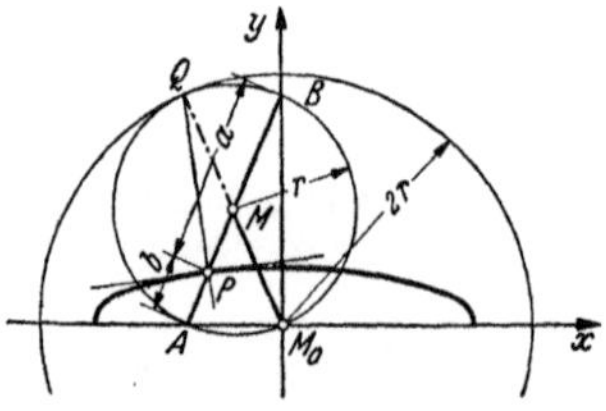

Bild 103. Kardanbewegung

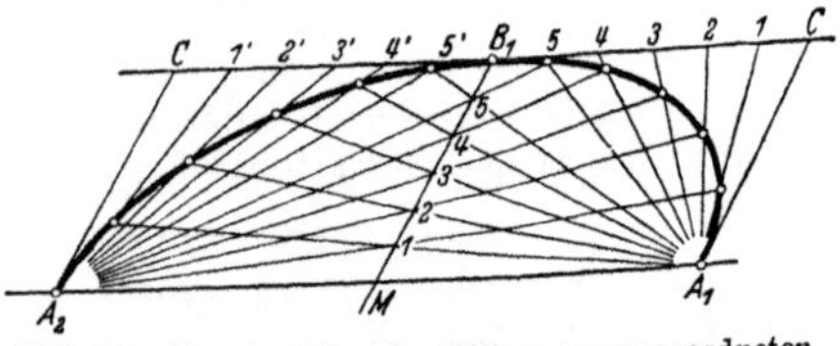

Bild 104. Konstruktion der Ellipse aus zugeordneten Durchmessern

trifft die x-Achse in A_1. Der Kreis um A_1 mit A_1A als Radius wird von dem Kreis um die Mitte D von BC mit $a/2$ als Radius in P_1 getroffen. P_1A_1 schneidet die y-Achse in B_1. Die Kreise um A_1 mit A_1A und um B_1 mit B_1B sind die Korbbögen, die sich in P_1 auf der gemeinsamen Normale $P_1A_1B_1$ berühren. Bei dieser Konstruktion ist der Kreis um A_1 der *Krümmungskreis* der Ellipse in A (vgl. Bild 118, S. 132).

$\beta\beta$) Ziehe um M (Bild 105, links) den die Achsen berührenden Kreis vom Radius $(a-b)/2$; M ist auch der Schnittpunkt der von E und O unter 135° bzw. 45° gegen die x-Achse gezogenen Strahlen. Zeichne von E aus die Tangente an diesen Kreis. Diese schneidet die Achsen in A_2 und B_2. Die Kreise um A_2 und B_2 mit A_2A' bzw. B_2B sind die gesuchten Korbbögen, die sich in P_2 auf der gemeinsamen Normale EA_2B_2 berühren. Bei dieser Konstruktion ist P_2 ein *genauer Ellipsenpunkt.*

Konstruktion der Tangente α) in einem Punkt P_1 der Ellipse. Halbiere den Winkel

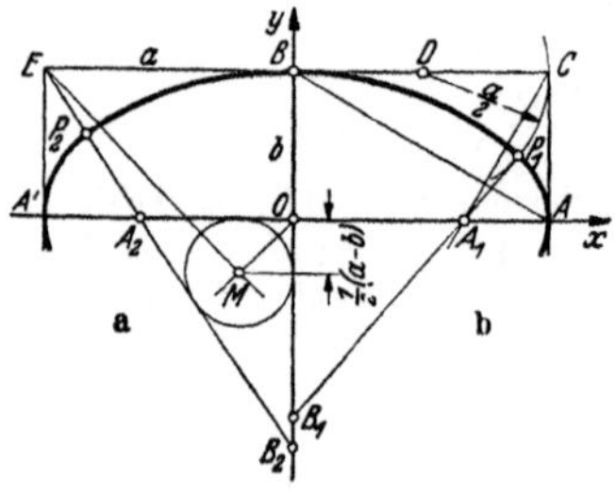

Bild 105. Ellipse aus Korbbögen

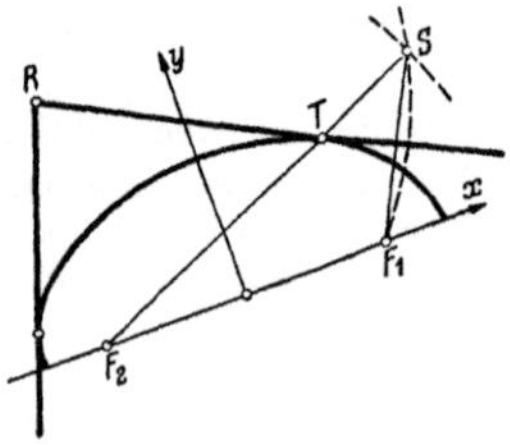

Bild 106. Tangentenkonstruktion

$F_1P_1F_2$ (Bild 101) der Leitstrahlen und ziehe $CP_1 \perp DP_1$. Oder (Bild 101) konstruiere im Punkt P' des Kreises mit der großen Halbachse die Kreistangente CP', dann ist CP_1 Tangente an die Ellipse. Oder ziehe (Bild 102) in A und B zu den Achsen die Senkrechten. Durch ihren Schnittpunkt Q geht die Normale QP, senkrecht dazu verläuft die Tangente. Ebenso geht in Bild 103 die Normale durch den Berührungspunkt Q der Kreise.

β) von einem Punkt R außerhalb der Ellipse (Bild 106). Man beschreibe um R mit RF_1 und um F_2 mit $2a$, der großen Achse, Kreise, verbinde ihren Schnittpunkt S mit F_2 und mit F_1. Dann ist die Senkrechte von R auf F_1S die Tangente und ihr Schnittpunkt mit F_2S ihr Berührungspunkt T. Die zweite Tangente folgt entsprechend, z. B. durch den zweiten Schnittpunkt der Kreise oder mit Hilfe des Kreises um R mit RF_2.

Konstruktion der Hauptachsen einer Ellipse aus zwei zugeordneten Durchmessern $OG = OF$ und $OI = OH$ (Bild 107): Mache $OG^* =$ und $\perp OG$. Verbinde G^* mit I. Der Kreis mit MO um den Mittelpunkt M von G^*I trifft die

[1] *Meyer zur Capellen, W.:* Ersatz der Ellipse durch Korbbögen. Z. math. u. naturw. Unterr. Bd. 68 (1937) S. 212/15.

Gerade G^*I in A_1 und B_1; OA_1 und OB_1 sind die Achsenrichtungen, und es ist

$$IB_1 = G^*A_1 = a \quad \text{und} \quad IA_1 = G^*B_1 = b.$$

Die *Polargleichung* der Ellipse, bezogen auf den Brennpunkt F_1 als Pol und F_1A_1 als Polarachse, lautet:

$$r = p/(1 + \varepsilon\cos\varphi); \; \varepsilon < 1$$

Gleichung der Tangente im Punkt $P_1(x_1, y_1)$ der Ellipse:

$$x x_1/a^2 + y y_1/b^2 = 1\,.$$

Gleichung der Normale:

$$(x - x_1)\,a^2 y_1 - (y - y_1)\,b^2 x_1 = 0\,.$$

Der *Flächeninhalt* der Ellipse ist $\pi a b$ (S. 81).

Die *Krümmungsradien* in den Scheiteln der Ellipse sind $b^2/a = p$ und a^2/b (S. 120). Ihre Konstruktion s. Bild 118 (S. 132)[1].

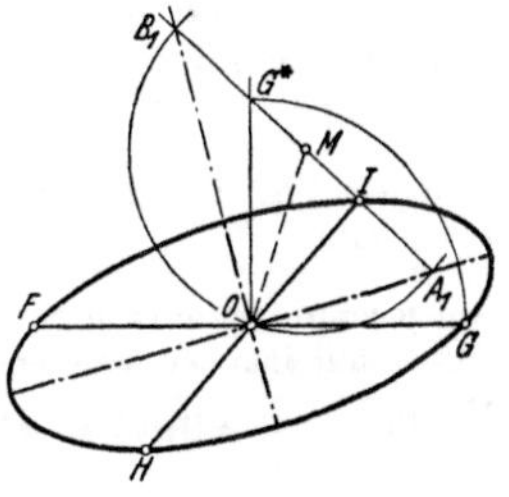

Bild 107. Ellipsenachsen aus konjugierten Durchmessern

Umfang der Ellipse: Für gegebene Werte b und a kann der Umfang U mit Hilfe der folgenden Zahlentafel berechnet werden.

b/a	0,1	0,2	0,3	0,4	0,5	0,6	0,7	0,8	0,9
U/a	4,0640	4,2020	4,3860	4,6026	4,8442	5,1054	5,3824	5,6723	5,9723

Es ist $U = 4a\,\mathrm{E}\left(\alpha, \frac{\pi}{2}\right)$; E = elliptisches Integral 2. Gattung (S. 95); $\sin\alpha = k = \varepsilon = \sqrt{1 - (b/a)^2}$. — Für den im Endpunkt der großen Halbachse ($t = 0$) beginnenden Bogen gilt $L = a\left[\mathrm{E}\left(\alpha, \frac{\pi}{2}\right) - \mathrm{E}\left(\alpha, \frac{\pi}{2} - t\right)\right]$.

d) Hyperbel. *Bildungsgesetz:* Ein Punkt P bewegt sich so, daß die Differenz $2a$ seiner Entfernungen von zwei festen Punkten, den Brennpunkten F_1 und F_2, konstant ist; d. h. $P_1F_2 - P_1F_1 = \pm 2a$.

Für die Hauptachsen als Koordinatensystem (Bild 108) lautet die *Mittelpunktgleichung*

$$\frac{x^2}{a^2} - \frac{y^2}{b^2} = 1\,,$$

wobei a die reelle und b die imaginäre Halbachse ist.

Die entwickelte Form der Gleichung heißt

$$y = \pm\, b/a \cdot \sqrt{x^2 - a^2}.$$

Ist die y-Achse Scheiteltangente im Punkt A_2, so heißt die *Scheitelgleichung* der Hyperbel

$$y^2 = \frac{b^2}{a^2}\,x\,(x - 2a) = 2\,p\,x\left(\frac{x}{2a} - 1\right),$$

mit $p = b^2/a$ als Halbparameter (Ordinate im Brennpunkt).

Eigenschaften der Hyperbel: Ist $2e$ die Entfernung der Brennpunkte, so besteht zwischen e und den Halbachsen a und b die Beziehung

$$OF_1 = OF_2 = e = \sqrt{a^2 + b^2} = a\sqrt{1 + p/a}\,.$$

Das Verhältnis $\varepsilon = e/a = \sqrt{1 + p/a} > 1$ heißt *numerische Exzentrizität.*

Die Länge der Brennstrahlen ist

$$P_1F_1 = -a + \varepsilon x; \qquad P_1F_2 = a + \varepsilon x\,.$$

Über *Durchmesser* und *zugeordnete* Durchmesser vgl. c) Ellipse, S. 125.

Bilden zwei symmetrische Durchmesser der Hyperbel mit der x-Achse die Winkel α, welche durch die Gleichung $\operatorname{tg}\alpha = \pm\, b/a$ bestimmt sind, so nähert

[1] Hinsichtlich der Krümmungskreise in beliebigen Punkten vgl. **Florin, F.:** Zur Konstruktion der Ellipse mit Hilfe von Krümmungskreisen. Forschg. Ing.-Wes. Bd. 22 (1956) Nr. 4 S. 134/37. — Ferner: **Meyer zur Capellen, W.:** Die Krümmung der Ellipse — kinematisch betrachtet. Maschinenbautechnik Bd. 7 (1958) Nr. 7 S. 404/06 u. 408.

sich die Kurve diesen Geraden, wenn x unbegrenzt wächst; diese Geraden heißen *Asymptoten* (Bild 108 u. S. 118); ihre Gleichungen lauten

$$y = \pm b/a \cdot x.$$

Die Abschnitte einer Sekante zwischen Kurve und Asymptote sind einander gleich; es ist $P_1R = P'R'$ (vgl. Konstruktionen der Hyperbel, γ).

Die auf die Asymptoten $\xi = x'$, $\eta = y'$ in Bild 108 als Koordinatenachsen bezogene Gleichung der Hyperbel lautet in schiefwinkligen Koordinaten:

$$\xi\eta = (a^2 + b^2)/4 = (e/2)^2.$$

Sonderfall: Gleichseitige Hyperbel; ihre Mittelpunktgleichung lautet, da $b = a$ ist,

$$x^2 - y^2 = a^2;$$

bezogen auf die Asymptoten als Achsen ergibt sich $\xi\eta = a^2/2$, wobei die Asymptoten aufeinander senkrecht stehen; der Asymptotenwinkel ist $\alpha = 45°$; die Abszissen der Brennpunkte werden $e = \pm a\sqrt{2}$; der Parameter ist $2p = 2a$.

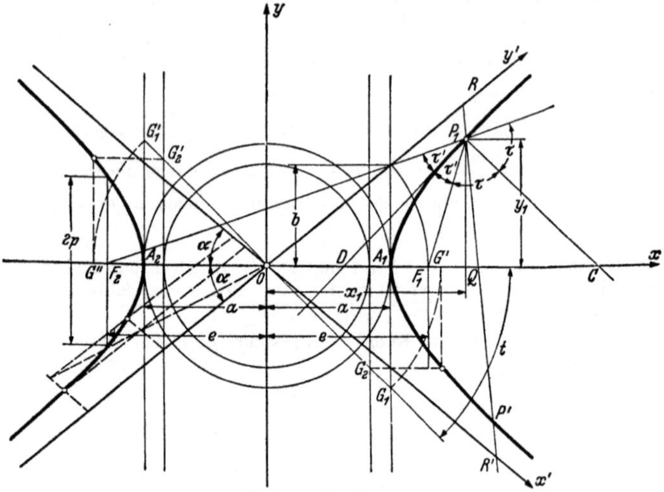

Bild 108. Die Hyperbel

Die Gleichung $y = (Ax + B)/(Cx + D)$ stellt eine gleichseitige Hyperbel dar, deren Asymptoten den Koordinatenachsen parallel sind und von diesen die Abstände $y_0 = A/C$ bzw. $x_0 = -D/C$ haben; s. a. Beispiel 1, S. 116.

Parameterdarstellung: $x = a/\cos t$ und $y = b\operatorname{tg} t$, wobei $t = \sphericalangle G_1 O x$, Bild 108. Oder $x = \pm a \mathfrak{Cos}\,\varphi$ und $y = b \mathfrak{Sin}\,\varphi$ (S. 70).

Konstruktionen der Hyperbel: α) Aus der Bedingung $P_1F_2 - P_1F_1 = r_2 - r_1 = \pm 2a$ ergibt sich die Konstruktion (Bild 109), wenn die Brennpunkte gegeben sind: mache $F_1B = 2a$, ziehe mit dem beliebigen Radius $F_1A_2 = r_1$ um F_1 einen Kreis, der von einem Kreise mit dem Radius $BA_2 = r_1 - 2a = r_2$ um F_2 in den Hyperbelpunkten P_1 und P_1' geschnitten wird. Der Kreis mit $OF_1 = OF_2 = e$ um O schneide die Senkrechte durch C ($OC = a$) in den Punkten D, D; dann sind die Geraden durch O und D die Asymptoten der Hyperbel.

β) Sind die Halbachsen a und b gegeben, so zeichne man um O die Kreise mit den Radien a und b und ziehe an diese die senkrechten Tangenten (Bild 108). Ein beliebiger Strahl durch O schneide die beiden Geraden in G_1 und G_2 (bzw. G_1' und G_2'); ziehe mit OG_1 um O einen Kreis, der die x-Achse in G' schneide, dann liefern die Waagerechte durch G_2 und die Senkrechte durch G' einen Hyperbelpunkt.

γ) Sind die Asymptoten und ein Punkt P_1 der Hyperbel gegeben (Bild 108), so ziehe man ein Strahlenbündel durch P_1 und mache auf einem beliebigen Strahl $P_1R = R'P'$; dann ist P' ein Hyperbelpunkt. Oder man benutze nach der auf die Asymptoten bezogenen Gleichung (s. o.) flächengleiche Parallelogramme (Bild 108, dritter Quadrant).

δ) Ist $P_0(x_0 y_0)$ ein Punkt der *gleichseitigen* Hyperbel mit den Asymptoten als Koordinatenachsen, so hat die Kurve die Gleichung

$$x y = x_0 y_0 = \text{const.}$$

Aus der Bedingung flächengleicher Rechtecke ergibt sich die Konstruktion (Bild 110): Ziehe einen beliebigen Strahl OP, ferner P_0P parallel zur x-Achse, der Strahl OP schneidet die gegebene Ordinate y_0 in P'; die Waagerechte durch

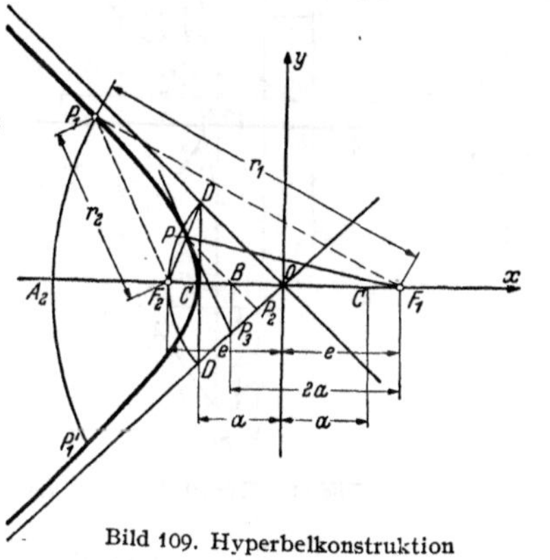

Bild 109. Hyperbelkonstruktion

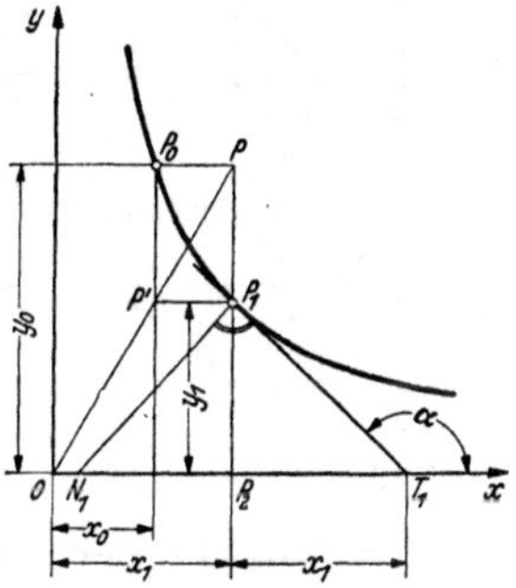

Bild 110. Gleichseitige Hyperbel

P' und die Senkrechte durch P treffen sich dann in einem Punkt P_1 der gleichseitigen Hyperbel.

T_1P_1 ist Tangente an die Kurve, wenn $P_2T_1 = OP_2$ gemacht wird (S. 117).

Konstruktion der Tangente in einem Punkt P (Bild 109): Ziehe durch den Hyperbelpunkt P eine Parallele PP_2 zu einer Asymptote, mache $P_2P_3 = OP_2$, dann ist PP_3 Tangente an die Kurve.

Tangente und Normale *halbieren* die Winkel, die von den Brennstrahlen gebildet werden (Bild 108).

Polargleichung der Hyperbel bezogen auf den Brennpunkt F_1 als Pol (Bild 108) und F_1A_1 als Polarachse:

$$r = p/(1 + \varepsilon \cos\varphi); \ \varepsilon > 1.$$

Gleichung der Tangente im Punkt $P_1(x_1, y_1)$ der Hyperbel:

$$x x_1/a^2 - y y_1/b^2 = 1.$$

Gleichung der Normale:

$$(x - x_1)\, a^2 y_1 + (y - y_1)\, b^2 x_1 = 0.$$

Der *Krümmungsradius* in den Scheiteln ist $b^2/a = p$: die Senkrechte zur Asymptote in ihrem Schnittpunkt mit der Scheiteltangente trifft die x-Achse im Krümmungsmittelpunkt.

Rauminhalt des einschaligen Drehhyperboloids S. 89.

e) Gemeinsame Behandlung der Kegelschnitte. α) Ein Kegelschnitt ist *der geometrische Ort* aller Punkte, für die das Verhältnis ε der Abstände von einem festen Punkt und einer festen Geraden konstant ist. Bei der Parabel war dies Verhältnis gleich eins.

Konstruiert man für die *Ellipse* (Bild 111) zwei Parallelen im Abstand $a^2/e = a/\varepsilon$ von der y-Achse, so ist

$$PE_2 = a/\varepsilon + x; \qquad PE_1 = a/\varepsilon - x.$$

Die Längen der Brennstrahlen sind (S. 125):

$$PF_2 = r_2 = a + \varepsilon x = \varepsilon(a/\varepsilon + x) = \varepsilon \cdot PE_2,$$

$$PF_1 = r_1 = a - \varepsilon x = \varepsilon(a/\varepsilon - x) = \varepsilon \cdot PE_1.$$

Folglich ist

$$\frac{r_2}{PE_2} = \frac{r_1}{PE_1} = \varepsilon < 1 \quad \text{(für die Ellipse).}$$

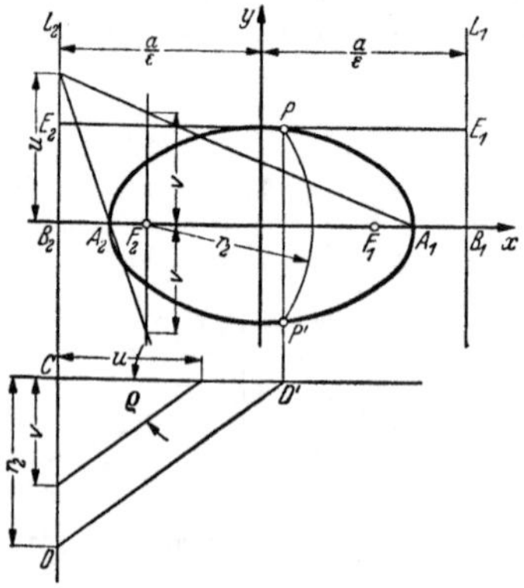

Bild 111. Ellipse und Leitlinie

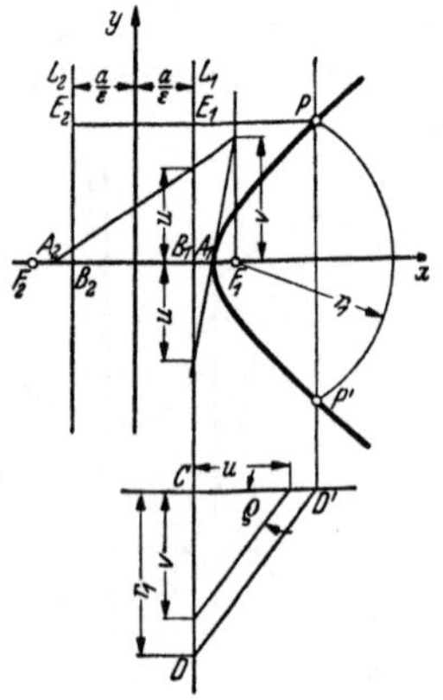

Bild 112. Hyperbel und Leitlinie

Die Parallelen zur y-Achse im Abstand $a^2/e = a/\varepsilon$ heißen die *Leitlinien der Ellipse.* Für einen Punkt der Ellipse ist demnach das Verhältnis der Entfernungen von den Brennpunkten und den Leitlinien ein konstanter Wert ε. Das gleiche gilt für die *Hyperbel,* doch ist hier $\varepsilon > 1$ (Bild 112). Die Entfernung des Brennpunktes von der zugehörigen Leitlinie ist $F_1B_1 = F_2B_2 = p/\varepsilon$.

Beim *Kreis* ist der Mittelpunkt Brennpunkt, und die Leitlinie liegt im Unendlichen, d. h. es ist $\varepsilon = 0$.

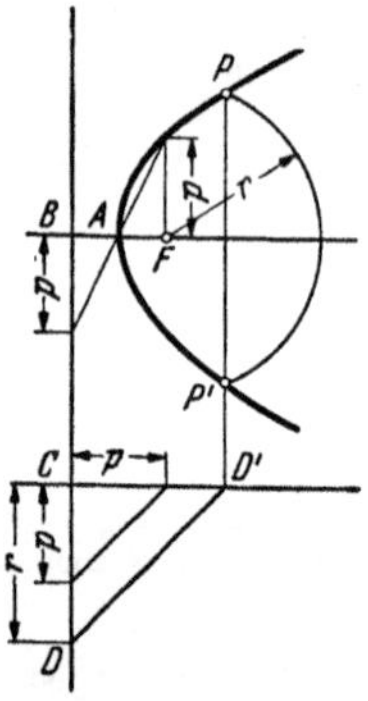

Bild 113
Parabel und Leitlinie

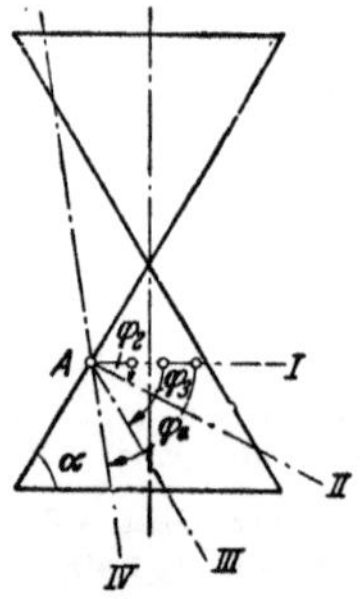

Bild 114
Kegelschnitte

β) Aus der gemeinsamen Erklärung ergibt sich eine *Konstruktion,* die *für alle Kegelschnitte* gilt.

Gegeben seien die Leitlinie L, der Brennpunkt F, das konstante Verhältnis $\varepsilon = \operatorname{tg} \varrho = v : u$.

Trage auf der Leitlinie L eine beliebige Strecke CD ab, ziehe unter dem Winkel ϱ, für den $\operatorname{tg} \varrho = \varepsilon$, die Gerade DD' (Bild 111 bis 113). Dann schneidet der Kreis mit $CD = r$ um F die Senkrechte in D' in zwei Kurvenpunkten P und P'.

Die Scheitel A_1 und A_2 teilen F_1B_1 bzw. F_2B_2 harmonisch; in Bild 113, wo $\varrho = 45°$ ist, halbiert infolgedessen A die Strecke BF. Es ist $u = v = p$.

γ) *Räumlich* ergeben sich die Kegelschnitte als *Schnittkurven* einer geraden Ebene und eines Kreiskegels (Bild 114). Hiernach erhält man eine Ellipse, Parabel oder Hyperbel, je nachdem die schneidende Ebene zu keiner Mantellinie parallel ist (Ebene II), zu einer Mantellinie (Ebene III) oder zu zwei Mantellinien parallel ist (Ebene IV).

Ist die Ebene senkrecht zur Kegelachse (Ebene *I*), so entsteht ein Kreis als Sonderfall von *II*. Die numerische Exzentrizität ist

$$\varepsilon = \sin\varphi/\sin\alpha.$$

4. Die Gleichung $Ax^2 + By^2 + Cx + Dy + E = 0$ stellt dar,

a) wenn A und B verschieden von null sind und dasselbe Vorzeichen haben:
 α) für $D^2 + BC^2/A > 4BE$ eine Ellipse, insbesondere für $A = B$ einen Kreis;
 β) für $D^2 + BC^2/A \lesseqgtr 4BE$ keine reelle Kurve, im Fall des Gleichheitszeichens einen Punkt;

b) wenn A und B verschieden von null sind und verschiedenes Vorzeichen haben:
 α) für $AD^2 + BC^2 \neq 4ABE$ eine Hyperbel;
 β) für $AD^2 + BC^2 = 4ABE$ ein Geradenpaar;

c) wenn $A = 0$, B verschieden von null ist:
 α) für $C \neq 0$ eine Parabel mit waagerechter Achse;
 β) für $C = 0$ und
 $D^2 > 4BE$ zwei Parallelen zur x-Achse, $D^2 = 4BE$ eine Parallele zur x-Achse, $D^2 < 4BE$ keine reelle Kurve;

d) wenn A verschieden von null und $B = 0$ ist:
 α) für $D \neq 0$ eine Parabel mit senkrechter Achse;
 β) für $D = 0$ und
 $C^2 > 4AE$ zwei Parallelen zur y-Achse, $C^2 = 4AE$ eine Parallele zur y-Achse, $C^2 < 4AE$ keine reelle Kurve.

f) Beispiele. 1. Ein zylindrisches, mit Flüssigkeit gefülltes Gefäß drehe sich mit der Winkelgeschwindigkeit ω um die senkrechte Achse. Ein Massenteilchen m an der Oberfläche der Flüssigkeit steht unter dem Einfluß der Schwerkraft mg und der Fliehkraft $mx\omega^2$. Die Mittelkraft beider Kräfte ist Normale der Kurve. Mit den Bezeichnungen des Bildes 115 wird

$$\operatorname{tg}\varphi = mx\omega^2/mg = x/z \quad \text{mit} \quad z = g/\omega^2 = \text{const}.$$

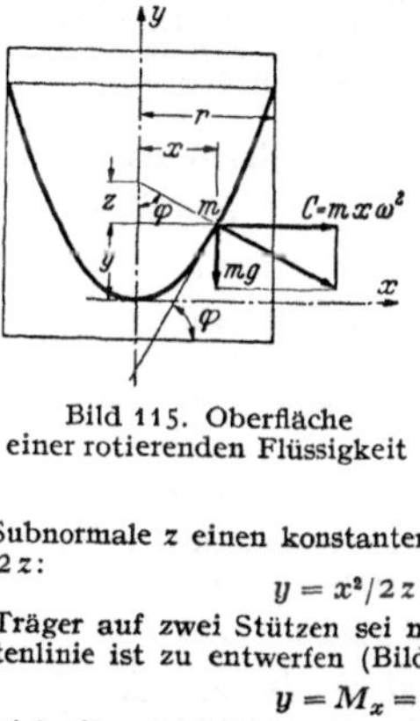

Bild 115. Oberfläche einer rotierenden Flüssigkeit

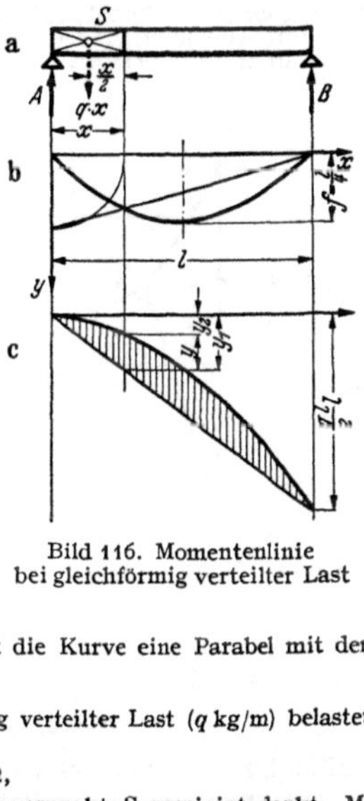

Bild 116. Momentenlinie bei gleichförmig verteilter Last

Da die Subnormale z einen konstanten Wert hat, ist die Kurve eine Parabel mit dem Parameter $2z$:

$$y = x^2/2z = x^2\omega^2/2g.$$

2. Ein Träger auf zwei Stützen sei mit gleichförmig verteilter Last (q kg/m) belastet; die Momentenlinie ist zu entwerfen (Bild 116). Es ist

$$y = M_x = Ax - qx \cdot x/2,$$

wenn man sich die gleichförmige Last über x im Schwerpunkt S vereinigt denkt. Mit $A = B = ql/2$ wird das Moment $y = \frac{1}{2}qx(l - x) = \frac{ql}{2}\,\frac{x(l-x)}{l} = A\,\frac{x(l-x)}{l}$ und $y_{\max} = A\,l/4 = q\,l^2/8$.

Die Momentenfläche ist eine Parabel; konstruiert man sie nach Bild 99, so daß $f = l/4$ gezeichnet wird, so liefern die im Längenmaß gemessenen Ordinaten von Bild 116b, multipliziert mit der Auflagerkraft A, die Momente.

Die Konstruktion nach Bild 100 ist in Bild 116c angegeben, da auch $y = Ax - Ax^2/l$ ist. Die den Kurven $y_1 = Ax$ und $y_2 = Ax^2/l$ gemeinsame Ordinate $y_{1B} = y_{2B} = Al$ wird im Momentenmaßstab aufgetragen.

3. Auch die Momentenlinie eines mit „Streckenlast" belasteten Balkens (Bild 49, S. 352 u. S. 366, Nr. 13) ist eine Parabel und kann mit der Hüllkonstruktion (Bild 97) ermittelt werden.

4. Ein Massenpunkt m werde unter dem Winkel α gegen die Waagerechte mit der Anfangsgeschwindigkeit v_0 fortgeschleudert; die Wurfbahn ist unter Vernachlässigung des Luftwiderstandes zu bestimmen (Bild 117). Die Anfangsgeschwindigkeit zerlegt man nach waagerechter

und senkrechter Richtung in $v_{x_0} = v_0 \cos\alpha$ bzw. $v_{y_0} = v_0 \sin\alpha$. In waagerechter Richtung ist der nach t sek bei gleichförmiger Bewegung zurückgelegte Weg $x = v_{x_0} t$. (1)
In senkrechter Richtung ist der bei gleichmäßig verzögerter Bewegung zurückgelegte Weg

$$y = v_{y_0} t - g t^2/2. \tag{2}$$

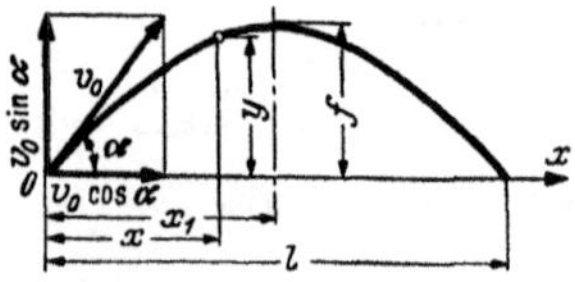

Bild 117. Wurfparabel

Setzt man $t = x/v_{x_0}$ in (2) ein und schreibt $v_0^2/2g = h$ (Steighöhe bei senkrechtem Wurf nach oben), so wird

$$y = x \operatorname{tg}\alpha - x^2/4h\cos^2\alpha. \tag{3}$$

Der Vergleich mit der zu Bild 99 u. 100 gehörenden Gleichung $y = 4f x/l - 4f x^2/l^2$ zeigt, daß die Wurfbahn eine Parabel ist; bezeichnet man mit f die Wurfhöhe, mit l die Wurfweite, so ergibt die Gleichsetzung der Koeffizienten von x und x^2

$$\operatorname{tg}\alpha = 4f/l; \qquad 1/4h\cos^2\alpha = 4f/l^2 = (\operatorname{tg}\alpha)/l.$$

Daher ist

$$l = 4h\cos^2\alpha \operatorname{tg}\alpha = 2h\sin 2\alpha,$$

$$4f = l\operatorname{tg}\alpha = 4h\sin\alpha\cos\alpha\cdot\operatorname{tg}\alpha; \qquad f = h\sin^2\alpha.$$

Bei waagerechtem Wurf ($\alpha = 0$) liegt der Scheitel der Parabel im Anfangspunkt. Es ist $y = -x^2/4h$. Ein waagerecht aus einem Gefäß austretender Wasserstrahl hat bei konstanter Druckhöhe H und bei Reibungsfreiheit die gleiche Bahn. Es ist $v_0 = \sqrt{2gH}$ und $h = H$.

5. Rollt ein Kreis in einem anderen mit doppelt so großem Durchmesser, Bild 103, so beschreiben alle Punkte seines Umfangs Durchmesser, d. h. es liegt eine genaue Geradführung für diese Punkte vor, für A und B z. B. in zwei aufeinander senkrechten Richtungen. Wird M, Bild 103, durch die Kurbel M_0M auf dem Kreis vom Mittelpunkt M_0 und wird B zwangläufig durch Prismenführung auf der y-Achse geführt (vgl. auch Bild 102), so muß A eine zur y-Achse senkrechte Bahn beschreiben.

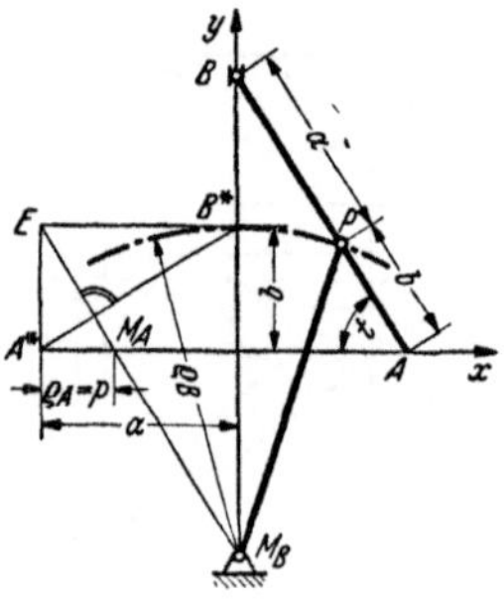

Bild 118. Ellipsenlenker

Ebenso kann man einen beliebigen Punkt P der Strecke AB auf seiner Bahnkurve, der Ellipse, führen. Wird jedoch die Ellipse, Bild 118, durch einen Kreisbogen des Krümmungskreises im Scheitel B^* vom Radius $\varrho_B = M_B B^*$ geführt, so bewegt sich A für kleine Winkel $B^* M_B P$ angenähert (vierpunktig) auf einer Geraden. Wird schließlich die Bahn von B durch einen Kreisbogen großen Halbmessers ersetzt, so beschreibt A auch angenähert eine Gerade, man erhält den *Evans*-Lenker.

3. Potenzkurven

Eine Kurve, die der Gleichung

$$y = c x^n$$

genügt, wo c eine Konstante und n eine beliebige reelle Zahl ist, heißt Potenzkurve. Geht sie durch den Punkt $P_0(x_0, y_0)$, so wird $y_0 = c x_0^n$ und $c = y_0/x_0^n$, d. h.

$$y = y_0 (x/x_0)^n.$$

Für $n > 0$ liegt eine *höhere Parabel*, für $n < 0$ eine *höhere Hyperbel* vor. Die Summe oder Differenz mehrerer Parabeln, d. h. eine Kurve mit der Gleichung

$$y = a_0 + a_1 x + a_2 x^2 + a_3 x^3 + \cdots + a_n x^n$$

heißt allgemeine Parabel n-ter Ordnung, vgl. a. S. 62 u. 182.

Die *Subtangente* einer Potenzkurve (vgl. S. 117) ist gleich x/n.

Für $x = 0$ ist die x- oder die y-Achse die Tangente, je nachdem $n > 1$ oder $n < 1$ ist.

Die *Fläche* unter der Potenzkurve in den Grenzen x_1 und x_2 kann mit $y(x_1) = y_1$ und $y(x_2) = y_2$ geschrieben werden

$$F = \int_{x_1}^{x_2} y_0 (x/x_0)^n \, dx = (x_2 y_2 - x_1 y_1)/(n+1), \qquad n \neq -1.$$

Für $n = -1$ wird $F = x_0 y_0 \ln(x_2/x_1) = x_0 y_0 \ln(y_1/y_2)$, S. 81.

Die Ordinaten der Potenzkurve können berechnet, bequem z. B. bei beliebigem Exponenten mit der doppellogarithmischen Teilung auf dem Rechenstab (vgl. Anm. 1, S. 44), oder zeichnerisch ermittelt werden, wie folgt.

a) Parabeln höherer Ordnung.

α) $n = 1$. $$y = y_0\,(x/x_0)$$
ist eine Gerade durch den Ursprung O und durch P_0; vgl. Punkt P_1 mit der Abszisse x (Bild 119).

β) $n = 2$. $$y = y_0\,(x/x_0)^2$$
ist die Gleichung der gewöhnlichen, der quadratischen Parabel, Punkt P_2 (Bild 119, bzw. P Bild 95, S. 122). Denn es sind die Strecken $\overline{1b} = \overline{P_1 a} = y_0(x/x_0)$; $\overline{P_2 a} : \overline{1b} = x : x_0$ oder $\overline{P_2 a} = \overline{1b} \cdot (x/x_0) = y_0\,(x/x_0)^2$.

γ) $n = 3$. $$y = y_0\,(x/x_0)^3$$
ist die Gleichung der kubischen Parabel. Zieht man durch P_2 (Bild 119) die

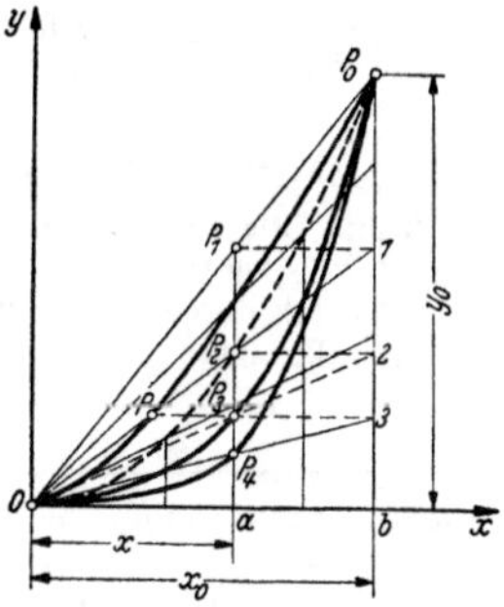

Bild 119. Parabeln höherer Ordnung

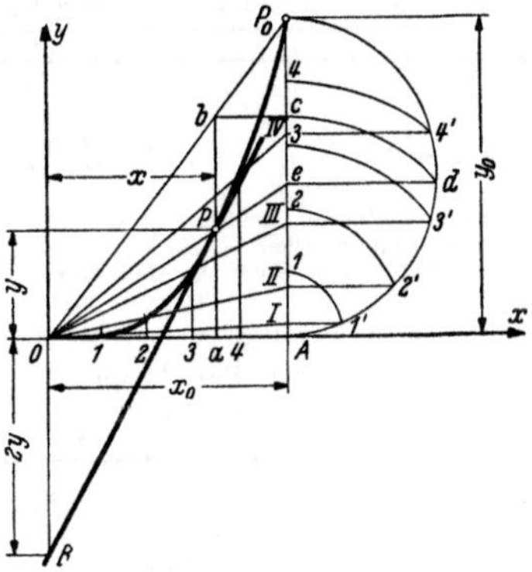

Bild 120. Kubische Parabel

Waagerechte und trifft diese die Ordinate y_0 in 2, so trifft $\overline{O2}$ die Senkrechte durch P_1 oder P_2 in P_3, dem gesuchten Kurvenpunkt.

Durch Wiederholung für andere x-Werte erhält man weitere Punkte.

Beweis: Nach β) ist $\overline{b\,2} = \overline{a\,P_2} = y_0\,(x/x_0)^2$, ferner $\overline{a\,P_3} : \overline{b\,2} = x : x_0$ oder $\overline{a\,P_3} = \overline{b\,2} \cdot (x/x_0) = y_0\,(x/x_0)^3$.

Andere Konstruktion: Für einen Punkt P mit der Abszisse $Oa = x$ (Bild 120) errichte über $A\,P_0 = y_0$ einen Halbkreis, mache $ab \perp Oa$, bc parallel zur x-Achse, ziehe um A mit Ac den Kreis, der den Halbkreis in d trifft, ziehe de parallel zur x-Achse. Dann schneidet Oe die Ordinate ab im gesuchten Punkt P.

Beweis: Das Quadrat der Sehne $\overline{A\,d}$ ist gleich dem Produkt der Strecken $\overline{A\,e}$ und $\overline{AP_0}$, d. h. $(\overline{A\,d})^2 = \overline{A\,e} \cdot y_0$. Nun ist $\overline{A\,d} = \overline{a\,b} = y_0\,(x/x_0)$, also $y_0^2\,(x/x_0)^2 = \overline{A\,e} \cdot y_0$ oder $\overline{A\,e} = y_0\,(x/x_0)^2$. Aus $y : \overline{A\,e} = x : x_0$ folgt $y = \overline{A\,e} \cdot (x/x_0) = y_0\,(x/x_0)^3$.

Weitere Punkte: Teile die Abszisse $x_0 = OA$ und die Ordinate $y_0 = AP_0$ in die gleiche Anzahl Teile mit den Teilpunkten *1, 2, 3*, ... Die Kreise um A mit $A\,1$, $A\,2$, $A\,3$, ... treffen den Halbkreis in *1'*, *2'*, *3'*, ... Die Waagerechten durch *1'*, *2'*, *3'*, ... schneiden die Ordinate y_0 in *I*, *II*, *III*, ... Die entsprechenden Schnittpunkte der Strahlen *OI*, *OII*, *OIII*, ... und der Senkrechten durch *1*, *2*, *3* auf der x-Achse treffen sich in den Punkten der gesuchten Kurve.

Die *Tangente* an die Kurve in P ist die Gerade BP, wenn $OB = 2\,y$ ist. (Subtangente auf der y-Achse gleich $3\,y$.) In O hat die Kurve einen Wendepunkt mit der x-Achse als Tangente.

Beispiele: 1. Für einen frei aufliegenden Träger mit Dreieckslast (S. 370, Nr. 19) hat die Momentenlinie einen Verlauf gemäß $M = f\,(x/l) - f\,(x/l)^3 = y_1 - y_2$ mit $f = P\,l/3$. Hierin ist y_1 eine durch A gehende Gerade, die dort gleichzeitig Tangente an M ist, während y_2 als kubische Parabel nach Bild 120 konstruiert werden kann, deren Ordinatenwerte dann von y_1 subtrahiert werden.

2. Der Träger gleichen Widerstandes gegen Biegung, Bild 121, habe kreisförmigen Querschnitt; die Last P greife am Ende des Trägers an. Die Begrenzung des Längsschnittes ist zu entwerfen.

Ist y der Durchmesser des Trägers in der Entfernung x vom Angriffspunkt der Last, so wird $y^3 = \frac{32\,P}{\pi\sigma_{zul}}\,x = d^3 \cdot \frac{x}{l}$; für den eingespannten Querschnitt ist $y = d = \sqrt[3]{\frac{32\,Pl}{\pi\sigma_{zul}}}$ (s. S. 354, Nr. 3). Die gesuchte Kurve ist eine kubische Parabel. Man kann daher das Verfahren Bild 120 anwenden, man hat nur die Achsen zu vertauschen und $BP_0 = d/2$ zu machen, Bild 121. Trägt man die Ordinaten der Kurve von OB aus nach unten ab, so erhält man den unteren, spiegelbildlichen Teil.

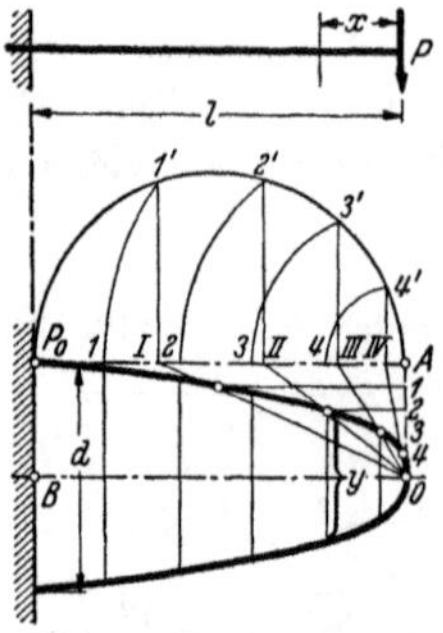

Bild 121. Kubische Parabel bei Träger gleichen Widerstandes gegen Biegung

δ) $n = 4$. $\qquad y = y_0\,(x/x_0)^4$

ist die Gleichung einer Parabel 4. Ordnung. Ihre Konstruktion ergibt sich aus der für die kubische Parabel (Bild 119). Ist P_3 ein Punkt dieser Kurve (Bild 119), so verbindet man seine Projektion 3 auf die gegebene Ordinate y_0 mit dem Koordinatenanfangspunkt O; die Gerade $O\,3$ schneidet die Senkrechte durch P_3 in dem Punkt P_4 der gesuchten Kurve.

Beispiel: Die Gleichung der elastischen Linie für den gleichförmig belasteten, einseitig eingespannten Träger lautet (S. 366, Nr. 12)

$$y = C\left(1 - \frac{4}{3}\,\frac{x}{l}\right) + C \cdot \frac{1}{3}\left(\frac{x}{l}\right)^4 = y_1 + y_2, \text{ wobei } C = \frac{P\,l^3}{8\,E\,J}.$$

Die erste Kurve ist eine Gerade, die zweite kann nach Bild 119 entworfen werden. Die Addition ergibt y.

ε) $n = 5$. Für größere, ganzzahlige Werte n ergeben sich durch Fortsetzung des Verfahrens nach Bild 119 die entsprechenden Konstruktionen.

ζ) $n = 3/2$. Die Parabel

$$y = y_0\,(x/x_0)^{3/2} \qquad \text{oder} \qquad y^2 = y_0^2\,(x/x_0)^3$$

bzw. $x^2 = x_0^2\,(y/y_0)^3$ bei Vertauschung der Achsen heißt semikubische oder *Neil*sche Parabel.

Für $x = 0$ liegt eine Spitze vor mit der x- bzw. y-Achse als Tangente.

Einzelne Ordinaten können rechnerisch durch Benutzung der Quadrat- und Kubikteilung auf dem Rechenschieber oder sonst zeichnerisch ermittelt werden: Bringt man den Strahl $O\,1$ mit der Waagerechten durch den Punkt P_3 der kubischen Parabel (Bild 119) zum Schnitt, so ist P ein Punkt der semikubischen Parabel.

b) Hyperbeln höherer Ordnung. Ist bei der Potenzkurve $n < 0$ und setzt man $n = -m$, so lautet die Gleichung der durch den Punkt $P_0(x_0, y_0)$ gehenden Hyperbel $(m+1)$-ter Ordnung $\qquad y = y_0\,(x_0/x)^m \quad$ oder $\quad y\,x^m = y_0\,x_0^m = \text{const.}$

α) $m = 1$, $\qquad y = y_0\,(x_0/x)$

ist die Gleichung einer gleichseitigen Hyperbel, bezogen auf ihre Asymptoten als Achsen (Bild 110, S. 129, und Bild 122 a).

β) $m = 2$, $\qquad y = y_0\,(x_0/x)^2 \qquad$ ist die Hyperbel 3. Ordnung.

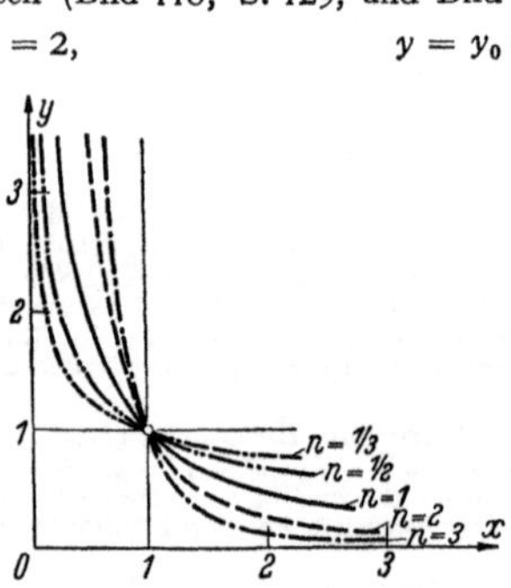

Bild 122a. Hyperbeln höherer Ordnung

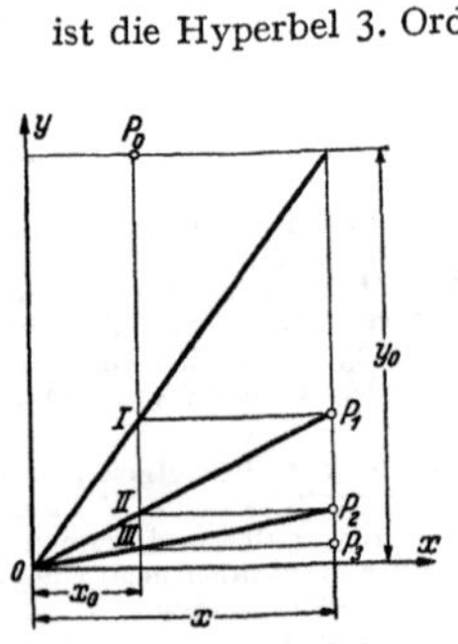

Bild 122b. Konstruktion höherer Hyperbeln

Ist P_1 ein Punkt der gleichseitigen Hyperbel (Bild 122b), so verbindet man P_1 mit O; der Schnittpunkt mit der Senkrechten durch P_0 sei II. Projiziert man II auf die Senkrechte durch P_1, so ist P_2 ein Punkt der gesuchten Kurve.

Hinsichtlich des Verlaufes einiger höherer Hyperbeln vgl. Bild 122a.

Beispiel: Ein kegelförmiger Stab beliebigen Querschnitts werde durch eine unveränderliche Axialkraft P auf Druck beansprucht; der Verlauf der Spannungen längs der Trägerachse ist zu bestimmen. Mit den Bezeichnungen des Bildes 123 ist

$$\sigma = P/F; \qquad \sigma_1 = P/F_1.$$

Aus $F_1 : F = H^2 : (H - y)^2$ folgt $F = F_1 (H - y)^2/H^2$,

so daß

$$\sigma = \sigma_1 H^2/(H - y)^2$$

wird. Für $H - y = z$ ist $\sigma = \sigma_1 \cdot (H/z)^2$.

Bei dieser Hyperbel 3. Ordnung liegt der Koordinatenanfangspunkt in der Spitze des Ergänzungskegels, und ein Punkt A_1 ist durch $\sigma_1 = P/F_1$ gegeben. Die Kurve wird nach Bild 122b gezeichnet. Nach S. 123, 3., würde die Subtangente in bezug auf die z-Achse gleich $-z/2$ und die Tangente liefern. Im Punkt A_2 würde die Subtangente gleich $-(H-l)/2$.

γ) $m = 3$. $\qquad y = y_0 (x_0/x)^3$

ist eine Hyperbel 4. Ordnung; ihre Konstruktion schließt an die vorhergehende an; vgl. Punkt P_3 von Bild 122b.

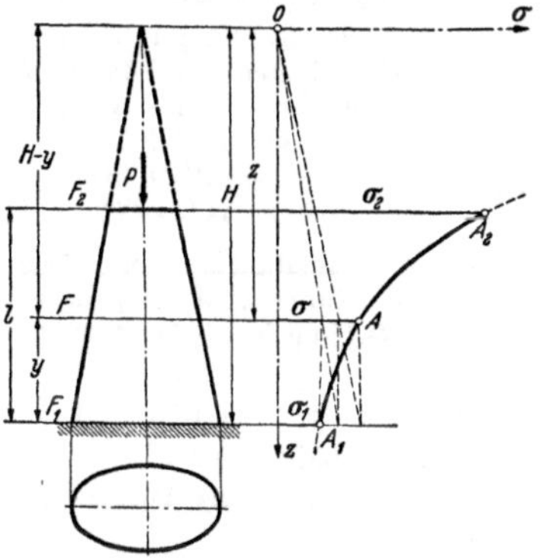

Bild 123
Spannungen im kegelförmigen Druckstab

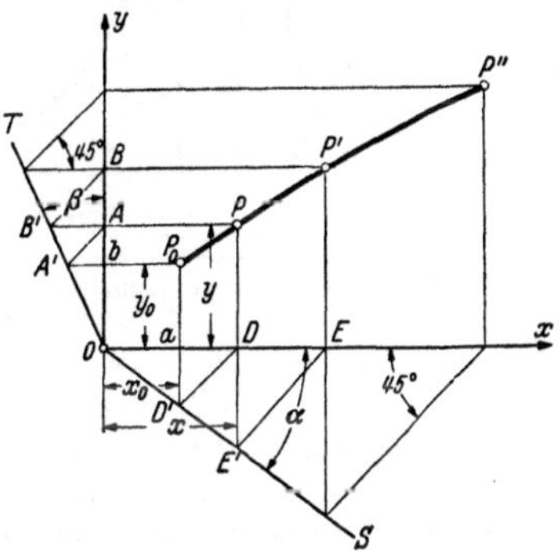

Bild 124. Konstruktion beliebiger Parabeln

c) Beliebige Potenzkurven. Für Potenzkurven mit beliebigen Exponenten ergeben sich die folgenden Konstruktionen:

α) $n > 0$. Gegeben sei der Punkt $P_0(x_0, y_0)$ und der Exponent n.

Konstruktion: Man ziehe (Bild 124) die durch O hindurchgehenden Strahlen OT und OS so, daß mit $\sphericalangle xOS = \alpha$ und $\sphericalangle yOT = \beta$

$$1 + \operatorname{tg}\beta = (1 + \operatorname{tg}\alpha)^n$$

wird, lege durch P_0 eine Waagerechte, welche OT in A' schneiden möge, und durch A' eine Gerade $A'A$ unter 45°; ziehe ferner durch P_0 eine Senkrechte, welche den Strahl OS in D' schneiden möge, und durch D' die Gerade $D'D$ unter 45°. Dann schneiden sich die Waagerechte durch A und die Senkrechte durch D im Punkt P der Kurve. Um den Punkt P' zu erhalten, verfährt man von P ausgehend in gleicher Weise [1].

Beweis: Sind x und y die Koordinaten des Punktes P, so ist $x = Oa + aD = x_0 + x_0 \operatorname{tg}\alpha = x_0 (1 + \operatorname{tg}\alpha)$ und ebenso $y = y_0 (1 + \operatorname{tg}\beta)$ oder nach Konstruktion

$$y = y_0 (1 + \operatorname{tg}\alpha)^n = y_0 (x/x_0)^n.$$

[1] Da im Anfang gemachte Zeichenfehler sich fortpflanzen, empfiehlt es sich, den letzten Punkt durch Rechnung zu prüfen. Dies gilt auch für die Konstruktion nach Bild 125.

β) $n < 0$. Mit $n = -m$ wird wie unter b)

$$y = y_0\,(x_0/x)^m \quad \text{oder} \quad y\,x^m = y_0\,x_0^m = \text{const.},$$

wobei m positiv ist.

Gegeben seien ein Punkt P_0 und der Exponent m.

Konstruktion: Man zeichne (Bild 125) die Strahlen OT und OS so, daß

$$1 + \operatorname{tg}\beta = (1 + \operatorname{tg}\alpha)^m$$

wird, ziehe durch die Projektion A des Punktes P_0 auf die y-Achse eine Gerade AA' unter 45°, lege durch P_0 eine Senkrechte, welche OS in D' schneiden möge, und durch D' ebenfalls eine Gerade $D'D$ unter 45°; dann treffen sich die Waagerechte durch A' und die Senkrechte durch D im Punkt P der Kurve (Bild 125). Um den Punkt P' zu bestimmen, verfährt man von P ausgehend in gleicher Weise.

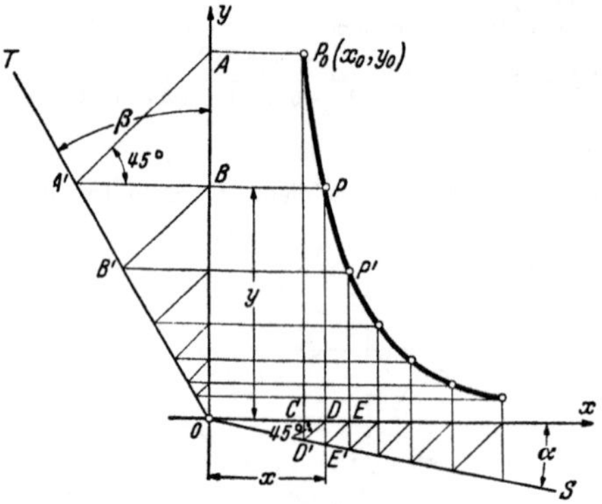

Bild 125. Konstruktion beliebiger Hyperbeln

Beweis: Sind x und y die Koordinaten des Punktes P, so ist

$$x = x_0\,(1 + \operatorname{tg}\alpha),$$
$$y = y_0/(1 + \operatorname{tg}\beta) = y_0/(1 + \operatorname{tg}\alpha)^m = y_0\,(x_0/x)^m.$$

Für die *Polytrope* (s. Wärmelehre) liegt der Exponent m gewöhnlich zwischen 1 und 1,4.

Wählt man $\operatorname{tg}\alpha = 0{,}25$, so ist für

m =	1,1	1,15	1,2	1,25	1,3	1,35	1,4
$\operatorname{tg}\beta$ =	0,278	0,293	0,307	0,322	0,336	0,351	0,367.

γ) Gegeben seien zwei Punkte $P_1(x_1, y_1)$ und $P_2(x_2, y_2)$ der Potenzkurve. Ihre Gleichung kann dann geschrieben werden

$$y/x^n = y_1/x_1^n = y_2/x_2^n.$$

Durch Logarithmieren der Gleichung folgt der Exponent zu

$$n = \frac{\lg y_2 - \lg y_1}{\lg x_2 - \lg x_1}.$$

Dieser kann positiv oder negativ sein. Mit diesem Exponenten läßt sich dann die Potenzkurve berechnen oder nach Bild 124 ($n > 0$) bzw. Bild 125 ($n < 0$, $n = -m$) zeichnen (vgl. auch Bild 126).

δ) Soll untersucht werden, ob eine vorgelegte Kurve eine Potenzkurve ist und soll ihr Exponent n bestimmt werden, so trägt man für beliebige Kurvenpunkte die Logarithmen ihrer Koordinaten in einem neuen Achsenkreuz auf (Bild 126) oder überträgt die Kurve auf Potenzpapier, bei dem beide Achsen logarithmisch geteilt sind (ganzlogarithmisches Papier).

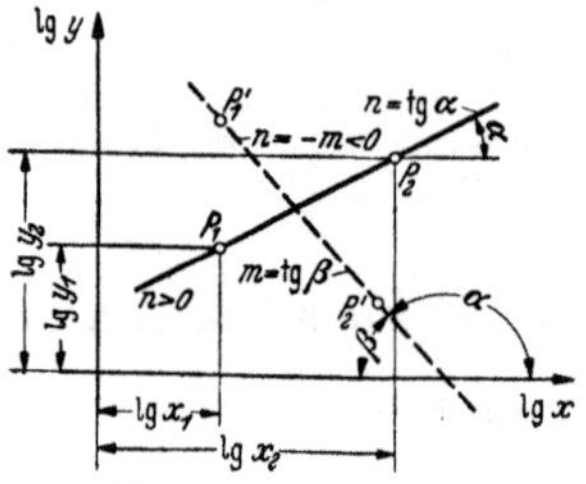

Bild 126. Potenzkurven im ganzlogarithmischen Achsenkreuz

Ist dann die Verbindungslinie der einzelnen Punkte eine Gerade, so ist die vorgelegte Kurve eine Potenzkurve, deren Exponent n durch die Richtungskonstante $\operatorname{tg}\alpha = n$ der Geraden bestimmt ist (Bild 126); sinngemäß $\operatorname{tg}\beta = m$.

4. Gleichungen einiger anderer Kurven

a) Die **Exponentialkurve** ist die zeichnerische Darstellung der Exponentialfunktion

$$y = a^x \quad \text{oder} \quad y = C\,a^x, \qquad a > 0.$$

Eine besondere Form der Gleichung ist

$$y = e^x \quad \text{oder} \quad y = C\,e^x \quad \text{(S. 59, 72)},$$

wobei e $= 2{,}71828\ldots$ die Basis des natürlichen Logarithmensystems bedeutet.

Die Kurvenpunkte für $y = a^x$ können mit der doppellogarithmischen Teilung des Rechenschiebers berechnet[1] oder gemäß Bild 127 a zeichnerisch gefunden werden. Für $a = e$ vgl. S. 32.

Mache OA gleich der Einheit der y-Achse (Bild 127 a) und $OB = a$; zieht man $BC \perp AB$, so wird $OC = a^2$; $CD \perp BC$ liefert $OD = a^3$; $DE \perp CD$ liefert $OE = a^4 \cdots$ Zieht man $Aa \perp BA$, so wird $Oa = a^{-1}$; $ba \perp aA$ liefert $Ob = a^{-2}$, $cb \perp ba$ liefert a^{-3}; $dc \perp bc$ liefert $a^{-4} \cdots$ Trägt man die so gefundenen Werte $\ldots a^{-2}, a^{-1}, a^0 = 1, a^1, a^2 \ldots$ als Ordinaten zu den zugehörigen Werten $\ldots x = -2;\ x = -1;\ x = 0;\ x = 1;\ x = 2 \ldots$ auf, so erhält man die Exponentialkurve $y_1 = a^x$.

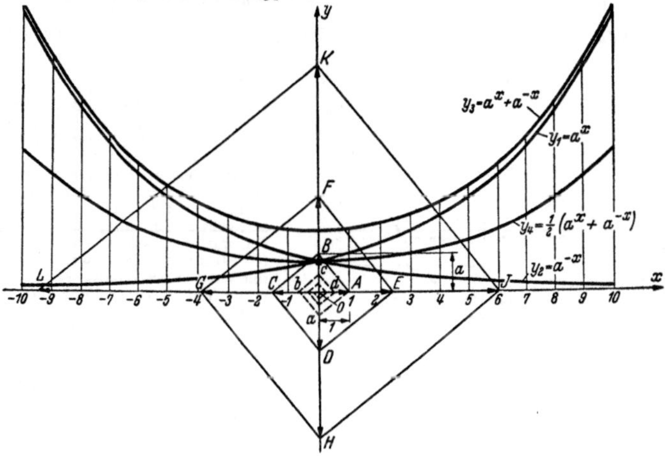

Bild 127 a. Konstruktion von Exponentialkurven

Die Ordinaten der Exponentialkurve sind immer positiv und nehmen mit wachsendem x zu oder ab, je nachdem $a > 1$ (Bild 127 a) oder $a < 1$ ist. Für $x = 0$ wird $y(0) = 1$ bzw. gleich C, und die äquidistanten Ordinaten verhalten sich wie die Glieder einer geometrischen Reihe.

Die Kurve $y_2 = a^{-x} = (1/a)^x$ mit der Basis $1/a < 1$ (Bild 127 a) kann in ähnlicher Weise konstruiert werden; sie liegt in Bezug auf die y-Achse symmetrisch zu $y_1 = a^x$.

Den Verlauf der Exponentialfunktionen für $a = e$, d. h. $y = e^x$ und $y = e^{-x}$ zeigt Bild 127 b; vgl. a. die Tafeln auf S. 32/33.

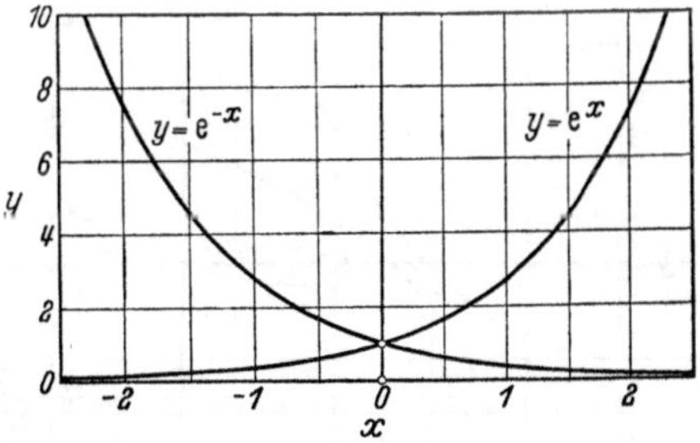

Bild 127 b. Exponentialkurven $y = e^x$ und $y = e^{-x}$

Durch Addition der Ordinaten der Kurven y_1 und y_2 in Bild 127 a erhält man

$$y_3 = y_1 + y_2 = a^x + a^{-x}.$$

[1] Siehe Anm. 1, S. 44.

Halbiert man die Ordinaten dieser Kurve, so erhält man in

$$y_4 = {}^1/_2\,(a^x + a^{-x})$$

eine neue Kurve, die für $a = \mathrm{e}$ den hyperbolischen Cosinus $y = (\mathrm{e}^x + \mathrm{e}^{-x})/2$ liefert (S. 70). Entsprechend ergibt (nicht eingetragen) $y_5 = {}^1/_2\,(y_1 - y_2)$ für $a = \mathrm{e}$ den hyperbolischen Sinus $y = (\mathrm{e}^x - \mathrm{e}^{-x})/2$.

Beispiel: Für die Gleichgewichtsform einer Kette oder eines biegungsfreien Seils ergibt sich (S. 105 u. 112) die *Kettenlinie* $y = h\,\mathfrak{Cof}\,x/h$ mit $h = H/\gamma$, H = Horizontalspannung und γ = spez. Gewicht oder mit $h = H/q$, H = Horizontalkraft und q = Gewicht pro Längeneinheit. — Es sei ein solches Seil von $2L = 36$ m Länge in zwei Punkten aufgehängt, deren waagerechte Entfernung $2l = 24$ m und deren Höhenunterschied $2b = 8$ m beträgt, Bild 128. Gesucht die Gleichung der Kurve, insbesondere die Lage des Achsenkreuzes. — Aus der Bogenlänge $2L = \int_{x_A}^{x_B} \mathrm{d}s = h\,\mathfrak{Sin}\frac{x}{h}\Big|_{x_A}^{x_B} =$

$$= h\left(\mathfrak{Sin}\frac{x_B}{h} - \mathfrak{Sin}\frac{x_A}{h}\right)$$ und dem Höhenunterschied $$y_B - y_A = 2b = h\left(\mathfrak{Cof}\frac{x_B}{h} - \mathfrak{Cof}\frac{x_A}{h}\right)$$

folgt mit $x_B = l + \varepsilon$ und $x_A = -(l - \varepsilon)$ die Gleichung $\sqrt{L^2 - b^2} = h\,\mathfrak{Sin}\frac{l}{h}$ oder mit $l/h = \varphi$

auch $$\sqrt{L^2 - b^2}/l = \sqrt{18^2 - 4^2}/12 = 1{,}4624 = \frac{\mathfrak{Sin}\,\varphi}{\varphi}. \qquad (1)$$

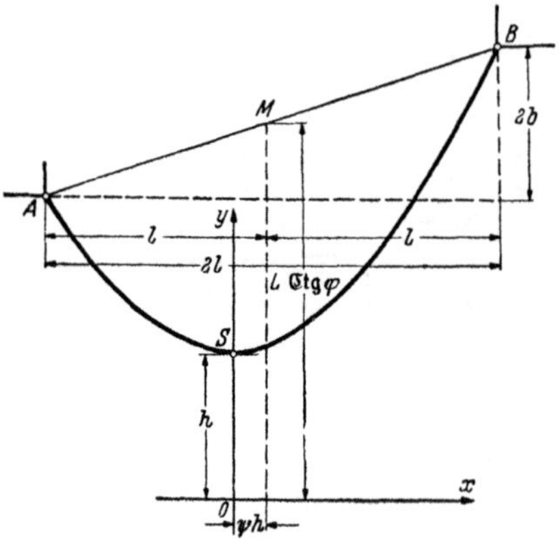

Bild 128. Beispiel zur Kettenlinie

Die Strecke $\varepsilon = \psi h$ folgt aus $\mathfrak{Tg}\,\psi = b/L$, und die x-Achse liegt um das Stück $L\,\mathfrak{Ctg}\,\varphi$ senkrecht unter dem Mittelpunkt M der Strecke AB.

Die transzendente Gleichung (1) zur Berechnung von φ hat mit den obigen Zahlenwerten die Form $f(\varphi) \equiv \mathfrak{Sin}\,\varphi - 1{,}4624\,\varphi = 0$. Unter Verwendung des Näherungsverfahrens von *Newton* (S. 52) folgt $f'(\varphi) = \mathfrak{Cof}\,\varphi - 1{,}4624$, und mit dem geschätzten Wert $\varphi_0 = 1{,}6$ wird (unter Verwendung der Tafel S. 30/32)

$$f_0 = \mathfrak{Sin}\,1{,}6 - 1{,}6 \cdot 1{,}4624 = 0{,}0358;$$
$$f_0' = \mathfrak{Cof}\,1{,}6 - 1{,}4624 = 1{,}1155;$$

also $$\varphi_1 = 1{,}6 - \frac{0{,}0358}{1{,}1155} \approx 1{,}57 = \varphi.$$

Mit dem so bestimmten Wert $\varphi = 1{,}57$ wird

$$h = l/\varphi = 12/1{,}57 = 7{,}65\ \mathrm{m};$$
$$L \cdot \mathfrak{Ctg}\,\varphi = L/\mathfrak{Tg}\,\varphi = 18/0{,}917 = 19{,}65\ \mathrm{m};$$
$$\mathfrak{Tg}\,\psi = b/L = 4/18 = 0{,}2222;$$

$\psi = 0{,}226$; dann beträgt die waagerechte Ausweichung des Koordinatenanfangspunktes $\psi \cdot h = 0{,}226 \cdot 7{,}65 = 1{,}73$ m.

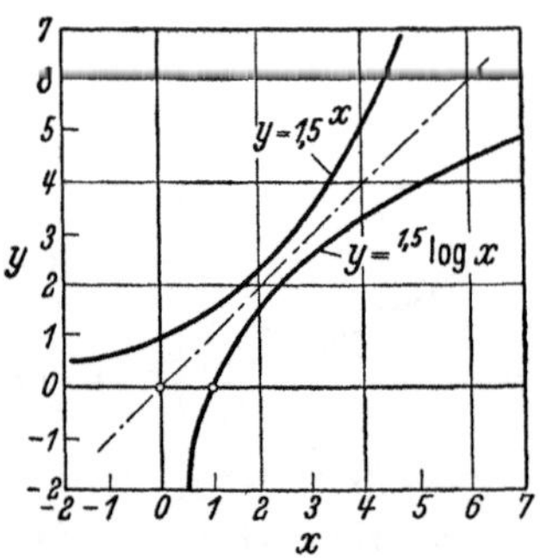

Bild 129a. Logarithmische Kurve als Spiegelbild der Exponentialkurve

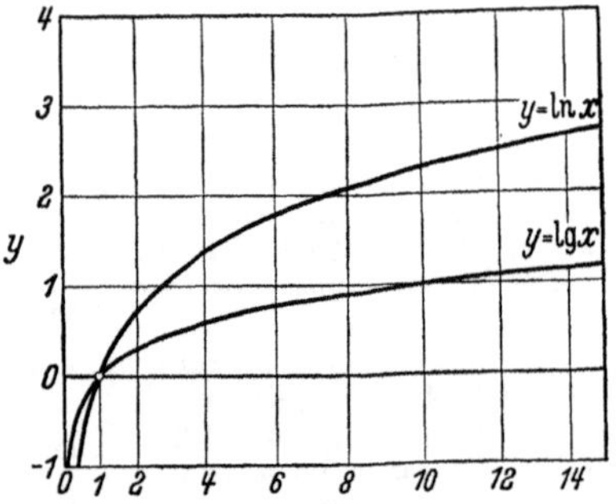

Bild 129b. Logarithmische Kurven $y = \lg x$ und $y = \ln x$

Damit ist die Lage des Achsenkreuzes und des tiefsten Punktes festgelegt.

Ist der Durchhang der Kette gering, so kann man die Kettenlinie durch die Parabel $y = h + x^2/2h$ ersetzen (S. 122).

b) Logarithmische Kurve. Aus $y = a^x$ folgt gemäß der Definition des Logarithmus (S. 38) $x = {}^a\log y$. Vertauscht man x und y, so ist

$$y = {}^a\log x$$

die Umkehrfunktion zu $y = a^x$. Geometrisch ist also die logarithmische Kurve das Spiegelbild der Exponentialkurve hinsichtlich der Winkelhalbierenden des ersten Quadranten, Bild 129a.

Da die Exponentialkurve keine negativen Werte hat, verläuft die Logarithmenkurve rechts von der y-Achse. Es gibt keine reellen Logarithmen negativer Zahlen.

Den Verlauf der Funktionen $y = \lg x$ und $y = \ln x = 2{,}3026 \lg x$ (vgl. a. S. 38) zeigt Bild 129b.

5. Zyklische Kurven

Zyklische Kurven (Trochoiden) werden von den Punkten A eines Kreises K_g (Gangpolbahn, Rollkreis, s. a. Dynamik S. 236) beschrieben, der auf einem festen Kreis K_r (Rastpolbahn, Grundkreis) abrollt ohne zu gleiten. Durch den augenblicklichen Berührungspunkt (den Momentanpol P) gehen sämtliche Normalen der im Augenblick beschriebenen Bahnstellen[1].

a) Bei der **gewöhnlichen Zykloide** (Radlinie) ist der Kreis K_r eine Gerade, Bild 130.

α) *Gleichung:* Ist t der Wälzwinkel, so lauten die Gleichungen (da t für den gezeichneten Punkt $A = A_4$ stumpf ist)

$$x = r\,(t - \sin t), \qquad y = r\,(1 - \cos t).$$

β) *Konstruktion:* Trage den halben Umfang $r\pi$ von A_0 aus auf der x-Achse bzw. auf der hierzu parallelen Geraden durch M_0 ab und teile diese Strecken und den Halbkreis *06* in beliebig viele gleiche, z. B. 6 Teile; ziehe durch z. B. *4* die Parallele zu $M_0 M_4$ und durch M_4 die Parallele zu $M_0\,4$. Dann ist ihr Schnittpunkt A_4 ein Kurvenpunkt. Für den Punkt A_3 ($t = \pi/2$) ist $M_3 A_3$ auf $M_0 M_3$ gleich r zu machen. — Spiegelbildlich zu A_6 setzt sich die Kurve fort.

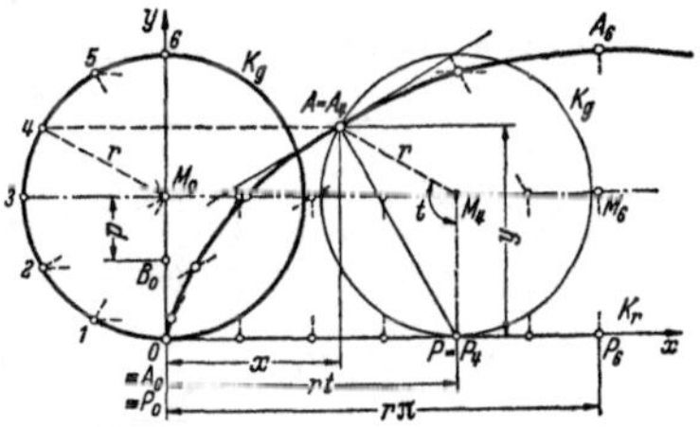

Bild 130. Gewöhnliche Zykloide

γ) Der *Krümmungsradius* wird $\varrho = 4r\sin(t/2)$, d. h. gleich der doppelten *Normale* PA. Im Punkt A_0 ist $\varrho = 0$ (Spitze), im Scheitel, d. h. für $t = \pi$, ist $\varrho = 4r$.

δ) Die *Bogenlänge* (s. S. 87) ist $s = 4r\,[1 - \cos(t/2)]$, d. h. der ganze Bogen von $t = 0$ bis $t = 2\pi$ beträgt $8r$.

ε) Die *Fläche* unter der Kurve ist $F = r^2\,({}^3/_2\,t - 2\sin t + {}^1/_4 \sin 2t)$, d. h. die Gesamtfläche wird gleich $3\pi r^2$.

ζ) Die *verschlungene* (verlängerte) bzw. die *geschweifte* (verkürzte) Zykloide wird von den Punkten der Kreisebene beschrieben, die außerhalb bzw. innerhalb des Rollkreises liegen. Nach Bild 130 lautet ihre Gleichung

$$x = rt - p\sin t, \qquad y = r - p\cos t,$$

wobei im ersten Fall $p > r$ und im zweiten $p < r$ ist. Die Konstruktion folgt wie oben durch Parallelogramme, wenn mit p um M_0 der Kreis gezogen wird.

---

[1] Vgl. a. *Meyer zur Capellen, W.:* Die zyklischen Kurven und die Kurbelschleife. Forschg. Ing.-Wes. Bd. 24 (1958) Nr. 6 S. 178/86.

Die Krümmungsradien in den Scheiteln, d. h. für $t = 0$ und $t = \pi$ sind, abgesehen vom Vorzeichen, $\varrho = (r \mp p)^2/p$.

b) Eine **Epizykloide** bzw. **Hypozykloide** wird beschrieben, wenn der bewegte Kreis K_g außerhalb (Bild 132) bzw. innerhalb (Bild 133) des festen Kreises K_r auf diesem abrollt.

Die Kurve ist

gespitzt,	je nach der Lage	auf dem Rollkreis,	
geschweift	des erzeugenden	innerhalb	des Rollkreises.
oder verschlungen	Punktes	oder außerhalb	

Befinden sich jedoch die Mittelpunkte der Kreise innerhalb des festen Kreises K_r bei der Epizykloide bzw. innerhalb des bewegten Kreises K_g bei der Hypozykloide, so gelten die Definitionen umgekehrt, vgl. a. Bild 131 a, b über die doppelte Erzeugung.

Sämtliche Bahnnormalen gehen durch den jeweiligen Berührungspunkt P.

α) Satz von der *doppelten Erzeugung:* Jede Trochoide kann durch das Abrollen zweier Kreispaare erzeugt werden, Bild 131:

Ist A ein Punkt des Rollkreises, so ist M' der vierte Eckpunkt des Parallelogramms $OMAM'$, und P' folgt als Schnittpunkt von AP und $M'O$. Dann ist der Kreis um O mit OP' der zweite Grundkreis K_r' und der Kreis um M' mit $M'P'$ der zweite Rollkreis K_g', d. h. die Bahn von A wird auch beschrieben, wenn der Kreis K_g' auf dem Kreis K_r' abrollt. In Bild 131a *umschließt* der Rollkreis K_g' den Grundkreis K_r'.

β) Für die *Gleichung* der *gespitzten* Epi- bzw. Hypozykloide folgt, Bild 132, 133, mit $R/r = n$, $t =$ Wälzwinkel und $\psi = t/n$:

$$\left.\begin{aligned} x &= r\,(m\cos\psi - \cos m\psi) \\ y &= r\,(m\sin\psi - \sin m\psi) \end{aligned}\right\} \begin{aligned} &\text{Epizykloide, Bild 132,} \\ &m = (R + r)/r = n + 1; \end{aligned}$$

$$\left.\begin{aligned} x &= r\,(m\cos\psi + \cos m\psi) \\ y &= r\,(m\sin\psi - \sin m\psi) \end{aligned}\right\} \begin{aligned} &\text{Hypozykloide, Bild 133,} \\ &m = (R - r)/r = n - 1. \end{aligned}$$

Ist n eine rationale Zahl, so schließt sich die Kurve, es liegt eine algebraische Kurve, andernfalls eine transzendente Kurve vor.

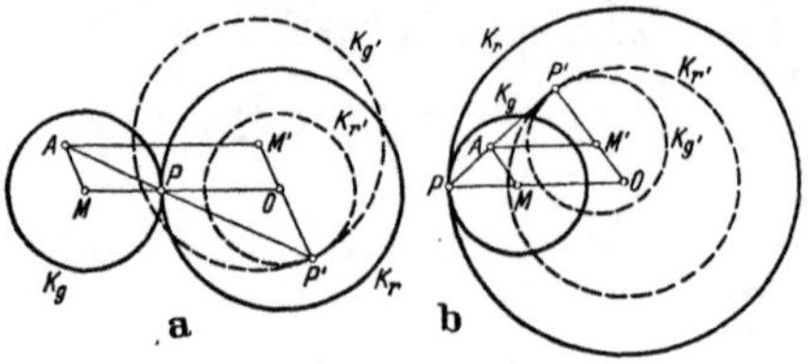

Bild 131. Doppelte Erzeugung der zyklischen Kurven; a) Epizykloide b) Hypozykloide

γ) *Konstruktion:* Mache in Bild 132, 133, den Bogen $A_0E \equiv P_0P_6$ gleich dem Halbkreisbogen P_06, d. h. Winkel $A_0OE = \pi/n$, und teile beide in dieselbe Anzahl gleicher Teile, z. B. in 6 Teile, so daß auf dem Kreis um O durch M_0 die Strahlen durch O und $P_1, P_2, \ldots$ die Punkte $M_1, M_2, \ldots$ ausschneiden. Der Kreis um M_i, z. B. um M_4, mit r und der Kreis um P_i (z. B. P_4) mit P_0i (z. B. P_04) treffen sich im Punkt $A_i = A_4$ der gesuchten Kurve. Da PA Normale ist, liegt gleichzeitig eine Hüllkonstruktion vor. Statt des einen Kreises kann auch der Kreis um O mit dem Radius $Oi = O4$ genommen werden.

δ) *Allgemeine Zykloide.* Liegt der beschreibende Punkt nicht auf dem Rollkreis selbst, sondern um die Strecke p von dessen Mittelpunkt M entfernt, so gilt die Konstruktion entsprechend, und die *Gleichungen* lauten

$$x = rm\cos\psi \mp p\cos m\psi, \qquad y = rm\sin\psi - p\sin m\psi, \qquad m = n \pm 1,$$

oberes Vorzeichen für die Epi-, unteres Vorzeichen für die Hypozykloide.

In den Scheiteln ($\psi = 0$ bzw. $\psi = \pi/n$ oder $t = \pi$) wird der *Krümmungsradius* der

Epizykloide	Hypozykloide
$\varrho = \dfrac{m\,(r \mp p)^2}{r \mp mp}, \quad m = n + 1.$	$\varrho = \dfrac{m\,(r \mp p)^2}{r \pm mp}, \quad m = n - 1.$

Bei den *gespitzten* Kurven, d. h. für $p = r$, wird $\varrho = 0$ bzw. $\varrho = 4r(n \pm 1)/(2 \pm n)$, oberes Vorzeichen für die Epi-, unteres Vorzeichen für die Hypozykloide.

ε) *Sonderfälle der Epizykloide:*

αα) Für $n = 1$, d. h. $r = R$ (oder nach der doppelten Erzeugung auch für $n = -{}^1/_2$, d. h. $r = 2R$, so daß der Rollkreis den Grundkreis umschließt) werden *Pascal*sche Kurven beschrieben. Mit A als Pol und AO als Polarachse lautet die Gleichung in Polarkoordinaten $\varrho = d + 2R\cos\varphi$, $d = R - p$. Für $d = 2R$ wird die Herzkurve oder *Kardioide* beschrieben:

$$\varrho = 2R(1 + \cos\varphi) = 4R\cos^2(\varphi/2).$$

Mit der Polarachse als positiver x-Achse gilt in rechtwinkligen Koordinaten

$$(x^2 + y^2 - 2Rx)^2 - 4R^2(x^2 + y^2) = 0.$$

ββ) Für $r \to \infty$ wird aus dem Rollkreis eine Gerade, vgl. c).

γγ) Für $R \to \infty$ wird aus dem Grundkreis eine Gerade, vgl. a).

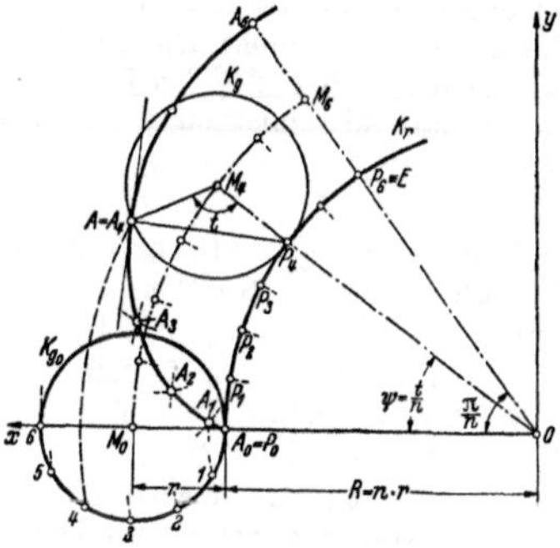

Bild 132. Epizykloide

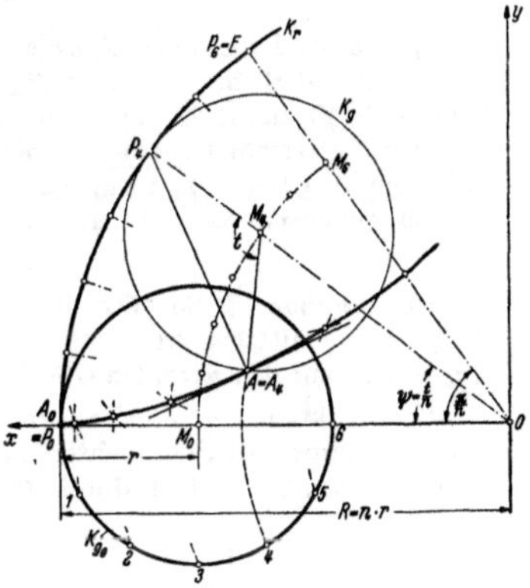

Bild 133. Hypozykloide

ζ) *Sonderfälle der Hypozykloide.*

αα) Für $n = 2$, d. h. $r = R/2$, also $m = n - 1 = 1$, liegt (s. S. 125) die Kardanbewegung vor, die Bahnkurven werden *Ellipsen:* $x = (r + p)\cos\psi$, $y = (r - p)\sin\psi$, insbesondere beschreiben die Punkte auf dem Umfang des Rollkreises doppelt zählende Durchmesser.

ββ) Für $r \to \infty$ vgl. c).

γγ) Für $R \to \infty$ vgl. a).

δδ) Für $n = 4$, d. h. $r = R/4$, und $p = r$ entsteht als gespitzte Hypozykloide die *Astroide* (Sternkurve) mit den Gleichungen $x = R\cos^3\psi$, $y = R\sin^3\psi$ oder auch $x^{2/3} + y^{2/3} = R^{2/3}$

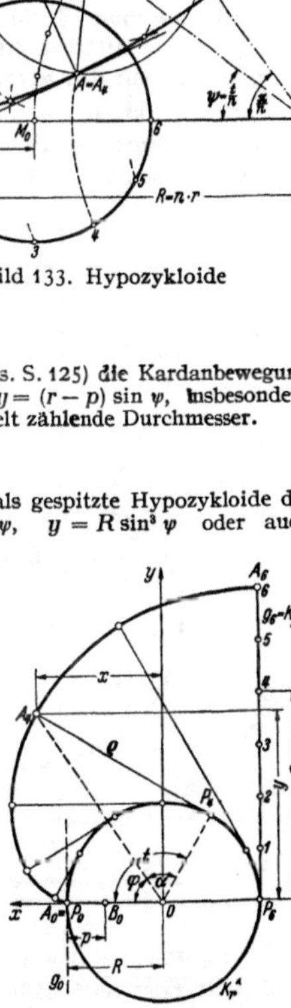

Bild 134. Kreisevolvente

c) Bei der **Kreisevolvente** wird der Rollkreis zu einer *Geraden*, Bild 134. Die gespitzte Kreisevolvente selbst wird von den Punkten der sich abwälzenden Geraden K_g beschrieben.

α) Die *Gleichung* folgt mit t als Wälzwinkel zu

$$x = R(\cos t + t\sin t), \qquad y = R(\sin t - t\cos t);$$

in der eingetragenen Lage ist t stumpf.

In der Verzahnungstechnik wird die Gleichung in Polarkoordinaten benutzt, aber in Funktion des Parameters α, Bild 134. Es ist $OA = r = R/\cos\alpha$; ferner wird einerseits $PA = R\,\mathrm{tg}\,\alpha$ und andererseits $PA = Rt = R(\alpha + \varphi)$, woraus $\varphi = \mathrm{tg}\,\alpha - \alpha$ folgt, so daß die Gleichungen

$$r = R/\cos\alpha, \qquad \varphi = \mathrm{tg}\,\alpha - \alpha$$

die Kurve darstellen. Hierbei ist die (vertafelte) Funktion $\mathrm{tg}\,\alpha - \alpha = \mathrm{ev}\,\alpha$ als *Evolventenfunktion* eingeführt, s. S. 36.

β) *Konstruktion:* Mache $P_6A_6 =$ Bogen A_0P_6 und teile beide in n gleiche, z. B. 6 Teile. Dann liegt A_i, z. B. A_4, auf der Tangente in P_4, und man hat $P_4A_4 = P_6 4$ zu machen, um Punkt $A_i = A_4$ der Kurve zu erhalten. PA ist zugleich der Krümmungsradius ϱ, s. S. 119.

γ) Eine *allgemeine Kreisevolvente* wird von einem Punkt beschrieben, der nicht auf der rollenden Geraden liegt. Ist er in der Ausgangslage B_0 senkrecht g_0 um p von A_0 entfernt, so wird eine verschlungene oder geschweifte allgemeine Evolvente beschrieben, je nachdem B_0 mit O auf der gleichen Seite der Geraden g_0 liegt oder nicht. Die Gleichungen lauten

$$x = R(\cos t + t \sin t) - p \cos t,$$
$$y = R(\sin t - t \cos t) - p \sin t.$$

Für $p = R$ erhält man die Archimedische Spirale (s. 6 a) $x = R\,t \sin t,\ y = -R\,t \cos t$.
Für $t = 0$ hat der Krümmungsradius den Wert $\varrho = p^2/(R + p)$.

6. Spiralen

a) Die **Archimedische Spirale** entsteht, wenn sich ein Punkt P (Bild 135) mit unveränderlicher Geschwindigkeit auf einem Strahl OA bewegt, der sich seinerseits gleichförmig um einen festen Punkt, den Pol O, dreht. Hat der Punkt auf dem Leitstrahl bei einer einmaligen Umdrehung von $360° = 2\pi$ im Bogenmaß den Weg $OA = r_0$ zurückgelegt, so lautet mit r als Leitstrahl, φ als Polarwinkel, gemessen von OA aus, die *Polargleichung*

$$r = a\varphi = r_0 \varphi/2\pi.$$

Konstruktion: Teile 360° in n gleiche Teile, ebenso die Strecke $OA = r_0$; trage vom Mittelpunkt nach außen die entsprechenden Strecken $r = r_0/n$, $2r_0/n, \ldots$ auf den Strahlen $O\,1$, $O\,2, \ldots$ ab.

Konstruktion der *Tangente* im Punkt P: Trage auf der zum Leitstrahl OP durch O gezogenen Senkrechten die Strecke $ON = a = r_0/2\pi$ ab. PN ist dann Normale; senkrecht dazu durch P geht die Tangente PT (S. 117).

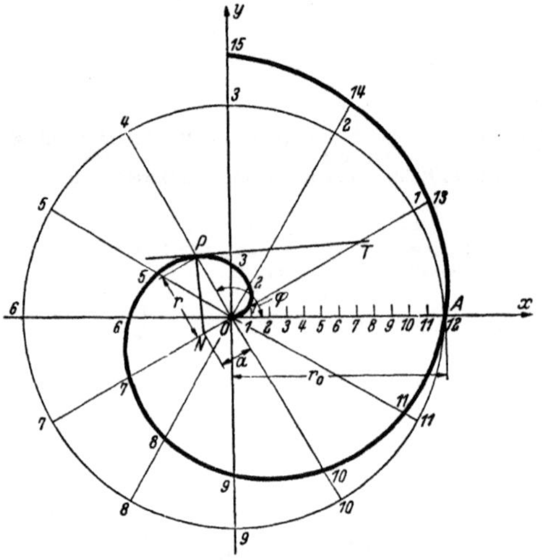

Bild 135. Archimedische Spirale

Die Archimedische Spirale wird u. a. bei Kurvenscheiben verwendet (S. 238).

Flächeninhalt s. S. 82. Im Scheitel ($\varphi = 0$) ist der Krümmungsradius $= a/2$.

b) Logarithmische Spirale. Ist A in Bild 136 ein Punkt der Kurve und $OA = r_0 = a$, dann lautet ihre Gleichung $r = a\,\mathrm{e}^{m\varphi}$ $(m > 0)$; da $\lim\limits_{\varphi \to -\infty} r = 0$ wird, so ist der Pol O ein asymptotischer Punkt, dem sich die Spirale für negative φ immer mehr nähert, ohne ihn zu erreichen.

Konstruktion: Es sei z. B. $m = 0{,}2$; um für den Bogen von 0 bis π acht Punkte zu finden, setze man $\varphi_n = n\pi/8$; dann ergibt sich

$$r_n = a \cdot \mathrm{e}^{0{,}2n\pi/8} = a \cdot 1{,}0816^n = a p^n.$$

Die Werte r dieser Gleichung lassen sich rechnerisch, z. B. nach S. 32 (Tafel für e^x)* oder nach Bild 127a zeichnerisch für $n = 1, 2, 3, \ldots 8$ nacheinander bestimmen. Trägt man nunmehr $r_0 = ap^0$; $r_1 = ap^1$; $r_2 = ap^2 \ldots$ auf den entsprechenden Strahlen $\varphi_0 = 0$; $\varphi_1 = {}^1/_8\,\pi$; $\varphi_2 = {}^2/_8\,\pi \ldots$ ab (Bild 136), so erhält man die Punkte A, *1*, *2*, *3*, B, *5*, *6*, *7*, C der logarithmischen Spirale für den Bogen ABC.

---

* oder mit der log-log-Teilung des Rechenstabes (vgl. Anm. 1, S. 44).

Um weitere Punkte zeichnerisch zu erhalten, ziehe man $DA \perp BA$; $ED \perp DA$; $FE \perp DE$ ... Dazwischenliegende Punkte erhält man, wenn man z. B. *6* mit *2* verbindet ($\overline{06}$ und $\overline{02}$ müssen dabei einen rechten Winkel bilden), auf dieser Geraden in *2* eine Senkrechte errichtet und diese mit der Verlängerung von $\overline{06}$ zum Schnitt bringt. Dieser Schnittpunkt *8* ist ein Kurvenpunkt. Die Senkrechte in *8* auf $\overline{28}$ schneidet die Verlängerung von $\overline{02}$ in einem weiteren Kurvenpunkt usw.

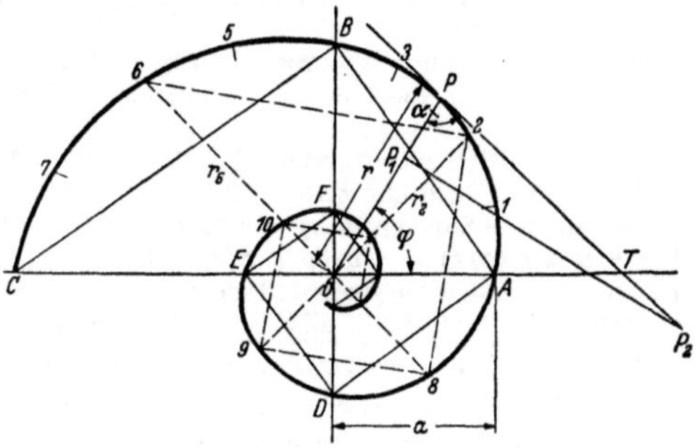

Bild 136. Logarithmische Spirale

Die *Tangente TP* in dem beliebigen Punkt P der Kurve bildet mit dem Leitstrahl OP den Winkel $\alpha = \text{const.}$, wobei $\operatorname{ctg} \alpha = m = PP_1/P_1P_2$; denn es ist $\operatorname{tg} \alpha = r/r' = 1/m$ (S. 117, Bild 84, wo der Winkel OPT mit ψ bezeichnet ist). In dem Beispiel ist daher $\operatorname{ctg} \alpha = 0{,}2$; $\alpha = 78{,}69°$.

Die logarithmische Spirale wird u. a. bei Fräsern[1] und Kurvenscheiben verwendet.

Krümmungsradius s. S. 120, Beispiel 3; Bogenlänge s. S. 88.

7. Sinuslinien

Unter der gewöhnlichen Sinuslinie versteht man die zeichnerische Darstellung der Funktion $y = r \sin \varphi$; φ im Bogenmaß (vgl. Bild 20, S. 65).

a) Die **allgemeine Form** ist $\boldsymbol{y = r \sin(\varphi + \varepsilon)}$. Hierin heißt r die *Amplitude*, ε der *Phasenwinkel* und y der *Momentanwert* der Funktion. Diese ist periodisch mit der Periode 2π.

Häufig hat die Funktion die Gestalt (s. a. S. 266) $y = r \sin(\omega t + \varepsilon)$, worin ω sek^{-1} die *Kreisfrequenz* der Schwingung und t sek die Zeit ist. Die Dauer einer Schwingung, die Periode oder die *Schwingungsdauer*, ist dann $T = 2\pi/\omega$ sek. Die Zahl der Schwingungen in der Zeiteinheit heißt *Frequenz* oder Schwingungs-

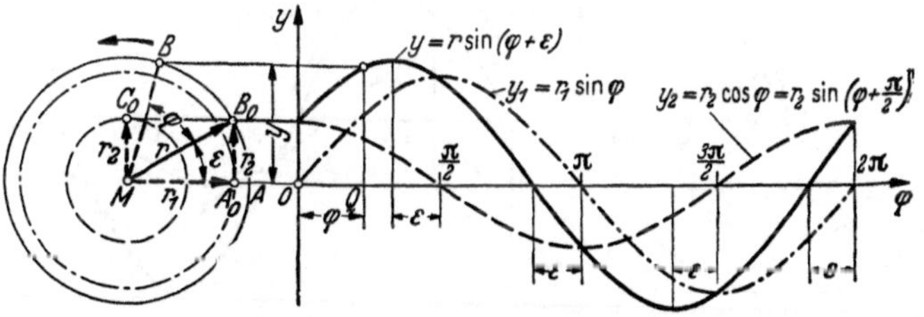

Bild 137. Darstellung von Sinuskurven

zahl und hat den Wert $f = 1/T = \omega/2\pi$ sek^{-1}; die Einheit ist das Hertz, 1 Hz = 1/sek.

Zeichnerisch stellt man die Funktion $y = r \sin(\varphi + \varepsilon)$ folgendermaßen dar (Bild 137): Ziehe um M auf der φ-Achse einen Kreis vom Halbmesser r und trage

[1] Bei nach einer logarithmischen Spirale hinterdrehten Fräsern bleibt beim radialen Nachschleifen das Profil erhalten.

den Winkel $OMB_0 = \varepsilon$ ein. An MB_0 trägt man den Winkel $\varphi = B_0MB$ an und auf der φ-Achse die Strecke $OQ = \varphi$ in bestimmtem Maßstab ab. Die Waagerechte durch B und die Senkrechte durch Q treffen sich in einem Punkt der Kurve. Zweckmäßig teilt man von B_0 aus den Kreis in eine Anzahl von gleichen Teilen ein.

Für $\varphi = \pi - \varepsilon$ und $\varphi = 2\pi - \varepsilon$ wird y gleich null, während für $\varphi = \pi/2 - \varepsilon$ und $\varphi = 3\pi/2 - \varepsilon$ die Kurve eine horizontale Tangente hat; es ist dann $y = r$ bzw. $y = -r$.

Man kann sich auch vorstellen, daß der Strahl MB mit der Winkelgeschwindigkeit ω um M gedreht wird, so daß $\varphi = \omega t$ ist.

Die einfache Sinuskurve $\boldsymbol{y = r \sin \varphi}$ hat den Phasenwinkel null, die Kosinuskurve $\boldsymbol{y = r \cos \varphi} = r \sin(\varphi + \pi/2)$ hat den Phasenwinkel $\pi/2$, d. h. der Endpunkt von r in der Ausgangsstellung liegt auf der Senkrechten durch M zu MO.

Durch *Zerlegung* kann auch geschrieben werden:

$$y = r \sin(\varphi + \varepsilon) = r \sin\varphi \cos\varepsilon + r \cos\varphi \sin\varepsilon = r_1 \sin\varphi + r_2 \cos\varphi = y_1 + y_2$$

(Bild 137). Hierin ist $r_1 = r\cos\varepsilon$, $r_2 = r \sin\varepsilon$, $\operatorname{tg}\varepsilon = r_2/r_1$ und $r^2 = r_1^2 + r_2^2$. Die Schwingung kann also aufgefaßt werden als die Summe zweier um 90° versetzter einfacher Sinusschwingungen.

b) Die Funktion $\boldsymbol{y = r \sin n\varphi} = r \sin n\omega t$ stellt eine Sinuskurve dar, die n-mal so schnell schwingt wie die Grundschwingung $y = r\sin\varphi = r \sin\omega t$. Ihre Schwingungsdauer ist der n-te Teil der Grundschwingungsdauer (s. z. B. S. 163).

c) Addition und Subtraktion von Sinuskurven gleicher Frequenz. Gegeben sind die Funktionen

$$y_1 = r_1 \sin\varphi = r_1 \sin\omega t \quad \text{und} \quad y_2 = r_2 \sin(\varphi + \varepsilon_2) = r_2 \sin(\omega t + \varepsilon_2),$$

gesucht ist die Darstellung der Funktion

$$y = y_1 + y_2 = r_1 \sin\varphi + r_2 \sin(\varphi + \varepsilon_2).$$

Diese läßt sich wieder als Schwingung

$$y = r \sin(\varphi + \varepsilon)$$

darstellen mit r als resultierender Amplitude und ε als Phasenwinkel:

Trage von M aus (Bild 138) waagerecht die Strecke $MA_0 = r_1$ auf, daran unter dem Winkel ε_2 gegen die φ-Achse die Strecke $A_0B_0 = r_2$. Dann ist $MB_0 = r$,

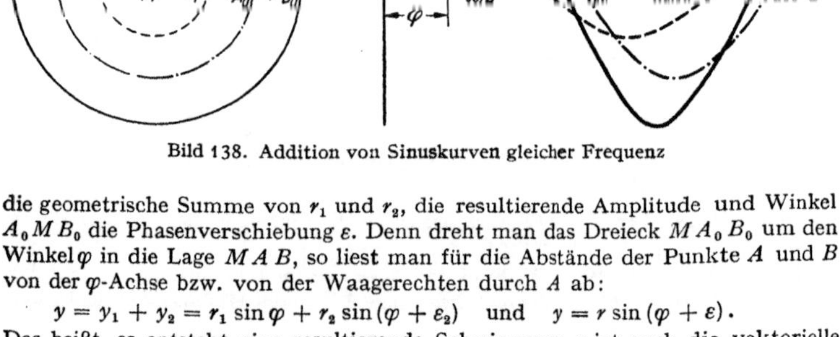

Bild 138. Addition von Sinuskurven gleicher Frequenz

die geometrische Summe von r_1 und r_2, die resultierende Amplitude und Winkel A_0MB_0 die Phasenverschiebung ε. Denn dreht man das Dreieck MA_0B_0 um den Winkel φ in die Lage MAB, so liest man für die Abstände der Punkte A und B von der φ-Achse bzw. von der Waagerechten durch A ab:

$$y = y_1 + y_2 = r_1 \sin\varphi + r_2 \sin(\varphi + \varepsilon_2) \quad \text{und} \quad y = r \sin(\varphi + \varepsilon).$$

Das heißt, es entsteht eine resultierende Schwingung; r ist auch die vektorielle Summe (s. S. 151) der Radienvektoren r_1 und r_2.

Von B_0 aus kann die Sinuskurve y nach a) gezeichnet werden. Für $\varepsilon_2 = \pi/2$ vgl. Bild 137.

Rechnerisch folgt aus Dreieck MA_0B_0, Bild 138, für r und ε:

$$r^2 = r_1^2 + r_2^2 + 2\,r_1 r_2 \cos\varepsilon_2 \quad \text{und} \quad \operatorname{tg}\varepsilon = \frac{\overline{B_0 B_0'}}{\overline{MB_0'}} = \frac{r_2 \sin\varepsilon_2}{r_1 + r_2\cos\varepsilon_2}.$$

Bei **Subtraktion,** d. h. für $y = y_1 - y_2 = r_1 \sin\varphi - r_2 \sin(\varphi + \varepsilon_2)$ folgen für die resultierende Schwingung $y = r\sin(\varphi + \varepsilon)$ die Werte r und ε in ähnlicher Weise, nur ist r_2 in entgegengesetzter Richtung (Bild 139) aufzutragen; d. h. r ist jetzt die geometrische Differenz. Rechnerisch folgen die Werte r und ε aus den obigen Formeln, wenn dort r_2 durch $-r_2$ ersetzt wird.

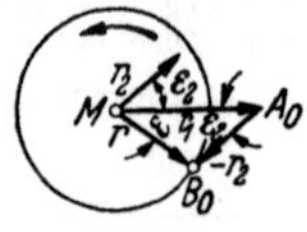

Bild 139

Ist *keine* Phasenverschiebung vorhanden, d. h. $\varepsilon_2 = 0$, so ist r die arithmetische Summe oder Differenz von r_1 und r_2, und ε ist gleich null.

d) Die Addition und Subtraktion von Schwingungen verschiedener Frequenz kann nur durch Addition bzw. Subtraktion einzelner Ordinaten ausgeführt werden. Ist

$$y = y_1 + y_2 + \cdots = r_1 \sin m_1\varphi + r_2 \sin m_2 \varphi + \cdots,$$

so erhält man nur dann wieder eine periodische Funktion oder Kurve, wenn die Zahlen m_1, $m_2, \ldots$ in rationalen Verhältnissen zueinander stehen. Ein Beispiel für die Addition zeigt unter dieser Voraussetzung die Synthese bei der Fourieranalyse, Bild 165, S. 164.

e) Multiplikation von Sinusfunktionen. Gegeben sind

$$y_1 = r_1 \sin\varphi \quad \text{und} \quad y_2 = r_2 \sin(\varphi + \varepsilon),$$

gesucht ist die Funktion

$$y = y_1 y_2 = r_1 r_2 \sin\varphi \sin(\varphi + \varepsilon).$$

Nach Formel c, γ), S. 66 erhält man mit $\alpha = \varphi$ und $\beta = \varphi + \varepsilon$:

$$y = -\tfrac{1}{2} r_1 r_2 \,[\cos(2\varphi + \varepsilon) - \cos\varepsilon]$$

oder mit $r = \frac{1}{2} r_1 r_2$:

$$y = r\cos\varepsilon - r\cos(2\varphi + \varepsilon).$$

Die gesuchte Funktion setzt sich also zusammen (Bild 140) aus der Parallelen $z_1 = r\cos\varepsilon$ zur φ-Achse und der Schwingung $z_2 = -r\cos(2\varphi + \varepsilon)$, welche die

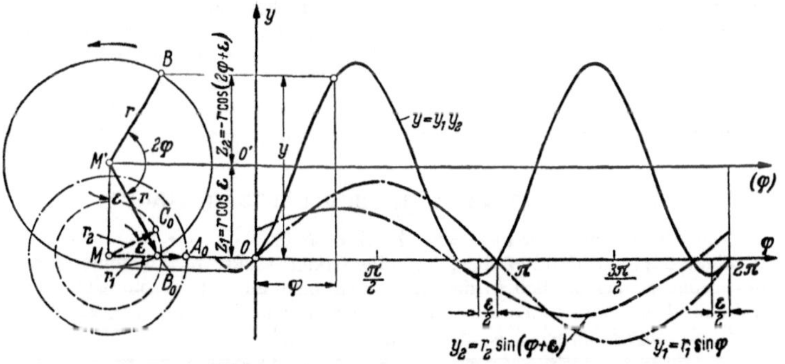

Bild 140. Multiplikation von Sinuskurven

doppelte Frequenz der gegebenen Schwingungen hat. Ihre Achse läuft im Abstand z_1 parallel zur φ-Achse.

Zur *Konstruktion* (Bild 140) der Schwingung $y = y_1 y_2$ trage $MM' = z_1$ senkrecht zu MO auf und ziehe um M' einen Kreis mit dem Halbmesser $r = M'B_0$ (in beliebigem Maßstab), der die Waagerechte in B_0 trifft. Es ist dann Winkel $MM'B_0 = \varepsilon$. Die weitere Konstruktion geht von B_0 aus wie unter a, nur ist $M'O'$ die Achse, und die Periode ist nicht 2π, sondern π.

z_1 ist die mittlere Höhe (S. 80) der Kurve: Das Rechteck $2\pi z_1$ stellt den Flächeninhalt unter der Kurve y in den Grenzen 0 und 2π dar.

Beispiel: Leistung eines Wechselstroms. Befolgen bei gemischt Ohmscher-induktiver Belastung Spannung $\overline{U}$ und Strom $\overline{I}$ das Gesetz $\overline{U} = U_0 \sin \omega t$ und $\overline{I} = I_0 \sin(\omega t - \varepsilon)$, so ist der Momentanwert der Leistung $N = \overline{U}\,\overline{I} = U_0 I_0 \sin \omega t \sin(\omega t - \varepsilon)$. Hierfür kann nach vorstehendem mit $\omega t = \varphi$ und $U_0 = r_1$, $I_0 = r_2$ geschrieben werden

$$N = \tfrac{1}{2} U_0 I_0 \cos \varepsilon - \tfrac{1}{2} U_0 I_0 \cos(2\omega t - \varepsilon).$$

Mit den Effektivwerten $U_{\text{eff}} = U_0/\sqrt{2}$ und $I_{\text{eff}} = I_0/\sqrt{2}$ ist auch

$$N = U_{\text{eff}} I_{\text{eff}} \cos \varepsilon - U_{\text{eff}} I_{\text{eff}} \cos(2\omega t - \varepsilon).$$

Die Kurve für N kann nach Bild 140 mit $r = U_{\text{eff}} I_{\text{eff}}$ gezeichnet werden.

Die während einer Periode $T = 2\pi/\omega$ geleistete Arbeit ist dann gleich der mittleren Leistung $z_1 = r \cos \varepsilon$ mal der Periode T, d. h. gleich $T r \cos \varepsilon = 2\pi/\omega \cdot U_{\text{eff}} I_{\text{eff}} \cos \varepsilon$; sie wird gleich null, wenn $\varepsilon = \pi/2$.

f) Die **Kurve der gedämpften Schwingung** (Bild 141) hat die Gleichung

$$y = c\,e^{-bx} \sin(\delta x + \varepsilon) \quad \text{(vgl. S. 107).}$$

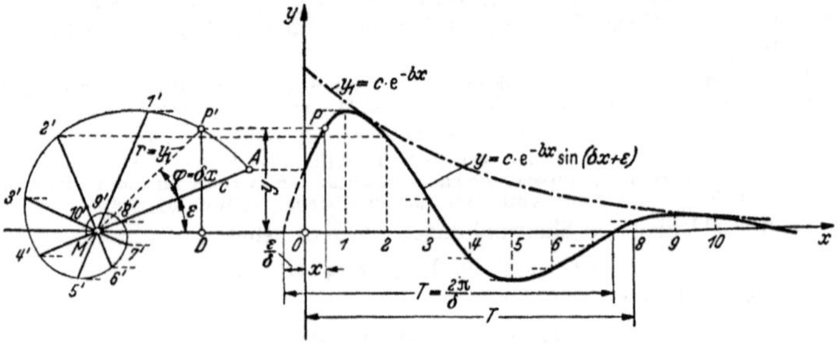

Bild 141. Gedämpfte Schwingung

Ihr Verlauf ist periodisch mit der Periode $T = 2\pi/\delta$, doch nehmen ihre Höchstwerte wie $y_1 = c\,e^{-bx}$ ab. Setzt man $\delta x = \varphi$, so wird $y = c\,e^{-b\varphi/\delta} \sin(\varphi + \varepsilon)$. Daraus folgt die *Konstruktion:* Ziehe durch den Punkt M der x-Achse einen Strahl $MA = c$ unter dem Winkel ε und ermittle rechnerisch oder zeichnerisch wie in Bild 136 in bezug auf M als Pol und MO als Polarachse die logarithmische Spirale $c\,e^{-b\varphi/\delta} = c\,e^{-bx}$ mit den Punkten $A\,1'\,2'\,3' \ldots 8'$ für einen Umlauf. Teile auf der x-Achse die Periode $T = 2\pi/\delta$ in die gleiche Anzahl Teile $0\,1\,2\,3 \ldots 8$. Entsprechende Parallele durch $1'\,2' \ldots$ zur x-Achse und durch $1\,2\,3 \ldots$ zur y-Achse schneiden sich in den gesuchten Kurvenpunkten. Denn die Abstände $P'D$ der Punkte P' von der x-Achse sind gleich $r \sin(\varphi + \varepsilon) = c\,e^{-bx} \sin(\delta x + \varepsilon)$.

C. Punkt, gerade Linie und Ebene im Raum

a) Zur Bestimmung der **Lage eines Punktes** P im Raum dient ein räumliches Koordinatensystem (Bild 142): Drei aufeinander senkrecht stehende Koordinatenebenen schneiden sich in den Koordinatenachsen x, y, z vom Ursprung O. Der Punkt P ist dann durch seine Abstände bzw. von der z, y-, z, x-, x, y-Ebene, d. h. durch seine räumlichen Koordinaten

$$PP_1 = AO = x, \quad PP_2 = BO = y, \quad PP_3 = CO = z$$

bestimmt.

Die Lage von P kann auch durch die zylindrischen Polarkoordinaten $AOP_3 = \varphi$, $OP_3 = \varrho$ und $P_3P = z$ angegeben werden, wobei φ und ϱ durch $x = \varrho \cos \varphi$ und $y = \varrho \sin \varphi$ verbunden sind.

Die Strecken $OP_1 = r_1$, $OP_2 = r_2$, $OP_3 = r_3$ sind die Projektionen von r auf die drei *Koordinatenebenen;* die Koordinaten x, y, z selbst sind die Projektionen von r auf die *Koordinatenachsen.* Es ist $r_3^2 = x^2 + y^2$, folglich

$$r^2 = r_3^2 + z^2 = x^2 + y^2 + z^2.$$

b) Sind α, β, γ die **Winkel,** die $OP = r$ mit den Achsen bildet, so wird nach Bild 142

$$x = r\cos\alpha; \qquad y = r\cos\beta; \qquad z = r\cos\gamma$$

und damit

$$r^2 = x^2 + y^2 + z^2 = r^2(\cos^2\alpha + \cos^2\beta + \cos^2\gamma),$$

$$1 = \cos^2\alpha + \cos^2\beta + \cos^2\gamma.$$

Kraft dieser Beziehung ist ein Winkel durch die beiden andern bestimmt; es genügt also zur Festlegung eines Punktes im Raum die Angabe der Entfernung $OP = r$ und zweier Achsenwinkel.

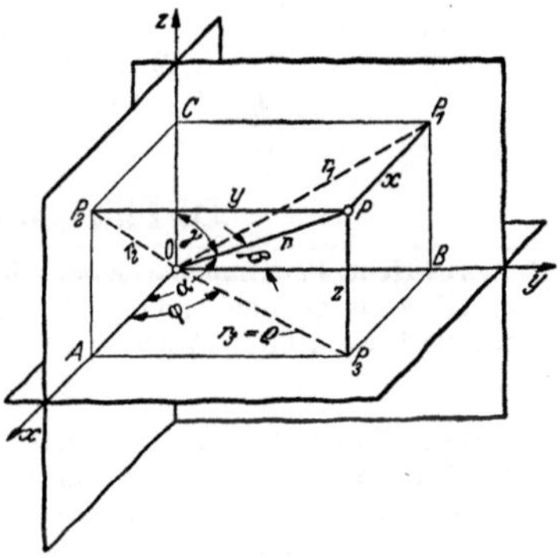

Bild 142. Räumliches Koordinatensystem

c) Sind x_1, y_1, z_1 die Koordinaten eines Punktes P_1; x_2, y_2, z_2 die eines Punktes P_2, so ist die **Länge der Strecke** P_1P_2 gegeben durch

$$l = \sqrt{(x_2 - x_1)^2 + (y_2 - y_1)^2 + (z_2 - z_1)^2}.$$

d) Geht eine gerade Linie durch den Punkt $P_1(x_1, y_1, z_1)$ und bildet sie mit den Achsen die Winkel α, β, γ, so lautet die **Gleichung der Geraden**

$$(x - x_1)/\cos\alpha = (y - y_1)/\cos\beta;$$
$$(x - x_1)/\cos\alpha = (z - z_1)/\cos\gamma,$$

oder mit

$$\cos\beta/\cos\alpha = m_1; \quad \cos\gamma/\cos\alpha = m_2; \quad y_1 - m_1x_1 = b_1; \quad z_1 - m_2x_1 = b_2$$

auch

$$y = m_1x + b_1, \qquad z = m_2x + b_2,$$

wobei aus

$$\cos^2\alpha = \frac{1}{1 + m_1^2 + m_2^2}, \quad \cos^2\beta = \frac{m_1^2}{1 + m_1^2 + m_2^2}, \quad \cos^2\gamma = \frac{m_2^2}{1 + m_1^2 + m_2^2}$$

die Winkel, welche die Gerade mit den Achsen bildet, bestimmt werden können.

e) Sind $P_1(x_1, y_1, z_1)$ und $P_2(x_2, y_2, z_2)$ zwei Punkte der Geraden, so sind ihre Gleichungen

$$\frac{x - x_1}{x_2 - x_1} = \frac{y - y_1}{y_2 - y_1}; \qquad \frac{x - x_1}{x_2 - x_1} = \frac{z - z_1}{z_2 - z_1}.$$

f) Die allgemeine **Gleichung der Ebene** lautet

$$Ax + By + Cz + D = 0$$

und die Abschnittsgleichung $x/a + y/b + z/c = 1$, worin (Bild 143) $OA = a$, $OB = b$, $OC = c$ die Abschnitte der Ebene auf den Achsen sind.

g) Ist $OP_0 = l$ die Länge des Lotes vom Ursprung O auf die Ebene, Bild 143, sind α, β, γ die Winkel des Lotes mit den Achsen, so wird die **Hessesche Form** der Gleichung der Ebene

$$x\cos\alpha + y\cos\beta + z\cos\gamma - l = 0.$$

Man erhält diese aus der allgemeinen Form durch Division mit

$$Q = \pm\sqrt{A^2 + B^2 + C^2}.$$

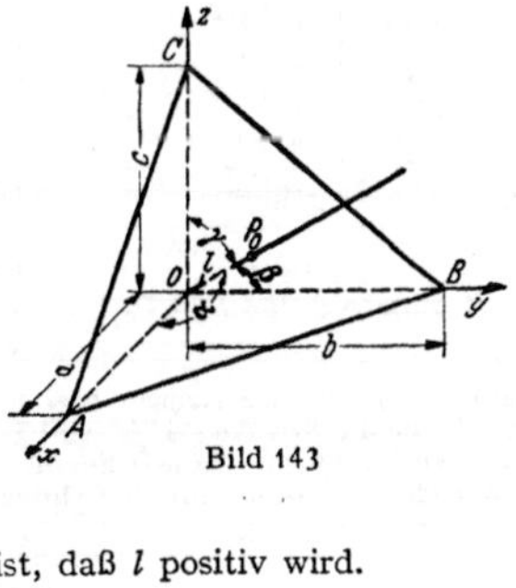

Bild 143

Dann ergeben sich α, β, γ und l aus den Gleichungen

$$\cos\alpha = A/Q, \qquad \cos\beta = B/Q,$$
$$\cos\gamma = C/Q, \qquad l = -D/Q,$$

wobei das Vorzeichen der Wurzel so zu wählen ist, daß l positiv wird.

h) Man findet den **Abstand eines Punktes** $P_1(x_1, y_1, z_1)$ von einer Ebene, indem man die *Hesse*sche Normalform der Ebene mit -1 multipliziert und für x, y und z die Koordinaten des betrachteten Punktes einsetzt.

i) Sonderfälle:

$By + Cz + D = 0$	Gleichung einer Ebene parallel zur x-Achse,
$Ax + Cz + D = 0$	„ „ „ „ „ y-Achse,
$Ax + By + D = 0$	„ „ „ „ „ z-Achse,
$Ax + By + Cz = 0$	„ „ „ durch den Koordinatenanfangspunkt.
$x = a$	Gleichung einer Ebene parallel zur y, z-Ebene,
$y = b$	„ „ „ „ „ x, z-Ebene,
$z = c$	„ „ „ „ „ x, y-Ebene.

D. Flächen und Raumkurven

a) Fläche. Faßt man bei einer Gleichung zwischen den drei Veränderlichen x, y, z x und y als die unabhängigen Veränderlichen auf, so werden jedem Wertepaar x, y ein bzw. mehrere Werte von z entsprechen, die sich aus einer Gleichung

$$z = \mathrm{F}(x, y)$$

ergeben. Durch bestimmte Werte der unabhängigen Veränderlichen x, y ist im räumlichen Achsenkreuz ein Punkt der x, y-Ebene festgelegt, dem durch $z = \mathrm{F}(x, y)$ ein bzw. mehrere Werte z zugeordnet sind. Durch stetige Änderung von x und y erhält man als geometrischen Ort der Endpunkte der zugehörigen z eine *Fläche*, deren Gleichung durch $z = \mathrm{F}(x, y)$ gegeben ist.

b) Hängen die räumlichen Koordinaten x, y, z von einem gemeinsamen Parameter t derart ab, daß $x = \mathrm{x}(t)$, $y = \mathrm{y}(t)$, $z = \mathrm{z}(t)$, so stellt die Folge der hierdurch bestimmten Punkte eine **Raumkurve** dar, die im allgemeinen nicht eben ist.

Eine solche Kurve kann auch aufgefaßt werden als die Schnittkurve der beiden Flächen

$$z = \mathrm{F}_1(x, y) \quad \text{und} \quad z = \mathrm{F}_2(x, y);$$

die beiden Gleichungen stellen zusammen die Gleichungen der Raumkurve dar. Beseitigt man je eine der Veränderlichen z bzw. y, so erhält man

$$x = \mathrm{f}_1(y) \quad \text{und} \quad z = \mathrm{f}_2(y)$$

als Projektionen der Schnitt- oder der Raumkurve auf die x, y- bzw. y, z-Ebene.

Projiziert man sämtliche Punkte der Raumkurve auf die x, y- und y, z-Ebene, so bilden die Lote *Zylinder*flächen (Bild 144) mit den Gleichungen $x = \mathrm{f}_1(y)$ und $z = \mathrm{f}_2(y)$. Die Raumkurve kann als Schnitt dieser Zylinder aufgefaßt werden.

Der Schnitt einer Ebene mit einer Fläche liefert eine ebene Kurve.

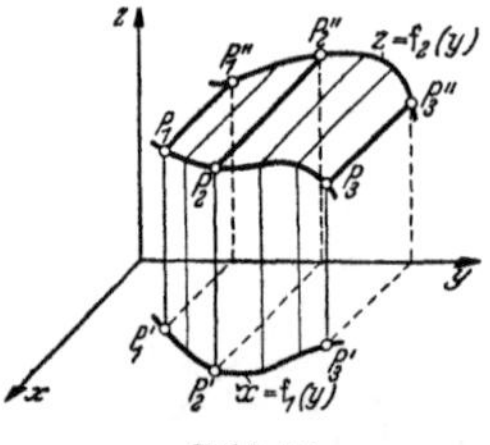

Bild 144
Raumkurve $P_1 \cdot\cdot P_2 \cdot\cdot P_3$

Beispiele: 1. Da sämtliche Punkte der **Kugeloberfläche** gleichen Abstand vom Mittelpunkt haben, so ist die *Mittelpunktgleichung der Kugel*

$$x^2 + y^2 + z^2 = r^2;$$

hat der Mittelpunkt die Koordinaten x_0, y_0, z_0, so ist die Gleichung der Kugel:

$$(x - x_0)^2 + (y - y_0)^2 + (z - z_0)^2 = r^2.$$

Oberfläche und Inhalt der Kugel s. S. 88 u. S. 189.

2. Sind über den Abschnitten

$$OA = a, \qquad OB = b, \qquad CC = c$$

(Bild 145) auf den Achsen drei Ellipsen errichtet, so schneidet eine Ebene parallel zur xz-Ebene die Strecken $A'B'$ und $B'C'$ ab, und über diesen Strecken als Halbachsen lassen sich wieder Ellipsen konstruieren. Die so entstandene Fläche heißt **Ellipsoid** und hat die Halbachsen a, b, c. Ihre Gleichung lautet

$$\frac{x^2}{a^2} + \frac{y^2}{b^2} + \frac{z^2}{c^2} = 1.$$

Werden zwei dieser Halbachsen einander gleich, z. B. $b = c$, so erhält man das **Rotationsellipsoid** mit der x-Achse als Umdrehungsachse und der Gleichung

$$\frac{x^2}{a^2} + \frac{y^2}{b^2} + \frac{z^2}{b^2} = 1.$$

Inhalt s. S. 190.

3. Wird die Hyperbel

$$\frac{x^2}{a^2} - \frac{y^2}{b^2} = 1$$

(Bild 55, S. 89 u. Bild 108, S. 128) um die y-Achse gedreht, so entsteht ein *einschaliges* **Rotationshyperboloid** mit der Gleichung

$$\frac{x^2}{a^2} - \frac{y^2}{b^2} + \frac{z^2}{a^2} = 1.$$

Rauminhalt S. 89.

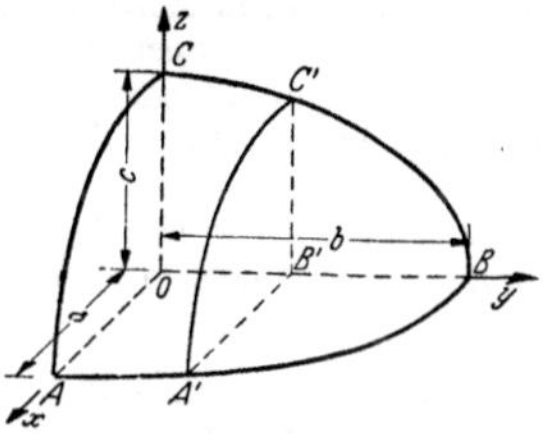

Bild 145. Ellipsoid

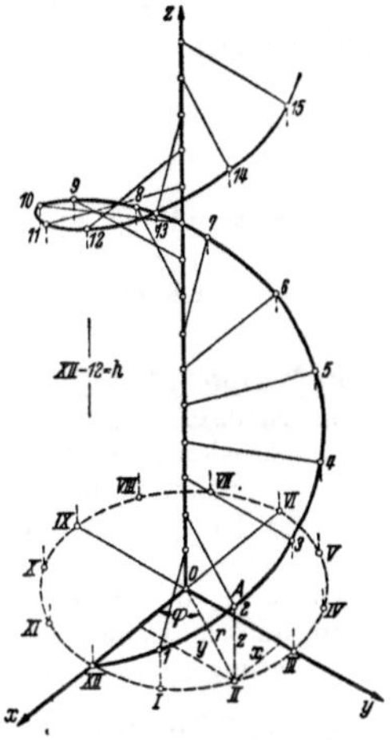

Bild 146. Schraubenlinie und gerade Regelschraubenfläche

Wird die gleiche Hyperbel um die x-Achse gedreht, so entsteht ein *zweischaliges Rotationshyperboloid* mit der Gleichung

$$\frac{x^2}{a^2} - \frac{y^2}{b^2} - \frac{z^2}{b^2} = 1.$$

4. Wird die Parabel $y^2 = 2px$ (Bild 94, S. 122) um die x-Achse gedreht, so entsteht ein **Rotationsparaboloid** mit der Gleichung

$$\frac{y^2}{p} + \frac{z^2}{p} = 2x.$$

Inhalt s. S. 89 und 190, Oberfläche S. 88.

5. Die **Schraubenlinie** beschreibt ein Punkt, der gleichzeitig um eine Achse OZ umläuft und eine dem Drehwinkel φ proportionale Verschiebung parallel zur Achse erfährt (Bild 146). Ist r sein Abstand von der Achse und h die Ganghöhe, d. h. entspricht einer vollen Umdrehung von $\varphi = 2\pi$ eine Verschiebung h, so lauten mit $a = h/2\pi$ die *Gleichungen* der Schraubenlinie

$$x = r\cos\varphi, \qquad y = r\sin\varphi, \qquad z = \varphi a \quad \text{oder} \quad x = r\cos\frac{z}{a}, \qquad y = r\sin\frac{z}{a}.$$

Die auf dem Mantel des Zylinders vom Radius r gelegene Schraubenlinie ergibt bei der Abwicklung eine Gerade von der Steigung $\operatorname{tg}\alpha = h/2r\pi = a/r$.

Die Projektion der Schraubenlinie auf die x, z- bzw. y, z-Ebene ist eine cos- bzw. sin-Kurve mit der Periode h (S. 143) und wird konstruiert, indem man den Kreis vom Radius r und die Ganghöhe h in die gleiche Anzahl Teile teilt und entsprechende waagerechte und senkrechte Strahlen zum Schnitt bringt.

Die gerade Regel-**Schraubenfläche** entsteht durch Schraubung der Geraden $O\,1$ (Bild 146), d. h. sie wird gebildet durch die Lote von den Punkten P der Schraubenlinie auf die z-Achse. Ihre *Gleichung* lautet nach Beseitigen von r aus den Gleichungen für die Schraubenlinie

$$z = a\operatorname{arc\,tg}\frac{y}{x} \quad \text{oder} \quad y = x\operatorname{tg}\frac{z}{a}, \quad \text{wo} \quad a = h/2\pi.$$

VI. Einführung in die Rechnung mit Vektoren

Literatur: 1. *Teichmann, H.:* Vektoralgebra und ihre Anwendungen. Frankfurt/M.: M. Diesterweg 1938. — 2. *Lohr, E.:* Vektor- und Dyadenrechnung für Physiker u. Techniker. 2. Aufl. Berlin: W. de Gruyter 1950. — 3. *Lagally, M.:* Vorlesungen über Vektorrechnung. 5. Aufl. Leipzig: Akad. Verlagsges. 1956. — 4. *Doerrie, H.:* Vektoren. 2. Aufl. München: Leibniz 1950. — 5. *Ollendorff, F.:* Die Welt der Vektoren. Wien: Springer 1950.

a) Skalare. In der Mathematik und Physik sowie in ihren Anwendungsgebieten begegnet man Begriffen wie Arbeit, Leistung, Temperatur, Wärmemenge, Zeit u. a. m., welche durch einen einzigen Zahlenwert als Maß ihrer Größe bestimmt sind. So ist z. B. die Temperatur eines Körpers durch t °C, die Leistung einer Maschine durch N PS angegeben. Solche Größen heißen *Skalare*, da sie (wie z. B. die Temperatur im Thermometer) durch eine Skala dargestellt werden, d. h. den Punkten einer Zahlengeraden (Bild 147) zugeordnet werden können.

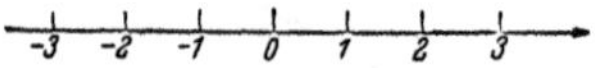

Bild 147

Bild 148

b) Vektoren. Demgegenüber gibt es physikalische und geometrische Begriffe, die neben ihrer Größe noch der Angabe ihrer Richtung bedürfen, wie z. B. Kraft, Geschwindigkeit, Beschleunigung, Moment u. a. m. Solche Begriffe heißen Vektoren: Eine Strecke im Raum von bestimmter Länge, Richtung und Richtungssinn, und jeder Begriff, der sich in dieser Weise *eindeutig* darstellen läßt, heißt *Vektor.*

Um z. B. die Verschiebung des Punktes P (Bild 148) in den Punkt Q anzugeben, muß außer der Entfernung der Punkte P und Q noch die Richtung und der Richtungssinn angegeben werden.

c) Bezeichnungen. Man schreibt einen Vektor mit **deutschen** Buchstaben (Fraktur), z. B. $\mathfrak{a}$, $\mathfrak{A}$, $\mathfrak{v}$, $\mathfrak{B}$, in Sonderfällen mit Überstreichung wie z. B. $\overline{\omega}$, und gibt bei der Darstellung seinen Richtungssinn durch einen Pfeil an.

Soll der Vektor durch seinen Anfangspunkt P und seinen Endpunkt Q (Bild 148) dargestellt werden, so schreibt man $\mathfrak{v} = \overrightarrow{PQ}$ *.

Der absolute **Betrag** eines Vektors, d. h. die positive Maßzahl für seine Länge, wird mit $|\mathfrak{v}| = v$ bezeichnet. Ein Vektor von der Länge null, bei dem also Anfangs- und Endpunkt zusammenfallen, heißt **Nullvektor** und wird mit 0 bezeichnet. Ein Vektor, dessen Betrag gleich eins ist, heißt **Einheitsvektor** und wird mit $\mathfrak{v}^0$ (sprich: $\mathfrak{v}$ hoch null) bezeichnet, so daß ein beliebiger Vektor geschrieben werden kann

$$\mathfrak{v} = |\mathfrak{v}|\, \mathfrak{v}^0 = v\, \mathfrak{v}^0.$$

d) Zwei Vektoren $\mathfrak{a}$ und $\mathfrak{b}$ sind gleich, d. h. es ist $\mathfrak{a} = \mathfrak{b}$, wenn beide den gleichen Betrag, die gleiche Richtung und den gleichen Richtungssinn haben, also durch Parallelverschiebung gleichsinnig zur Deckung gebracht werden können. Ein Vektor kann beliebig parallel zu sich selbst verschoben werden [Ausnahmen s. e)].

In den Anwendungen kann oft ein Vektor beliebig verschoben werden, jedoch kommt ihm eine physikalische Bedeutung erst in einem bestimmten Punkt zu. So kann auf einer krummlinigen Bahn die Geschwindigkeit in einem Kurvenpunkt durch den Vektor $\mathfrak{v}$ [s. i)] vom Betrag und von der Richtung der Geschwindigkeit dargestellt werden, den Geschwindigkeitsvektor, dem also physikalische Bedeutung erst im Kurvenpunkt zukommt.

e) In der Mechanik gibt es aber Größen, die nur in ihrer Richtung verschoben werden dürfen. Solche Vektoren heißen **gebundene** (axiale) Vektoren (wie Kräfte, Winkelgeschwindigkeiten) im Gegensatz zu den **freien** (planaren) Vektoren. Greifen z. B. an einem Körper mehrere Kräfte in einem Punkt an, so können sie als freie Vektoren behandelt werden. Greifen sie aber nicht in einem Punkt an, so dürfen sie beim starren Körper (s. Mechanik) nur in ihrer Wirkungslinie, nicht aber parallel verschoben werden, sind also dann gebundene Vektoren.

f) Multiplikation eines Vektors mit einem Skalar. Unter dem Vektor $\mathfrak{w} = \lambda \mathfrak{v} = \mathfrak{v} \lambda$ soll ein Vektor verstanden werden, der dem Vektor $\mathfrak{v}$ parallel ist

* Nach den Vorschlägen des AEF.

und dessen Betrag λ-mal so groß ist wie der von $\mathfrak{v}$, d. h. $|\mathfrak{w}| = |\lambda| |\mathfrak{v}| = |\lambda| \cdot v$. Ist $\lambda > 0$, so hat $\mathfrak{w}$ die gleiche, ist $\lambda < 0$, so hat $\mathfrak{w}$ die entgegengesetzte Richtung wie $\mathfrak{v}$ (Bild 149).

g) Addition und Subtraktion von Vektoren. Trägt man (Bild 150) an den Vektor $\mathfrak{a}$ durch Parallelverschiebung den Vektor $\mathfrak{b}$ an, so entsteht der Vektor $\mathfrak{a} + \mathfrak{b}$. Den Vektor $\mathfrak{a} - \mathfrak{b}$ erhält man, indem man zu dem Vektor $\mathfrak{a}$ den Vektor $-\mathfrak{b}$ addiert. Es ist also

$$\mathfrak{a} - \mathfrak{b} = \mathfrak{a} + (-\mathfrak{b}).$$

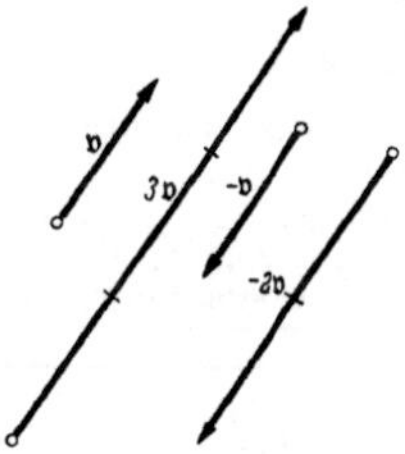

Bild 149

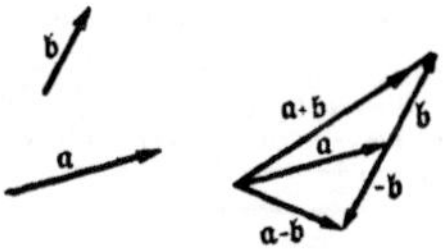

Bild 150

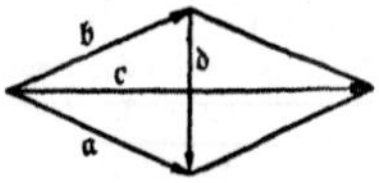

Bild 151

Summe und Differenz von Vektoren

In dem durch $\mathfrak{a}$ und $\mathfrak{b}$ bestimmten Parallelogramm sind $\mathfrak{c} = \mathfrak{a} + \mathfrak{b}$ und $\mathfrak{d} = \mathfrak{a} - \mathfrak{b}$ die entsprechend Bild 151 gerichteten Diagonalen.

Übereinstimmend mit den Regeln der Algebra gelten folgende Gesetze, die sich leicht geometrisch nachweisen lassen:

$$\mathfrak{a} + \mathfrak{b} = \mathfrak{b} + \mathfrak{a} \quad \text{(Vertauschbarkeitsgesetz der Addition),}$$
$$\mathfrak{a} + (\mathfrak{b} + \mathfrak{c}) = (\mathfrak{a} + \mathfrak{b}) + \mathfrak{c} \quad \text{(Verbindungsgesetz),}$$
$$m(\mathfrak{a} + \mathfrak{b}) = m\mathfrak{a} + m\mathfrak{b} \quad \text{(Verteilungsgesetz),}$$
$$\mathfrak{a} - \mathfrak{a} = 0.$$

h) Komponenten eines Vektors. Sind $\mathfrak{i}$, $\mathfrak{j}$, $\mathfrak{k}$ die Einheitsvektoren in den Koordinatenrichtungen eines Rechtssystems, Bild 152, so kann ein Vektor $\mathfrak{r} = \overrightarrow{OP}$ mit den Komponenten x, y, z geschrieben werden (s. a. Bild 142, S. 147)

$$\mathfrak{r} = \mathfrak{i}x + \mathfrak{j}y + \mathfrak{k}z,$$

dessen Betrag $|\mathfrak{r}| = r = +\sqrt{x^2 + y^2 + z^2}$ ist und für den x/r, y/r, z/r die cosinus der Neigungswinkel bedeuten (S. 147).

i) Differentiation eines Vektors. Ist O ein fester Punkt, so kann die krummlinige Bahn eines Körpers dargestellt werden durch die zeitlich veränderlichen

Bild 152
Einheitsvektoren

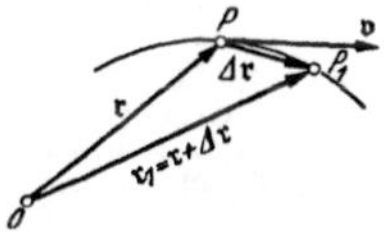

Bild 153
Vektordifferentiation

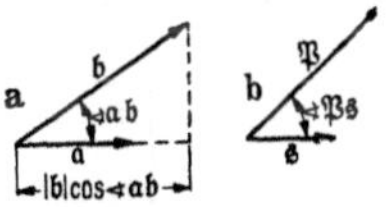

Bild 154. Inneres Produkt

Radienvektoren $\overrightarrow{OP} = \mathfrak{r} = \mathfrak{r}(t)$ (Bild 153). Nach Δt Sekunden ist P nach P_1 gewandert, und der entsprechende Vektor ist $\overrightarrow{OP_1} = \mathfrak{r}_1 = \mathfrak{r}(t + \Delta t)$. Dann ist $\overrightarrow{PP_1}$ der in Δt Sekunden zurückgelegte Weg $\Delta\mathfrak{r} = \mathfrak{r}_1 - \mathfrak{r} = \mathfrak{r}(t + \Delta t) - \mathfrak{r}(t)$, und es wird demnach die mittlere Geschwindigkeit gleich $\Delta\mathfrak{r}/\Delta t$.

Der Grenzwert dieses Ausdruckes für $\Delta t \to 0$ (S. 72) oder für $P \to P_1$ ist der Geschwindigkeitsvektor

$$\mathfrak{v} = \lim_{\Delta t \to 0} \frac{\mathfrak{r}(t + \Delta t) - \mathfrak{r}(t)}{\Delta t} = \frac{d\mathfrak{r}}{dt}.$$

Er hat die Richtung der Tangente in P. Ähnlich ist

$$\mathfrak{b} = \mathrm{d}\mathfrak{v}/\mathrm{d}t$$

der Beschleunigungsvektor im Punkt P (s. Dynamik S. 228).

k) Eine wichtige Rolle spielen die *Produkte* der Vektoren. Das **innere (skalare) Produkt** der Vektoren $\mathfrak{a}$ und $\mathfrak{b}$ (Bild 154a) ist der *Skalar*

$$\mathfrak{a} \cdot \mathfrak{b} = |\mathfrak{a}| \cdot |\mathfrak{b}| \cdot \cos \sphericalangle \mathfrak{a}\mathfrak{b} = ab \cos \sphericalangle \mathfrak{a}\mathfrak{b},$$

also das Produkt aus dem Betrag des einen Vektors und der Projektion des anderen auf ihn. Daher ist $\mathfrak{a} \cdot \mathfrak{b} = \mathfrak{b} \cdot \mathfrak{a}$ und $\mathfrak{a} \cdot \mathfrak{b} = 0$, wenn $\mathfrak{a} \perp \mathfrak{b}$.

Haben $\mathfrak{a}$, $\mathfrak{b}$ die Komponenten a_1, a_2, a_3 bzw. b_1, b_2, b_3, so gilt, da $\mathfrak{i} \cdot \mathfrak{i} = \mathfrak{j} \cdot \mathfrak{j} = \mathfrak{k} \cdot \mathfrak{k} = 1$ und $\mathfrak{i} \cdot \mathfrak{j} = \mathfrak{j} \cdot \mathfrak{k} = \mathfrak{k} \cdot \mathfrak{i} = 0$ ist, $\mathfrak{a} \cdot \mathfrak{b} = a_1 b_1 + a_2 b_2 + a_3 b_3$. Bei Orthogonalität ($\mathfrak{a} \perp \mathfrak{b}$) muß diese Summe oder auch $\cos \alpha_a \cos \alpha_b + \cos \beta_a \cos \beta_b + \cos \gamma_a \cos \gamma_b = 0$ sein, worin α, β, γ die entsprechenden Neigungswinkel sind (s. o.).

Beispiel: Die *Arbeit A* einer konstanten Kraft $\mathfrak{P}$ längs eines Weges $\mathfrak{s}$, der mit ihr einen Winkel bildet (Bild 154b), ist durch das skalare Produkt $A = \mathfrak{P} \cdot \mathfrak{s} = |\mathfrak{P}| \cdot |\mathfrak{s}| \cdot \cos \sphericalangle \mathfrak{P}\mathfrak{s}$ gegeben. Bei veränderlicher Kraft kann geschrieben werden $A = \int \mathfrak{P} \cdot \mathrm{d}\,\mathfrak{s}$ oder mit den Komponenten X, Y, Z von $\mathfrak{P}$ und x, y, z von $\mathfrak{s}$ auch $A = \int (X\,\mathrm{d}x + Y\,\mathrm{d}y + Z\,\mathrm{d}z)$ als Linienintegral (S. 93).

l) Das **äußere (vektorielle) Produkt** der Vektoren $\mathfrak{a}$ und $\mathfrak{b}$ ist ein *Vektor* $\mathfrak{c}$, der geschrieben wird

$$\mathfrak{c} = \mathfrak{a} \times \mathfrak{b}.$$

Sein Betrag ist gleich der Fläche des aus $\mathfrak{a}$ und $\mathfrak{b}$ gebildeten Parallelogramms (Bild 155a). $\mathfrak{c}$ steht auf der Parallelogrammebene senkrecht, und sein Richtungssinn ist derart, daß $\mathfrak{a}, \mathfrak{b}, \mathfrak{c}$ ein *Rechts*system bilden. Daher ist $\mathfrak{a} \times \mathfrak{b} = -\mathfrak{b} \times \mathfrak{a}$.

Dreht sich eine rechtsgängige Schraube im gleichen Sinn wie ein Beobachter, der den Vektor $\mathfrak{a}$, dann den Vektor $\mathfrak{b}$ entlang geht, so verschiebt sie sich in der gleichen Richtung wie $\mathfrak{c}$.

Für den *Betrag* gilt

$$|\mathfrak{c}| = |\mathfrak{a}| \cdot |\mathfrak{b}| \cdot \sin \sphericalangle \mathfrak{a}\mathfrak{b} = ab \sin \sphericalangle \mathfrak{a}\mathfrak{b}.$$

Mit den Komponenten a_1, a_2, a_3 und b_1, b_2, b_3 von $\mathfrak{a}$ und $\mathfrak{b}$ wird, da $\mathfrak{i} \times \mathfrak{i} = \mathfrak{j} \times \mathfrak{j} = \mathfrak{k} \times \mathfrak{k} = 0$ und $\mathfrak{i} \times \mathfrak{j} = -\mathfrak{j} \times \mathfrak{i} = \mathfrak{k}$, $\mathfrak{j} \times \mathfrak{k} = -\mathfrak{k} \times \mathfrak{j} = \mathfrak{i}$, $\mathfrak{k} \times \mathfrak{i} = -\mathfrak{i} \times \mathfrak{k} = \mathfrak{j}$ ist, auch (s. S. 41/42)

$$\mathfrak{a} \times \mathfrak{b} = \begin{vmatrix} \mathfrak{i} & \mathfrak{j} & \mathfrak{k} \\ a_1 & a_2 & a_3 \\ b_1 & b_2 & b_3 \end{vmatrix}.$$

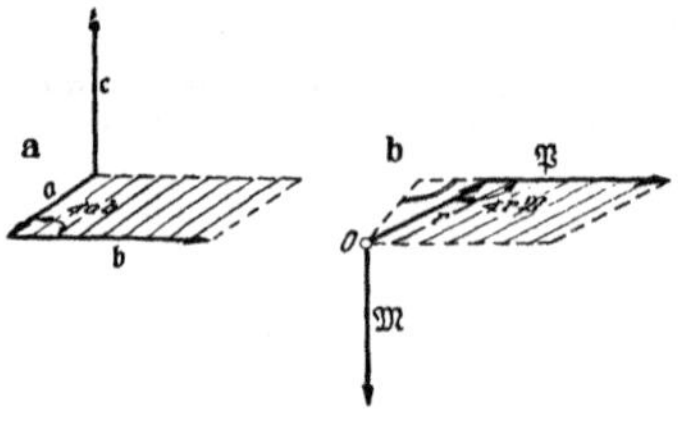

Bild 155. Äußeres Produkt

Beispiel: Das *Drehmoment* einer Kraft $\mathfrak{P}$ am Hebelarm $\mathfrak{r}$ um den Drehpunkt O ist gleich der Kraft mal dem senkrechten Abstand des Punktes O von der Kraft, also gleich $|\mathfrak{r}| \cdot |\mathfrak{P}| \cdot \sin \sphericalangle \mathfrak{r}\mathfrak{P}$ (Bild 155b). Um auch den Richtungssinn auszudrücken, kann das Moment als Vektor senkrecht zur Ebene von $\mathfrak{r}$ und $\mathfrak{P}$ dargestellt werden durch

$$\mathfrak{M} = \mathfrak{r} \times \mathfrak{P}.$$

m) Dreifache Produkte.

1. Skalares Produkt mal Vektor: $(\mathfrak{A} \cdot \mathfrak{B}) \cdot \mathfrak{C} = \mathfrak{C} \cdot (\mathfrak{A} \cdot \mathfrak{B}) = \mathfrak{C} \cdot (\mathfrak{B} \cdot \mathfrak{A})$ (Vektor).

2. Vektor skalar multipliziert mit Vektorprodukt:

$$V = \mathfrak{A} \cdot (\mathfrak{B} \times \mathfrak{C}) = \mathfrak{B} \cdot (\mathfrak{C} \times \mathfrak{A}) = \mathfrak{C} \cdot (\mathfrak{A} \times \mathfrak{B})$$

(Skalar, gleich Inhalt eines Parallelflachs mit den Seiten $\mathfrak{A}$, $\mathfrak{B}$, $\mathfrak{C}$. Es ist $V = 0$, wenn $\mathfrak{A}$, $\mathfrak{B}$, $\mathfrak{C}$ in einer Ebene liegen.).

3. Vektor vektoriell mal Vektorprodukt:

$$\mathfrak{P} = \mathfrak{A} \times (\mathfrak{B} \times \mathfrak{C}) = (\mathfrak{C} \times \mathfrak{B}) \times \mathfrak{A} = \mathfrak{B} \cdot (\mathfrak{A} \cdot \mathfrak{C}) - \mathfrak{C} \cdot (\mathfrak{A} \cdot \mathfrak{B}).$$

$\mathfrak{P}$ liegt in der Ebene durch $\mathfrak{B}$ und $\mathfrak{C}$, ferner $\perp$ zur Projektion von $\mathfrak{A}$ auf diese Ebene.

n) Vektorfelder. In einem *Skalarfeld* ist jedem Punkt eine bestimmte skalare Größe φ zugeordnet (z. B. Temperaturfeld). In einem *Vektorfeld* ist jedem Punkt ein bestimmter Vektor $\mathfrak{v}$ zugeordnet (z. B. Geschwindigkeit in einer Strömung). Die der Feldrichtung folgenden Kurven heißen Feldlinien und haben die Gleichung $\mathfrak{v} \times \mathrm{d}\,\mathfrak{s} = 0$.

Bei den Feldern spielen die folgenden Größen eine Rolle. Für ihre Darstellung ist der symbolische „∇-" = „nabla-Operator" zweckmäßig, der nach den Regeln der Vektor- und der Differentialrechnung behandelt wird:

$$\nabla = \mathfrak{i}\frac{\partial}{\partial x} + \mathfrak{j}\frac{\partial}{\partial y} + \mathfrak{k}\frac{\partial}{\partial z}.$$

1. Gradient eines Skalars φ: $\operatorname{grad}\varphi = \nabla\varphi = \mathfrak{i}\frac{\partial\varphi}{\partial x} + \mathfrak{j}\frac{\partial\varphi}{\partial y} + \mathfrak{k}\frac{\partial\varphi}{\partial z}$ (Vektor).

Ist $\mathfrak{v} = -\operatorname{grad}\varphi$, so heißt φ das Potential zu $\mathfrak{v}$.

2. Divergenz (Quellstärke) eines Vektors:

$$\operatorname{div}\mathfrak{A} = \nabla\cdot\mathfrak{A} = \frac{\partial A_1}{\partial x} + \frac{\partial A_2}{\partial y} + \frac{\partial A_3}{\partial z} \quad \text{(Skalar)},$$

wobei A_1, A_2, A_3 die Komponenten von $\mathfrak{A}$ sind.

3. Rotation (Wirbelstärke) eines Vektors:

$$\operatorname{rot}\mathfrak{A} = \nabla\times\mathfrak{A} = \begin{vmatrix} \mathfrak{i} & \mathfrak{j} & \mathfrak{k} \\ \frac{\partial}{\partial x} & \frac{\partial}{\partial y} & \frac{\partial}{\partial z} \\ A_1 & A_2 & A_3 \end{vmatrix} = \mathfrak{i}\left(\frac{\partial A_3}{\partial y} - \frac{\partial A_2}{\partial z}\right) + \mathfrak{j}\left(\frac{\partial A_1}{\partial z} - \frac{\partial A_3}{\partial x}\right) + \mathfrak{k}\left(\frac{\partial A_2}{\partial x} - \frac{\partial A_1}{\partial y}\right).$$

4. $\nabla\times\nabla\varphi = \operatorname{rot}\operatorname{grad}\varphi = 0$. Danach ist ein Potentialfeld wirbelfrei.

5. $\nabla(\nabla\times\mathfrak{A}) = \operatorname{div}\operatorname{rot}\mathfrak{A} = 0$.

6. Führt man den symbolischen „Δ"- = „delta-Operator" durch

$$\nabla^2 = \nabla\nabla = \partial^2/\partial x^2 + \partial^2/\partial y^2 + \partial^2/\partial z^2 = \Delta$$

ein, so ist $\nabla(\nabla\varphi) = \nabla\nabla\varphi = \Delta\varphi = \operatorname{div}\operatorname{grad}\varphi$. Wenn die Potentialgleichung $\Delta\varphi = 0$ erfüllt ist, so heißt das, daß die wirbelfreie Strömung, bei der $\mathfrak{v} = -\operatorname{grad}\varphi$ ist (s. 4), auch noch quellenfrei sein soll.

7. $\nabla(\nabla\mathfrak{A}) = \operatorname{grad}\operatorname{div}\mathfrak{A}$.

8. $(\nabla\nabla)\mathfrak{A} = \Delta A$.

9. $\nabla\times(\nabla\times\mathfrak{A}) = \nabla(\nabla\mathfrak{A}) - (\nabla\nabla)\mathfrak{A}$, d. h. $\operatorname{rot}\operatorname{rot}\mathfrak{A} = \operatorname{grad}\operatorname{div}\mathfrak{A} - \Delta\mathfrak{A}$.

10. $\operatorname{div}(\mathfrak{B}\times\mathfrak{C}) = \mathfrak{C}\cdot\operatorname{rot}\mathfrak{B} - \mathfrak{B}\cdot\operatorname{rot}\mathfrak{C}$.

11. $\operatorname{div}(\varphi\mathfrak{A}) = \mathfrak{A}\cdot\operatorname{grad}\varphi + \varphi\cdot\operatorname{div}\mathfrak{A}$.

VII. Wahrscheinlichkeitsrechnung und ihre technischen Anwendungen

Literatur: 1. *Becker, Plaut* u. *Runge:* Anwendung der mathematischen Statistik auf Probleme der Massenfabrikation. Berlin: Springer 1930. — 2. *Kohlweiler, E.:* Statistik im Dienste der Technik. München: Oldenbourg 1931. — 3. *Daeves, K.:* Praktische Großzahlforschung. Berlin: VDI-Verlag 1933. — 4. *Mises, R. v.:* Wahrscheinlichkeit, Statistik und Wahrheit. 3. Aufl. Wien: Springer 1951. — 5. Wahrscheinlichkeiten und Schwankungen. Hrsg. von *F. Lubberger*. Berlin: Springer 1937. — 6. *Dörge, K.:* Wahrscheinlichkeitsrechnung für Nichtmathematiker. Berlin: de Gruyter 1947. — 7. *Daeves, K.* u. *A. Beckel:* Großzahlforschung u. Häufigkeitsanalyse (Leitfaden). Weinheim/Berlin: Verlag Chemie 1948. — 8. *Baranow, L. v.:* Grundbegriffe moderner statistischer Methodik. Stuttgart: Hirzel 1950. — 9. *Happach, V.:* Ausgleichsrechnung. Leipzig: B. G. Teubner 1950. — 10. *Grossmann, W.:* Grundzüge der Ausgleichungsrechnung. Berlin: Springer 1953. — 11. *Räntsch, K.:* Genauigkeit von Messung u. Meßgerät. München: Hanser 1950.

A. Grundbegriffe der Wahrscheinlichkeitsrechnung

a) Gegenstand der Wahrscheinlichkeitsrechnung sind Untersuchungen an einer großen Zahl von Dingen, Erscheinungen, Beobachtungen usw., die in gewissen Merkmalen übereinstimmen. Ist n die Anzahl dieser Dinge und gibt n_0 an, wie oft diese Merkmale beobachtet wurden, so heißt der Quotient n_0/n die **relative Häufigkeit.**

Mit einem idealen Würfel, dessen Schwerpunkt genau in der geometrischen Mitte liegt usw., wurde bei 300 Würfen 52mal die Zahl 6 geworfen. Die *relative* Häufigkeit ist dann $52/300 = 0{,}173$. Bei 600 Würfen wurde 99mal die Zahl 6 geworfen, die relative Häufigkeit ist dann $99/600 = 0{,}165$ usw. Je größer die Zahl der Würfe ist, um so eher nähert sich die relative Häufigkeit dem Wert 1/6.

b) Den Grenzwert der relativen Häufigkeit für $\lim n \to \infty$ bezeichnet man nach *v. Mises* (Lit. 4) als **Wahrscheinlichkeit** w: $w = \lim\limits_{n\to\infty} n_0/n$, wobei $w \leqq 1$.

Die obengenannte Vielheit von Dingen heißt auch ein **Kollektiv.** Dieses muß jedoch der Bedingung der Regellosigkeit innerhalb des Kollektivs genügen:

Der Grenzwert der relativen Häufigkeit muß existieren unabhängig davon, ob man nur bestimmt ausgewählte Kollektivglieder berücksichtigt oder nicht. So muß im obigen Beispiel, wenn z. B. nur der 1., 3., 5., . . . oder nur der 2., 4., 6., . . . Wurf gewählt wird, doch der gleiche Grenzwert der relativen Häufigkeit, d. h. 1/6, erreicht werden.

In praktischen Anwendungen genügt für die Bestimmung der Wahrscheinlichkeit oft eine große Anzahl von Beobachtungen (*Statistik*).

c) Nach *Laplace* wird die Wahrscheinlichkeit auch bezeichnet als der Quotient $w = g/m$ aus der Zahl g der günstigen Fälle und der Zahl m aller möglichen Fälle. Hiernach muß w durch Abzählen von g und m bestimmt werden.

Beispiele: 1. Befinden sich in einer Urne 4 weiße und 6 schwarze Kugeln, so ist danach die Wahrscheinlichkeit für das Herausnehmen einer weißen Kugel $4/10 = 2/5$, für das Herausnehmen einer schwarzen Kugel $6/10 = 3/5$, d. h. bei sehr vielen Proben werden 2/5 der gesamten Kugeln weiße und 3/5 schwarze sein.

2. Wie groß ist die Wahrscheinlichkeit, aus einer Urne mit 6 weißen und 4 schwarzen Kugeln 3 weiße Kugeln auf einmal herauszugreifen? Nach der Kombinationslehre (S. 41) ist $g = \binom{6}{3} = 20$ und $m = \binom{10}{3} = 120$, also $w = g/m = 20/120 = 1/6$.

d) Rechnen mit Wahrscheinlichkeiten. α) Die Wahrscheinlichkeit w innerhalb eines Kollektivs dafür, daß von mehreren sich gegenseitig ausschließenden Merkmalen eines auftritt, ist gleich der *algebraischen Summe* der Wahrscheinlichkeiten der einzelnen Merkmalsgruppen: $w = w_1 + w_2 + w_3 + \cdots$.

Beispiel: Beim idealen Würfel ist die Wahrscheinlichkeit dafür, eine der 6 Zahlen zu treffen, gleich $w_1 = w_2 = \cdots = w_6 = 1/6$, also die Wahrscheinlichkeit, eine ungerade Zahl zu werfen, gleich $w = w_1 + w_3 + w_5 = 1/2$.

β) Die Wahrscheinlichkeit innerhalb eines Kollektivs dafür, daß mehrere voneinander unabhängige Merkmale auftreten, ist das *Produkt* der Einzelwahrscheinlichkeiten: $w = w_1 \cdot w_2 \cdot w_3 \ldots w_n$.

Sind die Einzelmerkmale gleich wahrscheinlich, so ist $w = (w_1)^n$. Sind von den Einzelmerkmalen p und q je gleich wahrscheinlich, so ist mit den Einzelwahrscheinlichkeiten w_p und w_q die Wahrscheinlichkeit $w = (w_p)^p \cdot (w_q)^q$.

Beispiele: 1. Die Wahrscheinlichkeit dafür, daß ein 30jähriger Mann das 60. Lebensjahr erreicht, ist nach der Statistik $w_1 = 0{,}7$. Die Wahrscheinlichkeit dafür, daß seine Frau ebenfalls noch 30 Jahre lebt, ist $w_2 = 0{,}8$. Dann ist die Wahrscheinlichkeit dafür, daß *beide* noch 30 Jahre leben, nur $w = w_1 \cdot w_2 = 0{,}7 \cdot 0{,}8 = 0{,}56$.

2. Die Wahrscheinlichkeit, mit 2 Würfeln gleichzeitig die gleiche Zahl, z. B. 3, zu werfen, ist $(1/6)^2 = 1/36$.

3. Die Wahrscheinlichkeit, mit einem Würfel zunächst 2mal die Zahl 1 und dann 3mal die Zahl 6 zu werfen, ist $w = (1/6)^2 \cdot (1/6)^3 = 1/6^5 = 1/7776$.

B. Auswertung von Beobachtungen

1. Allgemeines über Meßfehler

a) Eine fehlerfreie Beobachtung ist unmöglich. Daher darf man das Ergebnis einer Messung erst dann mit Sicherheit verwenden, wenn man bei Nachprüfung durch weitere Messungen eine ausreichende Übereinstimmung erzielt und die erreichte Genauigkeit richtig abgeschätzt hat.

Je größer die Genauigkeit, desto größer ist auch die Zahl der zu berücksichtigenden Nebeneinflüsse — Temperatur, Luftdruck, Feuchtigkeit, nicht vorhandene Proportionalität bei Ablesungen usw. Bei der Auswertung dieser Nebeneinflüsse genügt es, so weit zu gehen, daß die vernachlässigten Korrekturen von geringerer Größenordnung als die sonstigen unvermeidbaren Beobachtungsfehler sind. Zunächst ist also die mit den betreffenden Apparaten erreichbare Meßgenauigkeit abzuschätzen und sodann ist festzustellen, welche Korrekturen beachtet werden müssen. Werden diese notwendigen Korrekturen nicht hinreichend berücksichtigt, so gibt man sich bezüglich der erreichten Genauigkeit einer Selbsttäuschung hin. Andererseits wird häufig auch eine übertriebene Genauigkeit bei der Messung solcher Größen angestrebt, die von z. T. gar nicht genau definierbaren Bedingungen abhängen, wie Reibungszahl u. ä.

Sieht man von groben Fehlern, die sich als solche leicht feststellen lassen, ab, so sind die auftretenden Meßfehler von zweierlei Art: Die einen, systematische oder regelmäßige Fehler, geben Abweichungen im ganz bestimmten Sinn, wie sie durch Fehler der Instrumente, ihre ungünstige Aufstellung und schlechte

Handhabung veranlaßt werden. Die anderen, zufälligen oder unregelmäßigen Fehler verfälschen das Resultat bald im positiven, bald im negativen Sinn infolge persönlicher Schätzungsfehler, nicht feststellbarer Einflüsse der Atmosphäre usw. Die regelmäßigen Fehler lassen sich am besten durch verschiedenartige Anordnung des Versuches (verschiedene Methoden) erkennen und dann auf ein Minimum herabdrücken. Eichtafeln von Meßinstrumenten sind von Zeit zu Zeit nachzuprüfen, besonders nach stärkerer Beanspruchung der Instrumente. Sie dürfen nie als unveränderlich richtig betrachtet werden. Die Größenordnung der unregelmäßigen, zufälligen und nicht vermeidbaren Fehler erkennt man bei mehrfacher Wiederholung der gleichen Messung mit den gleichen Meßinstrumenten und unter sonst gleichen Umständen.

b) Sind die einzelnen n Messungen $l_1, l_2, \ldots, l_n$ unter den gleichen Bedingungen und mit der gleichen Sorgfalt ausgeführt, so ist der wahrscheinlichste Wert L der gemessenen Größe (s. 2., S. 158) der **arithmetische Mittelwert** $L = (l_1 + l_2 + l_3 + \cdots + l_n)/n$.

Statt sämtliche Werte $l_1, l_2, \ldots$ zu addieren, kann man auch von einem geschätzten Mittelwert A ausgehen: Ist $r_i = l_i - A$ die Abweichung vom geschätzten Wert, so ist der Mittelwert dieser Abweichung $q = (r_1 + r_2 + \cdots + r_n)/n$, und dann wird $L = A + q$.

Beispiel: Eine Länge l_i sei durch folgende Messungen bestimmt. Danach sei als Mittelwert geschätzt $A = 30{,}20$.

l_i m	$r_i = l_i - A$
30,10	− 0,10
30,30	+ 0,10
30,20	± 0,00
30,40	+ 0,20
Summe:	+ 0,20

Damit wird $L = 30{,}20 + \frac{1}{4} \cdot 0{,}20$
$= 30{,}20 + 0{,}05$
$= 30{,}25$ m.

c) Mit Hilfe der Wahrscheinlichkeitsrechnung läßt sich die mittlere und die wahrscheinliche Abweichung (Fehler) der Messung und damit ihre Genauigkeit angeben (S. 159). Ein brauchbares Maß für die Genauigkeit stellt der **scheinbare Fehler** oder die durchschnittliche Abweichung dar, d. h. der arithmetische Mittelwert aus den Absolutfehlern der Einzelbeobachtungen (Abweichung vom Mittelwert der Beobachtungsergebnisse).

Beispiel: Ein zweiter Beobachter hat die gleiche Länge wie oben gemessen und das gleiche arithmetische Mittel erhalten. Für die scheinbaren Fehler folgt dann:

	Beobachter I		Beobachter II	
	Messung	Fehler	Messung	Fehler
	30,10	0,15	30,23	0,02
	30,30	0,05	30,25	0,00
	30,20	0,05	30,28	0,03
	30,40	0,15	30,24	0,01
Mittelwert	30,25	± 0,10 m	30,25	± 0,02 m

Hiernach ist die Messung des zweiten Beobachters (scheinbarer Fehler ± 2 cm) genauer als die des ersten (scheinbarer Fehler ± 10 cm). Die scheinbaren Fehler sind + und − zu rechnen.

d) Haben einzelne Messungen $l_1, l_2, \ldots,$ deren Mittelwert bestimmt werden soll, *verschiedene Genauigkeit*, so werden sie entsprechend ihren **Gewichten** $p_1, p_2, \ldots$ (Grad der Genauigkeit) berücksichtigt. Es ist dann mit

$p_1 + p_2 + \cdots + p_n = p$ der Mittelwert $L = (p_1 l_1 + p_2 l_2 + \cdots + p_n l_n)/p$.

Beispiel: Die Schwingungszahl einer Stimmgabel wurde mittels einer Sirene von 16 Löchern am Umfang gemessen:

	n Umdrehungen in			t sek.	Schwingungszahl $= 16 \cdot n/t$		
1.	388	,,	,,	12,2 ,,	,,	= 509	11
2.	554	,,	,,	17,2 ,,	,,	= 515	5
3.	1266	,,	,,	39,2 ,,	,,	= 517	3
4.	3465	,,	,,	106,0 ,,	,,	= 523	3
						520	± 4

Die Gewichte dieser 4 Messungen sind nicht einander gleich, sondern den Beobachtungszeiten proportional. Der Mittelwert ist daher

$$\frac{509 \cdot 12 + 515 \cdot 17 + 517 \cdot 39 + 523 \cdot 106}{12 + 17 + 39 + 106} = 520.$$

Der scheinbare Fehler, d. h. die durchschnittliche Abweichung, beträgt unter Berücksichtigung der Gewichte

$$\frac{11 \cdot 12 + 5 \cdot 17 + 3 \cdot 39 + 3 \cdot 106}{12 + 17 + 39 + 106} = 4.$$

e) Bei der **Ausrechnung** ist das Ergebnis mit so viel Ziffern anzugeben, daß die letzte keinen großen Anspruch auf Genauigkeit hat, die vorletzte aber noch sicher verbürgt ist. Die Unsicherheit der letzten Ziffer wird mit $\pm$ angefügt[1].

Beispiele: 1. Es ist $\frac{10{,}255 \pm 0{,}005}{3} = 3{,}418 \pm 0{,}002$, nicht etwa $3{,}4183 \pm 0{,}0017$.

2. Die 0 ist als technische Zahl ebenso zu behandeln wie jede andere Ziffer, also z. B. $10{,}200 \pm 0{,}005$, nicht $10{,}2 \pm 0{,}005$. Das Hinschreiben der 0 zeigt, daß diese Ziffer gemessen ist:

10,000 m	gemessen	bis	auf	mm	genau
10,00 m	,,	,,	,,	cm	„
$87 \cdot 10^3$ m	,,	,,	,,	km	„
87 000 m	,,	,,	,,	m	„

3. Es ist ein häufig vorkommender Fehler, daß aus technischen Messungen Zahlenwerte errechnet werden, die in keiner Weise verantwortet werden können. Es ist z. B. $8{,}4 \cdot 5{,}2 \cdot 7{,}6 = 330$ (oder auch 332); nicht etwa 331,968. Die 6 Ziffern wären nur dann richtig, wenn auch die Einzelmessungen mit 6 Ziffern gemessen wären: 8,40 000 usw. und nicht nur 8,4.

Im allgemeinen ist [s. g)] der gesuchte Wert nicht unmittelbar, sondern als Funktion *verschiedener* einzeln gemessener Größen bestimmbar. Der Gesamtfehler ist dann nicht von der Größe der Einzelfehler, sondern auch von der Art der Funktion abhängig. Da die Vorzeichen der Einzelfehler niemals bekannt sind, so ist der mögliche Fehler des Ergebnisses auch bei Differenzen *stets* durch Addition der Teilfehler zu bestimmen. Da es sich um *kleine* Fehler handelt, können die Näherungsformeln für das Rechnen mit kleinen Größen (S. 61) berücksichtigt werden.

Merkregeln. Bei Addition oder Subtraktion fehlerhafter Größen addieren sich ihre *absoluten* Fehler, bei Multiplizieren und Dividieren ihre *prozentualen* Fehler. Beim Potenzieren und Radizieren wird der prozentuale Fehler mit dem (ganzen bzw. gebrochenen) Exponenten multipliziert:

$$(1 \pm \delta)^n \approx 1 \pm n\delta; \quad \sqrt[m]{1 \pm \delta} \approx 1 \pm \delta/m.$$

Beispiele: 1. $(89{,}7 \pm 0{,}3) + (85{,}3 \pm 0{,}2) = 175{,}0 \pm 0{,}5$.
2. $(89{,}7 \pm 0{,}3) - (85{,}3 \pm 0{,}2) = 4{,}4 \pm 0{,}5$.

Bei der Bestimmung einer kleinen Größe als Differenz zweier großen Zahlen ist größte Vorsicht notwendig (im vorstehenden Beisp. 11% Fehler gegenüber 0,3% bei der Summe und den Einzelmessungen).

3. Bestimmung des spezifischen Gewichtes durch Messen des Gewichtes in Luft und in Wasser:

$$\gamma = \frac{G_L}{G_L - G_W} = \frac{185{,}50 \pm 0{,}05}{(185{,}50 \pm 0{,}05) - (161{,}60 \pm 0{,}05)} = \frac{185{,}50 \pm 0{,}05}{23{,}9 \pm 0{,}1} = 7{,}76 \pm 0{,}04.$$

Auswertung des Fehlers im Kopf (*eine* Ziffer genügt):
Fehler des Nenners 1 auf 239 ≈ knapp 0,5%
Fehler des Zählers 5 auf 18 550 ≈ 0,03%

Fehler des Bruches = *Summe* der prozentualen Fehler
0,5% + 0,03% ≈ 0,5% von 8 [7,76] ≈ 0,04.

4. $(3{,}37 \pm 0{,}04)^2 \cdot \sqrt[3]{9{,}66 \pm 0{,}06} = 11{,}4 \cdot 2{,}13 = 24{,}3 \pm 0{,}6$,

4 auf 337 ≈ 1,2% | Fehler des Resultates $(2 \cdot 1{,}2 + \frac{1}{3} \cdot 0{,}6)\,\% = 2{,}6\,\%$
6 auf 966 ≈ 0,6% | 2,6% von 24,3 ≈ 0,6.

Die Fehlerrechnung dient nicht nur zur Schätzung der Genauigkeit eines Ergebnisses, sondern sie zeigt vor allem auch, auf welchen Teil der Messung die größte Sorgfalt zu verwenden ist, welche Versuchsanordnung den geringsten Einfluß der Beobachtungsfehler auf das Ergebnis bewirkt und wie weit Abkürzungen beim zahlenmäßigen Rechnen gestattet sind.

f) *Allgemein* ist der **Gesamtfehler** Δu eines Ergebnisses $u = f(x, y, z, \ldots)$, das sich durch verschiedene Einzelmessungen $x, y, z, \ldots$ mit den Fehlern Δx,

[1] Vgl. a. Runden von Zahlen, Regeln, Kennzeichnung. DIN 1333 (Ausg. Dez. 1954).

$\Delta y, \Delta z, \ldots$ ergibt, mit Hilfe der partiellen Ableitungen $f_x = \partial f/\partial x$, $f_y = \partial f/\partial y$, $f_z = \partial f/\partial z, \ldots$ (S. 75) bestimmbar gemäß

$$\Delta u = \Delta x\, f_x + \Delta y\, f_y + \Delta z\, f_z + \cdots.$$

Beispiel: Bestimmung der Fallbeschleunigung g durch Messen der Länge l und der Schwingungsdauer t eines Pendels:

$$g = f(l, t) = \pi^2 l/t^2,$$

$$\begin{aligned} \Delta g &= \Delta l \cdot \partial f/\partial l + \Delta t \cdot \partial f/\partial t \\ &= \pi^2/t^2 \cdot \Delta l + {}^* \pi^2 \cdot l/t^3 \cdot 2 \cdot \Delta t, \\ \Delta g/g &= \Delta l/l + 2 \cdot \Delta t/t. \end{aligned}$$

Einfacher logarithmisch:

$$\begin{aligned} \lg g &= \lg(\pi^2) + \lg l - 2 \cdot \lg t, \\ \Delta g/g &= \Delta l/l + {}^* 2 \cdot \Delta t/t. \end{aligned}$$

Die Zeitbestimmung erfordert die größte Sorgfalt. Der prozentuale Fehler der Zeitmessung verdoppelt sich im Resultat. An den angemerkten Stellen (*) ist zu beachten, daß Fehler stets zu *addieren* sind.

g) Bei **Darstellung** eines Vorganges, der von einer veränderlichen Größe abhängig ist, also **einer Funktion,** z. B. der Bestimmung der Hysteresiskurve von Dynamoblechen (Bild 156), kann von der Bildung eines arithmetischen Mittelwertes keine Rede sein.

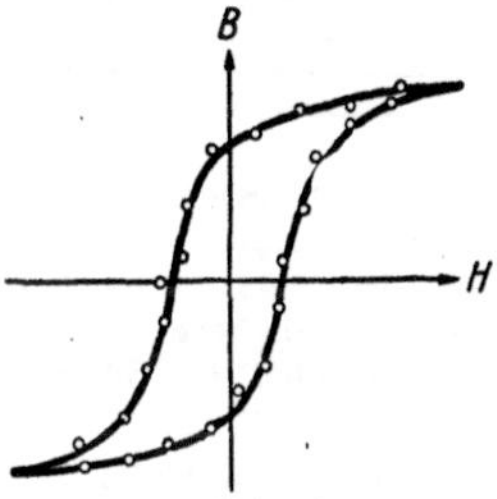

Bild 156

α) Das Auftragen der Punkte im Koordinatensystem — hier B in Funktion von H — liefert ein Bild des Vorganges. Die Kurve hat man, um eine Verzerrung durch die Beobachtungsfehler zu vermeiden, so zwischen die Meßpunkte zu legen, daß die Summe der Abweichungen möglichst klein wird und daß eine regelmäßige Kurve entsteht. Diese *graphische Ausgleichung* ist besonders einfach bei bekanntem Kurvencharakter. Sonst kann auch als erste Annäherung eine ausgleichende Gerade genommen werden.

β) Zur klaren Veranschaulichung der Ergebnisse ist eine zweckmäßige *Wahl des Maßstabes* wertvoll, vgl. Bild 157 und 158 für die Abhängigkeit der Umlaufzahl eines Motors vom Drehmoment.

γ) Deutet der Verlauf der graphischen Darstellung auf starke Krümmung, *Maxima* oder *Minima*, so ist beim Ausgleichen besondere *Vorsicht* notwendig;

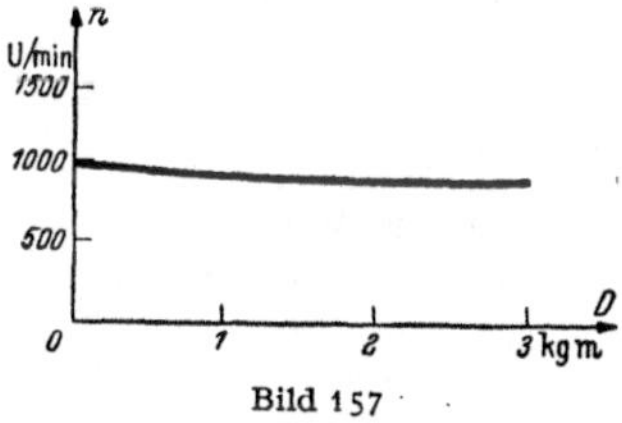

Bild 157

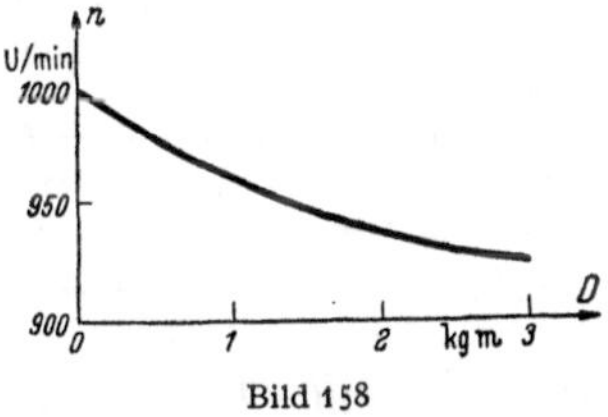

Bild 158

nach Möglichkeit sind solche Punkte durch unmittelbare Messungen sorgfältig zu bestimmen.

Beispiel: Die Amplituden oder Schwingungsweiten einer durch einen Wechselstrommagneten erregten Feder (*Frahm*scher Frequenzmesser) zeigen bei verschiedenen Polwechseln (Erregerfrequenzen) die Ergebnisse von Bild 159: Die Resonanz ist bei 100 Polwechseln so stark ausgeprägt, daß die größte Schwingungsweite nur durch unmittelbares Messen ermittelt werden kann.

δ) Über den durch Beobachtung festgestellten Meßbereich hinaus lassen sich Kurven auf Grund der ausgeführten Messungen *niemals fortsetzen*. Das ist nur zulässig, wenn der Charakter der Kurve auch außerhalb des Beobachtungsgebietes auf Grund theoretischer Erwägungen vollkommen klar ist. Selbst wenn die beobachteten Punkte sämtlich in einer Geraden liegen, ist eine Fortsetzung dieser Geraden über den Meßbereich hinaus nicht zulässig. Andernfalls sind Trugschlüsse möglich.

Beispiel: 1 kg Wasser von 10° C werde Wärme zugeführt und die Temperatur als Funktion der zugeführten Wärmemenge gemessen. Die Messung werde bis zu 90° C fortgesetzt. Die in Bild 160 graphisch dargestellten Beobachtungen ergeben eine Gerade. Wollte man aber diese Gerade über den Meßbereich hinaus beliebig verlängern, so käme man zu völlig unrichtigen Ergebnissen. Durch Messung würde sich die gestrichelte Kurve ergeben.

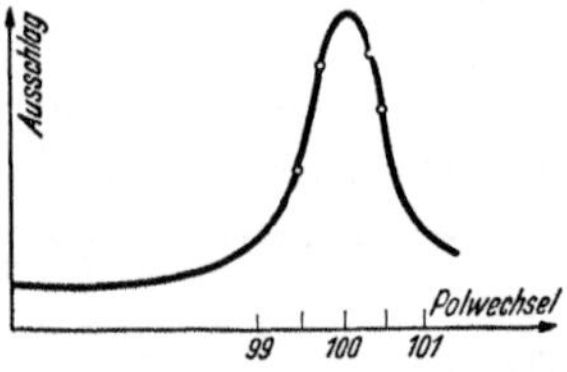

Bild 159

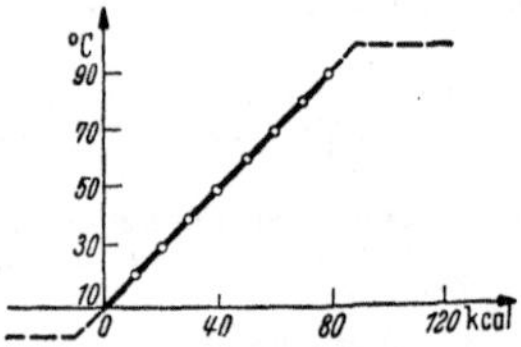

Bild 160

ε) Zur besseren Übersicht wird man häufig die Ergebnisse auf *Funktionspapieren* darstellen (s. a. Nomographie S. 168, ferner Potenzkurven S. 136*). Und zwar wird man solche Papiere wählen, auf denen die Funktion durch eine Gerade (bzw. angenäherte Gerade) dargestellt wird. Damit ist bei bekanntem Gesetz ein einfacher Überblick möglich und bei unbekanntem Gesetz dieses leicht zu finden.

Beispiele: 1. Wird die Kurve $s = gt^2/2$ in ein Achsenkreuz gezeichnet, dessen eine Achse quadratisch geteilt ist, $z = t^2$, so wird $s = gz/2$ eine Gerade.

2. Potenzpapier, bei dem beide Achsen logarithmisch geteilt sind, wird man für Gesetze von der Form $y = cx^n$ verwenden.

3. Exponentialpapier, bei dem die x-Achse logarithmisch und die y-Achse linear geteilt ist, wird man für Gesetze von der Form $y = c\,e^{kx}$ oder $y = ca^x$ benutzen.

In ähnlicher Weise kann man sinus- und tangens-Papier verwenden.

2. Ausgleichrechnung

a) Methode der kleinsten Quadrate. Ist eine Größe X durch mehrere Messungen $l_1, l_2, \ldots$ unter den gleichen Bedingungen bestimmt worden und ist L ein Wert, welcher der Größe X möglichst nahe kommt, so sind die *scheinbaren* Fehler gleich $L - l_1 = v_1$, $L - l_2 = v_2, \ldots$ Nach *Gauß* muß für den *wahrscheinlichsten* Wert L der Größe X die *Summe der Quadrate der* scheinbaren *Fehler ein Minimum* sein. Dies gilt um so mehr, je größer die Zahl der Messungen ist.

Auch wenn die gesuchte Größe X nicht unmittelbar durch Versuche gegeben ist und von einem Meßergebnis L_1 oder mehreren $L_1, L_2, \ldots$ abhängt (funktionale Beziehung), so ist der Wert L, welcher der gesuchten Größe X am nächsten kommt, so zu bestimmen, daß die **Summe der Fehlerquadrate ein Minimum** ist.

Beispiele: 1. Bei n Messungen für die Größe X lautet die Minimumbedingung

$$\frac{\mathrm{d}}{\mathrm{d}L}[(L - l_1)^2 + (L - l_2)^2 + \cdots + (L - l_n)^2] = 0$$

oder $$2[(L - l_1) + (L - l_2) + (L - l_3) + \cdots + (L - l_n)] = 0,$$

d. h. $nL - \Sigma l = 0$ oder $L = 1/n \cdot \Sigma l$, mit anderen Worten: der *arithmetische Mittelwert* (s. 1 b, S. 155) *ist* auch *der wahrscheinlichste Wert.*

2. Die Aussage für diesen Fall bedeutet, daß Σv^2 stets kleiner ist, als wenn die Differenzen gegenüber einem anderen Mittelwert gebildet werden:

Beispiel:

	Fehler	Fehlerquadrate		Fehler	Fehlerquadrate
8,3	1	1	8,3	0	0
8,5	1	1	8,5	2	4
8,4	0	0	8,4	1	1
8,6	2	4	8,6	3	9
8,3	1	1	8,3	0	0
8,3	1	1	8,3	0	0
8,4		Summe = 8 [Minimum]	8,3		Summe 14 [> 8]

* Vgl. a. *Meyer zur Capellen, W.:* Leitfaden der Nomographie. Berlin: Springer 1953.

b) Es bedeuten wieder X den wahren Wert der gemessenen Größe, L den arithmetischen Mittelwert aus den n Messungen $l_1, l_2, \ldots, l_n$ und $v_1 = L - l_1$, $v_2 = L - l_2, \ldots$ die scheinbaren Fehler. Ferner seien die wahren Fehler, d. h. Abweichungen vom wahren Wert mit $\varepsilon_1, \varepsilon_2, \ldots, \varepsilon_n$ bezeichnet, und es sei die Abkürzung $v_1^2 + v_2^2 + \cdots + v_n^2 = [vv]$ und $\varepsilon_1^2 + \varepsilon_2^2 + \cdots + \varepsilon_n^2 = [\varepsilon\varepsilon]$ eingeführt. Dann ist nach *Gauß* der **mittlere Fehler der einzelnen Beobachtung**

$$\varepsilon = \frac{[\varepsilon\,\varepsilon]}{n} = \sqrt{\frac{[vv]}{n-1}} \left(\approx \sqrt{\frac{[vv]}{n}}, \quad \text{falls } n \gg 1 \right).$$

c) Der **mittlere Fehler des Mittelwertes** ist dann nach *Gauß*

$$E = \frac{1}{n} \sum_{i=1}^{i=n} \varepsilon_i = \frac{\varepsilon}{\sqrt{n}} = \sqrt{\frac{[vv]}{n(n-1)}} \left(\approx \frac{1}{n}\sqrt{[vv]}, \quad \text{falls } n \gg 1 \right).$$

Der mittlere Fehler des Mittelwertes aus n Beobachtungen nimmt also bei gleichem mittleren Fehler ε der Einzelmessung ab wie $1/\sqrt{n}$, d. h. es ist zwecklos, ungenaue Messungen durch eine große Anzahl von Beobachtungen ausgleichen zu wollen. Für eine kleinere Anzahl n von Beobachtungen nimmt er mit wachsendem n schneller, für eine größere Anzahl n von Beobachtungen nur langsamer ab, Bild 161.

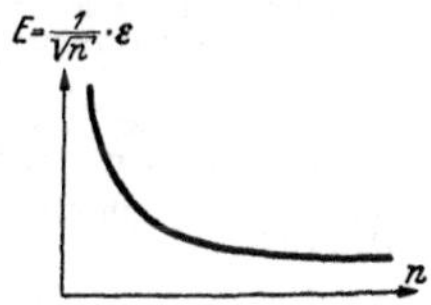

Bild 161

Sind einzelne Messungen ihrem „Gewicht" (S. 155) entsprechend zu berücksichtigen, so ergeben sich ähnliche Beziehungen (s. Anm. 1, S. 160).

d) Der **wahrscheinliche Fehler** ϱ ist folgendermaßen definiert: Der Absolutbetrag des wirklichen Fehlers ist mit der gleichen Wahrscheinlichkeit ($w = 0{,}5$) größer oder kleiner als ϱ. Unter Verwendung des *Gauß*schen Fehlerverteilungsgesetzes (s. C, S. 161) ist der wahrscheinliche Fehler das 0,674fache ($\approx \frac{2}{3}$fache) des mittleren Fehlers.

Beispiel: Die Bestimmung von $\varkappa = c_p/c_v$ nach der Methode von *Clement* und *Desormes* ergab folgende Werte:

$$\varkappa = h_1/(h_1 - h_2).$$

Gemessen			Gerechnet			
Versuch	h_1	h_2	$h_1 - h_2$	$h_1/(h_1 - h_2)$	v	v^2
1	12	4	8	1,50	0,09	0,0081
2	20	6	14	1,43	0,02	0,0004
3	12	3,$_5$	8,$_5$	1,41	0,00	0,0000
4	18	5	13	1,38$_5$	0,02$_5$	0,0006
5	28	7	21	1,33	0,08	0,0064
6	13,$_5$	4,$_5$	9	1,50	0,09	0,0081
7	16	5	11	1,45$_5$	0,04$_5$	0,0020
8	18	4,$_5$	13,$_5$	1,33	0,08	0,0064
9	20	5,$_5$	14,$_5$	1,38	0,03	0,0009
10	12	3,$_5$	8,$_5$	1,41	0,00	0,0000
				Mittel 1,41		$[vv] = 0{,}0329$

$\varkappa = \mathbf{1{,}41 \pm 0{,}02}$.

Mittlerer Fehler der Einzelmessungen $\Big\}\ \varepsilon = \sqrt{\dfrac{0{,}0329}{9}} = 0{,}06.$

Wahrscheinlicher Fehler $= \frac{2}{3} \cdot 0{,}06_0 = 0{,}04$.

Mittlerer Fehler des Mittelwertes $\Big\}\ E = \dfrac{\varepsilon}{\sqrt{10}} = \sqrt{\dfrac{0{,}0329}{9 \cdot 10}} = 0{,}019 \approx 0{,}02.$

Wahrscheinlicher Fehler $= \frac{2}{3} \cdot 0{,}019 = 0{,}01_2$.

Wenn der wahrscheinliche Fehler der Einzelmessungen $\pm\, 0{,}04$ ist, so heißt das: Es ist mit gleicher Wahrscheinlichkeit anzunehmen, daß die Einzelfehler größer bzw. kleiner als 0,04 sind. Tatsächlich sind bei vorstehenden 10 Messungen 5 Fehler größer (Messung Nr. 1, 5, 6, 7 und 8) und 5 kleiner als 0,04.

e) Folgt ein Ergebnis $u = f(x, y, z, \ldots)$ aus **mehreren Einzelmessungen** $x, y, z, \ldots$ (s. S. 156) und sind $\varepsilon_x, \varepsilon_y, \ldots$ die mittleren Fehler der einzelnen Messungen, so ist der mittlere Fehler ε_u der gesuchten Größe u gegeben durch

$$\varepsilon_u = \sqrt{(\varepsilon_x \cdot \partial u/\partial x)^2 + (\varepsilon_y \cdot \partial u/\partial y)^2 + \cdots}.$$

f) Mehrere Unbekannte. Häufig können nur Werte gemessen werden, die eine *Beziehung* zwischen *mehreren* Unbekannten ergeben. Hat man z. B. eine Funktion mit drei Größen, so können diese aus drei Gleichungen berechnet, also auch aus drei Messungen bestimmt werden. Führt man weitere Messungen durch, so ist die Zahl der Gleichungen größer als die Zahl der Unbekannten, die Aufgabe erscheint zunächst nicht lösbar. Um jedoch diese Unbekannten möglichst genau zu erhalten, werden diese so bestimmt, daß nach 2a die Summe der Quadrate der Abweichungen ein Minimum ist.

Dies bedeutet, daß die partiellen Ableitungen der Fehlerquadrate (der Quadrate der Abweichungen) nach den einzelnen Unbekannten gleich null zu setzen sind.

Beispiel für eine *lineare* Beziehung[1]: Die Länge l_t eines Weißmetallstabes ist bei verschiedenen Temperaturen t gemessen worden:

Länge l_t

1. $l_{25} = 200{,}14$ mm	3. $l_{75} = 200{,}33$ mm	5. $l_{125} = 200{,}52$ mm	7. $l_{175} = 200{,}69$ mm
2. $l_{50} = 200{,}24$ mm	4. $l_{100} = 200{,}41$ mm	6. $l_{150} = 200{,}61$ mm	8. $l_{200} = 200{,}80$ mm

Unter Annahme einer linearen Ausdehnung soll die lineare Wärmedehnzahl bestimmt werden. Danach ist

$$l_t = l_0(1 + \alpha t) = l_0 + l_0 \alpha t.$$

Zur „graphischen Ausgleichung" (S. 157) wird man die Verlängerung

$$\Delta l = l_0 \alpha (t - 25) = l_t - l_{25}$$

über t auftragen, durch die Meßpunkte eine ausgleichende Gerade legen, Bild 162, und daraus α und damit auch l_0 berechnen.

Eine *genauere* Ausgleichung kann nur mit Hilfe des Minimums der Fehlerquadrate erreicht werden:

Um kleine Zahlen zu erhalten, setze man $l_0 = 200 + x$ und $\alpha l_0 = 0{,}004 + y$, da Δl für je 25° rund 0,1 beträgt. Dann lauten die Beziehungen auch

$$l_t = l_0 + \alpha l_0 t = 200 + x + 0{,}004\,t + y\,t \quad \text{oder} \quad x + t\,y = l_t - 200 - 0{,}004\,t.$$

Für die 8 Messungen gelten dann die 8 Bestimmungsgleichungen:

1. $x + 25\,y = 0{,}14 - 0{,}10 = 0{,}04$	5. $x + 125\,y = 0{,}52 - 0{,}50 = 0{,}02$
2. $x + 50\,y = 0{,}24 - 0{,}20 = 0{,}04$	6. $x + 150\,y = 0{,}61 - 0{,}60 = 0{,}01$
3. $x + 75\,y = 0{,}33 - 0{,}30 = 0{,}03$	7. $x + 175\,y = 0{,}69 - 0{,}70 = -0{,}01$
4. $x + 100\,y = 0{,}41 - 0{,}40 = 0{,}01$	8. $x + 200\,y = 0{,}80 - 0{,}80 = 0{,}00$

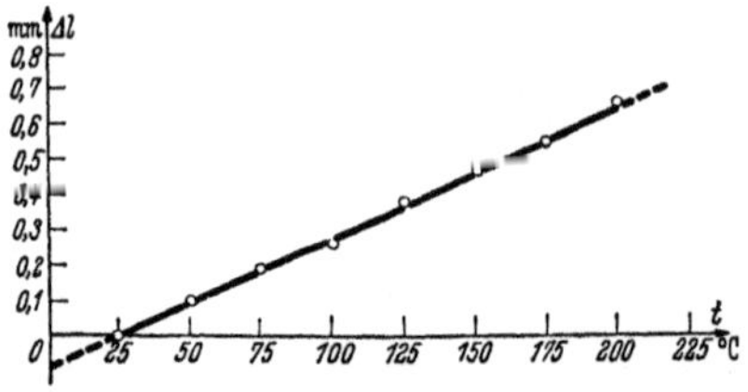

Bild 162

In diesen 8 Gleichungen $x + t_k y = u_k$ sind die beiden Unbekannten so zu bestimmen, daß die Summe der Quadrate der Abweichungen, d. h. $\sum_{k=1}^{k=8}(u_k - x - t_k y)^2$ ein Minimum wird. Es müssen also die partiellen Ableitungen dieser Summe nach x und nach y gleich null sein. Dies liefert für x und y die beiden Bestimmungsgleichungen, in denen die Summen von $k = 1$ bis $k = 8$ zu bilden sind und in denen danach $\sum x = 8x$ ist:

$$\text{I.} \quad \frac{\partial}{\partial x}\left[\sum (u_k - x - y\,t_k)^2\right] = 0 \quad \text{oder} \quad \sum u_k - \sum x - y \sum t_k = 0,$$

$$\text{II.} \quad \frac{\partial}{\partial y}\left[\sum (u_k - x - y\,t_k)^2\right] = 0 \quad \text{oder} \quad \sum (t_k u_k) - x \sum t_k - y \sum t_k^2 = 0.$$

---

[1] Beispiel für *nichtlineare* Beziehungen vgl. *Kohlrausch, F.*: Prakt. Physik. 20. Aufl. Bd. I. Stuttgart: Teubner 1955. Vgl. ferner *Runge, C.* u. *H. König*: Numerisches Rechnen. Berlin: Springer 1924.

Nun ist:

k	u_k	t_k	$t_k u_k$	t_k^2
1.	0,04	25	1,00	625
2.	0,04	50	2,00	2 500
3.	0,03	75	2,25	5 625
4.	0,01	100	1,00	10 000
5.	0,02	125	2,50	15 625
6.	0,01	150	1,50	22 500
7.	− 0,01	175	− 1,75	30 625
8.	0,00	200	0,00	40 000
Summen:	0,14	900	8,50	127 500

Die beiden obigen Bestimmungsgleichungen heißen somit:

I. $0{,}14 - 8x - 900y = 0$, II. $8{,}50 - 900x - 127\,500y = 0$.

Hieraus folgt:

$$x = \frac{900 \cdot 8{,}50 - 0{,}14 \cdot 127\,500}{900 \cdot 900 - 8 \cdot 127\,500} = 0{,}048_6, \quad y = \frac{900 \cdot 0{,}14 - 8 \cdot 8{,}50}{900 \cdot 900 - 8 \cdot 127\,500} = -0{,}00027_6,$$

und damit wird $l_0 = 200 + x = 200{,}049$ mm = Länge des Stabes bei 0 °C, $\alpha l_0 = 0{,}004 + y = 0{,}00372_4$, d. h. $\alpha = \alpha l_0/l_0 = 0{,}00372/200{,}049 = 0{,}0000186$ = lineare Wärmedehnzahl. Diesen Werten entspricht die ausgleichende Gerade nach Bild 162.

g) Die Methode der kleinsten Quadrate kann auch benutzt werden zur **Aufstellung empirischer Formeln** auf Grund einer Reihe von Beobachtungen.

Geht man von verschiedenen Gesetzen aus und bestimmt für ein und dieselbe Beobachtungsreihe zu jedem dieser Gesetze nach der Methode der kleinsten Quadrate die Unbekannten, so ist das Gesetz am wahrscheinlichsten, bei dem die Summe der Fehlerquadrate am kleinsten ist.

Anwendung der Methode der kleinsten Quadrate bei der harmonischen Analyse vgl. S. 164.

C. Verteilungskurve

a) Gaußsche Fehlerkurve. Bei einer *großen* Zahl von Beobachtungen werden größere Fehler (Abweichungen vom wahren Wert) immer in geringerer Zahl vorkommen als kleinere. Trägt man nun die Wahrscheinlichkeit $f(v)$ dafür, daß ein bestimmter Fehler v auftritt, in Abhängigkeit dieses Fehlers v auf, so erhält man die *Gauß*sche Fehler-, Häufigkeits- oder Verteilungskurve, auch Glockenkurve genannt, Bild 163. Ihre von *Gauß* hergeleitete Gleichung lautet

$$f(v) = h/\sqrt{\pi} \cdot e^{-h^2 v^2}.$$

Die Wahrscheinlichkeit dafür, daß der Fehler zwischen den Grenzen a und b liegt, ist dann durch das *Gauß*sche Fehlerintegral $h/\sqrt{\pi} \cdot \int_a^b e^{-h^2 v^2} dv$ (schraffierte Fläche in Bild 163) gegeben.

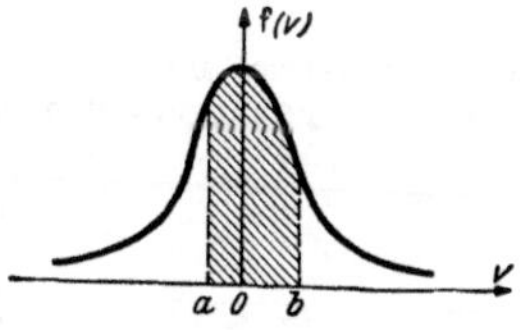

Bild 163. *Gauß*sche Fehlerkurve

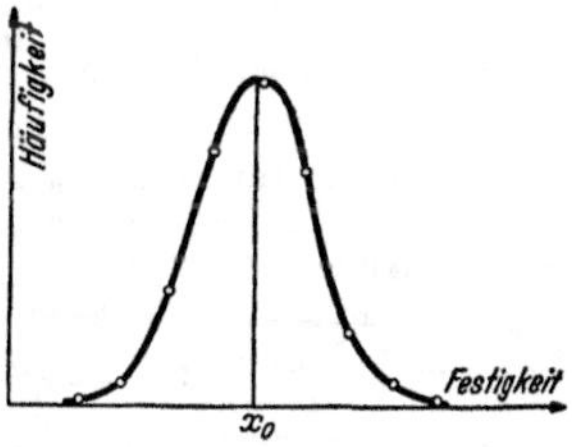

Bild 164

Der Proportionalitätsfaktor $h/\sqrt{\pi}$ bei der Fehlerkurve ist so gewählt, daß die gesamte Wahrscheinlichkeit gleich eins, d. h. daß $\int_{-\infty}^{+\infty} f(v)\, dv = 1$ ist. Diese Verteilungskurve kann also genau nur dann gelten, wenn für den absoluten Fehler v keine obere Grenze vorhanden ist. Praktisch ist jedoch der Beitrag, den die Fehler oberhalb einer bestimmten Grenze liefern, gering.

Ist x die gemessene Größe und x_0 ihr wahrer Wert, so kann die Gleichung der Glockenkurve auch geschrieben werden:

$$f(x) = h/\sqrt{\pi} \cdot e^{-h^2 (x - x_0)^2}.$$

b) Die **Genauigkeitszahl** h ist ein Maß für die Genauigkeit der Beobachtung: Ist h groß, so fällt die Kurve steil ab, ist h klein, so ist die Kurve breit und fällt langsam, denn immer ist der gesamte Flächeninhalt gleich eins.

c) Der **Maximalwert** für $v = 0$ (oder $x = x_0$) hat den Wert $h/\sqrt{\pi}$; ferner ist h durch den mittleren Fehler der einzelnen Beobachtung (S. 159) bestimmt gemäß $h = 1/\varepsilon\sqrt{2}$. Der Wert ε gibt auch die „Breite" der Glockenkurve an, denn für $v = \pm\,\varepsilon$ (oder $x = x_0 \pm \varepsilon$) hat die Kurve Wendepunkte.

d) Da bei Feststellung einer bestimmten Eigenschaft an einer großen Zahl von Dingen (also an einem **Kollektiv,** S. 154) die relative Häufigkeit sich wenig von der Wahrscheinlichkeit (als ihrem Grenzwert, S. 154) unterscheidet, erhält man für die relative Häufigkeit einer bestimmten Eigenschaft eine ähnliche, mehr oder weniger gut mit der *Gauß*schen Kurve übereinstimmende Häufigkeitskurve. Bei Massenproduktion von Gütern ergibt sich nun die Aufgabe, den Einfluß bekannter und unbekannter Ursachen auf eine bestimmte Eigenschaft einer Gesamtheit von untersuchten Gegenständen festzustellen (Lit. 1 bis 3 u. 7). Eine sichere Unterlage bildet die Häufigkeitskurve, d. h. die Darstellung der Häufigkeit oder auch der relativen Häufigkeit in Funktion der Abweichung von einer bestimmten Eigenschaft oder in Funktion dieser Eigenschaft selbst.

Soll z. B. die Festigkeit von Drähten bestimmten Fabrikates untersucht werden, so wird man eine große Zahl von Drähten herausgreifen, die vorkommenden Festigkeiten in verschiedene Gruppen einteilen und die jeder Gruppe zukommende Häufigkeitszahl über der Festigkeit auftragen (Bild 164). Man erkennt an der Kurve den häufigsten Wert x_0 sowie die Größe der Abweichung hiervon (z. B. Ausschuß).

Ist für die betrachtete Größe nur *ein* Hauptumstand von Wichtigkeit, so wird die Kurve *ein* Maximum für einen bestimmten Wert x_0 haben, der als wahrscheinlichster gelten kann; bei *mehreren* Einflüssen sind *mehrere* Maxima vorhanden.

VIII. Fouriersche Reihen

(Harmonische Analyse periodischer Funktionen)

Literatur: 1. *Runge, C.*, u. *H. König:* Numerisches Rechnen. Berlin: Springer 1924. — 2. *Stumpf, K.:* Grundlagen und Methoden der Periodenforschung. Berlin: Springer 1937. — 3. Ders.: Tafeln und Aufgaben zur harmonischen Analyse und Periodogrammforschung. Berlin: Springer 1938. — 4. *Hussmann, A.:* Rechnerische Verfahren zur harmonischen Analyse und Synthese mit Schablonen für eine Rechnung mit 12, 24, 36 und 72 Ordinaten. Berlin: Springer 1938.

a) Jede in dem Intervall $0 \leqq x \leqq 2\pi$ stückweise stetige Funktion $f(x)$, d. h. jede praktisch in der Technik vorkommende periodische Funktion läßt sich in die **Fouriersche Reihe**

$$\left.\begin{aligned} f(x) &= a_0 + \sum_{k=1}^{k=\infty} a_k \cos kx + \sum_{k=1}^{k=\infty} b_k \sin kx \\ &= a_0 + a_1 \cos x + a_2 \cos 2x + \cdots + b_1 \sin x + b_2 \sin 2x + \cdots \end{aligned}\right\} \quad (1)$$

entwickeln. Die Funktion ist also dargestellt durch eine Summe von einzelnen „Schwingungen", die für $k = 1$ Grundschwingung oder 1. Harmonische und für $k = 2, 3, \ldots$ Oberschwingungen oder höhere Harmonische heißen.

Die Entwicklung in diese Reihe kann bis zu jeder gewünschten Genauigkeit durchgeführt werden.

b) Die **harmonische Analyse** ist die Bestimmung der Beiwerte oder *Fourier*koeffizienten $a_0, a_1, a_2, \ldots, b_1, b_2 \ldots$ Anwendungen bei *periodischen* Funktionen; siehe z. B. Bd. II, Abschn. Schwungräder, Massenausgleich, Schwingungen und Regler; Unterabschn. Kritische Drehzahlen.

Die *Synthese* ist die Addition der einzelnen Schwingungen zu einer Resultierenden.

Sonderfälle: Bei einer *geraden* Funktion $[f(-x) = f(x)]$ sind sämtliche Koeffizienten $b_k = 0$; man erhält eine reine cosinus-Reihe.

Bei einer *ungeraden* Funktion $[f(x) = -f(-x)]$ ist $a_0 = 0$ und sind sämtliche Werte $a_k = 0$ $(k = 1, 2, \ldots)$; man erhält eine reine sinus-Reihe.

Ist $f(x + \pi) = -f(x)$, so treten nur die Koeffizienten mit ungeradem Index auf, und es ist $a_0 = 0$.

c) Durch Zusammenfassen der Glieder mit gleichem Index läßt sich die *Fourier*reihe auch schreiben

$$f(x) = a_0 + \sum_{k=1}^{k=\infty} c_k \sin(kx + \varphi_k), \tag{2}$$

worin $c_k = \sqrt{a_k^2 + b_k^2}$ und $\operatorname{tg}\varphi_k = a_k/b_k$ ist. φ_k heißt **Phasenverschiebung** (Quadrant s. Beisp., Bild 166, S. 167).

Es muß für jedes x die Beziehung

$$c_k \sin(kx + \varphi_k) = c_k \cos kx \sin\varphi_k + c_k \sin kx \cos\varphi_k = a_k \cos kx + b_k \sin kx$$

erfüllt sein; d. h. es ist $a_k = c_k \sin\varphi_k$, $b_k = c_k \cos\varphi_k$, also $a_k^2 + b_k^2 = c_k^2(\sin^2\varphi_k + \cos^2\varphi_k) = c_k^2$ und $a_k/b_k = \operatorname{tg}\varphi_k$.

d) Zur **Berechnung der Fourierkoeffizienten** gelten die Formeln

$$a_0 = \frac{1}{2\pi}\int_0^{2\pi} f(x)\,dx \quad \text{(mittlere Höhe des Kurvenzuges, S. 80)}, \tag{3}$$

$$a_k = \frac{1}{\pi}\int_0^{2\pi} f(x)\cos kx\,dx, \quad (4) \qquad b_k = \frac{1}{\pi}\int_0^{2\pi} f(x)\sin kx\,dx. \quad (5)$$

Beweis: Integriert man Gl. (1) in den Grenzen 0 bis 2π, so folgt Gl. (3); multipliziert man Gl. (1) mit $\cos kx$ bzw. $\sin kx$ und integriert in den Grenzen 0 bis 2π, so folgt

$$\int_0^{2\pi} f(x)\cos kx\,dx = a_k\pi \quad \text{nur} \quad \int_0^{2\pi} f(x)\sin kx\,dx = b_k\pi;$$

denn es ist (s. S. 86)

$$\int_0^{2\pi} \cos mx \cos nx\,dx = \begin{matrix} 0 & \text{für } m \neq n \\ \pi & \text{für } m = n \neq 0 \end{matrix}$$

$$\int_0^{2\pi} \sin mx \sin nx\,dx = \begin{matrix} 0 & \text{für } m \neq n \text{ und } m = n = 0 \\ \pi & \text{für } m = n \neq 0, \end{matrix} \qquad \int_0^{2\pi} \cos mx \sin nx\,dx = 0.$$

Hat die Kurve eine *Unstetigkeitsstelle* (Sprung), d. h. ist

$$\lim_{\varepsilon\to 0} f(x_0 - \varepsilon) = g_1 \quad \text{und} \quad \lim_{\varepsilon\to 0} f(x_0 + \varepsilon) = g_2,$$

so liefert die *Fourier*sche Reihe als Funktionswert für $x = x_0$ den arithmetischen Mittelwert $\frac{1}{2}(g_1 + g_2)$.

Die Koeffizienten lassen sich bei bekanntem, formelmäßig gegebenen Gesetz der Funktion $y = f(x)$ nach den Formeln (3) bis (5) ausrechnen. Der Weg empfiehlt sich aber nur dann, wenn die Integrale in einfacher Weise zu lösen sind. Andernfalls, insbesondere bei graphisch gegebenem Gesetz, bestimmt man die Koeffizienten instrumentell oder durch Näherungsmethoden rechnerisch.

e) Zur **instrumentellen Auswertung** dienen harmonische Analysatoren[1] (*Mader-Ott, Henrici-Coradi, Harvey-Amsler* u. a.), bei denen (wie bei den Funktionsplanimetern, S. 186) nach Umfahren der zu analysierenden Kurve mit einem Fahrstift an einer Meßrolle der gesuchte Koeffizient oder eine ihm proportionale Zahl abgelesen werden kann.

f) Zur **angenäherten rechnerischen Auswertung** teilt man das Intervall 0 bis 2π in $2m$ gleiche Teile und ersetzt die Integrale durch Summen unter Anwendung der Trapezregel (S. 184) mit der Streifenbreite $2\pi/2m = \pi/m$. Zum gleichen Ergebnis kommt man mit dem Satz vom Minimum der Fehlerquadrate (s. u.).

Sind dann die einzelnen Ordinaten $f(x_q) = y_q$, $(q = 0, 1, 2, \ldots, 2m-1)$, gegeben, so wird

$$a_0 = \frac{1}{2m} \sum_{q=0}^{q=2m-1} y_q \quad \text{und mit} \quad k\,\frac{2\pi q}{2m} = \frac{k q \pi}{m}, \quad \text{da} \quad x_q = q\,\frac{\pi}{m},$$

$$a_k = \frac{1}{m} \sum_{q=0}^{q=2m-1} y_q \cos\frac{k q \pi}{m}, \qquad b_k = \frac{1}{m} \sum_{q=0}^{q=2m-1} y_q \sin\frac{k q \pi}{m}.$$

Wenn m durch zwei teilbar ist und wenn die Resultierende durch die gegebenen Punkte hindurchgehen soll, so kommen in der Formel für a_k nur die Werte $k = 1$ bis $k = m$ und in der für b_k nur die Werte $k = 1$ bis $k = m - 1$ in Frage.

Sind $f(x)$ die gemessenen Werte und $f_r(x)$ die nach der Analyse berechneten, so muß nach dem Satz vom Minimum der Fehlerquadrate $\sum [f_r(x) - f(x)]^2$ ein Minimum werden, d. h. es muß sein:

$$\frac{\partial}{\partial a_k} \sum [f_r(x) - f(x)]^2 = 0 \quad \text{und} \quad \frac{\partial}{\partial b_k} \sum [f_r(x) - f(x)]^2 = 0,$$

woraus ebenfalls die vorstehenden Formeln folgen.

Ist m eine gerade Zahl und sind (s. o.) für k die Werte $k = 1$ bis $k = m$ bzw. $k = m - 1$ gesetzt, so wird die Summe der Fehlerquadrate null.

g) Die **praktische Ausrechnung** der Summen geschieht am besten nach einem Schema wie folgt:

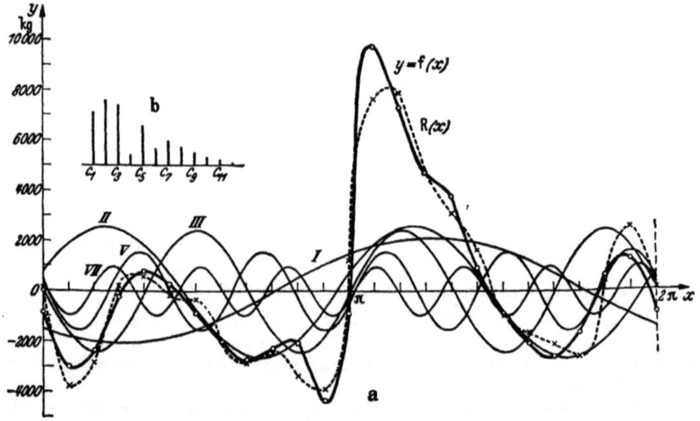

Bild 165. Harmonische Analyse eines Tangentialkraftdiagramms

[1] *Meyer zur Capellen, W.:* Mathematische Instrumente. 3. Aufl. Leipzig: Akadem. Verlagsges. 1949. — Ders.: Instrumentelle Mathematik für den Ingenieur. Essen: Girardet 1952.

Ist z. B. $2m = 24$, so wird $\pi/m = 15°$; es sind die Ordinaten y_q mit $\cos(kq \cdot 15°)$ bzw. $\sin(kq \cdot 15°)$ zu multiplizieren und die Produkte dann in der angegebenen Weise zu addieren. Diese Aufgabe kann durch das nachfolgende **Schema** für $2m = 24$ vereinfacht werden (vgl. Lit. 1; vorgedruckte Schemata bei Lit. 4). Da der sin durch den cos und die trigonometrischen Funktionen der Winkel in den höheren Quadranten durch die Funktionen der spitzen Winkel ausgedrückt werden können, bleiben als Zahlenfaktoren neben 0 und 1 noch übrig (abgesehen vom Vorzeichen) die cos von 15°, 30°, 45°, 60°, 75°. Schließlich können $\cos 15° = \cos(45° - 30°)$ und $\cos 75° = \cos(45° + 30°)$ durch die trigonometrischen Funktionen von 45° nud 30° ausgedrückt werden. Damit bleiben als einzige Zahlenfaktoren (außer der Null und abgesehen vom Vorzeichen) noch übrig $\cos 0° = 1$, $\cos 30° = 0{,}866$, $\cos 45° = 0{,}707$ und $\cos 60° = 1/2$; die Anzahl der Multiplikationen ist damit auf ein Minimum herabgedrückt. Multipliziert werden dann nur noch gewisse Summen und Differenzen, die durch die nachfolgende **Faltung** bestimmt werden.

Dem Schema liegt als **Zahlenbeispiel** ein Tangentialkraftdiagramm[1], $y = f(x)$, Bild 165a zugrunde, dessen Grundperiode auf 2π zurückgeführt ist und für das also a_0, a_1 bis a_{12} und b_1 bis b_{11} zu bestimmen sind.

α) *Faltung:*

y_0 bis y_{12}	$y_0 = -885$	$y_1 = -3000$	$y_2 = -2380$	$y_3 = -214$	$y_4 = +780$
y_{23} bis y_{13}		$y_{23} = +1230$	$y_{22} = +600$	$y_{21} = -1575$	$y_{20} = -2570$ *)
Summen v_0 bis v_{12} . .	$v_0 = -885$	$v_1 = -1770$	$v_2 = -1780$	$v_3 = -1789$	$v_4 = -1790$
Differenzen w_1 bis w_{11}		$w_1 = -4230$	$w_2 = -2980$	$w_3 = +1361$	$w_4 = +3350$

*) Forts.

$y_5 = +270$	$y_6 = -885$	$y_7 = -2040$	$y_8 = -2730$	$y_9 = -2290$
$y_{19} = -2035$	$y_{18} = -885$	$y_{17} = +910$	$y_{16} = +3740$	$y_{15} = +4660$ **)
$v_5 = -1765$	$v_6 = -1770$	$v_7 = -1130$	$v_8 = +1010$	$v_9 = +2370$
$w_5 = +2305$	$w_6 = 0$	$w_7 = -2950$	$w_8 = -6470$	$w_9 = -6950$

**) Forts.

$y_{10} = -2060$	$y_{11} = -4390$	$y_{12} = -885$
$y_{14} = +7230$	$y_{13} = +9650$	
$v_{10} = +5170$	$v_{11} = +5260$	$v_{12} = -885$
$w_{10} = -9290$	$w_{11} = -14040$	

v_0 bis v_6	-885	-1770	-1780	-1789	-1790	-1765	-1770
v_{12} bis v_7	-885	$+5260$	$+5170$	$+2370$	$+1010$	-1130	
Summen p_0 bis p_6	$p_0 = -1770$	$p_1 = +3490$	$p_2 = +3390$	$p_3 = +581$	$p_4 = -780$	$p_5 = -2895$	$p_6 = -1770$
Differenzen q_0 bis q_5	$q_0 = 0$	$q_1 = -7030$	$q_2 = -6950$	$q_3 = -4159$	$q_4 = -2800$	$q_5 = -635$	

w_1 bis w_6	-4230	-2980	$+1361$	$+3350$	$+2305$	0
w_{11} bis w_7	-14040	-9290	-6950	-6470	-2950	
Summen r_1 bis r_6	$r_1 = -18270$	$r_2 = -12270$	$r_3 = -5589$	$r_4 = -3120$	$r_5 = -645$	$r_6 = 0$
Differenzen s_1 bis s_5	$s_1 = +9810$	$s_2 = +6310$	$s_3 = +8311$	$s_4 = +9820$	$s_5 = +5255$	

p_0 bis p_3	-1770	$+3490$	$+3390$	$+581$
p_6 bis p_4	-1770	-2895	-780	
Summen l_0 bis l_3	$l_0 = -3540$	$l_1 = +595$	$l_2 = +2610$	$l_3 = +581$
Differenzen m_0 bis m_2 . . .	$m_0 = 0$	$m_1 = +6385$	$m_2 = +4170$	

s_1 bis s_3	$+9810$	$+6310$	$+8311$
s_5, s_4	$+5255$	$+9820$	
Summen k_1 bis k_3	$k_1 = +15065$	$k_2 = +16130$	$k_3 = +8311$
Differenzen n_1, n_2	$n_1 = +4555$	$n_2 = -3510$	

[1] Aus *Dubbel, H.:* Öl- und Gasmaschinen. Berlin: Springer 1926.

In dem nunmehr folgenden *Schema* zur endgültigen Berechnung der Koeffizienten sind die eingetragenen Zahlen $l_0, l_1, l_2, \ldots, q_1, q_2$ usw. jeweils mit dem vor der Reihe stehenden Faktor zu multiplizieren, d. h. mit $\cos 60^\circ = 1/2$, $\cos 45^\circ = 0{,}707$, $\cos 30^\circ = 0{,}866$ (zur genaueren Auswertung z. B. mit dem Rechenstab zweckmäßig gleich $1 - 0{,}134$ zu setzen) und mit $\cos 0^\circ = 1$.

β) *Schema:*

1/2			$-l_2$	l_1	m_2		k_1			
0,866						m_1		k_2	n_1	n_2
1	l_0 l_2	l_1 l_3	l_0	$-l_3$	m_0		k_3			
Summe	I	II	I	II	I	II	I	II	I	II
Summe I + II . . .	$24\underline{a_0}$		$12\underline{a_4}$		$12\underline{a_2}$		$12\underline{b_2}$		$12\underline{b_4}$	
Differenz I − II . . .	$24\underline{a_{12}}$		$12\underline{a_8}$		$12\underline{a_{10}}$		$12\underline{b_{10}}$		$12\underline{b_8}$	

$$12\underline{a_6} = m_0 - m_2, \qquad 12\underline{b_6} = k_1 - k_3$$

	I	II	I	II
0,707	q_1	q_5	r_1	r_5
Summe I + II . .	t_1		h_1	
Differenz I − II . .	t_2		h_2	

1/2	q_4	t_2			q_4	$-t_2$	$-h_2$	r_2			h_2	r_2
0,707		q_3		$-q_3$		$-q_3$	r_3		r_3		$-r_3$	
0,866	q_2	t_1			$-q_2$	t_1	h_1	r_4			h_1	$-r_4$
1	q_0		q_0 $-q_4$	t_2	q_0			r_6	h_2	r_2 $-r_6$		r_6
Summe	I	II	I	II	I	II	I	II	I	II	I	II
Summe I + II . . .	$12\underline{a_1}$		$12\underline{a_3}$		$12\underline{a_5}$		$12\underline{b_1}$		$12\underline{b_3}$		$12\underline{b_5}$	
Differenz I − II . . .	$12\underline{a_{11}}$		$12\underline{a_9}$		$12\underline{a_7}$		$12\underline{b_{11}}$		$12\underline{b_9}$		$12\underline{b_7}$	

γ) *Auswertung* für das Zahlenbeispiel:

1/2			− 1305	+ 298	+ 2085		+ 7533			
0,866						+ 5529		+ 13969	+ 3945	− 3040
1	− 3540 + 2610	+ 595 + 581	− 3540	− 581	0		+ 8311			
Summe	− 930	+ 1176	− 4845	− 283			+ 15844	+ 13969		
Summe I + II	$24\underline{a_0} =$ 246		$12\underline{a_4} = -5128$		$12\underline{a_2} = +7614$		$12\underline{b_2} = +29813$		$12\underline{b_4} = +905$	
Differenz I − II	$24\underline{a_{12}} = -2106$		$12\underline{a_8} = -4562$		$12\underline{a_{10}} = -3444$		$12\underline{b_{10}} = +1875$		$12\underline{b_8} = +6985$	

$$12\underline{a_6} = 0 - 4170 = -4170, \qquad 12\underline{b_6} = +15065 - 8311 = +6754.$$

	I	II	I	II
0,707	− 4970	− 449	− 12917	− 456
I + II	$t_1 = -5419$		$h_1 = -13373$	
I − II	$t_2 = -4521$		$h_2 = -12461$	

1/2	−1400	−2261			−1400	+2261	+ 6231	−6135			− 6231	−6135
0,707		−2940		+2940		+2940	− 3951		− 3951		+ 3951	
0,866	−6019	−4693			+6019	−4693	−11581	−2702			−11 581	+2702
1	0		0 +2800	−4521	0			0	−12461	−12270 0		0
;umme	−7419	−9894	+2800	−1581	+4619	+ 508	− 9301	−8837	−16412	−12270	−13861	−3433
;umme I + II	$12\underline{a_1} = -17313$		$12\underline{a_3} = +1219$		$12\underline{a_5} = +5127$		$12\underline{b_1} = -18138$		$12\underline{b_3} = -28682$		$12\underline{b_5} = -17294$	
ifferenz I − II	$12\underline{a_{11}} = +2475$		$12\underline{a_9} = +4381$		$12\underline{a_7} = +4111$		$12\underline{b_{11}} = -464$		$12\underline{b_9} = -4142$		$12\underline{b_7} = -10428$	

Hiernach ergeben sich die folgenden Zahlen für die Koeffizienten a_k, b_k, für die Amplituden $c_k = \sqrt{a_k^2 + b_k^2}$ und für die Phasenverschiebungen φ_k aus $\operatorname{tg} \varphi_k = a_k/b_k$. Der Quadrant von φ_k folgt aus Bild 166 oder aus der darunterstehenden Vorzeichentafel.

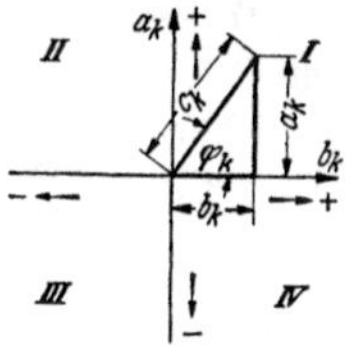

Bild 166

a_k	b_k	Quadrant
+	+	I
+	−	II
−	−	III
−	+	IV

k	a_k	b_k	c_k	φ_k*
0	10	—	—	—
1	−1443	−1512	2090	223°
2	+ 635	+2484	2565	15°
3	+ 102	−2390	2392	177°
4	− 427	+ 75	434	280°
5	+ 427	−1441	1503	164°
6	− 348	+ 563	663	328°
7	+ 343	− 869	934	159°
8	− 380	+ 582	695	327°
9	+ 365	− 345	502	133°
10	− 287	+ 156	327	299°
11	+ 206	− 39	210	108°
12	− 88	(0)**	(88)**	(270°)**

Wie auch das „Spektrum", Bild 165b, für die Amplituden der einzelnen Harmonischen zeigt, sind die angestrichenen Werte c_k relativ groß, vielleicht noch c_6, c_8 und c_9.

Berücksichtigt man sämtliche ermittelten Harmonischen, so geht die Resultierende der einzelnen Schwingungen (ihre Konstruktion s. Sinuslinien S. 143) wieder durch die gegebenen Punkte hindurch (s. f), S. 164). Berücksichtigt man nur die in Bild 165a eingetragenen Harmonischen (c_1, c_2, c_3, c_5, c_7), so erhält man als Annäherung für $f(x)$ die gestrichelt eingetragene Resultierende

$$R(x) = 2090 \cdot \sin(x + 223^\circ) + 2565 \cdot \sin(2x + 15^\circ) + 2392 \sin(3x + 177^\circ) \\ + 1503 \cdot \sin(5x + 164^\circ) + 934 \cdot \sin(7x + 159^\circ), \qquad x = 0 \text{ bis } 360^\circ.$$

Das angegebene Schema kann auch für 12 Ordinaten verwendet werden, wenn man diese mit $y_0, y_2, y_4, \ldots, y_{12}$ bezeichnet und alle Zahlen $v, s, \ldots$ mit ungeradem Index, die Zahlen h und t und die Beiwerte a_k für $k > 6$, b_k für $k \geqq 6$ gleich null setzt. Als Schlußsumme erscheinen dann die 12fachen Werte von a_0 bzw. a_6 und die 6fachen der anderen Beiwerte.

Zur *Synthese* kann das vorstehende 24-Ordinatenschema ebenfalls benutzt werden: Statt der Zahlen $v_0, v_1, \ldots, v_{12}$ setzt man die Werte $a_0, a_1, \ldots, a_{12}$, statt der Zahlen $w_1, w_2, \ldots, w_{11}$ die Werte $b_1, b_2, \ldots, b_{11}$ ein. Im Endergebnis des Schemas erscheint dann statt $24\,a_0$ die Ordinate y_0, statt $24\,a_{12}$ die Ordinate y_{12}. Bezeichnet man die im obigen Schema mit $12\,a_1$, $12\,a_2, \ldots$ bezeichneten Summen nunmehr mit y'_1, $y'_2, \ldots$ und die mit $12\,b_1$, $12\,b_2, \ldots$ bezeichneten Summen nunmehr mit y''_1, $y''_2, \ldots$, so werden die noch fehlenden Ordinaten

$$y_1 = y'_1 + y''_1, \quad y_2 = y'_2 + y''_2, \quad y_k = y'_k + y''_k, \quad y_{23} = y'_1 - y''_1, \quad y_{22} = y'_2 - y''_2, \\ y_{24-k} = y'_k - y''_k, \qquad k = 1, 2, \ldots, 11.$$

* Auf volle Grad abgerundet.

** Beim 24-Ordinatenschema wird $b_{12} = 0$, da sämtliche Werte $\sin(k q \cdot 15^\circ) = \sin(q \cdot 180^\circ) = 0$.

IX. Einführung in die Nomographie

Literatur: 1. *v. Pirani, M.*: Graphische Darstellung in Wissenschaft u. Technik. 3. Aufl. Sammlg. Göschen, Bd. 728. Berlin: W. de Gruyter 1957. — 2. *Luckey-Treusch:* Nomographie, 7. Aufl. Mathem.-physik. Bibl., Bd. 59/60. Stuttgart: B. G. Teubner 1954. — 3. *Zühlke, M.:* Wirtschaftlich Rechnen 3. Aufl. Braunschweig: Georg Westermann 1952. — 4. *Meyer zur Capellen, W.:* Leitfaden der Nomographie. Berlin: Springer 1953.

Die Nomographie benutzt als Hilfsmittel zur Ausführung numerischer Rechnungen die *Zeichnung*, und zwar:

A. Einzelkurven im rechtwinkligen Koordinatensystem (RKS) (= Diagramme),
B. Kurvenscharen im „ „ (= Netztafeln),
C. Doppel- u. Mehrfachskalen im Parallelkoordinatensystem (PKS),
D. Fluchtlinientafeln: Linienkoordinatensystem (LKS).

Einzelkurven und Doppelskalen dienen zur graphischen Darstellung von Funktionen mit nur *zwei* Veränderlichen, während Kurvenscharen (Netztafeln) und Fluchtlinientafeln zur Darstellung von Funktionen mit drei oder gelegentlich auch noch mehr Veränderlichen Verwendung finden.

A. Einzelkurven im rechtwinkligen Koordinatensystem

1. Zusammengesetzte Funktionen und Kurven

Komplizierte funktionale Zusammenhänge stellt man gewöhnlich auf Grund einer tabellarischen Berechnung zusammengehöriger Werte für x und y etwa nach folgendem Schema dar:

Zu zeichnen sei

$$y = 0{,}4 \sin 2\,(x - \pi/2) \text{ für } x\Big|_0^{\pi} \quad \text{(vgl. Bild 167).}$$

x	$x - \pi/2$	$2\,(x - \pi/2)$	$\sin 2\,(x - \pi/2)$	y
0	$-0{,}5\,\pi$	$-\pi$	0	0,0
$0{,}2\,\pi$	$-0{,}3\,\pi$	$-0{,}6\,\pi$	$-0{,}95$	$-0{,}38$
$0{,}4\,\pi$	$-0{,}1\,\pi$	$-0{,}2\,\pi$	$-0{,}588$	$-0{,}235$
$0{,}6\,\pi$	$0{,}1\,\pi$	$0{,}2\,\pi$	0,588	0,235
$0{,}8\,\pi$	$0{,}3\,\pi$	$0{,}6\,\pi$	0,95	0,38
π	$0{,}5\,\pi$	π	0	0,0

Die Rechnung wird durch das vorbereitete Rechenschema von selbst weitergetrieben; man rechnet dabei die Spalten von *oben* nach *unten* durch. Die Zahl der zu berechnenden Punkte richtet sich nach der geforderten Genauigkeit der Zeichnung. Für diese ist dann nur noch die erste (x-) und letzte (y-)Spalte von Interesse.

Einen Vorteil beim Aufzeichnen zusammengesetzter Kurven bietet gelegentlich die Tatsache, daß die Ordinaten der Kurve zusammengesetzt sein müssen aus den Ordinaten y_1 und y_2 der Einzelkurven, wobei

$$y_1 = f_1(x); \quad y_2 = f_2(x); \quad y = f_1(x) + f_2(x).$$

2. Verschiebung und Drehung der Kurven im Koordinatensystem

Wenn $y = f(x)$ als gezeichnete Kurve gegeben ist, dann stellt die Gleichung

$y - b = f(x)$ oder $y = f(x) + b$ eine Kurve dar vom Charakter der gegebenen, aber verschoben um b Einheiten in Richtung der $+y$-Achse;

$y = f(x - a)$ ist alsdann eine Kurve ebenfalls vom Charakter der gegebenen, aber um a Einheiten in Richtung der $+x$-Achse verschoben;

$\dfrac{y}{a} = f(x)$ oder $y = a\,f(x)$ ist eine Kurve vom Charakter der gegebenen; ihre Ordinaten sind aber bei denselben Abszissen a-mal so groß wie die der gegebenen Kurve;

$y = f\left(\dfrac{x}{a}\right)$ ist eine Kurve vom Charakter der gegebenen, aber mit a-mal vergrößerten Abszissen bei den gleichen Ordinaten wie vorher.

Wenn endlich $y = f(x)$ als gezeichnete Kurve gegeben ist und diese Kurve um den Ursprung des Koordinatensystems um den Winkel φ gedreht wird, so erhält man die Gleichung der gedrehten Kurve, wenn man die ursprünglichen Variablen x und y ersetzt durch

$$x_0 = y \sin\varphi + x \cos\varphi; \quad y_0 = y \cos\varphi - x \sin\varphi.$$

Die Gleichung der gedrehten Kurve lautet somit

$$y_0 = f(x_0)$$

oder $\quad y \cos\varphi - x \sin\varphi = f(y \sin\varphi + x \cos\varphi).$

In den vorstehenden Betrachtungen sind das Achsenkreuz als feststehend, die Kurven als beweglich angenommen. Man könnte umgekehrt auch die Kurven als feststehend und das Achsenkreuz verschiebbar bzw. drehbar sich vorstellen.

Beispiele: 1. Wie lautet die Gleichung der um $+45°$ gedrehten Hyperbel $x^2 - y^2 = a^2$? (vgl. S. 116.)

Es ist $\qquad \sin\varphi = \cos\varphi = \frac{1}{2}\sqrt{2}$;

ferner

$$x_0 = \tfrac{1}{2}\sqrt{2}\,y + \tfrac{1}{2}\sqrt{2}\,x; \quad y_0 = \tfrac{1}{2}\sqrt{2}\,y - \tfrac{1}{2}\sqrt{2}\,x.$$

Diese Werte in die gegebene Gleichung für x und y eingesetzt, ergeben nach einfacher Umformung die gesuchte Gleichung:

$$x\,y = a^2/2 = C \quad \text{(vgl. S. 129).}$$

2. Bild 167 zeigt die Entwicklung der Kurve $y = 0{,}4 \sin 2\,(x - \pi/2)$ aus der einfachen Sinuslinie $y = \sin x$.

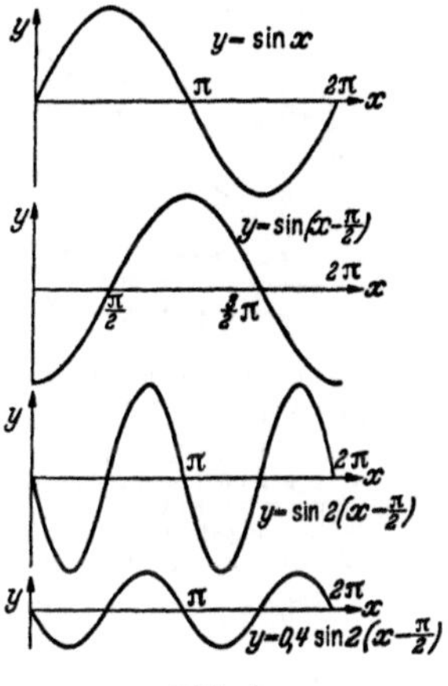

Bild 167

3. Umformung der Achsenteilungen

Jede Kurve läßt sich im RKS als gerade Linie zeichnen, wenn die Koordinatenachsen nicht mehr „linear", sondern entsprechend „funktionell" geteilt werden (s. unten). Die Kurve

$$f(y) = a\, f(x) + b \tag{1}$$

wird zur geraden Linie in einem Koordinatensystem, dessen Ordinatenachse funktionell nach $f(y)$ und dessen Abszissenachse funktionell nach $f(x)$ geteilt ist.

Die Achsenteilungen werden entweder analytisch oder graphisch umgeformt.

a) Analytische Verstreckung von Kurven. Um die Gleichung

$$F = d^2\,\pi/4$$

auf die Normalform der Geraden zu bringen, könnte man mit Bezug auf Gl. (1) etwa setzen

$$f(y) = F; \quad f(x) = d^2,$$

und erhält damit

$$F = \pi/4 \cdot (d^2).$$

Diese Gleichung stellt eine Gerade dar in einem RKS, dessen Ordinate linear nach F und dessen Abszisse quadratisch nach d^2 geteilt ist. Der Tangenswert der Neigungswinkel der Geraden gegen die Abszisse ist $\operatorname{tg}\alpha = \pi/4$, wenn für beide Achsen derselbe Teilungsmaßstab (s. unten) verwendet wird (Bild 168).

Eine andere Möglichkeit der analytischen Verstreckung besteht im vorliegenden Fall darin, daß man die vorgelegte Gleichung logarithmiert; sie geht damit über in $\lg F = 2 \lg d + \lg(\pi/4)$. Es ist dies die Gleichung einer Geraden in einem Koordinatensystem, dessen Ordinate funktionell nach $\lg F$ und dessen Abszisse nach $\lg d$ geteilt ist. Die Gerade schneidet die Abszissenachse im Punkt $d = \sqrt{8/\pi}$ (Bild 169). (Bezüglich der Zeichnung der Funktionsskalen s. S. 173.)

b) Graphische Verstreckung. Eine in einem normalen RKS gegebene Kurve wird verstreckt, indem man sie als eine — an sich beliebige — Gerade zunächst in ein Achsenkreuz ohne Teilung einzeichnet. Die Teilung der Achsen ist nun so auszuführen, daß jeweils zusammengehörige Abszissen- und Ordinatenwerte durch die Gerade einander zugeordnet werden. Dabei ist die *eine* der Achsen-

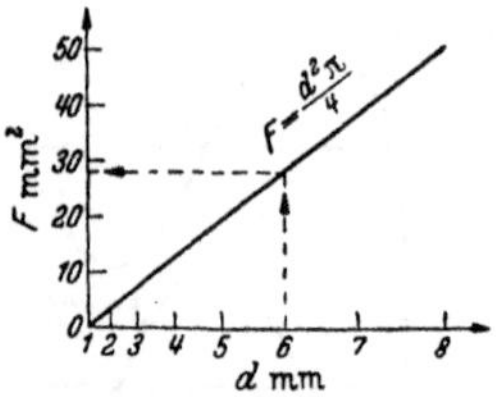

Bild 168

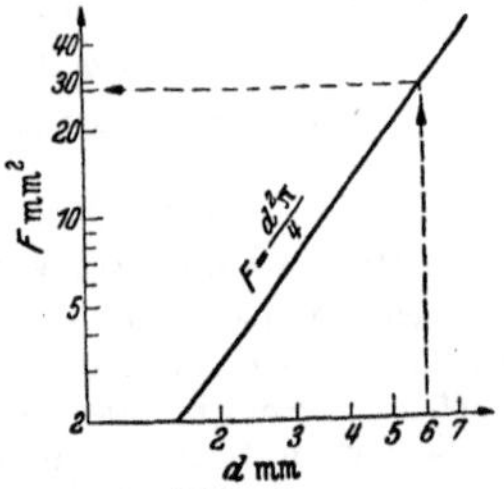

Bild 169

teilungen beliebig, während die *andere* sich zwangläufig aus der vorgelegten Kurve bzw. dem durch sie dargestellten Zusammenhang ergibt.

Wenn die Gleichung $y = f(x)$ der zu verstreckenden Kurve bekannt ist, wird die Verstreckung genauer, wenn man die Teilung der funktionell geteilten Achse auf Grund einer Zahlentafel entwickelt.

Den Grundgedanken dieses Verfahrens erläutern die Bilder 170 und 171 an Hand des Beispiels $F = d^2 \cdot \pi/4$ unter Benutzung der vorstehenden, für $d = f(F)$ berechneten Zahlentafel.

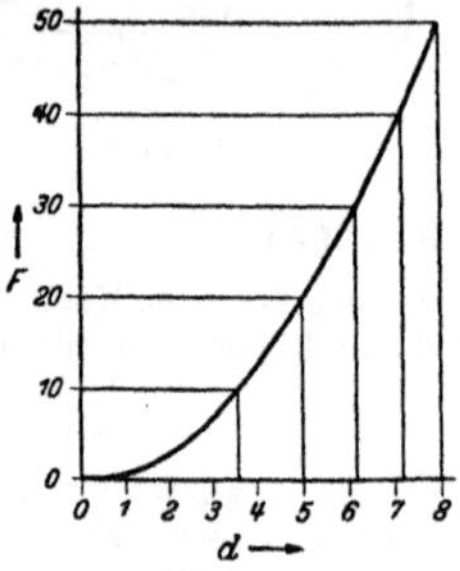

Bild 170

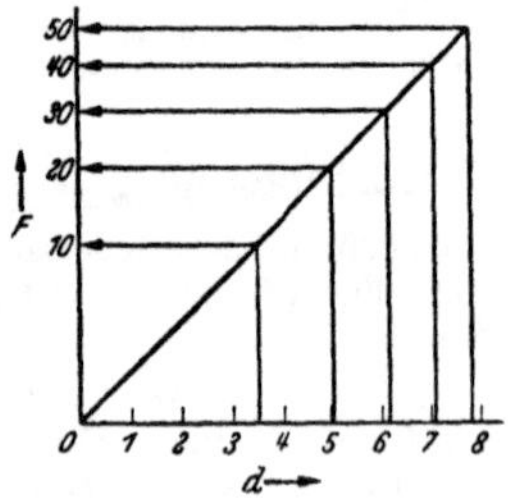

Bild 171

F	d
0	0,00
10	3,57
20	5,05
30	6,18
40	7,14
50	7,98

Auch *zwei* Kurven können rein zeichnerisch genau verstreckt werden, wie Bild 172 zeigt.

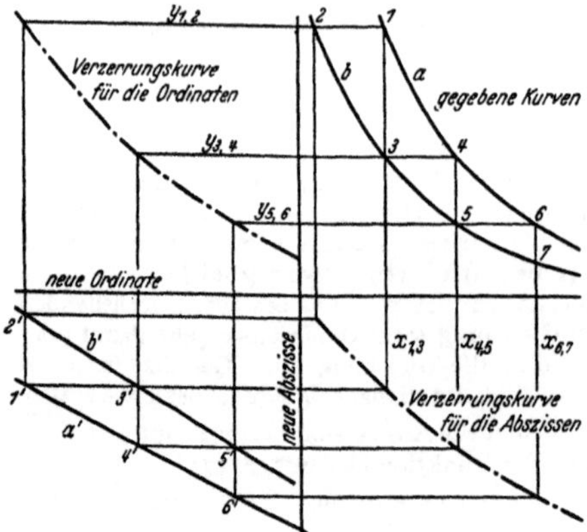

Bild 172

Man zeichnet zwei Gerade a' und b', welche die gegebenen Kurven a und b ersetzen sollen, in den gegenüberliegenden Quadranten und findet die Achsenteilungen des neuen Systems auf Grund der Überlegung, daß z. B. die Punkte *1* und *2*, die im alten System dieselbe Ordinate haben, auch im neuen System gleiche Ordinaten haben müssen (*1'* und *2'*). Dasselbe gilt auch für die Abszissen z. B. der Punkte *1* und *3* bzw. *1'* und *3'*.

Die Brechpunkte der Konstruktionsordinaten y_1, y_2 usw. und Abszissen x_1, x_3 usw. liegen ihrerseits auf Kurven (Verzerrungskurven), die zur Interpolation einzelner Werte benutzt werden können.

Das Verfahren kann auch zum Verstrecken von Kurven*scharen* verwendet werden (S. 180).

B. Netztafeln

1. Funktion mit drei Variablen als Kurvenschar

Eine ebene Kurvenschar ergibt sich jeweils dann, wenn in der gegebenen Gleichung *drei* Variable vorhanden sind. Die eine der Variablen kann auch ein veränderlicher Parameter sein.

Die Gleichung $y = ax + b$ stellt zwei verschiedene Scharen von Geraden dar, je nachdem man a oder b als veränderlichen Parameter auffaßt. So zeigt

Bild 173 die Geradenschar, welche die Gleichung

$$y = ax + b \quad (b = \text{const.}),$$

Bild 174 die Geradenschar, welche die Gleichung

$$y = ax + b \quad (a = \text{const.}),$$

Bild 175 die Kurvenschar, welche die Gleichung

$$xy = z$$

darstellt. Bild 175 kann als Multiplikationstafel verwendet werden. Durch Logarithmieren geht die letzte Gleichung über in

$$\lg y = -\lg x + \lg z;$$

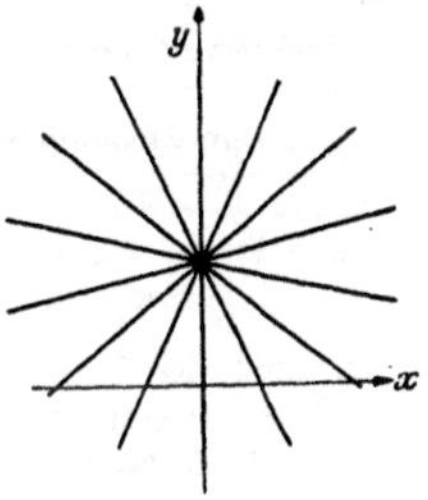

Bild 173

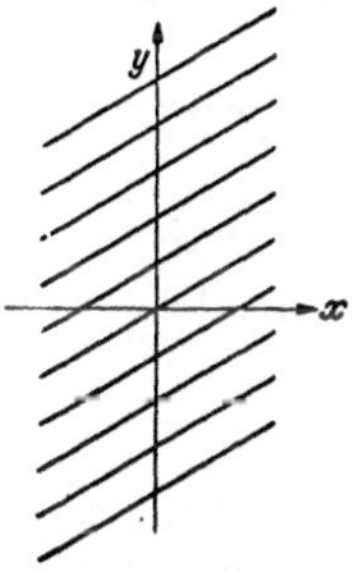

Bild 174

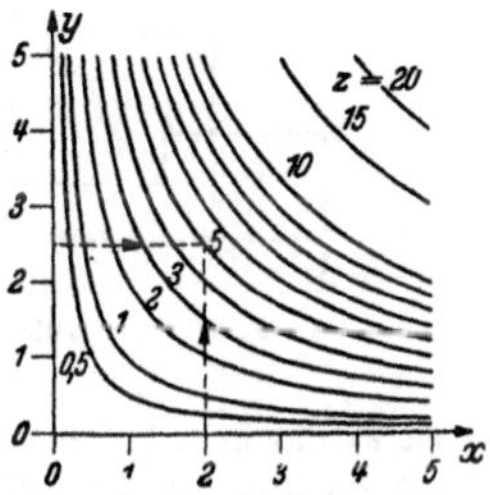

Bild 175. $z = xy$

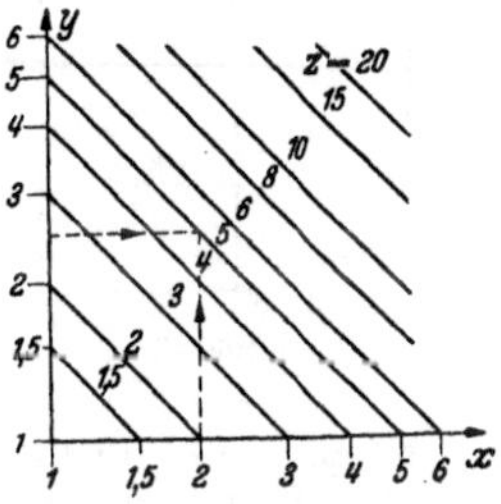

Bild 176. $z = xy$

sie stellt eine Schar von geraden Linien dar in einem rechtwinkligen Koordinatensystem, dessen Ordinatenachse nach $\lg y$ und dessen Abszissenachse nach $\lg x$ geteilt ist. Der Tangens des Neigungswinkels ist -1; d. h. die Geraden sind um 135° gegen die Abszissenachse geneigt (Bild 176).

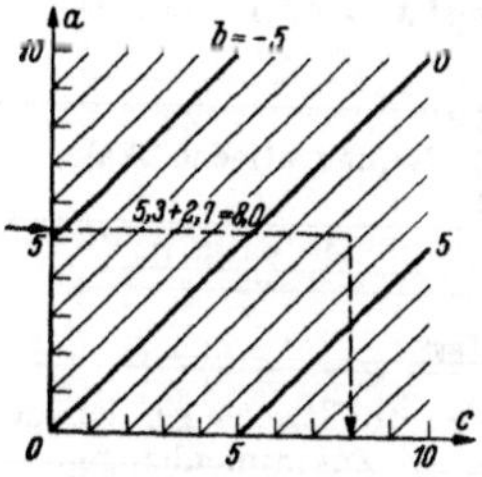

Bild 177. $a + b = c$

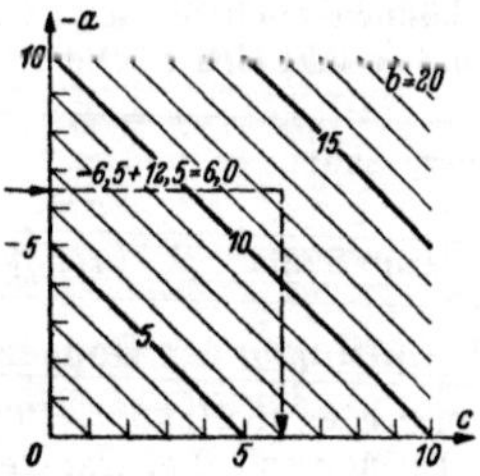

Bild 178. $b - a = c$

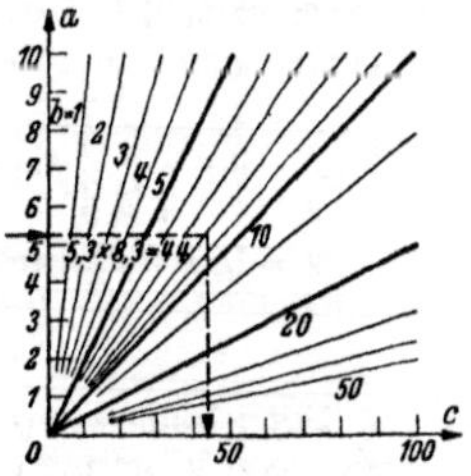

Bild 179. $ab = c$

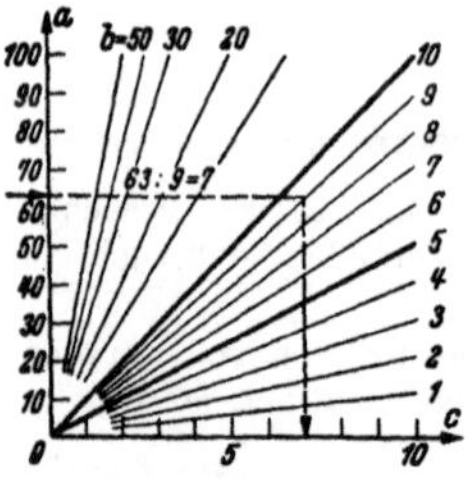

Bild 180. $a/b = c$

Die Bilder 173 und 174 sind grundlegend für die Fertigung von *Netztafeln*, das sind Kurvenscharen, die zur Ausführung der vier Grundrechnungsarten dienen sollen. Für die Addition und Subtraktion ist eine Schar paralleler Geraden, für die Multiplikation und Division ein Strahlenbüschel kennzeichnend (Bilder 177 bis 180). Teilt man die Koordinatenachsen nicht linear, sondern funktionell nach f_1 bzw. f_2, so erhält man Netztafeln für Zusammenhänge der Form $z = f_1 + f_2$, $z = f_1 - f_2$ usw. Vgl. hierzu auch Bild 176.

2. Gekoppelte Netztafeln

Ist ein Zusammenhang der Form

$$y = f_1 + f_2 + f_3 + \cdots \tag{2}$$

als Netztafel darzustellen, so kann man in der Weise verfahren, daß man setzt

$$H_1 = f_1 + f_2; \quad H_2 = H_1 + f_3; \quad H_3 = H_2 + f_4 \quad \text{usw.}$$

Die einzelnen Tafeln für H_1, H_2 usw. nach Bild 177 usw. fügt man so aneinander, daß der Ausgang aus der 1. Tafel, Bild 181, zugleich der Eingang in die 2. Tafel ist usw. Wenn man weiter durch Einzeichnung von Projektionshilfslinien v_1, v_2 usw. in die einzelnen Netztafeln die Anordnung so trifft, daß die Zwischenresultate H_1, H_2 usw. auf die dem „Eingang" gegenüberliegende Ordinate übertragen werden (Bild 182), so ist es möglich, handliche und übersichtliche Netztafeln für beliebig viele Variable einzurichten. Sie haben aber den Nachteil, daß sie nur Werte für jene Funktion einigermaßen bequem zu finden gestatten, für welche die vorgelegte Gleichung explizit ausgedrückt ist.

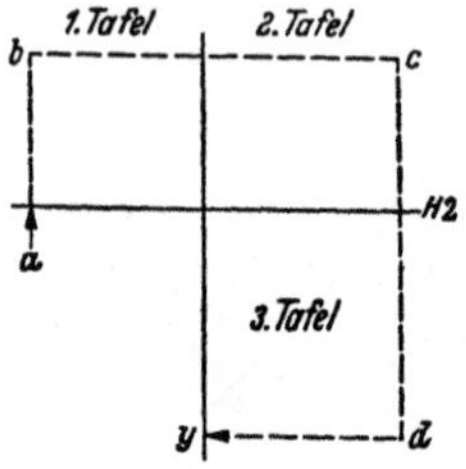

Bild 181

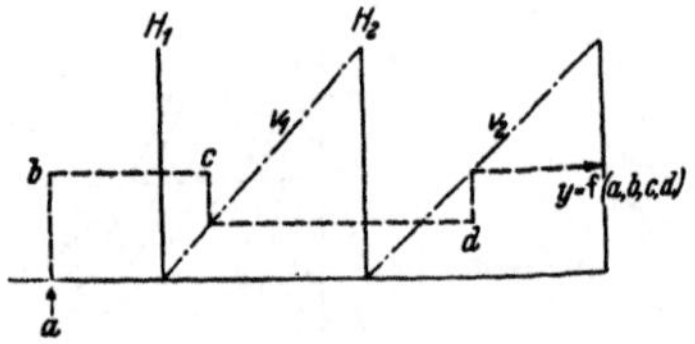

Bild 182

C. Doppelskalen und Funktionsleitern

1. Einteilung der Doppelskalen

Alle Funktionen, die sich im rechtwinkligen Koordinatensystem als Einzelkurve darstellen lassen, können auch als sog. Doppelskalen oder „Funktionsleitern" gezeichnet werden. So läßt sich zeichnen

$$\left.\begin{aligned} y &= x \\ y &= a x \\ y &= a x + b \end{aligned}\right\} \text{als lineare Skala,} \qquad \left.\begin{aligned} y &= x^2 \\ y &= a x^2 \\ y &= a x^2 + b \end{aligned}\right\} \text{als quadratische Skala,}$$

$y = \lg x$ als logarithmische Skala, $y = a/x + b$ als projektive Skala.

2. Auftragen der Doppelskalen

Doppelskalen werden entweder an Hand von Tabellen punktweise gezeichnet, oder man konstruiert sie geometrisch. Bei transzendenten Zusammenhängen — z. B. $y = \operatorname{tg} x$; $y = \lg x$ usw. — kommt nur das zuerst genannte Verfahren in

Frage; doch auch bei algebraischen Zusammenhängen wird man aus Genauigkeitsgründen dieses der geometrischen Konstruktion vorziehen, vor allem, wenn bereits eine Zahlentafel vorhanden ist – z. B. bei quadratischen und kubischen Zusammenhängen –; zum mindesten wird man die *Hauptpunkte* der Skala durch *Rechnung* festlegen und nur die Zwischenpunkte nach einem – evtl. *angenäherten* – graphischen Verfahren einschalten. Im übrigen verlangen die Skalen, die Rechenzwecken dienen sollen, äußerste Präzision der Zeichnung.

Wesentlich bei Doppelskalen für den Zusammenhang $y = f(x)$ ist, daß die y-Teilung grundsätzlich als reguläre, die für x hingegen als funktionelle Teilung erscheint. In vielen Fällen kann die lineare Teilung für y weggelassen werden, und es wird lediglich die Funktionsteilung verwendet (s. u.).

Von den vielen algebraischen Zusammenhängen, die sich geometrisch konstruieren lassen, sei hier nur die Beziehung

$$y = \frac{a f_1(x) + b}{c f_2(x) + d} \tag{3}$$

erwähnt, die sich als *projektive Skala* zeichnen läßt, wenn

$$f_1(x) = f_2(x) \quad \text{oder} \quad f_1(x) = 0.$$

Der Gang der Konstruktion, den die Sätze der projektiven Geometrie begründen (vgl. Lit. 1), ist folgender:

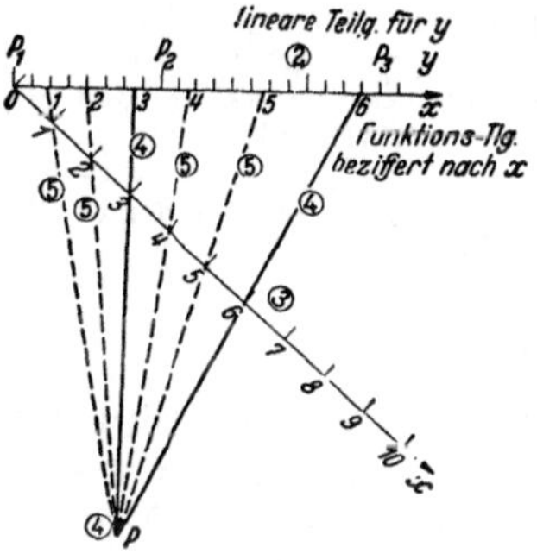

Bild 183

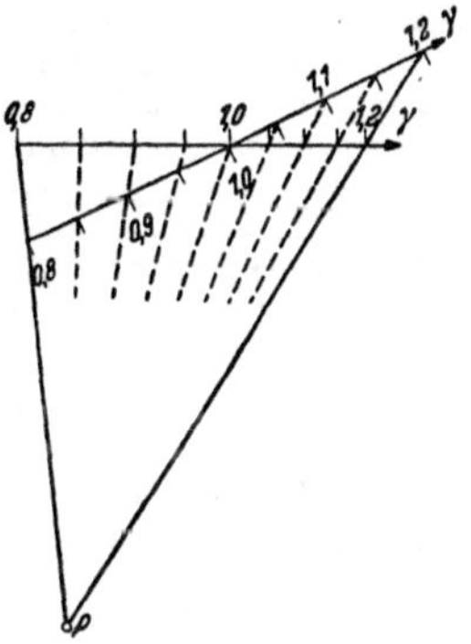

Bild 184

1. Berechne 3, besser 4 oder 5 zusammengehörige Wertepaare, darunter die Extremwerte.
2. Zeichne eine Gerade als Skalenträger für y; trage darauf die berechneten Funktionswerte y in dem vorgeschriebenen oder beliebig gewählten linearen Maßstab auf (Bild 183, ②).
3. Lege durch einen dieser y-Punkte eine beliebig geneigte Gerade, die nach $f(x)$ durchlaufend linear geteilt wird, und zwar so, daß im Schnittpunkt der beiden Teilungen die einander zugeordneten x- und y-Werte angeschrieben stehen ③.
4. Verbinde die übrigen einander zugeordneten Werte der beiden Skalen durch Geraden ④: Sie schneiden sich sämtlich in demselben Punkt P, dem Pol.
5. Ziehe die Polstrahlen ⑤ durch alle übrigen Punkte der $f(x)$-Teilung; sie ergeben die ihnen zugeordneten y-Punkte.

Beispiel: Bild 184 zeigt die Ermittlung einer Aräometerteilung, die der Gleichung

$$l_{\text{cm}} = 21{,}5\,(1/\gamma - 1)$$

entspricht. Der Pol wurde auf Grund der nebenstehend berechneten Wertepaare gefunden. Die lineare Teilung für y ist als überflüssig nicht mitgezeichnet worden.

Der Fall, daß die lineare Skala für y nicht benötigt und daher nicht mitgezeichnet wird, ist übrigens recht häufig; die bekannteste derartige „*Funktionsleiter*" ist die logarithmische Teilung des Rechenschiebers; sie entspricht der Gleichung

$$y = C \lg x. \tag{4}$$

γ	l_{cm}
0,8	5,38
0,9	2,38
1,0	0
1,1	– 1,93
1,2	– 3,59

Gewöhnlich sind bei den Funktionsleitern an Stelle der tatsächlich dargestellten *Funktionswerte* die *Argumente* angegeben.

Die projektive Teilung wird auch mit Vorteil zur Interpolation gegebener Funktionsleitern benutzt.

3. Teilungsmodul

Hat man zwei Skalen f_1 und f_2 mit den Teilungsmoduln m_1 und m_2 — z. B. $m_1 : m_2 = 3:2$ —, so bedeutet dies, daß die *Einheit* der abhängigen Variablen bei der Skala f_1 die Länge m_1 (etwa $m_1 = 3$ mm) und bei der Skala f_2 die Länge m_2 (etwa $m_2 = 2$ mm) hat. Zumeist ist weniger die absolute Länge einer Teilungseinheit von Interesse als vielmehr das Verhältnis zweier oder mehrerer zueinander.

Beispiel: Es seien die Skalen $y = 2x$ und $y = x^2$, und zwar beide für das Intervall $x\Big|_0^{100}$ zu zeichnen; beide Skalen sollen je 100 mm lang werden. Das Verhältnis ihrer Teilungsmoduln berechnet sich dann wie folgt:

a) $y = 2x$ nimmt für $x = 100$ den Wert 200 an.
200 Einheiten sollen demnach 100 mm lang gezeichnet werden,
1 Einheit wird mithin $100/200 = 0{,}5$ mm lang zu zeichnen sein.

b) $y = x^2$ gibt für $x = 100$ den Wert 10^4.
10000 Einheiten sollen hier als Länge von 100 mm gezeichnet werden,
1 Einheit wäre demnach $100/10000 = 0{,}01$ mm lang zu zeichnen.

Die Teilungsmoduln beider Skalen verhalten sich somit wie

$$m_1/m_2 = 0{,}5/0{,}01 = 50/1 = 500/10 \text{ usw.}$$

Die in den Nomogrammen am häufigsten gebrauchten Funktionsteilungen sind die logarithmischen nach Gl. (4). Der „Ausschuß für wirtschaftliche Fertigung" (AWF) gibt solche in Teilungslängen von 2 bis 25 cm, als „Harfe" auf zwei DIN A 4-Blätter gedruckt, ab.

Bei Skalen, die für Fluchtlinientafeln (s. D) Verwendung finden sollen, ist noch folgendes zu beachten:

a) Der Faktor einer Funktion geht in deren Teilungsmodul ein, d. h. die Teilungsmoduln der Funktionen $a_1\,f(x)$ und $a_2\,f(x)$ verhalten sich wie $a_1 : a_2$.

b) Eine additive Konstante bei einer Funktion bewirkt lediglich eine Verschiebung des Anfangspunktes der sie darstellenden Skala und hat keinerlei Einfluß auf den Teilungsmodul.

c) Funktionen mit entgegengesetzten Vorzeichen werden dargestellt durch Teilungen mit entgegengesetztem Teilungssinn.

D. Fluchtlinientafeln

1. Zusammenhang zwischen Kurvenscharen und Dreileitertafeln

a) Fluchtliniengrundgleichung. Gegeben seien (Bild 185) in einem RKS die Kurven f_1, f_2 und f_3 sowie die Punkte P_1, P_2 und P_3 auf ihnen. Diese drei Punkte liegen „fluchtrecht", d. h. auf einer Geraden, wenn die Bedingung

$$\frac{y_3 - y_1}{x_3 - x_1} = \frac{y_2 - y_1}{x_2 - x_1} \tag{5}$$

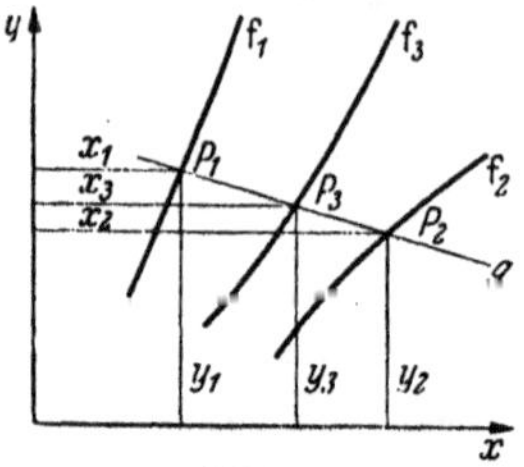

Bild 185

erfüllt ist, oder auch, wenn entsprechend der Tatsache, daß im Fall der Geradlinigkeit die Fläche des Dreiecks $P_1 P_2 P_3$ gleich null sein muß, S. 113,

$$y_1(x_2 - x_3) + y_2(x_3 - x_1) + y_3(x_1 - x_2) = 0. \tag{6}$$

Die Gln. (5) und (6) sind identisch und heißen „Fluchtliniengrundgleichungen"; sie bilden die mathematische Grundlage der „Dreileitertafeln nach der Methode der fluchtrechten Punkte". Bei der weiteren Diskussion des Problems ersetzt man die y-Werte durch — geradlinige oder gekrümmte — Funktionsleitern f_1, f_2 und f_3, die x-Werte durch Funktionen der Ordinaten; ferner macht man sich frei von dem RKS, d. h. man leitet aus bestimmten Anordnungen der Skalen die zugehörigen „Schlüsselgleichungen" ab. Diese nehmen dann die allgemeine Form

$$\Phi(f_1, f_2, f_3) = 0 \quad (7) \qquad \text{bzw.} \qquad \varphi(f_1, f_2) = f_3 \quad (8)$$

an. Dabei erhält man bestimmte Gleichungstypen, die für bestimmte Skalenformen und -anordnungen charakteristisch sind. Jeweils drei der Skalen bilden ein *Linienkoordinatensystem* (LKS).

b) Umformung von RKS- in LKS-Darstellungen. Die wichtigsten Beziehungen der Darstellung einer Gleichung

$$\varphi(\mathfrak{f}_1, \mathfrak{f}_2) = \mathfrak{f}_3,$$

einmal als Kurvenschar im RKS, zum andern als Dreileitertafel im LKS, können etwa wie folgt formuliert werden:

Ein Punkt im RKS erscheint im LKS als gerade Linie; eine gerade Linie im RKS wird im LKS zum Punkt. Eine Geradenschar im RKS wird im LKS zu einer Reihe aufeinanderfolgender Punkte, also zu einer Funktionsleiter, und umgekehrt.

Die Bilder 186 a, b veranschaulichen diese *Dualität:* In beiden Abbildungen ist

$$\overline{OB} : \overline{OB'} = \overline{OA} : \overline{A'A}.$$

Die Gerade $\overline{AB}$ im RKS (Bild 186 a) erscheint im LKS (Bild 186 b) als Schnittpunkt der Geraden $\overline{OA}$ und $\overline{OB}$; der Punkt mit den rechtwinkligen Koordinaten $\overline{OA'}$ und $\overline{OB'}$ (Bild 186a) wird im LKS dargestellt z. B. durch die die Punkte A' und B' verbindende Gerade.

Beispiel: Enlund bestimmte auf empirischem Weg die Abhängigkeit des spez. Widerstandes σ_1 bzw. σ_2 einer gehärteten und einer nicht gehärteten Stahlprobe vom Kohlenstoffgehalt C. Die graphische Darstellung seiner Ergebnisse in kartesischen Koordinaten zeigt Bild 187; das hiernach empirisch entwickelte Nomogramm veranschaulicht Bild 188.

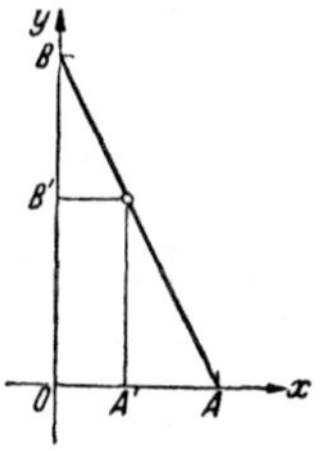

Bild 186 a

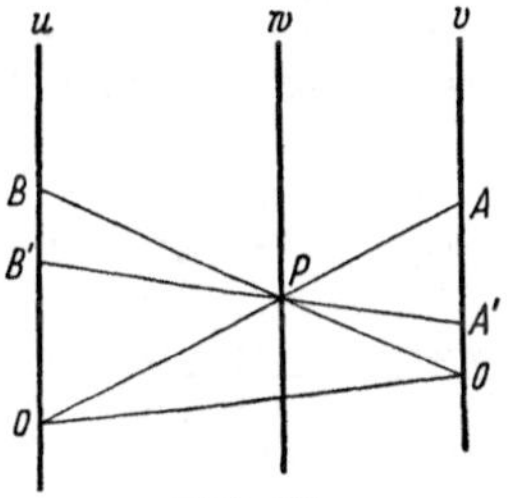

Bild 186 b

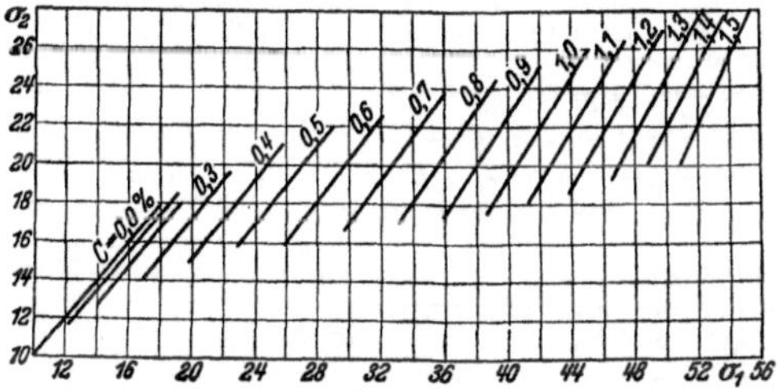

Bild 187

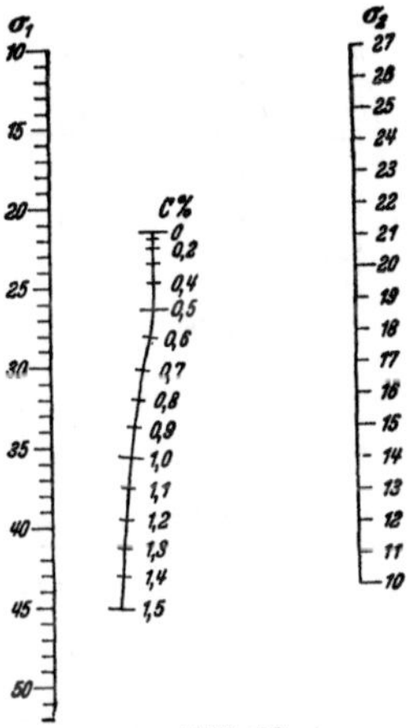

Bild 188

Die linearen Achsenteilungen für σ_1 und σ_2 wurden als solche auf die beliebig angenommenen äußeren Skalenträger u und v eines LKS übernommen; die Teilpunkte des mittleren Skalenträgers entstanden dadurch, daß jede Parameter-Gerade des Bildes 187 (C-Gehalt) durch die ihre Endpunkte kennzeichnenden Geraden in das LKS (Bild 188) übertragen und die Schnittpunkte dieser Geraden entsprechend beziffert wurden.

2. Schlüsselgleichungen

a) Paralleltafel: $\mathfrak{f}_1 + \mathfrak{f}_2 = \mathfrak{f}_3$. Sind in der Fluchtliniengrundgleichung (6) die Abszissendifferenzen konstant und setzt man

$$x_2 - x_3 = a_1; \quad x_3 - x_1 = a_2; \quad x_1 - x_2 = a_3,$$

und weiter

$$y_1 = \mathfrak{f}_1; \quad y_2 = \mathfrak{f}_2; \quad y_3 = \mathfrak{f}_3,$$

so erhält man mit

$$a_1 \mathfrak{f}_1 + a_2 \mathfrak{f}_2 = a_3 \mathfrak{f}_3 \tag{9}$$

die Schlüsselgleichung der Paralleltafel. Die a_1, a_2 und a_3 sind irgend welche Festwerte; ferner ist

$\mathfrak{f}_1$ eine beliebige Funktion einer ersten Variablen (x),
$\mathfrak{f}_2$,, ,, ,, ,, zweiten ,, (y),
$\mathfrak{f}_3$,, ,, ,, ,, dritten ,, (z).

Die äußeren Skalenträger der Paralleltafel sind nach $\mathfrak{f}_1$ und $\mathfrak{f}_2$ zu teilen, der mittlere nach $\mathfrak{f}_3$. Von den Moduln der Teilungen sind nur zwei frei wählbar, der dritte ergibt sich zwangläufig; sie sind gegenseitig voneinander abhängig gemäß Bild 189, und es bestehen die Beziehungen

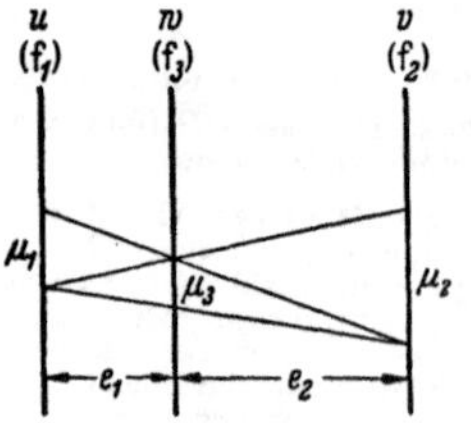

Bild 189

$$\mu_1 : \mu_2 = e_1 : e_2 , \tag{10}$$

$$\mu_3 = \mu_1 \frac{e_2}{e_1 + e_2} = \mu_2 \frac{e_1}{e_1 + e_2} = \frac{\mu_1 \cdot \mu_2}{\mu_1 + \mu_2} . \tag{11}$$

Bei anderen Skalenanordnungen sind die Überlegungen entsprechend.

Ein vorgegebener Zusammenhang, welcher der Schlüsselgleichung (9) entspricht, etwa der Form

$$a \mathfrak{f}(x) + b \mathfrak{f}(y) = c \mathfrak{f}(z) ,$$

wird in folgenden Arbeitsgängen vertafelt (s. Bild 190):

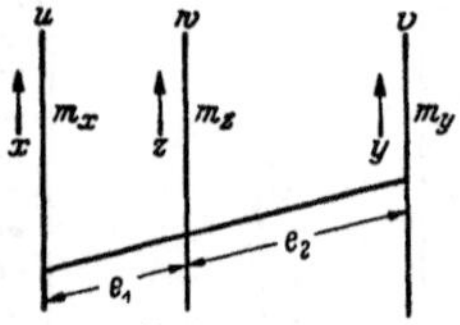

Bild 190

1. Annahme der Teilungsmoduln μ_x und μ_y an sich beliebig, jedoch so, daß die für x bzw. y vorgeschriebenen Intervalle ausreichend groß und deutlich dargestellt werden können; Berechnung des dritten Teilungsmoduls μ_z nach Gl. 11 zu

$$\mu_z = \mu_x \, \mu_y / (\mu_x + \mu_y) .$$

2. Berechnung des Abstandsverhältnisses der drei Skalenträger zu

$$e_1 / e_2 = \mu_x / \mu_y .$$

Zeichnung der drei Skalenträger in diesem Abstandsverhältnis.

3. Multiplikation der einzelnen Funktionen der Gl. (9) mit den zugeordneten Teilungsmoduln, so daß die Gleichung übergeht in

$$a \, \mu_x \, \mathfrak{f}(x) + b \, \mu_y \, \mathfrak{f}(y) = c \, \mu_z \, \mathfrak{f}(z) + d \, \mu_z \tag{9a}$$

oder

$$m_x \, \mathfrak{f}(x) + m_y \, \mathfrak{f}(y) = m_z \, \mathfrak{f}(z) + C . \tag{9b}$$

Man beachte, daß „μ" die in den Gln. 9 a und 9 b einzuführenden „Rechenmoduln", „m" hingegen die beim Auftragen der Skalen anzuwendenden „Zeichenmoduln" bedeuten, vgl. C 3 a).

4. Zeichnung der Funktionsskalen:

u-Achse: $\mathfrak{f}(x)$ mit dem Teilungsmodul m_x,
v- ,, $\mathfrak{f}(y)$,, ,, ,, m_y,
w- ,, $\mathfrak{f}(z)$,, ,, ,, m_z.

Negative Vorzeichen erfordern Auftragen der Skalen in entgegengesetzter Richtung; die Konstante C hat lediglich eine Verschiebung der mittleren Skala zur Folge: ein Punkt der z-Skala wird berechnet, woraus sich die Verschiebung der z-Skala ergibt.

Im übrigen trifft man die Anordnung der Teilungen so, daß die Rechentafel etwa ebenso breit wie hoch wird.

Für $e_1 = e_2$ (Gln. 10 u. 11) wird

$$\mu_1 = \mu_2 = \mu \quad (12) \qquad \text{und} \qquad \mu_3 = \mu/2 \quad (13)$$

Paralleltafeln mit gleichen Skalenabständen sind die Voraussetzung für die Entwicklung von Spezialrechenschiebern (s. u.).

b) N-Tafel: $\mathfrak{f}_1/\mathfrak{f}_2 = \mathfrak{f}_3$. Die Schlüsselgleichung der „N-Tafel" lautet:

$$\mathfrak{f}_1 : \mathfrak{f}_2 = \mathfrak{f}_3 \qquad \text{oder} \qquad \mathfrak{f}_2 \cdot \mathfrak{f}_3 = \mathfrak{f}_1 . \tag{14}$$

Diese Zusammenhänge werden durch eine Fluchtlinientafel mit zwei parallelen, geradlinigen, in entgegengesetzter Richtung geteilten Skalenträgern für $\mathfrak{f}_1$ und $\mathfrak{f}_2$ dargestellt (Bild 191). Der dritte Skalenträger wird zu einer diagonalen *projektiv* geteilten Geraden, deren Teilpunkte am bequemsten graphisch bestimmt werden. Für $f_2 = 1$ gehen nämlich die Gln. (14) über in $f_1 = f_3$, d. h.: Die Strahlen, die durch den Punkt $f_2 = 1$ zu den Teilpunkten 1; 2; 3 ... auf f_1 gezogen werden, schneiden den diagonalen Skalenträger in den entsprechenden f_3-Werten. Die Teilung für f_3 ist projektiv. Eine sehr einfache N-Tafel ist die Multiplikationstafel für

$$a \cdot b = c.$$

Die Teilungen für $f_1 = a$ und $f_3 = c$ sind einfache Linearteilungen; der diagonale Skalenträger für b ist nach dem o. a. Verfahren graphisch zu entwickeln (Bild 192).

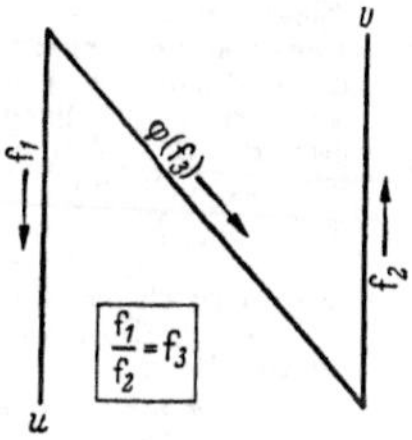

Bild 191

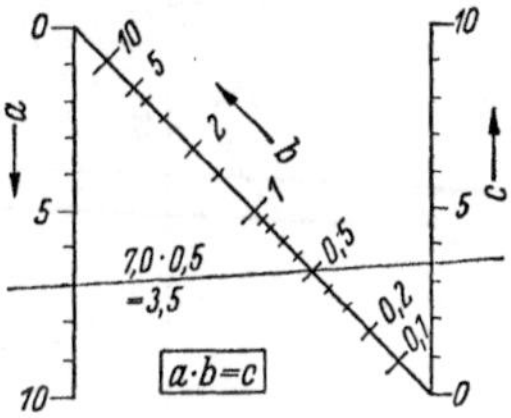

Bild 192

c) Strahlentafel: $1/f_1 + 1/f_2 = 1/f_3$.

Zusammenhänge der Form

$$1/f_1 + 1/f_2 = 1/f_3 \quad (15a) \quad \text{bzw.} \quad f_3 = \frac{f_1 \cdot f_2}{f_1 + f_2} \quad (15b)$$

$$\text{oder} \quad f_1 f_3 + f_2 f_3 = f_1 f_2 \quad (15c)$$

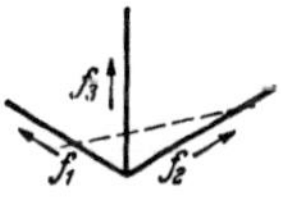

Bild 193

führen auf eine Dreileitertafel, deren geradlinige Skalenträger sich in einem Punkt schneiden und die deshalb Strahlentafel genannt wird (Bild 193). Wenn die Skalenträger jeweils Winkel von 60° einschließen, sind die drei Teilungsmoduln gleich.

d) Paralleltafel mit krummlinigem mittleren Skalenträger

Die Schlüsselgleichung

$$f_1 f_3 + f_2 \varphi_3 + \psi_3 = 0, \quad (16)$$

in welcher f_1 eine Funktion einer ersten Variablen, f_2 eine Funktion einer zweiten Variablen, f_3, φ_3 und ψ_3 verschiedene Funktionen einer dritten Variablen bedeuten, läßt sich in Form einer Fluchtlinientafel darstellen, wenn (Bild 194)

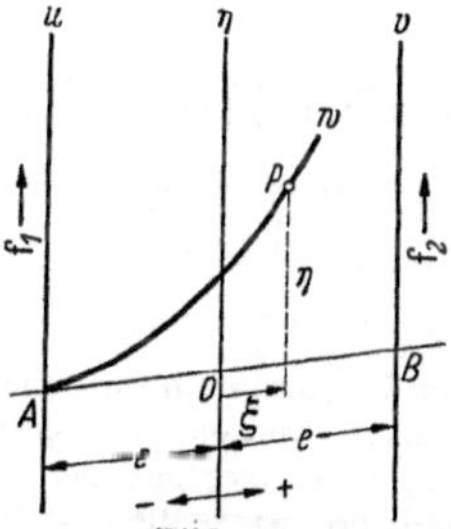

Bild 194

1. die u-Achse des Parallelkoordinatensystems funktionell nach f_1,
2. die v-Achse funktionell nach f_2 geteilt wird und
3. die Koordinaten der Teilpunkte (z. B. P) des mittleren Skalenträgers den Gleichungen

$$\xi = e\,\frac{\varphi_3 \mu_1 - f_3 \mu_2}{\varphi_3 \mu_1 + f_3 \mu_2}, \quad (17) \qquad \eta = -\frac{\mu_1 \mu_2 \psi_3}{\varphi_3 \mu_1 + f_3 \mu_2} \quad (18)$$

entsprechen.

Es bedeutet darin:

$e = -OA = +OB$,

μ_1 = Teilungsmodul für f_1 (u-Achse), beliebig zu wählen,

μ_2 = „ „ f_2 (v-Achse), „ „ „ .

Beispiel: Die Normalform der quadratischen Gleichung $x^2 + ax + b = 0$ hat die Form der Gleichung (16), wenn man schreibt: $b + ax + x^2 = 0$.

Es ist alsdann $\quad f_1 = b; \quad f_2 = a; \quad f_3 = 1; \quad \varphi_3 = x; \quad \psi_3 = x^2.$

Auf der u-Achse ist also b aufzutragen mit $\mu = 1$, auf der v-Achse ist a aufzutragen. Auch für die a-Teilung wird man möglichst den Teilungsmodul $\mu_2 = 1$ wählen. Damit ergibt sich

$$\xi = e\,\frac{x-1}{x+1} \quad (= \text{projektive Teilung}), \quad \eta = -\frac{x^2}{x+1}.$$

Die Ordinaten η brauchen nicht einzeln berechnet zu werden; man kann sie vielmehr einfach konstruieren wie folgt. Für $b = 0$ geht die gegebene Gleichung über in

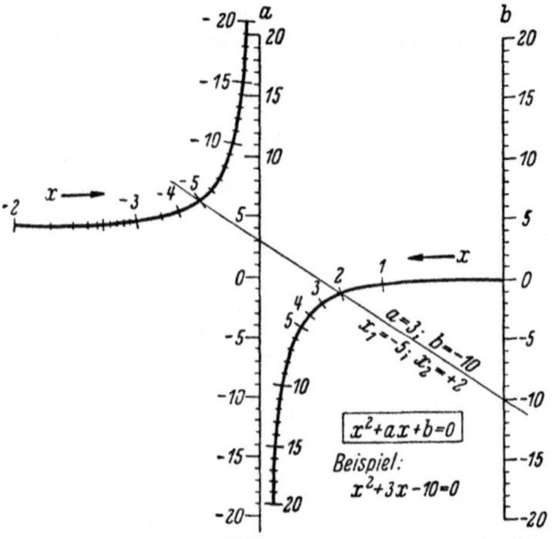

Bild 195

$$x^2 + a\,x = 0; \qquad x = -a.$$

Das bedeutet: Verbindet man den Punkt $b = 0$ folgeweise mit den Punkten $a = -1, -2, -3$ usw., so schneiden die Verbindungsgeraden die Ordinaten η jeweils in den Punkten des mittleren Skalenträgers, die den Werten $x = 1, 2, 3$ usw. zugeordnet sind. Für $a = 0$ wird weiter $x \pm \sqrt{-b}$, z. B. $x = \pm 1$, $-b = 1$; $x = \pm 2$, $-b = 4$ usw. Das hiernach entworfene Nomogramm zeigt Bild 195. Danach hat die Gleichung

$$x^2 + 3\,x - 10 = 0$$

die Wurzeln

$$x_1 = +2; \qquad x_2 = -5.$$

Auf die gleiche Weise läßt sich auch eine Fluchtlinientafel für die kubische Gleichung

$$x^3 + p\,x + q = 0$$

entwickeln. Vgl. hierzu die Bilder 6 und 10 auf S. 48 bzw. 51.

3. Fluchtlinientafeln für mehr als drei Variable

a) Gekoppelte Netztafeln. Sind mehr als drei Variable vorhanden, so führt man als Bindeglied zwischen je zwei Variablen Hilfsfunktionen $f(H_1)$, $f(H_2)$ usw. ein, für welche nur die (geradlinigen) Skalenträger, nicht aber deren Teilungen gezeichnet zu werden brauchen. Man nennt diese nicht bezifferten Hilfslinien auch „Zapfenlinien".

Ist beispielsweise die Gleichung $f(u) + f(v) + f(x) + f(y) + f(z) = 0$ als Rechentafel darzustellen, so geht man schrittweise vor, indem man beispielsweise setzt: $f(u) + f(v) + f(H_1) = 0$ und zunächst *diese* Rechentafel zeichnet.

Dann setzt man weiter: $f(H_1) + f(x) + f(H_2) = 0$ und zeichnet unter Benutzung des im ersten Berechnungsgang gefundenen Skalenträgers für H_1 auch dieses Nomogramm; ihm schließt sich die dritte Rechentafel an für

$$f(H_2) + f(y) + f(z) = 0.$$

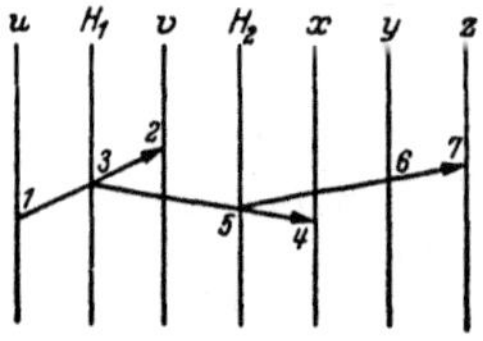

Bild 196

Auf diese Weise können Rechentafeln für beliebig viele Veränderliche entworfen werden; die grundsätzliche Anordnung der Skalenträger und der Auswertungsgeraden zeigt Bild 196. Statt die einzelnen Nomogramme *nebeneinander* zu setzen, kann man sie auch *ineinander*zeichnen, wie z. B. im Nomogramm zur Berechnung zylindrischer Schraubenfedern, s. Abschn. Federnde Verbindungen.

Durch geeignete Wahl der Kopplungsfunktionen, ferner durch Verwendung *eines* Skalenträgers für *zwei* Variable und ähnliche Kunstgriffe lassen sich die Rechentafeln oftmals überraschend einfach gestalten, wodurch freilich die Zahl der Arbeitsgänge (Einstellungen, Ablesungen) nicht vermindert, wohl aber die Auswertebequemlichkeit gesteigert wird.

b) Gekoppelte Netz- und Leitertafeln. Hat man 4 Veränderliche darzustellen, so kann man auch in der Weise verfahren, daß man von dem zu vertafelnden Ausdruck

$$\Phi(\mathfrak{f}_1, \mathfrak{f}_2, \mathfrak{f}_3) = 0 \tag{19}$$

etwa den Teil $\varphi(\mathfrak{f}_1, \mathfrak{f}_2) = H$ als Netztafel ausbildet und an diese dann eine Dreileitertafel so anschließt, daß die Teilung der koppelnden Ausgangsskala der Netztafel den Eingang in die Dreileitertafel bildet. Auf diese Weise können auch mehrere Netztafeln mit einer oder mehreren Dreileitertafeln kombiniert werden.

E. Sonderprobleme

1. Gleitkurven

Gleitkurven lösen die Aufgabe, eine dritte Variable eines in einem Linienkoordinatennetz vorgegebenen Teilungscharakters so darzustellen, daß die Verbindungsgerade zwischen zwei Teilwerten auf den gegebenen Teilungen die Tangente an die den gesuchten (dritten) Wert darstellende Kurve wird. Die Gleitkurven geben damit die Möglichkeit, bei vier Variablen mit nur einer Auswertegeraden auszukommen.

Voraussetzung dabei ist, daß die eine der Variablen zweimal in gleichen oder verschiedenen Funktionen auftritt und die vorgegebene Gl. (19) sich in zwei Teilgleichungen, etwa

$$\mathfrak{f}_4 = \varphi(\mathfrak{f}_1, \mathfrak{f}_2) = \psi(\mathfrak{f}_2, \mathfrak{f}_3) \tag{20 a}$$

umformen läßt. Man entwickelt zunächst eine Dreileitertafel für

$$\mathfrak{f}_4 = \varphi(\mathfrak{f}_1, \mathfrak{f}_2) \tag{20 b}$$

und muß in diese noch die zweite Beziehung

$$\mathfrak{f}_4 = \psi(\mathfrak{f}_2, \mathfrak{f}_3) \tag{20 c}$$

einpassen, wobei sich für die dritte Variable eine Gleitkurvenschar ergibt.

Beispiel: Bild 197a zeigt das Schema eines Nomogramms zur Berechnung der Oberfläche M von Kugelhauben nach den Formeln

$$M = d\pi h = \pi(h^2 + s^2/4)$$

Das Nomogramm für $M = \pi d h$ bzw. $d = M/(\pi h)$ ist eine Dreileitertafel mit logarithmischen Teilungen. Die Fläche zwischen den Leitern für d und M ist ausgefüllt mit der Gleitkurvenschar für

$$M = \pi(h^2 + s^2/4).$$

Diese entstand auf Grund der untenstehenden Zahlentafel: Die vier s-Werte wurden als Verbindungsgerade der entsprechenden h- und M-Werte in das Nomogramm eingetragen, sie bilden Tangenten an die vier s-Kurven. Die Kurven selbst wurden mit einem Kurvenlineal ausgezogen. Zieht man zu den gegebenen Teilungsträgern Parallelen, so werden diese durch die Kurven logarithmisch unterteilt, wobei, wenn die Teilungsmoduln für M und h gleich 1 sind, die für die Parallelen von $^1/_2$ stetig bis 2 zunehmen,

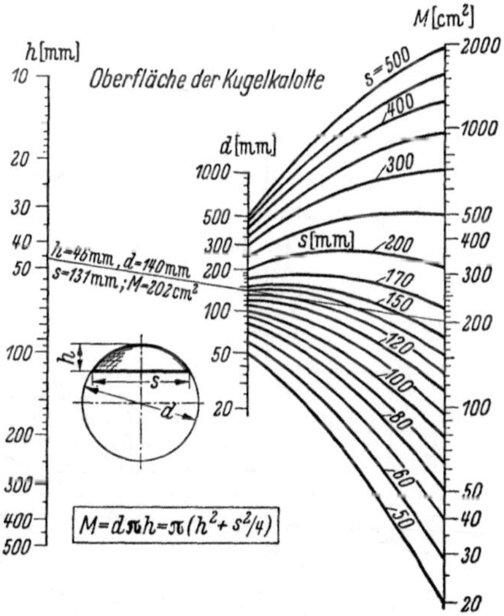

Bild 197 a

s mm	h mm	M cm²
50	5	20,4
·	10	22,8
·	25	39,4
100	10	82
·	20	91,3
·	50	157
200	20	327
·	40	393
·	100	630
500	50	2040
·	100	2280
·	250	3940

und zwar proportional ihrem Abstand von der h/d-Skala. Die Schnittpunkte der Tangenten an die s-Kurven „gleichen Teilungsmoduls" liegen auf einem nach h/d geteilten Skalenträger im Abstand $a/3$ von der d-Teilung; dies bildet eine wertvolle Zeichenkontrolle. (Bild 197b.)

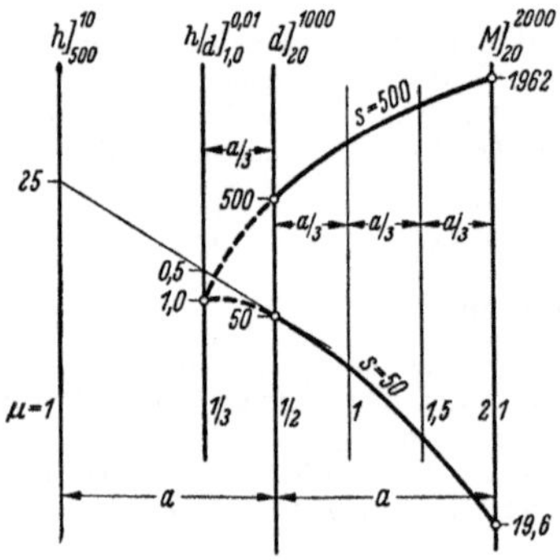

Bild 197 b

2. Umzeichnung von Kurvenscharen in Fluchtlinientafeln

Derartige Umzeichnungen kommen vor allem dann in Frage, wenn es sich um die Auswertung von *Versuchsergebnissen* handelt, für welche der mathematische Zusammenhang entweder nicht bekannt (vgl. Bild 187) oder zu verwickelt ist, um zeichnerisch auf einfache Weise dargestellt zu werden. Man formt die zumeist aus einer vorgegebenen Zahlentafel entwickelte Kurvenschar nach A 3b) in eine Schar von Geraden um, und diese wieder in eine Fluchtlinientafel gemäß D 1b). Für die Verstreckung der Kurven kann es dabei von Vorteil sein, Argument und Funktionswerte zu vertauschen.

Beispiel: Die Kurventafel[1] in Bild 198 a (rechter oberer Quadrant) ist in folgenden Stufen in ein Nomogramm umgewandelt worden:

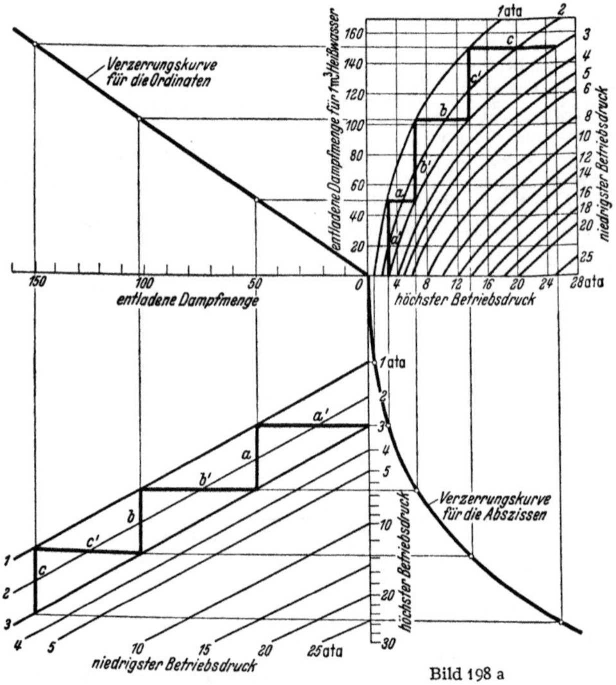

Bild 198 a

[1] Nach *Walther, A.:* Verwandlung von Kurventafeln in Leitertafeln. VDI-Z. Bd. 81 (1937) Nr. 39, S. 1137/42.

1. Wahl der Geraden 1 und 3 als Basis für die Ableitung der Teilungen für die Achsen des neuen Koordinatensystems.

2. Entwicklung der Verzerrungskurven; wegen der gewählten Parallelität der Geraden 1 und 3 wird die Verzerrungskurve für die Ordinaten eine *Gerade*; der Charakter der Teilung für die Ordinate bleibt somit unverändert.

3. Bestimmung der Abszissenteilung mit Hilfe der Verzerrungskurve für die Abszisse.

4. Umzeichnung der gefundenen Geradenschar in eine Leitertafel durch Übernahme der neuen Achsenteilungen als Außenleiter; die mittlere Skala wird punktweise aus einer der beiden Darstellungen konstruiert.

Das entsprechende Nomogramm zeigt Bild 198 b.

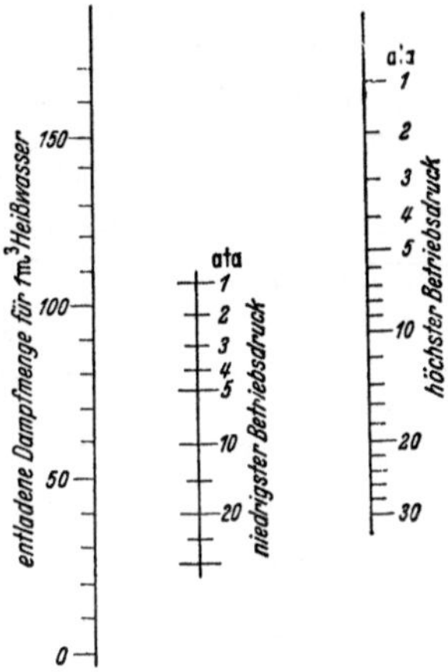

Bild 198 b

3. Spezialrechenstäbe

Voraussetzung für das Entwickeln von Rechenstabteilungen ist das Vorhandensein entsprechender Paralleltafeln nach D 2 a). Für einfache Zusammenhänge genügt ein Rechenstab mit *einer* Zunge, bei mehr als drei Veränderlichen nimmt man eine zweite zu Hilfe; auch die Kombination mit einer Kurvenschar kann gelegentlich von Vorteil sein.

4. Genauigkeit der Nomogrammauswertung

In dem Fehler eines nomographisch bestimmten Zahlenwertes sind enthalten:

a) Zeichenfehler,

b) Einstell- und Ablesefehler,

c) Fehler infolge des Vertafelungsprinzips.

Zu a). Die *Zeichenfehler* entsprechen den „Instrumentfehlern" beim Messen mit Meßinstrumenten; die unvermeidlichen Teilungsfehler, nicht scharfe Parallelität und ungenaue Abstände der Skalenträger gehören hierher.

Zu b). *Einstell- und Ablesefehler* sind „persönliche Fehler" und treten als Parallaxe beim Einstellen und Ablesen sowie als Schätzfehler beim Interpolieren funktioneller Intervalle in Erscheinung.

Zu c). Die *unvermeidlichen Fehler*, die durch das gewählte Vertafelungsprinzip in den Auswertefehler eingehen, entsprechen dem „Verfahrensfehler" der allgemeinen Meßtechnik und haben ihre Ursache in dem Charakter der Funktionsleitern, in der gegenseitigen Lage der Funktionsleitern, die u. U. zu spitze Schnitte der Auswertegeraden mit dem Skalenträger erfordert usw.

Logarithmische Teilungen z. B. ermöglichen — im Gegensatz zu allen anderen Funktionsteilungen — das Ablesen von Zahlenwerten mit einer (prozentualen) Genauigkeit, die unabhängig von der Größe der Werte ist. Daher sind die verschiedenen Darstellungen ein- und desselben Zusammenhanges etwa als Netztafel, als Parallel- oder als N-Tafel usw. fehlertheoretisch durchaus nicht gleichwertig.

Theoretisch liegt die Auswertgenauigkeit für eine Dreileitertafel im Format DIN A 4 bei 1 bis 2‰, praktisch jedoch bei 3 bis 8‰, eine Genauigkeit, die für die meisten Zwecke des Maschinenbaus mehr als ausreichend ist.

5. Äußere Gestaltung der Nomogramme

Fehlertheoretische Gesichtspunkte sind nicht allein für die Wahl des Vertafelungsprinzips, sondern auch für die Wahl des Formates, der Teilstrichdicken und -längen sowie die zahlenmäßige Größe der Teilungsintervalle (Teilungsschritt) entscheidend. Auch Überlegungen, die den bequemen und rationellen Gebrauch der Tafeln betreffen, wie z. B. das Verziffern, Angabe der dargestellten Formel, Einzeichnen eines Beispiels, bei gekoppelten Tafeln auch des Auswerteganges, sind für den Benutzer wesentlich.

X. Zeichnerische und rechnerische Verfahren der praktischen Mathematik

Literatur: 1. *Runge, C.*, u. *H. König:* Numerisches Rechnen. Berlin: Springer 1924. — 2. *Schulz, G.:* Formelsammlung zur praktischen Mathematik. Sammlg. Göschen Nr. 1110. Berlin/Leipzig: W. de Gruyter 1937. — 3. *Meyer zur Capellen, W.:* Mathematische Instrumente. 3. Aufl. Leipzig: Akadem. Verlagsges. 1949. — 4. *Willers, Fr. A.:* Methoden der praktischen Analysis. 3. Aufl. Leipzig: Teubner 1957. — 5. *Meyer zur Capellen, W.:* Instrumentelle Mathematik für den Ingenieur. Essen: Girardet 1952.

a) Interpolation. Eine Kurve $y = f(x)$, deren Gesetz oder von der $n+1$ Punkte bekannt sind oder die aufgezeichnet vorliegt, soll durch eine durch $n+1$ Punkte hindurchgehende Parabel n-ter Ordnung

$$y^* = \alpha_0 + \alpha_1 x + \alpha_2 x^2 + \cdots + \alpha_n x^n$$

dargestellt werden. Sind

$$P_0(x_0, y_0); \quad P_1(x_1, y_1); \quad \ldots; \quad P_n(x_n, y_n)$$

diese Punkte, so kann nach der Interpolationsformel von *Newton* geschrieben werden

$$\begin{aligned} y^* = {} & A_0 + A_1(x - x_0) + A_2(x - x_0)(x - x_1) \\ & + A_3(x - x_0)(x - x_1)(x - x_2) + \cdots \\ & + A_n(x - x_0)(x - x_1)(x - x_2) \cdots (x - x_{n-1}). \end{aligned}$$

Die Koeffizienten $A_0, A_1, \ldots, A_n$ lassen sich nach dem folgenden Schema berechnen:

x_0	$y_0 = A_0$				
x_1	y_1	$a_1 = A_1$			
x_2	y_2	a_2	$b_2 = A_2$		
x_3	y_3	a_3	b_3	$c_3 = A_3$	
x_4	y_4	a_4	b_4	c_4	$d_4 = A_4$

Hierin ist $a_i = \dfrac{y_i - y_0}{x_i - x_0}$, $b_i = \dfrac{a_i - a_1}{x_i - x_1}$, $c_i = \dfrac{b_i - b_2}{x_i - x_2}$, $d_i = \dfrac{c_i - c_3}{x_i - x_3}$ usw.,

d. h. jeder Ausdruck ist gleich der Differenz des entsprechenden Gliedes der vorhergehenden Spalte gegen das erste Glied derselben Spalte, dividiert durch die zugehörige Abszissendifferenz.

Beispiel: Ein Schwingungsvorgang zeige das in Bild 199 wiedergegebene Zeit-Weg-Diagramm. Die Kurve soll durch eine Parabel vierter Ordnung ersetzt werden.

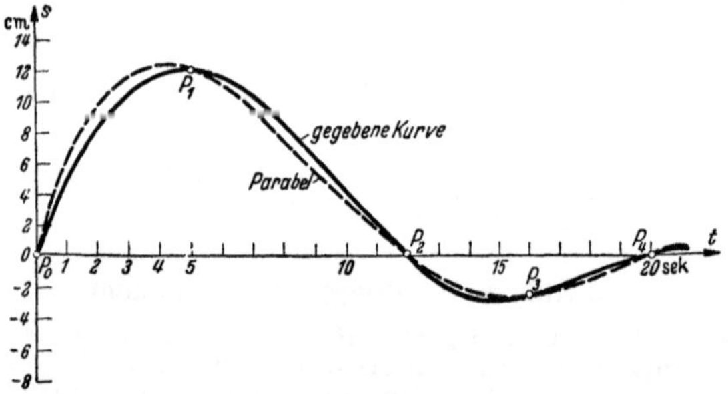

Bild 199. Ersatz einer Kurve durch eine Parabel n-ter Ordnung

Die gewählten fünf Punkte der Kurve haben die Koordinaten:

$P_0\,(0; 0)$; $P_1\,(5; 12{,}2)$; $P_2\,(12; 0{,}2)$; $P_3\,(16; -2{,}4)$; $P_4\,(20; 0)$.

Es ergibt sich daher das folgende Schema:

0	0				
5	12,2	2,44			
12	0,2	0,0167	−0,3462		
16	−2,4	−0,15	−0,2355	+0,02768	
20	0	0	−0,1627	+0,02294	−0,001186

Dementsprechend lautet die Gleichung der Parabel vierter Ordnung, wenn t in sek die Zeit, * in cm der Weg ist:

$$s^* = 0 + 2{,}44\,t - 0{,}3462\,t\,(t-5) + 0{,}02768\,t\,(t-5)\,(t-12) - 0{,}001186\,t\,(t-5)\,(t-12)\,(t-16)$$
$$= 6{,}971\,t - 1{,}2105\,t^2 + 0{,}06682\,t^3 - 0{,}001186\,t^4.$$

Trägt man die Kurve y^* mit $y = f(x)$ zusammen in ein Koordinatensystem zur Prüfung der Annäherung und sind dann die Abweichungen zu groß, so kann ein weiterer Punkt eingeschaltet und das Schema für die Werte A um eine Zeile vermehrt werden.

Wird im Beispiel noch ein Punkt P_5 (x_5, y_5) hinzugenommen, der den Koeffizienten A_5 liefert, so wird $s^{**} = s^* + A_5\,t\,(t-5)\,(t-12)\,(t-16)\,(t-20)$.

Ersetzt die Parabel die gegebene Kurve genügend genau, so kann man durch Differentiieren die erste und die zweite Ableitung gewinnen.

Im Beispiel folgt damit für Geschwindigkeit und Beschleunigung:

$$v^* = \mathrm{d}s^*/\mathrm{d}t = 6{,}971 - 2{,}4210\,t + 0{,}20046\,t^2 - 0{,}004744\,t^3,$$
$$b^* = \mathrm{d}v^*/\mathrm{d}t = -2{,}4210 + 0{,}40092\,t - 0{,}014232\,t^2.$$

b) Ermittlung des Polynoms

$$y(x) = a_0 + a_1 x + a_2 x^2 + \cdots + a_n x^n$$

für einen bestimmten Wert x.

α) Rechnerisches Verfahren von Horner:

a_n	a_{n-1} $+ a_n x$	a_{n-2} $+ b_{n-1} x$	$\cdots$ $\cdots$	a_2 $+ b_3 x$	a_1 $+ b_2 x$	a_0 $+ b_1 x$
Summe: a_n	b_{n-1}	b_{n-2}	$\cdots$	b_2	b_1	$b_0 = y(x)$

In der dritten Reihe steht die Summe der Glieder der beiden ersten Reihen, es ist also $b_{n-1} = a_{n-1} + a_n x$ usw. Man stellt x auf dem Rechenschieber ein und kann die Werte der zweiten Reihe ohne Änderung der Einstellung ablesen.

Beispiel: Der Wert $s^* = 6{,}971\,t - 1{,}2105\,t^2 + 0{,}06682\,t^3 - 0{,}001186\,t^4$ [s. a)] soll für $= 2$ berechnet werden.

− 0,001186	+ 0,06682 − 0,00237	− 1,2105 + 0,1289	+ 6,971 − 2,163	0 + 9,616
− 0,001186	+ 0,06445	− 1,0816	+ 4,808	9,616

β) Zeichnerisches Verfahren von Segner. Man trägt auf der y-Achse, Bild 200, als Strecken die Koeffizienten

$$OA_0 = a_0, \quad A_0A_1 = a_1, \quad A_1A_2 = a_2, \quad \ldots, \quad A_{n-1}A_n = a_n$$

auf, positiv nach oben, negativ nach unten. In Bild 200 ist $n = 3$, die Vorzeichen sind angedeutet. Ziehe die Parallelen (x) und (1) zur Ordinatenachse im Abstand x und 1, ziehe

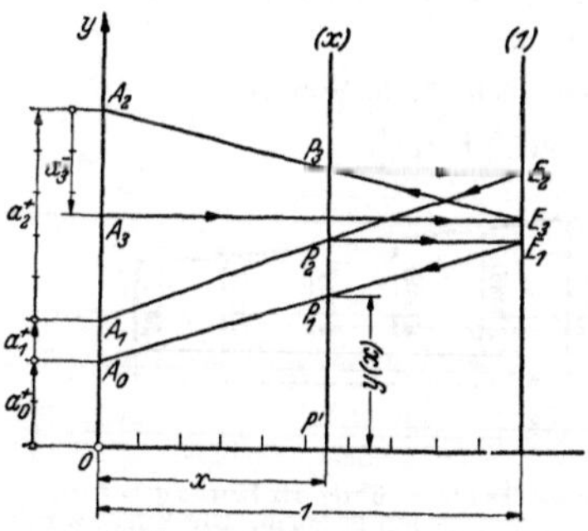

Bild 200. Verfahren von *Segner*

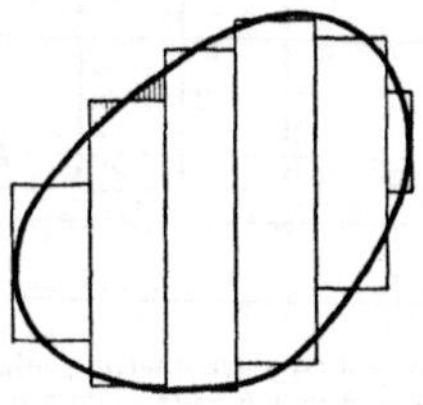
Bild 201

ferner $A_n E_n$ waagerecht, wobei alle Punkte E auf (*1*) liegen. Die Gerade $A_{n-1}E_n$ liefert den Punkt P_n, der wie alle Punkte P auf (x) liegt. Die Waagerechte durch P_n liefert E_{n-1}, mit dem das Verfahren zu wiederholen ist. Man erhält schließlich P_1 durch den Linienzug E_2A_1, P_2E_1, E_1A_0. Dann hat P_1 den gesuchten Abstand $y(x)$ von der x-Achse. In der Zeichnung wurde ermittelt

$$y = 0{,}2 + 0{,}1\,x + 0{,}5\,x^2 - 0{,}25\,x^3 \quad \text{für} \quad x = 0{,}55; \quad y(x) = y(0{,}55) = 0{,}365.$$

Sind die *Koeffizienten zu groß*, so können sie in anderem Maßstab als x, d. h. im Maßstab von y aufgetragen werden.

Da die Konstruktion ungenau wird, wenn $x > 1$, weil die Geraden AE über (*1*) hinaus zu verlängern sind, benutzt man dann statt (*1*) eine Parallele zur y-Achse im Abstand $e > 1$ (z. B. $e = 10, 20, \ldots$), wobei e nicht kleiner ist als der größte in Frage kommende Wert x.

Auf der y-Achse hat man hierbei die Strecken

$$OA_0 = a_0, \quad A_0A_1 = e\,a_1, \quad A_1A_2 = e^2 a_2, \quad \ldots, \quad A_{n-1}A_n = e^n a_n$$

abzutragen.

c) Flächeninhalt. α) Man zerlegt das Flächenstück, Bild 201, durch senkrechte Linien in Streifen, die man nach dem Augenmaß in Rechtecke verwandelt. Hierzu muß man in jedem Streifen zwei waagerechte Linien so ziehen, daß die durch Schraffieren hervorgehobenen Flächen inhaltsgleich werden. Zeichnet man die Fläche auf Millimeterpapier, so kann man Breite und Höhe der einzelnen Rechtecke ohne weiteres ablesen.

β) Unterteilt man die gegebene Kurve, Bild 202, in $2n$ Parallelstreifen von gleicher Breite h, indem man in gleichen Abständen Parallelen zur y-Achse zieht, welche die Kurve in den Punkten $P_0(x_0, y_0)$, $P_1(x_1, y_1), \ldots, P_{2n}(x_{2n}, y_{2n})$ schneiden, so wird, wenn man die Kurve durch das Sehnenpolygon $P_0P_1 \ldots P_{2n}$ ersetzt:

$$F \approx T = h\left(\frac{y_0}{2} + y_1 + y_2 + \cdots + y_{2n-1} + \frac{y_{2n}}{2}\right)$$

(*Trapezformel*). (S. auch Bd. II, S. 96.)

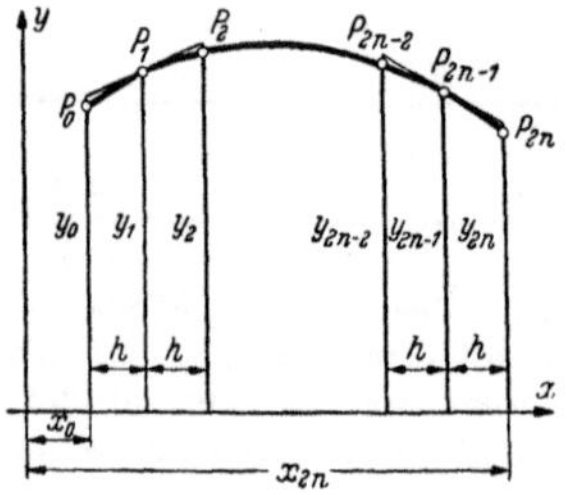

Bild 202
Trapezregel u. *Simpson*sche Regel

γ) Zieht man in $P_1, P_3, \ldots, P_{2n-1}$ Tangenten und ersetzt den Kurventeil $P_0P_1P_2$ durch das von den Ordinaten y_0 und y_2 abgeschnittene Stück der Tangente in P_1 usw., so wird der Inhalt

$$F \approx U = 2h(y_1 + y_3 + \cdots + y_{2n-1})$$

(*Tangentenformel*).

δ) Ein besserer Näherungswert ergibt sich, wenn das Kurvenstück zwischen drei aufeinanderfolgenden Punkten durch eine allgemeine Parabel 3. Ordnung ersetzt wird; es ist

$$F \approx S = \frac{2T + U}{3} = \frac{h}{3}(y_0 + 4y_1 + 2y_2 + 4y_3 + 2y_4 + \cdots + 4y_{2n-1} + y_{2n})$$

(*Simpson*sche *Regel*).

Die *Simpson*sche Regel gibt also genaue Werte für die Funktion

$$y = a_0 + a_1x + a_2x^2 + a_3x^3.$$

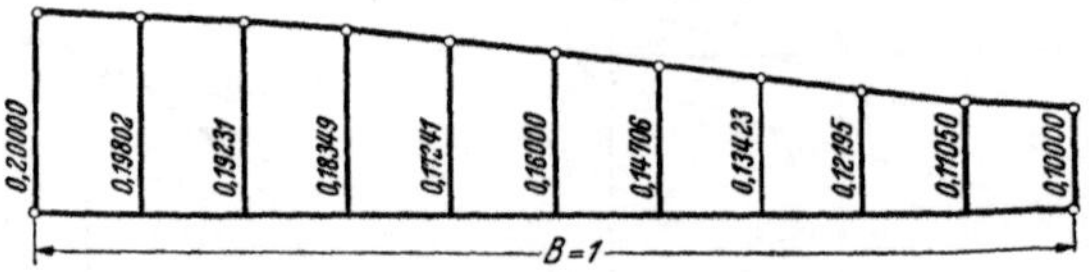

Bild 203

Die Güte der Annäherung zeige die Berechnung der Fläche unter der Kurve $y = 0{,}2/(1 + x^2)$ in den Grenzen $x = 0$ und $x = 1$, Bild 203, nach den drei Formeln. Die Kurve wurde in $2n = 10$ Teile geteilt, so daß $h = 0{,}1$ ist.

x	y	Trapezformel	Tangentenformel	*Simpson*sche Regel
0,0	0,20000	0,10000	......	1 0,20000
0,1	0,19802	0,19802	0,19802	4 0,79208
0,2	0,19231	0,19231	......	2 0,38462
0,3	0,18349	0,18349	0,18349	4 0,73396
0,4	0,17241	0,17241	......	2 0,34482
0,5	0,16000	0,16000	0,16000	0,64000
0,6	0,14706	0,14706	......	0,29412
0,7	0,13423	0,13423	0,13423	0,53692
0,8	0,12195	0,12195	......	0,24390
0,9	0,11050	0,11050	0,11050	0,44200
1,0	0,10000	0,05000	......	1 0,10000
$\Sigma =$		1,56997	0,78624	4,71242
$F =$		$0{,}1 \cdot 1{,}56997$ $= 0{,}156997$	$0{,}2 \cdot 0{,}78624$ $= 0{,}157248$	$\frac{0{,}1}{3} \cdot 4{,}71242$ $= 0{,}157081$

Der genaue Wert ist $0{,}2 \int\limits_0^1 \mathrm{d}\,x/(1+x^2) = 0{,}2 \operatorname{arc\,tg} 1 = 0{,}2 \cdot \pi/4 = \pi/20 = 0{,}1570796\,..$

Der Fehler beträgt bei der Trapezformel 0,5 ‰, bei der Tangentenformel 1 ‰, bei der *Simpson*schen Regel nur 0,01 ‰.

d) Zeichnerische Integration. *α) Tangentenverfahren.* Man nimmt auf der zu integrierenden Kurve in beliebigen Abständen eine Reihe von Punkten $P_1, P_2, \ldots$ an, Bild 204, unter denen sich Maximum, Minimum und der Schnittpunkt mit der x-Achse befinden sollen, zieht durch diese Punkte die Parallelen zur x-Achse und schaltet zwischen sie die y-Parallelen $N_1, N_2, \ldots$ so ein, daß die in Bild 204 schraffierten Flächen inhaltsgleich werden. Diese Parallelen bringen bei der so entstehenden treppenförmigen Kurve den Flächenausgleich hervor. Man zieht nun durch die waagerechten Stufen der Treppenkurve Parallelen zur x-Achse, welche die y-Achse in den Punkten *1*, *2*, ... schneiden. Dann nimmt man den Pol P im Punkt „-1" der x-Achse an, zieht die Strahlen $P\,1$, $P\,2, \ldots$ und zu diesen, in Q_1 beginnend, die Parallelen $Q_1\,1' \parallel P\,1$, $1'\,2' \parallel P\,2, \ldots,$ wobei die Punkte $1', 2', \ldots$ auf den durch $N_1, N_2, \ldots$ gezogenen Senkrechten liegen. Q_1 ist hierbei der senkrecht über P_1 liegende gegebene Punkt, durch den die Integralkurve hindurchgehen soll. Man erhält so ein Tangentenpolygon der gesuchten Integralkurve; die Berührungspunkte $Q_1, Q_2, \ldots$ liegen senkrecht über $P_1, P_2, \ldots$ und sind bei genauem Flächenausgleich genaue Punkte der Integralkurve. Der Flächeninhalt unter der gegebenen Kurve $y(x)$ zwischen x_1 und x_n ist gleich der Differenz der Ordinaten von Q_n und Q_1, also gleich $Q_n - Q_1$.

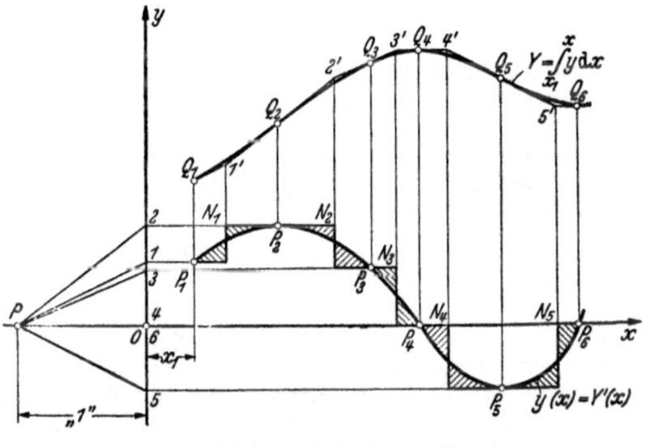

Bild 204. Zeichnerische Integration

Ist der Polabstand $O\,P$ nicht 1, sondern gleich p cm, so ist der Flächeninhalt unter $P_1 \ldots P_n$ gleich der Differenz der Ordinaten von Q_n und Q_1 mal dem Abstand p.

Sind allgemein die *Maßstäbe* derart, daß auf der x-Achse 1 cm ≙ α Einheiten E_1, auf der Achse für $y = f(x)$ 1 cm ≙ β Einheiten E_2 und auf der Achse für $Y = \int y\,\mathrm{d}x$ 1 cm ≙ γ Einheiten E_3 bedeuten, so gilt mit dem Polabstand $OP = p$ cm: $\gamma = \alpha\beta p$, wobei

$E_3 = E_1 \cdot E_2$. Durch die Wahl von p kann die Ausdehnung der Integralkurve nach oben und unten geregelt oder ein geeigneter Maßstab γ erreicht werden.

β) Seilpolygon. Ist aus $y'' = \mathrm{f}(x)$ die zweite Integralkurve $y = \int\int \mathrm{f}(x)\,\mathrm{d}x\,\mathrm{d}x$ zu ermitteln, so kann man das unter α) beschriebene Verfahren zweimal anwenden. Da aber die elastische Linie eines Trägers mit gleichbleibendem Querschnitt, abgesehen vom Maßstab, die zweite Integralkurve zur Momentenlinie ist (S. 90 u. S. 356), so kann auch das dort geschilderte Verfahren zur zweifachen Integration benutzt werden (Bild 58, S. 357). Dieser Weg ist nur bei wenig gekrümmten Kurven $y = \mathrm{f}(x)$ zu wählen, da sonst die Schwerpunkte der Flächenstreifen nicht genau zu bestimmen sind.

e) Instrumentelle Integration (Lit. 3, 5). Zur Ermittlung des bestimmten Integrals $\int\limits_{x_1}^{x_2} y(x)\,\mathrm{d}x$ dienen Grundplanimeter oder Planimeter erster Ordnung; zur Ermittlung von $\int\limits_{x_0}^{x} y(x)\,\mathrm{d}x$, dem unbestimmten Integral, durch Ablesung an einer Meßrolle dienen Integrimeter (*Ott*), zum Aufzeichnen der Integralkurve $Y(x) = \int\limits_{x_0}^{x} y(x)\,\mathrm{d}x$ Grundintegraphen, zur Lösung von Differentialgleichungen allgemeine Integraphen und Integriergeräte oder elektronische Rechenanlagen.

Zur Auswertung von Integralen der Form $I = \int y^n\,\mathrm{d}x$, worin $y = \mathrm{f}(x)$, dienen Potenzplanimeter; sie können als solche auch zur Bestimmung von statischen Momenten, daher Schwerpunkten, von Trägheitsmomenten, Rauminhalten u. a. m. verwendet werden. Zur Auswertung von Integralen der allgemeineren Form $\int\limits_{x_1}^{x_2} \varphi[\mathrm{f}(x)]\,\mathrm{d}x$ dienen Funktionsplanimeter.

f) Zeichnerische Differentiation. *α) Tangente in einem Kurvenpunkt P*, Bild 205. Diese kann nach Augenmaß gefunden werden. Oder: Von den Schnitt-

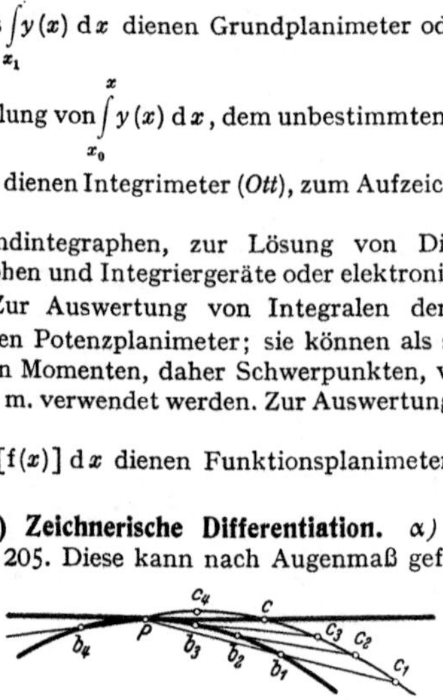

Bild 205. Tangente in einem Punkt

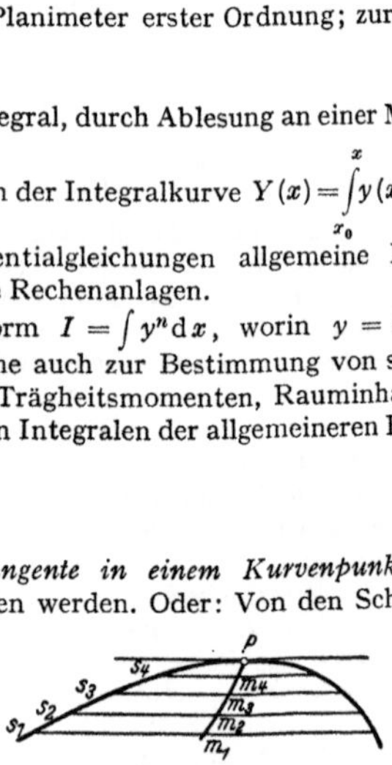

Bild 206
Tangente gegebener Richtung

punkten $b_1, b_2, \ldots$ der Kurve mit den durch P gezogenen Strahlen aus trägt man auf diesen die beliebige, aber unveränderliche Strecke $\overline{b_1 c_1} = \overline{b_2 c_2}$ nach der gleichen Seite ab. Der Kreis um P mit der gleichen Strecke trifft die durch $c_1, c_2, \ldots$ gezogene Kurve in c. Dann ist Pc die gesuchte Tangente.

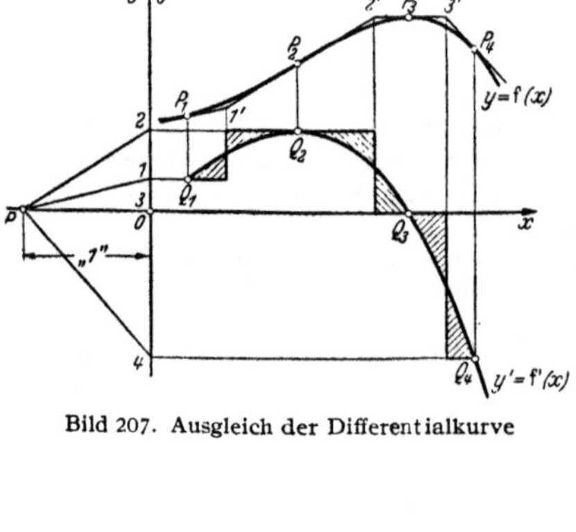

Bild 207. Ausgleich der Differentialkurve

β) Tangente gegebener Richtung, Bild 206. Nach Augenmaß zu zeichnen, oder man zieht parallel zur gegebenen Richtung mehrere Sehnen $s_1, s_2, \ldots$, halbiert diese und verbindet ihre Mittelpunkte $m_1, m_2, \ldots$ durch eine Kurve. Diese schneidet die gegebene Kurve im gesuchten Kurvenpunkt.

γ) Instrumentelle Hilfsmittel sind: das Spiegellineal (Spiegelebene senkrecht zur Zeichenebene), das die Normale liefert, das Derivimeter nach *Ott* mit Visolettlupen oder der Derivator nach *Harbou* mit Prismen.

δ) Differentialkurve, Bild 207. Man zieht nach α), β) oder γ) an die Kurve $y = f(x)$ mehrere Tangenten in den Punkten P_1, P_2, ... und durch den Pol P im Punkte „-1" der x-Achse hierzu die Parallelen (Bild 39, S. 78). Die Waagerechten durch ihre Schnittpunkte *1*, *2*, ... mit der y-Achse schneiden die Lotrechten durch P_1, P_2, ... in den Punkten Q_1, Q_2, ... der gesuchten Differentialkurve $y' = f(x)$. Die Senkrechten durch die Schnittpunkte *1'*, *2'*, ... der Tangenten müssen bei der Differentialkurve nach d) den in Bild 207 durch Schraffur angedeuteten Flächenausgleich hervorbringen. Dementsprechend ist die Differentialkurve durch die Punkte Q_1, Q_2, ... hindurchzulegen.

Sind allgemein die *Maßstäbe* derart, daß auf der x-Achse 1 cm $\triangleq \alpha$ Einheiten E_1, auf der Achse für $y = f(x)$ 1 cm $\triangleq \beta$ Einheiten E_2 und auf der Achse für y' 1 cm $\triangleq \gamma$ Einheiten E_3 bedeuten, so gilt mit dem Polabstand $OP = p$ cm: $\gamma = \beta/\alpha p$, wobei $E_3 = E_2/E_1$. Durch entsprechende Wahl von p vermeidet man zu steile oder zu flache Differentialkurven und erhält einen geeigneten Maßstabfaktor γ.

XI. Flächen- und Körperberechnung

Lage der Schwerpunkte s. Statik, Abschn. D, S. 212

1. Umfang und Flächeninhalt ebener Figuren

a) Dreieck, Bild 208.

Seiten a, b, c; Winkel α, β, γ; Höhen h_a, h_b, h_c; Mittellinien m_a, m_b, m_c; $2s = a + b + c$; $2\delta = m_a + m_b + m_c$.

$$F = \frac{1}{2} a\, h_a = \frac{1}{2} a\, b \sin\gamma = \frac{a^2 \sin\beta \sin\gamma}{2 \sin\alpha}$$

$$= 2r^2 \sin\alpha \sin\beta \sin\gamma = \frac{a\, b\, c}{4r}$$

$$= \varrho^2 \operatorname{ctg}\frac{\alpha}{2} \operatorname{ctg}\frac{\beta}{2} \operatorname{ctg}\frac{\gamma}{2}$$

$$= \sqrt{s(s-a)(s-b)(s-c)}$$

$$= {}^4/_3 \sqrt{\delta(\delta - m_a)(\delta - m_b)(\delta - m_c)} = \varrho\, s.$$

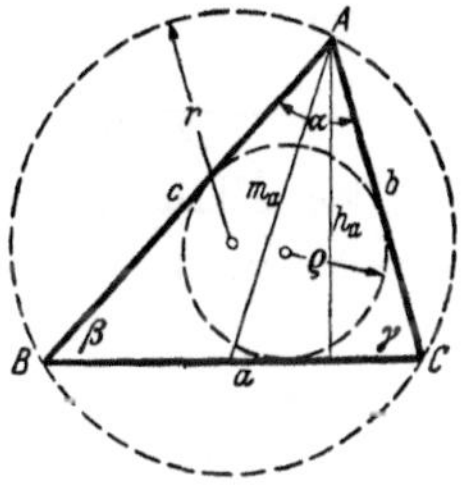

Bild 208

Rechtwinkliges Dreieck. a, b Katheten, c Hypotenuse. α der a gegenüberliegende Winkel.

$$F = {}^1/_2\, ab = {}^1/_2\, a^2 \operatorname{ctg}\alpha = {}^1/_2\, b^2 \operatorname{tg}\alpha = {}^1/_4\, c^2 \sin 2\alpha; \quad a^2 + b^2 = c^2.$$

b) Viereck, Bild 209. D_1 und D_2 Diagonalen; h_1 und h_2 Höhen auf D_2; φ Winkel zwischen den Diagonalen.

$$F = {}^1/_2\, D_2 (h_1 + h_2) = {}^1/_2\, D_1 D_2 \sin\varphi.$$

α) Trapez. a, b parallele Seiten, h Höhe, m Parallele zu a und b in halber Höhe $= (a + b)/2$,

$$F = {}^1/_2\, h\,(a + b) = m\, h.$$

β) Parallelogramm, Rechteck. a Grundlinie, h Höhe,

$$F = a\, h.$$

(für α) und β): $F = {}^1/_2\, D_1 D_2 \sin\varphi$.)

γ) Rhombus. Seiten a; spitzer Winkel γ. $F = a^2 \sin\gamma = {}^1/_2\, D_1 D_2$.

c) Vieleck. Zerlegung in Dreiecke oder Berechnung aus den Koordinaten $x_1 y_1$, $x_2 y_2$, ... der n Eckpunkte, bezogen auf ein beliebiges rechtwinkliges Achsenkreuz, ergibt:

$$F = {}^1/_2 \left[(x_2 y_1 - x_1 y_2) + (x_3 y_2 - x_2 y_3) + (x_4 y_3 - x_3 y_4) + \cdots + (x_n y_{n-1} - x_{n-1} y_n) + (x_1 y_n - x_n y_1)\right].$$

Vgl. a. Lit. 5, S. 182.

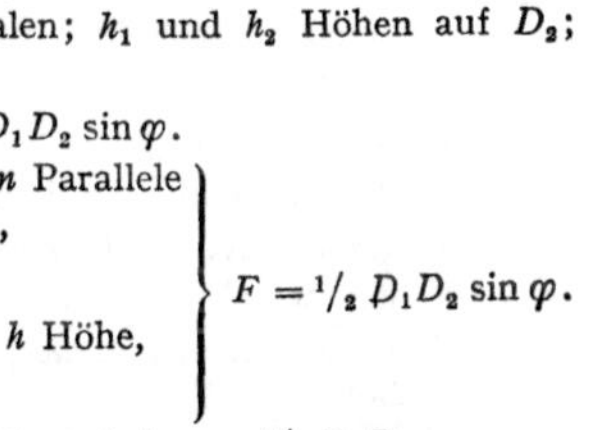

Bild 209

Regelmäßiges Vieleck (n-Eck). Seitenlänge a, Umkreis r, Inkreis ϱ, *halber* Zentriwinkel φ, Umfang U, Fläche F.

Der Eckwinkel des Vielecks ist $180° - 2\,\varphi°$.

$$\varphi° = 180°/n, \qquad a = 2\sqrt{r^2 - \varrho^2} = 2r\sin\varphi = 2\,\varrho\,\mathrm{tg}\,\varphi;$$
$$U = n\,a = 2\,n\,r\sin\varphi = 2\,n\,\varrho\,\mathrm{tg}\,\varphi;$$
$$F = {}^1/_4\,n\,a^2\,\mathrm{ctg}\,\varphi = {}^1/_2\,n\,r^2\sin 2\,\varphi = n\,\varrho^2\,\mathrm{tg}\,\varphi.$$

d) Kreis. Halbmesser r, Durchmesser d, Umfang U (s. Tafel S. 2).

$$U = 2\,\pi\,r = \pi\,d; \qquad F = \pi\,r^2 = {}^1/_4\,\pi\,d^2 = {}^1/_4\,U\,d = 0{,}78539816\,d^2.$$

α) *Kreisring.* R äußerer, r innerer Halbmesser, D äußerer, d innerer Durchmesser, r_m mittlerer Halbmesser, δ Ringbreite.

$$F = \pi\,(R^2 - r^2) = {}^1/_4\,\pi\,(D^2 - d^2) = 2\,\pi\,r_m\,\delta.$$

β) *Kreisabschnitt* F_1 *und Kreisausschnitt* F_2. Zentriwinkel $\varphi°$ im Gradmaß, φ im *Bogenmaß*, b Bogenlänge, s Sehnenlänge (Bild 210); s. a. S. 28.

$$\varphi = \varphi°\,\pi/180°; \qquad \pi/180 = 0{,}01745 = \text{Marke } \varrho \text{ auf dem Rechenstab};$$

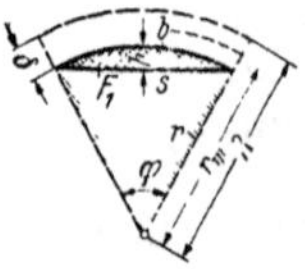

Bild 210

$$F_1 = \frac{1}{2}\,r^2\,(\varphi - \sin\varphi) = \frac{r\,(b - s) + s\,h}{2};$$
$$F_2 = b\,r/2 = \varphi\,r^2/2; \qquad b = r\,\varphi.$$

γ) *Kreisringstück*, Bild 210: $F = \varphi\,(R^2 - r^2)/2 = \varphi\,r_m\,\delta$; φ siehe β).

e) Parabel, Ellipse, Hyperbel s. Analytische Geometrie. Über Flächenbestimmung vgl. S. 183.

2. Oberfläche und Rauminhalt von Körpern

V Rauminhalt, M Mantelfläche, O Oberfläche.

a) Prisma. Grundfläche G, Höhe h; $V = G\,h$.

α) *Würfel.* Kante a. $V = a^3$; $O = 6a^2$; Diagonale $d = a\sqrt{3}$.

β) *Rechtwinkliges Parallelepiped*: Kanten a, b, c; $V = a\,b\,c$; Diagonale $d = \sqrt{a^2 + b^2 + c^2}$; $O = 2\,(a\,b + a\,c + b\,c)$.

γ) Schief abgeschnittenes 3seitiges Prisma: Die 3 parallelen Kanten a, b, c; Normalfläche N; $V = {}^1/_3\,(a + b + c)\cdot N$; s. auch δ).

δ) *Schief abgeschnittenes beliebiges Prisma*: Ist l der Abstand der Schwerpunkte der beiden Grundflächen und N die Normalfläche, so wird $V = N\,l$.

b) Zylinder. Grundfläche G, Höhe h. $V = G\,h$; Mantelfläche = Umfang des Normalschnitts × Mantellinienlänge.

α) *Gerader Kreiszylinder.* Halbmesser der Grundfläche $R = D/2$; Höhe h. $V = \pi\,R^2 h$, $M = 2\,\pi\,R\,h = \pi\,D\,h$, $O = 2\,\pi\,R\,(R + h)$.

β) *Gerader Kreiszylinder, schief abgeschnitten.* Größte und kleinste Mantellinie a und b. $V = \pi\,R^2\,(a + b)/2$; $M = \pi\,R\,(a + b)$.

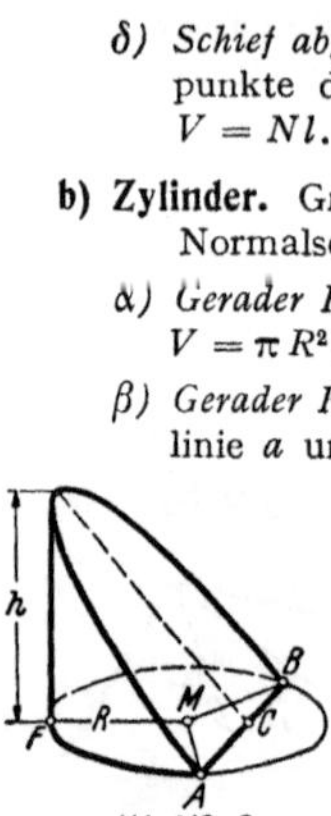

Bild 211

γ) *Zylinderhut*, Bild 211.

$FC = a$, $AC = BC = b$. $\sphericalangle FMB = \varphi$ im Bogenmaß.

$$V = \frac{h}{3\,a}\,[b\,(3\,R^2 - b^2) + 3\,R^2\,(a - R)\,\varphi],$$
$$M = \frac{2\,h\,R}{a}\,[(a - R)\,\varphi + b].$$

Wenn C mit M zusammenfällt ($FC = AC = BC = a = b = R$), wird $V = {}^2/_3\,R^2\,h$, $M = 2\,R\,h$.

δ) *Hohlzylinder.* R äußerer, r innerer, r_m mittlerer Halbmesser; Wanddicke $\delta = R - r$, Höhe h.

$$V = \pi h (R^2 - r^2) = \pi h \delta (2R - \delta) = \pi h \delta (2r + \delta) = 2\pi r_m h \delta.$$

c) Pyramide, Kegel. Grundfläche G, Höhe h. $V = {}^1/_3\, G h$.

α) *Abgestumpfte Pyramide.* Grundflächen G und g, Höhe h.

$$V = {}^1/_3\, h \left(G + g + \sqrt{Gg}\right).$$

β) *Kreiskegel.* Halbmesser der Grundfläche R, Höhe h.

$$V = {}^1/_3\, \pi R^2 h; \quad M = \pi R s; \quad s = \sqrt{R^2 + h^2} = \text{Mantellinie}.$$

γ) *Abgestumpfter Kreiskegel.* r Halbmesser der oberen, R der unteren Grundfläche, h Höhe.

$$\sigma = R + r, \quad \delta = R - r, \quad s = \sqrt{h^2 + \delta^2},$$

$$V = {}^1/_3\, \pi h (R^2 + R r + r^2) = {}^1/_{12}\, \pi h (3\sigma^2 + \delta^2);$$

$$\text{Mantel } M = \pi (R + r)\, s.$$

d) Kugel. Halbmesser R, Durchmesser D.

$$V = {}^4/_3\, \pi R^3 = 4{,}18879\, R^3 = {}^1/_6\, \pi D^3 = 0{,}5236\, D^3,$$

$$O = 4\pi R^2 = 3V/R; \qquad R = 0{,}620351 \sqrt[3]{V}.$$

α) *Kugelabschnitt, Kalotte,* Bild 212. Kugelhalbmesser R, Höhe des Abschnittes h, Halbmesser seiner Grundfläche $a = \sqrt{h(2R - h)}$.

$$V = \pi h^2 (R - h/3) = {}^1/_6\, \pi h (3a^2 + h^2);$$

$$\text{Kappe:} \quad M = 2\pi R h = \pi (a^2 + h^2).$$

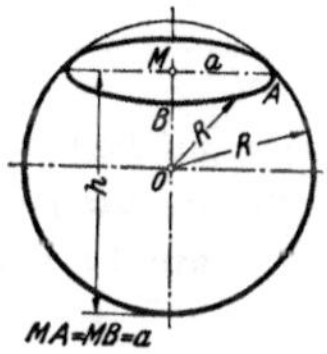

Bild 212

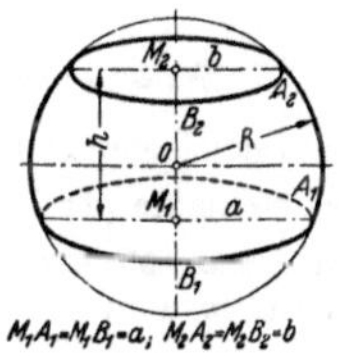

Bild 213

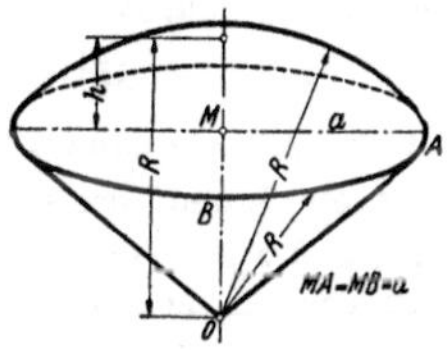

Bild 214

β) *Kugelzone, Kugelschicht,* Bild 213. Halbmesser der Endflächen a und b.

$$V = {}^1/_6\, \pi h\, (3a^2 + 3b^2 + h^2); \qquad M = 2\pi R h;$$

$$R^2 = a^2 + [(a^2 - b^2 - h^2)/2h]^2; \qquad a > b.$$

Ist $a = R$, so gilt: $V = \pi h (R^2 - h^2/3)$.

γ) *Kugelausschnitt,* Bild 214.

$$V = {}^2/_3\, \pi R^2 h = 2{,}0944\, R^2 h, \qquad O = \pi R\, (2h + a).$$

δ) *Kugelkeil, Kugelzweieck.* φ der Winkel zwischen den beiden größten Kreisen.

$$V = {}^2/_3\, \varphi R^3; \quad M = {}^1/_2\, \varphi \pi R^2; \quad \varphi \text{ im Bogenmaß (S. 188, d, } \beta).$$

ε) *Kugeldreieck.* ε° sphärischer Exzeß, d. h. Überschuß der Winkelsumme über 180°.

$$M = \varepsilon R^2; \quad \varepsilon \text{ im Bogenmaß}.$$

e) Körper mit elliptischem oder parabolischem Querschnitt.

α) *Ellipsoid.* Halbachsen a, b, c.

$$V = {}^4/_3\, \pi a b c.$$

β) Umdrehungsellipsoid.

$$2a \text{ Drehachse:} \quad V = {}^4/_3\,\pi a b^2,$$
$$2b \text{ Drehachse:} \quad V = {}^4/_3\,\pi a^2 b.$$

γ) Umdrehungsparaboloid. Höhe h, Halbmesser der Grundfläche R.

$$V = {}^1/_2\,\pi R^2 h = 1{,}5708\,R^2 h.$$

δ) Abgestumpftes Umdrehungsparaboloid. Höhe h, Halbmesser der Grundflächen R und r.

$$V = {}^1/_2\,\pi\,(R^2 + r^2)\,h.$$

ε) Kübel, Bottich, Bild 215. Endflächen Ellipsen mit den Halbachsen a, b und a_1, b_1.

$$V = {}^1/_6\,\pi h\,[(2a + a_1)\,b + (2a_1 + a)\,b_1].$$

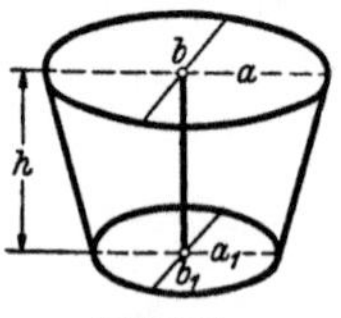

Bild 215

ζ) Faß. Bodenhalbmesser r, Halbmesser am Spund R, Länge (Höhe) h.

Bei Annahme parabolischer Dauben ist genau:

$$V = 0{,}838\,h\,(2R^2 + Rr + 0{,}75\,r^2);$$

bei Annahme kreisförmiger Dauben ist angenähert:

$$V = 1{,}05\,h\,(2R^2 + r^2).$$

f) Umdrehungsflächen und -körper. Sätze von Guldin. *α) Guldin*sche Regel für *Umdrehungsflächen:* Rotiert eine ebene Kurve um eine in ihrer Ebene liegende Achse, welche die Kurve nicht schneidet, so ist die von der Kurve beschriebene Fläche gleich dem Produkt aus der Länge der Kurve und dem Weg ihres Schwerpunktes. Es ist, Bild 216,

$$\mathrm{d}F = 2\pi x\,\mathrm{d}s; \qquad F = 2\pi \int x\,\mathrm{d}s.$$

$x\,\mathrm{d}s$ ist das statische Moment des Kurvenelementes $\mathrm{d}s$ bezogen auf die y-Achse; $\int x\,\mathrm{d}s$ ist die Summe der statischen Momente der Kurventeilchen, bezogen auf die y-Achse. Da die Summe der statischen Momente der einzelnen Teile gleich dem statischen Moment des Ganzen ist, so wird

$$\int x\,\mathrm{d}s = x_0\,s,$$

wobei x_0 der Abstand des Schwerpunktes der erzeugenden Kurve von der Drehachse ist; demnach ist

$$F = 2\pi \int x\,\mathrm{d}s = 2\pi x_0\,s.$$

$2\pi x_0$ ist gleich dem Umfang des Kreises mit dem Schwerpunktabstand x_0 der Kurvenlänge s als Radius (s. a. S. 88).

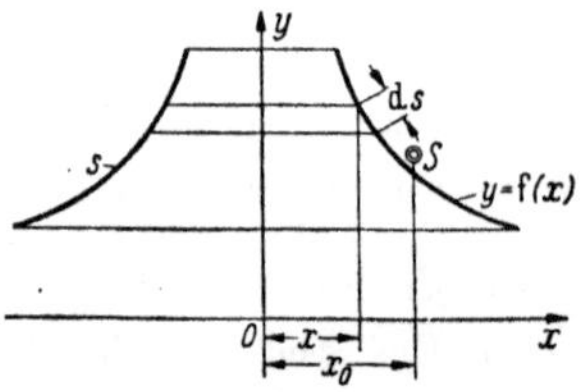

Bild 216

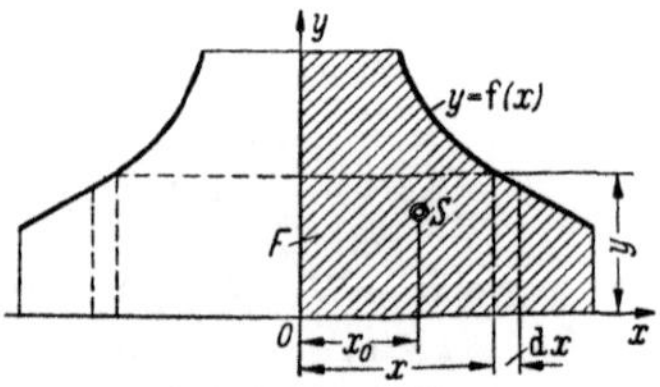

Bild 217

*β) Guldin*sche Regel für *Rotationskörper:* Rotiert eine ebene Fläche um eine in ihrer Ebene liegende, sie nicht schneidende Achse, so ist das von dem Flächenstück beschriebene Volumen gleich dem Produkt aus dem Inhalt der Fläche und dem Weg ihres Schwerpunktes.

Es ist, Bild 217,

$$dV = dF \cdot 2\pi x; \quad dF = y\,dx; \quad dV = 2\pi x y\,dx; \quad V = 2\pi \int x y\,dx;$$

$x y\,dx$ ist das statische Moment des Flächenelementes $y\,dx$ in bezug auf die y-Achse, $\int x y\,dx$ also die Summe der statischen Momente der Flächenteilchen, bezogen auf dieselbe Achse. Da diese Summe gleich dem statischen Moment der ganzen Fläche sein muß, so wird

$$\int x y\,dx = F x_0;$$

demnach

$$V = 2\pi \int x y\,dx = 2\pi x_0 F.$$

$2\pi x_0$ ist gleich dem Umfang des Kreises mit dem Schwerpunktabstand x_0 der erzeugenden Fläche F als Radius (s. a. S. 89).

Mechanik

I. Statik starrer Körper

Bearbeitet von Dipl.-Ing. **G. Köhler,** Berlin

Literatur: 1. *Kaufmann, W.:* Einführung in die Technische Mechanik, 1. Bd. Statik starrer Körper. Berlin: Springer 1949. — 2. *Szábo, I.:* Einführung in die Technische Mechanik. 4. Aufl. Berlin: Springer 1959. — 3. *Sonntag, R.:* Aufgaben aus der Technischen Mechanik. Berlin: Springer 1955. — 4. *Federhofer, K.:* Prüfungs- und Übungsaufgaben aus der Mechanik des Punktes und des starren Körpers. Berlin: Springer 1953.

Statik, die Lehre vom Gleichgewicht (und vom Zusammensetzen und Zerlegen von Kräften) dient der Ermittlung unbekannter Kräfte an Körpern. Deren Kenntnis ist Voraussetzung für die Festigkeits- und Verformungsrechnung von Bauteilen.

Im Gleichgewicht heben sich die an einem Bauteil angreifenden Kräfte in ihrer Wirkung auf; dann bleibt sein Bewegungszustand unverändert, die Geschwindigkeit aller seiner Punkte bleibt nach Größe und Richtung konstant (gleichförmige geradlinige Bewegung). Sonderfall des Gleichgewichts ist der Fall der Ruhe.

A. Grundlagen

a) Die **Kraft** ist die Ursache einer Bewegungs- und Formänderung eines Körpers. Ihre Bestimmungsgrößen sind:

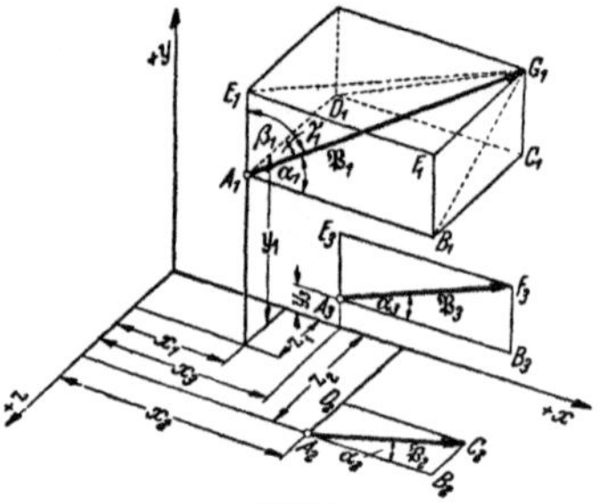

Bild 1

1. Größe in kg oder t,
2. Richtung,
3. Angriffspunkt (Lage).

Für das Rechnen mit Kräften ist daher ein Bezugssystem (Achsenkreuz) erforderlich; Richtung durch 2 oder 3 Richtungswinkel α, β und γ zwischen Wirkungslinie und Achsen des Bezugssystems gekennzeichnet; Lage der Wirkungslinie meist durch die Koordinaten des Angriffspunktes der Kraft gegeben, Bild 1. Bei graph. Lösungen Größe der Kraft durch Länge des Kraftpfeils dargestellt.

	Kraft $\mathfrak{P}_1$	Kraft $\mathfrak{P}_2$	Kraft $\mathfrak{P}_3$
Richtungswinkel	$\alpha_1 = \sphericalangle G_1A_1B_1$ $\beta_1 = \sphericalangle G_1A_1E_1$ $\gamma_1 = \sphericalangle G_1A_1D_1$	$\alpha_2 = \sphericalangle C_2A_2B_2$ $\beta_2 = 90^\circ$ $\gamma_2 = \sphericalangle C_2A_2D_2$	$\alpha_3 = \sphericalangle F_3A_3B_3$ $\beta_3 = \sphericalangle F_3A_3E_3$ $\gamma_3 = 90^\circ$
Koordinaten des Angriffspunktes A	x_1 y_1 z_1	x_2 $y_2 = 0$ z_2	x_3 y_3 $z_3 = 0$

Verschiebungssatz: Sieht man von Verformung und Beanspruchung des Körpers ab, betrachtet man ihn also als starr, so kann eine Kraft in ihrer Wirkungslinie ohne Einfluß auf den Bewegungszustand des Körpers verschoben werden; die Kraft ist daher ein linienflüchtiger Vektor. Bild 2a: An einem Körper wirken zwei gleich große entgegengesetzt gerichtete Kräfte auf gleicher Wirkungslinie. Verschiebt man z. B. die nach rechts gerichtete Kraft $\mathfrak{P}_2$ von ihrem Angriffspunkt A_2 nach A_3 (Bild 2b), so hat diese Verschiebung in der Wirkungslinie keinen Einfluß auf den Bewegungszustand des Körpers, weil sich sowohl vor wie nach der Verschiebung die nach links und rechts gerichteten Kräfte aufheben. Auf die Verformung und Beanspruchung des Körpers hat diese Verschiebung dagegen einen Einfluß; im Fall a) wird der Körper zwischen A_1 und A_2 auf Zug beansprucht, im Fall b) nur zwischen A_1 und A_3. Untersuchungen über Verformungen und Beanspruchungen gehören in das Gebiet der Festigkeitslehre.

Bild 2

b) Parallelogramm der Kräfte: Die Wirkung zweier an einem Punkt angreifenden Kräfte ist gleich der Wirkung ihrer resultierenden Kraft (Resultierenden) $\mathfrak{R}$, Bild 3. $\mathfrak{R}$ ist nach Größe und Richtung durch die Diagonale des aus den beiden gegebenen Kräften gebildeten Parallelogramms bestimmt. Einzelkräfte und Resultierende haben gemeinsamen Angriffspunkt im Parallelogramm.

c) Kräftedreieck: Im allgemeinen arbeitet man nur mit dem halben Parallelogramm der Kräfte, dem Kräftedreieck, Bild 4.

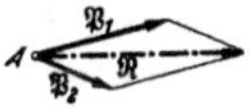

Bild 3

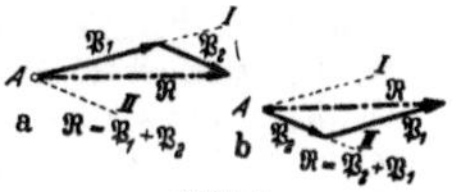

Bild 4

Regel: Richtung von $\mathfrak{R}$ entgegengesetzt dem Umfahrungssinn des Kräftedreiecks. Konstruktion nach Bild 4a und 4b gleichwertig.

Vektorengleichung:

$$\mathfrak{R} = \mathfrak{P}_1 + \mathfrak{P}_2. \qquad (1)$$

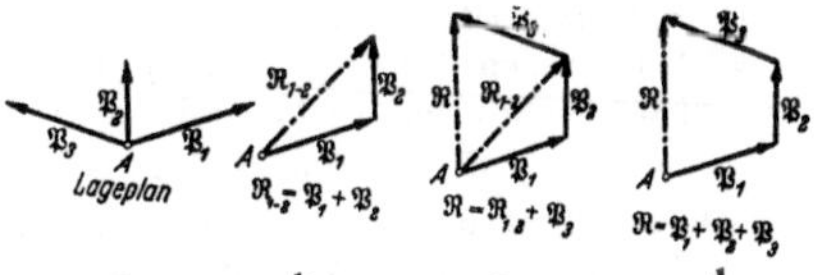

a b c d

Bild 5

d) Krafteck: Durch Aneinanderreihen mehrerer Kräftedreiecke erhält man ein Krafteck. Bild 5.

Vektorengleichung: $$\mathfrak{R} = \mathfrak{P}_1 + \mathfrak{P}_2 + \dots + \mathfrak{P}_n. \qquad (2)$$

Zeichnen der Zwischenresultierenden überflüssig (Bild 5d).

e) Vektorengleichung: In einer Vektorengleichung für Kräfte sind jeder Kraft zwei Bestimmungsgrößen, Größe und Richtung, zugeordnet. Die Gleichung ist mit Hilfe des Kraftecks graphisch lösbar, wenn sie nur zwei Unbekannte enthält.

In Gl. (1) sind Größe und Richtung von $\mathfrak{P}_1$ und $\mathfrak{P}_2$ bekannt. Es fehlen Größe und Richtung von $\mathfrak{R}$, also zwei Unbekannte: folglich Gleichung lösbar mit Hilfe des Kraftecks (Kräftedreiecks).

f) Statisches Moment: Statisches Moment $\mathfrak{M}$ einer Kraft $\mathfrak{P}$, beliebig bezogen auf Punkt O oder Achse, ist das Produkt aus Kraft und (rechtwinkligem) Abstand a ihrer Wirkungslinie von Bezugspunkt bzw. Achse; seine Größe ist

$$M = \pm P \cdot a \text{ in kgcm oder kgm,} \qquad (3)$$

Bild 6. Vorzeichen des Momentes nach DIN 1312 bei Drehsinn entgegengesetzt dem Uhrzeigerverlauf positiv, in der Praxis hiervon häufig abweichend negativ.

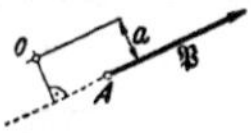

Bild 6

Momentensatz: Moment der Resultierenden ist gleich der geometrischen Summe der Momente der Einzelkräfte. Für Kräfte in der Ebene gilt die algebraische Summe

$$M_{res} = R \cdot a_r = M_{P1} + M_{P2} + \cdots + M_{Pn} = \Sigma M_{Pi}. \qquad (4)$$

Die Wirkung der Resultierenden muß der Wirkung der Einzelkräfte gleich sein. S. a. Abschn. A b.

g) Kräftepaar: Als Kräftepaar bezeichnet man zwei gleich große, parallele, entgegengesetzt gerichtete Kräfte. Ihr (senkrechter) Abstand heißt Hebelarm, Bild 7. Sie üben ein Drehmoment (statisches Moment) $M = P \cdot a$ in kgcm oder kgm aus (Produkt aus einer der beiden Kräfte und Hebelarm a). Moment, bezogen auf Punkt O, Bild 7, ist $M = P_1(a + b) - P_2 \cdot b = P \cdot a$. Der Wert eines Kräftepaares ist demnach unabhängig von der Lage des Bezugspunktes; folglich:

1. Verschiebungssatz: Ein Kräftepaar kann beliebig in seiner Ebene verschoben werden, ohne daß sich seine Wirkung auf den starr gedachten Körper ändert, Bild 8a u. b.

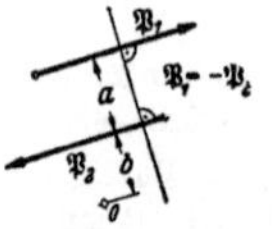

Bild 7

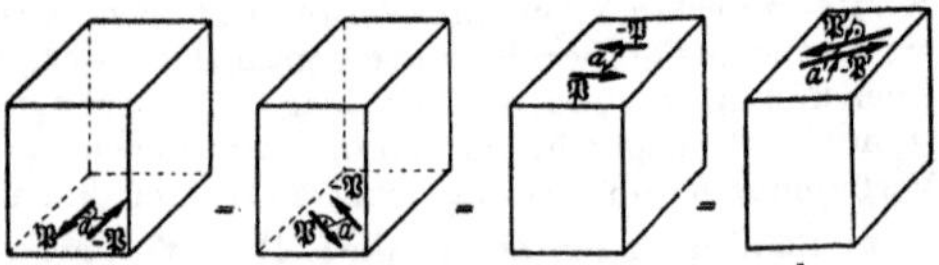

a b c d

Bild 8

2. Verschiebungssatz: Ein Kräftepaar darf in eine zu seiner Wirkungsebene parallele Ebene verschoben werden, weil sich die Drehwirkung auf den starr gedachten Körper hierdurch nicht ändert, Bild 8b u. c.

α) *Ersatz eines Kräftepaares.* Da für die Wirkung des Kräftepaares nur der Wert des Produktes $P \cdot a$ maßgebend ist, kann ein Kräftepaar $P \cdot a$ durch ein anderes $P' \cdot a' = P \cdot a$ in der gleichen oder einer parallelen Ebene mit gleichem Drehsinn ersetzt werden, Bild 8c u. d.

β) *Zusammensetzen von Kräftepaaren.* Beliebig viele in einer oder auch parallelen Ebenen liegende Kräftepaare lassen sich zu einem resultierenden Kräftepaar durch algebraische Addition zusammensetzen.

$$M_{\text{res}} = P_1 a_1 + P_2 a_2 + \cdots + P_n a_n = \Sigma M. \tag{5}$$

Die Drehrichtungen sind durch die Vorzeichen zu berücksichtigen (s. Abschn. C).

γ) *Darstellung von Kräftepaaren.* Das Moment eines Kräftepaares, Bild 9a, kann *symbolisch*, Bild 9b, oder durch einen Vektor, Bild 9c, dargestellt werden, der senkrecht auf der Wirkungsebene des Momentes steht, eine dessen Größe entsprechende Länge hat und dessen Lage die Drehachse des Momentes bezeichnet.

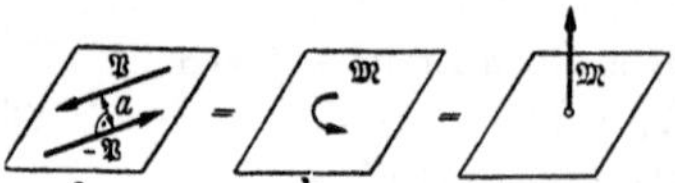

a b c

Bild 9

Der Drehsinn wird durch einen Vektorpfeil angegeben, der so eingetragen wird, daß die Drehrichtung der einer rechtsgängigen Schraube entspricht.

h) Parallelverschieben einer Kraft. Soll eine Kraft $\mathfrak{P}$ parallel zu sich selbst ohne Änderung des Bewegungszustandes des Körpers um die Strecke l von A nach A_1 verschoben werden, Bild 10, so bringt man in A_1 parallel zu ihr 2 gleichgroße, einander entgegengesetzt gerichtete Kräfte $+\mathfrak{P}$ und $-\mathfrak{P}$ an. $-\mathfrak{P}$ bildet mit der gegebenen Kraft $\mathfrak{P}$ in A ein Kräftepaar mit dem Moment $\mathfrak{M}$; $+\mathfrak{P}$ in A_1 ist die nunmehr von A nach A_1 verschobene Kraft. Die Größe von $\mathfrak{M}$ ist dann $M = -Pl \sin\alpha = -Pa$. Vektorielle Darstellung s. Bild 10d.

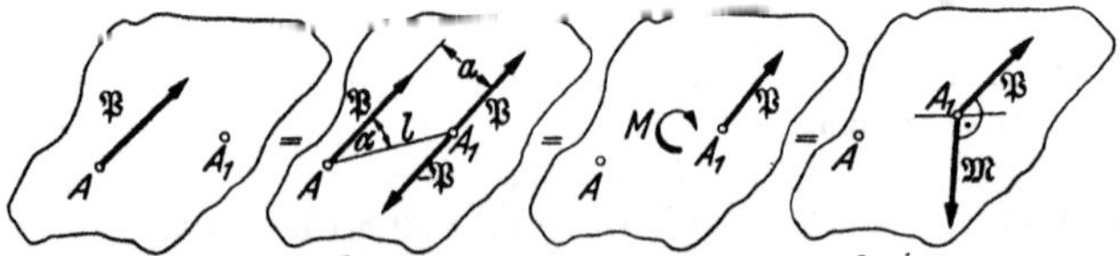

a b c d

Bild 10

Die Lösung statischer Aufgaben basiert auf den in a) bis h) behandelten Grundlagen.

B. Zerlegen und Zusammensetzen von Kräften

1. Kräfte in der Ebene mit gemeinsamem Angriffspunkt

a) Zerlegen einer Kraft. α) *Zerlegen einer Kraft nach zwei gegebenen Richtungen.* Gegeben: Kraft $\mathfrak{R}$, Richtungen *I* und *II* der gesuchten Teilkräfte (Komponenten).

$\alpha\alpha$) *Graphische Lösung:* Anwendung des Parallelogramms der Kräfte (s. Abschn. A b) oder des Kräftedreiecks (s. Abschn. A c). Man zieht durch Anfangs- und Endpunkt von $\mathfrak{R}$ die Parallelen zu den bekannten Wirkungslinien *I* und *II* und erhält das Kräftedreieck. Konstruktion nach Bild 4a und 4b gleichwertig.

Beachte: Richtungssinn von $\mathfrak{R}$ entgegen Umfahrungssinn des Kräftedreiecks.

Vektorengleichung: $\mathfrak{P}_1 = \mathfrak{R} - \mathfrak{P}_2$ oder $\mathfrak{P}_2 = \mathfrak{R} - \mathfrak{P}_1$;

zwei Unbekannte, also lösbar (s. Abschn. A e).

$\beta\beta$) *Analytische Lösung:* Anwendung nur, wenn Zerlegung in zwei aufeinander senkrechte Richtungen. Dann (Bild 11):

$$P_1 = R \cos\alpha; \quad P_2 = R \sin\alpha \text{ (s. a. Abschn. A a).} \qquad (6)$$

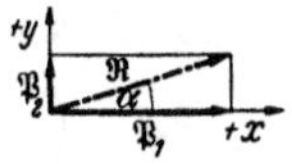

Bild 11

β) *Zerlegen einer Kraft in der Ebene nach mehr als zwei Richtungen* ist statisch unbestimmt, weil vieldeutig.

Vektorengleichung: $\mathfrak{P}_1 = \mathfrak{R}_1 - \mathfrak{P}_2 - \mathfrak{P}_3$;

drei Unbekannte, also nicht lösbar (s. A e).

b) Zusammensetzen von Kräften. Kräfte in der Ebene mit gemeinsamem Angriffspunkt lassen sich stets zu einer Resultierenden zusammensetzen. Beispiel Bild 12a Lageplan.

α) *Graphische Lösung:* $\mathfrak{R} = \mathfrak{P}_1 + \mathfrak{P}_2 + \mathfrak{P}_3 + \mathfrak{P}_4 + \mathfrak{P}_5$ (s. A e); gesucht Größe und Richtung von $\mathfrak{R}$. Man bildet das Krafteck aus den Kräften $\mathfrak{P}_1$ bis $\mathfrak{P}_5$, Bild 12b, durch Aneinanderreihen der Kräfte nach Größe und Richtung in beliebiger Reihenfolge. $\mathfrak{R}$ ergibt sich als Schlußlinie entgegen dem Umfahrungssinn.

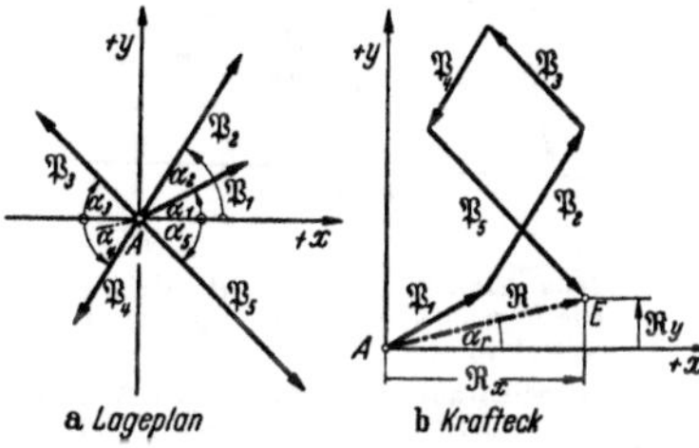

Bild 12

β) *Analytische Lösung:* Man trägt die Kräfte in ein Bezugssystem ein, Bild 12a. Es empfiehlt sich, stets den spitzen Winkel zwischen Kraft und x-Achse anzugeben. Man erhält dann als Teilkräfte (Komponenten) der einzelnen Kräfte in Richtung der beiden Achsen $P_x = P\cos\alpha$ und $P_y = P\sin\alpha$. Die Resultierenden in Richtung der Bezugsachsen sind, Bild 12b,

$$R_x = \Sigma P_x \quad \text{und} \quad R_y = \Sigma P_y. \qquad (7)$$

R_x und R_y sind die Komponenten der gesuchten Resultierenden R.

$$R = \sqrt{R_x^2 + R_y^2}. \qquad (8)$$

Richtungswinkel α_r aus

$$\cos\alpha_r = R_x/R$$
oder
$$\sin\alpha_r = R/R$$
oder
$$\operatorname{tg}\alpha_r = R_y/R_x. \qquad (9)$$

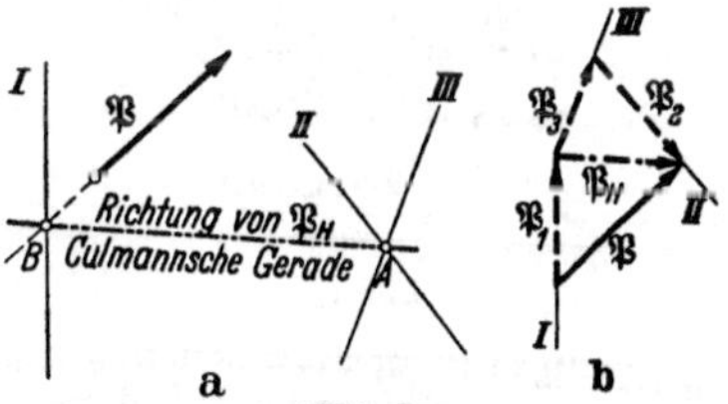

Bild 13

2. Kräfte in der Ebene an verschiedenen Punkten

a) Zerlegen einer Kraft $\mathfrak{P}$ nach drei sich nicht in einem Punkt schneidenden Richtungen *I, II* und *III*. Lösung graphisch nach Bild 13.

Vektorengleichung $\mathfrak{P} = \mathfrak{P}_1 + \mathfrak{P}_2 + \mathfrak{P}_3$. Es fehlen die Größen von $\mathfrak{P}_1$, $\mathfrak{P}_2$ und $\mathfrak{P}_3$; also 3 Unbekannte. Gleichung mittels Kraftecks nicht unmittelbar lösbar.

Bringt man 2 Wirkungslinien, die einen brauchbaren Schnitt liefern, z. B. *II* und *III* in *A*, zum Schnitt und denkt sich die zunächst noch unbekannten Kräfte $\mathfrak{P}_2$ und $\mathfrak{P}_3$ zu einer Hilfsresultierenden $\mathfrak{P}_H$ zusammengesetzt, dann muß diese durch *A* und auch durch den Schnittpunkt *B* von $\mathfrak{P}$ und *I* gehen. Damit ist die Richtung von $\mathfrak{P}_H$ bekannt (*BA* = *Culmannsche Gerade*). Folglich $\mathfrak{P}_1 = \mathfrak{P} - \mathfrak{P}_H$. Gleichung lösbar mittels Krafteck, weil nur 2 Unbekannte, Bild 13b. Man zeichnet zunächst Krafteck aus $\mathfrak{P}$ und den Richtungen von $\mathfrak{P}_H$ und *I* und erhält die Größen von $\mathfrak{P}_H$ und $\mathfrak{P}_1$. $\mathfrak{P}$ ist entgegengesetzt dem Umfahrungssinn des Kraftecks. Anschließend zerlegt man $\mathfrak{P}_H$ in $\mathfrak{P}_2$ und $\mathfrak{P}_3$.

b) Zusammensetzen der Kräfte. Kräfte in der Ebene, die nicht in einem Punkt angreifen, lassen sich stets zu einer Resultierenden zusammensetzen (Sonderfall s. γ).

α) *Graphische Verfahren:*

αα) *mittels Kraft- und Seilecks:* anwendbar für beliebig gerichtete Kräfte. Beispiel: Gegeben die Kräfte $\mathfrak{P}_1$ bis $\mathfrak{P}_4$ nach Lageplan (Bild 14a). Gesucht ihre Resultierende. Lösung:

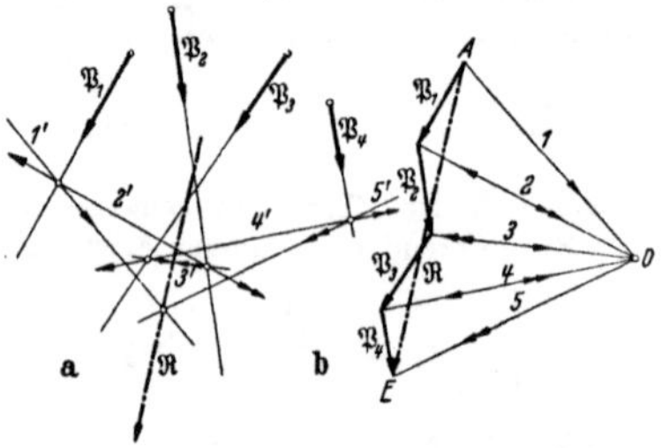

Bild 14

1. Ermitteln der Größe und Richtung von $\mathfrak{R}$ als Schlußlinie aus dem Krafteck (Bild 14b) in der gleichen Weise, wie wenn die Kräfte an einem gemeinsamen Punkt angreifen würden, s. B 1 b.

2. Ermitteln der Lage von $\mathfrak{R}$ mittels Seilecks: Man verbindet Anfang und Ende jeder Kraft im Krafteck mit einem beliebig gewählten Pol *O*. Verbindungslinien heißen Polstrahlen; im Beispiel *1* bis *5*. Hierdurch Erweiterung des Kraftecks zum Poleck. Nun konstruiert man im maßstäblich gezeichneten Lageplan das Seileck. Hierbei beachten:

Jeder Linie des Polecks entspricht eine Parallele im Seileck.
Die Parallelen zu je drei Linien, die im Poleck ein Dreieck bilden, schneiden sich im Seileck in einem Punkt.

Man zieht Seilstrahl *1'* als Parallele zu Polstrahl *1* durch einen beliebigen Punkt der Wirkungslinie von $\mathfrak{P}_1$. Durch den entstandenen Schnittpunkt zieht man Seilstrahl *2'* als Parallele zu Polstrahl *2*. Dann sind die oben genannten Bedingungen erfüllt: $\mathfrak{P}_1$, Polstrahl *1*, Polstrahl *2* bilden im Poleck ein Dreieck; ihre Parallelen im Seileck schneiden sich in einem Punkt. Durch den Schnittpunkt des Seilstrahls *2'* mit der Wirkungslinie von $\mathfrak{P}_2$ zieht man Seilstrahl *3'* als Parallele zu Polstrahl *3* usw. Durch den Schnittpunkt der beiden äußeren Seilstrahlen (im Beispiel *1'* und *5'*) geht die Wirkungslinie der gesuchten Resultierenden parallel zu $\mathfrak{R}$ im Poleck. Ein ausgespanntes, mit den Kräften $\mathfrak{P}_{1-4}$ belastetes Seil nimmt die Gestalt des Seilecks an; daher die Bezeichnung (besonders deutlich erkennbar im Beispiel Bild 15).

Bild 15

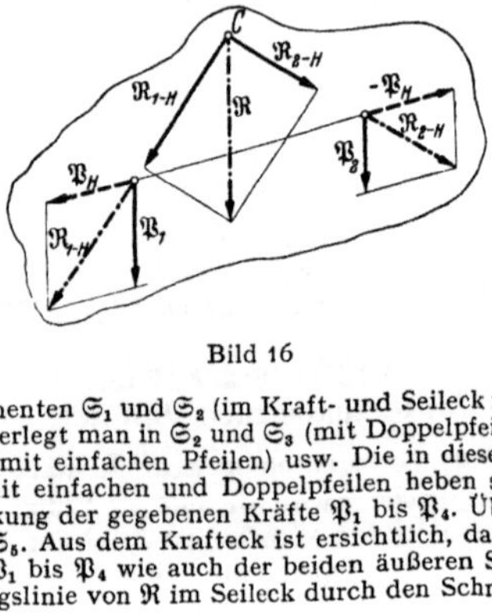

Bild 16

Beweis: $\mathfrak{P}_1$ zerlegt man in die beiden Komponenten $\mathfrak{S}_1$ und $\mathfrak{S}_2$ (im Kraft- und Seileck mit einfachen Pfeilen gekennzeichnet, Bild 14b), $\mathfrak{P}_2$ zerlegt man in $\mathfrak{S}_2$ und $\mathfrak{S}_3$ (mit Doppelpfeilen gekennzeichnet), $\mathfrak{P}_3$ zerlegt man in $\mathfrak{S}_3$ und $\mathfrak{S}_4$ (mit einfachen Pfeilen) usw. Die in dieselbe Seileck- bzw. Poleckseite fallenden Seilkräfte mit einfachen und Doppelpfeilen heben sich gegenseitig auf, sie verändern also nicht die Wirkung der gegebenen Kräfte $\mathfrak{P}_1$ bis $\mathfrak{P}_4$. Übrig bleiben lediglich die äußeren Seilkräfte $\mathfrak{S}_1$ und $\mathfrak{S}_5$. Aus dem Krafteck ist ersichtlich, daß $\mathfrak{R}$ sowohl die Resultierende der gegebenen Kräfte $\mathfrak{P}_1$ bis $\mathfrak{P}_4$ wie auch der beiden äußeren Seilstrahlen $\mathfrak{S}_1$ und $\mathfrak{S}_5$ ist. Folglich muß die Wirkungslinie von $\mathfrak{R}$ im Seileck durch den Schnittpunkt von $\mathfrak{S}_1$ und $\mathfrak{S}_5$ gehen.

$\beta\beta$) *mittels Hilfskräften*: anwendbar bei zwei bekannten parallelen Kräften, z. B. $\mathfrak{P}_1$ und $\mathfrak{P}_2$ in Bild 16. Gesucht Resultierende $\mathfrak{R}$.

Man bringt in den Angriffspunkten von $\mathfrak{P}_1$ und $\mathfrak{P}_2$ zwei gleich große entgegengesetzt gerichtete Hilfskräfte vom Betrag P_H an. Diese gegenseitig sich aufhebenden Kräfte haben auf den Bewegungszustand des Körpers keinen Einfluß. Die Hilfsresultierenden $\mathfrak{R}_{1-H}$ und $\mathfrak{R}_{2-H}$ lassen sich als linienflüchtige Vektoren in C zum Schnitt bringen und zur gesuchten Resultierenden $\mathfrak{R}$ zusammensetzen.

β) *Analytisches Verfahren.* Man trägt in den Lageplan ein Achsenkreuz ein (Bild 17a). Die Richtung der Kräfte gibt man gegenüber der x-Achse mit dem spitzen Winkel α an. Dann erhält man als X- bzw. als Y-Komponenten

$$P_x = P\cos\alpha\,, \qquad P_y = P\sin\alpha\,.$$

Ihren Richtungssinn gibt das Vorzeichen an. Die Resultierende in Richtung der x-Achse $R_x = \Sigma P_x = \Sigma P\cos\alpha$ (Bild 17b) und in Richtung der y-Achse

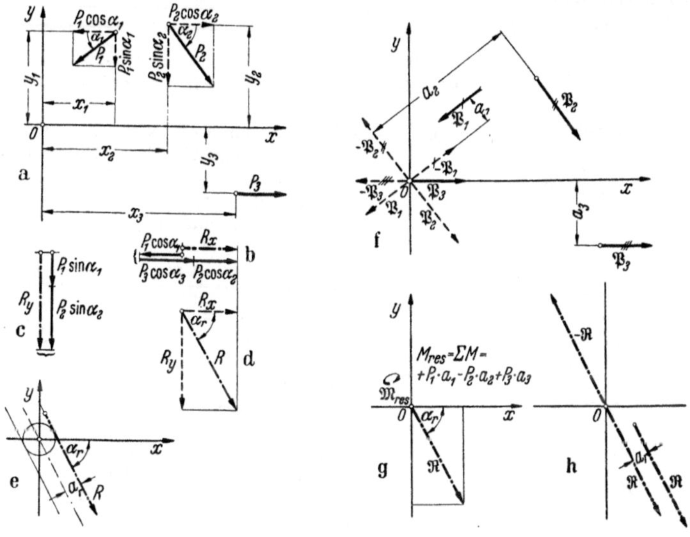

Bild 17a—h

$R_y = \Sigma P_y = \Sigma P\sin\alpha$ (Bild 17c) setzt man zur Gesamtresultierenden $R = \sqrt{R_x^2 + R_y^2}$ zusammen (Bild 17d). Deren Richtung ist gegeben durch $\operatorname{tg}\alpha_r = R_y/R_x$, $\sin\alpha_r = R_y/R$ und $\cos\alpha_r = R_x/R$ (Bild 17d).

Lage der Wirkungslinie von $\mathfrak{R}$ erhält man aus dem Momentensatz (s. S. 193, Gl. 4) zu $a_r = \Sigma M/R$ unter Berücksichtigung des Drehsinns (Bild 17a; 17e).

$$\Sigma M = P_1\cos\alpha_1\,y_1 - P_1\sin\alpha_1\,x_1 - P_2\cos\alpha_2\,y_2 - P_2\sin\alpha_2\,x_2 + P_3\cos\alpha_3\,y_3\,.$$

Beweis: Bild 17f u. g. Unter Anwendung des Satzes über die Parallelverschiebung von Kräften (s. Abschn. A h) verschiebt man sämtliche Kräfte in einen beliebigen Bezugspunkt, z.B. den Koordinatenursprung. Dann erhält man $\mathfrak{R} = \Sigma\mathfrak{P}$ in diesem Bezugspunkt als Schlußlinie des Kraftecks oder aus den Gln. (7) bis (9). Außerdem ergibt sich ein resultierendes Kräftepaar mit dem Moment $M_{res} = \Sigma M$. (Zusammensetzen von Kräftepaaren Abschn. A g u. Bild 17g). Dessen Produkt „Kraft mal Hebelarm" läßt sich aufteilen in die Faktoren R und den unbekannten Hebelarm a_r. Somit wird der Abstand der Resultierenden $\mathfrak{R}$ vom Bezugspunkt

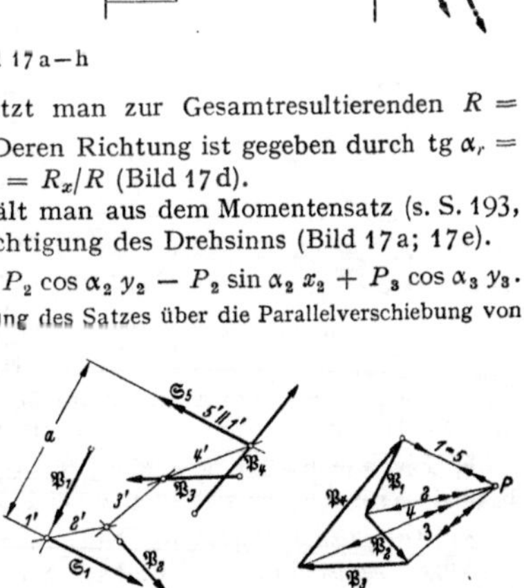

Bild 18

$a_r = M_{res}/R$, weil sich die andere Kraft des Kräftepaares und die Kraft $\mathfrak{R}$ im Bezugspunkt gegenseitig aufheben (Bild 17h).

γ) Sonderfall. Im Sonderfall heben sich die Kräfte gegenseitig auf; $\mathfrak{R} = 0$. Es bleibt aber ein Kräftepaar übrig.

Beispiel: Bild 18. Die Kräfte $\mathfrak{P}_1$, $\mathfrak{P}_2$, $\mathfrak{P}_3$ und $\mathfrak{P}_4$ ergeben im Krafteck $\mathfrak{R} = 0$; Krafteck geschlossen. Das Seileck dagegen bleibt offen: erster (*1'*) und letzter (*5'*) Seilstrahl schneiden sich als Parallelen im Unendlichen. Die äußeren Seilkräfte ($\mathfrak{S}_1 = -\mathfrak{S}_5$; $S_1 = S_5$) ergeben ein resultierendes Kräftepaar der Größe $M = S_1 \cdot a$. Hebelarm a aus Seileck entnommen.

3. Kräfte im Raum an gemeinsamem Angriffspunkt

a) Zerlegen einer Kraft nach drei nicht in einer Ebene liegenden Richtungen.

α) *Analytisches Verfahren*: Nur zweckmäßig bei aufeinander senkrecht stehenden Richtungen, Bild 1.

Komponentengleichungen:

(1) $P_x = P \cos \alpha$; (2) $P_y = P \cos \beta$; (3) $P_z = \mathfrak{P} \cos \gamma$.

β) *Graphisches Verfahren:* Bild 19. Kraft $\mathfrak{P}$ soll nach den Richtungen *I, II* und *III* zerlegt werden.

Vektorengleichung: $\mathfrak{P}_1 = \mathfrak{P} - \mathfrak{P}_2 - \mathfrak{P}_3$ (s. Abschn. A e); es fehlen die Größen von $\mathfrak{P}_1, \mathfrak{P}_2$ und $\mathfrak{P}_3$, also 3 Unbekannte; mit Hilfe des Kraftecks nicht unmittelbar lösbar. Zerlegt man $\mathfrak{P}$ zunächst in $\mathfrak{P}_2$ in Richtung AC und in Hilfskraft P_H in Richtung AF, die sowohl in der Ebene ACE als auch in der Ebene ABD liegt, dann läßt sich anschließend die Hilfskraft $\mathfrak{P}_H$ in die Kräfte $\mathfrak{P}_1$ und $\mathfrak{P}_3$ zerlegen. Wirkungslinie von $\mathfrak{P}_H$ ist die *Culmann*sche Gerade (s. Abschn. B 2 a.) Durchführung in Grund- und Aufriß nach den Regeln der darstellenden Geometrie: Bild 19b u. c. Man ermittelt den Durchstoßpunkt E der Kraft $\mathfrak{P}$ durch die Horizontalebene und bringt die „Spuren" der Ebenen ACE und ABD in F zum Schnitt. Damit liegt die *Culmann*sche Gerade (Hilfslinie) AF sowohl in der Ebene ABD als auch in der Ebene ACE. $\mathfrak{P}$ wird zerlegt in die in ihrer Ebene liegenden Komponenten $\mathfrak{P}_2$ in Richtung II (AC) und $\mathfrak{P}_H$ in Richtung der Culmannschen Geraden AF. Anschließend wird P_H in die in ihrer Ebene liegenden Komponenten $\mathfrak{P}_1$ und $\mathfrak{P}_3$ zerlegt. Die erforderlichen Kraftecke werden in Grund- und Aufriß entwickelt. Zur Bestimmung der wahren Größe P einer Kraft P' entnimmt man ihre „Höhe" h aus dem Aufriß und trägt sie im Grundriß senkrecht an die Kraft an. Die Hypotenuse des Dreiecks ist die wahre Größe der Kraft, Bild 19d.

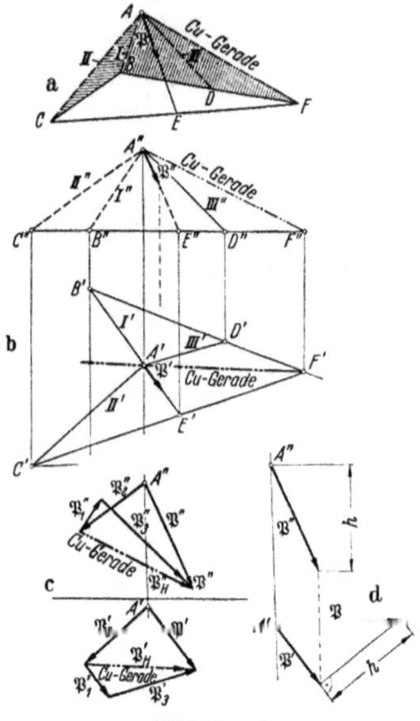

Bild 19a—d

b) Zusammensetzen von Kräften. An einem Punkt angreifende im Raum liegende Kräfte lassen sich stets zu einer Resultierenden zusammensetzen.

α) *Analytische Verfahren.* Nur zweckmäßig bei Verwendung eines rechtwinkligen Achsenkreuzes. (Bild 1). Man addiert die Komponenten der Kräfte in Richtung der 3 Achsen algebraisch für jede Richtung:

(1) $R_x = \Sigma P \cos \alpha$; (2) $R_y = \Sigma P \cos \beta$; (3) $R_z = \Sigma P \cos \gamma$. (10)

Die gesuchte Resultierende ist:

$$R = \sqrt{R_x^2 + R_y^2 + R_z^2}. \tag{11}$$

Richtungswinkel von $\mathfrak{R}$ aus:

$$\cos\alpha_r = R_x/R; \ \cos\beta_r = R_y/R; \ \cos\gamma_r = R_z/R. \tag{12}$$

β) *Graphisches Verfahren.* Vektorengleichung: $\mathfrak{R} = \mathfrak{P}_1 + \mathfrak{P}_2 + \mathfrak{P}_3 + \cdots + \mathfrak{P}_n$ (s. Abschn. A e). 2 Unbekannte, demnach mit Krafteck lösbar. Man bildet nach den Regeln der darstellenden Geometrie das Krafteck in Grund- und Aufriß, Bild 20. $\mathfrak{R}$ ist die jeweilige Schlußlinie in diesen Kraftecken. Die wahre Größe erhält man durch Konstruieren des Stützdreiecks, s. Bild 20b.

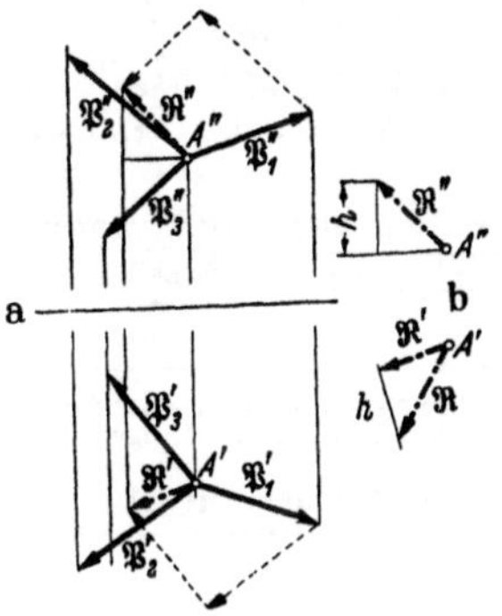

Bild 20 a, b

4. Kräfte im Raum mit verschiedenen Angriffspunkten (Bild 1)

Kräfte im Raum mit verschiedenen Angriffspunkten ergeben durch Zusammensetzen

1. eine Resultierende $\mathfrak{R}$ und
2. ein resultierendes Kräftepaar $\mathfrak{M}_{res}$.

Die Größe des resultierenden Kräftepaares ist von der gewählten Lage der Resultierenden $\mathfrak{R}$ nur dann unabhängig, wenn die Summe der Kräfte = 0 ist.

Bezogen auf ein rechtwinkliges Achsenkreuz, Bild 21, ergeben sich für die Resultierende die Gl. (10) bis (12).

Das resultierende Kräftepaar folgt aus den resultierenden Teilmomenten um die drei Achsen, Bild 22:

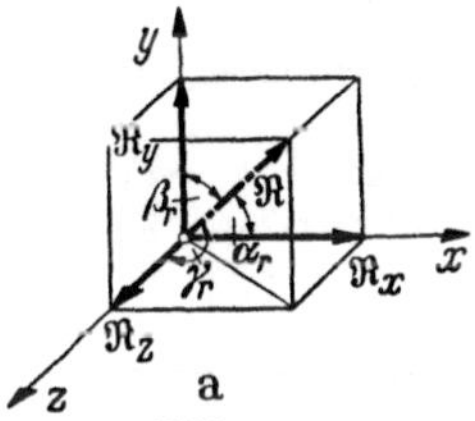

Bild 21

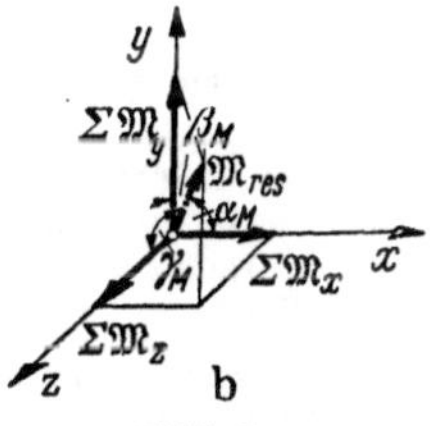

Bild 22

$$\left.\begin{aligned} M_{res,x} &= \Sigma M_x = \Sigma y P_z - \Sigma z P_y \\ M_{res,y} &= \Sigma M_y = \Sigma z P_x - \Sigma x P_z \\ M_{res,z} &= \Sigma M_z = \Sigma x P_y - \Sigma y P_x \end{aligned}\right\} \tag{13}$$

$$\mathfrak{M}_{res} = \mathfrak{M}_{res,x} + \mathfrak{M}_{res,y} + \mathfrak{M}_{res,z}; \ M_{res} = \sqrt{M_{res,x}^2 + M_{res,y}^2 + M_{res,z}^2}. \tag{14}$$

Richtungswinkel des resultierenden Momentenvektors:

$$\cos\alpha_M = M_{res,x}/M_{res}, \quad \cos\beta_M = M_{res,y}/M_{res}, \quad \cos\gamma_M = M_{res,z}/M_{res}. \tag{15}$$

Resultierendes Moment und Resultierende lassen sich zu einer Kraftschraube zusammensetzen.

C. Der Gleichgewichtszustand

1. Die Gleichgewichtsbedingungen

Ein Körper befindet sich im Gleichgewicht, wenn die Resultierende und das resultierende Moment aller an ihm angreifenden Kräfte null sind. Diese Gleichgewichtsbedingungen lassen sich darstellen:

a) als Vektorengleichungen:

(1) $\mathfrak{R} = \Sigma\mathfrak{P} = 0$, (16) (2) $\mathfrak{M}_{res} = \Sigma\mathfrak{M} = 0$. (17)

b) in Komponentenschreibweise:

Kräfte im Raum	Kräfte in der Ebene	
(1) $R_x = \Sigma P \cos\alpha = 0$ (2) $R_y = \Sigma P \cos\beta = 0$ (3) $R_z = \Sigma P \cos\gamma = 0$	(1) $R_x = \Sigma P \cos\alpha = 0$ (2) $R_y = \Sigma P \cos\beta = \Sigma P \sin\alpha = 0$ (3) entfällt	(18)
(4) $M_{res,x} = \Sigma M_x = \Sigma y P_z - \Sigma z P_y = 0$ (5) $M_{res,y} = \Sigma M_y = \Sigma z P_x - \Sigma x P_z = 0$ (6) $M_{res,z} = \Sigma M_z = \Sigma x P_y - \Sigma y P_x = 0$	(4) entfällt (5) entfällt (6) $M_{res,z} = M_{res} = \Sigma x P_y - - \Sigma y P_x = 0$	(19)

Bei Kräften mit gemeinsamem Angriffspunkt entfallen die Momentenbedingungen. Somit ergibt sich folgende Anzahl von Bestimmungsgleichungen:

	Kräfte im Raum	Kräfte in der Ebene
mit verschiedenen Angriffspunkten	6	3
mit gemeinsamem Angriffspunkt	3	2

c) als graphische Gleichgewichtsbedingungen.

Kräfte im Raum		Kräfte in der Ebene
Räumliches Krafteck und räumliches Momenteneck müssen sich schließen;		Ebenes Krafteck und ebenes Momenteneck müssen sich schließen;
	oder	
Kraft- und Momentenecke im Grund- und Aufriß müssen sich schließen;		
	oder	
Kraft- und Seileck im Grund- und Aufriß müssen sich schließen.		Kraft- und Seileck müssen sich schließen.

Bei Kräften mit gemeinsamem Angriffspunkt entfallen Momentenecke und Seilecke.

d) Beispiele für Gleichgewichtsbedingungen. α) *Gleichgewicht zweier Kräfte in der Ebene mit verschiedenen Angriffspunkten.* Aus $\mathfrak{R} = \mathfrak{P}_1 + \mathfrak{P}_2 = 0$; $\mathfrak{P}_1 = -\mathfrak{P}_2$ folgt: Die beiden Kräfte sind gleich groß und entgegengesetzt gerichtet mit gleicher Wirkungslinie, Bild 2

β) *Gleichgewicht von 3 Kräften in der Ebene mit verschiedenen Angriffspunkten,* Bild 23. Gegeben die Kräfte $\mathfrak{P}_1$ und $\mathfrak{P}_2$ nach Größe, Richtung und Lage. Gesucht $\mathfrak{P}_3$, so daß Gleichgewicht herrscht

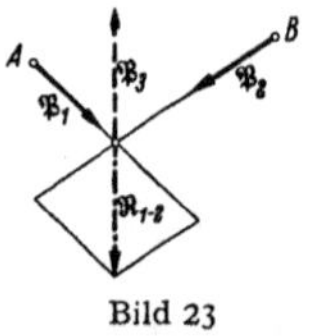

Bild 23

$\mathfrak{R}_{1-3} = \mathfrak{P}_1 + \mathfrak{P}_2 + \mathfrak{P}_3 = 0$; $\mathfrak{P}_3 = -(\mathfrak{P}_1 + \mathfrak{P}_2) = -\mathfrak{R}_{1-2}$. $\mathfrak{P}_3$ muß also gleich groß, aber entgegengesetzt gerichtet der Resultierenden $\mathfrak{R}_{1-2}$ aus den gegebenen Kräften $\mathfrak{P}_1$ und $\mathfrak{P}_2$ sein. Wirkungslinie von $\mathfrak{P}_3$ und $\mathfrak{R}_{1-2}$ identisch.

Drei nicht parallele Kräfte sind im Gleichgewicht, wenn sich ihre Wirkungslinien in einem Punkt schneiden und das Krafteck sich schließt.

γ) *Gleichgewicht von 4 Kräften in der Ebene mit verschiedenen Angriffspunkten,* Bild 24. Gegeben $\mathfrak{P}_1$, $\mathfrak{P}_2$ und $\mathfrak{P}_3$ nach Größe, Richtung und Lage. Gesucht $\mathfrak{P}_4$, so daß Gleichgewicht herrscht.

$\alpha\alpha$) *Lösung mit Hilfe der Culmannschen Geraden* (s. B 2 a).

$$\mathfrak{R}_{1-4} = \mathfrak{P}_1 + \mathfrak{P}_2 + \mathfrak{P}_3 + \mathfrak{P}_4 = 0; \quad \mathfrak{P}_4 = -(\mathfrak{P}_1 + \mathfrak{P}_2 + \mathfrak{P}_3) = -\mathfrak{R}_{1-3}.$$

Krafteck liefert Größe und Richtung von $\mathfrak{P}_4$, Lage dadurch bestimmt, daß Resultierende $\mathfrak{R}_{2-3}$ aus $\mathfrak{P}_2$ und $\mathfrak{P}_3$ im Gleichgewicht steht mit $\mathfrak{P}_1$ und $\mathfrak{P}_4$.

Hilfskraft $\mathfrak{R}_{2-3}$ muß daher auf der Culmannschen Geraden durch die Schnittpunkte von $\mathfrak{P}_2$ und $\mathfrak{P}_3$ sowie von $\mathfrak{P}_1$ und $\mathfrak{P}_4$ gehen. Sie ist eine Parallele zu $\mathfrak{R}_{2-3}$ im Krafteck.

ββ) Lösung mittels Kraft- und Seilecks s. C 1 d, ε.

δ) Gleichgewicht beliebig vieler Kräfte mit gemeinsamem Angriffspunkt in einer Ebene. Gegeben: $\mathfrak{P}_1$ bis $\mathfrak{P}_{n-1}$; gesucht: $\mathfrak{P}_n$, so daß Gleichgewicht herrscht.

αα) Graphische Lösung: Das Kraftteck aus $\mathfrak{P}_1$ bis $\mathfrak{P}_n$ muß sich schließen. $\mathfrak{P}_n$ ist die Gegenkraft zur Resultierenden aus $\mathfrak{P}_1$ bis $\mathfrak{P}_{(n-1)}$. $\mathfrak{P} = -\mathfrak{R}_{1;(n-1)}$. Beispiel (Bild 25); Gegeben $\mathfrak{P}_1$ bis $\mathfrak{P}_4$; gesucht $\mathfrak{P}_5$.

ββ) Analytische Lösung nach C 1 b.

ε) Gleichgewicht beliebig vieler Kräfte mit verschiedenen Angriffspunkten in einer Ebene. Beispiel (Bild 26): Gegeben die Kräfte $\mathfrak{P}_1$ bis $\mathfrak{P}_4$ nach Größe, Richtung und Lage. Gesucht $\mathfrak{P}_5$, so daß Gleichgewicht herrscht.

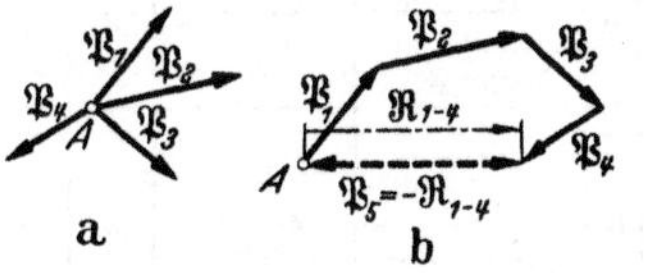

Bild 25

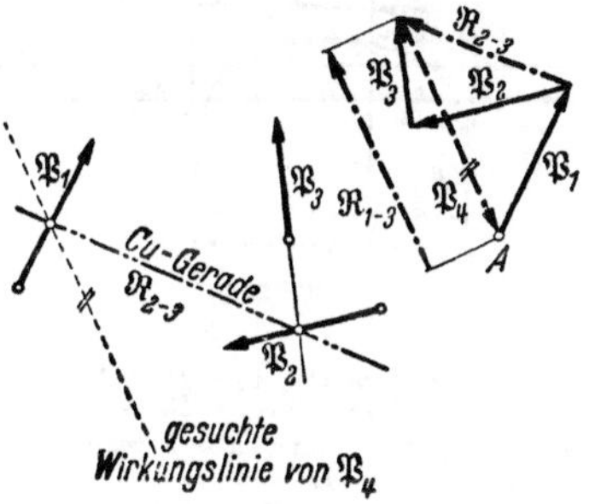

Bild 24

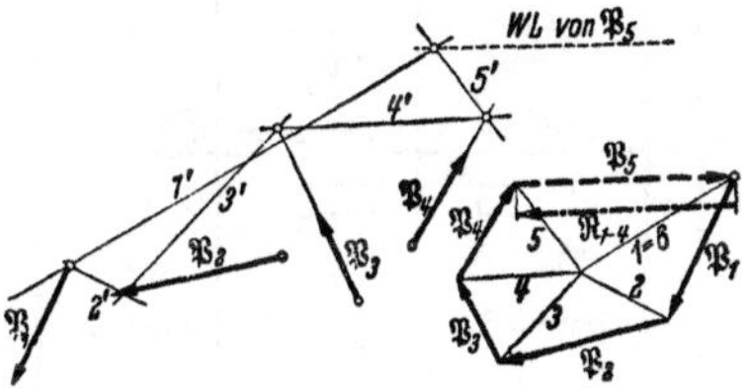

Bild 26

Größe und Richtung von $\mathfrak{P}_5$ aus dem geschlossenen Krafteck; $\mathfrak{P}_5 = -\mathfrak{R}_{1,4}$. Wirkungslinie von $\mathfrak{P}_5$ ist Parallele zu $\mathfrak{P}_5$ im Krafteck durch den Schnittpunkt der Seilstrahlen *1'* und *5'* (geschlossenes Seileck).

2. Ermitteln unbekannter Kräfte an einem Körper

a) Freimachen eines Körpers. Man denkt sich den Körper an allen Verbindungs- oder Berührungsstellen von seiner Umgebung losgelöst. An diesen Trennstellen bringt man die vorher von der Umgebung auf den Körper ausgeübten Kräfte und Momente an. Damit werden innere Kräfte (Momente) zu äußeren.

Beispiel: Bild 27 a. Der Träger auf 2 Stützen ist durch die senkrechten Kräfte $\mathfrak{P}_1$ und $\mathfrak{P}_2$ belastet. Man trennt den Träger von den Lagern (Umwelt) und trägt die noch unbekannten, ursprünglich von den Lagern auf den Träger ausgeübten Kräfte A und B ein. Bild 27 b.

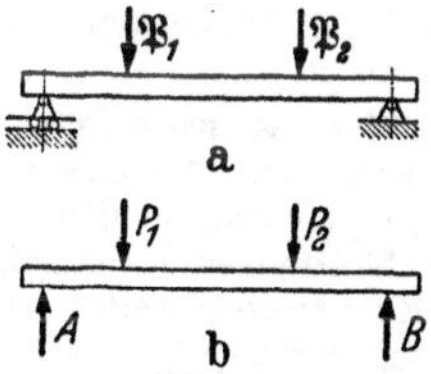

Bild 27

b) Ansetzen der Gleichgewichtsbedingungen. Für die am freigemachten Körper wirkenden Kräfte setzt man die Gleichgewichtsbedingungen an. Ist der Richtungssinn einer unbekannten Kraft falsch angenommen worden, so erscheint sie im Ergebnis negativ.

c) Die wichtigsten Lagerungsarten in der Ebene. Die Anzahl der unbekannten Stützkräfte ist abhängig von der Bauart der Lagerungen, Bild 28 a–f. Bei Berücksichtigung der Reibung tritt je nach Bauart eine weitere Unbekannte auf (s. Abschn. E). Zu beachten ist, daß mit den drei Gleichgewichtsbedingungen für Kräfte in der Ebene nur 3 Unbekannte ermittelt werden können. Bei räumlichen Problemen stehen 6 Bedingungen zur Verfügung (s. Abschn. C 1). Reichen die Gleichgewichtsbedingungen nicht aus, so ist der Körper (äußerlich) statisch unbestimmt. In diesem Fall müssen zur Ermittlung der überzähligen Unbekannten weitere Gleichungen aus der Elastizitätslehre unter Berücksichtigung der elastischen Verformung des Körpers herangezogen werden, s. z. B. Festigkeitslehre S. 372.

Beispiele für statisch unbestimmte Systeme:

1. Träger auf 3 Stützen. Gleichgewichtsbedingungen nicht ausreichend, weil 3 unbekannte Kräfte A, B und C (s. S. 193).

2. Zweigelenkbogen, Bild 29. In den Gelenken treten die Horizontalkräfte A_x und B_x und die Vertikalkräfte A_y und B_y auf. Gleichgewichtsbedingungen:

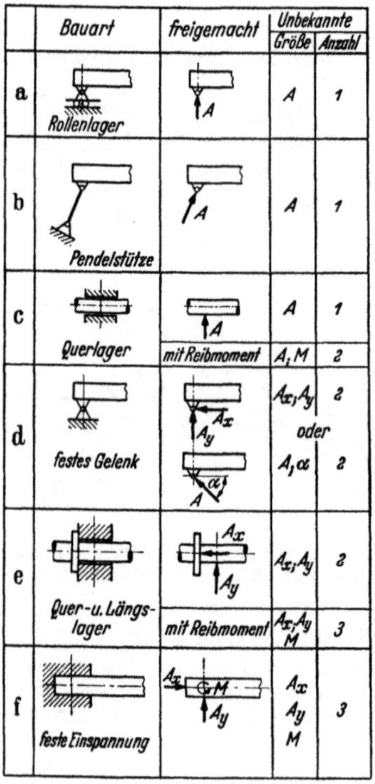

Bild 28

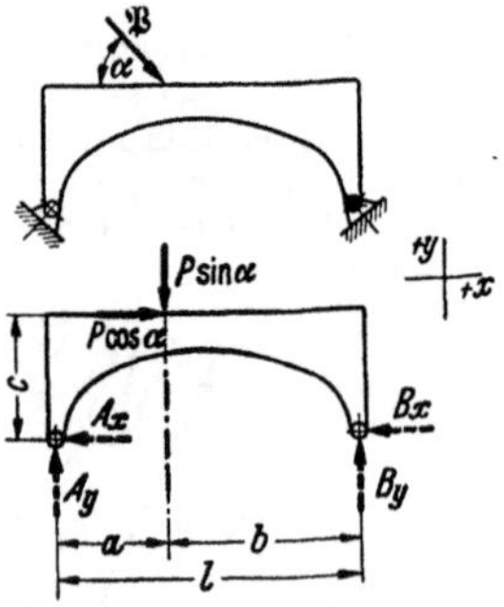

Bild 29

$$R_x = P\cos\alpha - A_x - B_x = 0,$$
$$R_y = P\sin\alpha - A_y - B_y = 0,$$
$$M_{\mathrm{res}} = B_y \cdot l - P\sin\alpha \cdot a - P\cos\alpha \cdot c = 0 \text{ (s. Gl. 19)};$$

hieraus läßt sich nur B_y und A_y errechnen. Die Aufteilung der horizontalen Kraft $P\cos\alpha$ auf die Kräfte A_x und B_x bleibt unbestimmt.

3. Arten des Gleichgewichts eines einfach gestützten Körpers

a) Stabiles Gleichgewicht, Bild 30. Nach Ablenkung aus der Gleichgewichtslage tritt ein Kräftepaar $A \cdot x$ auf, das den Körper wieder in die Gleichgewichtslage zurückführt. $\mathfrak{A} = -\mathfrak{G}$; $A = G$.

In der Gleichgewichtslage ist die potentielle Energie (s. S. 246) des Körpers ein Minimum. Schwerpunkt S hat seine tiefste Lage.

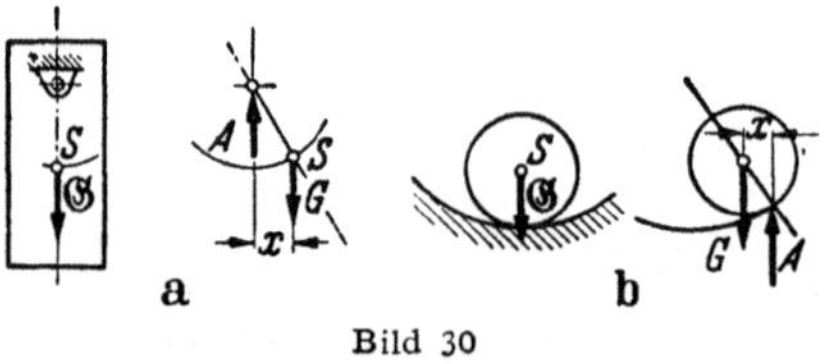

Bild 30

b) Labiles Gleichgewicht, Bild 31. Bei kleinster Auslenkung aus dieser Gleichgewichtslage tritt ein Kräftepaar $A \cdot x$ auf, das den Körper noch weiter aus dieser Lage entfernt.

In der labilen Gleichgewichtlage ist die potentielle Energie ein Maximum. Schwerpunkt S hat seine höchste Lage.

c) Indifferentes Gleichgewicht, Bild 32. Jede Lage des Körpers stellt eine Gleichgewichtslage dar. Es treten weder zurückstellende noch auslenkende Kräftepaare auf.

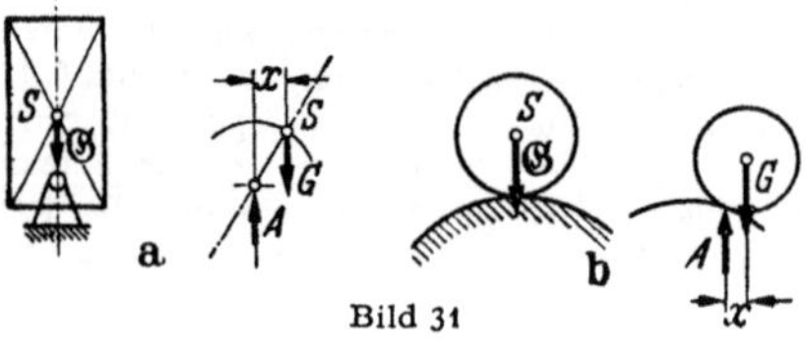

Bild 31

Bei indifferentem Gleichgewicht ist die potentielle Energie in allen Lagen die gleiche. Schwerpunktsabstand von Unterlage gleichbleibend.

4. Standsicherheit

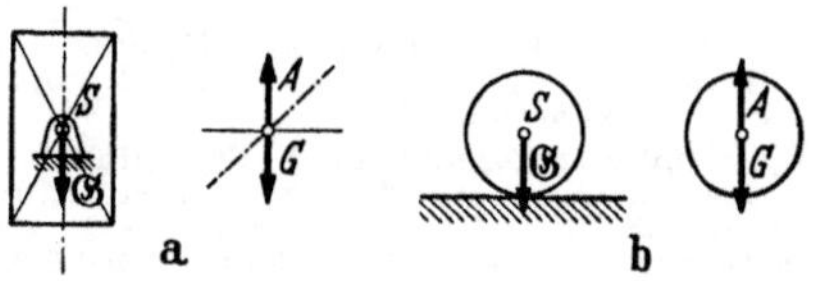

Bild 32

Als standsicher bezeichnet man einen Körper, wenn in bezug auf die Kippkante die Summe der stützenden Momente (Standmomente) größer ist als die Summe der kippenden Momente (Kippmomente). In Bild 33 ist die Summe der Standmomente (Kippkante A) $\Sigma M_{st} = Gb + P_3 c$, die Summe der Kippmomente $\Sigma M_k = P_1 a + P_2 d$. Für Standsicherheit gilt $\nu = \Sigma M_{st}/\Sigma M_k > 1$. In diesem Fall liegt die Resultierende $\mathfrak{R}$ aller äußeren Lasten innerhalb der Kippkante A (Bild 34a), für $\nu < 1$ außerhalb (Bild 34b). In vielen Fällen muß die Untersuchung auf Standsicherheit für mehrere Kippkanten durchgeführt werden (Krananlagen, Feuerwehrdrehleitern).

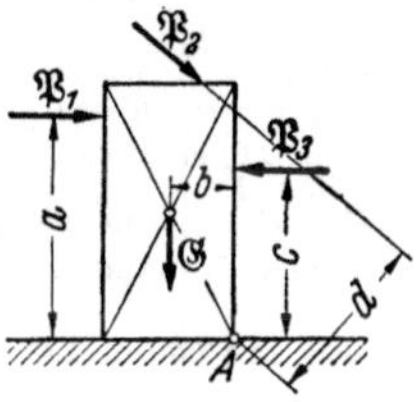

Bild 33

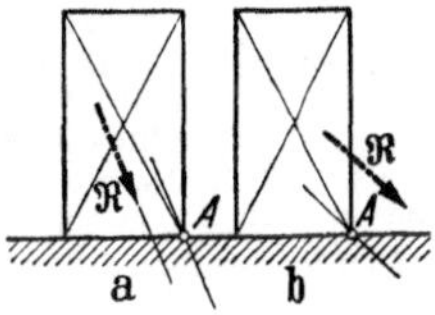

Bild 34

5. Anwendungen

a) Träger auf zwei Stützen mit 2 senkrechten Lasten, P_1 und P_2, Bild 35. Gesucht Auflagerkräfte $\mathfrak{A}$ und $\mathfrak{B}$ mittels Kraft- und Seileck.

Man konstruiert das Krafteck aus $\mathfrak{P}_1$ und $\mathfrak{P}_2$ und erweitert es zum Poleck. Im Seileck müssen die äußeren Seilstrahlen *1'* und *3'* die Wirkungslinien der Auflagerkräfte $\mathfrak{A}$ bzw. $\mathfrak{B}$ schneiden, weil im Krafteck $\mathfrak{A}$ und $\mathfrak{B}$ mit $\mathfrak{R}$ im Gleichgewicht stehen müssen, also auch mit den Polstrahlkräften *1* und *3*. Die Schnittpunkte der äußeren Seilstrahlen mit den Wirkungslinien von $\mathfrak{A}$ bzw. $\mathfrak{B}$ verbindet man durch die Schlußlinie S'. Ihre Parallele im Krafteck zerlegt die Gegenkraft von $\mathfrak{R}$ in die Auflagerkräfte $\mathfrak{A}$ und $\mathfrak{B}$.

Bild 35 →

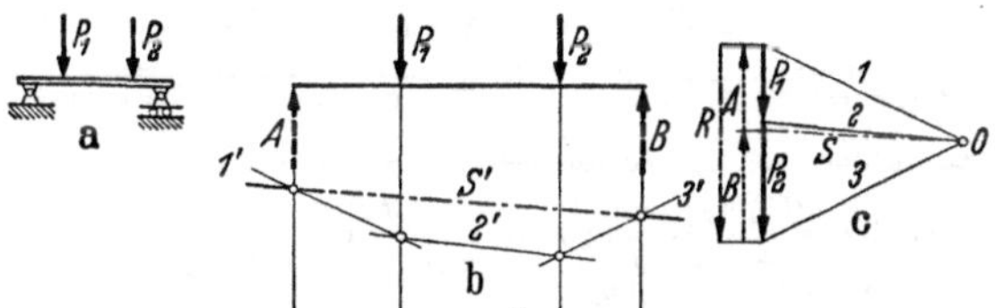

Bild 36 →

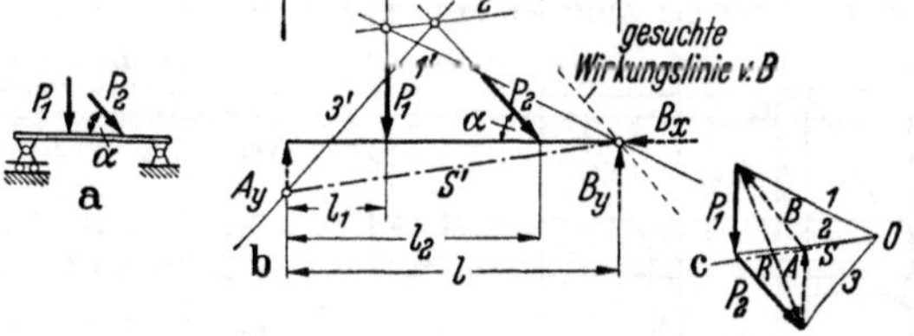

b) Träger auf zwei Stützen mit den Lasten $\mathfrak{P}_1$ und $\mathfrak{P}_2$ beliebiger Richtung. Gesucht die Auflagerkräfte, Bild 3 α) *Analytische Lösung:* Für den freigemachten Träger ergeben sich die Gleichgewichtsbedingungen:

(1) $\Sigma X = P_2 \cdot \cos\alpha - B_x = 0$, hieraus $B_x = P_2 \cdot \cos\alpha$; A_x entfällt, weil Rollenlager (s. Bild 36 a).
(2) $\Sigma Y = P_1 + P_2 \cdot \sin\alpha - A_y - B_y = 0$.
(3) $\Sigma M = P_1 \cdot l_1 + P_2 \cdot \sin\alpha \cdot l_2 - B_y \cdot l = 0$; hieraus B_y.
Aus (2) folgt nunmehr A_y.

β) *Graphische Lösung:* Aus Krafteck (Bild 36 c) ergibt sich Größe und Richtung der Resultierenden $\mathfrak{R}$. Diese muß mit den Auflagerkräften $\mathfrak{A}$ und $\mathfrak{B}$ im Gleichgewicht stehen. Die graphische Zerlegung der Kraft $-\mathfrak{R} = \mathfrak{A} + \mathfrak{B}$ wird mit Hilfe des Seilecks durchgeführt. Man zieht im Krafteck die Polstrahlen *1*, *2* und *3*, zieht Seilstrahl *1'* parallel zu Polstrahl *1* durch das feste Auflager, weil er als äußerer Seilstrahl die Wirkungslinie eines Auflagers schneiden muß und von der Wirkungslinie der Auflagerkraft $\mathfrak{B} = \mathfrak{B}_x + \mathfrak{B}_y$ nur der Schnittpunkt dieser beiden Komponenten bekannt ist. Der andere äußere Seilstrahl *3'* schneidet die Wirkungslinie der Auflagerkraft $\mathfrak{A}$. Parallele S im Poleck zur Schlußlinie S' im Seileck zerlegt die Gegenkraft von $\mathfrak{R}$ in Auflagerkraft $\mathfrak{A}$ und $\mathfrak{B}$. $\mathfrak{B}$ läßt sich zerlegen in $\mathfrak{B}_y$ und $\mathfrak{B}_x$.

c) Träger mit mittelbarer Belastung, Bild 37. Gesucht Auflagerkräfte $\mathfrak{A}$, $\mathfrak{B}$, $\mathfrak{C}$ und $\mathfrak{D}$.

α) Gesamtträger freigemacht (Bild 37 a) ergibt Gleichgewichtsbedingungen
(1a) $\Sigma M = B \cdot l - P \cdot l_1 = 0$; hieraus $B = Pl_1/l$;
(2a) $\Sigma Y = A + B - P = 0$; hieraus $A = P - B = Pl_2/l$.

β) Oberer Träger freigemacht (Bild 37 b) ergibt Gleichgewichtsbedingungen
(1b) $\Sigma M = D(a + b) - Pa = 0$; hieraus $D = Pa/(a + b)$;
(2b) $\Sigma Y = D + C - P = 0$; hieraus $C = P - D = Pb/(a + b)$.

γ) Somit Kräfteverteilung am unteren Träger nach Bild 37 c. Querkraft- und Momentenkurven s. Abschn. Festigkeitslehre.

Untersuchungen für Tragwerke mit wandernden Lasten s. Abschn. i.

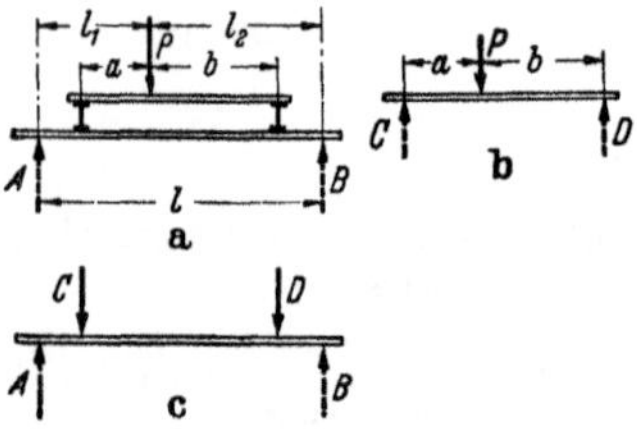

Bild 37

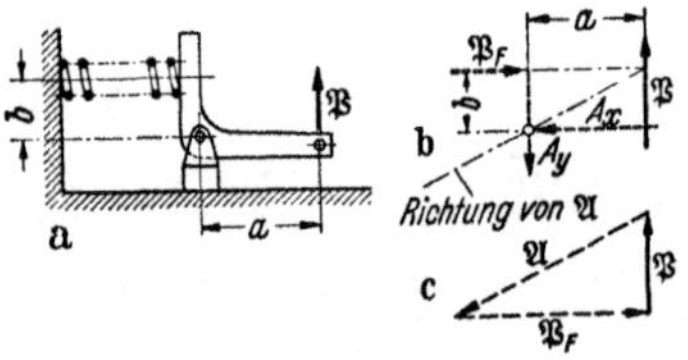

Bild 38

d) Kräfte am zweiarmigen Hebel. Gesucht die Federkraft $\mathfrak{P}_F$, die der bekannten Zugkraft $\mathfrak{P}$ das Gleichgewicht hält, Bild 38.

α) *Graphische Lösung:* Am freigemachten Körper stehen im Gleichgewicht $\mathfrak{P}_F$, $\mathfrak{P}$ und Auflagerkraft $\mathfrak{A}$. Somit $\mathfrak{A} + \mathfrak{P}_F + \mathfrak{P} = 0$. Man bringt Wirkungslinien von $\mathfrak{P}_F$ und $\mathfrak{P}$ zum Schnitt und zieht durch den Schnittpunkt die Wirkungslinie von $\mathfrak{A}$. Krafteck ergibt Größe und Richtung von $\mathfrak{P}_F$ und Auflagerkraft $\mathfrak{A}$, Bild 38 b u. c.

β) *Analytische Lösung:* (1) $\Sigma X = P_F - A_x = 0$.
(2) $\Sigma Y = P - A_y = 0$; hieraus $A_y = P$.
(3) $\Sigma M = P_F \cdot b - P \cdot a = 0$; hieraus $P_F = P \cdot a/b$. Nunmehr aus
(1) $A_x = P_F = P \cdot a/b$.

e) Ermitteln der Auflagerkräfte eines Wanddrehkranes, Bild 39.

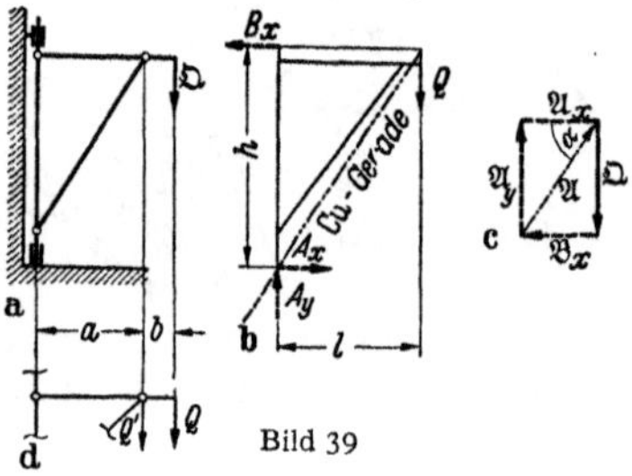

Bild 39

α) *Analytische Lösung:* Am freigemachten Drehkran wirken die unbekannten Auflagerkräfte: A_x und B_x horizontal, A_y vertikal. Gleichgewichtsbedingungen:

(1) $\Sigma X = A_x - B_x = 0$.
(2) $\Sigma Y = A_y - Q = 0$; hieraus $A_y = Q$.
(3) $\Sigma M = Ql - B_x h = 0$;
hieraus $B_x = Ql/h$.
Aus (1): $A_x = B_x$. $A = \sqrt{A_x^2 + A_y^2}$.
Richtungswinkel von α aus $\operatorname{tg}\alpha = A_y/A_x$.

β) *Graphische Lösung:* $\mathfrak{R} = \mathfrak{Q} + \mathfrak{B}_x + \mathfrak{A}_x + \mathfrak{A}_y = 0$ (s. Abschn. A e), somit drei Unbekannte. Krafteck nicht ohne weiteres zu entwerfen. Faßt man $\mathfrak{A}_x$ und $\mathfrak{A}_y$ zu $\mathfrak{A}$ zusammen, so gilt: $\mathfrak{R} = \mathfrak{Q} + \mathfrak{B}_x + \mathfrak{A} = 0$. Hieraus $\mathfrak{A} = -(\mathfrak{Q} + \mathfrak{B}_x)$.

Anwendung der Culmannschen Geraden (s. Abschn. B 2 a).

Drei Kräfte stehen im Gleichgewicht, wenn sie sich in einem Punkte schneiden und ihr Krafteck sich schließt. Durch Schnittpunkt der bekannten Wirkungslinien von $\mathfrak{Q}$ und $\mathfrak{B}_x$ muß also Wirkungslinie von $\mathfrak{A}$ gehen.

f) Ermitteln der Radkräfte eines Fahrzeugs, Bild 40 (s. Bd. II, Kraftwagen). Ein Fahrzeug vom Gewicht $\mathfrak{G}$ (Hinterachsantrieb) fährt mit konstanter Geschwindigkeit eine Steigung unter dem Winkel α hinauf. Am Zughaken gibt es eine Kraft $\mathfrak{P}$ parallel zur Fahrbahn ab. Gesucht die Kräfte zwischen Rädern und Fahrbahn. Luft- und Rollwiderstand vernachlässigt.

1. Lösung: Bild 40b zeigt das freigemachte Fahrzeug. Sieht man vom Fahrwiderstand ab, so wirken am Vorderrad nur die Normalkraft B_y, am Hinterrad die Normalkraft A_y und die Schubkraft A_x, diese in Fahrtrichtung, da sie vom Boden auf die Räder ausgeübt wird.

Gleichgewichtsbedingungen:

(1) $\Sigma X = A_x - P - G \cdot \sin\alpha = 0$; hieraus $A_x = P + G \cdot \sin\alpha$.

(2) $\Sigma Y = A_y + B_y - G \cdot \cos\alpha = 0$.

(3) $\Sigma M = B_y \cdot a + G \sin\alpha \cdot h - G \cos\alpha \cdot n + Pb = 0$; hieraus B_y.

Nunmehr folgt aus (2) Auflagerkraft A_y.

2. Lösung: Graphische Lösung mit Kraft- und Seileck, Bild 40c u. d.

Man zeichnet das Krafteck aus $\mathfrak{G}$ und $\mathfrak{P}$ mit den Polstrahlen *1*, *2* und *3*. Seilstrahl *1'* parallel Polstrahl *1* durch den Schnittpunkt der Auflagerkräfte $\mathfrak{A}_x$ und $\mathfrak{A}_y$. Durch Schnittpunkt von $\mathfrak{P}$ und Seilstrahl *1'* legt man Seilstrahl *2'* usw. Seilstrahl *3'* schneidet Wirkungslinie von $\mathfrak{B}_y$. Schnittpunkte der äußeren Seilstrahlen *1'* und *3'* mit den Wirkungslinien der gesuchten Auflagerkräfte $\mathfrak{B}_y$ und $\mathfrak{A} = \mathfrak{A}_x + \mathfrak{A}_y$ ergeben Schlußlinie *s'*. Diese in das Krafteck übertragen, zerlegt die mit $\mathfrak{R}_{G,P}$ im Gleichgewicht stehende Gegenkraft $-\mathfrak{R}_{G,P}$ in die beiden Auflagerkräfte $\mathfrak{B}_y$ und $\mathfrak{A}$. Letztere läßt sich zerlegen in $\mathfrak{A}_x$ und $\mathfrak{A}_y$.

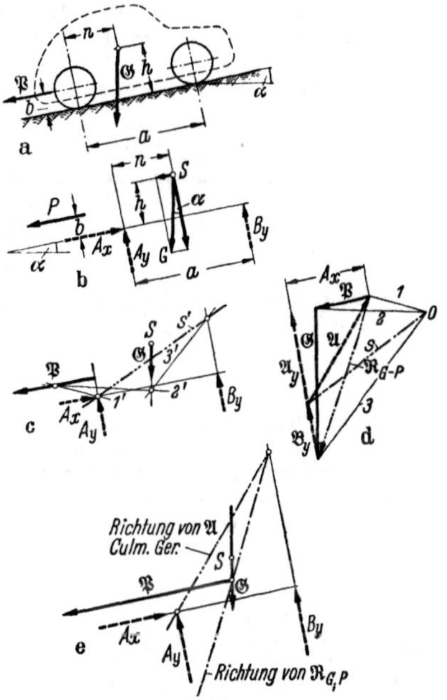

Bild 40

Beachte: 1. Die Schlußlinie *s'* des Seilecks geht durch die Schnittpunkte der äußersten Seileckseiten (*1'* und *3'*) mit den Auflagerkräften ($\mathfrak{A}$ und $\mathfrak{B}$).

2. Im Poleck schneiden sich die Auflagerkräfte ($\mathfrak{A}$ und $\mathfrak{B}$) auf der Schlußlinie *s*.

3. Lösung: Graphische Lösung mit Hilfe der Culmannschen Geraden. Bild 40e.

$\mathfrak{R} = \mathfrak{A}_x + \mathfrak{A}_y + \mathfrak{B}_y + \mathfrak{P} + \mathfrak{G} = 0$; hieraus z. B. $\mathfrak{B}_y = -\mathfrak{A}_x - \mathfrak{A}_y - \mathfrak{P} - \mathfrak{G}$ (s. Abschn. A e) mit drei Unbekannten. Bringt man die bekannten Kräfte $\mathfrak{G}$ und $\mathfrak{P}$ zum Schnitt und andererseits die beiden noch unbekannten Kräfte $\mathfrak{A}_x$ und $\mathfrak{A}_y$, so erhält man folgende Gleichung:

$$\mathfrak{B}_y + \mathfrak{R}_{G,P} + \mathfrak{R}_{A_x, A_y} = 0;$$

hierin ist $\mathfrak{R}_{G,P}$ nach Größe und Richtung bekannt, $\mathfrak{B}_y$ nach Richtung. Da aber drei Kräfte im Gleichgewicht durch einen Punkt gehen müssen (s. C 1 d, β), bringt man die Wirkungslinie von $\mathfrak{B}_y$ mit der Wirkungslinie von $\mathfrak{R}_{G,P}$ zum Schnitt und zieht durch diesen Punkt die Wirkungslinie von $\mathfrak{R}_{A_x A_y} = \mathfrak{A}$. Man erhält Krafteck nach Bild 40d. In diesem zerlegt man die Hilfsresultierende $\mathfrak{R}_{A_x A_y}$ wieder in die Komponenten $\mathfrak{A}_x$, $\mathfrak{A}_y$.

g) Kräfte am Kurbeltrieb, Bild 41. Gegeben die Kolbenkraft $\mathfrak{P}$. Gesucht die Kräfte an den einzelnen Bauteilen.

α) Bei Vernachlässigung der Reibung und der Massenkräfte (s. S. 234) ergibt sich das Kräftebild am freigemachten Kurbeltrieb nach Bild 41 b. Gleichgewichtsbedingungen:

(1α) $\Sigma X = N - A_x = 0$;

(2α) $\Sigma Y = P - A_y = 0$; hieraus $A_y = P$.

(3α) $\Sigma M = Na - M_w = 0$; hieraus das an der Kurbelwelle wirkende Gegenmoment M_w. N erhält man erst durch Freimachen des Kolbens.

β) Am freigemachten Kolben wirken Kräfte nach Bild 41 c. Hierfür die Gleichgewichtsbedingungen: (1β) $\Sigma X = N - S \sin\beta = 0$ mit S als Kraft, die die Schubstange auf den Kolben ausübt.

(2β) $\Sigma Y = P - S\cos\beta = 0$; hieraus $S = P/\cos\beta$.

Nunmehr aus (1β) $N = P \cdot \mathrm{tg}\,\beta$. Aus (1α) $A_x = P \cdot \mathrm{tg}\,\beta$.

γ) Freimachen der Schubstange, Bild 41 d.

δ) Freimachen der Kurbel, Bild 41 e. Gleichgewichtsbedingungen für Achsenkreuz x', y':

(1δ) $\Sigma X' = P_r - A_r = 0$; hieraus $A_r = P_r = S \cdot \cos(\alpha + \beta)$.

(2δ) $\Sigma Y' = P_t - A_t = 0$; hieraus $A_t = P_t = S \cdot \sin(\alpha + \beta)$.

(3δ) $\Sigma M = P_t \cdot r - M_w = 0$; hieraus $M_w = P_t \cdot r$.

Die Lagerkraft ergibt sich somit, bezogen auf Achsenkreuz x, y, zu $\mathfrak{A} = \mathfrak{A}_x + \mathfrak{A}_y$; $A = \sqrt{P^2 + P^2 \cdot \mathrm{tg}^2\beta} = P\sqrt{1 + \mathrm{tg}^2\beta}$. Bezogen auf Achsenkreuz $x'y'$ zu $\mathfrak{A} = \mathfrak{P}_t + \mathfrak{P}_r$; $A = \sqrt{S^2 \cdot \sin^2(\alpha + \beta) + S^2 \cdot \cos^2(\alpha + \beta)} = S = P/\cos\beta = P\sqrt{1 + \mathrm{tg}^2\beta}$.

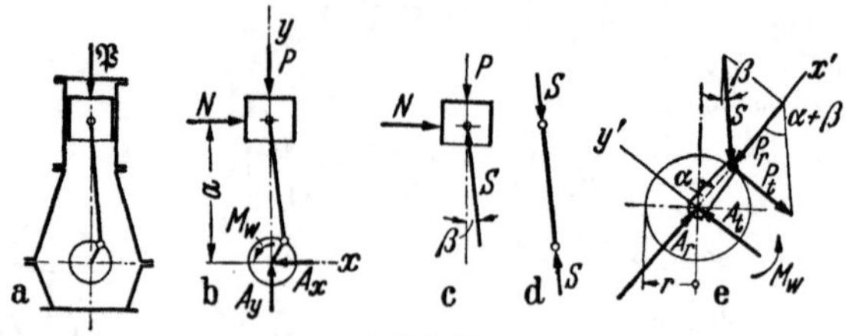

Bild 41

h) Ebene Fachwerke. α) *Aufbau:* Ein Fachwerk ist ein System von Stäben, die man sich durch Gelenke oder Knotenpunkte reibungsfrei verbunden denkt. Jeder Stab wird als Zweigelenkstab von Gelenk zu Gelenk betrachtet. Alle äußeren Kräfte greifen in den Gelenken an oder werden auf diese umgerechnet; z. B. Bild 39 d: $Q' = Q(a + b)/a$. Das einfachste Fachwerkgebilde ist der Dreiecksverband mit den Gelenken *I*, *II* und *III*. Durch Aneinanderreihen weiterer Dreiecksverbände entstehen die verschiedenen Fachwerksausführungen, Bild 42.

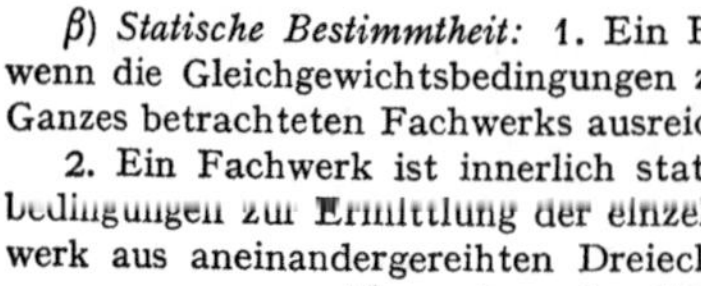

Bild 42

Die äußeren Stäbe nennt man Gurtungen (Obergurtstäbe O, Untergurtstäbe U), Bild 42. Ober- und Untergurtung werden durch Füllungsstäbe (Vertikalen V, Diagonalen D) verbunden.

β) *Statische Bestimmtheit:* 1. Ein Fachwerk ist äußerlich statisch bestimmt, wenn die Gleichgewichtsbedingungen zur Ermittlung der Auflagerkräfte des als Ganzes betrachteten Fachwerks ausreichen.

2. Ein Fachwerk ist innerlich statisch bestimmt, wenn die Gleichgewichtsbedingungen zur Ermittlung der einzelnen Stabkräfte ausreichen und das Fachwerk aus aneinandergereihten Dreiecksverbänden besteht. Erforderliche Stabzahl $s = 2n - 3$ mit n Gelenken. Wenn $s < (2n - 3)$, ist Fachwerk in sich beweglich, d. h. unbrauchbar. Wenn $s > (2n - 3)$, so liegt statische Unbestimmtheit vor.

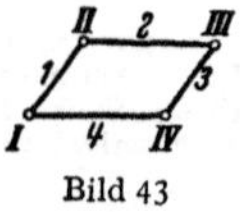

Bild 43

Beispiele: Bild 42. $n = 8$, $s = 13$, $s = (2 \cdot 8) - 3 = 13$; also statisch innerlich bestimmt. Bild 43: $n = 4$, $s = 4$. $s < [(2 \cdot 4) - 3 = 5]$, also Fachwerk beweglich, d. h. unbrauchbar. Außerdem kein Dreiecksverband.

γ) *Ermittlung der Stabkräfte.* αα) *Einzelkraftecke für jedes Gelenk.* Man ermittelt zunächst die Auflagerkräfte des Gesamtverbandes. In Bild 44 aus Symmetriegründen $A = B = P/2$. Anschließend macht man jedes Gelenk frei durch Herausschneiden aus dem Gesamtverband und ermittelt die unbekannten auf das Gelenk wirkenden Kräfte durch Bilden des Kraftecks für jedes Gelenk. Die Kraftrichtungen entnimmt man dem Krafteck und trägt sie in den Lageplan ein.

Beachte: Die Kraftpfeile geben die von den Stäben auf die Gelenke ausgeübten Kräfte an.

Zum Knotenpunkt hin gerichtete Kräfte sind Druckkräfte, vom Knotenpunkt weg gerichtete Kräfte sind Zugkräfte.

$\beta\beta$) *Cremonaplan.* Um den Zeichenaufwand bei dem unter $\alpha\alpha$) behandelten Verfahren einzuschränken, benutzt man den Cremonaplan. Er beruht auf dem Verfahren der Einzelkraftecke (s. o.), reiht aber diese unmittelbar aneinander.

Regeln für den Entwurf eines Cremonaplanes:

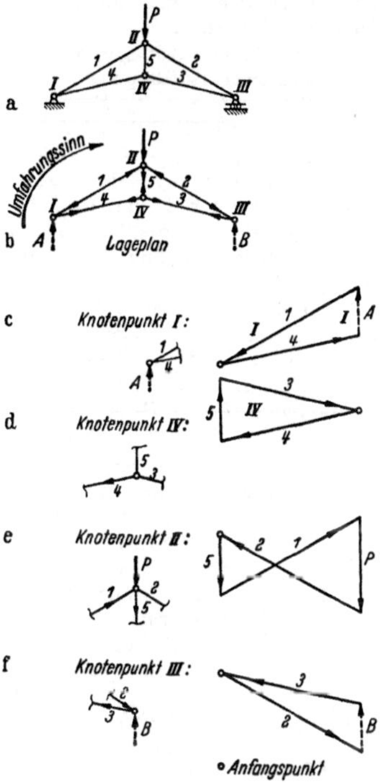

Bild 44

1. Ermitteln der unbekannten Auflagerkräfte des Gesamtsystems;

2. Zeichnen des Kraftecks aus allen äußeren Kräften in gewähltem Umfahrungssinn (Reihenfolge der Kräfte), Bild 44b;

3. Zeichnen der Kraftecke für die einzelnen Knotenpunkte im angenommenen Umfahrungssinn, beginnend mit der ersten bekannten Kraft am Knoten.

Beispiel: Bild 44, 45.

1. Auflagerkräfte $A = B = P/2$ aus Symmetriegründen;

2. Uhrzeigersinn als Umfahrungssinn gewählt; somit Reihenfolge der äußeren Kräfte im Krafteck A, P, B; Punkte 1, 2, 3, 4 in Bild 45.

3. Knotenpunkt I. Reihenfolge der Kräfte im Uhrzeigersinn: A, 1, 4, beginnend mit der ersten bekannten Kraft A. Knotenpunkt II: 1, P, 2, 5, beginnend mit 1 als der ersten bekannten Kraft im Uhrzeigersinn. Knotenpunkt IV: 4, 5, 3, beginnend mit 4 als der ersten bekannten Kraft im Uhrzeigersinn. Knotenpunkt III: 3, 2, B.

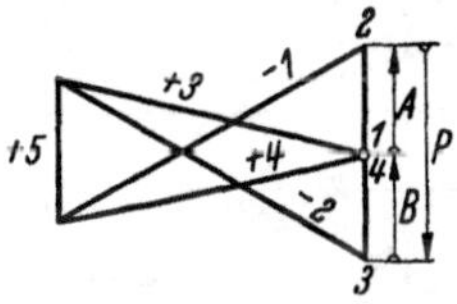
Bild 45

Der Umfahrungssinn bezieht sich also auf die Reihenfolge der Kräfte im Lageplan. Mit dieser Reihenfolge werden die einzelnen Kraftecke gezeichnet. Man trägt die Richtung der im Cremonaplan ermittelten Kräfte sofort in den Lageplan ein und kennzeichnet im Cremonaplan Zugkräfte durch +-Zeichen, Druckkräfte durch −-Zeichen.

$\gamma\gamma$) *Analytisches Verfahren nach Ritter.* Geeignet zur Ermittlung einzelner Stabkräfte, z. B. zur Kontrolle graphischer Verfahren. Nach Bestimmung der Auflagerkräfte teilt man das Fachwerk durch einen Schnitt, der höchstens drei Stäbe mit unbekannten Kräften treffen darf, in zwei Teile. Durch Freimachen des abgeschnittenen Teiles werden die Stabkräfte zu äußeren Kräften. Es empfiehlt sich, die Kräfte grundsätzlich als Zugkräfte einzutragen. Ergibt die Rechnung ein negatives Vorzeichen, so handelt es sich um eine Druckkraft; die angenommene Richtung ist zu ändern. Aus der Gleichgewichtsbedingung $\Sigma M = 0$ für den Schnittpunkt zweier geschnittener Stäbe als Bezugskraft erhält man die dritte unbekannte Stabkraft. In Bild 42a trennt Schnitt $S-S$ das in Bild 42b herausgezeichnete Stück ab. Mit den Stabkräften O_2, D_1 und U_2 an den Trennstellen und mit Gelenk III als Bezugspunkt folgt

$$\Sigma M = A \cdot a + O_2 \cdot h = 0; \text{ hieraus } O_2 = -A \cdot a/h.$$

Negatives Vorzeichen zeigt, daß angenommene Richtung von O_2 falsch war. Die Hebelarme a und h werden aus der maßstäblichen Zeichnung abgegriffen. Anschließend können D_1 und U_2 durch Ansetzen der Momentengleichung um Gelenk I bzw. II bestimmt werden.

i) Träger mit wandernden Lasten. Die durch wandernde Lasten hervorgerufenen Auflagerkräfte und Momente an Trägern können u. a. mit Hilfe der sogenannten Auflager- bzw. Momentenlinien ermittelt werden.

α) *Wandernde Einzellast* P, Bild 46a. Ermitteln der Auflagerlinien: Für beliebige Stellung x der Last P folgt aus der Gleichgewichtsbedingung

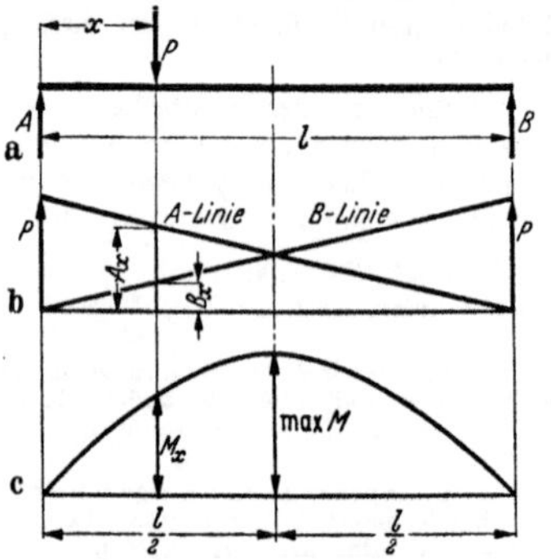

Bild 46

$$\Sigma M_x = P \cdot x - B_x \cdot l = 0$$

die Auflagerkraft $B_x = P \cdot x/l$ und aus

$$\Sigma M_x = P(l - x) - A_x \cdot l = 0$$

die Auflagerkraft $A_x = P(l - x)/l$. Die Gleichungen für A_x und B_x sind die Gleichungen der A-Linie bzw. B-Linie, Bild 46b. Für jede Stellung x der Last P gilt $A_x + B_x = P$.

Ermitteln der Momentenlinien: Das Biegemoment an der beliebigen Stelle x ist $M_x = A_x \cdot x = P(l - x)\,x/l = P \cdot x - P \cdot x^2/l$. Die M-Linie ist somit eine Parabel mit dem Maximum $M_{max} = P \cdot l/4$ für $x = l/2$, aus $\mathrm{d}M/\mathrm{d}x = P - 2Px/l = 0$, Bild 46c.

β) *Zwei wandernde Lasten* P_1 *und* P_2 *mit konstantem Abstand* $b = b_1 + b_2$, Bild 47; $P_1 > P_2$. Auflagerlinien: Entsprechend i, α) bewirkt die Kraft P_1 allein eine Auflagerkraft $A_{1x} = P_1(l - x)/l$; die Kraft P_2 allein eine Auflagerkraft $A_{2x} = P_2(l - x - b)/l$. Ihre Superposition ergibt die Auflagerkraft $A_x = A_{1x} + A_{2x} = (P_1 + P_2) \cdot (l - x)/l - P_2 b/l$. Man zieht von der Geraden $y = (P_1 + P_2)(l - x)/l$ den konstanten Betrag $P_2 b/l$ ab und erhält die A-Linie.

Momentenlinien: Das Biegemoment an der beliebigen Stelle x der Kraft P_1 ist $M_{1x} = A_x \cdot x = (P_1 + P_2)(l - x)\,x/l - P_2 b\,x/l$. Das Maximum liegt vor, wenn $\mathrm{d}M_1/\mathrm{d}x = (P_1 + P_2) - 2(P_1 + P_2)\,x/l - P_2 b/l = 0$ ist; somit $x = (l - b_1)/2$.

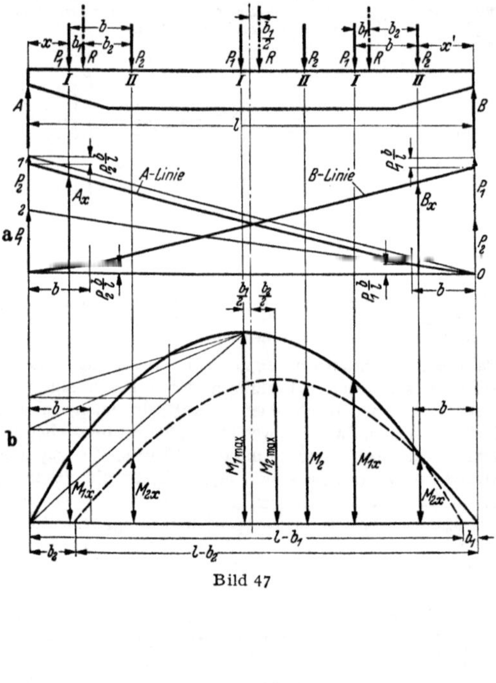

Bild 47

Das Maximum liegt demnach um $b_1/2$ aus der Mitte des Trägers nach links verschoben. $M_{1\max} = (P_1 + P_2)(l - b_1)^2/4l$.

Führt man die Untersuchung für das Auflager B durch, so ergibt sich die B-Linie und die Momentenkurve in Abhängigkeit der Stellung x' der Kraft P_2 vom Auflager B. $M_{2\max} = (P_1 + P_2)(l - b_2)^2/4l$. Das Maximum liegt um $b_2/2$ aus der Mitte des Trägers nach rechts verschoben. Da $P_1 > P_2$, ist $M_{1\max} > M_{2\max}$.

Die Auflager- und Momentenlinien sind nur so lange gültig, bis die eine der beiden Lasten über dem linken bzw. rechten Auflager steht.

Ist $P_1 = P_2$, so ergeben sich mit $b_1 = b_2 = b/2$ gleiche A- und B-Linien und zwei gleiche um $b/2$ versetzte Momentenlinien mit $M_{\max} = P(l - b/2)^2/2l$.

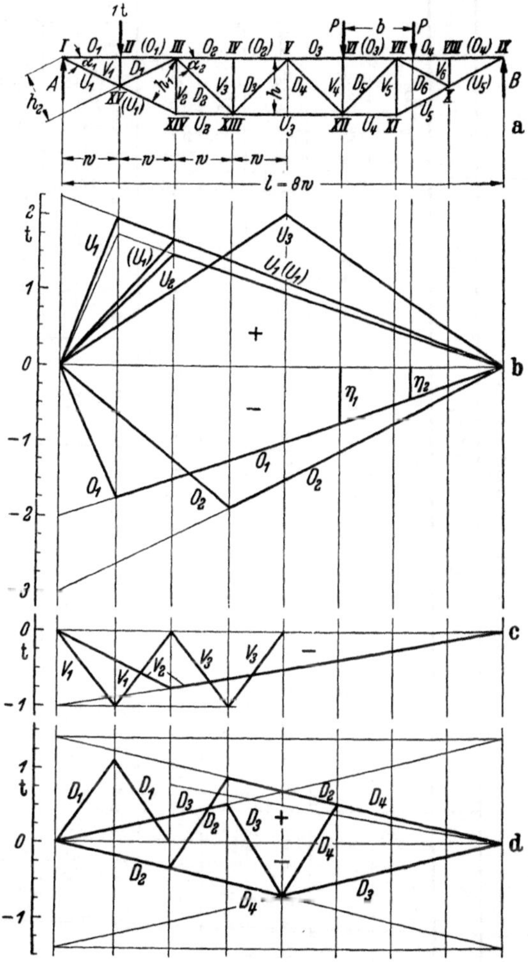

Bild 48

γ) *Bestimmung der Stabkräfte eines Fachwerkträgers mit zwei wandernden Lasten.* Die Stabkräfte von Fachwerken mit wandernden Lasten können u. a. mit Hilfe der sogenannten *Einflußlinien* (E.-L.) bestimmt werden. Man ermittelt zunächst die Stabkräfte unabhängig von den gegebenen Kräften für eine angenommene Einzellast der Größe „1" (Einheitslast, z. B. in t), die man über den Träger wandern läßt. Die erhaltenen Stabkräfte trägt man über einer Grundlinie in Abhängigkeit der Stellung der Einheitslast auf. Der sich ergebende Linienzug ist die Einflußlinie für die Einheitslast. Anschließend rechnet man die Stabkraft auf die Belastung durch die gegebenen Kräfte um. Bei statisch bestimmten Trägern bestehen die Einflußlinien aus Geraden. Infolgedessen genügt meist die Bestimmung der Stabkraft für ein bis zwei Stellungen der Einheitslast. Positive Werte der Stabkräfte (Zug) werden über der Grundlinie, negative (Druck) unterhalb der Grundlinie aufgetragen.

Stabkräfte im Laufkranträger, Bild 48

1	Stabkraft	O_1	O_2	O_3	U_1	(U_1)	U_2	U_3
2	Einheitslast auf Knoten	II	IV	VI	II	III	III	V
3	Schnitt durch Stäbe (Stabkräfte)	O_1; U_1	O_2; D_2; U_2	O_3; D_4; U_3	O_1; U_1	O_1; D_1; (U_1)	O_2; D_2; U_2	O_3; D_4; U_3
4	Gleichgewichtsbedingung	$O_1 \cdot h/2 + A \cdot w = 0$	$O_2 \cdot h + A \cdot 3\,w = 0$	$O_3 \cdot h + A \cdot 5\,w = 0$	$-U_1 \cdot h_1/2 + A \cdot w = 0$	$-(U_1) \cdot h_1 - A \cdot 2\,w = 0$	$-U_2 \cdot h + A \cdot 2\,w = 0$	$-U_3 \cdot h + A \cdot 4\,w = 0$
	Drehpunkt	XV	XIII	XII	II	III	III	V
5	Stabkraft aus (4)	$O_1 = -2\,A$	$O_2 = -3\,A$	$O_3 = -5\,A$	$U_1 = A/\sin\alpha_1$	$(U_1) = A/\sin\alpha_1$	$U_2 = 2\,A$	$U_3 = 4\,A$
6	Auflagerkräfte A und B für Stellung (2) der Einheitslast	$A \cdot 8\,w - 1 \cdot 7\,w = 0$ $A = {}^7/_8$ t $B = {}^1/_8$ t	$A \cdot 8\,w - 1 \cdot 5\,w = 0$ $A = {}^5/_8$ t $B = {}^3/_8$ t	$A \cdot 8\,w - 1 \cdot 3\,w = 0$ $A = {}^3/_8$ t $B = {}^5/_8$ t	$A \cdot 8\,w - 1 \cdot 7\,w = 0$ $A = {}^7/_8$ t $B = {}^1/_8$ t	$A \cdot 8\,w - 1 \cdot 6\,w = 0$ $A = {}^6/_8$ t $B = {}^2/_8$ t	$A \cdot 8\,w - 1 \cdot 6\,w = 0$ $A = {}^6/_8$ t $B = {}^2/_8$ t	$A \cdot 8\,w - 1 \cdot 4\,w = 0$ $A = 0{,}5$ t $B = 0{,}5$ t
7	Stabkraft für A oder B nach (6) aus (5)	$O_1 = -2 \cdot {}^7/_8 = -1{,}75$ t	$O_2 = -3 \cdot {}^5/_8 = -1{,}875$ t	$O_3 = -5 \cdot {}^3/_8 = -1{,}875$ t	$U_1 = 7/(8 \cdot 0{,}448) = 1{,}96$ t	$(U_1) = 6/(8 \cdot 0{,}448) = 1{,}68$ t	$U_2 = 2 \cdot {}^6/_8 = 1{,}5$ t	$U_3 = 2$ t
8	Bemerkungen	Max. der E.-L., wenn Last bei Knoten II	Max. der E.-L., wenn Last bei Knoten IV	E.-L. O_3 spiegelbildlich zu E.-L. O_2	Max. der E.-L., wenn Last bei Knoten II	Max. der E.-L., wenn Last bei Knoten III	Max. der E.-L., wenn Last bei Knoten III	Max. der E.-L., wenn Last bei Knoten V

Stabkräfte im Laufkranträger, Bild 48 (Fortsetzung)

1	V_1	V_2	V_3	D_1	D_2	D_2	D_3	D_3
2	II	III	IV	II	III	IV	IV	V
3	(O_1); V_1; U_1	(U_1); V_2; U_2	O_2; V_3; (O_2)	(O_1); D_1; (U_1)	O_2; D_2; U_2	O_2; D_2; U_2	(O_2); D_3; U_3	(O_2); D_3; U_3
4	$V_1 \cdot w + 1 \cdot w = 0$	$(U_1) \sin\alpha_1 + V_2 = 0$	$V_3 + 1 = 0$	$D_1 \cdot h_2 - 1 \cdot w = 0$	$D_2 \sin\alpha_2 + 1 - A = 0$	$D_2 \sin\alpha_2 - A = 0$	$D_3 \sin\alpha_2 - 1 + A = 0$	$D_3 \sin\alpha_2 + A = 0$
	I	—	—	I	—	—	—	—
5	$V_1 = -1$	$V_2 = -(U_1) \sin\alpha_1 = -A$	$V_3 = -1$	$D_1 = 1\, w/2\, w \sin\alpha_1 = 1/0{,}896 = 1{,}12$	$D_2 = (A - 1)/\sin\alpha_2$	$D_2 = A/\sin\alpha_2$	$D_3 = (1 - A)/\sin\alpha_2$	$D_3 = -A/\sin\alpha_2$
6	—	$A \cdot 8\, w - 1 \cdot 6 w = 0$ $A = {}^6/_8$ t $B = {}^2/_8$ t	—	—	$A \cdot 8\, w - 1 \cdot 6 w = 0$ $A = {}^6/_8$ t $B = {}^2/_8$ t	$A \cdot 8 w - 1 \cdot 5 w = 0$ $A = {}^5/_8$ t $B = {}^3/_8$ t	$A \cdot 8 w - 1 \cdot 5 w = 0$ $A = {}^5/_8$ t $B = {}^3/_8$ t	$A \cdot 8 w - 1 \cdot 4 w = 0$ $A = {}^4/_8$ t $B = {}^4/_8$ t
7	—	$V_2 = -{}^6/_8 = -0{,}75$ t	—	—	$D_2 = ({}^6/_8 - 1)/0{,}707 = -\frac{1}{4 \cdot 0{,}707} = -0{,}354$ t	$D_2 - 5/(8 \cdot 0{,}707) = 0{,}885$ t	$D_3 = (1 - {}^5/_8)/0{,}707 = +0{,}53$ t	$D_3 = -4/(8 \cdot 0{,}707) = -0{,}707$ t
8	Max. der E.-L., wenn Last bei Knoten II	Max. der E.-L., wenn Last bei Knoten III	Max. der E.-L., wenn Last bei Knoten IV	Max. der E.-L., wenn Last bei Knoten II	E.-L. negativ, wenn Last zwischen Knoten I und III	E.-L wechselt bei Last zwischen Knoten III und IV von Druck auf Zug; E.-L. positiv, wenn Last zwischen Knoten IV und IX	E.-L. positiv, wenn Last zwischen Knoten I und IV. E.-L. wechselt bei Last zwischen Knoten IV und V von Zug auf Druck	E.-L. negativ, wenn Last zwischen Knoten V und IX

Die Stabkräfte können z. B. mit Hilfe des Ritterschen Schnittes bestimmt werden.

Beispiel: Laufkranträger nach Bild 48a. Belastung durch Laufkatze mit Radlasten P im Abstand b. Trägerhöhe h gleich Feldweite w. Die Einflußlinien sind in Bild 48b—d dargestellt. Ihre rechnerische Ermittlung ist S. 210/211 zusammengestellt. Die Einflußlinien der rechts von der senkrechten Symmetrieachse des Trägers liegenden Stäbe sind Spiegelbilder der entsprechenden Einflußlinien der links der Symmetrieachse liegenden Stäbe.

Ermitteln der Stabkräfte unter Wirkung der wirklich vorhandenen Kräfte: Durch Herabloten der Wirkungslinien der gegebenen Lasten erhält man die Stabkraftanteile η für die Einheitslast. Durch Multiplizieren mit der jeweils gegebenen Last erhält man den Stabkraftanteil für die gegebene Last. Beispiel: Stabkraft O_1 für die gezeichnete Stellung der Laufkatze; $O_1 = +P \cdot \eta_1 + P \cdot \eta_2$ nach Bild 48b. Man sucht für jeden Stab die ungünstigste Laststellung. Für Stab O_2 ist dies z. B. der Fall, wenn die linke Radlast der Katze im Knotenpunkt IV steht.

D. Schwerpunkt

Denkt man sich einen Körper in viele kleine Teile zerlegt, so wirkt an jedem Teil die lotrechte Schwerkraft oder das Gewicht $\Delta\mathfrak{G}$. Das Gesamtgewicht $\mathfrak{G} = \Sigma\Delta\mathfrak{G}$ ist die gleichgerichtete Resultierende dieser Teilgewichte. Der Schnittpunkt der Wirkungslinien von $\mathfrak{G}$ für verschiedene Lagen des Körpers ist der Schwerpunkt S. Aus dem Momentensatz, S. 193, Gl. (4), folgt:

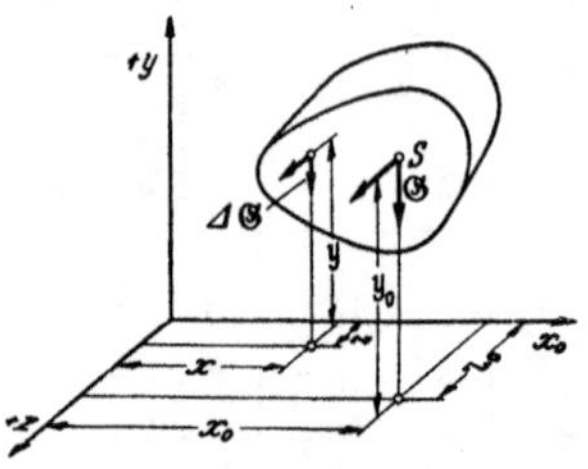

Bild 49

1. Das statische Moment des Gesamtgewichtes $\mathfrak{G}$ (bzw. Gesamtmasse m, Gesamtfläche F, Gesamtlänge eines Linienzuges l) ist gleich der Summe der statischen Momente der Teilgewichte $\Delta\mathfrak{G}$ (Teilmassen Δm, Teilflächen ΔF, Linienstücke Δl).

2. Ist das statische Moment von $\mathfrak{G}$ (m, F, l) bezogen auf eine Ebene bzw. Gerade gleich null, so geht diese Ebene bzw. Gerade durch den Schwerpunkt S (Bild 49).

1. Analytische Ermittlung der Schwerpunktskoordinaten (Bild 49)

Mit $m = G/g$, $\Delta m = \Delta G/g$ und $V = G/\gamma$, $\Delta V = \Delta G/\gamma$ und Anwendung des Momentensatzes ergibt sich folgende Übersicht für die Schwerpunktskoordinaten:

Koordinaten	x_0	y_0	z_0	
Körperschwerpunkt	$\Sigma\Delta Gx/G$	$\Sigma\Delta Gy/G$	$\Sigma\Delta Gz/G$	
Massenmittelpunkt	$\Sigma\Delta mx/m$	$\Sigma\Delta my/m$	$\Sigma\Delta mz/m$	
Geometr. Schwerpunkt	$\Sigma\Delta Vx/V$	$\Sigma\Delta Vy/V$	$\Sigma\Delta Vz/V$	(20)
Flächenschwerpunkt	$\Sigma\Delta Fx/F$	$\Sigma\Delta Fy/F$	$\Sigma\Delta Fz/F$	
Linienschwerpunkt	$\Sigma\Delta lx/l$	$\Sigma\Delta ly/l$	$\Sigma\Delta lz/l$	

2. Schwerpunktskoordinaten der wichtigsten Linien, Flächen und Körper

Symmetrieachsen (Symmetrieebenen) sind stets Schwerpunktsachsen (-ebenen); sie ersparen die Bestimmung einer oder mehrerer Schwerpunktskoordinaten.

Beispiele: Rechteck: Schnittpunkt der Mittellinien; I-Profile, T-Profile, L-Profile s. Tafeln im Anhang.

a) Einfache Linien

α) Gerade Strecke: Schwerpunkt S liegt auf Mitte der Strecke.

β) Dreiecksumfang: Bild 50. S ist der Mittelpunkt des eingeschriebenen Kreises des aus den Verbindungslinien der Seitenmitten gebildeten Dreiecks abc. $y_0 = h/2 \cdot (b + c)/(a + b + c)$.

γ) Kreisbogen: Bild 51. S liegt auf der Winkelhalbierenden des Zentriwinkels 2α als Symmetrieachse. $y_0 = r \sin\alpha/\operatorname{arc}\alpha = 2r \cdot r \sin\alpha/(2r \cdot \operatorname{arc}\alpha) = rs/b$ mit Halbmesser r, Bogenlänge b und Sehnenlänge s

Halbkreisbogen: $\alpha = \pi/2$ — $y_0 = r \cdot 2/\pi = 0{,}637r$

Viertelkreisbogen: $\alpha = \pi/4$ — $y_0 = r \cdot 0{,}5\sqrt{2} \cdot 4/\pi = 0{,}900r$

Sechstelkreisbogen: $\alpha = \pi/6$ — $y_0 = r \cdot 0{,}5 \cdot 6/\pi = 0{,}955r$

δ) Beliebige flache Bögen: Bild 51. — $y_0' = 2/3\,h$ (h = Bogenhöhe, s. S. 28).

b) Einfache Flächen.

α) Dreieck: Bild 52. — S ist der Schnittpunkt der Seitenhalbierenden. $y_0 = h/3$.

β) Parallelogramm: — S liegt im Schnittpunkt der Diagonalen als Symmetrielinien.

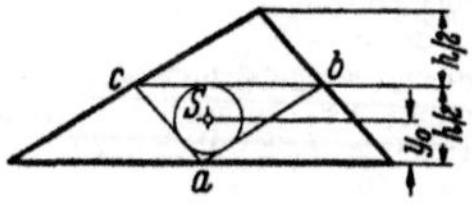

Bild 50

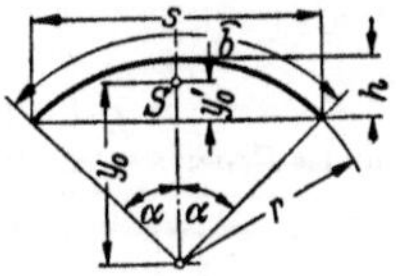

Bild 51

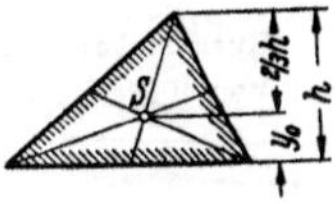

Bild 52

γ) Trapez: Bild 53. — Trage auf den Verlängerungen der Grundseiten je die Strecke der anderen Grundseite ab und verbinde die Eckpunkte über Kreuz. Schnittpunkt der Verbindungslinien ist S. Oder: Bringe eine der Verbindungslinien mit der Mittellinie der beiden Grundseiten zum Schnitt. Schnittpunkt ergibt S.

$$y_0 = \frac{h}{3} \cdot \frac{a+2b}{a+b}; \quad y_0' = \frac{h}{3} \cdot \frac{b+2a}{a+b}.$$

Bei einem neuen graphischen Verfahren liegen alle Konstruktionslinien im Innern des Trapezes; s. *Seger, G*:. VDI-Z. Bd. 101 (1959) Nr. 29 S. 1346.

δ) *Kreis*ausschnitt: Bild 54. — S liegt auf der Winkelhalbierenden des Zentriwinkels 2α als Symmetrielinie.

$$y_0 = \frac{2}{3}\, r\, \frac{\sin\alpha}{\operatorname{arc}\alpha} = \frac{2}{3}\, r\, \frac{s}{b} \text{ mit Halbmesser } r,$$

Bogenlänge b und Sehnenlänge s.

Halbkreisfläche: $\alpha = \pi/2$ — $y_0 = \frac{2}{3}\, r\, \frac{2}{\pi} = 0{,}424\, r$.

Viertelkreisfläche: $\alpha = \pi/4$ — $y_0 = \frac{2}{3}\, r\, \frac{0{,}5\sqrt{2}}{\pi/4} = \frac{4}{3}\sqrt{2} \cdot r/\pi = 0{,}600\, r$.

Sechstelkreisfläche: $\alpha = \pi/6$ — $y_0 = \frac{2}{3}\, r \cdot 0{,}5/(\pi/6) = 0{,}637r$,

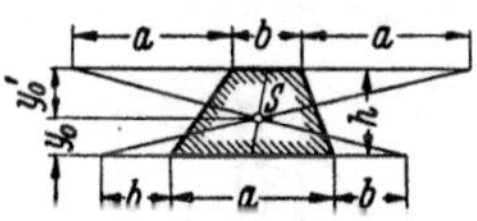

Bild 53

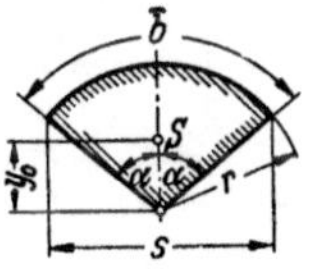

Bild 54

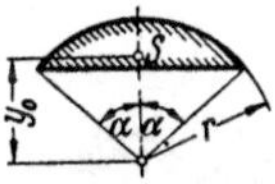

Bild 55

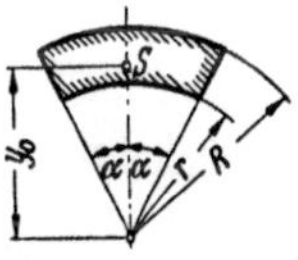

Bild 56

Kreisabschnitt: Bild 55. — Unter Anwendung von D 3 a, S. 215 für die Fläche des Kreisausschnittes und des Dreiecks ergibt sich

$$y_0 = \frac{2}{3}\, r \sin^3\alpha/(\operatorname{arc}\alpha - \sin\alpha\cos\alpha) = s^3/12F$$

mit Fläche $F = r^2/2 \cdot (2\operatorname{arc}\alpha - \sin 2\alpha)$.

Kreisringstück: Bild 56. — S liegt auf der Winkelhalbierenden als Symmetrieachse. $y_0 = 2/3 \cdot (R^3 - r^3)\sin\alpha/(R^2 - r^2)\operatorname{arc}\alpha$ (nach Abschn. D 3 a, S. 215).

ε) *Ellipsen*abschnitt: Bild 57. — S_1 und S_2 der symmetrischen Ellipsenabschnitte $A_1B_1C_1$ und $A_2B_2C_2$ sind die Schwerpunkte der Abschnitte $E_1F_1C_1$ und $E_2F_2C_2$ derjenigen Kreise, deren Durchmesser die zur Sehne der Ellipsenabschnitte senkrechten Hauptachsen sind.

ζ) *Parabel*fläche: Bild 58. — $y_0 = 2/5 \cdot h = 0{,}4\,h$

Fläche unter flachem Bogen: Bild 59. — $y_0 \approx 0{,}4h$, annähernd y_0 der Parabelfläche.

Halbe Parabelfläche: Bild 60. — $y_0 = 2/5 \cdot h$; $x_0 = 3/8 \cdot a$

Ergänzungsfläche zur Parabelfl.: Bild 60. — $y_0' = 3/10 \cdot h$; $x_0' = 3/4 \cdot a$

η) *Kugel*zone: Bild 61. — $y_0 = r/2 \cdot (\cos\alpha_2 + \cos\alpha_1) = h_0 + h/2$. $\cos\alpha_2 = h_0/r$; $\cos\alpha_1 = (h + h_0)/r$. S liegt in halber Zonenhöhe.

Kugelhaube: Bild 61. — wie Kugelzone mit $\alpha_1 = 0$.

ϑ) Mantel der *Pyramide* und des *Kegels*: — S liegt auf der Verbindungslinie von Spitze und Schwerpunkt des Umfangs der Grundfläche, ein Drittel der Höhe über der Grundfläche. $y_0 = 1/3 \cdot h$.

Mantel des abgestumpften Kreiskegels: — S liegt auf der Verbindungslinie der Mitten der beiden Begrenzungsflächen; Abstand von der Grundfläche $y_0 = h/3 \cdot (R + 2r)/(R + r)$ mit Halbmesser R der unteren und Halbmesser r der oberen Begrenzungsfläche und Höhe h.

ι) Weitere Querschnitte s. Zahlentafeln im Anhang und Tafel S. 347/348.

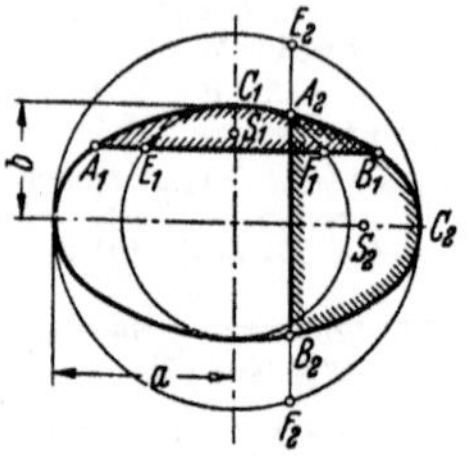

Bild 57

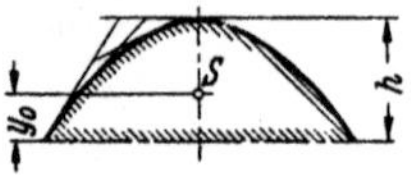

Bild 58

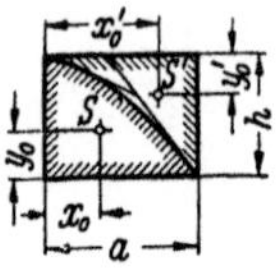

Bild 60

Bild 59

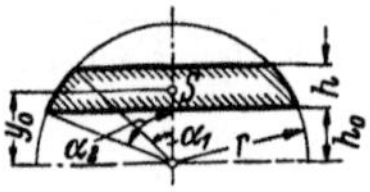

Bild 61

c) Einfache homogene Körper.

α) Gerades oder schiefes Prisma (und Zylinder) mit parallelen Endflächen: Bild 62. — S liegt aus Symmetriegründen auf der Verbindungslinie der Schwerpunkte der beiden Endflächen. $y_0 = h/2$.

β) Abgeschrägter Kreiszylinder: Bild 63. — S liegt in der x,y-Ebene als Symmetrieebene mit den Koordinaten $x_0 = 1/4 \cdot r^2 \operatorname{tg}\alpha/h$; $y_0 = h/2 + 1/8 \cdot r^2 \operatorname{tg}^2\alpha/h$ mit Achsenlänge h, Grundkreishalbmesser r und Neigungswinkel α der schrägen Begrenzungsfläche.

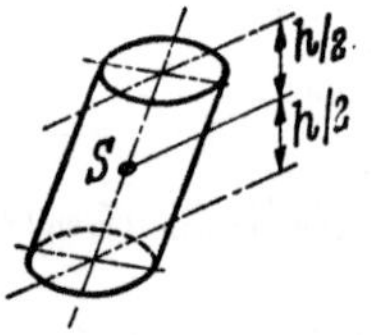

Bild 62

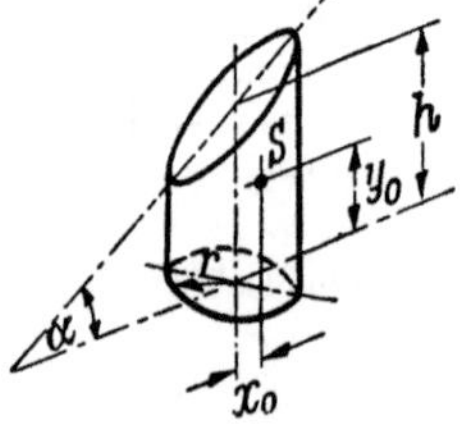

Bild 63

γ) Gerade und schiefe Pyramide bzw. Kegel: — S liegt in $^1/_4$ der Höhe über der Grundfläche auf der Verbindungslinie der Spitze mit dem Schwerpunkt der Grundfläche.

δ) Gerader Pyramidenstumpf mit beliebiger Grundfläche: $y_0 = h/4 \cdot (F_1 + 2\sqrt{F_1F_2} + 3F_2)/ /(F_1 + \sqrt{F_1F_2} + F_2)$ mit Grundfläche F_1, Endfläche F_2 und Höhe h.

ε) Gerader Kegelstumpf: y_0 nach Abschn. c, δ) mit $F_1 = \pi R^2$ und $F_2 = \pi r^2$. $y_0 = h/4 \cdot (R^2 + 2Rr + 3r^2)/ /(R^2 + Rr + r^2)$

ζ) Zylinderhufkörper: Bild 64. $y_0 = 3\pi H/32$; $x_0 = 3\pi R/16$

η) Hohler Zylinderhufkörper wie Bild 64 mit Innenradius r und Innenhöhe h $y_0 = 3\pi(H^4 - h^4)/32(H^3 - h^3)$; $x_0 = 3\pi(R^4 - r^4)/16(R^3 - r^3)$

ϑ) Keil: Bild 65. $y_0 = h/2 \cdot (a + a_1)/(2a + a_1)$

ι) Obeliskkörper: Bild 66. $y_0 = h/2 \cdot (ab + ab_1 + a_1b + 3a_1b_1)/ /(2ab + ab_1 + a_1b + 2a_1b_1)$

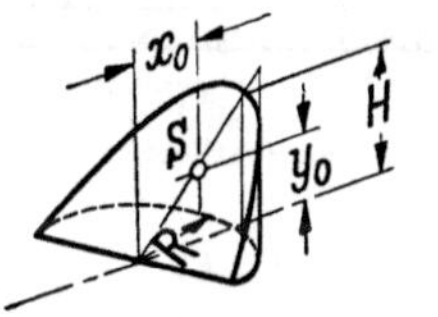

Bild 64

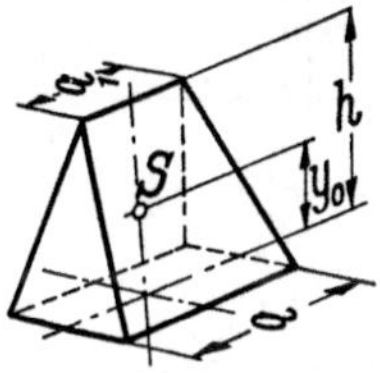

Bild 65

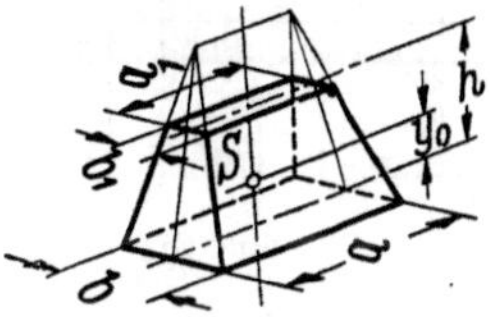

Bild 66

κ) Kugelabschnitt: Bild 67. $y_0 = 3/4 \cdot (2R - h)^2/(3R - h)$;
Halbkugel: mit $h = R$ wird $y_0 = 3/8 \cdot R$
Halbe Hohlkugel: Außenradius R; Innenradius r $y_0 = 3/8 \cdot (R^4 - r^4)/(R^3 - r^3)$

λ) Kugelausschnitt: Bild 68. $y_0 = 3/8 \cdot R\,(1 + \cos\alpha) = 3/8 \cdot (2R - h)$

μ) Umdrehungsparaboloid: Bild 69. $y_0 = 2/3 \cdot h$

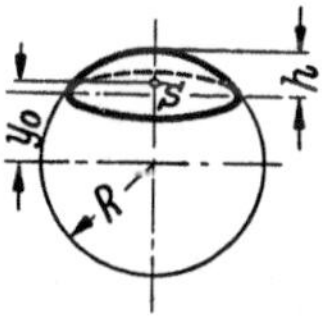

Bild 67

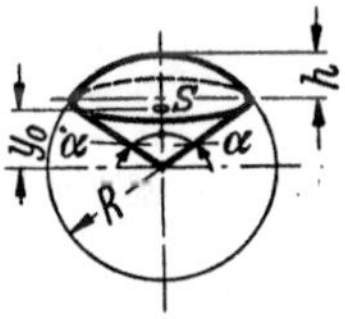

Bild 68

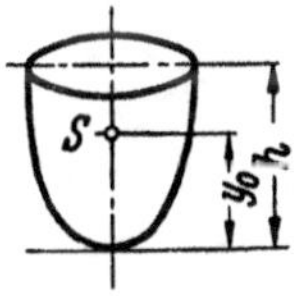

Bild 69

3. Schwerpunktskoordinaten zusammengesetzter Linienzüge, Flächen und Körper

a) Analytisches Verfahren. Durch geschickte Wahl eines Achsenkreuzes (eine Achse möglichst in einer Symmetrieachse oder -ebene) erspart man die Ermittlung einer Koordinate. Rechnung nach Gl. (20), S. 212. Hohlräume und Aussparungen werden negativ eingesetzt.

Beispiele: 1. Für die Fläche nach Bild 70 sind die S-Koordinaten zu bestimmen. Man denkt sich die Fläche F entstanden aus $F = \Delta F_1 - \Delta F_2$. Auswertung mittels Zahlentafel.

Nr.	Querschnitt	ΔF	x	$\Delta F \cdot x$
—	cm · cm	cm²	cm	cm³
1	10 · 20	200	5	1000
2	8 · 16	−128	6	−768 negativ, weil Aussparung
Summe		72	—	232

Nach Gl. (20); $x_0 = \Sigma \Delta F x/F$: $x_0 = 232/72 = 3{,}22$ cm $= 32{,}2$ mm.
Die y-Koordinate ist aus Symmetriegründen 0.

2. Für die Fläche nach Bild 72 sind die S-Koordinaten zu bestimmen. Man teilt die Fläche in die Teilflächen ΔF_1, ΔF_2 und ΔF_3, deren Schwerpunktslagen bekannt sind. Auswertung mittels Zahlentafel:

Nr.	Querschnitt	ΔF	x	ΔFx	y	ΔFy
—	mm · mm	cm²	cm	cm³	cm	cm³
I	70 · 10	7	3,5	24,5	0,5	3,5
II	40 · 10	4	0,5	2,0	3,0	12,0
III	20 · 10	2	6,5	13,0	2,0	4,0
	Summe	13	—	39,5	—	19,5

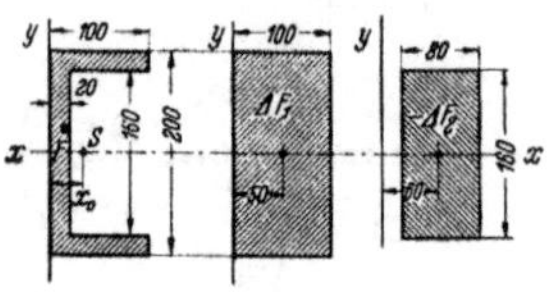

Bild 70

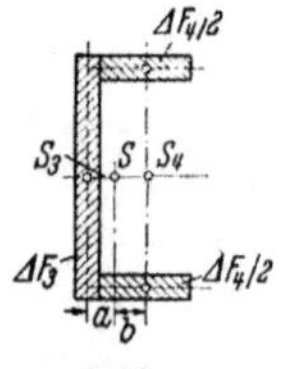

Bild 71

Nach Gl. (20);
$x_0 = \Sigma \Delta Fx/F = 39{,}5/13 = 3{,}04$ cm
$y_0 = \Sigma \Delta Fy/F = 19{,}5/13 = 1{,}5$ cm.
Bei räumlichen Gebilden ohne Symmetrieebenen sind stets drei Koordinaten zu bestimmen.

b) Graphisches Verfahren (Seileckverfahren). Nach Zerlegen in Teilstücke, deren Schwerpunktlagen und Größen bekannt sind, bringt man in den Teilschwerpunkten die Schwerkräfte an, wobei bei Linien ihre Länge, bei Flächen ihr Inhalt als Schwerkraft gesetzt wird. Aus dem Kraft- und Seileck für zwei, meist aufeinander senkrecht stehende Richtungen ergeben sich die Wirkungslinien des Gesamtschwerpunkts. Ihr Schnittpunkt ist S. Bei Körpern wird bisweilen noch eine weitere Untersuchung im Grundriß notwendig.

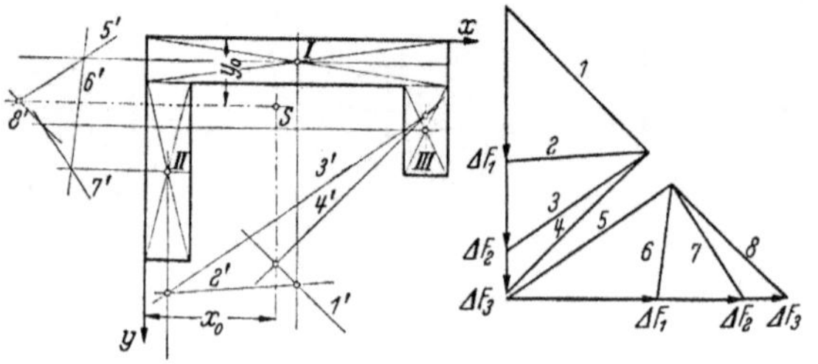

Bild 72

Beispiel: Bild 72. In Übereinstimmung mit der Untersuchung nach a) wird $x_0 = 3{,}04$ cm; $y_0 = 1{,}5$ cm.

c) Verfahren nach Nehls-Rötscher, s. S. 345.

d) Schwerpunkt zweier Teile. Der gemeinsame Schwerpunkt von zwei Teilen erfüllt zwei Bedingungen: 1. Er liegt auf der Verbindungslinie der Teilschwerpunkte. 2. Er teilt diese Linie im umgekehrten Verhältnis der Gewichte (Körper), Flächeninhalte (Flächen) oder Längen (Linien).

Beispiel: 1. Durch zweimaliges Anwenden der Bedingung 1 läßt sich der Schwerpunkt eines Vierecks graphisch bestimmen. Man zerlegt dieses in zweimal zwei Dreiecke und verbindet deren Schwerpunkte paarweise. Der Schnittpunkt der beiden Verbindungslinien ist der gesuchte Schwerpunkt S.

2. Teilt man F, s. Bild 71, in die Teilflächen $\Delta F_3 = 2 \cdot 20 = 40$ cm² und $\Delta F_4 = 2 \cdot 8 \cdot 2 = 32$ cm² auf, so wird die Verbindungslinie der beiden Teilschwerpunkte $S_3S_4 = a + b$ nach Bedingung 2 geteilt;

$$a : b = \Delta F_4 : \Delta F_3 = 32 : 40 = 4 : 5.$$
$$b = 5/4 \cdot a; \quad a + b = 5 \text{ cm}; \quad a + 5/4a = 5; \quad a = 2{,}22 \text{ cm}.$$

Es ergibt sich wieder $x_0 = 1 + 2{,}22$ cm $= 3{,}22$ cm; s. Abschn. D 3 a, Beisp. 1.

e) Versuchsmäßige Verfahren. α) Man hängt den Körper an einem Faden, Draht oder Seil auf und kennzeichnet die Senkrechte unter dem Aufhängepunkt. Wiederholt man das Verfahren mit verschiedenen Aufhängepunkten des Körpers, so ist der Schnittpunkt der jeweils gefundenen Senkrechten der gesuchte Schwerpunkt.

β) Durch Ausbalancieren auf einer Schneide findet man sinngemäß zu Verfahren α) den Schwerpunkt.

γ) Schwerpunkte von Flächen (aus Pappe ausgeschnitten) lassen sich auch durch Ausbalancieren auf einer Nadel oder dergleichen bestimmen.

E. Reibung[1]

1. Reibung auf ebener Fläche

a) Gleitreibung (Bewegungsreibung). Gleitet ein Körper vom Gewicht $\mathfrak{G}$ bei konstanter Geschwindigkeit auf einer ebenen Unterlage, so ist eine Kraft $\mathfrak{P}$ zur Überwindung des tangential zur Gleitfläche wirkenden Gleitwiderstandes (Reibkraft) $\mathfrak{W}_t$ erforderlich (Bild 73). Nach dem Coulombschen Reibungsgesetz ist

$$W_t = \mu \cdot W_n. \tag{21}$$

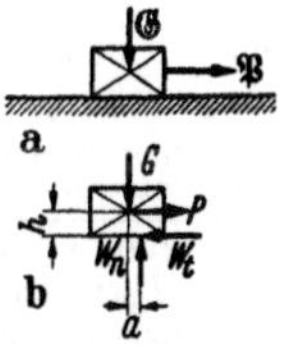

Bild 73

$\mathfrak{W}_n$ ist der normal zur Gleitfläche von der Unterlage auf den Körper ausgeübte Stützwiderstand. Reibungszahl μ ist ein Erfahrungswert und abhängig von der Werkstoffpaarung, den Schmierverhältnissen (trockene, gemischte oder Flüssigkeitsreibung), der Flächenpressung $p = W_n/F$ (zwischen den Gleitflächen F) und der Gleitgeschwindigkeit. Eine Gesetzmäßigkeit zwischen μ und diesen Einflüssen läßt sich allenfalls bei reiner Flüssigkeitsreibung (s. Lagerreibung, hydrodynamische Schmiertheorie, S. 679) aufstellen. Die in Bild 74 angegebenen μ-Werte sind nur Richtwerte, die den Einfluß der einzelnen Faktoren nicht erkennen lassen.

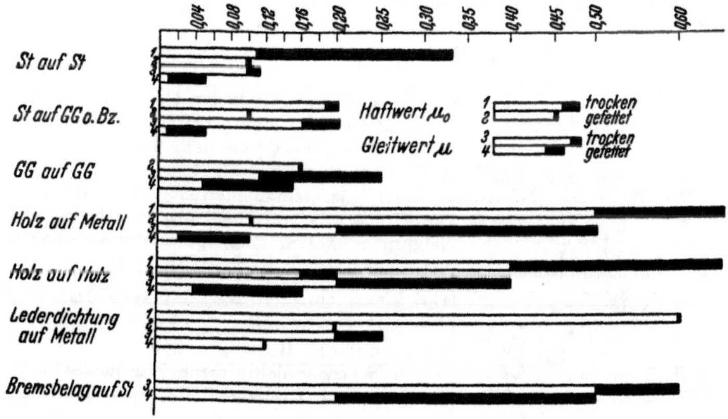

Bild 74

---

[1] *Drescher, H.:* Zur Mechanik der Reibung zwischen festen Körpern. VDI-Z., Bd. 101 (1959) Nr. 17 S. 697/707.

Gleichgewichtsbedingungen für den freigemachten Körper (Bild 73b):

(1) $\Sigma Y = G - W_n = 0$; hieraus $W_n = G$.
(2) $\Sigma X = P - W_t = 0$; hieraus $P = W_t$; W_t aus Gl. 21.

$\mathfrak{W}_t$ und $\mathfrak{P}$ bilden ein Kräftepaar der Größe $M = W_t \cdot h$, dem ein gleichgroßes Kräftepaar der beiden übrigen Kräfte $\mathfrak{G}$ und $\mathfrak{W}_n$ entgegenwirken muß. $\mathfrak{W}_n$ kann demnach nicht in der Wirkungslinie von $\mathfrak{G}$ liegen. Somit

(3) $\Sigma M = W_t \cdot h - W_n \cdot a = 0$;

hieraus Abstand a.
Die Reibkraft der Bewegung $\mathfrak{W}_t$ ist stets primär vorhanden. Im Gleichgewichtsfall muß die treibende Kraft $\mathfrak{P}$ die Größe von $\mathfrak{W}_t$ annehmen; nicht umgekehrt.

Reibkraft $\mathfrak{W}_t$ und Stützkraft $\mathfrak{W}_n$ lassen sich zu einer Resultierenden $\mathfrak{W}$ zusammensetzen:

Bild 75

$$\mathfrak{W} = \mathfrak{W}_t + \mathfrak{W}_n;\quad W = \sqrt{W_t^2 + W_n^2} = W_n \sqrt{\mu^2 + 1}. \tag{22}$$

$\mathfrak{W}$ steht unter dem Reibungswinkel ϱ zur Normalkraft $\mathfrak{W}_n$, Bild 75. Folglich: $\operatorname{tg} \varrho = W_t / W_n$. Da andererseits nach dem Coulombschen Gesetz $W_t/W_n = \mu$, ergibt sich

$$\mu = \operatorname{tg} \varrho. \tag{23}$$

Leistungsverlust infolge Gleitreibung:

$$N_r = W_t \cdot v \text{ in mkg/sek} \tag{24}$$

mit v als Gleitgeschwindigkeit (s. S. 245).

b) Haftreibung (Reibung der Ruhe). Befindet sich ein Körper vom Gewicht $\mathfrak{G}$ auf einer waagerechten Ebene in Ruhe, so kann auf ihn eine waagerechte Zugkraft $\mathfrak{P}_0$ bis zu einer bestimmten Größe ausgeübt werden, ohne daß er sich in Bewegung setzt. Gegenkraft zu $\mathfrak{P}_0$ ist im Fall der Ruhe die Haftkraft $\mathfrak{W}_{t0}$. Erst wenn P_0 einen Wert $\max W_{t0}$ überschreitet, setzt sich der Körper in Bewegung. Gleichgewichtsbedingungen am freigemachten Körper (Bild 76):

(1) $\Sigma X = P_0 - W_{t0} = 0$; (2) $\Sigma Y = G - W_n = 0$; (3) $\Sigma M = P_0 \cdot h - G \cdot a = 0$.

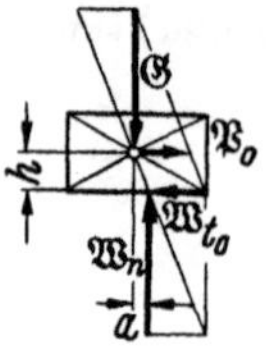

Bild 76

Reibkraft der Ruhe $\mathfrak{W}_{t0}$ hat keinen festen Wert wie Reibkraft der Bewegung $\mathfrak{W}_t = \mu \mathfrak{W}_n$, sondern kann jeden beliebigen Wert annehmen, der mit der aufgedrückten Zugkraft $\mathfrak{P}_0$ im Gleichgewicht steht und der Bedingung

$$W_{t0} \leqq \mu_0 W_n \tag{25}$$

genügt. μ_0 Haftreibungszahl, auch μ_R Ruhereibungszahl (DIN 50281).

Beachte: Bei Gleitreibung mit konst. Geschwindigkeit muß die Zugkraft $\mathfrak{P}$ die Größe der Reibkraft $\mathfrak{W}_t$ annehmen, bei Haftreibung die Reibkraft $\mathfrak{W}_{t0}$ die Größe der Zugkraft $\mathfrak{P}_0$, die den Grenzwert $\max W_{t0} = \mu_0 W_n$ nicht überschreiten darf.

Experimenteller Nachweis dieser Gesetzmäßigkeiten: Der Körper vom Gewicht $\mathfrak{G}$ liege auf einer schiefen Ebene mit dem Neigungswinkel α. Gleichgewichtsbedingungen für den freigemachten Körper (Bild 77):

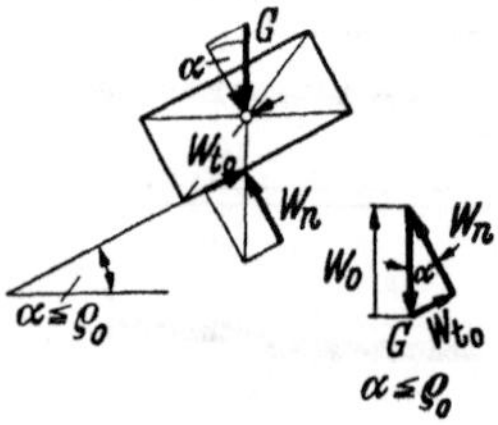

Bild 77

(1) $\Sigma X = G \cdot \sin\alpha - W_{t0} = 0$; hieraus $W_{t0} = G \cdot \sin\alpha$
(2) $\Sigma Y = G \cdot \cos\alpha - W_n = 0$; hieraus $W_n = G \cdot \cos\alpha$.

Aus (1) und (2): $W_{t0}/W_n = \operatorname{tg} \alpha$.

Der Körper bleibt erfahrungsgemäß in Ruhe, solange α einen Grenzwinkel ϱ_0 nicht überschreitet. Im Grenzfall wird also $\max W_{t0}/W_n = \operatorname{tg} \varrho_0$. ϱ_0 ist der Winkel zwischen $\max \mathfrak{W}_0 = \max \mathfrak{W}_{t0} + \mathfrak{W}_n$ und $\mathfrak{W}_n$.

Bezeichnet man $\operatorname{tg} \varrho_0$ mit μ_0, so ergibt sich die oben angegebene Beziehung $\max W_{t0} = \mu_0 W_n$.

Im Bild 77 muß $\mathfrak{G}$ mit Gesamtstützkraft $\mathfrak{W}_0$ im Gleichgewicht stehen, also in der Wirkungslinie von $\mathfrak{W}_0$ liegen.

Denkt man sich in Bild 76 die Zugkraft $\mathfrak{P}_0$ um die zur Stützebene des Körpers senkrechte Achse kreisen, so kreisen die Gesamtstützkraft $\mathfrak{W}_0$ sowie die Resultierende aus $\mathfrak{P}_0$ und $\mathfrak{G}$ ebenfalls um diese Achse. Es entsteht der sogenannte Reibungskegel, Bild 78, dessen Mantellinien im Haftgrenzfall unter dem Grenzwinkel ϱ_0 zur Achse liegen. Liegt die Resultierende aus den äußeren Kräften (außer $\mathfrak{W}_0$) innerhalb des Reibungskegels, so bleibt der Körper in Ruhe.

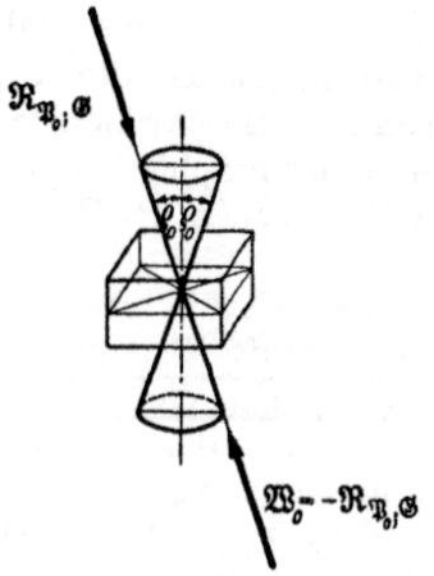

Bild 78

c) Anwendungen. α) *Keilnut-Reibung*, Bild 79. Gleichgewichtsbedingungen für den freigemachten Körper unter Voraussetzung gleichförmiger Geschwindigkeit:

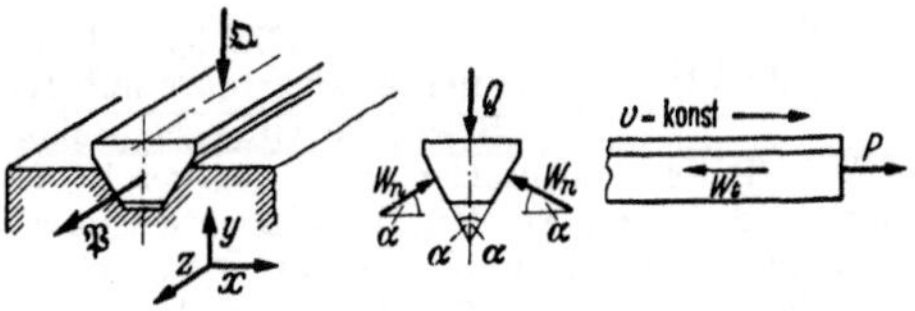

Bild 79

$$(1)\ \Sigma X = W_n \cos\alpha - W_n \cos\alpha = 0;$$
$$(2)\ \Sigma Y = Q - W_n \sin\alpha - W_n \sin\alpha = 0;$$
$$(3)\ \Sigma Z = P - W_t - W_t = P - 2\mu W_n = 0.$$

Durch Zusammenfassen von (2) und (3): $P = \mu Q/\sin\alpha$.

Mit Keilnut-Reibungszahl $\mu' = \mu/\sin\alpha$ wird

$$P = \mu' Q. \qquad (26)$$

β) *Schiefe Ebene*, Bild 80. $\alpha\alpha$) Gesucht Kraft $\mathfrak{P}$, welche die Last $\mathfrak{Q}$ mit konstanter Geschwindigkeit aufwärts zieht. Gleichgewichtsbedingungen für den freigemachten Körper: (1) $\Sigma X = P - Q \sin\alpha - W_t = 0$; (2) $\Sigma Y = Q \cos\alpha - W_n = 0$. Ferner gilt Coulombsches Gesetz: $W_t = \mu W_n$. Durch Zusammenfassen: $P = Q(\sin\alpha + \mu\cos\alpha)$. Mit $\mu = \operatorname{tg}\varrho = \sin\varrho/\cos\varrho$ und Anwendung der Additionstheoreme (S. 66, c) folgt:

$$P = Q \sin(\alpha + \varrho)/\cos\varrho. \qquad (27)$$

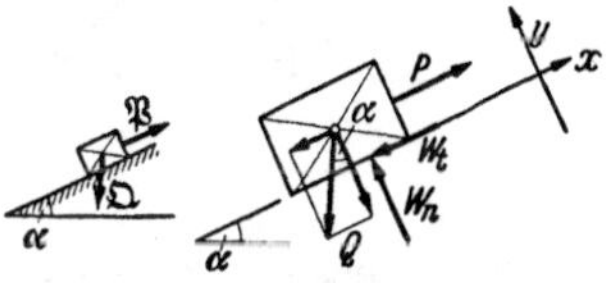

Bild 80

$\beta\beta$) Gesucht Kraft $\mathfrak{P}$, die den Körper am Abgleiten hindert. Gleichgewichtsbedingungen: (1) $\Sigma X = P + W_{t0} - Q \sin\alpha = 0$; (2) $\Sigma Y = Q\cos\alpha - W_n = 0$. Bei voller Ausnutzung der Haftkraft gilt ferner $\max W_{t0} = \mu_0 W_n$. Durch Zusammenfassen und Einsetzen von $\mu_0 = \sin\varrho_0/\cos\varrho_0$ erhält man

$$P = Q \sin(\alpha - \varrho_0)/\cos\varrho_0. \qquad (28)$$

$\gamma\gamma$) Gesucht waagerechte Kraft $\mathfrak{P}$, die den Körper mit konst. Geschwindigkeit aufwärts zieht, Bild 81. Gleichgewichtsbedingungen:

(1) $\Sigma X = P\cos\alpha - Q\sin\alpha - W_t = 0$;
(2) $\Sigma Y = -P\sin\alpha + W_n - Q\cos\alpha = 0$.

Ferner $W_t = \mu W_n$. Hieraus: $P = Q(\sin\alpha + \mu\cos\alpha)/(\cos\alpha - \mu\sin\alpha)$. Mit $\mu = \sin\varrho/\cos\varrho$

$$P = Q \operatorname{tg}(\alpha + \varrho). \qquad (29)$$

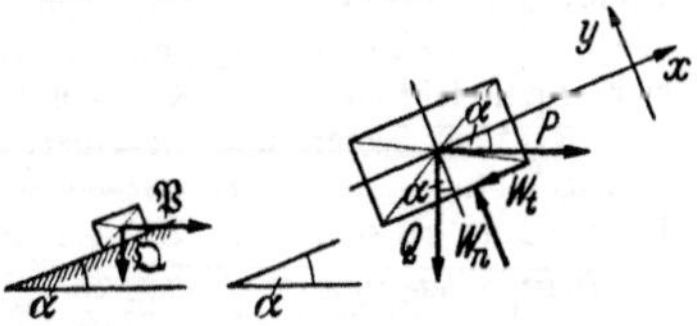

Bild 81

$\delta\delta$) Gesucht waagerechte Kraft $\mathfrak{P}$, die den Körper am Abwärtsgleiten hindert. Gleichgewichtsbedingungen (Bild 82): (1) $\Sigma X = P\cos\alpha + W_{t0} - Q\sin\alpha = 0$;

(2) $\Sigma Y = P \sin\alpha - W_n + Q\cos\alpha = 0$. Ferner $W_{t0} = \mu_0 W_n$ bei voller Ausnutzung der Haftkraft. Durch Zusammenfassen:

$$P = Q(\sin\alpha - \mu_0\cos\alpha)/(\cos\alpha + \mu_0\sin\alpha) = Q\,\mathrm{tg}\,(\alpha - \varrho_0). \tag{30}$$

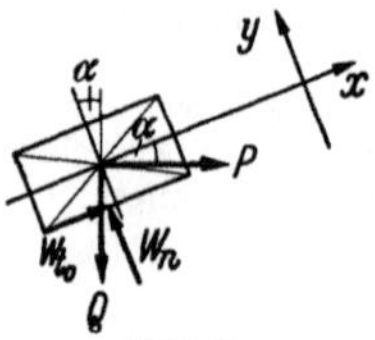

Bild 82

Eine schiefe Ebene ist selbsthemmend, wenn

$$\alpha \leqq \varrho_0. \tag{31}$$

δ) *Keil*, Bild 83a. Gesucht Kraft $\mathfrak{P}$, die das durch $\mathfrak{Q}$ belastete Gleitstück I mit konstanter Geschwindigkeit anhebt. Lösung durch Kombinieren der graphischen und analytischen Verfahren. Zunächst Freimachen der Einzelteile.

Teil I, Bild 83b, legt sich an die linke Führung an, folglich wirkt dort auf Teil I Normalkraft W_{n1} und der Bewegung entgegen Reibkraft $W_{t1} = \mu W_{n1}$. Beide lassen sich zu W_1 zusammensetzen. Richtung von W_1 unter Winkel ϱ_1 zu W_{n1}. Angriffspunkt unbekannt. An der schrägen Unterseite wirkt Normalkraft W_{n2} und Reibkraft W_{t2} nach links unten; sie lassen sich zu W_2 (Winkel ϱ_2) zusammensetzen. Q, W_1 und W_2 stehen im Gleichgewicht; ihr Krafteck muß sich schließen, Bild 83c.

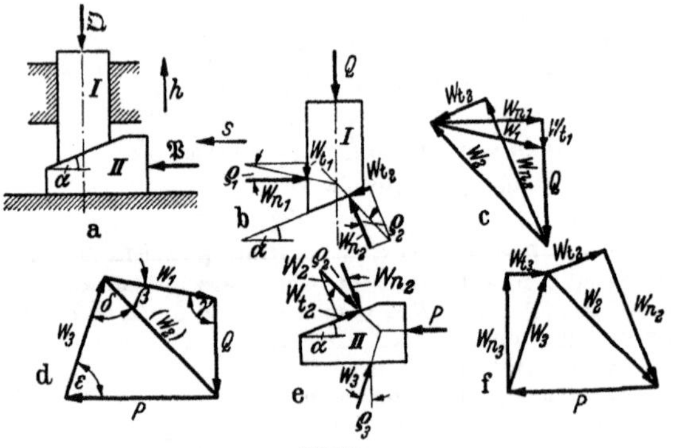

Bild 83

Teil II, Bild 83e. An der schrägen Oberkante wirkt die Reaktionskraft von W_2, somit bekannt nach Größe und Richtung. An der Unterkante wirkt Normalkraft W_{n3} und Reibkraft W_{t3} nach rechts. Ihre Resultierende W_3 steht unter Winkel ϱ_3 zu W_{n3}. Somit bekannt Richtung und Größe von $-W_2$ und die Richtungen von $\mathfrak{P}$ und $\mathfrak{W}_3$. Ihr Krafteck muß sich schließen, Bild 83f. Setzt man Kraftecke von Teil I und II zusammen, erhält man Bild 83d. Betrachtet man die Keilkette in ihrer Gesamtheit, so müssen die Kräfte $\mathfrak{Q}$, $\mathfrak{W}_1$, $\mathfrak{W}_3$ und $\mathfrak{P}$ im Gleichgewicht stehen. Kraft $\mathfrak{W}_2$ und ihre Reaktionskraft $-\mathfrak{W}_2$ sind innere Kräfte, die sich gegenseitig aufheben. Krafteck aus den genannten Kräften schließt sich. Aus dem Krafteck lassen sich die einzelnen Größen entnehmen. Genauer ist es, das Krafteck skizzenmäßig zu entwerfen und mit Hilfe des Sinussatzes die exakten Beziehungen zwischen den Kräften abzuleiten:

$$Q/W_2 = \sin[90° - (\alpha + \varrho_1 + \varrho_2)]/\sin(90° + \varrho_1) = \cos(\alpha + \varrho_1 + \varrho_2)/\cos\varrho_1$$

und

$$P/W_2 = \sin(\alpha + \varrho_3 + \varrho_2)/\sin(90° - \varrho_3) = \sin(\alpha + \varrho_3 + \varrho_2)/\cos\varrho_3.$$

Somit

$$P = Q\sin(\alpha + \varrho_2 + \varrho_3)\cos\varrho_1/[\cos(\alpha + \varrho_1 + \varrho_2)\cos\varrho_3]. \tag{32}$$

Mit $\varrho_1 = \varrho_2 = \varrho_3 = \varrho$ wird

$$P = Q\,\mathrm{tg}\,(\alpha + 2\varrho) \tag{32a}$$

als Eintreibkraft. Betrachtet man P als Kraft zum Festhalten des Keils, so sind die Richtungen der Reibkräfte umzudrehen. In Gl. (32) erhalten die Winkel negative Vorzeichen. Dann ergibt sich

$$P' = Q \sin(\alpha - \varrho_2 - \varrho_3) \cos \varrho_1 / [\cos(\alpha - \varrho_1 - \varrho_2) \cos \varrho_3], \text{ bzw. } P' = Q \operatorname{tg}(\alpha - 2\varrho). \tag{32b}$$

Selbsthemmung, wenn $P' \leqq 0$. Bedingung hierfür $\alpha \leqq \varrho_2 + \varrho_3$ und bei gleichen Reibungswinkeln $\alpha \leqq 2\varrho_0$.

Ist $P' < 0$, d.h. negativ, so muß P' zum Lösen des Keils aufgebracht werden.

Wirkungsgrad beim Heben der Last (Nutzarbeit / aufgewendete Arbeit)

$\eta = Q \cdot h/(P \cdot s)$; mit $h = s \operatorname{tg} \alpha$ (Bild 83) u. $P = Q \operatorname{tg}(\alpha + 2\varrho)$ n. Gl (32a) wird

$$\eta = \operatorname{tg} \alpha / \operatorname{tg}(\alpha + 2\varrho), \tag{33}$$

h Hub des Gleitstückes I und s Weg des Keils II, s. Bild 83a.

ε) *Schraube* (Bewegungsschraube). αα) *Rechteckgewinde*, Bild 84. Gesucht: Drehmoment $M_t = P \cdot l$ zum Heben der Last Q. Gegeben: Außendurchmesser d, Innendurchmesser d_1, Steigung h, Steigungswinkel aus $\operatorname{tg} \alpha = h/2\pi r_m$ mit mittlerem Gewindehalbmesser $r_m = (d + d_1)/4$.

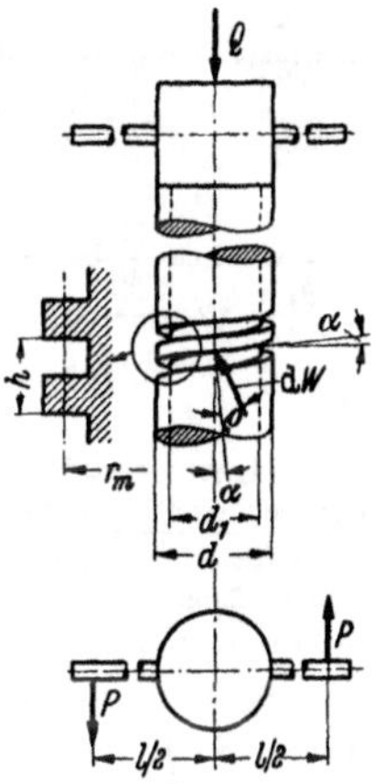

Bild 84

Nimmt man die Last Q auf alle Gewindegänge gleichmäßig verteilt an, so wirkt an jedem tragenden Flächenelement eine Gesamtstützkraft $\mathrm{d}W = \sqrt{\mathrm{d}W_n^2 + \mathrm{d}W_t^2}$ im Abstand r_m von der Achse unter dem Winkel $(\alpha + \varrho)$ zur Achse. Gleichgewichtsbedingungen: (1) $\Sigma Y = Q - \int \mathrm{d}W \cos(\alpha + \varrho) = 0$; hieraus $Q = \cos(\alpha + \varrho) \int \mathrm{d}W$. (2) $\Sigma M = M_t - r_m \sin(\alpha + \varrho) \int \mathrm{d}W = 0$. Aus (1) und (2):

$$M_t = Q r_m \operatorname{tg}(\alpha + \varrho). \tag{34a}$$

Wirkungsgrad der Schraube:

$$\eta = Q h / M_t 2\pi = \operatorname{tg} \alpha / \operatorname{tg}(\alpha + \varrho). \tag{35}$$

Senken der Last verhindert das äußere Moment

$$M_t' = Q r_m \operatorname{tg}(\alpha - \varrho). \tag{34b}$$

Selbsthemmung bei $\alpha \leqq \varrho_0$; dann M_t' negativ oder Null. M_t' muß zum Lösen (Senken) aufgebracht werden, wenn negativ.

ββ) *Dreieck- und Trapezgewinde*, s. Bild 133 u. 134, S. 654 u. 656). Es gelten die Beziehungen für das Rechteckgewinde des vorigen Abschnitts, wenn Reibwinkel ϱ durch ϱ' ersetzt wird ($\operatorname{tg} \varrho' = \mu'$). $\mu' \approx \mu / \cos(\beta/2)$ mit Flankenwinkel β, Bild 85*.

ζ) *Spurlager*, Bild 86. Kennzeichen: Last in Richtung der Drehachse.

In den Flächenelementen der Zapfenstirnfläche wirken die Normalkräfte $\mathrm{d}W_n = p\,\mathrm{d}F$ mit Flächenpressung p und die Reibkräfte $\mathrm{d}W_t = \mu\,\mathrm{d}W_n$. Das Zapfenreibungsmoment ist dann $\int \mathrm{d}W_t y = \int \mu p\,\mathrm{d}F y$. Dieses Integral ist nicht lösbar, weil die Gesetzmäßigkeiten der Druckverteilung und der Reibzahl μ nicht bekannt sind. Die früher aufgestellten Hypothesen über die Druckverteilung haben sich nicht bestätigt.

Analog der Vereinfachung beim Traglager rechnet man daher mit dem Reibmoment

$$M_r = \mu_z P r_m \tag{37}$$

mit empirisch ermittelten Reibwerten μ_z. Der

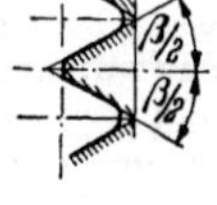

Bild 85

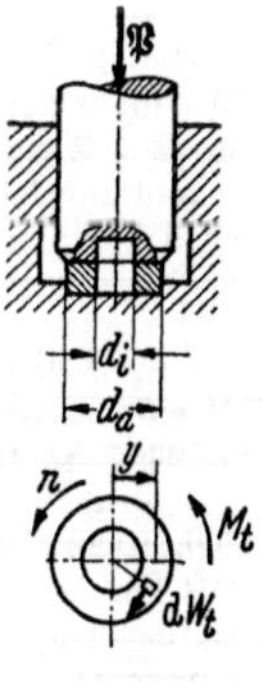

Bild 86

* s. auch Konstruktion Bd. 7 (1955) Nr. 2 S. 54.

wirksame Halbmesser ist $r_m = (d_a + d_i)/4$, weil man in der Regel den Zapfen ausspart, um den bei trockener und gemischter Reibung nach der Achse zu wachsenden Druckanstieg zu vermeiden. Bei Flüssigkeitsreibung dient die Aussparung der Zuführung des Schmiermittels. Reibungsleistung:

$$N_r = M_r \cdot \omega = \mu_z \cdot P \cdot r_m \cdot \pi \cdot n/30 \text{ in mkg/sek} \tag{38}$$

mit r_m in m und Drehzahl n in U/min.

2. Reibung auf Zylinderflächen

a) Preßsitze (s. S. 599 u. 609), Bild 87. Kennzeichen: Allseitige Pressung p zwischen den Mantelflächen der gefügten Teile.

Gesucht das übertragbare Haftmoment $M_H = P \cdot a$.

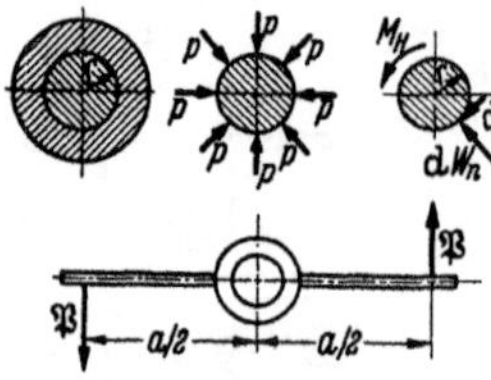

Bild 87

Auf ein Flächenelement dF wirkt die Haftreibung $dW_t = \mu_0 dW_n = \mu_0 p\, dF$. Reibmoment am Flächenelement $dW_t \cdot r = \mu_0 p\, dF \cdot r$. Die Summe aller Reibmomente steht mit dem von außen wirkenden Drehmoment im Gleichgewicht.

Somit $\Sigma M = P \cdot a - \int dW_t \cdot r = 0$; hieraus

$$P \cdot a = \int \mu_0 p \cdot dF \cdot r = \mu_0 p \cdot r \int dF = \mu_0 p \cdot r \cdot \pi 2 r \cdot l = \mu_0 p \cdot 2V \tag{39}$$

mit Volumen V des gefügten Zapfenteils und Fugenlänge l.

Nach DIN 7190 wird statt μ_0 der Haftbeiwert ν als Erfahrungswert in Rechnung gesetzt. Ermittlung der Flächenpressung s. S. 610, c.

b) Querlager, Bild 88. Kennzeichen: Spiel zwischen den gepaarten Teilen. Last senkrecht zur Mantelfläche. Gesucht das Reibmoment.

Mit den Normalkräften d$\mathfrak{W}_n$ und den Reibkräften d$\mathfrak{W}_t$ am Flächenelement dF des Zapfens wird das Zapfenreibmoment $M = \int r \cdot dW_t = \int r \cdot \mu\, dW_n$. Die exakte Lösung dieses Integrals ist nicht möglich, weil die Verteilung der Elementarkräfte d$\mathfrak{W}_n$ auf der Mantelfläche nicht bekannt ist und der Reibwert μ für die verschiedenen Flächenelemente nicht konstant ist. Man setzt daher in grober Annäherung in Anlehnung an das Coulombsche Gesetz das Zapfenreibmoment

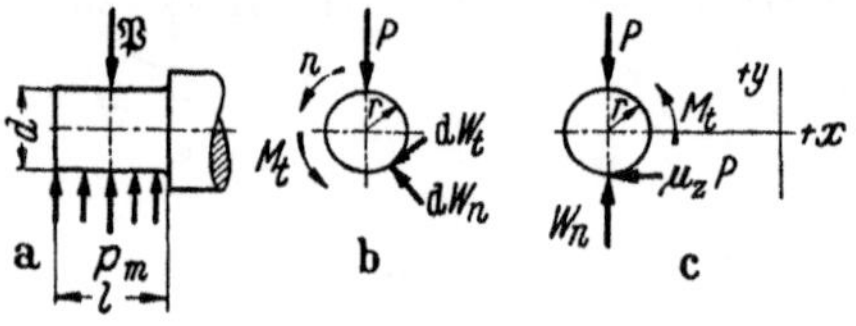

Bild 88

$$M_t = \mu_z P r. \tag{40}$$

Hierin enthält die nur versuchsmäßig bestimmbare Zapfenreibzahl μ_z alle einzeln nicht erfaßbaren Faktoren wie: Drehzahl, mittlere Flächenpressung $p_m = P/ld$, Zähigkeit des Schmiermittels und Bauart des Lagers. Bei Gelenken mit trockener oder gemischter Reibung ist μ_z außerdem von der Werkstoffpaarung abhängig; bei reiner Flüssigkeitsreibung (s. S. 679) entfällt diese Abhängigkeit, weil keine Berührung zwischen Zapfen- und Schalenwerkstoff wegen des trennenden Schmiermittelfilms stattfindet.

Häufig hilft man sich mit einer vereinfachten Darstellung der Kräfteverteilung am Zapfen nach Bild 88c und nimmt in Kauf, daß die Gleichgewichtsbedingung für die x-Richtung nicht erfüllt ist.

Reibungsleistung: $N_r = \mu_z P v$ in mkg/sek (41) mit v als Umfangsgeschwindigkeit des Zapfens.

3. Rollreibung

Zum Rollen eines Rollkörpers (Rolle, Walze, Rad, Kugel) auf ebener Fläche mit konstanter Geschwindigkeit ist zur Überwindung des Rollwiderstandes eine treibende Kraft $\mathfrak{P}$ erforderlich.

a) Bild 89. Last $\mathfrak{Q}$ und treibende Kraft $\mathfrak{P}$ schneiden sich im Mittelpunkt des Rollkörpers. Ihre Resultierende $\mathfrak{R}$ steht im Gleichgewicht mit der Gesamtstützkraft $\mathfrak{W}$. Diese läßt sich zerlegen in Normalkraft $\mathfrak{W}_n$ und Rollwiderstand $\mathfrak{W}_t$. Erforderlicher Abstand f zwischen $\mathfrak{W}_n$ und $\mathfrak{Q}$ wird Hebelarm der rollenden Reibung genannt.

Gleichgewichtsbedingungen:

$$\begin{aligned}&(1)\ \Sigma X = W_t - P = 0;\ P = W_t;\\&(2)\ \Sigma Y = W_n - Q = 0;\ W_n = Q;\\&(3)\ \Sigma M = W_t r - W_n f = 0;\ W_t = f/r \cdot W_n.\end{aligned} \tag{42}$$

Rollreibungsmoment $M_r = P \cdot r = f \cdot W_n$. (43)

Rollwiderstand $\mathfrak{W}_t$ muß kleiner als Haftreibung sein; andernfalls tritt Gleiten ein; folglich

$$W_t < \mu_0 W_n \text{ oder } f/r < \mu_0. \tag{44}$$

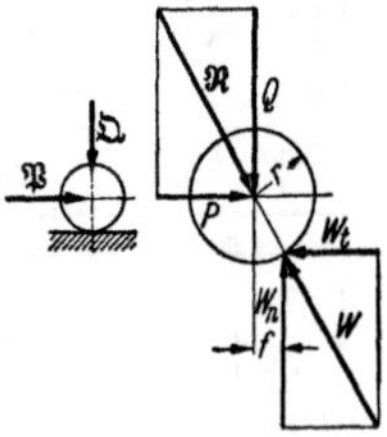

Bild 89

Hebelarm f (abhängig von der elastischen oder plastischen Verformung der Rollkörper und der Rollbahn, also von Werkstoffpaarung, Halbmesser des Rollkörpers, Last und Geschwindigkeit) ist ein reiner Erfahrungswert.

Bei elastischer Verformung von Rollkörper und Rollbahn ist f kleiner als bei plastischer Verformung. Exakte Versuchswerte für f nur spärlich vorhanden:

1. Älterer Richtwert: $f \approx 0{,}05$ cm für Eisenbahnräder. Wegen Fehlens weiterer Werte allgemein für GG, GS oder St auf St benutzt.

2. Gehärtete Stahlkugeln oder -rollen auf gehärteten Stahlringen (Wälzlager): $f = 0{,}0005$ bis 0,001 cm.

3. Neuere Werte: a) nach *Wood* und *Poire*: $f = k\sqrt{r}$ mit $k \approx 0{,}0006$ bis 0,00066 und Halbmesser r in cm. b) nach *Sauter*: Für Eisenbahnräder stark abhängig von der Geschwindigkeit. Von $f = 0{,}048$ cm bei 90 km/h fallend auf $f = 0{,}028$ cm bei 40 km/h.

Faßt man den reinen Rollwiderstand zusammen mit den Reibungswiderständen der Lager, so erhält man den Fahrwiderstand

$$W_{t\,\text{ges}} = f/R \cdot (Q + G) + r/R \cdot \mu_2 Q \tag{45}$$

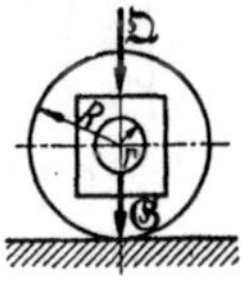

Bild 90

mit den Bezeichnungen nach Bild 90.

Diese Rechnung wird in der Praxis häufig ersetzt durch die in Versuchen ermittelten spezifischen Fahrwiderstandswerte, die den Fahrwiderstand $W_{t\,\text{ges}}$ (gemessen durch Schleppversuche) auf das gesamte Fahrzeuggewicht G_{ges} beziehen.

$w_{t\,\text{ges}} = W_{t\,\text{ges}}/G_{\text{ges}}$ in kg Schlepperkraft/t Fahrzeuggewicht. (46)

Beispiel: Zum Abschleppen eines Fahrzeuges von 4000 kg wird eine Zugkraft von 60 kg benötigt. Somit spezifischer Fahrwiderstand $w_{t\,\text{ges}} = 60$ kg/4 t = 15 kg/t.

b) Bild 91. Treibende Kraft $\mathfrak{P}$ greift an der auf einer Walze ruhenden Last $\mathfrak{Q}$ nach Bild 91a an (Eigengewicht der Walze vernachlässigt). Gleichgewichtsbedingungen für die freigemachte Walze (Bild 91b):

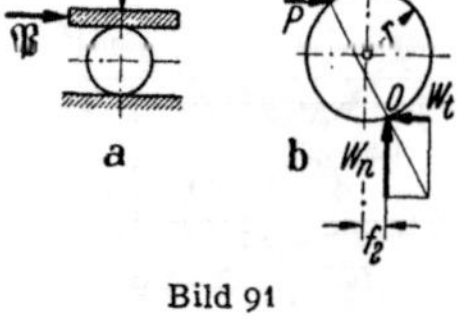

Bild 91

(1) $\Sigma X = P - W_t = 0$; hieraus $P = W_t$.

(2) $\Sigma Y = Q - W_n = 0$; hieraus $W_n = Q$.

(3) $\Sigma M = P \cdot 2r - Q(f_1 + f_2) = 0$ um Drehpunkt O; Abstand d. Kraft P von O rd. $2r$.

Mit gleichem Hebelarm der Rollreibung $f = f_1 = f_2$ folgt:

$$W_t = 2f/2r \cdot W_n = f/r \cdot Q.$$

Rollreibungsmoment:

$$M_r = P \cdot 2r = W_t \cdot 2r = 2f \cdot Q. \tag{47}$$

Leistungsverlust bei Rollreibung: $N_r = P \cdot v$ in mkg/sek mit Geschwindigkeit v für Angriffspunkt der Kraft P.

4. Rollen und Rollenzüge

a) Feste Rolle, Bild 92. *Ohne* Reibung: Aus Gleichgewichtsbedingung $M = P_0 \cdot r - Q \cdot r = 0$ folgt Kraft P_0 = Last Q. Lastweg h = Kraftweg s.

Mit Reibung: Reibungswiderstände bestehen aus Lagerreibung und Biegewiderstand des Seiles. Ermittlung exakt nicht möglich. Die zum Heben der Last Q erforderliche Kraft P ist infolge der Reibungswiderstände größer als P_0 bei Reibungsfreiheit. Man bezeichnet $\eta_f = Q \cdot h/(P \cdot s) = P_0/P$ als Wirkungsgrad der festen Rolle. $\eta_f \approx 0{,}95$.

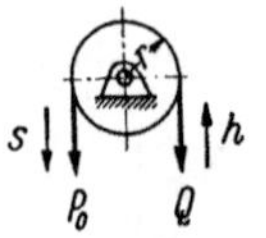

Bild 92

b) Lose Rolle (Übersetzungsrolle), Bild 93. *Ohne* Reibung: Aus Gleichgewichtsbedingung $M = Q \cdot r - P_0 \cdot 2r = 0$ folgt $P_0 = Q/2$. Lastweg $h = {}^1/_2 \cdot$ Kraftweg s.

Mit Reibung: Es läßt sich rechnerisch nachweisen, daß der Wirkungsgrad der losen Rolle etwas größer ist als der der festen. Praktisch rechnet man jedoch in beiden Fällen mit $\eta \approx 0{,}95$.

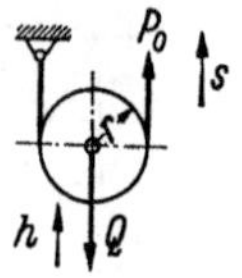

Bild 93

c) Rollenzüge, Bild 94. Übersetzungsverhältnis i = Kraftweg/Lastweg ist gleich der Anzahl der tragenden Seilstränge n am losen Rollensystem, $i = n$. Im Bild erkennt man $n = 4$ tragende Stränge für das freigemachte untere Rollensystem.

Um den Wirkungsgrad des Rollenzuges zu ermitteln, setzt man die Gleichgewichtsbedingungen für die freigemachte untere Flasche (Rollensystem) an: $\Sigma Y = Q - (\eta P + \eta^2 P + \eta^3 P + \eta^4 P) = 0$ bei gleichem η je Rolle. Hieraus $Q = P(\eta + \eta^2 + \eta^3 + \eta^4) = P\eta(1 - \eta^4)/(1 - \eta)$ unter Anwendung der Reihenentwicklung nach S. 56. Bei n tragenden Seilsträngen:

$$Q = P\eta(1 - \eta^n)/(1 - \eta). \tag{48}$$

Wirkungsgrad η_{ges} = Nutzarbeit/Arbeitsaufwand $= Q \cdot h/P\, s$. $s/h = n$ mit Lastweg h und Kraftweg s. Somit

$$\eta_{ges} = Q \cdot h/P\, n\, h = Q/P\, n = \eta(1 - \eta^n)/(1 - \eta)\, n. \tag{49}$$

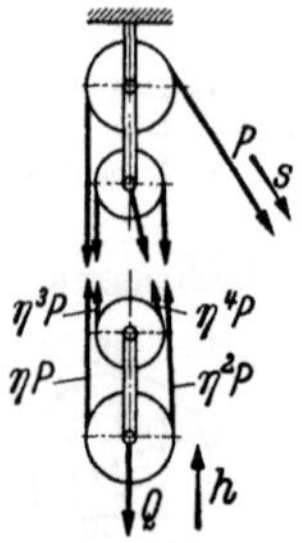

Bild 94

5. Umschlingungsreibung

An dem um die Scheibe (Bild 95 a) gelegten völlig biegsamen Zugmittel (Seil, Band, Riemen) wirkt nach rechts die Kraft $\mathfrak{S}_1$. Am anderen Ende des Zugmittels wirkende Gegenkraft $\mathfrak{S}_2$ ist im Gleichgewichtsfall um die zwischen Scheibe und Zugmittel wirkende Reibkraft $\mathfrak{W}_t$ kleiner.

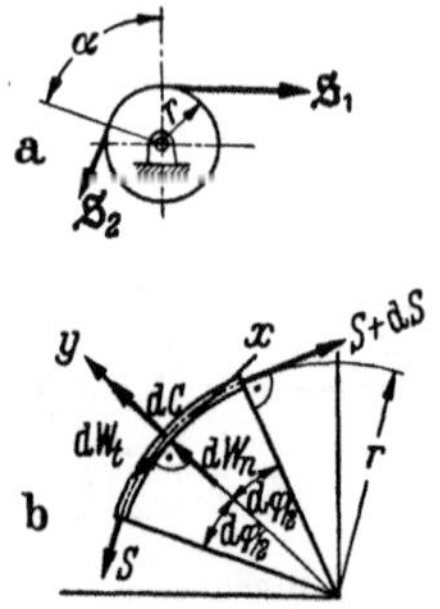

Bild 95

Zu unterscheiden: 1. Gleitreibung a) Gleiten des Zugmittels über stehende Scheibe (Schiffspoller); b) Gleiten der Scheibe über stehendes Zugmittel (Bandbremse).

2. Haftreibung: Ruhe zwischen Scheibe und Zugmittel (Bandbremse im Stillstand als Haltebremse; Riementrieb, wenn vom Dehnungsschlupf abgesehen wird).

Gleichgewichtsbedingungen für das freigemachte Zugmittelelement nach Bild 95 b ergeben Beziehungen zwischen Seilkräften $\mathfrak{S}$, Reibkraft $d\mathfrak{W}_t$, Normalkraft $d\mathfrak{W}_n$ und Fliehkraft $d\mathfrak{C}$ am bewegten Zugmittel (Gewicht und Biegewiderstand vernachlässigt):

(1) $\Sigma X = (S + dS)\cos d\varphi/2 - S \cos d\varphi/2 - dW_t = 0$

(2) $\Sigma Y = dW_n + dC - (S + dS)\sin d\varphi/2 - S \sin d\varphi/2 = 0$.

Für kleine Winkel $d\varphi/2$: $\cos d\varphi/2 \to 1$; $\sin d\varphi/2 \to d\varphi/2$.

Die Zentrifugalkraft dC erhält man mit Seilgewicht q in kg/m und Bandgeschwindigkeit v in m/sek zu $\mathrm{d}C = \mathrm{d}m \cdot v^2/r = q \cdot r \cdot \mathrm{d}\varphi \cdot v^2/(g \cdot r) = qv^2 \cdot \mathrm{d}\varphi/g$ (s. Fliehkraft S. 238).

Aus (1): $\mathrm{d}S = \mathrm{d}W_t$.

Aus (2): $\mathrm{d}W_n = 2S \cdot \mathrm{d}\varphi/2 - \mathrm{d}C = (S - qv^2/g)\,\mathrm{d}\varphi = S' \cdot \mathrm{d}\varphi$

mit $S - qv^2/g = S'$. Letzterer Ausdruck differentiiert ergibt $\mathrm{d}S = \mathrm{d}S'$, weil $qv^2/g =$ konst. Man bezeichnet S als volle Spannkraft, S' als freie Spannkraft. Aus (1), (2) und Coulombschem Gesetz $\mathrm{d}W_t = \mu\,\mathrm{d}W_n$ folgt mit diesen Werten:

$$\mathrm{d}S'/S' = \mu \cdot \mathrm{d}\varphi.$$

Somit: $\ln S_1' - \ln S_2' = \mu \operatorname{arc} \alpha$ bzw.

$$S' = S_2' \cdot \mathrm{e}^{\mu\alpha} \text{ Gesetz der Seilreibung.} \tag{50a}$$

Bei Vernachlässigung der Zentrifugalkraft oder bei ruhendem Zugmittel ergibt sich mit $S' = S$

$$S_1 = S_2 \cdot \mathrm{e}^{\mu\alpha}. \text{ Werte } \mathrm{e}^{\mu\alpha} \text{ s. Tafel F, S. 32.} \tag{50b}$$

Der Halbmesser der Scheibe hat auf die Größe der Reibkraft keinen Einfluß.

Beispiel: Mit Hilfe eines dreifach umschlungenen Spillkopfes soll an einem Drahtseil eine Zugkraft $S_1 = 100$ kg aufgebracht werden. Mit welcher Handkraft S_2 muß das Seil gezogen werden? Welche Umfangskraft am Spillkopf muß der Antriebsmotor aufbringen? $\mu_0 = 0{,}12$ gewählt.

$\alpha = 3 \cdot 2\pi = 6\pi$; $\mu\alpha = 0{,}12 \cdot 6\pi = 2{,}26 \approx 2{,}3$. $\mathrm{e}^{2,3} = 9{,}97$ nach Tafel F, S. 32. Somit Handkraft $S_2 = S_1/\mathrm{e}^{\mu\alpha} = 10$ kg. Umfangskraft am Spillkopf: $P = S_1 - S_2 = 90$ kg. Beachte den Einfluß der unsicheren Reibungswerte; bei $\mu_0 = 0{,}15$ (+25% gegenüber 0,12) wäre nur eine Handkraft von rd. 6 kg (−40% gegenüber 10 kg) erforderlich.

II. Dynamik

Bearbeitet von Prof. Dr.-Ing. **W. Meyer zur Capellen**, Aachen

Literatur: 1. *Wittenbauer, F.:* Graphische Dynamik. Berlin: Springer 1923. — 2. *Beyer, R.:* Technische Kinematik. Leipzig: J. A. Barth 1931. — 3. *Pöschl, Th.:* Einführung in die ebene Getriebelehre. Berlin: Springer 1932. — 4. *Föppl, A.:* Technische Mechanik. Bd. VI. Die wichtigsten Lehren der höheren Dynamik. München: Oldenbourg 1944 — 5. *Franke, R.:* Vom Aufbau der Getriebe. Düsseldorf: VDI-Verlag. Bd. I. 3. Aufl. 1958; Bd. II, 1951. — 6. *Pöschl, Th.:* Lehrbuch der Technischen Mechanik. Bd. I. Statik und Dynamik. 3. Aufl. Berlin: Springer 1949. — 7. *Rödel, H.:* Dynamik. Braunschweig: Westermann 1949. — 8. *Grammel, R:* Der Kreisel 2. Aufl., Bd. I u. II. Berlin: Springer 1950. — 9. *Rauh, K.:* Praktische Getriebelehre. 2. Aufl. Berlin: Springer. Bd. I: Die Viergelenkkette, 1951; Bd. II: Die Keilkette, 1954. — 10. *Biezeno, L.*, u. *R. Grammel:* Technische Dynamik. 2. Aufl. Berlin: Springer 1953. — 11. *Szabó, I.:* Einführung in die Technische Mechanik. 4. Aufl. Berlin: Springer 1959. — 12. *Szabó, I.:* Höhere Technische Mechanik. 2. Aufl. Berlin: Springer 1958. — 13. *Beyer, R.:* Kinematische Getriebesynthese. Berlin: Springer 1953. — 14. Ders.: Kinematisch-getriebetechnisches Praktikum. Berlin: Springer 1958. — Literatur betr. Schwingungen s. gesondert S. 266.

A. Bewegungslehre (Kinematik)

Eine Bewegung heißt *absolut*, wenn sie auf eine ruhende Umgebung bezogen wird, sie heißt *relativ*, wenn die Umgebung sich selbst in Bewegung befindet.

1. Geradlinige Bewegung des Massenpunktes

a) Bei der **gleichförmigen Bewegung** legt der bewegte Punkt in gleichen Zeiten gleiche Wege zurück. Seine Geschwindigkeit v, d. h. der in der Zeiteinheit zurückgelegte Weg, ist unveränderlich. Der Weg s ist der Vektor vom Anfangspunkt der Bewegung bis zur Lage zur Zeit t. Es gilt dann

$$v = \text{Weg/Zeit} = s/t \text{ m/sek}; \qquad s = vt \text{ m}.$$

Jede physikalische Größe hat eine Dimension, die auf Grundeinheiten, z. B. kg, m, sek aufgebaut ist (vgl. S. 243).

Im Weg-Zeit-Bild ist s durch die Gerade $s = vt$ dargestellt, Bild 1a; ihre Steigung tg α ist (entsprechend dem Maßstab) proportional der Geschwindigkeit v.

Bei der zeichnerischen Darstellung wird die darzustellende Größe in bestimmtem *Maßstab* aufgetragen. Man drücke diesen immer so aus, daß man die Bedeutung von 1 cm der Zeichnung angibt, also:

$$1\ \text{cm} \triangleq m_t\ \text{sek}; \quad 1\ \text{cm} \triangleq m_s\ \text{m}; \quad 1\ \text{cm} \triangleq m_v\ \text{m/sek} \quad \text{usw.}$$

Mit diesen Werten folgt z. B. aus Bild 1a, daß $v = \operatorname{tg}\alpha \cdot m_s/m_t$ ist.

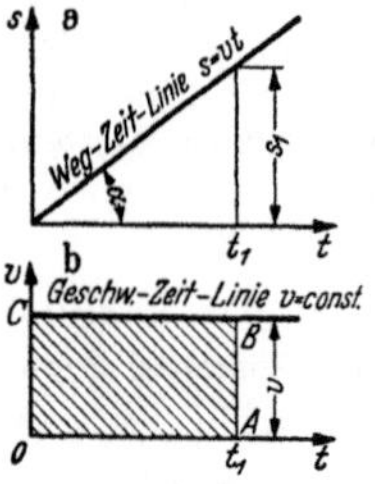

Bild 1

Im Geschwindigkeit-Zeit-Bild wird v durch eine zur Zeitachse parallele Gerade dargestellt, Bild 1b, und der bis zur Zeit t_1 zurückgelegte Weg s_1 ist proportional der schraffierten Fläche $OABC$.

Mit den Maßstabfaktoren ist dann $1\ \text{cm}^2 \triangleq m_v\, m_t$ m.

b) Bei der **ungleichförmigen Bewegung** ändert sich die Geschwindigkeit mit der Zeit. Die Änderung der Geschwindigkeit in der Zeiteinheit heißt Beschleunigung.

α) Bei der *gleichmäßig beschleunigten* Bewegung ist die Beschleunigung b unveränderlich, und es gilt

$$b = \frac{v_2 - v_1}{t_2 - t_1} = \frac{\text{Geschwindigkeitsänderung}}{\text{Zeitänderung}}\ \text{m/sek}^2.$$

Ist v_0 die Anfangsgeschwindigkeit, so folgt für Geschwindigkeit v und Weg s

$$v = v_0 + bt; \qquad s = v_0 t + bt^2/2 = (v_0 + v)\, t/2.$$

Ist die Geschwindigkeit positiv und nimmt sie ab, so spricht man auch wohl von *verzögerter* Bewegung. Ein negatives Vorzeichen von v oder b deutet an, daß v oder b entgegengesetzt gerichtet sind der positiven Richtung von s.

Das Geschwindigkeits-Zeit-Bild ist eine Gerade (Bild 2b für $b > 0$, Bild 3b für $b < 0$), und ihre Steigung $\operatorname{tg}\alpha_2$ ist proportional der Beschleunigung b. Das Weg-Zeit-Bild (Bild 2a u. 3a) ist eine Parabel. Die veränderliche Steigung $\operatorname{tg}\alpha_1$ der Parabel ist proportional der Geschwindigkeit v.

Ist die *Anfangsgeschwindigkeit* v_0 *gleich null*, so gilt

$$s = bt^2/2 = vt/2 = v^2/2b; \quad v = bt = \sqrt{2bs}; \quad b = v^2/2s = v/t; \quad t = v/b = \sqrt{2s/b}.$$

Die *mittlere* Geschwindigkeit v_m ist diejenige konstante Geschwindigkeit, mit der der Punkt in der gleichen Zeit den zurückgelegten Weg durchlaufen würde:

$$s = v_m t; \qquad v_m = (v_0 + v)/2.$$

Beispiele: 1. *Freier Fall.* Die Beschleunigung des freien Falls oder die Fallbeschleunigung im luftleeren Raum ist in Deutschland im Mittel $g = 9{,}81\ \text{m/sek}^2$ (genauer Wert s. S. 243). Mit $v_0 = 0$ wird die durchfallene Höhe

$$h = g t^2/2 = v^2/2g;$$

ferner wird $v = g t = \sqrt{2gh}; \quad t = v/g = \sqrt{2h/g}.$

2. *Senkrechter Wurf nach oben.* Die Beschleunigung ist negativ (Bild 3b), und zwar gleich $-g$. Daher wird $v = v_0 - g t$; Steigzeit $T = v_0/g$; $s = v_0 t - g t^2/2$; Steighöhe $H = v_0^2/2g$.

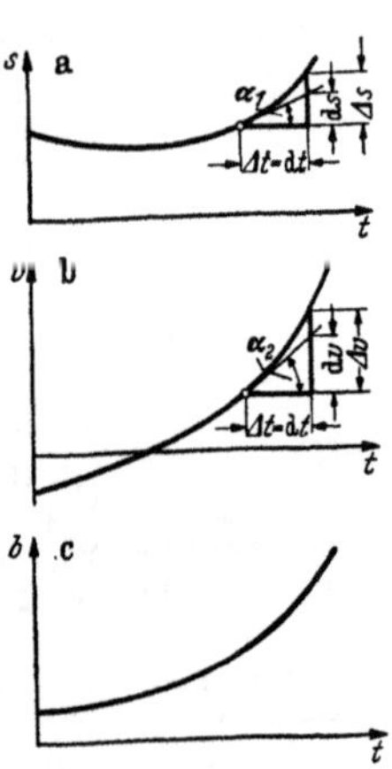

Bild 4. Ungleichmäßig beschleunigte Bewegung

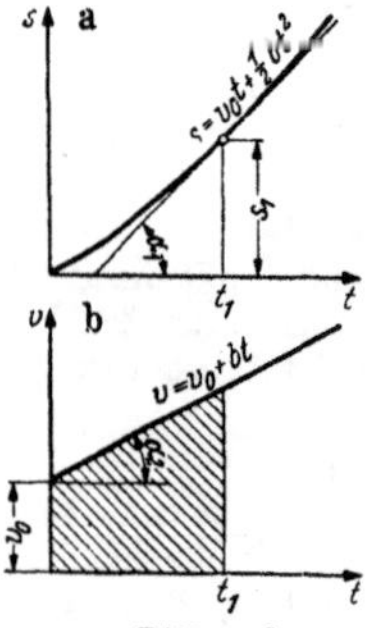

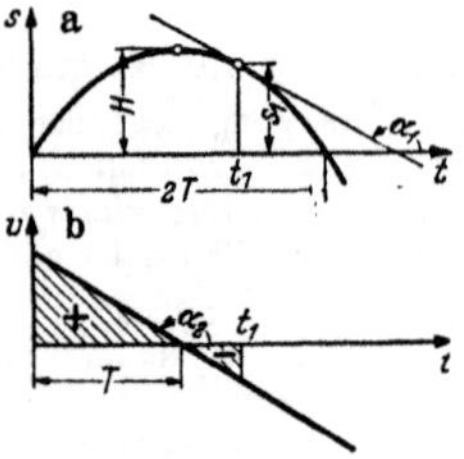

Bild 2: $b > 0$; Bild 3: $b < 0$
Gleichmäßig beschleunigte Bewegung

β) Bei der *ungleichmäßig beschleunigten* Bewegung (Bild 4) ist

$$v = \lim_{\Delta t \to 0} \frac{\Delta s}{\Delta t} = \frac{ds}{dt} = \dot{s}\,*; \qquad b = \lim_{\Delta t \to 0} \frac{\Delta v}{\Delta t} = \frac{dv}{dt} = \dot{v} = \frac{d^2 s}{dt^2} = \ddot{s}$$

(S. 75) und $v = \int b\,dt$, $s = \int v\,dt$.

s ist dabei wieder der Vektor vom Ausgangspunkt bis zur Lage für die Zeit t (nicht mit der Länge der durchlaufenen Bahn zu verwechseln).

Die *mittlere* Geschwindigkeit v_m zwischen zwei Zeitpunkten ist

$$v_m = \left(\int_{t_1}^{t_2} v\,dt\right) \Big/ (t_2 - t_1)$$

und stellt die Höhe des Rechtecks über der Strecke $t_1 t_2$ dar, das der schraffierten Fläche (Bild 5) inhaltsgleich ist (mittlere Höhe, s. S. 80).

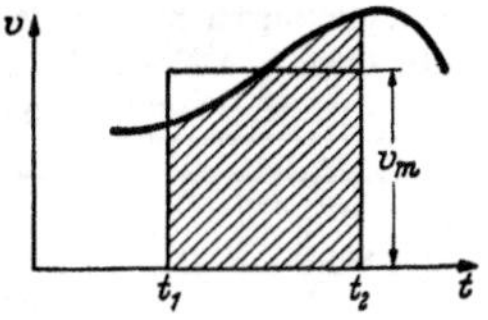

Bild 5

Beispiel: Für $s = a \sin \omega t$ wird $v = \dot{s} = a\,\omega \cos \omega t$; $b = \dot{v} = \ddot{s} = -a\,\omega^2 \sin \omega t = -\,\omega^2 s$. (S. ferner Beisp. 1, S. 78 u. Beisp. 1, S. 80).

c) Graphische Verfahren. α) Die *Weg-Zeit-Kurve* liefert die v, t- bzw. die b, t-Kurve als ihre erste bzw. zweite Differentialkurve (S. 77). Bei vorgezeichneter s, t-Kurve ist das zeichnerische Differentiieren (S. 186) anzuwenden:

Zieht man in dem Punkt A der s,t-Kurve (Bild 6) die Tangente, verschiebt sie in den Pol P auf der negativen Zeitachse, so schneidet sie auf der Wegachse die Strecke $0\,1' = v$ maßstäblich aus. Die Senkrechte durch A und die Waagerechte durch $1'$ treffen sich im gesuchten Punkt A' der v,t-Kurve. Wiederholung für andere Punkte liefert das v,t-Bild. In gleicher Weise liefern die (gestrichelten) Tangenten der v,t-Kurve die b,t-Kurve.

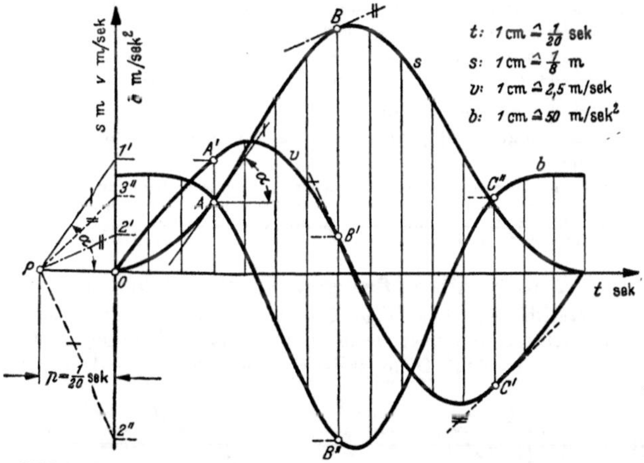

Bild 6. Graphische Ermittlung der Geschwindigkeit und Beschleunigung

Ist der Polabstand $PO \triangleq p$ sek, und bedeutet auf der s-Achse 1 cm $\triangleq m_s$ m, so gilt für die v-Achse der Maßstab 1 cm $\triangleq m_v \triangleq m_s/p$ m/sek. Für die Beschleunigung gilt ebenso 1 cm $\triangleq m_b \triangleq m_v/p$ m/sek². Im Beispiel (Bild 6) ist $p = 1/20$ sek, woraus die angegebenen Maßstäbe folgen. Geeignete Wahl von p vermeidet einen zu steilen oder zu flachen Verlauf der Kurven und auch ein Überschreiten der Zeichenfläche.

* Die Ableitungen nach der Zeit werden durch Punkte angedeutet (S. 75).

β) Da die v,t- und s,t-Kurven bzw. die erste und zweite *Integralkurve* (S. 89) der b,t-Kurve sind, können durch rechnerische oder graphische Integration (S. 185) das v,t- und das s,t-Bild gewonnen werden.

Für die *Maßstäbe* gilt dann: Ist $OP \triangleq p$ sek und bedeutet auf der b-Achse 1 cm $\triangleq m_b$ m/sek², so gilt für die v-Achse der Maßstab 1 cm $\triangleq m_v \triangleq p\, m_b$ m/sek. Entsprechend gilt für die s-Achse 1 cm $\triangleq m_s \triangleq p\, m_v$ m.

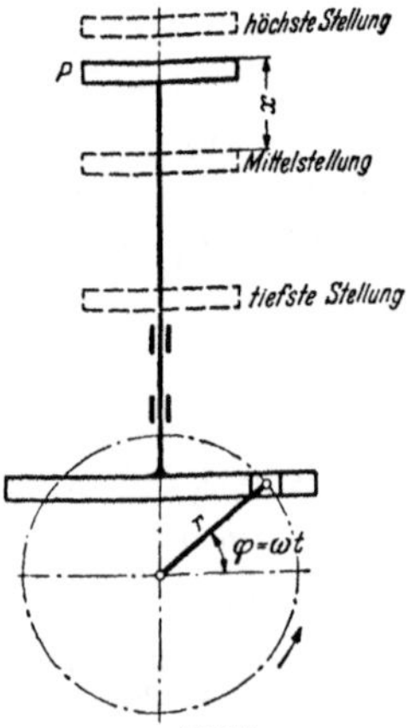

Bild 8
Zur harmonischen Schwingung

γ) Im *Geschwindigkeit-Weg-Bild* (Bild 7) erscheint die *Beschleunigung* als Subnormale (S. 117), da

$$b = \mathrm{d}v/\mathrm{d}t = \mathrm{d}v/\mathrm{d}s \cdot \mathrm{d}s/\mathrm{d}t = v\,\mathrm{d}v/\mathrm{d}s = v \operatorname{tg}\alpha,$$

und kann durch zeichnerische Ermittlung der Tangente bzw. der Normale gefunden werden (S. 186).

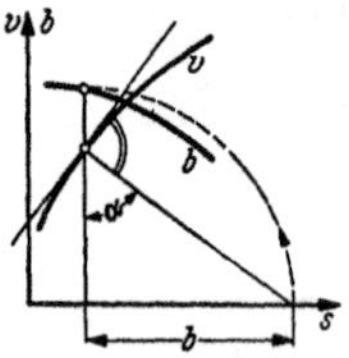

Bild 7. Beschleunigung als Subnormale

Bedeutet auf der v-Achse 1 cm $\triangleq m_v$ m sek und auf der s-Achse 1 cm $\triangleq m_s$m, so gilt für die Beschleunigung b der Maßstab 1 cm $\triangleq m_b \triangleq m_v^2/m_s$ m sek².

d) Sonderfall: Harmonische Schwingung. Dreht sich die Kurbel r der Kreuzschleife (Bild 8) mit konstanter Winkelgeschwindigkeit ω (S. 230), so ist die Auslenkung des Schiebers aus seiner Mittellage gegeben durch $x = r \sin\varphi$ (S. 143) oder mit $\varphi = \omega t$ durch das Gesetz der harmonischen Schwingung

$$x = r \sin \omega t.$$

Die größte Auslenkung r heißt *Amplitude* oder Schwingungsweite. Die *Schwingungsdauer* oder Periode $T = 2\pi/\omega$ sek ist die Zeit für einen Hin- und Hergang. Ihr Reziprokwert $f = 1/T = \omega/2\pi$ sek^{-1} ist die Frequenz oder *Schwingungszahl* in der Sekunde und wird durch „Hz" (Hertz) ausgedrückt. $\omega = 2\pi/T$ heißt die *Kreisfrequenz.* Für Geschwindigkeit und Beschleunigung folgen

$$v = \dot{x} = r\omega \cos\omega t \quad \text{und} \quad b = \ddot{x} = -r\omega^2 \sin\omega t = -\omega^2 x,$$

d. h. die Beschleunigung ist proportional der Auslenkung x und ihr entgegengesetzt gerichtet.

Beispiel: Ein an einer Feder hängender Körper schwingt in der Sekunde 25 mal auf und ab. Die Entfernung zwischen den äußersten Lagen ist 0,8 cm. Dann ist $r = 0{,}4$ cm; $T = {}^1/_{25}$ sek; $\omega = 50\pi$; $s = 0{,}4 \sin 50\pi t$ und die größte Beschleunigung $b_{\max} = (50\pi)^2 \cdot 0{,}4 = 9869{,}6$ cm/sek² $\approx 98{,}70$ m/sek².

2. Krummlinige Bewegung des Massenpunktes

a) Grundbegriffe. Die Lage eines Punktes auf der von ihm beschriebenen Bahn kann durch den von einem festen Punkt O aus (Bild 9) gezogenen Vektor $\overline{OP} = \mathfrak{r}$ angegeben werden[1]. Dann ist die Geschwindigkeit $\mathfrak{v} = \mathrm{d}\mathfrak{r}/\mathrm{d}t$ ein Vektor

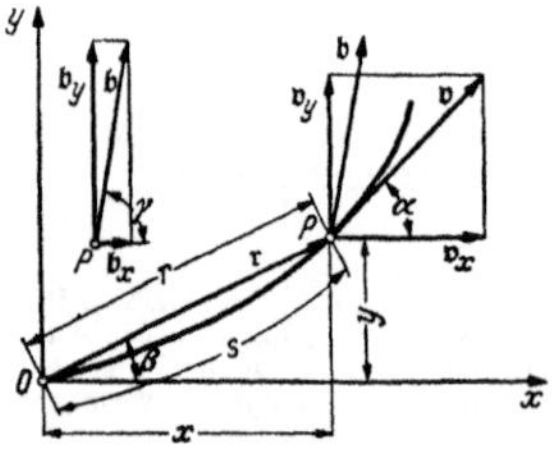
Bild 9

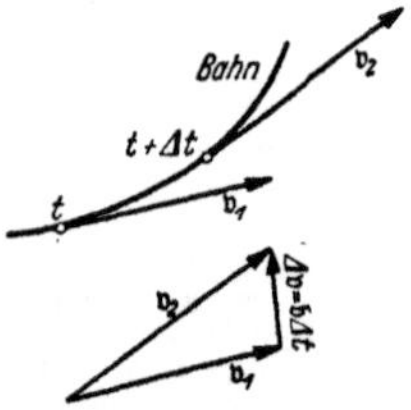

Bild 10

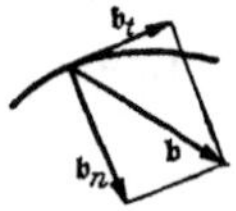
Bild 11

[1] Für die Darstellungen der Vektoren vgl. Vektorrechnung S. 149.

in Richtung der Bahntangente (Bild 9, 10). Ist hierbei $s_{1,2}$ die Länge des in der Zeit $t_2 - t_1$ zurückgelegten Weges, so ist die mittlere Geschwindigkeit $v_m = s_{1,2}/(t_2 - t_1)$.

Jede krummlinige Bewegung ist beschleunigt, da die Geschwindigkeit in ihrer Richtung geändert wird. Die Beschleunigung ist immer nach der konkaven Seite der Bahn gerichtet: Trägt man die Geschwindigkeit zweier Bahnpunkte (ebene Bewegung) von einem Punkt aus auf (Hodograph, Bild 10), so ist der Geschwindigkeitszuwachs in der Zeit Δt gleich $\Delta \mathfrak{v}$ und damit die Beschleunigung

$$\mathfrak{b} = \lim_{\Delta t \to 0} \Delta \mathfrak{v}/\Delta t = \mathrm{d}\mathfrak{v}/\mathrm{d}t.$$

$\mathfrak{b}$ fällt *nicht* in die Richtung von $\mathfrak{v}$ (*Ausnahmen* s. b).

b) Natürliche Komponenten der Beschleunigung erhält man, wenn man diese in Richtung der Tangente bzw. der Normale zerlegt (Bild 11). Es folgt

die Tangentialbeschleunigung $b_t = \mathrm{d}v/\mathrm{d}t$ und

die nach der konkaven Seite gerichtete Normalbeschleunigung $b_n = v^2/\varrho$,

worin ϱ der Krümmungsradius (S. 118). Auf der Geraden und im Wendepunkt einer Bahn ist $\varrho = \infty$, daher wird $b_n = 0$, und $\mathfrak{b}$ fällt in die Richtung von $\mathfrak{v}$.

c) Bei **rechtwinkligen Koordinaten** mit O als Anfangspunkt der Bewegung (Bild 9) ist die Länge des auf der Bahn in der Zeit t zurückgelegten Weges s durch $s = \int \mathrm{d}s = \int_0^t \sqrt{\dot{x}^2 + \dot{y}^2}\,\mathrm{d}t$ (S. 87) gegeben. Der die Lage von P bestimmende Radiusvektor $\mathfrak{r}$ hat die Komponenten $x = r\cos\beta$ und $y = r\sin\beta$.

Für die *Komponenten* von Geschwindigkeit und Beschleunigung in Richtung der Achsen folgt dann (Bild 9)

$$v_x = v\cos\alpha = \dot{x}; \quad v_y = v\sin\alpha = \dot{y}; \quad v^2 = v_x^2 + v_y^2; \quad \mathrm{tg}\,\alpha = v_y/v_x.$$
$$b_x = b\cos\gamma = \ddot{x}; \quad b_y = b\sin\gamma = \ddot{y}; \quad b^2 = b_x^2 + b_y^2; \quad \mathrm{tg}\,\gamma = b_y/b_x.$$

Eine *gleichförmige*, daher auch geradlinige Bewegung ($b = 0$) liefert gleichförmige Komponenten. Bei ungleichförmiger Bewegung ist mindestens eine Seitenbewegung ungleichförmig.

Für *geradlinige* Bewegung gilt, wenn O Anfangspunkt der Bewegung:

$$\alpha = \beta = \gamma = \text{const.} \quad \text{und} \quad y/x = v_y/v_x = b_y/b_x = \mathrm{tg}\,\alpha = \text{const.}$$

Durch *Zusammensetzen* der Komponenten oder der Seitenbewegungen folgen mit $\mathrm{d}\mathfrak{s}$ als Wegelement die geometrischen oder vektoriellen Summen

$$\mathrm{d}\mathfrak{s} = \mathrm{d}\mathfrak{x} + \mathrm{d}\mathfrak{y}; \quad \mathfrak{v} = \mathfrak{v}_x + \mathfrak{v}_y; \quad \mathfrak{b} = \mathfrak{b}_x + \mathfrak{b}_y.$$

Diese Beziehungen gelten auch für Zerlegung in beliebigen Richtungen; z. B. wird $\mathfrak{v} = \mathfrak{v}_1 + \mathfrak{v}_2$ (Bild 12) und entsprechend $\mathfrak{b} = \mathfrak{b}_1 + \mathfrak{b}_2$.

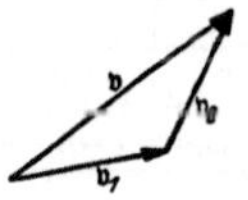

Bild 12

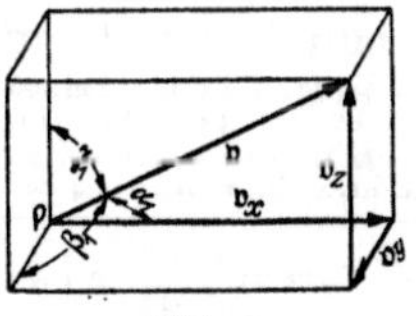

Bild 13
Räumliche Bewegung

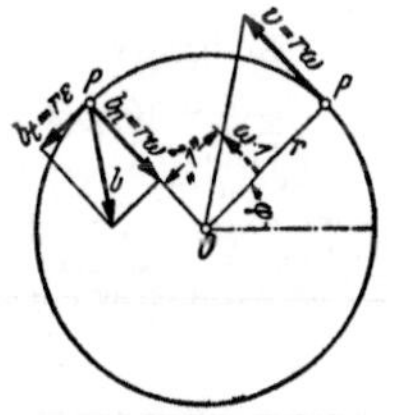

Bild 14. Kreisbewegung

d) Bei **räumlicher Bewegung,** wenn also die Bahn nicht in der x,y-Ebene liegt oder überhaupt nicht eben ist, ist die Lage des Bahnpunktes P gegeben durch den Radiusvektor $\mathfrak{r} = \overline{OP}$ (Bild 142, Math. S. 147) mit den räumlichen Koordinaten $x = r\cos\alpha$, $y = r\cos\beta$, $z = r\cos\gamma$ als Komponenten, so daß

$r^2 = x^2 + y^2 + z^2$. Für die *Komponenten* von Geschwindigkeit und Beschleunigung (Bild 13) folgt entsprechend

$$v_x = v\cos\alpha_1 = \dot{x}; \quad b_x = b\cos\alpha_2 = \ddot{x}; \quad v^2 = v_x^2 + v_y^2 + v_z^2;$$
$$v_y = v\cos\beta_1 = \dot{y}; \quad b_y = b\cos\beta_2 = \ddot{y}; \quad b^2 = b_x^2 + b_y^2 + b_z^2.$$
$$v_z = v\cos\gamma_1 = \dot{z}; \quad b_z = b\cos\gamma_2 = \ddot{z};$$

Mit vektorieller Darstellung gilt $\mathfrak{v} = \mathfrak{v}_x + \mathfrak{v}_y + \mathfrak{v}_z$; $\mathfrak{b} = \mathfrak{b}_x + \mathfrak{b}_y + \mathfrak{b}_z$, auch wenn die Richtungen der Seitenbewegungen nicht aufeinander senkrecht stehen.

Für *gerade* Bahn bleiben die Winkel $\alpha_1 = \alpha_2$, $\beta_1 = \beta_2$ und $\gamma_1 = \gamma_2$ konstant, und wenn die Bahn durch den Ursprung O geht, auch die Winkel $\alpha = \alpha_1 = \alpha_2$, $\beta = \beta_1 = \beta_2$ und $\gamma = \gamma_1 = \gamma_2$. Die Gleichung der Bahn ist durch die Gleichungen einer Geraden im Raum (vgl. Math. S. 147) gegeben.

e) Kreisbewegung. α) Bewegt sich ein Punkt P auf einem Kreis vom Radius r (Bild 14), so dreht sich der Fahrstrahl OP um den Winkel φ, und der zurückgelegte Weg ist der Bogen $r\varphi$ (φ im Bogenmaß).

β) Die *Winkelgeschwindigkeit* beträgt $\omega = d\varphi/dt = \dot{\varphi}\,\text{sek}^{-1}$ und entspricht zahlenmäßig auch der Geschwindigkeit eines Punktes im Abstand „Eins" vom Drehpunkt. Der vom Fahrstrahl überstrichene Winkel ist $\varphi = \int \omega dt$.

γ) Die *Geschwindigkeit* des Punktes P ist demnach

$$v = r\omega, \quad \text{so daß auch} \quad \omega = v/r.$$

δ) Die Änderung der Winkelgeschwindigkeit in der Zeiteinheit heißt *Winkelbeschleunigung*

$$\varepsilon = \dot{\omega} = \ddot{\varphi}\,\text{sek}^{-2}.$$

Für konstante Winkelbeschleunigung ist daher $\omega = \omega_0 + \int \varepsilon\, dt = \omega_0 + \varepsilon t$ und bei konstanter Winkelgeschwindigkeit $\varphi = \omega t$.

ε) Die *Beschleunigung* b des Punktes P (Bild 14) hat als Komponenten
die *Normal-(Zentripetal-)Beschleunigung* $b_n = v^2/r = r\omega^2 = v\omega$ und
die *Tangentialbeschleunigung* $b_t = r\varepsilon = r\dot{\omega} = r\ddot{\varphi}$,
so daß $b^2 = b_n^2 + b_t^2$.

Danach kann bei beliebiger ebener und krummliniger Bewegung (S. 228) mit ϱ als Krümmungsradius auch geschrieben werden $b_n = \varrho\omega^2 = v\omega$ und $b_t = \varrho\varepsilon = \varrho\dot{\omega} = \varrho\ddot{\varphi}$.

ζ) Bei *gleichförmiger Bewegung*, d. h. $\omega = \text{const.}$ gilt mit n (U/min)

$$\omega = \pi n/30 = 0{,}1047\, n\,\text{sek}^{-1} \quad (\approx n/10\,\text{sek}^{-1});$$
$$n = 30\,\omega/\pi = 9{,}549\,\omega\,\text{U/min} \quad (\approx 10\,\omega\,\text{U/min}).$$

Umfangsgeschwindigkeit $v = r\omega = r\pi n/30 = D\pi n/60$ m/sek mit $D = 2r$.
Umlaufzeit $T = 60/n = 2\pi/\omega$ sek.

Ist die Zeit einer vollen Umdrehung unveränderlich, ändert sich aber die Winkelgeschwindigkeit ω während einer Umdrehung *periodisch* derart, daß ω zwischen den Grenzen $\omega_{\max}$ und $\omega_{\min}$ schwankt, so ist die *mittlere* Winkelgeschwindigkeit $\omega_{\text{mittel}} = \pi n/30$ und der *Ungleichförmigkeitsgrad*

$$\delta = (\omega_{\max} - \omega_{\min})/\omega_{\text{mittel}} \quad \text{(s. Bd. II, Abschn. Schwungräder).}$$

η) *Vektoriell* werden die Größen $\overline{\varphi}$, $\overline{\omega}$, $\overline{\varepsilon}$ durch je einen in der Drehachse liegenden Vektor dargestellt. Seine Spitze weist in die Fortschreitungsrichtung einer rechtsgängigen Schraube, die in gleichem Sinn gedreht wird, wie φ, ω, ε anzeigen (Schraubenregel)[1], vgl. Bild 15, 16. Es ist dann $\mathfrak{v}$ das äußere Produkt $\mathfrak{v} = \overline{\omega} \times \mathfrak{r}$ (s. Vektorrechnung, S. 149), und für die Beschleunigung $\mathfrak{b}$ folgt

$$\mathfrak{b} = \frac{d\mathfrak{v}}{dt} = \frac{d}{dt}(\overline{\omega} \times \mathfrak{r}) = \frac{d\overline{\omega}}{dt} \times \mathfrak{r} + \overline{\omega} \times \frac{d\mathfrak{r}}{dt}.$$

Der erste Teil ist die Tangentialbeschleunigung $\mathfrak{b}_t = \dot{\overline{\omega}} \times \mathfrak{r} = \overline{\varepsilon} \times \mathfrak{r}$ und der zweite die Normalbeschleunigung $\mathfrak{b}_n = \overline{\omega} \times \mathfrak{v}$. Danach weist $\mathfrak{b}_n$ in die Richtung von $-\mathfrak{r}$ und hat, weil $\overline{\omega} \perp \mathfrak{v}$, wie oben den Betrag $b_n = v\omega = r\omega^2$; also ist $\mathfrak{b}_n = -\mathfrak{r}\omega^2$.

f) Zerlegung bei Polarkoordinaten. α) Sind die Polarkoordinaten eines bewegten Punktes A (Bild 17a) r und φ, so kann der in der Zeit Δt zurückgelegte Weg Δs

[1] Daneben ist auch die *Poinsot*-Regel gebräuchlich, vgl. Bd. II, Abschn. Schwungräder, Massenausgleich, Schwingungen, Regler.

zerlegt werden in eine radiale *Komponente* $\Delta s_r = \Delta r$ und in eine dazu senkrechte Komponente $\Delta s_\varphi = r\,\Delta\varphi$, wenn der Fahrstrahl sich um den Winkel $\Delta\varphi$ gedreht hat. Daher folgt für die Komponenten der Geschwindigkeit $\mathfrak{v} = \mathfrak{v}_r + \mathfrak{v}_\varphi$, daß

$$v_r = \lim_{\Delta t\to 0} \Delta r/\Delta t = \mathrm{d}\,r/\mathrm{d}\,t = \dot r$$

und

$$v_\varphi = \lim_{\Delta t\to 0} \Delta s_\varphi/\Delta t = \lim_{\Delta t\to 0} r\,\Delta\varphi/\Delta t = r\,\mathrm{d}\varphi/\mathrm{d}\,t = r\dot\varphi = r\,\omega.$$

Die *Geschwindigkeit* kann zerlegt werden in die radiale Komponente $v_r = \dot r$ und die Umfangsgeschwindigkeit $v_\varphi = r\dot\varphi = r\,\omega$.

β) Die *Beschleunigung* $\mathfrak{b}$ hat ebenso die Komponenten $\mathfrak{b}_r$ und $\mathfrak{b}_\varphi$, d. h. es ist $\mathfrak{b} = \mathfrak{b}_r + \mathfrak{b}_\varphi$. Einerseits setzt sich b_r zusammen aus der

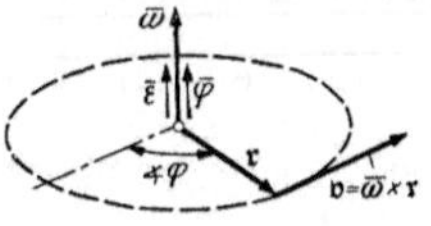

Bild 15. Winkelgeschwindigkeit als Vektor

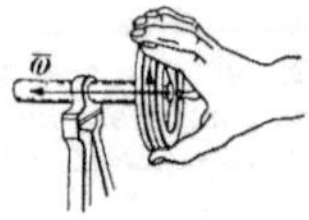

Bild 16

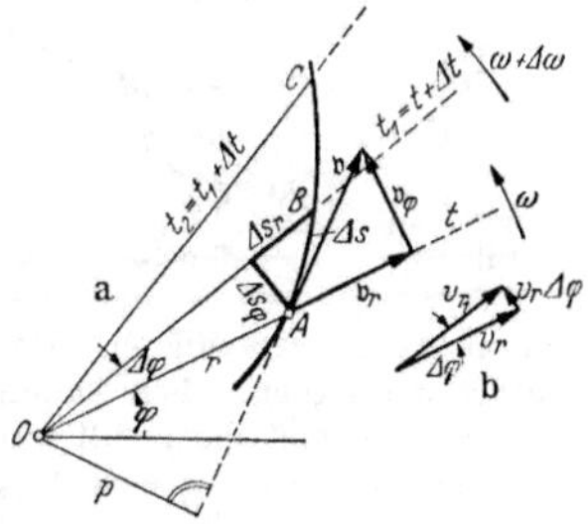

Bild 17

Normalbeschleunigung $b_r^{(2)} = -r\dot\varphi^2 = -r\,\omega^2$ bei unveränderlich gedachter Polstrahllänge r und andererseits aus der durch die Änderung des Pol- und Fahrstrahls r bedingten Beschleunigung

$$b_r^{(1)} = \mathrm{d}\,v_r/\mathrm{d}\,t = \mathrm{d}^2 r/\mathrm{d}t^2 = \ddot r,$$

so daß die *Radial*beschleunigung $b_r = b_r^{(1)} + b_r^{(2)} = \ddot r - r\dot\varphi^2 = \ddot r - r\,\omega^2$ wird. Der eine Teil der Umfangsbeschleunigung b_φ ist durch die Richtungsänderung von v_r bedingt: Es ist (Bild 17b)

$$\Delta v_\varphi = v_r\,\Delta\varphi, \quad \text{also} \quad b_\varphi^{(1)} = \lim_{\Delta t\to 0} v_r\,\Delta\varphi/\Delta t = v_r\dot\varphi = v_r\,\omega.$$

Der andere Teil folgt aus der Änderung des Betrages der Geschwindigkeit v_φ. Da zur Zeit $t_1 = t + \Delta t$ die Winkelgeschwindigkeit gleich $\omega_1 = \omega + \Delta\omega$ und der Fahrstrahl gleich $r_1 = r + \Delta r$ ist, so wird

$$\Delta v_\varphi^{(2)} = v_{\varphi_1} - v_\varphi = r_1\,\omega_1 - r\,\omega = (r + \Delta r)(\omega + \Delta\omega) - r\,\omega = \omega\,\Delta\,r + r\Delta\omega$$

(bei Vernachlässigung kleiner Größen 2. Ordnung). Also wird

$$b_\varphi^{(2)} = \lim_{\Delta t\to 0} \frac{\Delta v_\varphi^{(2)}}{\Delta t} = \omega\frac{\mathrm{d}r}{\mathrm{d}t} + r\frac{\mathrm{d}\omega}{\mathrm{d}t} = \omega\dot r + r\ddot\varphi = \omega\,v_r + r\,\varepsilon, \quad \text{wenn } \varepsilon = \dot\omega = \ddot\varphi.$$

Schließlich folgt mit $b_\varphi = b_\varphi^{(1)} + b_\varphi^{(2)}$ für die *Umfangs*beschleunigung

$$b_\varphi = 2\omega\,v_r + r\varepsilon = 2\dot\varphi\dot r + r\ddot\varphi = \frac{1}{r}\frac{\mathrm{d}}{\mathrm{d}t}(r^2\dot\varphi)\left[= \frac{2}{r}\frac{\mathrm{d}^2 F}{\mathrm{d}\,t^2}, \text{ s. } \gamma)\right].$$

b_φ weist je nach Vorzeichen in Richtung ab- oder zunehmender Winkel φ. Die Teilbeschleunigung $b_c = 2\omega v_r$ ist gegenüber $\mathfrak{v}_r$ um 90° im Sinn von ω gedreht, d. h. es ist $\mathfrak{b}_c = 2\overline{\omega} \times \mathfrak{v}_r$ (s. a. S. 238).

γ) Die *Flächengeschwindigkeit* ist die in der Zeiteinheit überstrichene Fläche. Zwischen den Fahrstrahlen r und $r_1 = r + \Delta r$ (Bild 17a) liegt die überstrichene Fläche $\Delta F = \frac{1}{2}r^2\Delta\varphi$, also wird die Flächengeschwindigkeit

$$\mathrm{d}F/\mathrm{d}t = \lim_{\Delta t\to 0} \Delta F/\Delta t = \tfrac{1}{2}r^2\dot\varphi = \tfrac{1}{2}r^2\,\omega = \tfrac{1}{2}\,v_\varphi\,r = \tfrac{1}{2}v\,p,$$

worin p das Lot von O auf die Richtung von v ist.

δ) Bei der *Zentralbewegung* geht die Gesamtbeschleunigung durch einen festen Punkt O. Dann ist $b_\varphi = 0$, d. h. auch $\mathrm{d}^2F/\mathrm{d}t^2 = 0$, und es muß die Flächengeschwindigkeit $\mathrm{d}F/\mathrm{d}t = \text{const.}$ sein: In gleichen Zeiten werden gleiche Flächen überstrichen (*Flächensatz*).

Beispiele: Kreisbewegung mit konstanter Winkelgeschwindigkeit. Bewegung der Erde um die Sonne.

3. Zusammensetzung von Schiebungen

a) Erfährt ein Massenpunkt durch irgendwelche Ursachen mehrere Verschiebungen $s_1, s_2, s_3, \ldots$ in gleicher Richtung (positiv oder negativ), so ist die

Bild 18

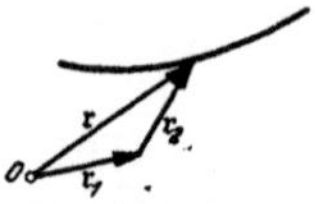

Bild 19

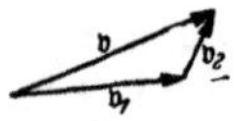

Bild 20

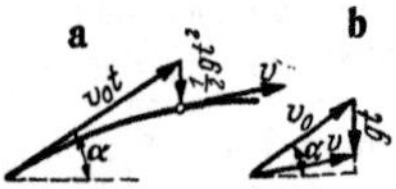

Bild 21 a u. b. Zum schiefen Wurf

resultierende **geradlinige** *Verschiebung* $s = s_1 + s_2 + s_3 + \cdots$ (Bild 18), also gleich der algebraischen Summe der Einzelverschiebungen.

Ebenso folgt die resultierende *Geschwindigkeit* v als die Summe der Einzelgeschwindigkeiten: $v = v_1 + v_2 + v_3 + \cdots$.

b) Erfährt bei **krummliniger** Bahn ein Punkt die Verschiebungen $\mathfrak{r}_1$ und $\mathfrak{r}_2$ in verschiedenen Richtungen, so ist (Bild 19) die resultierende *Verschiebung* gleich der geometrischen Summe der einzelnen Schiebungen: $\mathfrak{r} = \mathfrak{r}_1 + \mathfrak{r}_2$.

Bewegt sich der Punkt in der einen Richtung mit der Geschwindigkeit $\mathfrak{v}_1$, in der anderen mit der Geschwindigkeit $\mathfrak{v}_2$, so ist die resultierende *Geschwindigkeit* die geometrische Summe der Geschwindigkeiten: $\mathfrak{v} = \mathfrak{v}_1 + \mathfrak{v}_2$ (Bild 20).

Beispiel: Wird ein punktförmiger Körper unter dem Winkel α gegen die Horizontale mit der Anfangsgeschwindigkeit v_0 abgeworfen (S. 131), so würde er im luftleeren Raum ohne Wirkung der Fallbeschleunigung in Richtung von v_0 in der Zeit t den Weg $v_0\,t$ (Bild 21a), allein durch die Fallbeschleunigung den Weg $g\,t^2/2$ zurücklegen. Dann liefert die geometrische Addition dieser Komponenten die Lage und damit die Bahn des Punktes.

Ebenso hat die Geschwindigkeit $\mathfrak{v}$ (Bild 21b) die Komponenten v_0 in Richtung von v_0 und $g\,t$ in der senkrechten Fallrichtung. Die horizontale Komponente von v_0 ist konstant, und für die Steigzeit T liest man ab: $g\,T = v_0 \sin\alpha$ oder $T = \sin\alpha \cdot v_0/g$.

Zusammensetzen von Beschleunigungen und weitere Beispiele s. S. 235 u. 238.

Zusammensetzen von Drehungen s. S. 240.

4. Bewegung des starren Körpers in der Ebene

a) Bei **Drehung** eines Körpers um eine Achse wird die Winkelgeschwindigkeit $\omega = \dot{\varphi} = \mathrm{d}\varphi/\mathrm{d}t$ dargestellt als Vektor, der in der Drehachse liegt (Bild 22). Er kann in dieser verschoben werden wie eine Kraft am starren Körper. Sein Pfeil zeigt nach der Richtung, in der sich eine rechtsgängige Schraube durch die Drehung fortbewegen würde (s. S. 231). Alle Punkte beschreiben Kreise.

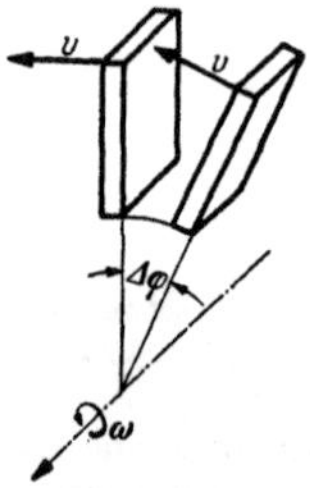

Bild 22

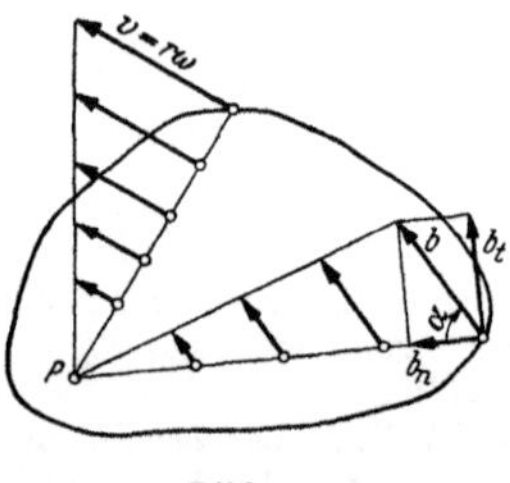

Bild 23
Drehung um eine feste Achse

α) Die *Geschwindigkeit* v im Abstand r (Bild 23) ist dann

$$v = r\omega = r\dot{\varphi}.$$

Die Geschwindigkeiten aller Punkte verhalten sich für einen augenblicklichen Bewegungszustand wie ihre Abstände r vom Drehpunkt.

β) Die *Beschleunigung* b eines Punktes im Abstand r kann in die folgenden Komponenten (Bild 23) zerlegt werden:

Normalbeschleunigung $b_n = r\omega^2 = v^2/r$ (zum Drehpunkt hin gerichtet);

Tangentialbeschleunigung $b_t = r\varepsilon$, wo $\varepsilon = \dot{\omega} = \ddot{\varphi}$ = Winkelbeschleunigung.

Dann ist $b = \sqrt{b_n^2 + b_t^2} = r\sqrt{\omega^4 + \varepsilon^2}$ und $\operatorname{tg} \alpha = b_t/b_n = \varepsilon/\omega^2$.

Das heißt, für den augenblicklichen Bewegungszustand verhalten sich die Beschleunigungen wie die Abstände r der Punkte vom Drehpunkt und bilden mit den Strahlen durch den Drehpunkt den gleichen Winkel α.

b) Bei einer **Schiebung** (Translation) erfahren alle Punkte des Körpers die gleiche parallele Verschiebung. Ist die *Elementar*schiebung gleich $d\mathfrak{s}$, so ist die Schiebungsgeschwindigkeit $\mathfrak{v} = d\mathfrak{s}/dt$. Wenn der Körper zwei Schiebungen $d\mathfrak{s}_1$ und $d\mathfrak{s}_2$ unterworfen ist, so ist die gesamte Verschiebung die geometrische Summe $d\mathfrak{s} = d\mathfrak{s}_1 + d\mathfrak{s}_2$.

c) Schiebung und Drehung (Geschwindigkeit). Jede ebene Bewegung kann aufgefaßt werden als eine Zusammensetzung von Schiebung und Drehung:

α) *Geschwindigkeit.* Wird die Strecke AB des Körpers (Bild 24a) in Δt Sekunden in die Lage A_1B_1 gebracht, so kann die Bewegung aufgefaßt werden als eine Parallelverschiebung um die Strecke Δs_A und eine Drehung um den Winkel $\Delta\varphi$. Dann wird die Verschiebung Δs_B des Punktes B aus den Komponenten Δs_A und $\Delta s_{BA} = \overline{AB} \cdot \Delta\varphi$ gebildet. Beim Grenzübergang $\Delta t \to 0$ gilt dann (Bild 24b)

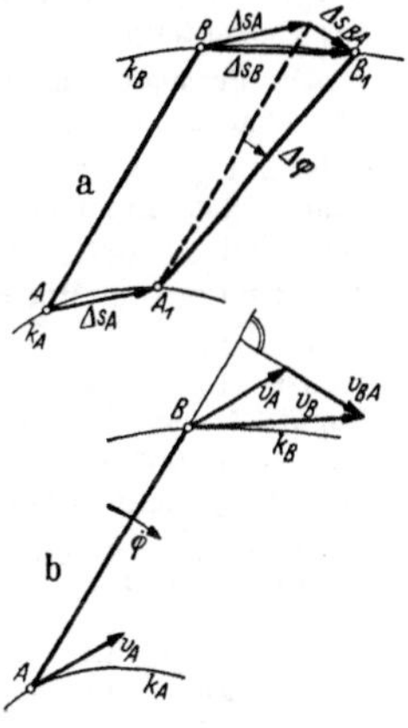

Bild 24. Zum Satz von *Euler*

$$\mathfrak{v}_B = \mathfrak{v}_A + \mathfrak{v}_{BA},$$

d. h. *die Geschwindigkeit des Punktes B ist gleich der Geschwindigkeit des Punktes A, geometrisch vermehrt um die Drehgeschwindigkeit* $\mathfrak{v}_{BA}$ *von B gegen A* (Satz von *Euler*). Für den Betrag der letzteren gilt $v_{BA} = \overline{AB} \cdot \dot{\varphi}$, wenn $\dot{\varphi}$ die augenblickliche Winkelgeschwindigkeit von AB ist. $\mathfrak{v}_{BA}$ steht senkrecht auf AB.

Beispiel: Der Kurbelendpunkt A der Schubkurbel (Bild 25a) habe die Geschwindigkeit v_A. Die Richtung der Geschwindigkeit v_B des Kreuzkopfes ist bekannt. Trägt man dann v_A in B an und zieht durch den Endpunkt eine Senkrechte zu AB, so trifft diese die Bahn k_B im gesuchten Endpunkt von v_B. Es ist dann $\dot{\varphi} = v_{BA}/\overline{AB}$. Das Anbringen dieses Geschwindigkeitsdreiecks in A_0 ergibt: Mache $A_0A = v_A$; die Verlängerung von BA trifft die Senkrechte zu k_B durch A_0 in E, dann ist $A_0E = v_B$. Hat man v_A in anderem Maßstab aufgetragen, so mache man $A_0A'' = v_A$, ziehe durch A'' die Parallele zu BA. Diese trifft die Senkrechte durch A_0 in E''; es ist $A_0E'' = v_B$. Rechnerisch folgt: $v_B = v_A \sin(\alpha + \beta)/\cos\beta$, $v_{BA} = v_A \cos\alpha/\cos\beta$.

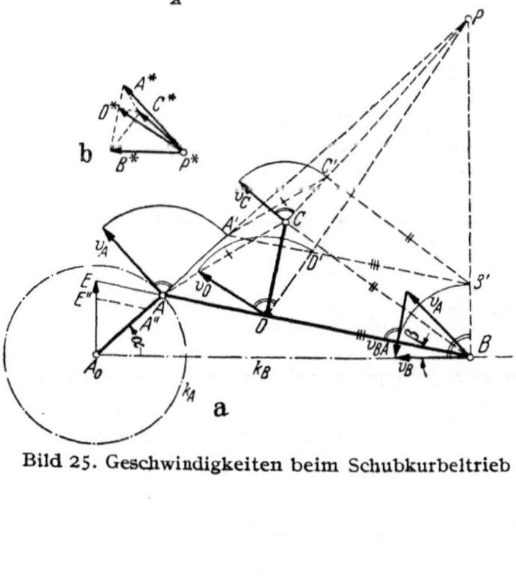

Bild 25. Geschwindigkeiten beim Schubkurbeltrieb

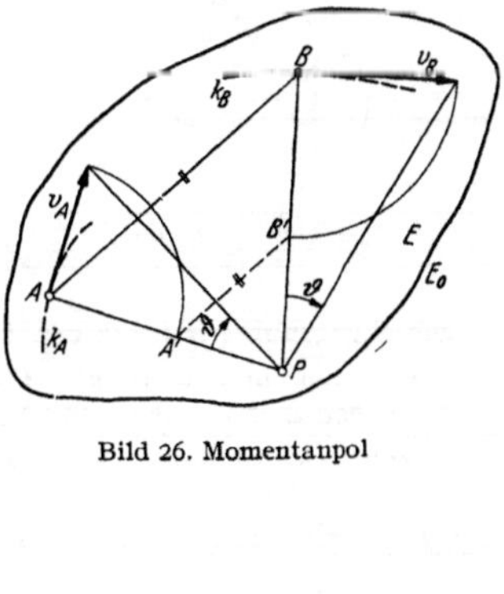
Bild 26. Momentanpol

β) *Momentanpol:* Sind die Geschwindigkeiten v_A und v_B zweier Punkte A und B eines bewegten Körpers, einer Scheibe oder einer Ebene auf ihren Bahnen k_A und k_B gegeben (Bild 26), so ist der *Schnittpunkt* der Senkrechten auf v_A und v_B, d. h. *der Bahnnormalen,* der *Momentanpol.* Er hat im Augenblick die Geschwindigkeit null, wie aus der zweimaligen Anwendung des Satzes über die Zusammensetzung der Geschwindigkeiten einmal von A aus und einmal von B aus folgt. Der Momentanpol kennzeichnet zwei unendlich benachbarte Lagen.

Die Bewegung kann im Augenblick aufgefaßt werden als eine Drehung um den Momentan- oder Geschwindigkeitspol P mit der Winkelgeschwindigkeit $\dot{\varphi} = v_A/\overline{AP} = v_B/\overline{BP} = \operatorname{tg}\vartheta$ (Bild 26). Die Geschwindigkeiten stehen auf den vom Momentanpol aus gezogenen Strahlen senkrecht und liefern damit auch die Bahntangenten. Die Geschwindigkeiten verhalten sich wie die Abstände der Bahnpunkte vom Momentanpol: $v_A : v_B = \overline{PA} : \overline{PB}$.

γ) Hieraus folgt die Ermittlung der Geschwindigkeiten mit Hilfe der *gedrehten oder lotrechten Geschwindigkeiten* (Bild 26): Sind die Bahnnormalen der Punkte A und B und die Geschwindigkeit v_A eines Punktes A bekannt, so drehe man v_A um 90° bis A' auf der Normalen AP, ziehe $A'B'$ parallel AB. Dann ist BB' die gedrehte Geschwindigkeit v_B. $\mathfrak{v}_B$ steht senkrecht auf BP.

Beispiele: 1. Bei der Schubkurbel (Bild 25 a) ist P der Schnittpunkt von A_0A und der Senkrechten in B zu k_B. v_B ist nochmals mit Hilfe der gedrehten Geschwindigkeiten bestimmt. Ebenso liefert die Parallele $A'C'$ zu AC auf dem Polstrahl PC die gedrehte Geschwindigkeit $CC' = v_C$. Ohne Kenntnis des Poles liefern die Parallelen $A'C'$ und $B'C'$ bzw. zu AC und BC den Punkt C'. Maßstab s. S. 235.

2. Beim Gelenkviereck, Bild 29 a, ist P der Schnittpunkt der Bahnnormalen A_0A und B_0B.

δ) Ein *Geschwindigkeitsplan* vereinfacht die Konstruktionen: Trage von einem beliebigen Punkt P^* aus (Bild 25 b) die Geschwindigkeit $\mathfrak{v}_A = P^*A^*$ auf. Mache Dreieck $P^*A^*B^*$ ähnlich Dreieck PAB. Dann ist $P^*B^* = \mathfrak{v}_B$. Ebenso liefert die Ähnlichkeit der Dreiecke ACB und $A^*C^*B^*$ die Geschwindigkeit $\mathfrak{v}_C = P^*C^*$ usw.: Der Geschwindigkeitsplan ist der bewegten Figur ähnlich und gegenüber dieser um 90° gedreht.

d) Schiebung und Drehung (Beschleunigung). α) Sind $\mathfrak{b}_A$ und $\mathfrak{b}_B$ die Beschleunigungen zweier Punkte A und B des bewegten Körpers (Bild 27), so folgt durch Differentiieren des Satzes für die Geschwindigkeiten

$$\mathfrak{b}_B = \mathfrak{b}_A + \mathfrak{b}_{BA},$$

d. h. die *Beschleunigung* des Punktes B ist gleich der geometrischen Summe aus der Beschleunigung des Punktes A und der Beschleunigung $\mathfrak{b}_{BA}$ der Drehung

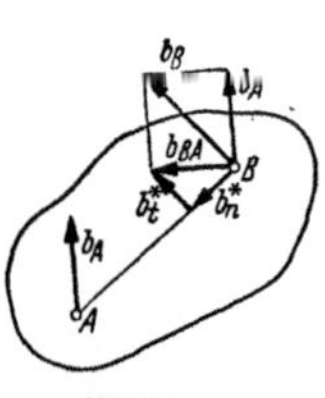

Bild 27
Zum Satz von *Euler*

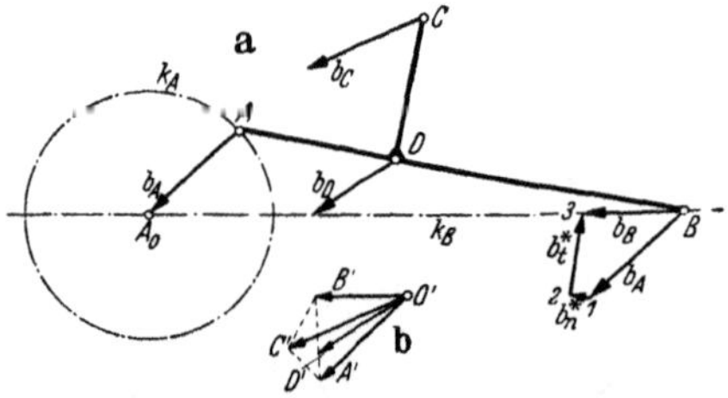

Bild 28. Beschleunigungen beim Schubkurbeltrieb

von B gegenüber A (Satz von *Euler*, s. c α). Die letzte zerfällt mit $l = \overline{AB}$ in eine Normalkomponente $b_n^* = v_{BA}^2/l = l \cdot \dot{\varphi}^2$ in Richtung $\overline{BA}$ und eine Tangentialkomponente $b_t^* = l \cdot \ddot{\varphi}$ senkrecht AB, wenn $\dot{\varphi}$ und $\ddot{\varphi}$ die augenblickliche Winkelgeschwindigkeit bzw. -beschleunigung bedeuten.

Beispiele: 1. An der Schubkurbel des Bildes 25a soll die Kreuzkopfbeschleunigung bestimmt werden. Die Kurbel drehe sich mit konstanter Winkelgeschwindigkeit ω; es ist $b_A = r\omega^2$ gleich AA_0 (Bild 28) gezeichnet. Die Richtung von b_B ist bekannt; trägt man dann in B die Beschleunigung $b_A = B1$ an, daran $b_n^* = v_{BA}^2/l = \overline{12}$ (v_{BA} aus Bild 25a bestimmt) parallel BA, so schneidet die Senkrechte zu BA durch 2 auf k_B die gesuchte Beschleunigung $b_B = B3$ aus. Dabei erhält man auch $b_t^* = \overline{23}$. Maßstäbe s. Beispiel 2.

Ist ω nicht konstant, so setzt sich b_A aus den Komponenten $b_{An} = r\omega^2$ und $b_{At} = r\varepsilon$ zusammen mit ε als Winkelbeschleunigung der Kurbel.

In den Totlagen wird $v_B = 0$ (also B zum Momentanpol) und $v_{BA} = v_A$; ferner ist dann $b_n^* = v_{BA}^2/l = v_A^2/l = r^2\omega^2/l = b_A r/l$, wenn ω konstant ist. Daher folgt mit $b_t^* = 0$, daß in den Totlagen $b_B = b_A \pm b_A r/l = b_A (1 \pm r/l)$ ist[1]. Hierbei gilt $+$ für die rechte und $-$ für die linke Totlage.

2. Bei der Kurbelschwinge A_0B_0BA (Bild 29a) mit dem festen Steg A_0B_0 drehe sich die Kurbel $A_0A = r$ mit konstanter Drehzahl. Die Methode der gedrehten Geschwindigkeiten liefert bei A die Geschwindigkeiten v_B und v_{BA}. Es ist v_A geich dem Kurbelradius gezeichnet. Ebenso ist die Beschleunigung $b_A = r\omega^2$ gleich dem Kurbelradius AA_0 gezeichnet. Dann findet man b_B folgendermaßen: Mache $B1 = b^* = (v_{BA})^2/\overline{AB}$ parallel BA (geometrisch mit Halbkreis konstruiert), $\overline{12} = b_A$ und ziehe durch 2 eine Senkrechte g zu BA. Für den zweiten geometrischen Ort der Spitze 3 von b_B denke man sich b_B in die natürlichen Komponenten hinsichtlich der Bahn k_B von B zerlegt, also in die Normalkomponente $B1' = v_B^2/\overline{BB_0}$ in Richtung BB_0 (geometrisch konstruiert) und in die Tangentialkomponente b_{Bt} senkrecht BB_0: Die Senkrechte h zu BB_0 durch $1'$ schneidet g im gesuchten Punkt 3, so daß $B3 = b_B$ und $\overline{1'3} = b_{Bt}$.

Ist der Maßstab für die Darstellung des Kurbeltriebes 1 cm $\triangleq m_s$ m, so gelten, da $v_A = r\omega \triangleq r/m_s$ cm und $b_A = r\omega^2 \triangleq r/m_s$ cm gezeichnet sind, für Geschwindigkeit bzw. Beschleunigung die Maßstäbe (s. a. Schubkurbel, s. c, γ), Beisp. 1):

1 cm $\triangleq m_s\omega$ m/sek

bzw. 1 cm $\triangleq m_s\omega^2$ m/sek².

Ist ω nicht konstant, so kommt noch zu $b_{An} = r\omega^2$ die Tangentialbeschleunigung $b_{At} = r\varepsilon$ hinzu.

β) *Beschleunigungsplan.* Um die Beschleunigung eines weiteren Punktes C zu finden, trage man im Beispiel (Bild 29b) von einem Punkt O' aus die Beschleunigungen $\overline{O'A'} = b_A$ und $\overline{O'B'} = b_B$ auf und mache Dreieck $A'B'C'$ ähnlich Dreieck ABC. Dann ist $O'C' = b_C$. Zeichnet man $\triangle ABO \sim \triangle A'B'O'$, so ist O der *Beschleunigungspol* mit der Beschleunigung null.

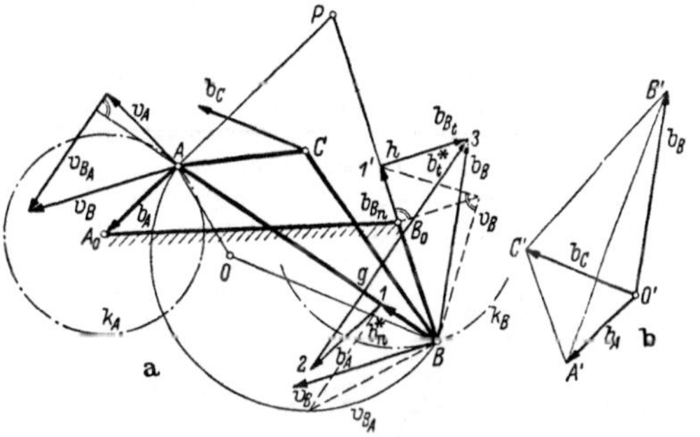

Bild 29. Geschwindigkeiten und Beschleunigungen der Kurbelschwinge

In gleicher Weise sind bei der Schubkurbel (Bild 28b) noch die Beschleunigungen weiterer Punkte ermittelt worden.

Aus der Ähnlichkeit folgt, daß die Spitzen der Beschleunigungen einer bewegten Strecke auf einer Geraden liegen müssen (für AB in Bild 28a auf A_0B, für AB in Bild 29 auf A_03 bei den gewählten Maßstäben).

e) Zwanglauf. α) Die wichtigsten Anwendungen der Sätze betreffen solche Bewegungen, bei denen die Bewegungsrichtung aller Punkte für jede Lage bestimmt ist (also auch der Momentanpol). Man spricht dann von *Zwanglauf*. Die wichtigsten Fälle sind:

1. Zweipunktführung (Bild 30): Zwei Punkte A und B des bewegten Körpers werden auf vorgeschriebenen Bahnen k_A und k_B geführt. Beispiele: Schubkurbel (Bild 28 u. 49), Gelenkviereck (Bild 29 u. Bild 48).

[1] Vgl. a. *Meyer zur Capellen, W.:* Größtwert von Geschwindigkeit und Beschleunigung des Kreuzkopfes. Maschinenbau Bd 16 (1937) S. 529/32, ferner ders. u. Mitarbeiter: Die Bewegungsverhältnisse an der geschränkten Schubkurbel. Forschungsbericht 449 des Wirtschafts- u. Verkehrsministeriums Nordrhein-Westfalen. Köln/Opladen: Westdeutscher Verlag 1958.

2. **Punktkurvenführung** (Bild 31): Ein Punkt A wird auf einer vorgeschriebenen Bahn k_A geführt, während eine Kurve c des bewegten Körpers auf einer festen Kurve c_0 gleitet. Beispiele: Kurbelschleife (Bild 32), c ist hierbei eine Gerade, c_0 wird zum Punkt (vgl. Bild 45).

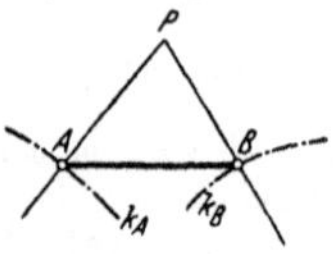

Bild 30

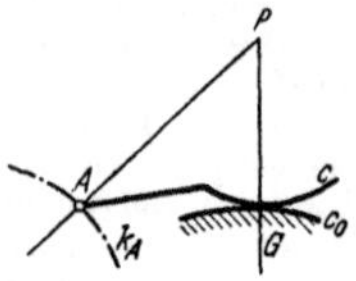

Bild 31

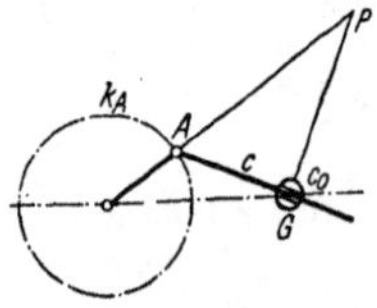

Bild 32

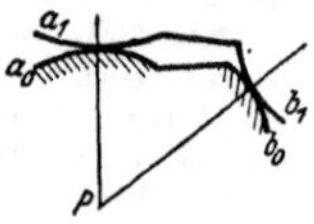

Bild 33

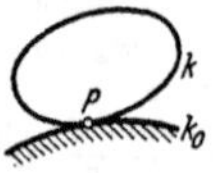

Bild 34

Bild 30—34: Beispiele für Zwanglauf

3. **Zweikurvenführung** (Bild 33): Zwei Kurven a_1 und b_1 des bewegten Körpers gleiten auf zwei festen Kurven a_0 und b_0.

4. **Rollung** (Bild 34): Eine Kurve k des bewegten Körpers rollt auf einer festen Kurve k_0 ab. Der Berührungspunkt ist Momentanpol. Beispiele: Wagenrad; Rädertriebe.

Für weitere Einzelheiten der Zwanglaufmechanik, der Getriebelehre und der Kinematik der Getriebe s. Lit. 1, 2, 3, 5, 9, 13, 14.

β) *Polkurven.* Zeichnet man (Bild 35) bei der Zweipunktführung für die Lage AB den Momentan- oder Drehpol $P = Q$ als Schnittpunkt der Bahnnormalen, so ist für die benachbarte Lage A_1B_1 der Momentanpol P_1 der Schnittpunkt der Bahnnormalen für diese Lage. Die Folge der Momentanpole in der festen Ebene bildet die feste Polkurve oder die *Rastpolbahn* K_r. Faßt man jedoch den Punkt P_1 als Punkt der bewegten Ebene E in der Lage E_1 auf und bringt die Ebene E_1 in die Ausgangslage zurück, macht also $\triangle ABQ_1 \cong \triangle A_1B_1P_1$, so ist Q_1 der Punkt der bewegten Ebene, der in der Lage E_1 zum Momentanpol wird. Die Punkte $P, Q_1, Q_2, \ldots$ bilden in der bewegten Ebene eine Kurve, die bewegliche Polkurve oder *Gangpolbahn* K_g. Da die Bewegung im Augenblick betrachtet werden kann als Drehung um den Momentanpol P, so kommt in der kleinen Zeit Δt der Punkt Q_1 durch Drehung um P nach P_1. Es sind also die Bogenstücke PQ_1 und PP_1 einander gleich (genau für $\Delta t \to 0$). Daraus folgt, daß die Kurven aufeinander abrollen: *Jede* ebene Bewegung kann dargestellt werden durch das Abrollen zweier Kurven aufeinander, der beweglichen *Gangpolbahn* auf der festen *Rastpolbahn*; die Kurven berühren sich im Momentanpol P. Bei kinematischer Umkehrung der Bewegung vertauschen die Kurven ihre Rollen; daraus Konstruktion der Gangpolkurve als Rastpolkurve der kinematischen Umkehrung.

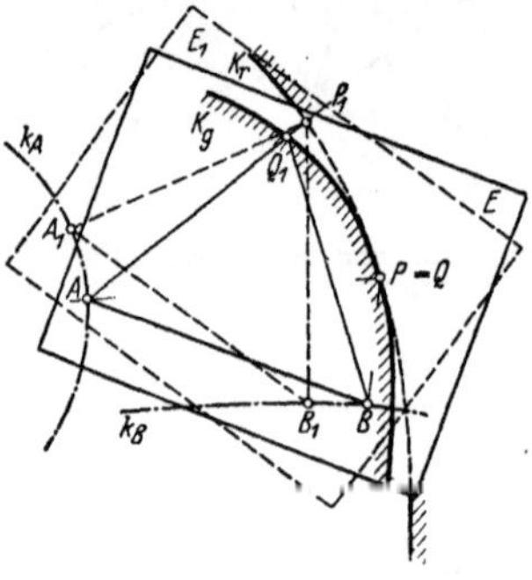

Bild 35. Polkurven

Beispiele: Rädertriebe, Kardan-Bewegung (S. 125); unrunde Räder; bei den zyklischen Kurven (S. 139) ist der Berührungspunkt der Rollkreise der Momentanpol, die Geschwindigkeiten und damit die Tangenten stehen senkrecht auf den von P zu den Bahnpunkten gezogenen Strahlen, den Bahnnormalen.

f) Relativbewegung. Bewegt sich eine Ebene oder Scheibe E_2 gegenüber einer bewegten Ebene E_1 und diese Ebene E_1 gegenüber der festen Ebene E_0, so bezeichnet man die Bewegung von E_2 gegenüber E_0 als *absolute*, gegenüber E_1 als *relative* und die von E_1 gegenüber E_0 als *Führungsbewegung*.

α) Bewegen sich die Körper bzw. die Ebenen E_1 und E_2 parallel und *geradlinig* (Bild 36), hat E_1 gegenüber E_0 die *Führungsgeschwindigkeit* v_f und E_2 gegenüber E_1 die *Relativgeschwindigkeit* v_r, so ist die *Absolutgeschwindigkeit* v_a von E_2 gegenüber E_0 gleich der algebraischen Summe: $v_a = v_f + v_r$, so daß $v_r = v_a - v_f$.

Für die Beschleunigungen gilt *hier* entsprechend $b_a = b_f + b_r$ oder $b_r = b_a - b_f$.

Beispiel: Ein Flugzeug hat gegenüber der Erde 288 km/h = 80 m/sek Fluggeschwindigkeit. Der Wind strömt ihm mit 12 m/sek entgegen. Wie groß ist die für die Leistung des Flugzeuges maßgebende Eigengeschwindigkeit gegenüber dem Windkörper? Es wird $v_r = v_a - v_f = 80 - (-12) = 92$ m/sek = 331 km/h.

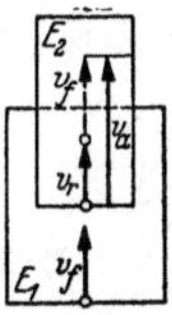

Bild 36

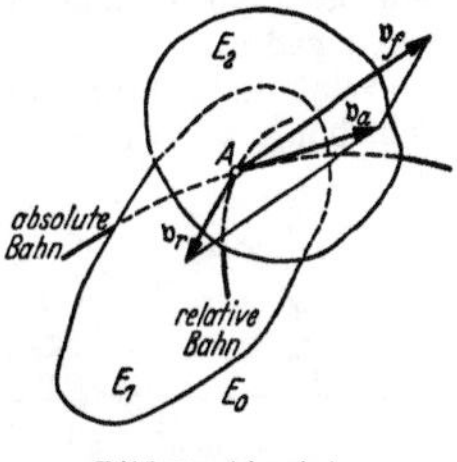

Bild 37. Absolut- u. Relativgeschwindigkeit

β) Bei beliebiger, *krummliniger* Bewegung (Bild 37) ist die Absolut*geschwindigkeit* eines Punktes die *geometrische* Summe aus seiner Relativ- und seiner Führungsgeschwindigkeit:

$$\mathfrak{v}_a = \mathfrak{v}_r + \mathfrak{v}_f, \quad \text{d. h.} \quad \mathfrak{v}_r = \mathfrak{v}_a - \mathfrak{v}_f.$$

Häufig ist die Relativbahn, d. h. die Bahn, die der Punkt A in der Ebene E_1 beschreibt, als Führung bekannt.

Beispiele: 1. Ein Kran hat 1,8 m/sek Geschwindigkeit. Die Laufkatze fährt auf dem Kran (Bild 38) mit 1 m/sek. Dann ist $v_f = 1{,}8$, $v_r = 1$, also die absolute Geschwindigkeit

$$v_a = \sqrt{v_r^2 + v_f^2} = \sqrt{1^2 + 1{,}8^2} = 2{,}06 \text{ m/sek}.$$

2. Ein in Bewegung befindliches Fahrzeug (v_f) von der Breite b (Bild 39) wird von einer Kugel (v_a) senkrecht durchschossen. Um wieviel weichen Ein- und Ausschußstelle voneinander ab? Es wird $x = b\,v_f/v_a$.

3. Beim Schubkurventrieb (Bild 40) sind bekannt: Die Führungsgeschwindigkeit v_f der Schubkurve, die Richtung der Stößelgeschwindigkeit v_a und die Richtung der Relativgeschwindigkeit v_r als Tangente an die Kurve. Aus $\mathfrak{v}_a = \mathfrak{v}_r + \mathfrak{v}_f$ folgt $\mathfrak{v}_a$ zeichnerisch oder bei gegebenem Kurvengesetz $y = f(x)$ auch rechnerisch zu $v_a = v_f \operatorname{tg} \alpha = v_f\, dy/dx$.

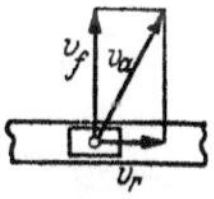

Bild 38

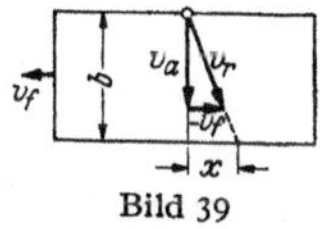

Bild 39

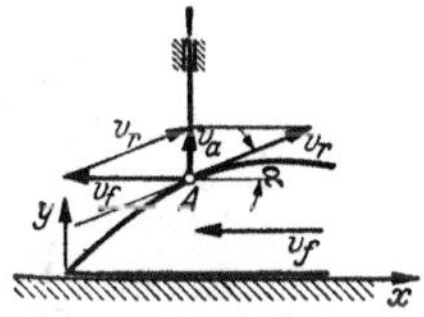

Bild 40. Schubkurventrieb

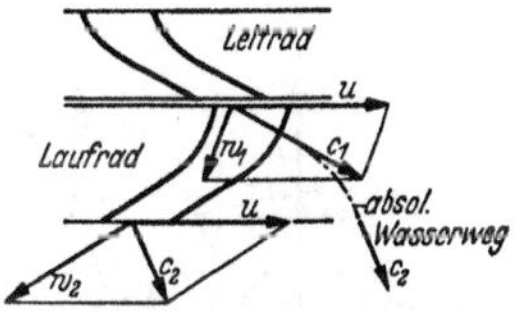

Bild 41. Geschwindigkeiten in der Wasserturbine

4. Bei einer Wasserturbine strömt das Wasser mit der (Absolut-) Geschwindigkeit c_1 (Bild 41) aus dem festen Leitrad in die Schaufeln des Laufrades, das sich mit der Umfangsgeschwindigkeit u gegenüber dem Leitrad dreht. Beim Übertritt ergibt sich die Relativgeschwindigkeit w_1 des Wassers als geometrische Differenz von c_1 und u. Für stoßfreien Übergang muß w_1 die Richtung des Schaufelbleches haben. Das Wasser tritt mit der Relativgeschwindigkeit w_2 in Richtung des Schaufelbleches aus, und es ergibt sich die (absolute) Austrittsgeschwindigkeit c_2 als die geometrische Summe von u und w_2.

5. Eine mit konstanter Winkelgeschwindigkeit ω sich drehende Scheibe trägt einen geraden, durch den Mittelpunkt hindurchgehenden Schlitz (Bild 42). In diesem bewegt sich ein Punkt A mit konstanter Geschwindigkeit c. Ist A zu Anfang im Mittelpunkt O, so ist $OA = r = c\,t = \varphi\, c/\omega$, d. h. A beschreibt als absolute Bahn eine Archimedische Spirale (S. 142). Es ist $v_f = r\,\omega$ senkrecht r und $v_r = c$. Die geometrische Summe liefert die Absolutgeschwindigkeit v_a, die in die Bahntangente fällt, und es ist $v_a^2 = c^2 + r^2\,\omega^2$.

γ) Für die *Beschleunigungen* gilt *nicht* das gleiche Gesetz wie für die Geschwindigkeiten. Mit $\mathfrak{b}_a$ als Absolutbeschleunigung, $\mathfrak{b}_f$ als Führungs- und $\mathfrak{b}_r$ als Relativbeschleunigung folgt, Bild 43, $\mathfrak{b}_a$ als geometrische Summe

$$\mathfrak{b}_a = \mathfrak{b}_r + \mathfrak{b}_f + \mathfrak{b}_c \quad \text{oder} \quad \mathfrak{b}_r = \mathfrak{b}_a - \mathfrak{b}_f - \mathfrak{b}_c.$$

Hierin ist $\mathfrak{b}_c = 2\overline{\omega} \times \mathfrak{v}_r$ (s. Vektorrechnung S. 152) die Zusatz- oder *Coriolis*beschleunigung vom Betrag $b_c = 2\,v_r\,\omega$ (S. 249), worin ω die Winkelgeschwindigkeit der Führung oder der Relativbahn ist. b_c ist gegenüber v_r um 90° im Sinne von ω gedreht.

Wird die Führung nur parallel zu sich verschoben, d. h. erfährt sie nur eine Schiebung, so ist $\omega = 0$ und die Coriolisbeschleunigung wird gleich null.

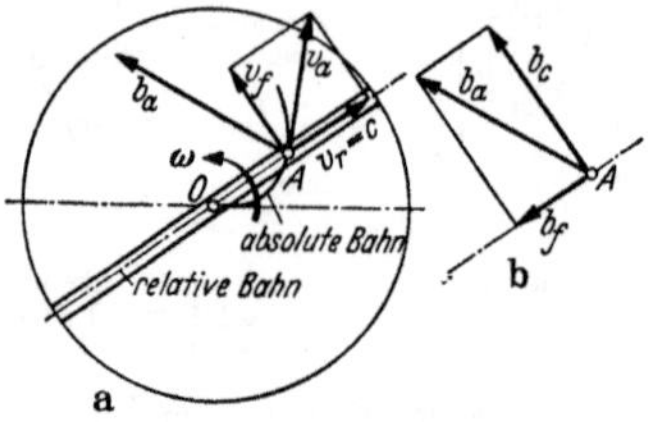

Bild 42. Gedrehte, gerade Führung

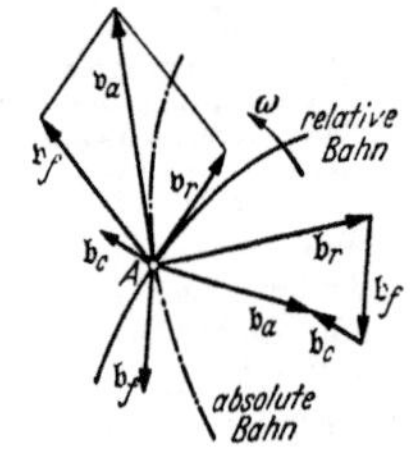

Bild 43. Absolut- und Relativbeschleunigung

b_f und b_r können noch in ihre Normal- und Tangentialkomponenten zerlegt werden.

Beispiele: 1. Im Beisp. 5 (Bild 42a, b) ist $b_r = 0$, da $v_r = c =$ const.; ferner ist $b_f = r\,\omega^2$ nach O gerichtet und $b_c = 2\,\omega\,v_r = 2\,\omega\,c$. Die daraus folgende Absolutbeschleunigung $\mathfrak{b}_a = \mathfrak{b}_f + \mathfrak{b}_r + \mathfrak{b}_c$ muß dann nach der konkaven Seite der Absolutbahn weisen.

2. Eine Kurvenscheibe, deren Profil eine Archimedische Spirale ist, drehe sich mit konstanter Winkelgeschwindigkeit um den Anfangspunkt O und treibe einen Stößel an, dessen Bahnrichtung durch O geht (Bild 44a). Da $r = r_0 + a\,\varphi$, ist $v_a = \dot{r} = a\,\dot{\varphi} = a\,\omega =$ const. Mit $v_f = r\,\omega$ folgt aus der geometrischen Zusammensetzung $v_r^2 = v_a^2 + v_f^2 = \omega^2\,(a^2 + r^2)$.

Da $v_a =$ constant, wird $b_a = 0$ und damit $\mathfrak{b}_r = -\,\mathfrak{b}_f - \mathfrak{b}_c$ (Bild 44 b), wobei $b_f = r\,\omega^2$ und $b_c = 2\,\omega\,v_r = 2\,\omega^2\sqrt{a^2 + r^2}$. Hierbei hat b_c die Normalenrichtung der Relativbahn, d. h. der Archimedischen Spirale, s. S. 142

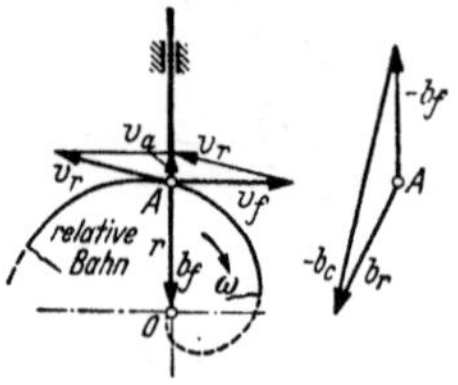

a Bild 44 b
Kurvensteuerung

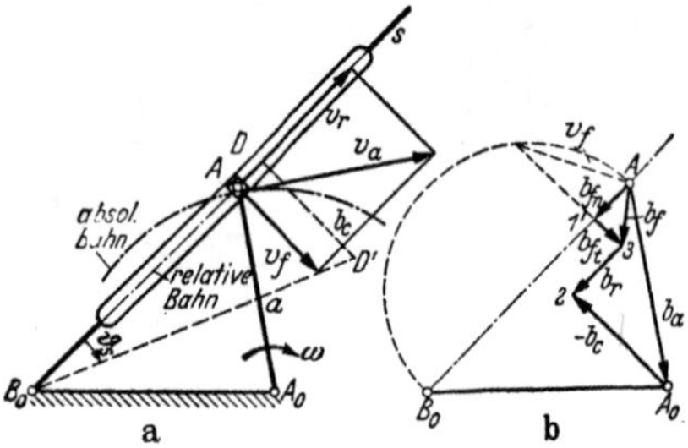

Bild 45. Umlaufende Kurbelschleife

3. Die Kurbel $A_0A = a$ der umlaufenden *Kurbelschleife* (Bild 45a) drehe sich mit konstanter Winkelgeschwindigkeit ω. Geschwindigkeit und Beschleunigungen der Schleife sind gesucht. Es ist $v_g = a\,\omega$ gleich der Länge $A_0A = a$ gezeichnet. Zerlegung in Richtung des Schlitzes (Relativbahn) und senkrecht dazu liefert v_r und v_f. Die Winkelgeschwindigkeit der Schleife um B_0 ist dann mit $B_0A = r$ durch $\omega_s = \operatorname{tg}\vartheta_s = v_f/r$ bestimmt. Für die Beschleunigung folgt mit $b_a = a\,\omega^2$ (gleich der Kurbellänge gezeichnet) $\mathfrak{b}_r = \mathfrak{b}_a - \mathfrak{b}_c - \mathfrak{b}_f$. Dabei ist $b_c = 2\,\omega_s\,v_r$, und zwar bei dem gewählten Maßstab gleich DD', wenn $B_0D = 2\,v_r$ gezeichnet wird. Die Richtung von b_r ist bekannt. Von b_f ist die Normalkomponente $b_{fn} = v_f^2/r$ in Richtung AB_0 (geometrisch konstruiert, Bild 45b) und die Richtung von b_{ft} senkrecht B_0A bekannt. Man zeichne (Bild 45 b) $A\,A_0 = b_a$, $A_0 2 = -\,b_c$, $\overline{23}$ parallel v_r, $A\,1' = b_{fn}$, $\overline{1'3}$ senkrecht $A\,1'$ oder $A\,B_0$. Dann ist $A\,3 = b_f$, $\overline{32} = b_r$ und $\overline{1'3} = b_{ft}$. Die Winkelbeschleunigung der Schleife ist dann b_{ft}/r. (Maßstäbe s. d, Beisp. 2, S. 235[1].)

[1] Vgl. a. *Meyer zur Capellen, W.*: Kinematik und Dynamik der Kurbelschleife. Werkst. u. Betr. Bd. 89 (1956) S. 581/84, 677/83.

Dreht sich die Kurbel A_0A mit veränderlicher Winkelgeschwindigkeit ω, so hat b_a die Komponenten $a\,\omega^2$ in Richtung AA_0 und $a\,\varepsilon$ senkrecht dazu, wenn ε die Winkelbeschleunigung der Kurbel ist.

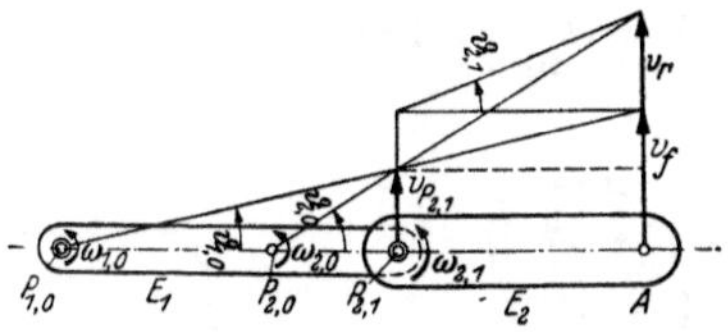

Bild 46. Drehung dreier Ebenen gegeneinander

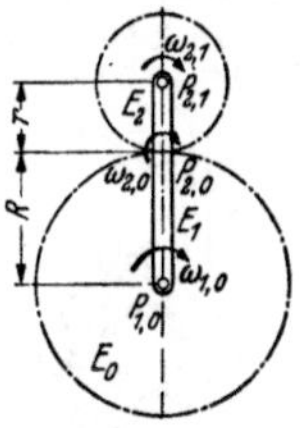

Bild 47 Umlaufrädertrieb

δ) *Drehung dreier Ebenen.* Dreht sich die Ebene E_1 (Bild 46) um den Punkt $P_{1,0}$ der festen Ebene E_0 mit der Winkelgeschwindigkeit $\omega_{1,0} = \operatorname{tg}\vartheta_{1,0}$ und dreht sich die Ebene E_2 um den Punkt $P_{2,1}$ der Ebene E_1 gegenüber dieser mit der Winkelgeschwindigkeit $\omega_{2,1}$, so dreht sich Ebene E_2 gegenüber E_0 um den Punkt $P_{2,0}$ mit der Winkelgeschwindigkeit $\omega_{2,0}$. Dabei liegen die drei Momentanpole $P_{1,0}$, $P_{2,1}$ und $P_{2,0}$ in einer Geraden; $P_{2,0}$ teilt $P_{1,0}P_{2,1}$ innen oder außen im umgekehrten Verhältnis der Winkelgeschwindigkeiten, je nachdem $\omega_{1,0}$ und $\omega_{2,1}$ gleich oder entgegengesetzt gerichtet sind: $\overline{P_{2,0}P_{1,0}}/\overline{P_{2,0}P_{2,1}} = \omega_{2,1}/\omega_{1,0}$.

Die resultierende Winkelgeschwindigkeit $\omega_{2,0}$ ist die algebraische Summe der einzelnen Winkelgeschwindigkeiten: $\omega_{2,0} = \omega_{1,0} + \omega_{2,1}$.

Man liest aus Bild 46 ab mit $\overline{P_{1,0}P_{2,1}} = r$; $\overline{P_{2,1}A} = l$; $\overline{P_{1,0}P_{2,0}} = a$; $\overline{P_{2,0}P_{2,1}} = b$: $v_A = v_f + v_r = (r + l)\,\omega_{1,0} + l\,\omega_{2,1} = r\,\omega_{1,0} + l\,(\omega_{1,0} + \omega_{2,1})$; ferner, wenn die Geschwindigkeit von $P_{2,1}$ gleich $v = r\,\omega_{1,0}$ gesetzt wird: $\omega_{2,0} = \operatorname{tg}\vartheta_{2,0} = (v_A - v)/l = \omega_{1,0} + \omega_{2,1}$; $v = r\,\omega_{1,0} = b\,\omega_{2,0}$ oder $r/b = \omega_{2,0}/\omega_{1,0}$ oder $(a + b)/b = (\omega_{1,0} + \omega_{2,1})/\omega_{1,0}$, d.h. $a/b = \omega_{2,1}/\omega_{1,0}$.

Beispiele: 1. Beim Umlaufrädertrieb (Bild 47) hat das Planetenrad gegenüber dem festen Zahnrad die Winkelgeschwindigkeit $\omega_{2,0} = \omega_{1,0}\,(R + r)/r$ und gegenüber dem Steg die Winkelgeschwindigkeit $\omega_{2,1} = \omega_{1,0}\,R/r$.

2. Beim Gelenkviereck, Bild 48, liegen je drei Pole in einer Geraden, und es ist z. B. $\omega_{3,0} : \omega_{1,0} = \overline{P_{1,3}P_{1,0}} : \overline{P_{1,3}P_{2,0}}$.

3. Auch bei der geschränkten Schubkurbel (Bild 49) liegen je drei Pole in einer Geraden. Nur liegt $P_{3,0}$ unendlich fern, da E_3 parallel verschoben wird, und es ist $\omega_{3,0} = 0$. Bei der zentrischen Schubkurbel nach Bild 25, 28 fällt $P_{3,2}$ mit dem geradgeführten Punkt B zusammen.

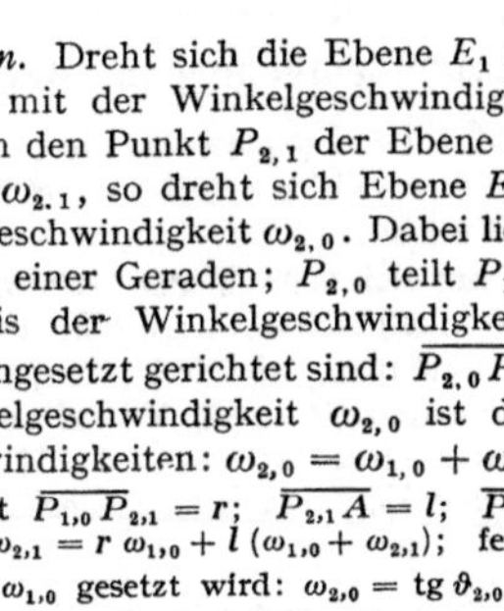

Bild 48

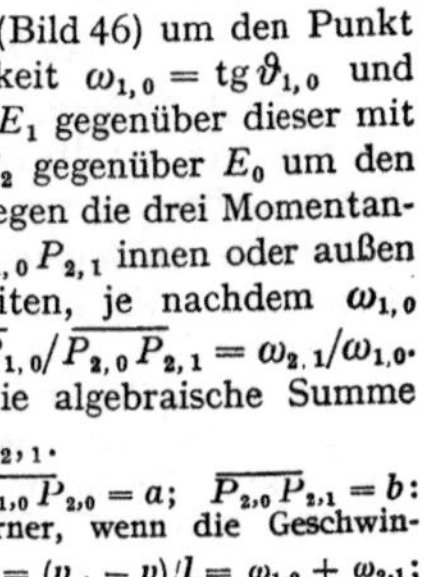

Bild 49

Anm.: Bei der Reihenfolge der Indizes ist zu beachten, daß $\omega_{i,k} = -\,\omega_{k,i}$; so ist z. B. in Bild 48 $\omega_{1,3} = -\,\omega_{3,1}$, d. h. E_3 dreht sich gegenüber E_1 im umgekehrten Sinn wie E_1 gegenüber E_3; es ist aber $P_{i,k} = P_{k,i}$.

5. Bewegung des starren Körpers im Raum

a) Die **Bewegung um einen Punkt** kann im Augenblick aufgefaßt werden als die Drehung um eine durch den festen Punkt gehende Drehachse. Die gesamte Bewegung erscheint dann als Abrollen eines bewegten, allgemeinen Kegels auf einem festen (Präzessionsbewegung), wie z. B. bei einem Umlaufkegelrädertrieb (Bild 53).

b) Bei der **Schraubung** eines Körpers (der allgemeinsten Bewegung) kann die Elementarbewegung dargestellt werden durch eine Drehung $d\varphi$ (Bild 50) um eine Achse mit der Winkelgeschwindigkeit ω und durch eine Verschiebung ds

in Richtung der Dreh- oder Schraubenachse mit der Schiebungsgeschwindigkeit v_s, d. h. $\mathfrak{v}_A = \overline{\omega} \times \overline{\mathfrak{r}} + \mathfrak{v}_s$. Das Ergebnis ist eine *Elementarschraubung.*

Ist v_s proportional ω und bleibt die Drehachse fest, so beschreiben alle Punkte des Körpers Schraubenlinien (S. 149).

Beispiele: Sämtliche Schraubenbewegungen; Schiffsschraube; Luftschraube.

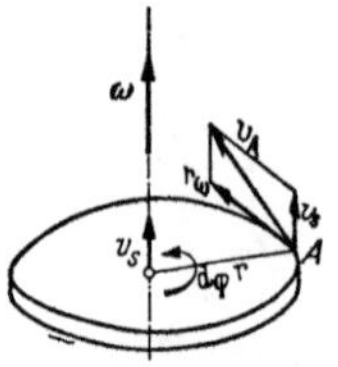

Bild 50

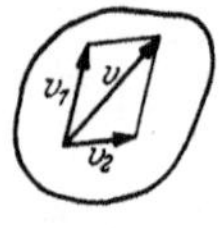

Bild 51

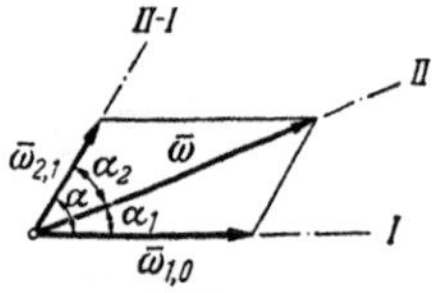

Bild 52

6. Zusammensetzung von Bewegungen

a) Zwei Schiebungen eines Körpers mit den Geschwindigkeiten $\mathfrak{v}_1$ und $\mathfrak{v}_2$ ergeben eine resultierende Schiebung mit der Geschwindigkeit $\mathfrak{v} = \mathfrak{v}_1 + \mathfrak{v}_2$ als geometrischer Summe, Bild 51.

b) Zwei Drehungen um sich schneidende Achsen. Dreht sich ein Körper um die Achse II—I mit der Winkelgeschwindigkeit $\overline{\omega}_{2,1}$ und diese Achse um die Achse I mit der Winkelgeschwindigkeit $\overline{\omega}_{1,0}$, so dreht sich, wenn die Achsen II—I und I sich in einem Punkt schneiden (Bild 52), der Körper um die Achse II mit der resultierenden Winkelgeschwindigkeit $\overline{\omega} \equiv \overline{\omega}_{2,0}$. Hierbei ist $\overline{\omega}$ die geometrische oder vektorielle Summe aus $\overline{\omega}_{1,0}$ und $\overline{\omega}_{2,0}$; ferner fällt die Achse II in Richtung des Vektors $\overline{\omega}$:

$$\overline{\omega} = \overline{\omega}_{1,0} + \overline{\omega}_{2,1}; \qquad \omega = \sqrt{\omega_{1,0}^2 + 2\,\omega_{1,0}\,\omega_{2,1}\cos\alpha + \omega_{2,1}^2};$$

$$\omega_{1,0} : \omega_{2,1} : \omega = \sin\alpha_2 : \sin\alpha_1 : \sin\alpha; \qquad \omega = \omega_{1,0}\cos\alpha_1 + \omega_{2,1}\cos\alpha_2 .$$

Beispiele: 1. Dreht sich ein Körper K_1 (Bild 53) mit der Winkelgeschwindigkeit $\omega_{1,0}$ um die am ruhenden Gestell K_0 befestigte Achse 01, und trägt dieser Körper K_1 eine Achse 21, um die der Körper K_2 sich mit der (relativen) Winkelgeschwindigkeit $\omega_{2,1}$ gegenüber K_1 dreht, so ist die (absolute) Winkelgeschwindigkeit $\omega_{2,0}$ des Körpers K_2 gegenüber dem Gestell die geometrische Summe aus der (Führungs-) Winkelgeschwindigkeit $\omega_{1,0}$ und der Winkelgeschwindigkeit $\omega_{2,1}$, d. h. $\overline{\omega}_{2,0} = \overline{\omega}_{1,0} + \overline{\omega}_{2,1}$. Die Winkelgeschwindigkeit $\omega_{2,0}$ kann dadurch erzwungen werden, daß das Kegelrad K_2 auf dem festen Kegelrad K_0' abrollt.

2. In Bild 54a sitzen die Kegelräder a und b auf den Wellen I und II, deren Lager im Maschinengestell O angeordnet sind. Außerdem tragen die Wellen die Lager L_1 und L_2, die im Gehäuse G angebracht sind. Dieses enthält auch das Lager L_3, in dem sich das Kegelrad c mit

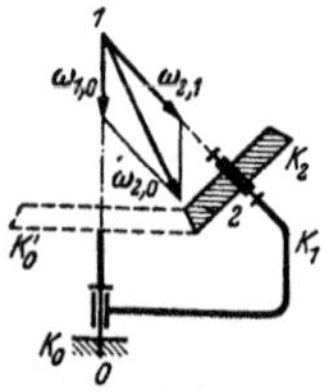

Bild 53

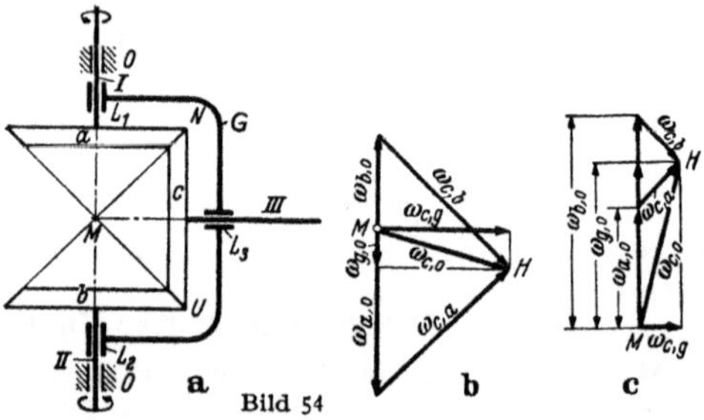

a Bild 54 b c

Bild 53 u. 54. Kegelrädertriebe

der Welle III dreht. Auf die Räder a und b werden von außen die Winkelgeschwindigkeiten $\overline{\omega}_{a,0}$ und $\overline{\omega}_{b,0}$ übertragen. Das Rad c kann sich im Lager III mit der Winkelgeschwindigkeit $\overline{\omega}_{c,g}$ drehen, und das Gehäuse kann sich mit der Winkelgeschwindigkeit $\overline{\omega}_{g,0}$ um die Achse I II drehen. Die wahre Winkelgeschwindigkeit $\overline{\omega}_{c,0}$ ist die Resultierende von $\overline{\omega}_{c,g}$ und $\overline{\omega}_{g,0}$. Gesucht sind $\overline{\omega}_{c,g}$ und $\overline{\omega}_{g,0}$, wenn $\overline{\omega}_{a,0}$ und $\overline{\omega}_{b,0}$ gegeben sind.

Der Vektor $\overline{\omega}_{c,o}$ muß stets durch den Punkt M gehen, weil sowohl $\overline{\omega}_{c,g}$ wie $\overline{\omega}_{g,o}$ durch M geht. Es ist $\overline{\omega}_{c,o} = \overline{\omega}_{a,o} + \overline{\omega}_{c,a}$, wobei der Vektor $\overline{\omega}_{c,a}$ die Richtung MN hat, seiner Größe nach aber unbestimmt ist. Ebenso ist $\overline{\omega}_{c,o} = \overline{\omega}_{b,o} + \overline{\omega}_{c,b}$, wobei der Vektor $\overline{\omega}_{c,b}$ die Richtung MU hat, seiner Größe nach unbestimmt ist. $\overline{\omega}_{c,a}$ und $\overline{\omega}_{c,b}$ schneiden sich in H, Bild 54b für entgegengesetzte, Bild 54c für gleichgerichtete Winkelgeschwindigkeiten $\overline{\omega}_{a,o}$ und $\overline{\omega}_{b,o}$. $\overline{MH}$ ist nach Richtung und Größe gleich $\overline{\omega}_{c,o}$, und dieser Vektor ist in seine horizontale Komponente $\overline{\omega}_{c,g}$ und seine vertikale $\overline{\omega}_{g,o}$ zu zerlegen. Statt der Winkelgeschwindigkeiten können die Umlaufzahlen gesetzt werden. Für $\overline{\omega}_{a,o} = -\overline{\omega}_{b,o}$ ist nach Bild 54b $\overline{\omega}_{g,o} = 0$, das Gehäuse ruht.

c) Drehungen um parallele Achsen. Sind die Achsen parallel, so ist wiederum $\overline{\omega} \equiv \overline{\omega}_{2,0} = \overline{\omega}_{1,0} + \overline{\omega}_{2,1}$ (vgl. Abs. 4f und Bild 46) oder, da die ω-Vektoren parallel sind, ist auch ω die algebraische Summe der Winkelgeschwindigkeiten $\omega_{1,0}$ und $\omega_{2,1}$. Die Lage der Achse II (oder des Poles $P_{2,0}$) findet man aus dem Satz, daß die Abstände der Relativpole sich umgekehrt wie die entsprechenden Winkelgeschwindigkeiten verhalten: Die Winkelgeschwindigkeiten können wie Kräfte behandelt werden.

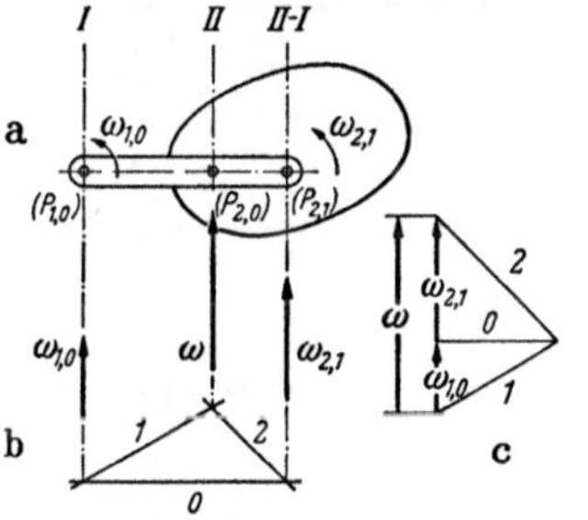

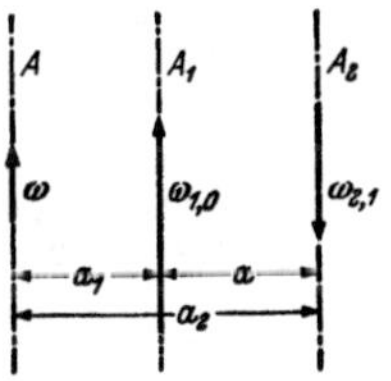

Bild 55 Drehungen um parallele Achsen Bild 56

α) $\omega_{1,0}$ und $\omega_{2,1}$ sind *gleichgerichtet* (Bild 55). Es ist $\omega = \omega_{1,0} + \omega_{2,1}$. Für die Entfernung der resultierenden Drehachse gilt

$$a_1 : a_2 = \omega_{2,1} : \omega_{1,0}$$
und $a_1 = a\,\omega_{2,0}/\omega$;
$a_2 = a\,\omega_{1,0}/\omega$ (S. 239).

β) $\omega_{1,0}$ und $\omega_{2,1}$ sind *entgegengesetzt gerichtet* (Bild 56). Dann ist $\omega = \omega_{1,0} - \omega_{2,1}$ und die Achse der resultierenden Drehung ω liegt außerhalb der beiden anderen Achsen, und zwar nach der Seite der größeren Winkelgeschwindigkeit. Es ist wieder

$$a_1 = a\,\omega_{2,1}/\omega \quad \text{und} \quad a_2 = a\,\omega_{1,0}/\omega .$$

Beispiel: In Bild 57 drehe sich der Stab B_0B um den Punkt B_0 des Stabes A_0B_0 mit ω_2 und der Stab A_0B_0 seinerseits um A_0 mit ω_1 in entgegengesetzter Richtung. Die resultierende Winkelgeschwindigkeit ist $\omega = \omega_1 - \omega_2$. Der Dreh- oder Momentanpol P liegt auf A_0B_0 um $A_0P = \overline{A_0B_0} \cdot \omega_2/\omega$ von A_0 entfernt. Wenn $\omega_1 < \omega_2$, wird $\omega = \omega_2 - \omega_1$ und ist entgegengesetzt gerichtet wie ω_1.

γ) Der *Sonderfall* $\omega_{2,1} = -\omega_{1,0}$ liefert nach b) $\omega = 0$ und $a_1 = a_2 = \infty$, d. h. die Achse II oder der Pol $P_{2,0}$ liegt im Unendlichen: Das Ergebnis ist eine Schiebung.

Dies folgt auch vektoriell: Die Geschwindigkeit $\mathfrak{v}$ des Punktes B (Bild 58) ergibt sich nach dem Satz über die Relativbewegung (S. 236, Abs. fβ)) zu $\mathfrak{v} = \mathfrak{v}_f + \mathfrak{v}_{rel}$, wobei $\mathfrak{v}_f = \overline{\omega}_{1,0} \times \mathfrak{r}_1$, $\mathfrak{v}_{rel} = \overline{\omega}_{2,1} \times \mathfrak{r}_2 = -\overline{\omega}_{1,0} \times \mathfrak{r}_2$ ist. Also $\mathfrak{v} = \overline{\omega}_{1,0} \times \mathfrak{r}_1 - \overline{\omega}_{1,0} \times \mathfrak{r}_2 = \overline{\omega}_{1,0} \times (\mathfrak{r}_1 - \mathfrak{r}_2)$ oder, da $\mathfrak{r}_1 - \mathfrak{r}_2 = \overrightarrow{A_1A_2}$ ist, auch $\mathfrak{v} = \overline{\omega}_{1,0} \times \overrightarrow{A_1A_2}$: Die Geschwindigkeit steht also senkrecht A_1A_2 und hat mit $\overline{A_1A_2} = a$ den von der Lage des Punktes B unabhängigen Betrag $v = a\,\omega_{1,0}$.

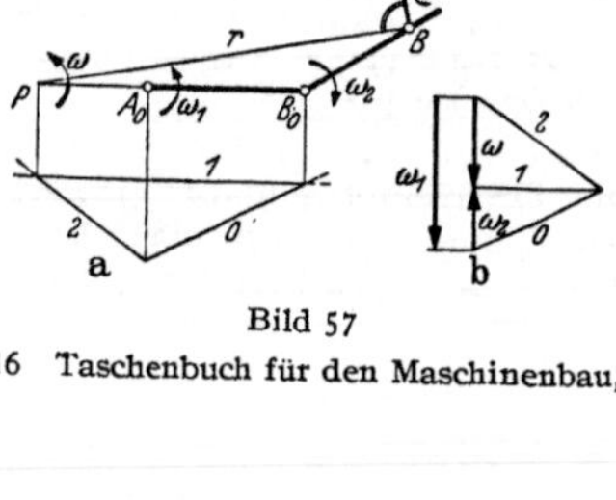

Bild 57

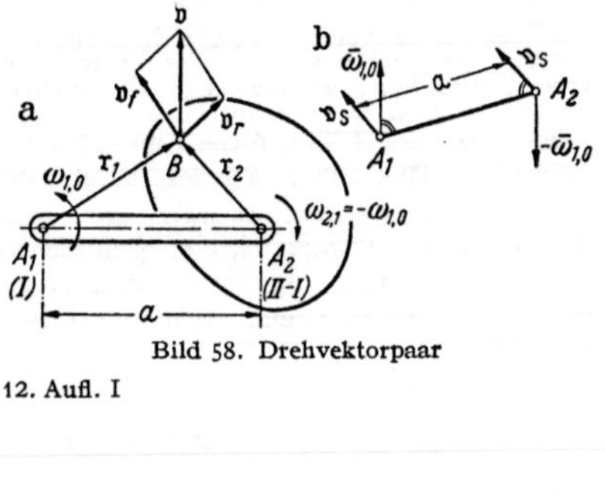

Bild 58. Drehvektorpaar

Gleich große und entgegengesetzte Drehungen oder ein Drehvektorpaar ergeben eine Schiebung von der Größe $v_s = a\omega$ senkrecht zum Abstand a der Achsen (Bild 58b). Ein Drehvektorpaar kann wie ein Kräftepaar beliebig parallel verschoben werden.

Umgekehrt kann eine Schiebung immer dargestellt werden als ein Drehvektorpaar $\omega_{1,0} = v_s/a$ und $\omega_{2,1} = -\omega_{1,0}$ (oder durch eine Drehung mit der Winkelgeschwindigkeit null um eine im Unendlichen liegende Achse).

d) Zwei Drehungen um sich kreuzende Achsen ergeben eine Schraubung: Ist $AB = a$ (Bild 59) der kürzeste Abstand der windschiefen Achsen OA und BD, so kann man in A den Vektor $+\overline{\omega}_2' = \overline{\omega}_2$ und den Vektor $-\overline{\omega}_2' = -\overline{\omega}_2$ anbringen, ohne den Zustand zu ändern. Die Vektoren $\overline{\omega}_1$ und $\overline{\omega}_2'$ ergeben eine resultierende Winkelgeschwindigkeit

$$\overline{\omega} = \overline{\omega}_1 + \overline{\omega}_2$$

mit der Achse OC, während das Drehvektorpaar ω_2 und $-\omega_2'$ im Abstand a eine Schiebung $v_s = a\omega_2$ ergibt. Eine Drehung und eine nicht zur Drehachse senkrechte Schiebung ergeben aber eine Schraubung nach e, γ). Jede Schraubung kann umgekehrt durch zwei Drehungen um windschiefe Achsen dargestellt werden.

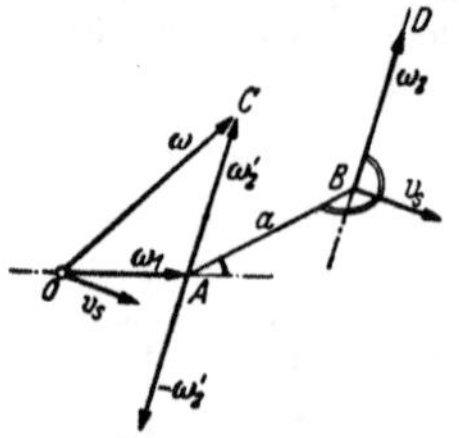

Bild 59. Drehungen um sich kreuzende Achsen

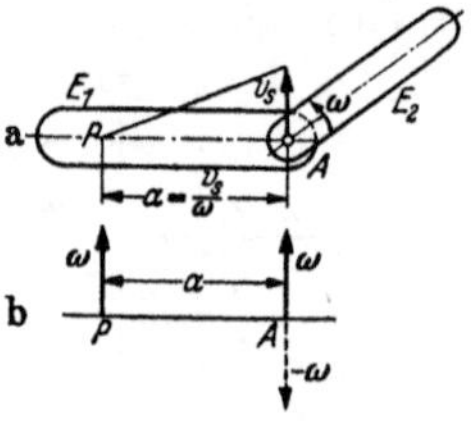

Bild 60 Schiebung ⊥ Drehachse

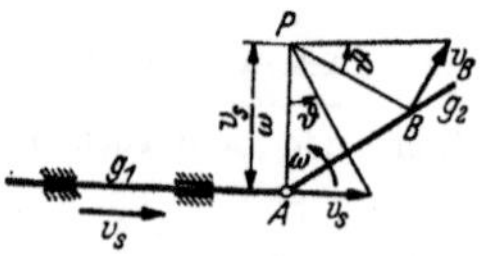

Bild 61

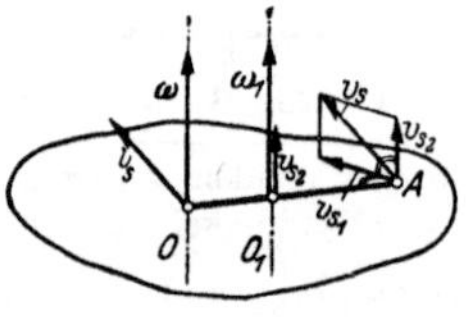

Bild 62. Schiebung schräg zur Drehachse

e) Drehung und Schiebung α) Eine *Schiebung parallel zur Drehachse* ergibt eine Schraubung (Bild 50).

β) Eine *Schiebung senkrecht zur Drehachse* ergibt nach dem Satz über den Momentanpol (S. 234) eine Drehung um diesen: Hat die Ebene E_1 (Bild 60) die Schubgeschwindigkeit v_s und dreht sich die Ebene E_2 um die Achse A ⊥ Ebene E_1 mit der Winkelgeschwindigkeit ω, so hat A als Punkt der Ebene E_2 die Geschwindigkeit v_s, die gleich $\overline{PA} \cdot \omega$ sein muß. Der Momentanpol P liegt dann auf der Senkrechten zu v_s durch A im Abstand $\overline{PA} = v_s/\omega$. Die Winkelgeschwindigkeit der Drehung von E_2 um P bleibt ω.

Man kann auch die Schiebung darstellen durch ein Drehvektorpaar der Winkelgeschwindigkeit ω, so daß $v_s = a\,\omega$. Trägt man $-\omega$ in A (Bild 60b) und ω im Abstand $a = v_s/\omega$ an, so heben sich die Vektoren ω und $-\omega$ im Punkt A auf, und es bleibt die Drehung um P mit derselben Winkelgeschwindigkeit ω.

Beispiel: In Bild 61 wird eine Stange g_1 mit der Geschwindigkeit v_s durch die feststehenden Lager verschoben, während eine zweite Stange g_2 um A mit der Winkelgeschwindigkeit ω gedreht wird. Der Momentanpol P für die Drehung der Stange g_2 gegenüber der ruhenden Ebene liegt senkrecht zu v_s über A im Abstand $a = v_s/\omega$. Die Geschwindigkeit des Punktes B ist $v_B = \overline{PB} \cdot \omega = \overline{PB} \cdot \operatorname{tg} \vartheta$ und steht senkrecht zu PB. Die Punkte P, A und der unendlich ferne Punkt von PA bilden die drei Momentanpole (S. 239). Vgl. a. S. 241 unter γ).

γ) Ist die *Schiebung v_s schräg zur Drehachse O* (Bild 62) gerichtet und zerlegt man v_s in eine Komponente v_{s1} senkrecht zum Drehvektor ω und in eine Komponente v_{s2} parallel zu diesem, dann ergeben v_{s1} und ω nach β) eine Drehung mit $\omega = \omega_1$ um eine neue Drehachse O_1 parallel zur ersten, und ω_1 und v_{s2} nach α) eine Schraubung.

B. Dynamik des Massenpunktes

1. Kraft und Masse

a) Das **dynamische Grundgesetz** (*Newton*) für den Massenpunkt lautet

Kraft = Masse × Beschleunigung

$$\mathfrak{P} = m\mathfrak{b} = m\,d\mathfrak{v}/dt.$$

Wirkt also auf einen punktförmigen Körper eine Kraft ein, so erfährt er eine dieser proportionale und gleichgerichtete Beschleunigung; ist umgekehrt ein Körper in beschleunigter (oder verzögerter) Bewegung, so wirkt auf ihn eine Kraft. Ist diese von konstanter Richtung und Größe, so liegt eine gleichmäßig beschleunigte Bewegung vor.

Greifen mehrere Kräfte $\mathfrak{P}_1, \mathfrak{P}_2, \mathfrak{P}_3, \ldots$ an einem punktförmigen Körper an, so ist $\mathfrak{P} = \Sigma\,\mathfrak{P}_n$ ihre Resultierende, d. h. ihre geometrische oder bei parallelen Kräften auch arithmetische Summe. Hierbei ist zu beachten, daß *nur bei starren* Körpern die Kräfte in ihrer Wirkungslinie verschoben werden können.

Ist die Gesamtkraft gleich null, so erfährt der Körper keine Beschleunigung, er bleibt in Ruhe oder in gleichförmiger Bewegung (Trägheitsgesetz von *Galilei*).

Übt ein Körper A auf den Körper B eine Kraft aus, so übt B auf A eine ebenso große, aber entgegengesetzt gerichtete Kraft aus (Aktion und Reaktion).

b) Sind Kraft P und Beschleunigung b bekannt, so folgt für die **Masse** $m = P/b$. Beim freien Fall ist die Fallbeschleunigung g sowie die wirkende Kraft, d. h. das Gewicht G, bekannt. Also folgt für die Masse

$$m = G/g \ \text{kg m}^{-1}\,\text{sek}^2.$$

Das Gewicht eines Körpers ist die Kraft, die er (im luftleeren Raum) auf seine Unterlage ausübt, bzw. die Spannkraft eines Fadens, an dem er befestigt ist, und zwar im luftleeren Raum. Die Fallbeschleunigung ist in unseren Breiten im Mittel

$$g = 9{,}81 \ \text{m/sek}^2.$$

Allgemein gilt $g = (980{,}632 - 2{,}586 \cos 2\varphi + 0{,}003 \cos 4\varphi - 0{,}293\,h)\ \text{cm/sek}^2$, wobei φ = geographische Breite und h in km die Höhe über dem Meeresspiegel ist. Als Normwert der Fallbeschleunigung ist $g_n = 9{,}80665\ \text{m/sek}^2$ festgelegt (s. a. DIN 1305).

Gewicht und Fallbeschleunigung ändern sich mit dem Ort und auch mit der Entfernung von der Erde, die Masse eines Körpers ist aber unveränderlich.

c) Im *technischen* **Maßsystem** ist die Einheit der Kraft das kg (-Gewicht). Dann hat die Masse die Dimension kg m^{-1} sek^2 und ein Körper, der auf seine Unterlage die Kraft 9,81 kg ausübt, die Masse 1.

Bei *Zahlenrechnungen* ist zu beachten: Wenn $g = 9{,}81\ \text{m/sek}^2$, so sind Länge in m, spez. Gewicht in kg/m^3, Spannung in kg/m^2 usw. einzusetzen.

Im *physikalischen* (absoluten) *Maßsystem* (CGS-System) ist die Einheit der Masse die Masse eines Gramm-Gewichtes. Die Einheit der Kraft ist das dyn.

Die Kraft 1 dyn erteilt der Masse 1 g die Beschleunigung 1 cm/sek^2.
Zur Umrechnung gilt: 1 g Kraft (techn. M.) ≙ 981 dyn (abs. M.).

In letzter Zeit wird das *Internationale Einheitensystem* der Meterkonvention empfohlen[1]; es beruht auf sechs voneinander unabhängigen Grundeinheiten, von denen hier besonders das Meter (m) für die Länge, das Kilogramm (kg) für die Masse und die Sekunde (sek) für die Zeit interessieren (die anderen drei Einheiten gelten für die el. Stromstärke, die Temperatur und die Lichtstärke). Das Teilsystem mit den ersten drei Grundeinheiten wird als MKS-System bezeichnet.

Um das für die Masseneinheit (auch gesetzlich) festgelegte kg von dem im techn. Maßsystem üblichen kg-Kraft zu unterscheiden, hat man für dieses die Bezeichnung Kilopond (kp) oder Kilogrammforce (kgf) vorgeschlagen. Dem g-Kraft entspricht dann das Pond (p) oder Grammforce (gf).

Die Kraft 1 kp erteilt der Masse 1 kg die Beschleunigung 9,81 m/sek^2.
1000 kp (= 1 t-Kraft) = 1 Mp (Megapond).

---

[1] *Flegler, E.:* Einheiten und Einheitensysteme. VDI-Z. Bd. 100 (1958) Nr. 23 S. 1100/02 u. Nr. 36 S. 1744.

Das kp hat im Internationalen Einheitensystem den Nachteil, eine nichtkohärente Einheit zu sein. Die Kohärenz wird hergestellt, wenn man den 9,81sten Teil des kp als Krafteinheit wählt; es ist das Newton (N) = 1/9,81 kp.

Die Kraft 1 N erteilt der Masse 1 kg die Beschleunigung 1 m/sek².

2. Arbeit und Leistung

a) Die **Arbeit** einer veränderlichen Kraft P längs eines Weges s oder längs einer Kurve c (Bild 63) ist durch die skalare Größe

$$A = \int_{(c)} \mathfrak{P}\, d\mathfrak{s} = \int_{(c)} P\, ds \cos\alpha$$

(als skalares Produkt, s. S. 152) gegeben, wobei das Integral längs der Kurve c zu bilden ist. Ist P *konstant* (Bild 64), so ist die Arbeit gleich Kraft mal Projektion des Weges auf die Kraft: $A = P\int ds \cos\alpha$. Auf die *Form* der Bahn kommt es dabei nicht an, sondern nur auf die Länge der Projektion. S. a. S. 93.

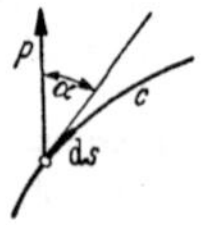

Bild 63

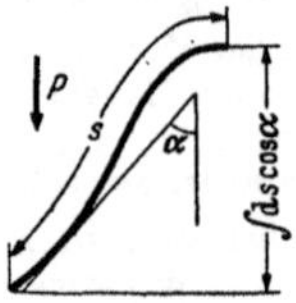

Bild 64

Haben Kraft und Projektion des Weges die gleiche Richtung, so ist die Arbeit A positiv, sind sie entgegengesetzt, so ist A negativ. Eine Kraft *senkrecht* zur Bewegungsrichtung leistet keine Arbeit, da die Projektion null ist.

Die *Einheit* der *Arbeit* ist im technischen Maßsystem das Meterkilogramm (mkg), im physikalischen das erg:

$$1 \text{ erg} = 1 \text{ dyn} \times 1 \text{ cm}.$$

Wirken mehrere Kräfte auf den Körper ein, so ist die *Gesamt*arbeit gleich der Summe der Einzelarbeiten oder gleich der Arbeit der Gesamtkraft.

Befindet sich ein System starrer Körper im Gleichgewicht, so ist bei einer kleinen, mit der Anordnung verträglichen (virtuellen) Verschiebung die gesamte Arbeit der äußeren Kräfte gleich null. (Auch die Summe der Leistungen der äußeren Kräfte ist gleich null.)

Bei *Reibungskräften* ist zu beachten, daß diese die gleiche Richtung wie die Geschwindigkeit haben, aber ihr entgegengesetzt gerichtet sind. Wirkt auf einen *elastischen* Körper eine Kraft ein, ohne daß er als Ganzes beschleunigt wird, so ist die Arbeit der äußeren Kraft gleich der von der Spannkraft des Körpers geleisteten Arbeit.

b) Sind X, Y, Z die **Komponenten der Kraft** in drei zueinander senkrechten Richtungen und dx, dy, dz die entsprechenden Komponenten des Wegelementes ds, so ist die Arbeit (s. a. S. 93 u. 153) innerhalb der Grenzen von x, y, z

$$A = \int X\, dx + \int Y\, dy + \int Z\, dz.$$

c) Soll die **Arbeit für eine bestimmte Zeit** ermittelt werden, so ist P als Funktion der Zeit aufzufassen; mit $ds = v\,dt$ wird [s. a. f)] innerhalb der Grenzen für t

$$A = \int P v \cos\alpha\, dt,$$

worin α der Winkel zwischen den Richtungen von Kraft und Geschwindigkeit ist.

Beispiele: 1. Wird ein Stab unter der Wirkung der Kraft P um y cm durchgebogen, so ist die Kraft proportional der Durchbiegung: $P = cy$ (*Hooke*sches Gesetz). Damit wird die Arbeit $A = \int cy\, dy = cy^2/2 = P\,y/2$. c ist die Federkonstante.

2. Ein geradlinig nach dem Gesetz $s = a \sin\omega t$ bewegter Körper unterliege der in gleicher Richtung, aber entgegengesetzt wirkenden Kraft $P = P_0 \cos\omega t$. Für die während einer Schwingung von der Dauer $T = 2\pi/\omega$ (S. 228) geleistete Arbeit folgt mit $v = \dot{s} = a\,\omega\cos\omega t$:

$$A = -\int_0^T P v\, dt = -P_0 a\,\omega \int_0^T \cos^2\omega t\, dt = -P_0 a\,\omega \left[\frac{1}{2}t + \frac{1}{4\omega}\sin 2\omega t\right]_0^T = -P_0 a\,\pi.$$

d) Bei **reiner Drehung** beschreibt der Angriffspunkt der Kraft einen Kreisbogen vom Radius r. Das Wegelement wird $ds = r\,d\varphi$, und bei tangentialer

Richtung der Kraft P wird $\mathrm{d}A = P r \,\mathrm{d}\varphi$. Da $Pr = M$ das Moment der Kraft P in bezug auf die Drehachse ist, wird die *Arbeit* des *Momentes*

$$A = \int_0^{\varphi} M \,\mathrm{d}\varphi = \int_0^{t} M\omega \,\mathrm{d}t,$$

mit ω als Winkelgeschwindigkeit. Ist P oder M konstant, so wird auch $A = M\varphi$.

Beispiel: Die an einer Kurbel vom Radius r angreifende Tangentialkraft sei $T = P_0 + P_1 \sin 2\alpha$ mit α als Drehwinkel der Kurbel. Für die Arbeit in t Sekunden folgt

$$A = \int M \,\mathrm{d}\alpha = \int T r \,\mathrm{d}\alpha = r \int (P_0 + P_1 \sin 2\alpha) \,\mathrm{d}\alpha = r(P_0\alpha - \tfrac{1}{2} P_1 \cos 2\alpha).$$

e) Graphische Darstellung. Ist P die Komponente der wirkenden Kraft in Richtung des Weges, oder fallen Weg- und Kraftrichtung zusammen, so ist die Arbeit $A = \int P \,\mathrm{d}s$. Trägt man dann P als Funktion des Weges auf (Bild 65), so ist die unterhalb der Kurve für P liegende (schraffierte) Fläche proportional der geleisteten Arbeit. Der Inhalt der Fläche kann durch graphische Integration (S. 185) oder mit dem Planimeter (S. 186) bestimmt werden.

Maßstäbe:	Maßstab für den Weg s:	1 cm $\triangleq$ a cm;
	Maßstab für die Kraft P:	1 cm $\triangleq$ b kg;
daher	Maßstab für die Arbeit A:	1 cm² $\triangleq a\,b$ cm kg.

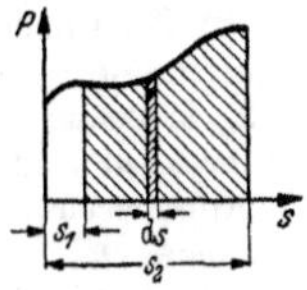

Bild 65. Arbeit als Flächeninhalt

f) Leistung ist die in der Zeiteinheit geleistete Arbeit

$$N = \mathrm{d}A/\mathrm{d}t = P \,\mathrm{d}s/\mathrm{d}t \cdot \cos\alpha = Pv \cos\alpha \text{ mkg/sek}.$$

Ist P mit v gleichgerichtet, so ist $N = Pv$.

Die Leistung, eine skalare Größe, hat im technischen Maßsystem als kleinste Einheit 1 mkg/sek. Größere Einheiten sind

$$1 \text{ PS} = 75 \text{ mkg/sek} = 0{,}736 \text{ Kilowatt (kW)} = 736 \text{ Watt (W)},$$
$$1 \text{ kW} = 102 \text{ mkg/sek} = 1{,}36 \text{ PS}.$$

Hiernach kann als Gleichung für die *Arbeit* auch geschrieben werden [s. c)]

$$A = \int_{t_1}^{t_2} N \,\mathrm{d}t \quad \text{oder} \quad A = Nt \text{ bei konstanter Leistung.}$$

Dann ist

$$1 \text{ kWh (Kilowattstunde)} = 102 \text{ mkg/sek} \cdot 3600 \text{ sek} = 367\,200 \text{ mkg} = 1{,}36 \text{ PSh}.$$

Trägt man die Leistung in Abhängigkeit von der Zeit auf, so ist die Fläche unter der Kurve gleich der geleisteten Arbeit A.

Mit T als Tangentialkraft an einer Kurbel vom Radius r, die sich mit der Winkelgeschwindigkeit ω dreht, folgt für die *Leistung eines Momentes*

$$N = Tv = Tr\omega \quad \text{oder} \quad N = M\omega,$$

wenn M das Moment der Kraft ist.

Da $\omega = \pi n/30$, folgt auch $N = M\pi n/30$ mkg/sek $= Mn/716$ PS oder für das *Moment an einer Welle*

$$M = 716\, N/n \text{ kgm} \quad (N \text{ in PS und } n \text{ in U/min}),$$
$$\text{bzw.} \quad M = 974\, N/n \text{ kgm} \quad (N \text{ in kW und } n \text{ in U/min}).$$

g) Der **Wirkungsgrad** einer Maschine oder eines Vorganges ist das Verhältnis der von der Maschine oder während des Vorganges geleisteten Nutz-*Arbeit* A_n zu der der Maschine oder während des Vorganges zugeführten Arbeit A_z, d. h.

$$\eta = A_n/A_z < 1.$$

Bei Vorrichtungen aus starren Teilen, bei denen keine Formänderungsarbeit aufgespeichert werden kann, also bei den meisten Maschinen, wird als Wirkungsgrad η das Verhältnis der Nutz-*Leistung* N_n zur zugeführten Leistung N_z aufgefaßt, so daß dann

$$\eta = N_n/N_z < 1.$$

3. Energiesatz

a) Unter **Wucht** oder **kinetischer Energie** eines punktförmigen Körpers versteht man den Wert

$$E = \tfrac{1}{2} m v^2 \text{ mkg},$$

worin m die Masse in $\text{kg m}^{-1}\text{sek}^2$ und v die Geschwindigkeit in m/sek bedeuten.

Wirkt z. B. auf einen geradlinig bewegten Körper die Kraft P, so folgt für die Arbeit

$$A = \int P\,ds = m \int b\,ds = m \int \frac{dv}{dt}\, v\,dt = m \int v\,dv = \frac{1}{2} m v^2 - \frac{1}{2} m v_0^2,$$

wenn v und v_0 die Geschwindigkeiten für $s = s$ und $s = s_0$ sind.

Allgemein gilt $\quad A = \int P\,ds = \tfrac{1}{2} m v^2 - \tfrac{1}{2} m v_0^2,$

d. h. *der Zuwachs an kinetischer Energie ist gleich der von den angreifenden Kräften geleisteten Arbeit* oder die Summe aus potentieller und kinetischer Energie ist konstant.

b) Potentielle Energie ist gegenüber der kinetischen oder der Bewegungsenergie eine Energie der *Lage*: z. B. die Energie Gh, die ein Körper vom Gewicht G kg in bezug auf den h m tiefer gelegenen Boden hat, oder die Energie einer gespannten Feder oder eines komprimierten Gases; ferner chemische Energie, Wärmeenergie usw.

Beispiele: 1. Ein Körper wird waagerecht mit der Geschwindigkeit v_0 abgeworfen. Wie groß ist seine Geschwindigkeit unter Vernachlässigung des Luftwiderstandes, wenn er um h m gefallen ist? $Gh = m v^2/2 - m v_0^2/2$; oder mit $G = mg$ wird $v = \sqrt{2gh + v_0^2}$.

2. Ein Geschoß von 40 g trifft mit $v_1 = 600$ m/sek Geschwindigkeit auf einen Körper, durchschlägt ihn und fliegt mit $v_2 = 200$ m/sek weiter. Die Arbeit beim Durchschlagen ist dann $A = \frac{0{,}040}{2 \cdot 9{,}81} \cdot (600^2 - 200^2) = 653$ mkg.

3. Wird eine Schraubenfeder (oder ein ähnliches elastisches Gebilde) durch ein Gewicht G langsam belastet und ist c kg/cm die Federkonstante, d. h. die Kraft, welche die Feder um 1 cm längt, so ist die Verlängerung gleich G/c cm. Wird aber der Körper plötzlich aus der ungespannten Lage der Feder losgelassen, so hat nach Längung um x cm das Gewicht die Arbeit $A_1 = Gx$ cmkg geleistet. Diese wird einerseits zur Überwindung der Arbeit A_2 zum Spannen der Feder, d. h. für $A_2 = \int_0^x c x\,dx = c x^2/2$ verwandt, andererseits in Wucht $m v^2/2$ verwandelt. Also folgt

$$A_1 - A_2 = m v^2/2 \quad \text{oder} \quad Gx - cx^2/2 = m v^2/2,$$

d. h. $v = \sqrt{2gx - x^2 c/m}$. Für die größte Längung wird $v = 0$ oder $x_{\text{max}} = 2G/c$. Die größte Längung ist doppelt so groß wie bei langsamer Belastung.

c) Die Arbeit ist auch $A = \int_{(C)} (X\,dx + Y\,dy + Z\,dz)$, s. S. 93. Dieser Ausdruck ist aber nur dann unabhängig vom Weg, wenn dA ein totales Differential (S. 75), also $X = \partial A/\partial x$, $Y = \partial A/\partial y$, $Z = \partial A/\partial z$ ist. Eine Arbeitsfunktion oder ein Potential existiert somit nur, wenn $\partial Y/\partial z = \partial Z/\partial y$, $\partial Z/\partial x = \partial X/\partial z$, $\partial X/\partial y = \partial Y/\partial x$ ist. Die Funktion $U = -A$ heißt **Potential**, und es ist dann $X = -\partial U/\partial x$, $Y = -\partial U/\partial y$, $Z = -\partial U/\partial z$. Ebenso kann das Moment $M = -\partial U/\partial \varphi$ geschrieben werden mit φ als Winkel.

4. Impuls und Drall

a) Bewegungsgröße ist das Produkt $\mathfrak{B} = m\mathfrak{v}$ aus Masse m und Geschwindigkeit $\mathfrak{v}$. Wenn $\mathfrak{P}$ die wirkende Kraft ist, so gilt unter Beachtung des dynamischen Grundgesetzes (s. S. 243) innerhalb der einzusetzenden Grenzen

$$\mathfrak{P}\,dt = m\mathfrak{b}\,dt = m\,d\mathfrak{v}$$

oder $\quad \int \mathfrak{P}\,dt = \int m\,d\mathfrak{v} = m\mathfrak{v}_2 - m\mathfrak{v}_1 = \mathfrak{B}_2 - \mathfrak{B}_1$ kgsek.

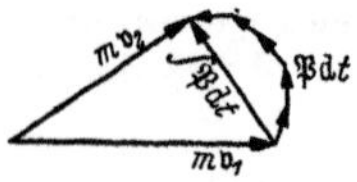

Bild 66
Impulssatz graphisch

$\int \mathfrak{P}\,dt$ heißt *Antrieb* oder *Impuls: Die Zunahme der Bewegungsgröße ist gleich dem Antrieb der Kraft.* Die Bewegungsgröße $m\mathfrak{v}$ ist ein Vektor in Richtung der Geschwindigkeit, und der Antrieb $\int_{t_1}^{t_2} \mathfrak{P}\,dt$, das Zeitintegral der Kraft, stellt als geometrische Summe ebenfalls einen Vektor dar, vgl. Bild 66.

Das dynamische Grundgesetz kann auch in der Form $\mathfrak{P} = \mathrm{d}\mathfrak{B}/\mathrm{d}t$ geschrieben werden.

Beispiel: In Bild 67 ist $u = u_1 = u_2$ die Umfangsgeschwindigkeit des Laufrades, c_1 die absolute Eintrittsgeschwindigkeit des Wassers, w_1 die relative Geschwindigkeit des Wassers im Rad beim Eintritt, w_2 die relative Geschwindigkeit beim Austritt, c_2 die absolute Austrittsgeschwindigkeit. Dann ist die Bewegungsgröße von G kg Wasser je Sekunde waagerecht gemessen beim Eintritt $mc_{1u} = Gc_{1u}/g$ [kgsek], beim Austritt $+Gc_{2u}/g$, die Änderung der Bewegungsgröße demnach $G(c_{2u} - c_{1u})/g$. Für die während der Zeit $\Delta t = 1$ sek wirkende Umfangskraft P in horizontaler Richtung gilt demnach

$$P \text{ kg} \cdot 1 \text{sek} = G(c_{2u} - c_{1u})/g = -G(c_{1u} - c_{2u})/g.$$

P ist negativ, d. h. die auf das *Wasser* wirkende Kraft ist nach rechts, die auf die *Schaufel* wirkende Reaktion von P ist nach links gerichtet. Die *Leistung* des Wassers ist $Pu = G(c_{1u} - c_{2u})\,u/g$ [... mkg/sek]. Ist $c_2 \perp u$, also $c_{2u} = 0$, so wird $Pu = Gc_{1u}u/g$.

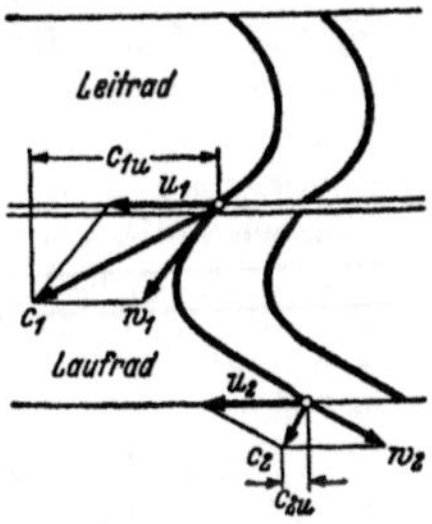

Bild 67. Impulssatz bei der Wasserturbine

b) Drall oder Drehimpuls einer punktförmigen Masse m in bezug auf einen festen Punkt ist das *Moment* $\mathfrak{r} \times m\mathfrak{v}$ *ihrer Bewegungsgröße* $m\mathfrak{v}$ um diesen Punkt, worin $\mathfrak{r}$ den Ortsvektor vom Bezugspunkt zum Massenpunkt bedeutet. Der Drall ist somit ein Vektor $\mathfrak{D}$ (Bild 68), der senkrecht zur Ebene von $\mathfrak{r}$ und $\mathfrak{v}$ steht: $\mathfrak{D} = \mathfrak{r} \times m\mathfrak{v} = m\mathfrak{r} \times \mathfrak{v}$. Mit $\mathfrak{P}$ als Resultierender aller an der Masse angreifenden Kräfte und mit $\mathfrak{M} = \mathfrak{r} \times \mathfrak{P}$ als Moment der Resultierenden um den festen Punkt lautet der Momentensatz (vgl. a. u.)

$$\mathrm{d}\mathfrak{D}/\mathrm{d}t = \mathfrak{M}$$

Die zeitliche Ableitung des Dralls ist gleich dem resultierenden Moment.
Durch Integration folgt

$$\int_{t_1}^{t_2} \mathfrak{M}\,\mathrm{d}t = \mathfrak{r}_2 \times m\mathfrak{v}_2 - \mathfrak{r}_1 \times m\mathfrak{v}_1 = \mathfrak{D}_2 - \mathfrak{D}_1$$

Hierin ist $\int_{t_1}^{t_2} \mathfrak{M}\,\mathrm{d}t$ der Antrieb des resultierenden Momentes oder das Moment des Antriebs und — wie der Drall — ein Vektor. Somit gilt: *Das Moment des Antriebs ist gleich der Zunahme des Dralls.*

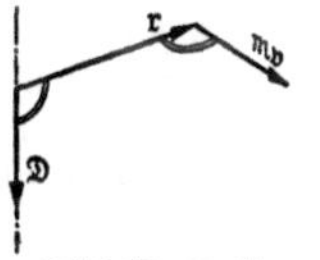

Bild 68. Drall

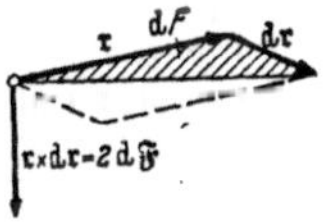

Bild 69

Für die Drehung um eine *feste Achse* folgt (skalar geschrieben)

$$\int_{t_1}^{t_2} M\,\mathrm{d}t = mv_2 r - mv_1 r = D_2 - D_1.$$

Darin bedeutet
M das resultierende Moment bezüglich der festen Achse,
r den senkrechten Abstand der Punktmasse m von der Achse,
$D = mvr$ den Drall.

Für konstantes Moment ist $\int_{t_1}^{t_2} M\,\mathrm{d}t = M(t_2 - t_1)$, wenn $t_2 - t_1$ die Dauer der Einwirkung ist.

Von den Komponenten der resultierenden Kraft $\mathfrak{P}$ in axialer und tangentialer Richtung liefert nur die tangentiale Komponente einen Beitrag zum Moment.

Der Drall bleibt konstant, wenn das Moment in bezug auf die Drehachse gleich null ist, also 1. wenn die Wirkungslinie der Resultierenden $\mathfrak{P}$ stets durch die Drehachse geht; 2. wenn sie der Drehachse parallel ist; 3. wenn keine äußeren Kräfte auf die Masse m wirken.

Aus $\mathfrak{D} = \mathfrak{r} \times m\mathfrak{v}$ folgt $\mathrm{d}\mathfrak{D}/\mathrm{d}t = \mathrm{d}\mathfrak{r}/\mathrm{d}t \times m\mathfrak{v} + \mathfrak{r} \times m\,\mathrm{d}\mathfrak{v}/\mathrm{d}t$. Da $\mathrm{d}\mathfrak{r}/\mathrm{d}t = \mathfrak{v}$ und $\mathfrak{v} \times \mathfrak{v} = 0$ ist, wird das erste Produkt gleich null, und da $\mathrm{d}\mathfrak{v}/\mathrm{d}t = \mathfrak{b}$, d. h. $m\mathfrak{b} = \mathfrak{P}$ wird, bleibt $\mathrm{d}\mathfrak{D}/\mathrm{d}t = \mathfrak{r} \times \mathfrak{P} = \mathfrak{M}$ (1). — Ferner folgt aus $\mathfrak{D} = \mathfrak{r} \times m\,\mathrm{d}\mathfrak{r}/\mathrm{d}t$ auch $\mathfrak{D}\,\mathrm{d}t = m\mathfrak{r} \times \mathrm{d}\mathfrak{r}$. Aber der Betrag von $\mathfrak{r} \times d\mathfrak{r}$ ist gleich dem doppelten Flächenelement dF, das vom Radiusvektor $\mathfrak{r}$ überstrichen, also von $\mathfrak{r}$, $\mathfrak{r} + d\mathfrak{r}$ und $d\mathfrak{r}$ umschlossen wird, Bild 69, so daß $\mathfrak{I}\, dt = 2m\, d\mathfrak{F}$ oder $\mathfrak{D} = 2m\, d\mathfrak{F}/dt$ (2) ist. Hierin bedeutet $d\mathfrak{F}/dt$ die Flächengeschwindigkeit (s. a. S. 231), so daß der Drall gleich dem doppelten Produkt aus Masse und Flächengeschwindigkeit ist *(allgemeiner Flächensatz)*. Bei der Zentralbewegung (S. 231) geht die Kraft und daher auch die Beschleunigung durch einen festen Punkt, also muß $\mathfrak{M} = 0$ oder nach (1) $d\mathfrak{D}/dt = 0$ oder $\mathfrak{D} =$ const. und damit auch dF/dt, die Flächengeschwindigkeit, konstant sein *(spezieller Flächensatz)*.

5. Freie Bewegung des Massenpunktes

a) Das dynamische Grundgesetz liefert die Beschleunigung $\mathfrak{b} = \mathfrak{P}/m$ und kann auch geschrieben werden

$$\mathfrak{P} - m\mathfrak{b} = 0.$$

Man bezeichnet die der Beschleunigung entgegengesetzt gerichtete Kraft $-m\mathfrak{b}$ als **Trägheitskraft.** Dann sind äußere Kraft $\mathfrak{P}$ (die auch Resultierende mehrerer Kräfte sein kann) und Trägheitskraft im Gleichgewicht (s. auch S. 250).

Hat die Kraft $\mathfrak{P}$ immer dieselbe Richtung wie die Geschwindigkeit des Massenpunktes, so beschreibt der Punkt eine Gerade, andernfalls eine krummlinige Bahn.

b) Die **Beschleunigung** $\mathfrak{b}$ entspricht der Resultierenden aller Kräfte. Man kann auch die wirkenden Kräfte *zerlegen*, z. B. durch Projektion auf ein rechtwinkliges Koordinatensystem, und erhält dann durch die entsprechenden Kraftkomponenten die Komponenten der Bewegung. Sind X, Y und Z die Komponenten der Resultierenden, so folgt

$$b_x = X/m, \quad b_y = Y/m, \quad b_z = Z/m.$$

Da $b = \dot{v} = \ddot{s}$, können Geschwindigkeit und Weg hiernach durch Integration (S. 228) gewonnen werden.

Beispiel: Ein Körper fällt senkrecht nach unten. Dann wirkt außer dem Gewicht G noch entgegengesetzt der Geschwindigkeit der Luftwiderstand W, der von der Geschwindigkeit abhängt. Ist $W = k\, v^2$ (s. Bd. I S. 304), so wird $m\, b = G - k\, v^2$. Nach „unendlich" langer, praktisch endlicher Zeit, ist der Widerstand W gleich dem Gewicht geworden, die Beschleunigung ist gleich null, die Bewegung gleichförmig geworden. Für den Grenzwert v_g der Geschwindigkeit gilt dann $v_g = \sqrt{G/k}$. Ist die Anfangsgeschwindigkeit nicht gleich null, sondern v_0, so ist die Bewegung beschleunigt oder verzögert, je nachdem $v_0 < v_g$ oder $v_0 > v_g$.

c) Die **natürliche Zerlegung** der Kraft und der Beschleunigung (S. 229) in Richtung von Bahntangente und Bahnnormale liefert die Komponenten

$$P_t = m b_t = m\, dv/dt \quad \text{und} \quad P_n = m b_n = m v^2/\varrho \quad \text{(Zentripetalkraft)},$$

wenn ϱ der Krümmungsradius der Bahn ist.

d) Die Zerlegung der Kraft bei **Polarkoordinaten** (S. 230) in die Komponenten in Richtung des Fahrstrahls und senkrecht dazu liefert für den Fall, daß die zweite Komponente gleich null ist, die **Zentralbewegung.** Die Kraft geht also immer durch einen festen Punkt.

e) Ist die Bahnkurve ein **Kreis,** führt also der Massenpunkt eine Drehung um eine Achse bzw. um den Mittelpunkt aus, so gelten mit den Formeln für die Komponenten der Beschleunigung nach S. 230 ($b_t = r\varepsilon$, $b_n = r\omega^2 = v^2/r = v\,\omega$) für die Komponenten der Kraft und für diese selbst die Beziehungen

$$P_t = m r \varepsilon; \qquad P_n = m r \omega^2 = m v^2/r; \qquad P = m r \sqrt{\varepsilon^2 + \omega^4}.$$

Die Kraft P_n (*Zentripetalkraft*) ist nach dem Mittelpunkt hin gerichtet.
Das *Moment* von P in bezug auf den Mittelpunkt ist $M = P_t r = m r^2 \varepsilon$.
Arbeit und *Leistung* s. S. 244.
Wucht des Massenpunktes: $E = m v^2/2 = m r^2 \omega^2/2$ (S. 246).

6. Unfreie Bewegung des Massenpunktes

a) Die unfreie oder *gezwungene* Bewegung kann auf die freie dadurch zurückgeführt werden, daß man die von der **festen Führung** (Leitkurve oder Leitfläche) ausgeübten Kräfte (Reaktionen) als äußere Kräfte einführt. Bei einer *glatten* Fläche steht diese *Zwangskraft* senkrecht zur Tangente der Kurve oder senkrecht zur Tangentialebene. Bei *rauher* Leitfläche oder Leitkurve kommt noch die Reibungskraft hinzu, die in der Tangentialebene oder in der Tangente liegt und entgegengesetzt gerichtet ist wie die Geschwindigkeit des punktförmigen Körpers gegenüber der Führung.

b) Bewegt sich der Massenpunkt in einer **bewegten Führung,** so folgt für die Beschleunigungen bei der Relativbewegung (S. 237)

$$\mathfrak{b}_a = \mathfrak{b}_f + \mathfrak{b}_r + \mathfrak{b}_c,$$

wo $\mathfrak{b}_c = 2\,\overline{\omega} \times \mathfrak{v}_r$ vom Betrag $b_c = 2\omega v_r$ die Coriolisbeschleunigung ist (Richtung s. S. 238).

Ist $m b_a = P$ die Gesamtkraft,

$m b_f = P_f$ die Kraft, die notwendig ist, um dem Körper die Beschleunigung b_f zu erteilen, die der augenblicklich mit ihm zusammenfallende Punkt der Führung hat, und

$m b_c = 2 m\,\omega\, v_r = Z$ die Zusatzkraft,

so folgt für die Gesamtkraft die geometrische Summe (vektoriell geschrieben)

$$\mathfrak{P} = \mathfrak{P}_f + \mathfrak{P}_r + \mathfrak{Z}.$$

Nach $\mathfrak{P}_r$ aufgelöst, folgt

$$\mathfrak{P}_r = \mathfrak{P} - \mathfrak{P}_f - \mathfrak{Z} = \mathfrak{P} - \mathfrak{P}_f + \mathfrak{C}.$$

$\mathfrak{C}$ heißt *Zusatzkraft der Relativbewegung* oder *Corioliskraft;* sie ist der Coriolisbeschleunigung entgegengesetzt gerichtet.

c) Der **Energiesatz** (S. 246) kann auch bei unfreier Bewegung benutzt werden, nur ist bei *rauher* Führung die Arbeit der Reibung zu berücksichtigen, die von der eingeprägten Kraft P mit zu leisten ist.

Die Reaktionskräfte senkrecht zur Führung leisten keine Arbeit.

Beispiele: 1. *Schiefe Ebene.* Auf den Massenpunkt wirken ein sein Gewicht G und die zur Ebene senkrechte Reaktion N der Ebene. Die Resultierende P von G und N muß, da der Punkt die Ebene nicht verlassen kann, parallel zur Ebene sein. Daraus ergibt sich unter Vernachlässigung der Reibung, Bild 70,

$$N = G\cos\alpha, \qquad P = G\sin\alpha.$$

Da die zu beschleunigende Masse $m = G/g$ ist, so gilt $G\sin\alpha = m\,b$, d. h. $b = g\sin\alpha$.

2. *Mathematisches Pendel* (Bild 71). An einem Faden von der Länge l hängt ein Massenpunkt vom Gewicht G. Der Faden ist um den Winkel φ aus der vertikalen Lage ausgelenkt. Auf den Massenpunkt wirken ein sein Gewicht G und die Spannkraft S des Fadens. Die Resultierende P von S und G muß senkrecht zum Faden stehen, da sich der Punkt nur auf dem Umfang bewegen kann. Daraus ergibt sich $S = G\cos\varphi$ und $P = G\sin\varphi$. Die augenblickliche Beschleunigung ergibt sich (Reibung usw. vernachlässigt) aus

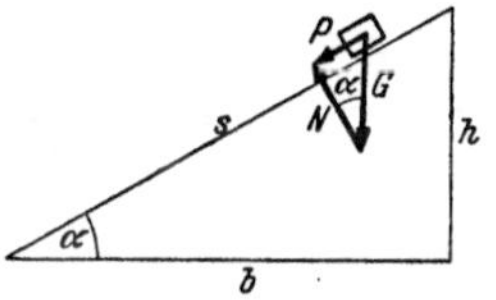

Bild 70. Schiefe Ebene

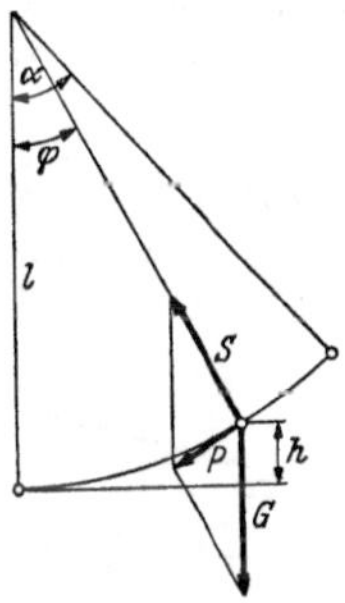

Bild 71 Mathematisches Pendel

$$P = m\,b = -m\,g\sin\varphi \quad \text{zu} \quad b = -g\sin\varphi.$$

Das negative Vorzeichen ist notwendig, weil die Beschleunigung entgegengesetzt gerichtet ist wie der nach rechts positiv wachsende Winkel φ bzw. Weg des Massenpunktes.

Ist v_m die Geschwindigkeit im tiefsten Punkt, so folgt nach dem Energiesatz für die Geschwindigkeit v beim Erreichen der Höhe h:

$$m\,v_m^2/2 - m\,v^2/2 = G\,h \quad \text{oder} \quad v = \sqrt{v_m^2 - 2\,g\,h}\,.$$

Im tiefsten Punkt ist die Geschwindigkeit am größten, die Tangentialbeschleunigung gleich null und die Normalbeschleunigung am größten. — Schwingungsdauer vgl. S. 267.

3. Die Geschwindigkeit eines eine *rauhe, schiefe Ebene* herabgleitenden Körpers ist zu bestimmen. Die einwirkenden Kräfte sind das Gewicht G, die Reaktion der Ebene $N = G\cos\alpha$ und die Reibungskraft $W = \mu N = \mu G\cos\alpha$. Fällt der Körper um die Höhe h (Bild 70), so ist die Arbeit des Eigengewichtes $G\,h$, die Arbeit der Reibung $W\,s = \mu G\cos\alpha \cdot h/\sin\alpha = \mu G\,h\operatorname{ctg}\alpha$. Also wird $G\,h = m\,g\,h = m\,v^2/2 + \mu\,m\,g\,h\operatorname{ctg}\alpha$ oder $v = \sqrt{2\,g\,h\,(1 - \mu\operatorname{ctg}\alpha)}$; $\operatorname{tg}\alpha \geqq \mu$.

C. Dynamik des Punkthaufens

Das bewegte System bestehe aus einer Anzahl von Massenpunkten, deren gegenseitige Lage veränderlich oder wie beim starren Körper unveränderlich sein kann, und welche aufeinander Kräfte (innere Kräfte des Systems) ausüben können oder auch nicht. Wirkt zwischen zwei Punkten A und B eine innere Kraft, so ist, da Wirkung = Gegenwirkung, die Einwirkung auf A gleich groß und entgegengesetzt gerichtet wie die auf B.

Die Bestimmungsstücke (Koordinaten, Parameter), die notwendig sind, um die Lage eines Massenpunktes oder der einzelnen Elemente eines Punkthaufens anzugeben, heißen *Freiheitsgrade.*

So hat ein Punkt auf der Geraden einen, in der Ebene zwei, im Raum drei Freiheitsgrade, wenn er frei beweglich ist; denn im Raum bestimmen drei Koordinaten seine Lage. Ein starrer Körper hat im Raum sechs Freiheitsgrade, da seine Lage durch die Koordinaten des Schwerpunktes und durch die Winkel einer körperfesten Achse gegeben sind. Ein zwangläufiges Getriebe, wie z. B. der Kurbeltrieb in Bild 28, hat aber nur einen Freiheitsgrad.

1. Grundgesetze

a) Prinzip von d'Alembert. Für den Massenpunkt galt das dynamische Grundgesetz (S. 243), das man $\mathfrak{P} - m\mathfrak{b} = 0$ schreiben kann. Hierin ist $\mathfrak{P}$ die eingeprägte Kraft und $\mathfrak{b}$ die dadurch verursachte Beschleunigung. Dann stehen die eingeprägte Kraft und die Trägheitskraft $-m\mathfrak{b}$ im Gleichgewicht. Beim Punkthaufen wirkt jedoch auf einen Massenpunkt noch die durch die Verbindung mit den anderen Massenpunkten bedingte innere Kraft $\mathfrak{Q}$, so daß für den Massenpunkt die Kräfte $\mathfrak{P}$, $\mathfrak{Q}$ und $-m\mathfrak{b}$ im Gleichgewicht stehen: $\mathfrak{P} + \mathfrak{Q} - m\mathfrak{b} = 0$ (Bild 72).

Für den gesamten Punkthaufen können diese Gleichungen an den einzelnen Massenpunkten geometrisch addiert werden. Dabei fallen aber die inneren Kräfte, da sie paarweise und entgegengesetzt auftreten, heraus. Setzt man die einzelne Trägheitskraft $-m\mathfrak{b} = \mathfrak{H}$ und bezeichnet die Summe aller äußeren Kräfte mit $\mathfrak{R}$, so folgt

$$\mathfrak{R} + \Sigma\,\mathfrak{H} = 0 \quad \text{oder} \quad \mathfrak{R} - m_1\mathfrak{b}_1 - m_2\mathfrak{b}_2 - m_3\mathfrak{b}_3 - \cdots = 0.$$

Es stehen also die Trägheitskräfte $\mathfrak{H} = -m\mathfrak{b}$ und die äußeren Kräfte im Gleichgewicht: Durch Einführen der Trägheits- oder Ersatzkräfte ist die dynamische Aufgabe auf eine statische zurückgeführt.

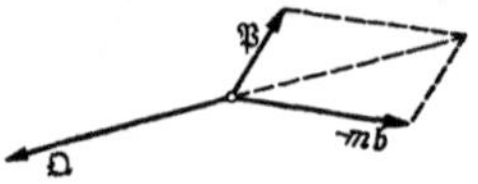

Bild 72
Zum Prinzip von *d'Alembert*

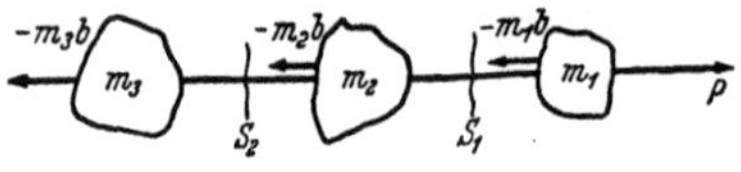

Bild 73

Demnach gilt: *Befindet sich ein System unter der Einwirkung äußerer Kräfte in beschleunigter Bewegung, so kann es wie ein im Gleichgewicht befindliches behandelt werden, wenn man an jedem Punkt eine Kraft hinzufügt, die gleich dem Produkt aus der Masse und der Beschleunigung des Punktes, aber der Beschleunigung entgegengesetzt gerichtet ist (Trägheitskräfte).*

Soll die Größe einer inneren Kraft bestimmt werden, so unterteilt man den Punkthaufen derart, daß die gesuchte Kraft in bezug auf den Rest des Punkthaufens als äußere anzusehen ist.

Beispiel: Die Massen m_1, m_2, m_3 (Bild 73) sind miteinander durch Fäden verbunden. An m_1 greift die Kraft P an. Gesucht sind die Spannkräfte in den Fäden zwischen m_1, m_2 und m_2, m_3. Die Gesamtmasse ist $m = m_1 + m_2 + m_3$, also die allen Massen gemeinsame Beschleunigung $b = P/m$. Die Trägheitskräfte, die entgegengesetzt zu P anzusetzen sind, werden $m_1 P/m$, $m_2 P/m$, $m_3 P/m$. Die Fadenkräfte sind innere Kräfte. Zerschneidet man den Faden zwischen m_1 und m_2 und ersetzt ihn durch seine Spannkraft, so ist diese in bezug auf m_1 eine äußere Kraft. Die Gleichgewichtsbedingung für m_1 ergibt $P - m_1 P/m + S_1 = 0$, d. h.

$$S_1 = -P(m_2 + m_3)/m \quad \text{(entgegengesetzt } P\text{)}.$$

Ebenso folgt für die Spannkraft S_2 der Betrag $S_2 = m_3 P/m$. Für die mittlere Masse m_2 muß dann die Gleichgewichtsbedingung $-S_2 + S_1 - m_2 b = 0$, d. h. $-m_3 P/m + (m_2 + m_3) P/m - m_2 P/m = 0$ erfüllt sein.

b) Satz vom Schwerpunkt. *Steht ein Punkthaufen unter Einfluß von Kräften, so bewegt sich sein Schwerpunkt so, als ob alle Kräfte in ihm angriffen.* Dabei ist es gleichgültig, ob der Körper starr ist oder nicht; die inneren Kräfte haben auf die Bewegung des Schwerpunktes keinen Einfluß. Für die Beschleunigung b_s des Schwerpunktes folgt also (vgl. a. S. 258)

$$\mathfrak{b}_s = (\Sigma\, \mathfrak{P})/m.$$

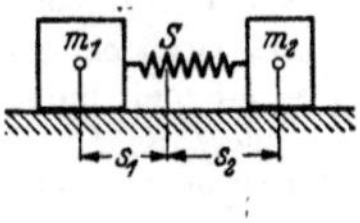

Bild 74

Beispiel: Zwei Massen m_1 und m_2 (Bild 74) sind mit einer elastischen Feder verbunden und gleiten ohne Reibung auf der Unterlage. Entfernt man die beiden Massen voneinander, so schwingen sie hin und her, aber derart, daß ihr gemeinsamer Schwerpunkt in Ruhe bleibt; denn für den ganzen Punkthaufen sind keine äußeren Kräfte vorhanden. Für die Verschiebungen relativ zum festen Schwerpunkt gilt $m_1 s_1 = m_2 s_2$ oder $s_1 : s_2 = m_2 : m_1$.

c) Über **Drehung** bzw. Drehung und Schiebung eines Körpers vgl. S. 254ff.

d) Die **kinetische Energie** für die Massenpunkte $m_1, m_2, \ldots, m_i$ beträgt $E = \sum m_i v_i^2/2$ (vgl. a. S. 246 u. S. 254ff.). — Hierbei sind folgende *Sonderfälle* zu unterscheiden:

α) Es bestehen keine inneren Kräfte; dann ist die Arbeit der äußeren Kräfte gleich dem Zuwachs an kinetischer Energie. Dabei ist zu beachten, daß die Arbeit positiv ist, wenn die Bewegung in Richtung der Kraft erfolgt, negativ, wenn sie ihr entgegengesetzt ist, und daß die kinetische Energie eine skalare, stets positive Größe ist.

β) Der Punkthaufen ist starr. Es bestehen dann zwar innere Kräfte, die aber keine Arbeit leisten können, da keine relative Bewegung in Richtung der Spannkraft auftreten kann. Die Arbeit der äußeren Kräfte ist gleich dem Zuwachs an kinetischer Energie.

γ) Der Punkthaufen ist nicht starr, und es wirken innere Kräfte; dann ist die Summe der Arbeiten der äußeren und der inneren Kräfte gleich dem Zuwachs an kinetischer Energie.

e) Satz vom Antrieb. Haben die einzelnen Massenpunkte $m_1, m_2, m_3, \ldots$ die Geschwindigkeiten $\mathfrak{v}_1, \mathfrak{v}_2, \mathfrak{v}_3, \ldots$, so ist die *Bewegungsgröße* $\mathfrak{B}$ (S. 246) *des Systems gleich der vektoriellen* oder geometrischen *Summe der einzelnen Bewegungsgrößen* oder auch *gleich* der *Gesamtmasse* m mal der *Geschwindigkeit* $\mathfrak{v}_s$ *des Schwerpunktes:*

$$\mathfrak{B} = m_1 \mathfrak{v}_1 + m_2 \mathfrak{v}_2 + m_3 \mathfrak{v}_3 + \cdots = m \mathfrak{v}_s.$$

Wirkt eine Kraft $\mathfrak{P}$ während der Zeit $t_2 - t_1$ auf das System ein, so ist *der Antrieb (Impuls) der Kraft gleich dem Zuwachs der Bewegungsgröße des Systems:*

$$\int_{t_1}^{t_2} \mathfrak{P}\, dt = \mathfrak{B}_2 - \mathfrak{B}_1 \quad \text{oder} \quad \mathfrak{P} = d\mathfrak{B}/dt.$$

Dabei ist es gleichgültig, ob $\mathfrak{P}$ auf alle oder nur auf einzelne Massenpunkte einwirkt. Innere Kräfte, z. B. Reibung, haben keinen Einfluß auf die Bewegungsgröße. Sind äußere Kräfte nicht vorhanden, so ist die Bewegungsgröße konstant. Verändert ein Teil eines Punkthaufens seine Bewegungsgröße, ohne daß äußere Kräfte einwirken, so muß der Rest seine Bewegungsgröße auch ändern, und zwar derart, daß die Summe beider Änderungen gleich null ist.

f) Satz vom Drall. *Drall* oder *Drehimpuls* $\mathfrak{D}$ eines Punkthaufens in bezug auf einen festen Punkt ist die Summe der für die einzelnen Massenpunkte gebildeten Momente $\Sigma(\mathfrak{r}_i \times m_i \mathfrak{v}_i)$ ihrer Bewegungsgrößen $m_i \mathfrak{v}_i$ um diesen Punkt. Ist $\mathfrak{P}$ wieder (S. 247) eine auf das System wirkende äußere Kraft und $\mathfrak{M} = \mathfrak{r} \times \mathfrak{P}$ das Moment dieser Kraft, so gilt

$$\mathfrak{M} = d\mathfrak{D}/dt \text{ oder } \int_{t_1}^{t_2} \mathfrak{M}\, dt = \mathfrak{D}_2 - \mathfrak{D}_1,$$

d. h. *der Antrieb des Momentes* (oder das Moment des Antriebes) *ist gleich der Änderung des Dralls.*

Für die Drehung um eine *feste* Achse gilt dann mit $M = Pr$ als Moment der Kraft P im Abstand r von der Achse:

$$\int_{t_1}^{t_2} M\,\mathrm{d}t = D_2 - D_1 \quad \text{oder auch} \quad \int_{t_1}^{t_2} Pr\,\mathrm{d}t = \Sigma(m_i v_i r_i)_2 - \Sigma(m_i v_i r_i)_1.$$

Die Änderung des Dralls wird gleich null, d. h. der Drall bleibt konstant, wenn keine äußere Kraft vorhanden ist ($P = 0$) oder eine Zentralbewegung (S. 231 u. 247) vorliegt ($M = 0$).

Der Drall eines sich um eine feste Achse drehenden Körpers beträgt $\mathfrak{D} = J\overline{\omega}$ (J = Trägheitsmoment, vgl. Abs. D).

Innere Kräfte treten paarweise auf (S. 250) und haben keinen Einfluß auf Antrieb oder Drall.

Anwendung beim exzentrischen Stoß s. S. 265.

2. Lagrangesche Gleichungen

Bei Aufstellung der Bewegungsgleichungen für einen Körperverband, d. h. für ein aus mehreren Massen bestehendes System, bedient man sich der vorstehenden oder unter D noch folgenden Gesetze, indem man die an den einzelnen Teilen wirkenden Kräfte und Momente unter Beachtung der an den Verbindungsstellen auftretenden inneren Kräfte einführt. Man wird ferner die Lage der einzelnen Teile durch bestimmte Koordinaten ausdrücken, diese aber schließlich, z. B. bei einem System mit *einem* Freiheitsgrad (wie beim Kurbeltrieb, Bild 28), auf *eine* Koordinate (etwa den Drehwinkel der Kurbel) zurückführen. Dieser Weg ist umständlich und kann durch Benutzung der *Lagrange*schen Gleichungen *wesentlich* vereinfacht werden, ohne daß die erwähnten Zwischenbetrachtungen notwendig sind, so daß etwa bei einem System von *einem* Freiheitsgrad die Aufstellung nur *einer* Gleichung erforderlich ist.

a) Verallgemeinerte Impulsgleichung. Vielfach wird bei einem zwangläufigen System, wie bei dem erwähnten Kurbeltrieb, die gesamte Masse vermöge der kinetischen Energie auf einen Punkt, z. B. den Kurbelzapfen A, von der Geschwindigkeit v reduziert (S. 256). Dann beträgt die kinetische Energie mit M_r als reduzierter Masse $E = M_r v^2/2$. Andrerseits ist mit u als Geschwindigkeit eines Massenteils die gesamte kinetische Energie $E = \Sigma\, m u^2/2$, wobei aber u wegen der kinematischen Zusammenhänge durch v und die augenblickliche Lage des Bezugspunktes A (z. B. durch den Kurbelzapfenweg s) bestimmt ist. Durch Vergleich ergibt sich die reduzierte Masse M_r zu $M_r = \Sigma\, m u^2/v^2$, d. h. als alleinige Funktion von s: $M_r = \mathrm{f}(s)$.

Die kinetische Energie $E = M_r v^2/2$ ist sonach eine Funktion von s und seiner Ableitung $v = \mathrm{d}s/\mathrm{d}t = \dot{s}$, d. h. $E = \mathrm{F}(s, v) = \mathrm{F}(s, \dot{s})$.

Das *Newton*sche Grundgesetz in der Form der Impulsgleichung (S. 251) $P = \mathrm{d}B/\mathrm{d}t$ gilt hier aber nicht (da die Masse veränderlich), sondern hat die Form:

$$P = \frac{\mathrm{d}(M_r v)}{\mathrm{d}t} - \frac{1}{2}\frac{\mathrm{d}M_r}{\mathrm{d}s}v^2 \quad (1\,\mathrm{a}), \qquad P = \frac{\mathrm{d}B}{\mathrm{d}t} - \frac{1}{2}\frac{\mathrm{d}M_r}{\mathrm{d}s}v^2 \qquad (1\,\mathrm{b})$$

(„verallgemeinerte Impulsgleichung für einen zwangläufigen Körperverband"), wobei $B = M_r v$ reduzierter Impuls heißt[1].

Beweis. Aus $\int_0^s P\,\mathrm{d}s = E - E_0$ folgt durch Differentiation nach der Zeit die Leistungsgleichung $Pv = \mathrm{d}E/\mathrm{d}t$ oder, da $E = \mathrm{F}(s, v)$ und $M_r = \mathrm{f}(s)$, auch durch totale Differentiation $Pv = \frac{\partial E}{\partial s}\frac{\mathrm{d}s}{\mathrm{d}t} + \frac{\partial E}{\partial v}\frac{\mathrm{d}v}{\mathrm{d}t}$. Da $E = \frac{1}{2}M_r v^2$, also $\frac{\partial E}{\partial s} = \frac{1}{2}\frac{\partial M_r}{\partial s}v^2 = \frac{1}{2}\frac{\mathrm{d}M_r}{\mathrm{d}s}v^2$ und $\frac{\partial E}{\partial v} = M_r v$ ist, folgt durch Einsetzen $Pv = \frac{1}{2}\frac{\mathrm{d}M_r}{\mathrm{d}s}v^3 + M_r v\frac{\mathrm{d}v}{\mathrm{d}t}$. Kürzung durch v und Beachtung von $M_r\frac{\mathrm{d}v}{\mathrm{d}t} = \frac{\mathrm{d}(M_r v)}{\mathrm{d}t} - v\frac{\mathrm{d}M_r}{\mathrm{d}t} = \frac{\mathrm{d}(M_r v)}{\mathrm{d}t} - \frac{\mathrm{d}M_r}{\mathrm{d}s}v^2$ liefern Gleichungen (1 a) und (1 b).

b) Lagrangesche Gleichung für einen Freiheitsgrad. α) Die obige Gl. (1) kann mit Hilfe der kinetischen Energie $E = M_r v^2/2 = \mathrm{F}(s, v)$ durch Elimination von B und $M_r' = \mathrm{d}M_r/\mathrm{d}s$ umgeformt werden.

[1] *Weber, M.:* Die Lagrangeschen Bewegungsgleichungen für allgemeine Koordinaten. Z. VDI Bd. 85 (1941) S. 471/80.

Da M_r nur von s abhängt, ist

$$B = M_r v = \frac{\partial}{\partial v}\left(\frac{1}{2} M_r v^2\right) = \frac{\partial E}{\partial v}, \quad \text{also} \quad \frac{\mathrm{d}B}{\mathrm{d}t} = \frac{\mathrm{d}}{\mathrm{d}t}\left(\frac{\partial E}{\partial v}\right). \tag{2}$$

Ferner gilt ebenso $\quad \frac{1}{2}\frac{\mathrm{d}M_r}{\mathrm{d}s} v^2 = \frac{\partial}{\partial s}\left(\frac{1}{2} M_r v^2\right) = \frac{\partial E}{\partial s}$. (3)

Gln. (2) und (3) in (1b) eingesetzt ergibt $\quad \frac{\mathrm{d}}{\mathrm{d}t}\left(\frac{\partial E}{\partial v}\right) - \frac{\partial E}{\partial s} = P.$ (4)

Bezeichnet man die allgemeine Koordinate oder Systemkoordinate mit q, deren zeitliche Ableitung (also die maßgebliche Geschwindigkeit des Verbandes) mit $\dot q = \mathrm{d}q/\mathrm{d}t$ und die auf die Koordinate q reduzierte Kraft mit Q, so folgt nach vorstehendem[1] die *Lagrangesche Gleichung zweiter Art* zu

$$\frac{\mathrm{d}}{\mathrm{d}t}\left(\frac{\partial E}{\partial \dot q}\right) - \frac{\partial E}{\partial q} = Q.$$

E bedeutet wie oben die kinetische Energie. Hierbei sollen keine Stoß- und Reibungsverluste auftreten.

β) Die *Lagrangesche Kraft* Q kann eine Kraft oder, wenn q ein Winkel, auch ein Moment (oder andere Größen) bedeuten. Da $Q\,\mathrm{d}q = \mathrm{d}A$, d. h. gleich der bei der Verrückung $\mathrm{d}q$ geleisteten Arbeit ist, gilt allgemein: Man berechnet die bei einer möglichen Verrückung δq der Systemkoordinate q geleistete Arbeit δA und dividiert diese durch δq (s. a. Beispiele).

Die *Lagrange*schen Gleichungen können auch auf thermodynamische, elektrodynamische und andere Vorgänge angewendet werden.

Haben die Kräfte ein Potential U, so ist $Q = -\partial U/\partial q$, und die *Lagrange*sche Gleichung hat die Form

$$\frac{\mathrm{d}}{\mathrm{d}t}\left(\frac{\partial E}{\partial \dot q}\right) - \frac{\partial E}{\partial q} = -\frac{\partial U}{\partial q} \quad \text{oder} \quad \frac{\partial L}{\partial q} = \frac{\mathrm{d}}{\mathrm{d}t}\left(\frac{\partial L}{\partial \dot q}\right),$$

worin $L = E - U$ die *Lagrangesche Funktion* ist. U hängt nicht von $\dot q$ ab.

c) Die **Lagrangeschen Gleichungen** bei einem System von n **Freiheitsgraden** $q_1, q_2, \ldots$ lauten mit q_k als k-ter Koordinate (*Lagrange*scher Koordinate) entsprechend

$$\frac{\mathrm{d}}{\mathrm{d}t}\left(\frac{\partial E}{\partial \dot q_k}\right) - \frac{\partial E}{\partial q_k} = Q_k \quad (k = 1, 2, \ldots, n).$$

Man stellt die gesamte kinetische Energie auf und bildet die vorgeschriebenen Ableitungen. Die *Lagrange*schen Kräfte gewinnt man, indem man unter Festhaltung aller anderen Koordinaten die Arbeit $\delta A\, q_k$ bestimmt, die bei Vergrößerung von q_k um δq_k geleistet wird, und diese Arbeit durch δq_k dividiert. Hinsichtlich des Potentials gilt das oben Gesagte.

Die Gleichungen gelten für *holonome* Systeme, nicht für nichtholonome Systeme, bei denen Bewegungsbeschränkungen im Unendlichkleinen bestehen. — Bei rheonomen Systemen sind im Gegensatz zu skleronomen die Stützpunkte bewegt, z. B. bei einem Pendel, dessen Aufhängepunkt periodisch hin- und herbewegt wird; dabei hängt die kinetische Energie außer von $\dot q_k$ auch noch von der Zeit t ab. — Die Gleichungen können nicht ohne weiteres auf Verbände mit geschwindigkeitsabhängigen Reibungskräften angewendet werden. Doch läßt sich dies durch Einführen einer Dissipationsfunktion erreichen[2].

d) Prinzip von Hamilton. Die obigen n *Lagrange*schen Gleichungen lassen sich bei *konservativen* Systemen, bei denen also die Kräfte von einem Potential U abgeleitet werden können, auch als Variationsformel

$$\delta\int_{t_1}^{t_2}(E - U)\,\mathrm{d}t = 0 \quad \text{oder} \quad \delta\int_{t_1}^{t_2} L\,\mathrm{d}t = 0$$

---

[1] Strenge Herleitung vgl. z. B. *Hamel, G.:* Elementare Mechanik. Leipzig: B. G. Teubner 1922 oder ders.: Theoretische Mechanik. Berlin: Springer 1949.

[2] Vgl. Lit. 4 u. 10, ferner Anm. 1, S. 252, außerdem *Hort, W.*, u. *A. Thoma:* Die Differentialgleichungen der Technik u. Physik. 7. Aufl. Leipzig: J. A. Barth 1956. — Anwendungsbeispiele: *Meyer zur Capellen, W.:* Z. f. Instrkde Bd. 52 (1932) S. 123; Bd. 55 (1935) S. 393 u. 437; Bd. 61 (1941) S. 1 u. 213; Bd. 62 (1942) S. 123.

ausdrücken (*Variationsprinzip* von *Hamilton*). $L = E - U$ ist die *Lagrange*sche Funktion, und die Formel besagt, daß L einen minimalen Wert haben muß (s. a. Variationsrechnung, S. 110).

Beispiele: 1. Für die freie Bewegung der Scheibe in der Ebene (s. Abs. D) hat die kinetische Energie den Wert $E = \frac{1}{2} m (\dot{x}^2 + \dot{y}^2) + \frac{1}{2} J \dot{\varphi}^2$, und die potentielle Energie sei $U = U(x, y, \varphi)$, wobei als Koordinaten die Schwerpunktskoordinaten x, y und der Drehwinkel φ um die Schwerachse senkrecht zur Ebene gewählt sind. Es wird $\partial E/\partial \dot{x} = m\dot{x}$, $\partial E/\partial \dot{y} = m\dot{y}$, $\partial E/\partial \dot{\varphi} = J\dot{\varphi}$ und $\frac{d}{dt}\left(\frac{\partial E}{\partial \dot{x}}\right) = m\ddot{x}$, $\frac{\partial E}{\partial x} = 0$ usw., so daß als Bewegungsgleichungen folgen $m\ddot{x} = -\partial U/\partial x = X$, $m\ddot{y} = -\partial U/\partial y = Y$, $J\ddot{\varphi} = -\partial U/\partial \varphi = M$.

2. Bei den federnd verbundenen Pendeln, Bild 75, hat die kinetische Energie E den Wert (s. Abs. D) $E = J_1\dot{\varphi}^2/2 + J_2\dot{\psi}^2/2$ mit J_1, J_2 als Trägheitsmomente bezogen auf die Drehpunkte, so daß z. B. $\frac{\partial E}{\partial \dot{\varphi}} = J_1\dot{\varphi}$, also $\frac{d}{dt}\left(\frac{\partial E}{\partial \dot{\varphi}}\right) = J_1\ddot{\varphi}$, ferner $\frac{\partial E}{\partial \varphi} = 0$ wird. Die Verlängerung der Feder hat bei kleinen Auslenkungen φ, ψ den Wert $(l_1\varphi - l_2\psi)$, also ist die Federkraft gleich $-c(l_1\varphi - l_2\psi)$, und bei Auslenkung *nur* um $\delta\varphi$ wird die Arbeit $-c(l_1\varphi - l_2\psi)\, l_1\delta\varphi$ und bei Änderung *nur* um $\delta\psi$ wird die Arbeit $c(l_1\varphi - l_2\psi) \cdot l_2\delta\psi$ geleistet, da hierbei die Feder in der gezeichneten Stellung zusammengedrückt wird. Bei Verschiebung nur um $\delta\varphi$ leistet das Gewicht G_1 die Arbeit $G_1 \sin\varphi\, e_1\, \delta\varphi \approx G_1\varphi e_1 \delta\varphi$ (bei kleinen Winkeln), da die Komponente $G_1 \cos\varphi$ senkrecht zum Wege keine Arbeit leistet. Für die Verschiebung um $\delta\psi$ gilt entsprechend $G_2\psi e_2\delta\psi$.

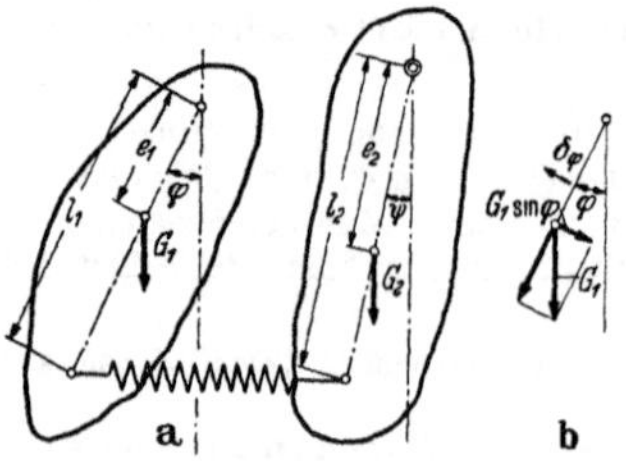

Bild 75

Damit haben die *Lagrange*schen Kräfte den Wert

$$Q_\varphi = -c\, l_1 (l_1\varphi - l_2\psi) - G_1 e_1 \varphi,$$
$$Q_\psi = c\, l_2 (l_1\varphi - l_2\psi) - G_2 e_2 \psi,$$

und die beiden *Lagrange*schen Bewegungsgleichungen liefern die folgenden simultanen Differentialgleichungen

$$J_1\ddot{\varphi} + (c\, l_1^2 + G_1 e_1)\varphi - c\, l_1 l_2 \psi = 0,$$
$$J_2\ddot{\psi} + (c\, l_2^2 + G_2 e_2)\psi - c\, l_1 l_2 \varphi = 0,$$

aus denen durch Integration (s. Differentialgleichungen S. 106 u. Schwingungslehre S. 269) die Bewegungsgleichungen selbst gewonnen werden können.

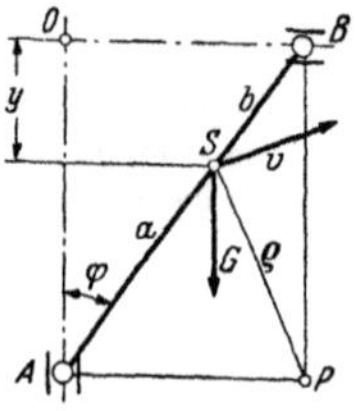

Bild 76. Kardanpendel

3. Eine starre Stange vom Gewicht G ist in den Endpunkten A und B, Bild 76, auf einer horizontalen bzw. senkrechten Geraden geführt (Kardanbewegung S. 126, der Schwerpunkt S beschreibt eine Ellipse). Das System hat *einen* Freiheitsgrad, und als *Lagrange*sche Koordinate wird der Winkel φ der Strecke AB mit der y-Achse gewählt. Da Schiebung und Drehung vorliegt (s. Abs. D), wird $E = J\dot{\varphi}^2/2 + m v^2/2$ mit J als Trägheitsmoment bezogen auf S, $J = m i^2$, mit m als Masse und mit v als Geschwindigkeit des Schwerpunktes. Für die letztere folgt $v = \varrho\dot{\varphi}$; ferner $\varrho^2 = \overline{PS}^2 = (a\cos\varphi)^2 + (b\sin\varphi)^2 = \frac{1}{2}(a^2 + b^2) + \frac{1}{2}(a^2 - b^2)\cos 2\varphi$, also $E = \frac{1}{2} m \left[i^2 + \frac{1}{2}(a^2 + b^2) + \frac{1}{2}(a^2 - b^2)\cos 2\varphi\right]\dot{\varphi}^2$. Gegenüber dem ersten Beispiel ist hier E von $\dot{\varphi}$ *und* φ abhängig. Das Potential beträgt $U = -G\, y = -G\, b \cos\varphi$. Es folgt somit

$$\partial E/\partial\dot{\varphi} = m\dot{\varphi}\left[i^2 + \tfrac{1}{2}(a^2 + b^2) + \tfrac{1}{2}(a^2 - b^2)\cos 2\varphi\right] = m\dot{\varphi}[\quad];$$

$$\frac{d}{dt}\left(\frac{\partial E}{\partial\dot{\varphi}}\right) = m\ddot{\varphi}[\quad] - m\dot{\varphi}^2(a^2 - b^2)\sin 2\varphi; \quad \partial E/\partial\varphi = -\tfrac{1}{2} m (a^2 - b^2)\sin 2\varphi \cdot \dot{\varphi}^2;$$

$$Q_\varphi = -\partial U/\partial\varphi = -G b \sin\varphi.$$

Hiernach bleibt

$$\ddot{\varphi}\left[i^2 + \tfrac{1}{2}(a^2 + b^2) + \tfrac{1}{2}(a^2 - b^2)\cos 2\varphi\right] - \tfrac{1}{2}(a^2 - b^2)\sin 2\varphi \cdot \dot{\varphi}^2 = -g\, b \sin\varphi.$$

Bei *kleinen* Schwingungen um die Gleichgewichtslage $\varphi = 0$ bleibt $\ddot{\varphi}(i^2 + a^2) + g\, b\, \varphi = 0$ (physisches Pendel S. 266); wenn $a = b = r$ ist, so wird $\ddot{\varphi}(i^2 + r^2) + g\, r \sin\varphi = 0$ (physisches Pendel mit großem Ausschlag).

D. Dynamik des starren Körpers

Die folgenden Betrachtungen sind sinngemäß auch auf elastische Körper oder auf Punkthaufen unter Beachtung der inneren Kräfte zu übertragen.

1. Drehung um eine feste Achse

a) Kinetische Energie (*Wucht*) und **Massenträgheitsmoment.** Bei Drehung eines Körpers um eine *feste* Achse mit der Winkelgeschwindigkeit ω hat ein Massenteilchen dm im Abstand r von der Drehachse die Geschwindigkeit $v = r\omega$; also wird die gesamte Wucht $E = \int {}^1/_2\, dm\, v^2 = {}^1/_2\, \omega^2 \int r^2\, dm$ oder $E = J\omega^2/2$. Hierin ist der Ausdruck

$$J = \int r^2\, dm \quad \text{mkgsek}^2$$

das (dynamische oder) Massen-*Trägheitsmoment* bezogen auf die Drehachse, also die Summe aller Produkte aus den Massenteilchen und dem Quadrat ihrer Abstände von der Bezugsachse.

b) Sätze über Massenträgheitsmomente. α) *Satz von Steiner.* Ist J_s das Trägheitsmoment eines Körpers in bezug auf eine durch den Schwerpunkt gehende Achse s, so folgt für das Trägheitsmoment J_a in bezug auf eine dazu parallele, im Abstand e befindliche Achse a (Bild 77)

$$J_a = J_s + m e^2 \quad \text{(Satz von \textit{Steiner})}.$$

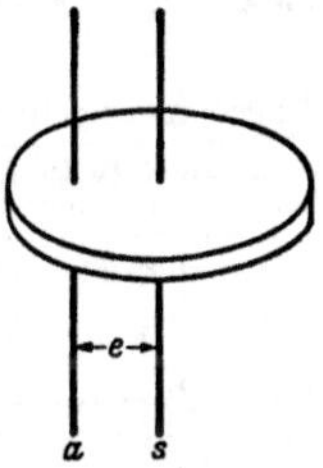

Bild 77

Das Trägheitsmoment mehrerer Körper oder mehrerer Teile eines Körpers in bezug auf die gleiche Achse ist gleich der Summe der einzelnen Trägheitsmomente in bezug auf diese Achse.

β) *Polare und planare Trägheitsmomente.* Das oben definierte, auf eine *Achse* bezogene Trägheitsmoment (TM) heißt auch *axiales* TM, und für die drei aufeinander senkrecht stehenden Achsen x, y, z gilt

$$J_x = \int (y^2 + z^2)\, dm, \quad J_y = \int (z^2 + x^2)\, dm, \quad J_z = \int (x^2 + y^2)\, dm.$$

Das auf einen *Punkt* bezogene TM heißt *polares* TM, und es ist z. B. bezogen auf den Ursprung $J_p = \int (x^2 + y^2 + z^2)\, dm$. Das auf eine *Ebene* bezogene TM heißt *planares* TM, und es gilt, bezogen auf die x, y-, die y, z- bzw. die z, x-Ebene

$$J_1 = \int z^2\, dm, \quad J_2 = \int x^2\, dm, \quad J_3 = \int y^2\, dm.$$

Die Größen $J_{xy} = \int xy\, dm$, $J_{yz} = \int yz\, dm$, $J_{zx} = \int zx\, dm$ heißen *Flieh-*, *Zentrifugal-* oder *Deviationsmomente*.

Für *scheibenförmige* Körper, d. h. zylindrische Körper mit geringer Dicke δ, Bild 78, gilt, da $z \approx 0$,

$$J_x = \int y^2\, dm, \quad J_y = \int x^2\, dm,$$

$$J_z = \int (y^2 + x^2)\, dm = J_x + J_y.$$

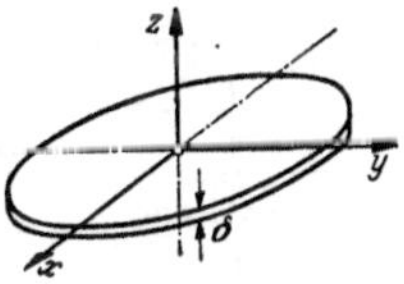

Bild 78

Die beiden ersten entsprechen dem planaren TM J_3 und J_2, und J_z dem polaren TM J_p.

Bei einer Scheibe konstanter Dicke h ist $dm = \gamma/g \cdot h\, df$, wenn df das Flächenelement. Dann wird $J_z = \frac{\gamma}{g} h \int r^2\, df$. Es ist aber $\int r^2\, df$ das Flächenträgheitsmoment, so daß dann die Berechnung des polaren dynamischen Trägheitsmomentes auf die des Flächenträgheitsmomentes zurückgeführt werden kann (S. 341).

γ) Der *Trägheitsradius* ist der Abstand $i = D/2$ desjenigen Punktes von der Bezugsachse, in dem man die punktförmig gedachte Masse eines Körpers unterbringen muß, um das Trägheitsmoment J des Körpers zu erhalten:

$$J = m i^2 = G/g \cdot i^2 = G/g \cdot D^2/4 = G D^2/4\, g,$$

so daß $i = \sqrt{J/m}$ ist[1]. $GD^2 = 4gJ$ heißt auch *Schwungmoment* kg m² (Bd. II, Abschn. Schwungräder usw.).

Beispiel: Wie groß muß das Schwungmoment eines Schwungrades sein, das A mkg abgeben soll, während sich seine Drehzahl von n_1 auf n_2 U/min verringert? Es ist $\omega = \pi n/30$. Dann ist die Wucht zu Anfang $E_1 = J\omega_1^2/2 = J\pi^2 n_1^2/1800$ und nach Abgabe der Arbeit $E_2 = J\pi^2 n_2^2/1800$. Also wird $A = E_1 - E_2 = J\pi^2(n_1^2 - n_2^2)/1800$ und mit $J = GD^2/4g$ das Schwungmoment $GD^2 = A \cdot 7160/(n_1^2 - n_2^2)$.

[1] Bestimmung des Trägheitsradius durch Auspendeln, s. Konstruktion Bd. 4 (1952) S 59/60.

δ) *Das Trägheitsellipsoid.* Berechnet man für verschiedene durch einen Punkt O gehende Achsen a die Trägheitsmomente J_a und trägt die Abstände $\varrho = c/\sqrt{J_a}$ (c = beliebiger konstanter Faktor) von O aus auf den Achsen ab, so entsteht eine Fläche zweiten Grades, das Trägheitsellipsoid. Die Hauptachsen x, y, z dieser Fläche heißen *Hauptträgheitsachsen.* Für die eine Hauptachse ist J ein Maximum, für eine zweite ein Minimum. Sind J_1, J_2, J_3 die auf die Hauptachsen bezogenen Hauptträgheitsmomente, so hat die Fläche die Gleichung $J_1 x^2 + J_2 y^2 + J_3 z^2 = c^2$. Werden die Richtungscosinus der Achse a in bezug auf die Hauptachsen x, y, z mit λ, μ, ν bezeichnet, so gilt $J_a = \lambda^2 J_1 + \mu^2 J_2 + \nu^2 J_3$.

Für die Hauptträgheitsachsen sind die Deviationsmomente gleich null.

ε) Mit *reduzierter Masse* bezeichnet man die im willkürlichen Abstand r von der Drehachse anzubringende Masse m_{red}, die das gleiche Trägheitsmoment auf diese Achse wie der Körper hat:

$$J = m_{\text{red}}\, r^2 \qquad \text{oder} \qquad m_{\text{red}} = J/r^2.$$

Über eine allgemeinere Definition vgl. S. 252 (*Lagrange*sche Gln.).

ζ) Unter *Reduktion von Trägheitsmomenten* versteht man die Rückführung der Trägheitsmomente aller Massen, z. B. eines Rädertriebes, auf eine Welle: Sind $J_1, J_2, J_3, \ldots$ die Trägheitsmomente der einzelnen sich drehenden Massen und $\omega_1, \omega_2, \omega_3, \ldots$ ihre Winkelgeschwindigkeiten, so ist ihre Gesamtwucht

$$E = \tfrac{1}{2}\left(J_1 \omega_1^2 + J_2 \omega_2^2 + J_3 \omega_3^2 + \cdots\right) = \tfrac{1}{2}\, \omega_1^2 \left(J_1 + J_2^{(1)} + J_3^{(1)} + \cdots\right),$$

worin $J_2^{(1)} = J_2 (\omega_2/\omega_1)^2$, $J_3^{(1)} = J_3 (\omega_3/\omega_1)^2, \ldots$ die auf die Welle 1 bezogenen Trägheitsmomente sind. Statt der Winkelgeschwindigkeiten können auch in der Klammer die Drehzahlen eingesetzt werden.

c) Tafel der Massenträgheitsmomente. Hierin ist $\varrho = \gamma/g$ die Dichte. Setzt man Längen in m ein und $g = 9{,}81$ m/sek², so muß γ in kg/m³ eingesetzt werden (z. B. für Gußeisen $\gamma = 7250$ kg/m³). Die Dimension von $\varrho = \gamma/g$ ist kg m⁻⁴ sek².

1. *Zylinder:*

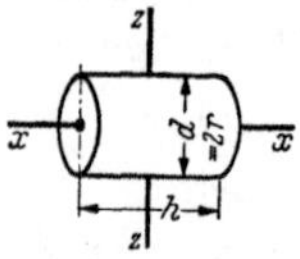

$$J_x = \tfrac{1}{8} m d^2 = \tfrac{1}{2} m r^2 = \tfrac{1}{32}\varrho\pi d^4 h = \tfrac{1}{2}\varrho\pi r^4 h,$$
$$J_z = \tfrac{1}{16} m \left(d^2 + \tfrac{4}{3} h^2\right) = \tfrac{1}{64}\varrho\pi d^2 h \left(d^2 + \tfrac{4}{3} h^2\right).$$

2. *Hohlzylinder:*

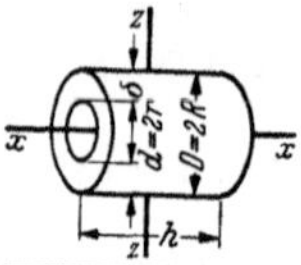

$$J_x = \tfrac{1}{8} m \left(D^2 + d^2\right) = \tfrac{1}{2} m \left(R^2 + r^2\right) = \tfrac{1}{32}\varrho\pi h \left(D^4 - d^4\right)$$
$$= \tfrac{1}{2}\varrho\pi h \left(R^4 - r^4\right),$$
$$J_z = \tfrac{1}{16} m \left(D^2 + d^2 + \tfrac{4}{3} h^2\right) = \tfrac{1}{4} m \left(R^2 + r^2 + \tfrac{1}{3} h^2\right).$$

3. *Zylindermantel* [Hohlzylinder, Wanddicke $\delta = \frac{1}{2}(D - d)$ sehr klein im Verhältnis zum mittleren Durchmesser $d_m = \frac{1}{2}(D + d)$]:

$$J_x = \tfrac{1}{4} m d_m^2 = \tfrac{1}{4}\varrho\pi d_m^3 h \delta; \qquad J_z = \tfrac{1}{8} m \left(d_m^2 + \tfrac{2}{3} h^2\right) = \tfrac{1}{8}\varrho\pi d_m h \delta \left(d_m^2 + \tfrac{2}{3} h^2\right).$$

4. *Kugel* vom Durchmesser $d = 2r$:

$$J_z = J_x = \tfrac{1}{10} m d^2 = \tfrac{2}{5} m r^2 = \tfrac{1}{60}\varrho\pi d^5 = \tfrac{8}{15}\varrho\pi r^5.$$

5. *Kugelschale* [Wanddicke $\delta = \frac{1}{2}(D - d)$ sehr klein im Verhältnis zum mittleren Durchmesser $d_m = \frac{1}{2}(D + d)$]:

$$J_z = J_x = \tfrac{1}{6} m d_m^2 = \tfrac{1}{6}\varrho\pi d_m^4 \delta.$$

6. *Ring:*

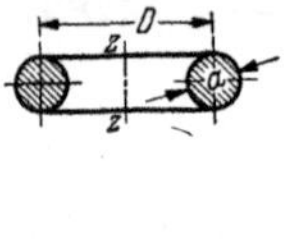

$$J_z = \tfrac{1}{4} m \left(D^2 + \tfrac{3}{4} a^2\right) = \tfrac{1}{16}\varrho\pi^2 D a^2 \left(D^2 + \tfrac{3}{4} a^2\right)$$
$$= \tfrac{1}{4} m D^2 \left[1 + \tfrac{3}{4} (a/D)^2\right].$$

7. *Platte*:

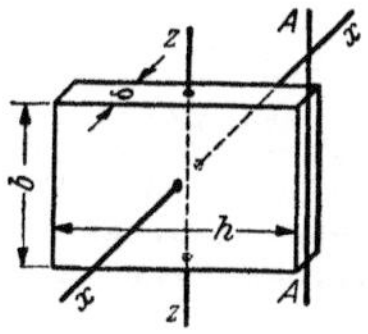

$$J_x = \tfrac{1}{12}\, m\,(b^2 + h^2) = \tfrac{1}{12}\,\varrho\, h\, b\, \delta\,(b^2 + h^2);$$
bei geringer Plattendicke δ:
$$J_z = \tfrac{1}{12}\, m h^2 = \tfrac{1}{12}\,\varrho b h^3 \delta;$$
$$J_A = \tfrac{1}{3} m\, h^2 = \tfrac{1}{3}\,\varrho b h^3\, \delta.$$

---

8. Für einen *beliebigen* Drehkörper, dessen Profil gegeben ist, gilt, da $\mathrm{d}J = \dfrac{1}{2}\,\dfrac{\gamma}{g}\,\pi r^4 \mathrm{d}x$ (Bild 79) und $\varrho = \gamma/g$:

$$J_x = \tfrac{1}{2}\,\varrho\pi \int r^4\, \mathrm{d}x.$$

Dieses Integral läßt sich bei gegebenem Gesetz für r analytisch, sonst aber instrumentell mit einem Momentenplanimeter (S. 186) oder zeichnerisch auswerten. Für den letzten Weg kann man z. B. die Kurve r^4 über x auftragen und den unter ihr liegenden Flächeninhalt mit einem gewöhnlichen Planimeter bestimmen. Oder man trägt die Kurve r^2 über x auf und wertet die Fläche mit einem Quadratplanimeter aus[1].

Für *Schwungscheiben* und *Räder* kann das Verfahren von *Rötscher*[2] angewandt werden. Zerlegt man einen solchen Körper (Bild 80) in konzentrische Zylinder, so ist das Massenteilchen $\mathrm{d}m = \varrho h\, 2\pi r\, \mathrm{d}r$; also wird das Trägheitsmoment in bezug auf die Drehachse

$$J_0 = \int \mathrm{d}m\, r^2 = $$
$$= 2\pi\varrho \int h r^3 \mathrm{d}r = 2\pi\varrho F.$$

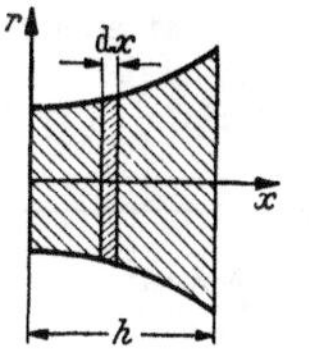

Bild 79

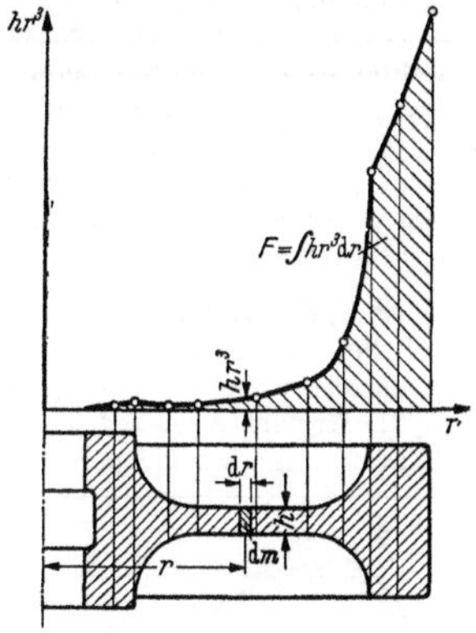

Bild 80. Trägheitsmoment einer Schwungscheibe

Zur Bestimmung des Integrals F trägt man die Kurve $z = h\, r^3$ für verschiedene r (besonders bei Sprüngen und Ecken) in Abhängigkeit von r auf und bestimmt den unter ihr liegenden Flächeninhalt, z. B. mit dem (Grund-) Planimeter (S. 186).

Ist der Maßstab für r: 1 cm $\mathrel{\hat{=}}$ a cm, für z: 1 cm $\mathrel{\hat{=}}$ b cm⁴, und ist der Flächeninhalt zu f cm² gemessen, so wird $F \mathrel{\hat{=}} a\, b\, f$ cm⁵.

Werden die Ordinaten zu groß, so kann man $\sqrt{h r^3} = r\sqrt{h r}$ auftragen und die Fläche mit einem Quadratplanimeter (S. 186) umfahren.

d) Für den **Drall** gilt, da $v = \omega r$ ist, $D = \int \mathrm{d}m v r = \omega \int \mathrm{d}m r^2$ oder mit $J = \int \mathrm{d}m r^2$ als Trägheitsmoment

$$D = J\omega \quad \text{oder vektoriell} \quad \mathfrak{D} = J\overline{\omega}.$$

Hieraus folgt für konstantes J, daß $M = \mathrm{d}D/\mathrm{d}t = J\,\mathrm{d}\omega/\mathrm{d}t = J\varepsilon$ ist, also

$$M = J\varepsilon \quad \text{oder} \quad \mathfrak{M} = J\overline{\varepsilon},$$

Moment = *Trägheitsmoment* × *Winkelbeschleunigung.*

Es ist die Beschleunigung eines Massenteilchens $\mathrm{d}m$ gleich $r\,\varepsilon$, die Trägheitskraft $-r\,\varepsilon\,\mathrm{d}m$ und ihr Moment $-r^2\varepsilon\,\mathrm{d}m$. Das Moment aller Trägheitskräfte und das äußere Moment $M = P\,a$ einer Kraft P, Bild 81, müssen nach dem Prinzip von *d'Alembert* im Gleichgewicht stehen:

$$M - \int r^2 \varepsilon\, \mathrm{d}m = 0 \quad \text{oder} \quad M = \varepsilon \int r^2 \mathrm{d}m = J\,\varepsilon.$$

Bild 81

Ist J nicht konstant (z. B. bei einem Punkthaufen), so folgt aus $\mathfrak{D} = J\overline{\omega}$, daß $\mathfrak{M} = \mathrm{d}\mathfrak{D}/\mathrm{d}t = J\,\mathrm{d}\overline{\omega}/\mathrm{d}t + \overline{\omega}\,\mathrm{d}J/\mathrm{d}t$ oder mit $\mathrm{d}\overline{\omega}/\mathrm{d}t = \overline{\varepsilon}$ auch $\mathfrak{M} = J\overline{\varepsilon} + \dot{J}\overline{\omega}$ ist.

---

[1] Vgl. Anm. S. 44.
[2] Z. VDI Bd. 80 (1936) S. 1351/54.

Beispiele: 1. Um ein Schwungrad mit dem Trägheitsmoment $J = 1000$ mkg sek² in einer Minute auf 120 U/min zu bringen, ist ein Drehmoment

$$M = 1000 \frac{\pi \cdot 120}{30 \cdot 60} \approx 210 \text{ kgm nötig, da } \varepsilon = \frac{\omega}{t} = \frac{\pi \cdot 120}{30} \Big/ 60 \text{ sek}^{-2}.$$

2. Wird ein auf einem Drehschemel sitzender Mensch auf eine bestimmte Drehzahl gebracht, so ist sein Drall $D = J\omega$ konstant, da bei Vernachlässigung der Reibung keine äußeren Momente wirken. Werden nun die ausgestreckten, u. U. Gewichte haltenden Arme angezogen, so wird J kleiner ($\dot{J} < 0$). Da $J\omega$ konstant ist, muß also ω größer werden: Es tritt eine schnellere Drehung ein. Rechnerisch gilt $M = \mathrm{d}D/\mathrm{d}t = 0$, $\mathrm{d}J/\mathrm{d}t = \dot{J} < 0$, d. h. $\bar{\varepsilon} = -\dot{J}\,\bar{\omega}/J > 0$.

e) Fliehkraft. Bewegt sich ein *Massenpunkt* auf einer kreisförmigen (oder eben gekrümmten Bahn), so wirkt nach dem Kreismittelpunkt (oder nach dem Krümmungsmittelpunkt) hin die Normal- oder Zentripetalbeschleunigung (S. 230) $b_n = r\omega^2$ und die Zentripetalkraft $mr\omega^2$. Gleich groß, aber entgegengesetzt gerichtet ist die dadurch bedingte Trägheitskraft, die *Fliehkraft* oder Zentrifugalkraft $C = mr\omega^2$, die sich z. B. als Bahndruck oder Fadenspannung äußern kann.

Dreht sich ein *starrer Körper* um eine nicht durch den Schwerpunkt gehende Achse, so ist die Gesamtkraft der Fliehkräfte der einzelnen Massenteilchen dm gleich der von der Achse fortgerichteten und zu ihr senkrechten Gesamt-*Fliehkraft*

$$C = mr_0\omega^2 = mv^2/r_0,$$

worin r_0 den Abstand des Körperschwerpunktes von der Drehachse bedeutet.

Die *Wirkungslinie* der Fliehkraft geht aber nicht immer durch den Schwerpunkt des Körpers (s. Beisp. 2); nur wenn der Körper eine zur Drehachse parallele Symmetrieachse besitzt, geht die Wirkungslinie der Gesamtfliehkraft durch den Schwerpunkt des Körpers.

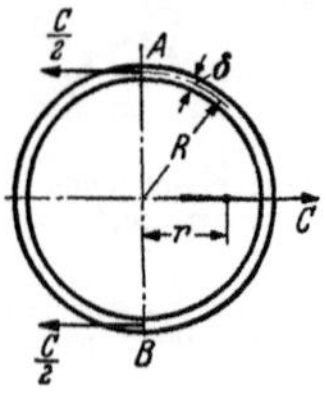

Bild 82

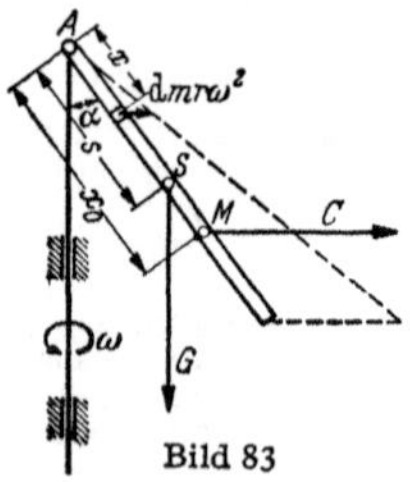

Bild 83

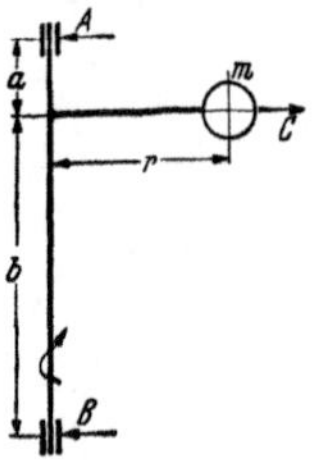

Bild 84

Beispiele: 1. Es sollen die in einem sich drehenden Ring durch die Fliehkraft hervorgerufenen Spannungen berechnet werden. Die Dicke δ des Querschnitts sei gering gegenüber seinem Durchmesser $2R$ (Bild 82). Denkt man sich den Ring im Durchmesser AB aufgeschnitten, so müssen die inneren Kräfte an jeder Schnittstelle gleich der halben Fliehkraft $C/2$ sein. Mit f als Ringquerschnitt ist dann die Spannung $\sigma = C/2f$.

Für den Schwerpunktabstand des halben Ringes (Halbkreislinie) gilt $r_0 = r = 2R/\pi$; die Masse des halben Ringes ist $m = \pi R f\gamma/g$. Dann wird $C = m r_0 \omega^2$ und damit

$$\sigma = \frac{\pi R f \gamma}{g} \frac{2R}{\pi} \omega^2 \frac{1}{2f} = R^2\omega^2\gamma/g = v^2\gamma/g,$$

worin v die Geschwindigkeit im Abstand R, also annähernd die Umfangsgeschwindigkeit ist.

Zahlenbeispiel (Einheiten beachten): $v = 20$ m/sek und $\gamma = 7{,}2$ kg/dm³ $= 7200$ kg/m³. Es wird

$$\sigma = 20^2 \cdot 7200/9{,}81 = 293\,600 \text{ kg/m}^2 \approx 29{,}4 \text{ kg/cm}^2.$$

2. Dreht sich ein gerader Stab um eine die Stabachse schneidende Achse, Bild 83, so trifft die Wirkungslinie der resultierenden Fliehkraft die Stabachse in einem Abstand $AM = x_0 = J/ms$ vom Schnittpunkt beider Achsen. Hierbei ist J das Trägheitsmoment des Stabes, bezogen auf die Gerade, die auf der Ebene der beiden Achsen in deren Schnittpunkt senkrecht steht, m ist die Masse des Stabes und s der Abstand des Schwerpunktes vom Achsenschnittpunkt. Denn die Summierung der Kräfte ergibt, Bild 83, daß $C = \int \mathrm{d}m\,r\,\omega^2$ oder, da $r = x\sin\alpha$, daß $C = \omega^2 \sin\alpha \int \mathrm{d}m\,x = \omega^2 \sin\alpha \cdot ms = ms\sin\alpha \cdot \omega^2 = mr_0\omega^2$ ist. Für die Momente in bezug auf A folgt $Cx_0\cos\alpha = \int \mathrm{d}m\,r\,\omega^2 x\cos\alpha$ oder $Cx_0 = \omega^2\sin\alpha \int \mathrm{d}m\,x^2 = \omega^2\sin\alpha \cdot J$ und daraus $x_0 = J/ms$. Z. B. ist bei dem prismatischen Stab mit gleichmäßig verteilter Masse $x_0 = \frac{2}{3}$ der Stablänge, Bild 83.

Für Gleichgewicht (Prinzip des Fliehkraftreglers) muß $G s \sin\alpha = C x_0 \cos\alpha$ sein, woraus mit dem errechneten Wert $C x_0$ sich $\omega = \sqrt{Gs/J \cos\alpha}$ ergibt.

3. Dreht sich ein Körper um eine festgelagerte, nicht durch seinen Schwerpunkt gehende Achse, so treten in den Lagern durch die Fliehkraft C Lagerkräfte auf, die nach den Regeln der Statik (S. 196) bestimmt werden können. So folgt bei Anordnung nach Bild 84, daß $A = C b/(a+b)$ und $B = C a/(a+b)$. Die Lagerkräfte ändern ständig ihre Richtung und rufen also schädliche Belastungen der Lager und schädliche Schwingungen (S. 266) hervor.

Bei der Anordnung nach Bild 85 liegen die Massen in einer Ebene, und es sei $m_1 r_1 = m_2 r_2$. Dann liegt zwar der gemeinsame Schwerpunkt beider Massen auf der Achse, aber die Fliehkräfte $C_1 = m_1 r_1 \omega^2$ und $C_2 = m_2 r_2 \omega^2 = C_1$ rufen ein Moment $M = C_1 a$ hervor, das die Lagerkräfte $A = B = C_1 a/l$ erzeugt.

Ist jedoch nach Bild 86 $m_1 r_1 a_1 + m_3 r_3 a_3 = m_2 r_2 a_2$ sowie $m_1 r_1 + m_3 r_3 = m_2 r_2$, und liegen alle Massen in einer Ebene, so treten keine Lagerkräfte durch die Fliehkräfte auf.

Die einzelnen *Unwuchten* der Welle bzw. des sich drehenden Körpers können in ihrer Wirkung auf eine Einzelkraft und ein Kräftepaar zurückgeführt werden, die nicht in einer Ebene zu liegen brauchen. Größe und Lage der Unwucht können mit *Auswucht*maschinen oder Auswuchtverfahren bestimmt und durch Anbringen von Massen in geeigneten Punkten beseitigt werden.

Eine Achse, an der die Fliehkräfte sich das Gleichgewicht halten, die also im Gleichgewicht ist, heißt auch (s. S. 262) *freie Achse;* Die Summe der Fliehkräfte und die Summe ihrer Momente müssen gleich null sein (z. B. Bild 86).

Ein solches *dynamisches Gleichgewicht* tritt bei nicht in einer Ebene liegenden Massen und bei Abwesenheit von äußeren Kräften und Momenten auf, wenn 1. $\Sigma m r \sin\alpha = 0$.

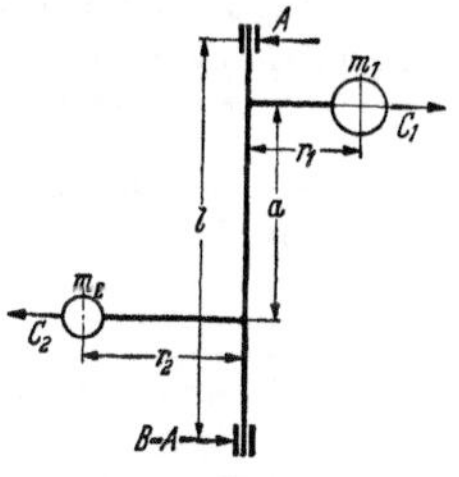

Bild 85

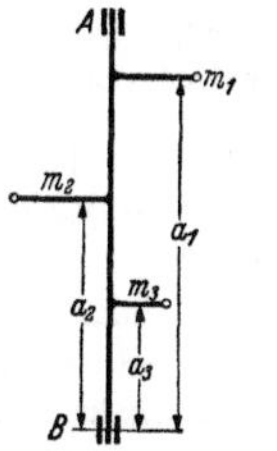

Bild 86

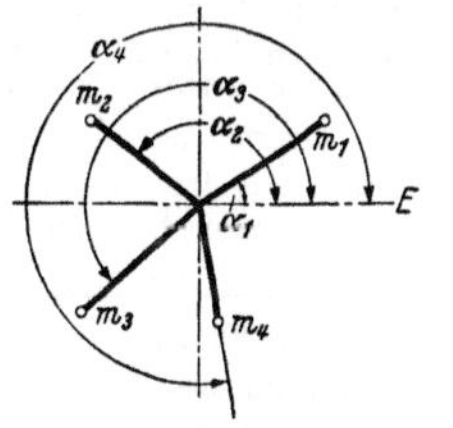

Bild 87

2. $\Sigma m r \cos\alpha = 0$, wobei r der Abstand des Schwerpunktes der Massen von der Drehachse und α der Winkel mit einer beliebigen durch die Drehachse gelegten Ebene E ist, Bild 87. 3. $\Sigma m r a \sin\alpha = 0$. 4. $\Sigma m r a \cos\alpha = 0$, wobei a den Abstand der Wirkungslinie der Fliehkraft von irgendeinem Punkt, z. B. B in Bild 86, angibt.

2. Allgemeine ebene Bewegung

Bei der ebenen Bewegung eines Körpers bewegen sich alle Punkte in parallelen Ebenen. Die Untersuchung des Geschwindigkeits- und Beschleunigungszustandes wurde auf S. 239 gegeben. Hierbei kann es sich um einen frei beweglichen, unter Einwirkung von äußeren Kräften stehenden Körper oder auch um den zwangläufig geführten Teil eines Getriebes (z. B. die Koppel eines Kurbeltriebes) handeln.

a) Energiesatz. Hat ein Massenteilchen dm vom Momentanpol P (S. 234) den Abstand r, Bild 88, so hat bei der augenblicklichen Winkelgeschwindigkeit ω um P der Körper die Wucht $E = \int dm\, v^2/2 = \int dm\, r^2\omega^2/2 = J_p\, \omega^2/2$. Hierin ist J_p das Trägheitsmoment bezogen auf P. Nach dem Satz von *Steiner* (S. 255) ist $J_p = J_s + m p^2$, also wird $E = J_s \omega^2/2 + m (p\omega)^2/2$ oder, da Geschwindigkeit v_s des Schwerpunktes gleich $p\omega$ ist, auch

$$E = J_s \omega^2/2 + m v_s^2/2.$$

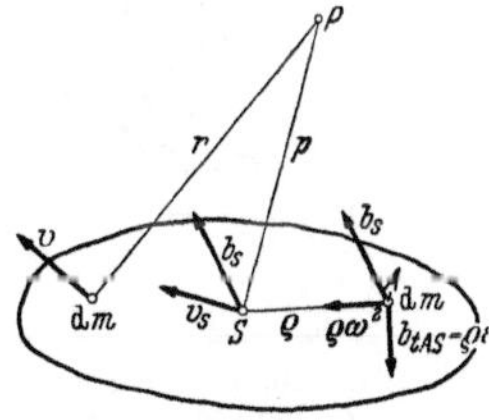

Bild 88. Zum Schwerpunkt- u. Momentensatz

Dann ist der Zuwachs an Wucht oder kinetischer Energie eines Körpers oder eines Systems von Körpern gleich der Arbeit aller angreifenden Kräfte:

$A = m(v^2 - v_0^2)/2 + J(\omega^2 - \omega_0^2)/2$ für einen starren Körper und

$A = \Sigma m(v^2 - v_0^2)/2 + \Sigma J(\omega^2 - \omega_0^2)/2$ für einen Punkthaufen oder Körperverband.

Beispiele s. u. e).

b) Schwerpunktsatz. α) Die *Bewegungsgröße* $\mathfrak{B}$ hat den Wert (s. a. Bild 88) $\mathfrak{B} = \int \mathrm{d}m\,\mathfrak{v} = m\,\mathfrak{v}_s$.

Denn es ist $\mathfrak{B} = \int \mathrm{d}m\,\mathfrak{v}$; $\mathfrak{v} = \overline{\omega} \times \mathfrak{r}$; $\mathfrak{B} = \int \overline{\omega} \times \mathfrak{r}\,\mathrm{d}m = \overline{\omega} \times \int \mathfrak{r}\,\mathrm{d}m = \overline{\omega} \times \mathfrak{r}_s \int \mathrm{d}m$; $\mathfrak{r}_s = p$ und $\mathfrak{v}_s = \overline{\omega} \times \mathfrak{r}_s$.

β) Da die *Kraft* $\mathfrak{P} = \mathrm{d}\mathfrak{B}/\mathrm{d}t$ ist (s. S. 246) und die Schwerpunktbeschleunigung $\mathfrak{b}_s = \mathrm{d}\mathfrak{v}_s/\mathrm{d}t$ beträgt, folgt

$$\mathfrak{P} = m\,\mathfrak{b}_s.$$

$\mathfrak{P}$ ist hierin die Resultierende aller äußeren Kräfte, zu denen auch gegebenenfalls die Lagerkräfte gehören. Der Schwerpunkt bewegt sich also so, als ob sämtliche angreifenden Kräfte in ihm vereinigt wären. Hiernach kann $\mathfrak{b}_s = \mathfrak{P}/m$ ermittelt werden. — Die Resultierende $\mathfrak{P}$ greift aber im allgemeinen *nicht* im Schwerpunkt an (vgl. f). Beispiele s. u. e).

c) Momentensatz. α) Der *Drall*, d. h. das Moment der Bewegungsgrößen, bezogen auf den Schwerpunkt S, Bild 88, beträgt

$$\mathfrak{D} = J_s\overline{\omega} \quad \text{oder} \quad D = J_s\,\omega.$$

Die Geschwindigkeit eines Massenteilchens $\mathrm{d}m$ setzt sich geometrisch zusammen aus der Geschwindigkeit $\mathfrak{v}_s$ des Schwerpunktes und der Drehgeschwindigkeit um diesen (S. 233). Das Moment der Bewegungsgrößen $\mathfrak{v}\,\mathrm{d}m$ bezogen auf S ist aber gleich null, da $\int \mathfrak{r}\,\mathrm{d}m = 0$. Das Moment der Bewegungsgrößen der zweiten Komponente ergibt sich aber genau so wie bei Drehung um eine feste Achse.

β) Da das *Moment* $\mathfrak{M}$ die zeitliche Ableitung des Dralls ist, folgt für dieses, bezogen auf den Schwerpunkt, mit $\dot{\omega} = \mathrm{d}\omega/\mathrm{d}t = \varepsilon$ = Winkelbeschleunigung des Körpers gegenüber der festen Ebene

$$\mathfrak{M} = J_s\overline{\varepsilon} \quad \text{oder} \quad M = J_s\,\varepsilon.$$

Hierin ist $\mathfrak{M}$ die geometrische Summe der Momente aller äußeren Kräfte (zu denen auch die Momente von Reaktionskräften gehören).

Bezogen auf einen beliebigen Punkt A gilt für das Moment: $\mathfrak{M} = \mathrm{d}\,\mathfrak{D}/\mathrm{d}t + m\,\mathfrak{s} \times \mathfrak{v}_s$, worin $\mathfrak{D}$ der Drall bezogen auf den Schwerpunkt S, $\mathfrak{v}_s$ dessen Geschwindigkeit und $\mathfrak{s} = \overline{AS}$ ist (vgl. a. d und e).

d) Sonderfall: **Drehung um zwei parallele Achsen.** Dreht sich der Körper K_2 Bild 89, gegenüber einem Körper K_1 mit der Winkelgeschwindigkeit $\omega_{2,1}$ und dieser gegenüber der festen Ebene E_0 mit $\omega_{1,0}$, so dreht sich K_2 gegenüber E_0 mit $\omega_{2,0} = \omega_{1,0} + \omega_{2,1}$ bzw. $\varepsilon_{2,0} = \varepsilon_{1,0} + \varepsilon_{2,1}$ (S. 239). Dann gelten die vorstehenden Formeln ebenfalls, nur ist ω durch $\omega_{2,0}$ zu ersetzen.

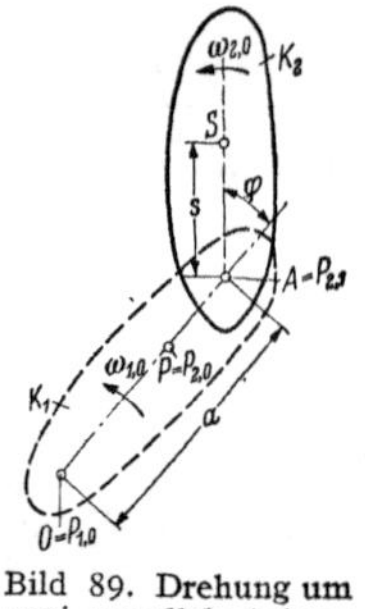

Bild 89. Drehung um zwei parallele Achsen

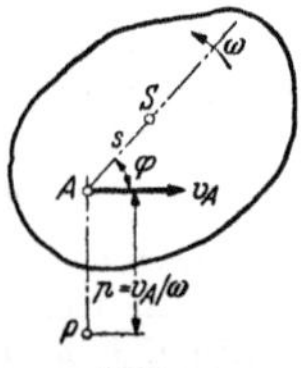

Bild 90 Drehung u. Schiebung

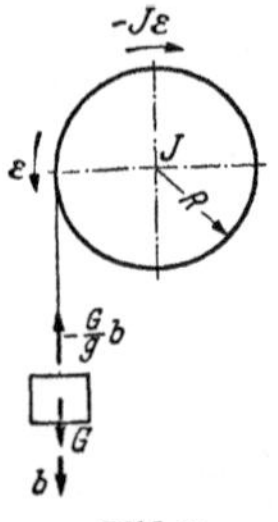

Bild 91

So wird die Wucht des Körpers K_2 gleich $E = \frac{1}{2} J_s\,\omega_{2,0}^2 + \frac{1}{2} m\,v_s^2 = \frac{1}{2} J_s\,\omega_{2,0}^2 + \frac{1}{2} m\,(a^2\,\omega_{1,0}^2 + s^2\,\omega_{2,0}^2 + 2\,a\,s\,\omega_{1,0}\,\omega_{2,0}\cos\varphi)$ nach Bild 89, worin $AS = s$ und $OA = a$ gesetzt ist. Bezogen auf $A \equiv P_{2,1}$ folgt ferner

Drall $D_{2,1} = J_{2,1}\,\omega_{2,0} + m\,s\,a\,\omega_{1,0}\cos\varphi$; $J_{2,1} = J_0 + m\,s^2$;
Moment $M_{2,1} = J_{2,1}\,\varepsilon_{2,0} + m\,s\,a\,\varepsilon_{1,0}\cos\varphi - m\,s\,a\,\omega_{1,0}\,\omega_{2,1}\sin\varphi$.

e) Sonderfall: **Drehung und Schiebung.** Hierbei beschreibt ein Punkt A (s. a. S. 242) eine Gerade, und der Körper dreht sich um A mit der Winkelgeschwindigkeit $\omega = \omega_{2,0}$, Bild 90. Nach d) geht $P_{1,0} \to \infty$, ist $\omega_{1,0} = 0$, also $\omega_{2,0} = \omega_{2,1} = \omega$, und es gelten sinngemäß die Sätze unter a) bis c).

Bezogen auf $A \equiv P_{2,1}$ gilt ferner

Drall $D_{2,1} = J_{2,1}\,\omega + m\,s\,v_A \cos\varphi$; $J_{2,1} = J_2 + m\,s^2$;
Moment $M_{2,1} = J_{2,1}\,\varepsilon + m s\,b_A \cos\varphi - m\,s\,v_A\,\omega \sin\varphi$.

Beispiele: 1. Von einer Trommel (Masse M, Trägheitsmoment J in bezug auf ihre Drehachse), Bild 91, wickelt sich ein an seinem freien Ende mit dem Gewicht $G = m\,g$ belastetes Seil ab. Bringt man am Gewicht die Trägheitskraft $-m\,b = -G\,b/g$ nach oben und an der Trommel das Moment $-J\,\varepsilon$ an, so ergibt die Gleichgewichtsbedingung für die Momente in bezug auf die Drehachse der Trommel

$$RG - RG\,b/g - J\,\varepsilon = 0.$$

Mit $\varepsilon = b/R$ folgt dann $b = G\,R^2/(J + m\,R^2) = g\,R^2/(\varrho^2 + R^2)$ mit $\varrho^2 = i^2 M/m$, i = Trägheitsradius, und für die Seilspannung $S = G - G\,b/g = G\,J/(J + m\,R^2) = G\,\varrho^2/(\varrho^2 + R^2)$.

2. Ein voller Kreiszylinder von der Masse m und dem Radius r rollt, ohne zu gleiten, eine schiefe Ebene von der Höhe h herab, Bild 92. Mit welcher Geschwindigkeit kommt er unten an? Hier liegt Schiebung und Drehung vor, und es ist $J = m\,r^2/2$; $v = v_s = r\,\omega$; $\omega = v/r$. Die von der Schwerkraft geleistete Arbeit beträgt $A = G\,h$, und die kinetische Energie ist $E = m\,v^2/2 + J\,\omega^2/2 = \frac{3}{4} m\,v^2$. Gleichsetzen von A und E ergibt $g\,h = \frac{3}{4} v^2$ oder $v = \sqrt{\frac{4}{3}\,g\,h}$.

Die Beschleunigung $b_s = r\,\varepsilon$ des Schwerpunktes folgt aus dem Momentensatz bezogen auf P: $M = J_P\,\varepsilon$ oder $r\,G \sin\alpha = (J + m\,r^2)\,\varepsilon$; $r\,g \sin\alpha = \frac{3}{2} r^2\,\varepsilon$, d. h. $b_s = \frac{2}{3} g \sin\alpha$.

Der Schwerpunktsatz liefert Gleichgewicht zwischen Gewicht G, der Reibungskraft R, der Normalkraft N und der negativen Massenkraft $T = -m\,b_s = -\frac{2}{3} G \sin\alpha$. Aus Bild 92 liest man ab: $R = G \sin\alpha - m\,b_s = G \sin\alpha - \frac{2}{3} G \sin\alpha = \frac{1}{3} G \sin\alpha$ (und $N = G \cos\alpha$). Mit $\mu N = \mu G \cos\alpha$ als Widerstand der Gleitreibung muß $\frac{1}{3} G \sin\alpha \leqq \mu G \cos\alpha$ oder $\operatorname{tg}\alpha \leqq 3\,\mu$ sein.

f) Bei zwangläufigen Bewegungen von Getriebeteilen wird häufig nach den **Trägheitskräften** gefragt. Ihre Resultierende ist $\mathfrak{T} = -m\,\mathfrak{b}_s$, d. h. der Schwerpunktsbeschleunigung

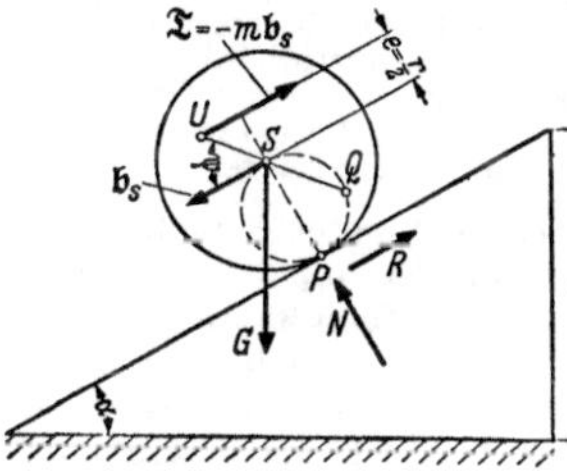

Bild 92

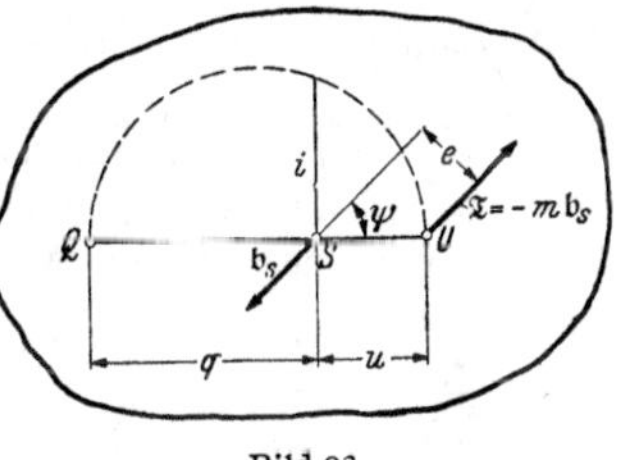

Bild 93
Resultierende $\mathfrak{T}$ der Trägheitskräfte

entgegengesetzt parallel gerichtet und von der Größe $T = m\,b_s$. Ihre *Wirkungslinie* habe vom Schwerpunkt S, Bild 93, den Abstand e. Dann folgt e aus der Momentengleichung $-J_s\,\varepsilon = e\,T$ oder $J_s\,\varepsilon = e\,m\,b_s$ mit $J_s/m = i^2$ zu $e = i^2\,\varepsilon/b_s$. — Wenn der Beschleunigungspol Q (s. S. 235) vom Schwerpunkt S den Abstand q hat, so ist $b_s = q\sqrt{\omega^4 + \varepsilon^2}$; $\operatorname{tg}\psi = \varepsilon/\omega^2$; $b_s = q\,\varepsilon/\sin\psi$; $e = i^2/q \cdot \sin\psi$ oder mit $u = e/\sin\psi$ auch $q\,u = i^2$, wonach u leicht zeichnerisch oder rechnerisch ermittelt werden kann.

Bei Schiebung und Drehung um den Schwerpunkt ist $b_s = p\,\varepsilon$, d. h. $e = i^2/p$ (Bild 90 für $S \equiv A$). So wird im obigen Beispiel 2, Bild 92, $J = m\,r^2/2$, $i^2 = r^2/2$, $p = r$, also $e = i^2/p = r/2$, so daß $\mathfrak{T}$ vom Momentanpol P den Abstand $3\,r/2$ hat. Der Beschleunigungspol Q liegt auf dem durch S und P gehenden Kreis vom Durchmesser r, dem Wendekreis. Seine Lage ist zudem durch den Winkel ψ, d. h. durch ε und ω bestimmt.

Hinsichtlich *Trägheitspol* vgl. Lit. 2, ferner *Gerber, G.:* Neues Verfahren zur Ermittlung des Trägheitspoles. Maschinenbau, Betrieb Bd. 19 (1940) S. 533/34.

g) Reduzierte Masse (s. a. S. 256). Bezieht man die kinetische Energie eines beliebigen, komplan bewegten Körpers oder Körperverbandes (z. B. eines Getriebes) auf einen bestimmten Punkt mit der Geschwindigkeit v, so folgt die reduzierte Masse aus

$$m_{\text{red}}\,v^2/2 = J_s\,\omega^2/2 + m\,v_s^2/2 \quad \text{zu} \quad m_{\text{red}} = J_s\,(\omega/v)^2 + m\,(v_s/v)^2.$$

Auf Grund kinematischer Beziehungen können ω und v_s durch v ausgedrückt werden (s. a. *Lagrange*sche Gleichungen S. 252), so daß m_{red} hierbei im allgemeinen nicht konstant sein wird.

3. Freie Achsen, Kreisel

a) Freie Achsen. Bei der Drehbewegung eines Körpers um eine freie Achse ist diese nicht mehr durch Lager usw. festgelegt. Als freie Achse kann aber nur eine solche gelten, um welche die Drehung *stabil* ist, und das sind die Achsen größten bzw. kleinsten Trägheitsmomentes (größte und kleinste Achse des Trägheitsellipsoids, s. S. 256).

Ein kastenförmiger Körper, Bild 94, kann, durch die Hand in Drehung versetzt, in die Luft geworfen werden. Dies ist aber nur möglich, wenn I (Achse für J_{max}) oder III (Achse für J_{min}) Drehachsen sind. Wenn II als Drehachse genommen wird, führt der Körper torkelnde Bewegungen aus. — Ebenso kann ein Teller um einen Durchmesser (= freie Achse) in Drehung versetzt werden. — Ferner sind ausgewuchtete Achsen (S. 259) als freie Achsen anzusehen.

b) Kreiselbewegung. Im allgemeinsten Fall der Drehung ist weder ein Lager noch eine *feste* Lage der Drehachse im Körper vorhanden. Diese geht zwar immer durch dessen Schwerpunkt, aber wechselt dauernd ihre Richtung; es liegt eine allgemeine Kreiselbewegung vor, so daß Drehung um freie oder gelagerte Achsen hiervon Sonderfälle sind.

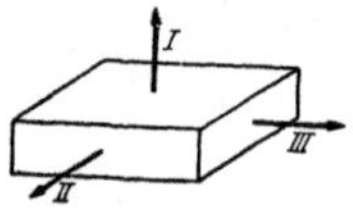

Bild 94

In den wichtigsten Anwendungen liegt ein rotationssymmetrischer Kreisel vor, und die *Figurenachse* ist stets die Achse des *größten* Trägheitsmomentes (z. B. Spielkreisel). Die *momentane Drehachse* ist die Achse, um welche im Augenblick die Drehung erfolgt, während die *Impulsachse* die Achse des augenblicklichen Impuls- oder Drallvektors ist und sich mit den beiden anderen Achsen im Schwerpunkt trifft.

In Bild 95 sei I die Figurenachse (Achse für $J_{max} = J_I$), II die Achse für $J_{min} = J_{II}$ und $\overline{\omega}$ die Winkelgeschwindigkeit der Drehung um die momentane Drehachse w, so kann $\overline{\omega}$ in die Komponenten $\overline{\omega}_1$ und $\overline{\omega}_2$ zerlegt werden, so daß die entsprechenden Drallvektoren $\mathfrak{D}_1 = J_I\,\overline{\omega}_1$, $\mathfrak{D}_2 = J_{II}\,\overline{\omega}_2$ sind. Diese beiden Komponenten setzen sich zum Gesamtdrall $\mathfrak{D}$ zusammen. Die Richtung dieses Drehimpulses, die Impulsachse, liegt zwischen Figurenachse I und augenblicklicher Drehachse w in der beiden gemeinsamen Ebene.

Da der Kreisel „kräftefrei" sein und im Schwerpunkt auf einer Spitze gelagert sein soll, also keine äußeren Momente wirken, muß der Impuls, also auch die *Impulsachse raumfest* sein, d. h. Figurenachse I und momentane Drehachse w umkreisen dauernd die Impulsachse. Dieser Vorgang heißt *Nutation*, die Figurenachse beschreibt den *Nutationskegel*, Bild 96. Die momentane Drehachse beschreibt im festen Raum den *Rastpolkegel*, gegenüber der beweglichen Figurenachse den *Gangpolkegel*, so daß der Gangpolkegel auf dem Rastpolkegel abrollt (Gangpolbahn und Rastpolbahn bei der ebenen Bewegung, S. 236). — Wird die Drehachse in die Figurenachse gelegt, so fallen Impuls- und Drehachse zusammen.

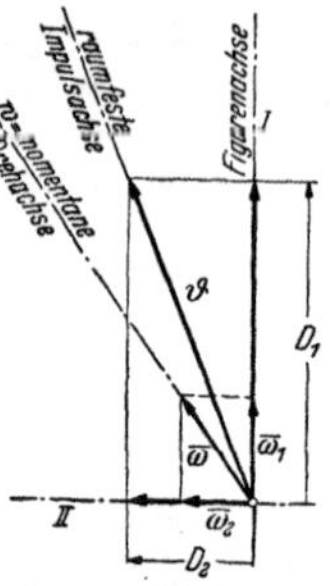

Bild 95

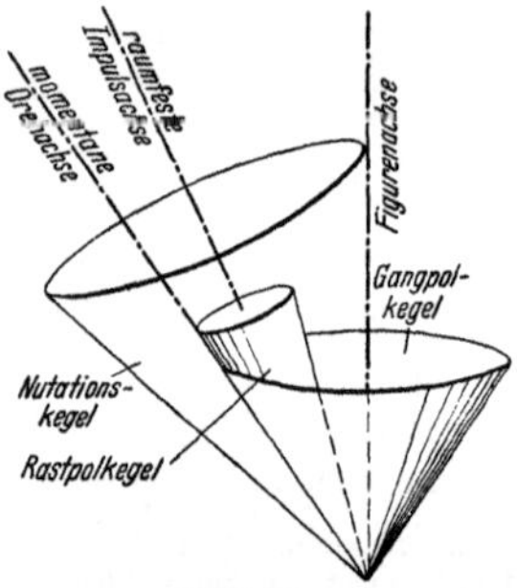

Bild 96

Achsen bei der Kreiselbewegung

c) Präzession, Moment der Kreiselwirkung. Bei Einwirkung von äußeren Drehmomenten entsteht eine Präzessionsbewegung der Drall- bzw. Impulsachse. Diese beschreibt jetzt einen im Raum festen Präzessionskegel, wobei sie aber weiterhin die Mittellinie des Nutationskegels bleibt.

Drei Winkelgeschwindigkeiten kennzeichnen den Vorgang:
Winkelgeschwindigkeit ω des Körpers um die Figurenachse,
„ ω_n der Figurenachse beim Beschreiben des Nutationskegels,
„ ω_p der Drallachse beim Beschreiben des Präzessionskegels.

Ein einfacheres Bild ergibt sich bei einem *nutationsfreien Kreisel* (rotationssymmetrischem oder „flachem" oder Kugelkreisel), wie er sehr oft bei technischen Anwendungen vorliegt.

Ebenso wie ein äußeres Moment eine Präzession hervorruft, so ruft eine erzwungene Präzession ein Drehmoment, das *Kreiselmoment*, hervor.

Eine Scheibe, Bild 97, drehe sich in einem Rahmen mit der Winkelgeschwindigkeit ω, und es werde der Rahmen in der Zeit $\mathrm{d}t$ um den Winkel $\mathrm{d}\varphi$ gedreht. Dann ändert sich der Drallvektor um den Betrag $\mathrm{d}D = D\,\mathrm{d}\varphi$ oder, da $\mathrm{d}\varphi/\mathrm{d}t = \omega_p$, d.h. $\mathrm{d}\varphi = \omega_p\,\mathrm{d}t$ ist, um den Betrag $\mathrm{d}D = D\,\omega_p\,\mathrm{d}t = (J\,\omega)\,\omega_p\,\mathrm{d}t$. Nun ist, S. 257, das Drehmoment M gleich der zeitlichen Änderung des Dralls, also $M = \mathrm{d}D/\mathrm{d}t = J\,\omega\,\omega_p$ oder vektoriell geschrieben $\mathfrak{M} = J\,\overline{\omega}_p \times \overline{\omega}$ (s. a. Beispiele).

Soll ein Körper, der sich um die Figurenachse mit der Winkelgeschwindigkeit $\overline{\omega}$ dreht, um eine die Figurenachse schneidende Achse mit der Winkelgeschwindigkeit $\overline{\omega}_p$ präzessieren, so ist dazu ein Moment

$$\mathfrak{M} = J\,\overline{\omega}_p \times \overline{\omega} \tag{1}$$

notwendig. Das diesem entgegenwirkende, vom Körper als Reaktion ausgeübte Moment $\mathfrak{M}_k = J\,\overline{\omega} \times \overline{\omega}_p$ heißt *Kreiselwirkung*. Stehen ω_p und ω aufeinander senkrecht, Bild 97, so ist der Betrag $M_k = J\omega_p\omega$.

Die Kreiselwirkung sucht die Kreiselachse in gleichsinnigen Parallelismus mit der Präzessionsachse zu bringen. Umgekehrt muß bei Wirkung eines äußeren Momentes eine Präzession gemäß Gl. (1) erfolgen.

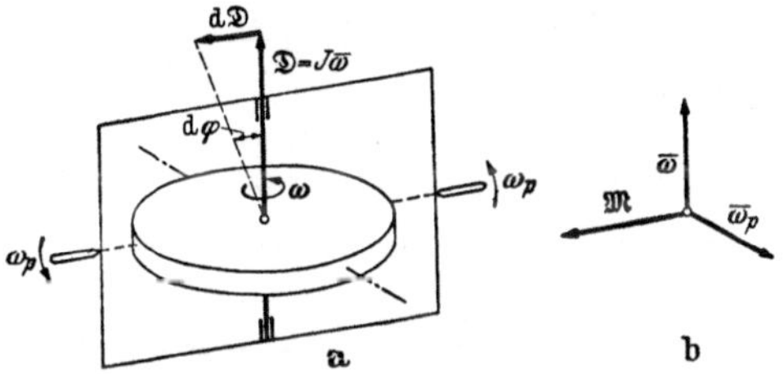

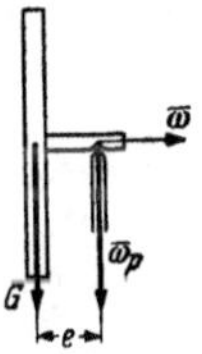

Bild 98

Bild 97. Zum Kreiselmoment

Beispiele: 1. Wird ein schnell um seine waagerechte Achse rotierender schwerer Kreisel außerhalb seines Schwerpunktes auf einer Spitze gelagert, Bild 98, so zwingt das Moment Ge der Schwerkraft den Kreisel zur Präzession gemäß Gl. (1).

2. Beim Kollergang, Bild 99, bewirkt die Präzession eine Kreiselwirkung vom Moment $\mathfrak{M}_k = J\,\overline{\omega} \times \overline{\omega}_p$ und damit eine Anpreßkraft $P = M/r$.

d) Drehung um sich schneidende Achsen. In Bild 53 und Beisp. 1, S. 240, ist $\overline{12}$ die Figurenachse des Kegelrades K_2, also $\omega = \omega_{2,1}$; die Winkelgeschwindigkeit der Präzession ist $\omega_p = \omega_{1,0}$, so daß eine Kreiselwirkung vom Moment $\mathfrak{M}_k = J\,\overline{\omega}_{2,1} \times \overline{\omega}_{1,0}$ entsteht, dessen Pfeil zur Zeichenebene weist, aber ständig umläuft, und das den Betrag $M = J\,\omega_{2,1}\,\omega_{1,0}\sin\alpha$ hat, α vgl. Bild 52, S. 240.

e) Die **Eulerschen Gleichungen** für die Drehbewegung eines Körpers sind auf ein im Körper festes, im Raum bewegliches Koordinatensystem bezogen, dessen Achsen mit den durch den Schwerpunkt hindurchgehenden Hauptträgheitsachsen x, y, z zusammenfallen. Sind die zugehörigen Trägheitsmomente J_x, J_y, J_z, ferner ω_x, ω_y, ω_z die Komponenten der resultierenden Winkelgeschwindigkeit $\overline{\omega}$, M_x, M_y, M_z die Komponenten des Momentes $\mathfrak{M}$, so gilt (Punkte bedeuten Ableitungen nach der Zeit)

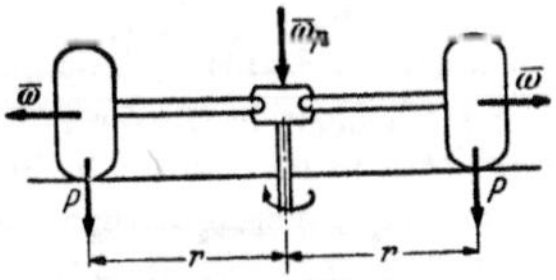

Bild 99. Kollergang

$$M_x = J_x\,\dot{\omega}_x - (J_y - J_z)\,\omega_y\,\omega_z;$$
$$M_y = J_y\,\dot{\omega}_y - (J_z - J_x)\,\omega_z\,\omega_x;$$
$$M_z = J_z\,\dot{\omega}_z - (J_x - J_y)\,\omega_x\,\omega_y;$$

oder vektoriell:
$\mathfrak{M} = \dot{\mathfrak{D}} + (\overline{\omega} \times \mathfrak{D})$;
$\mathfrak{D}$ = gesamter Drall.

Unabhängig hiervon ist die Bewegung des Schwerpunktes durch den Schwerpunktsatz gegeben.

E. Der Stoß

Ein *Stoß* findet statt, wenn eine endliche Kraft in einer sehr kurzen Zeit wirkt, so daß das Produkt beider endlich bleibt. Treffen zwei Körper aufeinander, so hat jede der Massen nach dem Stoß (im allgemeinen) eine andere Geschwindigkeit als vorher, und geht die im Berührungspunkt der Körper auf der gemeinsamen Berührungsebene errichtete Normale durch die Schwerpunkte der beiden Körper hindurch, so liegt ein *zentrisch* r, andernfalls ein *exzentrischer* Stoß vor. Wenn die Bewegungsrichtungen der beiden zur Berührung kommenden Punkte der beiden Körper unmittelbar vor dem Stoß auf der Berührungsebene senkrecht stehen, so liegt ein *gerader*, andernfalls ein *schiefer* Stoß vor.

1. Gerader zentrischer Stoß

Die Massen m_1 und m_2 haben vor dem Stoß die Geschwindigkeiten v_1 und v_2. Da die Stoßkraft als eine innere Kraft des Systems zu betrachten ist, erfährt die Bewegungsgröße durch den Stoß keine Veränderung, Bild 100.

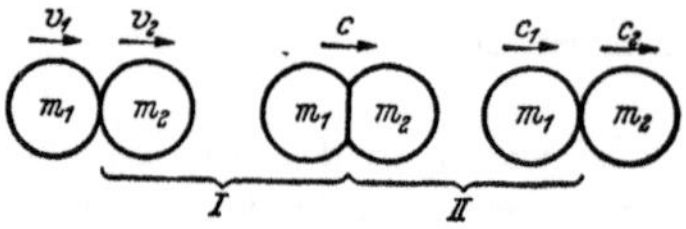

Bild 100. Gerader zentrischer Stoß

Der Stoß läßt sich in 2 Perioden teilen. Die 1. Periode rechnet von der ersten Berührung bis zu dem Augenblick, in dem der Abstand der Schwerpunkte ein Minimum wird, die 2. Periode von diesem Zeitpunkt bis zur Trennung der beiden Körper voneinander. Die 1. Periode tritt bei jedem Stoß auf, ob die Körper elastisch oder unelastisch sind, die zweite fehlt bei vollkommen unelastischen Körpern.

a) Elastische Körper. *1. Periode.* Die am Ende der 1. Periode beiden Körpern gemeinsame Geschwindigkeit ergibt sich, da die Bewegungsgröße des Systems konstant bleiben muß, zu

$$c = (m_1 v_1 + m_2 v_2)/(m_1 + m_2).$$

Die verschwundene kinetische Energie $\Delta E = \frac{1}{2}(m_1 v_1^2 + m_2 v_2^2 - m_1 c^2 - m_2 c^2)$ $= \frac{1}{2}\frac{m_1 m_2}{m_1 + m_2}(v_1 - v_2)^2$ hat sich bei vollkommen unelastischen, plastischen Körpern in Wärme, bei vollkommen elastischen in potentielle Energie (Federungsarbeit), bei unvollkommen elastischen teils in Wärme, teils in potentielle Energie umgesetzt.

2. Periode. Sie tritt nur bei vollkommen oder unvollkommen elastischen Körpern, nicht bei vollkommen unelastischen auf. Die Geschwindigkeiten nach dem Stoß sind für *vollkommen elastische* Körper:

$$c_1 = \frac{(m_1 - m_2)\,v_1 + 2\,m_2\,v_2}{m_1 + m_2}, \qquad c_2 = \frac{(m_2 - m_1)\,v_2 + 2\,m_1\,v_1}{m_1 + m_2}.$$

Besondere Fälle. 1. $m_1 = m_2$, es wird $c_1 = v_2$, $c_2 = v_1$.

2. Ist m_2 eine feste Wand, also $v_2 = 0$, $m_2 = \infty$, so ist $c_1 = -v_1$.

3. Ist m_1 eine bewegliche Wand, m_2 ein ruhender Körper: also $m_1 = \infty$, $v_2 = 0$, so wird $c_2 = 2\,v_1$.

Energie geht bei vollkommen elastischem Stoß nicht verloren.

b) Unelastische Körper. Sind die Körper wie alle wirklichen *unvollkommen elastisch*, so sind die Geschwindigkeiten nach dem Stoß:

$$c_1 = \frac{m_1 v_1 + m_2 v_2 - m_2 (v_1 - v_2)\,k}{m_1 + m_2}; \qquad c_2 = \frac{m_1 v_1 + m_2 v_2 + m_1 (v_1 - v_2)\,k}{m_1 + m_2}.$$

Dabei ist k, die Stoßzahl, das Verhältnis der Relativgeschwindigkeiten der Körper nach und vor dem Stoß: $k = (c_2 - c_1)/(v_1 - v_2)$, und damit ein Maß für das Abweichen vom vollkommen elastischen Verhalten. Stets gilt $0 < k < 1$, wobei die untere Grenze für vollkommen unelastische, die obere für vollkommen elastische Körper gilt. Der Energieverlust $\frac{1}{2}(m_1 v_1^2 + m_2 v_2^2 - m_1 c_1^2 - m_2 c_2^2)$ ist dann

$$\Delta E = \frac{1}{2} \frac{m_1 m_2}{m_1 + m_2} (v_1 - v_2)^2 (1 - k^2).$$

Bei fester Wand, d. h. $m_2 = \infty$ und $v_2 = 0$ wird $c_1 = (-) k v_1$. Läßt man hiernach eine Masse m_1 aus der Höhe H auf eine feste Platte des gleichen Materials herabfallen, so ist $v_1 = \sqrt{2gH}$. Aus der Sprunghöhe h nach dem Stoß folgt $c_1 = \sqrt{2gh}$ und für die Stoßzahl damit $k = c_1/v_1 = \sqrt{h/H}$. Dieser Versuch kann zur Bestimmung von k dienen. Für zwei Körper aus gleichem Material ergibt sich bei Elfenbein $k = \frac{8}{9}$, Stahl oder Kork $k = \frac{5}{9}$, Holz $k = \frac{1}{2}$. Die Stoßzahl k hängt im übrigen nicht nur vom Material, sondern auch stark von der Geschwindigkeit ab.

Beispiel: Ein Eisenbahnwagen vom Gewicht G_1 fährt mit der Geschwindigkeit v_1 cm/sek auf einen stehenden Wagen vom Gewicht G_2. Die Zusammendrückung der Pufferfedern ist zu bestimmen, wenn deren Konstante oder Rückstellkraft c kg/cm (die Kraft, die eine Verkürzung von 1 cm hervorruft) bekannt ist.

Die nach der 1. Stoßperiode in Federungsarbeit umgewandelte Energie ist:

$$E = \frac{1}{2g} \frac{G_1 G_2}{G_1 + G_2} v_1^2.$$

Andererseits ist die beim Zusammendrücken einer Feder um den Betrag Δl geleistete Arbeit $A = \frac{1}{2} c (\Delta l)^2$. Da vier Pufferfedern vorhanden sind, ist:

$$4 \cdot \frac{1}{2} c (\Delta l)^2 = \frac{1}{2g} \frac{G_1 G_2}{G_1 + G_2} v_1^2 \quad \text{und} \quad \Delta l = \frac{v_1}{2} \sqrt{\frac{G_1 G_2}{c\, g\, (G_1 + G_2)}} \text{ cm}, \quad (g \text{ in cm/sek}^2).$$

2. Gerader exzentrischer Stoß

Die Berührungsfläche steht senkrecht zur gemeinsamen Richtung der Geschwindigkeiten beider Körper im Stoßpunkt. Die Normale zur gemeinsamen Tangente gehe nicht durch die Schwerpunkte beider Körper.

Vor dem Stoß drehe sich der Stab oder Körper 1, Bild 101, mit der Winkelgeschwindigkeit ω_1, die Kugel oder Körper 2 habe die Geschwindigkeit v_2. Nach dem Satz vom Drall bleibt das Moment der Bewegungsgröße unverändert. Ist $c = a\omega'$ die Geschwindigkeit des Stoßpunktes nach der ersten Stoßperiode und J_1 das Trägheitsmoment des Körpers 1 in bezug auf den Punkt A, so ist

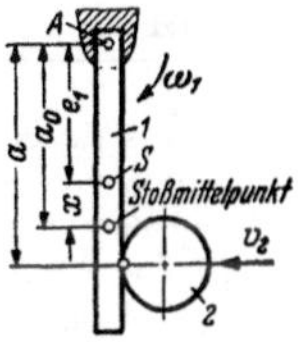

Bild 101. Gerader exzentrischer Stoß

$$J_1 \omega_1 + m_2 a v_2 = J_1 \omega' + m_2 a c = J_1 c/a + m_2 a c,$$

also

$$c = \frac{J_1 \omega_1 + m_2 a v_2}{J_1/a + m_2 a} = \frac{J_1/a^2 \cdot v_1 + m_2 v_2}{J_1/a^2 + m_2},$$

d. h. führt man die auf den Berührungspunkt reduzierte Masse des Stabes $m_{\text{red}} = J_1/a^2$ und die Geschwindigkeit $v_1 = a\,\omega_1$ ein, so kann man wie beim geraden zentrischen Stoß rechnen.

Die Befestigung A erfährt durch den Stoß im allgemeinen eine seitliche Krafteinwirkung, ausgenommen, wenn $a = a_0 = J_1/m_1 e_1$ ist, wobei e_1 den Abstand des Schwerpunktes des Körpers 1 von A bedeutet. Liegt der Stoßpunkt höher, so wirkt die Kraft auf die Befestigung nach links, liegt er tiefer, nach rechts.

Der Punkt in der Entfernung $a_0 = J_1/m_1 e_1$ heißt *Stoß-* oder *Schwingungsmittelpunkt* (S. 267). Da $J_1 = J + m_1 e_1^2$ ist mit J als dem auf den Schwerpunkt S bezogenen Massenträgheitsmoment, folgt für dessen Entfernung x vom Schwerpunkt S

$$x = a_0 - e_1 = (J + m_1 e_1^2)/m_1 e_1 - e_1 = J/m_1 e_1 = i^2/e_1,$$

wenn i der Trägheitshalbmesser der Masse m_1 ist (S. 255).

Ein Schlagwerkzeug, z. B. einen Hammer, greift man möglichst in der Nähe des Stoßmittelpunktes an, da dort die Stöße am geringsten sind.

3. Stoß sich drehender Körper

Zwei Körper, die sich mit den Winkelgeschwindigkeiten ω_1 und ω_2 um parallele Achsen A_1 und A_2 drehen, stoßen in einem Punkt zusammen, der die Entfernungen a_1 und a_2 von den Achsen hat.

Setzt man $m_1 = J_1/a_1^2$ und $m_2 = J_2/a_2^2$, wobei J die Trägheitsmomente bezogen auf die jeweilige Drehachse sind, ferner $v_1 = a_1 \omega_1$ und $v_2 = a_2 \omega_2$, so gelten die unter 1. angegebenen Formeln.

F. Schwingungen

Literatur: 1. *Wagner, K. W.:* Einführung in die Lehre von den Schwingungen und Wellen. Wiesbaden: Dieterichsche Verl.-Buchhandlg. 1947. — 2. *Klotter, K.:* Technische Schwingungslehre. 1. Bd. Einfache Schwinger und Schwingungsmeßgeräte, 2. Aufl. Berlin: Springer 1951. — 3. *Den Hartog, J. P.*, u. *G. Mesmer:* Mechanische Schwingungen, 2. Aufl. Berlin: Springer 1952. — 4. *Oehler, E.:* Techn. Schwingungslehre. Essen: Girardet 1952. — 5. *Hübner, E.:* Technische Schwingungslehre in ihren Grundzügen. Berlin: Springer 1957.

1. System mit einem Freiheitsgrad

a) Kinematik der harmonischen Schwingung. Ein Körper, der sich *geradlinig* nach dem Gesetz $s = r \sin \omega t$ bewegt, vollführt eine harmonische Schwingung. Bedeutung von r, ω usw. vgl. S. 143 u. 288. Eine allgemeinere Form ist $s = r \sin(\omega t + \varepsilon)$ (S. 143), worin ε der Phasenwinkel oder die Phasenverschiebung ist.

Für $t = 0$ gilt dann $s(0) = s_0 = r \sin \varepsilon$ und $v(0) = v_0 = r\,\omega \cos \varepsilon$.

Bei *Drehschwingungen* ist s durch den Drehwinkel φ zu ersetzen.

Weg, Kraft bzw. Moment, die einem beliebigen periodischen Gesetz unterworfen sind, können durch die harmonische Analyse in einzelne Komponenten zerlegt werden (S. 162).

b) Freie ungedämpfte Schwingungen. α) Bewegt sich ein Massenpunkt derart, daß die auf ihn wirkende *Kraft proportional der Auslenkung* aus der Mittellage, aber ihr entgegengesetzt gerichtet ist, Bild 102, also $P = -cx$ mit c als Federkonstante (s. β) wird, so folgt aus dem dynamischen Grundgesetz $P = mb$ die Differentialgleichung

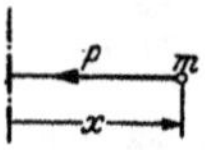

Bild 102

$$m\ddot{x} + cx = 0. \qquad (1)$$

Diese hat die Lösung (S. 106)

$$x = A \cos \omega t + B \sin \omega t = r \sin(\omega t + \varepsilon)$$

mit $\omega = \sqrt{c/m}$, $r = \sqrt{A^2 + B^2}$, $\operatorname{tg} \varepsilon = A/B$, Schwingungsdauer $T = 2\pi/\omega$.

Nach obigem ist $A = x_0$ und $B = v_0/\omega$. Insbesondere folgt für $v_0 = 0$: $s = x_0 \cos \omega t$ und für $x_0 = 0$: $s = v_0/\omega \cdot \sin \omega t$.

β) Die *Kreisfrequenz der Eigenschwingung* ist also $\omega = \sqrt{c/m}$ oder bei *Drehschwingungen* $\omega = \sqrt{c/J}$ mit J als Massenträgheitsmoment. Darin bedeutet c die Kraft, die die Masse um die Strecke 1 auslenkt, oder bei Drehschwingungen das Moment, das die Masse um den Winkel 1 (Bogenmaß) verdreht (mit Richtkraft, Richtmoment, Rückstellkraft, Rückstellmoment, Federkonstante u. ä. bezeichnet); Dimension kg/cm bzw. kg · cm.

Werte c für elastische Schwingungen vgl. Federtabelle S. 401.

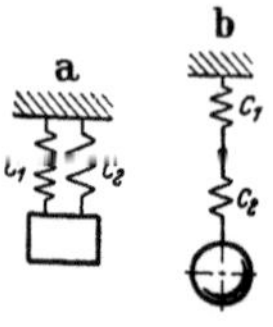

Bild 103. Parallel- u. hintereinandergeschaltete Federn

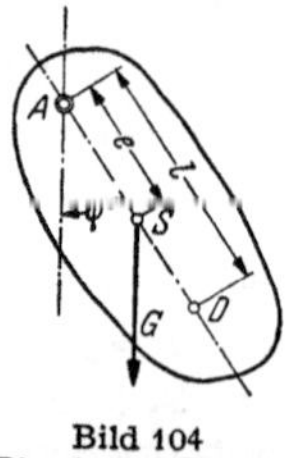

Bild 104 Physisches Pendel

Bei parallelgeschalteten Federn, Bild 103a, ist $c = c_1 + c_2$, bei hintereinandergeschalteten Federn, Bild 103b, ist $1/c = 1/c_1 + 1/c_2$.

γ) Wenn an einer *elastischen Feder* die Masse vom Gewicht G hängt und die statische Durchbiegung (unter Einwirkung des Gewichtes) f cm beträgt, so wird $c = G/f$, also $\omega = \sqrt{g/f}$ sek^{-1} und die Schwingungszahl $1/T = \omega/2\pi$ sek^{-1} bzw. $n \approx 300/\sqrt{f}$ min^{-1} (f in cm).

Beispiele: 1. An einer *Schraubenfeder* hängen $G = 20$ kg, welche die Feder um $f = 5$ cm verlängern. Gesucht ist die Frequenz der Feder. Es wird $c = G/f = 4$ kg/cm oder unmittelbar $\omega = \sqrt{981/5} = 14$ sek^{-1} und $n \approx 300/\sqrt{5} = 134$ min^{-1}.

2. Für das *physische Pendel*, Bild 104, d. h. einen Körper, der sich um eine waagerechte, nicht durch den Schwerpunkt gehende Achse unter Einwirkung der Schwerkraft bewegt, gilt mit J_A als Massenträgheitsmoment in bezug auf die Drehachse und mit $\varepsilon = \ddot{\varphi}$ als Winkelbeschleunigung $M - J_A\,\varepsilon = 0$, und da $M = -G e \sin \varphi \approx -G e \varphi$ für kleine Winkel ist, so folgt

$$J_A\,\ddot{\varphi} + G e \varphi = 0$$

oder, indem man in der Bewegungsgleichung (1) auf S. 266c durch Ge, das Rückstellmoment, und m durch J_A ersetzt: $T = 2\pi\sqrt{m/c}$ oder $T = 2\pi\sqrt{J_A/Ge}$.

Da $J_A = J + me^2 = m(i^2 + e^2)$ ist, J bezogen auf S, i = Trägheitsradius, so gilt auch

$$T = 2\pi\sqrt{(J + me^2)/Ge} = 2\pi\sqrt{(i^2 + e^2)/ge}.$$

Die Pendellänge eines *mathematischen Pendels* mit gleicher Schwingungsdauer $T = 2\pi\sqrt{l/g}$ heißt *reduzierte* Pendellänge, es ist $l = J_A/me = (i^2 + e^2)/e$. Trägt man auf AS von A aus die Strecke $AD = l$ ab, so ist D der *Schwingungsmittelpunkt*. Bei Vertauschung von A und D wird die gleiche Schwingungsdauer erhalten. Es ist dabei $SD = l - e = J_A/me - e = J/me = i^2/e$.

Für die Ermittlung des Trägheitsmomentes aus Schwingungen gilt

$$J = 91{,}19\,Ge/n^2 - Ge^2/g \text{ kg m sek}^2,$$

wo n die Zahl der vollen Schwingungen in der Minute bedeutet, G in kg, e in m und $g = 9{,}81$ m/sek² zu setzen sind.

3. Beim *mathematischen Pendel* (s. a. S. 249) ist die Masse punktförmig, d. h. $J = 0$, $e = l$, d. h. $T = 2\pi\sqrt{l/g}$.

4. Beim *Torsionspendel*, Bild 105, von der Länge l gilt $\omega = \sqrt{c/J}$, wobei $c = J_p G/l$ ist, J_p = polares *Flächen*trägheitsmoment des Querschnittes, G = Gleitmodul.

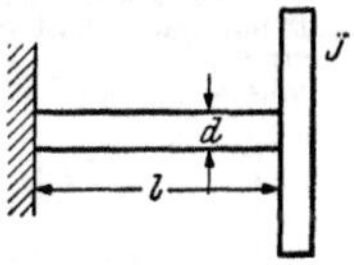

Bild 105
Torsionspendel

c) Freie gedämpfte Schwingungen. Wirkt der Bewegung noch ein Widerstand entgegen, der der Geschwindigkeit proportional ist ($W = -k\dot{x}$), so lautet die Differentialgleichung der Bewegung

$$m\ddot{x} + k\dot{x} + cx = 0,$$

wo k die Dämpfungskonstante bedeutet. Die Lösung ist je nach Größe der Dämpfung verschieden (s. S. 107). Setzt man $k/2m = \varrho$ und $\sqrt{c/m} = \omega_0$ als Kreisfrequenz der ungedämpften Eigenschwingung, so folgt

α) eine *periodische Bewegung*, wenn $\varrho < \omega_0$ oder $k < 2\sqrt{cm}$:

$$x = c\,e^{-\varrho t}\sin(\omega t + \varepsilon),$$

worin $\omega = \sqrt{\omega_0^2 - \varrho^2} = \sqrt{c/m - (k/2m)^2}$ die Kreisfrequenz der gedämpften Schwingung ist. Die Amplituden nehmen mit der Zeit ab (Bild 141, S. 146), das Verhältnis zweier aufeinanderfolgender Amplituden ist konstant. Für kleines k gilt $\omega \approx \omega_0$.

Sei $\varepsilon = 0$, so ergeben sich Maxima und Minima aus $ds/dt = C\,e^{-\varrho t}(-\varrho\sin\omega t + \omega\cos\omega t) = 0$ oder $\operatorname{tg}\omega t = \omega/\varrho$. Diese Gleichung liefert zunächst $\omega t_1 = \operatorname{arc\,tg}\omega/\varrho$, ferner $\omega t_2 = \omega t_1 + \pi$, $\omega t_3 = \omega t_1 + 2\pi, \ldots$, also $t_n = t_1 + (n-1)\pi/\omega$, $n = 1, 2, \ldots$ Die absoluten Maxima folgen einander in den Abständen der halben Schwingungsdauer, so daß $|\sin\omega t_1| = |\sin\omega t_n|$ ist.

Das Verhältnis der Absolutbeträge zweier aufeinanderfolgender Größtausschläge ist dann

$$s_1 : s_2 = (C\,e^{-\varrho t_1}) : (C\,e^{-\varrho(t_1 + \pi/\omega)}) = e^{\varrho\pi/\omega}.$$

Der natürliche Logarithmus dieses Verhältnisses, d. h. $\vartheta = \ln(s_1/s_2) = \varrho\pi/\omega = k\pi/2m\omega$ heißt *logarithmisches Dekrement*. Für kleine Werte k/m ist $\vartheta \approx k\pi/2m\omega_0 = k\pi/2\sqrt{mc}$.

β) *Aperiodische Bewegung:* $\varrho > \omega_0$ oder $k > 2\sqrt{cm}$. Es ergibt sich keine Schwingung, und der Weg $x = C_1 e^{+\alpha_1 t} + C_2 e^{+\alpha_2 t}$, worin $\alpha_{1,2} = -\varrho \pm \sqrt{\varrho^2 - \omega_0^2}$ ist, nähert sich mit wachsender Zeit dem Wert null. — Grenzfall $\varrho = \omega_0$ vgl. Mathematik S. 107.

d) Erzwungene Schwingungen. Wirkt außer Rückstellkraft und Widerstand noch eine *erregende* äußere Kraft P, die nach dem Gesetz $P = P_0\sin\omega t$ veränderlich ist, so lautet die Bewegungsgleichung

$$m\ddot{x} + k\dot{x} + cx = P_0\sin\omega t.$$

Die auftretende Schwingung setzt sich zusammen aus der gedämpften Eigenschwingung, die bald abklingt, und der erzwungenen Schwingung. Diese hat die Gleichung $x = r\sin(\omega t - \varphi)$, wie durch Einsetzen leicht zu prüfen ist. Die erzwungene Schwingung hat also dieselbe Frequenz wie die erregende Kraft, eilt ihr aber um den Phasenwinkel φ nach. Dabei wird $\operatorname{tg}\varphi = k\omega/(c - m\omega^2)$ und $r = P_0/\sqrt{(c - m\omega^2)^2 + k^2\omega^2}$, Bild 106. Nähert sich die erregende Frequenz immer mehr der Eigenfrequenz $\omega_k = \omega_0 = \sqrt{c/m}$, so werden die Ausschläge immer größer. Sie erreichen ihr Maximum für $\omega^2 = \omega_0^2 - \frac{1}{2}(k/m)^2$, d. h. bei geringer Dämpfung für $\omega \approx \omega_0 = \omega_k = \sqrt{c/m}$ (für $k = 0$ wird dann $r = \infty$). ω_k heißt auch *kritische Winkelgeschwindigkeit.* Für große ω nähern sich die Amplituden r dem Wert null und können also kleiner sein als für kleine Erregerfrequenzen. Für $\omega = 0$ ist $r = r_0 = P_0/c$, d. h. gleich der statischen Auslenkung unter der Kraft P_0, und für $\omega = \sqrt{c/m} = \omega_k$ wird $\varphi = 90°$, Bild 106.

Bei technischen Konstruktionen wird man diese *Resonanz,* d. h. die Übereinstimmung zwischen Erregerfrequenz und Eigenfrequenz, vermeiden.

Für $k = 0$ gilt $r = P_0/(c - m\,\omega^2)$. Die Amplitude ist in Bild 106 positiv aufgetragen, daher springt dann der Phasenwinkel φ von 0° auf 180°.

Liegt eine *Weg*erregung vor, d. h. wird z. B. beim physischen Pendel, Bild 104, der Drehpunkt waagerecht oder der Befestigungspunkt der Federn in Bild 103 senkrecht periodisch erregt, so gelten die gleichen Formeln, nur ist P durch $c\,x_0$ zu ersetzen. P kann gegebenenfalls auch ein erregendes Moment sein.

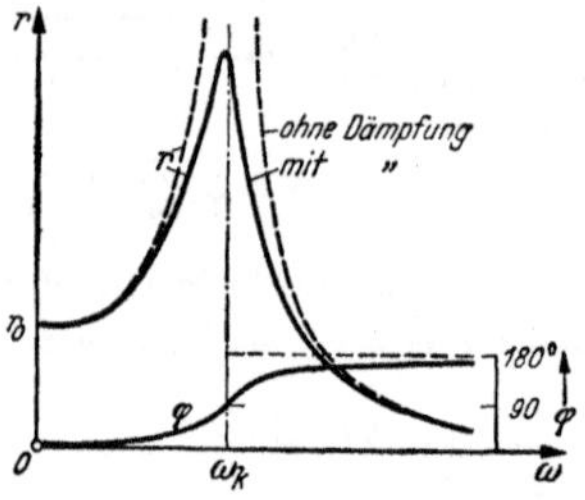

Bild 106
Amplitude u. Phasenverschiebung bei erzwungener Schwingung

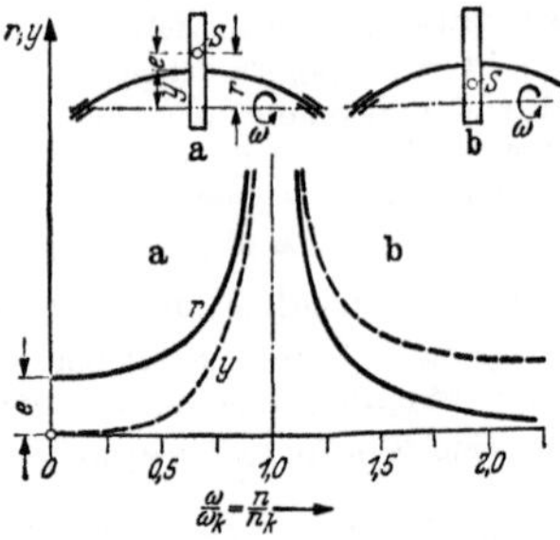

Bild 107. Resonanzkurven bei umlaufender Welle mit einer Masse

Ist die Erregung eine *beliebige* periodische Funktion, so liefert die harmonische Analyse die Erregerfrequenzen ω_1, $2\,\omega_1$, $3\,\omega_1$ usw. Es tritt also Resonanz ein, wenn die Eigenfrequenz ω_0 mit *einer* dieser Frequenzen übereinstimmt.

Beispiel: Ein an beiden Enden frei aufliegender 4 m langer I-Träger NP 20 trägt in der Mitte einen nicht ausgewuchteten Motor von 500 kg Gewicht. Die Fliehkraft $C = m_1\,e\,\omega^2$ (m_1 = Masse des Rotors, e seine Schwerpunktentfernung von der Drehachse) läuft um, hat also eine wirksame Komponente $C \sin \omega t$, es liegt eine Krafterregung vor. Da C proportional ω^2 ist, verläuft die Resonanzkurve für $k = 0$ ähnlich wie die gestrichelte Kurve in Bild 107; für große ω nähert sich die Amplitude dem Wert $-m_1\,e/m$. — Bei der zahlenmäßigen Auswertung darf die Eigenmasse nicht vernachlässigt werden; man macht zur Belastung noch einen Zuschlag von 17/35 des Trägergewichtes, d. h. von etwa 50 kg, so daß $G = 500 + 50 = 550$ kg einzusetzen ist. Dann wird $f = \dfrac{G\,l^3}{EJ \cdot 48} = \dfrac{550 \cdot 64\,000\,000}{2\,150\,000 \cdot 2142 \cdot 48} = 0{,}159$ cm und damit die kritische Drehzahl $n_0 = n_k \approx 300\sqrt{1/0{,}159} = 750$ U/min.

e) Bei **umlaufenden Wellen** stimmt die kritische Drehzahl mit der Eigenschwingungszahl überein, obwohl Schwingungen im eigentlichen Sinn nicht stattfinden.

α) Trägt eine biegsame Welle an irgendeiner Stelle eine Scheibe vom Gewicht G, deren Schwerpunkt um e cm von der Wellenachse entfernt ist, Bild 107, so ruft die Fliehkraft C eine Durchbiegung y hervor. Lenkt die Kraft c die Welle an der Scheibe um 1 cm aus, so muß die Fliehkraft C der Kraft $c\,y$ das Gleichgewicht halten:

$$C = m\omega^2(e + y) = c\,y.$$

Daraus folgt

$$y = \frac{m e \omega^2}{c - m\omega^2} = e\,\frac{(\omega/\omega\ )^2}{1 - (\omega/\omega_k)^2}.$$

Hierin ist $\omega_k = \omega_0 = \sqrt{c/m}$ die Kreisfrequenz der ungedämpften Eigenschwingung der Welle. Für $\omega = \omega_k$ wird $y = \infty$, und dann besteht Resonanz.

Mit $f = G/c$ cm als Durchbiegung unter der Last G im Ruhezustand (bei entsprechendem Zuschlag für die Eigenmasse der Welle) folgt dann

die *kritische Winkelgeschwindigkeit* $\omega_k = \sqrt{c/m} = \sqrt{g/f}$ sek^{-1},

die *kritische Umlaufzahl* $n_k \approx 300\sqrt{c/G} = 300/\sqrt{f}$ U/min; f in cm.

Die Abhängigkeit der Schwerpunktentfernung $r = e + y$ und der Durchbiegung y von dem Verhältnis ω/ω_k der Winkelgeschwindigkeiten läßt erkennen (Bild 107a für $\omega < \omega_k$, Bild 107b für $\omega > \omega_k$), daß die Welle nach Überschreiten der kritischen Drehzahl ruhiger läuft, r wird kleiner als im Ruhezustand und nähert sich dem Wert null. Die Welle „zentriert" sich von selbst.

β) *Sonderfälle.* Ist G kg das Gewicht der Scheibe, l cm die Länge der Welle, d cm ihr Durchmesser und E kg/cm² der Elastizitätsmodul, so kann bei glatten Wellen auch geschrieben werden (ohne Kreiselwirkung)

$$n_k = \beta\sqrt{E}\,\frac{d^2}{l\sqrt{Gl}}\ \text{min}^{-1} \qquad \text{oder} \qquad d = \delta\sqrt{n_k l}\,\sqrt[4]{Gl/E}\ \text{cm},$$

wo β und $\delta = \sqrt{1/\beta}$ folgende Zahlen sind:

$\alpha\alpha$) Welle an beiden Enden *kugelig* gelagert, Gewicht in der Mitte: $\beta = 460$; $\delta = 0{,}0466$.

$\beta\beta$) Welle an beiden Enden *eingespannt*, Gewicht in der Mitte: $\beta = 920$; $\delta = 0{,}033$.

$\gamma\gamma$) Welle an einem Ende *eingespannt*, am anderen *frei*, Masse fliegend angeordnet: $\beta = 115$; $\delta = 0{,}0932$.

$\delta\delta$) Welle an beiden Enden *kugelig gelagert*, Gewicht von einem Auflager um a, vom andern um $b = l - a$ entfernt: $\beta = 115/(a/l \cdot b/l)$; $\delta = 0{,}0932\sqrt{a/l \cdot b/l}$.

2. Systeme mit zwei und mehr Freiheitsgraden

a) Freie Schwingungen mit zwei Freiheitsgraden. Bei dem in Bild 108 skizzierten System, dem elastischen Doppelpendel, treten durch Auslenkung einer oder beider Massen *gekoppelte* Schwingungen auf. Wird z. B. nur m_2 ausgelenkt, so wandert die Energie von der Masse m_2 auf m_1, von dort allmählich wieder auf m_2 usw. Das System von zwei Freiheitsgraden hat *zwei Eigenschwingungszahlen:* Sind z_1 und z_2 die Lösungen der quadratischen Gleichung

$$z^2 - \alpha z + \beta = 0, \tag{1}$$

worin $\alpha = c/m_1 + c_2/m_2$; $\beta = (c_1/m_1) \cdot (c_2/m_2)$; $c = c_1 + c_2$ ist, so wird $\omega_1 = \sqrt{z_1}$ und $\omega_2 = \sqrt{z_2}$.

Hiernach wird für $m_2 = \infty$ (feste, ruhende Masse) $\omega = \sqrt{c/m_1}$ mit $c = c_1 + c_2$ für parallelgeschaltete Federn.

Wenn $\sqrt{c/m_1} < \sqrt{c_2/m_2}$, so ist $\omega_1 < \sqrt{c/m_1}$ und $\omega_2 > \sqrt{c_2/m_2}$, andernfalls umgekehrt.

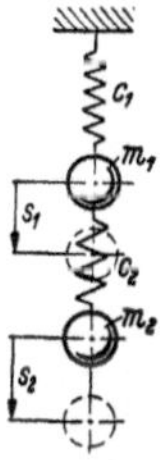

Bild 108 Elastisches Doppelpendel

Nach Bild 108 lauten die Bewegungsgleichungen (ohne Dämpfung) gemäß den gestrichelten Lagen zur Zeit t:

$$\begin{aligned} m_1\ddot{s}_1 &= -c_1 s_1 + c_2(s_2 - s_1) \\ m_2\ddot{s}_2 &= -c_2(s_2 - s_1) \end{aligned} \qquad \text{oder} \qquad \begin{aligned} m_1\ddot{s}_1 + c\,s_1 - c_2 s_2 &= 0, \\ m_2\ddot{s}_2 + c_2 s_2 - c_2 s_1 &= 0. \end{aligned}$$

Der Ansatz $s_1 = A_1 \cos\omega t$, $s_2 = A_2 \cos\omega t$ liefert die Gleichungen

$$\begin{aligned} A(c - m_1\omega^2) - B c_2 \qquad\qquad &= 0, \\ -A c_2 \qquad + B(c_2 - m_2\omega^2) &= 0. \end{aligned}$$

Diese homogenen Gleichungen haben nach S. 45 nur dann eine Lösung, wenn ihre Determinante $(c - m_1\omega^2)(c_2 - m_2\omega^2) - c_2^2 = 0$ ist, was zur obigen quadratischen Gleichung führt. Mit den Frequenzen ω_1, ω_2 ist dann $s_1 = A_{11}\cos\omega_1 t + A_{12}\cos\omega_2 t$ und $s_2 = A_{21}\cos\omega_1 t + A_{22}\cos\omega_2 t$, wobei noch entsprechende sinus-Glieder hinzugefügt werden könnten und die Konstanten aus den Anfangsbedingungen und den linearen Gleichungen folgen.

Es überlagern sich also Schwingungen *verschiedener* Frequenz, so daß nur bei rationalem ω_2/ω_1 eine periodische Bewegung auftritt. Wenn $\omega_1 \approx \omega_2$ ist, so treten *Schwebungen* auf.

Wenn *Dämpfung* vorhanden ist, so klingen die Schwingungen in ähnlicher Weise ab, wie oben gezeigt.

Beispiel: Für die geradlinige Bewegung der Massen m_1, m_2 nach Bild 74 (S. 251) gelten mit c als Federkonstanten die Gleichungen

$$m_1 \ddot{s}_1 = -c(s_1 - s_2), \quad m_2 \ddot{s}_2 = c(s_1 - s_2), \quad \text{oder} \quad m_1 \ddot{s}_1 + c s_1 - c s_2 = 0, \quad m_2 \ddot{s}_2 + c s_2 - c s_1 = 0;$$

mit dem gleichen Ansatz für s_1 und s_2 wie oben erhält man die gleiche quadratische Gl. (1), wobei jetzt aber $\beta = 0$ und $\alpha = c\,(1/m_1 + 1/m_2)$ wird, also neben $\omega = 0$ nur die *eine* Eigenfrequenz $\omega = \sqrt{c\,(1/m_1 + 1/m_2)}$. Dies konnte auch unmittelbar gewonnen werden, wenn man die auf S. 251 aus der Erhaltung des gemeinsamen Schwerpunktes gewonnene Beziehung $m_2 s_2 = m_1 s_1$ oder $s_2 = s_1 m_1/m_2$ in eine der obigen Gleichungen einsetzt. — Für $m_2 = \infty$ (feste, ruhende Masse) folgt $\omega = \sqrt{c/m_1}$.

Über das Analogon bei *Drehschwingungen* und hinsichtlich weiterer Beispiele vgl. unten.

b) Erzwungene Schwingungen. Wird z. B. beim elastischen Doppelpendel Bild 108, der Festpunkt periodisch nach dem Gesetz $s = r \sin \omega t$ auf- und abbewegt, so ergeben sich Schwingungen, die sich aus den allmählich abklingenden Eigenschwingungen und den eigentlichen erzwungenen Schwingungen zusammensetzen. Die letzteren folgen dem Takt der Erregung, und es tritt *Resonanz* auf, wenn die erregende Frequenz mit einer der Eigenfrequenzen zusammenfällt.

Bei einer beliebigen periodischen Erregung tritt Resonanz auf, wenn die erregenden, durch harmonische Analyse (S. 162) gewonnenen Frequenzen ω, 2ω, 3ω, ... mit einer der Eigenfrequenzen zusammenfallen.

Beispiel: Befolgt die Erregung des Festpunktes in Bild 108 das Gesetz $s_0 = x_0 \sin \omega t$, so ergibt sich unter Vernachlässigung der Dämpfung für den erzwungenen Anteil $s_1 = r_1 \sin \omega t$ und $s_2 = r_2 \sin \omega t$, wobei mit $P_0 = c_1 x_0$ und $c = c_1 + c_2$:

$$r_1 = P_0(c_2 - m_2\omega^2)/N; \quad r_2 = P_0 c_2/N \quad \text{mit} \quad N = (c - m_1\omega^2)(c_2 - m_2\omega^2) - c_2^2.$$

Über die Abhängigkeit der Amplituden r_1 und r_2 von ω vgl. Bild 109. Resonanz tritt auf, wenn $N = 0$ ist, was auf die obige Gleichung für die Eigenfrequenzen ω_1, ω_2 führt. Bemerkenswert ist ferner, daß r_1 für $\omega = \sqrt{c_2/m_2}$, d. h. für die Frequenz des zweiten Teilsystems gleich null und gleichzeitig r_2 sehr klein wird (dicht beim Minimum); d. h. die Masse m_1 ist hier praktisch in Ruhe.

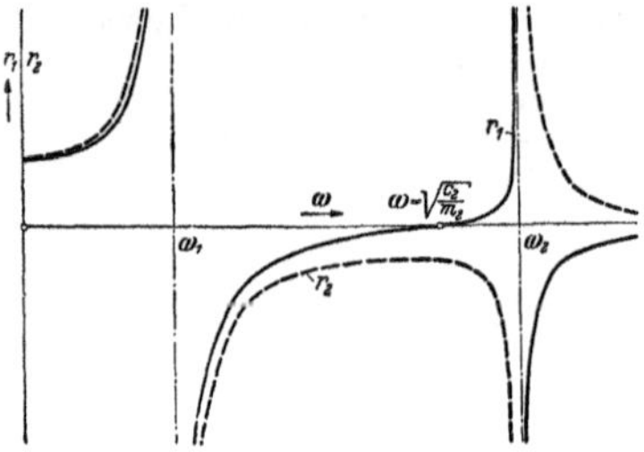

Bild 109
Resonanzkurven beim Zweimassensystem

Bei Frequenzen $\omega > \omega_2$ werden die Amplituden r_1, r_2 immer kleiner. Die gleichen Ergebnisse folgen bei einer Krafterregung. Liegt diese bei der Masse m_2 vor, so wird $r_1 = P_0 c_2/N$ und $r_2 = P_0(c - m_1\omega^2)/N$ bei grundsätzlich ähnlichem Verlauf. Ist aber P_0 durch einen nicht ausgewuchteten Motor bedingt, Unwucht μ, so daß (s. Beispiel unter 1 d) $P_0 = \mu e \omega^2$ wird, so bleibt die Aussage hinsichtlich Resonanz und Nullstelle bestehen, nur sind $r_1 = r_2 = 0$ für $\omega = 0$, und r_1 nähert sich im ersten Fall dem konstanten Wert $-\mu e/m_1$, im zweiten Fall r_2 dem konstanten Wert $-\mu e/m_2$.

Die *Dämpfung* ändert den charakteristischen Verlauf nicht wesentlich, wenn sie geringfügig ist.

c) Bei n **Freiheitsgraden** erhält man zur Beschreibung n Differentialgleichungen und daraus n Eigenfrequenzen, die sich bei der hier vorausgesetzten geraden Kennlinie (Beziehung zwischen Kraft und Weg bzw. Moment und Winkel) aus einer Gleichung n-ten Grades mit reellen Lösungen berechnen lassen.

d) Anwendung auf **Drehschwingungen.** α) *Reduktionen.* Nach Beisp. 4, S. 267, ist die Frequenz einer Masse vom Trägheitsmoment J an einem Torsionsstab von dem Rückstellmoment $c = J_p G/l$ mit J_p = polarem *Flächenträgheitsmoment* des Stabquerschnitts, der Länge l und dem Gleitmodul G durch $\omega = \sqrt{c/J}$ gegeben. Häufig, insbesondere bei Mehrmassensystemen, ist es zweckmäßig, die Wellenteile auf *einen* Durchmesser zu reduzieren: Zwei Wellen sind torsionselastisch gleichwertig, wenn sie das gleiche Rückstellmoment aufweisen.

So kann eine Welle von der Länge l und dem Durchmesser d durch eine Welle vom Durchmesser d_{red} und von der *reduzierten Länge* $l_{red} = l \cdot (d_{red}/d)^4$ ersetzt werden.

Befinden sich *mehrere Wellenstücke* mit den Steifigkeiten $c_1, c_2, \ldots$ *hintereinander*, so wird $1/c = 1/c_1 + 1/c_2 + \cdots$.

Ebenso werden die Massen auf einen geeigneten Radius r reduziert, so daß $m_{red} = J/r^2$ wird (vgl. S. 256).

Im folgenden sind m und l immer reduzierte Größen. Ferner ist noch eingeführt $H = J_p\, G/r^2$ kg, wenn J_p in cm⁴, G in kg/cm², r in cm.

β) Durch *äußere periodische Momente* können Wellen in Drehschwingungen versetzt werden. Resonanz tritt ein, wenn Eigenfrequenz und Erregerfrequenz übereinstimmen, wobei das erregende Moment wieder durch harmonische Analyse zerlegt werden kann. Die Eigenfrequenzen dürfen nicht mit einer der erregenden Frequenzen übereinstimmen, wenn Resonanz vermieden werden soll.

γ) *Zwei Schwungmassen*, Bild 110, haben *eine* Frequenz und in der Resonanz einen Knotenpunkt.

Es folgt

$$\omega = \sqrt{c\frac{J_1 + J_2}{J_1 J_2}} = \sqrt{\frac{H}{l_{1,2}}\frac{m_1 + m_2}{m_1 m_2}}.$$

Es liegt eine ähnliche Aufgabe wie im Beispiel unter 2a) vor: Sind φ_1, φ_2 die Drehwinkel gegenüber der Ruhelage, so lauten die Bewegungsgleichungen für die Eigenschwingungen $J_1\ddot{\varphi}_1 = -c(\varphi_1 - \varphi_2)$ und $J_2\ddot{\varphi}_2 = c(\varphi_1 - \varphi_2)$, so daß dort nur m_1 durch J_1 und m_2 durch J_2 ersetzt zu werden braucht.

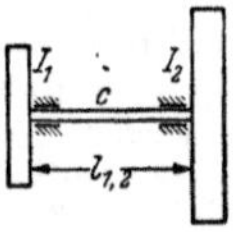

Bild 110

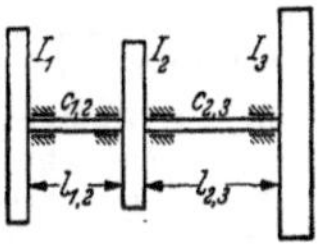

Bild 111

Zu Torsionsschwingungen mit 2 u. 3 Schwungmassen

δ) *Drei Schwungmassen*, Bild 111, haben zwei Frequenzen und zwei Knoten in der Resonanz. Die Frequenz folgt aus der quadratischen Gleichung (1) unter 2a), wobei

$$\alpha = c_{1,2}\frac{J_1 + J_2}{J_1 J_2} + c_{2,3}\frac{J_2 + J_3}{J_2 J_3} = H\left(\frac{m_1 + m_2}{l_{1,2} m_1 m_2} + \frac{m_2 + m_3}{l_{2,3} m_2 m_3}\right),$$

$$\beta = c_{1,2} c_{2,3}\frac{J_1 + J_2 + J_3}{J_1 J_2 J_3} = \frac{H^2}{l_{1,2}\, l_{2,3}}\frac{m_1 + m_2 + m_3}{m_1 m_2 m_3}.$$

ε) Bei n *Schwungmassen* erhält man $(n-1)$ Eigenfrequenzen und $(n-1)$ Knoten. Für $n > 3$ empfehlen sich graphische oder rechnerische Näherungsmethoden (s. Bd. II, Abschn. Schwungräder usw.).

e) Anwendung auf **Biegeschwingungen.** n Massen auf einer elastischen Welle ergeben n Eigenschwingungszahlen für die Biegeschwingungen. Die Eigenfrequenzen ω errechnen sich aus einer Gleichung n-ten Grades. Im einzelnen ergibt sich das Folgende:

α) Zur rechnerischen Ermittlung sind die *Einflußzahlen* zweckmäßig. Die Kraft eins (1 kg) ruft an der Stelle 1, Bild 112, die Durchbiegung α_{11} cm, an der Stelle 2 die Durchbiegung α_{12} hervor, also die Kraft P_1 die Durchbiegungen $\alpha_{11} P_1$, $\alpha_{12} P_1$. Die Kraft eins an der Stelle 2 ruft dort die Durchbiegung α_{22}, an der Stelle 1 die Durchbiegung α_{21} hervor, wobei $\alpha_{12} = \alpha_{21}$ ist. Allgemein ruft die an der Stelle i angreifende Kraft eins an der Stelle k die Durchbiegung α_{ik} hervor, wobei $\alpha_{ik} = \alpha_{ki}$ ist; die Werte α_{ik} heißen Einflußzahlen, und die Durchbiegung y_k unter Einfluß der Kräfte $P_1, P_2, P_3, \ldots P_n$ ist dann $y_k = \sum_{i=1}^{i=n} (\alpha_{ik} P_i)$.

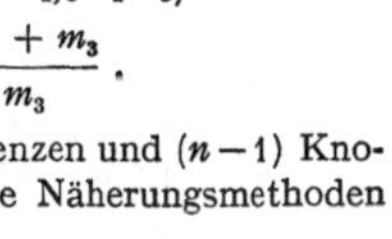

Bild 112

β) Bei *zwei Massen*, Bild 112, folgt, wenn y_1, y_2 die Durchbiegungen bei den Eigenschwingungen zu einem beliebigen Zeitpunkt sind,

$$y_1 = \alpha_{11} P_1 + \alpha_{21} P_2, \qquad y_2 = \alpha_{12} P_1 + \alpha_{22} P_2.$$

Als Kräfte sind die negativen Massenbeschleunigungen $-m_1\ddot{y}_1$, $-m_2\ddot{y}_2$ einzusetzen, und die beiden Differentialgleichungen führen mit $\omega = 1/\sqrt{u}$ auf die quadratische Gleichung

$$u^2 - \alpha u + \beta = 0;\quad \alpha = \alpha_{11} m_1 + \alpha_{22} m_2;\quad \beta = m_1 m_2 (\alpha_{11}\alpha_{22} - \alpha_{12}^2).$$

Jede Masse für sich hat die Frequenz $\omega_{10} = 1/\sqrt{\alpha_{11} m_1}$, $\omega_{20} = 1/\sqrt{\alpha_{22} m_2}$, wobei $1/\alpha_{11}$, $1/\alpha_{22}$ dem Wert c oben entsprechen; ist $\omega_{10} < \omega_{20}$, so gilt bei Kopplung $\omega_1 < \omega_{10}$, $\omega_2 > \omega_{20}$. Bei symmetrischer Anordnung und gleichen Massen $m_1 = m_2 = m$ wird $\omega_1 = 1/\sqrt{(\alpha_{11} + \alpha_{12}) m}$ und $\omega_2 = 1/\sqrt{(\alpha_{11} - \alpha_{12}) m}$.

Läuft eine Welle um, so wirken die Fliehkräfte $P_1 = m_1(e_1 + y_1)\,\omega^2$, $P_2 = m_2(e_2 + y_2)\,\omega^2$. Setzt man diese in die Gleichungen für y_1, y_2 ein, so folgen für die Durchbiegungen y_1, y_2 Ausdrücke, die gleich unendlich werden, wenn die Frequenz $\omega = \omega_1$ bzw. $= \omega_2$ wird (kritische Winkelgeschwindigkeiten).

γ) Bei *drei Massen* ergibt sich für $\omega = 1/\sqrt{u}$ die kubische Gleichung

$$u^3 - \alpha u^2 + \beta u + \gamma = 0,$$

worin

$$\alpha = \alpha_{11} m_1 + \alpha_{22} m_2 + \alpha_{33} m_3;$$

$$\beta = m_1 m_2 (\alpha_{11} \alpha_{22} - \alpha_{12}^2) + m_2 m_3 (\alpha_{22} \alpha_{33} - \alpha_{23}^2) + m_3 m_1 (\alpha_{33} \alpha_{11} - \alpha_{13}^2);$$

$$\gamma = m_1 m_2 m_3 (\alpha_{11} \alpha_{23}^2 + \alpha_{22} \alpha_{13}^2 + \alpha_{33} \alpha_{12}^2 - \alpha_{11} \alpha_{22} \alpha_{33} - 2\,\alpha_{12} \alpha_{23} \alpha_{13}).$$

δ) Bei *mehr als drei Massen* (oft schon bei drei) ist das rechnerische Verfahren zu langwierig. Man benutzt daher Näherungsverfahren, z. B. das Verfahren nach *Stodola*. Hier nimmt man eine den Lagerbedingungen entsprechende Biegelinie an. Hat dann die Masse m_i die Durchbiegung b_i, so wirkt auf sie bei einer angenommenen Winkelgeschwindigkeit ω_0 die Fliehkraft $m_i b_i \omega_0^2$. Konstruiert man darauf die Biegelinie, die durch diese Fliehkräfte entsteht, so sei die Durchbiegung an der Masse m_i gleich y_i. Dann ist $\omega_k = \omega_0 \sqrt{b_i/y_i}$. Das Ergebnis ist nur dann genau, wenn das Verhältnis b_i/y_i für alle Massen gleich ist. Sind größere Abweichungen vorhanden, so wiederholt man das Verfahren unter Benutzung der Fliehkräfte $m_i y_i \omega_0^2$. Das Verfahren konvergiert rasch, besonders bei zweifach gelagerter Welle mit mehreren Massen und einer fliegenden und für die niedrigste kritische Drehzahl.

3. Schwingungen der Kontinua

Ein Kontinuum hat „unendlich" viele Freiheitsgrade, d. h. unendlich viele Eigenschwingungszahlen und unendlich viele Resonanzen. Die Bewegungsgleichungen führen auf partielle Differentialgleichungen (S. 108) und die Ermittlung der Schwingungszahlen auf transzendente Gleichungen.

a) Biegeschwingungen von Stäben (s. a. S. 109). Sind n_1 die Grundschwingungszahl und $n_2, n_3, \ldots$ die höheren Schwingungszahlen (min^{-1}), so gelten für *glatte, unbelastete Wellen* folgende Werte mit $\gamma = 7{,}8$ kg/dm^3, $E = 2150000$ kg/cm^2, l cm als Länge und d cm als Durchmesser:

α) an beiden Enden kugelig gelagerte Welle:

$$n_1 = 1{,}225 \cdot 10^7 \cdot d/l^2; \quad n_2 = 4\,n_1; \quad n_3 = 9\,n_1; \quad n_4 = 16\,n_1 \quad \text{usw.};$$

β) an beiden Enden eingespannt:

$$n_1 = 2{,}777 \cdot 10^7 \cdot d/l^2; \quad n_2 = 2{,}8\,n_1; \quad n_3 = 5{,}4\,n_1; \quad n_4 = 8{,}9\,n_1;$$

γ) an einem Ende eingespannt, am anderen frei (fliegende Welle):

$$n_1 = 0{,}4364 \cdot 10^7 \cdot d/l^2; \quad n_2 = 6{,}267\,n_1; \quad n_3 = 17{,}55\,n_1; \quad n_4 = 34{,}41\,n_1.$$

Für andere Stoffkonstanten sind die angegebenen Werte mit $1{,}901 \cdot 10^{-3} \cdot \sqrt{E/\gamma}$ zu multiplizieren, E in kg/cm^2, γ in kg/dm^3.

Die sekundliche Schwingungszahl wird hieraus durch Division mit 60 errechnet.

Handelt es sich um einen Stab *beliebigen*, aber konstanten Querschnitts, so ist d zu ersetzen durch $4\,i$ mit $i = \sqrt{J/F}$ als Trägheitsradius in cm, J = axiales Trägheitsmoment, F = Querschnitt.

b) Längsschwingungen von Stäben. Diese Schwingungen führen auf die mathematisch gleichen Differentialgleichungen wie die Torsions-, Seil- und Saitenschwingungen (S. 108). Für die Fortpflanzungsgeschwindigkeit a des Schalles in einem Medium vom Elastizitätsmaß E, dem spez. Gewicht γ und der Fallbeschleunigung g gilt $a = \sqrt{E/\varrho} = \sqrt{E\,g/\gamma}$. Wird E in kg/cm^2, γ in kg/dm^3 eingesetzt, so folgt mit $g = 9{,}81$ m/sek^2 $a = \sqrt{E \cdot 10^4 \cdot g/(\gamma \cdot 10^3)} = \sqrt{10\,g} \cdot \sqrt{E/\gamma} = 9{,}9\sqrt{E/\gamma} \approx 10\sqrt{E/\gamma}$ m/sek. Mit diesem Wert und l in m folgt bei konstantem Querschnitt für die Schwingungszahl f in der Sekunde (vgl. a. die Schwingungsformen in der Grundschwingung und in der ersten Oberschwingung, d. h. für $k = 1$ und $k = 2$, gemäß Bild 113):

α) Stab an beiden Enden frei: $f = ka/2l$; $k = 1, 2, \ldots$; Bild 113a.
β) Stab an beiden Enden fest: $f = ka/2l$; $k = 1, 2, \ldots$; Bild 113b.
γ) Stab an einem Ende fest, am anderen frei: $f = (2k-1)\,a/4l$; $k = 1, 2, \ldots$; Bild 113c.

Für *Luftsäulen* gelten unter Übertragung der Fälle β) und γ) die gleichen Formeln, nur ist $a = \sqrt{\varkappa g R T}$; $g = 9{,}81$ m/sek², $\varkappa = c_p/c_v$, R = Gaskonstante m kg/kg grd, T = absolute Temperatur.

c) Torsionsschwingungen von Stäben. Hierbei gelten für konstanten Querschnitt die gleichen Formeln wie unter b), nur ist für a der Wert $a = 9{,}9\sqrt{G/\gamma} \approx 10\sqrt{G/\gamma}$ m/sek zu setzen mit G als Gleit- (Schub-) Modul in kg/cm².

Wenn μ die Querzahl ist (S. 329 u. S. 332), so gilt $n_{tors} = n_{längs} \cdot \sqrt{2(1+\mu)}$, wobei der Zahlenfaktor gleich 1,612 bis 1,673 für $\mu = 0{,}3$ bis 0,4 ist.

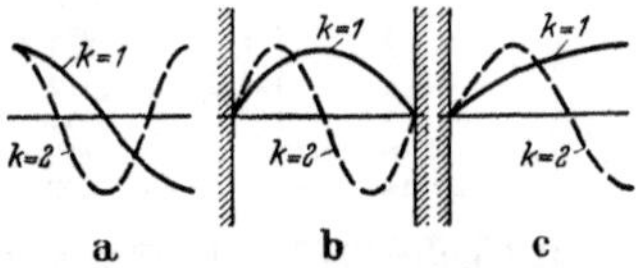

Bild 113. Schwingungsformen bei Seilschwingungen u. ä.

d) Für **Saiten** oder für biegungsfreie **Seile** mit gleich hohen Festpunkten gilt $n = ka/l$; $k = 1, 2, \ldots$; Länge l in m; $a = 9{,}9\sqrt{S/\gamma} \approx 10\sqrt{S/\gamma}$ m/sek; S = Seil- (Saiten-) Spannung in kg/cm²; γ = spez. Gewicht in kg/dm³*.

e) Bei **Wellenbewegungen** führt jedes Teilchen für sich Schwingungen um eine Mittellage aus, aber jedes Teilchen gegenüber dem nächsten versetzt. Bei Quer- oder Transversalwellen bewegt sich jedes Teilchen senkrecht zur Fortpflanzungsrichtung der Welle (Wasserwellen, Seilschwingungen), bei Längs- oder Longitudinalwellen in Richtung dieser (Stabschwingungen, Schwingungen von Luftsäulen). Hierbei ist

λ = Wellenlänge = Entfernung zweier Stellen gleicher Phase,
T = Schwingungsdauer = Zeit zum Durcheilen dieser Strecke,
c = Fortpflanzungsgeschwindigkeit = $\lambda/T = \lambda f$ mit f als Schwingungszahl.

III. Statik flüssiger und gasförmiger Körper

Bearbeitet von Dr.-Ing. **Bruno Eck**, Köln

A. Besondere Eigenschaften von Flüssigkeiten und Gasen

a) Verschiebbarkeit der Teilchen. Ruhende Flüssigkeiten oder Gase können keine Schubspannungen ausüben, so daß nur Drücke normal zur Oberfläche wirken. Dieses Gesetz verliert seine Gültigkeit bei halbflüssigen Gebilden, z. B. bei Teer, Asphalt, Kohlenstaub usw.

Flüssigkeiten und Gase nehmen jede äußere Form ohne Widerstand an.

b) Zusammendrückbarkeit. Gase lassen sich beliebig in ihrem Volumen vergrößern oder verkleinern.

Flüssigkeiten sind nur wenig zusammendrückbar, jedoch macht sich selbst die geringe Zusammendrückbarkeit bei hohen Drücken stark bemerkbar (Einspritzleitungen der Dieselmotoren[1]).

Bei den praktischen Problemen der Strömungslehre kann in den meisten Fällen auch die Zusammendrückbarkeit der Gase vernachlässigt werden, wenn die Strömungsgeschwindigkeiten die halbe Schallgeschwindigkeit nicht übersteigen, so daß es fast immer genügt, von „Flüssigkeiten" zu sprechen (bei 150 m/sek beträgt die größte Dichteänderung der Luft nur etwa 1%).

---

* Vgl. *Meyer zur Capellen, W.:* Die Schwingungen des biegungsteifen Seils mit großer Kopfmasse. Ann. d. Phys. 5. Folge. Bd. 20 (1934) S. 689/702. — Ders.: Die Schwingungen des biegungsteifen Seils mit gleich hohen Festpunkten. Z. angew. Math. Mech. Bd. 15 (1933) S. 243/45.

[1] Vgl. *Sass, F.:* Bau und Betrieb von Dieselmaschinen, Bd. I S. 208. Berlin: Springer 1948.

c) Änderung des Volumens mit der Temperatur. Das spez. Gewicht von Flüssigkeiten ändert sich mit der Temperatur, wie folgende Tabelle für Wasser zeigt (wichtig bei Kondensatmessungen):

Spez. Gewicht von reinem Wasser bei verschiedenen Temperaturen

$t = 0\,°C$	$\gamma = 999{,}840$ kg/m³	$t = 20\,°C$	$\gamma = 998{,}204$ kg/m³
1	,899	25	997,046
2	,940	30	995,648
3	,964	35	994,03
4	,972	40	992,21
5	,964	45	990,22
10	,700	50	988,05
15	,098	60	983,21

d) Kapillarität. An der Oberfläche einer Flüssigkeit bzw. der Grenze mit einer festen Wand wirken Molekularkräfte, die einer Änderung der Oberfläche Widerstand entgegensetzen. Bei freier Wirkungsmöglichkeit erzwingen diese Oberflächenspannungen *eine möglichst kleine Gesamtoberfläche* (Tropfen).

Bei Berührung einer Flüssigkeit mit festen Körpern tritt *Benetzung* nur ein, wenn die Molekularkräfte des festen Körpers größer sind als die der Flüssigkeit. In diesem Fall wird die Flüssigkeit am Körper hochgezogen; in einer Kapillare steigt dieselbe, z. B. Aufsaugung von Flüssigkeiten durch poröse Körper und die Organe der Pflanzen. Wenn umgekehrt die Molekularkräfte im Flüssigkeitsinnern überwiegen, so tritt Kapillardepression ein.

Steighöhe in Kapillaren: $h = 4\,T/\gamma d$ (d = Durchmesser der Kapillaren in cm, γ = spez. Gewicht der Flüssigkeit in g/cm³; T wird die Kapillarkonstante genannt und kann z. B. aus der Steighöhe in Kapillaren bestimmt werden).

Wert der Kapillarkonstanten T [g/cm]:

Wasser gegen Luft	0,077	Olivenöl gegen Luft	0,0327
Quecksilber gegen Luft	0,47	Olivenöl gegen Wasser	0,021
Alkohol gegen Luft	0,0258	Alkohol gegen Wasser	0,0023

Steighöhe: Wasser $h = 30/d$, Alkohol $h = 10/d$ (h und d in mm).

Der auf eine gekrümmte Oberfläche (je Flächeneinheit) wirkende Krümmungsdruck ist:

$$p = T\,[1/r_1 + 1/r_2]\ \text{g/cm}^2.$$

(r_1, r_2 Krümmungsradien der Oberfläche in zwei aufeinander senkrecht stehenden Schnitten in cm).

B. Hauptgesetze ruhender Flüssigkeiten und Gase

a) Gesetz von Pascal. Der Druck einer ruhenden Flüssigkeit auf eine Fläche ist unabhängig von deren Neigung.

Anwendung: Der Druck in einem Wasserbehälter an der Stelle A ist

$$p = h\gamma\ \text{kg/cm}^2$$

und hängt nur von der Niveauhöhe h ab. Der gleiche Druck wirkt bei B auf die Wand. Demgemäß nimmt der Wanddruck linear von der Oberfläche nach unten zu (Bild 1).

Bild 1

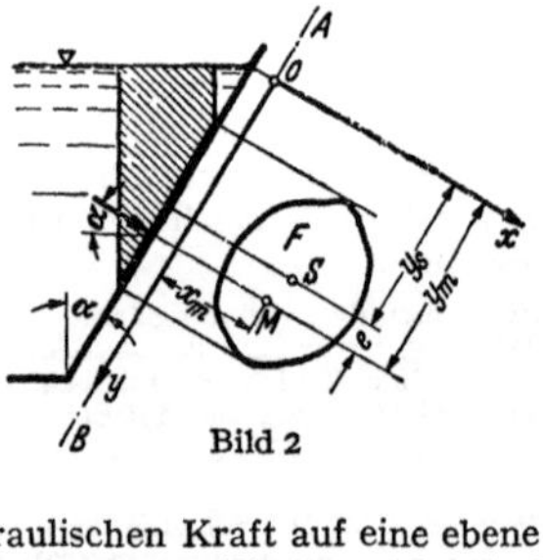

Bild 2

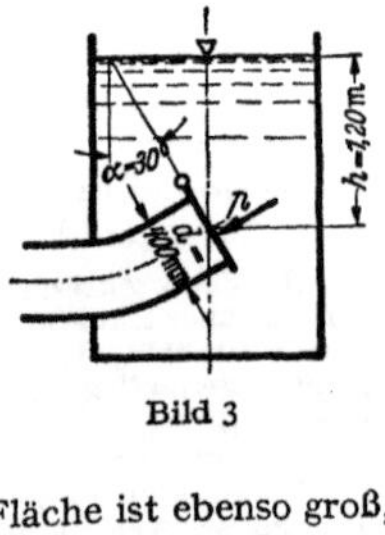

Bild 3

Die Wirkung einer hydraulischen Kraft auf eine ebene Fläche ist ebenso groß, wie wenn der im Schwerpunkt dieser Fläche wirkende Druck auf die Gesamtfläche wirkte. Die Kraft greift im Schwerpunkt der Belastungsfläche an,

$$P = F\,h\,\gamma\ \text{kg}.$$

b) Die Resultierende des Wasserdruckes auf eine Fläche F, die unter einem beliebigen Winkel gegen die Vertikale geneigt ist, geht durch den **Druckmittelpunkt** M, der nach Bild 2 durch folgende Ordinaten bestimmt wird:

$$x_m = J_{xy}/F y_s; \qquad e = J_s/F y_s,$$

x_m = Abstand des Druckmittelpunktes von der Achse AB; F = Fläche;
e = Abstand des Druckmittelpunktes vom Flächenschwerpunkt;
J_{xy} = Zentrifugalmoment von F, bezogen auf Koordinatennullpunkt;
$J_s = \int y^2 \mathrm{d}F$ = Flächenträgheitsmoment in bezug auf die zur x-Achse parallele Schwerpunktsachse;
y_s = Lage des Schwerpunktes unter dem Wasserspiegel in Richtung AB.

Ist die Fläche symmetrisch in bezug auf das xy-Koordinatensystem, so ist das Zentrifugalmoment gleich null, so daß die Berechnung von e genügt.

Abstände für verschiedene Flächen:
Rechteck (b = Breite parallel zur Oberfläche; h = Höhe auf schräger Fläche); $e = h^2/12 y_s$.
Kreis (d = Durchmesser) $e = d^2/16 y_s$.

Beispiel: Ein Wasserbehälter hat eine Ablaßklappe nach Bild 3, h = 1,2 m; Rohrdurchmesser d = 400 mm; α = 30°. Größe und Angriff der auf die Klappe wirkenden Druckkraft sind zu bestimmen.

Nach a) ist der mittlere Druck $p = h\gamma = 1{,}2 \cdot 1000 = 1200$ kg/m². Somit die Gesamtkraft:

$$P = \pi d^2/4 \cdot p = \pi \cdot 0{,}4^2/4 \cdot 1200 = 151 \text{ kg}.$$

Nach Bild 3 ist:

$$y_s = \frac{h}{\cos 30°} = \frac{1{,}2}{0{,}866} = 1{,}386 \text{ m}; \quad e = \frac{d^2}{16 \cdot y_s} = \frac{0{,}4^2 \cdot 1000}{16 \cdot 1{,}386} = 7{,}22 \text{ mm}.$$

c) Die in beliebiger Richtung auf eine **gekrümmte Fläche** wirkende statische Druckkraft ist ebenso groß, wie wenn der statische Druck auf eine Fläche wirkte, die durch Projektion der gekrümmten Fläche auf eine zur angenommenen Richtung normale Ebene erhalten wird.

Beispiel: An der Flanschverbindung (Bild 4) wirkt eine Zugkraft

$$P = p\, d^2 \pi/4 \text{ kg}.$$

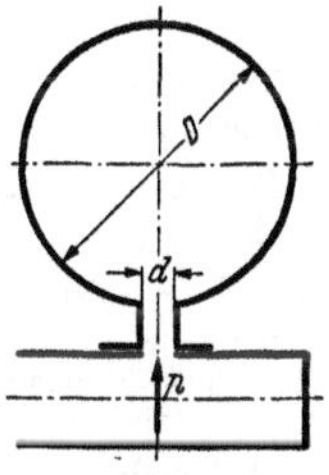

Bild 4

d) Der **Auftrieb**, den ein Körper in einer ruhenden Flüssigkeit erhält, ist gleich dem Gewicht des verdrängten Flüssigkeitsvolumens. Die Auftriebskraft wirkt senkrecht nach oben und greift im Formschwerpunkt der verdrängten Flüssigkeitsmenge an.

Die Tragkraft G eines Ballons ist gleich dem verdrängten Luftgewicht abzüglich des Gewichts für das Füllgas.

$$G = V(\gamma_L - \gamma_{\text{Gas}}) \text{ kg}.$$

Werte für gebräuchliche Ballongase bei p = 760 mm QS *und* 0 °C

Gas	γ kg/m³	Gas	γ kg/m³
Leuchtgas. . . .	0,67 bis 0,45	Wasserstoff normaler Reinheit	0,15
Wasserstoff rein .	0,08904	Helium	0,1785

Heiße Luft von rund 370 °C hat die Tragkraft von Leuchtgas.

Ein Ballon steigt, bis der Auftrieb gleich dem Gesamtgewicht einschließlich Traggas ist. Die erreichte Höhe nennt man *Gleichgewichtshöhe*. Eine Verminderung der Außentemperatur um 1 grd vergrößert die Gleichgewichtshöhe um rund 30 m, während eine Temperaturverminderung des Füllgases um 1 grd die Gleichgewichtshöhe um 20 m bei Leuchtgas und etwa 3 m bei Wasserstoff erniedrigt.

e) Stabilität schwimmender Körper. Ein eingetauchter Körper schwimmt, wenn das Körpergewicht gleich dem Gewicht der verdrängten Flüssigkeit ist und Körperschwerpunkt S_k und Formschwerpunkt S_w der verdrängten Wassermenge auf einer Senkrechten liegen (Bild 5).

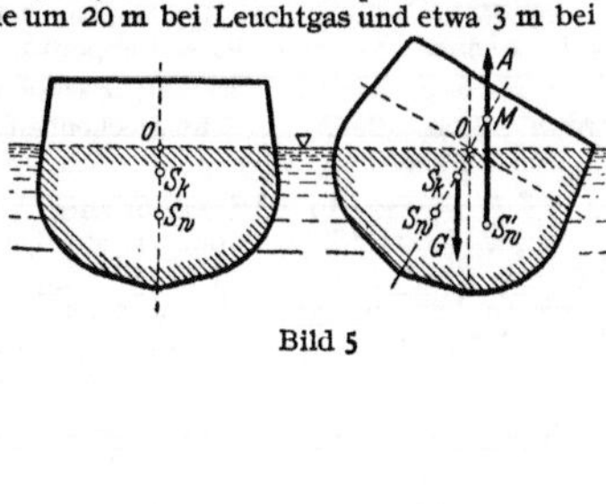

Bild 5

Metazentrum. Wird der schwimmende Körper geneigt, so wandert der Formschwerpunkt der verdrängten Wassermenge nach S'_w. Der hier angreifende Auftrieb schneidet die vorherige Senkrechte durch den Körperschwerpunkt in M. Diesen Punkt nennt man Metazentrum. Ein Körper schwimmt nur stabil, wenn M oberhalb des Körperschwerpunktes S_k liegt.

C. Statik und Eigenschaften der Atmosphäre

a) Allgemeines. Als *internationale Norm-Atmosphäre* der Luft bezeichnet man den Wert: $p = 10332\ \text{kg/m}^2$ bei $t = 15°$ C; das entsprechende spezifische Gewicht der Luft beträgt

$$\gamma = 1{,}226\ \text{kg/m}^3; \quad \varrho = \gamma/g = 0{,}125 = 1/8\ \text{kg sek}^2/\text{m}^4.$$

Als *deutsche Norm-Atmosphäre* (DIN 5450) gelten folgende Bodenwerte:

$$p = 10363\ \text{kg/m}^2; \quad t_0 = 10°\ \text{C}; \quad \gamma = 1{,}25\ \text{kg/m}^3; \quad \varrho = 0{,}127\ \text{kg sek}^2/\text{m}^4.$$

Berechnung des spezifischen Gewichtes nach der Gasgleichung $\gamma = p/RT$. Außer dem absoluten Druck muß somit noch die Temperatur gemessen werden.

Mittlere Jahreswerte für p, γ und t

Höhe über dem Meer in km	Lufttemperatur (°C)			Spez. Gewicht (kg/m³)			Barometerstand (mm QS)		
	Januar	Juli	Jahresmittel	Januar	Juli	Jahresmittel	Januar	Juli	Jahresmittel
0	0	16	8	1,28	1,23	1,25	764	761	762
2	−3	7	0	1,026	0,996	1,008	593	599	596

Der Luftdruck schwankt infolge von Wettereinflüssen um etwa 5% um die Mittelwerte, während das spezifische Gewicht um etwa 20% schwanken kann.

Für meteorologische Zwecke wird eine neue Einheit, das „*Millibar*", verwendet.

$$1000\,\text{mb} = 750\,\text{mm QS} = 10^6\,\text{dyn/cm}^2;\ \text{d. h. } 1\,\text{mb} = \tfrac{3}{4}\,\text{mm QS};\ 1\,\text{mm QS} = \tfrac{4}{3}\,\text{mb}.$$

Bei vollkommen ruhiger Atmosphäre findet nach oben hin eine adiabatische Druckabnahme und Temperaturerniedrigung statt. Hierbei ändert sich bei 100 m Höhenunterschied die Temperatur um ≈ 1 grd; vgl. jedoch Cina-Tafel S. 277.

b) Feuchtigkeit der Luft. Bezüglich Feuchtigkeitsgehalt der Luft s. S. 435. Mit Wasserdampf gesättigte Luft enthält folgende Mengen Wasser in 1 m³:

°C	−20°	−10°	0°	10°	20°	30°
g Wasser je m³	1,0	2,3	4,9	9,3	17,2	30

Bei den Anwendungen der Strömungslehre ist zu beachten, daß sich mit der Luftfeuchtigkeit das spezifische Gewicht der Luft etwas ändert. *Feuchte Luft ist leichter als trockene Luft.* Die Unterschiede werden bei höheren Temperaturen größer und können einige % betragen. Bei genauen Messungen ist dies zu beachten. Die Gaskonstante R_F des Luft-Dampf-Gemisches, mit deren Hilfe das spez. Gew. berechnet werden kann, ergibt sich aus:

$$R_F = \frac{R_{\text{trocken}}}{1 - 0{,}377 \cdot \varphi\, p_d/p_g}; \quad \gamma_F = \gamma_{tr}\left(1 - 0{,}377\,\varphi\,\frac{p_d}{p_g}\right)$$

φ = relative Feuchtigkeit, γ_F, γ_{tr} = spez. Gew. der feuchten bzw. trockenen Luft.
p_d = Sättigungsdruck des Wasserdampfs,
p_g = Gesamtdruck.

c) Höhenformel. Um den Höhenunterschied zweier Orte zu bestimmen, verwendet man unter Annahme einer mittleren Temperatur t_m die sog. barometrische Höhenformel:

$$h_2 - h_1 = (18{,}4 + 0{,}067\,t_m)\lg(p_1/p_2)\ \text{km},$$

worin p_1, p_2 die h_1, h_2 entsprechenden Luftdrücke sind.

Nach *Everling* gilt bis etwa 10 km Höhe die Näherungsformel

$$\gamma = \gamma_0 \cdot 10^{-0{,}046\,h} \quad (h \text{ in km},\ \gamma_0 = \text{spez. Luftgewicht am Erdboden}).$$

Als Norm gilt die Cina-Höhe (DIN 5450) (Cina = Commission Internationale de Navigation Aérienne), bei der hinsichtlich der Temperatur, des Druckes und der Dichte bestimmte, die mittleren Verhältnisse berücksichtigende Abhängigkeiten festgestellt wurden. Danach gilt bis zu Höhen von 11 km (H in km; p_H in kg/cm²; γ_H in kg/m³; t_H in °C; $\gamma_0 = 1{,}2255$ kg/m³):

$$t_H = 15 - 6{,}5H; \quad p_H = 1{,}03323\left(\frac{288 - 6{,}5H}{288}\right)^{5{,}255} \text{at};$$

$$\gamma_H = 1{,}2255\left(\frac{288 - 6{,}5H}{288}\right)^{4{,}255} \text{kg/m}^3. \quad \frac{\gamma_H}{\gamma_0} = \frac{\varrho_H}{\varrho_0}.$$

Zahlenangaben für die Cina-Höhe

H	0	0,5	1	2	3	4	5	10	15	20
t_H	15	11,75	8,5	2,0	−4,5	−11	−17,5	−50	−56,5	−56,5
p_H	1,033	0,973	0,916	0,811	0,715	0,628	0,551	0,269	0,123	0,0557
γ_H	1,225	1,168	1,112	1,01	0,909	0,819	0,736	0,413	0,194	0,088
p_H/p_0	1,0	0,942	0,887	0,784	0,692	0,608	0,533	0,261	0,119	0,054
ϱ_H/ϱ_0	1,0	0,953	0,907	0,821	0,742	0,668	0,601	0,337	0,158	0,0717

Zwischen 30 und 40 km Höhe sinkt die Temperatur bis auf −50 bis −70 °C. Bei etwa 50 km steigt sie auf +50 bis +80 °C an. Dann nimmt die Temperatur wieder ab bis zu einer Höhe von 80 km, wo sie etwa −50 bis −70 °C erreicht, um in noch größerer Höhe wieder anzusteigen.

d) Zusammensetzung der Luft (gültig bis etwa 20 km Höhe):

	N_2	O_2	Ar	CO_2	H_2	Ne	He	Kr	X
Vol-%	78,08	20,95	0,93	0,03	0,01	0,0018	0,0005	0,0001	0,000009
Gew.-%	75,51	23,01	1,286	0,04	0,001	0,0012	0,00007	0,0003	0,00004

Von etwa 15 km Höhe ab nimmt der O_2-Gehalt um 0,2% je km Höhe ab; bei etwa 100 km dissoziiert der Sauerstoff in einer Übergangsschicht von ≈8 km vom fast rein molekularen zum fast rein atomaren O.

IV. Strömungslehre

Bearbeitet von Dr.-Ing. **Bruno Eck**, Köln

Literatur: 1. *Prandtl, L.:* Führer durch die Strömungslehre. 3. Aufl. Braunschweig: Vieweg 1949. — 2. *Eck, Br.:* Technische Strömungslehre. 6. Aufl. Berlin: Springer 1960.

A. Hauptgesetze

1. Kontinuitätsgleichung

Das sekundlich durch eine Leitung oder bei einer freien Strömung durch eine Stromröhre fließende Gewicht ist konstant.

$$F_1 w_1 \gamma_1 = F_2 w_2 \gamma_2 = \text{const.}$$

Bei nichtkompressiblen Flüssigkeiten ist wegen $\gamma_1 = \gamma_2$

$$F_1 w_1 = F_2 w_2 .$$

2. Bewegungsgleichungen

Ist w_s die Geschwindigkeit in einer beliebigen Richtung s, so gilt allgemein $\mathrm{d}w_s/\mathrm{d}t = -1/\varrho \cdot \partial(p + z\gamma)/\partial s$ (z Höhenlage über einem gewählten Niveau).

a) Für **stationäre Bewegung** gilt:

$$H' = z_1 + p_1/\gamma + w_1^2/2g = z_2 + p_2/\gamma + w_2^2/2g = \text{const.} \quad (\textit{Bernoulli}).$$

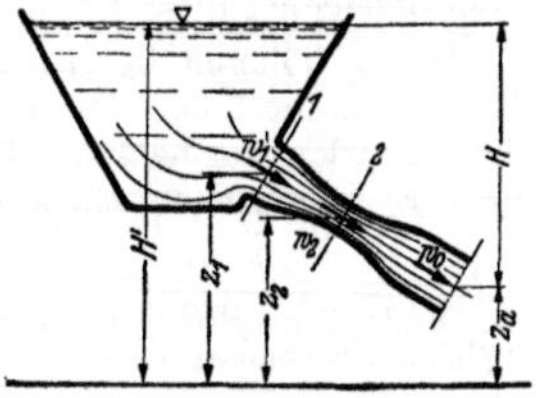

Bild 1

Die Gleichung gilt für reibungslose Flüssigkeit und besagt, daß die gesamte Energie (ausgedrückt durch Höhen in m Flüssigkeitssäule, wenn p in kg/m² und γ in kg/m³) an jeder Stelle konstant ist (Bild 1). Man nennt: $w^2/2g$ die Geschwindigkeitshöhe, z die Lagenhöhe (geodätische Höhe), $p/\gamma = h$ die Druckhöhe. Bei einer Leitung, die keinerlei Niveauunterschiede aufweist, vereinfacht sich die Gleichung in:

$$p_1/\gamma + w_1^2/2g = p_2/\gamma + w_2^2/2g = H \quad \text{oder} \quad p_1 + \gamma/2g \cdot w_1^2 = p_2 + \gamma/2g \cdot w_2^2 = P.$$

b) Bei **nichtstationärer Bewegung,** d. h. wenn die Geschwindigkeit an einer Stelle sich noch mit der Zeit ändert, tritt zu der *Bernoulli*schen Gleichung noch ein *Beschleunigungsglied*

$$z_1 + \frac{p_1}{\gamma} + \frac{w_1^2}{2g} + \frac{1}{g}\int_0^{s_1} \frac{\partial w}{\partial t}\, ds = z_2 + \frac{p_2}{\gamma} + \frac{w_2^2}{2g} + \frac{1}{g}\int_0^{s_2} \frac{\partial w}{\partial t}\, ds = \text{const.}$$

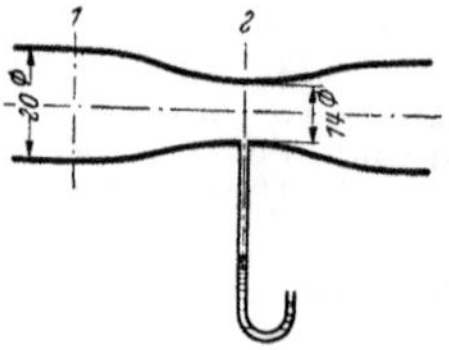

Bild 2

Beispiele: 1. Anordnung nach Bild 2: $p_1 = 0{,}1$ atü $= 1{,}1$ ata; $w_1 = 4$ m/sek. Der Unterdruck an der Stelle 2 ist zu bestimmen a) für Wasser und b) für Luft als Durchflußmittel.

a) Nach der Kontinuitätsgleichung ist

$$w_2 = w_1\,(d_1/d_2)^2 = 4\,(20/14)^2 = 8{,}16 \text{ m/sek};$$

$$p_1 + \frac{\gamma}{2g} w_1^2 = p_2 + \frac{\gamma}{2g} w_2^2;$$

$$\Delta p = p_1 - p_2 = \frac{\gamma}{2g}(w_2^2 - w_1^2) = \frac{1000}{2 \cdot 9{,}81}(8{,}16^2 - 4^2) = 2570 \text{ mm WS};$$

$$p_2 = p_1 - \Delta p = 1{,}1 - 0{,}257 = 0{,}843 \text{ ata};$$

Unterdruck $= 1{,}0 - 0{,}843 = 0{,}157$ at bzw. 1570 mm WS.

b) Luft von 15 °C

$$\gamma_{\text{Luft}} = \frac{p}{RT} = \frac{11000}{29{,}3 \cdot 288} = 1{,}3 \text{ kg/m}^3;$$

wie unter a) $$\Delta p = p_1 - p_2 = \frac{\gamma}{2g}(w_2^2 - w_1^2) = \frac{1{,}3 \cdot 50{,}6}{2 \cdot 9{,}81} = 3{,}35 \text{ mm WS};$$

$$p_2 = p_1 - \Delta p = 11000 - 3{,}35 = 10996{,}65 \text{ mm WS} = 1{,}0997 \text{ ata}.$$

Die Meßstelle zeigt somit bei Luft 996,65 mm WS Überdruck an.

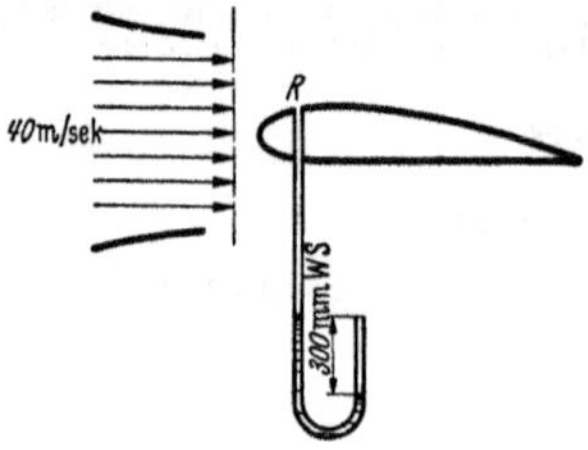

Bild 3

2. Ein Tragflügel wird im Windkanal mit einer Geschwindigkeit von $w = 40$ m/sek angeblasen (Bild 3). An der Stelle R wird ein Unterdruck von 300 mm WS gemessen. Wie groß ist die Geschwindigkeit an dieser Stelle?

$$p_1 + \gamma/2g \cdot w_1^2 = p_2 + \gamma/2g \cdot w_2^2,$$

hieraus $$w_2 = \sqrt{2g\,\frac{p_1 - p_2}{\gamma} + w_1^2};$$

$$w_2 = \sqrt{300 \cdot 16 + 40^2} = 80 \text{ m/sek}.$$

c) Für die Bedürfnisse des Kreiselmaschinenbaues interessiert noch eine **andere Form** der *Bernoulli*schen Gleichung.

Ist bei einem rotierenden Schaufelkranz u die Umfangsgeschwindigkeit, w die Relativgeschwindigkeit und p der statische Druck, so besteht die Beziehung:

$$w_1^2/2g + p_1/\gamma - u_1^2/2g = w_2^2/2g + p_2/\gamma - u_2^2/2g = \text{const.}$$

Man bezeichnet diese Formel als *Bernoulli*sche Gleichung der Relativbewegung.

d) Bei **höheren Geschwindigkeiten** — etwa von 150 m/sek an — spielt die Kompressibilität bei Gasen eine Rolle. Bei größeren Druckunterschieden muß die Arbeitsleistung nach den thermodynamischen Gesetzen berücksichtigt werden; dann ist folgende Form der *Bernoulli*schen Gleichung zu verwenden:

$$\int dp/\gamma + w^2/2g = \text{const.}$$

Zusatz: Die Leistung in m kg/sek, die etwa von einem Ventilator aufgebracht werden muß, um ein Volumen V m³/sek auf einen Überdruck Δp kg/m² bzw. mm WS zu bringen, ist

$$L = V\,\Delta p \quad \text{m kg/sek}.$$

Die Leistung in PS beträgt: $N = V\,\Delta p/75$.

Beispiel: Eine Luftmenge von 7200 m³/h soll mit einem Druckunterschied von 300 mm WS durch eine Leitung gedrückt werden. Die hierzu erforderliche Ventilatorleistung bei einem Gebläsewirkungsgrad $\eta = 0{,}6$ ist zu bestimmen.

$$V = \frac{7200}{3600} = 2\ \text{m}^3/\text{sek}; \qquad N = \frac{V\,\Delta p}{\eta \cdot 75} = \frac{2 \cdot 300}{0{,}6 \cdot 75} = 13{,}3\ \text{PS}.$$

3. Druckänderung senkrecht zur Strömung

Bei geraden, d. h. parallelen Stromlinien (z. B. der Rohrströmung) ist der Druck in einem Schnitt senkrecht zur Strömungsrichtung konstant. Aus diesem Grund kann der Druck in einem Rohrleitungsquerschnitt an einer Anbohrung der Wand gemessen werden.

Eine Druckänderung senkrecht zur Strömungsrichtung ist nur bei gekrümmten Stromlinien möglich. Es treten hier Zentrifugalkräfte auf, die durch Drucksteigerungen aufgenommen werden müssen. Es besteht folgende Beziehung (Bild 4):

$$dp/dn = \gamma/g \cdot w^2/R.$$

Bei nicht zu großen Werten von Δn kann mit der Differenzengleichung gerechnet werden:

$$\Delta p = \Delta n\,\gamma/g \cdot w^2/R.$$

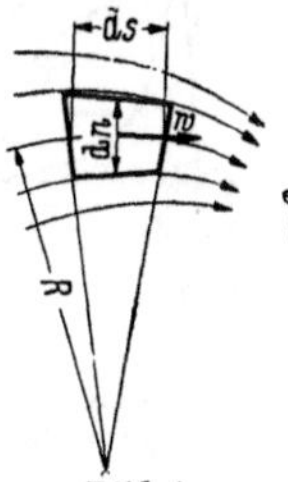

Bild 4

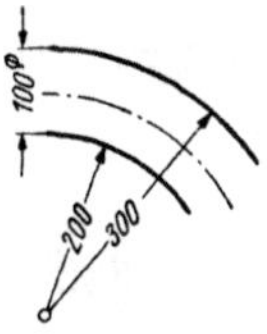

Bild 5

Beispiel: In einem rechteckigen Krümmer (Bild 5) soll der Druckunterschied zwischen der inneren und der äußeren Krümmung berechnet werden, wenn Luft mit $w = 15$ m/sek durchströmt. $\Delta n = 0{,}1$ m, $\gamma/g = 1/8$ kg sek²/m⁴. Als Krümmungsradius wird das Mittel eingesetzt:

$$R = (200 + 300)/2 = 250\ \text{mm}; \qquad \Delta p = \Delta n\,\frac{\gamma}{g}\,\frac{w^2}{R} = \frac{0{,}1 \cdot 15^2}{8 \cdot 0{,}25} = 11{,}25\ \text{mm WS}.$$

Die Rechnung kann natürlich nur als Näherungsrechnung betrachtet werden. In solchen Fällen ist diese Gleichung von großem Wert.

4. Kreisbewegung

In der reibungsfreien Flüssigkeit hat kein Teilchen eine Drehbewegung, da auf seine Oberfläche nur Normalkräfte wirken. Zur Einleitung einer Drehung wären Schubspannungen nötig, die nur bei Reibung denkbar sind. Bewegt sich ein Flüssigkeitsteilchen auf einer gekrümmten Bahn bzw. auf einem Kreis, so tritt nur eine Verschiebung und Verformung des Teilchens nach Bild 6 ein.

a) Geschwindigkeitsverteilung. Es gilt $w_1 r_1 = w_2 r_2 = \text{const.}$ Diese Bewegungsform nennt man Potentialwirbel.

Beispiel: In einem großen Wasserbecken rotiert ein Zylinder von 100 mm Dmr. mit einer Umfangsgeschwindigkeit von 6 m/sek. Wie groß ist die Umfangsgeschwindigkeit des Wassers im Abstand 400 mm vom Zylindermittelpunkt?

$$w_2 = w_1 r_1/r_2 = 6 \cdot 50/400 = 0{,}75\ \text{m/sek}.$$

b) Einfluß der Reibung bei der Kreisbewegung. Bei den technisch wichtigsten Flüssigkeiten Luft und Wasser ist die innere Reibung verhältnismäßig klein. Bei der drehenden Bewegung, die man Wirbel nennt, wird in der Mitte ein Kreiskern beobachtet, der sich wie ein fester Körper bewegt, während außerhalb desselben sehr genau die hyperbolische Geschwindigkeitsverteilung beobachtet wird (Bild 6, S. 280).

5. Impulssatz

Unter Impuls (S. 246) versteht man den Ausdruck: Masse mal Geschwindigkeit. Frei von allen Einschränkungen gilt folgende Beziehung: *Die zeitliche Änderung des Impulses ist gleich der Gesamtsumme der an der Masse angreifenden Kräfte.*

Die nachfolgenden Anwendungen beziehen sich auf *stationäre* Strömungen; bei nichtstationären Strömungen sind noch die inneren Impulsänderungen zu berücksichtigen.

a) Für einen **Flüssigkeitsstrahl** mit der sekundlich durchfließenden Masse q schreibt man zweckmäßig:

$$\Sigma P_x = q \cdot \Delta w_x = q\,(w_{2x} - w_{1x}).$$

Es ist zu beachten, *daß die Richtung von* ΣP_x *identisch sein muß mit der Richtung von* Δw_x. Ferner darf nicht übersehen werden, daß auf der linken Seite *die Summe sämtlicher äußeren Kräfte steht.*

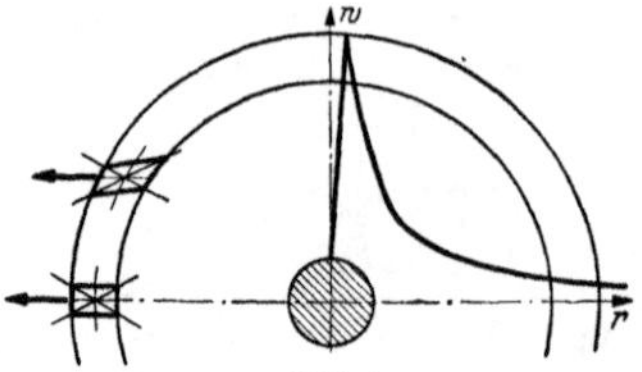

Bild 6

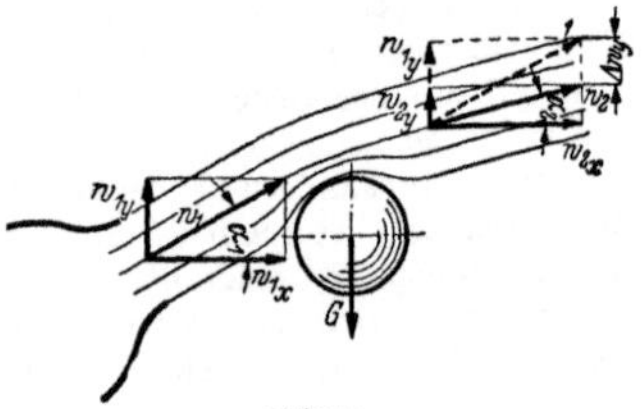

Bild 7

Beispiel: Der im schrägen Luftstrahl hängende Ball übt nach Bild 7 auf den Strahl als einzige Kraft sein Gewicht G aus, das senkrecht nach unten, d. h. negativ wirkt. Somit gilt

$$-G = q\,(w_{2y} - w_{1y}) = q\,(w_2 \sin \alpha_2 - w_1 \sin \alpha_1)\,.$$

Mit $w_2 \cos \alpha_2 = w_1 \cos \alpha_1$ wird $\operatorname{tg} \alpha_2 = \dfrac{\sin \alpha_1 - G/q w_1}{\cos \alpha_1}$. Bei $G = 0{,}2$ kg; $w_1 = 15$ m/sek; einem Strahlquerschnitt vor dem Ball $f_{\text{Strahl}} = \pi/4 \cdot 14^2 \cdot 10^{-4}$ m² und $\alpha_1 = 45°$ ergibt sich ein $\alpha_2 = 19° 11'$, d. h. eine Ablenkung des Strahles um $\Delta\alpha = 25° 49'$.

b) Strahldruck gegen Flächen. Ebene Platte wird vom Strahl senkrecht getroffen (Bild 8): $P = \gamma/g \cdot V w$ [kg]; V m³/sek.

Ebene Platte wird vom Strahl unter dem Winkel α getroffen (Bild 9): $P = \gamma/g \cdot V w \sin \alpha$.

Offener Umdrehungskörper nach Bild 10, der den Strahl gegen die Strahlachse nach dem Winkel α ablenkt: $P = \gamma/g \cdot V w (1 + \cos \alpha)$; für $\alpha = 0$ erhält man $P = \gamma/g \cdot 2 V w$.

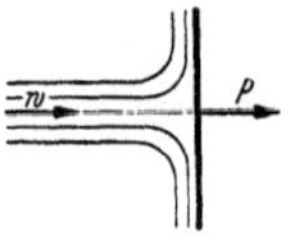

Bild 8

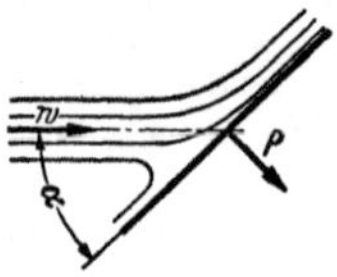

Bild 9

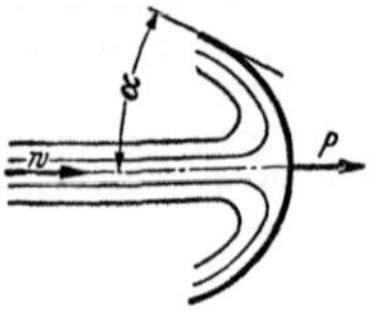

Bild 10

Beispiel. Eine Stoßplatte nach Bild 8 soll dazu benutzt werden, die Austrittsgeschwindigkeit aus einem Wasserhahn zu bestimmen. Die sekundlich austretende Wassermenge sei zu 1,2 lit/sek gemessen worden. Die Kraft P werde zu $P = 2{,}32$ kg bestimmt. Nach obiger Gleichung wird

$$w = \frac{P \cdot g}{\gamma \cdot V} = \frac{2{,}32 \cdot 9{,}81}{1000 \cdot 1{,}2 \cdot 10^{-3}} = 18{,}95 \text{ m/sek}.$$

c) In der **freien Strömung,** z. B. bei der Umströmung eines Tragflügels, ändern sich die Verhältnisse von einer Stromlinie zur anderen. Hier muß für jeden Strahl nach dem Impulssatz die Kraft in einer Richtung gerechnet und die Gesamtsumme gebildet werden.

Satz: Die Summe aller äußeren Kräfte in einer Richtung, die auf ein abgeschlossenes Gebiet wirkt, ist gleich der Differenz der aus diesem Gebiet austretenden und der eintretenden Impulse in der gleichen Richtung.

Reibungskräfte im Innern heben sich bei dieser Rechnung auf und spielen somit keine Rolle.

d) Impulsmomente (Flächensatz). Impulsmoment = Hebelarm × Masse × × Geschwindigkeit. Beziehung: *Das Moment der äußeren Kräfte ist gleich dem Zuwachs des Impulsmomentes.*

$$M = \Sigma\,(r\,q\,\Delta w_u).$$

w_u ist die Geschwindigkeitskomponente senkrecht zum Hebelarm.

Anwendung: Kreiselmaschinen. Ist q die sekundlich durch ein Schaufelrad strömende Masse und sind c_{1u} und c_{2u} die Umfangskomponenten der Absolutgeschwindigkeit auf den Radien r_1 und r_2, so gilt:

$$M = q\,(r_2\,c_{2u} - r_1\,c_{1u}).$$

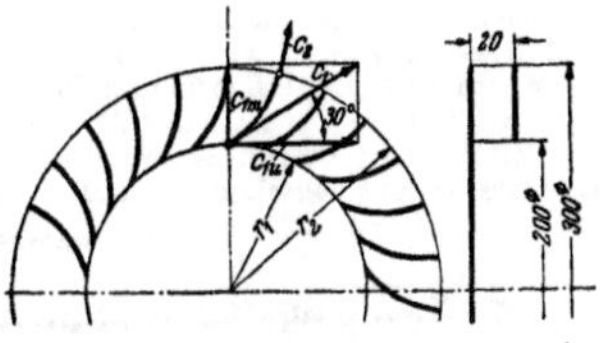

Bild 11. Leitrad hinter einem Kreiselpumpenrad

Beispiel: Hinter einem Kreiselpumpenrad tritt das Wasser mit einer Geschwindigkeit c_1 von 15 m/sek unter einer Neigung von 30° gegen den Umfang aus und wird in einem anschließenden Leitapparat in die radiale Richtung umgelenkt (Bild 11). Welches Drehmoment muß vom Leitrad dabei aufgenommen werden?

$c_{1m} = c_1 \sin 30° = 15 \cdot \frac{1}{2} = 7{,}5$ m/sek; $c_{1u} = c_1 \cos 30° = 13$ m/sek;
$V = \pi d b c_{1m} = \pi \cdot 0{,}2 \cdot 0{,}02 \cdot 7{,}5 = 0{,}0941$ m³/sek;
$q = V\gamma/g = 0{,}0941 \cdot 1000/9{,}81 = 9{,}6$ kg sek/m;
$M = q\,(r_2 \cdot 0 - r_1 c_{1u}) = -9{,}6 \cdot 0{,}1 \cdot 13 = -12{,}5$ kg m $= -1250$ kg cm.

6. Elementarsatz der Flüssigkeitsreibung

a) Newtonscher Ansatz. Da an den Wandungen fester Körper die Flüssigkeit infolge der Adhäsionskräfte festhaftet und deshalb die Geschwindigkeit der Oberfläche annimmt, ergeben sich bei der Um- und Durchströmung von Körpern unter Umständen sehr starke Geschwindigkeitsanstiege, die selbst bei sehr kleiner Reibung Schubspannungen verursachen. Durch diese Reibung wird z. B. ein Teilchen $ABCD$ nach Bild 12 verformt in $ABC'D'$. Die hierbei auftretende Schubspannung wird nach *Newton* durch folgenden Ansatz erfaßt:

$$\tau = \eta\,\mathrm{d}w/\mathrm{d}y,$$

$\mathrm{d}w/\mathrm{d}y$ = Geschwindigkeitsgefälle senkrecht zur Strömungsrichtung.

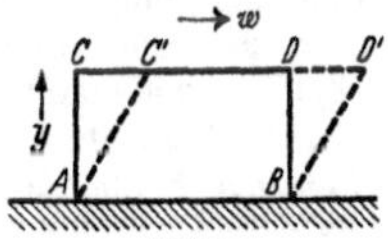

Bild 12

b) Der Koeffizient η ist die **dynamische (absolute) Zähigkeit**[1], er ist ein Maß für die Eigenschaft eines Mediums, mittels der inneren Reibung Kräfte übertragen zu können. η entspricht der Schubspannung für eine Geschwindigkeitsänderung 1 im Abstand 1 (d. h. Geschwindigkeitsgefälle 1).

Im abs. Maßsystem hat η die Dim. $\dfrac{\text{g}}{\text{cm sek}} \triangleq \dfrac{\text{dyn sek}}{\text{cm}^2}$ (Poise, abgekürzt P),

„ techn. „ „ η „ „ $\dfrac{\text{kg sek}}{\text{m}^2}$.

Die dynamische Zähigkeit fällt / steigt bei Flüssigkeiten / Gasen mit der Temperatur. Die Änderung mit dem Druck ist bei Flüssigkeiten vernachlässigbar, dagegen nicht bei Gasen bei großer Drucksteigerung.

c) Bei Ähnlichkeitsbetrachtungen ist die **kinematische Zähigkeit** ν neben der dynamischen Zähigkeit η gebräuchlich.

Im abs. Maßsystem hat ν die Dim. $\dfrac{\text{cm}^2}{\text{sek}}$ (Stokes, abgekürzt St),

„ techn. „ „ ν „ „ $\dfrac{\text{m}^2}{\text{sek}}$.

[1] In der Hydrodynamik wird die absolute Zähigkeit auch mit μ bezeichnet. Die Physiker und Ingenieure bevorzugen jedoch die Bezeichnung η.

Die kinematische Zähigkeit ergibt sich aus der dynamischen durch Division mit der Dichte des strömenden Stoffes

$$\nu = \eta/(\gamma/g) = \eta/\varrho .$$

Vom spez. Gewicht γ her besteht eine starke Abhängigkeit von der Temperatur bei Flüssigkeiten, bei Gasen von Druck und Temperatur (s. Tafeln im Anhang).

Für Luft gilt $\gamma_p = \gamma_{1\,\text{at}} \cdot p$ (p in ata).

Wenn $\nu > 1$ ist, kann die Zähigkeit schnell und zuverlässig mit dem *Engler*schen Zähigkeitsmesser bestimmt werden. Man bestimmt die Zeit t, in der 200 cm³ der Meßflüssigkeit aus einem genormten Gefäß (106 mm Dmr., Ausflußrohr 2,9 mm Dmr., 20 mm lang, Spiegel 52 mm hoch) mit unterem Ausfluß ausfließt. Ist $t_0 = 48{,}51$ sek die entspr. Zeit für Wasser, so wird der sog. *Englergrad* bestimmt durch $°\text{E} = t/t_0$ (vorgeschriebene Wassertemperatur 20°). Nach *v. Mises* besteht zwischen °E und ν folgende Näherungsgleichung:

$$\nu \approx 0{,}0864\ °\text{E} - 0{,}08/\,°\text{E}\ \text{cm}^2/\text{sek}.$$

7. Ähnlichkeitsbeziehungen (s. a. Abschn. Ähnlichkeitslehre S. 322)

Für die Übertragung von Modellversuchen auf größere Ausführungen ist die Frage wichtig, wann eine sinngemäße Übertragung der Versuche möglich ist. Dies ist nur dann der Fall, wenn die beiden Vorgänge ähnlich verlaufen, wobei die Bezeichnung „ähnlich" je nach den Umständen eine verschiedene Bedeutung erhalten kann.

a) Reynolds' Ähnlichkeitsgesetz. Die Strömung um zwei geometrisch ähnliche Körper ist geometrisch ähnlich, wenn in beiden Fällen die Zahl wd/ν die gleiche ist. w bedeutet hier eine kennzeichnende Geschwindigkeit, d eine typische Längenabmessung und $\nu = \eta/\varrho$ die kinematische Zähigkeit. Diese Größe ist die *Reynolds*sche Zahl

$$\text{Re} = wd/\nu \quad \text{(dimensionslos)}.$$

(Wird ν in cm²/sek eingesetzt, so ist w in cm/sek und d in cm einzusetzen.) Diese Zahl, die eigentlich das Verhältnis der Trägheitskräfte zu den Zähigkeitskräften darstellt, spielt in der modernen Strömungslehre eine überragende Rolle. Es zeigt sich nämlich, daß bei fast allen Strömungsvorgängen nicht *etwa die Geschwindigkeit, sondern die Reynoldssche Zahl die maßgebende Kenngröße ist.* Insbesondere gibt die Zahl an, wie man bei Versuchen Körperabmessungen und Geschwindigkeiten wählen muß, um ähnliche, d. h. vergleichbare Strömungsbilder zu erhalten.

Beispiele: 1. Ein Automobil soll im Windkanal untersucht werden. Die Fahrgeschwindigkeit w_1 beträgt 108 km/h = 30 m/sek. Die Wagenhöhe betrage 1,5 m. Ein vorhandener Windkanal biete die Möglichkeit, ein geometrisch ähnliches Modell von nur 1 m Höhe einzubauen. Die Anblasegeschwindigkeit w_2 ist zu bestimmen.

$\text{Re}_1 = 3000 \cdot 150/\nu$; $\text{Re}_2 = w_2 \cdot 100/\nu$; mit $\text{Re}_1 = \text{Re}_2$ wird $w_2 = 30 \cdot 150/100 = 45$ m/sek.

2. Das Stück einer Wasserrohrleitung mit Krümmer und Armatur will man mit Luft untersuchen, um vor dem Einbau mit einfachsten Mitteln den Rohrwiderstand zu ermitteln; Rohrdmr. = 100 mm. Die Wassergeschwindigkeit sei 2,2 m/sek. Mit welcher Luftgeschwindigkeit muß man den Rohrstrang durchblasen, um ähnliche, d. h. übertragbare Verhältnisse zu erhalten?

$\text{Re} = w_W\, d/\nu_W = w_L\, d/\nu_L$; $220 \cdot d/0{,}01 = w_L \cdot d/0{,}15$; $w_L = 2{,}2 \cdot 0{,}15/0{,}01 = 33$ m/sek.

Für eine durch ein Rohr vom Dmr. d [m] strömende Menge (bei Gasen gegeben durch V [Nm³/h] und die Dichte $\varrho = \gamma/g$ [kg sek²/m⁴], bei Flüssigkeiten durch die Masse G/g [kg sek²/m h]), lautet die Re-Zahl

$$\text{Re} = 36\,\frac{V/\varrho}{10^6 \cdot \eta d} \quad \text{bzw.} \quad \text{Re} = 36\,\frac{G/g}{10^6 \cdot \eta d}.$$

b) Froudes Modellgesetz. Wenn bei einem Strömungsvorgang die Schwerkräfte als beschleunigende Kräfte wirken, z. B. bei durch ein Schiff erzeugten Wellen oder der pneumatischen Förderung, so verlaufen die Vorgänge ähnlich, wenn die sog. *Froude*sche Zahl $\text{Fr} = w^2/lg$ (l typische Körperabmessung, w typische Geschwindigkeit) die gleiche ist. Ein Schiffsmodell wird somit ein der Großausführung geometrisch ähnliches Wellenbild nur dann ergeben, wenn die *Froude*schen Zahlen gleich sind.

Beispiel: Ein Schiff von 100 m Länge, das eine Geschwindigkeit von 10 m/sek hat, soll in einem Schleppkanal mit einem Modell von nur 1 m Länge untersucht werden.

$$w_1^2/l_1 = w_2^2/l_2;\quad w_2/w_1 = \sqrt{l_2/l_1} = \sqrt{\tfrac{1}{100}} = \tfrac{1}{10};\quad \text{d. h.}\quad w_2 = w_1 \cdot \tfrac{1}{10} = 1\ \text{m/sek}.$$

Bei dieser Geschwindigkeit wird sich das gleiche Wellenbild ergeben.

8. Gesetze über Wirbelbewegungen

Der Begriff des Wirbels war bereits auf S. 279 erklärt worden. Die technisch wichtigsten Medien: Wasser, Luft usw. haben, absolut gemessen, eine sehr kleine Reibung. Man beobachtet, daß diese kleine Reibung sich **direkt** nur auf sehr kleine Strömungsbereiche ausdehnt. Bei der Umströmung ist es die dünne Grenzschicht, während bei der freien Wirbelbewegung nur der Wirbelkern (bei räumlicher Ausdehnung Wirbelfaden) von der Reibung direkt beeinflußt wird. Bereits *Helmholtz* hat dies erkannt und eine Reihe auch heute noch gültiger Wirbelgesetze nachgewiesen. Strenggenommen gelten die folgenden Gesetze nur in der idealen reibungsfreien Flüssigkeit. Bei Wasser, Luft usw. sind die durch die Reibung bedingten Abweichungen jedoch außerordentlich gering.

a) Helmholtzsche Wirbelgesetze. α) Die Zirkulation (s. S. 285) um einen Wirbelfaden ist zeitlich unveränderlich. Die Teilchen, die bereits eine Drehung haben, behalten diese bei.

β) Die Teilchen, die sich im „Wirbelfaden" befinden, bleiben auch dann in Drehung, wenn der Wirbelfaden sich fortbewegt oder seine Form ändert.

γ) Ein Wirbelfaden kann niemals im Innern einer Flüssigkeit endigen. Entweder bilden sich Ringwirbel, oder die Wirbelfäden endigen an einer Wand oder der Flüssigkeitsoberfläche, z. B. setzen sich die aus einem Tragflügel kommenden Wirbelfäden schließlich auf den Erdboden auf.

b) Als Ergänzung ist besonders der **Satz von Thomson** anzuführen:

Die Zirkulation längs einer geschlossenen flüssigen Linie bleibt zeitlich konstant.

In einem solchen Gebiet können sich trotzdem Wirbel bilden, wenn nur die Gesamtzirkulation gleich null ist. Dies ist möglich, wenn sich *zwei entgegengesetzt drehende Wirbel* von gleicher Zirkulation bilden. Man beobachtet dies z. B. beim sog. „Kaffeelöffel-Experiment". (Anfahrwirbel einer Platte, Bild 13.) Weiter ist auf das wichtige Beispiel des Tragflügels zu verweisen. Beim Anfahren bildet sich der Anfahrwirbel, der wegschwimmt; der entgegengesetzt drehende, um den Tragflügel verbleibende Zirkulationswirbel bleibt. Die Wirbel entstehen fast ausschließlich durch Trennflächen.

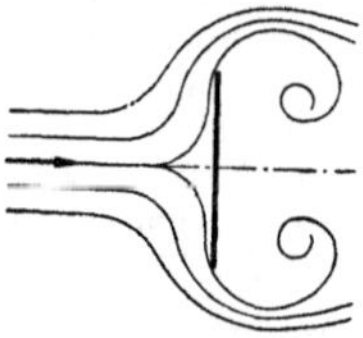

Bild 13

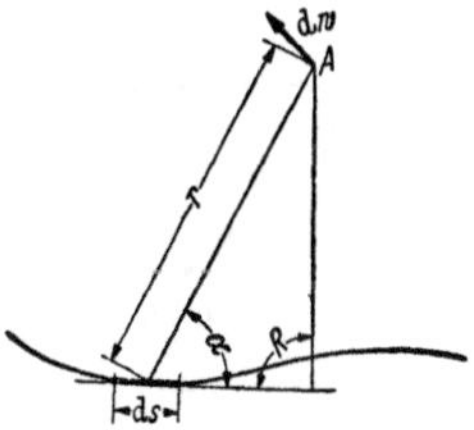

Bild 14

c) Wirbelkern. Für viele praktische Fälle (Kaplanturbine, Zyklone usw.) interessiert die Dicke des Wirbelkernes. Nach *Meldau* kann bis zu Drallwinkeln von etwa 75° der Kernradius r_0 aus der Formel $r_0 = r_a \cdot \alpha°/107$ entnommen werden (r_a = Rohrradius). Bemerkenswert ist, daß der Kern mit größerem Drall wächst.

d) Biot-Savartsches Gesetz. Der Einfluß, den ein Wirbelfaden auf seine Umgebung ausübt, kann durch eine Integration gewonnen werden, Bild 14. Das Stück ds eines beliebigen Wirbelfadens erzeugt in A eine Geschwindigkeit, die senkrecht auf der durch A und ds gebildeten Ebene steht und die Größe hat:

$$dw = \Gamma ds \sin\alpha / 4\pi r^2; \quad \Gamma = \text{Zirkulation, s. S. 285.}$$

B. Besondere Merkmale der reibungsfreien Strömung

1. Ebene Strömung

Eine reibungsfreie Strömung zwischen parallelen Ebenen zeigt einige besondere Merkmale, deren Kenntnis für viele praktische Anwendungen von Nutzen ist.

a) Konforme Abbildung. Zeichnet man zu den Stromlinien Normallinien ein, so ergeben sich bei genügend enger Aufeinanderfolge beider Linien Rechtecke von gleichem Seitenverhältnis. Sorgt man dafür, daß eines der Vierecke ein Quadrat wird, so werden auch die übrigen Vierecke Quadrate. Damit wird aber in kleinsten

Teilen eine beliebige ebene Strömung der geradlinigen ähnlich (Bild 15). *Diese Beziehung bezeichnet man auch als konform.* Es muß somit möglich sein, jede ebene Strömung aus einer geradlinigen Strömung abzuleiten. Tatsächlich ist dies auf rein mathematischem Wege mit Hilfe der sog. konformen Abbildung (s. S. 100) möglich und führt in vielen Fällen zu praktisch verwertbaren Ergebnissen.

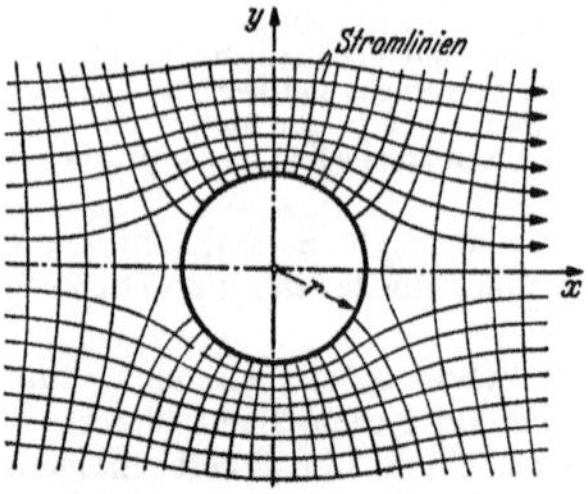

Bild 15. Reibungsfreie Umströmung eines unendlich langen Zylinders. Strom- und Potentiallinien

b) Angenähertes Strömungsbild. Indem man diese Beziehung, die eigentlich nur für kleinste Quadrate gilt, auf größere Quadrate, die gezeichnet werden können, überträgt, gewinnt man ein außerordentlich einfaches Mittel, um wenigstens *in erster Näherung* ein beliebiges Strömungsbild aufzuzeichnen. Das Verfahren besteht darin, daß man die Stromlinien und die Normallinien so lange verschiebt, bis nur noch Quadrate vorhanden sind (Bild 15). Experimentell läßt sich diese sog. „ebene Potentialströmung" nach *Hele-Shaw* [1] darstellen, indem man die Strömung der dünnen Schicht zwischen zwei Glasplatten sichtbar macht. Noch einfacher gelingt nach *Eck* die Darstellung, indem man die Flüssigkeitshaut auf einer Platte mit Aluminiumpulver bestreut und kleine aufgesetzte Modellkörper (z. B. entsprechende Blechstücke) langsam auf der Platte verschiebt (s. Lit. 2).

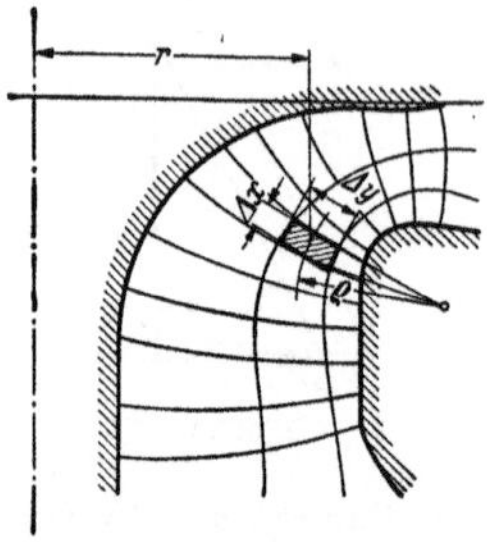

Bild 16. Stromlinien in einem Rotationshohlraum

2. Rotationsströmung

Für die Bedürfnisse der Kreiselmaschinen interessiert besonders die Strömung durch Rotationshohlräume. Hier gilt folgender Satz:

Die Stromlinien bilden mit den Normallinien Rechtecke, für die das Verhältnis der Seiten proportional dem Abstand von der Drehachse ist.

$$\Delta x / \Delta y = r \cdot \text{const.}$$

Man kann diesen Satz zur Aufzeichnung der Stromlinienbilder benutzen. Zunächst zeichnet man nach dem Gefühl die Stromlinien und einige Normallinien ein. Dann prüft man für jedes Rechteck den Wert $\Delta x / \Delta y \cdot 1/r$ und sorgt durch Verschieben der einzelnen Kurven dafür, daß der Wert überall konstant ist (Bild 16).

C. Einige wichtige Begriffe der Strömungslehre

a) Staupunkt. Bei der Umströmung eines Körpers teilt sich die Strömung in zwei Teile; der Teilungspunkt vor dem Körper und der Vereinigungspunkt hinter dem Körper heißen Staupunkt. Nach der *Bernoulli*schen Gleichung ergibt sich wegen $w_2 = 0$ für den Staupunkt: $\Delta p = \varrho/2 \cdot w_1^2$ (Bild 17). Der Druckanstieg $\Delta p = p_2 - p_1$ wird der „Staudruck" genannt.

Im Staupunkt herrscht *der größte Druck, der in der ganzen Strömung überhaupt auftreten kann*; dagegen können in einer Strömung Unterdrücke bis zum Vakuum vorkommen.

b) Trennfläche. Hinter einem umströmten Körper kommen die beiden Flüssigkeitsströme wieder zusammen. Bei verschiedener Reibungswirkung auf beiden Seiten des Körpers ergeben sich an diesem hinteren „Staupunkt" *endliche Geschwindigkeitsunterschiede* (Bild 18). Dies gibt Anlaß zu kleinen Wirbeln in

[1] *Hele-Shaw:* Experiments of the Nature of Surface Resistance. Inst. Nav. Arch. Bd. 29 (1897) S. 145.

einer sog. „Trennfläche", die in sehr vielen Fällen zu größeren Wirbeln führen. Wirbel entstehen fast immer durch Trennflächen; diese Trennflächen sind instabil, sie nehmen zunächst eine wellenförmige Gestalt an, überschlagen sich und zerfallen in einzelne Wirbel.

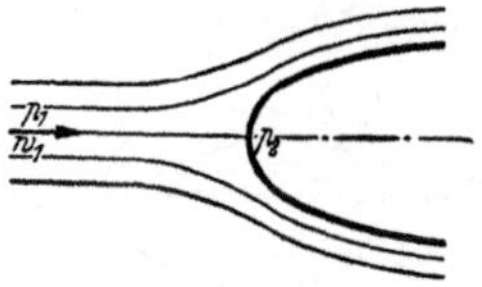

Bild 17

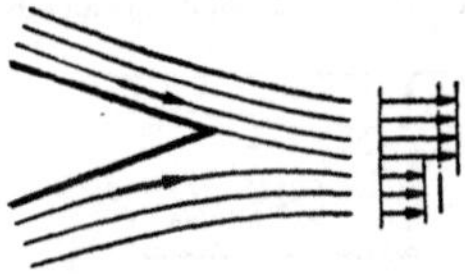

Bild 18

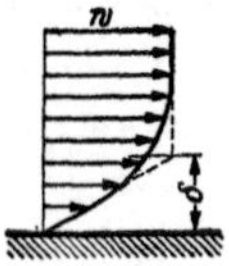

Bild 19

c) Turbulente und laminare Strömung. Eine Strömung ist „*turbulent*" (wirblig), wenn der Hauptbewegung ungeordnete Mischbewegungen überlagert sind. Die beobachteten Geschwindigkeitsschwankungen wirken nach allen Seiten und betragen bis zu 6% der an der betrachteten Stelle vorhandenen mittleren Geschwindigkeit. Das Verhältnis der mittleren Geschwindigkeit zur maximalen in der Rohrachse steigt mit wachsender *Reynolds*-Zahl. Zwischen Re = 20000 und $3 \cdot 10^6$ steigt das Verhältnis $w/w_{\max}$ von 0,79 auf 0,88. Für dieses Turbulenzgebiet gilt im Mittel $w/w_{\max} = 0{,}84 \pm 4\%$.

Laminare Strömung ist vorhanden, wenn keine Schwankungen in der Größe und Richtung der Geschwindigkeit auftreten.

Der Verlauf der Strömung wird maßgebend durch die *Reynolds*sche Zahl Re (S. 282) beeinflußt. Bei Re < 2320 ist die Strömung in geraden, glatten Rohren immer laminar, bei Re > 2320 fast immer turbulent. Die kritische Geschwindigkeit, bei deren Überschreiten frühestens Turbulenz auftritt, berechnet sich zu

$$w_k = 2320\, \nu/d.$$

Unabhängig von Re und der Wandrauhigkeit liegt die mittlere Geschwindigkeit bei Rohren immer im Wandabstand $0{,}12\,d$.

Über den Einfluß von Re in Rohrleitungen s. S. 292, auf Wärmeübertragung s. S. 443.

d) Grenzschicht. An der Wand eines Körpers haftet eine Flüssigkeit bzw. ein Gas. Unter dem Einfluß der Reibung bildet sich, wie *Prandtl* zuerst erkannt hat, eine verhältnismäßig dünne Schicht, die sog. *Grenzschicht*, aus (Bild 19). Außerhalb dieser Grenzschicht ist praktisch die gleiche Geschwindigkeit, wie wenn keine Reibung vorhanden wäre. Die Strömung in der Grenzschicht kann laminar oder turbulent sein. Maßgebend für den Übergang ist die *Reynolds*sche Zahl $w\,\delta/\nu$ (δ Dicke der Grenzschicht). In vielen Fällen ist die zuverlässige Vorausberechnung der Grenzschichtdicke δ und ihre Zunahme in Richtung der Strömung gelungen. Die Grenzschicht nimmt mit wachsender *Reynolds*-Zahl ab. Die Dicke δ der laminaren Grenzschicht ergibt sich nach *Prandtl* für den Rohrdmr. d aus:

$$\delta/d = 34{,}2/(0{,}5\,\mathrm{Re})^{0{,}875}$$

Bei Re = 10^5	10^6
wird $\delta = 0{,}0026\,d$	$0{,}0004\,d$.

e) Eine **Ablösung** liegt vor, wenn an einer Stelle die Strömung ein Gebiet nicht ausfüllt und als „Totwasser" umspült. Es gibt zwei Ursachen für Ablösungen:

1. Scharfe Kanten (Bild 20, S. 286). Die Strömung weicht oft sehr weit aus. Man spricht dann von Kontraktion.

2. Zu starke Verzögerung der Grenzschicht, z. B. Zylinder (Bild 61, S. 304), oder eine Kanalerweiterung, die über 10 bis 14° beträgt.

f) Zirkulation. Man bildet für eine geschlossene Kurve (Bild 21) das Integral $\Gamma = \oint w \cos \alpha \, ds$. Dieses Integral wird für einen geschlossenen Weg um den Körper gebildet und Zirkulation Γ genannt; Dim. m²/sek. Ist w die Anblasegeschwindigkeit bzw. die Geschwindigkeit des Körpers und b die Breite des Körpers (senkrecht zur Bildebene), so ist die Größe der Auftriebskraft

$$A = \varrho \Gamma w b.$$

Für die rechnerische Behandlung von Wirbeln, Tragflügelprofilen usw. ist dieser Begriff einer der fruchtbarsten der modernen Strömungslehre.

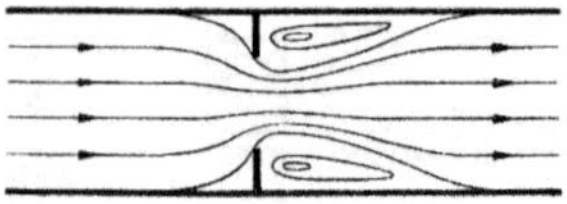

Bild 20

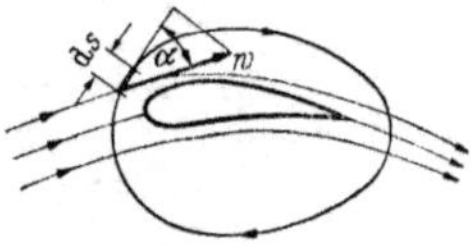

Bild 21

Beispiele: 1. Wie groß ist die Zirkulation für einen Potentialwirbel, bei dem im Abstand $r = 10$ cm vom Mittelpunkt eine Umfangsgeschwindigkeit von $c_u = 6$ m/sek vorhanden ist?

$$\Gamma = 2 r \pi c_u = 2 \cdot 0{,}1 \cdot \pi \cdot 6 = 3{,}77 \text{ m}^2/\text{sek}.$$

2. Im Anfang der Bewegung des Tragflügels eines Flugzeuges bildet sich an der Hinterkante des Flügels durch Aufrollen der Strömung ein Wirbel, Bild 22. Die Reaktionswirkung dieses Wirbels ist ein entgegengesetzt drehender Wirbel um den Tragflügel. Der hintere Wirbel schwimmt nun schnell weg, und der Tragflügelwirbel, der „Zirkulationswirbel", bleibt bestehen. Diese Drehbewegung um den Tragflügel setzt sich mit der Parallelströmung zu einer resultierenden Bewegung zusammen, so daß auf der oberen Seite die Geschwindigkeiten vergrößert und auf der unteren die Geschwindigkeiten verkleinert werden. Nach dem *Bernoulli*schen Gesetz ergeben sich entsprechend Unterdrücke auf der oberen und Überdrücke auf der unteren Seite, deren Gesamtwirkung der Auftrieb $A = \varrho \Gamma w b$ ist.

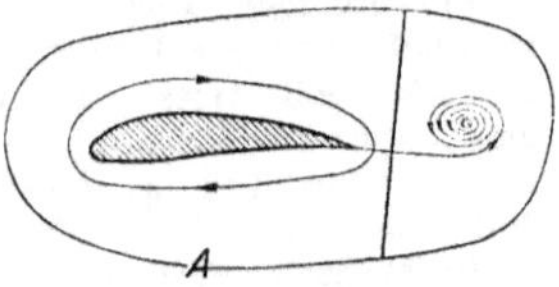

Bild 22

D. Hydraulisches Messen

Literatur: 1. *Gramberg, A.:* Technische Messungen bei Maschinenuntersuchungen und zur Betriebskontrolle. 7. Aufl. Berlin: Springer 1959. — 2. DIN 1952: VDI-Durchflußregeln.

1. Messungen im offenen Strom

a) Gesamtdruck p. Zur Messung genügt ein sog. Pitotrohr (Bild 23), d. h. ein offenes Rohr, dessen Öffnung der Strömung entgegengerichtet und mit einem Manometer verbunden wird. Diese Messung ist von allen drei Messungen (a, b, c) die *einfachste* und *genaueste. Das Manometer gibt ohne jede Berichtigung den Gesamtdruck an.* Richtungsänderungen des Pitotrohres von $+6°$ gegenüber der Strömungsrichtung sind ohne Einfluß auf die Genauigkeit der Messung.

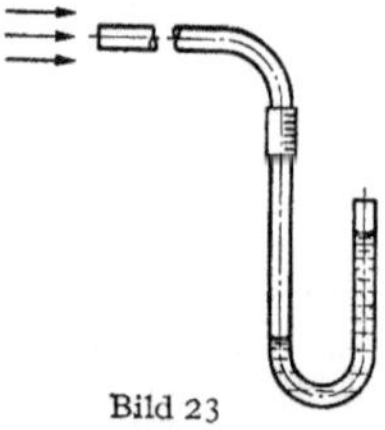

Bild 23

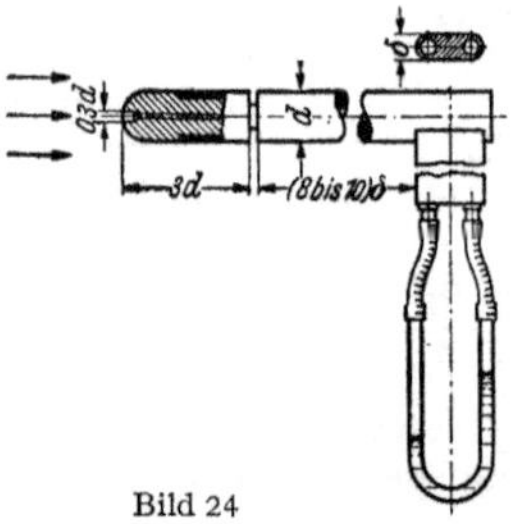

Bild 24

b) Staudruck (dynam. Druck) $q = \gamma/2g \cdot w^2$. Mit dem *Prandtl*schen Staurohr (Bild 24) wird vorn der Gesamtdruck p und durch einen Schlitz im zylindrischen Mantel der statische Druck p_{stat} übertragen. Nach der *Bernoulli*schen Gleichung ist der Differenzdruck $\Delta p = p - p_{stat} = q = \gamma/2g \cdot w^2 = \varrho/2 \cdot w^2$. Aus diesem Druck, der identisch mit dem Staudruck ist, kann die Geschwindigkeit leicht berechnet werden. Das Instrument zeigt mit dem Faktor $c = 1$ den Staudruck an und ist unempfindlich für Richtungsänderungen von $\pm 10°$; bei sehr kleinen *Reynolds*schen Zahlen wird der Staudruck durch Zähigkeitseinflüsse erhöht, so daß mit der Gleichung $q = c\gamma/2g \cdot w^2$ zu rechnen ist. Die unter „*Barker*sche Korrektur[1]“ bekannte Berichtigung genügt der Gleichung $c = 1 + 3/\mathrm{Re}$.

Bei Luft kann im Mittel mit $\gamma/g = \frac{1}{8}$ gerechnet werden, so daß folgende, insbesondere bei Überschlagrechnungen bequeme Formel entsteht: $w = 4\sqrt{\Delta p}$. Zur Berechnung der Luftgeschwindigkeit erhält man dann folgende Tafel:

Δp mm WS	1	4	5	9	10	16	20	25	30	36	40	49	50
w m/sek	4	8	8,95	12	12,65	16	17,9	20	21,9	24	25,3	28	28,3

c) Statischer Druck p_{stat}. In Richtung der Strömung wird eine sog. Drucksonde nach Bild 25 gehalten bzw. nur die statische Druckmessung des *Prandtl*-Rohres angewendet. *Die Druckmessung allein ist sehr empfindlich gegen Richtungsänderungen* und abhängig von der Turbulenz des Strahles, worauf oft nicht geachtet wird. Ist der Staudruck verhältnismäßig groß, so wird die genaue Druckmessung mit Sonde sehr schwierig und verlangt eine Mindesttoleranz von 1 bis 2% des Staudruckes.

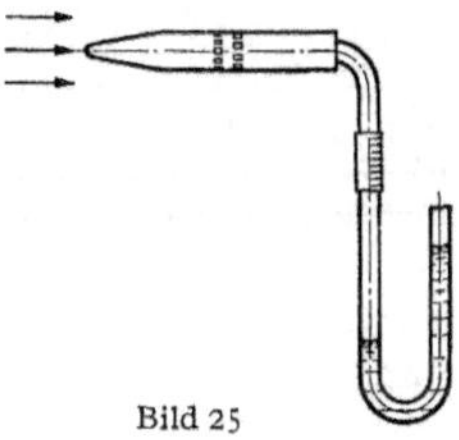

Bild 25

2. Ausfluß aus offenen Gefäßen[2]

Ausfluß aus Seitenöffnung ins Freie. Tritt eine Flüssigkeit durch eine Öffnung einer Gefäßwand ins Freie, so ist die Geschwindigkeit im Strahl (Bild 26): $w = \sqrt{2gh}$.

Ist das Gefäß geschlossen und tritt der Strahl unter innerem Überdruck aus, so ist nach Bild 27 der Überdruck Δp in der Niveauhöhe des Austrittes zu messen:

$$w = \sqrt{2g\,\Delta p/\gamma}.$$

Wird der Druckunterschied $\Delta p'$ über dem Wasserspiegel gemessen, so ist:

$$w = \sqrt{2g\,(\Delta p'/\gamma + h)}.$$

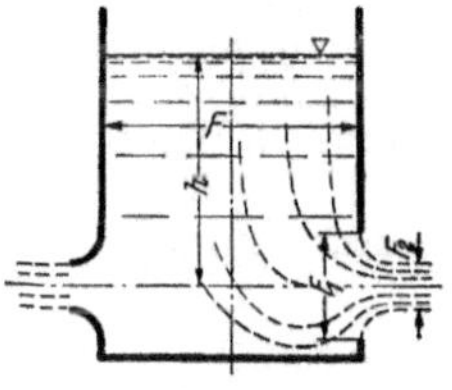

Bild 26

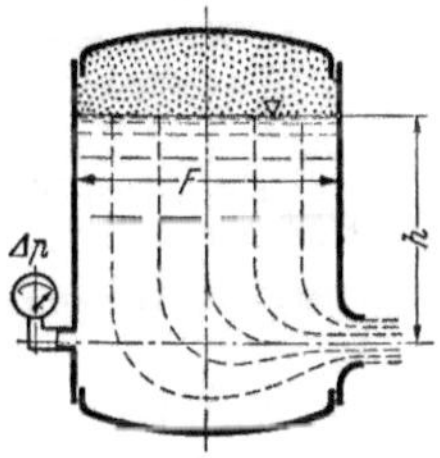

Bild 27

Fließen unter gleichen Bedingungen zwei Flüssigkeiten bzw. Gase mit den spezifischen Gewichten γ_1 und γ_2 aus gleichen Gefäßen aus, so verhalten sich die Zeiten, in denen die gleichen Volumina ausfließen, umgekehrt wie die Ausflußgeschwindigkeiten. Hieraus folgt:

$$\frac{t_1}{t_2} = \frac{w_2}{w_1} = \frac{\sqrt{2g\,\Delta p/\gamma_2}}{\sqrt{2g\,\Delta p/\gamma_1}} = \sqrt{\frac{\gamma_1}{\gamma_2}}.$$

Die Ausflußzeiten verhalten sich somit wie die Wurzeln aus den spezifischen Gewichten. Diese Beziehung wird oft zur Bestimmung des spezifischen Gewichtes von Gasen benutzt.

Die Geschwindigkeit w bildet sich unter allen Umständen aus. Nur tritt bei der Düse am Strahlrand infolge der Grenzschicht eine Verminderung der Geschwindigkeit ein, während in Strahlmitte der theoretische Wert vorhanden ist. Die hierdurch eintretende Verkleinerung der Mittelgeschwindigkeit wird meist durch einen Beiwert φ berücksichtigt.

$$w_m = \varphi w = \varphi\sqrt{2g\,\Delta p/\gamma} \quad (\varphi = 0{,}95 \text{ bis } 0{,}99 \text{ je nach der Form der Düse}).$$

Bei scharfkantigen Öffnungen — in geringem Maß auch bei schlechten Düsen — schnürt sich der Strahlquerschnitt ein, so daß $F_2 < F_1$ ist (F_2 Strahl-

[1] *Barker:* Proc. Roy. Soc. Lond. 1922 S. 435.

[2] *Hansen, M.:* Über das Ausflußproblem. VDI-Forsch.-H. 428. Düsseldorf: VDI-Verlag 1950.

querschnitt, F_1 Düsenquerschnitt), Bild 26. Das Verhältnis $\mu = F_2/F_1$ bezeichnet man als Kontraktionszahl. Mit $\alpha = \mu\varphi$ wird:

$$V = \mu\varphi\sqrt{2g\Delta p/\gamma}\cdot F_1 = \alpha\sqrt{2g\Delta p/\gamma}\cdot F_1.$$

Der Koeffizient α wird die Ausflußzahl genannt.

Ist bei seitlichen Öffnungen die Höhe der Öffnung nicht klein gegen h, so ist w mit der Höhe veränderlich, und die Durchflußmenge wird

$$V = \alpha\int_{h_0}^{h_u} y\sqrt{2gh}\,\mathrm{d}h$$

(y = Breite der Öffnung in der Niveauhöhe h).

Die Formeln, bei denen Δp vor der Austrittsöffnung im Gefäß gemessen wird, gelten nur, wenn die Austrittsöffnung F_1 klein gegen den Gefäßquerschnitt F ist, was praktisch erreicht ist bei $F_1/F < 1/10$. Andernfalls muß die Vorgeschwindigkeit w_0 gemäß der *Bernoulli*schen Gleichung berücksichtigt werden,

$$w = \sqrt{2g\Delta p/\gamma + w_0^2}.$$

Neuere rechnerische und experimentelle Untersuchungen an Absauge- und Ausblasekanälen[1].

3. Überfallmessungen

Die Überfallmessung (Bild 28) ist die Hauptmeßmethode für größere Wassermengen (Kanäle, Turbinenkanäle usw.); Grundgleichung:

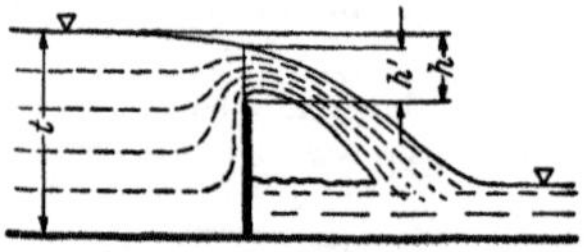

Bild 28

$$V = \tfrac{2}{3}\,\mu h b\sqrt{2gh} \qquad (b \text{ seitliche Breite}).$$

Der Abflußbeiwert μ hängt von der Form der Überfallschneide, der Wehrhöhe und der Ausbildung des Zulaufgerinnes ab. Wesentlich für die Messung ist die Belüftung der unteren Strahlseite.

Für rechteckigen Überfall ohne Seitenkontraktion nach Bild 29 gilt die Grundgleichung mit

$$\mu \text{ (nach den Schweizer Normen)} = 0{,}615\left(1 + \frac{1}{1000h + 1{,}6}\right)\left[1 + 0{,}5\left(\frac{h}{H}\right)^2\right].$$

Die Formel gilt für: $H - h \geqq 0{,}3$ m, $\dfrac{h}{H-h} \leqq 1$ und $0{,}025\text{ m} \leqq h \leqq 0{,}8$ m.

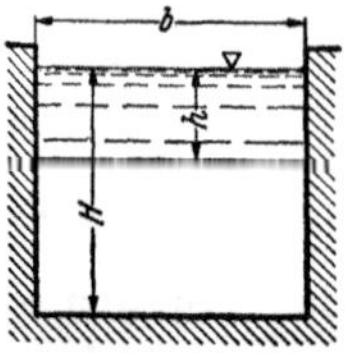

Bild 29

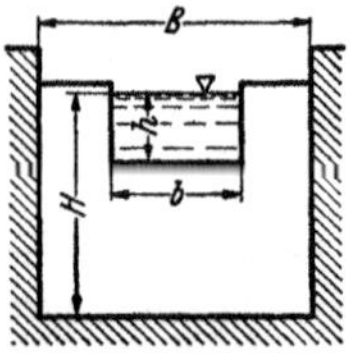

Bild 30

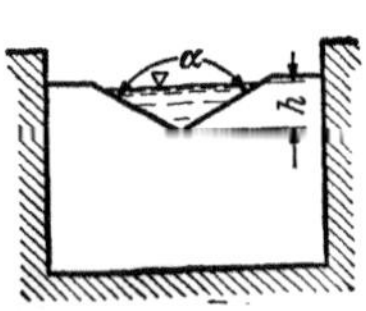

Bild 31

Rehbock[2] führt die Ersatzhöhe $h_e = h + 0{,}0011$ m in die Grundgleichung ein: $V = \frac{2}{3}\mu b h_e\sqrt{2gh_e}$.

Hier wird $\mu = 0{,}6035 + 0{,}0813\,h_e/(H - h)$.

Rechteckiger Überfall mit Seitenkontraktion nach Bild 30:

[1] *Regenscheit, B.:* Ausblase- und Absaugekanäle lufttechnischer Anlagen. In VDI-Berichte, Bd. 34 (1959) S. 21/34.

[2] *Rehbock, Th.:* Wassermessung mit scharfkantigen Überfallwehren. VDI-Z. Bd. 73 (1929) S. 817/23.

Nach *Frese* gilt:

$$\mu = \left(0{,}5755 + \frac{0{,}017}{h+0{,}18} - \frac{0{,}075}{b+1{,}2}\right)\left[1 + \left(0{,}25\left(\frac{b}{B}\right)^2 + 0{,}025 + \frac{0{,}0375}{(h/H)^2+0{,}02}\right)\left(\frac{h}{H}\right)^2\right].$$

Nach Schweizer Normen gilt:

$$\mu = \left[0{,}578 + 0{,}037\left(\frac{b}{B}\right)^2 + \frac{3{,}615 - 3(b/B)^2}{1000h + 1{,}6}\right]\cdot\left[1 + 0{,}5\left(\frac{b}{B}\right)^4\left(\frac{h}{H}\right)^2\right].$$

Thomson-Überfall nach Bild 31:

$$V = \tfrac{8}{15}\,\mu\,\mathrm{tg}(\alpha/2)\,h^2\sqrt{2gh}; \qquad \mu = 0{,}5926.$$

Für rechteckigen Zulaufkanal haben ***Engel*** und ***Stainsby***[1] für scharfkantige Wehre ohne Seitenkontraktion, für breitkronige und Venturiwehre für freien Abfluß eine vereinheitlichte Abflußgleichung entwickelt:

$$V = 0{,}544\cdot\omega\sqrt{g}\cdot[\text{Beiwert Vorgeschw.}]\cdot b\,h^{3/2}.$$

Im Gegensatz zu den bisher üblichen Gleichungen, bei denen die Vorgeschwindigkeit mit der Höhe oder der Abflußzahl verknüpft wurde, kann die neue Gleichung direkt gelöst werden. Für die drei Wehrarten kann mit guter Annäherung (etwa $\pm 1{,}5\%$) die Abflußzahl $\omega = 1$ benutzt werden. ω ist von der geometrischen Gestalt des Einlaufs und den Hauptabmessungen des Wehres abhängig. Bei kleinen Öffnungsverhältnissen für scharfkantige Wehre wird $\omega > 1$; für $h/t = 0{,}1$ liegen die ω-Werte je nach Reynolds- und Weber-Zahl zwischen 1,02 und 1,05.

Vorgeschwindigkeitsbeiwerte

Öffnungsverhältnis = h/t (s. Bild 28) für scharfkantige und breitkronige Wehre
= b/B für Venturiwehre, s. Bild 30

Öffnungsverhältnis	0	0,1	0,2	0,3	0,4	0,5	0,6
Scharfkantige Wehre	1,058	1,062	1,077	1,10	1,135	1,188	1,259
Breitkronige und Venturiwehre	1,0	1,002	1,009	1,021	1,039	1,064	1,098

4. Messungen in Leitungen

Bei Messungen in Leitungen handelt es sich meist darum, die durchfließenden Mengen zu ermitteln. Darf der stetige Durchfluß durch die Messung nicht ge-

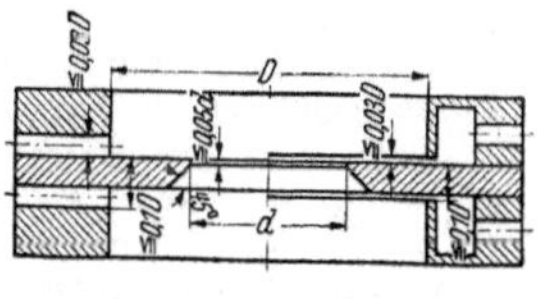

Bild 32. Normblende

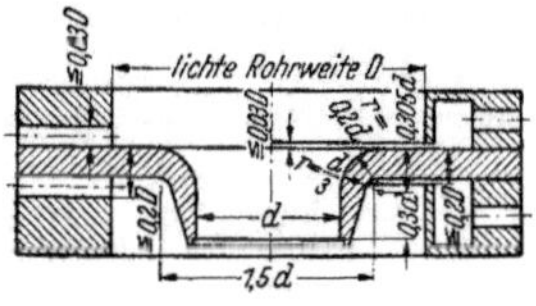

Bild 33. Normdüse

stört werden, so kommen heute fast ausschließlich genormte Düsen und Blenden und neuerdings genormte Venturidüsen (Bild 32, 33, 34) in Frage (s. Lit.).

Die bei diesen Messungen einzusetzenden Koeffizienten sind durch sehr umfangreiche Messungen erprobt worden. Die genormten Abmessungen von Düsen und Blenden sind aus Bild 32 und 33 zu entnehmen. Die Wirkung beruht auf der Geschwindigkeitssteigerung in dem durch die Düse verengten Querschnitt. Aus der gemessenen Druckdifferenz vor und hinter

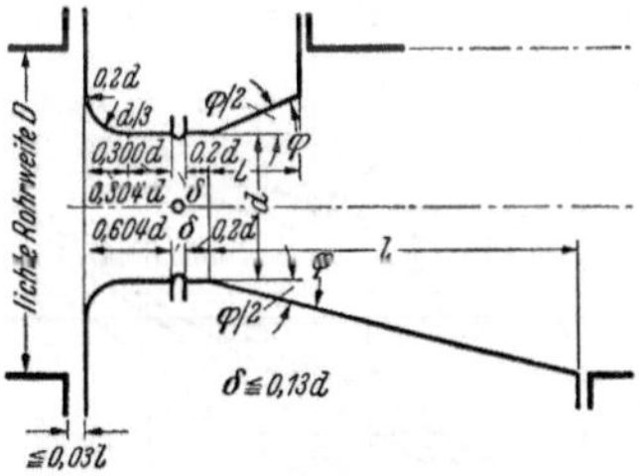

Bild 34. Norm-Venturidüse.
Oben: kurze Bauart
unten: lange Bauart } $m \leqq 0{,}45$

[1] ***Engel, F. V. A.***, und ***W. Stainsby:*** Proc. Inst. Civ. Engrs. Bd. 9 (1958) S. 165/79 und Bd. 10 (1958) S. 580/90; ferner Water and Water Engg. Bd. 62 (1958) S. 142/46, 190/97, 238/43, 291/95 und 338/43.

der Düse kann die Geschwindigkeit im engsten Querschnitt nach der *Bernoulli*schen Gleichung leicht berechnet werden. Bei der Blende kontrahiert der Strahlquerschnitt noch. Ist Δp mm WS der gemessene Druckunterschied (Wirkdruck), so erhält man die Geschwindigkeit im engsten Querschnitt aus

$$w_2 = \varphi \sqrt{2g(\Delta p/\gamma)} \text{ m/sek.}$$

Hieraus ergibt sich die sekundl. Durchflußmenge $V = \gamma w_2 F_2$ oder mit $\mu = F_2/F_1$

$$V = \gamma \cdot \varphi \sqrt{2g(\Delta p/\gamma)} \cdot \mu F_1 = \alpha F_1 \cdot \gamma \sqrt{2g(\Delta p/\gamma)} = \alpha F_1 \sqrt{2g\gamma\Delta p}.$$

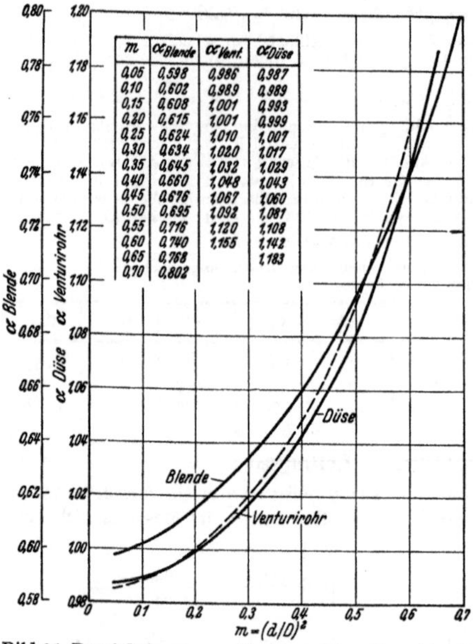

m	α Blende	α Vent.	α Düse
0,05	0,598	0,986	0,987
0,10	0,602	0,989	0,989
0,15	0,608	1,001	0,993
0,20	0,615	1,001	0,999
0,25	0,624	1,010	1,007
0,30	0,634	1,020	1,017
0,35	0,645	1,032	1,029
0,40	0,660	1,048	1,043
0,45	0,676	1,067	1,060
0,50	0,695	1,092	1,081
0,55	0,716	1,120	1,108
0,60	0,740	1,155	1,142
0,65	0,768		1,183
0,70	0,802		

Bild 35. Durchflußzahlen α für Normdüse, Normblende und Norm-Venturirohr oberhalb der Toleranzgrenze

Der Koeffizient $\alpha = \mu\varphi$ enthält alle Abweichungen von der ohne Berücksichtigung der Reibung durchgeführten Rechnung.

a) Die **Durchflußzahlen** α hängen von der *Reynolds*schen Zahl $Re_D = w_1 D/\nu$ und dem sog. Öffnungsverhältnis $m = (d/D)^2$ ab (D = Rohrdmr. in m, d = Düsen- bzw. Staurand-dmr. in m, w_1 = mittlere Strömungsgeschwindigkeit im Rohr in m/sek). Die Durchflußzahlen sind oberhalb gewisser *Reynolds*scher Zahlen Re_D von Re_D unabhängig. Aus diesem Bereich sind in Bild 35 die α-Werte für Düse, Blende und Venturirohr aufgetragen.

b) Bei größeren Druckänderungen ergeben sich bei Gasen und Dämpfen Volumenänderungen, die nicht mehr vernachlässigbar sind. Im engsten Querschnitt ist das Volumen infolgedessen wegen der Expansion größer. Bei der Blende wird zudem die Kontraktion beeinflußt. Diese Einflüsse werden durch eine **Expansionszahl** ε nach folgender Gleichung berücksichtigt:

$$V = \alpha\varepsilon F_1 \sqrt{2g\gamma\Delta p}.$$

Bild 36 zeigt die Expansionsberücksichtigung für Düsen und Blenden.

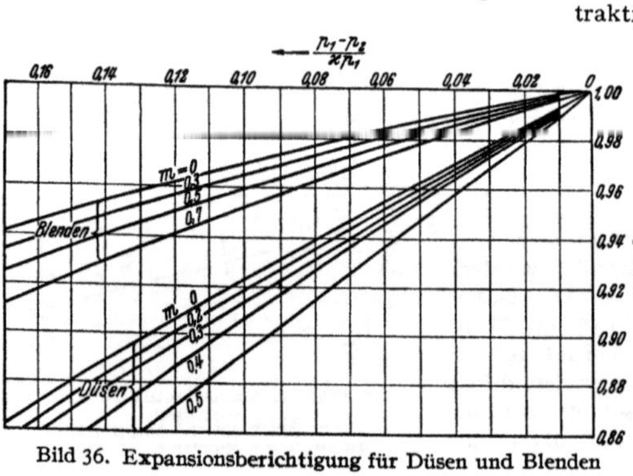

Bild 36. Expansionsberichtigung für Düsen und Blenden

Für kleinere Re_D-Werte bis herab zu etwa 600 kann nach neueren Untersuchungen eine von Re_D unabhängige Durchflußzahl durch Viertelkreisdüsen erreicht werden.

Vor und hinter der Meßstelle muß eine störungsfreie gerade Rohrstrecke von (10 bis 20) · D vorhanden sein.

Genaue Untersuchungen für Normdüsen und Normblenden im *Einlauf und Auslauf* ohne vor- bzw. nachgeschaltetes Rohrstück wurden von *Stach*[1] ausgeführt. Es wurde festgestellt, daß die Durchflußzahlen für Düsen und Blenden im Einlauf oberhalb der *Reynolds*schen Zahl $0{,}55 \cdot 10^6$ konstant sind und unabhängig vom Öffnungsdurchmesser den konstanten Wert $\alpha_{\text{Düse}} = 0{,}99$ und $\alpha_{\text{Blende}} = 0{,}6$ haben. Bei Anwendung im Auslauf liegen die Beiwerte oberhalb der Toleranzgrenze bei Düsen etwas unterhalb und bei Blenden mit $m > 0{,}25$ etwas oberhalb der aus den „Regeln" bekannten α-Werte.

Genormte Düsen, Blenden und Venturirohre sind oberhalb $D = 50$ mm Dmr. anwendbar. Nicht genormte Messungen liegen vor bis zu Werten von $D = 20$ mm Dmr.

Die Grenzwerte von Re_D, die die Anwendbarkeit von Düsen und Blenden angeben, hängen vom Öffnungsverhältnis m ab. Bei $m = 0{,}05$ ergibt sich ein Wert 20000 für die Blende und 70000 für die Düse. Bei $m = 0{,}65$ ergibt sich 260000 für die Blende und 200000 für die Düse.

c) Hinter der Meßstelle treten **Stoßverluste** auf, die vom Öffnungsverhältnis abhängen. Bezeichnet man mit

$$\zeta = (w_2 - w_1)^2/w_1^2$$

den prozentualen Anteil der Verluste gegenüber dem Staudruck der Rohrleitung und definiert weiter einen Wirkungsgrad nach der Formel:

$$1 - \eta = \frac{\gamma/2g \cdot (w_2 - w_1)^2}{\gamma/2g \cdot (w_2^2 - w_1^2)}, \qquad \eta = 2\frac{m}{m+1},$$

so erhält man folgende Werte (vgl. S. 301):

m	0,1	0,2	0,3	0,4	0,5	0,6	0,7	0,8	0,9	1,0
η	0,182	0,333	0,462	0,571	0,667	0,75	0,824	0,889	0,947	1
ζ	81	16	5,44	2,25	1,0	0,44	0,184	0,0625	0,0123	0

Beispiel: Ein Ventilator, der einen Überdruck von 80 mm WS erzeugt, drückt eine Luftmenge von 2500 m³/h durch eine Rohrleitung von 300 mm Dmr. Zum Messen der Luftmenge soll eine Düse eingebaut werden, deren Druckverlust höchstens 20 mm WS beträgt.

Geschwindigkeit im Rohr $w_1 = \dfrac{2500}{3600 \cdot \pi \cdot 0{,}3^2/4} = 9{,}85$ m/sek,

Druckverlust $\Delta p = \varrho/2 \cdot (w_2 - w_1)^2$; hieraus $w_2 = \sqrt{2g\,\Delta p/\gamma} + w_1$,

$w_2 = \sqrt{20 \cdot 16} + 9{,}85 = 17{,}9 + 9{,}85 = 27{,}75$ m/sek; $\quad F_2 = \dfrac{V}{w_2} = \dfrac{2500 \cdot 10^4}{27{,}75 \cdot 3600} = 250$ cm²,

Düsendurchmesser $d_2 \approx 178$ mm.

$Re_D = w_1 D/\nu = 985 \cdot 30/0{,}145 = 204000; \qquad m = F_2/F_1 = (d_2/D)^2 = 0{,}352.$

Mit $\alpha = 1{,}03$ aus Bild 35 wird Wirkdruck $\Delta p = \dfrac{1}{\alpha^2} \cdot \dfrac{\gamma}{2g} \cdot w_2^2 = 45{,}4$ mm WS.

E. Widerstände in Rohrleitungen und Armaturen

1. Allgemeines

a) Der **Druckabfall** in einer geraden Rohrleitung vom Durchmesser d und der Länge l wird durch die Formel

$$\Delta p = \lambda \frac{l}{d} \frac{\gamma}{2g} w^2 \quad \text{kg/m}^2$$

ausgedrückt. Der dimensionslose Faktor λ hängt nur von der *Reynolds*schen Zahl und der Rauhigkeit ab.

Bis $Re = 2320$ ergibt sich laminare Strömung. In diesem Bereich ist $\lambda = 64/Re$. Setzt man dieses λ mit $Re = wd/\nu$ oben ein, so erhält man

$$\Delta p = 32\,l/d^2 \cdot \nu\gamma/g \cdot w = 32\,l/d^2 \cdot \eta\, w, \text{ wobei } \eta = \nu\gamma/g \text{ (S. 282 oben).}$$

Der Druckverlust ist bei der laminaren Strömung proportional der Geschwindigkeit.

b) Rohrreibung bei Expansion der Gase in einem Rohr. Bei langen Druckluft- und Dampfleitungen hat der durch die Reibungsverluste entstandene

[1] *Stach:* Die Beiwerte von Normdüsen und Normblenden im Einlauf und Auslauf. VDI-Z. Bd. 78 (1934) S. 187/89.

Druckverlust Δp eine Expansion des Gases zur Folge. Gegen Ende der Leitung wird das Volumen und damit die Geschwindigkeit größer, damit ändert sich Δp in $\overline{\Delta p}$. Bezieht sich Index 1 auf den Anfang, Index 2 auf das Ende der Leitung, so gilt bei isothermischer Expansion (l und d in m, γ in kg/m³, p in kg/m²):

$$\overline{\Delta p} = p_1 \left[1 - \sqrt{1 - \lambda \frac{l}{d} \frac{\gamma_1}{2g} \frac{2w_1^2}{p_1}}\right].$$

Führt man das durchfließende Dampfgewicht bzw. Gasgewicht in G kg/h ein, so ergibt sich

$$\overline{\Delta p} = p_1 \left[1 - \sqrt{1 - 127{,}5\,\lambda \frac{l}{(100d)^5} \frac{1}{p_1\gamma_1} G^2}\right].$$

Diese Gebrauchsformeln entstehen aus der Gleichung

$$\frac{p_2^2 - p_1^2}{2p_1} + \lambda \frac{l}{d} \frac{\gamma_1}{2g} w_1^2 = 0.$$

Schreibt man diese in der Form

$$\overline{\Delta p} = \lambda \frac{l}{d} \frac{\gamma_1}{2g} w_1^2 \frac{p_1}{(p_1 + p_2)/2} = \Delta p \frac{p_1}{p_m},$$

so erkennt man, daß der für nicht kompressible Flüssigkeiten errechnete Druckabfall um den Faktor p_1/p_m vergrößert wird.

2. Glattes Rohr

Im *laminaren* Bereich, d. h. unterhalb Re = 2320, gilt $\lambda = 64/\text{Re}$ (s. 1. a).

Im *turbulenten* Bereich, d. h. oberhalb Re = 2320, gelten für das vollkommen glatte Rohr folgende Gesetze:

Bis Re = 100 000 das Gesetz von *Blasius*: $\lambda = 0{,}316/\text{Re}^{0{,}25}$

Bis Re = 2 000 000 das Gesetz von *Hermann*: $\lambda = 0{,}0054 + 0{,}396/\text{Re}^{0{,}3}$.

Auf theoretischem Wege hat *Prandtl* die Beziehung[1] $\lambda = \dfrac{1}{(2\lg(\text{Re}\sqrt{\lambda}) - 0{,}8)^2}$ abgeleitet, die bis Re = $3{,}4 \cdot 10^6$ mit Versuchen übereinstimmt.

Von *Nikuradse* stammt die Formel:

$$\lambda = 0{,}0032 + 0{,}221/\text{Re}^{0{,}237},$$

die zwischen Werten von Re = 10^5 bis 10^8 zuverlässig ist.

Anmerkung: Im turbulenten Bereich ist der Druckverlust nicht immer genau proportional dem Quadrat der Geschwindigkeit. Setzt man z. B. λ_{Blasius} in die Widerstandsformel ein, so erhält man Δp proportional $w^{1,75}$.

3. Rauhes Rohr[2]

a) Drei Gebiete. Das Verhalten des rauhen Rohres geht grundsätzlich aus Bild 37 hervor. Danach ist zunächst im Gebiet *hoher* Re-*Werte* der Widerstandskoeffizient λ nur von der relativen Wanderhebung k/d abhängig. In diesem Gebiet kann nach Göttinger Ermittlungen bei körniger Rauhigkeit folgende Formel benutzt werden:

$$\lambda = \frac{1}{(2\lg d/k + 1{,}138)^2}.$$

Werte für λ nach obiger Formel

d/k	10	40	60	100	200	500	1000
λ	0,1005	0,0529	0,0455	0,038	0,0304	0,0234	0,01965

[1] *Prandtl, L.:* Neuere Ergebnisse der Turbulenzforschung. VDI-Z. Bd. 77 (1933) S. 105/14.

[2] *Herning, Fr.:* Untersuchungen über die Reibungsziffer betriebsrauher Rohre. GWF Bd. 92 (1951) S. 289/95.

Im *laminaren* Gebiet sind, wie Bild 37 deutlich erkennen läßt, die Rauhigkeiten belanglos. Darüber hinaus zeigt Bild 37, daß im turbulenten Gebiet teilweise die Rauhigkeiten „verschluckt" werden. So entsteht der Begriff „*hydraulisch glatt*". Darunter versteht man rauhe Flächen, die trotz einer Rauhigkeit die Eigentümlichkeiten des glatten Rohres zeigen. Rohre gelten als hydraulisch glatt, wenn die Wanderhebungen $k < 30 d \,\mathrm{Re}^{-7/8}$.

Bemerkenswert ist, daß auch bei umströmten Platten der Begriff „hydraulisch glatt" vertretbar ist. Ist c die Wandgeschwindigkeit der reibungslosen Flüssigkeit, so gelten Flächen unterhalb einer sog. Grenzkennzahl $ck/\nu \approx 100$ bis 150 als hydraulisch glatt.

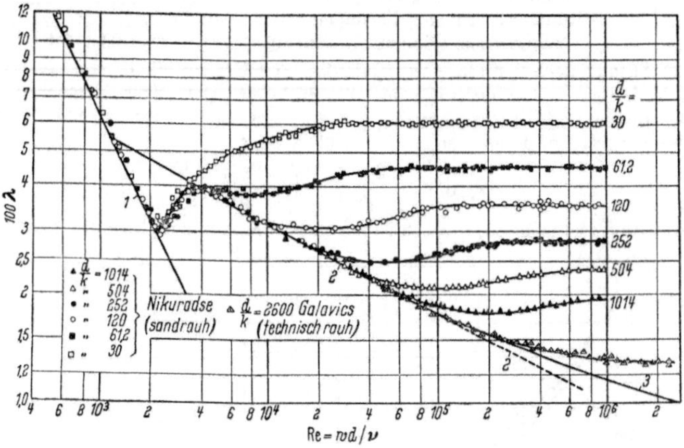

Bild 37. Widerstandskoeffizient λ in Abhängigkeit von Re für verschiedene Rauhigkeit d/k nach *Nikuradse*

Bei Rohren bereitet das *Übergangsgebiet* zwischen laminarer und turbulenter Strömung mit konstantem λ die größten Schwierigkeiten, was um so unangenehmer ist, als zahlreiche praktische Fälle gerade in diesem Gebiet liegen. Zwei Lösungen verdienen hier erwähnt zu werden.

b) Lösung nach Hopf[1]. Man kann zunächst einmal zwei wichtige Grenzfälle unterscheiden und hier grundsätzliche Unterschiede feststellen:

α) *Wandrauhigkeit,* deren Struktur mehr *körnig* ist. In diesen Fällen ist oberhalb einer *Reynolds*-Zahl das λ unabhängig von Re, d. h. der Druckverlust proportional dem Quadrat der Geschwindigkeit. *Hopf* fand aus Versuchen folgendes Gesetz:

$$\lambda = 10^{-2}\,(k'/d)^{0,314}.$$

Der hier eingeführte Wert k' ist nicht gleich dem obigen k-Wert, sondern eine Rechengröße, welche die Rauhigkeit durch eine Länge ausdrückt.

Werte von k' *

	k' [m]
Neues, glattes Metallrohr, asphaltiertes Blech . .	1,5
Neues Gußeisen, Eisenblech	2,5
Angerostetes Eisenrohr	5
Verkrustetes Eisen, rauhe Bretter	7

[1] *Hopf, L.:* Die Messung der hydraulischen Rauhigkeit. Z. angew. Math. Mech. Bd. 3 (1923) S. 329.

* *Wierz, M.:* Ermittlung der Rauhigkeiten bei der Strömung von Flüssigkeiten und Gasen in technischen Rohren. Ges.-Ing. Bd. 73 (1952) S. 73/76.

β) *Wandrauhigkeit welliger Art.* Gemeint ist eine wellenförmige, im großen und ganzen jedoch glatte Oberfläche, wie sie z. B. bei asphaltierten Rohren beobachtet wird. Hier wird λ mit steigender *Reynolds*scher Zahl kleiner. Nach den Beobachtungen von *Hopf* ist der λ-Verlauf annähernd parallel dem Verlauf beim glatten Rohr. Folgender Ansatz beschreibt diese Eigenschaft sehr gut:

$$\lambda = \xi \lambda_0 \quad (\lambda_0 \text{ Widerstandszahl des glatten Rohres}).$$

Welligkeitszahlen ξ

Holzrohre	1,5 bis 2
Asphaltiertes Eisenblech	1,2 „ 1,5
Bituminöse Innenisolierungen der Deutschen Röhrenwerke (Kölner Messungen)	1,03 „ 1,1

c) Lösung nach Zimmermann/Galavics. Ziemlich gut orientiert ist man über das Verhalten von handelsüblichen Stahlrohrleitungen. Nach Versuchen von *Zimmermann* und Untersuchungen von *Galavics* kann dafür folgende Formel verwendet werden, deren Darstellung Bild 38 zeigt.

$$\lambda = \lambda_{\text{glatt}} + \frac{0{,}86 \cdot 10^{-3}}{d^{0,28}} \left(\lg \frac{\mathrm{Re}/d^{1,1}}{10^{5,5}} \right)^{1,75}$$

Bild 39 zeigt rechts unten, wie sich Stahlrohrleitungen in das Gesamtbild einfügen.

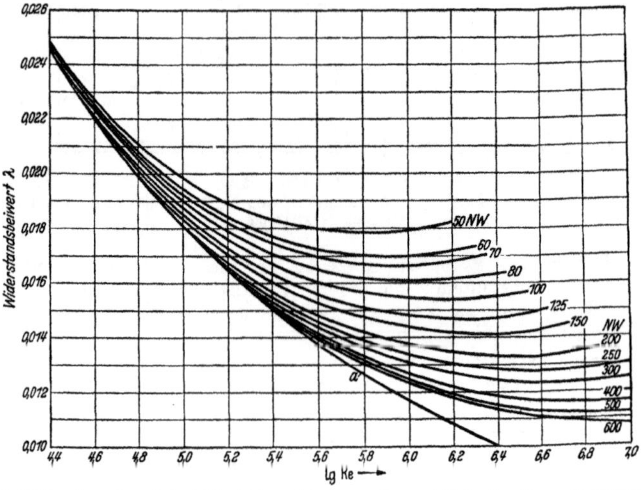

Bild 38. Widerstandskoeffizient λ in Abhängigkeit von Re nach *Galavics*. Kurve *a*: glattes Rohr

Beispiele: 1. Durch eine Stahlrohrleitung von 125 NW und 40 m Länge soll eine Wassermenge von 350 m³/h gedrückt werden. Welcher Druckunterschied ist hierzu erforderlich?

Geschwindigkeit $w = \frac{350 \cdot 10^4}{122{,}7 \cdot 3600} = 7{,}93$ m/sek; $\mathrm{Re} = \frac{793 \cdot 12{,}5}{0{,}01} = 993000$, $\lg \mathrm{Re} = 5{,}9969$.

Aus Bild 38 entnimmt man $\lambda = 0{,}0148$;

$$\Delta p = \lambda \frac{\gamma}{2g} w^2 \frac{l}{d} = 0{,}0148 \frac{1000}{2 \cdot 9{,}81} \cdot 7{,}93^2 \cdot \frac{40}{0{,}125} = 15\,200 \text{ kg/m}^2 = 1{,}52 \text{ kg/cm}^2.$$

2. Eine Stahlrohrleitung von 100 NW und 4 km Länge befördert Druckluft. Der Anfangsdruck ist 8 ata, der Enddruck 6 ata. Am Anfang der Leitung sei $\varrho_1 = 8 \cdot (\gamma_{1\,\text{at}}/g) = 8 \cdot 1/8 = 1$ kg sek²/m⁴. Welche Luftmenge wird bei isothermischer Expansion durch die Leitung gedrückt?

Da eine explizite Ausrechnung hier unmöglich ist, werde λ zunächst nach Bild 38 vorsichtig zu 0,017 geschätzt. Der dritten Gleichung von S. 292 entnimmt man

$$w_1 = \sqrt{\frac{2g}{\gamma_1}\frac{d}{l}\frac{1}{\lambda}\frac{p_1^2 - p_2^2}{2p_1}} = \sqrt{2\,\frac{0{,}1}{4000}\,\frac{1}{0{,}017}\,\frac{80\,000^2 - 60\,000^2}{160\,000}} = 7{,}17 \text{ m/sek.}$$

Die Nachprüfung von Re ergibt $\mathrm{Re} = \frac{717 \cdot 10 \cdot 8}{0{,}14} = 409\,714$; $\lg \mathrm{Re} = 5{,}6112$. Hierbei ist $\nu_2 = \nu_1\,\varrho_1/\varrho_2$ zu berücksichtigen. Danach wäre gemäß Bild 38 $\lambda' = 0{,}016$. Hieraus ergibt sich folgende Korrektur der Geschwindigkeit

$$w_1' = w_1 \sqrt{\frac{\lambda}{\lambda'}} = 7{,}17 \sqrt{\frac{0{,}017}{0{,}016}} = 7{,}38 \text{ m/sek.}$$

Bezogen auf den Anfangszustand in der Leitung ergibt sich demnach die Luftmenge

$$V_1 = 78{,}54 \cdot 10^{-4} \cdot 7{,}38 \cdot 3600 = 209 \text{ m}^3\text{/h.}$$

3. Welche Druckhöhen muß eine waagerechte Rohrleitung mit $d = 10$ mm l. W. bei $l = 5$ m Länge erhalten, um eine Schmierölmenge von 0,7 lit/min bei 20 °C und 50 °C zu fördern?

Kinematische Zähigkeit von Schmieröl in Abhängigkeit von der Temperatur:

t °C	10	20	30	40	50	60
$10^6\,\nu$ m²/sek	700	300	150	80	62	50

Leitungsquerschnitt: $F = 0{,}785 \text{ cm}^2 = 0{,}785 \cdot 10^{-4} \text{ m}^2$,

Sekundliche Fördermenge: $Q_{sek} = 0{,}7 \cdot 10^{-3}/60 = 1{,}17 \cdot 10^{-5} \text{ m}^3\text{/sek.}$

Strömungsgeschwindigkeit: $w = Q_{sek}/F = \frac{1{,}17 \cdot 10^{-5}}{0{,}785 \cdot 10^{-4}} = 1{,}49 \cdot 10^{-1} \approx 0{,}15$ m/sek

Bei 20 °C: $\nu_1 = 300 \text{ cSt} = 300 \cdot 10^{-6} \text{ m}^2\text{/sek} = 3 \text{ cm}^2\text{/sek.}$

$\gamma_1 = 900 \text{ kg/m}^3$. Für $w = 15$ cm/sek, $d = 1$ cm. $\mathrm{Re}_1 = \frac{w \cdot d}{\nu_1} = \frac{15 \cdot 1}{3} = 5.$

Rohr-Reibungszahl für laminare Strömung (S. 291): $\lambda_1 = \frac{64}{\mathrm{Re}_1} = \frac{64}{5} = 12{,}8,$

Druckverlust: $\Delta p_1 = \lambda_1 \cdot \frac{l}{d} \cdot \frac{\gamma_1}{2g} \cdot w^2 = 12{,}8 \cdot \frac{5}{0{,}010} \cdot \frac{900}{2 \cdot 9{,}81} \cdot 0{,}0225 = 6600 \text{ kg/m}^2,$

Erforderliche Druckhöhe: $h_1 = \frac{\Delta p_1}{\gamma_1} = \frac{6600}{900} = 7{,}3$ m Öl-Säule.

Bei 50 °C: $\nu_2 = 62 \text{ cSt} = 62 \cdot 10^{-6} \text{ m}^2\text{/sek} = 0{,}62 \text{ cm}^2\text{/sek.}$

$\gamma_2 = 890 \text{ kg/m}^3$. $\mathrm{Re}_2 = \frac{15 \cdot 1}{0{,}62} = 24{,}2$, $\lambda_2 = \frac{64}{\mathrm{Re}_2} = \frac{64}{24{,}2} = 2{,}65,$

$$\Delta p_2 = \frac{\lambda_2}{\lambda_1} \cdot \Delta p_1 = \frac{2{,}65}{12{,}8} \cdot 6600 = 1360 \text{ kg/m}^2.$$

Erforderliche Druckhöhe: $h_2 = \frac{\Delta p_2}{\gamma_2} = \frac{1360}{890} = 1{,}53$ m Öl-Säule.

Der Druckverlust kann auch berechnet werden aus der letzten Formel S. 291:

$$\Delta p = \frac{8 \cdot \eta \cdot Q_{sek} \cdot l}{\pi \cdot r^4} \text{ [kg/m}^2\text{]}. \qquad \text{Mit } \eta = \nu \cdot \gamma/g \text{ wird für 50 °C}$$

$$\eta_2 = \nu_2 \cdot \gamma_2/g = 62 \cdot 10^{-6} \cdot \frac{890}{9{,}81}\left[\frac{\text{m}^2}{\text{sek}} \cdot \frac{\text{kg}}{\text{m}^3} \cdot \frac{\text{sek}^2}{\text{m}} = \frac{\text{kg sek}}{\text{m}^2}\right] =$$
$$= 5630 \cdot 10^{-6} \text{ kg sek/m}^2.$$

$$\Delta p_2 = \frac{8 \cdot 5630 \cdot 10^{-6} \cdot 1{,}17 \cdot 10^{-5} \cdot 5}{\pi \cdot 0{,}005^4} = \frac{8 \cdot 5630 \cdot 1{,}17 \cdot 5 \cdot 10^{-11}}{\pi \cdot 0{,}625 \cdot 10^{-9}} =$$
$$= 134000 \cdot 10^{-2} = 1340 \text{ kg/m}^2 = 1{,}51 \text{ m Öl-Säule.}$$

d) Lösung nach Colebrook[1]. Versuche mit den verschiedensten Rauhigkeiten ergaben Übergangskurven, die zwischen einer unteren und oberen Grenzkurve liegen. An der oberen Grenzkurve beginnt dann das Gebiet des quadratischen Widerstandsgesetzes. *Colebrook* entwickelte eine Formel, die dem Mittel der Versuche entspricht:

$$\frac{1}{\sqrt{\lambda}} = -2 \lg\left[\frac{0{,}27}{d/k} + \frac{2{,}51}{\mathrm{Re}\sqrt{\lambda}}\right].$$

Bild 39 zeigt die Auswertung dieser Formel, wobei zugleich ein Gesamtüberblick vermittelt wird.

[1] *Colebrook, C. F.:* Turbulent flow in pipes with particular reference to the transition region between the smooth and rough pipe laws. J. Instn. Civ. Engrs. Bd. 11 (1938/39) S. 133 u. f.

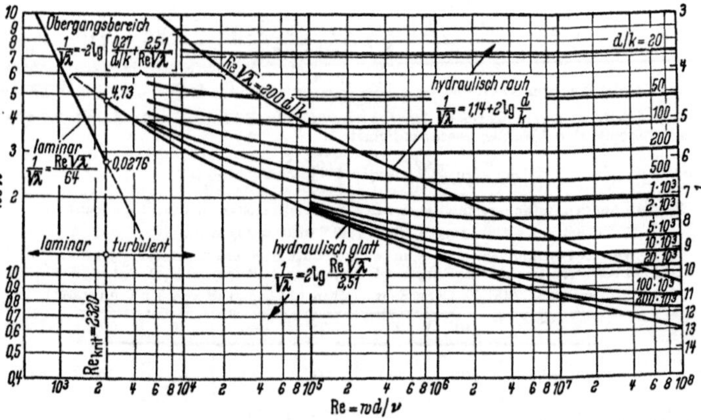

Bild 39. Darstellung des Widerstandskoeffizienten λ (wie in Bild 37) nach *Colebrook*

Rauhigkeitswerte k nach Kirschmer[1]

Material	Zustand der Rohre	absolute Rauhigkeit k in mm
Gezogene Rohre aus Glas, Kupfer, Messing, Bronze, Aluminium, sonstigen Leichtmetallen, Kunststoffen u. dgl.	neu, technisch glatt	0 (glatt) bis etwa 0,0015
Gezogene Stahlrohre	neu, verschiedene Glätte	0,01···0,05
Geschweißte Stahlrohre	neu mäßig verrostet, leichte Verkrustung stärkere Verkrustung	0,05···0,10 0,15···0,2 bis 3
Genietete Stahlrohre	je nach Nietart und Ausführung	1 bis über 5 (≈ 10)
Galvanisierte Eisenrohre	neu	0,12···0,15
Schmiedeeiserne Rohre	neu	0,05
Rohre aus Gußeisen, einschließlich Schleuderguß (mit Flansch- oder Muffenverbindung)	neu; innen mit Zement oder Bitumen ausgekleidet neu; nicht ausgekleidet angerostet stärkere Rostnarben, Verkrustung	0 (glatt) bis 0,12 0,25 bis 1,5 bis 3
Holzrohre	neu; Glätte nimmt infolge Verschleimung im Laufe der Jahre im allgemeinen zu	0,2···1,0
Asbest-Zement-Rohre (Eternit-, Toschi-Rohre u. a.)	neu	0 (glatt) bis 0,10
Betonrohre und Druckstollen aus Beton	neu; Stahlbeton mit sorgfältig geglättetem Verputz neu; Schleuderbeton mit glattem Verputz neu; ohne Verputz Leitungen aus Stahlbeton mit glattem Verputz; mehrere Jahre in Betrieb	0 (glatt) bis etwa 0,15 ≈ 0,15 0,2···0,8 0,2···0,3 u. mehr

[1] *Kirschmer, O.:* Kritische Betrachtungen zur Frage der Rohrreibung. VDI-Z. Bd. 94 (1952) Nr. 24 S. 785/91. — Ders.: Reibungsverluste in geraden Rohrleitungen, MAN-Forschungsheft 1951 S. 81/95; hiernach Bild 39.

Beispiele: 1. Für eine Gasleitung von 150 mm l. W. und für die Gasgeschwindigkeit $w = 20$ m/sek soll die Rohr-Reibungszahl λ ermittelt werden. Für geschweißte Stahlrohre kann nach Tabelle der Wert $k = 0{,}075$ mm angenommen werden. Dann wird

$$d/k = 150/0{,}075 = 2000;$$

mit der angenommenen kinematischen Zähigkeit $\nu = 0{,}15$ cm²/sek wird

$$\mathrm{Re} = w \cdot d/\nu = 2000 \cdot 15/0{,}15 = 200000 = 2 \cdot 10^5.$$

Aus dem Schnittpunkt der Re-Ordinate mit der Kurve für $d/k = 2000$, der in den Übergangsbereich fällt, ergibt sich $\lambda = 0{,}018$ (Bild 39). An der Grenzkurve ist $\lambda = \left(\frac{200}{\mathrm{Re}} \cdot \frac{d}{k}\right)^2$.

2. Welcher Druck zur Überwindung der Rohr-Reibung wird auf einer geraden Leitungslänge $l = 2$ km benötigt? (Spez. Gew. bei $p_1 = 2$ at abs und 15 °C: $\gamma_1 = 1{,}18$ kg/m³.)

$$\Delta p = p_1 \cdot \left[1 - \sqrt{1 - 2\lambda \cdot \frac{\gamma_1}{p_1} \cdot \frac{l}{d} \cdot \frac{w_1^2}{2g}}\right]^*$$

$$= 20000 \cdot \left[1 - \sqrt{1 - 2 \cdot 0{,}018\, \frac{1{,}18}{20000} \cdot \frac{2000}{0{,}150} \cdot \frac{20^2}{19{,}62}}\right]$$

$$\Delta p = 7000 \text{ kg/m}^2 = 0{,}70 \text{ at.}$$

4. Unrunde Querschnitte

Führt man den sog. hydraulischen Radius $a = \frac{F}{U} = \frac{\text{Querschnittsfläche}}{\text{benetzter Umfang}}$ ein, so können alle vorherigen Formeln und λ-Werte übernommen werden, wenn d durch $4a$ ersetzt wird $\left(\text{für den Kreis wird } a = \frac{\pi d^2/4}{\pi d} = \frac{d}{4}\right)$. Zu beachten ist, daß auch in der *Reynolds*schen Zahl diese Einsetzung erforderlich ist, d. h. $\mathrm{Re} = w\, 4\, F/U\, \nu$.

5. Geschwindigkeitsverteilung in Rohren

a) Laminare Strömung. Die Geschwindigkeitsverteilung ist parabolisch (Bild 40). Die Maximalgeschwindigkeit w_{max} (d. h. in Rohrmitte) ist doppelt so groß wie die Mittelgeschwindigkeit w_m.

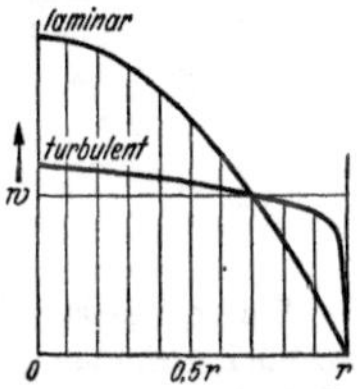

Bild 40. Geschwindigkeitsverteilung bei laminarer und turbulenter Strömung im Rohr

b) Turbulente Strömung. Die Geschwindigkeitsverteilung zeigt eine fast über den ganzen Querschnitt ziemlich gleichbleibende Geschwindigkeit, die innerhalb der dünnen *Grenzschicht* sehr rasch auf den Wert null an der Wand herabsinkt (Bild 40). Für praktische Rechnungen genügt ein Potenzgesetz:

$w_m = w_{max}\,(y/r)^{1/n}$ (y Abstand von Rohrwand in m).

n	6	7	8	9	10	11
w_m/w_{max}	0,791	0,812	0,837	0,855	0,865	0,877
Re	rauhe Rohre	$\approx 0{,}45 \cdot 10^5$	$\approx 2 \cdot 10^5$	$\approx 6{,}4 \cdot 10^5$	höhere Re-Werte	

Für das in der Praxis vorkommende Turbulenzgebiet kann man setzen $w_m/w_{max} \approx 0{,}84 \pm 4\%$.

c) Anlaufstrecke. Alle angegebenen Werte beziehen sich auf die „ausgebildete Rohrströmung", die erst nach einer gewissen „Anlaufstrecke" erreicht wird.

α) *Laminare Strömung.* Die Anlaufstrecke ist hier sehr lang; man braucht 60 bis $80 \cdot d$ und mehr, um das endgültige Geschwindigkeitsprofil zu erhalten. Nach *Schiller* beträgt die Anlauflänge $l \approx 0{,}03\, \mathrm{Re}\, d$.

β) *Turbulente Strömung.* Bereits nach etwa $l = 10$ Rohrdurchmessern ist praktisch die Geschwindigkeitsverteilung der ausgebildeten Rohrströmung vorhanden. Nach $l = 20$ bis 30 Rohrdurchmessern ist kaum noch ein Unterschied gegenüber der endgültigen Geschwindigkeitsverteilung vorhanden. *Scharfkantiger Einlauf verkürzt die Anlaufstrecke.*

* S. S. 292; Ableitung der Formel in Lit. 2.

In der Anlaufstrecke ist wegen des stärkeren Geschwindigkeitsgefälles in Wandnähe λ unter Umständen erheblich größer als die vorher angegebenen Werte. Besonders bei kurzen Rohr- und Kanalstücken ist dies zu beachten. Hier können die λ-Werte den 2- bis 2,5fachen Betrag annehmen.

6. Besondere Bemerkungen

Die Verbindungsstellen der Rohre, die handelsüblich in Längen von 6 bis 10 m vorhanden sind, erhöhen den Widerstand.

Für genaue Vorausbestimmungen der Widerstände ist eine *sehr genaue Bestimmung des Rohrdurchmessers d notwendig.* Denn bei gleicher Durchflußmenge verhalten sich die Druckverluste wie $\Delta p_2/\Delta p_1 = (d_1/d_2)^5$. Ändert sich somit der Durchmesser nur um 1%, so ändert sich der Widerstand bereits um 5%.

Da bei Wasserleitungen durch Ansätze, Korrosionen usw. die Durchmesser oft merklich verkleinert werden, ergeben sich hier sehr große Widerstandsvergrößerungen, die in erster Näherung mit $(d_1/d_2)^5$ wachsen.

d_2/d_1	0,99	0,98	0,97	0,96	0,95	0,9	0,8	0,7
$(d_1/d_2)^5$	1,05	1,106	1,165	1,23	1,292	1,694	3,052	5,95

Bei überschlägigen Berechnungen, sowohl bei Luft, Wasser und Dampf, genügt es meist, für λ einen Wert von 0,015 bis 0,02 anzunehmen.

7. Krümmer

Die in Krümmern auftretenden Verluste werden zweckmäßig auf den Staudruck der größten mittleren Durchtrittsgeschwindigkeit bezogen und durch einen dimensionslosen Faktor ζ zum Ausdruck gebracht.

$$\Delta p = \zeta \gamma/2g \cdot w^2.$$

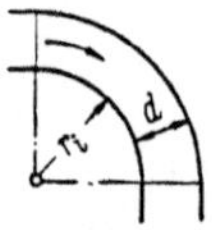

Bild 41

Die Verluste werden am meisten beeinflußt vom inneren Krümmungsradius bzw. dem Verhältnis r_i/d (Bild 41). Für $r_i/d = 7$ bis 8 wurden die geringsten Verluste mit $\zeta \approx 0{,}18$ festgestellt.

a) Werte für **kreisförmig gebogene Rohrstücke** (rauh).

r_i/d	1	2	4	6	10
ζ	0,51	0,3	0,23	0,18	0,2

Für rechteckige Krümmer, deren Verhalten dem der kreisrunden Querschnitte ziemlich gleichläufig ist, gibt Bild 42 eine Übersicht über den Einfluß der Hauptkonstruktionsdaten.

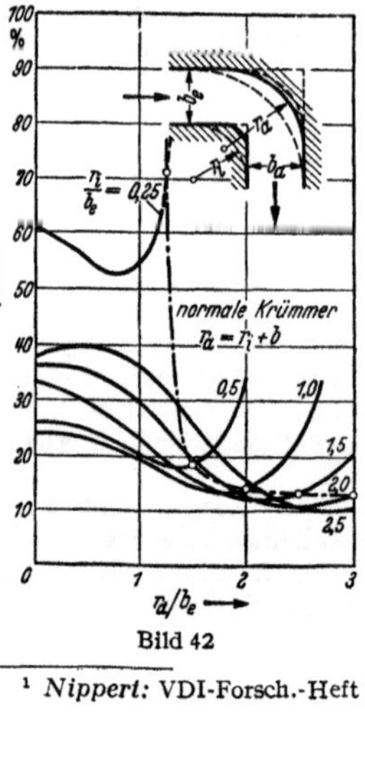

Bild 42

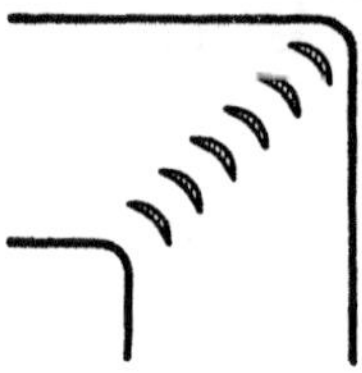

Bild 43

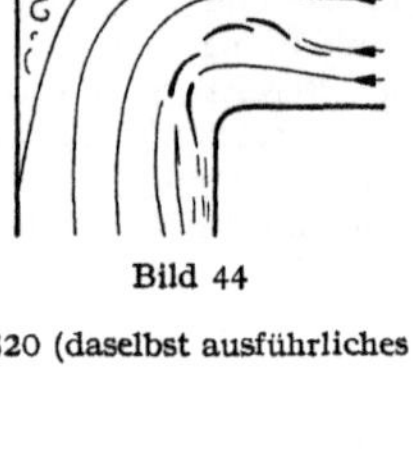

Bild 44

Der Krümmerverlust wird sehr klein bei einer Beschleunigung, d. h. wenn der Austrittsquerschnitt enger als der Eintrittsquerschnitt ist. Nach *Nippert*[1] kann hier bei der günstigsten Anordnung $\zeta = 0{,}03$ erreicht werden, d. h. ein Verlust, der dem einer guten Düse gleichkommt.

Scharfe Umführungen können durch Leitschaufeln einem guten Krümmer gleichwertig gemacht werden. Bei guter Ausführung ist $\zeta = 0{,}14$. Einfache Ausführung nach Bild 43. Neuere Ausfüh-

[1] *Nippert:* VDI-Forsch.-Heft 320 (daselbst ausführliches Schrifttumsverzeichnis).

rung, sog. *Flügel*sche[1] Leitschaufeln, nach Bild 44; derartige Leitschaufeln werden weitgehend zur Vermeidung von Ablösungen, auch bei umströmten Körpern, angewendet.

b) Faltenrohrbogen, Bild 45

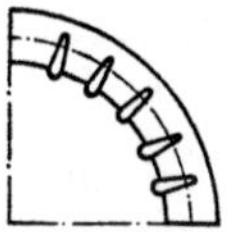

$\zeta = 0{,}4$

Bild 45

c) Gußkrümmer 90°

NW	50	100	200	300	400	500
ζ	1,3	1,5	1,8	2,1	2,2	2,2

d) Krümmer

α) gebogen, glatt, nach Bild 46 ζ – *Werte*

$\delta =$	15°	22,5°	45°	60°	90°
$R = d$	0,03	0,045	0,14	0,19	0,21
$= 2d$	0,03	0,045	0,09	0,12	0,14
$= 4d$	0,03	0,045	0,08	0,10	0,11
$= 6d$	0,03	0,045	0,075	0,09	0,09
$= 10d$	0,03	0,045	0,07	0,07	0,11

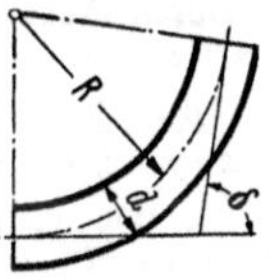

Bild 46

β) segmentgeschweißt, nach Bild 47

δ	15°	22,5°	30°	45°	60°	90°
Anzahl der Rundnähte	1	1	2	2	3	3
ζ	0,06	0,08	0,1	0,15	0,2	0,25

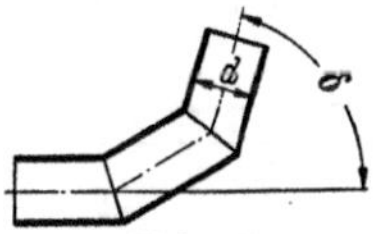

Bild 47

e) Kniestücke, nach Bild 48 a bis c

δ	22,5°	30°	45°	60°	90°
ζ_{glatt}	0,07	0,11	0,24	0,47	1,13
ζ_{rauh}	0,11	0,17	0,32	0,68	1,27

l/d	0,71	0,943	1,174	1,42	1,86	2,56	6,28
ζ_{glatt}	0,51	0,35	0,33	0,28	0,29	0,36	0,40
ζ_{rauh}	0,51	0,41	0,38	0,38	0,39	0,43	0,45

l/d	1,23	1,67	2,37	3,77
ζ_{glatt}	0,16	0,16	0,14	0,16
ζ_{rauh}	0,30	0,28	0,26	0,24

a

b

c

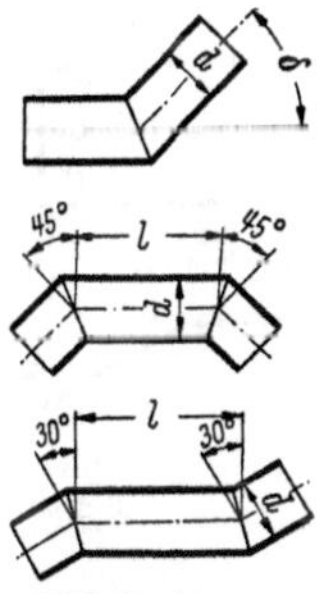

Bild 48a bis c

b–e nach *Herning, F.*: Stoffströme in Rohrleitungen. 2. Aufl. Düsseldorf: VDI-Verlag 1957.

f) Handelsübliche Formstücke für Warmwasserheizungen nach *Brabbée*[2]

d mm	14	20	25	34	39	49	
ζ	1,7	1,7	1,3	1,1	1,0	0,83	Knie 90°, Kehle scharfkantig, außen abgerundet. — d Durchmesser des einzuschraubenden geraden Rohrstückes.
ζ	1,2	1,1	0,86	0,53	0,42	0,51	Bogenstück 90°, an beiden Enden Schraubmuffen.

[1] *Frey:* Verminderung des Strömungswiderstandes von Körpern durch Leitflächen. Forsch. Ing.-Wes. Bd. 4 (1933) S. 67.

[2] H. Rietschels Lehrbuch der Heiz- und Lüftungstechnik, 14. Aufl. Berlin: Springer 1960.

Bild 49

Bei Krümmern, deren Umlenkung $\delta < 90°$ ist, kann in erster Näherung $\Delta p = \zeta\,\delta°/90° \cdot \gamma/2g \cdot w^2$ gesetzt werden, wo ζ den Versuchswerten der 90°-Krümmer entnommen wird.

g) Scharfkantige Kniestücke nach Bild 49

δ	10°	15°	22,5°	30°	45°	60°	90°
ζ_{glatt}	0,034	0,042	0,066	0,13	0,236	0,471	1,129
ζ_{rauh}	0.044	0,062	0,154	0,165	0,32	0,684	1,265

Annähernd gilt nach *Weisbach*: $\zeta = \sin^2(\delta/2) + 2\sin^4(\delta/2)$.

8. Trennung und Vereinigung von Rohren

Durch Trennung und Vereinigung erleidet jeder Teilstrom einen Druckverlust. Bezieht man die Verluste auf den Staudruck der vereinigten Ströme, so wird:

$\Delta p_a = \zeta_a \varrho/2 \cdot w^2$ = Verlust der abgezweigten Flüssigkeit,

$\Delta p_d = \zeta_d \varrho/2 \cdot w^2$ = Verlust der weiter geradeaus strömenden Flüssigkeit.

Von den wenigen vorliegenden Versuchen seien die von *Thoma*[1] angeführt; sie beziehen sich auf bestimmte Anordnungen. Die Verluste sind abhängig von dem Prozentsatz der abgezweigten Menge. Die folgenden Angaben gelten für scharfkantige Ausführungen. Die Versuche zeigten, daß durch stetigen Übergang eine merkliche Verringerung der Verluste eintrat.

Q_a Zweigmenge, Q Gesamtmenge.

	Q_a/Q	0	0,2	0,4	0,6	0,8	1,0	für $\delta = 90°$, $d = d_a$
Trennung	ζ_a	0,96	0,88	0,89	0,96	1,10	1,29	
	ζ_d	0,05	−0,08	−0,04	0,07	0,21	0,35	
Vereinigung	ζ_a	−1,04	−0,4	0,1	0,47	0,73	0,92	
	ζ_d	0,06	0,18	0,3	0,4	0,5	0,6	
	Q_a/Q	0	0,2	0,4	0,6	0,8	1,0	für $\delta = 45°$, $d = d_a$
Trennung	ζ_a	0,9	0,66	0,47	0,33	0,29	0,35	
	ζ_d	0,04	−0,06	−0,04	0,07	0,20	0,33	
Vereinigung	ζ_a	−0,9	−0,37	0	0,22	0,37	0,38	
	ζ_d	0,05	0,17	0,18	0,05	−0,20	−0,57	

Trennung und Vereinigung nach Bild 50 u. 51

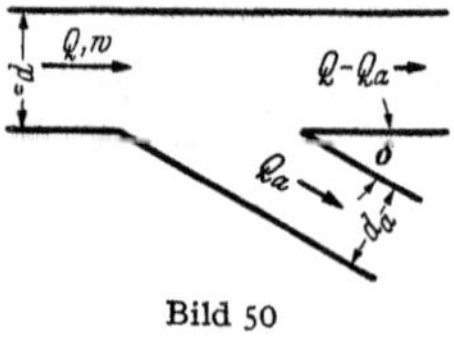

Bild 50

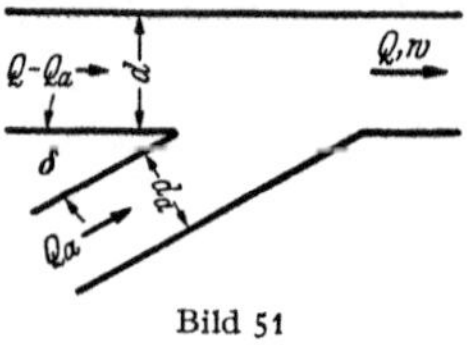

Bild 51

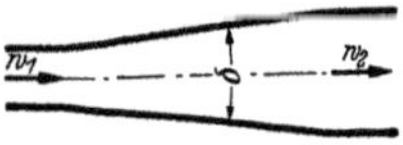

Bild 52

9. Querschnittsänderungen

a) Stetige Querschnittserweiterung. Nur bei kleinen Erweiterungswinkeln δ, Bild 52, ist eine Ablösung zu vermeiden. Selbst wenn die Strömung nicht abreißt, sind die Verluste groß. Man bezieht den Verlust auf den nach der *Bernoulli*schen Gleichung möglichen Umsatz

$$\Delta p = \zeta\,\gamma/2g\,[w_1^2 - w_2^2]; \quad \zeta \approx 0{,}1 \text{ bis } 0{,}25.$$

Die besten Umsätze ergeben sich durchweg bei Erweiterungswinkeln von 8 bis 10°. Bei kleineren Re-Werten kann der Erweiterungswinkel größer werden, bei größeren Re-Werten ist der Erweiterungswinkel stetig bis zu Werten von etwa 5 bis 6° zu verkleinern. Die sehr umfangreichen Untersuchungen anläßlich der Normung von Venturi-Kurzrohren haben gezeigt, daß man u. U. dort, *wo die Ablösung einsetzt*, sprungweise auf den Endquerschnitt übergehen kann. Hierbei wurden bei einem Querschnittsverhältnis $F_2/F_1 = 4$ noch Verlustzahlen $\zeta = 0{,}15$ bis 0,18 erreicht. Nach neueren Versuchen von *Ackeret*[2] und *Sprenger* ist ein guter

[1] *Thoma, D.:* Mitt. hydraul. Inst. T. H. München Heft 1, 3 u. 4, 1928/29.

[2] *Ackeret, J.:* Grenzschichten in geraden und gekrümmten Diffusoren, IUTAM-Symposium über Grenzschichtforschung, Freiburg 1957. Berlin: Springer 1958.

Diffusorwirkungsgrad nur zu erreichen, wenn im Diffusoreintrittsquerschnitt keine merkliche Grenzschicht vorhanden ist. Durch düsenförmigen Einlauf wird dieser Zustand erreicht. Gekrümmte Diffusoren können u. U. besser sein als gerade.

Nach *Thoma* kann auch bei Verwendung einer Stoßplatte nach Bild 53 ein guter Umsatz erreicht werden (Optimum bei $R/d = 0{,}85$ und $D = 4$ bis $5d$). Neuerdings werden auch Endleitschaufeln mit Erfolg verwendet (vgl. Lit. 2).

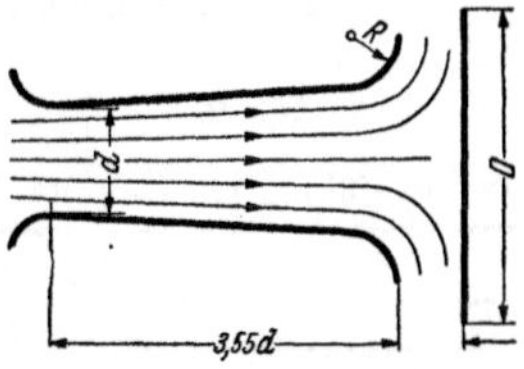

Bild 53

Ganz allgemein kann der Verlust durch folgende Maßnahmen grundsätzlich verkleinert werden: 1. glatte Wandungen, 2. hohe Re-Zahlen, 3. konstante Geschwindigkeitsverteilung im Einlauf, 4. Vordrall, 5. runde Querschnitte.

Bei Gasströmungen mit merklicher Dichteänderung ist der ohne Ablösung mögliche Erweiterungswinkel um so kleiner, je mehr man sich der Schallgeschwindigkeit nähert.

b) Unstetige Querschnittserweiterung. Es entsteht ein Stoßverlust, der nach dem Impulssatz in guter Übereinstimmung mit Meßresultaten berechnet werden kann (Bild 54): Verlust $\Delta p = \varrho/2 \cdot (w_1 - w_2)^2$ (nicht zu verwechseln mit der *Bernoulli*schen Gleichung!). Nach der *Bernoulli*schen Gleichung, d. h. ohne Stoßverlust, tritt eine Druckerhöhung $\Delta p' = \varrho/2 \cdot (w_1^2 - w_2^2)$ ein, so daß die tatsächlich gemessene Druckerhöhung im Querschnitt *2* den Wert hat:

$$\Delta p' - \Delta p = \varrho w_2 (w_1 - w_2) .$$

Die Strömung legt sich nach der Einschnürung erst allmählich wieder an. Nach einer Strecke vom etwa achtfachen Durchmesser des weiteren Rohres

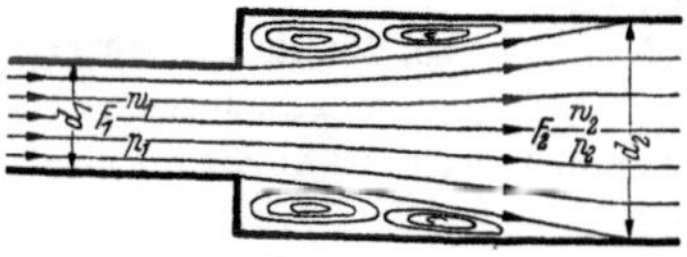

Bild 54

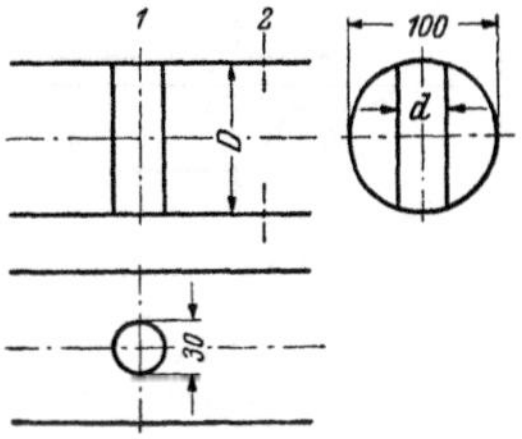

Bild 55

ist der Energieumsatz nahezu abgeschlossen.

Für den Druckumsatz in der Erweiterung kann man einen Wirkungsgrad angeben:

$$\eta = 1 - \frac{\text{Druckverlust}}{\text{Druckerhöhung nach } Bernoulli} = 2\,\frac{F_1/F_2}{F_1/F_2 + 1}\,, \text{ vgl. S. 291}$$

F_1/F_2	0,1	0,2	0,3	0,4	0,5	0,6	0,7	0,8	0,9
η	0,182	0,333	0,462	0,571	0,667	0,75	0,824	0,889	0,947

Beispiel: Ein Wasserrohr von 100 Dmr. wird durch einen Bolzen von 30 Dmr. teilweise versperrt. Welcher Druckverlust entsteht hierdurch bei einer Geschwindigkeit von 4 m/sek im Hauptquerschnitt (Bild 55) und wie groß ist der tatsächl. Druckanstieg bei *2*?

Engster Querschnitt: $F_1 = \pi D^2/4 - d\,D = 78{,}5 - 3 \cdot 10 = 48{,}5\ \text{cm}^2$, $F_2 = 78{,}5\ \text{cm}^2$.

Nach der Kontinuitätsgleichung gilt: $w_1 = w_2 \left(\frac{F_2}{F_1}\right) = 4\ \frac{78{,}5}{48{,}5} = 6{,}47$ m/sek.

Druckverlust in F_1: $\Delta p = \gamma/2g\,(w_1 - w_2)^2 = \frac{1000}{2 \cdot 9{,}81} \cdot (6{,}47 - 4)^2 = 311$ mm WS,

Druckanstieg nach *Bernoulli*: $\Delta p' = \gamma/2g\,(w_1^2 - w_2^2) = \frac{1000}{2 \cdot 9{,}81} \cdot (6{,}47^2 - 4^2) = 1318$ mm WS,

tatsächl. Druckanstieg: $\Delta p' - \Delta p = \gamma/g\,w_2\,(w_1 - w_2) = \frac{1000}{9{,}81} \cdot 4\,(6{,}47 - 4) = 1007$ mm WS.

Diesen Mehrdruck hat die Förderpumpe aufzubringen.

c) Unstetige Rohrverengung. An der scharfen Kante entsteht eine Einschnürung der Strömung (Bild 56). Wenn die Kontraktionszahl $\mu = F_2'/F_2$ bekannt ist, ist der Stoßverlust $\Delta p = \frac{\varrho}{2}(w_2' - w_2)^2$. Mit $w_2' \mu = w_2$ entsteht:

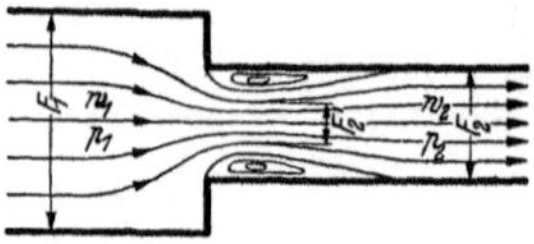

Bild 56

$$\Delta p = \varrho/2 \cdot w_2^2 \,[1/\mu - 1]^2,$$

so daß bei Einführung von $\zeta = (1/\mu - 1)^2$ der Verlust auf den Staudruck der Geschwindigkeit im ausgefüllten Querschnitt F_2 bezogen wird.

ζ	μ	
0,41 bis 0,314	0,61 bis 0,64	scharfe Kante
0,221 bis 0,0625	0,68 bis 0,8	Kante etwas gebrochen
0,0125	0,9	Abrundung mit kleinem Krümmungsradius
0,0001	0,99	bei sehr großer und glatter Abrundung

Wenn das Querschnittsverhältnis F_2/F_1 größer wird, bildet sich bei scharfen Kanten die Kontraktion nicht mehr so stark aus. Folgende Werte können dann zugrunde gelegt werden:

F_2/F_1	0,01	0,1	0,2	0,4	0,6	0,8	1,00
μ	0,6	0,61	0,62	0,65	0,7	0,77	1,00

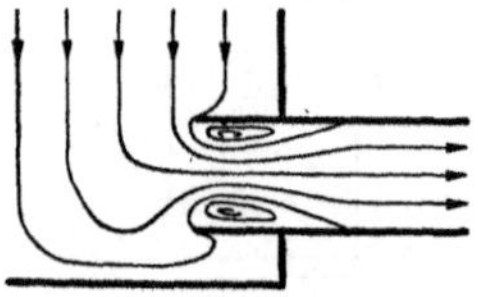

Bild 57

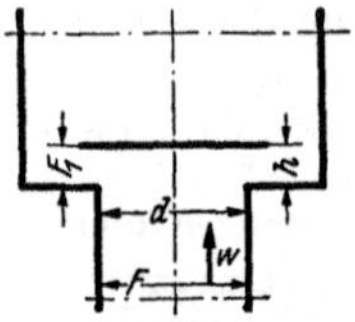

Bild 58

d) Rohranschluß nach Bild 57. Die Einschnürung und damit der Verlust ist hier größer.

$$\mu = 0,5;$$

$$\zeta = 1 \quad \text{bei scharfer Kante.}$$

10. Ventile und Absperrmittel

Bezeichnungen nach Bild 58.

Der Verlust wird meist auf den Staudruck der Geschwindigkeit im Ventilsitz oder im engsten Querschnitt bezogen.

$$\text{Verlust} \quad \Delta p = \zeta \cdot \varrho/2 \cdot w^2 = \zeta_1 \cdot \varrho/2 \cdot w_1^2 .$$

F_1/F (F_1 kleinster Durchflußquerschnitt)	0,2	0,4	0,6	0,8	1,0
Tellerventil mit oberer Führung . . ζ_1	1,2	1,6	2,0	2,5	3,0
Tellerventil mit Rippenführung im Sitz ζ_1	2,3	2,8	3,5	4,3	5,2

ζ von Ventilen und Schiebern s. Maschinenteile, S. 790.

Durch diffusorartigen Ansatz am Ventilteller gelingt es nach *Schrenk*[1], den Durchflußwiderstand auf $^1/_7$ bis $^1/_8$ zu vermindern. Ebenfalls fand *Schrenk*, daß in einem Tellerventil bei kleiner Hubhöhe, etwa zwischen $h/d = {}^1/_4$ bis $^1/_8$, der Strahl den engsten Querschnitt kontraktionsfrei ausfüllt. Er liegt dann an der Sitzfläche an. Oberhalb gewisser Grenzhubhöhen springt der Strahl ab und zeigt eine scharfe Kontraktion.

F. Eigenschaften des freien Strahls

Ein aus einer Düse bzw. Öffnung austretender Strahl vermischt sich mit der Umgebung und reißt in Strahlrichtung erhebliche Luftmengen mit. Dabei ergibt sich eine Strahlentwicklung, wie sie schematisch in Bild 59 dargestellt ist. Der sog. Strahlkern wird erst allmählich durch Impulsaustausch aufgelöst. In Form eines Kegels geht dieser Vorgang vonstatten, so daß an der Kegelspitze, in einer

[1] VDI-Forsch.-Heft 272.

Entfernung von x_0 von der Düse, der Strahlkern sein Ende gefunden hat. Seitlich breitet sich der Strahl unter einem Winkel aus. Die Geschwindigkeitsprofile sind hinter dem Kern affin. Von der Kernspitze ab nimmt die Geschwindigkeit in Strahlmitte nach einem hyperbolischen Gesetz ab. Die Gesetze der Strahlausbreitung

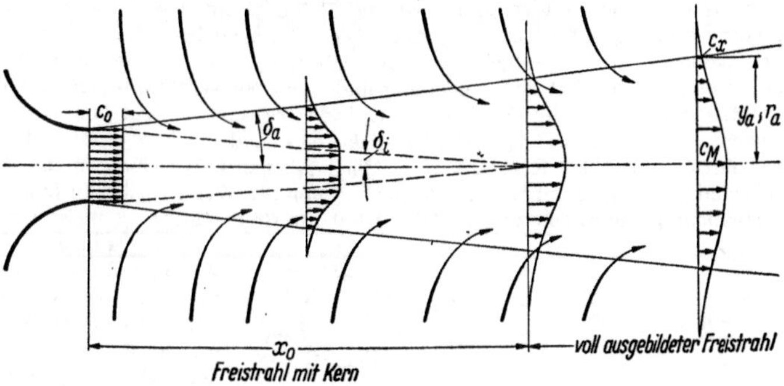

Bild 59. Vermischung eines Freistrahles mit der Umgebung

sind der Berechnung zugänglich, wie zuerst *Prandtl* gezeigt hat. Die Kernlänge und damit die Eindringtiefe eines Strahles hängen in bestimmten Bereichen von dem Ausgangsgeschwindigkeitsprofil an der Düse ab bzw. von der dort vorhandenen ursprünglichen Strahlturbulenz. Führt man einen Turbulenzfaktor m ein, so gilt

$$x_0 = d/m,$$

$0{,}1 < m < 0{,}3$, dabei gilt 0,1 für laminare und 0,3 für vollturbulente Strömung.

Die Ergebnisse der Strahlforschung können durch folgende Zahlen angegeben werden, die für den runden Strahl gelten:

Mittengeschwindigkeit $$c_M = c_0 \frac{x_0}{x},$$

Energieabnahme $$E = E_0 \cdot \frac{2}{3} \frac{x_0}{x}$$ (E_0 Strahlenergie in Düse),

Kernlänge $$x_0 = d/m,$$

Strahlausbreitung $$r_a = m \sqrt{\frac{\ln 2}{2}} \cdot x,$$ wobei am Strahlrand $c_x = {}^1/_2\, c_M$ ist,

Strahlvolumen $$V = V_0 \cdot 2 \frac{x}{x_0} = V_0 \cdot 2 m \frac{x}{d},$$

Ausbreitungswinkel $$\operatorname{tg} \delta_\alpha = m \sqrt{\frac{1}{2}} \sqrt{\ln \frac{c_x}{c_M}}.$$

Wird die Breite des Strahles am diffusen Auslauf durch $c_x = 0{,}018\, c_M$ definiert, so ist der Ausbreitungswinkel $2\delta_\alpha = 24°$.

Für ebene Strahlen sowie für einseitig an einer Wand anliegende Strahlen sind übersichtliche Angaben von *Regenscheit*[1] zusammengestellt worden.

Bei Strahlen, die in endlich begrenzte Räume eindringen, wie es z. B. bei der Klimatisierung und Lüftung der Fall ist, gelten obige Gesetze nur für ein kurzes Stück, weil dort wegen der Verdrängungswirkung der Sekundärströmung andere Erscheinungen auftreten.

---

[1] *Regenscheit, B.:* Die Luftbewegung in klimatisierten Räumen. Kältetechnik Bd. 11 (1959) S. 3, sowie *Eck*, Techn. Strömungslehre 6. Aufl. Berlin: Springer 1960.

G. Widerstand von Körpern

1. Allgemeines

Die Ursache des Widerstandes ist die Reibung. An der Oberfläche eines Körpers findet keine Verschiebung statt. Die Flüssigkeit bzw. die Gase werden durch Adhäsionskräfte festgehalten. Der Übergang von der Geschwindigkeit null auf den vollen Wert der Umgebung findet in einer verhältnismäßig dünnen Schicht, der Grenzschicht (S. 285), statt. Die Grenzschicht kann laminar oder turbulent sein, wobei die Grenzschichtdicke eine ähnliche Bedeutung hat wie der Rohrradius bei der Rohrströmung. Bei laminarer Grenzschicht nimmt die Geschwindigkeit linear mit der Entfernung y von der Wand zu, bei turbulenter Grenzschicht proportional $y^{1/7}$ zu. Die turbulente Grenzschicht ist meist dicker als die laminare. Der Widerstand eines Körpers hängt nur von dem Verhalten dieser Grenzschicht ab. Bei anliegender Strömung setzt sich der Widerstand nur aus den in der Grenzschicht übertragenen Schubspannungen zusammen, während bei Ablösung der Strömung das Gesamtbild der äußeren Strömung geändert wird und der Unterdruck hinter dem Körper einen zusätzlichen Widerstand verursacht. Entsprechend diesen beiden Widerstandsursachen spricht man von *Flächenwiderstand* und *Formwiderstand*. Eine Platte nach Bild 60 hat nur Flächenwiderstand, während bei Bild 61 sowohl Flächenwiderstand als auch Formwiderstand vorhanden sind (s. a. Bild 13).

Bild 60

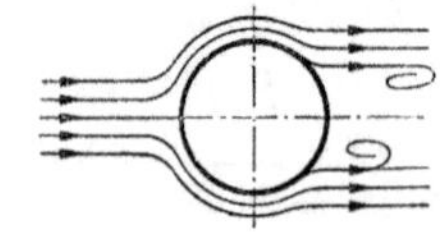

Bild 61

2. Flächenwiderstand

Man bezieht den Widerstand einer zur Strömungsrichtung parallelen Platte auf die Gesamtoberfläche O und den Staudruck der Anblasegeschwindigkeit:

$$W = c_f \cdot \gamma/2g \cdot w^2 \cdot O.$$

Der Koeffizient c_f hängt bei der glatten Platte nur von der *Reynolds*schen Zahl ab:

$$\mathrm{Re} = wt/\nu \qquad (t \text{ die Plattentiefe in Strömungsrichtung}).$$

Es gilt: für laminare Grenzschicht $c_f = 1{,}327/\sqrt{\mathrm{Re}}$,
für turbulente „ $c_f = 0{,}074/\mathrm{Re}^{0{,}2}$.

Werte von c_f bei turbulenter Grenzschicht

Re	$3 \cdot 10^5$	$5 \cdot 10^5$	$10 \cdot 10^5$	$50 \cdot 10^5$	$10 \cdot 10^6$
c_f	0,00594	0,00536	0,00467	0,00338	0,00295

Ist die Plattenvorderkante zugeschärft, so ist im vorderen Teil laminare, im hinteren Teil turbulente Grenzschicht vorhanden. Dann gilt nach *Prandtl*:

$$c_f = 0{,}074/\sqrt[5]{\mathrm{Re}} - 1700/\mathrm{Re} \qquad (\text{bis } \mathrm{Re} = 5 \cdot 10^6).$$

Für den Gesamtbereich der turbulenten Strömung kann nach *Schlichting* folgende Formel verwendet werden:

$$c_f = \frac{0{,}455}{[\lg (wx/\nu)]^{2{,}5}}\,.$$

Der Umschlag von laminarer zu turbulenter Grenzschicht findet statt in einem Abstand x von der Plattenvorderkante, für welchen $wx/\nu \approx 5 \cdot 10^5$ gilt; dieser Wert schwankt je nach der Gesamtturbulenz des Strahles und der Ausbildung der Vorderkante der Platte.

Bei rauhen Flächen treten ähnliche Änderungen ein wie bei Rohren. Bei welligen Rauhigkeiten kann auch hier $c_f = \xi c_{f_{\text{glatt}}}$ angesetzt werden, vgl. S. 294, während bei körnigen Rauhigkeiten oberhalb bestimmter *Reynolds*scher Zahlen c_f unabhängig von Re wird.

3. Formwiderstand

Der Widerstand wird bezogen auf die „Schattenfläche" F des Körpers und den Staudruck $q = \gamma/2g \cdot w^2$ der Anblasegeschwindigkeit.

$$W = c F q.$$

Es ist zu unterscheiden zwischen Körpern, bei denen infolge scharfer Kanten die Ablösungsstelle festliegt, z. B. Platten, und stetig abgerundeten Körpern, bei denen die Ablösungsstelle sich ändert. Bei jenen ist c unabhängig von der *Reynolds*schen Zahl, während bei der zweiten Gruppe einschneidende Änderungen bei gewissen Re-Werten eintreten. Entscheidend für den Strömungsverlauf ist die Grenzschicht. Ist diese laminar, d. h. bei kleineren Re-Werten, so reißt die Strömung praktisch am äußeren Umfang des projizierten Körpers ab. Bei einem bestimmten Re-Wert, der *kritischen Reynolds*schen Zahl, wird die Grenzschicht turbulent. Diese turbulente Grenzschicht ermöglicht ein mehr oder weniger weites Anliegen der Strömung hinter dem größten Meridianschnitt (Bild 61). Eine unter Umständen große Verkleinerung des Widerstandskoeffizienten ist die Folge. Kennzeichnend ist das Verhalten der Kugel. c sinkt hier im kritischen Bereich von 0,48 auf 0,16, d. h. auf beinahe ein Drittel. Die kritische *Reynolds*sche Zahl wird durch die Turbulenz des gesamten Strahls sehr beeinflußt. Bei der Kugel liegt die kritische *Reynolds*sche Zahl zwischen $\text{Re} = 1{,}5 \cdot 10^5$ und $4{,}05 \cdot 10^5$. Der untere Wert gilt für hochturbulenten Strahl, während der obere Wert bei laminarer Gesamtströmung auftritt (z. B. der Strömungszustand der Atmosphäre bei der Bewegung eines Flugzeuges). Die kritische *Reynolds*sche Zahl liegt um so niedriger und ist um so weniger scharf ausgeprägt, je kleiner die Krümmung des Körpers ist (Bild 62).

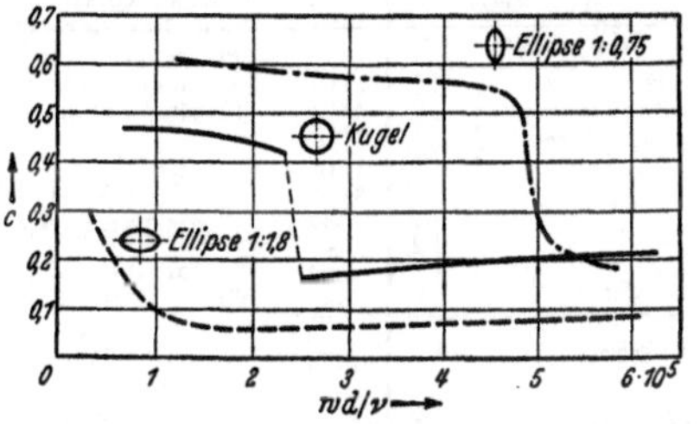

Bild 62

Ist r der *Krümmungsradius* an der zu erwartenden Ablösungsstelle, so findet der Umschlag bei $\text{Re}' = wr/\nu = 6 \cdot 10^4$ bis $15 \cdot 10^4$ statt.

Bei Widerstandskörpern mit großem Widerstand ist der Formwiderstand überwiegend, z. B. beträgt bei der Kugel im überkritischen Bereich der Formwiderstand 90% und der Reibungswiderstand nur 10%.

Schräg angeblasene Körper haben einen kleineren Widerstand. Verminderung bei schräg angeblasenen Zylindern:

Neigung gegen senkrechte Richtung	0°	$1{,}0 \cdot c$
	30°	$0{,}7 \cdot c$
	60°	$0{,}2 \cdot c$

Übersicht über den Widerstand typischer Körperformen Bild 63 u. 64.

4. Beeinflussung des Widerstandes durch die Form der Vorderkante

Die Widerstandsangaben für die verschiedenen Körper (s. oben) lassen deutlich erkennen, daß ein möglichst schlanker Abflußkörper den Widerstand sehr günstig beeinflußt; trotzdem ist die Ausbildung der Vorderkante von nicht geringerer Bedeutung. Bei der Umströmung eines Körpers bildet sich nämlich in der Nähe der vorderen Abrundung ein Druckminimum und damit eine Stelle größter Geschwindigkeit aus. Je größer diese Geschwindigkeit ist, um so stärker muß nachher die Verzögerung sein, um so größer ist somit auch die Ablösungsgefahr. Durch zweckmäßige Formgebung der Vorderkante kann dieses Minimum weitgehend beeinflußt werden. Bild 65 zeigt ein nach der Potentialtheorie durchgerechnetes Beispiel für zwei Formen a und b der Abrundung. Die mehr spitze Form a verkleinert das Druckminimum.

Widerstandszahlen c für Re-*unempfindliche Körperformen*

Körperform	c
Halbkugel ohne Boden mit Boden	0,34 0,4
Halbkugel ohne Boden mit Boden	1,33 1,17
Kreisplatte	1,11
$\alpha = 0°$ $\frac{a}{b} = \frac{1}{5}$ $\frac{a}{b} = \frac{1}{\infty}$ $\alpha = 45°$ $\frac{a}{b} = \frac{1}{5}$ $\frac{a}{b} = \frac{1}{\infty}$	1,56 2,03 0,92 1,54
Prisma $\frac{a}{b} = \frac{1}{2{,}5}$ parallel zur Längsachse angeströmt	0,81
Kreisring $\frac{d}{D} = 0{,}5$	1,22
Kegel 30° ohne Boden	0,34
Kegel 60° ohne Boden	0,51
Platte $\frac{a}{b} =$ 1 2 4 10 18 ∞	1,10 1,15 1,19 1,29 1,40 2,01
Walze $\frac{l}{d} =$ 1 2 4 7	0,91 0,85 0,87 0,99
2 Kreisplatten $\frac{l}{d} =$ 1 1,5 2 3	0,93 0,78 1,04 1,52
I-Profil (quer)	2,04
I-Profil (längs)	0,86

Bild 63

Widerstandszahlen c für Re-*empfindliche Körperformen*

Körperform	Re	c
Kugel	> Re $1{,}7 \cdot 10^5 - 4{,}05 \cdot 10^5$ < Re $1{,}5 \cdot 10^5 - 4{,}05 \cdot 10^5$	0,09 — 0,18 0,47
Ellipsoid 1:0,75	Re $< 5 \cdot 10^5$ Re $> 5 \cdot 10^5$	0,6 0,21
Ellipsoid 1:1,80	> Re $= 10^5$ unter 10^5 stetiger Übergang zu größeren *c*-Werten	0,09
Streben $\frac{t}{d} =$ 2 3 5 10 20	Re $> 10^5$	0,2 0,1 0,06 0,083 0,094
Zylinder $\frac{l}{d} =$ 1 2 5 10 40 ∞ ∞	unterkritischer Wert etwa Re $\approx 9 \cdot 10^4$ Re $> 5 \cdot 10^5$	0,63 0,68 0,74 0,82 0,98 1,2 0,35

Bild 64

Diese Gesichtspunkte sind nicht allein bei Widerstandskörpern, sondern auch bei der Gestaltung der Schaufeleintrittskanten von Turbomaschinen (Kavitation) zu beachten.

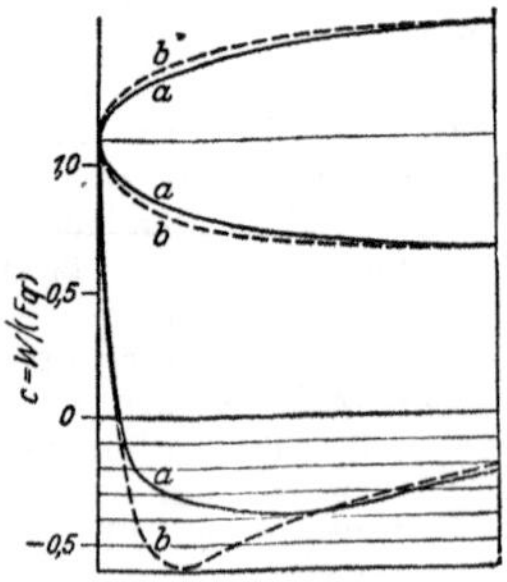

Bild 65. Druckverteilung an der verschieden' geformten Vorderkante eines unendlich langen Körpers

5. Schwebegeschwindigkeit

Im freien Fall erreicht ein Widerstandskörper seine Endgeschwindigkeit, wenn der Widerstand gerade gleich dem Gewicht ist. Mit der gleichen, entgegengesetzt gerichteten Anblasegeschwindigkeit kann ein Körper in *Schwebe* gehalten werden. Für viele prakt. Anwendungen (Entstaubung, Sichtung, pneumatische Förderung usw.) spielt diese *Schwebegeschwindigkeit* eine große Rolle. Im Fall der Kugel ergibt sich

$$w_s = \frac{d^2(\gamma_k - \gamma)}{18\,\eta} \quad \text{im Gültigkeitsbereich des } \textit{Stokes}\text{gesetzes;}$$

$$w_s = \sqrt{\frac{4}{3}\, d \frac{\gamma_k - \gamma}{\gamma} \frac{g}{c}} \quad \text{bei vollturbulenter Strömung;}$$

γ_k, γ spez. Gew. der Kugel bzw. des Mediums, c Widerstandskoeffizient.

Für den sehr wichtigen Zwischenbereich können heute zuverlässige Formeln angegeben werden (vgl. Lit. 2).

6. Widerstand von Fahrzeugen

a) Kraftwagen. Bei den ständig steigenden Geschwindigkeiten der Fahrzeuge spielt der Luftwiderstand eine immer größere Rolle. Bis zu Geschwindigkeiten von rund 70 km/h ist der Anteil des Luftwiderstandes im Verhältnis zu den anderen Widerständen gering. Bei Geschwindigkeiten über 100 km/h ist der Einfluß so groß, daß die Formgebung dieser Wagen durch die Forderung nach kleinstem Luftwiderstand entscheidend beeinflußt wird. Der Leistungsaufwand wächst mit der dritten Potenz der Geschwindigkeit und wird nach folgender Formel berechnet:

$$L = c_w \cdot \gamma/2g \cdot F \cdot w^3 \text{ mkg/sek.}$$

F ist die sog. Spantfläche des Wagens, worunter man das projizierte Schattenprofil des Wagens in Fahrtrichtung versteht.

Bild 66 zeigt anschaulich, was durch zweckentsprechende Formgebung erreicht werden kann. Über Stabilität und Seitenwindeinfluß hat *Barth*[1] genaue Untersuchungen durchgeführt.

Beispiel: Ein Wagen nach 3 (Bild 66) fährt mit einer Geschwindigkeit von 100 km/h. Die Spantfläche betrage 2 m². Es ist $c_w = 0{,}42$. Die Motormehrleistung N_w in PS ist zu berechnen.

$w = 100/3{,}6 = 27{,}8$ m/sek;

$W = c_w \cdot \gamma/2g \cdot w^2 \cdot F = 0{,}42 \cdot 27{,}8^2/16 \cdot 2 = 40{,}5$ kg;

$N_w = w \cdot W/75 = 27{,}8 \cdot 40{,}5/75 = 15$ PS.

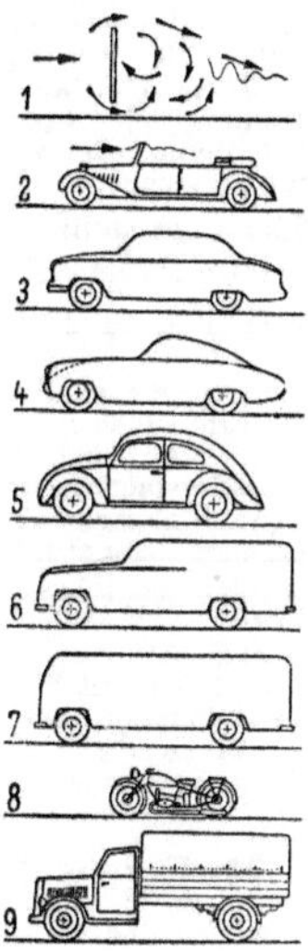

Bild 66

b) Luftwiderstand von Eisenbahnfahrzeugen. α) Für *Eisenbahnzüge* wird er meist nach Formeln von *Strahl* berechnet.

$$W = m\,(w/10)^2 \text{ kg/t}; \quad w = \text{Fahrgeschwindigkeit in km/h.}$$

m = 0,025 Züge aus vierachsigen Personenwagen oder schwerbeladenen Güterzügen;
= 0,033 Personenzüge anderer Achszahl;
= 0,04 Eilgüterzüge;
= 0,05 Gewöhnliche Güterzüge gemischter Zusammensetzung;
= 0,1 Leerwagenzüge;

Der Einfluß von starkem Seitenwind oder Gegenwind wird dadurch berücksichtigt, daß w durch $(w + 12)$ ersetzt wird.

Die Berechnungen nach *Strahl*, die meist etwas zu große Widerstände für Schnellzüge ergeben, werden neuerdings durch andere Ansätze verbessert. Man bestimmt die sog. Äquivalentfläche $F^* = \dfrac{W}{w^2 \cdot \gamma/2g}$, d. h. das Verhältnis des Luftwiderstandes zum Staudruck. Nach *Sauthoff* ergeben sich folgende Werte:

F^* = 1,45 m² vierachsiger Stahlwagen mit Tonnendach,
= 1,55 ältere D-Wagen,
= 1,15 zwei- und dreiachsige Personenwagen.

Der Sog des letzten Wagens ist gleichwertig der Äquivalentfläche von 2,7 Wagen.

β) Für *Lokomotiven* ebenfalls Berechnung nach *Strahl*:

$$W = 0{,}6\,F\,(w/10)^2 \text{ kg/t.}$$

F = 11 m² bei ausgefüllter Umgrenzungslinie, w = Fahrgeschwindigkeit in km/h.

c) Der Schiffswiderstand besteht[2] aus:

α) *Zähigkeitswiderstand* $W_z = c_z \cdot \varrho/2 \cdot w^2 \cdot O$

mit

$c_z = \dfrac{0{,}075}{(\lg Re - 2)^2}$ = Zähigkeitswiderstandsbeiwert normaler Schiffsformen, Oberfläche glatt. Für übliche Rauhigkeiten der Schiffsaußenhaut werden Zuschläge zu c_z in Höhe von $0{,}15 \cdot 10^{-3}$ bis $0{,}25 \cdot 10^{-3}$ gemacht.

ϱ = Dichte des Wassers in kg sek²/m⁴, Re = wL/ν = Reynolds-Zahl,
w = Schiffsgeschwindigkeit in m/sek, L = Schiffslänge in m,
O = benetzte Schiffsoberfläche in m², ν = kinematische Zähigkeit in m²/sek.

[1] *Barth, R.:* Diss. Stuttgart 1958: Windkanalmessungen an Fahrzeugmodellen und rechteckigen Körpern mit verschiedenem Seitenverhältnis bei unsymmetrischer Anströmung.
[2] Nach Angaben von Prof. *H. Amtsberg*, Techn. Universität Berlin.

Der Zähigkeitswiderstand W_Z setzt sich aus zwei Anteilen zusammen, dem Reibungswiderstand W_R als Resultierender der tangential zur Schiffsoberfläche wirkenden Reibungskräfte und dem „zähen" Druckwiderstand W_D, der durch die endliche Grenzschichtdicke und gegebenenfalls durch Strömungsablösungen verursacht wird. Bei üblichen Schiffsformen kann mit einer prozentualen Aufteilung des gesamten Zähigkeitswiderstandes in 90% Reibungs- und 10% Druckwiderstand gerechnet werden.

Der Zähigkeitswiderstand stellt bei normalen Handelsschiffen mit 75 bis 80% den größten Anteil des gesamten Schiffswiderstandes dar.

β) *Wellenwiderstand* $W_{We} = 2 \cdot \iint \Delta p \cdot \partial y/\partial x \cdot dx \cdot dz$
mit

Δp = Normaldruck infolge Wellenbildung, $\partial y/\partial x$ = Tangentenwerte der Wasserlinien.

Grundsätzlich ist die Ermittlung des Wellenwiderstandes durch Integration der Druckkomponenten über die gesamte benetzte Schiffsoberfläche möglich. Bei der verwickelten Abhängigkeit des Wellenwiderstandes von der Schiffsgeschwindigkeit und der Gestalt der Schiffsform wird er aber praktisch meist über den Modellversuch ermittelt. Er ergibt sich dann als Differenz des gemessenen Gesamtwiderstandes und des berechneten Zähigkeitswiderstandes.

Als kennzeichnende Größe für den Wellenwiderstand verwendet man die *Froude*sche Zahl $\mathrm{Fr} = w/\sqrt{g \cdot L}$ (s. a. S. 323).

Bei normalen Handelsschiffen mit $\mathrm{Fr} \leq 0{,}24$ beträgt der Wellenwiderstand etwa 20 bis 25% des gesamten Widerstandes. Selbst bei schnellen Fahrgastschiffen mit *Froude*schen Zahlen bis 0,34 wird er bei geeigneter Wahl der Schiffshauptabmessungen und Schiffsformen selten größer als die Hälfte des Zähigkeitswiderstandes.

H. Eigenschaften des Windes

Die Windgeschwindigkeiten sind meist unter 20 m/sek. Sehr selten treten Stürme bis zu 40 m/sek auf, während an der Küste vereinzelt noch Geschwindigkeiten bis zu 50 m/sek vorkommen. Die Geschwindigkeit ist am Boden gleich null und steigt in einer „Grenzschicht", die mehrere km betragen kann, auf einen konstanten Wert an. Die Geschwindigkeitsverteilung folgt gut einem Potenzgesetz w proportional $y^{1/5}$. Bei schweren Stürmen dürfte das Gesetz nur für eine Schicht von etwa 10 bis 20 m über dem Boden zutreffen.

Für die Berechnung des *Winddruckes auf Gebäude* kann nach einem Vorschlag von *Flachsbart* mit folgenden Geschwindigkeiten gerechnet werden:

bis zu einer Höhe von 20 m über dem angrenzenden Gelände $w = 35$ m/sek (40 m/sek),
für Höhen über 20 m $w = 40$ m/sek (45 m/sek).

Die eingeklammerten Zahlen gelten für besonders windreiche Gegenden. Genaue Werte über den Winddruck auf Gebäude sind nur durch Modellversuche im Windkanal zu erhalten.

Nach *Aßmann* können über die Häufigkeit der Windstärken in verschiedenen Höhen zu verschiedenen Jahreszeiten folgende Angaben gemacht werden:

Häufigkeit der Windstärken in % nach Aßmann

	In Höhe über Erdoberfläche m	Windgeschwindigkeiten in m/sek					Mittelwert m/sek
		0 bis 2	2 bis 5	5 bis 10	10 bis 15	über 15	
Dezember	0	18,8	42,0	35,2	3,7	0,3	4,9
bis Februar	500	6,1	12,5	33,6	24,1	23,7	11,4
März	0	20,1	42,2	32,7	4,5	0,5	4,9
bis Mai	500	13,9	21,5	38,8	17,3	8,5	7,8
Juni	0	23,2	46,2	30,1	0,5	—	4,4
bis August	500	15,9	25,1	38,8	14,4	6,0	7,0
September	0	24,2	45,3	28,1	1,8	0,6	4,5
bis November	500	9,7	19,3	36,5	19,7	14,8	9,5
Jahres-	0	21,4	44,2	31,6	2,6	0,2	4,7
mittel	500	11,7	19,4	37,0	18,7	13,2	8,9

Beispiel: Wie groß ist der Winddruck auf einen 50 m hohen Schornstein, dessen mittlerer Durchmesser rund 3 m beträgt? Da die Höhe über 20 m ist, soll mit der Höchstgeschwindigkeit $w = 40$ m/sek gerechnet werden, die zur Sicherheit auf der ganzen Länge wirkend in Rechnung gesetzt wird. Für die Wahl des Widerstandskoeffizienten ist die *Reynolds*sche Zahl maßgebend. Mit $\nu = 0{,}14$ cm²/sek folgt:

$$\mathrm{Re} = 300 \cdot 4000/0{,}14 = 85{,}80 \cdot 10^5.$$

Es ist also bei weitem überkritisches Gebiet vorhanden, so daß nach S. 306 mit $c \approx 0{,}4$ gerechnet werden soll.

$$P = c\,q\,F = c\,\gamma/2g \cdot w^2 d\,l = 0{,}4 \cdot 40^2 \cdot 3 \cdot 50/16 = 6000 \text{ kg}.$$

Bei gleichmäßiger Verteilung des Winddruckes ergibt sich an der Wurzel ein Moment

$$M = P\,l/2 = 6000 \cdot 5000/2 = 15\,000\,000 \text{ kg cm}.$$

J. Tragflügel

1. Allgemeines

a) Bezeichnungen (Bild 62):

F Flügelfläche,
t Tiefe des Flügels,
b Spannweite des Flügels,
Λ Flügelstreckung $= b^2/F$,
α Anstellwinkel gegenüber Profilsehne,
w Anblasegeschwindigkeit,
A Auftrieb in kg,
W Widerstand in kg,
ε Gleitwinkel, $\operatorname{tg}\varepsilon = W/A$ Gleitzahl,
s Entfernung des Druckpunktes von der Profilnase,

$c_a = A/q\,F$ Auftriebskoeffizient,
$c_w = W/q\,F$ Widerstandskoeffizient,
$c_n = N/q\,F$ Koeffizient der Normalkraft,
$c_t = T/q\,F$ Koeffizient der Tangentialkraft,
$c_r = R/q\,F$ Koeffizient der Resultierenden,
$c_r = \sqrt{c_a^2 + c_w^2} = \sqrt{c_n^2 + c_t^2}$,
$c_m = M/t\,q\,F$ Momentenkoeffizient,
$q = \dfrac{\gamma}{2g}\,w^2$ Staudruck in kg/m².

Wird ein Tragflügel mit der Geschwindigkeit w bewegt oder der feststehende Flügel mit der Geschwindigkeit w angeblasen, so entsteht eine Luftkraftresultierende R, die bei guten Flügeln nahezu senkrecht auf der Bewegungsrichtung steht. Diese Resultierende zerlegt man in:

1. Auftrieb = Kraft senkrecht zur Bewegungsrichtung;
2. Widerstand = Kraft in Bewegungsrichtung.

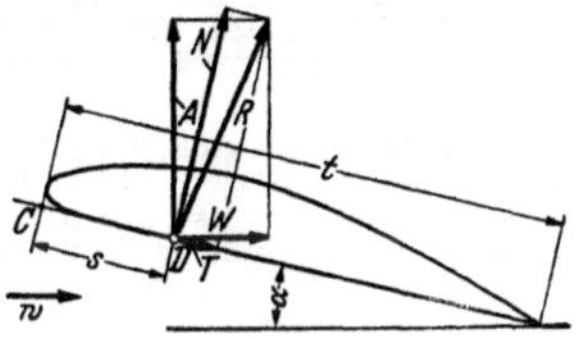

Bild 67

Die Tragflügelkräfte werden mit Hilfe von dimensionslosen Koeffizienten ausgedrückt, deren Bedeutung aus folgenden Gleichungen hervorgeht:

$$A = c_a\,q\,F; \qquad W = c_w\,q\,F; \qquad M = c_m\,t\,q\,F.$$

Das Moment der Luftkräfte wird meist auf den vorderen Punkt C bezogen (Bild 67). Die Angabe des Momentes ermöglicht die Ermittlung des sog. Druckmittelpunktes, d. h. des Schnittpunktes der Luftkraftresultierenden mit der Profilsehne.

b) Auftriebskoeffizient für unendlich langen Flügel. Gerade Platte $c_a = 2\pi\sin\alpha \approx 2\pi\widehat{\alpha}$. Kreisbogenprofil nach Bild 68

$$c_a = 2\pi\sin(\alpha + \beta'/2) \approx 2\pi\left(\widehat{\alpha + \beta'/2}\right) = 2\pi\left(\widehat{\alpha + 2f/t}\right) =$$
$$= 2\pi\left(\widehat{\alpha + t/4R}\right).$$

Gebogenes Profil mit den Endwinkeln ψ und φ nach Bild 69

$$c_a = 2\pi\sin\left(\alpha + \tfrac{3}{8}\varphi + \tfrac{1}{8}\psi\right) \approx 2\pi\left(\alpha + \tfrac{3}{8}\varphi + \tfrac{1}{8}\psi\right).$$

(Durch die Reibung wird der Faktor 2π vermindert auf 5,1 bis 5,8).

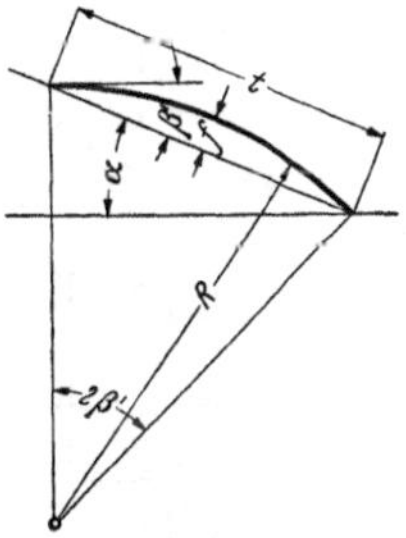

Bild 68

c) Momentenkoeffizient (unendlich langer Flügel). Die Luftkräfte haben das Bestreben, den Flügel zu drehen. Das *Drehmoment* dieser Kräfte hängt von dem Angriffspunkt der Resultierenden ab. Schneidet die Resultierende die Flügelsehne in D, Bild 67, so ist das Moment, bezogen auf den vorderen Punkt C, $M_c = s\,N = s\,c_n\,q\,F$. Denkt man sich das gleiche Moment durch eine Kraft $P' = c_m\,q\,F$ am hinteren Ende des Flügels erzeugt, so wird $M_c = t\,c_m\,q\,F = s\,c_n\,q\,F$. Die Zahl c_m nennt man den Momentenkoeffizienten; es ist $s = t\,c_m/c_n$. Da in erster Näherung $A \approx N$ ist, setzt man meist: $s = t\,c_m/c_a$. Die Funktion $c_m = f\,(c_a)$ ist eine Gerade mit der Steigung 1 : 4. Diese Steigung gilt angenähert für alle Profile und alle Seitenverhältnisse, solange die Strömung nicht abgerissen ist. Die Gleichung dieser Geraden ist somit $c_m = c_{m_0} + c_a/4$. Dabei ist c_{m_0} Momentenbeiwert für $c_a = 0$.

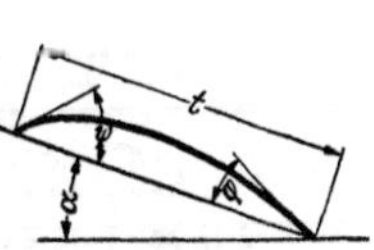

Bild 69

d) Druckpunkt. Bei den meisten Profilen wandert der Druckpunkt D nach vorn, wenn der Anstellwinkel α zunimmt und umgekehrt. Ändert D seine Lage nicht, so spricht man von einem druckpunktfesten Profil. In diesem Falle ist $c_{m_0} = 0$.

Gerade Platte und symmetrische Profile $c_m = c_a/4$.

Kreisbogenprofil $c_{m_0} = \pi\beta'/4$; Gewölbtes Profil $c_{m_0} = \pi/32\cdot(\widehat{\psi} + 7\,\widehat{\varphi})$.

Bild 70 zeigt die Druckpunkte sowie Größe und Richtung der Luftkräfte bei verschiedenen Anstellwinkeln für das Göttinger Profil 386. Man erkennt, daß mit steigenden Anstellwinkeln die Luftkraft nach vorn rückt, eine Eigenschaft, die die Profile instabil macht. Bei negativen Anstellwinkeln wandert der Druckpunkt schnell ins Unendliche, während gleichzeitig die Normalkraft bis auf null abfällt. So ergibt sich für den Auftrieb null ein starkes kopflastiges Moment.

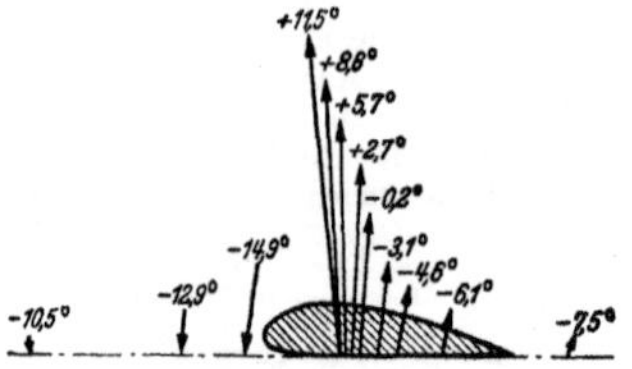

Bild 70. Größe, Lage und Richtung der Luftkraftresultierenden für Göttinger Profil 386

e) Angenäherte Ermittlung der Eigenschaften beliebiger Profile. Nach Bild 71 trägt man beiderseits des Skelettes mit den Endwinkeln ψ und φ gleiche Abstände y auf und rundet die Nase mit einem Radius r ab. Das so entstandene

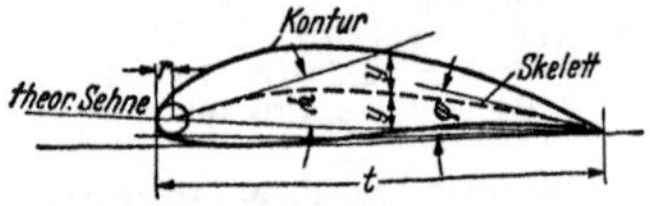

Bild 71

Profil hat bis auf die größten c_a-Werte nahezu den gleichen Verlauf wie die Kurven $c_a = f(\alpha)$ für das gewölbte Skelett allein. Die c_m-Werte werden allerdings merklich durch die Dicke und durch den Kurvenverlauf beeinflußt (die Tiefe des inneren Skelettes muß bei der Nachrechnung um den Krümmungsradius r der Nase vergrößert werden).

2. Polardiagramm

Die Koeffizienten eines Tragflügels werden meist so aufgezeichnet, daß der Widerstandskoeffizient als Abszisse und der Auftriebskoeffizient als Ordinate erscheinen (Bild 72). An diese Kurve werden die jeweiligen Anstellwinkel angeschrieben. Diese von *Lilienthal* stammende Darstellung wird *Polardiagramm* genannt. Sie hat u. a. den Vorteil, daß die Verbindung des Nullpunktes mit einem Punkt der Kurve die

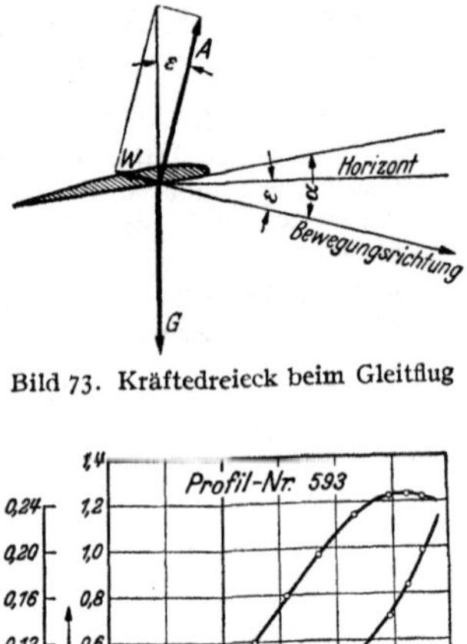

Bild 73. Kräftedreieck beim Gleitflug

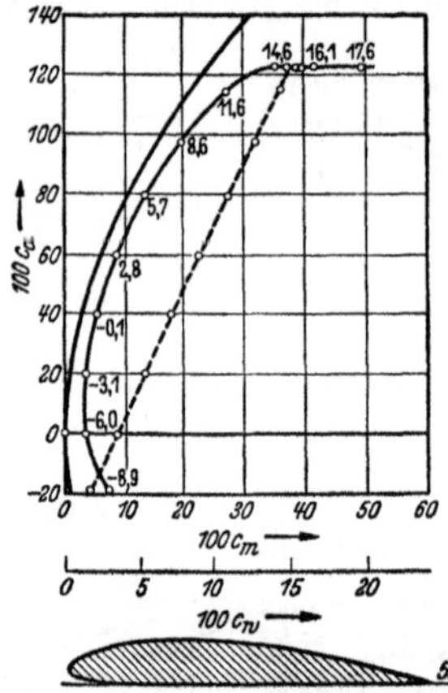

Bild 72. Polare für Seitenverhältnis 1 : 5. Die gestrichelte Linie stellt die Momentenlinie $c_w = f(c_a)$ dar.

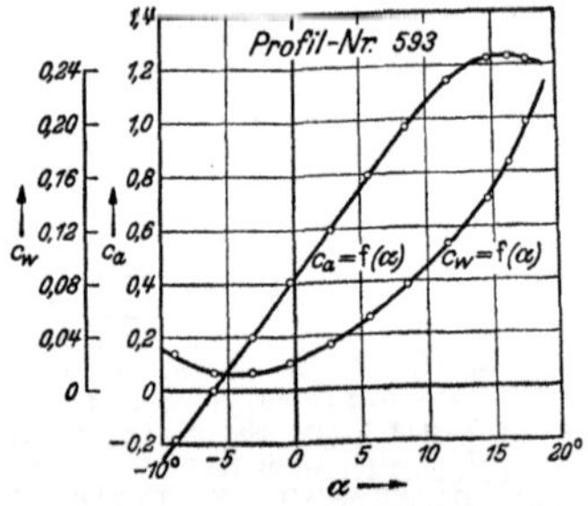

Bild 74. Auftriebs- und Widerstandskoeffizient in Abhängigkeit vom Anstellwinkel α für Göttinger Profil 593

Richtung der Resultierenden angibt. Der Winkel dieser Verbindungslinie gegen die c_a-Achse ist der *Gleitwinkel* und kann nach $\text{tg}\,\varepsilon = c_w/c_a$ ausgerechnet werden. Ein motorloses Flugzeug, Bild 73, gleitet unter diesem Winkel zu Boden. Die Tangente an die Polare gibt den kleinsten Gleitwinkel an.

Auftrieb und Widerstand ändern sich mit dem Anstellwinkel. Bild 74 zeigt für das Profil 593 die Kurven $c_a = f(\alpha)$ und $c_w = f(\alpha)$. Bis zu einem Anstellwinkel von etwa 10° ergibt sich ein lineares Ansteigen des Auftriebskoeffizienten mit dem Anstellwinkel. Bei etwa 15° ist der Höchstauftrieb erreicht, er fällt dann schnell. Der Widerstandskoeffizient nimmt ungefähr parabolisch nach beiden Seiten zu. Das Sinken des Auftriebs bei größeren Anstellwinkeln kommt dadurch zustande, daß auf der Saugseite des Flügels die Strömung abreißt. Mit größerem Auftrieb wird nämlich die Übergeschwindigkeit auf der Saugseite größer. Diese Übergeschwindigkeit muß sich bis zur Hinterkante wieder verzögern, ein Vorgang, der bei zu großer Verzögerung zum Abreißen der Strömung führt und gleichzeitig den Widerstand, wie Bild 75 veranschaulicht, wesentlich vergrößert.

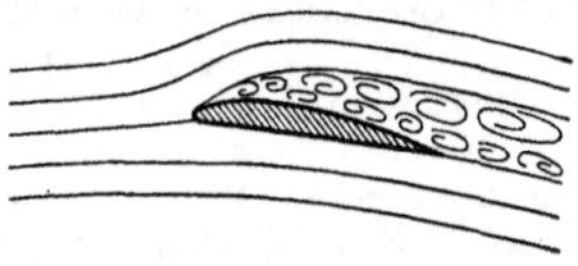

Bild 75. Abreißen der Strömung bei größeren Anstellwinkeln

3. Einfluß des Seitenverhältnisses

Unter Seitenverhältnis versteht man bei rechteckigen Flügeln das Verhältnis:

$$t/b = \text{Flügeltiefe/Flügelbreite};$$

bei nichtrechteckigen Flügeln das Verhältnis:

$$F/b^2 = \text{Flügelfläche/Quadrat der Flügelbreite}.$$

Der reziproke Wert $\Lambda = b^2/F$ wird „Flügelstreckung" genannt.

Während beim unendlich langen Flügel die Gesamtablenkung der Luft unendlich klein ist, ergeben sich beim endlich langen Flügel in der Nähe des Flügels Abwärtsgeschwindigkeiten, die praktisch eine Richtungsänderung der anströmenden Luft bedeuten. Bei reibungsloser Strömung steht die Luftkraft aber senkrecht auf der Anströmrichtung, so daß sich nach Bild 76 eine Kraftkomponente in Richtung der Bewegung des Flügels ergibt, die man „induzierten Widerstand" nennt. Es läßt sich zeigen, daß die Abwärtsgeschwindigkeit in der Nähe des Flügels halb so groß ist wie weit hinter dem Flügel, wo der Wert $v = 2\,w \cdot c_a/\pi \cdot F/b^2$ erreicht wird. Damit wird der induzierte Widerstand:

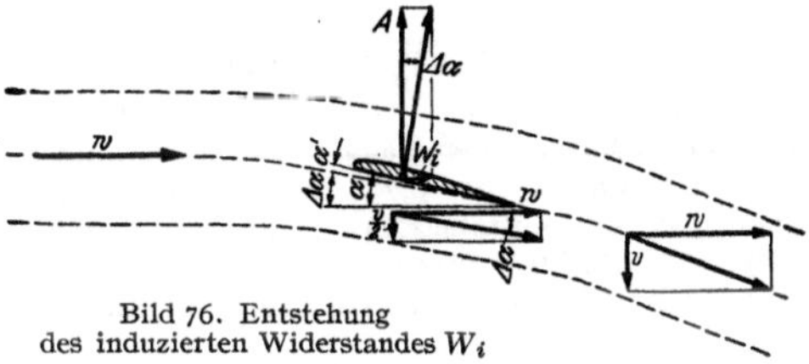

Bild 76. Entstehung des induzierten Widerstandes W_i

$$W_i = A \operatorname{tg} \Delta\alpha = A\,v/2\,w = A\,c_a\,F/\pi\,b^2 = A^2/\pi\,q\,b^2.$$

Führt man statt des Widerstandes dimensionslose Koeffizienten ein, so ergibt sich für den induzierten Widerstand ein Koeffizient

$$c_{w\,i} = c_a^2/\pi \cdot t/b = c_a^2\,F/\pi\,b^2.$$

Der Anstellwinkel α, Bild 76, wird um $\Delta\alpha$ verringert, so daß wirksamer Anstellwinkel $\alpha' = \alpha - \Delta\alpha$. Es wird:

$$\operatorname{tg}\Delta\alpha = v/2w = c_a F/\pi\,b^2 \approx \Delta\alpha; \qquad \Delta\alpha^0 = 57{,}3\,c_a F/\pi\,b^2.$$

Nach den Anschauungen der Tragflügeltheorie kann man den Einfluß der endlichen Flügellänge leicht beurteilen, wenn man sich den Tragflügel als tragenden Wirbelfaden vorstellt. An den Tragflügelenden treten die Wirbelfäden nach hinten heraus. Man erhält einen sog. Hufeisenwirbel.

4. Umrechnungsformeln bei Übergang vom unendlichen auf endliches Seitenverhältnis nach der Prandtlschen Tragflügeltheorie

Der Auftrieb ändert sich linear mit dem Anstellwinkel. Der Einfluß des Seitenverhältnisses auf diese Abhängigkeit ergibt sich aus: $c_a = \dfrac{2\pi\,(\widehat{\alpha}_0 + \widehat{\alpha})}{1 + 2\,t/b}$,
$\widehat{\alpha}_0$ = Anstellwinkel bei verschwindendem Auftrieb, d. h. für $c_a = 0$ (theoretische Formel). Durch die Reibung vermindert sich wie oben 2π auf 5,2 bis 5,9, und zwar so, daß mit dicker werdendem Profil die kleineren Werte erzielt werden.

Die Formel zeigt, daß bei verschiedenen Seitenverhältnissen verschieden geneigte Geraden entstehen, die alle durch den gleichen Punkt α_0 der α-Achse gehen. Werden umgekehrt die Meßergebnisse von Flügeln mit verschiedenen Seitenverhältnissen auf ein Seitenverhältnis umgerechnet, so müssen die Meßergebnisse alle auf einer Geraden liegen. Dies wird sehr genau erreicht, eine Tatsache, die die stärkste Stütze für die *Prandtl*sche Tragflügeltheorie bildet.

$c_{wi} = f(c\ )$ ist eine Parabel, die sog. Polare.

Bild 72 zeigt eine Polare mit der theoretischen Parabel für das Seitenverhältnis 1 : 5. Der Unterschied gegenüber der praktisch gemessenen Kurve besteht annähernd in einer Parallelverschiebung, die durch den Profilwiderstand, d. h. den reinen Flächenwiderstand bedingt ist, so daß der Gesamtwiderstand des Flügels durch die Formel $c_w = c_{w\,\mathrm{prof}} + c_{wi}$ ausgedrückt werden kann. Die theoretische Berechnung des induzierten Widerstandes stimmt mit den Versuchswerten sehr gut überein. Selbst bei Seitenverhältnissen 1 : 1,5 ist noch eine Umrechnung möglich.

Für $\alpha = \mathrm{const.}$ ergibt sich eine zweite Parabel[1]:

$$c_{wi} = c_a\,(\widehat{\alpha}_0 + \widehat{\alpha}) - c_a^2/2\pi .$$

Umrechnungsformel beim Übergang vom Seitenverhältnis t_1/b_1 auf t_2/b_2:

$$\Delta c_{wi} = \frac{c_a^2}{\pi}\left[\frac{t_2}{b_2} - \frac{t_1}{b_1}\right] \quad \text{bzw.} \quad \frac{c_a^2}{\pi}\left[\frac{F_2}{b_2^2} - \frac{F_1}{b_1^2}\right],$$

$$\Delta \alpha^\circ = \frac{c_a \cdot 57{,}3}{\pi}\left[\frac{t_2}{b_2} - \frac{t_1}{b_1}\right] \quad \text{bzw.} \quad \frac{c_a \cdot 57{,}3}{\pi}\left[\frac{F_2}{b_2^2} - \frac{F_1}{b_1^2}\right].$$

Bei konstantem Anstellwinkel ändert sich der Auftrieb nach folgender Beziehung:

$$\Delta c_a = 2\pi(\widehat{\alpha}_0 + \widehat{\alpha})\left\{\frac{1}{1 + 2\,t_2/b_2} - \frac{1}{1 + 2\,t_1/b_1}\right\}.$$

Bei sehr kleinen Seitenverhältnissen wird das Abreißen der Strömung durch die gute Belüftung der Saugseite fast verhindert. Es wurde eine günstigste Flügelstreckung $b^2/F = 0{,}75$ bis 1,5 gefunden (amerikanische Messungen), wo bei 45° Anstellwinkel ein $c_a = 1{,}85$ gegenüber $c_a = 1{,}24$ bei 14° Anstellwinkel des Rechteckflügels vom Seitenverhältnis 1 : 6 erreicht wurde. Solche Flügel sind fast *autorotationsfrei*, haben aber einen großen induzierten Widerstand.

5. Versuchswerte

Für die Anwendungen im *Maschinenbau* interessieren hauptsächlich die Versuchswerte bei unendlich großem Seitenverhältnis. Für den Kreiselmaschinenbau

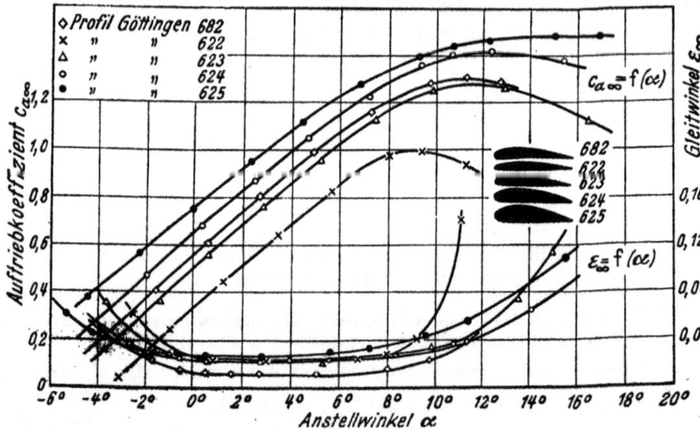

Bild 77. Auftriebskoeffizienten und Gleitwinkel (Bogenmaß) in Abhängigkeit vom Anstellwinkel für unendliches Seitenverhältnis (1 : ∞) für fünf Göttinger Profile (nach *Eckert*)

[1] *Eck, B.:* Beitrag zur Flügeltheorie. Ing.-Arch. Bd. 7 (1936) S. 203.

wird beispielsweise $c_{a\infty} = f(\alpha)$ und $\varepsilon_\infty = f(\alpha)$ benötigt. Bild 77 zeigt eine Zusammenstellung solcher Werte für fünf verschiedene Göttinger Profile. Die Darstellung läßt bereits deutlich den großen Einfluß der Profildicke erkennen. Mit größerer Profildicke steigt das Auftriebsmaximum. In gleicher Richtung wirkt die Wölbung, Bild 78.

Laminarflügel. Der Umschlagpunkt an der oberen Tragflügelseite von laminarer in turbulente Grenzschicht kann durch bestimmte Maßnahmen weit nach hinten verschoben werden, z. B. durch Verschieben der dicksten Stelle zur Mitte hin, durch dünne Profile sowie durch künstliches Absaugen der Grenzschicht. Eine u. U. erhebliche Widerstandsverminderung ist die Folge. Beispielsweise kann bei richtig durchgeführtem Absaugen eine Widerstandsverminderung auf nur 18% des normalen Falles erreicht werden. Die Polaren eines solchen Flügels, Laminarflügel genannt, zeigt Bild 79*; aus ihm geht hervor, daß die Vorteile erst von gewissen Re-Zahlen ab in Erscheinung treten.

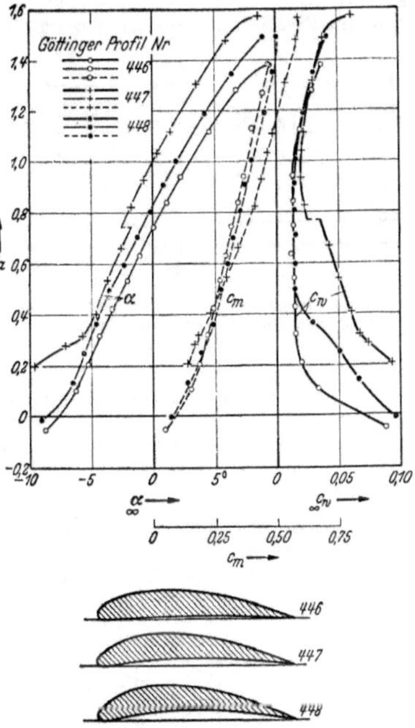

Bild 78. Profile gleicher Dicke, aber verschiedener Wölbung. Seitenverhältnis 1 : ∞

Allgemeine Regeln. 1. Bei gleicher Wölbung, d. h. gleichem Skelett, steigt das Auftriebsmaximum und ebenso der Profilwiderstand mit zunehmender Dicke.

2. Bei gleicher Dicke steigt das Auftriebsmaximum mit steigender Wölbung, Bild 78.

3. Unterhalb der *Reynolds*-Zahl $Re = wt/\nu = 80000$ bis 100000 werden Profile bedeutend schlechter als Blechschaufeln. Der Höchstauftrieb sinkt in diesem unterkritischen Bereich bei Profilen auf $c_{a\,max} = 0{,}3$ bis 0,4, je nach Dicke der Profile, während gleichzeitig der Widerstand stark zunimmt.

4. Im überkritischen Bereich wächst mit wachsender *Reynolds*-Zahl das Auftriebsmaximum bei Profilen mit mäßiger Wölbung, während bei hochgewölbten Profilen das Auftriebsmaximum abnimmt.

6. Druckverteilung am Tragflügel

Die Saugwirkung ist beim Tragflügel bedeutend größer als die Druckwirkung. Während diese maximal den Staudruck $q = \gamma/2g \cdot w^2$ erreichen kann, ist der Unterdruck kurz vor dem Anstellwinkel des Abreißens beinahe gleich dem dreifachen Staudruck. Dies bedeutet, daß an der Stelle des größten Unterdruckes die Luftgeschwindigkeit *doppelt so groß wie die Fluggeschwindigkeit* ist (wichtig für saubere und glatte Gestaltung

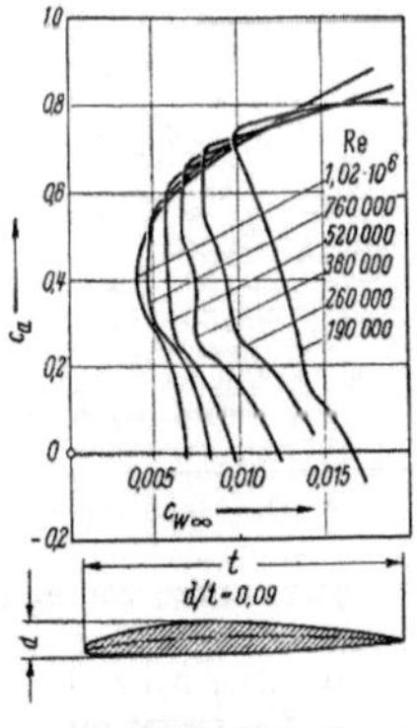

Bild 79. Laminarprofil. Polaren für verschiedene Re-Werte

* Mitteilungen Nr. 13 IfA Zürich, S. 25.

dieses Tragflächenteiles). Bild 80 zeigt die Druckverteilung für Profil 389 bei $-6°$ und $14{,}5°$ Anstellwinkel (im ersten Fall ist der Auftrieb gleich null; Sturzflug). Die Druckverteilung ist in üblicher Weise über der Flügelsehne aufgetragen. Für $14{,}5°$ ist in Bild 81 die gleiche Druckverteilung normal zur Oberfläche dargestellt. Aus der Druckverteilung erkennt man für diesen Fall ein großes Kräftepaar (in Bild 80 angedeutet), das den Flügel sehr stark auf Torsion beansprucht.

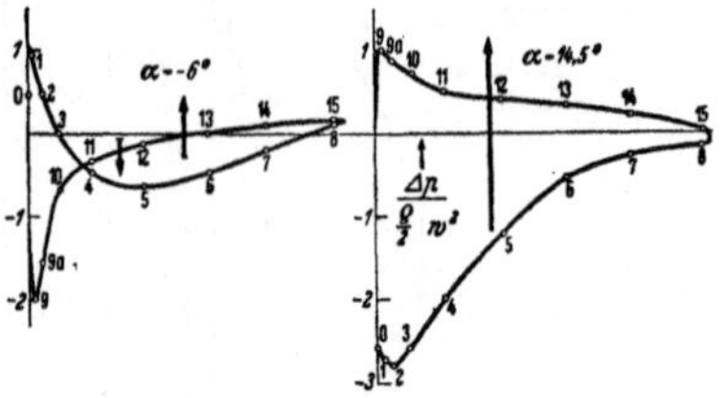

Bild 80. Druckverteilung über einen Tragflügel. Die Drücke sind normal zur Flügelsehne aufgetragen

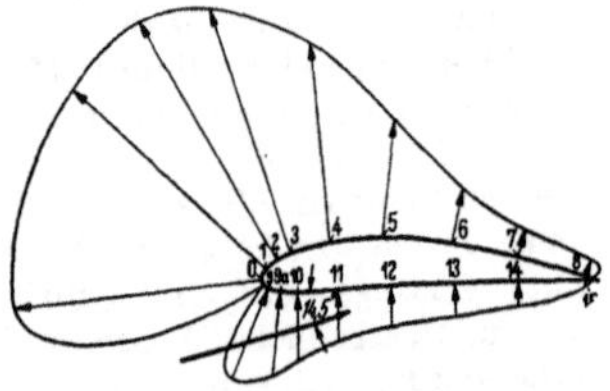

Bild 81. Druckverteilung über einen Tragflügel. Die Drücke sind normal zur Oberfläche aufgetragen

7. Schaufeln und Profile im Gitterverband

Über Gitterströmungen können folgende allgemein gültige Regeln angegeben werden, welche die Grundlage zur Berechnung aller axialen Kreiselmaschinen bilden.

a) Gitter mit unendlicher Schaufelzahl. Ein unendlich langes, ruhendes Schaufelgitter mit unendlicher Schaufelzahl und unendlich dünnen Schaufeln soll eine Strömung aus der Richtung α_1 in die Richtung α_2 ablenken. Hierfür gelten folgende Beziehungen, Bild 82:

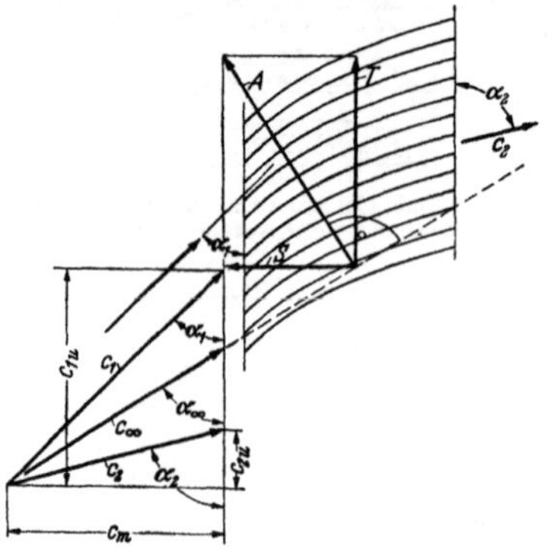

Bild 82. Unendlich langes, ruhendes Schaufelgitter mit unendlicher Schaufelzahl

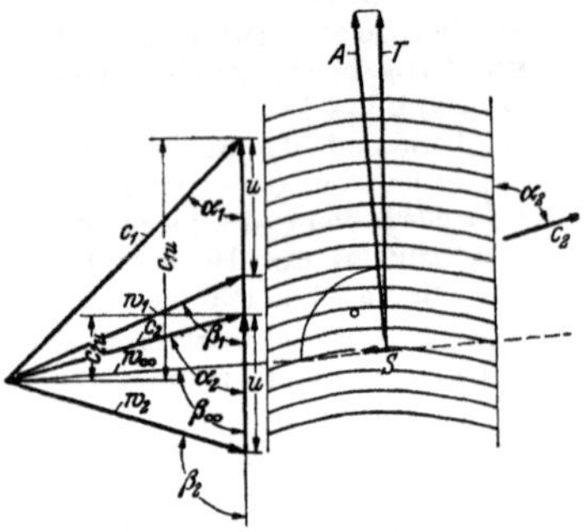

Bild 83. Unendlich langes, bewegtes Schaufelgitter

α) Die *Meridiangeschwindigkeiten* vor und hinter dem Gitter sind gleich (Kontinuität),

$$c_1 \sin \alpha_1 = c_2 \sin \alpha_2 = c_{1m} = c_{2m} = c_m.$$

β) In *Gitterrichtung* übt die Flüssigkeit (bzw. das Gas) folgende *Kraft auf* das *Gitter* aus:

$$T = q\,(c_{1u} - c_{2u})$$

(q sekundlich durch eine bestimmte Gitterlänge, z. B. t, strömende Masse).

γ) Der *Druckunterschied vor und hinter dem Gitter* ergibt sich nach *Bernoulli* zu:

$$p_2 - p_1 = \gamma/2g \cdot (c_1^2 - c_2^2) = \gamma/2g \cdot (c_{1u}^2 - c_{2u}^2).$$

Damit wird die in dieser Richtung auf das Gitter wirkende Kraft

$$S = t\,b\,\gamma/2g \cdot (c_{1u}^2 - c_{2u}^2) \qquad (b \text{ Gitterbreite senkrecht zur Bildebene}).$$

δ) Die Gesamtkraft (*Auftrieb*) $A = \sqrt{T^2 + S^2}$ steht, wie leicht nachzuweisen ist, senkrecht auf einer mittleren Richtung, die durch $\operatorname{tg} \alpha_\infty = c_m \Big/ \frac{c_{1u} + c_{2u}}{2}$ gegeben ist. Die in dieser Richtung vorhandene mittlere Geschwindigkeit ist:

$$c_\infty = \sqrt{c_m^2 + \left(\frac{c_{1u} + c_{2u}}{2}\right)^2}.$$

ε) *Umkehrung.* Wird die gleiche Ablenkung irgendwie durch ein in Gitterrichtung mit der Geschwindigkeit u *bewegtes Gitter* erreicht, etwa nach Bild 83, so gelten die unter α) bis δ) vermerkten Beziehungen für die Relativgeschwindigkeiten w_1, w_2, w_∞. Wieder sind zunächst für unendlich dicht stehendes Gitter in Bild 83 Schaufelgitter und Geschwindigkeitsdiagramme eingezeichnet. Der Auftrieb A steht somit senkrecht auf w_∞.

ζ) Die in Gitterrichtung wirkende Kraft T leistet jetzt die Arbeit $T u = q u (c_{1u} - c_{2u})$. Denkt man sich z. B. diese Arbeit durch Fallen des sekundlich durchströmenden Gewichtes $q \cdot g$ um die Höhe H veranschaulicht, so entsteht: $H = \frac{u}{g}(c_{1u} - c_{2u})$. Dies ist die *Euler*sche *Turbinenhauptgleichung*. Bei einer Pumpe (Gebläse) ändert sich das Vorzeichen.

b) Gitter mit endlicher Schaufelzahl. In Bild 84 soll wieder die gleiche Ablenkung von α_1 nach α_2 erreicht werden, jetzt aber durch *endlich* viele Schaufeln. — Offensichtlich ist dies nur möglich, wenn die Schaufelenden *aufgewinkelt* werden, so daß $\alpha_1' < \alpha_1$ und $\alpha_2' > \alpha_2$ wird. Es läuft auf das gleiche hinaus, wenn man den Krümmungsradius R auf den Wert R' vergrößert. Folgende Regeln können für diesen Fall angegeben werden:

α) Beim Gitter mit endlicher Schaufelzahl wird sich erst in einiger Entfernung vor und hinter dem Gitter (streng genommen erst im Unendlichen) die Strömung praktisch ausgeglichen haben. Ist a die Gitterbreite, so wird dieser Zustand erst bei einer Breite a' erreicht werden, Bild 84. Die für das unendlich enge Gitter oben zusammengestellten Regeln gelten sämtlich auch bei endlicher Schaufelzahl, wenn in den Formeln die Geschwindigkeiten und Winkel der *ausgeglichenen Strömung* eingesetzt werden.

β) Aus α, δ) folgt insbesondere, daß die auf eine einzelne Gitterschaufel wirkende Kraft A *senkrecht* auf c_∞ steht. Das ist aber der gleiche Sachverhalt, der für eine Einzelschaufel zutrifft, wenn eine Parallelströmung mit der gleichen Anströmrichtung vorliegt. Es liegt somit sehr nahe, beide Fälle zu vergleichen und zu unterstellen, daß in beiden Fällen gleiche Kräfte in gleichen Richtungen vorhanden sind. Auf diese Weise kann die *Tragflügeltheorie* auf die Gitterströmung übertragen werden. Es ergibt sich eine Auftriebskraft

$A = c_a \gamma / 2g \cdot w_\infty^2 l b$;
l Schaufeltiefe,
b Schaufelhöhe.

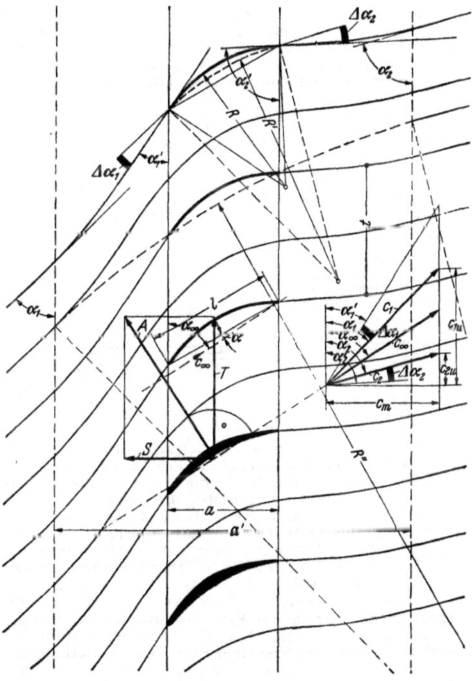

Bild 84

In gleicher Weise lassen sich die Verluste, die bisher nicht beachtet wurden, durch eine Widerstandskraft darstellen: $W = c_w \gamma / 2g \cdot w_\infty^2 l b.$

Für das bewegte Gitter, welches Arbeit aufnimmt (Turbine) oder Arbeit abgibt (Pumpe, Gebläse), gelten folgende allgemeine Beziehungen, wenn mit Δp der gesamte Druckunterschied bezeichnet wird, den das Gitter verarbeitet:

$$\Delta p = (p_2 + \gamma/2g \cdot c_2^2) - (p_1 + \gamma/2g \cdot c_1^2);$$

$$c_a l = \frac{2t \cdot \Delta w}{w_\infty} = \frac{2t\,\Delta p}{u\,\varrho\,w_\infty} = \frac{2\,\Delta p}{\varrho\,w_\infty n_s z};$$ z Schaufelzahl, n_s sekundliche Drehzahl, u Umfangsgeschwindigkeit.

Man erhält das Gitter eines Axialrades dadurch, daß man einen Zylinderschnitt durch die Schaufeln legt und in eine Ebene abwickelt. Die angegebene Lösung stellt eine *erste Näherung* dar, indem die Beeinflussung der Nachbarschaufeln auf eine Schaufel durch Annahme einer *mittleren Strömungsrichtung* berücksichtigt wird. Diese erste Näherung hat sich indes als so brauchbar erwiesen, daß sich in sehr vielen Fällen — vor allem bei schwach belasteten Gittern — aus ihr brauchbare Konstruktionen ergeben. Der Gitterwirkungsgrad η folgt nach einer einfachen Rechnung aus folgenden Formeln, die auch für Propeller und Schraubengetriebe gelten,

$$\eta = \frac{1 - \varepsilon \operatorname{tg} \varphi_\infty}{1 + \varepsilon/\operatorname{tg} \varphi_\infty} \approx \frac{\operatorname{tg} \beta_\infty}{\operatorname{tg}(\beta_\infty + \varepsilon)}; \qquad \operatorname{tg} \varepsilon \approx \widehat{\varepsilon} = \frac{c_w}{c_a}.$$

Für den einfachen, praktisch bedeutsamen Fall, daß ein *Kreisbogenprofil* gewählt wird, dessen Sehne in Richtung von w_∞ bzw. c_∞ liegt, ergibt sich für den Tangentenwinkel gegen die Richtung:

$$\beta' = \frac{1}{\eta}\,\frac{2}{\pi}\,\frac{t}{l}\,\sin\beta_\infty\,\frac{\sin(\beta_2 - \beta_1)}{\sin\beta_1 \sin\beta_2}.$$

γ) Die Berechnung nach β) berücksichtigt nicht die Tatsache, daß die Schaufeln in einer *gekrümmten Strömung* liegen. Die mittlere Krümmung ergibt sich gemäß Bild 84 dadurch, daß man die Breite a' bestimmt, außerhalb welcher die Strömung als ausgeglichen gelten kann. Diese Breite ist u. U. bedeutend größer als die Gitterbreite a. Die mittlere Krümmung ist in Bild 84 mit R'' bezeichnet. Die Breite a' kann notfalls durch provisorisches Aufzeichnen der Stromlinien und der dazu senkrechten Potentiallinien gewonnen werden.

Ergibt die Berechnung nach β) bei Kreisbogenschaufeln einen Krümmungsradius R', und ist der mittlere Krümmungsradius R'', so wird der richtige Krümmungsradius der Schaufel $1/R = 1/R' + 1/R''$. Mit einiger Annäherung kann für $1/R''$ der Wert $1/R'' = \pi c_a l/12 t^2$ gesetzt werden (Analogon der Strahlablenkung bei Windkanälen).

δ) Nach *Weinig* läßt sich der *Übertreibungswinkel* $\Delta\alpha$ nach potentialtheoretischen Berechnungen direkt ausrechnen

$$\Delta\alpha_1 = \Delta\alpha_2 = (1 - \mu)(\alpha_1 - \alpha_m) = (1 - \mu)(\alpha_m - \alpha_2).$$

Der Wert μ in Abhängigkeit von α_m und t/l kann aus Bild 85 entnommen werden.

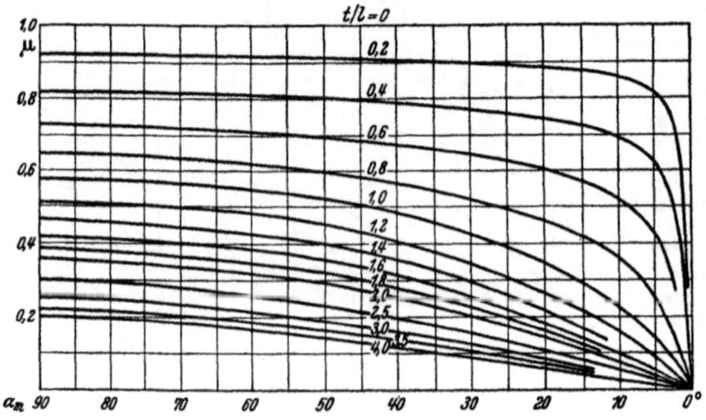

Bild 85. Wert μ (für Berechnung des Übertreibungswinkels $\Delta\alpha$) in Abhängigkeit von α_m für verschiedene Teilungsverhältnisse t/l

ε) Bei der Profilierung von Schaufeln geht man zweckmäßig von der Kreisbogenform nach *Weinig* aus und verteilt die Profildicke gleichmäßig nach beiden Seiten. Dabei ist zu beachten, daß die größte Dicke, die in der Größenordnung von 10% der Schaufellänge liegen kann, etwa in 40% der Profiltiefe liegen sollte.

Bei Profilierung muß das Kreisbogenprofil etwas verdreht werden, und zwar bei Pumpen im positiven, bei Turbinen im negativen Sinn (Berechnung dieses Winkels)[1].

Nach diesen Methoden berechnete Gitter stimmen mit der genauen Berechnung von *Scholz*[2] und *Schlichting*[3] sehr genau überein. Nach neueren Untersuchungen bringen Profilierungen Vorteile bis herunter zu Re = 30000.

ζ) Bei stark *verzögerter Strömung* durch Gitter mit enger Teilung und relativ kleinen Eintrittswinkeln ergibt die Eintrittsaufwinkelung eine u. U. starke Verengung des Eintrittsquerschnittes. Zur Vermeidung der hierdurch eventuell eintretenden Grenzschichtablösungen wird oft zu raten sein, von einer Eintrittsaufwinkelung ganz abzusehen und nur den Austrittswinkel zu ändern. Genauere Berechnungsmethoden wurden neuerdings von *Scholz*[2] und *Schlichting*[3] entwickelt.

[1] *Eckert, B.:* Axialkompressoren und Radialkompressoren. Berlin: Springer 1953.

[2] *Scholz, N.:* Strömungsuntersuchungen an Schaufelgittern. VDI-Forschungsheft Nr. 442, 1954. [3] *Schlichting, H.:* Berechnung der reibungslosen inkompressiblen Strömung für ein vorgegebenes ebenes Schaufelgitter. VDI-Forschungsheft Nr. 447, 1955.

c) Optimale Schaufelteilung. Unabhängig von der oben diskutierten Frage der Aufwinkelung entsteht die Frage nach der günstigsten Schaufelzahl. Hierüber liegen eingehende Untersuchungen von *Zweifel*[1] vor.

Man bezieht die Schaufelkräfte auf Staudrücke von Geschwindigkeiten, die tatsächlich vorhanden sind, und zwar muß dazu die relative Austrittsgeschwindigkeit w_2 aus dem Schaufelkanal gewählt werden. Die Kräfte T und A werden dann durch Koeffizienten ψ_T und ψ_A ausgedrückt:

$$T = \psi_T \varrho/2 \cdot w_2^2 b; \qquad A = \psi_A \varrho/2 \cdot w_2^2 s.$$

Durch einfache Berechnungen erhält man

$$\psi_T = 2 \sin^2 \beta_2 [\operatorname{cotg} \beta_2 - \operatorname{cotg} \beta_1] t/b,$$

$$\psi_A = 2 \frac{\sin^2 \beta_2}{\sin \beta_\infty} [\operatorname{cotg} \beta_2 - \operatorname{cotg} \beta_1] t/s.$$

Es hat sich nun gezeigt, daß sowohl bei *beschleunigter* wie *verzögerter* Gitterströmung der Koeffizient $0{,}9 < \psi_A < 1$ sein muß. So ergibt sich folgende allgemeine Regel:

Die *Schaufelzahl* eines Schaufelgitters muß so gewählt werden, daß die auf die Schaufelsehne wirkende Kraft der Größenordnung nach gleich dem auf die Schaufelsehne wirkenden Staudruck der relativen Austrittsgeschwindigkeit ist. So werden *Ablösungen* und zu große *Reibung* mit Sicherheit vermieden. Bild 86 zeigt einige Beispiele von Gittern optimaler Teilung, d. h. bei denen sich ein optimaler Wirkungsgrad ergibt.

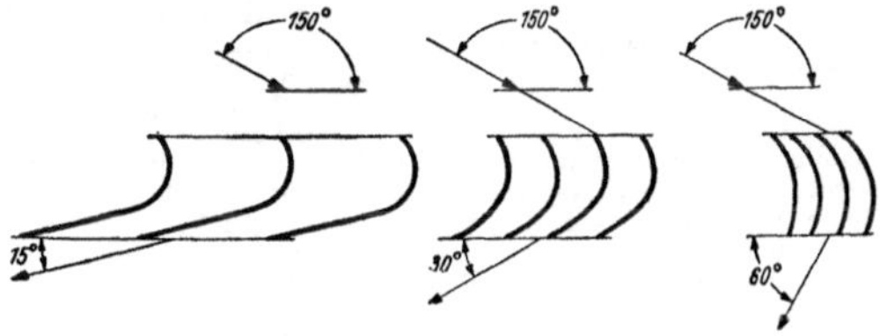

Bild 86

8. Allgemein gültige Strömungsgesetze für Schraubenräder in freier Strömung (Schiffsschrauben, Propeller, Windmühlen u. a.)

a) Schraubenschub. Eine angetriebene Schraube, die sich mit der Geschwindigkeit w frei in einem unbegrenzten Medium bewegt, beschleunigt nach Bild 87 den von ihr erfaßten Teil der Strömung um den Betrag v. Nach dem Impulssatz drückt die Schraube mit der Kraft $S = qv$ (q sekundlich beschleunigte Masse) und bewirkt gemäß Bild 87 eine Kontraktion des erfaßten Strahles (Strahlerweiterung bei Schraubenturbinen). In der Schraubenebene ist eine Mittelgeschwindigkeit $w + v/2$ vorhanden. Die Schraube erzeugt einen statischen Drucksprung von der Größe $\Delta p = \varrho v (w \pm v/2)$ ($-$ bei Schraubenturbinen). Damit läßt sich der Schub S wie folgt schreiben:

$$S = F \Delta p = F \varrho v (w \pm v/2).$$

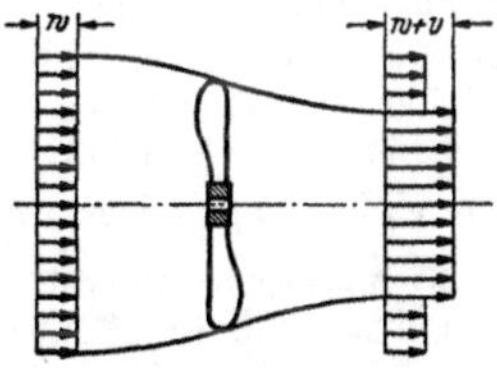

Bild 87. Beschleunigung eines Luftstrahls durch eine Schraube

b) Wirkungsgrad. Die Nutzleistung der Schraube ist offensichtlich Sw, anderseits erkennt man, daß die kinetische Energie $qv^2/2$ verlorengeht. So läßt sich der Wirkungsgrad leicht berechnen:

$$\eta = \frac{Sw}{Sw + qv^2/2} = \frac{w}{w + v/2}.$$

Eine genauere Berechnung muß die Umströmung des einzelnen Schraubenelementes berücksichtigen. Ein solches Element (Anströmverhältnisse s. Bild 88) hat den Wirkungsgrad

1 BBC-Mitt. Dez. 1945, S. 436.

$\eta = \frac{1 - \varepsilon\lambda}{1 + \varepsilon/\lambda}$. Hierbei bezeichnet $\lambda = w/u$ den sog. Fortschrittsgrad und ε den Gleitwinkel des Profils.

c) Außerdem sind folgende **Kennzahlen** im Gebrauch:

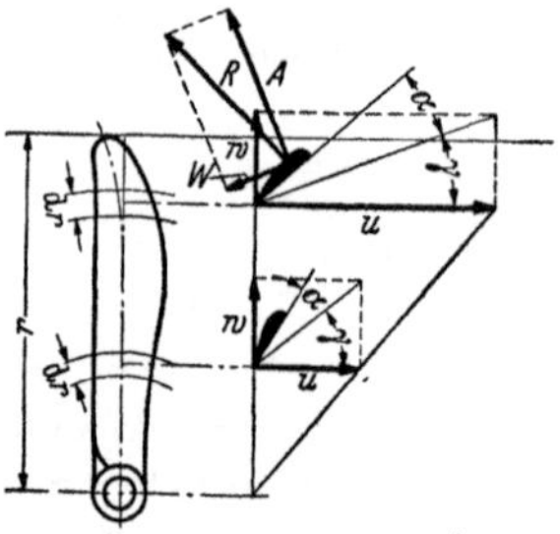

Bild 88. Geschwindigkeits- und Kräftebeziehungen an einem Schraubenblatt

Belastungszahl $c_s = \frac{S}{\varrho/2 \cdot w^2 F}$;

Drehmomentenzahl $k_d = \frac{M_d}{\varrho/2 \cdot u^2 F d/2}$;

Schubzahl $k_s = \frac{S}{\varrho/2 \cdot u^2 F}$.

Allgemeine Beziehungen zwischen den Kennzahlen:

$$\eta = \frac{2}{1 + \sqrt{1 + c_s}}; \quad k_s = c_s \lambda^2; \quad \eta = \lambda k_s/k_d.$$

d) Trotz sehr eingehender theoretischer Untersuchungen ist auch heute noch eine zuverlässige theoretische **Vorausberechnung** von Schrauben unmöglich. Im allgemeinen wird eine Schraube auf Grund bekannter Versuchsergebnisse ausgewählt[1]. Bei mäßigen Ansprüchen auf Genauigkeit kann so verfahren werden, daß man unter Zugrundelegung des stat. Drucksprunges in der Schraubenebene ein „Gebläselaufrad" (bzw. Kreiselpumpenlaufrad) so konstruiert, daß es bei gleicher mittlerer Durchflußgeschwindigkeit den gegebenen statischen Drucksprung überwindet, wobei natürlich die Enden entsprechend abgerundet werden müssen. Gegebenenfalls läßt sich auch ein „Gebläseflügel" konstruieren, bei dem man gemäß den tatsächlichen Verhältnissen den Druck stetig nach den Enden abnehmen läßt, wobei natürlich der Gesamtdruck gleich dem Schub sein muß.

Bei Schiffsschrauben muß mit Rücksicht auf die Kavitation mit sehr niedrigen c_a-Werten gerechnet werden, wodurch sich die breiten Flügel dieser Schrauben ergeben.

K. Gasdynamik

Literatur: 1. *Sauer, R.:* Einführung in die theoretische Gasdynamik. 2. Aufl. Berlin: Springer 1951. — 2. *Oswatitsch, K.:* Gasdynamik. Wien: Springer 1952.

Bei Strömungen mit erheblichen Druckunterschieden oder sehr großen Geschwindigkeiten ergeben sich bei Gasen und Dämpfen Volumenänderungen, die nicht vernachlässigbar sind. Hierbei treten Erscheinungen auf, die gegenüber den bisherigen Darlegungen teilweise gegensätzlichen Charakter haben.

a) Schallgeschwindigkeit. Irgendwelche Druckstörungen pflanzen sich in einem Medium mit einer ganz bestimmten Geschwindigkeit fort, die man Schallgeschwindigkeit nennt. Allgemein gilt für die Schallgeschwindigkeit $a = \sqrt{\mathrm{d}p/\mathrm{d}\varrho}$.

Für *ideale* Gase lassen sich daraus bei Annahme einer adiabatischen Zustandsänderung folgende Gebrauchsformeln ableiten:

$a = \sqrt{g\varkappa p v} = \sqrt{g \varkappa R T} = \sqrt{\varkappa p/\varrho}$ — p, v, T Zustand an der Stelle der Schallgeschwindigkeit.

b) Machscher Winkel. Bewegt sich ein Körper mit *Über*schallgeschwindigkeit $c > a$, so ist offenbar die Eigenbewegung schneller als die Druckfortpflanzung a. Der Körper hat dann in 1 sek den Weg c, die Druckstörung den Weg a zurückgelegt. Es entsteht ein *Druckkegel* mit dem Winkel 2α; $\sin\alpha = a/c$; außerhalb dieses Kegels bleibt das Medium ungestört, d. h. in Ruhe. Man nennt α den *Mach*schen Winkel, das Verhältnis c/a = Ma die *Mach*sche *Zahl*, Bild 89.

Steht umgekehrt der störende Körper still, z. B. ein Hindernis an einer Wand (Bild 90), und wird er mit Überschallgeschwindigkeit angeblasen, so ergibt sich grundsätzlich der gleiche Vorgang. Vom Hindernis *1* aus bildet sich unter dem Winkel α eine Front, auf der erstmalig die Strömung *unstetig* beeinflußt wird.

---

[1] Schrifttum über Schraubenversuche: *Schaffran, K.:* Systematische Propellerversuche. Diss. T. H. Danzig 1917. — *Helmbold, H. B.:* Systematische Versuche an Verstell-Luftschrauben. Luftf.-Forsch. Bd. 12 (1935) S. 4. — *Betz, A.:* Windenergie und ihre Ausnutzung durch Windmühlen. Göttingen: Vandenhoek u. Ruprecht 1926.

Regel. Bei Strömungen mit Überschallgeschwindigkeit breitet sich jede Störung unter dem *Mach*schen Winkel aus. Unter Störung ist dabei *jede* Druckerhöhung oder -erniedrigung zu verstehen. Die *Strömungsrichtung* ist identisch mit der *Winkelhalbierenden* des *Mach*schen Kegels. (*Mach*sche Wellen können durch Schlieren oder durch Interferenzverfahren leicht sichtbar gemacht werden.)

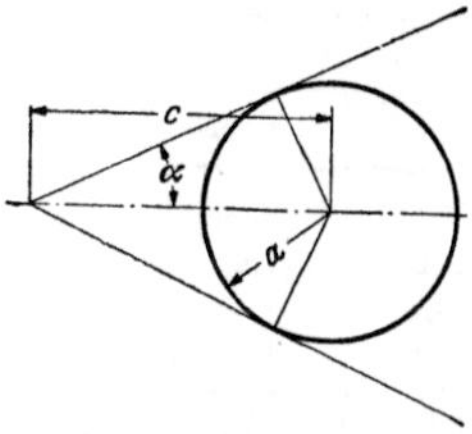

Bild 89. Druckwelle bei Bewegungsgeschwindigkeit $c > $ Schallgeschwindigkeit a

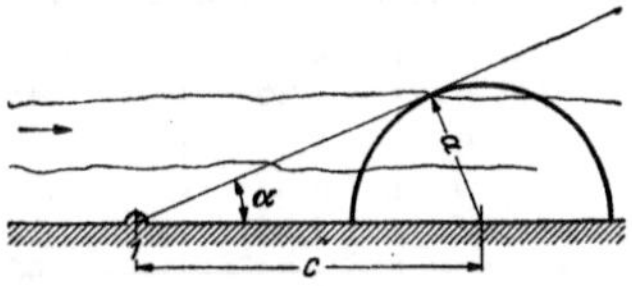

Bild 90. Ruhender Körper (Hindernis), mit Geschwindigkeit $c > a$ angeblasen

c) Allgemeingültige Gleichungen. In der *Bernoulli*schen Gleichung muß die Druckhöhe $p/\gamma = pv$ durch den Ausdruck $\int v\,dp$ ersetzt werden. Als Lösung ergibt sich für reibungsfreie adiabatische Strömung:

$$\frac{c^2}{2g} + \frac{\varkappa}{\varkappa - 1}\, pv = H = \text{const.}$$

Für den Fall des Ausströmens aus einem Kessel (Index 0) ergibt sich folgende Geschwindigkeit:

$$c = \sqrt{2\,\frac{\varkappa}{\varkappa-1}\,\frac{p}{\varrho}\left[(p_0/p)^{\frac{\varkappa-1}{\varkappa}} - 1\right]} = \sqrt{2\,\frac{\varkappa}{\varkappa-1}\,\frac{p_0}{\varrho_0}\left[1 - (p/p_0)^{\frac{\varkappa-1}{\varkappa}}\right]}.$$

Die größtmögliche Geschwindigkeit entsteht beim Ausströmen ins *Vakuum*:

$$c_{\max} = \sqrt{2\varkappa/(\varkappa - 1)\cdot p_0/\varrho_0}.$$

Für $p_0 = 1$ ata und 15 °C ist $c_{\max} = 757$ m/sek.

Bei Dämpfen ist es zweckmäßig, mit dem Wärmeinhalt (auch Enthalpie genannt) $i = c_v T + A\,pv$ zu arbeiten (s. a. S. 422). So entstehen folgende Gleichungen für die Adiabate:

$$\frac{c_2^2 - c_1^2}{2g}\,A = i_1 - i_2; \qquad c_2 = \sqrt{2g\,\frac{i_1 - i_2}{A} + c_1^2}.$$

d) Kritisches Druckverhältnis. Bei Unterschreitung eines bestimmten, sog. kritischen Druckverhältnisses p_{kr}/p_0 tritt im engsten Querschnitt F_s die *Schallgeschwindigkeit* des Gases entsprechend der dort herrschenden Temperatur auf. Man erhält:

$$p_{\text{kr}}/p_0 = \left(\frac{2}{\varkappa + 1}\right)^{\frac{\varkappa}{\varkappa-1}}; \qquad T_0/T_{\text{kr}} = \frac{\varkappa + 1}{2}.$$

Für den Vorgang ist es unerheblich, ob er in einer geschlossenen Leitung (Düse) oder in einer Stromröhre einer freien Strömung stattfindet.

Krit. Druckverhältnis	Luft	Wasserdampf gesättigt	Wasserdampf überhitzt
p_{kr}/p_0	0,5283	0,577	0,546

Soll bei irgendeiner Expansion *Überschallgeschwindigkeit* eintreten, so muß der Düsenquerschnitt erweitert werden. Nach der Kontinuitätsgleichung $F = Gv/c$ bedeutet dies, daß nach Überschreitung der Schallgeschwindigkeit das spez. Volumen stärker zunimmt als die Geschwindigkeit. *Laval* gab 1883 die nach ihm benannten Düsenformen an. Für die *Mach*sche Zahl Ma erhält man

$$\text{Ma} = c/a = \sqrt{\frac{2}{\varkappa - 1}\left[(p_0/p)^{\frac{\varkappa-1}{\varkappa}} - 1\right]}.$$

Von praktischer Bedeutung ist das Verhältnis des engsten Querschnitts F_t zum Austrittsquerschnitt F_1 sowie das Verhältnis der zugehörigen Geschwindigkeiten. Bei zweiatomigen Gasen ist $\varkappa = 1{,}4$, bei überhitztem Wasserdampf $\varkappa = 1{,}3$.

	$\varkappa = 1{,}3$		$\varkappa = 1{,}4$	
p_0/p_1	F_1/F_s	$c_1/c_s = c_1/a$	F_1/F_s	c_1/c_s
2	1,03	1,07	1,02	1,04
4	1,26	1,45	1,21	1,40
6	1,55	1,61	1,47	1,55
8	1,82	1,71	1,70	1,64
10	2,08	1,78	1,94	1,72
20	3,22	1,96	2,90	1,86
30	4,20	2,04	3,72	1,93
40	5,12	2,10	4,46	1,98
50	5,97	2,14	5,16	2,01
60	6,76	2,17	5,82	2,03
80	8,26	2,21	7,04	2,07
100	9,71	2,24	8,13	2,10
∞	∞	2,77	∞	2,45

Den Druckverlauf bei unter- und überkritischer Strömung sowie den Geschwindigkeitsverlauf im engsten Querschnitt zeigt Bild 91.

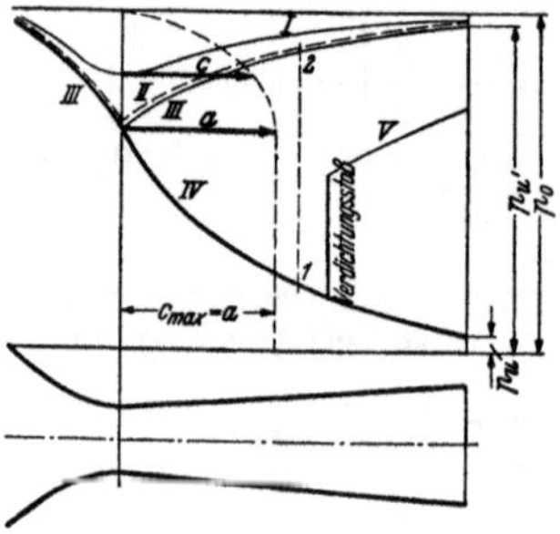

Bild 91. Lavaldüse. Druckverlauf und Geschwindigkeit an der engsten Stelle bei unter- und überkritischen Druckverhältnissen

I Unterkritischer Druckverlauf $c < a$.

II Unterkritischer Druckverlauf (äußerste Grenze).

III Kritischer Druckverlauf ohne Verdichtungsstoß. Schallgeschwindigkeit im engsten Querschnitt.

IV Überkritischer Druckverlauf; Druckabnahme im erweiterten Querschnitt.

V Überkritischer Druckverlauf mit Verdichtungsstoß. Drucksprung von *IV* nach *V* (ohne Verlust könnte z. B. ein Drucksprung von 1 nach 2 erfolgen).

Die Geschwindigkeit im engsten Querschnitt (sie ist dort gleich der Schallgeschwindigkeit) beträgt

$$a_L = \sqrt{\frac{2\varkappa}{\varkappa + 1} \cdot \frac{p_0}{\varrho_0}} = a_0 \sqrt{\frac{2}{\varkappa + 1}};$$

sie sei Lavalgeschwindigkeit genannt. Gemäß der Gl. in Abschn. K, a) ändert sich die Schallgeschwindigkeit mit p/ϱ bzw. T. In einer Strömung kann sich der Druck u. U. von Punkt zu Punkt ändern, mit ihm also auch die Schallgeschwindigkeit. So ergeben sich verschiedene Werte.

1. Schallgeschwindigkeit im ruhenden Medium $a_0 = \sqrt{\varkappa\, p_0/\varrho_0}$;
2. Schallgeschwindigkeit an irgendeinem Punkt der Strömung $a = \sqrt{\varkappa\, p/\varrho}$;
3. Die Lavalgeschwindigkeit $a_L = a_0 \sqrt{2/(\varkappa + 1)}$.

Es läßt sich noch die Beziehung $a^2 = (\varkappa - 1)\,(c^2_{max} - c^2)/2$ ableiten. Die Änderung der örtlichen Schallgeschwindigkeit mit der örtlichen Geschwindigkeit kann daraus leicht erkannt werden. Mit größer werdendem c wird a immer kleiner.

e) Staudruck. Infolge der Kompressibilität ist bereits bei Unterschallströmungen der Staudruck am Staupunkt eines Körpers größer als der Wert $\varrho/2 \cdot c^2$. Man erhält $p_0 - p = \varrho/2 \cdot c^2 \dfrac{\varkappa - 1}{\varkappa} \dfrac{p_0/p - 1}{(p_0/p)^{\frac{\varkappa-1}{\varkappa}} - 1} = \varrho/2 \cdot c^2 \varepsilon$.

Für Luft ($\varkappa = 1{,}4$) wird:

p_0/p	1,1	1,2	1,3	1,4	1,5	1,6	1,7	1,8	1,9
ε	1,035	1,07	1,1	1,133	1,16	1,189	1,22	1,25	1,28
c m/sek	124,3	173,1	209	238	262	284	303	320	336

Die bei größeren Geschwindigkeiten eintretenden relativen Dichte- und Volumenänderungen können mit guter Näherung durch folgende Gleichung ermittelt werden:

$$\Delta\gamma/\gamma = {}^1/_2\,(c/a)^2 \quad \text{(gültig bis Ma} \approx 0{,}8).$$

Bis etwa Ma $\approx 0{,}3$ sind die Volumenänderungen geringfügig. Das bedeutet, daß bis zu diesen Werten meist unbedenklich Gase als Flüssigkeiten betrachtet werden können.

f) Verdichtungsstoß. Bei Überschallströmungen sind u. U. unstetige, endlich große Druckänderungen vorhanden. Hier findet ein plötzlicher Umschlag von Überschallgeschwindigkeit in Unterschallgeschwindigkeit statt. Vor einem Staupunkt ist dies immer der Fall (Punkt B in Bild 92). Von B verläuft nach beiden Seiten eine Wellenfront, auf der sich der Verdichtungsstoß ausbreitet. Zwischen den Geschwindigkeiten vor und nach dem Verdichtungsstoß besteht die Beziehung $c_1\, c_2 = a'^2$; a' = kritische Schallgeschwindigkeit beim Verdichtungsstoß. Der Betrag $\dfrac{c_1^2 - c_2^2}{2g}$ setzt sich in Wärme um. Zwischen B und dem Staupunkt A findet dann eine normale adiabatische Verdichtung statt.

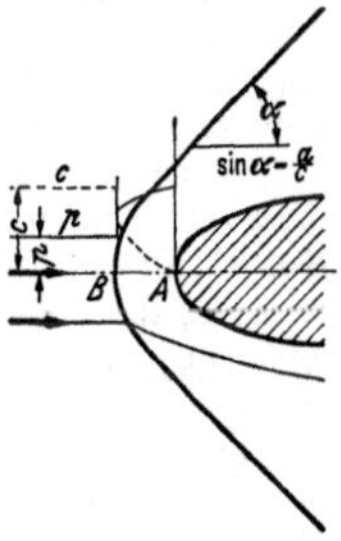

Bild 92. Verdichtungsstoß vor einer Profilnase

Der *Staudruck* ist bei vorausgehendem Verdichtungsstoß *kleiner* als bei rein adiabatischer Expansion, was durch den Stoßverlust zu erklären ist. Man erhält:

$$p_0 - p = \varrho/2 \cdot c^2 \varepsilon', \qquad \text{wobei } \varepsilon' < \varepsilon \text{ ist.}$$

Es ergibt sich:

c/a	1,5	2	3
ε	1,69	2,48	4,85
ε'	1,53	1,655	1,75

Am Staupunkt entsteht die Temperaturerhöhung $T_2 - T_1 = A\, c^2/2\, g\, c_p$. Um diesen Wert zeigen somit Thermometer *zuviel* an.

Für höhere Überschallgeschwindigkeiten gilt die einfache Näherung $p_0/p = \varkappa \mathrm{Ma}^2$.

In Rohrleitungen springt ebenfalls die Überschallströmung durch Verdichtungsstoß in Unterschallströmung um. Nach *Frössel*[1] sind die Reibungskoeffizienten in beiden Fällen nicht verschieden von den früher bei Flüssigkeiten angegebenen Werten.

g) Widerstand bei Überschallgeschwindigkeit. Die Wellenfront der Verdichtungswelle, die später in den *Mach*schen Winkel ausläuft, verursacht einen besonderen Widerstand des Körpers, der zu dem Flächen- und Formwiderstand (s. S. 304/05) hinzukommt und u. U. beachtliche Werte erreichen kann. Dieser zusätzliche Wellenwiderstand kann durch Ausbildung der *Profilnase* beeinflußt werden. Spitze Ausbildungen der Nase verkleinern den Wellenwiderstand. Bemerkenswert ist, daß die gleichen Maßnahmen, die zur Verminderung des Wellenwiderstandes von Schiffen bekannt geworden sind, auch hier empfehlenswert sind. In beiden Fällen sind somit die Körper vorn spitz auszubilden.

[1] *Frössel, W.:* Forsch. Ing.-Wes. Bd. 7 (1936) S. 75.

V. Ähnlichkeitslehre

Bearbeitet von Prof. Dr.-Ing. **E. Metzmeier**, Berlin

Literatur: 1. *Weber, M.:* Das allgemeine Ähnlichkeitsprinzip in der Physik und sein Zusammenhang mit der Dimensionslehre und der Modellwissenschaft. Jahrb. Schiffbautechn. Ges. 1930, S. 274/388. — 2. *Bridgman-Holl:* Theorie der physikalischen Dimensionen. Leipzig: Teubner 1932. — 3. *Traustel, S.:* Modellgesetze der Vergasung und Verhüttung. Berlin: Akademie-Verlag 1949. — 4. *Matz, W.:* Anwendung des Ähnlichkeitsgrundsatzes in der Verfahrenstechnik. Berlin: Springer 1954.

A. Grundlagen

a) Aufgabe der Ähnlichkeitslehre. Bei vielen technischen Problemen führt der übliche mathematisch-deduktive Lösungsweg nicht zum Ziel. Um auch in diesen Fällen ein zahlenmäßiges Ergebnis des Naturvorganges geben zu können, ist man gezwungen, auf dem Versuchsweg die Natur zu befragen. Die an Modellen gemessenen Zahlenwerte werden auf die Natur durch Anwendung der Ähnlichkeitslehre übertragen.

Weiterhin werden ähnliche Naturvorgänge durch das Zahlenbeispiel eines einzigen Versuches miterfaßt, sofern die Bedingungen und Voraussetzungen physikalischer Ähnlichkeit erfüllt sind.

Jedoch lassen sich nicht alle Vorgänge mittels eines Modells nachahmen. Stets muß man prüfen, ob der betreffende Vorgang streng oder nur näherungsweise den Forderungen der Ähnlichkeitslehre genügt.

b) Bedingungen für Ähnlichkeit. Grundbedingung für die Anwendung der Ähnlichkeitslehre ist stets der physikalisch ähnliche Verlauf an den beiden geometrisch ähnlichen Ausführungen. Dies führt auf eine von der Art der wirkenden Kräfte abhängige Beziehung zwischen den geometrischen und zeitlichen Größen der beiden Vergleichsvorgänge. Diese Beziehung wird das *Modellgesetz* genannt. Ihre Aufstellung ist die Hauptaufgabe der Ähnlichkeitslehre.

Damit zwei Vorgänge z. B. mechanisch ähnlich verlaufen, müssen die beiden ähnlichen Bewegungen der Hauptausführung (H) und des Modells (M) in allen Teilen selbständig nach dem dynamischen Grundgesetz: Kraft = Masse × Beschleunigung vor sich gehen. Ebenfalls müssen die Anfangs- und Grenzbedingungen geometrisch ähnlich sein.

Die Ähnlichkeitslehre ist überall dort anwendbar, wo Grenzübergänge im Sinn der Infinitesimalrechnung physikalisch überhaupt möglich sind. Ausgeschlossen bleiben daher alle Gebiete, bei denen die Molekularstruktur eine Rolle spielt.

c) Übertragungsregeln. Zwei zu vergleichende Probleme von (H) und (M) heißen vollkommen ähnlich,

1. wenn für alle entsprechenden linearen Größen von (H) und (M) gilt: $l^* = \lambda l$, d. h. wenn geometrische Ähnlichkeit besteht;
2. wenn für alle entsprechenden Zeiten von (H) und (M) gilt: $t^* = \tau t$, d. h. wenn zeitliche Ähnlichkeit besteht;
3. wenn für alle entsprechenden Kräfte von (H) und (M) gilt: $k^* = \varkappa k$, d. h. wenn Kräfteähnlichkeit besteht;
4. wenn für alle entsprechenden Temperaturen von (H) und (M) gilt: $T^* = \vartheta T$, d. h. wenn thermische Ähnlichkeit besteht.

d) Übertragungsmaßstäbe abgeleiteter Einheiten. Mit der Festlegung der Maßstäbe für die Grundeinheiten der Längen, m, der Zeiten, sek, der Kräfte, kg, und der Temperaturen, °K, sind auch die Übertragungsmaßstäbe der abgeleiteten Einheiten der Geschwindigkeiten, Beschleunigungen, Flächen, Rauminhalte gegeben. Bei *unbenannten Zahlengrößen*, wie Winkel, Dehnungen, ist der *Übertragungsmaßstab gleich* 1.

Bei *statischen* Problemen genügt die Auswahl von zwei Bezugsgrößen, welche die Grundeinheiten m und kg unabhängig voneinander enthalten; bei *dyna-*

mischen Vorgängen kommt eine dritte Grundeinheit sek hinzu und bei *thermischen* Erscheinungen noch °K.

Sind $w^* = ds^*/dt^*$ und $w = ds/dt$ zwei entsprechende Geschwindigkeiten von (H) und (M) in m/sek, dann gilt für entsprechende Bahnelemente ds^* und ds auch $ds^* = \lambda\, ds$ und für entsprechende Zeitelemente dt^* und dt auch $dt^* = \tau\, dt$. Also ist

$$w^* = \frac{ds^*}{dt^*} = \frac{\lambda\, ds}{\tau\, dt} = \frac{\lambda}{\tau} \cdot w.$$

In gleicher Weise ergibt sich für entsprechende Beschleunigungen in m/sek²

$$b^* = \frac{d^2 s^*}{dt^{*2}} = \frac{d}{dt^*}\,\frac{ds^*}{dt^*} = \frac{d}{\tau\, dt}\,\frac{\lambda\, ds}{\tau\, dt} = \frac{\lambda}{\tau^2}\, b.$$

Allgemein gilt die Übertragungsregel: Bei physikalischer Ähnlichkeit ist das Übertragungsverhältnis für zwei entsprechende Definitionsgrößen von (H) und (M) in der gleichen Weise aus den Grundverhältnissen λ, τ, $\varkappa$, ϑ zu bilden wie die Maßeinheiten der betreffenden Größe aus m, sek, kg, °K.

B. Modellgesetze

1. Dynamische Ähnlichkeit

a) Die **Bedingungsgleichung** zwischen den vier Ähnlichkeitsmaßstäben der dynamischen Grundgleichung. Die dynamische Grundgleichung hat die Form

$$\text{für (H)} \quad k^* = m^* b^*, \qquad \text{für (M)} \quad k = m b.$$

Berücksichtigt man die Übertragungsmaßstäbe und setzt $m^* = \mu m$, so erhält man für (H)

$$k^* = \varkappa k = \mu m \frac{\lambda}{\tau^2} b.$$

Soll diese den Hauptvorgang beschreibende Gleichung mit der des Modellvorganges übereinstimmen, so muß

$$\varkappa = \frac{\lambda}{\tau^2} \mu,$$

die *Bertrand*sche *Bedingungsgleichung*, zwischen den vier Ähnlichkeitsmaßstäben λ, τ, $\varkappa$, μ, erfüllt sein.

b) Newtons allgemeines Ähnlichkeitsgesetz. Führt man die Dichte ϱ und das Volumen V ein ($m = \varrho V$) und schreibt die *Bertrand*sche Gleichung in der Form

$$\varkappa = \frac{m^* b^*}{m b} = \frac{\varrho^* V^*}{\varrho V}\,\frac{\lambda}{\tau^2} = \frac{\varrho^*}{\varrho}\,\lambda^3\,\frac{\lambda}{\tau^2} = \frac{\varrho^*}{\varrho}\,\lambda^2\,\frac{\lambda^2}{\tau^2} = \frac{\varrho^*}{\varrho}\,\frac{l^{*2}}{l^2}\,\frac{w^{*2}}{w^2}$$

oder

$$\frac{k^*}{\varrho^* l^{*2} w^{*2}} = \frac{k}{\varrho l^2 w^2} = \text{const.} = \alpha,$$

so ergibt sich die folgende als *Newtons allgemeines Ähnlichkeitsgesetz* bezeichnete Doppelgleichung

$$k^* = \alpha\, \varrho^* l^{*2} w^{*2} \quad \text{und} \quad k = \alpha\, \varrho\, l^2 w^2.$$

Bei der Anwendung der Ähnlichkeitslehre wird der Längenmaßstab λ beliebig passend gewählt. Außerdem ist das Verhältnis μ entsprechender Massen durch die Dichten ϱ^* und ϱ und das Verhältnis entsprechender Rauminhalte durch λ^3 gegeben. In der *Bertrand*schen Bedingungsgleichung sind also nur noch τ und $\varkappa$ Unbekannte.

Tritt zu dieser Gleichung noch eine weitere Beziehung $\varkappa = k_1^*/k_1$ hinzu, die $\varkappa$ aus λ und τ berechnen läßt, dann sind die vier Maßstäbe λ, τ, $\varkappa$ und μ bekannt und damit auch das für diesen Fall in Frage kommende Modellgesetz.

c) Das **Froudesche Modellgesetz** für Vorgänge mit Trägheitskräften und Schwerkraft. Die beiden Bewegungsvorgänge von (H) und (M) sollen unter der

Wirkung der Schwerkraft ähnlich verlaufen. Sind γ^* und γ entsprechende spez. Gewichte, g^* und g entsprechende Fallbeschleunigungen, so ergibt das Verhältnis der Schwerkräfte

$$\varkappa = \frac{m^* g^*}{m g} = \frac{\varrho^* V^*}{\varrho V} \frac{g^*}{g} = \frac{\gamma^* V^*}{\gamma V} = \frac{\gamma^*}{\gamma} \lambda^3.$$

Durch Vergleich mit dem Verhältnis der Massenkräfte in der *Newton*schen Form erhält man

$$\tau = \sqrt{\lambda \frac{g}{g^*}} \quad \text{oder mit} \quad g^* = g \quad \text{auch} \quad \tau = \sqrt{\lambda},$$

das *Froude*sche Gesetz für den Zeitmaßstab,

bzw. $$\frac{w^*}{\sqrt{l^* g^*}} = \frac{w}{\sqrt{l g}} = \mathrm{Fr} \quad (\textit{Froudesche Zahl}),$$

das *Froude*sche Gesetz für den Geschwindigkeitsmaßstab; s. a. S. 282.

Beispiel: Ein Schiff von 100 m Länge und einer Geschwindigkeit $w = 10$ m/sek soll im Modell von 4 m Länge im Schleppkanal untersucht werden. Damit das Wellenbild ähnlich wird, muß

$$\mathrm{Fr} = w^*/\sqrt{l^* g^*} = w/\sqrt{l g} = 10/\sqrt{100 g^*} = w/\sqrt{4 g},$$

also mit $g^* = g$ die Modellgeschwindigkeit $w = 2$ m/sek sein.

d) Das **Reynoldssche Modellgesetz** für Strömungen mit Trägheits- und Reibungskräften. Strömungen inkompressibler Flüssigkeiten sollen unter der alleinigen Wirkung innerer Reibungskräfte (Zähigkeit) mechanisch ähnlich verlaufen. Die inneren Reibungskräfte an entsprechenden Flächen F^* und F eines Flüssigkeitsteilchens sind

$$k^* = \eta^* \, \mathrm{d}w^*/\mathrm{d}n^* \cdot F^* \quad \text{und} \quad k = \eta \, \mathrm{d}w/\mathrm{d}n \cdot F.$$

η^* und η sind die dynamischen Zähigkeiten der beiden Flüssigkeiten, $\mathrm{d}w^*/\mathrm{d}n^*$ und $\mathrm{d}w/\mathrm{d}n$ die Änderung der Geschwindigkeit beim Fortschreiten in Richtung der Flächennormalen n^* und n. Das Verhältnis der Zähigkeitskräfte ist

$$\varkappa = \frac{\eta^* \, \mathrm{d}w^*/\mathrm{d}n^* \cdot F^*}{\eta \, \mathrm{d}w/\mathrm{d}n \cdot F} = \frac{\eta^*}{\eta} \frac{\lambda}{\tau \lambda} \lambda^2 = \frac{\eta^*}{\eta} \frac{\lambda^2}{\tau}.$$

Der Vergleich mit dem Verhältnis der Massenkräfte ergibt

$$\tau = \lambda^2 \frac{\eta/\varrho}{\eta^*/\varrho^*} = \lambda^2 \frac{\nu}{\nu^*}, \quad \text{das } \textit{Reynolds}\text{sche Gesetz für den Zeitmaßstab,}$$

wobei $\nu = \eta/\varrho$ die kinematische Zähigkeit ist,

bzw. $$w^* l^*/\nu^* = w l/\nu = \mathrm{Re} \quad (\textit{Reynoldssche Zahl}),$$

das *Reynolds*sche Gesetz für den Geschwindigkeitsmaßstab; s. a. S. 282.

Beispiel: Der Widerstand einer Wasserleitung vom Durchmesser 10 cm bei einer Geschwindigkeit $w = 2$ m/sek soll mit Luft untersucht werden. Bei Ähnlichkeit muß

$$\mathrm{Re} = w^* d^*/\nu^* = w\, d/\nu$$

sein. Mit ν^* (Wasser) $= 1 \cdot 10^{-6}$ und ν (Luft) $= 15 \cdot 10^{-6}$ m²/sek bei 20° und $d^* = d$ wird

$$\frac{2 \cdot 0{,}1}{1 \cdot 10^{-6}} = \frac{w \cdot 0{,}1}{15 \cdot 10^{-6}},$$

die Geschwindigkeit der Luft $w = 30$ m/sek.

e) Die **Modellgesetze für Bewegung unter gleichzeitiger Wirkung zweier Kräftearten**[1]. Wirken außer der Schwerkraft z. B. noch die innere Flüssigkeitsreibung, so erhält man für die drei Maßstäbe $\varkappa$, λ, τ eine erste Beziehung aus dem Verhältnis entsprechender Trägheitskräfte, eine zweite aus dem Verhältnis ent-

[1] *Hagen, J.:* Vergleichender Überblick über Ähnlichkeitsbedingungen und Kenngrößen der Strömungslehre unter besonderer Berücksichtigung der Kenngrößenverkettung. Diss. T. H. Berlin 1941.

sprechender Schwerkräfte und eine dritte aus dem Verhältnis entsprechender innerer Reibungskräfte. Aus dem Bestehen dieser drei Gleichungen mit den Unbekannten $\varkappa, \lambda, \tau$ folgt, daß jetzt auch der Wert λ zu berechnen, also nicht mehr frei wählbar ist. Die Gleichsetzung der ersten beiden Gleichungen liefert

$$\tau = \sqrt{\lambda \frac{g^*}{g}}, \text{ die der ersten und dritten } \tau = \lambda^2 \frac{\nu}{\nu^*}.$$

Damit beide Gesetze erfüllt sind, muß

$$\sqrt{\lambda \frac{g^*}{g}} = \lambda^2 \frac{\nu}{\nu^*} \quad \text{oder mit } g^* = g \text{ auch} \quad \lambda = \frac{\nu^{*\,2/3}}{\nu^{2/3}} \quad \text{sein.}$$

Bei gleichem Stoff für (H) und (M) folgt $\lambda = 1$. Die Hauptausführung kann nicht durch ein Modell nachgeahmt werden.

Man muß hier auf eine strenge Ähnlichkeit verzichten und im Einzelfall besonders nachprüfen, ob nicht der Einfluß einer der Kräfte so geringfügig ist, daß er vernachlässigt werden kann. Es liegt dann der Fall angenäherter Ähnlichkeit vor.

f) Das **Cauchysche Modellgesetz** für Bewegungsvorgänge unter der Wirkung elastischer Kräfte[1]. Die elastischen Kräfte für (H) sind $k^* = \sigma^* F^*$ und für (M) $k = \sigma F$, worin σ^* und σ die Normalspannungen und F^* und F deren Bezugsflächen sind. Im elastischen Bereich gilt

$$\sigma^* = E^* \varepsilon^* \quad \text{und} \quad \sigma = E \varepsilon,$$

also

$$k^* = E^* \varepsilon^* F^* \text{ und } k = E \varepsilon F.$$

Das Verhältnis der elastischen Kräfte liefert

$$\varkappa = \varepsilon^* E^* F^* / \varepsilon E F = E^*/E \cdot \lambda^2 \quad (\text{s. A d}).$$

Der Vergleich mit dem Verhältnis der Massenkräfte

$$\varkappa = \frac{\varrho^*}{\varrho} \frac{\lambda^4}{\tau^2} \quad \text{führt auf} \quad \tau = \lambda \sqrt{\frac{E}{\varrho} \frac{\varrho^*}{E^*}}$$

und ergibt $\lambda/\tau = w^*/w = \sqrt{E^*/\varrho^*}/\sqrt{E/\varrho} = C$ (*Cauchy*sche *Zahl*),

das *Cauchy*sche Gesetz für den Geschwindigkeitsmaßstab.

$\sqrt{E/\varrho} = a$ ist die Schallgeschwindigkeit in dem betreffenden Material.

g) Ein wesentliches Anwendungsgebiet der statischen Modellgesetze ist die **Spannungsoptik**; sie gestattet, Spannungszustände in Konstruktionen zu ermitteln, die einer rechnerischen Untersuchung nicht oder nur schwer zugänglich sind[2].

Daneben werden häufig am geometrisch ähnlichen Modell von gleichem oder anderem Material direkt die Verformungen zur Bestimmung der Einspannmomente usw. bei hochgradig statisch unbestimmten Konstruktionen oder die Eigenfrequenz und Schwingungsform gemessen.

2. Thermische Ähnlichkeit[1]

Das **Fouriersche Modellgesetz** für den Wärmeübergang. Wenn der Temperaturleitwert

$$\text{für (H)} \quad a^* = \frac{\lambda_w^*}{c^* \gamma^*} \quad \text{und für (M)} \quad a = \frac{\lambda_w}{c \gamma}$$

---

[1] *Weber, H.:* Über Modellgesetze und Ähnlichkeitsbedingungen bei statischen Elastizitätsproblemen. Diss. T. H. Berlin 1940.

[2] *Föppl, L.*, u. *E. Mönch:* Praktische Spannungsoptik. 2. Aufl. Berlin: Springer 1959. *Wilbur, I. B.*, u. *C. H. Norris:* Structural model analysis in "Handbook of experimental stress analysis", herausgeg. von M. Hetényi. New York: John Wiley & Sons, Inc.; London: Chapman & Hall, Ltd. 1950. — *Goodier, I. N.:* Dimensional analysis. Ebenda.

(λ_w^* und λ_w sind die Wärmeleitfähigkeiten der Körper, c^* und c die spezifischen Wärmen, γ^* und γ ihre spez. Gewichte) ist, so lautet die Differentialgleichung von *Fourier* für den Wärmeübergang für (H)

$$\frac{\partial T^*}{\partial t^*} = a^* \left(\frac{\partial^2 T^*}{\partial x^{*2}} + \frac{\partial^2 T^*}{\partial y^{*2}} + \frac{\partial^2 T^*}{\partial z^{*2}}\right) \equiv a^* \nabla^2 T^* \quad (\nabla \text{ s. S. 153})$$

bzw. nach Berücksichtigung der Übertragungsmaßstäbe

$$\frac{\vartheta}{\tau}\frac{\partial T}{\partial t} = \frac{\vartheta}{\lambda^2} a^* \nabla^2 T \quad \text{und für (M)} \quad \frac{\partial T}{\partial t} = a \nabla^2 T.$$

Damit Haupt- und Modellvorgang übereinstimmen, muß

$$\frac{\vartheta}{\tau} = \frac{a^*}{a}\frac{\vartheta}{\lambda^2} \quad \text{oder} \quad \frac{t^* a^*}{l^{*2}} = \frac{t a}{l^2} = \text{Fo} \quad (\textit{Fourier}\text{sche } \textit{Zahl}),$$

das *Fourier*sche Modellgesetz erfüllt werden.

Beispiel: Ist (H) einhalbmal so groß wie (M), so ist $l^* = \frac{1}{2} l$. Damit ähnliche Verhältnisse vorhanden sind, muß

$$\text{Fo} = t^* a^*/l^{*2} = t a/l^2 \quad \text{sein.}$$

Mit $a^* = a$ wird

$$\frac{t^*}{l^2/4} = \frac{t}{l^2}, \quad t^* = t/4.$$

Die Temperaturverteilung bei (H) ist bereits in $^1/_4$ der Zeit erreicht wie bei (M).

3. Thermodynamische Ähnlichkeit[1]

Das **Pécletsche Modellgesetz** bei Wärmevorgängen. Die bisherige Ableitung der Modellgesetze aus der Identität der Differentialgleichungen von (H) und (M) zeigt, daß das Modellgesetz einfach aus dem Verhältnis der Stoffwerte von (H) und (M) unter Berücksichtigung der Übertragungsregeln erhalten werden kann. Das Verhältnis der Temperaturleitwerte a^* und a (Dimension m²/sek) ist

$$a^*/a = \lambda^2/\tau = \lambda \cdot \lambda/\tau = l^*/l \cdot w^*/w,$$

also

$$l^* w^*/a^* = l w/a = \text{Pe} \quad (\textit{Péclet}\text{sche } \textit{Zahl}).$$

Das *Péclet*sche Modellgesetz muß neben dem *Reynolds*schen dann berücksichtigt werden, wenn in der strömenden Flüssigkeit noch Temperaturunterschiede vorhanden sind. Dividiert man die *Péclet*sche Zahl durch die *Reynolds*sche, so ergibt sich

$$w l/a \cdot \nu/w l = \nu/a = \text{Pr} \quad (\textit{Prandtl}\text{sche } \textit{Zahl}).$$

Die *Prandtl*sche Zahl hat den Vorteil, daß sie nur aus Stoffwerten aufgebaut ist.

Weitere Anwendungsgebiete: Kompressible Strömung[2]; Überschall[3]; Lagerreibung[4]; Kräfteuntersuchung an Zahnrädern[5].

C. Dimensionsbetrachtung

Nach dem Satz von *Fourier* von der Gleichheit der Dimensionen einer physikalischen Gleichung kann man die Ähnlichkeitsbetrachtung auch durch eine

---

[1] *van der Held:* Die Ähnlichkeitsgesetze in der Wärmelehre. Z. techn. Physik Bd. 21 (1940) S. 79/85. — *Hofbauer, G.:* Modellversuche zur Wärmeleitung u. -speicherung. Ges.-Ing. Bd. 72 (1951) S. 274/77.

[2] *Tuckenbrodt, E.:* Zur Anwendung der Ähnlichkeitsregeln der kompressiblen Strömung in der räumlichen Tragflügeltheorie. Z. f. Flugwissenschaften Bd. 5 (1957) S. 341/46.

[3] *Kármán, Th. von:* The similarity law of transonic flow. J. Math. Phys. Bd. 16 (1947) S. 182/90.

[4] *Vogelpohl, G.:* Ähnlichkeitsbeziehungen der Gleitlagerreibung und untere Reibungsgrenze. VDI-Z. Bd. 91 (1949) S. 379/89.

[5] *Müller, L.:* Die Anwendung der Ähnlichkeitslehre auf die Untersuchung der dynamischen Kräfte an Zahnrädern. Konstruktion Bd. 10 (1958) Nr. 11 S. 438/40.

Dimensionsbetrachtung ersetzen. Am Beispiel des hydrodynamischen Widerstandes soll dies näher erläutert werden.

Die maßgebenden Größen für den Widerstand sind – wenn die Zähigkeit der Flüssigkeit hier außer Betracht bleibt – die Form des Körpers, die durch eine Längenabmessung l dargestellt wird, die Geschwindigkeit w der Bewegung relativ zum Medium und die Masse ϱ der Volumeneinheit. (Die Schwerkraft steht im Gleichgewicht zur statischen Auftriebskomponente und kann deshalb vernachlässigt werden.) Der Widerstand W kann in Form eines Potenzproduktes

$$W = \text{const.}\; l^{\alpha}\, w^{\beta}\, \varrho^{\gamma}$$

dargestellt werden. Andererseits ergibt sich nach Einführen der Symbole l, t und m für die Länge, Zeit und Masse mit $W = m\,b$ die Dimensionsformel

$$m\,l/t^2 = \text{const.}\; l^{\alpha}\,(l/t)^{\beta}\,(m/l^3)^{\gamma}.$$

Durch Gleichsetzen der Exponenten der Größen m, l und t auf beiden Seiten ergeben sich dann drei Gleichungen.

Bedingung für m: $1 = \gamma$,

„ „ l: $1 = \alpha + \beta - 3\gamma$,

„ „ t: $-2 = -\beta$.

Daraus wird $\gamma = 1$, $\beta = 2$, $\alpha = 2$ und damit $W = \text{const.}\;\varrho\, w^2\, l^2$, das *Newton*sche *Ähnlichkeitsgesetz*.

Diese Dimensionsbetrachtungen haben gegenüber der Ähnlichkeitsbetrachtung den Vorteil, daß sie unter Umständen auch dann noch anwendbar sind, wenn die Differentialgleichungen des Problems noch unbekannt, die physikalischen Größen des Vorganges dagegen bekannt sind.

Bei der turbulenten Bewegung einer Flüssigkeit mit ihren verwickelten und keinesfalls noch vollständig geklärten Erscheinungen kann man mit der Dimensionsbetrachtung recht gute Schlüsse auf die Gestalt der dabei auftretenden Gesetze ziehen.

Festigkeitslehre

Bearbeitet von Prof. Dr.-Ing. **W. Meyer zur Capellen,** Aachen

Literatur: 1. *Neuber, H.:* Kerbspannungslehre, Grundlagen für genaue Spannungsrechnungen. 2. Aufl. Berlin: Springer 1958. — 2. *Föppl, L.:* Drang und Zwang. 3. Aufl. Bd. I 1941, Bd. II 1944, Bd. III 1947. München-Berlin: Oldenbourg. — 3. *Schultz-Grunow, F.:* Einführung in die Festigkeitslehre. Düsseldorf: Werner 1949. — 4. Neuere Festigkeitsprobleme des Ingenieurs. Hrsg. von *K. Marguerre.* Berlin: Springer 1950. — 5. *Pöschl, Th.:* Elementare Festigkeitslehre, 2. Aufl. Berlin: Springer 1952. — 6. *Biezeno, C. B.,* u. *R. Grammel:* Technische Dynamik. 2. Aufl. Berlin: Springer 1953. — 7. *Hänchen, R.:* Neue Festigkeitsrechnung für den Maschinenbau. München: Hanser 1956.

In Anlehnung an DIN 1350 wurden die folgenden Bezeichnungen gewählt:

σ Normalspannung, τ Schubspannung, p Flächenpressung (Kraft/Fläche),
σ_{zul} zulässige Normalspannung, τ_{zul} zulässige Schubspannung,
σ_P Spannung an der Proportionalitätsgrenze,
σ_E Spannung an der Elastizitätsgrenze,
σ_F $(= \sigma_S)$ Spannung an der Fließgrenze (Streckgrenze, bei Druck Quetschgrenze),
σ_B statische Festigkeit, σ_K Knickspannung,
σ_D Dauerfestigkeit, σ_{Sch} Schwellfestigkeit (früher Ursprungsfestigkeit σ_U),
σ_W Wechselfestigkeit, ν Sicherheit.

Indizes für Beanspruchungsart:

z Zug, t Drehung (Torsion),
d Druck, s Schub ($\tau_s = cQ/F$),
b Biegung, a Abscheren ($\tau_a = Q/F$ bei Annahme gleichförmiger Verteilung der Schubspannungen).
K Knickung,

Die Indizes brauchen nur gesetzt zu werden, wenn aus dem Zusammenhang nicht ohne weiteres die Art der Beanspruchung ersichtlich ist.

K *Euler*sche Knickkraft,
λ Schlankheitsgrad $= s_K/i =$ Knicklänge/Trägheitshalbmesser,
M Moment (Indizes b und t nur nach Bedarf),
$E =$ Elastizitätsmodul (Elastizitätsmaß), $\alpha = 1/E$ — Dehnzahl,
$G =$ Gleitmodul, $\beta = 1/G =$ Schubzahl,
μ Querzahl (ohne Vorzeichen) $= \varepsilon_q/\varepsilon =$ Querkürzung/Längsdehnung,
$m = \varepsilon/\varepsilon_q = 1/\mu$ Reziprokwert der Querzahl (*Poisson*sche Konstante).

I. Allgemeines

A. Spannung und Formänderung

1. Normal- und Schubspannung

Wird ein elastischer Körper durch äußere Kräfte beansprucht, so werden in jeder Schnittebene Kräfte hervorgerufen; der auf die Flächeneinheit des noch nicht verformten Querschnittes entfallende Anteil heißt Spannung. Diese wird in kg/cm² oder kg/mm² angegeben (1 kg/mm² = 100 kg/cm²).

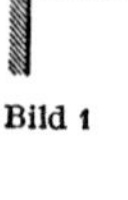

Bild 1

Normalspannungen σ (+ für Zug, — für Druck) wirken *senkrecht* zur Schnittfläche, Schubspannungen τ *in* der Schnittfläche, Bild 1. Jede Spannung kann nach dem Satz vom Parallelogramm der Kräfte durch eine Normal- und eine Schubspannung ersetzt werden, z. B. σ' in Bild 4 durch σ_φ und τ_φ.

Wird der Stab, Bild 2, durchgeschnitten, so müssen zur Wiederherstellung des Gleichgewichtes in den Schnittflächen die in Bild 3 angegebenen Kräfte P hinzugefügt werden. Nimmt jedes Flächenteilchen des Querschnittes gleichmäßig an der Kräfteübertragung teil, so wird die Normalspannung $\sigma = P/F$ kg/cm², wenn die Kraft P in kg, der Querschnitt F in cm² gemessen wird. Die angedeutete gleichmäßige Spannungsverteilung gilt nur in genügend weiter Entfernung von der Kraftangriffsstelle (Prinzip von *St. Venant*, s. a. Abschn. D).

Bild 2

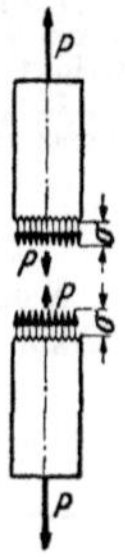

Bild 3

2. Einachsiger Spannungszustand

In Bild 4 ist $\sigma = P/F$, $F/F' = \cos\varphi$ und

$$\sigma_\varphi = P\cos\varphi/F' = \sigma F/F' \cdot \cos\varphi = \sigma\cos^2\varphi;$$
$$\tau_\varphi = P\sin\varphi/F' = \sigma_\varphi \operatorname{tg}\varphi = \tfrac{1}{2}\sigma\sin 2\varphi.$$

Neben Normalspannungen treten auch Schubspannungen auf.

In Bild 4 ist $\sigma'^2 = \tau_\varphi^2 + \sigma_\varphi^2$, also $\sigma' = \sigma\cos\varphi$ parallel σ. Hierbei wird $\sigma' F' = \sigma F = P$.

3. Einachsiger Formänderungszustand

Der zylindrische Stab in Bild 2 wird unter dem Einfluß der beiden Kräfte P seine Länge von l auf $l_1 = l + \Delta l$ vergrößern und seinen Durchmesser von d auf d_1 verkleinern.

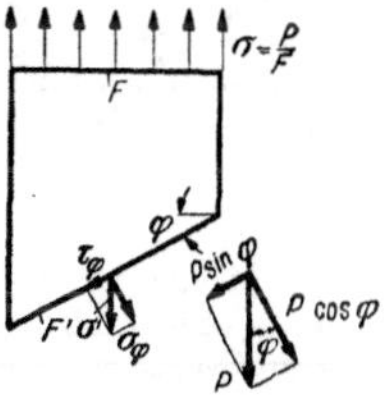

Bild 4

Die Zunahme der ursprünglichen Längeneinheit heißt *Dehnung*:

$$\varepsilon = \Delta l/l = (l_1 - l)/l.$$

Die Längenänderung im Augenblick des Bruches, *Bruchdehnung* (beim Zugversuch) bzw. *Bruchstauchung* (beim Druckversuch), wird gekennzeichnet durch das Verhältnis

$$\delta = \Delta l/l \cdot 100\%.$$

Das Verhältnis $\varepsilon_q = (d - d_1)/d$ heißt *Querkontraktion* oder Querkürzung.

Der Wert $m = \varepsilon/\varepsilon_q$ (*Poisson*sche Zahl), d. h. das Verhältnis von Dehnung zu Querkürzung, ist vom Material abhängig und liegt für Metalle im allgemeinen zwischen 3 und 4. Der Reziprokwert von m, d. h. $\mu = 1/m$, heißt *Querzahl*, so daß bei Metallen mit $m = 10/3$, also $\mu = 0{,}3$ im Durchschnitt gerechnet wird. Für Gußeisen liegt m zwischen 5 und 9.

Sind die Dehnungen den Spannungen verhältnisgleich, so gilt das *Hooke*sche Gesetz

$$\varepsilon = \alpha\sigma;$$

α heißt Dehnzahl, gemessen in cm²/kg, der Reziprokwert $E = 1/\alpha$ Elastizitätsmodul, gemessen in kg/cm²; es ist daher $\sigma = \varepsilon/\alpha = E\varepsilon$ die zweite Form des *Hooke*schen Gesetzes.

Beim Zug- bzw. Druckversuch, Bild 5 (weiches Eisen), bei dem der Stab einer stetig wachsenden Belastung unterworfen wird, ist das *Hooke*sche Gesetz bis zur Proportionalitätsgrenze σ_P erfüllt, während die Elastizitätsgrenze σ_E die Spannung darstellt, bis zu der der Stab belastet werden kann, um nach der Entlastung

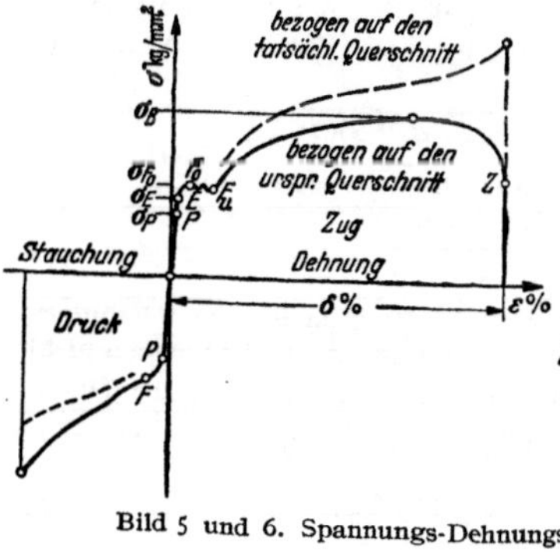

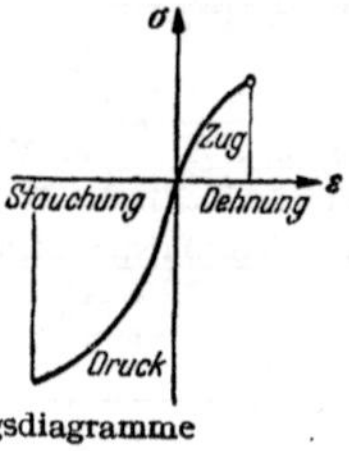

Bild 5 und 6. Spannungs-Dehnungsdiagramme

nahezu auf die ursprüngliche Länge zurückzugehen (vgl. auch Werkstoffkunde S. 513).

Bei manchen Stoffen liegt auch bei kleinen Dehnungen keine Proportionalität zwischen σ und ε vor, wie z. B. bei Gußeisen, Bild 6. Häufig wird dann mit einem mittleren Wert E gerechnet (obwohl dann $E = \mathrm{d}\sigma/\mathrm{d}\varepsilon$ ist) oder ein Potenzgesetz $\varepsilon = \alpha_0 \sigma^n$ zugrundegelegt.
Eine ausgesprochene Fließgrenze bzw. Streck- oder Quetschgrenze wie in Bild 5 liegt nicht immer vor. Dann wird diese definiert durch eine Dehnung von 0,2% („Dehngrenze").

4. Ebener Spannungszustand

Beim ebenen Spannungszustand, wie er z. B. bei scheibenförmigen Körpern vorkommt, treten in Schnitten parallel zu einer bestimmten Ebene (der x, y-Ebene in Bild 7) keine Spannungen auf. Die Momentengleichung für den Mittelpunkt des Quaders ergibt, da sämtliche Normalspannungen herausfallen:

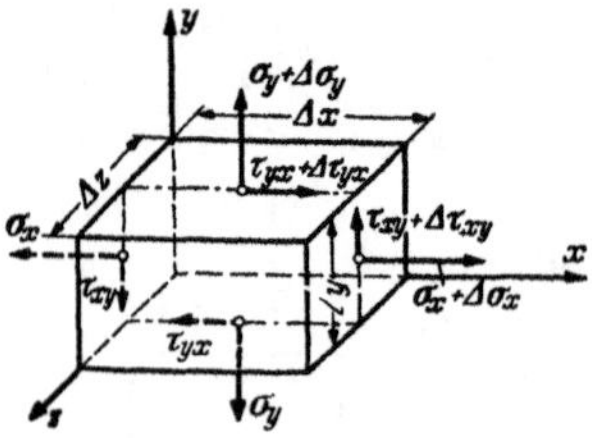

Bild 7

$$(\tau_{xy}\Delta y\Delta z)\Delta x/2 + (\tau_{xy}+\Delta\tau_{xy})\cdot$$
$$\cdot(\Delta y\Delta z)\Delta x/2 - (\tau_{yx}\Delta x\Delta z)\Delta y/2 -$$
$$-(\tau_{yx}+\Delta\tau_{yx})(\Delta x\Delta z)\Delta y/2 = 0$$

oder nach Division mit $\frac{1}{2}\,\Delta x\,\Delta y\,\Delta z$ auch

$$2\tau_{xy} + \Delta\tau_{xy} - 2\tau_{yx} - \Delta\tau_{yx} = 0,$$
$$\tau_{xy} - \tau_{yx} = \tfrac{1}{2}(\Delta\tau_{yx} - \Delta\tau_{xy}).$$

Läßt man die Kanten des Quaders kleiner und kleiner werden, so wird die rechte Seite der letzten Gleichung beliebig klein, und daher muß $\tau_{xy} = \tau_{yx}$ sein: *In zwei zueinander senkrechten Schnittflächen herrschen gleich große, nach der Schnittkante zu oder von ihr weg gerichtete Schubspannungen.* (*Schubspannungen treten paarweise auf.*)

Die Indizes bei den Schubspannungen sind folgendermaßen gewählt: Der erste Index gibt die Normale zu der Fläche an, in der die Schubspannung wirkt, der zweite die Richtung des Spannungsvektors. Dies gilt besonders für den räumlichen Spannungszustand, der durch drei Normalspannungen σ_x, σ_y, σ_z und sechs Schubspannungen $\tau_{xy} = \tau_{yx}$, $\tau_{yz} = \tau_{zy}$, $\tau_{zx} = \tau_{xz}$ bestimmt ist.

Für eine um den Winkel φ geneigte Ebene, Bild 8, ergibt die Anwendung der Gleichgewichtsbedingungen

$$\left.\begin{aligned}\sigma_\varphi &= \tfrac{1}{2}(\sigma_y+\sigma_x) + \tfrac{1}{2}(\sigma_y-\sigma_x)\cos 2\varphi + \tau\sin 2\varphi\\ \text{und}\quad \tau_\varphi &= \tfrac{1}{2}(\sigma_y-\sigma_x)\sin 2\varphi - \tau\cos 2\varphi.\end{aligned}\right\} \quad (1)$$

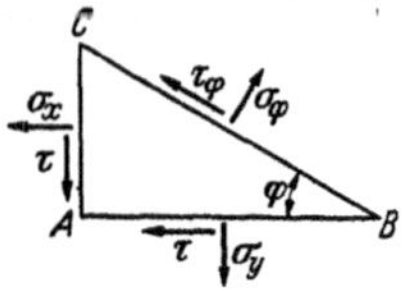

Bild 8

In den zueinander senkrechten Schnitten φ_0 und $90° + \varphi_0$, wobei

$$\operatorname{tg} 2\varphi_0 = 2\tau/(\sigma_y - \sigma_x)$$

ist, treten die *größte* und die *kleinste* Spannung, die *Hauptspannungen*, auf (wie sich durch eine Maximum-Minimum-Rechnung ergibt), deren Werte durch Einsetzen von φ_0 in (1) zu

$$\max_{\min}\sigma_\varphi = \tfrac{1}{2}(\sigma_y+\sigma_x) \pm \tfrac{1}{2}\sqrt{(\sigma_y-\sigma_x)^2+4\tau^2} \quad (2)$$

folgen. In diesen Hauptrichtungen verschwinden die Schubspannungen.

Der größte bzw. kleinste Wert der Schubspannung

$$\max_{\min}\tau_\varphi = \pm\tfrac{1}{2}\sqrt{(\sigma_x-\sigma_y)^2+4\tau^2} \quad (3)$$

tritt in den Schnitten auf, die die rechten Winkel der Hauptspannungen halbieren. Für diese Richtungen verschwinden die Normalspannungen im allgemeinen nicht.

Ist $\sigma = \sigma_y$ die einzige Normalspannung, so werden mit $\sigma_x = 0$ die Hauptspannungen

$$\max_{\min}\sigma_\varphi = \tfrac{1}{2}\left(\sigma \pm \sqrt{\sigma^2+4\tau^2}\right) \quad (4)$$

und die Hauptschubspannungen

$$\max_{\min}\tau_\varphi = \pm\tfrac{1}{2}\sqrt{\sigma^2+4\tau^2}. \quad (5)$$

Sind die Hauptspannungen $\min \sigma_\varphi$ und $\max \sigma_\varphi$ gegeben, kurz mit $\min \sigma = \sigma_1$ und $\max \sigma = \sigma_2$ bezeichnet, so folgt aus den Gln. (1) mit $\tau = 0$

$$\left.\begin{aligned}\sigma_\varphi &= \tfrac{1}{2}(\sigma_2 + \sigma_1) + \tfrac{1}{2}(\sigma_2 - \sigma_1)\cos 2\varphi,\\ \tau_\varphi &= \tfrac{1}{2}(\sigma_2 - \sigma_1)\sin 2\varphi.\end{aligned}\right\} \qquad (6)$$

Hiernach wird in einem rechtwinkligen Koordinatensystem σ, τ (Zugspannungen als positiv nach rechts, Druckspannungen als negativ nach links) der Zusammenhang zwischen σ_φ und τ_φ durch einen Kreis (S. 121), den *Spannungskreis von Mohr*, dargestellt, Bild 9a: Mache $OA = \sigma_1$ und $OB = \sigma_2$, dann ist der Kreis über AB als Durchmesser der gesuchte; sein Halbmesser beträgt $\max \tau = \tfrac{1}{2}(\sigma_2 - \sigma_1)$. Die Spannungen unter dem Winkel φ erhält man durch den Strahl MT, der mit der σ-Achse den Winkel 2φ, oder durch den Strahl AT,

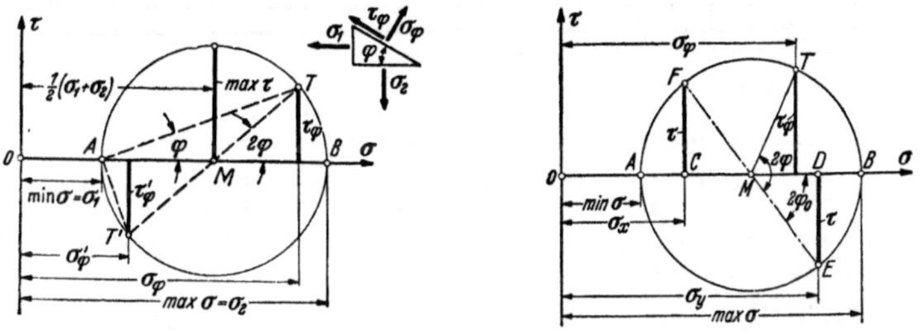

Bild 9 a und b. Spannungskreis nach *Mohr* für den ebenen Spannungszustand

der mit der σ-Achse den Winkel φ bildet. τ'_φ und σ'_φ sind die Spannungen in der zu φ senkrechten Schnittebene. Der maximale Wert von τ tritt in der Schnittrichtung von 45° auf.

Sind für zwei beliebige, aber aufeinander senkrecht stehende Richtungen die Spannungen σ_x, σ_y und τ gegeben (Bild 8), so mache (Bild 9b) $OC = \sigma_x$, $OD = \sigma_y$ und $DE = CF = \tau$. Der Kreis über EF als Durchmesser ist der gesuchte. Denn nach Gl. (1) kann auch geschrieben werden

$$\begin{aligned}\sigma_\varphi &= \tfrac{1}{2}(\sigma_y + \sigma_x) + \max\tau \cdot \cos(2\varphi - 2\varphi_0),\\ \tau_\varphi &= \max\tau \cdot \sin(2\varphi - 2\varphi_0).\end{aligned}$$

Der Winkel 2φ rechnet *jetzt* von ME aus, da σ_x, σ_y in Bild 9b *keine* Hauptspannungen sein sollen.

Wird $\sigma_1 = 0$ (einachsiger Spannungszustand, Abs. 2), so fällt A nach O. Bei reinem Schub fällt M nach O, es wird $\sigma_1 = -\tau$, $\sigma_2 = +\tau$.

5. Räumlicher Spannungszustand

Sind σ_1, σ_2 und σ_3 die drei Hauptspannungen in drei aufeinander senkrechten Richtungen, so wird der räumliche Spannungszustand nach *Mohr* durch drei Spannungskreise gemäß Bild 10 dargestellt, wobei $\sigma_1 < \sigma_2 < \sigma_3$ angenommen ist. Die größte Schubspannung beträgt $\max \tau = (\sigma_3 - \sigma_1)/2$, d. h. die mittlere Spannung σ_2 ist ohne Belang. Für $\sigma_1 = 0$ wird somit $\max \tau = \sigma_3/2$; für $\sigma_2 = 0$, d. h. $\sigma_1 < 0$ (Druckspannung) wird $\max \tau = (\sigma_3 - \sigma_1)/2 = (\sigma_3 + |\sigma_1|)/2$. Schließlich folgt für $\sigma_3 = 0$, d. h. $\sigma_1 < \sigma_2 < 0$ der Wert $\max \tau = |\sigma_3|/2$. Anwendungen vergleiche Seite 338 Abschnitt b, ferner Abschnitt IX.

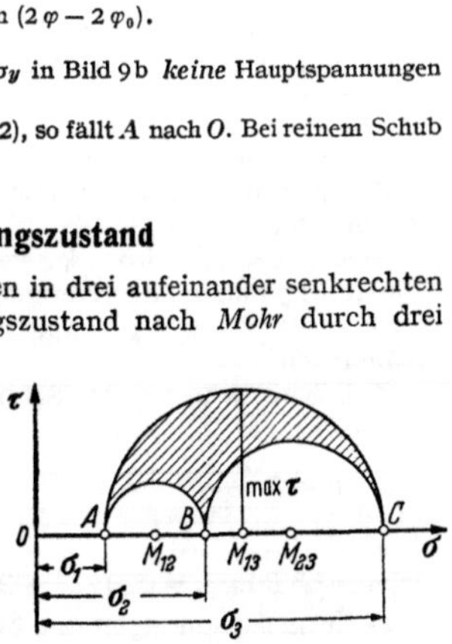

Bild 10. Spannungskreis nach *Mohr* für den räumlichen Spannungszustand

6. Ebener Formänderungszustand

a) Normalspannungen. Wirkt an dem Quader, Bild 11, mit den Seiten a und b die Spannung σ_x, so wird a um $\varepsilon_1 a$ wachsen, während infolge der Querkürzung b um $\mu \varepsilon_1 b$ verkürzt wird ($\mu = 1/m$). Infolge σ_y, Bild 12, wächst b um $\varepsilon_2 b$ und wird a um $\mu \varepsilon_2 a$ zusammengedrückt. Wirken beide Spannungen gleichzeitig (zweiachsiger Spannungszustand), so addieren sich die Einzeldehnungen

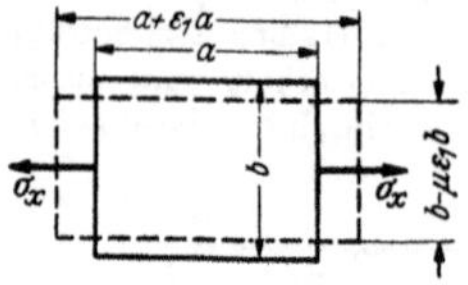

Bild 11

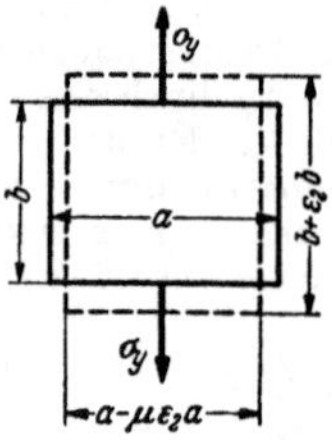

Bild 12

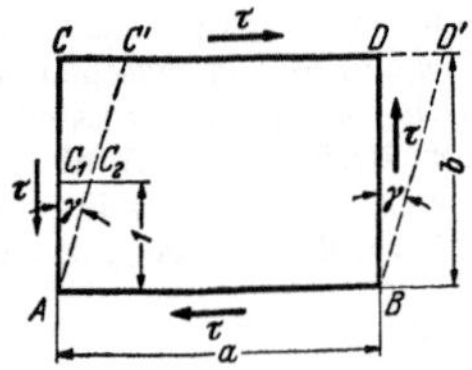

Bild 13

(Gesetz der Überlagerung) in den Achsenrichtungen x und y zu

$$\varepsilon_x = \varepsilon_1 - \mu\varepsilon_2 = \alpha\sigma_x - \mu\alpha\sigma_y = \alpha(\sigma_x - \mu\sigma_y),$$
$$\varepsilon_y = \varepsilon_2 - \mu\varepsilon_1 = \alpha\sigma_y - \mu\alpha\sigma_x = \alpha(\sigma_y - \mu\sigma_x).$$

Infolge der Spannungen σ_x und σ_y treten keine Winkeländerungen auf: *Normalspannungen bewirken Längenänderungen.*

Die *kleinste* bzw. *größte* Dehnung tritt in Richtung der Hauptspannungen $\min\sigma = \sigma_1$ bzw. $\max\sigma = \sigma_2$ auf. Es wird demnach $\min\varepsilon = \alpha(\sigma_1 - \mu\sigma_2)$, $\max\varepsilon = \alpha(\sigma_2 - \mu\sigma_1)$, also

$$\begin{matrix}\max\\ \min\end{matrix}\varepsilon = \alpha\left[\tfrac{1}{2}(1-\mu)(\sigma_y+\sigma_x) \pm \tfrac{1}{2}(1+\mu)\sqrt{(\sigma_y-\sigma_x)^2+4\tau^2}\right]. \qquad (7)$$

b) Schubspannungen. Wirken an dem Quader, Bild 13, nur Schubspannungen, die nach S. 330 gleich groß sein müssen, so geht er in die gestrichelte Lage über, wenn die untere Kante festgehalten wird. Das Rechteck $ABCD$ wird zum Parallelogramm $ABC'D'$, der rechte Winkel CAB zum spitzen Winkel $C'AB$: *Schubspannungen bewirken Winkeländerungen.*

Nach Bild 13 ist

$$\operatorname{tg}\gamma = CC'/AC = C_1C_2/1 \approx \gamma \quad \text{(im Bogenmaß)},$$

da der Winkel sehr klein ist. Mithin ist die Änderung γ des ursprünglich rechten Winkels gleich der *Strecke*, um die sich zwei um 1 cm voneinander entfernte parallele Flächenteile gegeneinander verschieben. γ heißt *Schiebung*. Ist F der Flächeninhalt der oberen Begrenzungsfläche in cm², Q die angreifende Kraft in kg, so ist

$$\tau = Q/F \ \text{kg/cm}^2$$

die *Schubspannung*. Die Größe der Schiebung für die Einheit der Schubspannung ist $\beta = \gamma/\tau$ und heißt *Schubzahl*; ihr Reziprokwert $1/\beta = G$ heißt Gleit- oder Schubmodul, Dimension kg/cm².

Analog $\varepsilon = \alpha\sigma$ wird hier $\gamma = \beta\tau = \tau/G$, wobei β innerhalb eines gewissen Spannungsgebietes als unveränderlich angenommen werden darf; entsprechend $\sigma = E\varepsilon$ gilt $\tau = G\gamma$ als weitere Form des *Hooke*schen Gesetzes für Schubspannungen.

Zwischen Dehnzahl α, Schubzahl β und Gleitmodul G bestehen die Beziehungen

$$\beta = 2\frac{m+1}{m}\alpha = 2\alpha(1+\mu) \quad \text{und} \quad G = \frac{1}{2}\frac{m}{m+1}E = \frac{E}{2(1+\mu)};$$

für $m = 3$ bis 4 wird $\beta = 2{,}67\alpha$ bis $2{,}5\alpha$ oder $\alpha = 0{,}375\beta$ bis $0{,}4\beta$;
für $m = \frac{10}{3}$ (also $\mu = 0{,}3$): $\beta = 2{,}6\alpha$ und $\alpha = 0{,}385\beta$, d. h. $G = 0{,}385E$.

c) Normalspannungen und Schubspannungen. Wirken die in Bild 11, 12 u. 13 angegebenen Kräfte gleichzeitig, so setzen sich die Dehnungen und Winkeländerungen zusammen.

Die Dehnungen können ähnlich dem Spannungskreis durch den *Verformungskreis* dargestellt werden[1].

7. Formänderungsarbeit

Formänderungsarbeit ist die zur Verformung notwendige mechanische Arbeit A^*. Wächst die Kraft von null auf P bzw. das Moment von null auf M, und ist Δl die Verschiebung bzw. $\Delta \varphi$ die Drehung, so folgt $A^* = \frac{1}{2} P \Delta l$ bzw. $A^* = \frac{1}{2} M \Delta \varphi$ (vgl. Beispiel S. 244).

Die bezogene Formänderungsarbeit $\mathbf{A}$ (bezogen auf 1 cm³ des betreffenden Körpers) kann als Summe aus Volumenänderungsarbeit $\mathbf{A}_v$ und Gestaltänderungsarbeit $\mathbf{A}_g$ dargestellt werden, $\mathbf{A} = \mathbf{A}_v + \mathbf{A}_g$. Die Volumenänderungsarbeit entspricht der Wirkung eines hydrostatischen Spannungszustandes (allseitigem Druck), und die Gestaltänderungsarbeit entspricht dem restlichen Spannungszustand. Beim ebenen Spannungszustand erhält man mit den Hauptspannungen σ_1 und σ_2 die Werte

$$\mathbf{A}_v = \frac{1 - 2\mu}{6E} (\sigma_1 + \sigma_2)^2; \qquad \mathbf{A}_g = \frac{1 + \mu}{3E} (\sigma_1^2 + \sigma_2^2 - \sigma_1 \sigma_2). \tag{8}$$

B. Arten der Beanspruchung

a) Zug. Der freigemachte Stab, Bild 14, ergibt zwei Kräfte P, die in Richtung der Stabachse, d. h. senkrecht zum Querschnitt, wirken; der Stab wird *gezogen*, er erfährt eine *Verlängerung*.

b) Druck. Der Stab, Bild 15, wird ebenfalls durch zwei Kräfte P beansprucht, die in Richtung der Stabachse wirken; er wird *gedrückt* und erfährt eine *Verkürzung*.

c) Knickung. Ist der gedrückte Stab im Verhältnis zu seinem Querschnitt sehr lang, Bild 16, so wird er unter dem Einfluß der beiden Kräfte P ausknicken[2].

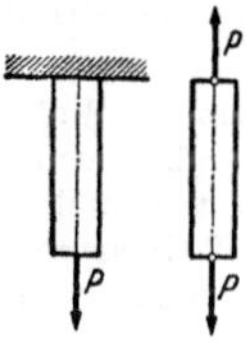

Bild 14

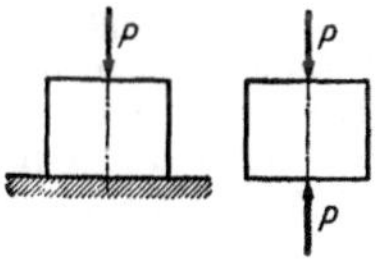

Bild 15

Bild 16

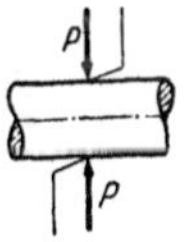

Bild 17

d) Schub. Auf den Stab wirken zwei gleichgroße, entgegengesetzt gerichtete Kräfte P senkrecht zur Stabachse, Bild 17, und haben das Bestreben, die Teile des Stabes in diesem Querschnitt gegeneinander zu verschieben, Bild 18.

e) Biegung. Ein Stab wird auf Biegung beansprucht, wenn die Kraft P, Bild 19, senkrecht zur Stabachse wirkt und eine Krümmung dieser Achse hervorruft. Bei *reiner* Biegung wird der Schub vernachlässigt.

f) Drehung. Auf den Stab wirken zwei Kräfte P nach Bild 20 in einer Ebene senkrecht zur Stabachse und versuchen, die einzelnen Querschnitte des Stabes gegeneinander zu verdrehen.

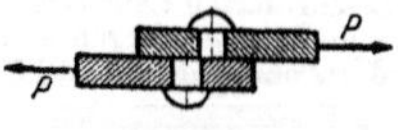

Bild 18

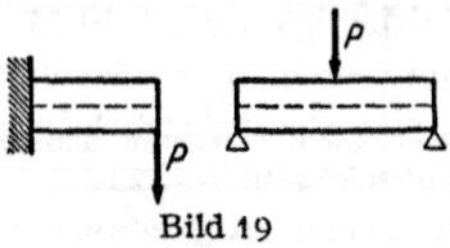

Bild 19

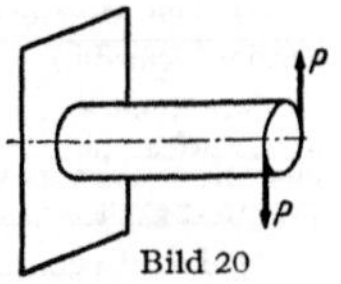

Bild 20

[1] *Rötscher, F.*, u. *R. Jaschke:* Dehnungsmessungen und ihre Auswertung. Berlin: Springer 1939.

[2] Im Grunde handelt es sich hierbei nicht um einen besonderen Belastungsfall, sondern um ein Ausweichproblem (s. S. 388).

Die Fälle a, b, c und e ergeben Normalspannungen und Längenänderungen, die Fälle d und f Schubspannungen und Winkeländerungen.

g) Tritt mehr als eine Art von Beanspruchung auf, so ist der Stab auf **zusammengesetzte Beanspruchung** zu berechnen (s. S. 396).

C. Zügige Festigkeit und Dauerfestigkeit

a) Die **zügige** (statische) **Festigkeit** σ_B wird durch Kurzzeitversuche an glatten Stäben bestimmt (vgl. schematische Skizze Bild 21, ferner Bild 5). Bei Langzeitbeanspruchungen ist die *Dauerstandfestigkeit* σ_{Dst} maßgebend, d. h. die Spannung, die bei beliebig langer Dauer nicht mehr zum Bruch führt.

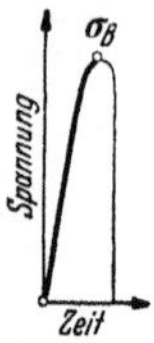

Bild 21

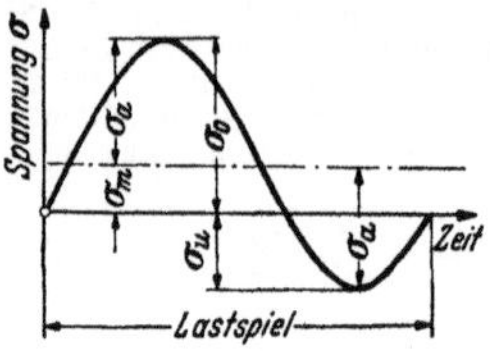

Bild 22

b) Die meisten Maschinenteile unterliegen jedoch einer **wechselnden Belastung,** d.h. die Beanspruchung wechselt während eines *Lastspiels* zwischen zwei Grenzwerten, der Oberspannung σ_o und der Unterspannung σ_u, Bild 22. Diese Beanspruchung kann auch aufgefaßt werden als ein Schwanken um die mittlere Beanspruchung oder Mittelspannung $\sigma_m = \frac{1}{2}(\sigma_o + \sigma_u)$ in Höhe des nach beiden Seiten gleichen Spannungsausschlages $\sigma_a = \frac{1}{2}(\sigma_o - \sigma_u)$. Ob der Idealfall eines sinusförmigen Spannungsverlaufes vorliegt oder nicht, ist unwesentlich.

c) Die Dauerfestigkeit σ_D (kleine Indizes entsprechend der Beanspruchungsart angefügt) ist der Grenzwert der wechselnden Beanspruchung, der bei glatten, polierten Stäben gerade noch beliebig lange ertragen wird. Als kennzeichnende Größe gibt man die obere oder untere Grenzfestigkeit σ_O bzw. σ_U an oder den Spannungsausschlag σ_A, z. B. in der Form $\sigma_D = \sigma_m \pm \sigma_A$.

d) Das Ergebnis einer Prüfung auf Dauerfestigkeit wird in Form der **Wöhlerkurve** dargestellt: Man trägt den Spannungsausschlag in Abhängigkeit von der Zahl der Lastspiele auf, Bild 23. Die Kurve nähert sich einem von null verschiedenen endlichen Wert (besonders gut durch Darstellung auf Exponentialpapier erkennbar), der bei einigen Millionen Lastwechseln fast immer erreicht wird.

An Stelle des Begriffes „beliebig oft" wird die Sechsmillionengrenze (für Stahl), bei Leichtmetallen auch mehr, angenommen, s. a. S. 518 (Werkstoffkunde).

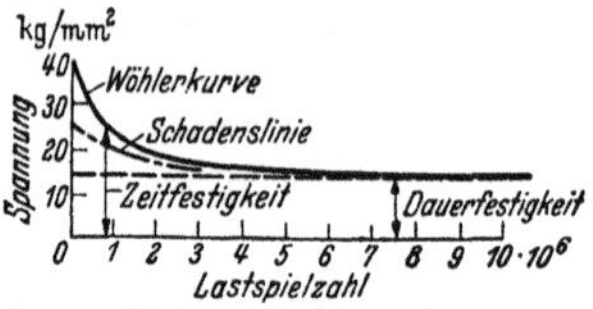

Bild 23. Wöhlerkurve

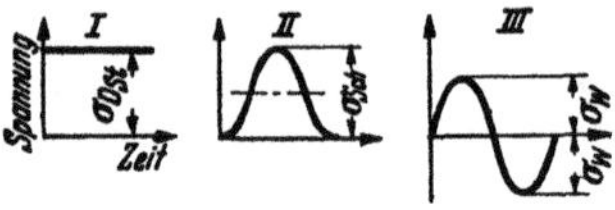

Bild 24

e) Die Werte der Festigkeiten, die unterhalb der Grenzzahl der Lastspiele erreicht werden, heißen **Zeitfestigkeiten,** Bild 23.

Ihre Kenntnis ist wichtig für Bauteile, die von vornherein einer beschränkten Lebensdauer unterworfen sind. Die *Schadenslinie* gibt an, wie viele und wie hohe Überlastungen (d. h. über die Dauerfestigkeit hinaus) einem Werkstoff ohne Schaden, d. h. ohne Minderung der Dauerfestigkeit, zugemutet werden können, Bild 23.

f) Die Ergebnisse der Dauerfestigkeitsversuche bei verschiedenen Mittelspannungen werden **im Dauerfestigkeitsschaubild** (auch Grenzspannungsdiagramm genannt), DIN 50100, dargestellt. Hierbei sind noch entsprechend den drei hervorgehobenen Belastungsfällen von *C. Bach* (s. Tafeln im Anhang) folgende Größen definiert (Bild 24):

α) *Belastungsfall I* (ruhende Belastung): Die Belastung wird langsam auf einen Höchstwert gebracht und bleibt dann konstant (Bild 21 u. 24, I). Es ist $\sigma_A = 0$ und $\sigma_m = \sigma_{\ } = \sigma_U$. Die Grenzspannung heißt *Dauerstandfestigkeit* σ_{Dst} [s. a)].

β) *Belastungsfall II* (schwellende Belastung): Die Belastung schwankt dauernd zwischen null und einem Höchstwert (Bild 24, II). Es ist $\sigma_m = \sigma_A$ und $\sigma_U = 0$. Die Grenzspannung heißt *Schwellfestigkeit* σ_{Sch} (früher Ursprungsfestigkeit).

γ) *Belastungsfall III* (schwingende Belastung): Die Belastung schwankt zwischen einem positiven und negativen gleichgroßen Höchstwert (Bild 24, III). Es ist $\sigma_m = 0$ und $\sigma_U = -\sigma_O = -\sigma_A$. Diese Grenzspannung heißt *Wechselfestigkeit* σ_W.

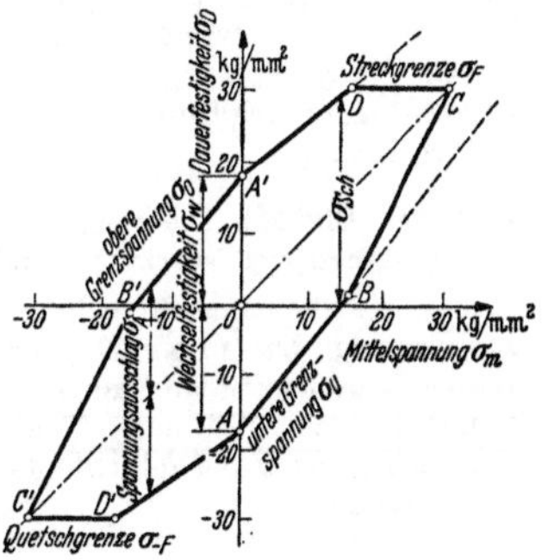

Bild 25. Dauerfestigkeitsschaubild

Im *Dauerfestigkeitsschaubild*, Bild 25, dem auch der allgemeine Belastungsfall zu entnehmen ist, werden die Grenzspannungen, d. h. die Festigkeiten σ_O und σ_U in Abhängigkeit der Mittelspannung σ_m aufgetragen. Man erhält also zwei Kurvenäste, die von der 45°-Geraden in der Ordinatenrichtung gleich weit entfernt sind. Diese Gerade entspricht den Mittelspannungen, und von dieser sind σ_O und σ_U um den Spannungsausschlag σ_A entfernt. Das Bild der gemessenen Werte wird durch die Horizontale der Streckgrenze bzw. der Quetschgrenze bei Druck abgeschnitten, da plastische Verformungen im Maschinenbau im allgemeinen vermieden werden.

Die Kurvenstücke AB bzw. $A'B'$ entsprechen den Messungen und liefern praktisch gerade Linien. Gemäß der Streck- oder 0,2-Dehngrenze bzw. der Quetschgrenze schließen die Geraden DC bzw. $D'C'$ das Schaubild nach oben bzw. nach unten ab. Da B unter D bzw. B' über D' liegt, liefern die Geraden BC bzw. $B'C'$ die Schlußlinien.

Das vollständige Schaubild muß die Grenzspannungen für Zug, Druck, Biegung und Drehung enthalten, s. Tafeln im Anhang.

D. Kerbwirkung

Die in den folgenden Kapiteln mit Hilfe der elementaren Festigkeitslehre gewonnenen Formeln für die Spannungen gehen zunächst davon aus, daß die betrachtete Stelle sich in genügend weiter Entfernung vom Kraftangriffspunkt befindet (Prinzip von *St. Venant*, s. a. A 1), weil erst dort mit einer gleichmäßigen Spannungsverteilung gerechnet werden kann.

Weiter wird angenommen, daß es sich um glatte Gebilde (Stäbe, Platten bzw. Scheiben u. ä.) handelt. Diese Voraussetzung ist aber nicht immer erfüllt: Wird z. B. ein gekerbter Stab nach Bild 26 gezogen oder gedrückt, so wären nach der elementaren Festigkeitslehre die Normalspannungen durch $\sigma = P/F$ mit F als Flächeninhalt des Querschnitts an der engsten Stelle gegeben. In Wirklichkeit ist jedoch der Spannungsverlauf nicht gleichmäßig, sondern es treten am Rande Spannungsspitzen auf (vgl. Lit. 1).

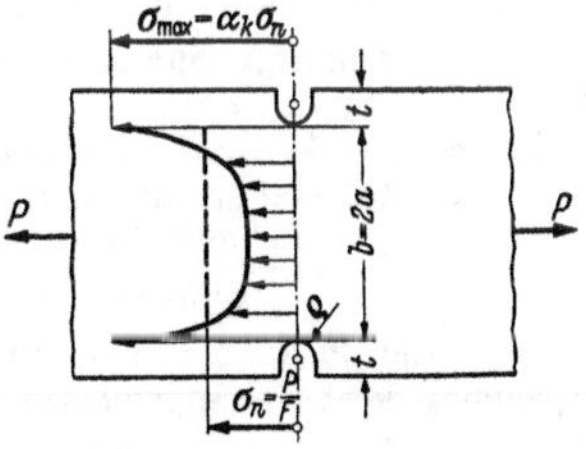

Bild 26. Zur Kerbwirkung

Dies ist zunächst rechnerisch dadurch zu erklären, daß infolge der Kerbe kein einachsiger, sondern ein zweiachsiger Spannungszustand vorliegt, wonach diese Kerbwirkung auch rechnerisch erfaßt werden kann. Hinzu kommt, daß die Annahme, der Werkstoff bestehe aus parallelen gleichartigen Fasern, insbesondere bei plötzlichen Querschnittsänderungen im Hinblick auf das meist kristalline Gefüge der meisten Werkstoffe nicht zutrifft, besonders wenn es sich um sehr kleine Kerben handelt. Bei „unendlich" kleinen Kerben versagt daher die Rechnung, und es muß bei kleinen Kerben auf *jeden Fall der Versuch an die Stelle der Rechnung treten*.

a) Derartige Kerbwirkungen treten auf bei Kerben, Bohrungen und sonstigen mehr oder weniger plötzlichen Querschnittsänderungen sowohl bei Zug u. Druck wie auch bei Biegung (s. d.) und bei Drehung (s. d.)[1]. Bezeichnet man die mit Hilfe der elementaren Festigkeitslehre gewonnenen Spannungen als *Nennspannungen* σ_n (σ_{nz}, σ_{nd}, σ_{nb}), τ_n, so trägt man der Spannungserhöhung infolge Kerbwirkung durch Einführung der **Formzahl** $\alpha_k \geqq 1$ Rechnung, so daß die *maximale Spannung*

$$\sigma_{\max} = \alpha_k \sigma_n$$

wird (vgl. Bild 26). Die Formzahlen werden rechnerisch und versuchsmäßig ermittelt (Werte vgl. Werkstoffkunde).

b) Eine derartige Berechnung ist besonders wichtig bei wechselnder Beanspruchung. Die maximale Spannung hängt jedoch noch weiterhin von der Kerbempfindlichkeit und auch von der Oberflächenbeschaffenheit ab. Die Kerbempfindlichkeit wird nach *Thum* und Mitarbeitern (s. Werkstoffkunde) durch Einführung der **Empfindlichkeitszahl** η_k berücksichtigt, so daß bei wechselnder Beanspruchung

$$\sigma_{\max} = [1 + (\alpha_k - 1)\,\eta_k]\,\sigma_n = \beta_k \sigma_n$$

wird.

Nach *Siebel* und Mitarbeitern[2] ist bei *schwingender Belastung* neben der Formzahl besonders das Spannungsgefälle an der höchst beanspruchten Stelle maßgebend, während bei *zügiger* Beanspruchung und beim Auftreten bleibender Formänderungen sowie bei ungleichförmiger Beanspruchung die *Stützwirkung* der weniger stark beanspruchten Teile wesentlich ist.

c) Bei komplizierter Form eines Maschinenteils (z. B. Schubstangenkopf) führt eine genaue Berechnung nicht zum Ziel; erst spannungsoptische Untersuchungen oder Dehnungsmessungen können einen klaren Einblick in den Spannungsverlauf geben, so daß in diesem Zusammenhang von einer Festigkeit der Gestalt gesprochen wird[3], da für die konstruktive Gestaltung nicht die an glatten Stäben errechnete Festigkeit, sondern eben die **Gestaltfestigkeit** maßgebend ist, welche die Form, die konstruktive Anordnung, d. h. die gesamte Gestaltung berücksichtigt (vgl. a. Werkstoffkunde).

E. Zulässige Spannung und Sicherheit

a) Sicherheit $\nu > 1$ ist das Verhältnis einer Grenzspannung zur tatsächlich auftretenden größten Spannung $\sigma_{\max}$ (s. a. D):

$$\nu = \text{Grenzspannung/größte Spannung.}$$

Als Grenzspannung kann gewählt werden die Bruchspannung σ_B bzw. die Dauerfestigkeit σ_D (Sicherheit gegen Bruch, $\nu = \sigma_B/\sigma_{\max}$ bzw. $\nu = \sigma_D/\sigma_{\max}$) oder die Elastizitätsgrenze σ_E ($\nu = \sigma_E/\sigma_{\max}$) oder die Fließgrenze σ_F, gegebenenfalls (s. o.) die 0,2-Dehngrenze (Sicherheit gegen Fließen, $\nu = \sigma_F/\sigma_{\max}$) oder auch die Knickspannung (Sicherheit gegen Knicken) usw.

b) Die **zulässige Spannung** eines Körpers ($\sigma_{z\,zul}$ für Zug, $\sigma_{d\,zul}$ für Druck, $\sigma_{b\,zul}$ für Biegung, $\tau_{s\,zul}$ für Schub, $\tau_{t\,zul}$ für Drehung) ist diejenige Spannung in kg/cm² bzw. kg/mm², bis zu der er auf eine der verschiedenen Arten der Beanspruchung belastet werden darf.

Bei vorgeschriebener Sicherheit ist die

$$\text{zulässige Spannung} = \text{Grenzspannung/Sicherheit,}$$

so daß die maximale Spannung $\sigma_{\max}$ ($\tau_{\max}$) $\leqq \sigma_{zul}$ (τ_{zul}) ist. Die zulässige Spannung liegt im allgemeinen unterhalb der Proportionalitäts- und unterhalb

---

[1] *Siebel, E.*, u. *H. O. Meuth:* Die Wirkung von Kerben bei schwingender Beanspruchung. VDI-Z. Bd. 91 (1949) S. 319/23.

[2] *Siebel, E.*, u. *M. Pfender:* Neue Erkenntnisse der Festigkeitsforschung. Die Technik Bd. 2 (1947) S. 117/21. — Dies.: Untersuchungen ü. d. Einfluß d. Spannungsgefälles auf d. Schwingungsfestigkeit. Stahl u. Eisen Bd. 66/67 (1947) S. 318/21. — *Siebel, E.:* Neue Wege d. Festigkeitsrechnung. VDI-Z. Bd. 90 (1948) S. 135/39. — *Siebel, E.*, u. *K. Rühl:* Ermittlung d. Formdehngrenzen für d. Festigkeitsrechnung bei zügiger Beanspruchung. Die Technik Bd. 3 (1948) S. 218/23. — *Siebel, E.*, u. *S. Schwaigerer:* Das Rechnen mit Formdehngrenzen. VDI-Z. Bd. 90 (1948) S. 335/41. — Vgl. a. Lit. 1 u. Anm. 1.

[3] *Thum, A.:* Die Entwicklung der Lehre von d. Gestaltfestigkeit. VDI-Z. Bd. 88 (1944) Nr. 45/46 S. 609/15.

der Elastizitätsgrenze, damit bleibende Formänderungen vermieden werden. Vielfach ist die zulässige Spannung durch behördliche Vorschriften festgelegt, wie z. B. im Hochbau. Die Sicherheit kann um so niedriger angenommen werden, je sicherer die theoretische Berechnung den tatsächlichen Verhältnissen entspricht und je unwahrscheinlicher die Gefahr einer Überschreitung der Spannung σ_{max} ist.

Siebel, E.[1], und Mitarbeiter weisen darauf hin, daß man der Festigkeitsrechnung bei ungleichförmiger Spannungsverteilung eine bestimmte plastische Verformung an der höchstbeanspruchten Stelle zugrundelegen sollte, da die anderen, nicht so stark beanspruchten Fasern eine *Stützwirkung* hervorrufen.

F. Bruchhypothesen

a) Für die Ursachen des Bruches oder für die Grenzen der zulässigen Anstrengung des Werkstoffes sind verschiedene Hypothesen aufgestellt, deren Kenntnis bei der Behandlung der zusammengesetzten Beanspruchung erforderlich ist. Hierbei wird eine **Vergleichsspannung** oder reduzierte Spannung σ_{red} eingeführt[2], durch die der im allgemeinen mehrachsige Spannungszustand auf einen *einachsigen* zurückgeführt wird. Die Vergleichsspannung muß hierbei kleiner als die zulässige sein. Im folgenden soll nur der ebene Spannungszustand, und zwar an derselben Stelle des Werkstoffs betrachtet werden.

α) *Hypothese der größten Normalspannung* (*Lamé, Clapeyron, Maxwell, Hopkinson*). Als Vergleichsspannung wird die größte Normalspannung gewählt. Diese Hypothese ist durch Versuche nicht bestätigt.

β) *Hypothese der größten Dehnung* oder Gleitung (*Mariotte, St. Venant, Poncelet, Grashof, C. Bach*). Die Proportionalitätsgrenze wird hiernach erreicht, wenn die größte Dehnung erreicht wird. Diese durch *C. Bach* in Deutschland verbreitete Hypothese ist durch Versuche nicht bestätigt worden.

γ) *Hypothese der größten Schubspannung* (*Coulomb, Guest, Mohr*). Das Erreichen eines gewissen Wertes der Schubspannung, einer Grenzschubspannung, ist maßgebend. Diese Auffassung ist in besserer Übereinstimmung mit den Versuchen, insbesondere bei Stahl mit ausgeprägter Streckgrenze.

δ) *Hypothese des elastischen Grenzzustandes* nach *O. Mohr*. Diese stellt eine Verbindung zwischen den Hypothesen α) und γ) dar. Maßgebend ist das Erreichen einer bestimmten Grenzkurve: Werden für verschiedene Spannungszustände die Spannungskreise, Bild 27, entworfen, so werden diese von der Grenzkurve eingehüllt, die nicht überschritten werden darf. Über ihren Verlauf liegen kaum Untersuchungen vor. Es genügt jedoch häufig, die Einhüllende durch Geraden zu ersetzen. Bei spröden Werkstoffen ($\sigma_{d\,zul} \neq \sigma_{z\,zul}$), Bild 28, ergeben sich geneigte Geraden (vgl. S. 406, Beisp.), bei zähen Werkstoffen ($\sigma_{d\,zul} = \sigma_{z\,zul}$) Parallelen zur σ-Achse, Bild 29. Dann stimmt die *Mohr*sche Auffassung mit der der größten Schubspannung überein; sie hat gegenüber den anderen Hypothesen den Vorteil größerer Anpassungsfähigkeit an jeden Werkstoff.

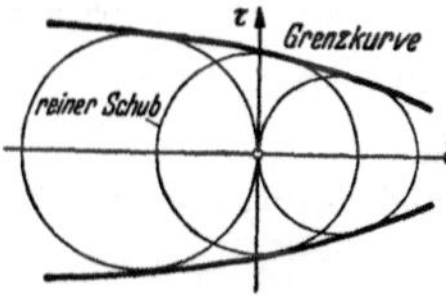

Bild 27

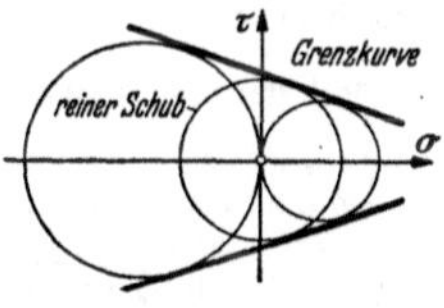

Bild 28

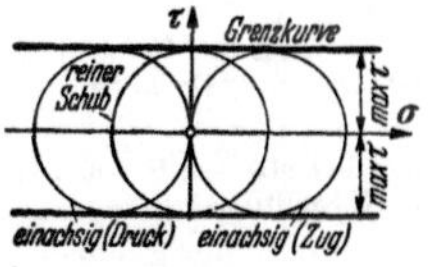

Bild 29

ε) *Hypothese der größten Formänderungsarbeit* (*Beltrami*). Diese sagt aus, daß die größte bezogene Formänderungsarbeit (S. 333) maßgebend ist. Diese Hypothese ist durch Versuche nicht bestätigt worden.

ζ) *Hypothese der größten Gestaltänderungsarbeit* (*Huber, v. Mises, Hencky*). Nach dieser darf die bezogene *Gestalt*änderungsarbeit (S. 333) einen bestimmten Wert nicht überschreiten. Diese Hypothese stimmt gut mit den Versuchen überein und ist besonders bei plastischer Verformung brauchbar.

Das Verhalten der vielkristallinen Stoffe, wie z. B. Stahl, scheint zwischen den Hypothesen ζ) und γ) bzw. δ) zu liegen.

---

[1] Siehe Fußnote 2 auf S. 336.

[2] Vielfach bezeichnet man die Vergleichsspannung auch mit σ_v.

b) Für die **rechnerische Auswertung** der Hypothesen α), β), γ), ζ) **vgl.** die nachstehende Tabelle beim *ebenen* oder zweiachsigen Spannungszustand. Diese ist für die beiden wichtigsten Fälle aufgestellt, daß entweder an einer Stelle die Normalspannung σ und die Schubspannung τ (Spalte 1) oder die beiden Hauptspannungen σ_1 und σ_2 (Spalte 2) bekannt sind. Im einzelnen ist noch zu bemerken:

Zu α. Größte Normalspannung aus Gl. (2), S. 330. Bei reinem Schub wird $\sigma_{red} = \tau$.

Zu β. Die größte Dehnung folgt aus Gl. (7), S. 332, mit $\sigma_x = 0$ und $\sigma_y = \sigma$. Die dieser entsprechende (reduzierte) Spannung ist $\sigma_{red} = \max \varepsilon/\alpha$, woraus sich mit $\mu = 0{,}3$ der Wert in Spalte 1 ergibt. Bei reinem Schub ($\sigma = 0$) wird $\sigma_{red} = 1{,}3\,\tau$, d. h. es müßte $\sigma_{zul}/\tau_{zul} = 1{,}3$ sein. Die zulässigen Spannungen nach *C. Bach* (s. Taf. im Anhang) entsprechen etwa diesem Verhältnis (dort ist $\mu = 0{,}25$, also $1 + \mu = 1{,}25$). Für Spalte 2 erhält man die Werte aus Gl. (7), S. 332, in ähnlicher Weise, wenn dort $\tau = 0$, $\sigma_x = \sigma_1$, $\sigma_y = \sigma_2$ und $\mu = 0{,}3$ gesetzt wird.

Zu γ. Aus Gl. (5), S. 330, folgt die größte Schubspannung. Für reinen Schub wird $\sigma_{red} = 2\tau$, d. h. es müßte $\sigma_{zul}/\tau_{zul} = 2$ sein. Der Spannungskreis (Bild 9) liefert $\max \tau = \frac{1}{2}(\sigma_2 - \sigma_1)$. Damit wird $\sigma_{red} = \sigma_2 - \sigma_1$, Spalte 2; vgl. jedoch Anmerkung und Abschn. 5, S. 331.

Zu ζ. Setzt man in den Wert von $\mathbf{A}_g$, Gl. (8), S. 333, die Spannungen $\max \sigma = \sigma_2$ und $\min \sigma = \sigma_1$ nach Gl. (4), S. 330, ein, so wird $\mathbf{A}_g = (1 + \mu)(\sigma^2 + 3\tau^2)/3E$. Für den einachsigen Spannungszustand muß $\mathbf{A}_g = (1 + \mu)\,\sigma_{red}^2/3E$ sein, woraus sich durch Gleichsetzen der angegebene Wert für σ_{red} ergibt. Bei reinem Schub ist $\sigma_{red} = \tau\sqrt{3} = 1{,}73\,\tau$, wonach $\sigma_{zul}/\tau_{zul} = 1{,}73$ sein müßte. In ähnlicher Weise wird der Wert in Spalte 2 erhalten.

Bei den obigen Formeln ist das *Hooke*sche Gesetz benutzt worden, so daß statt σ_{zul} auch σ_P gesetzt werden kann. Darüber hinaus werden die Formeln auch für die Fließgrenze (σ_F) bzw. die Festigkeiten (σ_B, σ_D) angewendet.

Reduzierte Spannungen σ_{red} für den ebenen Spannungszustand
(positiv Zug, negativ Druck)

Hypothese	Bekannt sind: (1) Normalspannung σ und Schubspannung τ	(2) Hauptspannungen
α)	$\lvert 0{,}5\,\sigma \pm 0{,}5\sqrt{\sigma^2 + 4\tau^2}\rvert$	σ_2 bzw. σ_1
β)	$\lvert 0{,}35\,\sigma \pm 0{,}65\sqrt{\sigma^2 + 4\tau^2}\rvert$	$\sigma_2 - 0{,}3\,\sigma_1$ bzw. $\sigma_1 - 0{,}3\,\sigma_2$
γ)	$\sqrt{\sigma^2 + 4\tau^2}$	$\sigma_2 - \sigma_1$ *
ζ)	$\sqrt{\sigma^2 + 3\tau^2}$	$\sqrt{\sigma_2^2 + \sigma_1^2 - \sigma_1\sigma_2}$

c) Anstrengungsverhältnis. α) Die in Spalte 1 der vorstehenden Tabelle entwickelten Formeln gelten für den Fall, daß σ und τ *demselben Belastungsfall* folgen. Ist σ_{zul} der zulässige Wert der Normalspannung und τ_{zul} der zulässige Wert der Schubspannung, so muß entsprechend den verschiedenen Hypothesen $\sigma_{zul} = \varphi\,\tau_{zul}$ oder $\sigma_P = \varphi\,\tau_P$ und $\sigma_F = \varphi\,\tau_F$ sein; für die Normalspannungshypothese ist $\varphi = 1$, für die Dehnungshypothese $\varphi = 1{,}3$ usw.

β) Sind die *Belastungsfälle* von σ und τ ***verschieden***, so wird nach *C. Bach* durch das Anstrengungsverhältnis

$$\alpha_0 = \sigma_{zul}/\varphi\,\tau_{zul} \qquad \text{mit} \qquad \varphi = 1;\ 1{,}3 \text{ usw.}$$

der Belastungsfall von τ auf den von σ zurückgeführt. Die Vergleichsspannungen sind dann nach Spalte (1):

α) Normalspannungshypothese: $0{,}5\,\sigma + 0{,}5\sqrt{\sigma^2 + 4(\alpha_0\tau)^2} \leqq \sigma_{zul}$ mit $\varphi = 1$,

β) Dehnungshypothese: $0{,}35\,\sigma + 0{,}65\sqrt{\sigma^2 + 4(\alpha_0\tau)^2} \leqq \sigma_{zul}$ mit $\varphi = 1{,}3$,

γ) Schubspannungshypothese: $\sqrt{\sigma^2 + 4(\alpha_0\tau)^2} \leqq \sigma_{zul}$ mit $\varphi = 2$,

ζ) Hypothese der größten Gestaltänderungsarbeit:

$$\sqrt{\sigma^2 + 3(\alpha_0\tau)^2} \leqq \sigma_{zul} \qquad \text{mit} \quad \varphi = 1{,}73.$$

Die zulässigen Werte sind entsprechend dem vorliegenden Belastungsfall zu wählen. Vgl. a. S. 399 und 400.

Verfahren zur Prüfung der Metalle, s. Werkstoffkunde, S. 510.

* Gilt nur, wenn σ_2 und σ_1 verschiedene Vorzeichen haben. Wenn σ_2 und σ_1 gleiches Vorzeichen haben, so ist σ_{red} gleich der dem absoluten Betrag nach größeren Hauptspannung; dies folgt aus der *Mohr*schen Darstellung des räumlichen oder dreiachsigen Spannungszustandes; vgl. Abschn. 5, S. 331, sowie Lit. 3 u. 5.

II. Zug und Druck

1. Spannung

Wird ein prismatischer Stab durch eine Kraft P in Richtung seiner Achse angegriffen, so wird in einem beliebigen Querschnitt F bei gleichmäßiger Verteilung die Spannung

$$\sigma\ \mathrm{kg/cm^2} = P\ \mathrm{kg}/F\ \mathrm{cm^2}$$

hervorgerufen. Mit σ_{zul} als zulässiger Zug- bzw. Druckspannung wird die Tragkraft des Stabes

$$P = F\sigma_{zul}.$$

Hat der Stab veränderlichen Querschnitt, so ist der kleinste Querschnitt maßgebend; gegebenenfalls ist die Kerbwirkung (s. S. 335) zu berücksichtigen. Bei Ermittlung der größten Spannung darf u. U. das Eigengewicht nicht vernachlässigt werden.

Gedrückte Stäbe, deren Länge im Verhältnis zu den Abmessungen des Querschnittes bedeutend ist, sind auf Knicken zu berechnen (S. 388).

2. Formänderung

Die Formänderung des Stabes unter dem Einfluß der Kraft P ist

$$\Delta l = \alpha\sigma l$$

in cm, wenn l in cm gemessen wird.

Soll die Spannung unter Einwirkung des Eigengewichtes in allen Querschnitten die gleiche sein, so erhält man den Körper *gleicher Festigkeit* gegen Zug bzw. Druck; der Querschnitt verjüngt sich nach einem Exponentialgesetz (S. 137) bei Zug (Druck) in (entgegen der) Richtung der Schwerkraft. Einen Stab von angenähert gleichem Widerstand gegen Zug erhält man durch Absetzen (Drahtseile bei Schachtförderungen).

Zulässige Zug- und Druckspannungen im Hoch-, Kran- und Brückenbau s. S. 507, zulässige Spannungen im Maschinenbau s. Tafeln im Anhang.

Reißlänge, bei Textilstoffen, Papier, Hanf- und Drahtseilen, Lederriemen u. a. verwendet, ist die Länge l_R (bei unverändertem Querschnitt), bei welcher der freihängende Körper unter seinem Eigengewicht abreißt: $l_R = \sigma_B/\gamma$.

Beispiele: 1. Eine Zugstange aus Flußstahl von 8 m Länge ist mit $P = 17000$ kg belastet; der erforderliche Querschnitt wird bei $\sigma_{zul} = 900\ \mathrm{kg/cm^2}$

$$F = 17000/900 = 18{,}9\ \mathrm{cm^2};$$

gewählt wird $d = 50$ mm mit $F = 19{,}64\ \mathrm{cm^2}$, so daß mit 15,4 kg/m Eigengewicht $\max\sigma = (17000 + 8\cdot 15{,}4)/19{,}64 \approx 872\ \mathrm{kg/cm^2}$ wird; die Verlängerung der Zugstange ist

$$\Delta l = \alpha\sigma l = \sigma l/E = 872\cdot 800/2\,150\,000 \approx 0{,}32\ \mathrm{cm} = 3{,}2\ \mathrm{mm}.$$

2. Ein Flachstab aus St 37.11 gemäß Bild 26 von $h = 5$ mm Stärke und den Maßen $b = 2a = 30$ mm, $t = 5$ mm, $\varrho = 3$ mm ist wechselnd auf Zug-Druck beansprucht. Wie groß ist bei $P = 600$ kg die maximale Spannung? Die Nennspannung (I, D) ist $\sigma_n = P/F = 600/(3\cdot 0{,}5) = 400\ \mathrm{kg/cm^2}$. Die Formzahl hat (s. Werkstoffkunde, S. 492) für $t/\varrho = 5/3$ und $a/\varrho = 15/3 = 5$ den Wert $\alpha_k = 2{,}6$. Also wird $\sigma_{max} = \alpha_k\sigma_n = 2{,}6\cdot 400 = 1040\ \mathrm{kg/cm^2}$. Mit einer Empfindlichkeitszahl $\eta_k = 0{,}6$ (s. S. 504) folgt aber $\sigma_{max} = [1 + (\alpha_k - 1)\,\eta_k]\,\sigma_n = (1 + 1{,}6\cdot 0{,}6)\cdot 400 = 1{,}96\cdot 400 = 784\ \mathrm{kg/cm^2}$.

3. Es ist die Spannung eines an den Enden fest eingespannten Stabes aus Flußstahl zu ermitteln, der bei 10 °C spannungsfrei ist und gleichmäßig auf 100 °C erwärmt wird.

Bei Erwärmung von t_1 auf t_2 würde sich der frei gelagerte Stab von der Länge l um $\Delta l = \alpha_t\, l\,(t_2 - t_1)$ ausdehnen (s. S. 415). Also muß die gleichmäßig verteilte *Wärmespannung* den Wert $\sigma = E\varepsilon = E\Delta l/l = E\alpha_t\,(t_2 - t_1)$ haben. Im Zahlenbeispiel ist $\alpha_t = 12\cdot 10^{-6}$ und $E = 2{,}15\cdot 10^6$, also wird

$$\sigma = 2{,}15\cdot 10^6\cdot 12\cdot 10^{-6}\cdot (100 - 10) = 2322\ \mathrm{kg/cm^2}.$$

3. Formänderungsarbeit

Unter Beachtung der Beziehungen in I, A, 7, S. 333, folgt:

Das Element von der Länge $\mathrm{d}x$ verlängert sich unter der Normalkraft $P = \sigma F$ um $\mathrm{d}\lambda = \varepsilon\,\mathrm{d}x = \mathrm{d}x\,\sigma/E = \mathrm{d}x\,P/EF$, also wird $\mathrm{d}A = 1/2\cdot P\,\mathrm{d}\lambda = P^2\,\mathrm{d}x/2EF$, d. h. für den ganzen Stab gilt $A = \int_0^l P^2\,\mathrm{d}x/2EF$. Für konstante Werte E, P und F folgt $A = P^2 l/2EF = \sigma^2 F l/2E$.

III. Biegung

A. Biegung des geraden Stabes

Bei der Biegung wirken die Kräfte senkrecht zur (geraden) Stabachse, die Lastebene schneidet die Querschnitte bei *gerader* Biegung, Bild 30a, in einer Hauptachse (s. 2c), die bei symmetrischem Querschnitt eine Symmetrieachse ist, bei *schiefer* Biegung, Bild 30b, nicht in einer Hauptachse, geht jedoch auch durch den Schwerpunkt S.

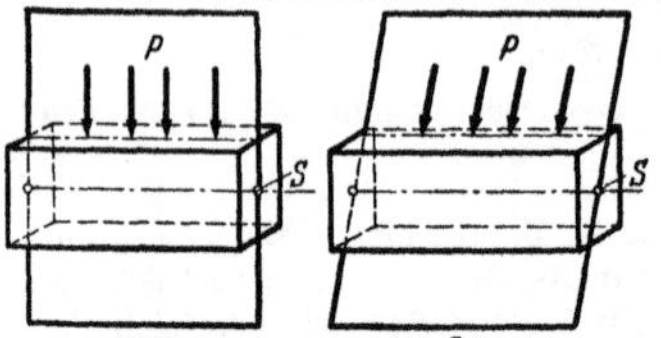

Bild 30. (a) Gerade und (b) schiefe Biegung

Da im Maschinenbau im allgemeinen nur gerade Biegung auftritt, wird diese hier vorzugsweise behandelt. Schiefe Biegung s. S. 375.

Für die Biegespannungen in einem bestimmten Querschnitt eines Trägers ist nicht die Größe der Kräfte, sondern ihr Moment in bezug auf diese Stelle, das Biegemoment, maßgebend, s. S. 350.

1. Biegespannung

a) Grundgleichung. Der Träger, Bild 31, wird durch ein Moment M auf Biegung beansprucht und nach unten durchgebogen. Die Erfahrung zeigt, daß die obere Faserschicht eine Verkürzung, die untere Faserschicht dagegen eine Verlängerung erfährt. Zwischen beiden Schichten muß sich eine Faserschicht befinden, die ihre ursprüngliche Länge ds beibehält; sie heißt *neutrale Faser* und schneidet jeden Querschnitt in einer Geraden, die *neutrale Achse des Querschnittes* oder *Nullinie* genannt wird.

Es wird angenommen, daß die Querschnitte eben bleiben (was auch durch Versuche bestätigt wurde) und daß das *Hooke*sche Gesetz erfüllt ist. Aus der ersten Bedingung folgt, daß die Dehnungen proportional den Abständen η von der neutralen Faser, und aus der zweiten, daß auch die Spannungen proportional diesen Abständen sind (Bild 31).

Ist σ_0 die Spannung im Abstand eins, so wirkt auf das Flächenteilchen dF die Spannung $\sigma = \eta\,\sigma_0$ und daher die Kraft $\sigma\,\mathrm{d}F = \eta\,\sigma_0\,\mathrm{d}F$. Nach der ersten Gleichgewichtsbedingung $\sum X_i = 0$ muß also für einen Querschnitt

$$\int \sigma\,\mathrm{d}F = \int \eta\,\sigma_0\,\mathrm{d}F = \sigma_0 \int \eta\,\mathrm{d}F = 0$$

sein. Da $\int \eta\,\mathrm{d}F$ gleich dem statischen Moment der Fläche F in bezug auf die Nullinie ist und dieses gleich null sein soll, muß die neutrale Faser eine Schwerlinie sein, d. h. durch den Schwerpunkt gehen.

Die zweite Gleichgewichtsbedingung $\sum Y_i = 0$ würde, da als äußere Kraft die Querkraft Q (s. 3) wirkt, auf Schubspannungen führen. Diese seien hier vernachlässigt bzw. nicht erörtert (vgl. S. 379/81 u. 400).

Nach der dritten Gleichgewichtsbedingung $\sum M_i = 0$ muß mit M als Biegemoment der äußeren Kräfte für den betrachteten Querschnitt

$$M = \int \sigma\,\mathrm{d}F\,\eta = \int \sigma_0\,\eta^2\,\mathrm{d}F = \sigma_0 \int \eta^2\,\mathrm{d}F$$

sein. Hierin ist $\int \eta^2\,\mathrm{d}F = J$ das auf die Nullinie bezogene axiale *Trägheitsmoment* des Querschnittes (s. 2). Daher wird

$$\sigma_0 = M/J \quad \text{oder} \quad \sigma = \eta\,\sigma_0 = \eta\,M/J.$$

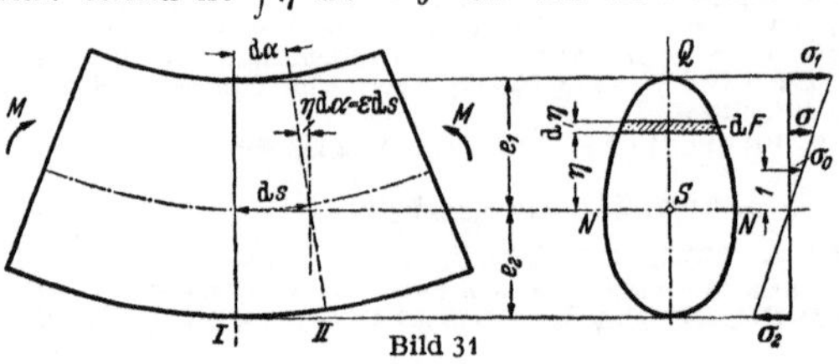

Bild 31

Die größten Spannungen treten in den Außenfasern auf. Haben diese die Abstände e_1 und e_2 von der neutralen Achse, so werden die entsprechenden Spannungen $\sigma_1 = e_1 M/J$ und $\sigma_2 = e_2 M/J$.

In Bild 31 ist σ_1 die größte Druckspannung, σ_2 die größte Zugspannung.

Führt man die *Widerstandsmomente* $W_1 = J/e_1$ und $W_2 = J/e_2$ ein, so wird $\sigma_1 = M/W_1$ und $\sigma_2 = M/W_2$. Die Festigkeitsbedingungen lauten

$$\sigma_1 \leqq \sigma_{d\,\text{zul}} \quad \text{und} \quad \sigma_2 \leqq \sigma_{z\,\text{zul}}\,.$$

Ist die Nullinie eine Symmetrielinie des Querschnittes und daher $e_1 = e_2 = e$, und ist ferner $\sigma_{z\,\text{zul}} = \sigma_{d\,\text{zul}} = \sigma_{\text{zul}}$ (Flußstahl), so muß

$$\max \sigma = M/W \leqq \sigma_{\text{zul}} \quad \text{sein mit} \quad W = J/e.$$

Beispiel: Das größte Biegemoment sei $\max M = 95000$ kg cm. Die zulässige Biegespannung $\sigma_{\text{zul}} = 900$ kg/cm² erfordert $W = 95\,000/900 \approx 106$ cm³.

Ausführungen (vgl. a. Profiltafeln u. Abs. 2): 1. I-Eisen NP 16 mit $W_x = 117$ cm³ und $q = 17{,}9$ kg/m; $\max \sigma = 95\,000/117 \approx 810$ kg/cm².

2. [-Eisen NP 16 mit $W_x = 116$ cm³ und $q = 18{,}8$ kg/m; $\max \sigma = 95000/116 \approx$ ≈ 820 kg/cm².

3. ⅃L-Eisen 140/140/13 mit $W_1 = 2 \cdot 638/(14 - 3{,}92) = 127$ cm³; $W_2 = 2 \cdot 638/3{,}92 =$ $= 325$ cm³; $q = 2 \cdot 27{,}5 = 55$ kg/m;

$$\max \sigma = \sigma_1 = 95\,000/127 \approx 750 \text{ kg/cm}^2; \qquad \sigma_2 = 95\,000/325 \approx 290 \text{ kg/cm}^2.$$

4. Kreisquerschnitt mit $d = 103$ mm. $W = 107{,}3$ cm³ (Tafel S. 349) und $q = 65{,}2$ kg/m;

$$\max \sigma = 95\,000/107{,}3 = 885 \text{ kg/cm}^2.$$

b) Bei **veränderlichem Querschnitt** liefern die vorstehenden Formeln bei mehr oder weniger starken Übergängen usw. nur die *Nennspannungen* σ_n, es muß gegebenenfalls die Formzahl α_k berücksichtigt werden: $\sigma_{\max} = \alpha_k \sigma_n$ (S. 336).

c) Bei **Abweichungen vom Hookeschen Gesetz** wird noch ein Ebenbleiben der Querschnitte vorausgesetzt; die neutrale Faser geht jedoch, da σ nicht mehr proportional den Abständen η ist, bei ungleichem Verlauf des Spannungs-Dehnungsdiagramms für Zug und Druck *nicht* mehr durch den Schwerpunkt (vgl. Lit. 5). Hinsichtlich der Zulassung von plastischen Verformungen in den äußersten Punkten des Querschnittes und der Stützwirkung der inneren, weniger stark beanspruchten Fasern vgl.[1]. Hinsichtlich Gußeisen vgl. S. 513, Bild 32.

2. Trägheits-, Widerstands- und Flieh- (Zentrifugal-) Momente ebener Flächen

a) Flächenmomente. Das *axiale* (*äquatoriale*) *Trägheitsmoment* einer Fläche, bezogen auf eine in der Ebene der Fläche liegende Achse $a\,a$, Bild 32, ist gleich der Summe der Produkte der Flächenteilchen $\mathrm{d}F$ und der Quadrate ihrer senkrechten Abstände ϱ von dieser Achse:

$$J_a = \int \varrho^2 \,\mathrm{d}F.$$

Demgemäß ist für die durch den Punkt O gehenden, aufeinander senkrecht stehenden Achsen x und y:

$$J_x = \int y^2 \,\mathrm{d}F \quad \text{und} \quad J_y = \int x^2 \,\mathrm{d}F.$$

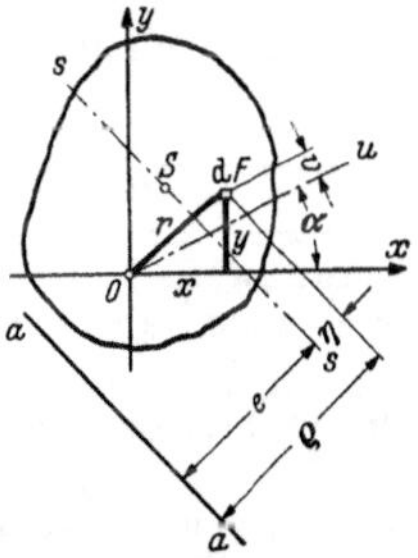

Bild 32

Das *polare Trägheitsmoment* einer Fläche, bezogen auf einen in der Ebene der Fläche liegenden Punkt O, ist gleich der Summe der Produkte der Flächenteilchen $\mathrm{d}F$ und der Quadrate ihrer Entfernungen r von O:

$$J_p = \int r^2 \,\mathrm{d}F.$$

Das *Flieh-* (*Zentrifugal-*) *Moment* einer Fläche, bezogen auf zwei in der Ebene der Fläche liegende Achsen x und y, ist gleich der Summe der Produkte aus den Flächenteilchen $\mathrm{d}F$ und den Produkten ihrer senkrechten Abstände x und y von beiden Achsen:

$$J_{xy} = \int x\,y \,\mathrm{d}F.$$

Das Fliehmoment kann positiv, negativ oder gleich null sein.

Setzt man $J = F\,i^2$, so heißt $i = \sqrt{J/F}$ der *Trägheitsradius*.

[1] *Siebel, E.:* Festigkeitsrechnung bei ungleichförmiger Belastung. Die Technik Bd. 1 (1946) S. 265/69; vgl. ferner Anm. 2, S. 336.

b) Beziehungen zwischen den Momenten. Zwischen dem polaren Trägheitsmoment J_p und den axialen Trägheitsmomenten J_x und J_y, welche auf zwei durch den Bezugspunkt gehende, aufeinander senkrecht stehende Achsen x und y bezogen werden, besteht die Beziehung:

$$J_p = \int r^2 \mathrm{d}F = \int (x^2 + y^2)\,\mathrm{d}F = \int y^2 \mathrm{d}F + \int x^2 \mathrm{d}F = J_x + J_y\,.$$

Für eine durch den Schwerpunkt S gehende Achse ss wird nach Bild 32 $J = J_s = \int \eta^2 \mathrm{d}F$; hat die zu ihr parallele Achse aa von dieser Schwerachse den Abstand e, so gilt

$$J_a = J_s + F e^2 \quad \text{(Satz von \textit{Steiner}, s. a. S. 255)} \tag{1}$$

mit F als Inhalt der Fläche.

Denn es wird $J_a = \int \varrho^2 \mathrm{d}F = \int (\eta + e)^2 \mathrm{d}F = \int \eta^2 \mathrm{d}F + 2e\int \eta\,\mathrm{d}F + e^2 \int \mathrm{d}F$. Da $\int \eta^2 \mathrm{d}F = J_s$, $\int \mathrm{d}F = F$ ist und $\int \eta\,\mathrm{d}F$ als statisches Moment der Fläche in bezug auf die Schwerlinie verschwindet, so ergibt sich Gl. (1).

Für eine aus mehreren Einzelflächen $F_1, F_2, \ldots$ bestehende Fläche, deren Schwerpunkte die Abstände $e_1, e_2, \ldots$ von einer Achse $a\,a$ haben, ist daher

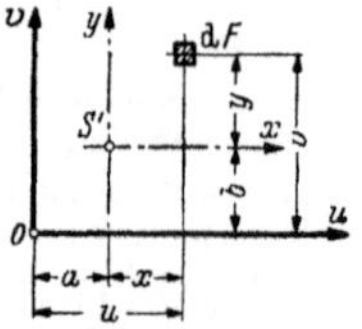

Bild 33

$$J_a = J_1 + J_2 + \cdots + F_1 e_1^2 + F_2 e_2^2 + \cdots,$$

wenn $J_1, J_2, \ldots$ die Trägheitsmomente der Einzelflächen, bezogen auf ihre zu aa parallelen Schwerachsen, sind.

Wird das *Fliehmoment* J_{xy} auf zwei zueinander senkrechte, durch den Schwerpunkt gehende Achsen x, y bezogen, so folgt ähnlich wie oben für ein dazu paralleles, um a und b verschobenes Achsenkreuz u, v (Bild 33)

$$J_{uv} = J_{xy} + a\,b\,F\,. \tag{2}$$

c) Hauptachsen. Legt man durch einen beliebigen Punkt O der Fläche, Bild 32, eine Achse u, die mit der x-Achse den Winkel α bildet, so gibt es unter den Achsen u zwei aufeinander senkrecht stehende Achsen I und II, für die das axiale Trägheitsmoment ein *Maximum* bzw. ein *Minimum* ist. Diese Achsen heißen *Hauptachsen* und die auf sie bezogenen axialen Trägheitsmomente *Hauptträgheitsmomente*. Das *Fliehmoment* in bezug auf diese Achsen ist *gleich null* (s. u.). Die Achsenrichtungen sind gegeben durch

$$\mathrm{tg}\,2\alpha_0 = 2\,J_{xy}/(J_y - J_x), \tag{3}$$

da $\mathrm{tg}\,2\alpha_0 = \mathrm{tg}\,2\,(90^\circ + \alpha_0)$ ist, und es wird

$$\left.\begin{aligned} J_I &= \max J = \tfrac{1}{2}(J_x + J_y) + \tfrac{1}{2}\sqrt{(J_y - J_x)^2 + 4\,J_{xy}^2}\,, \\ J_{II} &= \min\,J = \tfrac{1}{2}(J_x + J_y) - \tfrac{1}{2}\sqrt{(J_y - J_x)^2 + 4\,J_{xy}^2}\,. \end{aligned}\right\} \tag{4}$$

Beweis: Nach Bild 32 wird $J_u = \int v^2 \mathrm{d}F = \int (y\cos\alpha - x\sin\alpha)^2 \mathrm{d}F = \cos^2\alpha \int y^2 \mathrm{d}F - 2\sin\alpha\cos\alpha \int x\,y\,\mathrm{d}F + \sin^2\alpha \int x^2\,\mathrm{d}F = J_x\cos^2\alpha - J_{xy}\sin 2\alpha + J_y \sin^2\alpha$ oder mit $\cos^2\alpha = \frac{1}{2}(1 + \cos 2\alpha)$, $\sin^2\alpha = \frac{1}{2}(1 - \cos 2\alpha)$ auch

$$J_u = \tfrac{1}{2}(J_x + J_y) - \tfrac{1}{2}(J_y - J_x)\cos 2\alpha - J_{xy}\sin 2\alpha. \tag{5}$$

Für ein Extrem von J_u muß die Ableitung $J'_u(\alpha)$ verschwinden (S. 78), d. h. aus

$$\mathrm{d}J_u/\mathrm{d}\alpha = J'_u(\alpha) = (J_y - J_x)\sin 2\alpha_0 - 2\,J_{xy}\cos 2\alpha_0 = 0 \tag{3a}$$

folgt der gesuchte Winkel α_0 gemäß $\mathrm{tg}\,2\alpha_0 = 2\,J_{xy}/(J_y - J_x)$. (3)

Setzt man α_0 und gemäß Gl. (3a) $(J_y - J_x)\sin 2\alpha_0 = 2J_{xy}\cos 2\alpha_0$ in (5) ein, so folgt $J_u = J_{I,II} = \frac{1}{2}(J_x + J_y) - J_{xy}/\sin 2\alpha_0$ und mit $\sin 2\alpha_0 = \pm 1/\sqrt{1 + \mathrm{ctg}^2\,2\alpha_0}$ auch $J_u = J_{I,II} = \frac{1}{2}(J_x + J_y) \mp J_{xy}\sqrt{1 + \mathrm{ctg}^2\,2\alpha_0}$ oder mit $\mathrm{ctg}\,2\alpha_0 = (J_y - J_x)/2J_{xy}$ gemäß Gl. (3) schließlich die Werte gemäß Gl. (4).

Sind x und y bereits die *Hauptträgheitsachsen* I und II, so folgt für eine gegen I um den Winkel α geneigte Achse u (Bild 32) nach Gl. (5)

$$J_u = J_x\cos^2\alpha + J_y\sin^2\alpha = \tfrac{1}{2}(J_x + J_y) + \tfrac{1}{2}(J_x - J_y)\cos 2\alpha\,. \tag{6}$$

Für $J_x = J_y$ ist $J_u = J_x = J_y =$ constant, unabhängig von α.

Unter den Trägheitsmomenten sind, falls kein Bezugspunkt angegeben ist, die auf den Schwerpunkt der Fläche bezogenen Hauptträgheitsmomente zu verstehen.

d) Konjugierte Achsen oder zugeordnete Achsen sind zwei Achsen, für die das Fliehmoment gleich null ist, und die *Hauptachsen* sind die einzigen konjugierten Achsen, die aufeinander senkrecht stehen.

Nach Bild 34 folgt für das Fliehmoment in bezug auf die beliebig gelegenen Achsen a und b der Wert $J_{ab} = \int ab \, dF$ oder mit $a = y \cos\beta + x \sin\beta$, $b = y \cos\alpha - x \sin\alpha$ auch

$$J_{ab} = \int [y^2 \cos\alpha \cos\beta - xy (\sin\alpha \cos\beta - \cos\alpha \sin\beta) - x^2 \sin\alpha \sin\beta] \, dF$$
$$= J_x \cos\alpha \cos\beta - J_{xy} \sin(\alpha - \beta) - J_y \sin\alpha \sin\beta. \tag{7}$$

Aus $J_{ab} = 0$ folgt die Lage der konjugierten Achsen.

Sollen diese aufeinander senkrecht stehen, so wird mit $\beta = 90^0 - \alpha$, $\cos\beta = \sin\alpha$, $\sin(\alpha - \beta) = -\cos 2\alpha$, $\sin\beta = \cos\alpha$ und $\sin\alpha \cos\alpha = \frac{1}{2} \sin 2\alpha$ schließlich

$$J_x \cos\alpha \sin\alpha + J_{xy} \cos 2\alpha - J_y \sin\alpha \cos\alpha = 0 \quad \text{oder} \quad \operatorname{tg} 2\alpha = 2 J_{xy}/(J_y - J_x),$$

d. h. es ergibt sich der gleiche Wert $\alpha = \alpha_0$ wie für die Lage der Hauptachsen.

Hat die Fläche eine *Symmetrieachse*, so ist diese immer *Hauptachse*.

Sollen die Achsen x und y, Bild 34, die Hauptachsen I und II sein, so wird nach Gl. (7)

$$J_{ab} = J_I \cos\alpha \cos\beta - J_{II} \sin\alpha \sin\beta, \tag{8}$$

und falls a und b konjugierte Achsen sind, muß

$$\operatorname{tg}\alpha \operatorname{tg}\beta = J_I/J_{II} \tag{9}$$

sein.

Sind J_x, J_y und J_{xy} für zwei beliebige, aufeinander senkrecht stehende Achsen x und y bekannt, so kann man mit Hilfe der abgeleiteten Beziehungen (1) bis (9) die Hauptträgheitsmomente, das Fliehmoment und die Lage der Hauptachsen berechnen. Die zeichnerische Lösung liefert der Trägheitskreis.

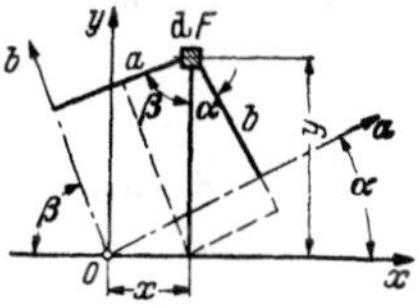

Bild 34

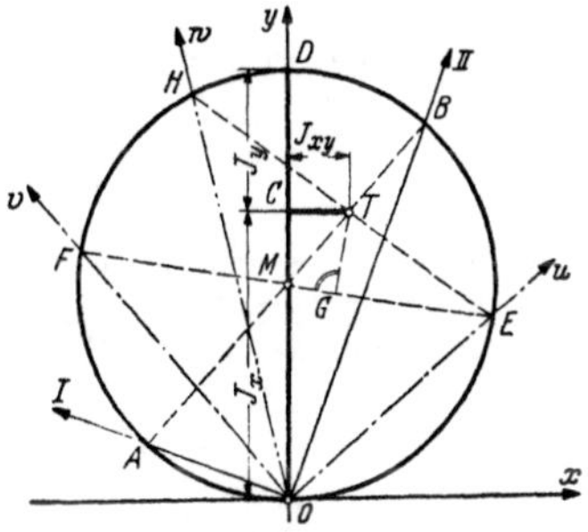

Bild 35. Trägheitskreis nach *Mohr-Land*

e) Trägheitskreis nach Mohr-Land. Trage auf der y-Achse, Bild 35, $OD = OC + CD = J_x + J_y = J_p$ (S. 342) auf und ziehe mit OD als Durchmesser um M einen Kreis, den Trägheitskreis. Errichte auf OD in C eine Senkrechte $CT = J_{xy}$. T heißt Trägheitshauptpunkt, der Bezugspunkt O Pol. Der Durchmesser durch T schneidet den Kreis in den Punkten A und B, durch welche die Hauptachsen hindurchgehen; es ist $AT = \max J$ und $BT = \min J$. Für zwei beliebige, aufeinander senkrecht stehende Achsen u und v erhält man durch das Lot TG von T auf EF die Trägheitsmomente $EG = J_u$, $FG = J_v$ und das Fliehmoment $TG = J_{uv}$. Für zwei beliebige Achsen u und v gibt das Lot TG von T auf die Sehne EF die Größe des Fliehmomentes. Die zu u konjugierte Achse w geht durch den zweiten Schnittpunkt H der Geraden ET mit dem Kreis.

f) Trägheitsellipse. Zieht man durch O, Bild 32, verschiedene gegen die x-Achse um den Winkel α geneigte Achsen u und trägt auf diesen vom Bezugspunkt O aus Strecken ab, die der Quadratwurzel aus J_u umgekehrt proportional sind, also die Strecken $c/\sqrt{J_u}$, so liegen ihre Endpunkte für alle Achsen auf der *Trägheitsellipse* mit der auf die Hauptachsen bezogenen Gleichung (Math. S. 124)

$$J_I \xi^2 + J_{II} \eta^2 = c^2.$$

Unter Einführung der ***Trägheitsradien*** $i_1 = \sqrt{J_I/F}$, $i_2 = \sqrt{J_{II}/F}$ und mit $c^2 = J_I J_{II}/F = i_1^2 i_2^2 F$ erhält man die Gleichung

$$\xi^2/i_2^2 + \eta^2/i_1^2 = 1,$$

d. h. die Trägheitsellipse schneidet auf den Hauptachsen I und II die Trägheitsradien i_2 und i_1 ab. Vgl. auch Bild 42, S. 345.

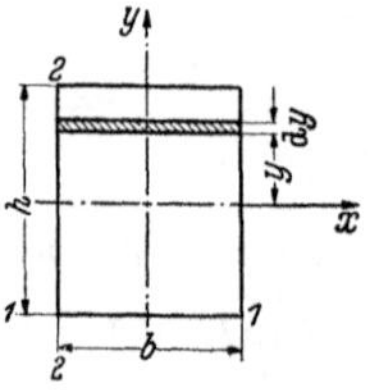

Bild 36

g) Berechnung von Trägheits- und Widerstandsmomenten. α) *Einfache Flächen.*

$\alpha\alpha$) *Rechteck* (Bild 36).

$$J_x = \int y^2\,dF = \int_{-h/2}^{+h/2} y^2 b\,dy = \left[\frac{b\,y^3}{3}\right]_{-h/2}^{+h/2} = \frac{b\,h^3}{24} - \frac{b\,(-h)^3}{24} = \frac{b\,h^3}{12}.$$

Durch Vertauschen von h und b folgt $J_y = h b^3/12$ und damit $J_p = J_x + J_y = \frac{1}{12} b\,h\,(b^2 + h^2)$. Bezogen auf die Achsen 1 und 2 ist $J_1 = b\,h^3/3$ und $J_2 = h b^3/3$.

Das Fliehmoment, bezogen auf die Hauptachsen x und y, ist gleich null. Folglich ist das Fliehmoment für die Achsen 1 und 2 nach Gl. (2): $J_{12} = J_{xy} + F \cdot \frac{1}{2} b \cdot \frac{1}{2} h = b^2 h^2/4$.

$\beta\beta$) *Dreieck* (Bild 37). Für die Achse 1 ist $J_1 = \int y^2\,dF = \int y^2 x\,dy$. Aus $x : b = y : h$ folgt $x = y\,b/h$, daher wird

$$J_1 = \int_0^h y^2 \frac{b}{h} y\,dy = \frac{b}{h}\int_0^h y^3\,dy = \frac{b}{h}\left[\frac{y^4}{4}\right]_0^h = \frac{b\,h^3}{4}$$

und nach dem Satz von *Steiner* (S. 342)

$$J_x = J_1 - F\left(\frac{2}{3}h\right)^2 = \frac{b\,h^3}{4} - \frac{b\,h}{2}\cdot\frac{4\,h^2}{9} = \frac{b\,h^3}{36},$$

$$J_2 = J_x + F\left(\frac{1}{3}h\right)^2 = \frac{b\,h^3}{36} + \frac{b\,h}{2}\cdot\frac{h^2}{9} = \frac{b\,h^3}{12}.$$

$\gamma\gamma$) *Quadrat* nach Bild 38. Aus Bild 37 und J_2 folgt mit $b = a\sqrt{2}$ und $h = \frac{1}{2} a\sqrt{2}$ der Wert $J_x = 2 \cdot b\,h^3/12 = a^4/12 = J_y$.

$\delta\delta$) *Kreis* (Bild 39). Es ist $dF = 2\pi\,\varrho\,d\varrho$, daher

$$J_p = \int \varrho^2\,dF = 2\pi \int_0^r \varrho^3\,d\varrho = 2\pi \frac{\varrho^4}{4}\Bigg|_0^r = \pi r^4/2 = \pi d^4/32.$$

Aus $J_p = J_x + J_y$ und $J_x = J_y$ folgt $J_x = J_y = J_p/2 = \pi d^4/64$.

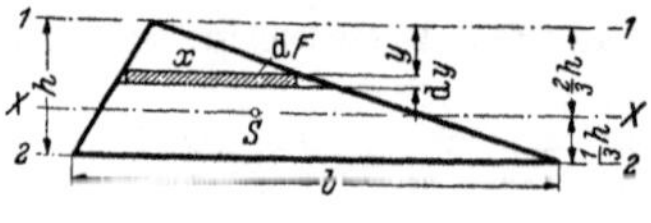

Bild 37

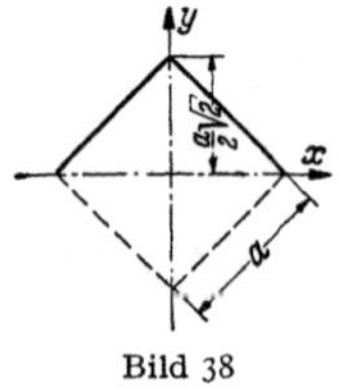

Bild 38

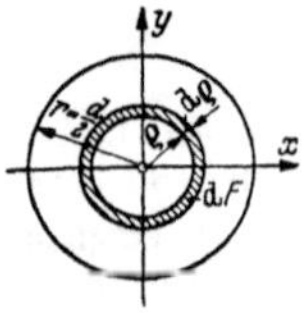

Bild 39

β) *Zusammengesetzte Flächen.* $\alpha\alpha$) Nr. 8 in Tafel S. 348. Alle drei Querschnitte haben in Beziehung auf die waagerechte x-Achse, die Symmetrieachse ist, gleiche Trägheitsmomente, weil Flächenstreifen gleicher Größe parallel zur x-Achse gleiche Abstände von dieser haben. Daran wird nichts geändert, wenn der Steg (b) und (c) in zwei Stege von halber Dicke (a) aufgelöst wird. Der Querschnitt ist die Differenz zweier Rechtecke, die beide symmetrisch zur x-Achse liegen; es wird also

$$J_x = BH^3/12 - b\,h^3/12 = (BH^3 - b\,h^3)/12.$$

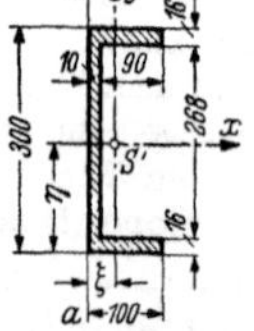

Bild 40

$\beta\beta$) *U-Eisen* (Bild 40). Zugrundegelegt ist das Normalprofil ⊏ 30, dessen Ausrundungen vernachlässigt werden sollen. Die Lage des Schwerpunktes ist bestimmt durch

$$\xi = \frac{10 \cdot 1{,}6 \cdot 5 \cdot 2 + 26{,}8 \cdot 1{,}0 \cdot 0{,}5}{10 \cdot 1{,}6 \cdot 2 + 26{,}8 \cdot 1{,}0} = 2{,}95\ \text{cm}; \qquad \eta = 15\ \text{cm}.$$

In Beziehung auf die x-Achse wird (s. auch β, $\alpha\alpha$)

$$J_x = 10 \cdot 30^3/12 - 9 \cdot 26{,}8^3/12 = 8059\ \text{cm}^4;$$

in Beziehung auf die Achse a—a

$$J_a = 2 \cdot 1{,}6 \cdot 10^3/3 + 26{,}8 \cdot 1{,}0^3/3 = 1076\ \text{cm}^4;$$

daher ist

$$J_y = J_a - F \cdot \xi^2 = 1076 - 58{,}8 \cdot 2{,}95^2 = 564\ \text{cm}^4.$$

$\gamma\gamma$) *Blechträger* mit 1 Stehblech 500×10, 4 normalen Winkeleisen $80 \times 80 \times 10$ und 2 Gurtplatten 200×10; Nietdurchmesser 20 mm (Bild 41).

$$J_{\text{Stehblech}} = \tfrac{1}{12} \cdot 1 \cdot 50^3 = \ldots 10417 \text{ cm}^4$$
$$J_{\text{Winkel}} = 4 \cdot 87{,}5 = \ldots \quad 350 \text{ „}$$
$$+ 4 \cdot 15{,}1 \cdot 22{,}66^2 = \ldots 31014 \text{ „}$$
$$J_{\text{Gurtplatten}} = \tfrac{1}{12} \cdot 20 \cdot (52^3 - 50^3) = \ldots 26013 \text{ „}$$
$$J_{\text{voll}} = \ldots 67794 \text{ cm}^4$$
$$\text{Abzug Niete} = 2 \cdot \tfrac{1}{12} \cdot 2 \cdot (52^3 - 48^3) = \ldots 10005 \text{ „}$$
$$J_I = \ldots 57789 \text{ cm}^4$$

Der Einfluß der Nietlöcher, der hier etwa 17% des Gesamtwertes von J beträgt, kann in ungünstigen Fällen bis 40% betragen.

Das Fliehmoment für die Achsen I, II ist gleich null.

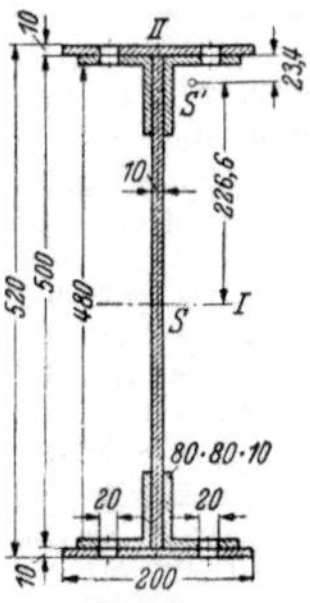

Bild 41

γ) *Beliebig begrenzter Querschnitt.*

$\alpha\alpha$) *Verfahren nach Nehls-Rötscher*[1]. Zu bestimmen sind Schwerpunkt, Hauptachsen und -trägheitsmomente eines *gegebenen* Profils F. Für die zeichnerische Behandlung wird man i. allg. das Profil im linearen Maßstab a verkleinern; Fläche des *gezeichneten* Querschnittes $= f$; d. h. $F = a^2 f$.

Bezeichnungen: Flächen in Originalgröße mit F, in Zeichnung mit f.

Schwerpunkt: Für die Koordinaten u_0, v_0 des Schwerpunktes in bezug auf ein beliebiges, rechtwinkliges Koordinatenkreuz u, v (das zweckmäßig nicht zu weit entfernt angenommen wird) gilt mit F als Flächeninhalt in cm²

$$u_0 F = \int u \, \mathrm{d} F = \int u \eta \, \mathrm{d} u = F_{1S} \quad \text{oder} \quad u_0 = F_{1S}/F,$$

$$v_0 F = \int v \, \mathrm{d} F = \int v \xi \, \mathrm{d} v = F_{2S} \quad \text{oder} \quad v_0 = F_{2S}/F.$$

Man trägt (Bild 42) die Kurven $z_{1S} = u\eta$ über u und $z_{2S} = v\xi$ über v auf und bestimmt die von ihnen begrenzten Flächen f_{1S} und f_{2S} in cm² (z. B. planimetrisch). Ist der Längenmaßstab 1 cm $\triangleq a$ cm, der Maßstab für z_{1S} und z_{2S} 1 cm $\triangleq b$ cm², so wird $F_{1S} = a b f_{1S}$ cm³ und $F_{2S} = a b f_{2S}$ cm³.

Trägheitsmoment: In bezug auf die durch den Schwerpunkt gehenden Achsen x und y wird

$$J_x = \int y^2 \, \mathrm{d} F = \int y^2 \xi \, \mathrm{d} y,$$

$$J_y = \int x^2 \, \mathrm{d} F = \int x^2 \eta \, \mathrm{d} x.$$

Man trägt über y die Kurve $z_{1J} = y^2 \xi$, über x die Kurve $z_{2J} = x^2 \eta$ auf und bestimmt die unter ihnen liegenden Flächeninhalte f_{1J} cm² bzw. f_{2J} cm². Ist der Maßstab für z_{1J} und z_{2J} 1 cm $\triangleq c$ cm³ (Längenmaßstab s. oben), so gilt $J_x = a c f_{1J}$ cm⁴ und $J_y = a c f_{2J}$ cm⁴.

Fliehmoment: Es gilt

$$J_{xy} = \int x^* y \, \mathrm{d} F = \int x^* y \xi \, \mathrm{d} y$$

oder

$$J_{xy} = \int y^* x \, \mathrm{d} F = \int y^* x \, \eta \, \mathrm{d} x,$$

worin x^* bzw. y^* die Abstände der Streifenmitten (Bild 42) von der y- bzw. x-Achse sind.

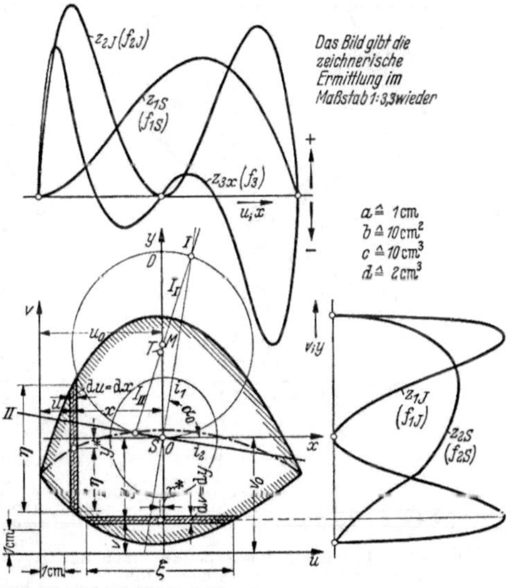

Bild 42. Ermittlung von Schwerpunkt, Trägheitsmoment und Fliehmoment nach *Nehls-Rötscher*

Man trägt die Kurve $z_{3y} = x^* y \xi$ über y oder $z_{3x} = y^* x \eta$ (wie in Bild 42) über x auf und ermittelt die unter ihr liegende Fläche f_3. Gilt für z_3 der Maßstab 1 cm $\triangleq d$ cm³, so ist $J_{xy} = a d f_3$ cm⁴.

[1] *Rötscher, F.:* VDI-Z. Bd. 80 (1936) Nr. 45 S. 1351/54.

Aus J_x, J_y, J_{xy} lassen sich zeichnerisch mit dem Trägheitskreis oder rechnerisch mit den Formeln S. 342/43 die Hauptachsen und Hauptträgheitsmomente finden.

Die gem. Bild 42 (Wiedergabe der zeichnerischen Ermittlung im Maßstab 1 : 3,3) durchgeführte Untersuchung ergibt:

$f = 68{,}8\ \mathrm{cm}^2$; da in diesem Fall $a \mathrel{\hat{=}} 1$ cm, so ist auch $F = 68{,}8\ \mathrm{cm}^2$;

$f_{1S} = 35{,}7\ \mathrm{cm}^2$, also $F_{1S} = 1 \cdot 10 \cdot 35{,}7 = 357\ \mathrm{cm}^3$, d. h. $u_0 = 357/68{,}8 = 5{,}19$ cm;

$f_{2S} = 32{,}7\ \mathrm{cm}^2$, also $F_{2S} = 1 \cdot 10 \cdot 32{,}7 = 327\ \mathrm{cm}^3$, d. h. $v_0 = 327/68{,}8 = 4{,}75$ cm;

$f_{1J} = 35{,}05\ \mathrm{cm}^2$, d. h. $J_x = 1 \cdot 10 \cdot 35{,}05 = 350{,}5\ \mathrm{cm}^4$;

$f_{2J} = 41{,}75\ \mathrm{cm}^2$, d. h. $J_y = 1 \cdot 10 \cdot 41{,}75 = 417{,}5\ \mathrm{cm}^4$;

$f_3 = -5{,}5\ \mathrm{cm}^2$, d. h. $J_{xy} = -1 \cdot 2 \cdot 5{,}5 = -11\ \mathrm{cm}^4$.

Zeichnerisch folgt aus dem Trägheitskreis, Bild 42, $J_{\max} = J_I = 418\ \mathrm{cm}^4$, $J_{\min} = J_{II} = 348\ \mathrm{cm}^4$. Rechnerisch wird $\mathrm{tg}\, 2\alpha_0 = 2 J_{xy}/(J_y - J_x) = -0{,}3284$, also $2\alpha_0 = 161^\circ{,}82 = 161^\circ\, 49'$, $\alpha_0 = 80^\circ{,}91 = 80^\circ\, 55'$ (auf volle Minuten abgerundet). Da J_{xy} negativ ist, folgt

$$\max J = J_I = J_x \cos^2\alpha_0 + J_y \sin^2\alpha_0 - J_{xy} \sin 2\alpha_0$$
$$= 350{,}5 \cdot 0{,}1578^2 + 417{,}5 \cdot 0{,}9875^2 + 11 \cdot 0{,}3121 = 418\ \mathrm{cm}^4,$$
$$\min J = J_{II} = J_x \sin^2\alpha_0 + J_y \cos^2\alpha_0 + J_{xy} \sin 2\alpha_0$$
$$= 350{,}5 \cdot 0{,}9875^2 + 417{,}5 \cdot 0{,}1578^2 - 11 \cdot 0{,}3121 = 349\ \mathrm{cm}^4$$

in guter Übereinstimmung mit der zeichnerischen Lösung. Die Halbachsen der Trägheitsellipse, d. h. die Trägheitshalbmesser sind

$$i_1 = \sqrt{J_I/F} = \sqrt{418/68{,}8} = 2{,}45\ \mathrm{cm}; \qquad i_2 = \sqrt{J_{II}/F} = \sqrt{349/68{,}8} = 2{,}25\ \mathrm{cm}.$$

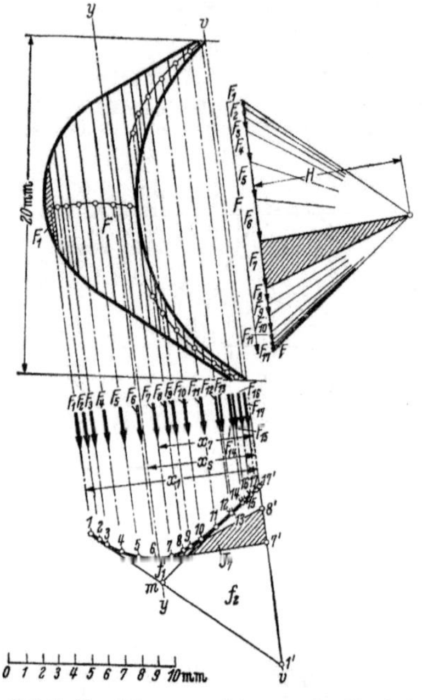

Bild 43. Ermittlung von Schwerpunkt, Trägheitsmoment und Fliehmoment nach *Mohr*

ββ) *Verfahren nach Mohr.* Soll das Trägheitsmoment des Schaufelprofils in Bild 43, bezogen auf die zur Verbindungsgerade $v - v$ der Spitzen parallele Schwerachse $y - y$, bestimmt werden, so wird der gegebene Querschnitt in so kleine Streifen parallel der v-Achse zerlegt, daß deren Trägheitsmomente, bezogen auf ihre Schwerachsen, vernachlässigt werden können. Es ist

$$J_v = \int \mathrm{d}F x^2 \approx \sum \Delta F\, x^2 = F_1 x_1^2 + F_2 x_2^2 + \cdots,$$

worin $F_1, F_2 \ldots$ die Inhalte der Flächenstreifen und $x_1\ x_2 \ldots$ ihre Schwerpunktabstände von der v-Achse sind. Zu den als Kräfte aufzufassenden Flächeninhalten $F_1, F_2 \ldots$ entwirft man (s. a. S. 350) mit der Polweite H das Seileck 1—2—3 . . ., wobei der Kräftezug $F_1 F_2 F_3 \ldots$ parallel der v-Achse gelegt wird.

Aus der Ähnlichkeit der gestrichelten Dreiecke folgt

$7'8'/x_7 = F_7/H$ oder $7'8' = F_7 x_7/H$.

Folglich ist der Flächeninhalt J_7 des Dreiecks $7\,7'8'$ gleich $\frac{1}{2} \cdot x_7 \cdot 7'8' = F_7 x_7^2/2H$ und daher $F_7 x_7^2 = 2H\, J_7$.

Da sich eine ähnliche Beziehung für alle übrigen Dreiecke finden läßt, wird

$$F_1 x_1^2 + F_2 x_2^2 + \cdots = 2H\,(J_1 + J_2 + \cdots) = 2H\,(f_1 + f_2)$$

mithin $J_v = 2H\,(f_1 + f_2)$.

Das auf die Schwerachse y bezogene Trägheitsmoment ist $J_y = J_v - F x_s^2$, wenn x_s der Abstand des Schwerpunktes von der v-Achse ist (Bild 43). Aus der Ähnlichkeit des Dreiecks $m\ 1'\ \overline{17'}$ mit dem Dreieck, das von den äußersten Polstrahlen gebildet wird, folgt

$$1'\,17'/x_s = F/H \quad \text{oder} \quad 1'\,17' = x_s F/H.$$

Daher ist

$$f_2 = \tfrac{1}{2} \cdot 1'\,17' \cdot x_s = \tfrac{1}{2} F x_s^2/H \quad \text{und} \quad F x_s^2 = 2H\, f_2,$$
$$J_y = J_v - F x_s^2 = 2H\,(f_1 + f_2) - 2H\, f_2 = 2H\, f_1.$$

Maßstäbe: Ist 1 cm $\mathrel{\hat{=}} a$ cm der Längenmaßstab, ist 1 cm $\mathrel{\hat{=}} b\ \mathrm{cm}^2$ der Maßstab für den Kräftezug, wird der Polabstand gleich H cm gezeichnet und sind $f\ \mathrm{cm}^2$ die Flächeninhalte der gezeichneten Fläche, so wird

$$J_v = 2\, a^2 b\, H\,(f_1 + f_2)\ \text{in}\ \mathrm{cm}^4, \qquad J_y = 2\, a^2 b\, H\, f_1\ \text{in}\ \mathrm{cm}^4.$$

Soll das Trägheitsmoment des Querschnittes in bezug auf die zur y-Achse senkrechte Schwerlinie x ermittelt werden, so hat man, um möglichst genaue Werte zu erhalten, die Unterteilung parallel zur neuen Bezugsachse durchzuführen. Auch der Kräftezug muß parallel zu dieser Achse gezeichnet werden, im übrigen kann aber das beschriebene Verfahren entsprechend angewandt werden.

In Bild 43 ist 1 cm ≙ 0,1 cm der Längenmaßstab, 1 cm ≙ 0,05 cm² der Maßstab für den Kräftezug. H wurde gleich 9,3 cm gewählt.

Für f_1 ergab sich 4,0 cm². Daher ist mit $a = 0{,}1$ und $b = 0{,}05$

$$J_y = 2 \cdot 0{,}1^2 \cdot 0{,}05 \cdot 9{,}3 \cdot 4 = 0{,}037\ \text{cm}^4.$$

Für die Berechnung einer Dampfturbinenschaufel müßten strenggenommen die Hauptträgheitsachsen durch den Schwerpunkt bestimmt werden; dies kann nach dem Verfahren von *Nehls-Rötscher* leicht geschehen.

$\gamma\gamma$) ***Instrumentell*** lassen sich außer der Fläche auch statisches Moment, damit Schwerpunkt, ferner Trägheitsmoment und Fliehmoment durch Potenzplanimeter (vgl. S. 186) bestimmen.

h) Tafeln. α) *Trägheits- und Widerstandsmomente einfacher Querschnitte*[1].

Nr.	Querschnitt	Trägheitsmoment	Widerstandsmoment
1	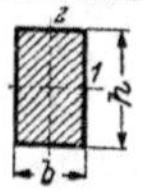	$J_1 = bh^3/12$ $J_2 = hb^3/12$	$W_1 = bh^2/6$ $W_2 = hb^2/6$
2	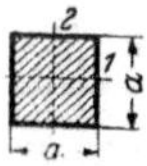	$J_1 = J_2 = a^4/12$	$W_1 = W_2 = a^3/6$
3	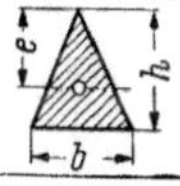	$J = bh^3/36$	$W = bh^2/24$ für $e = \frac{2}{3}h$
4	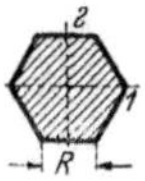	$J_1 = J_2 = \frac{5}{16}\sqrt{3}\,R^4$ $= 0{,}5413\,R^4$	$W_1 = \frac{5}{8}\,R^3 = 0{,}625\,R^3$ $W_2 = 0{,}5413\,R^3$
5	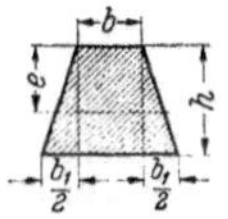	$J = \dfrac{6b^2 + 6bb_1 + b_1^2}{36\,(2b + b_1)}\,h^3$	$W = \dfrac{6b^2 + 6bb_1 + b_1^2}{12\,(3b + 2b_1)}\,h^2$ für $e = \dfrac{1}{3}\,\dfrac{3b + 2b_1}{2b + b_1}\,h$
6	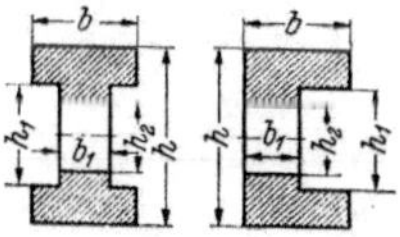	$J = \dfrac{b\,(h^3 - h_1^3) + b_1\,(h_1^3 - h_2^3)}{12}$	$W = \dfrac{b\,(h^3 - h_1^3) + b_1\,(h_1^3 - h_2^3)}{6h}$
7	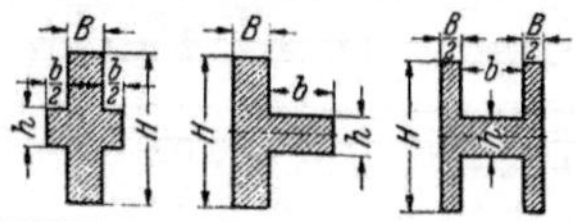	$J = \dfrac{BH^3 + bh^3}{12}$;	$W = \dfrac{BH^3 + bh^3}{6H}$

[1] Trägheits- u. Widerstandsmomente der Normalprofile s. Tafeln im Anhang.

Nr.	Querschnitt	Trägheitsmoment	Widerstandsmoment
8	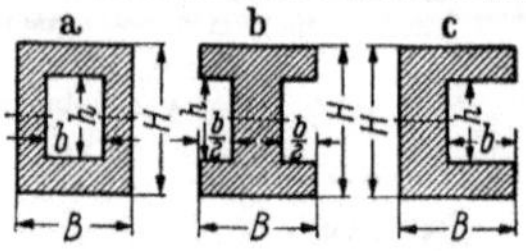	$J = \frac{BH^3 - bh^3}{12}$	$W = \frac{BH^3 - bh^3}{6H}$
9	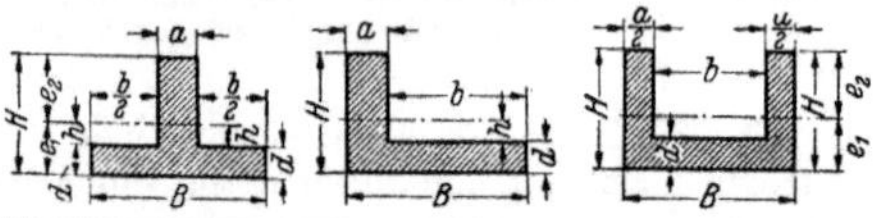	$J = \frac{1}{3}(Be_1^3 - bh^3 + ae_2^3)$; $e_1 = \frac{1}{2}\frac{aH^2 + bd^2}{aH + bd}$; $e_2 = H - e_1$	
10	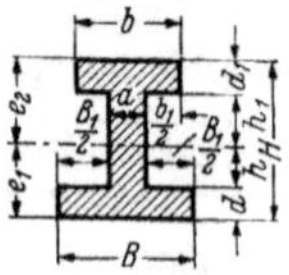	$J = \frac{1}{3}(Be_1^3 - B_1h^3 + be_2^3 - b_1h_1^3)$; $e_1 = \frac{1}{2}\frac{aH^2 + B_1d^2 + b_1d_1(2H - d_1)}{aH + B_1d + b_1d_1}$	
11	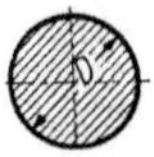	$J = \pi D^4/64 \approx D^4/20$	$W = \pi D^3/32 \approx D^3/10$
		Tafeln für J und W s. S. 349	
12	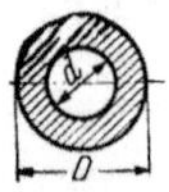	$J = \frac{\pi}{64}(D^4 - d^4) = \frac{\pi}{64}D^4(1 - \alpha^4)$ $\alpha = d/D$	$W = \frac{\pi}{32}\frac{D^4 - d^4}{D} = \frac{\pi}{32}D^3(1 - \alpha^4)$
		oder bei kleiner Wanddicke s	
	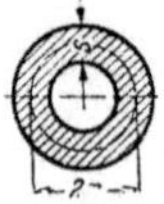	$J = \pi s r^3 [1 + (s/2r)^2]$ $\approx \pi s r^3$	$W = J/(r + s/2)$ $\approx \pi s r^2$
13	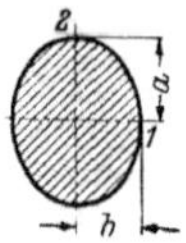	$J_1 = \pi a^3 b/4$ $J_2 = \pi b^3 a/4$	$W_1 = \pi a^2 b/4$ $W_2 = \pi b^2 a/4$
14	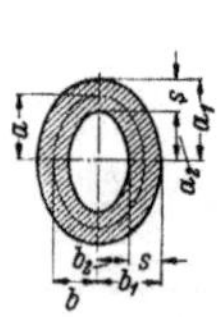	$J = \frac{\pi}{4}(a_1^3 b_1 - a_2^3 b_2)$ $= (F_1 a_1^2 - F_2 a_2^2)/4$	$W = J/a_1$
		oder, wenn die Wanddicke $s = a_1 - a_2 = b_1 - b_2 = 2(a - a_2) = 2(b - b_2)$ klein ist	
		$J \approx \frac{\pi}{4} a^2 (a + 3b) s$,	$W \approx \frac{\pi}{4} a (a + 3b) s$
15	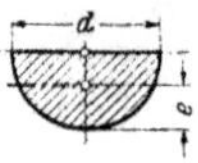	$J = 0{,}00686 d^4 \approx 0{,}007 d^4$	$W = 0{,}0238 d^3 \approx 0{,}024 d^3$ mit $e = \frac{d}{2}\left(1 - \frac{4}{3\pi}\right) = 0{,}2878 d$

β) *Trägheits- und Widerstandsmomente der Kreisfläche.*

J = axiales (äquatoriales) Trägheitsmoment; W = Widerstandsmoment[1]

d	$J = \frac{\pi d^4}{64}$	$W = \frac{\pi d^3}{32}$	d	$J = \frac{\pi d^4}{64}$	$W = \frac{\pi d^3}{32}$	d	$J = \frac{\pi d^4}{64}$	$W = \frac{\pi d^3}{32}$
1	0,0491	0,0982	51	332 086	13 023	101	5 108 055	101 150
2	0,7854	0,7854	52	358 908	13 804	102	5 313 378	104 184
3	3,976	2,651	53	387 323	14 616	103	5 524 830	107 278
4	12,57	6,283	54	417 393	15 459	104	5 742 532	110 433
5	30,68	12,27	55	449 180	16 334	105	5 966 604	113 650
6	63,62	21,21	56	482 750	17 241	106	6 197 171	116 928
7	117,9	33,67	57	518 166	18 181	107	6 434 357	120 268
8	201,1	50,27	58	555 497	19 155	108	6 678 287	123 672
9	322,1	71,57	59	594 810	20 163	109	6 929 087	127 139
10	490,9	98,17	**60**	636 172	21 206	**110**	7 186 886	130 671
11	718,7	130,7	61	679 651	22 284	111	7 451 813	134 267
12	1 018	169,6	62	725 332	23 398	112	7 723 997	137 929
13	1 402	215,7	63	773 272	24 548	113	8 003 571	141 656
14	1 886	269,4	64	823 550	25 736	114	8 290 666	145 450
15	2 485	331,3	65	876 240	26 961	115	8 585 417	149 312
16	3 217	402,1	66	931 420	28 225	116	8 887 958	153 241
17	4 100	482,3	67	989 166	29 527	117	9 198 425	157 238
18	5 153	572,6	68	1 049 556	30 869	118	9 516 956	161 304
19	6 397	673,4	69	1 112 660	32 251	119	9 843 689	165 440
20	7 854	785,4	**70**	1 178 588	33 674	**120**	10 178 763	169 646
21	9 547	909,2	71	1 247 393	35 138	121	10 522 320	173 923
22	11 499	1 045	72	1 319 167	36 644	122	10 874 501	178 271
23	13 737	1 194	73	1 393 995	38 192	123	11 235 450	182 690
24	16 286	1 357	74	1 471 963	39 783	124	11 605 311	187 182
25	19 175	1 534	75	1 553 156	41 417	125	11 984 229	191 748
26	22 432	1 726	76	1 637 662	43 096	126	12 372 350	196 387
27	26 087	1 932	77	1 725 571	44 820	127	12 769 824	201 100
28	30 172	2 155	78	1 816 972	46 589	128	13 176 799	205 887
29	34 719	2 394	79	1 911 967	48 404	129	13 593 424	210 751
30	39 761	2 651	**80**	2 010 619	50 265	**130**	14 019 852	215 690
31	45 333	2 925	81	2 113 051	52 174	131	14 456 235	220 706
32	51 472	3 217	82	2 219 347	54 130	132	14 902 727	225 799
33	58 214	3 528	83	2 329 605	56 135	133	15 359 483	230 970
34	65 597	3 859	84	2 443 920	58 189	134	15 826 658	236 219
35	73 662	4 209	85	2 562 392	60 292	135	16 304 411	241 547
36	82 448	4 580	86	2 685 120	62 445	136	16 792 899	246 954
37	91 998	4 973	87	2 812 205	64 648	137	17 292 282	252 442
38	102 354	5 387	88	2 943 748	66 903	138	17 802 721	258 010
39	113 561	5 824	89	3 079 853	69 210	139	18 324 378	263 660
40	125 664	6 283	**90**	3 220 623	71 569	**140**	18 857 416	269 392
41	138 709	6 766	91	3 366 165	73 982	141	19 401 999	275 206
42	152 745	7 274	92	3 516 586	76 448	142	19 958 294	281 103
43	167 820	7 806	93	3 671 992	78 968	143	20 526 466	287 083
44	183 984	8 363	94	3 832 492	81 542	144	21 106 684	293 148
45	201 289	8 946	95	3 998 198	84 173	145	21 699 116	299 298
46	219 787	9 556	96	4 169 220	86 859	146	22 303 933	305 533
47	239 531	10 193	97	4 345 671	89 601	147	22 921 307	311 855
48	260 576	10 857	98	4 527 664	92 401	148	23 551 409	318 262
49	282 979	11 550	99	4 715 315	95 259	149	24 194 414	324 757
50	306 796	12 272	**100**	4 908 738	98 175	**150**	24 850 496	331 340

[1] Die Werte der *polaren* Trägheitsmomente bzw. Widerstandsmomente erhält man durch Multiplikation mit 2.

3. Querkraft und Biegemoment

a) Die belastenden Kräfte des Stabes bzw. Trägers mögen in einer Ebene liegen, Bild 44. Dann ist die **Querkraft** Q gleich der algebraischen Summe der Kräfte links bzw. rechts vom betrachteten Querschnitt. Es ist

$$Q_l = A - P_1 - P_2 \quad \text{und} \quad Q_r = B - P_3 - P_4 - P_5 - P_6, \quad Q_l + Q_r = 0.$$

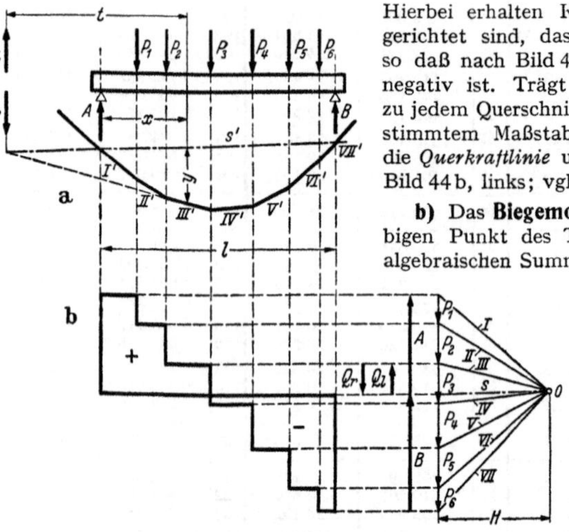

Bild 44. Querkraft- und Momentenfläche

Hierbei erhalten Kräfte, die nach oben gerichtet sind, das positive Vorzeichen, so daß nach Bild 44 Q_l positiv und Q_r negativ ist. Trägt man die Querkräfte zu jedem Querschnitt als Ordinaten in bestimmtem Maßstab auf, so erhält man die *Querkraftlinie* und die *Querkraftfläche* Bild 44b, links; vgl. a. Beispiele.

b) Das **Biegemoment** in einem beliebigen Punkt des Trägers ist gleich der algebraischen Summe der statischen Momente aller links bzw. rechts vom betrachteten Querschnitt angreifenden Kräfte:

$$M_l = A x - P_1 p_1 - P_2 p_2$$

und

$$M_r = B(l - x) - P_3 p_3 - P_4 p_4 - P_5 p_5 - P_6 p_6,$$

wenn $p_1 \ldots p_6$ die Hebelarme von $P_1 \ldots P_6$ in bezug auf den betrachteten Querschnitt sind. Das Biegemoment wird als *positiv* bezeichnet, wenn sich der Träger infolge des Momentes nach *unten*, als *negativ*, wenn er sich nach *oben* durchbiegt (Bild 45). Es ist $M_l = M_r$ und soll im folgenden mit M bezeichnet werden.

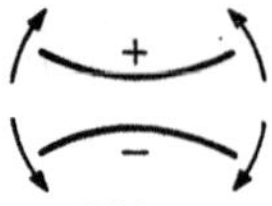

Bild 45

Trägt man die Biegemomente zu jedem Querschnitt als Ordinate in bestimmtem Maßstab auf, so erhält man die *Momentenlinie* und die *Momentenfläche*, Bild 44a; vgl. a. Beispiele.

Da bei einer stetigen Belastung die Ableitung des Biegemoments gleich der Querkraft ist, $Q = \mathrm{d}M/\mathrm{d}x$ (s. S. 104), so hat das Biegemoment dort den größten oder kleinsten Wert, wo die Querkraft verschwindet, d. h. die Querkraftlinie durch null geht. Bei Einzellasten liegt diese Stelle auf der Wirkungslinie einer Einzelkraft, Bild 44b. Die Momentenlinie ist die Integralkurve der Querkraftlinie, $M = \int Q\,\mathrm{d}x$, und diese die Integralkurve der Belastungskurve, $Q = -\int q\,\mathrm{d}x$ (s. a. u., ferner S. 89/90).

Bezeichnet man in Bild 44 die Abstände der Kräfte vom linken Auflager mit $a_1\ a_2 \ldots$, so ist das Biegemoment $M = Ax - P_1(x - a_1) - P_2(x - a_2)$, und die Ableitung liefert die Querkraft $Q = \mathrm{d}M/\mathrm{d}x = A - P_1 - P_2$. Andererseits ist die Fläche unter der Q-Kurve, d. h. ihr Integral, gegeben durch $Ax - P_1 p_1 - P_2 p_2$, also gleich dem Biegemoment M.

Zeichnerische Ermittlung der Momentenfläche. Das statische Moment der Resultierenden $Q_l = A - P_1 - P_2$ ist gleich der Summe der statischen Momente der Einzelkräfte A, P_1 und P_2:

$$M = Q_l t;$$

der Hebelarm t kann nach Bild 44a mit Hilfe des Kraft- und Seilecks bestimmt werden, indem man die äußersten Seilstrahlen s' und III' zum Schnitt bringt.

Aus der Ähnlichkeit der Dreiecke, welche von diesen Seilstrahlen und den entsprechenden Polstrahlen s und III gebildet werden, folgt:

$$y : t = Q : H \qquad \text{oder} \qquad Qt = yH = M.$$

Das Biegemoment ist gleich dem Produkt aus der Ordinate y, gemessen im Längenmaßstab, und der Polhöhe H, gemessen im Kräftemaßstab.

Maßstäbe: Ist der Längenmaßstab 1 mm ≙ a cm, der Kräftemaßstab 1 mm ≙ b kg und der Polabstand H mm, so ist der Momentenmaßstab, d. h. der Maßstab, in dem die Ordinaten des Seilecks zu messen sind,

$$1 \text{ mm} \mathrel{\hat{=}} abH \quad \text{kgcm}.$$

Die Momentenfläche kann also zeichnerisch mit Hilfe des Seilecks nach Bild 44 bestimmt werden (vgl. a. Beisp. 2b).

c) Beispiele: 1. *Einzellast.* Sind a und b die Entfernungen der Kraft P von den Auflagern A und B (Bild 46), so ist $A = P\,b/l$ und $B = P\,a/l$. Die Querkraftfläche zeigt, daß im Angriffspunkt der Kraft das größte Biegemoment auftritt; es ist

$$\max M = A\,a = B\,b = P\,a\,b/l.$$

Wirkt die Einzelkraft in der Mitte des Trägers, so ist mit $a = b = l/2$

$$\max M = P\,l/4.$$

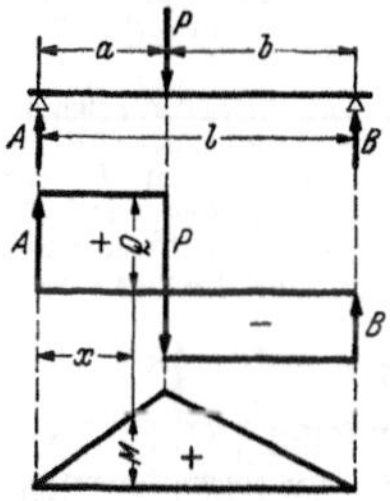

Bild 46. Querkraft- und Momentenfläche bei Einzellast

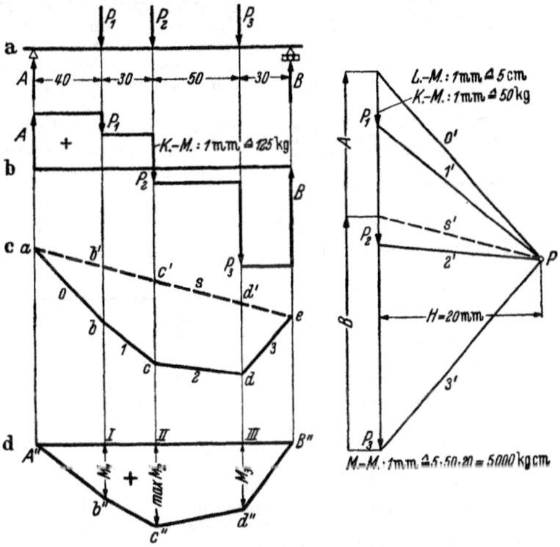

Bild 47 a—d. Querkraft- und Momentenfläche bei mehreren Einzellasten

2. *Mehrere Einzellasten* (Bild 47 a). Der Träger ist mit $P_1 = 300$ kg, $P_2 = 700$ kg und $P_3 = 1200$ kg belastet. a) *Rechnerische Lösung:* In bezug auf A ergibt sich die Momentengleichung $B \cdot 150 = P_1 \cdot 40 + P_2 \cdot 70 + P_3 \cdot 120$ und damit

$$B = (300 \cdot 40 + 700 \cdot 70 + 1200 \cdot 120)/150 = 1367 \text{ kg}.$$

Mit $A + B = P_1 + P_2 + P_3 = 2200$ kg wird $A = 2200 - B = 2200 - 1367 = 833$ kg. Daraus folgt die Querkraftfläche nach Bild 47b: Zwischen A und *1* ist $Q = A = 833$ kg; zwischen *1* und *2* ist $Q = A - P_1 = 833 - 300 = 533$ kg usw. Die Querkraft wechselt bei *2* das Vorzeichen; an dieser Stelle liegt daher das größte Biegemoment. Es ist $\max M = A \cdot 70 - P_1 \cdot 30 = 58300 - 9000 = 49300$ kgcm. Ferner ist $M_A = 0$ kgcm, $M_1 = +A \cdot 40 = +833 \cdot 40 = 33300$ kgcm, $M_3 = +B \cdot 30 = +1367 \cdot 30 = 41000$ kgcm, $M_B = 0$ kgcm. Durch geradlinige Verbindung der Endpunkte entsteht die Momentenfläche (Bild 47d).

b) *Zeichnerische Lösung* (Bild 47). Nach Wahl eines Kräftemaßstabes werden die Kräfte P_1, P_2 und P_3 nach Größe und Richtung aneinandergetragen. Links (oder rechts) von dieser Geraden wird der beliebig gelegene *Pol P* des *Kräftezuges* gewählt und mit den Anfangs- und Endpunkten von P_1, P_2 und P_3 verbunden. Es entstehen so die Polstrahlen *0'*, *1'*, *2'* und *3'*.

Dann wird durch den beliebig auf der Wirkungslinie von A angenommenen Punkt a (Bild 47c) parallel zu dem Polstrahl *0'* der Strahl *0* gezogen, der die Wirkungslinie von P_1 im Punkt b schneiden möge. Durch b wird parallel zu *1'* die Linie *1* gezogen, die die Wirkungslinie von P_2 im Punkt c schneiden möge. Durch c wird parallel zu *2'* die Linie *2* gezogen, die die Wirkungslinie von P_3 im Punkt d trifft, und schließlich durch d eine Parallele *3* zum Polstrahl *3'*.

Die *Seilstrahlen 0, 1, 2, 3* begrenzen das *Seileck* oder *Seilpolygon abcde*.

Wird durch den Pol P eine Parallele s' zu s, der *Schlußlinie* des Seilecks, gezogen, so schneidet diese auf dem Kräftezug P_1, P_2, P_3 die Auflagerkräfte A und B ab. Wir erhalten für A den Wert 840 kg, für B 1360 kg, in guter Übereinstimmung mit den rechnerisch gefundenen Werten.

Zur Kontrolle der Zeichnung beachte man folgende Regel: Die Kraft P_2 liegt zwischen den Polstrahlen $1'$ und $2'$; entsprechend schneiden sich die Seilstrahlen 1 und 2 auf der Wirkungslinie von P_2. Diese Regel gilt auch für die Auflagerkräfte. Da sich die Strahlen 0 und s auf der Wirkungslinie von A schneiden, so liegt A zwischen dem Polstrahl $0'$ und der Parallelen s' zur Schlußlinie. Ebenso liegt B zwischen s' und $3'$, weil sich s und 3 im Punkte e schneiden, der auf der Wirkungslinie von B liegt.

Die Wirkungslinien von P_1, P_2 und P_3 schneiden im Seileck die Strecken bb', cc' und dd' ab. Diese stellen nach Bild 44 bereits die Momente dar, so daß $abcdea$ (Bild 47c) als Momentenfläche angesehen werden kann. Ein beliebiger Schnitt parallel zu den Kräften schneidet eine Strecke aus, die das Biegemoment an dieser Stelle darstellt. Trägt man die Strecken bb' usw. von einer Waagerechten $A''B''$ (Bild 47d) in den Punkten I, II, III der Wirkungslinien der Kräfte senkrecht nach unten ab, so erhält man in $A''b''c''d''B''$ die gleiche Momentenfläche wie oben rechnerisch gefunden.

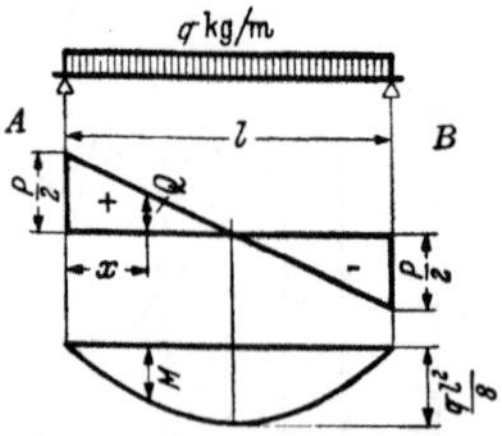

Bild 48. Querkraft- und Momentenfläche bei gleichförmig verteilter Last

Für das gewählte Beispiel ist die Berechnung des Momentenmaßstabes in der Zeichnung angegeben. Die Strecke $II\,c''$ ist 9,9 mm lang. Folglich ist, weil 1 mm Zeichenlänge einem Biegemoment von 5000 kgcm entspricht, $\max M = 9{,}9 \cdot 5000 = 49\,500$ kgcm, in guter Übereinstimmung mit dem rechnerisch ermittelten Wert 49300 kgcm.

Wird der Pol P auf die *linke* Seite des Kraftzuges gelegt, so kommen die positiven Momente nach *oben*.

3. *Gleichförmig verteilte Last* $P = q\,l$, Bild 48. Die Querkraft in der Entfernung x vom Auflager A ist $Q = A - qx = q\,l/2 - qx = P/2 - P\,x/l$; d. h. die Querkraftlinie wird durch eine Gerade dargestellt, die senkrecht unter A die Strecke $P/2$ und unter B die Strecke $-P/2$ abschneidet. Die Momentenlinie ist eine Parabel mit der Pfeilhöhe $ql^2/8 = P\,l/8 = M_{\max}$.

4. *Streckenlast*, Bild 49. Die Querkraft ist für den unbelasteten Teil $A\,1$ eine Waagerechte mit der Ordinate $A = P\,l_0'/l = P\,\lambda'$, zwischen 1 und 2 eine Gerade, die sich auf der Strecke b um $P = bq$ senkt, zwischen 2 und B eine Waagerechte von der Ordinate $(-)\,B = (-)\,P\,l_0/l = P\,\lambda$. Die Momentenlinie setzt sich aus zwei Geradenstücken $a\,1'$, $2'\,b$ und einer Parabel zusammen, mit diesen Geraden als Tangenten, wobei abc das Momentendreieck für die Einzellast P wäre.

Für $x = x_0 = a + b\lambda'$ wird $Q = 0$, d. h. tritt das größte Biegemoment auf, und dieses wird
$M_{\max} = P\,\lambda'\,(a + b\,\lambda'/2) = P\,\lambda\,(c + b\,\lambda/2)$.

5. *Einzelkräfte und gleichförmig verteilte Last* (Bild 50). Die resultierende Querkraftfläche ergibt sich durch Addition

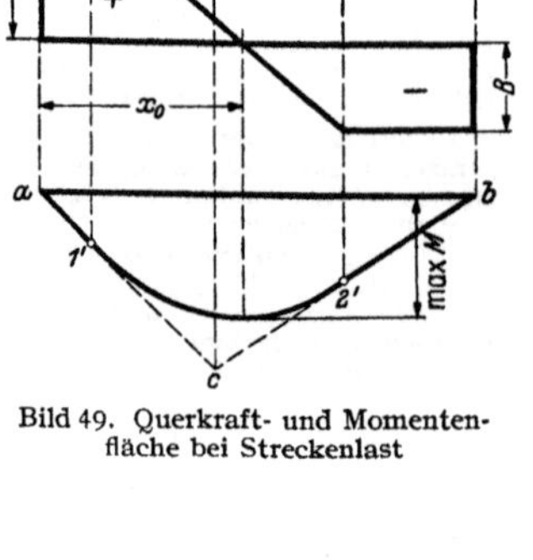

Bild 49. Querkraft- und Momentenfläche bei Streckenlast

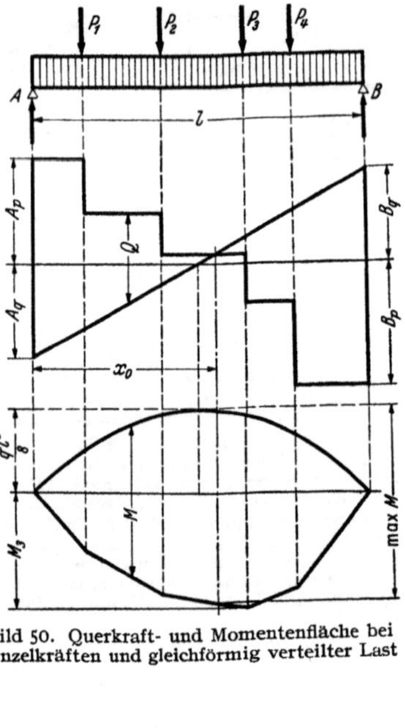

Bild 50. Querkraft- und Momentenfläche bei Einzelkräften und gleichförmig verteilter Last

der Einzelordinaten; man erhält sie zeichnerisch am besten, wenn man die Ordinaten infolge der gleichförmig verteilten Last in entgegengesetzter Richtung aufträgt. In gleicher Weise verfährt man beim Aufzeichnen der Momentenlinie. Das Maximalmoment liegt bei x_0, da dort die Querkraft das Vorzeichen wechselt.

6. Der Träger ist durch eine Last beliebiger Form belastet. Nach Bild 51 zerlegt man die gesamte Last in schmale Streifen, deren Gewichte P_1, P_2, P_3 im Schwerpunkt der Belastungsfläche angreifen. Meist genügt es, die Teilflächen durch Trapeze, Rechtecke oder Dreiecke zu ersetzen. Die Punkte a, b, c und d senkrecht unter den Trennungslinien der Flächenstreifen sind Berührungspunkte der wirklichen M-Linie. Man kann auch durch rechnerische oder zeichnerische Integration (S. 185) der Belastungsfläche $q = q(x)$ die Querkraftfläche finden, $Q = -\int q\,dx$, und durch nochmalige Integration die Momentenfläche, $M = \int Q\,dx$.

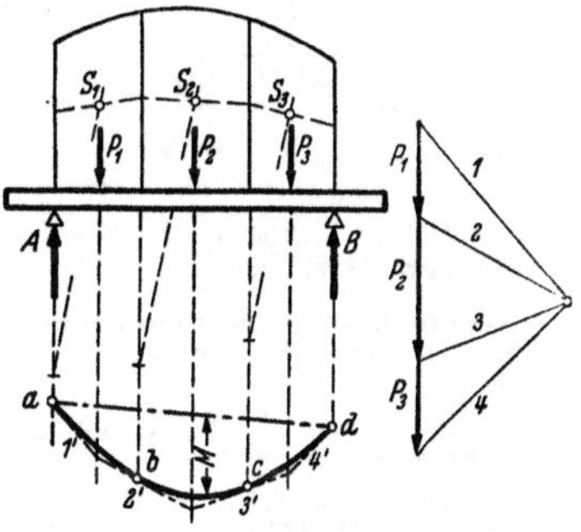

Bild 51. Momentenfläche bei beliebig verteilter Belastung

7. Träger mit *Kragarm* und Einzellasten vgl. S. 361 Bild 62.

8. *Beliebig* senkrecht zur Achse *gerichtete Einzellasten* (Riementrieb). Es handele sich um *kreisförmigen* Querschnitt, so daß, da alle Kräfte hierbei in Hauptachsen wirken, nicht schiefe, sondern *gerade* Biegung vorliegt.

Man zerlege jede Kraft nach waagerechter und senkrechter Richtung und entwerfe für beide Lastgruppen getrennt Querkraft- und Momentenlinie. Die geometrische Addition der Einzelwerte ergibt die wirklichen Querkräfte und Momente.

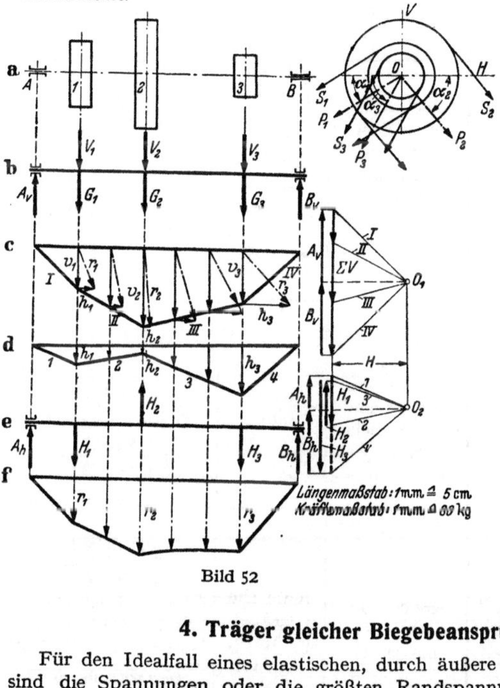

Bild 52

Die Zerlegung der angreifenden Kräfte nach Bild 52 in senkrechter (V) und waagerechter Richtung (H) ergibt

$$V_1 = P_1 \sin\alpha_1;$$
$$V_2 = P_2 \sin\alpha_2;$$
$$V_3 = P_3 \sin\alpha_3.$$
$$H_1 = P_1 \cos\alpha_1;$$
$$H_2 = P_2 \cos\alpha_2;$$
$$H_3 = P_3 \cos\alpha_3.$$

Für die Belastung V, zu der das Gewicht der Scheiben tritt, wird die Momentenfläche entworfen (Bild 52c), ebenso zur Belastung H (Bild 52d). Aus den Ordinaten v und h wird r geometrisch als Hypotenuse bestimmt. Trägt man die Größen r von einer Waagerechten aus ab (Bild 52f), so erhält man die in die Zeichenebene zurückgeklappte resultierende Momentenfläche. Aus ihr ergibt sich max M. Mit den Maßstäben des Bildes 52: $H = 10$ mm und $r_2 = 10$ mm wird nach S. 351

$$\max M = a\,b\,H r_2 = 5 \cdot 80 \cdot 10 \cdot 10 = 40000 \text{ kgcm}.$$

4. Träger gleicher Biegebeanspruchung

Für den Idealfall eines elastischen, durch äußere Kräfte belasteten Körpers sind die Spannungen oder die größten Randspannungen überall gleich groß. Beim *Träger* gleicher Biegefestigkeit (besser: gleicher Biegebeanspruchung) müssen die maximalen Randspannungen $\max\sigma \leqq \sigma_{zul}$ in jedem Querschnitt den gleichen Wert haben. Aus $\sigma = M/W = \text{const.} = \sigma_{zul}$ und aus dem Momentenverlauf $M = \mathrm{M}(x)$ folgt der Querschnittsverlauf gemäß dem erforderlichen Widerstandsmoment $W = \mathrm{W}(x) = \mathrm{M}(x)/\sigma$, vgl. folgende Tafel.

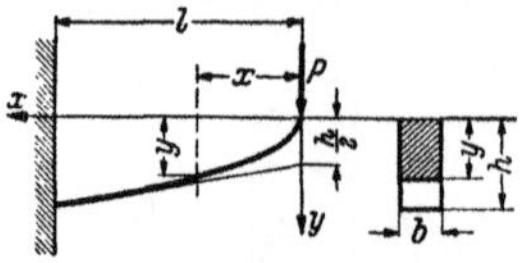

Bild 53

Beispiel: Freiträger mit Einzellast am Ende und mit rechteckigem Querschnitt konstanter Breite, Bild 53. Aus $M_x = Px$, $W_x = b\,y^2/6$ und $M_x = W_x\,\sigma_{zul}$ folgt

an beliebiger Stelle $\sigma_{zul}\cdot b\,y^2/6 = P\,x$,

an der Einspannstelle $\sigma_{zul}\cdot b\,h^2/6 = P\,l$,

daraus durch Division $y = h\sqrt{x/l}$,

d. h. die Begrenzungskurve ist eine Parabel. Für die Einspannstelle folgt aus der zweiten Gleichung $h = \sqrt{6\,P\,l/b\,\sigma_{zul}}$.

Die parabolische Form des Freiträgers findet sich bei Konsolen. Als angenäherte Form wählt man häufig die Tangente an die theoretisch gefundene Kurve als Begrenzungslinie, Bild 53.

Tafel: Träger gleicher Biegebeanspruchung

Nr.	Längs- und Querschnitt des Trägers	Querschnitte	Begrenzung des Längsschnitts	Formeln zur Berechnung der Querschnitt-Abmessungen
	α) Freiträger, Last P greift am Ende an			
1 a	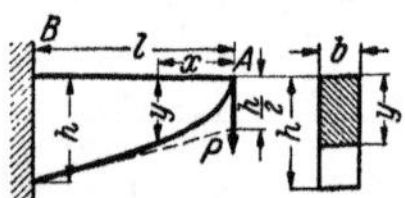	Rechtecke von gleicher Breite b und veränderlicher Höhe y	1 a. Obere Begrenzung: Gerade; untere Begrenzung: gewöhnl. Parabel	$y = h\sqrt{x/l}$; $h = \sqrt{\dfrac{6Pl}{b\sigma_{zul}}}$; Durchbiegung in A: $f = \dfrac{8P}{bE}\left(\dfrac{l}{h}\right)^3$
1 b	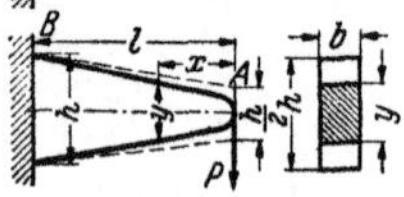		1 b. Gewöhnl. Parabel	
2	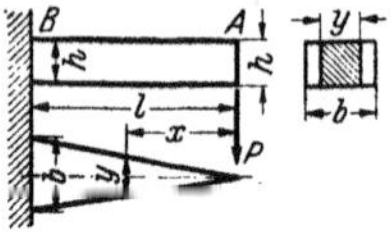 Elastische Linie ein Kreisbogen	Rechtecke von gleicher Höhe h und veränderlicher Breite y	Gerade Linie	$y = b\,x/l$; $b = \dfrac{6Pl}{h^2\sigma_{zul}}$; Durchbiegung in A: $f = \dfrac{6P}{bE}\left(\dfrac{l}{h}\right)^3$.
3	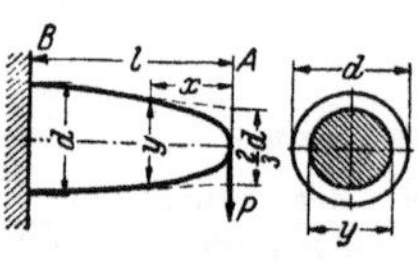	Kreise vom Durchmesser y	Kubische Parabel (s. Math. S. 134)	$y = d\sqrt[3]{x/l}$; $d = \sqrt[3]{\dfrac{32\,Pl}{\pi\,\sigma_{zul}}}$ oder $W_0 = \pi d^3/32 = P\,l/\sigma_{zul}$; Durchbiegung in A: $f = \dfrac{3}{5}\dfrac{Pl^3}{EJ_0}$; $J_0 = \dfrac{\pi d^4}{64}$

Nr.	Längs- und Querschnitt des Trägers	Querschnitte	Begrenzung des Längsschnitts	Formeln zur Berechnung der Querschnitt-Abmessungen
	β) Freiträger, Last Q gleichmäßig verteilt			
4	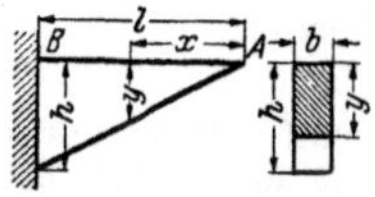	Rechtecke von gleicher Breite b und veränderlicher Höhe y	Gerade Linie	$y = hx/l$; $h = \sqrt{\frac{3Ql}{b\sigma_{zul}}}$
5	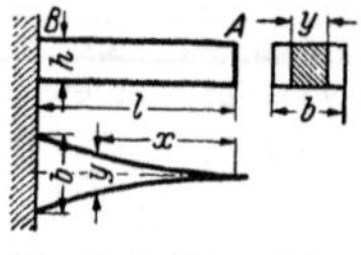 Elastische Linie ein Kreisbogen	Rechtecke von gleicher Höhe h und veränderlicher Breite y	Gewöhnl. Parabel	$y = bx^2/l^2$; $b = \frac{3Ql}{h^2\sigma_{zul}}$; Durchbiegung in A: $f = \frac{3Q}{bE}\left(\frac{l}{h}\right)^3$
	γ) Träger auf 2 Stützen, Einzellast P			
6	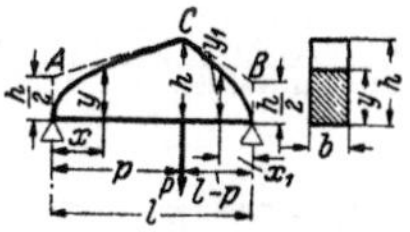	Rechtecke von gleicher Breite b und veränderlicher Höhe y	Obere Begrenzung: zwei gewöhnl. Parabeln	$y = h\sqrt{x/p}$; $y_1 = h\sqrt{x_1/(l-p)}$; $h = \sqrt{\frac{6P(l-p)p}{bl\sigma_{zul}}}$
	δ) Träger auf 2 Stützen, Last Q gleichmäßig verteilt			
7	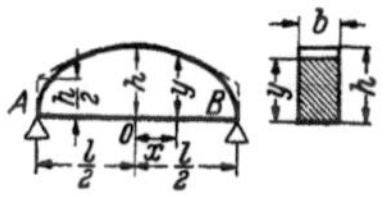	Rechtecke von gleicher Breite b und veränderlicher Höhe y	Obere Begrenzung: Ellipse	$\frac{x^2}{(l/2)^2} + \frac{y^2}{h^2} = 1$; $h = \sqrt{\frac{3Ql}{4b\sigma_{zul}}}$; Durchbiegung in O: $f = \frac{1}{64}\frac{Ql^3}{EJ_0} = \frac{3}{16}\frac{Q}{bE}\left(\frac{l}{h}\right)^3$ *

5. Elastische Linie

a) Differentialgleichung. Die ursprünglich gerade Stabachse biegt sich infolge der Belastung durch, die hierdurch entstehende Kurve heißt elastische Linie. Da die Querschnitte eben bleiben sollen, bilden die um ds entfernten Querschnitte I und II (Bild 54) den Winkel dα und sind die dicht benachbarten Normalen der Biegelinie. Diese schneiden sich im Krümmungsmittelpunkt

* Bei ausgeführten Blechträgern von nahezu gleichem Widerstand gegen Biegung ist nach *R. Land*

$$f = \frac{1}{70}\frac{Ql^3}{EJ} = \frac{6}{35}\frac{Q}{bE}\left(\frac{l}{h}\right)^3.$$

(S. 119). Ist $\eta\,d\alpha$ die Verlängerung der Faser im Abstand η (Bild 31, S. 340), so wird die Dehnung

$$\varepsilon = \eta\,d\alpha/ds = \eta \cdot d\alpha/ds$$

mit ds als ursprünglicher Länge. Nun ist $d\alpha/ds$ die Krümmung der elastischen Kurve (S. 119), d. h. es ist $d\alpha/ds = k = 1/\varrho$, also $\varepsilon = \eta k$.

Nach dem *Hooke*schen Gesetz gilt $\varepsilon = \sigma/E$ oder $\sigma = E\varepsilon$, so daß $\sigma = E\eta k$. Andererseits war $\sigma = \eta M/J$ (S. 340); dies eingesetzt ergibt

$$k = 1/\varrho = M/EJ$$

als „*natürliche Gleichung*" der elastischen Linie. Da α bei dem gewählten Koordinatensystem abnimmt, also $d\alpha$ negativ ist, ist die Krümmung als negativ anzusehen (vgl. a. Bild 88, 89, S. 119). Damit wird

$$k = 1/\varrho = -y''/(1+y'^2)^{\frac{3}{2}} = M/EJ.$$

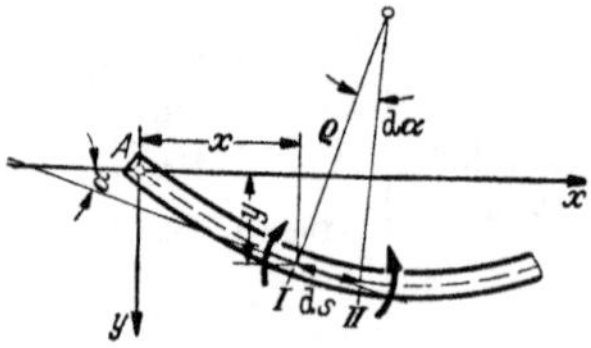

Bild 54

Für kleine Durchbiegungen kann $y'^2 = \operatorname{tg}^2\alpha$ gegenüber 1 vernachlässigt werden; also folgt

$$y'' = \frac{d^2y}{dx^2} = -\frac{M}{EJ}$$

als *Differentialgleichung* der elastischen Linie (Vorzeichen von M s. Bild 45, S. 350). $y' = \operatorname{tg}\alpha$ ist die Steigung und α der Steigungswinkel der elastischen Linie. Da y' klein ist, gilt $y' \approx \hat{\alpha}$ *, wenn $y' > 0$, und $y' \approx \pi - \hat{\alpha}$, wenn $y' < 0$. Das Produkt EJ heißt auch Steifigkeit S.

Je nach Wahl des Koordinatensystems ist in $k = 1/\varrho = M/EJ$ das Vorzeichen von k und damit von y'' positiv oder negativ zu wählen, vgl. Bild 55 a–d.

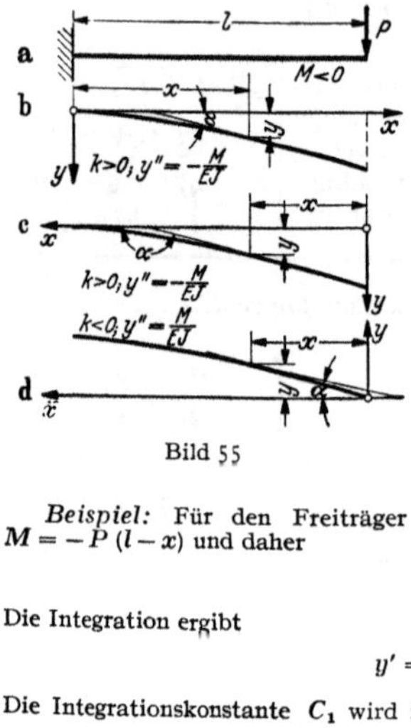

Bild 55

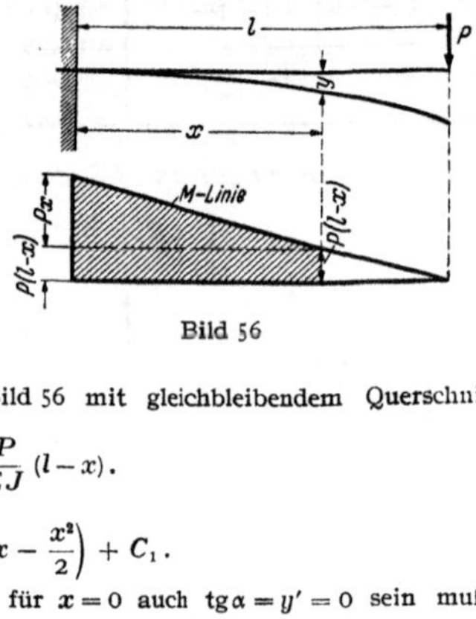

Bild 56

Beispiel: Für den Freiträger nach Bild 56 mit gleichbleibendem Querschnitt ist $M = -P(l-x)$ und daher

$$y'' = \frac{P}{EJ}(l-x).$$

Die Integration ergibt

$$y' = \frac{P}{EJ}\left(lx - \frac{x^2}{2}\right) + C_1.$$

Die Integrationskonstante C_1 wird null, da für $x = 0$ auch $\operatorname{tg}\alpha = y' = 0$ sein muß. Aus

$$y' = \frac{P}{EJ}\left(lx - \frac{x^2}{2}\right) \text{ folgt durch Integration } y = \frac{P}{EJ}\left(l\frac{x^2}{2} - \frac{x^3}{6}\right) + C_2.$$

Auch C_2 ist null, da y für $x = 0$ verschwindet; also gilt

$$y = \frac{P}{EJ}\left(l\frac{x^2}{2} - \frac{x^3}{6}\right) = \frac{Pl^3}{2EJ}\left[\left(\frac{x}{l}\right)^2 - \frac{1}{3}\left(\frac{x}{l}\right)^3\right].$$

Aus $y' \approx \hat{\alpha}$ folgt für $x = l$, daß $\hat{\alpha}_l \approx Pl^2/2EJ$.

Die Lösung für die Lage des Koordinatensystems nach Bild 55d vgl. Math. S. 105; s. a. die Tafel S. 362, Nr. 1.

b) Zeichnerische Ermittlung der Durchbiegungen nach Mohr. Ein vollkommen biegsames Seil sei nach Bild 57 durch eine stetige Last q (in kg/m) belastet; die Belastungsfläche wird in schmale Streifen von der Breite dx parallel zur Richtung der Kräfte zerlegt, dann

---

* $\hat{\alpha}$ ist der Winkel im Bogenmaß.

ist $q\,dx$ die Belastung der kleinen Strecke dx, die als Einzelkraft im Schwerpunkt des Flächenstreifens aufgefaßt werden kann. Zu diesen Einzelkräften zieht man mit Hilfe des Kraftecks (Bild 57) ein Seileck, das für verschwindend schmale Streifen in die Seilkurve übergeht.

Der Last $q\,dx$ müssen die Kräfte S in P und S_1 in P_1 das Gleichgewicht halten. S wird in V und H, die Kraft S_1 in V_1 und H zerlegt; der Horizontalzug H ist an jeder Stelle des Seiles gleich groß. Nach Bild 57 gilt

$$\operatorname{tg} \alpha = y' = V/H$$

und daher

$$y'' = V'(x)/H.$$

Es wird aber

$$dV = V_1 - V = -q\,dx,$$

also $V' = dV/dx =$
$= -q\,dx/dx = -q.$

Somit ist

$$y'' = -q/H$$

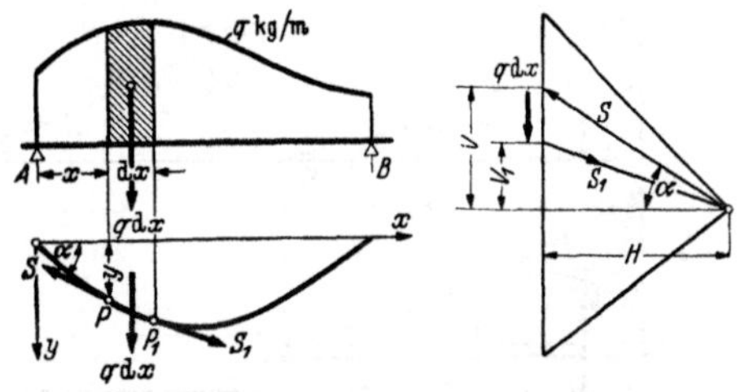

Bild 57

die Differentialgleichung der Seilkurve. Sie kann durch rechnerische oder zeichnerische Integration gelöst werden.

Nun stimmt die Differentialgleichung $y'' = -M/EJ$ der elastischen Linie (S. 356) mit der Differentialgleichung $y'' = -q/H$ der Seilkurve überein, wenn man

a) die Belastung $q = M/J$ und den Polabstand $H = E$ oder aber

b) bei konstantem Trägheitsmoment $q = M$ und $H = EJ$ wählt. Hieraus folgt, daß man die Biegelinie als Seilkurve einer gedachten Belastung ermitteln kann:

Nach Bild 58 belastet man z. B. den Träger mit der M/J-Fläche, zerlegt diese in schmale Streifen und faßt ihre Inhalte als Kräfte auf, die in ihren Schwerpunkten angreifen. In dem hierzu entworfenen Seileck sind die Ordinaten y ein Maß für die Durchbiegungen.

Die Auflagerkräfte infolge der gedachten Belastung durch die M/J- bzw. die M-Fläche sind in Bild 58 und späterhin mit A', B' bezeichnet zum Unterschied von den Auflagerkräften A und B infolge der eigentlichen Belastung durch die tatsächlichen Kräfte.

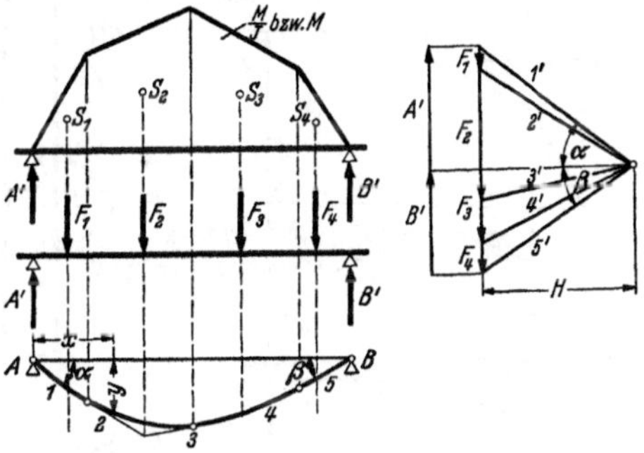

Bild 58. Graphische Ermittlung der Biegelinie

Wird die Einheit der Flächenkräfte gleich 1 mm genommen und $H = E$ mm, so erscheinen die Durchbiegungen im gleichen Maßstab wie die Balkenlänge. Um die Durchbiegungen größer zu erhalten (z. B. n-fach), muß der Polabstand H kleiner (gleich H/n) gewählt werden. Gleiches gilt, wenn die M-Fläche als Belastung gewählt und der Polabstand $H = EJ$ gemacht wird. — Die Flächenkräfte haben bei der M/J-Fläche die Dimension $\frac{\text{kg cm}}{\text{cm}^4} \cdot \text{cm} = \text{kg cm}^{-2}$, bei der M-Fläche kg cm · cm = kg cm². Also ergibt sich für die

Maßstäbe: Ist 1 mm $\triangleq a$ cm der Längenmaßstab, 1 mm $\triangleq d$ kgcm^{-2} der Maßstab der Flächenkräfte bei der M/J-Fläche, 1 mm $\triangleq e$ kgcm² der für die M-Fläche, und ist der Polabstand gleich H mm, so folgt

a) bei Belastung mit der M/J-Fläche 1 mm $\triangleq a\,d\,H/E$ cm,

b) bei Belastung mit der M-Fläche 1 mm $\triangleq a\,e\,H/EJ$ cm

als Maßstab für die Durchbiegungen der elastischen Linie.

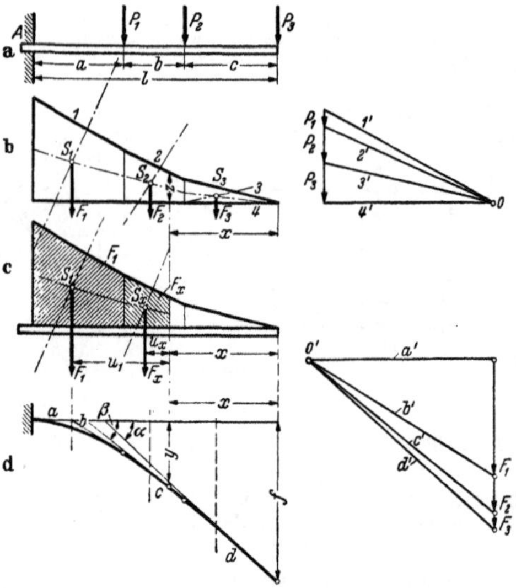

Bild 59 a—d. Biegelinie beim Freiträger mit Einzellast, $J = \text{const.}$

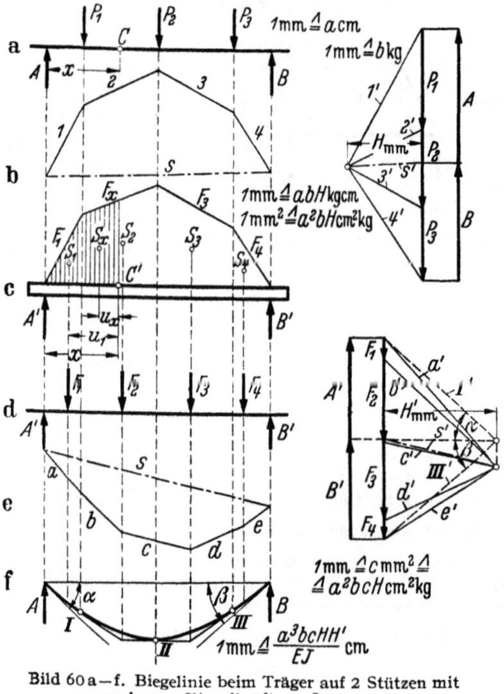

Bild 60 a—f. Biegelinie beim Träger auf 2 Stützen mit mehreren Einzelkräften, $J = \text{const.}$

Im ersten Fall wäre der Polabstand durch E/d mm dargestellt. Wird aber der Polabstand gleich H mm gewählt, so werden die Ordinaten y im Verhältnis $E/d : H = E/Hd$ größer, und damit wird der Maßstab für die Durchbiegung

$$1 \text{ mm} \triangleq \frac{a}{E/Hd} \triangleq \frac{adH}{E} \text{ cm.}$$

Gleiches gilt für den zweiten Fall.

Anmerkung: Beim *Freiträger*, Bild 59 a, ist es zweckmäßig, zur Ermittlung der Momentenlinie, Bild 59 b, den Pol O auf der durch den Endpunkt der letzten Kraft gehenden Waagerechten $4'$ anzunehmen und ebenso bei Ermittlung der Durchbiegungen, Bild 59d, den Pol O' in gleiche Höhe mit dem Anfang des Kraftzuges zu legen. Man vermeidet dadurch die Umzeichnung für horizontale Schlußlinien.

Beispiele: 1. ***Träger auf zwei Stützen mit unveränderlichem Querschnitt*** (Bild 60 a). Die belastenden Kräfte werden aneinandergereiht, das Seileck Bild 60 b entworfen und die Schlußlinie waagerecht gelegt (Bild 60 c). Die belastenden Flächen F des Hilfsträgers Bild 60 d werden in mm² berechnet und nach Wahl eines Maßstabes der Form $1 \text{ mm} \triangleq c \text{ mm}^2$ zum Kräftezug aneinandergereiht. Sämtliche Maßstäbe sind in Bild 60 angegeben. Wahre Punkte der elastischen Linie liegen senkrecht unter den Trennlinien der Flächen F (Bild 60 c) auf der zweiten Seilkurve; in diesen Punkten I, II und III berührt die Seilkurve die elastische Linie. Es ist hier bei der M-Fläche $e = a^2bcH$, und da der zweite Polabstand gleich H' mm gewählt ist, folgt als Maßstab für die Durchbiegung: $1 \text{ mm} \triangleq aeH'/EJ \triangleq a^3bcHH'/EJ \text{cm}$.

2. ***Träger auf zwei Stützen mit veränderlichem Querschnitt und Einzellast*** (Bild 61). Rechnerisch-zeichnerische Lösung.

Das maximale Biegemoment ist

$$\max M = 5000 \cdot 70 \cdot 50/120 = 145\,800 \text{ kgcm.}$$

Die Momentenfläche ist ein Dreieck mit der Höhe $\max M$; die Tragfähigkeit der einzelnen Querschnitte ist mit einer zulässigen Biegespannung

$$\sigma_{zul} = 400 \text{ kg/cm}^2$$

$$M_{100} = W_1\,\sigma_{zul} = 98{,}17 \cdot 400 = 39300 \text{ kgcm},$$
$$M_{120} = W_2\,\sigma_{zul} = 169{,}6 \cdot 400 = 67800 \text{ kgcm},$$
$$M_{140} = W_3\,\sigma_{zul} = 269{,}4 \cdot 400 = 107800 \text{ kgcm},$$
$$M_{160} = W_4\,\sigma_{zul} = 402{,}1 \cdot 400 = 160\,800 \text{ kgcm}.$$

In Bild 61 b sind die Werte $W\,\sigma_{zul}$ aufgetragen; es muß dabei die Momentenlinie innerhalb des gebrochenen Linienzuges verlaufen.

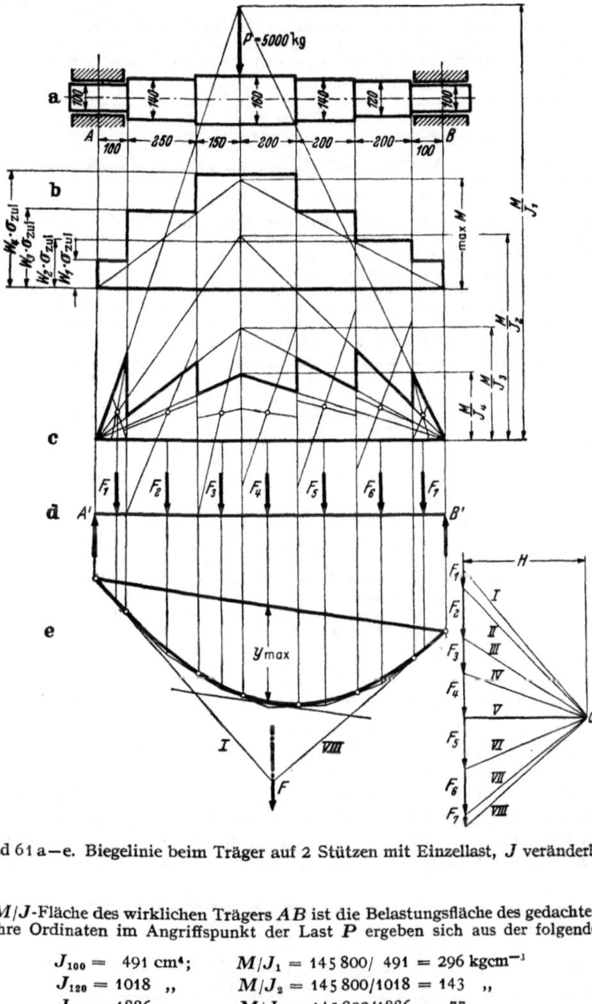

Bild 61 a–e. Biegelinie beim Träger auf 2 Stützen mit Einzellast, J veränderlich

Die M/J-Fläche des wirklichen Trägers AB ist die Belastungsfläche des gedachten Trägers $A'B'$; ihre Ordinaten im Angriffspunkt der Last P ergeben sich aus der folgenden Tafel:

$J_{100} = 491 \text{ cm}^4$;	$M/J_1 = 145\,800/\;491 = 296 \text{ kgcm}^{-3}$
$J_{120} = 1018$,,	$M/J_2 = 145\,800/1018 = 143$,,
$J_{140} = 1886$,,	$M/J_3 = 145\,800/1886 = 77$,,
$J_{160} = 3217$,,	$M/J_4 = 145\,800/3217 = 45$,,

Diese Werte werden in Bild 61c im Maßstab 1 mm $\triangleq$ 0,5 kgcm^{-3} in der Wirkungslinie der Kraft P von einer Waagerechten aus nach oben abgetragen; die Verbindungsgeraden mit den Endpunkten der Waagerechten ergeben die M/J-Fläche, die in sieben Teilflächen F zerlegt wird.

Die erste Teilfläche ist ein Dreieck mit der Grundlinie 10 cm und der Höhe $\frac{1}{5} \cdot 296\,\mathrm{kg\,cm^{-3}}$, ihr Flächeninhalt ist

$$F_1 = \tfrac{1}{2} \cdot 10 \cdot \tfrac{1}{5} \cdot 296 = 296\ \mathrm{kg\,cm^{-2}},$$

in gleicher Weise ergeben sich:

$$F_2 = 871\ \mathrm{kg\,cm^{-2}};\quad F_3 = 580\ \mathrm{kg\,cm^{-2}};\quad F_4 = 780\ \mathrm{kg\,cm^{-2}};$$
$$F_5 = 880\ \mathrm{kg\,cm^{-2}};\quad F_6 = 817\ \mathrm{kg\,cm^{-2}};\quad F_7 = 211\ \mathrm{kg\,cm^{-2}}.$$

Die Schwerpunkte dieser Teilflächen sind in Bild 61c zeichnerisch bestimmt. $F_1 \ldots F_7$ werden als Kräfte aufgefaßt, die am gedachten Träger $A'B'$ (Bild 61d) angreifen; die zugehörige Seillinie ist in Bild 61e entworfen. Die Seilstrahlen schneiden die Senkrechten durch die Trennlinien der Fläche Bild 61c in Punkten der Biegelinie; die zur Schlußlinie parallele Tangente bestimmt $y_{\max}$. Die äußersten Seilstrahlen schneiden sich in einem Punkt, der senkrecht unter dem Schwerpunkt der M/J-Fläche liegt.

Als Längenmaßstab wurde 1 mm ≙ 2,5 cm, als Maßstab der Flächenkräfte 1 mm ≙ ≙ 125 kg cm^{-2} gewählt. Mit dem Polabstand $H = 17{,}5$ mm ist nach S. 357

$$1\ \mathrm{mm} \mathrel{\hat{=}} 2{,}5 \cdot 125 \cdot 17{,}5/2\,150\,000 \mathrel{\hat{=}} 0{,}00255\ \mathrm{cm}$$

der Maßstab der elastischen Linie, Bild 61e. Mit $y_{\max} = 13{,}5$ mm ist daher die größte Durchbiegung der Welle

$$f_{\max} = 13{,}5 \cdot 0{,}00255 = 0{,}035\ \mathrm{cm}.$$

3. *Träger auf zwei Stützen mit veränderlichem Querschnitt und beliebig vielen Einzellasten* (Bild 62a). Zunächst wird die Momentenlinie Bild 62b entworfen; die Schlußlinie geht durch die Schnittpunkte der freien Seilstrahlen *1* und *4* mit den Wirkungslinien der Auflager und wird waagerecht gelegt (Bild 62c). Nach Ermittlung des Momentenmaßstabes können diesem Bild die Biegemomente M entnommen werden. Die Berechnung der Werte M/J und der größten Spannungen $\max\sigma = \pm M/W$ in jedem Querschnitt geschieht zweckmäßig in Form einer Tabelle, deren Anfang nachstehend angegeben ist. Stellen des Trägers, in denen sich der Querschnitt ändert, treten zweimal auf.

Stelle	Durchmesser cm	J cm^4	W cm^3	M kg cm	$\pm\max\sigma$ kg/cm^2	M/J kg/cm^3
P_1	10	490,9	98,17	0	0	0
1				−13 000	132	−26,5
1	11	718,7	130,7	−13 000	100	−18,1
2				−36 000	275	−50,0
2	14	1886	269,4	−36 000	134	−19,1

Die größte Spannung tritt an der Stelle *7* auf und ist gleich 309 kg/cm^2.

Die Werte M/J wurden in Bild 62d aufgetragen; den Belastungsfall des Hilfsträgers zeigt Bild 62e. Das Seileck für die Flächenkräfte ist in Bild 62f entworfen, wobei die Schlußlinie durch die Punkte a und c, nicht b und c geht, da die Durchbiegungen unter A und B gleich null sein müssen. Schließlich ist in Bild 62g die Schlußlinie waagerecht gelegt.

Wahre Punkte der elastischen Linie liegen wieder senkrecht unter den Trennlinien der Flächen (Bild 51, S. 353). Schließlich wird die elastische Linie, die den gebrochenen Linienzug in diesen Punkten berührt, eingezeichnet.

Maßstäbe nach S. 357 sowie Berechnung der größten Durchbiegung s. Bild 62.

Für die Neigungen der elastischen Linie in den Auflagern ist nach Abschn. c):

$$\mathrm{tg}\,\alpha = A'/E = 6{,}4 \cdot 200/2\,150\,000 = 1 : 1680 \quad \text{und} \quad \mathrm{tg}\,\beta = B'/E = 14 \cdot 200/2\,150\,000 = 1 : 760.$$

c) Rechnerische Ermittlung der Durchbiegungen nach Mohr für den Fall unveränderlichen Querschnitts. Nach S. 357 stellt die Ordinate der Seilkurve (Bild 58) die Durchbiegung dar, wenn die M-Fläche als Belastung des Trägers und der Polabstand $H = EJ$ gemacht wird. Allgemein muß aber die Ordinate der Seilkurve, multipliziert mit dem Polabstand H, das Biegemoment ergeben, das an der betreffenden Stelle durch die gedachte Belastung hervorgerufen wird. Dieses sei mit M^* bezeichnet. Dann ist die Durchbiegung an irgendeiner Stelle durch

$$y = M^*/EJ$$

gegeben. Ferner folgt

$$\frac{\mathrm{d}y}{\mathrm{d}x} = \frac{1}{EJ} \cdot \frac{\mathrm{d}M^*}{\mathrm{d}x} = \frac{1}{EJ}\,Q^*,$$

da die Querkraft Q^* die Ableitung des Momentes M^* ist. In den Auflagern ist aber die Querkraft Q^* gleich den Auflagerreaktionen der gedachten Belastung.

Unter ähnlicher Betrachtung für die M/J-Fläche gilt dann der *Mohr*sche *Satz*: Die EJ-fachen (E-fachen) Durchbiegungen eines Trägers sind gleich den Biegemomenten des mit der M-Fläche (M/J-Fläche) belasteten Trägers, und die EJ-fachen (E-fachen) Neigungen der elastischen Linie in den Auflagern sind gleich den Auflagerkräften des gleicherweise belasteten Trägers.[1]

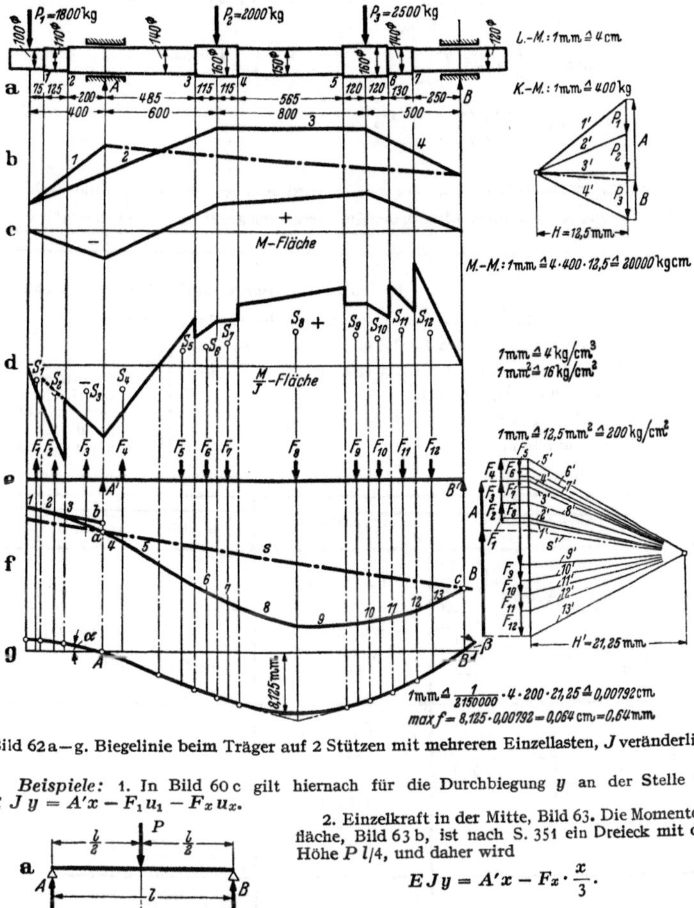

Bild 62a—g. Biegelinie beim Träger auf 2 Stützen mit mehreren Einzellasten, J veränderlich

Beispiele: 1. In Bild 60c gilt hiernach für die Durchbiegung y an der Stelle C: $EJy = A'x - F_1 u_1 - F_x u_x$.

2. Einzelkraft in der Mitte, Bild 63. Die Momentenfläche, Bild 63b, ist nach S. 351 ein Dreieck mit der Höhe $P\,l/4$, und daher wird

$$EJy = A'x - F_x \cdot \frac{x}{3}.$$

Bild 63

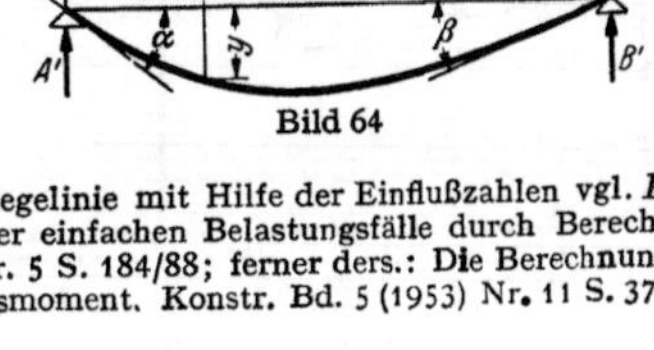

Bild 64

[1] Über die rechnerische Ermittlung der Biegelinie mit Hilfe der Einflußzahlen vgl. *Possner, L.:* Ermittlung der elastischen Linie der einfachen Belastungsfälle durch Berechnung nach Punkten. Konstruktion Bd. 3 (1951) Nr. 5 S. 184/88; ferner ders.: Die Berechnung der elastischen Linie bei veränderlichem Trägheitsmoment. Konstr. Bd. 5 (1953) Nr. 11 S. 378/84.

Wegen der Symmetrie der Belastungsfläche ist

$$A' = B' = \frac{1}{2}\,\frac{l}{2}\,\frac{Pl}{4} = \frac{Pl^2}{16}, \qquad F_x = A\,x \cdot x/2 = Px^2/4,$$

also folgt
$$EJy = \frac{Pl^2}{16}\,x - \frac{Px^2}{4}\,\frac{x}{3} = \frac{Pl^2}{16}\left(x - \frac{4}{3}\,\frac{x^3}{l^2}\right) = \frac{Pl^3}{16}\left(\frac{x}{l} - \frac{4}{3}\,\frac{x^3}{l^3}\right),$$

$$y = \frac{Pl^3}{16\,EJ}\left(\frac{x}{l} - \frac{4}{3}\,\frac{x^3}{l^3}\right)$$

die Gleichung der elastischen Linie; für $x = \frac{l}{2}$ wird $\max y = f = \frac{Pl^3}{48\,EJ}$ (Bild 63c).

Die Neigung der elastischen Linie in den Auflagern kann aus $EJ\,\hat{\alpha} \approx EJ\,\mathrm{tg}\,\alpha = A' = Pl^2/16$ ermittelt werden. (Fortsetzung s. S. 363 oben)

e) Tafel: Momente und Durchbiegungen für

Es bedeuten: l = Länge zwischen den Stützpunkten oder Stablänge in cm;
x, y = Koordinaten eines Punktes der Biegelinie (in cm);
f = Durchbiegung in cm unter der Einzellast P;
f_m = maximale Durchbiegung in cm;
α = spitzer Winkel der Tangente mit der x-Achse;
P = äußere Kräfte in kg;
q = Belastung in kg/cm;

Bei den Belastungsfällen 6, 13, 15 und 16 ist im Interesse einfacherer Gleichungen der Bezugspunkt für x von der üblichen Lage abweichend gewählt.

Nr.	Belastungsfall	Bemerkungen	Auflagerdrücke A, B Biegemomente M
1	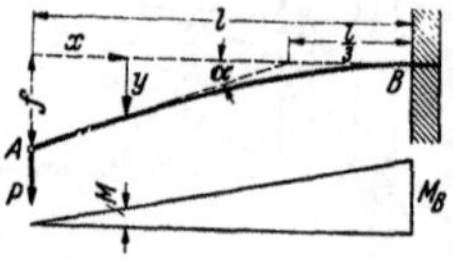	Freiträger. Gefährdeter Querschnitt bei B	$B = P$; $M = -Pl \cdot x/l$; $\max M = Pl$
2	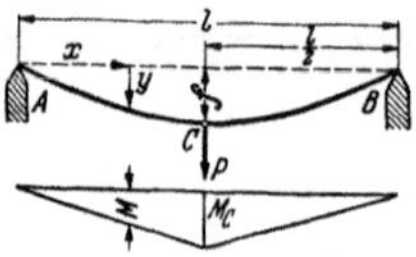	Frei aufliegender Träger. Gefährdeter Querschnitt in der Mitte	$A = B = \frac{P}{2}$; $M = \frac{Pl}{2} \cdot \frac{x}{l}$; $\max M = Pl/4$
3	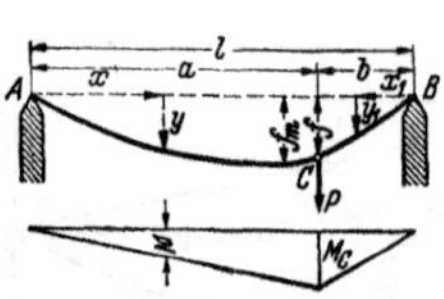	Frei aufliegender Träger. Gefährdeter Querschnitt bei C	$A = Pb/l$; $B = Pa/l$; Für AC: $M = Pb\,x/l$; für BC: $M = Pa\,x_1/l$. $\max M = Pl \cdot ab/l^2$

[1] Über Kurventafeln zur Ermittlung der Auflagerkräfte, Momente und Durchbiegungen Konstruktion Bd. 4 (1952) Nr. 12 S. 370/76.

3. Es sind die Neigungen an den Auflagern des durch ein Moment M im Auflager A beanspruchten Trägers (Bild 64, S. 361) zu bestimmen. Die Momentenfläche ist ein Dreieck; für die Auflagerkräfte des mit der Momentenfläche belasteten Trägers folgt

$$A'l = \frac{Ml}{2}\cdot\frac{2}{3}l,\qquad A' = \frac{1}{3}Ml \quad\text{und}\quad B' = \frac{1}{2}Ml - A' = \frac{1}{6}Ml;$$

$$\hat{\alpha} = \frac{Ml}{3EJ} \quad\text{und}\quad \hat{\beta} = \frac{Ml}{6EJ}.$$

Für die Gleichung der Biegelinie folgt $y = \frac{Ml^2}{6EJ}\,\frac{x}{l}\left(1-\frac{x}{l}\right)\cdot\left(2-\frac{x}{l}\right)$.

d) Formänderungsarbeit. Es war (S. 333) $A^* = \frac{1}{2}M\Delta\varphi$. Mit M als Biegemoment, $y' = \operatorname{tg}\alpha \approx \hat{\alpha}$, also $d\varphi = d\,\hat{\alpha} = dy' = y''\,dx$ als Drehung des Stabelementes von der Länge dx folgt $dA^* = \frac{1}{2}My''\,dx$ oder für den ganzen Stab $A^* = \int_0^l dA^*$. Mit $M = EJy''$ (Differentialgleichung der elastischen Linie) wird auch $A^* = \frac{1}{2}\int_0^l EJy''^2\,dx = \frac{1}{2}\int_0^l M^2\,dx/EJ$.

Träger mit gleichbleibendem Querschnitt

M = Biegemoment in kgcm; im Wendepunkt der Biegelinie ist $M = 0$;
J = Trägheitsmoment des Querschnittes in cm^4;
W = Widerstandsmoment des Querschnittes in cm^3; $W\text{erf} = \frac{\max M}{\sigma_{zul}}$;
σ_{zul} = zulässige Biegespannung in kg/cm^2;
$\max M$ = maximales Biegemoment, von der Form
$\max M = Pl\lambda$, also Tragkraft $P = W\sigma_{zul}/l\lambda$. [1]

Gleichung der Biegelinie	Durchbiegungen f und f_m
$y = \frac{Pl^3}{3EJ}\left(1-\frac{3}{2}\frac{x}{l}+\frac{1}{2}\frac{x^3}{l^3}\right)$; $\operatorname{tg}\alpha_{(x=0)} = Pl^2/2EJ = 3f/2l$	$f = f_m = \frac{Pl^3}{3EJ}$
$y = \frac{Pl^3}{16EJ}\frac{x}{l}\left(1-\frac{4}{3}\frac{x^2}{l^2}\right)$, $x \leqq \frac{l}{2}$; $\operatorname{tg}\alpha_{(x=0)} = Pl^2/16EJ = 3f/l$	$f = f_m = \frac{Pl^3}{48EJ}$
$y = \frac{Pl^3}{6EJ}\frac{a}{l}\frac{b^2}{l^2}\frac{x}{l}\left(1+\frac{l}{b}-\frac{x^2}{ab}\right)$, $x \leqq a$; $y_1 = \frac{Pl^3}{6EJ}\frac{b}{l}\frac{a^2}{l^2}\frac{x_1}{l}\left(1+\frac{l}{a}-\frac{x_1^2}{ab}\right)$, $x_1 \leqq b$; $a\,y'(0) = f\cdot\frac{1}{2}\left(1+\frac{l}{b}\right)$; $b\,y_1'(0) = f\cdot\frac{1}{2}\left(1+\frac{l}{a}\right)$	$f = \frac{Pl^3}{3EJ}\frac{a^2}{l^2}\frac{b^2}{l^2}$; $f_m = f\,\frac{l+b}{3b}\sqrt{\frac{l+b}{3a}}$ für $x_m = a\sqrt{(l+b)/3a}$, wenn $a > b$. Wenn $a < b$ ist, sind a und b sowie x und x_1 zu vertauschen

[1] vgl. *Korhammer, A.:* Momente und Durchbiegungen des geraden Trägers mit Einzellasten.

Nr.	Belastungsfall	Bemerkungen	Auflagerdrücke A, B Biegemomente M
4	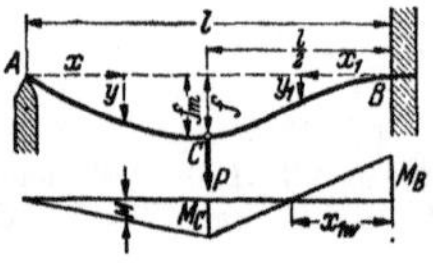	Halb eingespannter Träger symmetrisch belastet. Gefährdeter Querschnitt bei B. Wendepunkt bei $x_{1w} = \frac{3}{11} l$	$A = \frac{5}{16} P$; $B = \frac{11}{16} P$ Für AC: $M = \frac{5}{16} P x$; $M_C = \frac{5}{32} P l$; für BC: $M = P l \left(\frac{11}{16} \frac{x_1}{l} - \frac{3}{16}\right)$; $\max M = \lvert M_B \rvert = \frac{3}{16} P l$
5	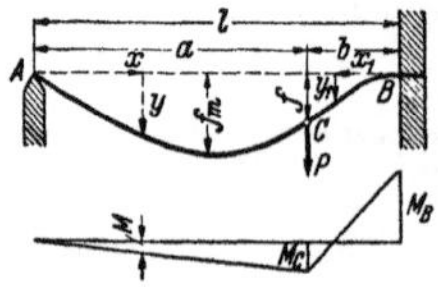	Halb eingespannter Träger, unsymmetrisch belastet. Gefährdeter Querschnitt bei B oder C. Wendepunkt bei $x_{1w} = l \frac{\eta}{1+\eta}$; $\eta = \frac{b}{2l}\left(1 + \frac{a}{l}\right)$	$A = P \frac{b^2}{l^2}\left(1 + \frac{a}{2l}\right)$; $B = P \frac{a}{l}(1+\eta)$ Für AC: $M = A x$; $M_C = P l \frac{a}{l} \frac{b^2}{l^2}\left(1 + \frac{a}{2l}\right)$; für BC: $M = B x_1 - M_B$; $M_B = (-) P l \frac{b}{l} \frac{a}{l}\left(1 - \frac{b}{2l}\right)$. $\max M = M_C$ für $\frac{a}{l} \leqq \sqrt{2} - 1 = 0{,}414$ $\max M = M_B$ für $\frac{a}{l} \geqq \sqrt{2} - 1 = 0{,}414$
6	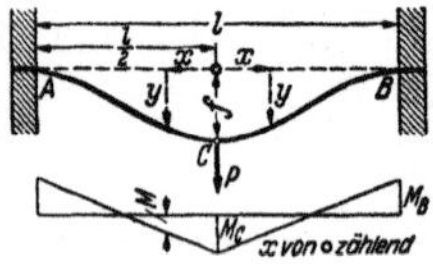	Eingespannter Träger, symmetrisch belastet. Gefährdete Querschnitte bei A, B und C. Wendepunkte bei $x_w = l/4$	$A = B = \frac{1}{2} P$ $M = \frac{P l}{2}\left(\frac{1}{4} - \frac{x}{l}\right)$; $\max M = P l/8$
7	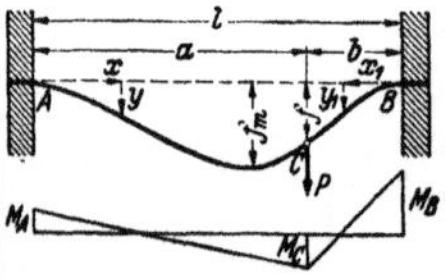	Eingespannter Träger, unsymmetrisch belastet. Gefährdeter Querschnitt bei B für $a > b$, bei A für $a < b$. Wendepunkte bei $x_w = l \frac{a}{l + 2a}$ und $x_{1w} = l \frac{b}{l + 2b}$	$A = P \frac{b^2}{l^2}\left(1 + \frac{2a}{l}\right)$; $B = P \frac{a^2}{l^2}\left(1 + \frac{2b}{l}\right)$ Für AC: $M = P l \frac{b^2}{l^2}\left[\left(1 + \frac{2a}{l}\right)\frac{x}{l} - \frac{a}{l}\right]$; $M_A = P l \frac{a}{l} \frac{b^2}{l^2} = \max M$ für $a < b$; $M_C = P l \cdot 2 \frac{a^2}{l^2} \frac{b^2}{l^2}$; für BC: $M = P l \frac{a^2}{l^2}\left[\left(1 + \frac{2b}{l}\right)\frac{x_1}{l} - \frac{b}{l}\right]$; $M_B = P l \frac{b}{l} \frac{a^2}{l^2} = \max M$ für $a >$

Gleichung der Biegelinie	Durchbiegungen f und f_m
$y = \frac{Pl^3}{32\,EJ}\,\frac{x}{l}\left(1 - \frac{5}{3}\,\frac{x^2}{l^2}\right), \quad x \leqq \frac{l}{2}$ $y_1 = \frac{Pl^3}{32\,EJ}\,\frac{x_1^2}{l^2}\left(3 - \frac{11}{3}\,\frac{x_1}{l}\right), \; x_1 \leqq \frac{l}{2}$ $y'(0) = \frac{Pl^2}{32EJ} = \frac{24}{7}\,\frac{f}{l}.$	$f = \frac{7}{768}\,\frac{Pl^3}{EJ} \approx \frac{Pl^3}{110\,EJ};$ $f_m = \frac{1}{48\sqrt{5}}\,\frac{Pl^3}{EJ} \approx \frac{Pl^3}{107\,EJ}$ für $x_m = l/\sqrt{5} = 0{,}447\,l$
$y = \frac{Pl^3}{4EJ}\,\frac{b^2}{l^2}\,\frac{x}{l}\left[\frac{a}{l} - \frac{2}{3}\left(1 + \frac{a}{2l}\right)\frac{x^2}{l^2}\right],$ $x \leqq a;$ $y_1 = \frac{Pl^3}{4EJ}\,\frac{a}{l}\,\frac{x_1^2}{l^2}\left[\left(1 - \frac{a^2}{l^2}\right) - \left(1 - \frac{a^2}{3l^2}\right)\frac{x_1}{l}\right],$ $x_1 \leqq b;$ $\operatorname{tg}\alpha_{(x=0)} = \frac{Pl^2}{4EJ}\,\frac{b^2}{l^2}\,\frac{a}{l}$	$f = \frac{Pl^3}{4EJ}\,\frac{a^2}{l^2}\,\frac{b^3}{l^3}\left(1 + \frac{a}{3l}\right);$ $f_m = y$ für $x = x_{1m} = 2\,l\,\eta/(1+\eta)$, wenn $\frac{a}{l} \leqq 0{,}414;$ $x = x_m = l\sqrt{\frac{a/2\,l}{1 + a/2\,l}}$, wenn $\frac{a}{l} \geqq 0{,}414$
$y = \frac{Pl^3}{192\,EJ}\left(1 + \frac{4x}{l}\right)\left(1 - \frac{2x}{l}\right)^2;$ $\operatorname{tg}\alpha_{(x=x_w)} = 3\,f/l$	$f = f_m = \frac{Pl^3}{192EJ};$ $y_w = f/2$
$y = \frac{Pl^3}{2EJ}\,\frac{b^2}{l^2}\,\frac{x^2}{l^2}\left[\frac{a}{l} - \frac{x}{3l}\left(1 + \frac{2a}{l}\right)\right], \; x \leqq a;$ $y_1 = \frac{Pl^3}{2EJ}\,\frac{a^2}{l^2}\,\frac{x_1^2}{l^2}\left[\frac{b}{l} - \frac{x_1}{3l}\left(1 + \frac{2b}{l}\right)\right], x_1 \leqq b$	$f = \frac{Pl^3}{3EJ}\,\frac{a^3}{l^3}\,\frac{b^3}{l^3};$ $f_m = \frac{2\,Pl^3}{3EJ}\,\frac{a^3}{l^3}\,\frac{b^2}{l^2}\left(\frac{l}{l+2a}\right)^2$ für $x = l\,\frac{2a}{l+2a}$, wenn $a > b;$ $f_m = \frac{2\,Pl^3}{3EJ}\,\frac{b^3}{l^3}\,\frac{a^2}{l^2}\left(\frac{l}{l+2b}\right)^2$ für $x_1 = l\,\frac{2b}{l+2b}$, wenn $a < b$

Nr.	Belastungsfall	Bemerkungen	Auflagerdrücke A, B, Biegemomente M
8	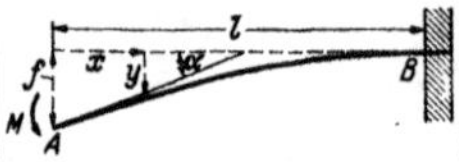	Freiträger, Moment am freien Ende	$B = 0$ $M = \text{const.}$
9	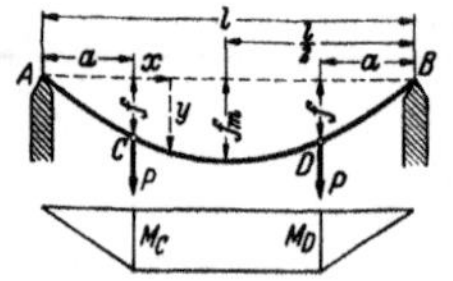	Frei aufliegender Träger, zwei symmetrisch angreifende Einzelkräfte. Gefährdete Querschnitte zwischen C und D	$A = B = P$ Für AC: $M = Px$; für CD: $M = Pa = \text{const.} = \max M$
10	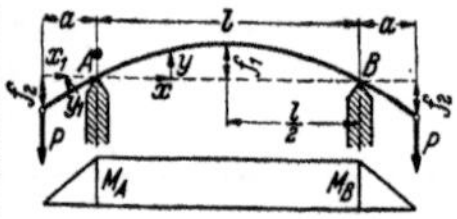	Frei aufliegender Träger mit Kragstücken und symmetrischer Belastung. Gefährdete Querschnitte zwischen A und B	$A = B = P$ Für AB: $M = (-)\, Pa = \text{const.} = \max M$
11	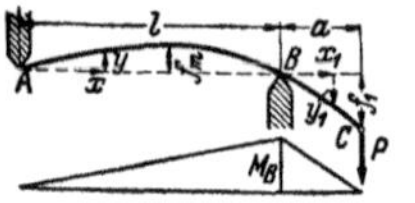	Träger auf Stützen mit Kragstück und unsymmetrischer Belastung. Gefährdeter Querschnitt bei B	$A = -Pa/l$; $B = P(1 + a/l)$ Für AB: $M = -Pax/l$; $M_B = -Pa$; für BC: $M = -P(a - x_1)$; $\max M = Pa$
12	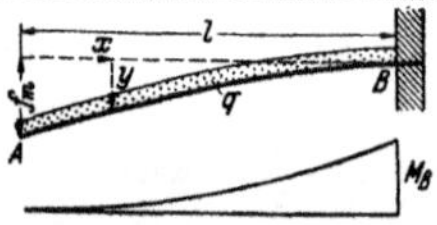	Freiträger. Gefährdeter Querschnitt bei B	$B = P = ql$ $M = -\frac{Pl}{2}\frac{x^2}{l^2}$ $\max M = Pl/2$
13	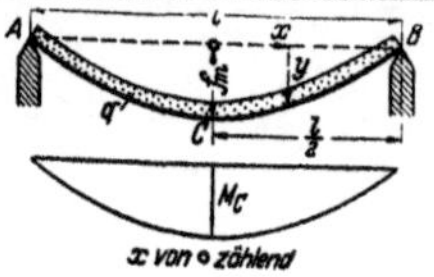	Frei aufliegender Träger. Gefährdeter Querschnitt in der Mitte	$A = B = \frac{1}{2}P = \frac{1}{2}ql$ $M = \frac{Pl}{8}\left(1 - \frac{4x^2}{l^2}\right)$; $\max M = Pl/8$

Gleichung der Biegelinie	Durchbiegungen f und f_m
Kreisbogen vom Radius $\varrho = EJ/M$ ersetzt durch $y = \frac{Ml^2}{2EJ}\left(1-\frac{x}{l}\right)^2$; $\operatorname{tg}\alpha_{(x=0)} = Ml/EJ = 2f/l$	$f = \frac{Ml^2}{2EJ}$
$y = \frac{Pl^3}{2EJ}\frac{x}{l}\left[\frac{a}{l}\left(1-\frac{a}{l}\right)-\frac{1}{3}\frac{x^2}{l^2}\right]$, $x \leqq a \leqq l/2$; $y = \frac{Pl^3}{2EJ}\frac{a}{l}\left[\frac{x}{l}\left(1-\frac{x}{l}\right)-\frac{1}{3}\frac{a^2}{l^2}\right]$, $a \leqq x \leqq l/2$. Für CD ist die Biegelinie ein Kreisbogen vom Radius $\varrho = EJ/M$	$f = \frac{Pl^3}{2EJ}\frac{a^2}{l^2}\left(1-\frac{4}{3}\frac{a}{l}\right)$; $f_m = \frac{Pl^3}{8EJ}\frac{a}{l}\left(1-\frac{4}{3}\frac{a^2}{l^2}\right)$
$y = \frac{Pl^3}{2EJ}\frac{a}{l}\frac{x}{l}\left(1-\frac{x}{l}\right)$, $x \leqq l$ Für AB ist die Biegelinie ein Kreisbogen vom Radius $\varrho = EJ/M$ $y_1 = \frac{Pl^3}{2EJ}\left[\frac{1}{3}\frac{x_1^3}{l^3}-\frac{a}{l}\left(1+\frac{a}{l}\right)\frac{x_1}{l}+\right.$ $\left.+\frac{a^2}{l^2}\left(1+\frac{2}{3}\frac{a}{l}\right)\right]$, $x_1 \leqq a$. $\operatorname{tg}\alpha_{(x=0)} = 4f_1/l$; $\operatorname{tg}\alpha_{1\,(x_1=0)} = 4f_1/l\cdot(1+a/l)$	$f_1 = \frac{Pl^3}{8EJ}\frac{a}{l}$; $f_2 = \frac{Pl^3}{2EJ}\frac{a^2}{l^2}\left(1+\frac{2}{3}\frac{a}{l}\right)$
$y = \frac{Pl^0}{6EJ}\frac{a}{l}\frac{x}{l}\left(1-\frac{x^2}{l^2}\right)$, $x \leqq l$; $y_1 = \frac{Pl^3}{6EJ}\frac{x_1}{l}\left(\frac{2a}{l}+\frac{3a}{l}\frac{x_1}{l}-\frac{x_1^2}{l^2}\right)$, $x_1 \leqq a$. $\operatorname{tg}\alpha_{(x=0)} = \frac{Pl^2}{6EJ}\frac{a}{l} = \frac{1}{2}\operatorname{tg}\alpha_{(x=l)}$ $\operatorname{tg}\alpha_{(x_1=a)} = \frac{Pl^2}{6EJ}\frac{a}{l}\left(2+3\frac{a}{l}\right)$	$f_m = \frac{Pl^3}{9\sqrt{3}EJ}\frac{a}{l} = \frac{0{,}0642\,Pl^3}{EJ}\frac{a}{l}$ für $x = l/\sqrt{3} = 0{,}577\,l$; $f_1 = \frac{Pl^3}{3EJ}\frac{a^2}{l^2}\left(1+\frac{a}{l}\right)$
$y = \frac{Pl^3}{8EJ}\left(1-\frac{4}{3}\frac{x}{l}+\frac{1}{3}\frac{x^4}{l^4}\right)$; $\operatorname{tg}\alpha_{(x=0)} = Pl^2/6EJ = f_m/\tfrac{3}{4}\,l$	$f_m = \frac{Pl^3}{8EJ}$
$y = \frac{5Pl^3}{384EJ}\left(1-\frac{4x^2}{l^2}\right)\left(1-\frac{4}{5}\frac{x^2}{l^2}\right)$; $\operatorname{tg}\alpha_{(x=l/2)} = Pl^2/24EJ = 16f_m/5l$	$f_m = \frac{5Pl^3}{384EJ}$

Nr.	Belastungsfall	Bemerkungen	Auflagerdrücke A, B Bieg. momente M
14	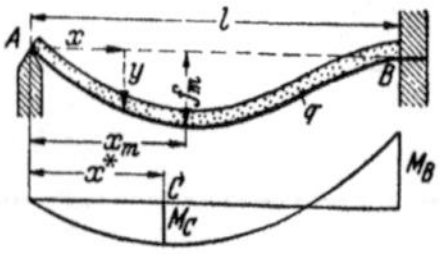	Halb eingespannter Träger. Gefährdeter Querschnitt bei B. Wendepunkt bei $x = x_w = \frac{3}{4} l$	$A = \frac{3}{8} P;\; B = \frac{5}{8} P;\; P = ql$ $M = \frac{Pl}{8} \frac{x}{l} \left(3 - \frac{4x}{l}\right)$; $\max M = (-)\, Pl/8$ (absolutes Maximum für B); $M_C = \frac{9}{128} Pl$ (relatives Maximum) für $x^* = 3l/8$
15	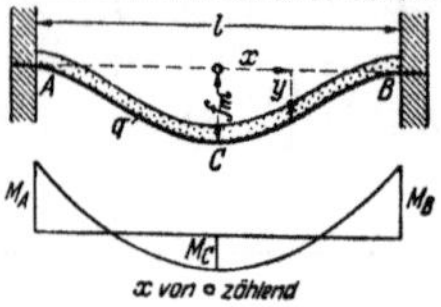	Eingespannter Träger. Gefährdeter Querschnitt bei B. Wendepunkte bei $x_w = \pm l/2\sqrt{3} =$ $= \pm 0{,}2887\, l$	$A = B = \frac{1}{2} P = \frac{1}{2} q l$ $M = \frac{Pl}{24} \left(1 - 12 \frac{x^2}{l^2}\right)$; $M_A = M_B = (-)\, Pl/12$ (absolutes Maximum); $M_C = Pl/24$ (relatives Maximum)
16	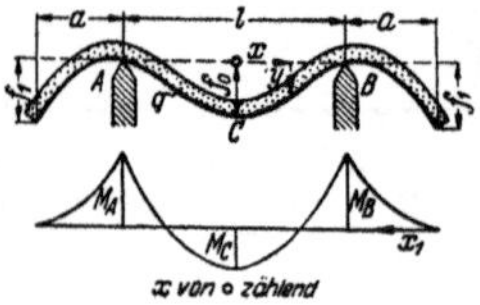	Frei aufliegender Träger mit symmetrischer Kraglast. Gefährdeter Querschnitt bei A, B oder C. Wendepunkte bei $x = \pm \frac{1}{2} l \sqrt{1 - 4a^2/l^2}$	$A = B = \frac{1}{2} P = \frac{1}{2} q\, (l + 2a)$. $P_1 = q\, l$ $M_1 = -\frac{P_1 l}{2} \frac{a^2}{l^2} \frac{x_1^2}{a^2}$ für $x_1 \leqq a$; $M_A = M_B = -\frac{P_1 l}{8} \frac{4a^2}{l^2}$; für AB: $M = \frac{P_1 l}{8} \left[\left(1 - \frac{4a^2}{l^2}\right) - \frac{4x^2}{l^2}\right]$, $-\frac{l}{2} \leqq x \leqq \frac{l}{2}$; $M_C = \frac{P_1 l}{8} \left(1 - \frac{4a^2}{l^2}\right)$; $M_A = \max M$ bzw. $M_C = \max M$, wenn $a \geqq l/\sqrt{8}$ $\quad$ $a \leqq l/\sqrt{8}$ $l/\sqrt{8} = 0{,}3535\, l$; $M_C = 0$, wenn $a = l/2$
17	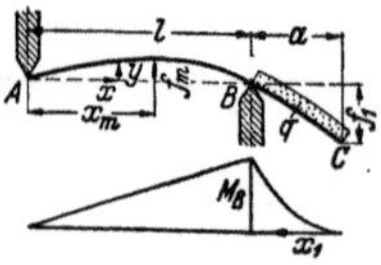	Träger auf 2 Stützen mit unsymmetrischer Kraglast. Gefährdeter Querschnitt bei B	$A = -\frac{Pa}{2l}$; $B = P\left(1 + \frac{a}{2l}\right)$; $P = qa$ Für AB: $M = -\frac{Pa}{2} \frac{x}{l}$; $M_B = -Pa/2$; für BC: $M = -\frac{Pa}{2} \frac{x_1^2}{a^2}$; $\max M = Pa/2$

Gleichung der Biegelinie	Durchbiegungen f und f_m
$y = \frac{P l^3}{48 E J} \frac{x}{l} \left(1 - 3 \frac{x^2}{l^2} + 2 \frac{x^3}{l^3}\right)$; $= \frac{P l^3}{48 E J} \frac{x}{l} \left(1 - \frac{x}{l}\right)^2 \left(1 + 2 \frac{x}{l}\right)$; $\operatorname{tg} \alpha_{(x=0)} = P l^2 / 48 E J$	$f_m = \frac{P l^3}{185 E J}$ für $x_m = \frac{1}{16} l \left(1 + \sqrt{33}\right) = 0{,}4215 l$, wobei $\frac{1}{185} = \frac{78 + 110 \sqrt{33}}{2 \cdot 16^4}$
$y = \frac{P l^3}{384 E J} \left(1 - 4 \frac{x^2}{l^2}\right)^2$	$f_m = \frac{P l^3}{384 E J}$; $y_w = \frac{4}{9} f_m$
$y = \frac{P_1 l^3}{16 E J} \left[1 - \frac{4 x^2}{l^2}\right] \left[\left(\frac{5}{24} - \frac{a^2}{l^2}\right) - \frac{1}{6} \frac{x^2}{l^2}\right]$. Für A und B: $\operatorname{tg} \alpha = \frac{P_1 l^2}{24 E J} \left(1 - 6 \frac{a^2}{l^2}\right)$	$f_0 = \frac{P_1 l^3}{16 E J} \left(\frac{5}{24} - \frac{a^2}{l^2}\right)$; $f_1 = \frac{P_1 l^3}{24 E J} \frac{a}{l} \left(3 \frac{a^3}{l^3} + 6 \frac{a^2}{l^2} - 1\right)$. $f_0 = 0$, wenn $a = l \cdot \sqrt{5/24} = 0{,}4564 l$; $f_1 = 0$, wenn $a = 0{,}3747 l$
$y = \frac{P l^3}{12 E J} \frac{a}{l} \frac{x}{l} \left(1 - \frac{x^2}{l^2}\right), \quad x \leqq l.$ $\operatorname{tg} \alpha_{(x=0)} = \frac{P l^2}{12 E J} \frac{a}{l} = \frac{1}{2} \operatorname{tg} \alpha_{(x=l)}$; $\operatorname{tg} \alpha_{(x_1=0)} = \frac{P l^2}{6 E J} \frac{a}{l} \left(1 + \frac{a}{l}\right)$	$f_m = \frac{P l^3}{18 \sqrt{3} E J} \frac{a}{l} \approx \frac{P l^3}{31 E J} \frac{a}{l}$ für $x_m = l/\sqrt{3} = 0{,}577 l$; $f_1 = \frac{P l^3}{6 E J} \frac{a^2}{l^2} \left(1 + \frac{3}{4} \frac{a}{l}\right)$

Nr.	Belastungsfall	Bemerkungen	Auflagerdrücke A, B Biegemomente M
18	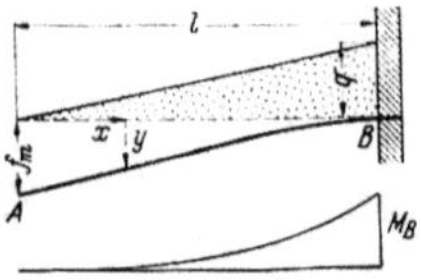	Freiträger mit Dreieckslast. Gefährdeter Querschnitt bei B	$B = P = \frac{1}{2} q l$ $M = -\frac{P l}{3} \frac{x^3}{l^3}$; $\max M = Pl/3$
19	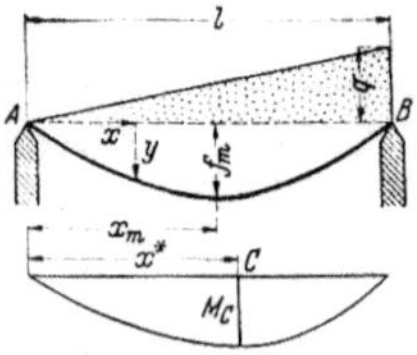	Frei aufliegender Träger mit Dreieckslast. Gefährdeter Querschnitt bei C	$A = \frac{1}{3} P;\ B = \frac{2}{3} P;\ P = \frac{1}{2} ql$ $M = \frac{P l}{3} \frac{x}{l} \left(1 - \frac{x^2}{l^2}\right)$; $\max M = M_C = 0{,}1284\, Pl$ für $x^* = l/\sqrt{3} = 0{,}577\, l$
20a	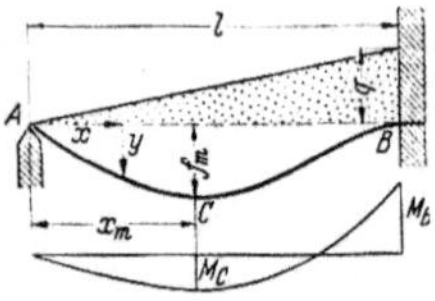	Halb eingespannter Träger mit Dreieckslast. Gefährdeter Querschnitt bei B. Wendepunkt bei $x_w = l\sqrt{3/5} = 0{,}7745\, l$	$A = \frac{1}{5} P;\ B = \frac{4}{5} P;\ P = \frac{1}{2} ql$ $M = \frac{P l}{3} \frac{x}{l} \left(\frac{3}{5} - \frac{x^2}{l^2}\right)$; $M_C = 0{,}0596\, Pl$ (relatives Maximum) bei $x = x_m = l/\sqrt{5} = 0{,}447\, l$; $M_B = (-)\, \frac{2}{15} Pl$ (absolutes Maximum)
20b	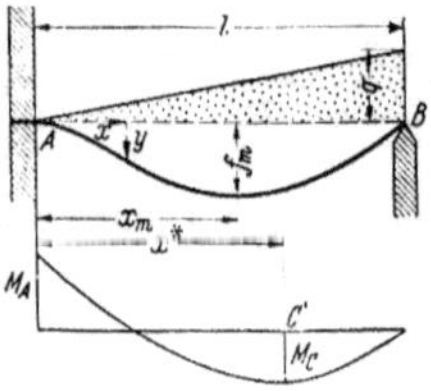	Halb eingespannter Träger mit Dreieckslast. Gefährdeter Querschnitt bei A. Wendepunkt bei $x_w = 0{,}2745\, l$ $= l(\sqrt{3/5} - 1/2)$	$A = \frac{9}{20} P;\ B = \frac{11}{20} P;\ P = \frac{1}{2} ql$ $M_x = \frac{Pl}{3}\left(1 - \frac{x}{l}\right)\left(\frac{x^2}{l^2} + \frac{x}{l} - \frac{7}{20}\right)$; $M_A = (-)\, \frac{7}{60} Pl$ (absolutes Maximum); $M_C \approx \frac{1}{12} Pl$ (relatives Maximum) für $x^* = l\sqrt{9/20} = 0{,}671 l$
21	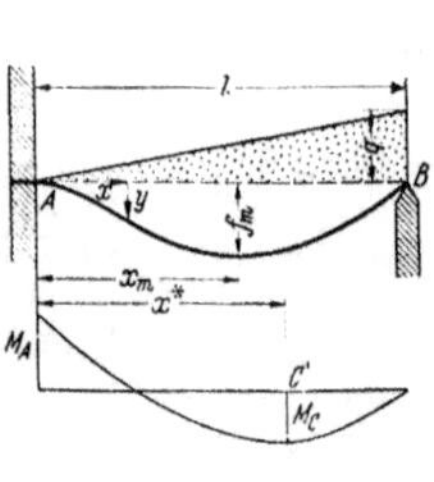	Beiderseits eingespannter Träger mit Dreieckslast. Gefährdeter Querschnitt bei B. Wendepunkte bei $x_1 = 0{,}237\, l$ und $x_2 = 0{,}808\, l$	$A = \frac{3}{10} P;\ B = \frac{7}{10} P;\ P = \frac{1}{2} ql$ $M = Pl\left(\frac{3}{10} \frac{x}{l} - \frac{1}{3} \frac{x^3}{l^3} - \frac{1}{15}\right)$; $M_A = (-)\, Pl/15$; $M_C = 0{,}0429\, Pl$ (relatives Maximum) bei $x^* = l\sqrt{3/10} = 0{,}5478\, l$; $M_B = (-)\, Pl/10$ (absolutes Maximum)

Gleichung der Biegelinie	Durchbiegungen f und f_m
$y = \frac{P l^3}{15 EJ}\left[1 - \frac{5}{4}\frac{x}{l} + \frac{1}{4}\frac{x^5}{l^5}\right];$ $\operatorname{tg}\alpha_{(x=0)} = \frac{P l^2}{12 EJ} = \frac{5}{4}\frac{f_m}{l}$	$f_m = \frac{P l^3}{15 EJ}$
$y = \frac{P l^3}{180 EJ}\frac{x}{l}\left(3\frac{x^4}{l^4} - 10\frac{x^2}{l^2} + 7\right)$ $= \frac{P l^3}{180 EJ}\frac{x}{l}\left(1 - \frac{x^2}{l^2}\right)\left(7 - \frac{3x^2}{l^2}\right);$ $\operatorname{tg}\alpha_{(x=0)} = \frac{7 P l^2}{180 EJ};\quad \operatorname{tg}\alpha_{(x=l)} = \frac{8 P l^2}{180 EJ}$	$f_m = \frac{P l^3}{76{,}7\, EJ} \approx \frac{5 P l^3}{384 EJ}$ für $x_m = 0{,}519\, l = l\sqrt{1 - \sqrt{8/15}}$
$y = \frac{P l^3}{60 EJ}\frac{x}{l}\left(1 - \frac{x^2}{l^2}\right)^2;$ $\operatorname{tg}\alpha_{(x=0)} = P l^2/60 EJ \approx 7 f_m/2 l$	$f_m \approx \frac{P l^3}{210 EJ}$ für $x = x_m = 0{,}447\, l$
$y = \frac{P l^3}{120 EJ}\frac{x^2}{l^2}\left(2\frac{x^3}{l^3} - 9\frac{x}{l} + 7\right);$ $\operatorname{tg}\alpha_{(x=l)} = P l^2/40 EJ \approx 4{,}1\, f_m/l$	$f_m \approx \frac{P l^3}{164 EJ}$ für $x = x_m = 0{,}5975\, l$
$y = \frac{P l^3}{60 EJ}\left(\frac{x^5}{l^5} - 3\frac{x^3}{l^3} + 2\frac{x^2}{l^2}\right)$ $= \frac{P l^3}{60 EJ}\frac{x^2}{l^2}\left(1 - \frac{x}{l}\right)^2\left(2 + \frac{x}{l}\right)$ $= \frac{P l^3}{60 EJ}\left(\frac{1}{4} - \eta^2\right)^2\left(\frac{5}{2} + \eta\right);$ $\eta = \frac{x}{l} - \frac{1}{2}$	$f_m \approx \frac{P l^3}{382 EJ}$ für $x_m = 0{,}525\, l = l\,(\sqrt{21/20} - 1/2)$

6. Mehrfach gelagerter Träger

a) Allgemeiner Weg. Ist ein Träger mehrfach gelagert derart, daß die Bestimmungsgleichungen der Statik nicht ausreichen, so ist der Träger statisch unbestimmt, und es müssen die elastischen Verformungen zur Ermittlung der Auflagerkräfte herangezogen werden. Nach Feststellung dieser Kräfte können auch die Durchbiegungen bestimmt werden. Allgemein geht man so vor, daß man an einer Stelle (oder mehreren) die Unterstützung löst, bis das System statisch bestimmt ist (statisch bestimmtes Hauptsystem), dann die Durchbiegung ohne diese ermittelt und diejenige Kraft (oder Kräfte) sucht, durch welche diese Durchbiegung wieder rückgängig gemacht wird. In Bild 65 z. B. löst man bei C die Lagerung und ermittelt die Durchbiegung f_P an dieser Stelle. Die durch die gesuchte Auflagerkraft C entstehende, entgegengesetzt gerichtete Durchbiegung f_C muß dann so groß sein, daß

$$f_P - f_C = 0$$

wird.

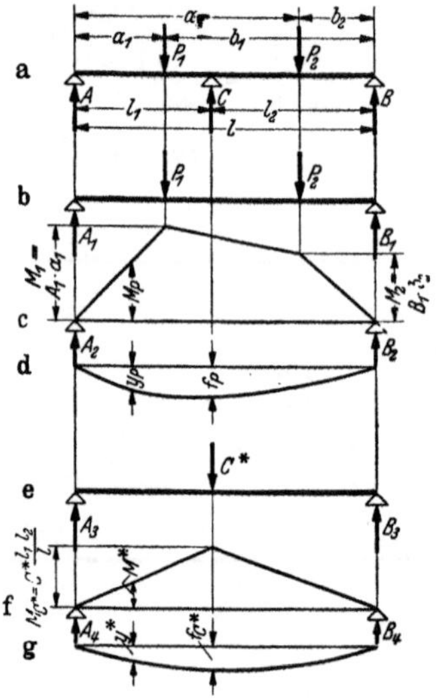

Bild 65

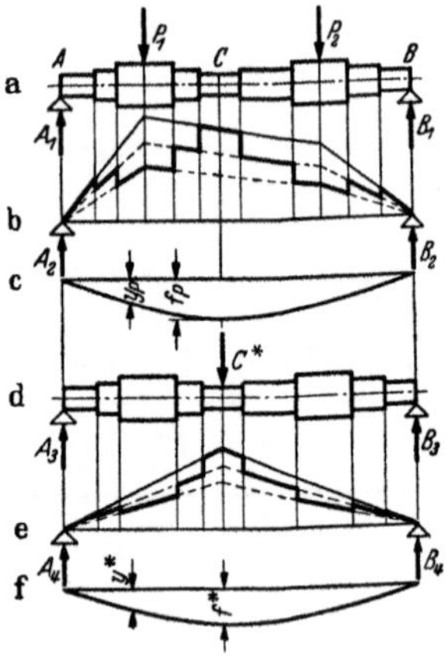

Bild 66

b) Dreifach gelagerter Träger. α) *Zeichnerische Lösung*, die auch rechnerisch ausgewertet werden kann (vgl. b. β, Beisp. 1).

Beispiele: 1. Gesucht sind die Auflagerkräfte A, B, C und die elastische Linie für den Träger nach Bild 65 a mit *gleichbleibendem Querschnitt*. Nach Entfernen der Mittelstütze C wird für den *statisch bestimmten* Träger $A_1 B_1$, Bild 65 b, aus Entwurf der Momentenfläche nach dem Verfahren von *Mohr* (S. 356) die Biegelinie y_P und damit die Senkung f_P an der Stelle C bei der Belastung P ermittelt, Bild 65 c, d. Auf den statisch bestimmten Träger $A_3 B_3$ läßt man dann eine Kraft $C^* = 1$ t (10 kg, 100 kg o. ä.) wirken, die nach dem gleichen Verfahren die Durchbiegung y^* und unter C^* die Senkung $f_c^* = f^*$ liefert, Bild 65 e–g. Da die Durchbiegungen verhältnisgleich der Belastung sind, gilt für die Belastung C und die Durchbiegung y_C an irgendeiner Stelle

$$y^* : y_C = C^* : C = f^* : f_C .$$

Da aber $f_C = f_P$ (s. o.) sein muß, folgt

$$C = C^* f_C / f^* = C^* f_P / f^*$$

als Auflagerkraft im Punkt C. Aus $y_C = y^* C / C^* = y^* f_P / f^*$ ergibt sich für die Durchbiegungen des gegebenen Trägers $A B$

$$y = y_P - y_C = y_P - y^* C / C^* = y_P - y^* f_P / f^* ,$$

d. h. die mit $C / C^* = f_P / f^*$ multiplizierten Ordinaten des Bildes 65 g sind von den Ordinaten des Bildes 65 d abzuziehen.

Die Auflagerkräfte A und B sind (Bild 65 a)

$$A = A_1 - A_3 C / C^* = A_1 - A_3 f_P / f^* ; \quad B = B_1 - B_3 C / C^* = B_1 - B_3 f_P / f^* .$$

Der Träger wird dann so berechnet, als ob er in A und B gelagert sei und neben der Belastung P noch die nach oben gerichtete Kraft C wirke. So ist das resultierende Moment an irgendeiner Stelle

$$M = M_P - M^* \, C/C^* = M_P - M^* \, f_P/f^*.$$

2. Bei der in A, B und C unterstützten Welle, Bild 66, mit *veränderlichem Querschnitt* ist für die Belastung P_1, P_2 unter Lösung der Stütze C die Biegelinie nach Beisp. 3, S. 360 zu entwerfen und im übrigen genau so zu verfahren wie im Beisp. 1.

β) *Rechnerische Lösung*, die sich besonders bei *gleichbleibendem Querschnitt* empfiehlt.

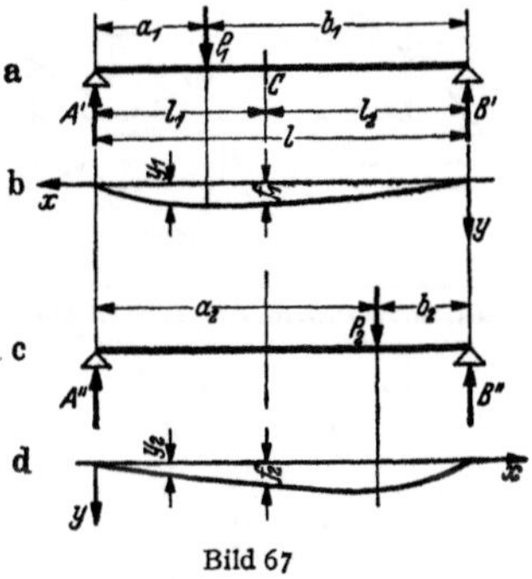

Bild 67

Beispiele: 1. Träger gleichbleibenden Querschnittes nach Bild 65 und 67. Die Formel für Fall 3, S. 362 liefert mit $a = l_1$, $b = l_2$ und $P = C$ (Bild 65 a u. 67 a)

$$f_C = \frac{C\,l^3}{3EJ}\left(\frac{l_1 l_2}{l^2}\right)^2.$$

Für die Belastung P_1, Bild 67a, b folgt nach Fall 3, wenn in die Formel für y_1 eingesetzt wird $P = P_1$, $a = a_1$, $b = b_1$ und $x_1 = l_2$:

$$f_1 = \frac{P_1 l^3}{6EJ}\,\frac{b_1}{l}\,\frac{a_1^2}{l^2}\,\frac{l_2}{l}\left(1 + \frac{l}{a_1} - \frac{l_2^2}{a_1 b_1}\right).$$

Entsprechend folgt für die Belastung P_2, Bild 67c, d, wenn in y eingesetzt wird $P = P_2$, $a = a_2$, $b = b_2$ und $x = l_1$:

$$f_2 = \frac{P_2 l^3}{6EJ}\,\frac{a_2}{l}\,\frac{b_2^2}{l^2}\,\frac{l_1}{l}\left(1 + \frac{l}{b_2} - \frac{l_1^2}{a_2 b_2}\right).$$

Mit $f_P = f_1 + f_2$ und $f_P = f_C$ folgt damit unter Kürzung gleicher Faktoren:

$$C = \frac{P_1}{2}\,\frac{b_1}{l_2}\,\frac{a_1^2}{l_1^2}\left(1 + \frac{l}{a_1} - \frac{l_2^2}{a_1 b_1}\right) + \frac{P_2}{2}\,\frac{a_2}{l_1}\,\frac{b_2^2}{l_2^2}\left(1 + \frac{l}{b_2} - \frac{l_1^2}{a_2 b_2}\right).$$

2. Für den Sonderfall *symmetrischer* Belastung, d. h. $l_1 = l_2 = l/2$, $a_1 = b_2 = l/4$ und $P_1 = P_2 = P$ wird $C = 1{,}375\,P$.

c) n-fach gelagerter Träger mit gleichbleibendem Querschnitt. Da ein 2-fach gelagerter Träger statisch bestimmt ist, ist ein n-fach gelagerter Träger $(n-2)$-fach statisch unbestimmt. Für die senkrecht zum Träger wirkenden Kräfte (bzw. Momente) gelten 2 Gleichgewichtsbedingungen, also müssen noch $(n-2)$ Gleichungen, die die Verformung benutzen, aufgestellt werden.

Sind A, B, C (Bild 68) drei aufeinanderfolgende Stützen eines n-fach gelagerten Trägers mit den Momenten M_A, M_B, M_C in ihnen, so muß die Steigung φ_B der elastischen Linie im Punkt B, vom linken und vom rechten Feld aus gerechnet, die gleiche sein. Andererseits ist z. B. für den linken Trägerteil $\varphi_B = \beta_1 - \varphi_1$. Hierin bedeutet β_1 die Neigung für die als Träger auf den zwei Stützen A und B angesehene Öffnung $A\,B$ unter der tatsächlichen Belastung, die die sog. M_0-Fläche liefert (s. a. Bsp. 1, S. 374), und φ_1 die Neigung, die am gleichen Träger $A\,B$ durch die Momente M_A und M_B hervorgerufen würde. φ_1 berechnet sich nach Beisp. 3, Bild 64, S. 361 u. 363 auf Grund des Superpositionsprinzips zu

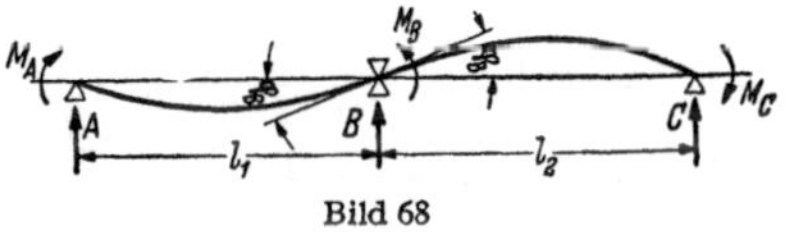

Bild 68

$$\varphi_1 = M_A\, l_1/6EJ + M_B l_1/3EJ.$$

Dann gilt für die erste und entsprechend für die zweite Öffnung

$$\varphi_B = \beta_1 - \frac{M_A l_1}{6EJ} - \frac{M_B l_1}{3EJ} = -\left(\beta_2 - \frac{M_B l_2}{3EJ} - \frac{M_C l_2}{6EJ}\right)$$

oder

$$M_A l_1 + 2 M_B (l_1 + l_2) + M_C l_2 = 6EJ(\beta_1 + \beta_2).$$

Nach dem *Mohr*schen Satz (S. 360) ist aber $EJ\beta_1$ gleich der Auflagerkraft am Träger $A\,B$ in B bei Belastung durch die M_0-Fläche, oder es ist $EJ\beta_1 = -L_1/l_1$, wenn L_1 das Moment der M_0-Fläche der linken Öffnung in bezug auf die linke Stützsenkrechte (durch A) ist; ferner gilt $EJ\beta_2 = -R_2/l_2$, wenn R_2 das Moment der M_0-Fläche der rechten Öffnung in bezug auf die rechte Stützsenkrechte durch C ist.

Hat man allgemein die Stützen $0, 1, \ldots, r-1, r, r+1, \ldots, n$ (Bild 69) mit den Momenten $M_0, M_1, \ldots$ usw., so wird

$$M_{r-1}\,l_r + 2M_r(l_r + l_{r+1}) + M_{r+1}\,l_{r+1} = 6EJ(\beta_r + \beta_{r+1}) = -6\left(\frac{L_r}{l_r} + \frac{R_{r+1}}{l_{r+1}}\right).$$

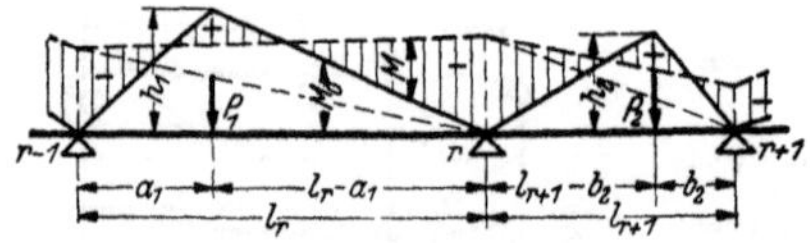

Bild 69

Diese Gleichung heißt *Dreimomentengleichung* oder auch *Clapeyron*sche Gleichung. — In der lastfreien Öffnung i ist $\beta_i = 0$.

Beispiele: 1. Bei *Einzelkräften* kann die Gleichung umgeformt werden. Für die Höhe h_1 des M_0-Momentendreiecks mit der Last P_1, Bild 69, gilt nach Fall 3, S. 362, $h_1 = P_1 a_1 (l_r - a_1)/l_r$. Das statische Moment dieses in zwei Teile geteilten Dreiecks, bezogen auf die linke Stützsenkrechte, ist dann

$$L_r = \tfrac{1}{2}a_1 h_1 \tfrac{2}{3}a_1 + \tfrac{1}{2}(l_r - a_1)h_1[a_1 + \tfrac{1}{3}(l_r - a_1)] = \tfrac{1}{2}h_1 l_r \cdot \tfrac{1}{3}(a_1 + l_r)\,^*.$$

Nach Einsetzen von h_1 folgt $\quad 6L_r = P_1 a_1 (l_r^2 - a_1^2)$.

Für beliebig viele Kräfte über der r-ten Öffnung wird demnach $6L_r/l_r = \sum P_1 a_1 (l_r^2 - a_1^2)/l_r$. Für beliebig viele Kräfte P_2 über der $(r+1)$-ten Öffnung (Bild 69) folgt eine ähnliche Beziehung, so daß die rechte Seite der Dreimomentengleichung geschrieben werden kann

$$-\left\{\sum P_1 a_1 (l_r^2 - a_1^2)/l_r + \sum P_2 b_2 (l_{r+1}^2 - b_2^2)/l_{r+1}\right\}.$$

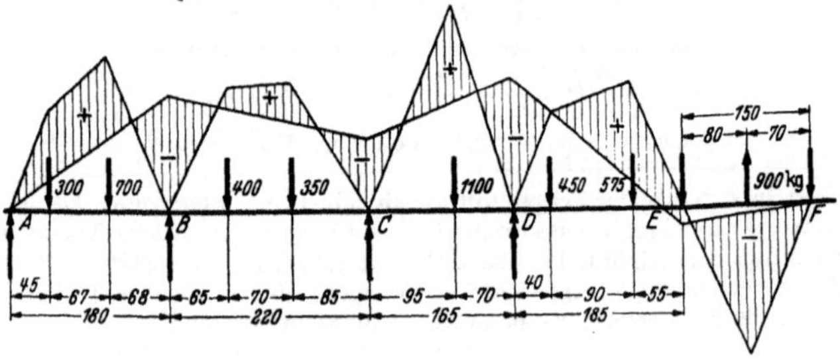

Bild 70

2. *Zahlenbeispiel* hierzu. Für den Träger Bild 70 mit gleichbleibendem Querschnitt ist $M_A = M_a = 0$ und $M_F = M_f = 0$. Dann lauten die Dreimomentengleichungen:

$$8M_b + 2{,}2M_c = -\left\{300\cdot 0{,}45\cdot\frac{1{,}8^2 - 0{,}45^2}{1{,}8} + 700\cdot 1{,}12\cdot\frac{1{,}8^2 - 1{,}12^2}{1{,}8} + 400\cdot 1{,}55\cdot\frac{2{,}2^2 - 1{,}55^2}{2{,}2}\right.$$
$$\left. + 350\cdot 0{,}85\cdot\frac{2{,}2^2 - 0{,}85^2}{2{,}2}\right\} = -2337\ \text{kg m}.$$

$$2{,}2M_b + 7{,}7M_c + 1{,}65M_d = -\left\{400\cdot 0{,}65\cdot\frac{2{,}2^2 - 0{,}65^2}{2{,}2} + 350\cdot 1{,}35\cdot\frac{2{,}2^2 - 1{,}35^2}{2{,}2}\right.$$
$$\left. + 1100\cdot 0{,}7\cdot\frac{1{,}65^2 - 0{,}7^2}{1{,}65}\right\} = -2212\ \text{kg m}.$$

$$1{,}65M_c + 7M_d + 1{,}85M_e = -\left\{1100\cdot 0{,}95\cdot\frac{1{,}65^2 - 0{,}95^2}{1{,}65} + 450\cdot 1{,}45\cdot\frac{1{,}85^2 - 1{,}45^2}{1{,}85}\right.$$
$$\left. + 575\cdot 0{,}55\cdot\frac{1{,}85^2 - 0{,}55^2}{1{,}85}\right\} = -2152\ \text{kg m}.$$

$$1{,}85M_d + 6{,}7M_e = -\left\{450\cdot 0{,}4\cdot\frac{1{,}85^2 - 0{,}4^2}{1{,}85} + 575\cdot 1{,}3\cdot\frac{1{,}85^2 - 1{,}3^2}{1{,}85}\right.$$
$$\left. - 900\cdot 0{,}7\cdot\frac{1{,}5^2 - 0{,}7^2}{1{,}5}\right\} = -278\ \text{kg m}.$$

* d. h. der Schwerpunkt des Momentendreiecks ist um $(a_1 + l_r)/3$ von der linken Stützsenkrechten entfernt.

Daraus ergeben sich die Stützmomente:

$$M_b = -250\,\text{kgm};\quad M_c = -154\,\text{kgm};\quad M_d = -280\,\text{kgm};\quad M_e = +36\,\text{kg m}.$$

Das absolut größte Moment tritt in der 5. Öffnung auf und ist

$$M_5 = -330\,\text{kgm}$$

im Angriffspunkt der Kraft -900 kg.

Aus den Stützmomenten ergeben sich die Auflagerkräfte; es ist

$$M_b = A \cdot 1{,}80 - 300 \cdot 1{,}35 - 700 \cdot 0{,}68 = -250\,\text{kgm},$$

daraus $A = 350$ kg;

$$M_c = A \cdot 4{,}0 + B \cdot 2{,}2 - 300 \cdot 3{,}55 - 700 \cdot 2{,}88 - 400 \cdot 1{,}55 - 350 \cdot 0{,}85 = -154\,\text{kgm},$$

daraus $B = 1111$ kg;

$$M_d = A \cdot 5{,}65 + B \cdot 3{,}85 + C \cdot 1{,}65 - 300 \cdot 5{,}2 - 700 \cdot 4{,}53 - 400 \cdot 3{,}2 - 350 \cdot 2{,}5 - 1100 \cdot 0{,}70 = -280\,\text{kgm},$$

daraus $C = 680$ kg;

$$M_e = F \cdot 1{,}5 + 900 \cdot 0{,}8 = +36\,\text{kgm}$$

daraus $F = -456$ kg;

$$M_d = F \cdot 3{,}35 + E \cdot 1{,}85 + 900 \cdot 2{,}65 - 575 \cdot 1{,}30 - 450 \cdot 0{,}40 = -280\,\text{kgm},$$

daraus $E = -114$ kg;

$$M_c = F \cdot 5 + 900 \cdot 4{,}3 + E \cdot 3{,}5 - 575 \cdot 2{,}95 - 450 \cdot 2{,}05 + D \cdot 1{,}65 - 1100 \cdot 0{,}95 = -154\,\text{kgm},$$

daraus $D = 1403$ kg.

Die Stützkräfte in den rechten Außenstützen E und F sind nach unten gerichtet.

7. Schiefe Biegung

Bei der schiefen Biegung geht die Kraftebene, Bild 30, S. 340, oder der zu dieser senkrechte Vektor des Biegemomentes M, Bild 71, nicht durch eine Hauptträgheitsachse hindurch.

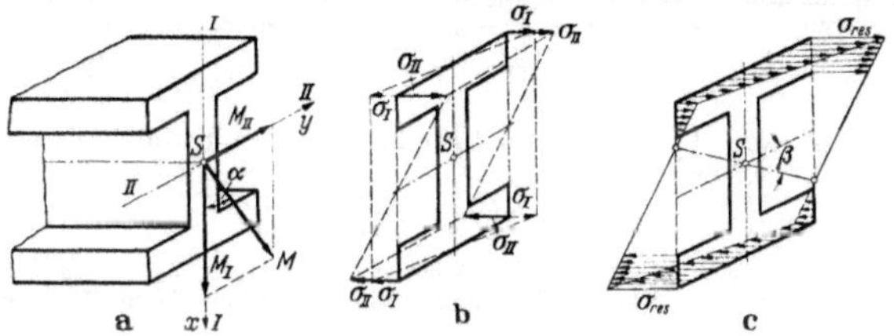

Bild 71 a—c

Zerlegung von M in die Komponenten $M_I = M \cos\alpha$, $M_{II} = M \sin\alpha$ in Richtung der Hauptachsen I und II liefert nach S. 340 die Spannungen $\sigma_I = M_I\, y/J_I$, $\sigma_{II} = M_{II}\, x/J_{II}$, also insgesamt

$$\sigma = \frac{M_I}{J_I} y - \frac{M_{II}}{J_{II}} x = M\left(\frac{y\cos\alpha}{J_I} - \frac{x\sin\alpha}{J_{II}}\right),$$

wobei unter Beachtung der Vorzeichen von x, y und M_I, M_{II} (vgl. Bild 71a) Zugspannungen das positive, Druckspannungen das negative Vorzeichen erhalten.

Trägt man zu jedem Punkt des Querschnitts die Spannung σ senkrecht zu diesem auf, so liegen die Spannungsspitzen in einer Ebene. Diese trifft den Querschnitt in der Nullinie, in welcher die Spannungen gleich null sind. Ihre Lage ergibt sich aus $\sigma = 0$ zu $\operatorname{tg}\beta = y/x = J_I/J_{II} \cdot \operatorname{tg}\alpha$ und fällt nur dann in die Richtung des Momentenvektors, wenn $J_I = J_{II}$ ist.

Den Spannungsverlauf an den Rändern des Querschnitts zeigt Bild 71b hinsichtlich der Einzel-, Bild 71c hinsichtlich der Gesamtspannungen, wobei hier in der oberen rechten Ecke die größte Zug- und in der linken unteren Ecke die größte Druckspannung entsteht.

Die Punkte, in denen bei einem *beliebigen* Querschnitt die größten Spannungen auftreten, sind die Berührungspunkte der an den Umriß gezogenen, zur Nullinie parallelen Tangenten, Bild 72, und das Einsetzen der zugehörigen Werte x und y in die obige Formel für die Spannung liefert die Spannungen in diesen Punkten.

Bild 72

Weitere Einzelheiten, insbesondere auch über die Beziehungen zum Trägheitskreis und zur Trägheitsellipse vgl. z. B. Lit. 5.

B. Biegung des gekrümmten Stabes

1. Spannungen

a) Allgemeine Darstellung. Wirken auf den Stabteil $A A_1 B_1 B$ (Bild 73) Kräfte und Momente ein, so können diese auf ein Moment M und eine im Schwerpunkt des Querschnitts angreifende Kraft N zurückgeführt werden. Es sei angenommen, daß N senkrecht zum Querschnitt wirke, also in die Tangente der Mittelfaser falle, so daß die Schubkräfte vernachlässigt werden, und daß die Querschnitte bei der Verformung eben bleiben. Die Momente werden positiv gerechnet, wenn die Krümmung stärker, d. h. der Krümmungsradius kleiner wird. Ursprünglich schneiden sich zwei benachbarte Querschnitte AB und A_1B_1 im Krümmungsmittelpunkt O der durch den Schwerpunkt gehenden Mittelfaser vor der Verformung. Die Formänderung kann aufgefaßt werden als eine Drehung des Querschnitts A_1B_1 um die Krümmungsachse O mit dem Winkel φ_1 und eine Drehung um die Schwerachse S mit dem Winkel φ_2.

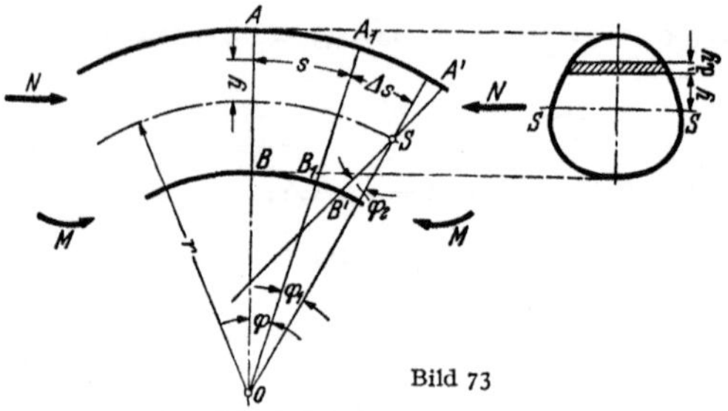

Bild 73

Die ursprüngliche Länge der Faser im Abstand y von der Schwerachse ist $s = (r + y)\,\varphi$, die Verlängerung $\Delta l = \Delta s + y\,\varphi_2 = (r + y)\,\varphi_1 + y\,\varphi_2$, also die Dehnung

$$\varepsilon = \frac{\Delta l}{s} = \frac{(r + y)\,\varphi_1 + y\,\varphi_2}{(r + y)\,\varphi} = \frac{\varphi_1}{\varphi} + \frac{\varphi_2}{\varphi}\,\frac{y}{r + y} = \varepsilon_0 + \frac{\varphi_2}{\varphi}\,\frac{y}{r + y}\,.$$

Hierin stellt $\varepsilon_0 = \varphi_1/\varphi$ die Dehnung der Mittelfaser dar. Damit wird die Spannung im Abstand y von der Schwerachse

$$\sigma = E\,\varepsilon = E\,\varepsilon_0 + E\,\frac{\varphi_2}{\varphi}\,\frac{y}{r + y}\,, \tag{1}$$

worin $\sigma_0 = E\,\varepsilon_0$ die Spannung in der Mittelfaser ist. Auf ein Flächenteilchen $\mathrm{d}F$ wirkt somit die Kraft $\sigma\,\mathrm{d}F = E\,\varepsilon\,\mathrm{d}F$. Für die Summe der Kräfte und ihrer Momente in bezug auf die Schwerachse erhält man dann

$$N = \int \sigma\,\mathrm{d}F = \int E\,\varepsilon_0\,\mathrm{d}F + \int E\,\frac{\varphi_2}{\varphi}\,\frac{y}{r + y}\,\mathrm{d}F = E\,\varepsilon_0\,F + E\,\frac{\varphi_2}{\varphi}\int \frac{y}{r + y}\,\mathrm{d}F,$$

$$M = \int \sigma\,y\,\mathrm{d}F = \int E\,\varepsilon_0\,y\,\mathrm{d}F + \int E\,\frac{\varphi_2}{\varphi}\,\frac{y^2}{r + y}\,\mathrm{d}F = 0 + E\,\frac{\varphi_2}{\varphi}\int \frac{y^2}{r + y}\,\mathrm{d}F,$$

da das statische Moment $\int y\,\mathrm{d}F$ in bezug auf die Schwerachse verschwindet. Führt man den Ausdruck

$$Z = \int y^2\,\frac{r}{r + y}\,\mathrm{d}F \quad \text{(s. Anm. S. 315)} \tag{2}$$

ein, so wird, da $\int y\,\mathrm{d}F = 0$,

$$\int \frac{y}{r + y}\,\mathrm{d}F = \frac{1}{r}\int \left(y - \frac{y^2}{r + y}\right)\mathrm{d}F = -\,\frac{1}{r}\int \frac{y^2}{r + y}\,\mathrm{d}F = -\,\frac{Z}{r^2}\,.$$

Damit können die beiden Gleichungen für N und M geschrieben werden

$$N = E\,\varepsilon_0 F - E\,\frac{\varphi_2}{\varphi}\,\frac{Z}{r^2}\,; \qquad \frac{M}{r} = E\,\frac{\varphi_2}{\varphi}\,\frac{Z}{r^2}\,.$$

Ihre Addition ergibt $E\,\varepsilon_0\,F = N + M/r$, also in der Mittelfaser die Spannung

$$\sigma_0 = E\,\varepsilon_0 = \frac{N}{F} + \frac{M/r}{F}\,; \tag{3}$$

d. h. Nullinie und Schwerachse fallen nur dann zusammen, wenn $\sigma_0 = 0$ ist (vgl. u.). Da $E\,\varphi_2/\varphi = M r/Z$ ist, folgt für die gesamte Spannung nach (1)

$$\sigma = E\,\varepsilon = \frac{N}{F} + \frac{M/r}{F} + \frac{M r}{Z}\,\frac{y}{r + y} = \sigma_0 + \frac{M r}{Z}\,\frac{y}{r + y}\,.$$

Die Spannungen verteilen sich also über den Querschnitt nach einer gleichseitigen Hyperbel mit den Asymptoten a_1, a_2, wie in Bild 74 angedeutet (zeichner. Darst. vgl. S. 129 u. Bild 75).

Haben die äußersten Fasern die Abstände e_1 und e_2 von der Schwerachse (Bild 74), so sind die Randspannungen (relativ größte Spannungen)

$$\sigma_1 = \frac{N}{F} + \frac{M/r}{F} + \frac{Mr}{Z}\,\frac{e_1}{r + e_1},$$

$$\sigma_2 = \frac{N}{F} + \frac{M/r}{F} - \frac{Mr}{Z}\,\frac{e_2}{r - e_2}.$$

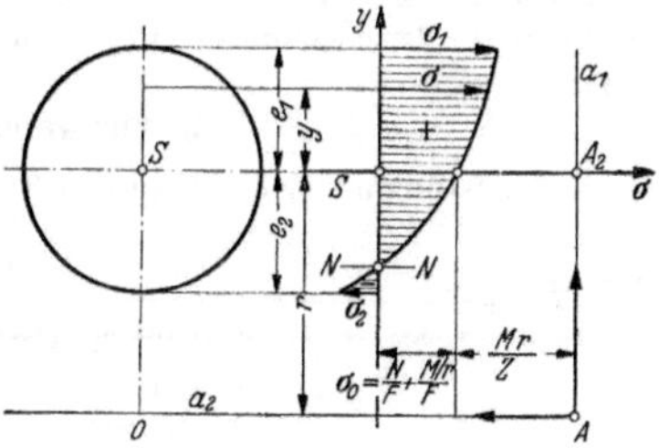

Bild 74

Sonderfall: Ist $\sigma_0 = N/F + M/Fr = 0$, also $M = -Nr$, so geht die neutrale Faser durch den Schwerpunkt (Bild 75).

b) Zeichnerische Ermittlung *der Hilfsgröße Z.* Nach Bild 75 ist mit $dF = s\,dy$

$$Z = \int y^2 \frac{r}{r+y}\,dF = \int y^2 s \frac{r}{r+y}\,dy \quad \text{cm}^4.$$

Mißt man in bequemen (u. a. Ecken usw. enthaltenden) Abständen y von der Schwerachse die Abszissen s und trägt die Kurve $z = y^2 s \dfrac{r}{r+y}$ über y auf, so stellt der unter dieser Kurve liegende Flächeninhalt den Wert Z dar.

Maßstäbe: Ist 1 cm ≙ a cm der Längenmaßstab für y, ist 1 cm ≙ b cm³ der Maßstab für die Kurve z und ist f der in cm² gemessene Flächeninhalt unter der Kurve z, so ist $Z = abf$ cm⁴.

Beispiel: Ermittlung der Spannungen eines 10-t-Lasthakens.

Für den Querschnitt $I\ II$ ist die Normalkraft N gleich der Last Q, das Biegemoment $M = -Qr$, da die Last den Krümmungsradius zu vergrößern sucht (S. 376).

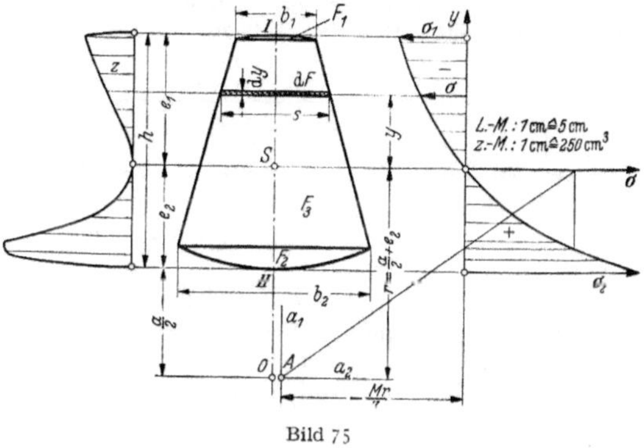

Bild 75

Abmessungen: $h = 130$ mm, $b_1 = 45$ mm, $b_2 = 110$ mm, Maulweite $a = 120$ mm. Die Kreisbögen sind um die Punkte II und I mit h als Radius geschlagen. Flächeninhalte F_1, F_2, F_3 und ihre Schwerpunktsabstände y_1, y_2, y_3 vgl. nachstehende Gleichung für e_2.

Bezogen auf die durch II gehende Waagerechte ist nach S. 216

$$e_2 = \frac{F_1 y_1 + F_2 y_2 + F_3 y_3}{F_1 + F_2 + F_3} = \frac{0{,}59 \cdot 12{,}87 + 9{,}04 \cdot 0{,}73 + 89{,}67 \cdot 6{,}20}{0{,}59 + 9{,}04 + 89{,}67} = 5{,}74 \text{ cm}$$

und daher

$$e_1 = 13 - 5{,}74 = 7{,}26 \text{ cm} \quad \text{und} \quad r = a/2 + e_2 = 6 + 5{,}74 = 11{,}74 \text{ cm}.$$

Das Planimeter liefert die Fläche unter der Kurve z zu $f = 1{,}06$ cm². Mit den Maßstäben des Bildes 75 wird danach $Z = 5 \cdot 250 \cdot 1{,}06 = 1330$ cm⁴ und

$$\frac{Mr}{Z} = -\frac{Qr^2}{Z} = -\frac{10\,000 \cdot 11{,}74^2}{1330} = -1040 \text{ kg/cm}^2;$$

die größte Druckspannung wird $\sigma_1 = -1040 \cdot \dfrac{e_1}{r + e_1} = -1040 \cdot \dfrac{7{,}26}{19} = -397$ kg/cm², die größte Zugspannung wird $\sigma_2 = +1040 \dfrac{e_2}{r - e_2} = +1040 \cdot \dfrac{5{,}74}{6} = +995$ kg/cm².

c) Rechnerische Ermittlung *der Hilfsgröße Z.* Durch geschlossene Auswertung des Integrals für Z oder durch Reihenentwicklung läßt sich Z bei einfachen Querschnitten auch rechnerisch ermitteln. Setzt man

$$Z = \lambda F r^2,$$

so folgt für ein *Rechteck* mit der Höhe $h = 2e$ der Wert $\lambda = \frac{1}{2} \cdot \frac{r}{e} \ln \frac{1 + e/r}{1 - e/r} - 1$ und für einen *Kreis* vom Radius e der Wert $\lambda = \mathrm{tg}^2 \gamma$ mit $\sin 2\gamma = e/r$ oder auch $\lambda = (1 - \psi)/(1 + \psi)$ mit $\psi = \sqrt{1 - (e/r)^2}$.

Schreibt man $Z = \int \frac{y^2}{1 + y/r} \mathrm{d}F$, und ist dann r sehr viel größer als y, so folgt mit $1 + y/r \approx 1$, daß $Z \approx \int y^2 \mathrm{d}F$, d. h. gleich dem axialen Trägheitsmoment in bezug auf die Schwerachse ist. Man erhält die Formel für den geraden Stab (S. 340).

2. Formänderungen

Für die Krümmung des belasteten Trägers folgt

$$\frac{1}{\varrho} = \frac{1}{r} + \frac{M}{EZ} \approx \frac{1}{r} + \frac{M}{EJ},$$

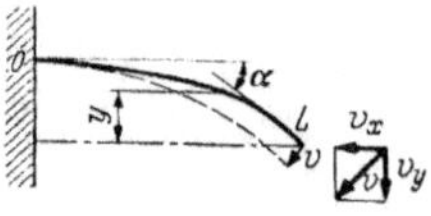

Bild 76

und für die Verformungen am Ende eines eingespannten Trägers, Bild 76 (und in anderen Fällen ähnlich), gilt, wenn $Z \approx J$ gesetzt wird, was bei schwach gekrümmten Trägern erlaubt ist: *Änderung des Neigungswinkels*

$$\Delta\alpha = \int_0^L \frac{M}{EJ} \mathrm{d}s$$ mit $\mathrm{d}s$ als Bogenelement und L als Gesamtlänge.

Verschiebung: Hier interessiert häufig nur eine Komponente der Verschiebung v. So folgt z. B. für v_x, Bild 76, der Wert

$$v_x = \int_0^L \frac{My}{EJ} \mathrm{d}s.$$

Genauere Werte, insbesondere bei starker Krümmung, vgl. z. B. Lit. 6.

IV. Schub

1. Abscheren

Beanspruchung auf Schub ist stets mit einer Beanspruchung auf Biegung verbunden; haben sich z. B. die Scherblätter in Bild 17 (S. 333) genähert, Bild 77, so ergeben die Kräfte Q ein Kräftepaar und rufen Biegespannungen hervor.

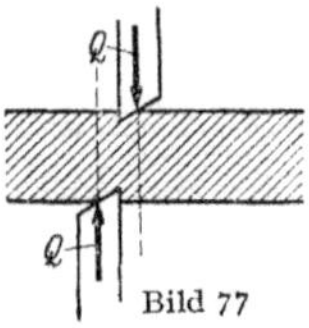

Bild 77

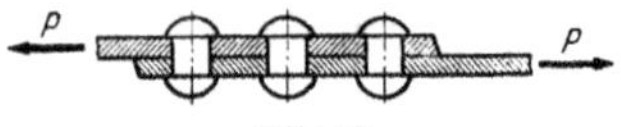

Bild 78

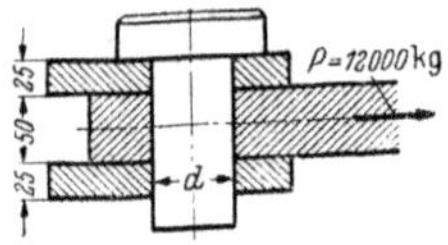

Bild 79

Kurze Niete und Bolzen nach Bild 78, 79 werden unter Vernachlässigen der Biegespannung auf Abscheren (Schub) berechnet. Unter der Annahme gleichförmiger Verteilung (im Widerspruch mit der S. 380 begründeten Forderung tangentialer Randspannungen) wird $\tau = Q/F$, wenn Q die Querkraft und F der auf Abscheren beanspruchte Querschnitt ist. Die Festigkeitsbedingung

$$Q/F \leqq \tau_{a\,\mathrm{zul}}$$

liefert brauchbare Ergebnisse, weil die Bruchfestigkeit τ_{aB} unter ähnlichen Bedingungen ermittelt und berechnet wird. Werte für zulässige Scher- (Schub-) Spannungen $\tau_{a\,\mathrm{zul}}$ S. 507 u. Tafeln im Anhang.

Beispiele: 1. Es ist der Durchmesser eines zylindrischen Bolzens, Bild 79, für eine Schubkraft $P = 12\,000$ kg zu bestimmen.

Für Flußstahl folgt mit $\sigma_{zul} = 1200\,\text{kg/cm}^2$ und $\tau_{a\,zul} = 0{,}8\,\sigma_{zul} = 960\,\text{kg/cm}^2$

$$F = \pi d^2/4 = P/2\,\tau_{a\,zul} = 12\,000/(2 \cdot 960) = 6{,}25\ \text{cm}^2.$$

Gewählt $d = 30$ mm mit $F = 7{,}07\ \text{cm}^2$.

Hier empfiehlt sich, die Biegespannung nachzurechnen. Das Biegemoment für einen Stab der Länge l ist bei Einzellast in der Mitte $P\,l/4$, bei gleichförmiger Verteilung der Last P gleich $P\,l/8$ (S. 362 und 366). Für den mittleren Wert

$$M = \tfrac{3}{16} \cdot P\,l = \tfrac{3}{16} \cdot 12\,000 \cdot 7{,}5 = 16\,900\ \text{kgcm}$$

wird mit $\sigma_{zul} = 1200\ \text{kg/cm}^2$

$$W_{erf} = 16\,900/1200 = 14\ \text{cm}^3,$$

dem ein Durchmesser $d \approx 53$ mm entspricht. Der lediglich auf Abscheren berechnete Bolzen ist zu schwach.

2. Mit einer Winkelschere sollen Winkeleisen bis $120 \times 120 \times 15$ mm geschnitten werden. Da nach Tafel im Anhang Querschnitt $F = 33{,}9\ \text{cm}^2$, so ist für $\tau_{a\,B} = 4500\ \text{kg/cm}^2$ der Stempeldruck angenähert

$$P = F \cdot \tau_{a\,B} = 33{,}9 \cdot 4500 = 153\,000\ \text{kg}.$$

2. Schubspannungen

a) Allgemeines. Bei Auftreten des geringsten biegenden Momentes verteilen sich die Schubspannungen ungleichmäßig über den Querschnitt.

Für die Schubspannungen τ_x parallel der Längsachse, d. h. der x-Achse in Bild 80a, und τ_z parallel zur z-Achse, Bild 80b, folgt

$$\tau_x = \tau_z = \frac{Q\,S}{2\,y\,J}$$

und für die Randspannungen, Bild 80 b,

$$\tau_r = \frac{Q\,S}{2\,y\,J\,\cos\varphi}.$$

Hierin ist Q die Querkraft, $2y$ die Breite, J das Trägheitsmoment des Querschnitts und S das statische Moment des Flächenteils $A_1\,A_2\,A_3$ in bezug auf die Nullachse.

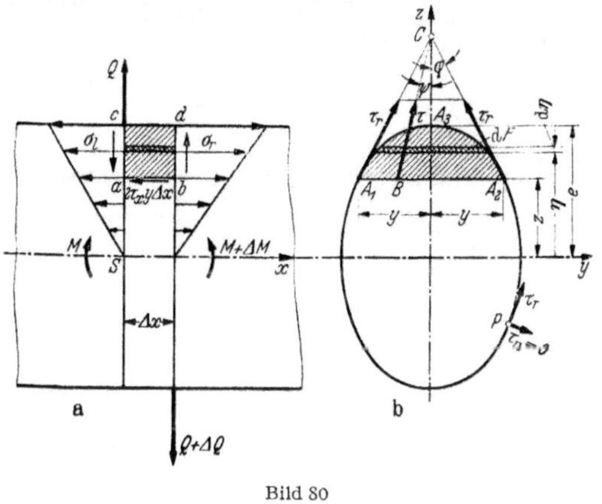

Bild 80

Auf das durch zwei senkrechte Ebenen und eine waagerechte herausgeschnittene Stabteilchen $a\,b\,c\,d$ (Bild 80 a) wirken die Kräfte $\int \sigma_l\,\mathrm{d}F$ an der linken, $\int \sigma_r\,\mathrm{d}F$ an der rechten und $\tau_x \cdot 2y\,\Delta x$ an der waagerechten Ebene. Diese Kräfte stehen im Gleichgewicht, d. h. es ist

$$-2\,\tau_x y\,\Delta x - \int \sigma_l\,\mathrm{d}F + \int \sigma_r\,\mathrm{d}F = -2\,\tau_x y\,\Delta x + \int (\sigma_r - \sigma_l)\,\mathrm{d}F = 0.$$

Hierbei ist die Integration über den ganzen Querschnitt $A_1 A_2 A_3$, Bild 80 b, d. h. von $\eta = z$ bis $\eta = e$ auszuführen. Nach S. 340 ist

$$\sigma_l = \eta M/J \quad \text{und} \quad \sigma_r = \eta\ (M + \Delta M)/J, \quad \text{also} \quad \sigma_r - \sigma_l = \eta\,\Delta M/J.$$

Damit wird

$$-2\,\tau_x y\,\Delta x + \Delta M/J \cdot \int \eta\,\mathrm{d}F = 0,$$

also

$$\tau_x = \frac{\Delta M}{\Delta x}\,\frac{1}{2\,y\,J} \int \eta\,\mathrm{d}F.$$

Da aber $\lim\limits_{\Delta x \to 0} \Delta M/\Delta x = \mathrm{d}M/\mathrm{d}x = Q$, d. h. gleich der Querkraft Q (S. 350), und

$\int\limits_{\eta=z}^{\eta=e} \eta\,\mathrm{d}F = S$, d. h. gleich dem statischen Moment der Fläche $A_1 A_2 A_3$ in bezug auf die Nullachse ist, folgt $\tau_x = Q\,S/2\,y\,J$ als *Spannung parallel* der Längs-, d. h. der x-Achse.

In den Randpunkten müssen die Schubspannungen tangential an den Randlinien verlaufen, da am Umfang keine äußeren Kräfte angreifen ($\tau_n = 0$ im Punkt P). Die Schubspannungen in den Endpunkten A_1 und A_2 der betrachteten Faserschicht müssen sich in einem Punkt C der Wirkungslinie von Q schneiden, wenn diese *Symmetrielinie des Querschnittes* sein soll. Unter der Annahme, daß die Schubspannung τ in einem beliebigen Punkt B ebenfalls nach C gerichtet ist und daß die senkrechten Komponenten τ_z für die ganze Faserbreite gleich groß sind, wird, da die Schubspannungen paarweise auftreten (S. 330),

$$\tau_z = \tau_x = Q\,S/2\,y\,J \quad \text{und daher} \quad \tau = \tau_z/\cos\psi = Q\,S/2\,y\,J\cos\psi.$$

Mit $\max\psi = \varphi$, Bild 80 b, hat die größte am Rand auftretende Schubspannung den Wert

$$\tau_r = Q\,S/2\,y\,J\cos\varphi.$$

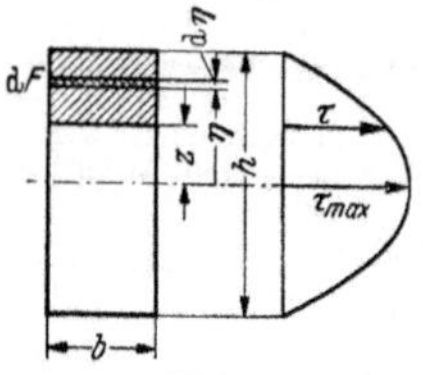

Bild 81

Beispiele: 1. Für den rechteckigen Querschnitt, Bild 81, wird mit $e = h/2$, $2\,y = b$ und $J = b\,h^3/12$

$$S = \int_z^{h/2} \eta\, b\, \mathrm{d}\eta = b\,\frac{\eta^2}{2}\Big|_z^{h/2} = \frac{b}{2}\left(\frac{h^2}{4} - z^2\right) = \frac{b}{2}\,\frac{h^2}{4}\left[1 - \left(\frac{2z}{h}\right)^2\right]$$

und
$$\tau = \tau_z = \frac{Q\,S}{2\,y\,J} = \frac{3}{2}\,\frac{Q}{b\,h}\left[1 - \left(\frac{2z}{h}\right)^2\right].$$

τ ändert sich nach einer Parabel, die für $z = 0$ die Pfeilhöhe $\max\tau = \dfrac{3}{2}\,\dfrac{Q}{b\,h} = \dfrac{3}{2}\,\dfrac{Q}{F}$ hat. Die maximale Schubspannung ist um 50% größer als bei Annahme gleichförmiger Verteilung.

Die *genaue* Theorie zeigt, daß die Spannungen über die Breite b *nicht* konstant sind, und zwar um so weniger, je breiter der Balken im Verhältnis zur Höhe ist. Die größten Spannungen $\max\tau'$ treten dann dort auf, wo die Nullinie den Rand des Querschnitts trifft. Es ist $\max\tau' = \zeta\max\tau$, wobei

$\zeta =$	1,03;	1,13;	1,4;	2,0 für
$b/h =$	0,5 ;	1,0 ;	2,0;	4,0

ist, so daß für schmale Rechtecke die Formel zu Recht besteht.

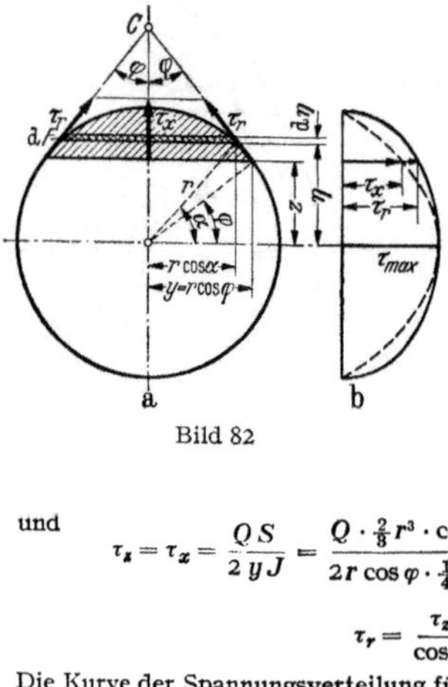

Bild 82

2. Für den kreisförmigen Querschnitt, Bild 82 a, ist

$$J = \pi\,r^4/4, \quad \mathrm{d}F = 2\,r\cos\alpha\cdot\mathrm{d}\eta$$

und
$$S = \int_{\eta = z}^{\eta = r} 2\,r\cos\alpha\cdot\eta\,\mathrm{d}\eta.$$

Mit $\eta = r\sin\alpha$, $\mathrm{d}\eta = r\cos\alpha\,\mathrm{d}\alpha$ wird

$$S = 2\,r^3\int_\varphi^{\pi/2}\cos^2\alpha\sin\alpha\,\mathrm{d}\alpha = \tfrac{2}{3}\,r^3\left[-\cos^3\alpha\right]_\varphi^{\pi/2} =$$
$$= \tfrac{2}{3}\,r^3\,(0 + \cos^3\varphi) = \tfrac{2}{3}\,r^3\cos^3\varphi$$

und

$$\tau_z = \tau_x = \frac{Q\,S}{2\,y\,J} = \frac{Q\cdot\frac{2}{3}r^3\cdot\cos^3\varphi}{2\,r\cos\varphi\cdot\frac{1}{4}\pi\,r^4} = \frac{4}{3}\,\frac{Q}{\pi\,r^2}\cos^2\varphi = \frac{4}{3}\,\frac{Q}{\pi\,r^2}\left[1 - \left(\frac{z}{r}\right)^2\right];$$

$$\tau_r = \frac{\tau_z}{\cos\varphi} = \frac{4}{3}\,\frac{Q}{\pi\,r^2}\sqrt{1 - \left(\frac{z}{r}\right)^2}.$$

Die Kurve der Spannungsverteilung für τ_x ist eine Parabel, für τ_r eine Ellipse, Bild 82 b.
Für $z = 0$ wird

$$\max\tau = \frac{4}{3}\,\frac{Q}{\pi\,r^2} = \frac{4}{3}\,\frac{Q}{F}$$

um $33^1/_3$% größer als bei Annahme gleichmäßiger Verteilung der Schubspannungen (S. 378).

3. Für den Kreisring ist bei verhältnismäßig kleiner Wanddicke $\max\tau \approx 2\,Q/F$.

4. Für einen Querschnitt gemäß Fall 10 (S. 348) ergeben sich durch Einzelintegrationen die Spannungen

im Flansch der Breite b: $\tau = \dfrac{Q}{2\,J}\,(e_2^2 - z^2)$ für $h_1 \leqq z \leqq e_2$;

im Steg: $\tau = \dfrac{Q}{2\,J}\left[\dfrac{b}{a}\,(e_2^2 - h_1^2) + (h_1^2 - z^2)\right]$ für $0 \leqq z \leqq h_1$,

„ $\tau = \dfrac{Q}{2\,J}\left[\dfrac{B}{a}\,(e_1^2 - h^2) + (h^2 - z^2)\right]$ für $0 \leqq z \leqq h$,

im Flansch der Breite B: $\tau = \dfrac{Q}{2\,J}\,(e_1^2 - z^2)$ für $h \leqq z \leqq e_1$.

Die maximale Spannung ist

$$\max \tau = \frac{Q}{2J}\left[\frac{b}{a}\,(e_2^2 - h_1^2) + h_1^2\right] = \frac{Q}{2Ja}\,(b\,e_2^2 - b_1 h_1^2).$$

Bild 83 zeigt den Verlauf der Spannungen bei symmetrischem Querschnitt und schmalem Steg.

b) Schubmittelpunkt. Nimmt man in einem unsymmetrischen Querschnitt, z. B. einem U-Profil gemäß Bild 84, den gleichen Verlauf der Spannungen wie oben an, so ergeben die entsprechenden Flächenkräfte eine Resultierende, die gleich Q ist. Ihr Angriffspunkt $\overline{S}$ heißt Schubmittelpunkt und ist um das durch die Querschnittsform bedingte Stück a gegenüber dem Schwerpunkt S verschoben. Geht nun die Lastebene durch S hindurch, Bild 85, so tritt ein zusätzliches Drehmoment $M_t = Q\,a$ auf, das den Querschnitt auf Verdrehung beansprucht. Dies wird vermieden, wenn die Lastebene durch $\overline{S}$ hindurchgeht oder wenn zwei symmetrisch verbundene U-Eisen gewählt werden.

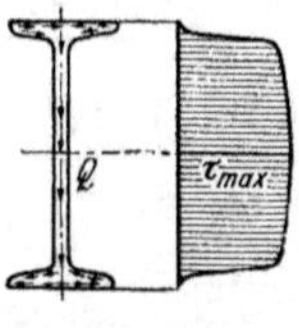

Bild 83

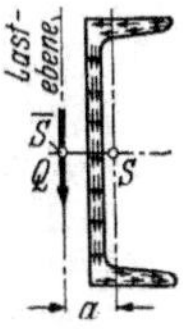

Bild 84

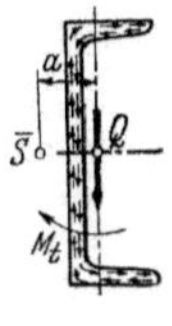

Bild 85

3. Formänderung

Die durch die Querkraft Q hervorgerufene Formänderung, die Verschiebung v, ist dem Biegemoment proportional und ergibt sich zu

$$v = \varkappa M/GF$$

mit F als Querschnitt, G als Gleitmodul und

$$\varkappa = F\int\left(\frac{S}{2\,y\,J}\right)^2 \mathrm{d}F$$

als einem nur von der Form und Größe des Querschnitts abhängigen Faktor, der *Schubverteilungszahl*, die größer als eins ist; J = axiales Trägheitsmoment.

Beweis: Nach dem *Hooke*schen Gesetz für Schubspannungen (S. 332) gehört zu einer Schubspannung τ die Winkeländerung $\gamma = \tau/G$. Der Trägerteil von der Länge $\mathrm{d}x$, Bild 86, habe rechteckigen Querschnitt, und die Querkraft Q rufe in der Ebene $B\,D$ die Spannungen τ_z hervor. Die in der Faser $E\,F$ herrschende Spannung τ_z verändert den rechten Winkel $C\,E\,F$ um $\gamma = \tau_z/G$ und ruft eine Verschiebung $F\,F_1 = \mathrm{d}x \cdot \gamma = \mathrm{d}x\,\tau_z\,G$ hervor. Entsprechend der Änderung von τ_z ist die Verschiebung $N\,N_1$ des Punktes N am größten, während die Winkeländerung in den Fasern $A\,B$ und $C\,D$ gleich null ist.

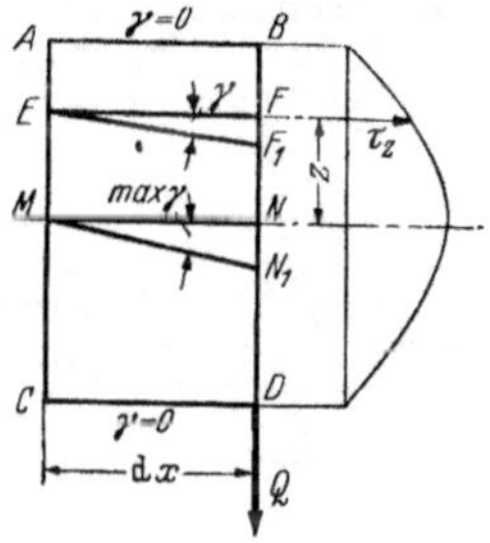

Bild 86

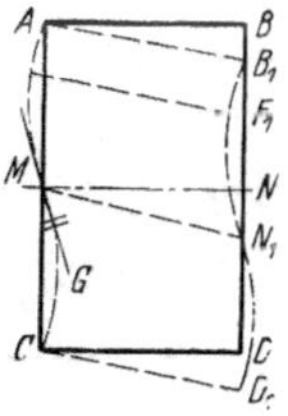

Bild 87

Hieraus ergibt sich, daß die bei der Biegung gemachte Annahme vom Ebenbleiben der Querschnitte bei Berücksichtigung der Schubspannungen nicht aufrechterhalten werden kann, vielmehr werden sich diese nach Bild 87 krümmen. Die rechten Winkel zwischen den Fasern $A\,B_1$ bzw. $C\,D_1$ und den verformten Querschnitten bleiben bestehen, da $\gamma = 0$ ist, während die Änderung des rechten Winkels in M den Wert

$$\max \gamma = \sphericalangle\, N\,M\,N_1 + \sphericalangle\, C\,M\,G$$

annimmt. Hierbei senkt sich der Querschnitt $B\,D$ gegen den Querschnitt AC um

$$B\,B_1 = N\,N_1 = D\,D_1 = \mathrm{d}v.$$

Die hierzu notwendige Formänderungsarbeit wird $A^* = Q\,\mathrm{d}v/2$ (S. 333). Die am Flächenelement $\mathrm{d}F$ wirksame Schubspannung τ_z liefert die Formänderungsarbeit $\mathrm{d}A^* = P\,\Delta\,l/2 = \tau_z \mathrm{d}F \cdot \overline{FF_1}/2 = \tau_z \mathrm{d}F\,\gamma\,\mathrm{d}x/2 = \tau_z^2 \mathrm{d}F\,\mathrm{d}x/2G$. Also ist $A^* = \int \mathrm{d}A^* = \left(\int \tau_z^2 \mathrm{d}F\right)\mathrm{d}x/2G$. Mit $\tau_z = QS/2\,y\,J$, S. 379, folgt

$$\frac{1}{2}Q\,\mathrm{d}v = \frac{\mathrm{d}x}{2G}\int\left(\frac{Q\,S}{2\,y\,J}\right)^2 \mathrm{d}F = \frac{\varkappa Q^2}{2GF}\,\mathrm{d}x,$$

wenn $F\int\left(\frac{S}{2\,y\,J}\right)^2 \mathrm{d}F = \varkappa$ gesetzt wird; hierbei ist das Integral über den ganzen Querschnitt zu erstrecken.

Mit $Q\,\mathrm{d}x = \mathrm{d}M$ (M = Biegemoment) wird dann $\mathrm{d}v = \varkappa Q\,\mathrm{d}x/GF$ oder $v = \varkappa \int Q\,\mathrm{d}x/GF = \varkappa M/GF$. Die durch die Querkraft hervorgerufene Formänderung ist hiernach dem Biegemoment verhältnisgleich; in dieser Form nur für Balken auf zwei Stützen ohne Kraglast gültig.

Für den *rechteckigen* Querschnitt, s. Beisp. 1 (S. 380), ist $\varkappa = 1{,}2$; für den *Kreis*querschnitt ist $\varkappa = 10/9 \approx 1{,}1$.

Beispiele: 1. Beim Rechteck mit den Seiten h und b wird nach S. 380, Beisp. 1

$$\frac{S}{2yJ} = \frac{3}{2bh}\left(1 - \frac{4z^2}{h^2}\right), \text{ also mit } \mathrm{d}F = b\,\mathrm{d}z \text{ und } F = bh,$$

$$\varkappa = bh\int_{-h/2}^{+h/2}\left(\frac{3}{2bh}\right)^2\left(1 - \frac{4z^2}{h^2}\right)^2 b\,\mathrm{d}z = 2\cdot\frac{9}{4h}\int_0^{h/2}\left(1 - \frac{8z^2}{h^2} + \frac{16z^4}{h^4}\right)\mathrm{d}z$$

$$= \frac{9}{2h}\left[z - \frac{8z^3}{3h^2} + \frac{16z^5}{5h^4}\right]_0^{h/2} = 1{,}2.$$

2. Ein Träger auf zwei Stützen, Bild 88, habe die Länge l und sei durch eine Kraft P in der Mitte belastet; der Querschnitt sei ein Rechteck mit den Seiten b und h, so daß $\varkappa = 1{,}2$.

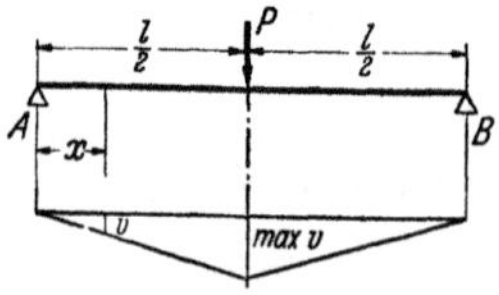

Bild 88

Ist $x \leq l/2$ die Entfernung von einem Auflager, so wird mit $M = Px/2$

$$v = \frac{\varkappa}{FG}M = \frac{1{,}2}{bhG}\,\frac{P}{2}\,x = \frac{0{,}6\,Px}{bhG}.$$

Für $x = \dfrac{l}{2}$ wird $\max v = \dfrac{0{,}3\,Pl}{bhG}$ (s. a. S. 400).

V. Drehung

1. Kreisquerschnitt

a) Gleichbleibender Querschnitt. Ein gerader Stab von gleichbleibendem Kreisquerschnitt sei nach Bild 89a an einem Ende eingespannt, an dem anderen durch ein Kräftepaar vom Moment $M_t = Pa$ belastet, dessen Ebene senkrecht zur Stabachse liegt.

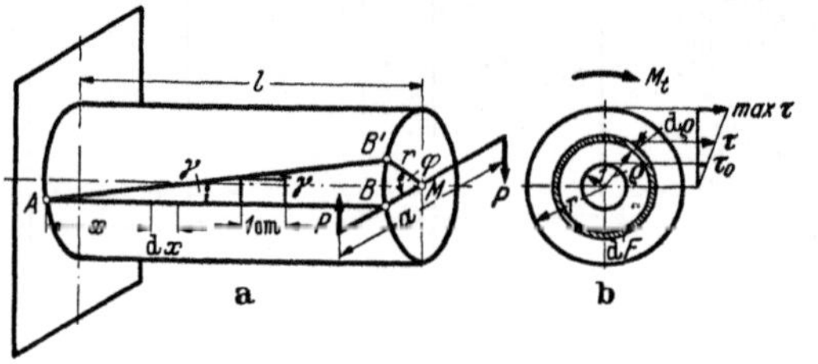

Bild 89

Versuche haben ergeben, daß die Querschnitte eben bleiben und daß die ursprüngliche Gerade BM des Querschnitts nach der Drehung in die Gerade $B'M$ übergeht. Da in allen Querschnitten dasselbe Drehmoment M_t wirkt, muß die der Stabachse parallele Gerade AB nach der Drehung in die Schraubenlinie AB' übergehen.

α) *Spannungen.* Ist τ_0 nach Bild 89b die Schubspannung in der Entfernung 1, so muß, falls Proportionalität zwischen Dehnungen und Spannungen herrscht,

$$\tau = \tau_0\,\varrho$$

sein. Diese Spannung wirkt an dem durch Strichelung hervorgehobenen Flächenteilchen $\mathrm{d}F = 2\pi\varrho\,\mathrm{d}\varrho$, und die Kraft $\tau\,\mathrm{d}F$ hat in Beziehung auf den Mittelpunkt das Moment $\tau\,\mathrm{d}F\cdot\varrho$. Nach der Momentengleichung $\Sigma M = 0$ ist daher

$$M_t = \int \tau\,\varrho\,\mathrm{d}F = \tau_0\int\varrho^2\,\mathrm{d}F = \tau_0 J_p,$$

worin

$$J_p = \int \varrho^2\,\mathrm{d}F$$

nach S. 341 das *polare Trägheitsmoment* des Querschnittes ist. Mit $\max\tau : \tau_0 = r : 1$ wird

$$M_t = \tau_0 J_p = \max\tau\cdot J_p/r = \max\tau\cdot W_p,$$

worin $W_p = J_p/r$ als ***polares Widerstandsmoment*** bezeichnet wird. Es gilt dann ähnlich wie bei der Biegung (S. 340)

$$\max \tau = M_t/W_p \quad \text{und} \quad M_t/W_p \leqq \tau_{\text{zul}}.$$

Für den Kreis ist $J_p = \pi d^4/32$, $W_p = J_p : d/2 = \pi d^3/16 = 2W$ (S. 349) und daher

$$\max \tau = \frac{M_t \cdot 16}{\pi d^3} \quad \text{oder} \quad \frac{16 M_t}{\pi d^3} \leqq \tau_{\text{zul}}.$$

Für den Kreisringquerschnitt führen ähnliche Überlegungen zum Ziel (s. Tafel S. 386).

Da Schubspannungen immer paarweise vorkommen (S. 330), treten außer den tangential gerichteten Schubspannungen auch solche parallel der Stabachse auf, d. h. in den Längsschnitten, vgl. die Spannungslinien in Bild 90 a.

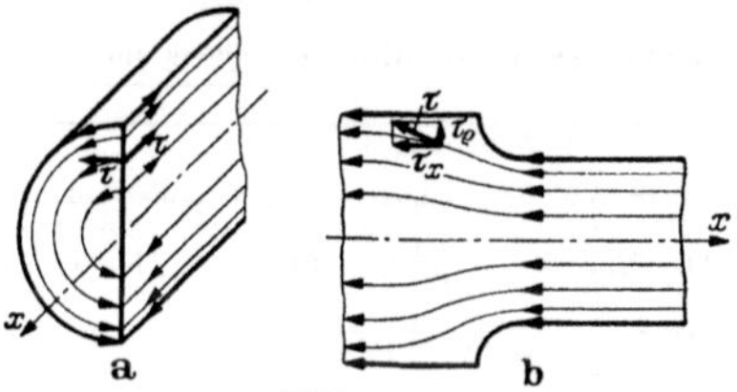

Bild 90

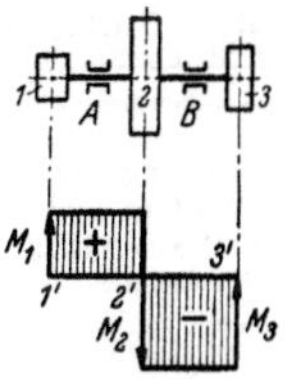

Bild 91

Für die Abmessungen eines Stabes ist das *größte* Drehmoment maßgebend. Man gewinnt einen Überblick über die Beanspruchung, wenn man die Drehmomente in ähnlicher Weise wie die Biegemomente über der Stabachse als *Drehmomentenfläche* aufträgt, Bild 91. — Man beachte: Ist N die Leistung in PS und n die Umdrehungszahl je Minute, so folgt (s. Dynamik S. 245) für das Drehmoment $M_t = 71\,620\,N/n$ kg cm.

β) *Formänderung* (Drehwinkel). Als Schiebung γ wurde S. 332 die Strecke bezeichnet, um die sich zwei Querschnitte im Abstand 1 verschieben. Mit den Bezeichnungen des Bildes 89 ist daher $\widehat{BB'} = \gamma l = r\varphi$ und der Drehwinkel $\varphi = \gamma l/r$.

Mit $\gamma = \beta \cdot \max \tau = M_t r/G J_p$ und $\beta = 1/G$ wird

$$\varphi = \frac{M_t l}{G J_p} \text{ im Bogenmaß und } \varphi^\circ = \frac{180^\circ}{\pi} \frac{M_t l}{G J_p} \text{ im Gradmaß.}$$

Der auf die Länge 1 cm bezogene *spez. Drehwinkel* $\vartheta = M_t/G J_p = \max \tau/G r$ ist ein Maß für die Größe der Formänderung. Es wird vielfach gefordert, daß er einen vorgeschriebenen Wert nicht überschreitet.

Für zwei Querschnitte im Abstand dx, Bild 89, wird der Drehwinkel

$$d\varphi = M_t \, dx/G J_p$$

und daher der gesamte Drehwinkel zwischen dem Einspannquerschnitt und dem Querschnitt in der Entfernung x

$$\varphi = \int_0^x \frac{M_t \, dx}{G J_p} = \frac{1}{G J_p} \int_0^x M_t \, dx.$$

Der Drehwinkel ist daher dem Inhalt der Momentenfläche proportional.

Die *Formänderungsarbeit* beträgt $\frac{1}{2} M_t \varphi = \frac{1}{2} \frac{M_t^2 l}{G J_p}$. Der Wert $G J_p$ heißt auch *Drehsteifigkeit.*

Beispiele: 1. Wird für Triebwerkswellen mit gleichbleibendem Querschnitt zur Einhaltung eines zulässigen Gesamtdrehwinkels gefordert, daß der Drehwinkel für den laufenden Meter kleiner als $^1/_4{}^\circ$ sein soll, so ist $\varphi^\circ = {}^1/_4$, $l = 100$ cm und daher

$$\frac{1}{4} = \frac{180}{\pi} \frac{M_t \cdot 100}{G J_p} = \frac{180}{\pi} \frac{M_t \cdot 100 \cdot 32}{G \cdot \pi d^4},$$

folglich mit $G = 800\,000$ kg/cm² für SM-Stahl $d = 0{,}735 \sqrt[4]{M_t}$ oder d cm $\approx 12 \sqrt[4]{N/n}$.

Die Rücksicht auf Festigkeit erfordert mit $\tau_{zul} = 120\ \text{kg/cm}^2$ für Triebwerkswellen aus gewöhnlichem Walzstahl (niedrig gewählt, weil Biegespannungen nicht berücksichtigt werden, s. a. S. 399), da $16 M_t/\pi d^3 \leqq 120$ sein muß:

$$d = \sqrt[3]{\frac{16}{\pi \cdot 120}} \sqrt[3]{M_t} = 0{,}349 \sqrt[3]{M_t} \quad \text{oder} \quad d\,\text{cm} \approx 14{,}5 \sqrt[3]{\frac{N}{n}}.$$

Soll die Verdrehung der Endquerschnitte gegeneinander bei gegebenem M_t einen bestimmten Winkel nicht überschreiten (wenn z. B. Drehungen phasengleich übertragen werden sollen), so muß $\varphi < 0{,}25°/\text{m}$ sein. Die genaue Festigkeitsrechnung entscheidet, ob höhere Werte für τ zugelassen werden können (S. 399). Die Formeln sind nur als Anhaltspunkte zu bewerten. Nach diesen ist für $N/n < 0{,}108$ die Formänderung $\left(d = 12 \sqrt[4]{N/n}\right)$, für $N/n > 0{,}108$ die Festigkeit maßgebend $\left(d = 14{,}5 \sqrt[3]{N/n}\right)$, wie sich durch Gleichsetzen der Durchmesser ergibt.

2. Der M_t-Fläche, Bild 91, sei als größtes Drehmoment, das der Querschnittsberechnung zugrunde zu legen ist, entnommen:

$$\max M_t = M_3 = 24600\ \text{kgcm}.$$

Für $\tau_{zul} = 120\ \text{kg/cm}^2$ wird das erforderliche Widerstandsmoment $W_p = 24600/120 = 205\ \text{cm}^3$. Gewählt wird $d = 105$ mm mit $W_p = 2 \cdot 113{,}65 = 227{,}3\ \text{cm}^3$ (S. 349), so daß $\max \tau = 24600/227{,}3 = 108\ \text{kg/cm}^2$ ist. Als Verdrehungswinkel folgt für $l = 100$ cm mit $G = 800\,000\ \text{kg/cm}^2$

$$\varphi° = \frac{180 \cdot 24\,600 \cdot 100}{\pi \cdot 800\,000 \cdot 2 \cdot 596{,}7} \approx 0{,}15°/\text{m} < 0{,}25°/\text{m}.$$

b) Bei **veränderlichem Kreisquerschnitt** gilt, sofern er sich nur *unwesentlich* verändert, für den Verdrehungswinkel wie oben $\varphi = \frac{1}{G}\int M_t/J_p \cdot \mathrm{d}x$; dieser Wert kann durch graphische oder instrumentelle Integration (s. S. 186) gewonnen werden.

Zur Ermittlung der Spannungen bei *stärker veränderlichen* Querschnitten, bei denen die Spannungslinien in den Längsschnitten wesentlich anders verlaufen, Bild 90b, läßt sich das zeichnerische Verfahren von *Willers*[1] benutzen. Hieraus, aus den Arbeiten von *Sonntag*[2], von *Neuber* (Lit. 1) und aus Versuchen kann der im Maschinenbau besonders wichtige Übergang zwischen Wellenstücken verschiedenen Durchmessers oder die Wirkung einer umlaufenden Kerbe erfaßt werden. Ist (s. a. S. 383) $M_t/W_p = \tau_n$ gleich der *Nennspannung*, so ist die *tatsächliche* maximale *Spannung* $\max \tau = \alpha_k \tau_n$ mit $\alpha_k > 1$ als Formzahl (Berechnung vgl. Werkstoffkunde S. 492).

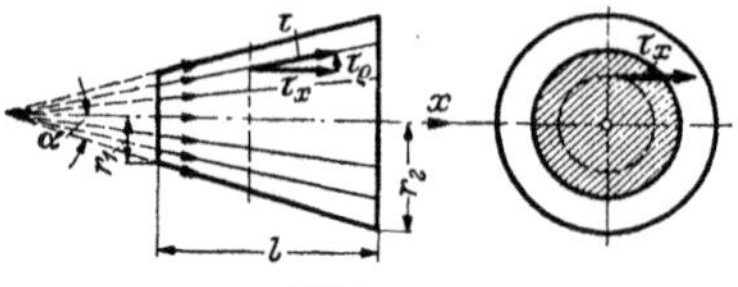

Bild 92

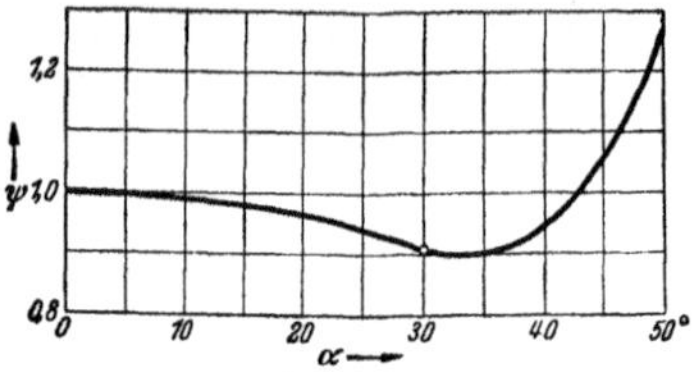

Bild 93

Bei einem *Kegelstumpf* mit den Radien r_1, r_2 und der Länge l schneiden sich die Spannungslinien der Meridianschnitte in der Spitze des Kegels, Bild 92. Ist der halbe Öffnungswinkel $\alpha \leqq 30°$, so treten auf den Umrißlinien die größten Spannungen auf, für $\alpha \geqq 30°$ auf der Spannungslinie vom Steigungswinkel 30°. In einem bestimmten Querschnitt ist $\max \tau = \psi M_t/W_p$, M_t = Drehmoment, W_p = polares Widerstandsmoment und ψ ein nur vom halben Öffnungswinkel α abhängiger Faktor, Bild 93. Die größte Spannung überhaupt tritt im Querschnitt mit kleinstem Radius r auf (r_1 im Bild).

Beim Übergang des Stumpfes in eine Welle konstanten Durchmessers muß aber für sanfte Übergänge Sorge getragen werden, da sonst eine Spannungserhöhung eintritt.

---

[1] *Willers, Fr. A.:* Z. angew. Math. Phys. Bd. 55 (1907) S. 225.
[2] *Sonntag, R.:* Zur Torsion von runden Wellen mit veränderlichem Durchmesser. Z. angew. Math. Mech. Bd. 9 (1929) S. 1/22.

2. Beliebiger, nicht kreisförmiger Querschnitt

a) Die Querschnitte bleiben, wie auch Versuche gezeigt haben, nicht eben. Nach der Theorie von *St. Venant* wird die **Verwölbung der Querschnitte** berücksichtigt, aber eine Verdrehung der einzelnen Schnitte als Ganzes vorausgesetzt. Es lassen sich dann die Formeln für den spez. Verdrehungswinkel ϑ und für die maximale Schubspannung max τ ähnlich wie beim Kreisquerschnitt mit M_t als Drehmoment zusammenfassen in der Form

$$\vartheta = M_t/GJ^* \quad \text{und} \quad \max\tau = M_t/W^*.$$

Hierin ist J^* der *Drillungswiderstand*, welcher dem polaren Trägheitsmoment beim Kreisquerschnitt entspricht, GJ^* die Verdrehungssteifigkeit und W^* eine Rechengröße, die dem polaren Widerstandsmoment beim Kreisquerschnitt entspricht (vgl. Tafel unter c). Wenn eine Verwölbung nicht möglich ist, so treten zusätzliche Schub- und außerdem Normalspannungen auf[1].

b) Die **mathematische Behandlung** der Torsion führt auf Differentialgleichungen, insbesondere auf die Potentialgleichung (s. Math. S. 110) für die Verwölbung, welche zwei *Analoga* mit mechanischen Problemen erkennen lassen:

1. *Seifenhaut-* (oder Membran-) *gleichnis* von *Prandtl:* Man denke sich aus einem ebenen Blech ein Loch von der Form des Querschnitts ausgeschnitten und mit einer dünnen elastischen Haut, z. B. einer Seifenhaut überspannt. Ein geringer Überdruck ergibt einen flachen Hügel („Spannungshügel"), dessen Höhenschichtlinien mit den Schubspannungslinien des gleichen Querschnitts übereinstimmen, vgl. Bild 94. Das Gefälle oder die Dichte der Höhenlinien ist der Größe der an der betreffenden Stelle herrschenden Schubspannung, das Volumen des Hügels ist dem Drillungswiderstand J^* proportional.

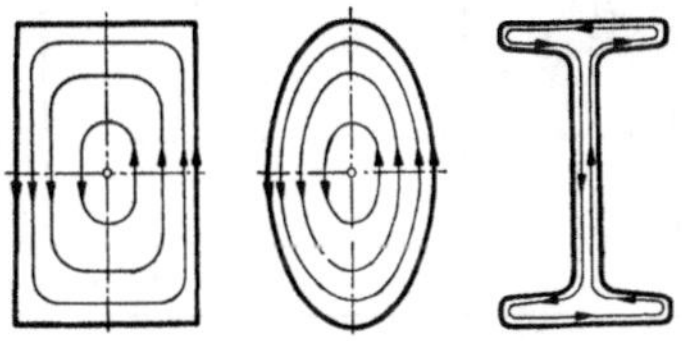

Bild 94

2. *Strömungsgleichnis:* Zirkuliert in einem zylindrischen bzw. prismatischen Gefäß mit gleichem Querschnitt wie der Stab eine reibungslose, inkompressible Flüssigkeit mit konstantem Wirbel, so stimmen die Strömungslinien mit den Schubspannungslinien des verdrehten Querschnitts überein, und die Strömungsgeschwindigkeit an irgendeiner Stelle ist der hier herrschenden Schubspannung proportional, Bild 94.

c) Tafel: Verdrehung beliebiger Querschnitte[2]

Es bedeuten:

M_t = das übertragene Drehmoment in kgcm;

W^* = eine dem polaren Widerstandsmoment beim Kreis entsprechende Größe in cm³;

max $\tau = M_t/W^*$ die größte im Querschnitt auftretende Schubspannung in kg/cm²;

$M_t/W^* \leqq \tau_{zul}$;

J^* = der Drillungswiderstand in cm⁴;

$\vartheta = M_t/GJ^*$ der spez. Drehwinkel im Bogenmaß/cm;

es ist auch

$$\vartheta = \frac{\tau_{zul}}{G} \cdot \frac{W^*}{J^*}, \qquad G = \text{Gleitmodul in kg/cm}^2.$$

Nr.	Querschnitt	W^*	J^*	Bemerkungen
1		$\frac{\pi}{16} d^3 \approx \frac{d^3}{5}$	$\frac{\pi}{32} d^4 \approx \frac{d^4}{10}$	Größte Spannungen in den Punkten des Umfanges. $W^* = W_p$; $J^* = J_p$.

[1] *Weber, C.:* Die Lehre von der Drehungsfestigkeit. Forsch.-Arb. Ing.-Wes. Heft 249. Berlin: VDI-Verlag 1921. — Ders.: Übertragung des Drehmomentes in Balken mit doppelflanschigem Querschnitt. Z. angew. Math. Mech. Bd. 6 (1926) S. 85.

[2] Wesentlich nach *C. Weber* sowie nach *A. u. L. Föppl* (Lit. 2).

Nr.	Querschnitt	W^*	J^*	Bemerkungen
2a		$\frac{\pi}{16}\frac{d_a^4-d_i^4}{d_a}$	$\frac{\pi}{32}(d_a^4-d_i^4)$	Wie unter 1
2b		Für kleine Wanddicken s (s. a. Nr. 5) $\frac{\pi}{2}sd^2$	$\frac{\pi}{4}sd^3$	Spannungen wie unter 1. Formeln gültig, wenn s/d gegen 1 vernachlässigt werden kann; d = mittlerer Durchmesser
3		$\frac{\pi}{16}ab^2$ $a/b = n \geqq 1$	$\frac{\pi}{16}\frac{a^3b^3}{a^2+b^2} = \frac{\pi n^3 b^4}{16(n^2+1)}$	Größte Spannungen in den Endpunkten der *kleinen* Achse. In den Endpunkten der großen Achse ist $\tau = \tau_2 = \max\tau/n$
4		$\frac{\pi n}{16}\frac{b^4-b_0^4}{b}$ $a/b = a_0/b_0 = n \geqq 1$	$\frac{\pi}{16}\frac{n^3(b^4-b_0^4)}{n^2+1}$	Wie unter 3. Für kleine Wanddicken vgl. 5
5		$(F_a+F_i)\,s$ Für kleine Wanddicken auch $\approx 2F_m s$ (*Bredt*sche Formeln)[1]	$2(F_a+F_i)\,s\cdot F_m/u_m$ $\approx 4F_m^2\cdot s/u_m$	F_a = Inhalt der von der äußeren Umrißlinie begrenzten Fläche; F_i = Inhalt der von der inneren Umrißlinie begrenzten Fläche; F_m = Inhalt der von der Mittellinie umgrenzten Fläche; u_m = Länge der Mittellinie (mittlere Umrißlinie)
6	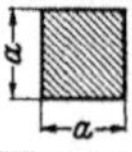	$0{,}208\,a^3$	$0{,}141\,a^4 = \frac{a^4}{7{,}11}$	Größte Spannungen in den Mitten der Seiten. In den Ecken ist $\tau = 0$
7	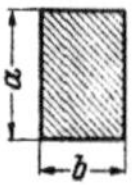 $a/b = n \geqq 1$	$\frac{c_1}{c_2}ab^2 = \frac{c_1}{c_2}nb^3$ $c_1 = \frac{1}{3}\left(1-\frac{0{,}630}{n}+\frac{0{,}052}{n^5}\right)$ $\approx \frac{1}{3}\left(1-\frac{0{,}630}{n}\right)$, wenn $n > 4$; $c_2 = 1-\frac{0{,}65}{1+n^3} \approx 1$, wenn $n > 4$	$c_1ab^3 = c_1nb^4$ c_1 und c_2 vgl. folgende Tafel*	Größte Spannungen in der Mitte der *größten* Seiten. In der Mitte der kleineren Seiten ist $\tau = \tau_3 = c_3\cdot\max\tau$; c_3 vgl. Tafel. In den Ecken ist $\tau = 0$

$n = a/b$	1	1,5	2	3	4	6	8	10	∞
c_1	0,141	0,196	0,229	0,263	0,281	0,298	0,307	0,312	0,333
c_2	0,675	0,852	0,928	0,977	0,990	0,997	0,999	1,000	1,000
c_3	1,00	0,858	0,796	0,753	0,745	0,743	0,743	0,743	0,743

[1] Nach diesen ist $u_m/s = \oint du/s$ zu setzen, worin du das Bogenelement der mittleren Umrißlinie und s die gegebenenfalls veränderliche Wanddicke ist. Bei kastenförmigen Hohlquerschnitten ist u_m/s demnach $= \sum (l_i/s_i)$.

* Im Bereich $1 \leqq n \leqq 5$ gilt auch $W^* = 0{,}208\,n^{1,215}\,b^3 = 0{,}208\,a^{1,215}\,b^{1,785} = 0{,}208\,a^3/n^{1,785}$; vgl. *Meyer zur Capellen, W.*: Über die Torsion rechteckiger Stäbe. Konstruktion Bd. 3 (1951) S. 127/30 u. S. 256.

Nr.	Querschnitt	W^*	J^*	Bemerkungen
8	Gleich-seitiges Dreieck 	$a^3/20 \approx h^3/13$	$a^4/46{,}19 \approx h^4/26$	Größte Spannungen in der Mitte der Seiten. In den Ecken ist $\tau = 0$
9	Regel-mäßiges Sechseck 	$0{,}436\varrho F = 1{,}511\varrho^3$	$0{,}533\varrho^2 F = 1{,}847\varrho^4$	Größte Spannungen in der Mitte der Seiten
10	Regel-mäßiges Achteck 	$0{,}447\varrho F = 1{,}481\varrho^3$	$0{,}520\varrho^2 F = 1{,}726\varrho^4$	Größte Spannungen in der Mitte der Seiten
11	Dünnwan-dige Profile 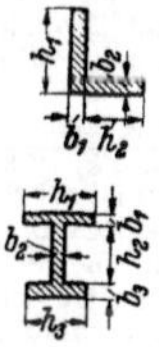	$\frac{\eta}{3b_{max}}\sum b_i^3 h_i$	$\frac{\eta}{3}\sum' b_i^3 h_i$ **	Dünnwandige Profile von der Form der Walzträger. Größte Spannungen in der Mitte der Längsseiten des Rechteckes mit der größten Dicke b_{max}. In den Abrundungen ist τ noch um 16% (nach *Uebel*[1] 60%) größer
12	Welle mit kreisf. Nut 	$W^* = W_0/\lambda$, also $\max\tau = \lambda M/W_0$; $W_0 = \pi r^3/2 = \pi d^3/16$; $\lambda = \frac{2-\xi}{1-2\xi^2+\frac{16}{3}\xi^3}$; $\xi = a/r$. Für sehr kleine ξ ist $\lambda \approx 2 - \xi \approx 2$.	$\pi d^4/32$	Schrifttum vgl. Anm. 2, S. 384

Werte η und $\varkappa$** (zu Nr. 11)

	L	C	⊥	I	I P	+	˥
η	0,99	1,12	1,12	1,31	1,29	1,17	
$\varkappa$	1,6***	2,6****	0,9	1,2	1,2	0,15	2,6****

Beispiele: 1. Ein Stab von rechteckigem Querschnitt aus Flußeisen mit den Maßen $l = 1$ m, $a = 200$ mm, $b = 100$ mm ist durch ein Drehmoment von $M_t = 120\,000$ kgcm belastet. Gesucht die maximale Spannung und der Verdrehungswinkel. — Es ist $n = a/b = 200/100 = 2$; lt. Tafel ist also $c_1 = 0{,}229$ und $c_2 = 0{,}928$; d. h. $W^* = \frac{0{,}229}{0{,}928} \cdot 20 \cdot 10^2 = 493{,}5$ cm³ und $\max\tau = M/W^* = 120000/493{,}5 = 243$ kg/cm². In der Mitte der kleinen Seiten ist $\tau_2 = c_3 \max\tau = 0{,}796 \cdot 243 = 193$ kg/cm². Ferner wird $J^* = c_1 a b^3 = 0{,}229 \cdot 20 \cdot 10^3 = 4580$ cm⁴, $\varphi = l\vartheta = lM_t/J^*G = 100 \cdot 120\,000/(4580 \cdot 810\,000) = 0{,}00323$, $\varphi^\circ = \varphi \cdot 180^\circ/\pi = 0{,}185^\circ$.

[1] *Uebel, Fr.:* Zur Berechnung von drillbeanspruchten Stäben mit rechteckigem Querschnitt und aus Rechtecken zusammengesetzten Profilen (Walzträger). Forsch. Ing.-Wes. Bd. 10 (1939) S. 123/41.

** Korrekturfaktor η nach *A. Föppl* (Lit. 2, Bd. II). *C. Weber* (vgl. Anm. S. 385) setzt bei konstanter Dicke b auch $J^* = b^3/3 \cdot (\sum h - \varkappa b)$; Werte für $\varkappa$ s. o.

*** *D. Schmieden* [Z. angew. Math. Mech. Bd. 10 (1930)] setzt $\varkappa = 0{,}533$.

**** Nach *Schmieden* $\varkappa = 0{,}237$.

2. Welches Drehmoment kann ein I-Träger NP 20 bei $\tau_{zul} = 220$ kg/cm² übertragen? Nach den Profiltabellen und nach Fall 11 der vorstehenden Tafel wird $\eta = 1{,}31$; $h_1 = h_3 = 9$ cm; $b_1 = 1{,}13$ cm; $h_2 = 20 - 2b_1 = 17{,}74$ cm; $b_2 = 0{,}75$ cm, also $J^* = \eta \cdot \frac{1}{3} \sum b_i^3 h_i = 1{,}31 \cdot \frac{1}{3}(2 \cdot 1{,}13^3 \cdot 9 + 0{,}75^3 \cdot 17{,}74) = 14{,}62$ cm⁴ und $W^* = \eta \cdot \frac{1}{3} \sum b_i^3 h_i / b_1 = 12{,}94$ cm³. Demnach folgt $M_{t\,zul} = \tau_{zul} \cdot W^* = 220 \cdot 12{,}94 = 2728$ kgcm und für den spez. Verdrehungswinkel $\vartheta = \tau_{zul}\, W^*/J^* G = \tau_{zul}/G\, b_{max} = 220/(810\,000 \cdot 1{,}13)$, d. h. $\vartheta° = \vartheta \cdot 100 \cdot 180°/\pi = 1{,}38°$/m.

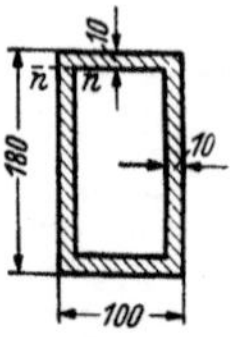
Bild 95

3. Welche maximale Spannung tritt in einem dünnwandigen Hohlquerschnitt mit konstanter Wandstärke gemäß Bild 95 bei einem Drehmoment von $M_t = 20\,000$ kgcm auf? Nach Fall 5 der Tafel ist $F_a = 18 \cdot 10 = 180$ cm²; $F_i = 16 \cdot 8 = 128$ cm²; $F_m = \frac{1}{2}(180 + 128) = 154$ cm². Also wird $W^* = 2 F_m s = 2 \cdot 154 \cdot 1 = 308$ cm³ und $\max \tau = 20\,000/308 \approx 65$ kg/cm². Ferner folgt für den mittleren Umfang $u_m = 2 \cdot 17 + 2 \cdot 9 = 52$ cm und $J^* = 4 \cdot 154^2 \cdot 1/52 = 1824$ cm⁴, d. h. $\vartheta = M/GJ^* = 20\,000/(810\,000 \cdot 1824)$ oder $\vartheta = 0{,}078°$/m.

4. Wird der Querschnitt an der Stelle n-n, Bild 95, aufgeschnitten, so folgt mit $\eta \approx 1$ nach Fall 11 der Tafel: $J^* = \frac{1}{3} \sum b_i^3 h_i = \frac{1}{3}(2 \cdot 1^3 \cdot 17 + 2 \cdot 1^3 \cdot 9) = 17{,}33$ cm⁴, d. h. J^* ist rund 105 mal kleiner als beim geschlossenen Querschnitt (Beisp. 3). Ebenso wird, da $b_{max} = 1$ ist, $W^* = 17{,}33/b_{max} = 17{,}33$ cm³, d. h. W^* ist $308/17{,}33 \approx 18$ mal so klein, also wird die Spannung 18 mal so groß wie beim geschlossenen Querschnitt.

VI. Stabilitätsfragen

In der Festigkeitslehre steht zunächst im Vordergrund die Frage nach Spannung und Formänderung bei Gleichgewicht zwischen äußeren und inneren Kräften – nicht aber die Frage danach, ob das Gleichgewicht auch stabil ist. Es gibt jedoch zahlreiche Probleme, für die bei bestimmter äußerer Belastung die betrachtete Gleichgewichtslage nicht mehr stabil, sondern indifferent bzw. labil ist, wie sich bei den wichtigsten Erscheinungen, Knicken, Kippen und Beulen zeigt.

Wird z. B. der Stab in Bild 96 durch eine Kraft P belastet, so ist die gerade Achse die stabile Gleichgewichtsform. Bei einer bestimmten kritischen Last P_k verläßt dieser Stab diese Lage, er weicht aus, er knickt. (Dieses Ausweichen ist möglich durch kleine Störungen in der Symmetrie, durch Ungleichmäßigkeiten in der Form und im Gefüge, durch kleine Krümmungen der Achse, durch geringfügig exzentrischen Kraftangriff usw.) Die beim Ausweichen auftretenden Spannungen können oft unterhalb der Streckgrenze, ja auch der zulässigen Spannung liegen.

Bild 96

Die Bedingung für eine stabile Gleichgewichtslage ist, daß die Formänderungsarbeit A des Systems ein Minimum wird, d. h. daß außer $\delta A = 0$ auch $\delta^2 A > 0$ ist (vgl. Variationsrechnung S. 110). Aus $\delta^2 A = 0$ kann die Größe der Grenzlast bzw. der Verzweigungspunkt ermittelt werden.

Solche Probleme heißen Stabilitäts- oder auch *Ausweichprobleme*[1].

1. Knickung

a) Knickkraft. Die Grenzlast oder kritische Last, bei welcher der Stab in Bild 96 ausknickt, d. h. bei welcher neben der geraden Form der Stabachse auch die gekrümmte möglich ist, heißt *Knickkraft K*.

Für Belastungen, welche die Knickkraft übersteigen, ist die Formänderungsarbeit des Stabes kleiner als die für die Zusammendrückung des Stabes erforderliche. Die gerade Form stellt daher bei dieser Belastung eine labile, die gekrümmte eine stabile Gleichgewichtslage dar.

Die nachstehenden Formeln beziehen sich stets auf den Grundfall, bei dem beide Stabenden in der Achse frei beweglich geführt sind (s. Tafel und Bild 96). Alle übrigen Belastungsfälle werden durch Einführen der freien Knicklänge s (im Hochbau mit s_K bezeichnet) auf diesen Grundfall zurückgeführt.

Nach den Vorschriften im Stahlbau gilt für Flußstahl bei Gurtstäben, wozu auch die Endstreben von trapezförmigen Hauptträgern gehören, als freie Knicklänge die Länge ihrer Netzlinien; bei Füllungsstäben für das Ausknicken aus der Trägerebene ebenfalls die Länge der Netzlinien; für das Ausknicken in der Trägerebene der Abstand der nach der Zeichnung geschätzten Schwerpunkte der beiderseitigen Anschlußnietgruppen des Stabes.

[1] Schrifttum z. B. *Hartmann, F.:* Knickung, Kippung, Beulung. Leipzig u. Wien: Fr. Deuticke 1937. — *Pflüger, A.:* Stabilitätsprobleme der Elastostatik. Berlin: Springer 1950. — *Kollbrunner, C. F.,* u. *M. Meister:* Knicken. Berlin: Springer 1955. Dort auch zahlreiche Schrifttumshinweise. — Vgl. a. DIN 4114 (Bl. 1, Ausg. 1952, Bl. 2, Ausg. 1953), ferner Lit. 6.

	Ein Stabende eingespannt, das andere frei beweglich	*Grundfall* Freie, in der Achse geführte Stabenden	Ein Stabende eingespannt, das andere frei in der Achse geführt	Eingespannte, in der Achse geführte Stabenden
Darstellung des Belastungsfalles				
Freie Knicklänge $s =$	$2l$	l	$0{,}7\,l$*	$0{,}5\,l$

Ferner gelten mit F cm² als Querschnitt die folgenden Bezeichnungen:

Knickspannung, d. h. Druckspannung bei Beginn des Ausknickens $\sigma_k = K/F$ kg/cm²;

die zulässige Last (Tragfähigkeit) mit ν als Sicherheit $P = K/\nu$ kg;

die zulässige Druckspannung zu Beginn des Ausknickens $\sigma_{k\,\text{zul}} = \sigma_k/\nu$ kg/cm² ($\sigma_{d\,\text{zul}}$ im Hochbau);

Schlankheitsgrad $\lambda = s/i$,

worin s die freie Knicklänge in cm, $i = \sqrt{J/F}$ den Trägheitshalbmesser und J das *kleinste* axiale Trägheitsmoment des Querschnitts bedeuten.

Vorausgesetzt ist zunächst weiter, daß die Kraft zentrisch angreift. Denn ein exzentrischer Kraftangriff setzt die Knickspannung herab (s. S. 397)[1].

b) Elastische Knickung (*Eulerfall*). Ist das *Hooke*sche Gesetz erfüllt, d. h. ist $\sigma_k < \sigma_{dP}$ bzw. $\sigma_k < \sigma_E$, wenn $\sigma_E < \sigma_P$ ist, so gilt, wie schon von *Euler* (1774) hergeleitet, die Beziehung

$$K = \pi^2 E J/s^2 \quad (\textit{Euler}\text{sche Knickformel});$$

Herleitung vgl. Math. S. 106[2].

Für die Spannung folgt dann

$$\sigma_k = \frac{K}{F} = \frac{\pi^2 E J/F}{s^2} = \frac{\pi^2 E}{\lambda^2} \quad (\textit{Euler}\text{-Hyperbel}).$$

σ_k, in Abhängigkeit von λ aufgetragen, Bild 97, ergibt eine Hyperbel 3. Grades (S. 134). Diese gilt jedoch *nur* bis zu demjenigen Wert λ_0, für den $\sigma_k = \sigma_{dP}$ (Proportionalitätsgrenze für Druck) ist, d. h. bis zu $\lambda_0 = \pi\sqrt{E/\sigma_{dP}}$. Für Stahl mit $E = 2{,}15 \cdot 10^6$ kg/cm² und $\sigma_{dP} = 2300$ kg/cm² wird z. B.

$\lambda_0 = \pi\sqrt{2150000/2300} \approx 96$ (Bild 97).

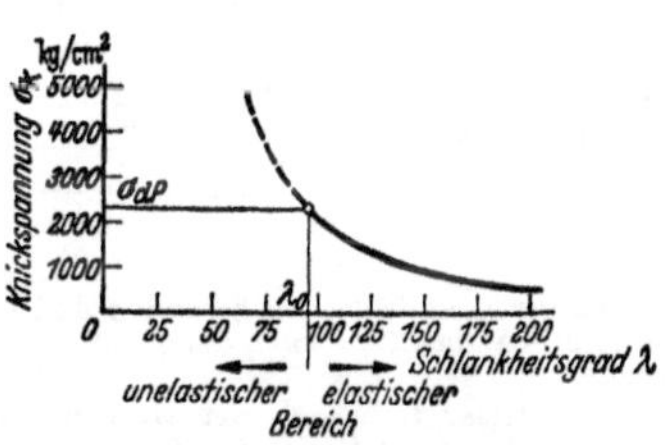

Bild 97. Euler-Hyperbel

c) Unelastische Knickung liegt vor, wenn die Knickspannung oberhalb der Proportionalitätsgrenze liegt ($\sigma_k > \sigma_{dP}$), also $\lambda < \lambda_0$ ist. Dann hängt σ_k vom gekrümmten Verlauf der Spannungsdehnungslinie ab. *Engesser*[3] hat auf Grund dessen eine theoretische Knickformel angeregt (in Bild 98 ausgezogen), die durch Versuche von *v. Kármán*[4] gut bestätigt wurde. Die Knickspannung überschreitet

* abgerundeter Wert für $\pi/4{,}493$.

[1] Vgl. z. B. *Ježek, K.:* Die Festigkeit von Druckstäben aus Stahl. Wien: Springer 1937.

[2] Ferner *Gercke, H. J.:* Über die allgemeine Form der Knickbedingungen des geraden Stabes. Konstruktion Bd. 4 (1952) S. 46/54.

[3] *Engesser, F.:* Z. Arch. Ing.-Wes. (1889) S. 455 u. Schweiz. Bau-Ztg. Bd. 26 (1895) S. 24.

[4] Untersuchungen über Knickfestigkeit. VDI-Forsch.-Arb., Heft 81. Berlin: 1910.

hierbei die Fließ- (Quetsch-) Grenze. Doch wird, um bleibende Formänderungen zu vermeiden, diese als obere Grenze angenommen (vgl. Bild 98): Stäbe mit genügend *kleinem* λ werden als *Druckstäbe* behandelt.

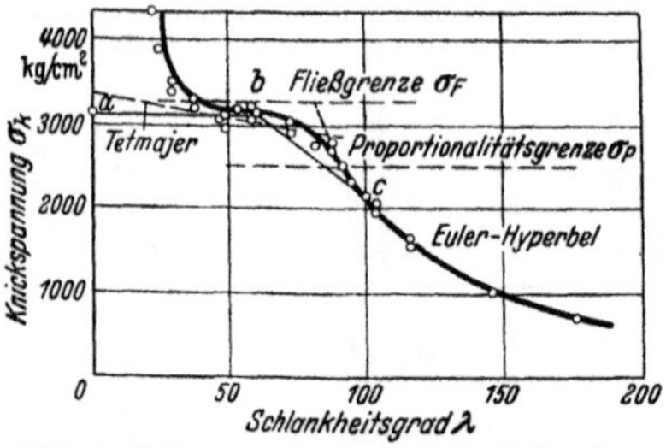

Bild 98. Knickung nach *Engesser-v. Kármán* und *v. Tetmajer*

d) Die **praktische Berechnung** eines Elementes **im Maschinenbau** erfolgt oberhalb λ_0 (elastischer Bereich) nach der *Euler*-Formel, unterhalb λ_0 (unelastischer Bereich) nach den durch zahlreiche Versuche begründeten Formeln von *v. Tetmajer*[1]. Die Knickspannung σ_k in Abhängigkeit von λ wird für den unelastischen Fall durch eine Gerade, die *Tetmajer*sche Gerade (Bild 98), nur bei Gußeisen durch eine Parabel dargestellt, vgl. Tafel:

Werkstoff	E kg/cm²	σ_k in kg/cm²: Euler-Formel $\frac{\pi^2 E}{\lambda^2}$	Gilt für $\lambda \geqq$	Für kleinere Werte λ nach *Tetmajer*
Nadelholz	100 000	987 000 : λ^2	100	293 − 1,94 λ
Grauguß	1 000 000	9 870 000 : λ^2	80	7760 − 120 λ + 0,53 λ^2
Schweißstahl	2 000 000	19 740 000 : λ^2	112	3030 − 12,9 λ
Flußstahl	2 100 000 bis 2 200 000	20 730 000 : λ^2 bis 21 710 000 : λ^2	105 89	3100 − 11,4 λ 3350 − 6,2 λ
Nickelstahl bis 5% Ni .	2 100 000	20 730 000 : λ^2	86	4700 − 23,0 λ

Die *Sicherheit* ν darf nach Angaben von *Rötscher*[2] im Maschinenbau — falls nicht konstruktive Rücksichten oder die Herstellung und die Bearbeitung größere Querschnitte verlangen — bei kleinen Maschinen zwischen 8 und 10, bei größeren zwischen 6 und 8 gewählt werden, da nicht immer eindeutig der Einfluß von zusätzlichen Belastungen angegeben werden kann. Nach *ten Bosch*[3] werden Sicherheiten $\nu = 3{,}5$ bis 5 vorgeschlagen. Z. B. weisen Lokomotiven mit Rücksicht auf die Forderung geringer hin- und hergehender Massen Werte bis herab zu 3, selbst 1,75 auf. Das *ω-Verfahren* (s. u.), das für $\lambda < 100$ je nach der Größe von λ eine andere Sicherheit hat, darf *nicht* im Maschinenbau benutzt werden.

Im *Leichtbau* wird von *Wagner* vorgeschlagen, im unelastischen Bereich die Knickspannung σ_k in Abhängigkeit von λ durch eine Parabel zu ersetzen, die für $\lambda = 0$ den Scheitel in der Streckgrenze $\sigma_S = -\sigma_F$ hat: $\sigma_k = \sigma_S - (\sigma_S - \sigma_P)\,\lambda^2/\lambda_0^2$.

Für Holz wurde durch *v. Saurma-Jeltsch*[4] im unelastischen Bereich die Formel

$$\sigma_k = \sigma_{dB} - x\,\lambda^{\sqrt{2}} \quad \text{mit} \quad x = (\sigma_{dB} - \sigma_{dP}) \big/ \lambda_0^{\sqrt{2}}$$

auf Grund von Versuchen gefunden und ebenfalls für Stahl bestätigt. Die Formel gilt voraussichtlich auch für Stoffe, deren Elastizitätsmaß E zwischen den Werten für Holz und Stahl liegt.

Beispiele: 1. Es soll der Durchmesser eines kreisförmigen Stabes aus Flußstahl von 1350 mm Länge bestimmt werden, der in Gelenken gelagert ist und einer Druckkraft von $P = 7800$ kg ausgesetzt ist. Sicherheitsgrad $\nu = 3{,}5$; $E = 2{,}1 \cdot 10^6$ kg/cm².

$$P = \frac{K}{\nu} = \frac{\pi^2 E J}{\nu s^2}; \qquad J_{\text{erf}} = \frac{P \nu s^2}{\pi^2 E} = \frac{7800 \cdot 3{,}5 \cdot 135^2}{\pi^2 \cdot 2{,}1 \cdot 10^6} = 23{,}95 \text{ cm}^4;$$

also $d = 4{,}7$ cm nach S. 349; damit $i = d/4 = 1{,}175$; $\lambda = s/i = 135/1{,}175 = 115$, also größer als 105, daher im *Euler*-Bereich. Die Aufrundung auf $d = 5$ cm liefert $i = 5/4 = 1{,}25$ und $\lambda = 135/1{,}25 = 108$, ebenfalls größer als λ_0. Für reine Druckbelastung ist $\sigma = P/F = 450$ bzw. 397 kg/cm² $< \sigma_{\text{zul}}$.

[1] Gesetze der Knickfestigkeit. Wien: Springer 1903. Diese Versuchsergebnisse gelten jedoch nur für bestimmte Werkstoffe und können auf andere nicht unmittelbar übertragen werden.
[2] *Rötscher, F.:* Maschinenelemente. Berlin: Springer 1929.
[3] *ten Bosch, M.:* Berechnung der Maschinenelemente, 4. Aufl. Berlin: Springer 1959.
[4] *von Saurma-Jeltsch, Graf H. G.:* Kritische Knickspannungen von Hölzern und Holzwerkstoffen im unelastischen Bereich. Holz als Roh- u. Werkstoff. Bd. 14 (1956) Nr. 7 S. 249/52.

2. Für eine Schubstange kreisförmigen Querschnitts aus weichem Flußstahl ($E = 2{,}15 \cdot 10^6$ kg/cm²) sind die größte Druckkraft $P = 19000$ kg, die Länge $l = 1600$ mm und $\nu = 7$ gegeben. Gesucht ist der erforderliche Durchmesser.

Nach *Euler* wird $J_{\text{erf}} = \dfrac{19000 \cdot 7 \cdot 160^2}{\pi^2 \cdot 2{,}15 \cdot 10^6} = 161$ cm⁴; damit

$$d = 7{,}6 \text{ cm (S. 349)}; \quad i = d/4 = 1{,}9; \quad \lambda = 160/1{,}9 = 84{,}2 < 105.$$

Die *Euler*-Gleichung ist also nicht zulässig.

Nach *v. Tetmajer* folgt aus der Tafel für $\lambda = 84{,}2$, daß die Knickspannung $\sigma_k = 3100 - 11{,}4 \cdot 84{,}2 = 2140$ kg/cm² ist. Die vorhandene Druckspannung ist $\sigma_{\text{vorh}} = \dfrac{P}{F} = \dfrac{19\,000}{7{,}6^2\,\pi/4} = 418$ kg/cm². Danach wird $\nu = \sigma_k/\sigma_{\text{vorh}} = 2140/418 = 5{,}12$, d. h. kleiner als verlangt. Die *Tetmajer*sche Formel ist vor allem zur Nachprüfung der Beanspruchung geeignet.

Gewählt nunmehr $d = 9$ cm, d. h. $i = d/4 = 2{,}25$ cm, $\lambda = 160/2{,}25 = 71{,}1$. Dann wird

$$\sigma_k = 3100 - 11{,}4 \cdot 71{,}1 = 2290 \text{ kg/cm}^2; \qquad \sigma_{\text{vorh}} = \frac{P}{F} = \frac{19000}{9^2\,\pi/4} = 299 \text{ kg/cm}^2;$$

also $\nu = \sigma_k/\sigma_{\text{vorh}} = 2290/299 = 7{,}66 > 7$, d. h. ausreichend.

Schreibt man die *Tetmajer*schen Formeln (außer für Gußeisen) in der Form $\sigma_k = a - b\,\lambda$, so ergibt sich bei *Kreisquerschnitten* für den gesuchten Durchmesser eine quadratische Gleichung mit der Lösung

$$d = \frac{2\,b\,s}{a}\left(1 + \sqrt{1 + \frac{\nu\,P\,a}{s^2\,b^2\,\pi}}\right) \approx 2\left(\frac{b\,s}{a} + \sqrt{\frac{\nu P}{a\,\pi}}\right),$$

wonach ein brauchbarer Wert gefunden werden kann. Im Zahlenbeispiel hätte dies auf $d = 2\,(11{,}4 \cdot 160/3100 + \sqrt{7 \cdot 19000/3100\,\pi}) = 8{,}54$ geführt, was aufgerundet den oben zuletzt angenommenen Wert 9 cm liefert.

e) Das ω-Verfahren, *behördlich vorgeschrieben* für den Hoch-, Kran- und Brückenbau, bringt die Aufgabe durch Einführen der Knickzahl ω (s. u.) auf die Berechnung eines Druckstabes zurück[1].

Man setzt wie bei dieser $P/F = \sigma_{k\,\text{zul}}$ an, wählt aber (s. u.) veränderliche Werte $\sigma_{k\text{zul}}$ und führt die *Knickzahl* $\omega = \sigma_{\text{zul}}/\sigma_{k\text{zul}}$ ein. Dann muß

$$P\omega/F \leqq \sigma_{\text{zul}} \tag{1}$$

sein[2]. Der Druckstab ist gewissermaßen durch die Belastung $P\omega$ beansprucht[3]. Die Knickzahl ω hängt vom Schlankheitsgrad λ ab und wird Zahlentafeln[1] entnommen. Hierbei sind Schlankheitsgrade über 250 unzulässig[4], während für Grauguß λ höchstens 100 betragen darf und $\sigma_{\text{zul}} = 900$ kg/cm² ist.

Zahlentafel der Knickzahlen[5] ω

ω für \ λ	0	10	20	30	40	50	60	70	80	90	100
St 37.12 u. 00.12	—	—	1,04	1,08	1,14	1,21	1,30	1,41	1,55	1,71	1,90
Grauguß	1,00	1,01	1,05	1,11	1,22	1,39	1,67	2,21	3,50	4,43	5,45
St. 52	—	—	1,06	1,11	1,19	1,28	1,41	1,58	1,79	2,05	2,53

ω für \ λ	110	120	130	140	160	180	200	220	240	250
St 37.12 u. 00.12	2,11	2,43	2,85	3,31	4,32	5,47	6,75	8,17	9,73	10,55
St 52	3,06	3,65	4,28	4,96	6,48	8,21	10,13	12,26	14,59	15,83

Die Zusammenfassung der verschiedenartigen für das Tragvermögen des Stabes insbesondere im unelastischen Bereich ungünstigen Einflüsse liefert zwischen der Tragspannung $\sigma_{Kr} = P_{Kr}/F = \nu_{Kr}\,P/F$, einem gewissen, tiefliegenden Mittelwert σ_F für die Fließspannung ($\sigma_F = 2300$ kg/cm² für St 37, $\sigma_F = 3400$ kg/cm² für St 52) und dem Schlankheitsgrad λ die Beziehung

$$\lambda^2 = \pi^2 E/\sigma_{Kr} \cdot (1 - \vartheta + 0{,}25\,\vartheta^2 - 0{,}005\,\vartheta^3),$$

wobei $\vartheta = m\,\sigma_{Kr}/(\sigma_F - \sigma_{Kr})$, $m = 2{,}317\,(0{,}05 + \lambda/500)$ und $E = 2{,}1 \cdot 10^6$ kg/cm² ist.

Bild 99 zeigt den Verlauf der *Euler*schen (idealen) Knickspannungen $\sigma_{ki} = \pi^2 E/\lambda^2$ und der aus der genannten Beziehung gewonnenen Traglastspannungen σ_{Kr} in Abhängigkeit

[1] Ausführliche Darstellung vgl. DIN 4114, Ausgabe Juli 1952.

[2] Im Belastungsfall 1 ist z. B. für St 37 und St 52 die zulässige Zugspannung

$$\sigma_{\text{zul}} = 1400 \text{ kg/cm}^2 \text{ bzw. } \sigma_{\text{zul}} = 2100 \text{ kg/cm}^2.$$

[3] Zentrischer Kraftangriff vorausgesetzt; für exzentrischen Kraftangriff vgl. S. 397.

[4] Im Brückenbau muß $\lambda \leqq 150$ sein (vgl. DIN 4114).

[5] Auszug aus DIN 4114 für St 52 und St 37.12 bzw. St 00.12.

von λ. Dividiert man σ_{ki} durch die ideale Sicherheitszahl $\nu_{ki} = 2{,}5$ und σ_{Kr} durch die Tragsicherheitszahl $\nu_{Kr} = 1{,}5$, so ist der jeweils *kleinere* der erhaltenen Spannungswerte die im Belastungsfall 1 (Hauptkräfte, vgl. S. 334) *zulässige Druck-* bzw. *Knickspannung* $\sigma_{k\,zul}$, Bild 99. Im Belastungsfall 2 (Hauptkräfte plus Zusatzkräfte) ist dieser Wert im Verhältnis der zulässigen Zugspannungen σ_{zul} zu erhöhen. Die *Knickzahlen* ergeben sich hieraus zu $\omega = \sigma_{zul}/\sigma_{k\,zul}$.

Für Grauguß gilt $\sigma_{k\,zul} = 900 - 0{,}1005\lambda^2$ für $\lambda \leqq 80$ und $\sigma_{k\,zul} = 1\,645\,000/\lambda^2$ für $\lambda \geqq 80$.

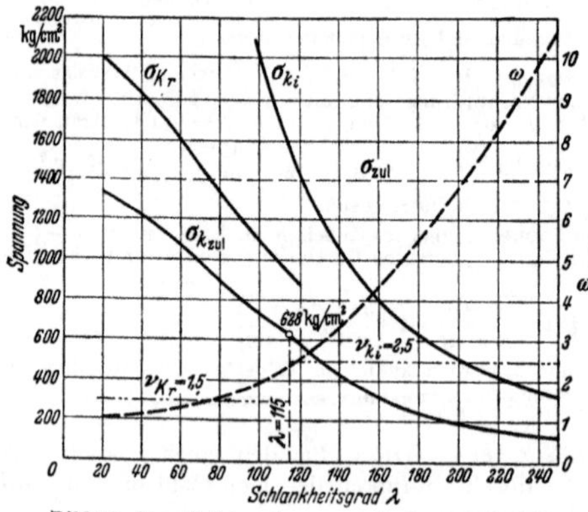

Bild 99. Zur Knickrechnung nach dem ω-Verfahren

α) *Nachrechnung* eines Stabes: Aus dem *kleinsten* Trägheitsradius i folgt $\lambda = s/i$; der Tafel wird der zugehörige Wert ω entnommen, und es wird geprüft, ob $P\omega/F \leqq \sigma_{zul}$ ist.

β) Die *Tragfähigkeit* eines Stabes folgt bei bekannten Abmessungen aus vorstehendem zu

$$P_{max} = F\,\sigma_{zul}/\omega. \tag{2}$$

γ) Bei *Bemessung* eines Stabes von gegebener Querschnittsform führt die Gleichung nicht sofort zum Ziel, da bei gegebenen P und s Gl. (2) in nicht einfacher Weise miteinander zusammenhängende Unbekannte (ω und F) enthält. Es wird daher zunächst versuchsweise ein Querschnitt angenommen, daraus i, F, J, λ errechnet, ω abgelesen und geprüft, ob $P\omega/F \leqq \sigma_{zul}$ ist. Ist dies nicht der Fall, so muß bei geänderten Annahmen die Rechnung wiederholt werden.

Eine Erleichterung bieten *Knicknomogramme* oder *Gebrauchsformeln*, welche den erforderlichen Wert F_{erf} schätzen lassen:

Gebrauchsformeln (P in t, s in m, F_{erf} in cm², J_{erf} in cm⁴).

α) Unelastischer Bereich ($\lambda < 100$):

Flußstahl St 37	1. Belastungsfall (S. 335):	$F_{erf} \approx P/1{,}4 + 0{,}577\,k\,s^2$,
	2. Belastungsfall:	$F_{erf} \approx P/1{,}6 + 0{,}577\,k\,s^2$.
Baustahl St 52	1. Belastungsfall:	$F_{erf} \approx P/2{,}1 + 0{,}718\,k\,s^2$,
	2. Belastungsfall:	$F_{erf} \approx P/2{,}4 + 0{,}718\,k\,s^2$.

β) Elastischer Bereich (etwa $\lambda > 100$):

1. Belastungsfall: $J_{erf} \approx 1{,}2\,P\,s^2$,
2. Belastungsfall: $J_{erf} \approx 1{,}0\,P\,s^2$.

Der Profilwert $k = F^2/J = F/i^2$ ist für das Quadrat gleich 12, für das Rechteck mit den Seiten b und h ($h > b$) gleich $12\,h/b$ und für den Kreis gleich $4\,\pi$.

In die Gebrauchsformeln sind folgende Durchschnittswerte für k einzusetzen: ⅃L gleichschenklig 4,6; ⅃⌐ gleichschenklig 2,90; ⅂⌐ dicht zusammengenietet 8,[illegible]; ⅂⌐ ($J_y = J_x + 10\%$) 1,2; ⊥⊥ ($J_y \approx J_x + 10\%$) 1,00.

Eine Erleichterung bieten ferner *Tafeln für die Tragfähigkeit* von Knickstäben[1]. Hierin ist jeweils für ein Profil (auch für zusammengesetzte Profile) bei verschiedenen Knicklängen (wodurch ja λ und ω bestimmt sind) die Tragfähigkeit P_{max} angegeben. Für gegebene Werte P können zugehörige Profilarten und Knicklängen abgelesen werden.

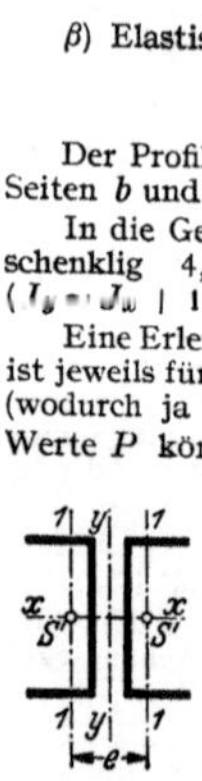

Bild 100

f) Das ω-Verfahren bei zweiteiligen Druckstäben (vgl. DIN 1050). Der Schlankheitsgrad der einzelnen Teile soll nicht größer als 50 sein. Zur Berechnung dienen die folgenden Bezeichnungen und Angaben, Bild 100:

$y-y$ stofffreie Achse; $x-x$ Stoffachse;
F ungeschwächter Querschnitt des Gesamtstabes;
F_1 Querschnitt des Einzelstabes;
$\lambda_x = s_x/i_x$* Schlankheitsgrad des Gesamtstabes mit der Knicklänge s_x und dem Trägheitsmoment $J_x = F\,i_x^2$ in bezug auf die Achse $x-x$;

[1] Stahl im Hochbau, 12. Aufl. Düsseldorf: Verlag Stahleisen 1956.
* Im Hochbau s_{kx}/i_x.

$\lambda_y = s_y/i_y$ Schlankheitsgrad des Gesamtstabes mit der Knicklänge s_y und dem Trägheitsmoment $J_y = F i_y^2$ in bezug auf die Achse $y - y$;

$\lambda_1 \leqq 50$ Schlankheitsgrad des Einzelstabes mit der Knicklänge s_1 und mit dem Trägheitsmoment $J_1 = F_1 i_1^2$ in bezug auf die Achse $1 - 1$.

Ist dann $\lambda_x > \lambda_y$ und $\lambda_1^2 < (\lambda_x^2 - \lambda_y^2)$, so ist λ_x maßgebend; man bestimmt ω_x aus der Tafel und prüft, ob $P\omega_x/F \leqq \sigma_{zul}$ ist.

Für $\lambda_1^2 > (\lambda_x^2 - \lambda_y^2)$ wird der ideelle Schlankheitsgrad $\lambda_{yi} = \sqrt{\lambda_y^2 + \lambda_1^2}$ berechnet und danach ω_{yi} abgelesen. Dann muß $P\omega_{yi}/F \leqq \sigma_{zul}$ sein.

Beispiel: Eine Stütze von 4 m Länge ist durch eine zentrisch angreifende Kraft $P = 30$ t belastet. Sie soll aus zwei][-Eisen hergestellt werden, die so angeordnet sind, daß $J_y = 1{,}1\, J_x$ ist. Für St 37: 1. Belastungsfall ist für den nichtelastischen Bereich mit $k \approx 1{,}2$

$$F_{erf} \approx P/1{,}4 + 0{,}577\, k s^2 = 30/1{,}4 + 0{,}577 \cdot 1{,}2 \cdot 4^2 = 32{,}5 \text{ cm}^2.$$

Gewählt werden 2 NP 14 mit $F = 2F_1 = 2 \cdot 20{,}4 = 40{,}8$ cm²; es ist $J_x = 2 \cdot 605 = 1210$ cm⁴ und $J_y = 1{,}1 \cdot 1210 = 1331 = 2[62{,}7 + 20{,}4 \cdot (e/2)^2]$, worin $e/2 = a/2 + 1{,}75$. Hieraus folgt der lichte Abstand $a = 74$ mm der beiden ⊔-Eisen; dieser liefert $J_y = 1337$ cm⁴.

Dann wird $i_x = \sqrt{J_x/F} = \sqrt{1210/40{,}8} = 5{,}44$ cm; $\lambda_x = 400/5{,}44 = 73{,}5$; $i_y = \sqrt{J_y/F} = \sqrt{1337/40{,}8} = 5{,}72$; $\lambda_y = 400/5{,}72 = 70$. Mit $J_1 = 62{,}7$ wird $i_1 = \sqrt{J_1/F_1} = \sqrt{62{,}7/20{,}4} = 1{,}75$. Aus $s_1 \leqq 50\, i_1$ folgt $s_1 \leqq 50 \cdot 1{,}75 = 87{,}5$. Gewählt $s_1 = 80$ cm. Dann sind außer Kopf- und Fußverbindung noch 4 Querverbindungen anzubringen. Also wird $\lambda_1 = 80/1{,}75 = 45{,}7$ und $\lambda_1^2 = 45{,}7^2 > \lambda_x^2 - \lambda_y^2 = 73{,}5^2 - 70{,}1^2 = 488$. Also ist zu berechnen $\lambda_{yi} = \sqrt{\lambda_y^2 + \lambda_1^2} = \sqrt{70^2 + 45{,}7^2} = 83{,}2$; damit wird $\omega_{yi} = 1{,}60$; $P\omega_{yi}/F = 30000 \cdot 1{,}60/40{,}8 = 1178 < 1400$ kg/cm².

2. Drillknicken

Bei einem Stab kann nicht nur durch axiale Druckkräfte, sondern auch durch ein Drehmoment, wie der Vorgang an einem Draht zeigt, ein Ausknicken eintreten. Das kritische (niedrigste) Drehmoment errechnet sich bei kreisförmigen Stäben (Wellen) zu

$$M_{kr\,1} = 2\pi E J/l,$$

mit l als Länge und EJ als Biegesteifigkeit, und wird bei Maschinenwellen nicht erreicht[1].

Bei dünnen Hohlzylindern gibt *Schapitz* (s. Anm. 2, S. 394) als kritische Schubspannung durch Torsion den Wert

$$\tau_{kr} = 0{,}1\, E s/r + 7{,}5\, E\, (s/l)^2 \quad \text{für} \quad l/r < 5$$

an, wobei Vorbeulen (s. 4) berücksichtigt ist.

Wirkt gleichzeitig mit dem Drehmoment M eine axiale Druckkraft P, so ergibt sich für das kritische Drehmoment und die kritische Druckkraft P_{kr} die Beziehung

$$M_{kr} = M_{kr\,1}\sqrt{1 - P/K} \quad \text{oder} \quad P_{kr} = K\,(1 - M^2/M_{kr\,1}^2),$$

worin $M_{kr\,1}$ das kritische Torsionsmoment bei reiner Torsion und $K = \pi^2 E J/l^2$ die kritische Druckkraft bei reinem Druck ist (*Euler*sche Knickkraft[2]). Das kritische Drehmoment verringert sich somit bei gleichzeitigem Axialdruck, bzw. die kritische Druckkraft verringert sich bei gleichzeitiger Verdrehung.

R. Kappus[3] stellt fest, daß zentrisch gedrückte Stäbe mit röhrenförmigem Profil, wenn der Querschnitt weder Achsen- noch Punktsymmetrie hat, stets unter gleichzeitiger Verdrehung ausknicken. Es gibt drei solcher Spannungen (Drill-Knickspannungen). Bei Punktsymmetrie des Querschnitts sind die drei kritischen Druckspannungen gegeben durch zwei *Euler*-Spannungen für drillfreies Ausknicken in Richtung der beiden Hauptträgheitsachsen und eine Drillknickspannung. Bei einfacher Querschnitts-Symmetrie hat man schließlich eine *Euler*-Spannung für Ausknicken in Richtung der Symmetrieachse und zwei Drillknickspannungen. Je dickwandiger und je länger die Stäbe sind, um so mehr tritt der Einfluß der Drillung zurück.

3. Kippen

Ein auf Biegung beanspruchter langer Balken, dessen Querschnitt Hauptachsen von sehr verschiedenen Trägheitsmomenten besitzt (z. B. schmales Rechteck, Bild 101) und dessen Lastebene durch die Achse des größten Trägheitsmomentes hindurchgeht, weicht senkrecht zur Lastebene aus, sobald die biegende Kraft einen gewissen Wert P_k überschreitet. Dieses Ausweichen heißt *Kippen* des Stabes[4].

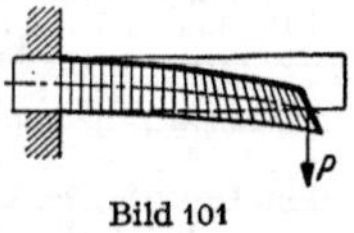

Bild 101

[1] Für nicht kreisförmigen Querschnitt vgl. S. 328, Lit 6.
[2] Vgl. Lit. 6. [3] Drillknicken, Luftfahrtforschung Bd. 14 (1937) S. 444/57.
[4] Vgl. *Prandtl, L.:* Dissertation 1899; ferner S. 328, Lit. 2.

Für einen Stab mit *rechteckigem* Querschnitt ergibt sich der kritische Wert zu

$P_k = 4{,}013\,N/l^2$, wenn der Stab einseitig eingespannt ist;

$P_k = 6{,}97\,N/l^2$, wenn zudem das freie Ende geführt wird;

$P_k = 2{,}115\,N/l^2$, wenn die Kraft in der Mitte des beiderseits gestützten Balkens angreift[1];

$M_k = \pi N/l$, wenn der Stab nur durch ein Biegemoment M beansprucht wird.

Hierin ist $N = \sqrt{S_b\,S_t}$ mit der Biegesteifigkeit $S_b = EJ$, der Verdrehsteifigkeit $S_t = GJ^*$ und dem Drillungswiderstand J^* (S. 385). Hinsichtlich Kippen von I-Trägern vgl. S. 328, Lit. 2.

4. Beulung

Im Leichtbau spielt das Ausbeulen (Ausknicken) von Platten und von Hohlzylindern, bei diesen auch im Maschinenbau für Rohre, eine wichtige Rolle (vgl. a. S. 405)[2].

a) Ausbeulen von (dünnen) **Platten unter Druckkräften,** vgl. nebenstehende Tafel.

b) Beulung von dünnen **Hohlzylindern** (vgl. a. S. 405 f.).

Der Hohlzylinder habe den mittleren Durchmesser r, die Wanddicke s und die Länge l.

α) Wird eine kreiszylindrische Schale durch gleichmäßig über den Umfang verteilten Druck p axial belastet, so tritt ein *Ausbeulen* beim kritischen Druck

$$p_{k1} = \frac{E}{\sqrt{3\,(1-\mu^2)}}\,\frac{s}{r} = 0{,}605\,E\,\frac{s}{r}\;\dagger$$

ein (Querzahl $\mu = 0{,}3$), wobei jedoch unter Berücksichtigung von Vorbeulen zweckmäßig der halbe Wert genommen wird.

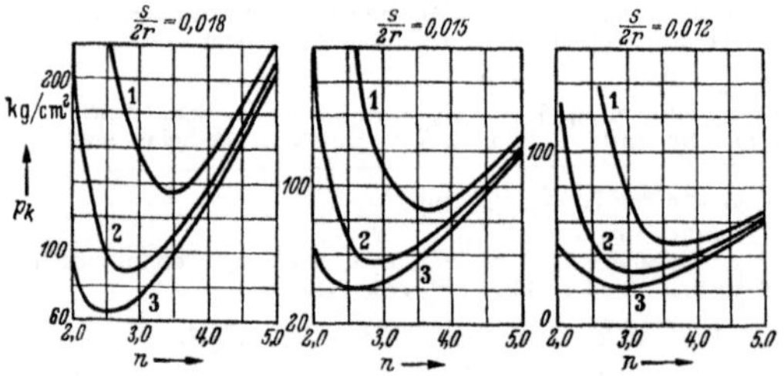

Bild 102. Kritische Ausbeuldrücke dünnwandiger Rohre; 1: $r/l = 0{,}3$; 2: $r/l = 0{,}2$; 3: $r/l = 0{,}15$

Das Rohr knickt aber als Ganzes gemäß der *Euler*-Formel (S. 389) aus, wenn der Druck

$$p_{k2} = 4{,}935\,E\,r^2/l^2$$

erreicht ist.

Hiernach muß der Zylinder auf Ausbeulen (p_{k1}) bzw. Knicken (p_{k2}) berechnet werden, je nachdem s/r kleiner bzw. größer als $8{,}16\,(r/l)^2$ ist (Vorbeulen nicht berücksichtigt).

β) Ein *Einbeulen* kann bei *äußerem* Druck eintreten. Der Einbeulungsdruck eines allseitig von außen gedrückten Hohlzylinders errechnet sich nach *R. v. Mises*[3] mit $\mu = 0{,}3$ zu

$$p_k = \frac{E}{(n^2-1)\,c^2}\,\frac{s}{r} + 0{,}09\,E\left[(n^2-1) + \frac{2n^2-1{,}3}{c}\right]\cdot\left(\frac{s}{r}\right)^3,$$

worin $c = 1 + (n\,l/\pi r)^2$ mit n als Anzahl der Wellen am Umfang. Es ist derjenige Wert n zu wählen, der den kleinsten Wert p_k liefert, vgl. Bild 102. Diese Näherungsgleichung gilt für $l \geqq 2r$, vgl. a. *Meincke* in Anm. 3.

Für große Längen ($l \to \infty$) gilt mit $n = 2$: $p_k = 0{,}27\,E\,(s/r)^3$.

Beim Überschreiten der Streckgrenze folgt $p_k = \sigma_F\,s/r$ (Kesselformel, s. S. 405).

[1] *Federhofer, K.:* Z. angew. Math. Mech. Bd. 6 (1926) S. 43/48.

[2] Schrifttum: *Ebner, H.,* u. *O. Heck:* Formeln und Näherungsverfahren über die Festigkeit von Platten- u. Schalenkonstruktionen. Luftfahrtforschg. Bd. 11 (1934) S. 211/22. — *Kromm, A.:* Die Stabilitätsgrenzen eines gekrümmten Plattenstreifens durch Schub- u. Längskräfte. Luftfahrtforschg. Bd. 15 (1938) S. 517/26. — *Nadai, A.:* Über das Ausbeulen von kreisförmigen Platten. VDI-Z. Bd. 59 (1915) S. 169/74, 221/24. — *Schapitz, E.:* Berechnung versteifter Schalen im Flugzeugbau. VDI-Z. Bd. 86 (1942) S. 497/507; ders. Festigkeitslehre f. d. Leichtbau, 2. Aufl. Düsseldorf: VDI-Verlag 1958. — *Kollbrunner, C. F.,* u. *M. Meister:* Ausbeulen. Theorie u. Berechnung von Blechen. Berlin: Springer 1958. — Vgl. ferner S. 328, Lit. 6.

† *Timoshenko, S.:* Z. Math. Phys. 58 (1940) S. 378; vgl. a. S. 328, Lit. 2.

[3] Der kritische Außendruck zylindrischer Rohre. VDI-Z. Bd. 58 (1914) S. 750/55. — Vgl. a. *Siebel* u. *Schwaigerer:* Untersuchungen über das Einbeulen von glatten Flammrohren. Wärme Bd. 62 (1939) S. 285/90, ferner *Meincke, H.:* Berechnung und Konstruktion zylindrischer Behälter unter Außendruck. Konstruktion Bd. 11 (1959) Nr. 4 S. 131/38.

Tafel: *Beulung von Platten*[1]

<table>
<tr><th>Nr.</th><th>Belastung</th><th>Kritischer Druck p_k bzw. kritische Spannung τ_k *</th></tr>
<tr><td>1</td><td>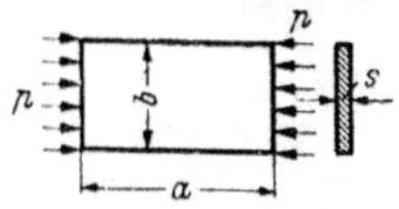
Rechteckige Platte unter Druck</td><td>$p_k = k_1 E\,(s/b)^2$;
$k_1 \approx 3{,}6$, wenn alle Seiten gestützt;
$k_1 \approx 6{,}6$, wenn alle Seiten eingespannt;
$k_1 \approx 6{,}4$, wenn die Seiten a eingespannt und die Seiten b gestützt.
$a > b$</td></tr>
<tr><td>2</td><td>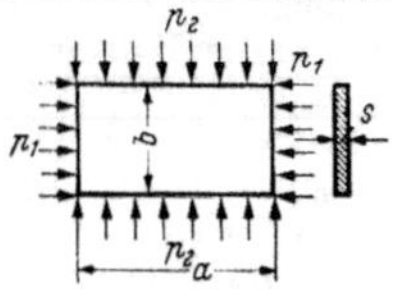
Rechteckige Platte unter allseitigem Druck</td><td>$p_{1k}\frac{m^2}{a^2} + p_{2k}\frac{n^2}{b^2} = 0{,}904\,E s^2\left(\frac{m^2}{a^2}+\frac{n^2}{b^2}\right)^2$ für gestützte Ränder; m und n ganzzahlig, derart, daß p_{1k}, p_{2k} möglichst klein werden.
Für $p_1 = p_2 = p$ wird mit $m = n = 1$:
$p_k = kE\,(s/b)^2$, worin $k = 0{,}904\,(1 + b^2/a^2)$
Für $p_2 = 0$ ergibt sich das Minimum formal für $m/n = a/b$, und dieses liefert Formel 1 von Fall 1.</td></tr>
<tr><td>3</td><td>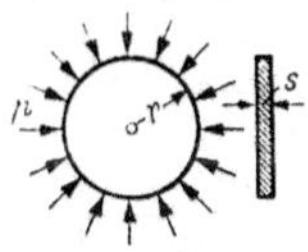
Kreisplatte unter allseitigem Druck</td><td>$p_k = 0{,}383\,E\,(s/r)^2$ für gestützte Platte;
$p_k = 1{,}345\,E\,(s/r)^2$ für eingespannte Platte.
L. Föppl gibt auf Grund einer Näherungsrechnung die Faktoren zu 0,229 bzw. 0,8 an.</td></tr>
<tr><td>4</td><td>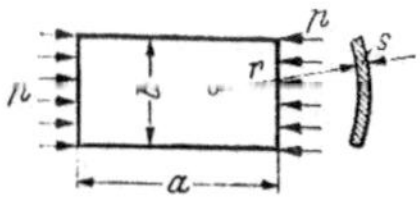
Gekrümmter Schalenstreifen unter Druck</td><td>für $b/\sqrt{rs} \leqq \sqrt{24} \approx 4{,}9$:
$p_k \approx 3{,}6\,E\,(s/b)^2 + 0{,}00625\,E\,(b/r)^2$;
für $b/\sqrt{rs} \geqq \sqrt{24} \approx 4{,}9$:
$p_k = 0{,}3\,E\,s/r$;
$a > b$; Streifen gestützt</td></tr>
<tr><td>5</td><td>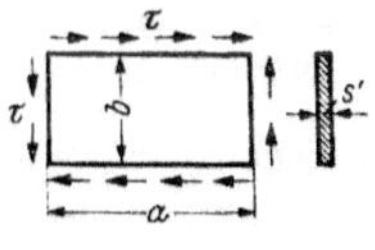
Rechteckige Platte unter Schub</td><td>$\tau_k = k_2 E\,(s/b)^2$.
<table><tr><th>a/b</th><th>1</th><th>1,5</th><th>2,0</th><th>∞</th><th></th></tr><tr><td>k_2</td><td>8,52</td><td>6,42</td><td>5,97</td><td>4,83</td><td>alle Seiten gestützt;</td></tr><tr><td>k_2</td><td>13,95</td><td>11,12</td><td>10,44</td><td>8,13</td><td>alle Seiten eingespannt</td></tr></table></td></tr>
<tr><td>6</td><td>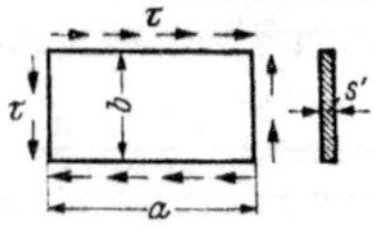
Gekrümmter Schalenstreifen unter Schub</td><td>für $b/\sqrt{rs} \geqq 4{,}3$**:
$\tau_k = 1{,}79\,E\,s/b \cdot \sqrt{s/r}$;
für $b/\sqrt{rs} \leqq 4{,}3$**:
$\tau_k = 0{,}154\,E\,s/r + 4{,}84\,E\,(s/b)^2$;
$1{,}79 = 1{,}56/(1-\mu^2)^{3/2}$</td></tr>
</table>

[1] Behördliche Vorschriften im Stahlbau vgl. DIN 4114 (Bl. 1, Ausg. 1952, Bl. 2, Ausg. 1953). * $\mu = 0{,}3$ gesetzt. ** Auswertung der Arbeit von *Kromm* (s. Anm. 2, S. 394).

VII. Zusammengesetzte Beanspruchung

1. Beanspruchung durch Normalspannungen

(*Einachsiger Spannungszustand*)

Zugspannungen σ_z erhalten das Vorzeichen $+$, Druckspannungen σ_d das Vorzeichen $-$ und werden ihrem Vorzeichen entsprechend aufgetragen (in Bild 103 nach oben bzw. unten). Wirken an derselben Steile die Spannungen σ_1 und σ_2, so ist die resultierende Spannung σ_{res} gleich der Summe von σ_1 und σ_2 unter Berücksichtigung der Vorzeichen (algebraische Summe): $\sigma_{\text{res}} = \sigma_1 + \sigma_2$.

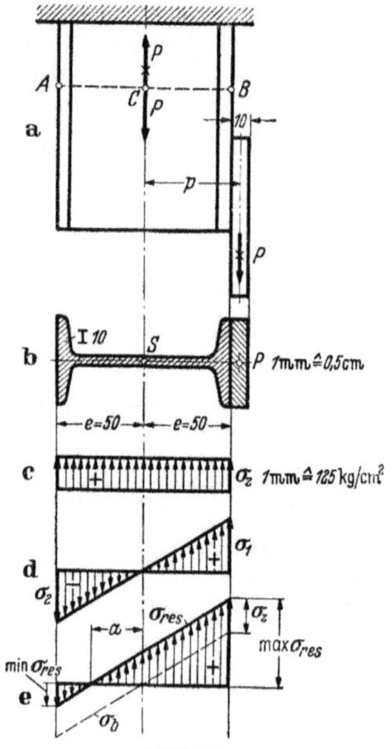

Bild 103

a) Zug und Biegung. An einem Stab (Bild 103a), der an dem oberen Ende fest eingespannt ist, wirke die Kraft P exzentrisch in der Entfernung p von der Stabachse. Werden in C zwei gleich große, entgegengesetzt gerichtete Kräfte P angebracht, so ergeben sich eine Einzelkraft P in Richtung der Stabachse und ein Kräftepaar mit dem Moment $M = P\,p$, dessen Ebene in die Stabachse fällt. Die Einzelkraft P ruft eine Normalspannung σ_z hervor, die als gleichmäßig über den Querschnitt verteilt angenommen wird, so daß (Bild 103c)

$$\sigma_z = P/F$$

wird. Das Kräftepaar beansprucht den Stab auf Biegung. Ist e die Entfernung der stärkstgespannten Faser von der Achse, so wird die größte durch Biegung hervorgerufene Zugspannung

$$\sigma_1 = e\,M/J = e\,P\,p/J\,,$$

die ohne Rücksicht auf das Vorzeichen größte Druckspannung

$$\sigma_2 = -\,e\,M/J = -\,e\,P\,p/J\,,$$

wobei das Trägheitsmoment auf die durch S (Bild 103b) gehende senkrechte Achse zu beziehen ist; diese Achse ist Nullinie für den nur auf Biegung beanspruchten Querschnitt, Bild 103d.

Die Addition der Einzelspannungen ergibt die Gesamtspannung, und zwar wird

$$\max \sigma_{\text{res}} = \sigma_z + \sigma_1 = P/F + e\,P\,p/J\,,$$
$$\min \sigma_{\text{res}} = \sigma_z + \sigma_2 = P/F - e\,P\,p/J\,.$$

Dadurch verschiebt sich die Nullinie des Querschnittes nach links, Bild 103e, um die Strecke $a = \dfrac{e\,\sigma_z}{\sigma_1} = e\,\dfrac{P}{F}\cdot\dfrac{J}{M\,e} = \dfrac{J}{F\,p} = \dfrac{i^2}{p}$, wenn $i = \sqrt{J/F}$ der Trägheitsradius ist.

Für den Fall, daß $a = i^2/p > e$ ist, treten in dem Querschnitt nur Zugspannungen auf. Der Querschnitt muß dann so bemessen sein, daß die Bedingung

$$P/F + e\,P\,p/J \leqq \sigma_{z\,\text{zul}}$$

erfüllt ist.

Ist $a = i^2/p < e$, so treten Zug- und Druckspannungen auf. Es muß dann

$$P/F + e\,P\,p/J \leqq \sigma_{z\,\text{zul}} \quad \text{und} \quad e\,P\,p/J - P/F \leqq \sigma_{d\,\text{zul}}$$

sein.

Beispiel: An einem Träger I 10 ist ein Blech von 10 mm Dicke angeschlossen (Bild 103 a). Wie groß darf P gewählt werden, wenn der zulässige Wert $\sigma_{zul} = 1200$ kg/cm² nicht überschritten werden soll?

Nach Tafeln i. Anhang ist $F = 10{,}6$ cm² und $J/e = W = 34{,}2$ cm³. Mit $p = e + 0{,}5 = 5{,}5$ cm muß $\frac{P}{10{,}6} + \frac{5{,}5\,P}{34{,}2} = 0{,}094\,P + 0{,}161\,P = 0{,}255\,P$ und $\frac{5{,}5\,P}{34{,}2} - \frac{P}{10{,}6} = 0{,}161\,P - 0{,}094\,P = 0{,}067\,P$ kleiner als 1200 kg/cm² sein. Daher ist

$P \leqq 1200/0{,}255 = 4700$ kg, $\sigma_z = 4700/10{,}6 = 443$ kg/cm², $\sigma_b = 5{,}5 \cdot 4700/34{,}2 = 756$ kg/cm² und

$$\max \sigma_{res} = 443 + 756 = 1199 \text{ kg/cm}^2, \qquad \min \sigma_{res} = 443 - 756 = -313 \text{ kg/cm}^2.$$

b) Druck und Biegung. α) Ersetzt man in Bild 104 wie in a) die exzentrisch angreifende Kraft P durch eine Einzelkraft P und ein Kräftepaar Pp, so muß der Absolutwert der größten resultierenden Druckspannung

$$P/F + e\,Pp/J \leqq \sigma_{d\,zul},$$

außerdem für $P/F < e\,Pp/J$ oder $a = i^2/p < e$ die größte resultierende Zugspannung

$$e\,Pp/J - P/F \leqq \sigma_{z\,zul}$$

sein. Hierbei ist jedoch zu beachten, daß Stäbe, deren Länge im Verhältnis zum Querschnitt groß ist, auf Knickung nachzurechnen sind.

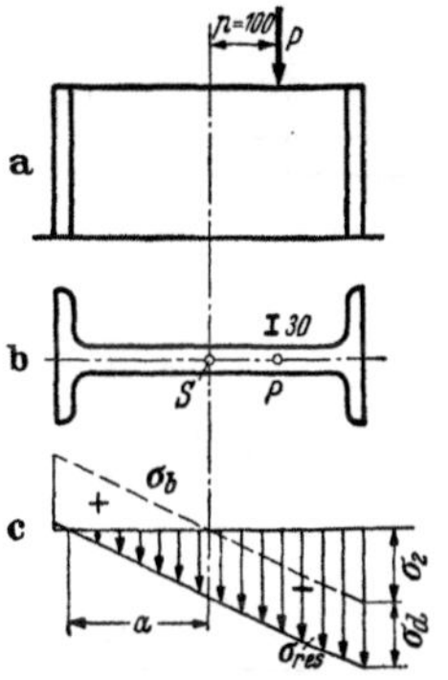

Bild 104

Beispiel: Ein Träger I 30 ist mit einer Kraft P belastet, die von der Stabachse die Entfernung $p = 10$ cm hat (Bild 104a). Wie groß darf P gewählt werden, wenn der zulässige Wert $\sigma_{zul} = 1000$ kg/cm² nicht überschritten werden soll?

Nach Tafeln im Anhang ist $F = 69{,}1$ cm² und für die in Bild 104 b gezeichnete Achse $W = J/e = 653$ cm³. Es muß $P/69{,}1 + 10\,P/653 = 0{,}0145\,P + 0{,}0153\,P = 0{,}0298\,P$ und $10\,P/653 - P/69{,}1 = 0{,}0153\,P - 0{,}0145\,P = 0{,}0008\,P$ kleiner als 1000 kg/cm² sein.

Daher ist $P \leqq 1000/0{,}0298 = 33600$ kg. Wir wählen $P = 33$ t. Die größte Zugspannung wird $\max \sigma_{res} = 506 - 477 = 29$ kg/cm², die absolut größte Druckspannung $\min \sigma_{res} = -477 - 506 = -983$ kg/cm². Die spannungslose Faser ist nur wenig von der linken Kante des Querschnitts entfernt, Bild 104c; es ist $a = i^2/p = J/pF = 14{,}2$ cm.

β) Im *Stahlhochbau* sind bei exzentrischem Kraftangriff die *behördlichen Bestimmungen* lt. DIN 4114 zu beachten.

Vorerst ist die gewöhnliche Spannungsuntersuchung auf Druck und Biegung durchzuführen; die auftretenden Spannungen dürfen σ_{zul} nicht überschreiten.

Anschließend Untersuchung auf Knickung in der (als Hauptebene vorausgesetzten) Momentenebene. Liegt der Kraftangriffspunkt auf einer der beiden Querschnitthauptachsen — ist also M auf eine solche bezogen —, so gilt, wenn der Querschnittschwerpunkt von Biegezug- und Biegedruckrand gleichweit entfernt ist oder dem ersteren näher liegt,

$$\omega\,P/F + 0{,}9\,M/W_d \leqq \sigma_{zul}.$$

Liegt der Schwerpunkt dem Biegedruckrand näher, so müssen die beiden Bedingungen

$$\omega\,P/F + 0{,}9\,M/W_d \leqq \sigma_{zul} \quad \text{und} \quad \omega\,P/F + (300 + 2\lambda)\,M/(1000\,W_z) \leqq \sigma_{zul}$$

erfüllt sein; ω-Verfahren vgl. a. S. 391.

W_d, W_z sind die auf den Biegedruck- bzw. Biegezugrand bezogenen Widerstandsmomente des ungeschwächten Stabquerschnitts.

c) Kern eines Querschnitts. α) Je weiter sich der Angriffspunkt der Kraft P vom Schwerpunkt S entfernt (s. z. B. Bild 104), desto geringer werden die Randspannungen an der vom Angriffspunkt am weitesten entfernt liegenden Kante. Sie werden für eine bestimmte Lage K des Angriffspunktes, d. h. für eine bestimmte Entfernung des Angriffspunktes vom Schwerpunkt, der *Kernweite* $s = SK$, gleich null. Dann sind nur Zug- bzw. Druckspannungen vorhanden.

Dies ist wichtig für Material, das keinerlei Zugspannungen aufnehmen darf, wie z. B. im Bauwesen gefordert werden muß. So ist in Bild 104 b zum obigen Beispiel SP fast gleich der Kernweite s.

Der Bereich, innerhalb dessen die Kraft P angreifen darf, damit nur Druck- (bzw. nur Zug-) Spannungen auftreten, heißt *Kernfläche* oder *Kern*, und die kleinste Kernweite heißt r_{min}.

Die Kernweite s auf einer Hauptachse errechnet sich nach vorstehendem, wenn dort $p = s$ und $a = e$ gesetzt wird, zu

$$s = i^2/e = J/Fe = W/F.$$

Beispiel: Für ein Rechteck mit den Seiten h und b folgt hiernach auf der der Seite h parallelen Achse: $s_I = b\,h^2/6 : b\,h = h/6$ und auf der dazu senkrechten Achse: $s_{II} = b/6$, vgl. Bild 106.

β) Die *Begrenzung des Kerns* erhält man folgendermaßen: Man legt sämtliche Tangenten an die Umrandung des Querschnitts, wobei einspringende Ecken durch Geraden abzuschließen sind, und ermittelt für diese als „Nullinien" die zugehörige Kernweite, Bild 105. Ist danach der umhüllende Linienzug ein Polygon, so ist auch die Umrandung des Kerns ein Polygon, z. B. bei Rechteck, Dreieck oder I-Profil usw.

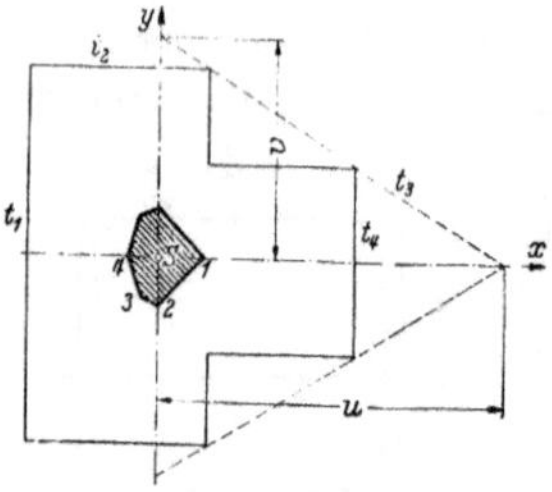

Bild 105

γ) Der *Kernpunkt K* für eine *beliebige* Richtung der Nullinie (Tangente an den Querschnitt) läßt sich durch seine Koordinaten

$$x_k = -\,i_y^2/u, \qquad y_k = -\,i_x^2/v$$

bestimmen, worin u und v die Tangentenabschnitte (Bild 105) und i_y, i_x die Trägheitsradien der auf die y- bzw. die x-Achse bezogenen Trägheitsmomente J_y und J_x sind.

So ist z. B. für t_1, Bild 105, $v_1 = \infty$, d. h. $y_{k1} = 0$ und $u_1 < 0$, so daß x_{k1} positiv wird.

δ) Hinsichtlich der *Kernflächen einfacher Querschnitte* vgl. Bild 106 u. 107.

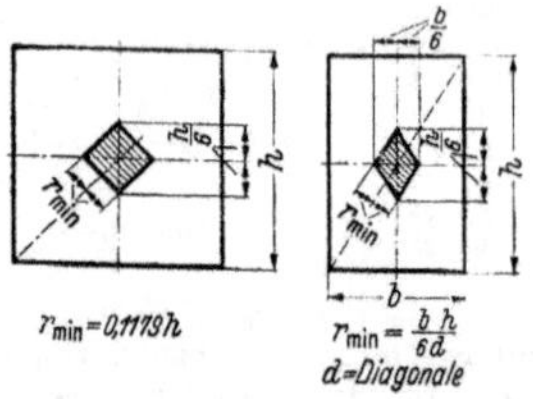

Bild 106. Kerne rechtwinklig begrenzter Querschnitte

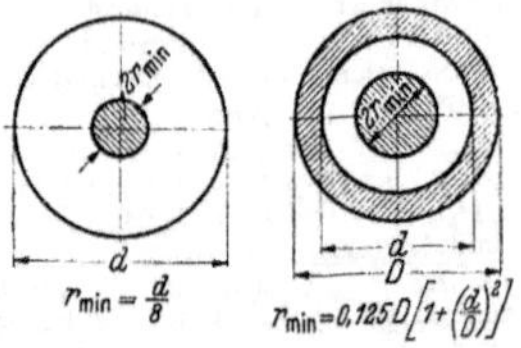

Bild 107. Kerne kreisrund begrenzter Querschnitte

r_{min} = kleinste Kernweite

2. Beanspruchung durch Schubspannungen

Wirken in einer aus dem beanspruchten Körper herausgeschnittenen Ebene mehrere, von verschiedenen Belastungen herrührende Schubspannungen, so setzen sich diese, falls in einer Richtung wirkend, algebraisch, sonst geometrisch zusammen.

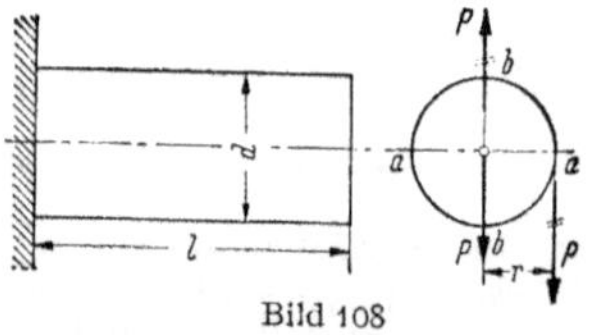

Bild 108

Beispiel: Schub und *Drehung*. Ein kurzer gerader Stab (Bild 108) werde durch eine an seinem Umfang angreifende Kraft P beansprucht. Durch Hinzufügen von zwei gleich großen, entgegengesetzt gerichteten Kräften P erhält man eine Einzelkraft P und ein Kräftepaar, dessen Drehmoment $M_t = P\,r$ ist. Die Einzelkraft ruft die Schubspannung τ_s, das Kräftepaar die Schubspannung τ_t hervor. Die Resultierende aus τ_s und τ_t liefert die Spannung τ, die gleichzeitig senkrecht zum Querschnitt auftritt.

Für den Kreisquerschnitt ist die Schubspannung τ_s am größten für einen Durchmesser $a\,a$, Bild 108, der zur Wirkungslinie von P senkrecht steht (vgl. S. 380), und beträgt

$$\tau_s = \tfrac{4}{3} P/F = 16\,P/3\,\pi\,d^2.$$

Die durch das Kräftepaar mit dem Moment $M_t = P\,r$ hervorgerufene Schubspannung τ_t ist für den Rand des Querschnitts am größten und nach S. 383

$$\tau_t = 16\,M_t/\pi\,d^3 = 8\,P/\pi\,d^2.$$

Die Extremalwerte der Beanspruchung treten in den Punkten a des Querschnitts auf; es ist im Punkt a rechts max $\tau = \tau_s + \tau_t = 16\,P/3\,\pi\,d^2 + 8\,P/\pi\,d^2 = 40\,P/3\,\pi\,d^2 \approx 4{,}24\,P/d^2$; vgl. a. Abschn. 4d, Beisp. 3, S. 401.

3. Beanspruchung bei bekannten Hauptspannungen

(*Ebener Spannungszustand*)

Aus den bekannten Hauptspannungen σ_1 und σ_2 werden die reduzierten (oder Vergleichs-) Spannungen nach der Tafel auf S. 338 berechnet. Anwendungen vgl. Abschn. IX und X, S. 405 und 411.

4. Beanspruchung durch Normal- und Schubspannungen

(*Ebener Spannungszustand*)

Treten Normalspannungen σ (+ für Zug, − für Druck) und die Schubspannungen τ gleichzeitig auf, so ist nach den Hypothesen von S. 337/38 die reduzierte Spannung

$$\sigma_{\text{Bach}} = 0{,}35\sigma \pm 0{,}65\sqrt{\sigma^2 + 4(\alpha_0\tau)^2}; \qquad \alpha_0 = \sigma_{\text{zul}}/1{,}3\,\tau_{\text{zul}}; \qquad \text{Hyp. } \beta$$

$$\sigma_{\text{Mohr}} = \sqrt{\sigma^2 + 4(\alpha_0\tau)^2}; \qquad \alpha_0 = \sigma_{\text{zul}}/2\,\tau_{\text{zul}}; \qquad \text{Hyp. } \gamma$$

$$\sigma_{\text{Gestaltänderungsarb.}} = \sqrt{\sigma^2 + 3(\alpha_0\tau)^2}; \qquad \alpha_0 = \sigma_{\text{zul}}/1{,}73\,\tau_{\text{zul}}. \qquad \text{Hyp. } \zeta$$

Es empfiehlt sich, da die Dehnungshypothese durch Versuche *nicht* bestätigt wurde, nach der Hypothese ζ oder γ (bzw. δ, S. 338) zu rechnen, insbesondere bei Stahl und Eisen.

Der Querschnitt ist so zu bemessen, daß die reduzierten (oder Vergleichs-) Spannungen für keinen Punkt die zulässigen Normalspannungen überschreiten.

Das Anstrengungsverhältnis α_0, das den verschiedenen Belastungsfällen von σ und τ Rechnung trägt (S. 338), ist durch φ, σ_{zul} und τ_{zul} gegeben. Die Zahlentafeln für die zulässigen Spannungen entsprechen aber immer nur einer der genannten Hypothesen, d. h. es ist für den gleichen Belastungsfall $\sigma_{\text{zul}}/\tau_{\text{zul}} = \varphi$; in der Tafel (nach *C. Bach*) im Anhang mit $\mu = 0{,}25$ ist $\varphi = 1 + \mu = 1{,}25 \approx 1{,}3$. Stehen für die anderen Hypothesen keine Tabellen zur Verfügung, so könnte man sich eine solche für die Werte τ_{zul} aus $\sigma_{z\,\text{zul}}/\varphi$ berechnen. Man kann dies vermeiden: Ist $\sigma_{\text{zul}\,(1)}$ die zulässige Normalspannung für den Belastungsfall, dem die Zug-, Druck- oder Biegespannung unterliegt, und $\sigma_{z\,\text{zul}\,(2)}$ die zulässige Zugspannung für den Belastungsfall, dem die Schubspannung unterliegt, so ist $\tau_{\text{zul}\,(2)} = \sigma_{z\,\text{zul}\,(2)}/\varphi$. Damit wird auch $\alpha_0 = \sigma_{\text{zul}}/\varphi\tau_{\text{zul}} = \sigma_{\text{zul}\,(1)}/\sigma_{z\,\text{zul}\,(2)}$. Bei gleichem oder angenähert gleichem Belastungsfall ist $\alpha_0 = 1$. Beispiel s. u.

a) Zug (Druck) und Drehung. Die äußeren Kräfte ergeben für den Querschnitt F eine Normalkraft P und ein Drehmoment M_t. Die Kraft P ruft eine gleichbleibende Normalspannung $\sigma = \pm P/F$ hervor, und diese ist mit der größten Schubspannung max τ (S. 385) zur reduzierten Spannung zusammenzusetzen.

b) Zug (Druck) und Schub. Die äußeren Kräfte ergeben für den Querschnitt F eine Normalkraft P und eine Schubkraft Q. Die gleichbleibende Normalspannung $\sigma = \pm P/F$ ist mit der größten Schubspannung max τ (S. 379 und 398) zur reduzierten Spannung zusammenzusetzen.

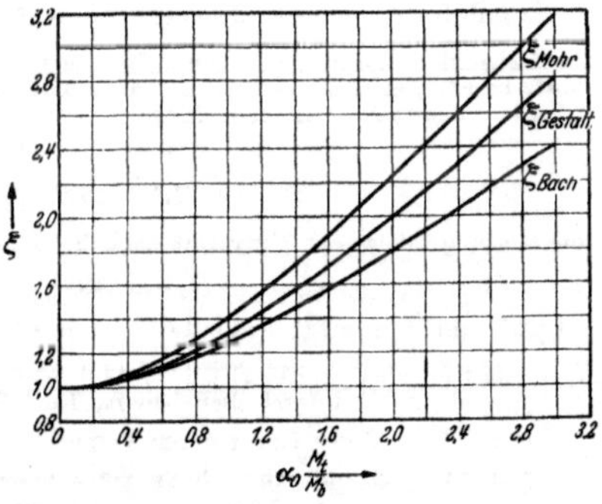

Bild 109

c) Biegung und Drehung. Der Querschnitt wird durch ein Biegemoment M_b und ein Drehmoment M_t beansprucht.

α) Beim *Kreisquerschnitt* treten die größten Werte von σ und τ am Rand in den gleichen Punkten auf. Mit $W_b = W = \pi d^3/32$ und $W_p = \pi d^3/16 = 2W$ wird $\sigma = M_b/W$ und $\tau = M_t/W_p = M_t/2W$, daher

$$\sigma_{\text{Bach}} = 0{,}35\,M_b/W + 0{,}65\sqrt{(M_b/W)^2 + 4(\alpha_0 M_t/2W)^2} = \xi \cdot M_b/W,$$

worin

$$\xi = \xi_{\text{Bach}} = 0{,}35 + 0{,}65\sqrt{1 + (\alpha_0 M_t/M_b)^2} \qquad \text{Hyp. } \beta$$

nur von $\alpha_0 M_t/M_b$ abhängt (Bild 109).

In ähnlicher Weise kann bei den anderen Hypothesen geschrieben werden $\sigma = \xi M / W$. Führt man dann das *reduzierte* oder Vergleichsmoment $M_{red} = \xi \cdot M_b$ ein, so muß

$$\sigma = \xi M_b / W = M_{red} / W \leqq \sigma_{zul}$$

sein. — Nach den anderen Hypothesen folgt (s. a. Bild 109)

$$\xi_{Mohr} = \sqrt{1 + (\alpha_0 M_t / M_b)^2} \quad \text{oder} \quad M_{red} = \sqrt{M_b^2 + (\alpha_0 M_t)^2}; \qquad \text{Hyp. } \gamma$$

$$\xi_{Gestalt.} = \sqrt{1 + 0{,}75\,(\alpha_0 M_t / M_b)^2}. \qquad \text{Hyp. } \zeta$$

Beispiel: Die gefährdete Stelle einer Welle von 150 mm Dmr. ist durch ein Biegemoment $M_b = 60\,000$ kgcm (Belastungsfall III) und durch ein Verdrehungsmoment $M_t = 216\,000$ kgcm (Belastungsfall II) beansprucht. Wie groß ist die Sicherheit nach den verschiedenen Hypothesen, wenn $\beta_k = 2{,}15$ (S. 336) und die Wechselfestigkeit $\sigma_{Wb} = 2400$ kg/cm² bekannt sind?

Für mittelharten Stahl gilt im Belastungsfall III $\sigma_{b\,zul\,(1)} = 400$ kg/cm² und im Belastungsfall II $\sigma_{z\,zul\,(2)} = 800$ kg/cm², also wird $\alpha_0 = 400/800 = 0{,}5$ und damit $\alpha_0 M_t / M_b = 0{,}5 \cdot 216\,000/60\,000 = 1{,}8$. Da $W = \pi\, 15^3/32 = 331{,}3$ cm³, ferner $\sigma = \sigma_n = \xi M_b / W = \xi \cdot 60\,000/331{,}3$ und $\nu = \dfrac{\sigma_{Wb}}{\sigma_n \beta_k} = \dfrac{2400}{\sigma_n \cdot 2{,}15}$ wird, ergibt sich (Bild 109)

nach Hyp. β:	$\xi = 1{,}69$;	$\sigma_n = 306$ kg/cm²;	$\nu = 3{,}64$;
„ „ γ:	$\xi = 2{,}06$;	$\sigma_n = 373$ kg/cm²;	$\nu = 2{,}99$;
„ „ ζ:	$\xi = 1{,}85$;	$\sigma_n = 335$ kg/cm²;	$\nu = 3{,}33$.

Berechnet man den Durchmesser nach den drei Hypothesen für $\sigma_{zul} = 400$ kg/cm², so erhält man 137 bzw. 147 bzw. 142 mm Dmr. mit gleicher Sicherheit $\nu = 2400/400 \cdot 2{,}15 = 2{,}79$.

β) Auch für den *Kreisring*querschnitt fallen die Punkte für max σ und max τ zusammen. Mit

$$W = \tfrac{1}{32}\,\pi D^3\,[1 - (d/D)^4]$$

ergeben sich dieselben Formeln wie für den Kreis.

γ) Beim *rechteckigen* Querschnitt wird die größte Biegespannung mit der Schubspannung max τ bzw. τ_2 nach S. 386 (je nachdem die Nullinie parallel der großen oder kleinen Rechteckseite ist) zur reduzierten Spannung zusammengesetzt.

d) Biegung und Schub. Bei der Biegung (S. 340) wurden die Querkräfte, bei der Berechnung auf Schub (S. 378) wurden die Biegemomente unbeachtet gelassen. Tatsächlich treten in beiden Fällen Schub und Biegung gleichzeitig auf. Bei *kurzen* Stäben kann aber der Einfluß der Biegung, bei *langen* Stäben der Einfluß der Schubkraft vernachlässigt werden, vgl. Beispiele.

Beispiele: 1. Ein Träger auf 2 Stützen von der Länge l sei durch eine Kraft P in der Mitte belastet, sein Querschnitt sei ein Rechteck mit den Seiten b und h.

Die Senkung des Angriffspunktes der Last infolge der Biegemomente ist nach S. 363:

$$f_b = \frac{P l^3}{48 E J} = \frac{P l^3}{48 E \cdot \frac{1}{12} b h^3} = \frac{P l^3}{4 E b h^3};$$

die Senkung infolge der Querkraft nach S. 382, Bild 88:

$$f_q = \max v = 0{,}3\, P\, l / b\, h\, G.$$

Also wird mit $E/G = 2\,(1 + \mu) = 2{,}6$ für $\mu = 0{,}3$ (S. 332)

$f_{ges} = f_b + f_q = f_b\,[1 + 3{,}12\,(h/l)^2] = f_q\,[1 + 0{,}321\,(l/h)^2]$, d. h. für $h/l = \sqrt{0{,}321} = 0{,}566$ ist $f_b = f_q$, und für $h > 0{,}566\, l$ überwiegt f_b, für $h < 0{,}566\, l$ überwiegt f_q.

Für $h < l/16$ ist der Fehler durch Vernachlässigung der Schubkraft kleiner als 1,2%,
für $h > 6\, l$ ist der Fehler durch Vernachlässigung der Biegung kleiner als 0,9%.

2. Ein eingespannter Stab von kreisförmigem Querschnitt und der Länge l sei an seinem Ende mit einer durch den Mittelpunkt gehenden Kraft P belastet. Diese liefert an der Einspannstelle das Biegemoment $P l$ und die Querkraft P. Die maximale Biegespannung σ_b ergibt sich zu max $\sigma_b = 32\, P l / \pi d^3$ und tritt in den äußersten Fasern, d. h. in den Endpunkten b des zum Durchmesser $a a$ (Bild 108) senkrechten Durchmessers auf ($\tau_s = 0$); die größte Schubspannung τ_s infolge der Querkraft P ergibt sich zu max $\tau_s = 16\, P / 3 \pi d^2$ (Abs. IV 2, S. 380) und zwar für den Durchmesser $a a$ ($\sigma_b = 0$). Es muß dann geprüft werden, ob max $\sigma_b \leqq \sigma_{b\,zul}$ und max $\tau_s \leqq \tau_{s\,zul}$ ist.

3. Ist bei der Belastung gemäß Bild 108 die Stablänge l groß, so ist noch die Biegespannung zu beachten. Längs aa ist diese gleich Null und in den Endpunkten b des zu aa senkrechten Durchmessers am größten. Die Aussage über τ_{res} in den Punkten a bleibt bestehen, während in den Punkten b aus $\sigma_b = 32\, Pl/\pi d^3$ und $\tau_t = 8\, P/\pi d^2$ die Vergleichsspannung, z. B. nach Mohr ermittelt werden kann:

$$\sigma_{\text{Mohr}} = \sigma_b \sqrt{1 + \left(\frac{d}{2l}\right)^2} = 2\tau_t \sqrt{1 + \left(\frac{2l}{d}\right)^2}.$$

VIII. Beanspruchung der Federn

Literatur: 1. *Gross, S.*, u. *E. Lehr:* Die Federn. Ihre Gestaltung u. Berechnung. Berlin: VDI-Verlag 1938. – 2. *Gross, S.:* Berechnung u. Gestaltung von Metallfedern, 3. Aufl. Berlin: Springer 1960. — Außerdem[1].

Es bedeuten:

P die zulässige Belastung (Tragfähigkeit) der Feder in kg,

f die Durchbiegung bzw. den Verdrehungsweg der Kraft in cm, entsprechend der Belastung P oder der zulässigen Biegespannung σ_{zul} oder Drehungsspannung τ_{zul},

l die Länge der Feder in cm,

$A = \frac{1}{2} P f$ in cmkg die Arbeit, die von einer Feder bei einer Durchbiegung von 0 bis f aufgenommen wird (Federungsarbeit), wobei die Kraft proportional der Durchbiegung von null auf P wächst. A hat die Form $\eta\,(\max\sigma)^2 V/E$ bzw. $\eta\,(\max\tau)^2 V/G$, worin η eine Konstante, die Raumzahl, V der Rauminhalt der Feder und $\max\sigma$ bzw. $\max\tau$ die größte wirklich auftretende Spannung ist,

c die Federkonstante, d. h. spez. Rückstellkraft bzw. Rückstellmoment.

Bei Quer- und Längsschwingungen (1 a, 2 b) ist die Schwingungsdauer einer gewichtslos gedachten und mit der Masse m belasteten Feder gleich $T = 2\pi\sqrt{m/c} = 2\pi\sqrt{f/g}$, wenn f die Durchbiegung unter der Belastung $P = G = mg$ ist. $c = P/f$ stellt die Federkonstante oder (spez.) Rückstellkraft in kg/cm dar (vgl. S. 266).

Bei Drehschwingungen (1 b, 2 a) ist $T = 2\pi\sqrt{J/c}$. Darin ist J das Massenträgheitsmoment (S. 255) und c das (spez.) Rückstellmoment in kgcm, d. h. das Moment, das eine Drehung um den Winkel „eins" im Bogenmaß hervorruft. Es ist c = Moment/Winkel = $= M/\varphi = P\,r/\varphi = P\,r^2/f$.

Werte für zulässige Spannungen s. Abschn. Federnde Verbindungen S. 665.

1. Biegefedern (s. a. S. 667)

a) Gerade Biegefedern

Nr.	Benennung	P und $c = P/f$	f und η
1	*Rechteckfeder,* einseitig eingespannt 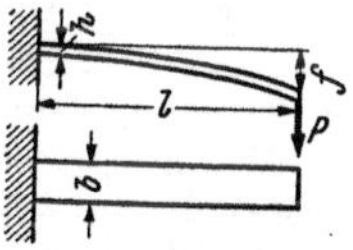	$P = \frac{bh^2}{6}\,\frac{\sigma_{zul}}{l}$; $c = \frac{1}{4}\,\frac{bh^3}{l^3}\,E$	$f = \frac{P}{EJ}\,\frac{l^3}{3} = 4\,\frac{l^3}{bh^3}\,\frac{P}{E} = \frac{2}{3}\,\frac{l^2}{h}\,\frac{\sigma_{zul}}{E}$; $\eta = \frac{1}{18}$

[1] *Göhner, O.:* Schubspannungsverteilung im Querschnitt eines gedrillten Ringstabes mit Anwendung auf Schraubenfedern. Ing.-Arch. Bd. 2 (1931) S. 1. — Ders.: Spannungsverteilung in einem an den Endquerschnitten belasteten Ringstabsektor. Ebenda S. 381. — Ders.: Die Berechnung zylindrischer Schraubenfedern. VDI-Z. Bd. 76 (1932) S. 269, 352, 735. — *Liesecke, G.:* Berechnung zylindrischer Schraubenfedern mit rechteckigem Drahtquerschnitt. VDI-Z. Bd. 77 (1933) S. 425. — *Vogel, A.:* Federn kleinsten Werkstoffaufwandes. ATZ Bd. 50 (1948) S. 63. — *Wolf, A.:* Vereinfachte Berechnung von Druckfedern mit Rechteckquerschnitt für begrenzte Einbauverhältnisse. Werkstatt u. Betr. Bd. 82 (1949) S. 7. — Ders.: Ein neues Rechenhilfsmittel für zylindrische Schraubenfedern mit Kreis- und Rechteckquerschnitt. Ebenda S. 216. — Ders.: Vereinfachte Formeln zur Berechnung zylindrischer Schrauben-Druck- und -Zugfedern mit Rechteckquerschnitt. VDI-Z. Bd. 91 (1949) S. 259. — *Meyer zur Capellen, W.:* Über die Torsion rechteckiger Stäbe. Konstruktion Bd. 3 (1951) S. 127/30 u. S. 256.

a) Gerade Biegefedern (Fortsetzung)

Nr.	Benennung	P und $c = P/f$	f und η
2	*Rechteckfederpaar,* beiderseitig eingespannt 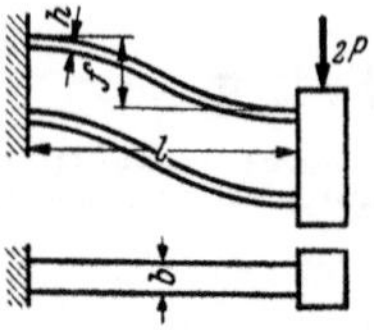	$P = \frac{b h^2}{3} \frac{\sigma_{zul}}{l}$ je Feder $c = \frac{b h^3}{l^3} E$	$f = \frac{P}{E J} \frac{l^3}{12} = \frac{l^3}{b h^3} \frac{P}{E}$ $= \frac{1}{3} \frac{l^2}{h} \frac{\sigma_{zul}}{E}$; $\eta = \frac{1}{18}$
3	*Dreieckfeder* 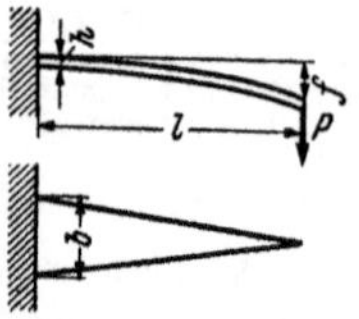	$P = \frac{b h^2}{6} \frac{\sigma_{zul}}{l}$; $c = \frac{1}{6} \frac{b h^3}{l^3} E$	$f = \frac{P}{E J} \frac{l^3}{2} = 6 \frac{l^3}{b h^3} \frac{P}{E}$ $= \frac{l^2}{h} \frac{\sigma_{zul}}{E}$; $\eta = \frac{1}{6}$
4	*Trapezfeder* 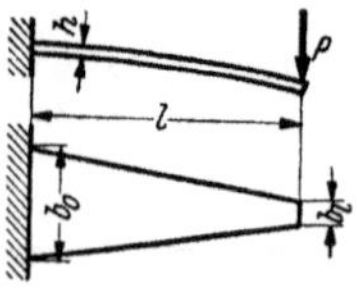	$P = \frac{b_0 h^2}{6} \frac{\sigma_{zul}}{l}$; $c = \frac{1}{4\psi} \frac{b_0 h^3}{l^3} E$	$f = \psi \frac{P}{E J_0} \frac{l^3}{3} = 4\psi \frac{l^3}{b_0 h^3} \frac{P}{E}$ $= \frac{2}{3} \psi \frac{l^2}{h} \frac{\sigma_{zul}}{E}$; $\eta = \frac{1}{9} \frac{\psi}{1+\beta}$
		Hierin ist $\beta = b_l/b_0$ und ist ψ aus der folgenden Zahlentafel zu entnehmen (Zwischenwerte durch Interpolieren):	

β	0	0,1	0,2	0,3	0,4	0,5	0,6	0,7	0,8	0,9	1,0
ψ	1,500	1,390	1,315	1,250	1,202	1,160	1,121	1,085	1,054	1,025	1,000

Nr.	Benennung	P und $c = P/f$	f und η
5	*Geschichtete Trapezfeder* 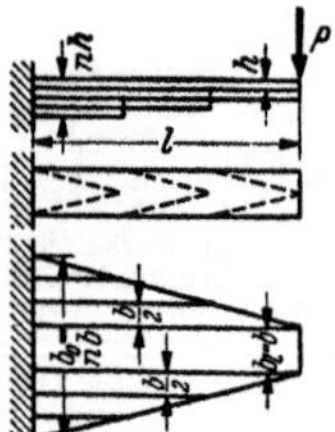	$P = \frac{W_0}{l} \sigma_{zul} = \frac{1}{6} \frac{b_0 h^2}{l} \sigma_{zul}$ $= \frac{1}{6} \frac{n b h^2}{l} \sigma_{zul}$; $c = \frac{1}{4\psi} \frac{n b h^3}{l^3} E$; ψ s. Fall 4. $\beta = b_l/b_0\ [= 1/n]$	$f = \psi \frac{P}{E J_0} \frac{l^3}{3}$ $= 4\psi \frac{l^3}{n b h^3} \frac{P}{E}$ $= \frac{2}{3} \psi \frac{l^2}{h} \frac{\sigma_{zul}}{E}$; $\eta = \frac{1}{9} \frac{\psi}{1+\beta}$

Bei „gesprengten“ Blattfedern (S. 667) sind die durch das „Sprengen“ verursachten Zusatzspannungen zu beachten.

b) Gewundene Biegefedern[1] (l ist die Länge der *gestreckt* gedachten Feder)

Nr.	Benennung	P und $c = M/\varphi$	f und η
1	Gewundene Feder mit *rechteckigem* Querschnitt 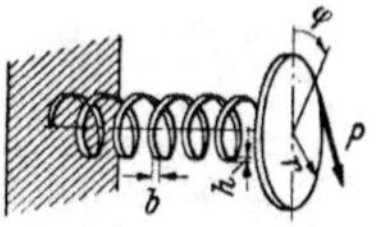	$P = \frac{b h^2}{6} \frac{\sigma_{zul}}{r}$; $c = \frac{1}{12} \frac{b h^3}{l} E$	$f = r\varphi = \frac{P}{EJ} l r^2 = 12 \frac{P l r^2}{E b h^3} = 2 \frac{r l}{h} \frac{\sigma_{zul}}{E}$; $\eta = \frac{1}{6}$
2	Gewundene Feder mit *rundem* Querschnitt 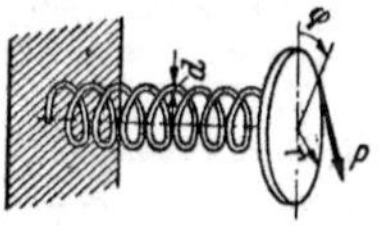	$P = \frac{\pi d^3}{32} \frac{\sigma_{zul}}{r}$; $c = \frac{\pi d^4}{64 l} E$	$f = r\varphi = \frac{P}{EJ} l r^2 = \frac{64}{\pi} \frac{P l r^2}{E d^4} = 2 \frac{r l}{d} \frac{\sigma_{zul}}{E}$; $\eta = \frac{1}{8}$
3	*Spiralfeder* mit *rechteckigem* Querschnitt 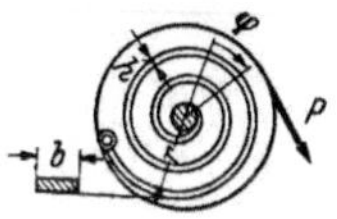	$P = \frac{b h^2}{6} \frac{\sigma_{zul}}{r}$; $c = \frac{1}{12} \frac{b h^3}{l} E$	$f = r\varphi = \frac{P}{EJ} l r^2 = 12 \frac{P l r^2}{E b h^3} = 2 \frac{r l}{h} \frac{\sigma_{zul}}{E}$; $\eta = \frac{1}{6}$

2. Drehfedern (s. a. S. 671)

a) Gerade Drehfedern

1	Einfache Drehfeder mit *rundem* Querschnitt[2] 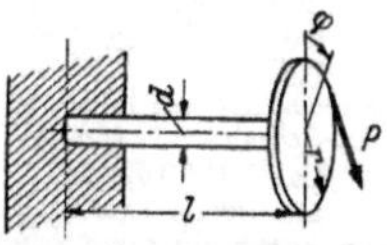	$P = \frac{\pi}{16} \frac{d^3}{r} \tau_{zul}$; $c = \frac{\pi d^4}{32 l} G$	$f = r\varphi = \frac{32 r^2 l}{\pi d^4} \frac{P}{G} = 2 \frac{r l}{d} \frac{\tau_{zul}}{G}$; $\eta = \frac{1}{4}$
2	Einfache Drehfeder mit *rechteckigem* Querschnitt[2] 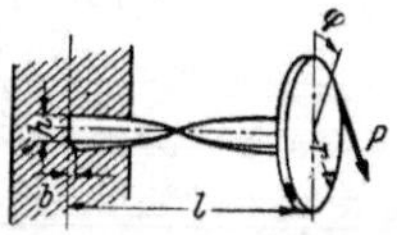	$P = \frac{c_1}{c_2} \frac{b^2 h}{r} \tau_{zul}$; $c = c_1 \frac{b^3 h}{l} G$; h ist die größte Rechteckseite	$f = r\varphi = \frac{1}{c_1} \frac{r^2 l}{b^3 h} \frac{P}{G} = \frac{1}{c_2} \frac{r l}{b} \frac{\tau_{zul}}{G}$; $\eta = c_1/2 c_2^2$

c_1, c_2 s. S. 386, Nr. 7

[1] Die Formeln stellen erste Näherungen dar, vgl. S. 401, Lit. 1, sowie *Palm, J.*, u. *K. Thomas:* Berechnung gekrümmter Biegefedern. VDI-Z. Bd. 101 (1959) Nr. 8 S. 301/08.

[2] Sog. Stabfeder oder Drehstabfeder, s. a. S. 671.

b) Gewundene Drehfedern[1]. i bedeutet die Anzahl der *wirksamen* Windungen, r den *mittleren* Windungshalbmesser, l die *wirksame* Drahtlänge. Der für viele Fälle im allgemeinen geringe Einfluß des Neigungswinkels α ist vernachlässigt.

Nr.	Benennung	P und $c = P/f$	f und η
1	*Zylindrische Schraubenfeder* mit *rundem* Querschnitt 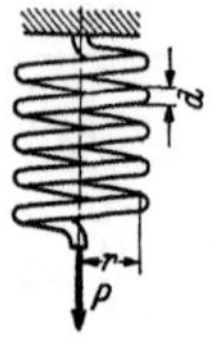	$P = \frac{1}{k_1}\frac{\pi}{16}\frac{d^3}{r}\tau_{zul} = \frac{\xi}{k_1}\frac{\pi}{8}d^2\tau_{zul};$ $c = \frac{1}{k_2}\frac{d^4}{64 i r^3}G;$ **Nomogramm** s. S. 670	$f = k_2\frac{64 i r^3}{d^4}\frac{P}{G} = \frac{k_2}{\xi^3}\frac{8 i P}{d G} = k_2\frac{32}{\pi}\frac{l r^2}{d^4}\frac{P}{G} = \frac{k_2}{k_1}\frac{4\pi i r^2}{d}\cdot\frac{\tau_{zul}}{G} = \frac{k_2}{k_1}\frac{2 l r}{d}\frac{\tau_{zul}}{G}.$ $\eta = k_2/4k_1^2$
		Ist das Windungsverhältnis $\xi = d/2r$ sehr klein, so gilt in erster Annäherung $k_1 \approx k_2 \approx 1$. Sonst wird $k_1 = 1 + \frac{5}{4}\xi + \frac{7}{8}\xi^2 + \xi^3$; $k_2 = 1 - \frac{3}{16}\xi^2$. Werte für k_1 s. DIN 2089.	
2	*Kegelstumpffeder* mit *rundem* Querschnitt 	$P = \frac{\pi}{16}\frac{d^3}{R}\tau_{zul}$*; $c = \frac{1}{16}\frac{d^4}{i(R+r)(R^2+r^2)}G$	$f = 16\frac{i(R+r)(R^2+r^2)}{d^4}\frac{P}{G} = \frac{16}{\pi}\frac{l(R^2+r^2)}{d^4}\frac{P}{G} = \pi\frac{i(R+r)(R^2+r^2)}{Rd}\frac{\tau_{zul}}{G} = \frac{l(R^2+r^2)}{Rd}\frac{\tau_{zul}}{G};$ $\eta = [1 + (r/R)^2]/8$

Anwendung der Zahlentafeln: Die vorstehenden Formeln können zur Nachrechnung oder zum Entwurf neuer Federn benutzt werden. Im ersten Fall stellt τ_{zul} die vorhandene Spannung τ dar, und es muß nach dieser aufgelöst werden. Im zweiten Fall stehen mehrere Veränderliche zur Verfügung, von denen einige frei wählbar sind. Ist z. B. eine Schraubenfeder nach 2 b, 1 zu entwerfen, so schreibt das benutzte Material den Wert von τ_{zul} vor. Ist dann noch P gegeben, so bleibt nur eine Beziehung zwischen d und r bestehen. Setzt man zunächst k_1 gleich 1, so gilt $d^3/r = 16/\pi \cdot P/\tau_{zul}$ oder $\xi d^2 = 8/\pi \cdot P/\tau_{zul}$. Eine Wahl von r bestimmt dann d und umgekehrt, oder eine Wahl des Verhältnisses $\xi = d/2r$ bestimmt d. Nach endgültigen Maßen für r und d muß i u. U. mit der genaueren Formel nachgeprüft werden. Die Größe der Federung ist unter diesen Annahmen nur noch von i abhängig.

In ähnlicher Weise kann bei den anderen Federn vorgegangen werden.

Beispiel: Zylindrische Schraubenfeder mit *rundem* Querschnitt. — Geht man vom Windungsverhältnis $\xi = d/2r$ aus, so kann nach der zweiten Formel für P (bei gegebenem τ_{zul} und P) hieraus d errechnet werden: Sei $\xi = d/2r = 0{,}2$; $P = 50$ kg und $\tau_{zul} = 3500$ kg/cm², so wird $k_1 = 1 + \frac{5}{4}\cdot 0{,}2 + \frac{7}{8}\cdot 0{,}04 + 0{,}008 = 1{,}293$, also $d^2 = \frac{P k_1}{\xi\tau_{zul}}\frac{8}{\pi} = \frac{50\cdot 1{,}293\cdot 8}{0{,}2\cdot 3500\cdot\pi} = 0{,}235$ oder $d \approx 0{,}5$ cm $= 5$ mm, d. h. $r = d/2\xi = 5/0{,}4 = 12{,}5$ mm. — Soll $f = 10$ mm sein, so folgt mit $k_2 = 1 - \frac{3}{16}\cdot 0{,}04 = 0{,}9925 \approx 1$ und $G = 800\,000$ kg/cm² aus $f = \frac{k_2}{\xi^3}\frac{8 i P}{d G}$ der Wert $i = \frac{1\cdot 0{,}2^3\cdot 0{,}5\cdot 800\,000}{1\cdot 8\cdot 50} = 8$. Nach *Vogel* (Anm. 1, S. 401) wird die gesamte Windungszahl $i_g = i + 1{,}5$ und die Blocklänge $L_{Bl} = i_g\cdot d$.

[1] Über Federn mit rechteckigem Querschnitt vgl. das Schrifttum in Anm. 1, S. 401.
* Die Formeln vernachlässigen den Einfluß des (veränderlichen) Windungsverhältnisses.

3. Ringfedern[1] (s. a. S. 672)

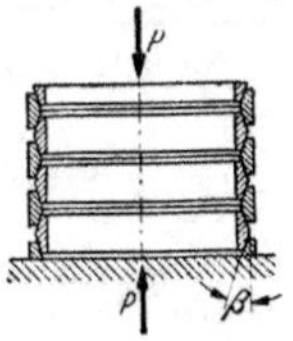

Bild 110

Bedeuten in Bild 110

F_a, F_i Querschnitt des Außen- bzw. Innenringes,
r_a, r_i Schwerpunkthalbm. des Außen- bzw. Innenringes,
n_a, n_i Zahl der Außen- bzw. Innenringe,
z Zahl der Kegelflächen,
β Winkel zwischen Federachse und Kegelmantellinie eines Ringes ($\beta > \varrho$),
$V = 2\pi\,(n_a r_a F_a + n_i r_i F_i)$ = Federrauminhalt,
$\mu = \operatorname{tg}\varrho$ Reibungszahl; $\mu \approx 0{,}16$; $\varrho \approx 9°$,

so folgt:

Spannung im Außenring $\sigma_a = \dfrac{P}{\pi F_a \operatorname{tg}(\beta + \varrho)}$; im Innenring $\sigma_i = \dfrac{P}{\pi F_i \operatorname{tg}(\beta + \varrho)}$;

Durchbiegung (Verkürzung) $f = \dfrac{z}{\pi \operatorname{tg}\beta \operatorname{tg}(\beta+\varrho)} \left(\dfrac{r_a}{F_a} + \dfrac{r_i}{F_i}\right) \dfrac{P}{E}$;

$$\text{Raumzahl}\quad \eta = \frac{z}{4}\,\frac{\operatorname{tg}(\beta+\varrho)}{\operatorname{tg}\beta} \cdot \frac{F_i}{F_a} \cdot \frac{r_a F_i + r_i F_a}{n_a r_a F_a + n_i r_i F_i}$$
$$= \frac{1}{4} \cdot \frac{z}{n_i} \cdot \frac{\operatorname{tg}(\beta+\varrho)}{\operatorname{tg}\beta} \cdot \frac{1 + (r_a/r_i)\cdot(F_i/F_a)}{1 + (n_a/n_i)\cdot(r_a/r_i)\cdot(F_a/F_i)}.$$

Für den Wirkungsgrad der Feder, d. h. das Verhältnis der Arbeit bei Belastung zu der bei Entlastung, folgt $\operatorname{tg}(\beta - \varrho)/\operatorname{tg}(\beta + \varrho)$.

4. Tellerfedern

s. Abschn. Federnde Verbindungen, S. 668

IX. Beanspruchung von Gefäßen, umlaufenden Scheiben, Platten

1. Hohlzylinder[2]

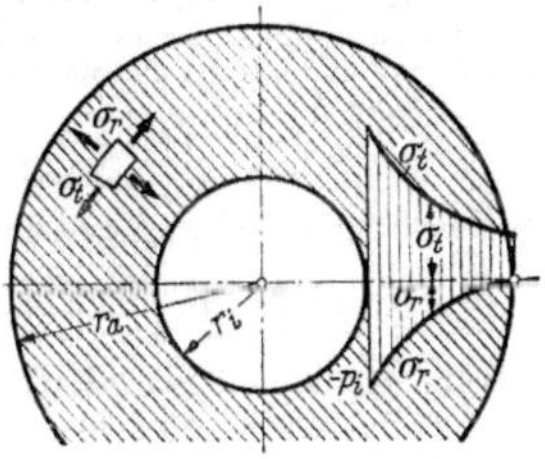

Bild 111

Es bedeuten in Bild 111:

r_a, r_i Außen- bzw. Innenhalbmesser in cm,
$s = r_a - r_i$ = Wanddicke in cm,
$\eta = r_a/r_i$ dimensionslose Verhältniszahl,
σ_t Spannung in tangentialer Richtung*,
σ_r Spannung in radialer Richtung,
σ_x Spannung in Richtung der Zylinderachse,
σ_{red} reduzierte Spannung (S. 337/38).

Es liegt ein dreiachsiger Spannungszustand vor, und es ist nach *Mohr* (S. 337)

$$\sigma_{\text{red}} = \sigma_t - \sigma_r, \qquad \text{Hyp. } \delta$$

da die mittlere Hauptspannung nach *Mohr* keine Rolle spielt (vgl. a. Beispiel); nach der Hypothese der maximalen Gestaltänderungsarbeit wird

$$\sigma_{\text{red}}^2 = \tfrac{1}{2}\left[(\sigma_t - \sigma_r)^2 + (\sigma_r - \sigma_x)^2 + (\sigma_x - \sigma_t)^2\right]. \qquad \text{Hyp. } \zeta$$

a) Innendruck p_i kg/cm², Bild 111. Die gefährdeten Punkte liegen innen. Dort ist

$$\sigma_t = \max\sigma_t = p_i\,\frac{\eta^2 + 1}{\eta^2 - 1}, \qquad \sigma_r = \max\sigma_r = -p_i, \qquad \sigma_x = 0 \quad \text{bei offenem,}$$

$\sigma_x = \dfrac{p_i}{\eta^2 - 1}$ bei geschlossenem Zylinder. Für *kleine* Wanddicken gilt (die „Kesselformel", vgl. S. 606 u. 635) $\quad s \geqq p_i r_i / \sigma_{z\,\text{zul}}$.

---

[1] *Kreißig, K.:* Glasers Annalen Bd. 95 (1924) S. 114; vgl. a. S. 401, Lit. 1, 2, ferner *Oehler, G.:* Überlastsicherungen durch Federn. Werkstattstechn. u. Maschinenbau Bd. 43 (1953) Nr. 2 S. 62/65 und *Wuest, W.:* Die Kreuzringfeder. Konstruktion Bd. 5 (1953) Nr. 1 S. 20/22.

[2] *Class, J., W. Jamm* u. *E. Weber:* Berechnung der Wanddicke von innendruckbeanspruchten Stahlrohren. Neufassung von DIN 2413. VDI-Z. Bd. 97 (1955) Nr. 6 S. 159/67.

* **Zugspannungen positiv, Druckspannungen negativ.**

Nach Hyp. δ ist, ob offen oder geschlossen,

$$\sigma_{\text{red}} = p_i \cdot \frac{2\,\eta^2}{\eta^2 - 1}\,; \qquad \eta = \frac{r_a}{r_i} \geqq \sqrt{\frac{\sigma_{z\,\text{ul}}}{\sigma_{\text{zul}} - 2\,p_i}}\,, \qquad p_i < \sigma_{\text{zul}}/2.$$

Für $\sigma_{d\,\text{zul}} \neq \sigma_{z\,\text{zul}}$ s. Beispiel.

Nach Hyp. ζ folgt für offenen Zylinder

$$\sigma_{\text{red}} = p_i \frac{\sqrt{1 + 3\,\eta^4}}{\eta^2 - 1}\,; \qquad \eta = \frac{r_a}{r_i} \geqq \sqrt{\frac{\psi^2 + \sqrt{4\,\psi^2 - 3}}{\psi^2 - 3}}\,, \text{ worin } \psi = \sigma_{\text{zul}}/p_i > \sqrt{3},$$

$$p_i < \sigma_{\text{zul}}/1{,}73.$$

Nach Hyp. ζ folgt für geschlossenen Zylinder

$$\sigma_{\text{red}} = p_i \frac{1{,}73\,\eta^2}{\eta^2 - 1}\,; \qquad \eta = \frac{r_a}{r_i} \geqq \sqrt{\frac{\sigma_{\text{zul}}}{\sigma_{\text{zul}} - 1{,}73\,p_i}}\,, \qquad p_i < \sigma_{\text{zul}}/1{,}73.$$

Beispiel: Eine hydraulische Presse soll bei 300 mm Stempeldurchmesser und 330 mm Zylinderweite eine Kraft von 200 t erzeugen. Wie groß muß die Wanddicke bei Stahlguß mit $\sigma_{d\,\text{zul}} = 1200$ kg/cm², $\sigma_{z\,\text{zul}} = 800$ kg/cm² sein?

Es ist $p_i = 200000 : (30^2\,\pi/4) = 283$ kg/cm².

α) Nach Hyp. ζ wird mit $\psi^2 = (800/283)^2 = 8$

$$\eta = \frac{r_a}{r_i} = \sqrt{\frac{8 + \sqrt{4 \cdot 8 - 3}}{8 - 3}} = \sqrt{\frac{8 + \sqrt{29}}{5}} = \sqrt{\frac{13{,}38}{5}} = 1{,}636\,,$$

also $r_a = \eta \cdot r_i = \eta \cdot 165 = 270$ mm und $s = 270 - 165 = 105$ mm.

β) Nach *Mohr* muß, da $\sigma_{d\,\text{zul}} \neq \sigma_{z\,\text{zul}}$ ist, die geradlinige Grenzkurve benutzt werden (S. 337, Bild 28), s. Bild 112, mit $\sigma_x = 0$. Der Spannungskreis, der durch $-p_i$ und $\sigma_t = \max \sigma_t$ gegeben ist, darf die Grenzkurve höchstens berühren. Aus den geometrischen Beziehungen in Bild 112 und aus der Formel für σ_t folgt dann, daß

$$\eta = \frac{r_a}{r_i} \geqq \sqrt{\frac{\sigma_{z\,\text{zul}}\,\sigma_{d\,\text{zul}} + p_i\,(\sigma_{d\,\text{zul}} - \sigma_{z\,\text{zul}})}{\sigma_{z\,\text{zul}}\,\sigma_{d\,\text{zul}} - p_i\,(\sigma_{d\,\text{zul}} + \sigma_{z\,\text{zul}})}}\,, \qquad \frac{1}{p_i} > \frac{1}{\sigma_{d\,\text{zul}}} + \frac{1}{\sigma_{z\,\text{zul}}}$$

sein muß. Im Zahlenbeispiel erhält man

$$\eta = \frac{r_a}{r_i} \geqq \sqrt{\frac{800 \cdot 1200 + 283 \cdot 400}{800 \cdot 1200 - 283 \cdot 2000}} = \sqrt{\frac{96 + 11{,}3}{96 - 56{,}6}} = \sqrt{\frac{107{,}3}{39{,}4}} = 1{,}652\,,$$

also $r_a = \eta \cdot r_i = 272 \approx 275$ mm und $s = 275 - 165 = 110$ mm.

Vom Vollwandkörper geht man heute vielfach zur Mehrteil-Bauart über[1].

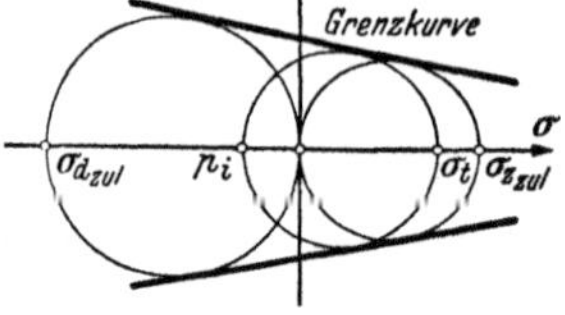

Bild 112

b) Außendruck p_a kg/cm², sofern Einbeulen nicht zu befürchten ist (s. S. 394): Die gefährdeten Punkte liegen innen. Dort ist

$$\sigma_t = \max \sigma_t = -\,2\,p_a \frac{\eta^2}{\eta^2 - 1}\,,$$

$$\sigma_r = 0\,, \qquad \sigma_x = 0 \quad \text{(offen)}$$

$$\text{bzw.} \quad \sigma_x = -\,p_a \frac{\eta^2}{\eta^2 - 1} \quad \text{(geschlossen)}.$$

Es liegt hier ein ein- bzw. zweiachsiger Spannungszustand vor.

Für kleine Wanddicken gilt $s \geqq p_a\,r_a/\sigma_{d\,\text{zul}}$.

Beim offenen Zylinder muß $|\sigma_t| \leqq \sigma_{d\,\text{zul}}$ sein oder

$$\eta = \frac{r_a}{r_i} \geqq \sqrt{\frac{\sigma_{d\,\text{zul}}}{\sigma_{d\,\text{zul}} - 2\,p_a}}\,, \qquad p_a < \sigma_{d\,\text{zul}}/2\,.$$

---

[1] *Class, J.*, u. *A. F. Maier:* Bauarten von Hochdruck-Hohlkörpern in Mehrteil-, insbes. Mehrlagen-Konstruktion. Chem.-Ing.-Techn. Bd. 24 (1952) S. 184/98. — *Siebel, E.*, u. *S. Schwaigerer:* Die Beanspruchungsverhältnisse gewickelter Behälter. Ebenda S. 199/203.

Beim geschlossenen Zylinder folgt

nach Hyp. δ: $\sigma_{\text{red}} = p_a \dfrac{\eta^2}{\eta^2 - 1}$ und $\eta = \dfrac{r_a}{r_i} \geqq \sqrt{\dfrac{\sigma_{\text{zul}}}{\sigma_{\text{zul}} - p_a}}$, $p_a < \sigma_{\text{zul}}$;

nach Hyp. ζ: $\sigma_{\text{red}} = p_a \dfrac{1{,}73\,\eta^2}{\eta^2 - 1}$ und $\eta = \dfrac{r_a}{r_i} \geqq \sqrt{\dfrac{\sigma_{\text{zul}}}{\sigma_{\text{zul}} - 1{,}73\,p_a}}$, $p_a < \sigma_{\text{zul}}/1{,}73$.

c) Bei **Außen- und Innendruck** zugleich ergibt sich für offenen, d. h. unendlich langen Zylinder der Spannungsverlauf zu

$$\sigma_r = -A + B(r) \quad \text{und} \quad \sigma_t = -A - B(r),$$

worin

$$A = \frac{p_a\,\eta^2 - p_i}{\eta^2 - 1} \quad \text{und} \quad B(r) = \frac{p_a - p_i}{\eta^2 - 1}\left(\frac{r_a}{r}\right)^2$$

ist und r den Abstand eines beliebigen Punktes vom Mittelpunkt bedeutet. Die obigen Sonderfälle (Zylinder offen) folgen hieraus für $p_a = 0$ bzw. $p_i = 0$.

2. Hohlkugeln

Es bedeuten:

r_i, r_a Innen- bzw. Außen-Halbmesser der Kugel in cm,
$s = r_a - r_i$ Wanddicke in cm, $\eta = r_a/r_i$ dimensionslose Verhältniszahl,
σ_r radiale Spannung (in Richtung der Halbmesser),
σ_t tangentiale Spannung, d. h. in zwei beliebigen Richtungen senkrecht zu σ_r,
p_i = Innen-, p_a = Außendruck in kg/cm²,
r = Abstand eines beliebigen Punktes vom Mittelpunkt.

Es liegt ein dreiachsiger Spannungszustand (S. 331) vor mit den Hauptspannungen $\sigma_1 = \sigma_r$, $\sigma_2 = \sigma_3 = \sigma_t$, so daß sich nach den Hypothesen δ und ζ (s. 1) der *gleiche* Wert $\sigma_{\text{red}} = \sigma_t - \sigma_r$ ergibt.

Für den Spannungsverlauf folgt $\sigma_r = A + B(r)$, $\sigma_t = A - {}^1/_2\,B(r)$, worin $A = -\dfrac{p_a\,\eta^3 - p_i}{\eta^3 - 1}$, $B(r) = \dfrac{p_a - p_i}{\eta^3 - 1}\left(\dfrac{r_a}{r}\right)^3$ ist, und mit $\Delta p = |p_a - p_i|$ als absoluter Druckdifferenz[1] die reduzierte Spannung zu

$$\sigma_{\text{red}} = \frac{1{,}5\,\Delta p}{\eta^3 - 1}\left(\frac{r_a}{r}\right)^3,$$

welche *innen* ihren *größten* Wert $\max \sigma_{\text{red}} = 1{,}5\,\Delta p\,\eta^3/(\eta^3 - 1)$ erhält. Also muß $\eta = r_a/r_i \geqq \sqrt[3]{\sigma_{\text{zul}}/(\sigma_{\text{zul}} - 1{,}5\,\Delta p)}$ sein.

Für *kleine* Wanddicken gilt mit r als mittlerem Halbmesser

$$s = \tfrac{1}{2}\,r\,p_i/\sigma_{z\,\text{zul}} \quad \text{bzw.} \quad s = \tfrac{1}{2}\,r\,p_a/\sigma_{d\,\text{zul}}\ ^{2,\,3}.$$

3. Umlaufende Scheiben

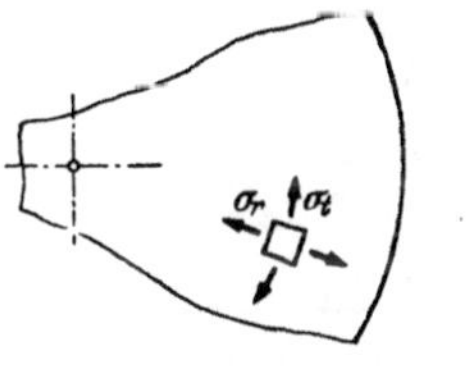

Es bedeuten:

ω = $\pi n/30$ = Winkelgeschwindigkeit 1/sek,
v = $r_a\,\omega$ = Umfangsgeschwindigkeit im Abstand r_a,
γ/g = ϱ = spez. Masse (γ in kg/cm³, g = 981 cm/sek²),
r_i = Radius der inneren Bohrung in cm,
r_a = äußerer Radius der Scheibe in cm,
r = beliebiger Abstand vom Mittelpunkt in cm,
s = Scheibendicke in cm,
σ_r = Radial-, σ_t = Tangentialspannung in kg/cm², μ = 0,3 gesetzt.

a) Scheibe gleicher Festigkeit. α) Für die *volle Scheibe* ergibt sich für den Profilverlauf, Bild 113 (*Laval*-Scheibe), ein Exponentialgesetz mit s_i als innerer, s_a als äußerer Dicke:

$$s = s_i\,e^{-\varrho\,\omega^2 r^2/2\,\sigma} \quad \text{und} \quad s_a = s_i\,e^{-\varrho\,v^2/2\,\sigma}.$$

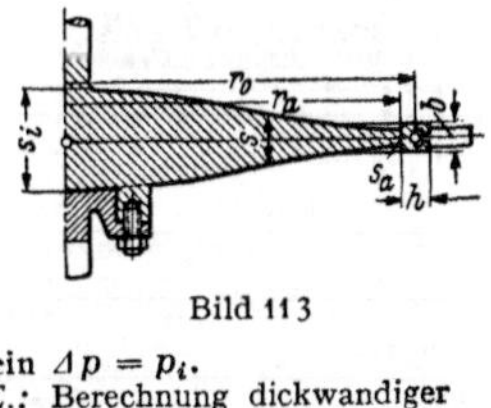

Bild 113

[1] Für Außendruck allein ist $\Delta p = p_a$, für Innendruck allein $\Delta p = p_i$.

[2] Über den Einfluß der Temperaturen vgl. *Schrieder, E.:* Berechnung dickwandiger Gefäße bei Überdruck und verschiedenen Innen- und Außentemperaturen. Konstruktion Bd. 5 (1953) Nr. 6 S. 182/87.

[3] Über Arbeitsblätter vgl. *Heerwagen, R.:* Berechnung von Druckbehältern. Konstruktion Bd. 8 (1956) Nr. 11 S. 455/63.

Hierbei ist $\sigma = \sigma_r = \sigma_t$ die an allen Stellen gleiche Spannung, vorausgesetzt, daß die Scheibe nicht zu stark gewölbt ist und daher die Neigungen der Spannungen gegen die Symmetrieebene gering sind.

Ein *Wendepunkt* des Profils liegt bei $r = \sqrt{\sigma/\varrho\,\omega^2} = r_a\sqrt{\sigma/\varrho\,v^2}$ vor; dort ist $s = s_w = 0{,}6065\,s_i$.

β) Der *Kranz* muß an die Scheibe ohne zusätzliche Spannungen anschließen, es muß sich also der Kranz um den gleichen Betrag dehnen, um den sich die Scheibe dehnt. Ist p_a kg/cm² eine gleichförmig über den Umfang verteilte Spannung (z. B. infolge der Fliehkraft der Schaufeln), so folgt, Bild 113,

$$s_a = \frac{b\,h}{r_a}\left(\frac{p_a\,r_a}{\sigma\,h} + \frac{\varrho\,r_0^2\,\omega^2}{\sigma} - \lambda\right).$$

Hierin ist nach *Bach-Baumann* $\lambda = 0{,}7$ und nach *Biezeno-Grammel* (S. 328), Lit. 6) $\lambda = 0{,}3\,\varepsilon + 0{,}7\,r_a/r_0$, wobei $\varepsilon \approx 1$ (etwas unter 1), so daß, da $r_a/r_0 \approx 1$, auch $\lambda \approx 1$, genauer etwas unter 1 liegt. — Statt $b\,h$ kann auch der Kranzquerschnitt f_k, also $h = f_k/b$ gesetzt werden.

Die vorhandene Spannung folgt hiernach zu

$$\sigma = \frac{p_a\,r_a/h + \varrho\,r_0^2\,\omega^2}{s_a\,r_a/b\,h + \lambda}.$$

Beispiel: Gegeben $r_0 = 52$ cm; $r_a = 50$ cm; $\gamma = 7{,}85 \cdot 10^{-3}$ kg/cm³; $n = 3000$ U/min: d. h. $\omega = 314$ sek^{-1}; $b = 4$ cm; $h = 2{,}5$ cm; $\sigma = 500$ kg/cm²; $p_a = 180$ kg/cm² [errechnet aus dem Gewicht der Schaufeln $G_s = 40$ kg und ihrem Schwerpunktabstand $r_s = 56$ cm zu

$$p_a = \frac{G_s\,r_s\,\omega^2}{2\,\pi\,g\,r_a\,b} = \frac{40 \cdot 56 \cdot 314^2}{2\,\pi \cdot 981 \cdot 50 \cdot 4} \approx 180\ \text{kg/cm}^2].$$

Dann wird $s_a = \dfrac{10}{50}\left(\dfrac{180}{500} \cdot \dfrac{50}{2{,}5} + \dfrac{7{,}85 \cdot 10^{-3} \cdot 52^2 \cdot 314^2}{500 \cdot 981} - \lambda\right) = 2{,}14\ \text{cm} \approx 22$ mm, wobei hier $\lambda = 0{,}3 + 0{,}7 \cdot 50/52 = 0{,}97$ ist und $\lambda = 0{,}7$ den gleichen aufgerundeten Wert ergeben hätte.

Aus $\dfrac{\varrho\,r_a^2\,\omega^2}{2\,\sigma} = \dfrac{7{,}85 \cdot 10^{-3}}{981} \cdot \dfrac{50^2 \cdot 314^2}{2 \cdot 500} = 1{,}96$ folgt $s_i = s_a\,e^{1{,}96} = 2{,}2 \cdot 7{,}1 = 15{,}6$ cm $= 156$ mm.

b) Scheibe gleicher Dicke. α) Für die *volle Scheibe* (Bild 114) folgt $\sigma_r = 0{,}4125\,\varrho\,v^2\,(1 - r^2/r_a^2)$; $\sigma_t = 0{,}4125\,\varrho\,v^2\,(1 - 0{,}576\,r^2/r_a^2)$, und die größte Spannung tritt für $r = 0$ auf, d. h. es ist $\max\sigma_t = 0{,}4125\,\varrho\,v^2$.

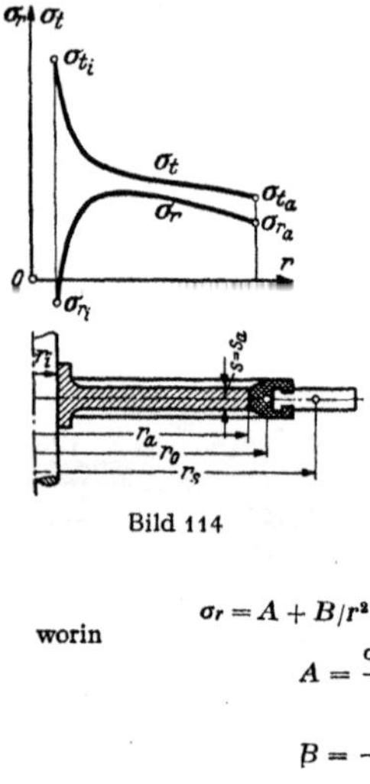

Bild 114

β) Für die *durchbohrte Scheibe* folgt

$$\sigma_r = 0{,}4125\,\varrho\,v^2\,[(1 + r_i^2/r_a^2) - r_i^2/r^2 - r^2/r_a^2];$$

$$\sigma_t = 0{,}4125\,\varrho\,v^2\,[(1 + r_i^2/r_a^2) + r_i^2/r^2 - 0{,}576\,r^2/r_a^2].$$

Es ist $\sigma_{ri} = \sigma_{ra} = 0$, und im Inneren wird

$$\sigma_t = \sigma_{ti} = 0{,}825\,\varrho\,v^2\,(1 + 0{,}212\,r_i^2/r_a^2)$$

als *größte* (auch reduzierte) Spannung. Bei sehr *kleiner* Bohrung ($r_i \to 0$) ist σ_{ti} doppelt so groß wie bei der vollen Scheibe.

Für einen dünnen Ring, bei dem r_i und r_a nur wenig vom mittleren Radius r abweichen, also $r_i/r_a \approx 1$ ist, folgt $\sigma_r \approx 0$ und $\sigma_t = \varrho\,v^2$, vgl. Beisp. e 1 auf S. 258.

γ) *Einfluß von Kranz und Nabe.* Ist die Radialspannung am Innenrand zu $\sigma_{ri} = \sigma_i$ (z. B. Schrumpfspannung) und am Außenrand zu $\sigma_{ra} = \sigma_a$ (z. B. Spannung durch Fliehkräfte) gegeben, so folgt für den Spannungsverlauf, vgl. a. Bild 114,

$$\sigma_r = A + B/r^2 - 0{,}4125\,\varrho\,\omega^2 r^2; \quad \sigma_t = A - B/r^2 - 0{,}2375\,\varrho\,\omega^2 r^2,$$

worin

$$A = \frac{\sigma_a\,r_a^2 - \sigma_i\,r_i^2}{r_a^2 - r_i^2} + 0{,}4125\,\varrho\,\omega^2\,(r_a^2 + r_i^2),$$

$$B = -(\sigma_a - \sigma_i)\,\frac{r_a^2\,r_i^2}{r_a^2 - r_i^2} - 0{,}4125\,\varrho\,\omega^2 r_a^2\,r_i^2.$$

Insbesondere wird am Innen- bzw. Außenrand mit $\xi = r_i/r_a$:

$$\sigma_{ti} = 0{,}825\,\varrho\,v^2\,(1 + 0{,}212\,\xi^2) + \sigma_a\,\frac{2}{1-\xi^2} - \sigma_i\,\frac{1+\xi^2}{1-\xi^2}\,;$$

$$\sigma_{ta} = 0{,}825\,\varrho\,v^2\,(\xi^2 + 0{,}212) - \sigma_i\,\frac{2\,\xi^2}{1-\xi^2} + \sigma_a\,\frac{1+\xi^2}{1-\xi^2}\,.$$

Unter Einwirkung der Fliehkräfte des Schaufelkranzes, Gewicht G_s, Abstand r_s, Querschnittsfläche f_k, Bild 114, errechnet sich nach *Biezeno-Grammel* (S. 328, Lit. 6) bzw. *Stodola* die Spannung σ_a zu

$$\sigma_a = \frac{\varrho\,\omega^2}{r_a\,s_a}\left[\frac{G_s\,r_s}{2\pi\gamma} + f_k\,r_0^2\left(1 - 0{,}175\,\frac{r_a^3}{r_0^3} - 0{,}825\,\frac{r_a\,r_i^2}{r_0^3}\right)\right],$$

wobei auch für den zweiten Ausdruck in der eckigen Klammer genähert geschrieben werden kann $0{,}825\,f_k\,r_a^2\,(1 - r_i^2/r_a^2)$.

δ) Bei *breiter Scheibe* (Zylinder) muß noch die *axiale* Spannung σ_x berücksichtigt werden (dreiachsiger Spannungszustand), und es folgt

$$\sigma_r = 0{,}429\,\varrho\,v^2\left[(1 + r_i^2/r_a^2) - r_i^2/r^2 - r^2/r_a^2\right];$$

$$\sigma_t = 0{,}429\,\varrho\,v^2\left[(1 + r_i^2/r_a^2) + r_i^2/r^2 - 0{,}667\,r^2/r_a^2\right];$$

$$\sigma_x = 0{,}107\,\varrho\,v^2\,(1 + r_i^2/r_a^2 - 2\,r^2/r_a^2)\,,$$

so daß

$$\sigma_{ti} = 0{,}858\,\varrho\,v^2\,(1 + 0{,}167\,r_i^2/r_a^2)\,;$$

$$\sigma_{ta} = 0{,}858\,\varrho\,v^2\,(r_i^2/r_a^2 + 0{,}167)\,;$$

$$\sigma_{xa} = -\,\sigma_{xi} = -\,0{,}107\,\varrho\,v^2\,(1 - r_i^2/r_a^2)\,.$$

Über die Spannungen bei beliebig veränderlichem Profil vgl. Schrifttum, insbes. S. 328, Lit. 6; ferner *Baer, H.:* Forschg. Ing.-Wes. Bd. 7 (1936) S. 187.

4. Ebene Platten

Es bedeuten:

h cm die im Verhältnis zu den Plattenabmessungen kleine Plattendicke,

f cm die größte, im Verhältnis zu h kleine Durchbiegung,

σ_t bzw. σ_r die Normalspannungen (Hauptspannungen) in einem Plattenelement in radialer bzw. tangentialer Richtung, Bild 115,

σ_x, σ_y entsprechend die Spannungen in der x- bzw. y-Richtung, Bild 118, 119.

Die unten angegebenen Vorzeichen beziehen sich auf die untere Plattenseite, für die obere kehren sich die Vorzeichen um. In der Auswertung ist die Querzahl $\mu = 1/m = 0{,}3$ gesetzt

Die Spannungen σ_r und σ_t bzw. σ_x und σ_y sind die Hauptspannungen und werden nach S. 338 zur reduzierten Spannung σ_{red} (Spalte 2) zusammengesetzt, $\sigma_{\text{red}} \leqq \sigma_{\text{zul}}$.

a) Kreisplatten. Bei Belastung durch einen gleichförmig verteilten Druck p kg/cm² lassen sich Durchbiegung bzw. Spannung in der Form schreiben (r = Plattenhalbmesser in cm):

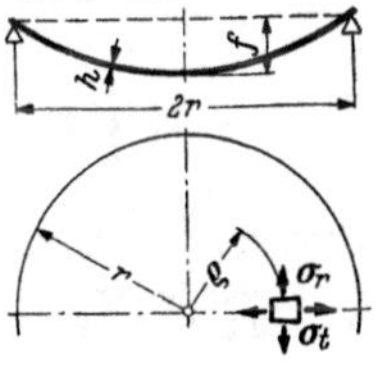

Bild 115

$$f = \psi\,p\,r^4/E\,h^3, \qquad \sigma_r = \varphi_r\,p\,r^2/h^2, \qquad \sigma_t = \varphi_t\,p\,r^2/h^2,$$

worin die Zahlen ψ, φ_r, φ_t folgende Werte haben:

α) *Auf die ganze Fläche gleichmäßig verteilter Druck p.*

αα) Platte frei aufliegend (Bild 115): $\psi = 0{,}7$;

in der Mitte: $\varphi_r = \varphi_t = \varphi_{\max} = 1{,}24$;
am Rande: $\varphi_r = 0, \quad \varphi_t = 0{,}53$.

Bedingung nach den Hypothesen γ und ζ, S. 338: $\max\sigma \leqq \sigma_{\text{zul}}$.

ββ) Platte fest eingespannt: $\psi = 0{,}17$;

in der Mitte: $\varphi_r = \varphi_t = 0{,}49$;
am Rande: $\varphi_t = \max\varphi = -0{,}75, \quad \varphi_t = \mu\,\varphi_r = 0{,}3\,\varphi_r$.

Nach den Hypothesen γ bzw. ζ (S. 338) ist am Rand (größte Beanspruchung)

$$\sigma_{\text{red}} = \sigma_r \qquad \text{bzw.} \qquad \sigma_{\text{red}} = \sigma_r\,\sqrt{1 + \mu^2 - \mu} = 0{,}89\,\sigma_r\,.$$

β) *Auf einen Kreis vom Halbmesser r_0 gleichmäßig verteilter Druck p* (Bild 116). Man kann sich den Druck p auch entstanden denken durch eine in der Mitte angreifende *Einzellast* P, die auf der Kreisfläche vom Halbmesser r_0 gleichmäßig verteilt ist. Dann wird $p = P/r_0^2\pi$. Für r_0/r ist ξ gesetzt.

Bei gleichem P wird p für kleiner werdende r_0 immer größer, und für $r_0 \to 0$, d. h. punktförmig angreifende Einzellast, versagen die Formeln hinsichtlich der Spannung.

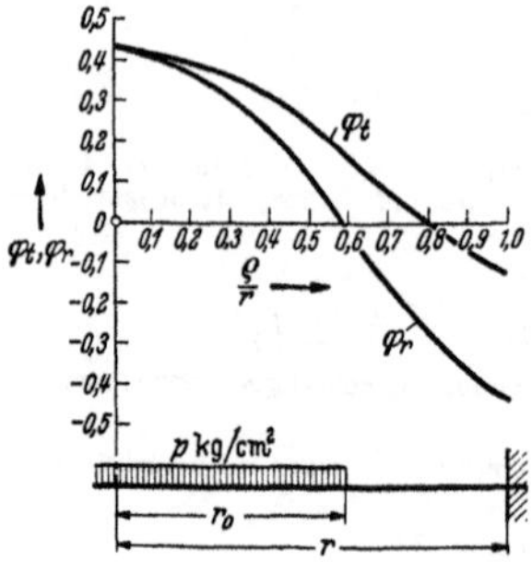

Bild 116

$\alpha\alpha$) Platte frei aufliegend:

$$\psi = 0{,}682\xi^2\,[2{,}54 - \xi^2\,(1{,}52 - \ln\xi)]^*;$$

in der Mitte: $\varphi_r = \varphi_t = \max\varphi = 1{,}95\xi^2\,(0{,}77 - 0{,}135\xi^2 - \ln\xi)$;

am Rande: $\varphi_r = 0, \quad \varphi_t = 0{,}525\xi^2\,(2 - \xi^2)$.

Bedingungen nach den Hypothesen γ bzw. ζ (S. 338): $\max\sigma \leqq \sigma_{zul}$.

$\beta\beta$) Platte fest eingespannt (Bild 116, wo $\xi = 0{,}6$ ist):

$$\psi = 0{,}682\,\xi^2\,[1 - \xi^2\,(0{,}75 - \ln\xi)];$$

in der Mitte: $\varphi_r = \varphi_t = 1{,}95\xi^2\,(0{,}25\xi^2 - \ln\xi) = \varphi_0$;

am Rande: $\varphi_r = -0{,}75\xi^2\,(2 - \xi^2) = -\varphi_1$ und $\varphi_t = \mu\,\varphi_r = 0{,}3\,\varphi_r$.

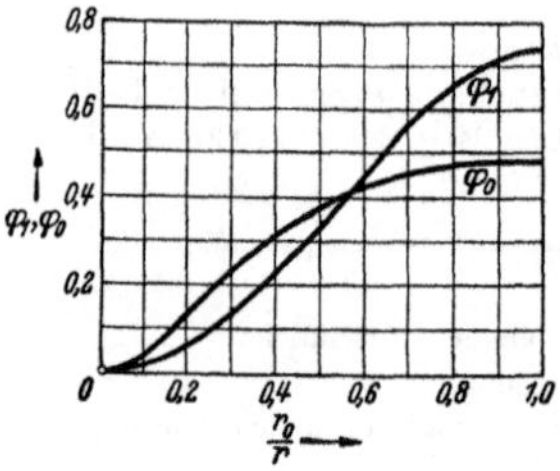

Bild 117

Ob in der Mitte oder am Rand die absolut größte Spannung auftritt, hängt vom Verhältnis $\xi = r_0/r$ ab, Bild 117, in dem die Beiwerte φ_0 und φ_1 in Abhängigkeit von ξ aufgetragen sind. Die Grenze liegt bei $\xi = r_0/r \approx 0{,}58$.

Den Verlauf der Werte φ_r und φ_t (und damit der diesen proportionalen Spannungen σ_r und σ_t) in Abhängigkeit von ϱ (Entfernung vom Mittelpunkt, Bild 115) bzw. von ϱ/r zeigt Bild 116. Der Absolutwert von φ_r am Rande (d. h. von φ_1) ist größer als der Wert von $\varphi_r = \varphi_t$ in der Mitte (d. h. von φ_0), da $\xi = r_0/r > 0{,}58$.

Beispiele: 1. Gegeben bei fester Einspannung $r = 20$ cm, $r_0 = 12$ cm, $P = 600$ kg. Gesucht die Plattendicke h für $\sigma_{zul} = 300$ kg/cm².

Für $\xi = 12/20 = 0{,}6$ (Bild 116 bzw. 117) liegt die absolut größte Spannung am Rande: $\varphi_r = -\varphi_1 = -0{,}75 \cdot 0{,}6^2\,(2 - 0{,}6^2) = -0{,}443$. Nach der *Mohr*schen Hypothese ist (wie unter α, $\beta\beta$) $\sigma_{red} = \sigma_r$. Also wird mit $\sigma_r = 0{,}443\,p\,r^2/h^2$ und $p = P/r_0^2\,\pi$

$$h_{erf} = \sqrt{\frac{0{,}443 \cdot p\,r^2}{\sigma_{zul}}} = \frac{r}{r_0}\sqrt{\frac{0{,}443 \cdot P}{\pi \cdot \sigma_{zul}}} = \frac{20}{12}\sqrt{\frac{0{,}443 \cdot 600}{\pi \cdot 300}} = 0{,}885 \text{ cm} \approx 9 \text{ mm}.$$

Nach der Hypothese der Gestaltänderungsarbeit ist (wie unter α, $\beta\beta$) $\sigma_{red} = 0{,}89\,\sigma_r$, und man erhält $h_{erf} = 0{,}836$ cm $\approx 8{,}5$ mm.

2. Für die gleichen Abmessungen, aber $r_0 = 4$ cm, d. h. $\xi = 4/20 = 0{,}2$, liegt nach Bild 117 die größte Spannung in der Mitte, und es wird

$$\varphi_r = \varphi_t = \varphi_0 = 1{,}95 \cdot 0{,}2^2\,(0{,}25 \cdot 0{,}2^2 - \ln 0{,}2) = 1{,}95 \cdot 0{,}04\,(0{,}01 + 1{,}61) = 0{,}127.$$

Nach der *Mohr*schen Hypothese sowohl wie nach der Hypothese der Gestaltänderungsarbeit muß $\max\sigma_t \leqq \sigma_{zul}$ sein, so daß

$$h_{erf} = \frac{20}{4}\sqrt{\frac{0{,}127 \cdot 600}{\pi \cdot 300}} = 1{,}43 \text{ cm} \approx 14{,}5 \text{ mm wird.}$$

b) Elliptische Platten, belastet durch gleichmäßig verteilten Druck p, Bild 118. Zur Abkürzung ist $b/a = \eta \leqq 1$ und $1/(3 + 2\eta^2 + 3\eta^4) = C$ gesetzt. Die Spannungen sind

$$\sigma_x = \varphi_x\,p\,b^2/h^2 \qquad \text{bzw.} \qquad \sigma_y = \varphi_y\,p\,b^2/h^2.$$

* Für $r_0 \to 0$ wird $f = 0{,}55\,P\,r^2/E\,h^3$.

α) *Feste Einspannung*: $f = 1{,}37\,C p b^4/E h^3$;

in der Mitte: $\varphi_x = 3C\,(0{,}3 + \eta^2)$, $\varphi_y = 3C\,(1 + 0{,}3\,\eta^2)$;

Enden der großen Achse: $\varphi_x = -6C\,\eta^2$, $\varphi_y = 0{,}3\,\varphi_x$;

Enden der kleinen Achse: $\varphi_x = 0{,}3\,\varphi_y$, $\varphi_y = \max\varphi = -6\,C$.

Beispiel: Eine fest eingespannte elliptische Platte von 45 mm Dicke mit den Achsen $2a = 420$ mm und $2b = 320$ mm wird durch 35 atü belastet. Gesucht die größte Beanspruchung.

Es wird $\eta = b/a = 2b/2a = 320/420 = 0{,}762$; $C = 1/(3 + 2\eta^2 + 3\,\eta^4) = 1/(3 + 2\cdot 0{,}581 + 3\cdot 0{,}337) = 1/5{,}17 = 0{,}194$. Die größte Beanspruchung tritt in den Endpunkten der kleinen Achse auf. Es ist dort $\varphi_y = \max\varphi = -6\,C = -6\cdot 0{,}194 = -1{,}164$ und $\varphi_x = \mu\,\varphi_y = 0{,}3\,\varphi_y$.

Nach *Mohr* wird demnach (s. a, α, ββ) $\sigma_{red} = \sigma_y$, d. h.

$$\sigma_{red} = \varphi_y p\,(b/h)^2 = 1{,}164\cdot 35\cdot (16/4{,}5)^2 \approx 514\ \text{kg/cm}^2.$$

Nach der Theorie der Gestaltänderung (s. a, α, ββ) folgt

$$\sigma_{red} = 0{,}89\,\sigma_y = 456\ \text{kg/cm}^2.$$

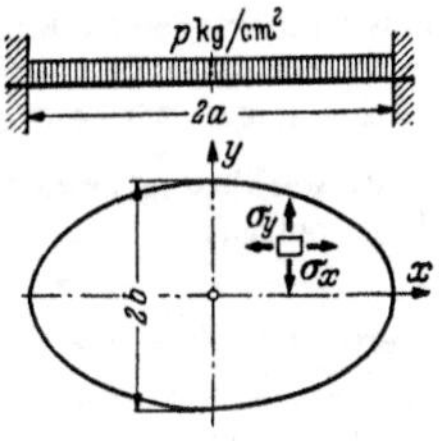

Bild 118

β) *Frei aufliegende Platte.* Näherungslösung: $\max\varphi = 3 - 2\eta$.

c) Rechteckige Platten (vgl. Bild 119) unter gleichmäßig verteiltem Druck p. Für die Durchbiegung bzw. für die Spannungen folgt

$$f = \psi p b^4/E h^3, \quad \sigma_x = \varphi_x p b^2/h^2, \quad \sigma_y = \varphi_y p b^2/h^2.$$

Die Beiwerte haben keine geschlossene Form und werden durch Reihen dargestellt[1].

α) *Frei aufliegende Platte* (Bild 119): Um Abheben zu vermeiden, müssen in den Ecken negative Auflagerkräfte $A = -\xi p b^2$ angebracht werden. Die *größten* Spannungen treten in der Mitte auf, Werte s. Tafel:

a/b	ψ	φ_x	φ_y	ξ
1,0	0,71	1,15	1,15	0,26
1,5	1,35	1,20	1,95	0,34
2,0	1,77	1,11	2,44	0,37
3,0	2,14	0,97	2,85	0,37
4,0	2,24	0,92	2,96	0,38
∞	2,28	0,90	3,00	0,38

β) *Fest eingespannte Platte*: Die absolut größte Spannung tritt in der Mitte der langen Seite auf, $\sigma_y = \max\sigma$; hier ist $\sigma_x = 0{,}3\,\sigma_y$. Werte s. Tafel:

a/b	ψ	Plattenmitte		Mitte der langen Seite
		φ_x	φ_y	φ_y
1,0	0,225	0,53	0,53	1,24
1,5	0,394	0,48	0,88	1,82
2,0	0,431	0,31	0,94	1,92
∞	0,455	0,30	1,00	2,00

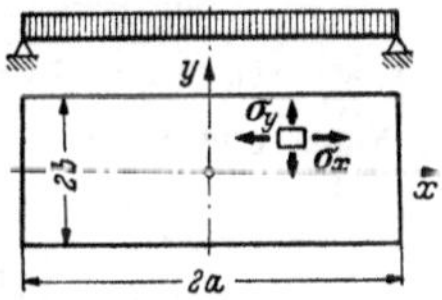

Bild 119

X. Beanspruchung bei Berührung zweier Körper

Werden zwei Körper mit gekrümmten Oberflächen aufeinandergepreßt, so tritt eine Abplattung ein. Die Grundlage zur Berechnung der Spannungen und der Formänderungen bildet die Theorie von *Hertz*[2]. Diese setzt homogene, isotrope, vollkommen elastische Körper, ferner die Gültigkeit des *Hooke*schen Gesetzes voraus und nimmt an, daß die Abplattung im Verhältnis zu den Körper-

[1] Schrifttum: *Beyer, K.:* Die Statik im Stahlbetonbau. 2. Aufl. Berlin: Springer 1956. — *Hencky, H.:* Über den Spannungszustand in rechteckigen, ebenen Platten. München-Berlin: Oldenbourg 1913. — *Marcus:* Die vereinfachte Berechnung biegsamer Platten. Berlin: Springer 1929. — *Nadai, A.:* Die elastischen Platten. Berlin: Springer 1925. — Ferner S. 328, Lit. 2, Bd. I.

[2] *Hertz, H.:* Über die Berührung fester elastischer Körper und über die Härte. Gesammelte Werke Bd. I. Leipzig 1895. — Vgl. a. S. 328, Lit. 2, Bd. II.

abmessungen klein ist. In der Druckfläche sollen nur normal gerichtete Kräfte auftreten.

Die Abplattung, d. h. die gesamte Näherung der beiden Körper, ist mit δ bezeichnet (in cm).

Bestehen die beiden Körper aus verschiedenen Stoffen mit verschiedenen Elastizitätsmaßen E_1 und E_2, so ist in den folgenden Formeln $E = 2E_1E_2/(E_1 + E_2)$ zu setzen. Dagegen wird die Querzahl für beide Stoffe als gleich angesehen. Es ist $\mu = 1/m = 0{,}3$ gesetzt.

a) Berührung zweier Kugeln, Bild 120. Der Radius der kreisförmigen Druckfläche beträgt

$$a = \sqrt[3]{1{,}5\,(1 - \mu^2)\,Pr/E} = 1{,}11\,\sqrt[3]{Pr/E}.$$

Hierbei ist $1/r = 1/r_1 + 1/r_2$, d. h. gleich der Summe der Krümmungen. Umschließt die eine Kugel die andere, so ist ihre Krümmung negativ (Hohlkugel), andernfalls positiv (Vollkugel). Die Abplattung δ beträgt

$$\delta = \sqrt[3]{2{,}25\,(1 - \mu^2)^2\,P^2/E^2r} = 1{,}23\,\sqrt[3]{P^2/E^2r}.$$

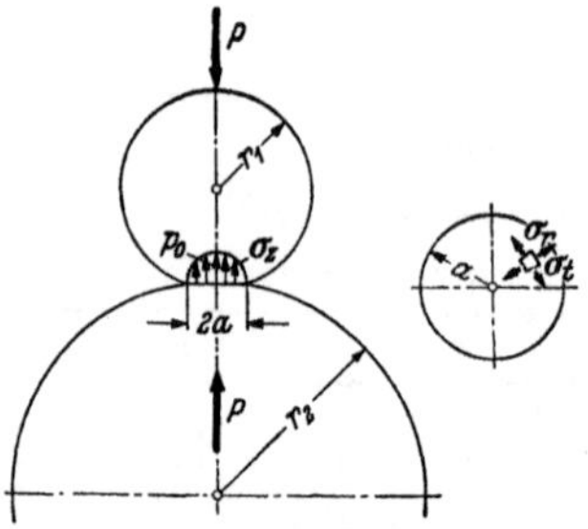

Bild 120

Die Druckspannung σ_z ist am Rande null und hat, über der Druckfläche aufgetragen, einen halbkugelförmigen Verlauf, wenn man den größten Druck p_0 in der Mitte gleich a zeichnet. Für p_0 folgt (minus-Zeichen, da Druckspannung)

$$p_0 = -\frac{1}{\pi}\sqrt[3]{\frac{1{,}5\,PE^2}{r^2\,(1-\mu^2)^2}} =$$
$$= -0{,}388\,\sqrt[3]{PE^2/r^2}.$$

Für die Spannungen in tangentialer bzw. radialer Richtung in der Druckfläche ergibt sich

in der Mitte: $\sigma_r = \sigma_t = p_0\,(1 + 2\,\mu)/2 = 0{,}8\,p_0$,

am Rande: $\sigma_r = -\sigma_t = 0{,}133\,p_0$

(drei- bzw. zweiachsiger Spannungszustand).

b) Kugel und Ebene. Die Formeln unter a) gelten in gleicher Weise; aus der Kugel 2 wird eine Ebene, d. h. es wird $1/r_2 = 1/\infty = 0$ und $r = r_1$, dem Halbmesser der Kugel.

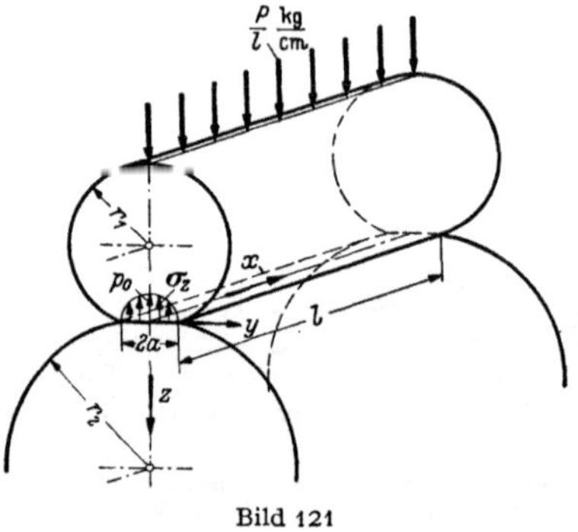

Bild 121

Der Spannungsverlauf längs der z-Achse zeigt[1], daß im Abstand $z = 0{,}47\,a$ die größte Schubspannung[2] $\max \tau = (\sigma_z - \sigma_t)/2 = 0{,}31\,p_0$ auftritt ($\sigma_z = 0{,}8\,p_0$, $\sigma_r = \sigma_t = 0{,}18\,p_0$), also größer als in der Druckfläche bzw. an ihrem Rande ist.

c) Zwei Zylinder von der Länge l und den Halbmessern r_1 und r_2, Bild 121, berühren sich längs einer Mantellinie und werden dann durch die gleichförmig über die Länge l verteilte Kraft P belastet. Die Druckfläche ist ein Rechteck von der Breite $2a$ und von der im Verhältnis hierzu großen Länge l:

[1] *Föppl, L.:* Der Spannungszustand und die Anstrengung der Werkstoffe bei der Berührung zweier Körper. Forschg. Ing.-Wes. Bd. 7 (1936) S. 209/21.

[2] Nach der Schubspannungshypothese maßgebend (*Mohr,* s. S. 337/38).

$$a = \sqrt{\frac{8\,(1-\mu^2)\,P\,r}{\pi\,E\,l}} = 1{,}52\sqrt{\frac{P\,r}{E\,l}},$$

worin $1/r_1 + 1/r_2 = 1/r$ [Vorzeichen s. a)].

Die Abplattung kann nach den *Hertz*schen Gleichungen nicht berechnet werden.

Die Druckspannung verteilt sich über die Breite halbkreisförmig, wenn die größte Druckspannung p_0 gleich a gezeichnet wird. Es ist

$$p_0 = -\sqrt{\frac{P\,E}{2\pi\,r\,l\,(1-\mu^2)}} = -0{,}418\sqrt{\frac{P\,E}{r\,l}}.$$

Ferner ist in der Mitte $\sigma_y = \sigma_z$, $\sigma_x = 2\mu\sigma_z = 0{,}6\,p_0$. An den Zylinderenden wird $\sigma_x = 0$. Der Spannungsverlauf längs der z-Achse[1] zeigt, daß $\max\tau = 0{,}30\,p_0$ für $z = 0{,}78\,a$ auftritt. Während in der Mitte $\tau_{\max} = \frac{1}{2}(p_0 - 0{,}6\,p_0) = 0{,}2\,p_0$ wird, ist an den Zylinderenden $\tau_{\max} = 0{,}5\,p_0$; daher empfiehlt es sich, die Zylinder an den Enden schwach zu verjüngen.

d) Zylinder und Ebene, die sich in unbelastetem Zustand längs einer Mantellinie des Zylinders berühren, ergeben die gleichen Formeln wie unter c), es wird $1/r_2 = 1/\infty = 0$, d. h. $r = r_1$, dem Halbmesser des Zylinders.

---

[1] Siehe Anm. 1, S. 412. — Vgl. auch: *Karas, Fr.:* Werkstoffanstrengung achsenparalleler Walzen nach den gebräuchlichen Festigkeitshypothesen. Forschg. Ing.-Wes. Bd. 11 (1940) S. 334/39.

Wärmelehre

Bearbeitet von Dr.-Ing. **O. Deublein,** Dortmund

Literatur: 1. *Nußelt, W.:* Technische Thermodynamik. Bd. I Grundlagen. Sammlung Göschen Bd. 1084. Berlin: de Gruyter 1943. — 2. *Bošnjaković, Fr.:* Technische Thermodynamik. Dresden/Leipzig: Steinkopff 1948. — 3. *Blasius, H.:* Wärmelehre. 5. Aufl. Hamburg: Boysen u. Maasch 1949. — 4. *Schmidt, E.:* Einführung in die technische Thermodynamik und in die Grundlagen der chemischen Thermodynamik. 7. Aufl. Berlin: Springer 1958. — 5. *Richter, H.:* Leitfaden der technischen Wärmelehre nebst Anwendungsbeispielen. Berlin: Springer 1950. — 6. *Nesselmann, K.:* Die Grundlagen der angewandten Thermodynamik. Berlin: Springer 1950.

Tafeln zu diesem Abschnitt s. Anhang.

I. Grundlagen

A. Die thermischen Zustandsgrößen

1. Temperatur

a) Begriffe: Die Temperatur ist ein Maß für den Wärmezustand eines Körpers. Zu ihrer zahlenmäßigen Festlegung dienen:

die *Celsius-Skala* mit den Hauptpunkten: Nullpunkt (0 °C) = Temperatur des schmelzenden Eises bei dem Druck von 760 mm QS; 100 °C = Siedepunkt des chemisch reinen Wassers bei dem Druck von 760 mm QS;

die *Fahrenheit-Skala* (in England und USA gebräuchlich), bei welcher der Schmelzpunkt des Eises mit 32 °Fahrenheit (32 °F) und der Siedepunkt des Wassers mit 212 °F bezeichnet wird. Umrechnung s. Tafeln im Anhang;

die *absolute Temperaturskala*, deren Nullpunkt bei — 273 °C (genau — 273,15 °C) liegt[1]. Die Einheit der absoluten Temperatur T wird mit Grad Kelvin (°K) oder mit Grad absolut (° abs.) (in England und USA mit Grad Rankine = °R) bezeichnet. Wenn t die Temperatur in °C ist, so ist $T\,°\mathrm{K} = t\,°\mathrm{C} + 273$ und $T\,°\mathrm{R} = 9/5\,t\,°\mathrm{C} + 491{,}69 = 9/5\,T\,°\mathrm{K}$.

b) Temperaturmessung[2] durch:

Flüssigkeitsthermometer

- mit Quecksilber (verwendbar von — 35° bis 300 °C),
- mit Quecksilber, über dessen Spiegel sich Stickstoff, Kohlensäure oder Argon unter 20 bis 100 at Druck befindet (verwendbar bis 800 °C),
- mit Toluol (verwendbar bis — 70° C), mit technischem Pentan (verwendbar bis — 200 °C).

Ragt der Flüssigkeitsfaden des Quecksilberthermometers um f Skalengrade aus dem Körper heraus, dessen Temperatur bestimmt werden soll, so ist zu der abgelesenen Temperatur t der Betrag $\Delta t = f\,(t - t_f)/6300$ zu addieren, wobei t_f die mit einem Hilfsthermometer zu messende mittlere Temperatur des herausragenden Fadens bedeutet (Fadenkorrektur).

Elektrische Temperaturmeßgeräte:

Widerstandsthermometer (verwendbar von ca. — 200 °C bis ca. 500 °C), beruht auf Zunahme des elektrischen Widerstandes von Metalldrähten mit steigender Temperatur. Verwendet werden vor allem Platin- und Nickeldrähte, deren elektrischer Widerstand in der *Wheatstone*schen Brücke bestimmt wird.

---

[1] Die absolute Temperaturskala ist seit 1954 festgelegt durch den absoluten Nullpunkt und den Tripelpunkt des Wassers, 273,16 °K. Der Eispunkt liegt demnach 0,01 grd unter dem Tripelpunkt.

[2] *Wunsch, G.*, u. *H. Rühle:* Meßgeräte im Industriebetrieb. Berlin: Springer 1936. — VDI-Temperaturmeßregeln. 2. Aufl. Berlin: VDI-Verlag 1940. — *Lieneweg, F.:* Temperaturmessung. Leipzig: Akad. Verlagsges. Geest & Partig 1950. — *Henning, F.:* Temperaturmessung. Leipzig: J. A. Barth 1951. — *Lindorf, H.:* Technische Temperaturmessungen. Essen: Girardet 1952.

Thermoelemente (ermöglichen Temperaturmessung in sehr kleinen punktförmigen Räumen). Ein Thermoelement besteht aus zwei Drähten verschiedener Metalle, deren Enden zusammengelötet sind. Man verwendet: Kupfer-Konstantan oder Eisen-Konstantan für Temperaturmessung bis 500° C, Platin-Platinrhodium von 500–1600° C. Die eine Lötstelle wird an der Temperaturmeßstelle angebracht, die andere auf konstanter Temperatur gehalten (zweckmäßig in Eiswasser von 0° C). Entsprechend dem Temperaturunterschied an den beiden Lötstellen fließt in den Drähten elektrischer Strom, dessen Spannung unmittelbar durch Millivoltmeter oder durch Kompensation gemessen wird.

Strahlungspyrometer (für sehr hohe Temperaturen):

Helligkeitspyrometer; hierbei wird die Helligkeit des Körpers verglichen mit der eines elektrisch beheizten Drahtes, dessen Temperatur durch Messung der zugeführten elektrischen Energie bestimmt wird.

Gesamtstrahlungspyrometer; hierbei fällt die Gesamtstrahlung des Meßkörpers auf ein geschwärztes Platinblättchen mit angelötetem Thermoelement.

Farbpyrometer; hierbei dient die Farbe des Meßkörpers als Maß für die Temperatur.

Segerkegel, d. h. Pyramiden aus Silikatgemischen von 6 cm Höhe, die in vielen Nummern für entsprechende Temperaturen hergestellt werden; eine Auswahl zeigt die Tafel im Anhang. Der Kegel erweicht, und wenn die Spitze die Unterlage berührt, ist die ihm zugeschriebene Temperatur schätzungsweise erreicht.

Farbanstriche; es handelt sich um temperaturabhängige Farbkörper, mit denen man Temperaturverteilungen auf Oberflächen, z. B. Zylinderköpfen von Verbrennungsmotoren, sichtbar machen kann[1].

c) Ausdehnungskoeffizienten. Nahezu alle Stoffe dehnen sich mit wachsender Temperatur aus. Eine Ausnahme macht Wasser, das bei 4° C sein kleinstes Volumen einnimmt. Wird ein Stab von der Länge l_1 und der Temperatur t_1 auf die Temperatur t_2 erwärmt, so ist seine Längenänderung

$$\Delta l = l_2 - l_1 = l_1\,\alpha\,(t_2 - t_1).$$

Hierin ist α der *lineare Ausdehnungskoeffizient;* Dimension m/m grd = 1/grd.

Wird ein Körper vom Volumen V_1 und der Temperatur t_1 auf die Temperatur t_2 gebracht, so ist seine Volumenänderung

$$\Delta V = V_2 - V_1 = V_1\,\beta\,(t_2 - t_1).$$

Hierin ist β (1/grd) der *kubische Ausdehnungskoeffizient.* Für homogene feste Körper ist: $\beta = 3\,\alpha$. Ausdehnungskoeffizienten für verschiedene Stoffe s. Tafel im Anhang.

2. Druck

Der Druck ist die auf die Flächeneinheit m² (P) oder cm² (p) eines Körpers wirkende Kraft in kg oder dyn. Man kann den Druck auch durch die Druckhöhe, d. i. das Gewicht einer Flüssigkeitssäule (z. B. Wasser, Quecksilber, Alkohol) von der Höhe h und dem Querschnitt 1 m² oder 1 cm² ausdrücken. Der Druck von 1 mm QS bei 0° C wird mit 1 Torr (benannt nach *Torricelli*) bezeichnet. Maße für Drücke und Druckhöhen s. Tafel im Anhang.

Wird der Druck mit einem Quecksilberbarometer gemessen, so ist der abgelesene Quecksilberstand b_t mm Quecksilbersäule, deren Temperatur t °C ist, auf 0° C zu reduzieren. Der reduzierte Barometerstand ist in Torr:

$$b = b_t - t/8.$$

Der mit dem Manometer gemessene Druck gibt gewöhnlich den Druck *über* dem atmosphärischen Luftdruck an. Der absolute Druck p in ata setzt sich zusammen aus dem gemessenen Überdruck $p_ü$ in atü und dem atmosphärischen Luftdruck p' in at. Es ist

$$p = p_ü + p'.$$

Bei Drücken *unter* dem atmosphärischen Luftdruck mißt man auch gewöhnlich den Unterdruck p_u in atu. Der absolute Druck p ist

$$p = p' - p_u.$$

[1] *Penzig, Z.:* VDI-Z. Bd. 83 (1939) S. 69. – *Guthmann, K.:* Erfahrungen mit Temperaturmeßfarben. Stahl u. Eisen Bd. 70 (1950) S. 116/18.

Beispiel: Das Manometer eines Dampfkessels zeigt $p_ü = 12$ atü, und der Barometerstand ist bei 16 °C Quecksilbertemperatur $b_t = 745$ mm QS. Der absolute Druck im Dampfkessel ist

$$p = 12 + \frac{745 - 16/8}{735{,}5} = 13{,}01 \text{ ata.}$$

3. Volumen

Das *Volumen* eines Körpers wird in m³, lit oder cm³ gemessen.

Das *spez. Volumen* v ist das Volumen, das ein Körper von 1 kg Gewicht einnimmt. Ist G kg das Gewicht und V m³ das Volumen eines Körpers, so ist $v = V/G$ m³/kg.

Das *spez. Gewicht* γ ist das Gewicht eines Körpers von 1 m³ Volumen. Es ist: $\gamma = G/V = 1/v$ kg/m³.

Die *Dichte* ϱ ist die Masse eines Körpers von 1 m³ Volumen (Masse = Gewicht G/Fallbeschleunigung g). Es ist:

$$\varrho = G/g\,V = \gamma/g = 1/(v g) \text{ kg}_{\text{Masse}}/\text{m}^3.$$

B. Erster Hauptsatz der Thermodynamik

a) Wärmeäquivalent. Wärme ist Energie. Ebenso wie aus potentieller, kinetischer oder elektrischer Energie kann auch aus einer Wärmemenge Q eine Arbeit L gewonnen werden.

Wärme und Arbeit sind gleichwertig (äquivalent).

$$Q = A\,L^*.$$

Der Proportionalitätsfaktor A heißt das *mechanische Wärmeäquivalent.*

Die *Einheit* der *Wärmemenge* ist die *internationale Kilokalorie* (kcal_{IT}). Sie ist der 860. Teil einer Kilowattstunde (kWh). 1 cal = $^1/_{1000}$ kcal. Es ist also:

$$A = 860 \text{ kcal/kWh}$$

$$\text{oder} \quad A = {}^1/_{427} \text{ kcal/mkg} \quad (\text{genau } {}^1/_{426{,}78}).$$

Weitere Wärmeäquivalente s. Tafel im Anhang.

Früher galt als Einheit der Wärmemenge die $\text{kcal}_{15°}$. Sie ist die zur Erwärmung von 1 kg Wasser von 14,5 auf 15,5 °C erforderliche Wärmemenge. Es ist 1 $\text{kcal}_{IT} = 1{,}00031\ \text{kcal}_{15°}$.

Durch Beschluß der Generalkonferenz für Maße und Gewichte im Jahre 1948 ist das Joule (J) als Einheit der Energie und damit auch der Wärmemenge festgesetzt. Es ist 1 kcal = 4186,8 J.

Wärme ist an einen Körper gebunden, der fest, flüssig oder gasförmig sein kann. In den Wärmekraftmaschinen werden zur Umwandlung von Wärme in Arbeit ausschließlich gasförmige Stoffe als Wärmeträger verwendet.

Eine Energie kann nur von der einen in eine andere Energieform umgewandelt werden, aber nicht verlorengehen. Eine Maschine, die aus Nichts Arbeit erzeugt, ein „Perpetuum mobile I. Art", ist unmöglich.

b) Die **innere Energie** U (kcal) ist die in einem Körper gespeicherte Wärmemenge. Sie ist abhängig von der Temperatur. Die *spez. innere Energie* u ist die innere Energie eines Körpers von 1 kg Gewicht. Es ist

$$u = U/G \text{ kcal/kg}.$$

c) Die **äußere Arbeit** L wird bei der Volumenvergrößerung eines flüssigen oder gasförmigen Körpers nach außen abgegeben. Bei der Volumenänderung $\mathrm{d}V$ m³ eines Gases unter dem Druck P kg/m² ist die geleistete äußere Arbeit $\mathrm{d}L = P\,\mathrm{d}V$ mkg (gilt nur für umkehrbare Zustandsänderungen, s. S. 419). Ex-

* Nach den Vereinbarungen des Ausschusses für Einheiten und Formelgrößen (AEF) wird die Arbeit mit A, das mechanische Wärmeäquivalent mit $1/J$ bezeichnet. Somit ist $Q = A/J$; diese Bezeichnungen haben sich aber nicht allgemein durchgesetzt.

pandiert ein Gas vom Druck P_1 und dem Volumen V_1 auf den Druck P_2 und das Volumen V_2, so ist die hierbei geleistete äußere Arbeit

$$L = \int_1^2 P\,\mathrm{d}V \text{ mkg}, \quad \text{(gebraucht man } v\text{, so ergibt sich } L \text{ in mkg/kg)} \tag{1}$$

entsprechend der Fläche $12ab$ im P,v-Diagramm (Bild 1).

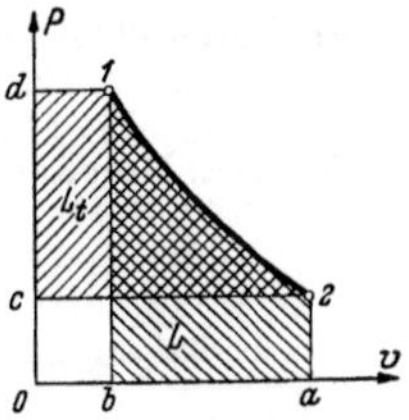

Bild 1. P, v-Diagramm
L = äußere Arbeit;
L_t = technische Arbeit

d) Gleichung des I. Hauptsatzes. Die einer Flüssigkeit oder einem Gas zugeführte Wärmemenge $\mathrm{d}Q$ kcal bewirkt nach dem I. Hauptsatz: 1. eine Vergrößerung der inneren Energie um $\mathrm{d}U$ kcal, 2. die äußere Arbeit $A\,\mathrm{d}L$ kcal. Die äußere kinetische Energie und äußere potentielle Energie können gegenüber der inneren Energie meist vernachlässigt werden. Dann lautet die *Gleichung des I. Hauptsatzes*

$$\mathrm{d}Q = \mathrm{d}U + A\,\mathrm{d}L. \tag{2}$$

Bei Zuführung der Wärmemenge Q kcal und der Zustandsänderung des Gases von 1 bis 2 gilt

$$Q = U_2 - U_1 + A\,L. \tag{2a}$$

In die Gln. (2) und (2a) werden die dem Gas zugeführte Wärmemenge positiv, die abgeführte Wärmemenge negativ, die geleistete oder abgegebene Arbeit positiv und die aufgewendete oder zugeführte Arbeit negativ eingesetzt.

Es ist darauf zu achten, daß alle Glieder der Gl. (2) die gleichen Dimensionen haben. Werden z. B. Q und U in kcal eingesetzt, so muß auch $A\,L = A\int_1^2 P\,\mathrm{d}V$ in kcal eingesetzt werden. Das Produkt $P\,\mathrm{d}V$ mit der Dimension $(\mathrm{kg/m^2})\cdot\mathrm{m^3}$ ist also mit dem Wärmeäquivalent $A = 1/427$ kcal/mkg zu multiplizieren.

e) Enthalpie. Die Gesamtenergie E eines strömenden Gases oder einer Flüssigkeit vom Gewicht G kg und der Strömungsgeschwindigkeit w m/sek setzt sich zusammen aus der inneren Energie U kcal, der Verschiebearbeit PV mkg und der kinetischen Energie $Gw^2/2g$ mkg (g = Fallbeschleunigung in m/sek²), also

$$E = U + A\,P\,V + A\,G\,w^2/2g \text{ kcal}. \tag{3}$$

Der Wärmewert der kinetischen Energie kann bei Geschwindigkeiten $w < 40$ m/sek gegenüber den anderen Energien meist vernachlässigt werden.

Man nennt

$$U + A\,P\,V = I \tag{4}$$

die *Enthalpie* oder den *Wärmeinhalt*. Die Enthalpie eines Körpers von 1 kg Gewicht ist

$$i = I/G \text{ kcal/kg}.$$

Die Enthalpie I und die innere Energie U heißen kalorische Zustandsgrößen. Mit

$$\mathrm{d}U = \mathrm{d}I - A\,P\,\mathrm{d}V - A\,V\,\mathrm{d}P \quad \text{nach Gl. (4) und} \quad \mathrm{d}L = P\,\mathrm{d}V$$

wird Gl. (2)

$$\mathrm{d}Q = \mathrm{d}I - A\,V\,\mathrm{d}P \tag{5}$$

und damit Gl. (2a)

$$Q = I_2 - I_1 - A\int_1^2 V\,\mathrm{d}P \quad \text{(5a)} \qquad \text{oder} \qquad Q = I_2 - I_1 + A\,L_t, \quad \text{(5b)}$$

somit $Q = U_2 - U_1 + AL = I_2 - I_1 + AL_t$ (s. Bild 1).

f) Die **technische Arbeit**

$$A\,L_t = -A\int_1^2 V\,\mathrm{d}P \tag{6}$$

entsprechend der Fläche $12cd$ (Bild 1) ist die in einer Maschine gewonnene Arbeit, wenn der Maschine ein Gas oder ein Dampf mit der Enthalpie I_1 kcal zuströmt und mit der Enthalpie I_2 kcal entströmt.

Aus dem P, V-Diagramm (Bild 1) folgt

$$\text{Fläche } 12cd = \text{Fläche } 12ab + \text{Fläche } 1b0d - \text{Fläche } 2a0c,$$

also

$$L_t = L + P_1 V_1 - P_2 V_2 \text{ mkg}.$$

g) Wärmebilanz. Einer Wärmekraftanlage wird mit dem arbeitenden Stoff (Gas oder Dampf) die Wärmemenge Q kcal zugeführt. Er leistet in der Maschine die Arbeit L_t mkg; anschließend wird ihm die Wärmemenge Q_0 kcal entzogen. Nach dem I. Hauptsatz ist

$$Q = Q_0 + A L_t \quad (\textit{Wärmebilanz}). \tag{7}$$

C. Spezifische Wärme

a) Begriff. Die spez. Wärme ist die Wärmemenge, die erforderlich ist, um 1 kg, 1 m³ oder 1 Mol eines Körpers um 1 grd zu erwärmen. Ihre Dimension ist:

$$c \text{ (kcal/kg grd)}, \quad C \text{ (kcal/m}^3\text{ grd)} \quad \text{oder} \quad Mc \text{ (kcal/kmol grd)}.$$

Es ist $C = c\gamma$, $c = Mc/M$, wobei γ das spez. Gewicht in kg/m³ und M das Molekulargewicht ist.

Spez. Wärme fester und flüssiger Körper und von Gasen s. Tafeln im Anhang.

b) Kalorimetrische Gleichung. Um die Temperatur eines Körpers vom Gewicht G kg um den unendlich kleinen Betrag dt grd zu erhöhen, ist ihm die Wärmemenge

$$dQ = Gc\, dt \text{ kcal} \quad \text{(kalorimetrische Gleichung)} \tag{8}$$

zuzuführen. Analog gilt

für V m³ des Körpers $\quad dQ = VC\, dt$ kcal (8a)

und für G/M kmol $\quad dQ = \frac{G}{M}(Mc)\, dt$ kcal. (8b)

Das Produkt Gc (*Wasserwert*) in kcal/grd gibt die Wärmemenge an, die eine Temperaturänderung des Körpers von G kg um 1 grd bewirkt.

c) Mittlere spez. Wärme. Die spez. Wärme ist von der Temperatur abhängig und nimmt bei den meisten Stoffen mit der Temperatur zu. Um die Temperatur eines Körpers vom Gewicht G von t_1 auf t_2 zu erhöhen, ist die Wärmemenge

$$Q = G\int_1^2 c\, dt = G\left(\int_0^{t_2} c\, dt - \int_0^{t_1} c\, dt\right) \text{ kcal}$$

erforderlich. Mit der *mittleren spez. Wärme* zwischen 0 und t

$$c_m\Big|_0^t = \frac{1}{t}\int_0^t c\, dt \tag{9}$$

wird

$$Q = G\left(c_m\Big|_0^{t_2} t_2 - c_m\Big|_0^{t_1} t_1\right) \text{ kcal}. \tag{10}$$

Im Gegensatz zur mittleren spez. Wärme $c_m\big|_0^t$ wird c als *wahre spez. Wärme* bezeichnet. Nur für kleine Temperaturunterschiede oder wenn $c = \text{const.}$, gilt

$$Q = Gc(t_2 - t_1) \text{ kcal}.$$

Werte für die spez. Wärmen s. Tafeln im Anhang.

d) Mischungstemperatur. Werden mehrere Stoffe, deren Gewichte G_1, G_2, G_3 ... kg, deren spez. Wärmen c_1, c_2, c_3, ... kcal/kg grd und deren Temperaturen t_1, t_2, t_3, ... °C sind, miteinander gemischt, ohne daß Wärme von außen aufgenommen oder nach außen abgegeben oder äußere Arbeit geleistet wird oder chemische Veränderungen oder Änderung des Aggregatzustandes auftreten, so ist die Temperatur nach der Mischung

$$t_m = \frac{G_1 c_1 t_1 + G_2 c_2 t_2 + G_3 c_3 t_3 + \cdots}{G_1 c_1 + G_2 c_2 + G_3 c_3 + \cdots}.$$

Die hierbei von den kälteren Körpern aufgenommene Wärme ist gleich der von den wärmeren Körpern abgegebenen.

Beispiel: In einem eisernen Behälter vom Wasserwert $G_1 c_1 = 5 \cdot 0{,}111 = 0{,}555$ kcal/grd und der Temperatur $t_1 = 20$ °C befinden sich $G_2 = 4$ kg Wasser mit der spez. Wärme $c_2 = 1$ kcal/kg grd und der Temperatur $t_2 = 20$ °C, in das $G_3 = 6$ kg Blei ($c_3 = 0{,}031$ kcal/kg grd) von der Temperatur $t_3 = 150$ °C getaucht wird. Wenn keine Wärme nach außen abgegeben wird, ist die Temperatur nach der Mischung

$$t_m = \frac{0{,}555 \cdot 20 + 4 \cdot 1 \cdot 20 + 6 \cdot 0{,}031 \cdot 150}{0{,}555 + 4 \cdot 1 + 6 \cdot 0{,}031} = \frac{119}{4{,}741} = 25{,}1\ ^\circ\mathrm{C}.$$

D. Zweiter Hauptsatz der Thermodynamik

a) Umkehrbare und nicht umkehrbare Zustandsänderungen. Eine Zustandsänderung von Körpern ist *umkehrbar* (reversibel), wenn sie in jedem Augenblick wieder rückläufig vor sich gehen kann, ohne daß dabei Veränderungen der beteiligten Körper zurückbleiben. Dies ist nur möglich, wenn zwischen den beteiligten Körpern keine endlichen Temperatur- oder Drucksprünge auftreten. Wirkliche Zustandsänderungen sind gewöhnlich nicht umkehrbar. Thermodynamische Zustandsänderungen verlaufen nur in Richtung auf den Gleichgewichtszustand, in welchem die Temperaturen oder die Drücke der beteiligten Stoffe einander gleich werden. Die Zustandsänderungen verlaufen um so schneller, je weiter der Zustand der Körper vom Gleichgewichtszustand entfernt ist. Einer umkehrbaren Zustandsänderung nähert man sich also um so mehr, je langsamer sie verläuft. Typisch *nicht umkehrbare* (irreversible) Zustandsänderungen sind: Wärmeübergang bei endlichen Temperaturunterschieden, Mischung von Gasen und Flüssigkeiten, Reibung und Drosselung.

b) Die **Entropie** ist eine kalorische Zustandsgröße, d. h. nur abhängig von zwei der drei thermischen Zustandsgrößen Temperatur, Druck und Volumen eines Körpers. Wird einem Körper bei der Temperatur T eine unendlich kleine Wärmemenge $\mathrm{d}Q$ zugeführt, so beträgt die Änderung der Entropie des Körpers

$$\mathrm{d}S = \frac{\mathrm{d}Q}{T} = \frac{\mathrm{d}U + A P \,\mathrm{d}V}{T} = \frac{\mathrm{d}I - A V \,\mathrm{d}P}{T}\ \text{kcal/grd.} \quad (11)$$

Bei Zufuhr der endlichen Wärmemenge Q kcal ist die Entropieänderung

$$S_2 - S_1 = \Delta S = \int_1^2 \mathrm{d}Q/T \ \text{kcal/grd (1 kcal/grd = 1 Clausius).} \quad (11\,\mathrm{a})$$

c) Gleichung des II. Hauptsatzes. Die Entropie je Gewichtseinheit des Körpers ist: $s = S/G$ kcal/kg grd. Bleibt die Temperatur des Körpers bei der Wärmezufuhr $q = Q/G$ konstant (Isotherme), so ist

$$\Delta s = q/T.$$

Die Entropie eines *abgeschlossenen* Systems kann nie abnehmen, also Δs nie negativ sein. Die Entropieänderung aller an einem Prozeß beteiligten Körper ist gleich null, wenn die Zustandsänderungen umkehrbar, und größer als null, also positiv, wenn die Zustandsänderungen nicht umkehrbar verlaufen.

Wird z. B. von einem Körper von der Temperatur T die Wärmemenge q abgeführt (q negativ) und diese einem zweiten Körper von der Temperatur T_0 zugeführt (q positiv), dann ist

$$\Delta s = -q/T + q/T_0.$$

Bei umkehrbarem Wärmeübergang ist $T = T_0$, also $\Delta s = 0$, bei nicht umkehrbarem Wärmeübergang dagegen ist $T > T_0$, also $\Delta s > 0$.

Für umkehrbare Zustandsänderungen ist

$$q = \int_1^2 T\,\mathrm{d}s\,, \qquad L = \int_1^2 P\,\mathrm{d}V\,.$$

Für nicht umkehrbare Zustandsänderungen ist

$$q < \int_1^2 T\,\mathrm{d}s\,, \qquad L < \int_1^2 P\,\mathrm{d}V\,.$$

Infolge der Nichtumkehrbarkeit der Zustandsänderungen entsteht ein Arbeitsverlust.

d) *T*, *s*-Diagramm. Trägt man im T,s-Diagramm für die Zustandsänderung eines Körpers die absolute Temperatur T über der Entropie s auf, so ergibt sich für umkehrbare Zustandsänderung, da $q = \int_1^2 T\,\mathrm{d}s$, die zu- bzw. abzuführende Wärmemenge als Fläche unter der Zustandsänderung (z. B. Fläche $12ab$ in Bild 2).

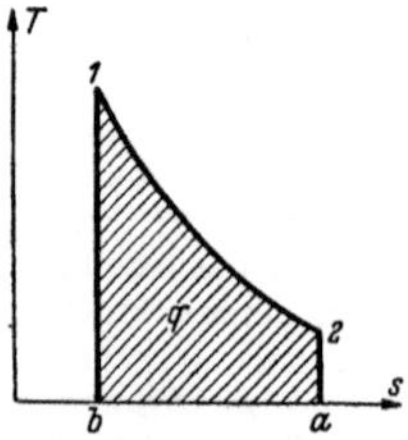

Bild 2. T, s-Diagramm

e) Formulierungen des II. Hauptsatzes. Die allgemeinste Fassung des II. Hauptsatzes lautet: Ein Vorgang, bei dem die Summe der Entropien aller am Vorgang beteiligten Körper abnimmt, ist unmöglich. Hieraus ergeben sich folgende Sätze: Wärme kann nie von selbst von einem kalten auf einen warmen Körper übergehen. Eine dauernd arbeitende Maschine, die einen Wärmevorrat in Arbeit verwandelt, ohne daß sonstige Veränderungen auftreten, ist unmöglich. Die Wärme eines Systems von Körpern gleicher Temperatur läßt sich nicht in Arbeit verwandeln. Eine Maschine, die aus der Wärme der Umgebung Arbeit gewinnt, ein „Perpetuum mobile II. Art", ist unmöglich.

II. Thermodynamik der Gase

A. Zustandsgleichungen

1. Ideale Gase

Das *vollkommene* oder *ideale Gas* ist ein gedachtes Gas, dessen Moleküle kein Eigenvolumen haben und zwischen denen keine Anziehungs- oder Abstoßungskräfte herrschen. Die spez. Wärmen c_p und c_v des idealen Gases sind nicht von der Temperatur abhängig, also konstant. Einatomige Gase, wie z. B. Helium und atomarer Wasserstoff, verhalten sich nahezu wie ein ideales Gas.

a) Die **thermische Zustandsgleichung** stellt eine Beziehung zwischen den Zustandsgrößen Druck P, Volumen V und Temperatur t dar, wonach

$$P = \mathrm{f}(t, V) \qquad \text{oder} \qquad V = \mathrm{f}(P, t)\,.$$

α) Wird ein Gas unter *konstantem Druck* von 0 auf t erwärmt, so nimmt sein spez. Volumen v_0 auf

$$v = v_0\,(1 + \beta\, t)\ \mathrm{m^3/kg}$$

zu (*Gay-Lussac*sches Gesetz). Für ideale Gase ist der kubische Ausdehnungskoeffizient $\beta = 1/273{,}15 \approx 1/273$ 1/grd. Somit ist

$$v = v_0\,(273{,}15 + t)/273{,}15 = v_0\,\beta . T\,.$$

Beim absoluten Nullpunkt $T = 0\,°\mathrm{K}$ ist also das Volumen des idealen Gases gleich null. Für eine Temperaturänderung von T_1 auf T_2 unter konstantem Druck gilt

$$v_1/v_2 = T_1/T_2\,.$$

β) Verändert man den Druck des idealen Gases bei ***konstanter Temperatur***, so ist

$$Pv = \text{const.} \quad (\textit{Boyle-Mariotte}\text{sches Gesetz}),$$

und bei der Druckänderung von P_1 auf P_2 gilt demnach

$$P_1/P_2 = v_2/v_1.$$

γ) Wird zunächst die Temperatur des idealen Gases bei konstantem Druck P_1 von T_1 auf T_2 erhöht, so nimmt das Volumen von v_1 auf

$$v_2' = v_1 T_2/T_1 \text{ m}^3/\text{kg}$$

zu. Wird anschließend der Druck dieses Gases von P_1 auf P_2 bei konstanter Temperatur erhöht, so ist am Ende sein Volumen

$$v_2 = v_2' P_1/P_2 = v_1 \frac{T_2}{T_1} \cdot \frac{P_1}{P_2}.$$

Es ist also

$$\frac{P_2 v_2}{T_2} = \frac{P_1 v_1}{T_1} = \text{const.} = R \text{ mkg/kggrd},$$

R ist die *Gaskonstante*, eine für jedes Gas charakteristische Größe. Die *thermische Zustandsgleichung* lautet somit

$$Pv = RT \tag{12}$$

$$\text{oder} \quad PGv = GRT \quad \text{oder} \quad PV = GRT \tag{12a}$$

$$\text{oder} \quad PMv = MRT, \tag{12b}$$

wobei M das Molekulargewicht und Mv das Molvolumen bedeuten.

δ) *Molvolumen.* Nach dem *Gesetz von Avogadro* enthalten alle idealen Gase bei gleichem Druck und gleicher Temperatur in gleichen Räumen gleich viel Moleküle. Demnach verhalten sich die spez. Gewichte zweier Gase 1 und 2 wie ihre Molekulargewichte: Es ist

$$\gamma_1/\gamma_2 = v_2/v_1 = M_1/M_2, \quad \text{also}$$
$$M_1 v_1 = M_2 v_2,$$

d. h. das *Molvolumen* aller Gase ist bei gleichem Druck und gleicher Temperatur gleich groß. Ein Mol (kmol) ist die Gasmenge von so viel kg Gewicht, wie das Molekulargewicht Einheiten hat, z. B. 1 kmol O_2 = 32 kg O_2. Beim physikalischen Normzustand, d. i. 760 Torr und 0 °C, ist das Molvolumen: $Mv = 22{,}4$ kgm³/kg = 22,4 m³ und beim technischen Normzustand (1 ata und 20 °C) $Mv = 24{,}8$ m³.

Das nur von t und p, nicht von der Gasart abhängige Molvolumen wird aus dem spez. Gewicht $\gamma = 1{,}43$ kg/m³ des Sauerstoffes bei 0° und 760 Torr berechnet. M kg O_2 = 32 kg O_2 nehmen den Raum 32/1,43 = 22,4 m³ ein. Denselben Raum nehmen 2 kg H_2, 28 kg CO usw. ein.

ε) Das *Normkubikmeter* Nm³ ist die Menge eines Gases, die bei 0 °C und 760 Torr 1 m³ erfüllt: 1 Nm³ = 1/22,4 kmol.

Das Normkubikmeter ist kein Raummaß, sondern eine Gasmenge in Raumabmessungen ausgedrückt.

Das spez. Gewicht eines idealen Gases ist bei 0 °C und 760 Torr $\gamma_{760\,\text{Torr},\,0\,°\text{C}} = M/22{,}4$ kg/m³.

ζ) *Gaskonstante.* Setzt man in die thermische Zustandsgleichung des idealen Gases $Mv = 22{,}4$ m³ und dementsprechend $P = 10332$ kg/m² und $T = 273{,}15$ °K ein, so ergibt sich die *Gaskonstante* (s. o.)

$$R = PMv/MT = \frac{10332 \cdot 22{,}4}{M\, 273{,}15} = \frac{848}{M} \text{ m/grd}, \tag{13}$$

ein für jedes einzelne Gas fester Wert.

Die *allgemeine Gaskonstante*, von der Gasart unabhängig, also für alle Gase gleich, ist

$$\mathfrak{R} = 847{,}82 \approx 848 \text{ mkg/kmolgrd}.$$

Beispiel: Das spez. Volumen von Luft von 30 ata und 100° C ist

$$v = \frac{848\,T}{M P} = \frac{848 \cdot 373}{29 \cdot 300000} = 0{,}0364 \text{ m}^3/\text{kg}.$$

b) Die **kalorische Zustandsgleichung** stellt die Beziehung zwischen den kalorischen Zustandsgrößen (innere Energie u, Enthalpie i und Entropie s) und den thermischen Zustandsgrößen (P, v, T) dar.

α) Die *innere Energie* des idealen Gases ist nur von seiner Temperatur abhängig.

Nach Gln. (2) und (8) ist

$$\mathrm{d}q = \mathrm{d}u + A\,P\,\mathrm{d}v = c\,\mathrm{d}T.$$

Bei Wärmezufuhr unter konstantem Volumen ist $\mathrm{d}v = 0$ und somit

$$\mathrm{d}q = \mathrm{d}u = c_v\,\mathrm{d}T. \tag{14}$$

Hierin ist c_v kcal/kg grd die *spez. Wärme bei konstantem Volumen.* Da die spez. Wärme der idealen Gase nur von der Art des Gases und nicht von der Temperatur abhängt, ist die Differenz der inneren Energien zwischen den Temperaturen T_1 und T_2

$$u_1 - u_2 = c_v\,(T_1 - T_2) \text{ kcal/kg}. \tag{14a}$$

β) Wird dem Gas die Wärmemenge $\mathrm{d}q$ bei konstantem Druck ($\mathrm{d}P = 0$) zugeführt, so ist nach Gln. (5) und (8)

$$\mathrm{d}q = \mathrm{d}i = c_p\,\mathrm{d}T. \tag{15}$$

Hierin ist c_p kcal/kg grd die *spez. Wärme bei konstantem Druck*. Für ideales Gas ist die *Enthalpie*differenz zwischen T_1 und T_2

$$i_1 - i_2 = c_p\,(T_1 - T_2) \text{ kcal/kg}. \tag{15a}$$

γ) Nach den Gln. (2), (14) und (11) ist

$$\mathrm{d}q = c_v\,\mathrm{d}T + A\,P\,\mathrm{d}v = T\,\mathrm{d}s$$

und demnach $\quad \mathrm{d}s = c_v\,\mathrm{d}T/T + A\,P\,\mathrm{d}v/T.$

Mit $P/T = R/v$ wird: $\mathrm{d}s = c_v\,\mathrm{d}T/T + A\,R\,\mathrm{d}v/v$. Hieraus folgt für die *Entropie* eines idealen Gases

$$s = c_v \ln T + A\,R \ln v + s_0 \text{ kcal/kg grd} \quad (s_0 = \text{Integrationskonstante}).$$

Die Entropiedifferenz zwischen zwei Zuständen 1 und 2 ist

$$s_2 - s_1 = c_v \ln T_2/T_1 + A\,R \ln v_2/v_1 \text{ kcal/kg grd}. \tag{16}$$

Aus $\mathrm{d}q = c_p\,\mathrm{d}T - A\,v\,\mathrm{d}P = T\,\mathrm{d}s$ folgt $\mathrm{d}s = c_p\,\mathrm{d}T/T - A\,v\,\mathrm{d}P/T$.

Mit $v/T = R/P$ ist

$$\mathrm{d}s = c_p\,\mathrm{d}T/T - A\,R\,\mathrm{d}P/P$$

und $\quad s = c_p \ln T - A\,R \ln P + s_0' \quad (s_0' = \text{Integrationskonstante})$

bzw. $\quad s_2 - s_1 = c_p \ln T_2/T_1 - A\,R \ln P_2/P_1 \text{ kcal/kg grd}. \qquad (16a)$

δ) Wird einem idealen Gas bei konstantem Druck die Wärmemenge $\mathrm{d}q$ zugeführt, so gilt

$$\mathrm{d}q = c_p\,\mathrm{d}T = c_v\,\mathrm{d}T + A\,P\,\mathrm{d}v;$$

demnach ist $\quad c_p = c_v + A\,P\,\mathrm{d}v/\mathrm{d}T.$

Da $v = R\,T/P$ und $\mathrm{d}v/\mathrm{d}T = R/P$, so wird $c_p = c_v + A\,R$.

Mit Gl. (13): $\quad A\,R = \dfrac{848}{M \cdot 427} = \dfrac{1{,}986}{M} \quad$ folgt $\quad c_p - c_v = \dfrac{1{,}986}{M}$ kcal/kg grd

oder $\quad M\,c_p - M\,c_v = 1{,}986 \text{ kcal/kmol grd}. \qquad (17)$

Beim idealen Gas ist die Differenz zwischen der spez. Molwärme bei konstantem Druck und derjenigen bei konstantem Volumen konstant.

ε) Bei Wärmezufuhr unter *konstantem Volumen* dient alle Wärme zur Erhöhung der inneren Energie. Bei Wärmezufuhr unter *konstantem Druck* bewirkt die Wärmezufuhr Erhöhung der inneren Energie und Leistung einer äußeren Arbeit. Deshalb ist $c_p > c_v$. Man setzt

$$c_p/c_v = \varkappa. \qquad \text{Werte für } \varkappa \text{ s. Tafel im Anhang.}$$

Dann wird $$c_p - c_v = A R = c_v(\varkappa - 1) = c_p(\varkappa - 1)/\varkappa.$$

ζ) Die *Molwärme* idealer Gase ist nur abhängig von der Art des Gases, und zwar von der Anzahl der Atome im Molekül. Da nach Gl. (17) die beiden Molwärmen sich um rund 2 kcal/kmolgrd unterscheiden, ist für *einatomige Gase:*

$$M c_p = 5 \text{ kcal/kmolgrd}; \quad M c_v = 3 \text{ kcal/kmolgrd}; \quad \varkappa = 1{,}67,$$

für *zweiatomige Gase:*

$$M c_p = 7 \text{ kcal/kmolgrd}; \quad M c_v = 5 \text{ kcal/kmolgrd}; \quad \varkappa = 1{,}4,$$

für *dreiatomige Gase:*

$$M c_p = 8 \text{ kcal/kmolgrd}; \quad M c_v = 6 \text{ kcal/kmolgrd}; \quad \varkappa = 1{,}33.$$

Mit steigender Anzahl von Atomen im Molekül nähert sich $\varkappa$ dem Wert 1.

2. Halbvollkommene Gase

Man nennt Gase, welche die thermische Zustandsgleichung $Pv = RT$ für das ideale Gas zwar noch befolgen, deren spez. Wärmen aber von der Temperatur abhängen, halbvollkommene Gase. Als solche dürfen alle schwer verflüssigbaren Gase, wie Luft usw., bei Drücken bis zu etwa 30 at betrachtet werden. Für die halbvollkommenen Gase ist die Differenz der *inneren Energie* zwischen den Temperaturen t_1 und t_2

$$u_2 - u_1 = c_{v_m}\Big|_0^{t_2} t_2 - c_{v_m}\Big|_0^{t_1} t_1 \text{ kcal/kg}, \tag{18}$$

die *Enthalpie*differenz zwischen den Temperaturen t_1 und t_2

$$i_2 - i_1 = c_{p_m}\Big|_0^{t_2} t_2 - c_{p_m}\Big|_0^{t_1} t_1 \text{ kcal/kg}. \tag{19}$$

Zahlentafel der *mittleren spez. Wärmen* für Gase s. Tafel im Anhang.

Auch für das halbvollkommene Gas gilt

$$M c_p - M c_v = 1{,}986 \text{ kcal/kmolgrd}.$$

Die *Entropie* für halbvollkommene Gase ist

$$s = \int_0^T \frac{c_v}{T}\,\mathrm{d}T + A R \ln T - A R \ln P + s_0 \text{ kcal/kggrd}; \tag{20}$$

mit

$$c_v = c_{v_m}\Big|_0^T + T \cdot \mathrm{d}\left(c_{v_m}\Big|_0^T\right)/\mathrm{d}T \quad \text{wird hieraus}$$

$$s = c_{v_m}\Big|_0^T + \int_0^T c_{v_m}\Big|_0^T \mathrm{d}T/T + A R \ln T - A R \ln P + s_0.$$

Die Temperaturfunktion

$$\left[c_{v_m}\Big|_0^T + \int_0^T c_{v_m}\Big|_0^T \mathrm{d}T/T + A R \ln T + s_0\right] M = \psi(T) \qquad (M = \text{Molekulargewicht})$$

ist in der Zahlentafel 1 angegeben. Somit wird

$$s = \frac{\psi(T)}{M} - A\,R \ln P \text{ kcal/kg grd}$$

und

$$s_2 - s_1 = \frac{1}{M}\left[\psi(T_2) - \psi(T_1)\right] - A\,R \ln P_2/P_1 \text{ kcal/kg grd}. \qquad (20\text{a})$$

Zahlentafel 1

Temperaturfunktion[1]

$$\psi(T) = M c_v\Big|_0^T + \int_0^T M c_v\Big|_0^T \mathrm{d}T/T + M A R \ln T + M s_0 \text{ kcal/kmol grd}$$

zur Berechnung der Entropie halbvollkommener Gase

T °K	Luft	H_2	O_2	N_2	H_2O	CO	CO_2	CH_4	NH_3	Verbrennungsgase von Gasöl[2]
273	63,994	49,005	66,73	63,527	62,752	65,055	68,63	62,06	63,509	64,145
300	64,650	49,623	67,40	64,182	63,505	65,711	69,493	62,85	64,300	64,840
400	66,664	51,621	69,475	66,187	65,826	67,720	72,188	65,45	66,839	66,977
500	68,239	53,180	71,094	67,755	67,669	69,296	74,468	67,77	68,971	68,675
600	69,552	54,455	72,471	69,055	69,218	70,608	76,468	69,91	70,816	70,100
700	70,685	55,538	73,668	70,176	70,570	71,743	78,278	71,83	72,513	71,343
800	71,690	56,469	74,735	71,169	71,779	72,750	79,908	73,83	74,110	72,449
900	72,596	57,318	75,696	72,064	72,879	73,658	81,378	75,65	75,560	73,448
1000	73,424	58,075	76,568	72,881	73,896	74,487	82,738	77,37	76,937	74,363
1100	74,208	58,755	77,406	73,689	74,866	75,271	84,015	79,17	78,151	75,254
1200	74,894	59,407	78,104	74,344	75,734	75,964	85,148	80,58	79,456	76,000
1300	75,540	60,012	78,774	74,991	76,598	76,593	86,233	81,79	80,564	76,733
1400	76,146	60,556	79,416	75,592	77,379	77,211	87,247	82,87	81,731	77,412
1500	76,730	61,093	80,034	76,161	78,137	77,809	88,198		82,816	78,055
1600	77,270	61,592	80,585	76,725	78,862	78,368	89,125			78,688
1700	77,786	62,057	81,099	77,213	79,547	78,872	89,963			79,247
1800	78,269	62,506	81,606	77,693	80,202	79,351	90,761			79,791
1900	78,735	62,948	82,098	78,156	80,853	79,821	91,537			80,319
2000	79,183	63,380	82,588	78,603	81,48	80,269	92,248			80,824
2100	79,605	63,789	83,027	79,006	82,065	80,673	92,919			81,285
2200	80,012	64,168	83,443	79,392	82,638	81,069	93,592			81,732
2300	80,406	64,532	83,842	79,775	83,205	81,453	94,243			82,173
2400	80,771	64,892	84,238	80,155	83,732	81,827	94,868			82,604
2500	81,135	65,245	84,627	80,538	84,25	82,219	95,488			83,035
2600	81,473	65,591	84,993	80,908	84,755	82,569	96,040			83,446
2700	81,813	65,911	85,351	81,241	85,241	82,914	96,568			83,824
2800	82,135	66,223	85,686	81,553	85,709	83,238	97,082			84,182
2900	82,450	66,528	86,025	81,867	86,165	83,546	97,559			84,534
3000	82,760	66,825	86,345	82,146	86,60	83,834	98,138			84,873

3. Wirkliche Gase

Die wirklichen Gase befolgen bei höheren Drücken nicht mehr die thermische Zustandsgleichung des idealen Gases. Die Abweichungen sind um so größer, je höher der Druck ist. In folgender Zahlentafel ist $\xi = Pv/RT$ für Luft und Wasserstoff gegeben. Für ideales Gas müßte $\xi = 1$ sein.

---

[1] Nach *Schmidt, F. A. F.:* Verbrennungskraftmaschinen. München: Oldenbourg 1951.

[2] Verbrennung bei Luftüberschußzahl $\lambda = 1$, Zusammensetzung in Mol-%: $CO_2 = 13{,}855$, $H_2O = 11{,}498$, $N_2 = 74{,}647$.

Werte für $\xi = Pv/RT$

$t =$	Für Luft 0°	100°	200° C	$t =$	Für Wasserstoff −100°	0°	100°	200° C
$p =$ 0	1	1	1	$p =$ 0	1	1	1	1
20	0,9895	1,0027	1,0064	20	1,0130	1,0122	1,0098	1,0078
40	0,9812	1,0065	1,0132	40	1,0271	1,0245	1,0197	1,0157
60	0,9751	1,0112	1,0205	60	1,0422	1,0370	1,0295	1,0235
80	0,9714	1,0169	1,0282	80	1,0584	1,0496	1,0394	1,0313
100 ata	0,9699	1,0235	1,0364	100 ata	1,0756	1,0625	1,0492	1,0392

Für höhere Drücke und noch andere Gase s. Bd. II, Abschn. Kolbenverdichter S. 209.

Die Abweichungen betragen bei 30 ata etwa 1–2%. Nähert sich das Gas dem Temperatur- und Druckbereich, in dem es verflüssigt werden kann, so ist die thermische Zustandsgleichung für ideales Gas nicht mehr verwendbar. Man muß eine gültige Zustandsgleichung empirisch aufstellen. Sie hat die Form z. B. nach *Van der Waals*

$$(P + a/v^2)\,(v - b) = R\,T, \tag{21 a}$$

wobei b das Eigenvolumen der Moleküle und a/v^2 den Kohäsionsdruck berücksichtigen, oder nach *Berthelot*

$$\left(P + \frac{a}{T v^2}\right)(v - b) = R\,T \tag{21 b}$$

oder nach *Kamerlingh Onnes*

$$P v = A + \frac{B}{v} + \frac{C}{v^2} + \frac{D}{v^4} + \cdots, \tag{21 c}$$

mit $A = RT$, $B = b_1 T + b_2 + b_3/T + b_4/T^2 + \cdots$
$C = c_1 T + c_2 + c_3/T + c_4/T^2 + \cdots$
usw.

oder nach *R. Plank*

$$P = \frac{RT}{v-b} - \frac{A_2}{(v-b)^2} + \frac{A_3}{(v-b)^3} - \frac{A_4}{(v-b)^4} + \frac{A_5}{(v-b)^5}. \tag{21 d}$$

Die Konstanten $a, b, b_1, b_2 \ldots, c_1, c_2 \ldots, A_2, A_3 \ldots$ in obigen Gln. sind so zu wählen, daß die experimentell gefundenen Werte von $v = f(P, T)$ gut wiedergegeben werden. Alle diese Zustandsgleichungen gelten aber immer nur in einem bestimmten Druck- und Temperaturbereich.

Aus der thermischen Zustandsgleichung $v = f(P, T)$ ergibt sich die Enthalpie i

$$i = \int c_{p_0}\,\mathrm{d}T - T^2 \int_0^P \left[\frac{\partial (v/T)}{\partial T}\right]_p \mathrm{d}P + \text{const.}$$

und die Entropie s

$$s = \int c_{p_0} \frac{\mathrm{d}T}{T} - \int_0^P \left(\frac{\partial v}{\partial T}\right)_p \mathrm{d}P + \text{const.},$$

worin c_{p_0} die spez. Wärme bei konst. Druck $p_0 = 0$ ist, die von der Temperatur abhängig ist.

Die thermischen und kalorischen Zustandsgrößen werden meist tabellarisch oder in Diagrammen dargestellt (vgl. Tafeln im Anhang u. Anm. S. 433).

B. Zustandsänderungen der Gase

1. Darstellung im P, v-Diagramm

a) Isobare Zustandsänderung, $p = \text{const.}$ (Bild 3).

Für ideale und halbvollkommene Gase ist

$$v_1/v_2 = T_1/T_2. \tag{22}$$

Für alle, auch für die wirklichen Gase, gilt

$$q = i_2 - i_1 \text{ kcal/kg}. \tag{23}$$

Diese Wärmemenge ist bei isobarer Volumenvergrößerung des Gases zuzuführen und bei isobarer Volumenverminderung abzuführen. Die *äußere Arbeit* ist

$$L = P\,(v_2 - v_1) \text{ mkg/kg}. \tag{24}$$

Beispiel: Es sollen stündlich $V = 5000\ \text{m}^3/\text{h}$ Luft bei gleichbleibendem Druck von 1 ata von $t_1 = 20°$ C auf $t_2 = 400°$ C erwärmt werden. Die hierzu erforderliche Wärmemenge ist

$$Q = G\,(i_2 - i_1) = G\left(c_{p_m}\Big|_0^{t_2} t_2 - c_{p_m}\Big|_0^{t_1} t_1\right),$$

wobei $G = \dfrac{PV}{RT_1} = \dfrac{10000 \cdot 5000}{29{,}27 \cdot 293} = 5830$ kg/h der stündliche Luftstrom ist. Nach Tafeln im Anhang ist

$$c_{p_m}\Big|_0^{t_2} = 0{,}318/1{,}293 = 0{,}243\ \text{kcal/kg grd}; \quad c_{p_m}\Big|_0^{t_1} = 0{,}3106/1{,}293 = 0{,}2405\ \text{kcal/kg grd}.$$

Somit $$Q = 5830\,(0{,}243 \cdot 400 - 0{,}2405 \cdot 20) = 538\,700\ \text{kcal/h}.$$

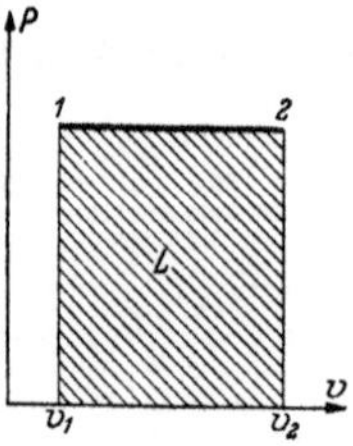

Bild 3. Isobare Zustandsänderung

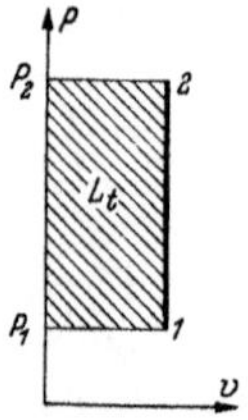

Bild 4. Isochore Zustands-änderung

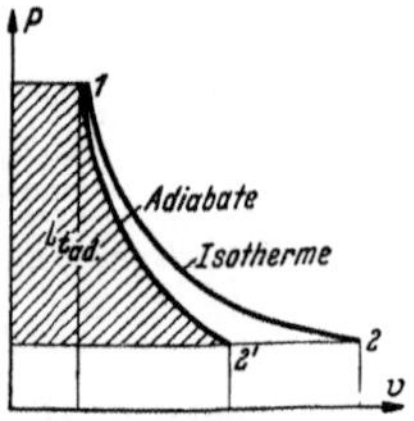

Bild 5. Isothermische und adiabatische Zustandsänderungen

b) Isochore Zustandsänderung, $v = \text{const.}$ (Bild 4).

Für ideale und halbvollkommene Gase ist

$$P_1/P_2 = T_1/T_2. \tag{25}$$

Für alle Gase ist $$q = u_2 - u_1 \text{ kcal/kg}. \tag{26}$$

Diese Wärmemenge ist bei isochorer Druckerhöhung des Gases zuzuführen und bei isochorer Druckverminderung abzuführen.

Die *äußere Arbeit* ist $$L = 0. \tag{27}$$

Die *technische Arbeit* ist $$L_t = \mp v\,(P_2 - P_1) \text{ mkg/kg}. \tag{28}$$

Beispiel: Die in einem Gefäß eingeschlossene Luft von $p_1 = 1$ ata und $t_1 = 15°$ C wird auf $t_2 = 160°$ C erwärmt. Dabei nimmt der Druck zu auf $p_2 = p_1\,T_2/T_1 = 1 \cdot 433/288 = 1{,}5$ ata.

c) Isothermische Zustandsänderung, $T = \text{const.}$ (Bild 5, Kurve 1—2).

Für ideale und halbvollkommene Gase ist

$$P_1 v_1 = P_2 v_2 = RT. \tag{29}$$

Im P, v-Diagramm (Bild 5) wird die Gleichung $Pv = \text{const.}$ durch eine gleichseitige Hyperbel dargestellt.

Die innere Energie bleibt unverändert $u_2 - u_1 = 0$. Die *äußere Arbeit* bei der Ausdehnung von v_1 auf v_2 ist

$$\begin{aligned} L = \int_1^2 P\,\mathrm{d}v = \int_1^2 RT\,\mathrm{d}v/v = RT \ln v_2/v_1 = RT \ln P_1/P_2 = \\ = P_1 v_1 \ln P_1/P_2 = P_2 v_2 \ln P_1/P_2 \text{ mkg/kg}. \end{aligned} \tag{30}$$

Technische Arbeit $\quad L_t = L.$

Nach dem I. Hauptsatz ist $q = A \int_1^2 P\,\mathrm{d}v$, also die zuzuführende Wärmemenge

$$q = AL. \tag{31}$$

Bei isothermischer Ausdehnung wird die dem Gas zugeführte Wärmemenge vollständig in Arbeit verwandelt. Bei isothermischer Verdichtung ist die gesamte, dem Gas zugeführte Arbeit in Form von Wärme abzuführen.

Beispiel: $G = 500$ kg Luft dehnen sich bei 20° C isothermisch von $p_1 = 10$ atü auf $p_2 = 1$ atü aus. Die Arbeitsleistung und die zuzuführende Wärmemenge sind zu berechnen. 10 atü = 11 ata, 1 atü = 2 ata.

$$Q = G\,A\,R\,T \ln p_1/p_2 = \frac{500 \cdot 29{,}27 \cdot 293}{427} \cdot 2{,}303 \lg (11/2) = 17100 \text{ kcal}.$$

$$L_t = L = 17100 \cdot 427 = 7301700 \text{ mkg}.$$

d) Adiabatische (*isentropische*) Zustandsänderung (ohne Zufuhr oder Abfuhr von Wärme), $dq = 0$ (Bild 5, Kurve 1—2′).

Aus Gl. (2) und (14) folgt $dq = c_v\,dT + A\,P\,dv = 0$.

Aus $Pv = RT$ folgt $dT = \frac{P}{R}dv + \frac{v}{R}dP$. Ferner ist $c_v = A\,R/(\varkappa - 1)$.

Somit wird $$\frac{A\,R}{\varkappa - 1} \cdot \frac{P}{R}dv + \frac{A\,R}{\varkappa - 1} \cdot \frac{v}{R}dP + A\,P\,dv = 0$$

oder $P\,dv + v\,dP + \varkappa P\,dv - P\,dv = 0$, also $\varkappa dv/v + dP/P = 0$,

nach Integration: $P_1 v_1^{\varkappa} = P_2 v_2^{\varkappa}$ (32) oder $v_1/v_2 = (P_2/P_1)^{1/\varkappa}$. (32a)

Mit $P = RT/v$ folgt $v_1/v_2 = (T_2/T_1)^{1/(\varkappa-1)}$, (32b)

mit $v = RT/P$ folgt $T_1/T_2 = (P_1/P_2)^{(\varkappa-1)/\varkappa}$. (32c)

Aus $dq = du + A\,dL = 0$ folgt für alle Gase $A\,L = u_1 - u_2$ kcal/kg, d. h. die *äußere Arbeit* wird bei adiabatischer Ausdehnung gänzlich auf Kosten der inneren Energie geleistet, ist also mit einer Senkung der Temperatur verbunden. Bei adiabatischer Verdichtung wird die gesamte zugeführte Arbeit zur Erhöhung der inneren Energie, also der Temperatur verwendet. Im P,v-Diagramm verlaufen die Adiabaten immer steiler als die Isothermen (Bild 5). Die *äußere Arbeit* bei der adiabatischen Zustandsänderung des idealen Gases ist

$$A\,L = c_v(T_1 - T_2) = \frac{A\,R}{\varkappa - 1}(T_1 - T_2) = \frac{A\,R\,T_1}{\varkappa - 1}(1 - T_2/T_1) \text{ kcal/kg}$$

oder $$L = \frac{1}{\varkappa - 1}(P_1 v_1 - P_2 v_2) = \frac{P_1 v_1}{\varkappa - 1}(1 - T_2/T_1) =$$

$$= \frac{P_1 v_1}{\varkappa - 1}\left[1 - (v_1/v_2)^{\varkappa-1}\right] = \frac{P_1 v_1}{\varkappa - 1}\left[1 - (P_2/P_1)^{(\varkappa-1)/\varkappa}\right] \text{mkg/kg}. \quad (33)$$

Die *technische Arbeit* ist für alle Gase $A\,L_t = i_1 - i_2$ kcal/kg und für ideales Gas

$$A\,L_t = c_p(T_1 - T_2) = \varkappa c_v(T_1 - T_2) = \varkappa \frac{A\,R}{\varkappa - 1}(T_1 - T_2), \quad (34)$$

also $L_t = \varkappa L$ mkg/kg.

Aus dem II. Hauptsatz folgt für die Adiabate

$$T\,ds = 0, \quad \text{also} \quad ds = 0 \quad \text{und} \quad s_2 - s_1 = 0,$$

also $$s_2 = s_1 = \text{const}.$$

Beispiel: 500 kg Luft von 11 ata und 20° C dehnen sich adiabatisch auf 2 ata aus. Die Endtemperatur der Luft und die Arbeitsleistung sind zu berechnen.

$T_2/T_1 = (p_2/p_1)^{(\varkappa-1)/\varkappa}$; mit $\varkappa = 1{,}4$ wird $T_2 = 293\left(\frac{2}{11}\right)^{0{,}286} = 180°$ K; $t_2 = -93°$ C;
$L = G\,c_v(T_1 - T_2) = 500 \cdot 0{,}172 \cdot 113 = 9720$ kcal $= 9720 \cdot 427 = 4150440$ mkg (vgl. das Beispiel für denselben Druckbereich bei der isothermischen Expansion).

e) Polytropische Zustandsänderung, $Pv^n = \text{const}$. (35)
mit $-\infty < n < +\infty$ (Bild 6).

Analog der adiabatischen Zustandsänderung gilt für ideale Gase

$$v_1/v_2 = (P_2/P_1)^{1/n} = (T_2/T_1)^{1/(n-1)}; \quad T_1/T_2 = (P_1/P_2)^{(n-1)/n}.$$

Hierzu s. Tafel im Anhang.

Nach Gln. (2), (14) und (8) ist $c_n \, dT = c_v \, dT + A P \, dv$.

Aus $T v^{n-1} = \text{const.}$ folgt

$$v^{n-1} \, dT + (n-1) \, T v^{n-2} \, dv = 0 \quad \text{und} \quad dv/dT = -\frac{v}{T(n-1)} = -\frac{R}{P(n-1)}.$$

Somit wird
$$c_n = c_v - \frac{A R}{n-1} = c_v - \frac{c_p - c_v}{n-1} = c_v \frac{n - \varkappa}{n-1} \ \text{kcal/kg grd}. \qquad (36)$$

Alle bisher behandelten Zustandsänderungen sind Sonderfälle von Polytropen:

Isobare:	$P = \text{const.}$;	$P v^0 = \text{const.}$;	$n = 0$;	$c_n = c_p$,
Isochore:	$v = \text{const.}$;	$P v^\infty = \text{const.}$;	$n = \infty$;	$c_n = c_v$,
Isotherme:	$T = \text{const.}$;	$P v = \text{const.}$;	$n = 1$;	$c_n = \infty$,
Adiabate:	$s = \text{const.}$;	$P v^\varkappa = \text{const.}$;	$n = \varkappa$;	$c_n = 0$.

Die *äußere Arbeit* bei polytropischer Expansion ist für ideale Gase:

$$A L = A \int_1^2 P \, dv = (c_n - c_v)(T_2 - T_1) = c_v \frac{1-\varkappa}{n-1}(T_2 - T_1)$$
$$= -\frac{c_p - c_v}{n-1}(T_2 - T_1) = \frac{A R}{n-1}(T_1 - T_2) \ \text{kcal/kg}. \qquad (37)$$

Die *zu-* bzw. *abzuführende Wärmemenge* ist

$$q = c_n (T_2 - T_1) = c_v \frac{n - \varkappa}{n-1}(T_2 - T_1) = \frac{\varkappa - n}{\varkappa - 1} A L \ \text{kcal/kg}. \qquad (38)$$

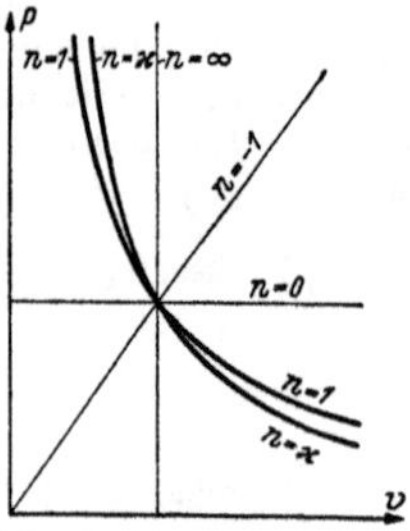

Bild 6. Polytropische Zustandsänderungen

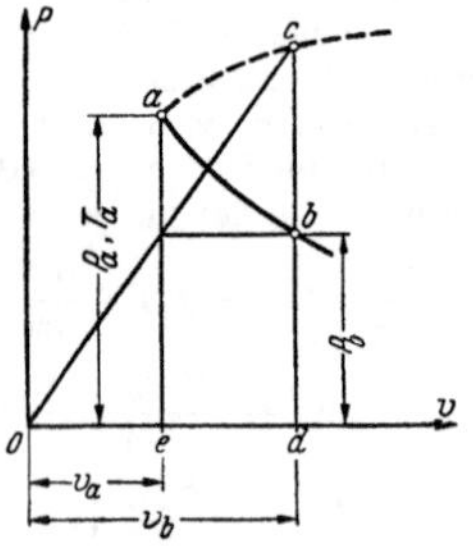

Bild 7. Ermittlung des Temperaturverlaufes für eine im P, v-Diagramm gegebene Zustandsänderung

Für $1 < n < \varkappa$ ist $Q < A L$ und $c_n < 0$, d. h. bei der polytropischen Expansion des Gases werden die zugeführte Wärmemenge und ein Teil der inneren Energie in Arbeit verwandelt. Die Temperatur des Gases sinkt bei gleichzeitiger Wärmezufuhr. Bei der polytropischen Verdichtung mit $1 < n < \varkappa$ wird ein Teil der aufgewendeten Arbeit an die Umgebung abgeführt.

Die *technische Arbeit* ist $L_t = n L$ mkg/kg.

α) *Konstruktion der Polytrope im P, v-Diagramm* (s. Math. S. 136).

β) *Ermittlung des Temperaturverlaufes für eine im P, v-Diagramm gegebene polytropische Zustandsänderung* (Bild 7).

Die Temperatur T_b im Punkt b kann bestimmt werden, wenn für einen Punkt a mit den Koordinaten P_a und v_a die Temperatur T_a gegeben ist, indem von O der Strahl $O c$ gezogen wird. Ist der Temperaturmaßstab so gewählt, daß $a e$ nicht nur P_a, sondern auch T_a darstellt, dann ist $c d = T_b$. Der Beweis folgt aus den Beziehungen

$$\frac{P_b v_b}{P_a v_a} = \frac{T_b}{T_a}; \qquad T_b = \frac{T_a}{P_a} \cdot \frac{v_b P_b}{v_a}.$$

γ) *Ermittlung des Exponenten n einer Polytrope*, s. Bild 126 S. 136.

Für die polytropische Zustandsänderung zwischen den Zuständen 1 und 2 (Bild 8) gilt

$$P_1 v_1^n = P_2 v_2^n, \quad \text{also} \quad n = -\frac{\lg P_1 - \lg P_2}{\lg v_1 - \lg v_2} = \frac{\lg P_1/P_2}{\lg v_2/v_1}.$$

Sind Druck und Temperatur des Gases zu Beginn und Ende der Zustandsänderung gegeben, dann ist

$$n = \frac{\lg P_1/P_2}{\lg P_1/P_2 - \lg T_1/T_2}.$$

Zur Prüfung, ob n längs der Zustandsänderung konstant ist, überträgt man die Kurve der gegebenen Zustandsänderung in ein $\lg P$, $\lg v$-Diagramm (Bild 8). n ist konstant, wenn sich eine Gerade $n = \operatorname{tg} \alpha$, und veränderlich, wenn sich eine gekrümmte Kurve ergibt.

Man erhält den mittleren Exponenten n der im P, v-Diagramm gegebenen Zustandsänderung 1 bis 2 (Bild 9) durch Planimetrieren der Flächen $12ab$ und $12cd$. Da $L_t = nL$, ist

$$n = \text{Fläche } 12\,a\,b / \text{Fläche } 12\,c\,d.$$

Die angegebenen Verfahren zur Ermittlung von n sind nur dann anwendbar, wenn bei den polytropischen Zustandsänderungen die Gasmenge und ihre chemische Zusammensetzung konstant bleiben.

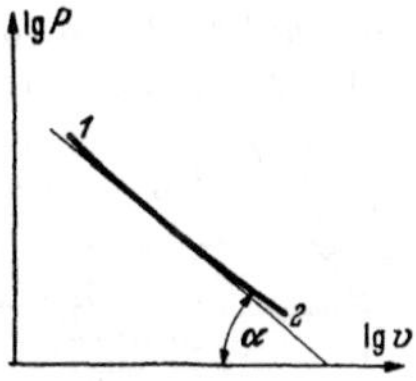

Bild 8. Ermittlung des Exponenten n einer Polytropen

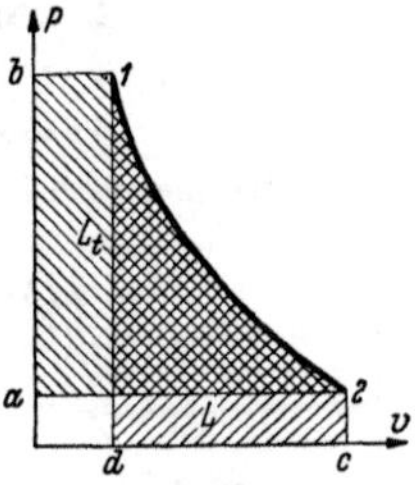

Bild 9. Ermittlung des mittleren Exponenten n einer Polytropen

f) Drosselung. Ein in einem Rohr strömendes Gas erfährt an einer Verengung des Rohres eine Drosselung, wobei der Druck des Gases von P_1 auf P_2 abnimmt, ohne daß Arbeit geleistet wird. Wenn mit der Umgebung keine Wärme ausgetauscht wird, dann ist die Summe aller Energien des Gases vom Gewicht G kg vor und nach der Drosselung die gleiche, also

$$A P_1 V_1 + U_1 + A G w_1^2/2g = A P_2 V_2 + U_2 + A G w_2^2/2g,$$

hieraus mit Gl. (4)

$$I_1 - I_2 = A G \frac{w_2^2 - w_1^2}{2g}. \tag{39}$$

Bei Strömungsgeschwindigkeiten $w < 30$ m/sek ist der Wärmewert der kinetischen Energie gegenüber der Enthalpie meist vernachlässigbar, dann ist $I_1 = I_2$ und für ideales Gas ($c_p = \text{const.}$) $T_1 = T_2$, d. h. die Temperatur ändert sich für ideales Gas bei der Drosselung nicht. Mit Berücksichtigung der kinetischen Energie tritt an der Drosselstelle bei Geschwindigkeitszunahme ($w_2 > w_1$) Temperaturabnahme ($T_2 < T_1$) des idealen Gases auf.

Von der Abkühlung des Gases an der Drosselstelle ist scharf die Abkühlung im Behälter zu unterscheiden, dem das Gas entnommen wird, da dieses hier eine nahezu adiabatische Zustandsänderung erfährt.

Durch die Drosselung entsteht ein Arbeitsverlust. Das Gas vom Druck P_1 und der Temperatur T_0 vor der Drosselung könnte bei isothermischer Expansion bis zum Druck P_2 nach der Drosselung die Arbeit $\Delta L = R T_0 \ln P_1/P_2$ mkg/kg leisten. Diese Arbeit geht bei der Drosselung verloren.

Die Entropieänderung des idealen Gases ist bei der Drosselung, wenn $T_0 = \text{const.}$,

$$\Delta s = A R \ln P_1/P_2 \text{ kcal/kg grd}.$$

Folglich ist der Arbeitsverlust

$$\Delta A L = T_0 \Delta s \text{ kcal/kg}. \tag{40}$$

Die wirklichen Gase erleiden bei Drosselung eine Temperaturänderung (*Joule-Thomson*-Effekt). Auch hier gilt $i = \text{const.}$ Die Temperaturänderung ergibt sich aus der für das wirkliche Gas geltenden Zustandsgleichung. Es ist bei konstanter Enthalpie i

$$\left(\frac{\partial T}{\partial P}\right)_i = \frac{(T(\partial v/\partial T)_P - v)\,A}{c_p}.$$

(Die als Indizes gesetzten Größen sind bei der Differentiation als Konstanten zu behandeln.) Die Temperaturänderung ist bei der Drosselung gleich 0, wenn

$$T(\partial v/\partial T)_P = v.$$

Dies ist der Fall z. B. beim idealen Gas, wo $(\partial v/\partial T)_P = R/P$, also $RT/P = v$. Auch für wirkliche Gase gibt es Temperaturen und Drücke, für die $T(\partial v/\partial T)_P = v$. Die Verbindungslinie der entsprechenden Punkte in einem Diagramm nennt man *Inversionskurve.* Innerhalb dieser findet bei Drosselung Abkühlung des Gases, außerhalb dieser Erwärmung statt.

Bei dem *Linde*-Verfahren zur Gasverflüssigung wird die Drosselung praktisch angewendet. Zum Beispiel kühlt sich Luft von 25 °C je at Druckabfall um 0,22 °C, bei — 100 °C um 0,62 °C ab.

2. Darstellung im T, s-Diagramm (Bild 10)

Für *isothermische* Zustandsänderungen eines idealen Gases ist

$$\Delta s = s_2 - s_1 = q/T = A\,R \ln p_1/p_2 \text{ kcal/kggrd}.$$

Die Isothermen sind im T, s-Diagramm waagerechte Linien.

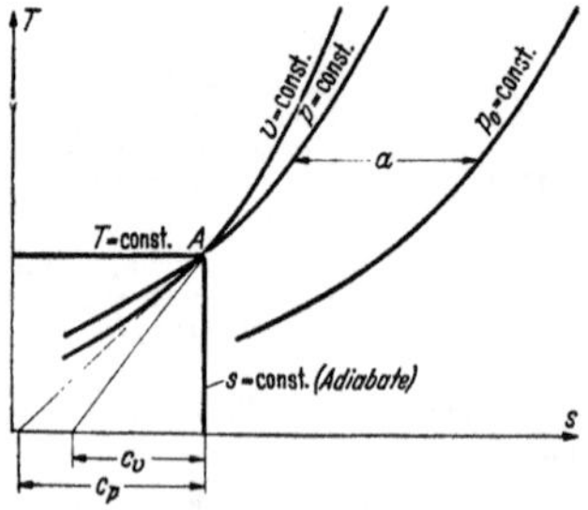

Bild 10. Isochoren und Isobaren im T, s-Diagramm

Für *adiabatische* Zustandsänderungen ist, da $dQ = 0$,

$$\Delta s = s_2 - s_1 = 0 \quad \text{oder} \quad s_1 = s_2 = \text{const.}$$

Die Adiabaten sind im T, s-Diagramm senkrechte Geraden.

Für *isobare* Zustandsänderungen eines idealen Gases ist

$$\Delta s = s_2 - s_1 = c_p \ln T_2/T_1 \text{ kcal/kggrd}.$$

Die Isobaren verlaufen im T, s-Diagramm als logarithmische Linien. Der horizontale Abstand (Strecke a in Bild 10) zwischen zwei Isobaren ist an allen Stellen gleich groß.

Für *isochore* Zustandsänderungen eines idealen Gases ist

$$\Delta s = s_2 - s_1 = c_v \ln T_2/T_1 \text{ kcal/kggrd}.$$

Die Isochoren verlaufen im T, s-Diagramm, wie die Isobaren, als logarithmische Linien, aber steiler als die Isobaren.

Die Subtangente an die Kurve der Zustandsänderung im T, s-Diagramm gibt die spez. Wärme an (Bild 10).

3. Maximale Arbeitsfähigkeit eines Gases

Aus einem Gas mit dem Druck p und der Temperatur T, das dauernd in immer neu herangeführten Mengen einer Wärmekraftmaschine zuströmt, erhält man dann die maximale Arbeit, wenn es am Ende von umkehrbaren Zustandsänderungen den Druck und die Temperatur der Umgebung annimmt. Nach Bild 11 expandiert das Gas vom Zustand 1 (p, T) adiabatisch bis zum Druck $p' < p_0$, bei dem es im Punkt 2 die Umgebungstemperatur T_0 erreicht. Um nun den Umgebungsdruck zu erreichen, muß das Gas isothermisch komprimiert werden, wobei die Wärmemenge q_0 an die Umgebung abgeführt wird. Die so gewonnene maximale Arbeit ist:

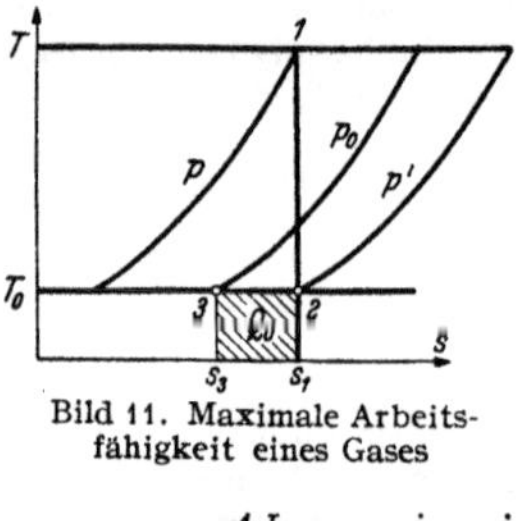

Bild 11. Maximale Arbeitsfähigkeit eines Gases

$$A\,L_{\max} = i_1 - i_3 - q_0 = i_1 - i_3 - T_0\,(s_1 - s_3) \text{ kcal/kg}. \tag{41}$$

Erreicht das Gas bei der adiabatischen Expansion bereits bei einem Druck p', der größer als der Umgebungsdruck p_0 ist, die Umgebungstemperatur T_0, dann ist die weitere Expansion von p' auf p_0 isothermisch auszuführen. In diesem Fall wird die Wärmemenge $T_0\,(s_3 - s_1)$ vom Gas aus der Umgebung aufgenommen. Auch hier gilt Gl. (41) für die maximale Arbeitsfähigkeit.

Steht nur eine begrenzte Gasmenge mit dem Druck p und der Temperatur T vor der Wärmekraftmaschine zur Arbeitsleistung zur Verfügung, so ist die maximale Arbeitsfähigkeit:

$$A\,L_{\max} = u_1 - u_3 - T_0\,(s_1 - s_3) + A\,P_0\,(v_1 - v_3) \text{ kcal/kg}. \tag{41 a}$$

Beispiel: Wie groß ist die maximale Arbeitsfähigkeit je kg Luft von 1 ata und 300 °C, wenn der Umgebungsdruck 1 ata und die Umgebungstemperatur 20 °C ist?

Es ist

nach Gl. (15a): $i_1 - i_3 = c_p\,(T_1 - T_0) = 0{,}24\,(300 - 20) = 67{,}2$ kcal/kg,

nach Gl. (16a): $s_1 - s_3 = c_p \ln T_1/T_0 = 0{,}24 \ln 573/293 = 0{,}161$ kcal/kg grd,

somit: $A\,L_{\max} = 67{,}2 - 293 \cdot 0{,}161 = 20$ kcal/kg.

III. Thermodynamik der Dämpfe

a) Grundbegriffe. Dämpfe unterscheiden sich von Gasen lediglich dadurch, daß sie sich leicht verflüssigen lassen. Die Zustandsgleichung für das ideale Gas (Gl. 12) gilt für Dämpfe nur bei kleinem Druck und hoher Temperatur.

Wird einer Flüssigkeit unter konstantem Druck Wärme zugeführt, so steigt ihre Temperatur stetig an bis zur *Sättigungstemperatur*, bei der die Verdampfung beginnt. Diese Temperatur bleibt so lange bestehen, bis alle Flüssigkeit in Dampf verwandelt ist. Erst dann steigt bei weiterer Wärmezufuhr die Temperatur wieder an.

Ebenso sinkt bei Wärmeabfuhr die Temperatur der Flüssigkeit so lange, bis bei der *Erstarrungs-* oder *Schmelztemperatur* die Umwandlung in den festen Zustand beginnt. Während der Erstarrung bleibt die Temperatur konstant und sinkt erst wieder, nachdem die gesamte Flüssigkeit erstarrt ist. Schmelz- und Gefrierpunkte einiger Körper bei 760 mm QS s. Tafel im Anhang.

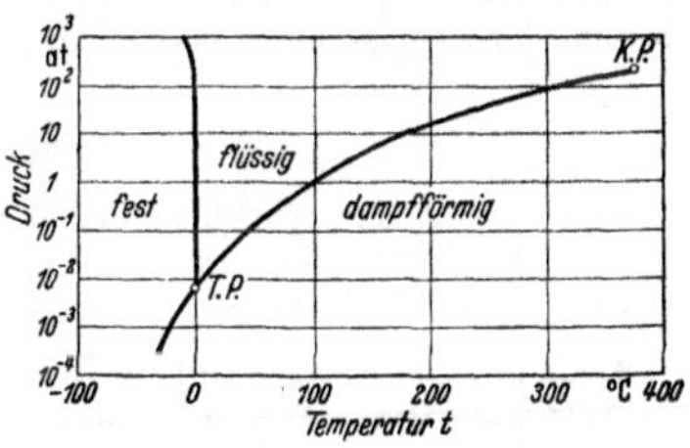

Bild 12. Dampfdruckkurve für Wasser

Die *Dampfdruckkurve* (Bild 12) gibt die Abhängigkeit der Sättigungstemperatur vom Druck an. Je höher der Druck, desto höher ist die Sättigungstemperatur. Der normale Siedepunkt (s. Tafel im Anhang) ist die Sättigungstemperatur bei 760 mm QS. Der Druck, bei dem die Verdampfung, d. h. die Volumenzunahme ohne Temperatursteigerung bei konstantem Druck, gerade aufhört, heißt der kritische Druck p_k, zu dem das kritische Volumen v_k und die kritische Temperatur t_k gehören. Bei Drücken oberhalb dieses *kritischen Punktes* (K.P.) gibt es also keine Sättigungstemperatur. Im Tripelpunkt (T.P.) können die feste, flüssige und gasförmige Phase eines Stoffes dauernd nebeneinander bestehen. Bei Drücken unterhalb des Tripelpunktes tritt *Sublimation* ein, d. h. der feste Körper verwandelt sich bei Wärmezufuhr unmittelbar in den gasförmigen Zustand.

Naßdampf ist ein Gemisch aus Flüssigkeit und Dampf, wobei beide Sättigungstemperatur haben. *Trocken gesättigter Dampf* oder *Sattdampf* ist Dampf von Sättigungstemperatur. *Überhitzter Dampf* ist Dampf, dessen Temperatur höher als die Sättigungstemperatur ist.

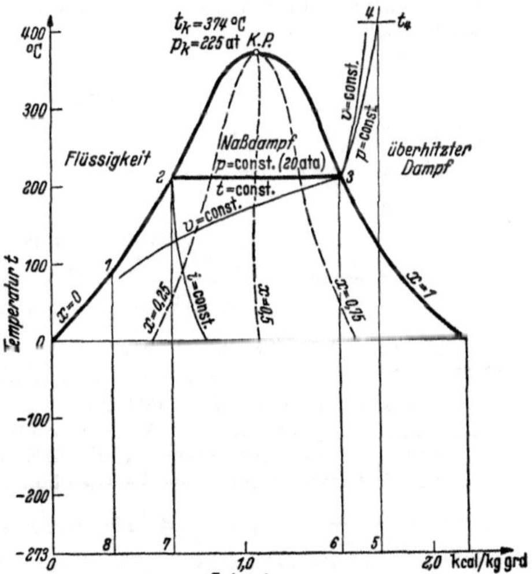

Bild 13. t, s-Diagramm für Wasserdampf

Verbindet man in einem Diagramm, z. B. T,s-Diagramm

(Bild 13), die Zustandspunkte der Flüssigkeit von Sättigungstemperatur und die des trocken gesättigten Dampfes, so ergibt sich die *linke* bzw. *rechte Grenzkurve*; beide gehen im kritischen Punkt mit einer horizontalen Tangente ineinander über. Links der linken oder „unteren" Grenzkurve ist das Flüssigkeitsgebiet, zwischen den Grenzkurven das Naßdampfgebiet, und rechts der rechten oder „oberen" Grenzkurve das Gebiet des überhitzten Dampfes.

Zur Erwärmung der Flüssigkeit von ihrer Anfangstemperatur t_1 (Bild 13; Punkt 1) bis zur Sättigungstemperatur (Punkt 2) ist die *Flüssigkeitswärme* $q_f = i_2 - i_1$ kcal/kg (Fläche 1278), zur Verdampfung bei konstantem Druck die *Verdampfungswärme* r kcal/kg (Fläche 2367) und zur isobaren Überhitzung auf die Temperatur t_4 die *Überhitzungswärme* $q_ü = i_4 - i_3$ kcal/kg (Fläche 3456) zuzuführen. Verdampfungswärme einiger Stoffe s. Tafel im Anhang. Je höher der Druck, um so kleiner ist die Verdampfungswärme und um so größer die Flüssigkeitswärme. Beim kritischen Druck ist die Verdampfungswärme $r = 0$. Bei der Verflüssigung (= Kondensation) des überhitzten Dampfes vom Zustand 4 (Bild 13) ist die Überhitzungswärme und Verdampfungswärme abzuführen. Im Zustand 2 ist der gesamte Dampf verflüssigt.

1. Naßdampf

a) Der **spez. Dampfgehalt** gibt das Gewicht des trocken gesättigten Dampfes in 1 kg des Dampf-Flüssigkeits-Gemisches an. Für trocken gesättigten Dampf ist $x = 1$, für Flüssigkeit von Sättigungstemperatur $x = 0$.

b) In den **Dampftabellen** (Tafeln im Anhang) sind, abhängig vom Druck oder der Sättigungstemperatur, die spez. Volumina v' bzw. v'' in lit/kg bzw. m³/kg, die Enthalpien i' bzw. i'' in kcal/kg, die Entropie s' bzw. s'' in kcal/kg grd angegeben, wobei der Index $'$ sich auf Flüssigkeit von Sättigungstemperatur und der Index $''$ sich auf trocken gesättigten Dampf bezieht.

Für den Naßdampf ist

das *spez. Volumen*: $$v = xv'' + (1 - x)\,v' = x\,(v'' - v') + v'; \qquad (42)$$

bei nicht zu hohen Drücken ist meist v' gegenüber v'' vernachlässigbar klein, so daß angenähert gilt: $v \approx x\,v''$;

die *Enthalpie*: $$i = i' + x\,(i'' - i') = i' + x\,r \qquad (43)$$

(r = Verdampfungswärme),

die *innere Energie*: $$u = u' + x\,(u'' - u') = u' + x\,\varrho \qquad (44)$$

($u' = i' - A\,Pv'$; $u'' = i'' - A\,Pv''$; ϱ = innere Verdampfungswärme),

die *Entropie*: $$s = s' + x\,(s'' - s') = s' + x\,r/T_s \qquad (45)$$

(T_s = Sättigungstemperatur in °K),

die *Verdampfungswärme*: $$r = i'' - i' = u'' - u' + A\,P\,(v'' - v') = \varrho + \psi \qquad (46)$$

(ψ = äußere Verdampfungswärme).

Bei nicht allzu hohen Drücken ist für Wasser: $i' \approx u' \approx t_s$ (t_s ist die Sättigungstemperatur in °C).

c) Clausius-Clapeyronsche Gleichung. Die Beziehung zwischen der Verdampfungswärme r kcal/kg, der Volumenvergrößerung $(v'' - v')$ m³/kg bei der Verdampfung unter konstantem Druck und der Sättigungstemperatur T_s °K ist durch die *Clausius-Clapeyron*sche Gleichung

$$r = A\,T_s\,(v'' - v')\,\mathrm{d}P/\mathrm{d}T$$

gegeben. Hierin ist $\mathrm{d}P/\mathrm{d}T$ kg/m²grd die Richtung der Tangente an die Dampfspannungskurve in dem der Verdampfungstemperatur t_s °C entsprechenden Punkt.

d) Zustandsänderungen des Naßdampfes. Bei der *isobaren* Zustandsänderung bleiben Druck und Temperatur konstant. Die Isotherme und Isobare fallen im Naßdampfgebiet zusammen (Bild 13). Es sind

die Änderung des Volumens: $v_2 - v_1 = (x_2 - x_1)(v'' - v') \approx (x_2 - x_1) v''$ m³/kg,

die äußere Arbeit: $L = P(v_2 - v_1) = P(x_2 - x_1)(v'' - v')$ mkg/kg,

die zu- bzw. abzuführende Wärmemenge:

$$q = i_2 - i_1 = (x_2 - x_1) r = (u_2 - u_1) + A P (v_2 - v_1) \text{ kcal/kg}.$$

Die Wärmemenge wird zu einem Teil in äußere Arbeit verwandelt, zum anderen Teil erhöht sie die innere Energie des Dampfes.

Bei der *isochoren* Zustandsänderung verändert sich der Dampfgehalt von x_1 auf

$$x_2 = \frac{v_1 - v_2'}{v_2'' - v_2'} = \frac{v_1' + x_1(v_1'' - v_1') - v_2'}{v_2'' - v_2'}.$$

Hierin sind aus der Dampftabelle die Volumina v_1' und v_1'' entsprechend der Temperatur t_1 zu Beginn der Zustandsänderung, v_2' und v_2'' entsprechend der Temperatur am Ende der Zustandsänderung zu entnehmen.

Ist bei isochorer Wärmezufuhr $v_1 > v_k$ (v_k = Volumen im kritischen Punkt), dann ist $x_2 > x_1$, d. h. die Flüssigkeit im Naßdampf wird teilweise verdampft; bei $v_1 < v_k$ ist $x_2 < x_1$, d. h. der Dampf im Naßdampf wird teilweise verflüssigt.

Die zuzuführende Wärmemenge ist

$$q = u_2 - u_1 = (u_2' + x_2 \varrho_2) - (u_1' + x_1 \varrho_1).$$

Bei der *adiabatischen* Zustandsänderung wird Wärme weder zu- noch abgeführt. $dq = 0$; $s = \text{const.}$, also $s_1 = s_2$ oder $s_1' + x_1 r_1/T_1 = s_2' + x_2 r_2/T_2$,

hieraus
$$x_2 = \frac{s_1' - s_2' + x_1 r_1/T_1}{r_2/T_2}.$$

Der Dampfgehalt nimmt bei adiabatischer Ausdehnung von sehr nassem Dampf (kleiner Dampfgehalt x_1) zu, von weniger nassem Dampf (großes x_1) ab.

Die äußere Arbeit ist $AL = u_1 - u_2 = u_1' + x_1\varrho_1 - u_2' - x_2\varrho_2$ kcal/kg

und die technische Arbeit $AL_t = i_1 - i_2 = i_1' + x_1 r_1 - i_2' - x_2 r_2$ kcal/kg

oder
$$L_t = \frac{\varkappa}{\varkappa - 1} P_1 v_1 \left[1 - (p_2/p_1)^{(\varkappa - 1)/\varkappa}\right] \text{ mkg/kg},$$

wobei bis etwa 25 ata für Naßdampf $\varkappa = 1{,}035 + 0{,}1\, x_1$ ($x > 0{,}7$),

für trocken gesättigten Dampf $\varkappa = 1{,}135$,

und für überhitzten Dampf $\varkappa = 1{,}3$

zu setzen ist.

Bei der *Drosselung* ist die Enthalpie $i = \text{const.}$, also $i_1 = i_2$. Bei der Drosselung nimmt der spez. Dampfgehalt zu, der Naßdampf wird trocken.

2. Überhitzter Dampf

a) Zustandsgleichung. Es gelten für jeden dampfförmigen Stoff besondere, meist empirisch aufgestellte Zustandsgleichungen, z. B. für Wasserdampf [1]

$$v = \frac{RT}{P} - \frac{A}{(T/100)^{2,82}} - P^2 \left[\frac{B}{(T/100)^{14}} + \frac{C}{(T/100)^{31,6}}\right] \text{ m}^3\text{/kg},$$

wobei $R = 47{,}06$ mkg/kg grd, $A = 0{,}9172$, $B = 1{,}3088 \cdot 10^{-4}$, $C = 4{,}379 \cdot 10^7$, P in kg/m² und T in °K einzusetzen sind.

Spez. Volumina für überhitzten Wasserdampf s. Tafeln im Anhang.

Die innere Energie, Enthalpie, Entropie sind von Temperatur und Druck abhängig. Die Zustandsgrößen sind in Dampftafeln[1] oder in i,s-, T,s-, $\lg p, i$- und anderen Diagrammen zusammengestellt.

---

[1] Zum Beispiel VDI-Wasserdampftafeln. 5. Aufl. Berlin: Springer 1960.

b) Aus dem ***i, s*-Diagramm** (Bild 14) lassen sich bei adiabatischen Zustandsänderungen die technische Arbeit $A L_t = i_2 - i_3$ kcal/kg (Strecke 23) und bei isobaren Zustandsänderungen die zuzuführende Wärmemenge $q = i_2 - i_1$ kcal/kg als senkrechter Abstand zwischen dem Endwert i_2 und dem Anfangswert i_1 der Enthalpie ablesen. Enthalpie für überhitzten Wasserdampf s. Tafeln im Anhang.

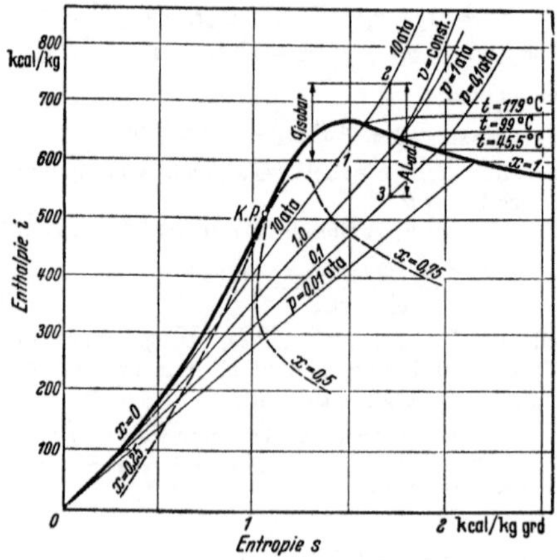

Bild 14. i, s-Diagramm für Wasserdampf[1]

Die Drosselung (i = const.) erscheint im i, s-Diagramm als horizontale Linie. Zur Bestimmung des Dampfgehaltes x von Naßdampf drosselt man diesen vom Anfangsdruck auf einen solchen Enddruck, daß der Endzustand des Dampfes im überhitzten Gebiet liegt, und mißt die Temperatur des Dampfes nach der Drosselung. Im i, s-Diagramm zieht man vom Zustandspunkt, der durch den Druck und die Temperatur nach der Drosselung gegeben ist, eine Horizontale bis zum Schnittpunkt mit der Isobaren des Druckes vor der Drosselung. Dem Schnittpunkt entsprechend wird der gesuchte Dampfgehalt x des Naßdampfes abgelesen.

IV. Thermodynamik der Gasgemische

1. Gasgemische

a) Daltonsches Gesetz. Befinden sich in einem Raum mehrere Gase, die keine chemische Einwirkung aufeinander ausüben, so gilt für nicht zu hohe Drücke das *Dalton*sche Gesetz: Jedes Gas verhält sich so, als ob es allein den ganzen Raum ausfüllte.

Der *Gesamtdruck P* des Gasgemisches ist *gleich der Summe der Teildrücke* $P_1, P_2, \ldots, P_i$, die in dem Raum herrschen würden, wenn jedes einzelne Gas $1, 2, \ldots, i$ allein vorhanden wäre. Demnach ist

$$P = P_1 + P_2 + \cdots P_i \text{ kg/m}^2. \tag{47}$$

Beispiel: In einem Behälter von 1 m³ Inhalt befinden sich 0,5 kg Sauerstoff, 0,1 kg Wasserstoff und 0,3 kg Stickstoff. Der Gesamtdruck der Mischung, deren Temperatur 50 °C ist, soll bestimmt werden. Nach Gl. (12) ergeben sich die Teildrücke der einzelnen Gase:

$$P_{O_2} = \frac{0{,}5 \cdot 848\,(273+50)}{32} = 4280 \text{ kg/m}^2; \qquad p_{O_2} = 0{,}428 \text{ at},$$

$$P_{H_2} = \frac{0{,}1 \cdot 848\,(273+50)}{2{,}016} = 13\,600 \text{ kg/m}^2; \qquad p_{H_2} = 1{,}360 \text{ at},$$

$$P_{N_2} = \frac{0{,}3 \cdot 848\,(273+50)}{28} = 2940 \text{ kg/m}^2; \qquad p_{N_2} = 0{,}294 \text{ at},$$

Der Gesamtdruck ist $p = p_{O_2} + p_{H_2} + p_{N_2} = 2{,}082$ at.

Das *Dalton*sche Gesetz gilt für reale Gasgemische nicht genau. Bei diesen kann der Gesamtdruck sowohl größer als auch kleiner als die Summe der Einzeldrücke sein.

b) Die **Zusammensetzung** eines Stoffgemisches kann gegeben sein:
durch die Einzelgewichte G_1, G_2, G_3 kg usw., so daß

$$G_1 + G_2 + G_3 + \cdots = \Sigma G_i = G \text{ kg},$$

durch die Einzelvolumina V_1, V_2, V_3 m³ usw., so daß

$$V_1 + V_2 + V_3 + \cdots = \Sigma V_i = V \text{ m}^3,$$

durch die *Gewichtsanteile* (Gewichtsprozente) $g_i = G_i/G$,
durch die *Raumanteile* (Volumenprozente) $r_i = V_i/V$.

[1] Für genaue Berechnungen empfiehlt sich Benutzung der käuflichen i, s-Diagramme.

Für jedes ideale Einzelgas gilt: $P_i V = G_i R_i T$ und $P V_i = G_i R_i T$. Hieraus folgt

$$P_i/P = V_i/V = r_i, \tag{48}$$

d. h. der Partialdruck eines Gases ist gleich dem Raumanteil mal dem Gesamtdruck.

c) Zustandsgrößen. Für ein Gasgemisch ist

das *spez. Gewicht*: $\gamma_{\text{Gem}} = G/V = \Sigma r_i \gamma_i$ kg/m³,

die *Gaskonstante*: $R_{\text{Gem}} = \Sigma g_i R_i$ mkg/kg grd,

das *scheinbare Molekulargewicht*: $M_s = \Sigma r_i M_i = 1/\Sigma (g_i/M_i)$,

die *spez. Wärmen*: $c_{v\,\text{Gem}} = \Sigma g_i c_{vi}$ kcal/kg grd,

$c_{p\,\text{Gem}} = \Sigma g_i c_{pi}$ kcal/kg grd;

oder: $C_{v\,\text{Gem}} = \Sigma r_i C_{vi}$ kcal/m³ grd,

$C_{p\,\text{Gem}} = \Sigma r_i C_{pi}$ kcal/m³ grd.

Mit diesen Werten lassen sich Gasgemische wie einfache Gase rechnerisch behandeln. Zur Umrechnung der Gewichtsanteile in Raumanteile und umgekehrt dient:

$$g_i = r_i M_i/M_s \quad \text{und} \quad r_i = g_i M_s/M_i.$$

Beispiel: Luft besteht aus 79 Volumenprozenten Stickstoff (N_2) und 21 Volumenprozenten Sauerstoff (O_2).

Das scheinbare Molekulargewicht der Gasmischung ist:

$$M_s = 0{,}79 \cdot 28 + 0{,}21 \cdot 32 = 28{,}8.$$

Der Stickstoffgehalt der Luft in Gewichtsprozenten ist:

$$g_{N_2} = 0{,}79 \cdot 28/28{,}8 = 0{,}767 = 76{,}7\%,$$

der Sauerstoffanteil in Gewichtsprozenten:

$$g_{O_2} = 0{,}21 \cdot 32/28{,}8 = 0{,}233 = 23{,}3\%.$$

Die Gaskonstante der Luft ergibt sich zu:

$$R = 0{,}767 \cdot 848/28 + 0{,}233 \cdot 848/32 = 29{,}27 \text{ mkg/kg grd}.$$

Die spez. Wärme der Luft ist

$$c_p = 0{,}767 \cdot 0{,}249 + 0{,}233 \cdot 0{,}218 = 0{,}241 \text{ kcal/kg grd}.$$

(Spez. Wärmen für O_2 und N_2 s. Tafeln im Anhang.)

2. Gas-Dampf-Gemische

a) Das wichtigste Gas-Dampf-Gemisch ist das **Luft-Wasserdampf-Gemisch.** Bei einer bestimmten Temperatur kann der Partialdruck des Wasserdampfes in der Luft höchstens gleich dem dieser Temperatur entsprechenden Sättigungsdruck des trocken gesättigten Wasserdampfes sein (Tafel im Anhang). Luft mit dieser maximalen Wasserdampfmenge heißt „gesättigt"; enthält sie weniger, dann „ungesättigt". Ungesättigte Luft kann also noch Wasserdampf aufnehmen. Der Wasserdampf in ungesättigter Luft befindet sich im Zustand der Überhitzung.

b) Begriffe. Man bezieht die Zustandsgrößen eines Gas-Dampf-Gemisches gewöhnlich auf 1 kg trockenes Gas. Der Feuchtigkeitsgrad x ist die Wasserdampfmenge in kg je kg trockene Luft. Die *relative Feuchtigkeit* φ ist das Verhältnis des Wasserdampfteildruckes p_D zum Sättigungsdruck p'. Es ist

$$\varphi = p_D/p' = \gamma/\gamma'. \tag{49}$$

Sie wird gewöhnlich in Prozenten ausgedrückt. Spez. Gewicht feuchter Luft s. Tafel im Anhang. *Sättigungsgrad* ψ ist das Verhältnis des Feuchtigkeitsgrades x zum maximalen Feuchtigkeitsgrad x', also $\psi = x/x'$.

Es ist

$$x = \frac{R_G}{R_D} \cdot \frac{p_D}{p - p_D}, \tag{50}$$

wobei R_G und R_D die Gaskonstanten für Gas bzw. Dampf in mkg/kg grd und p den Gesamtdruck bedeuten. Für Wasserdampf-Luft-Gemisch ist somit

$$x = \frac{29{,}27}{47{,}1} \cdot \frac{p_D}{p - p_D} = 0{,}622\,\frac{\varphi p'}{p - \varphi p'}, \tag{50a}$$

$$\varphi = \frac{x p}{p'(0{,}622 + x)} \quad \text{und} \quad \psi = \varphi\,\frac{p - p'}{p - \varphi p'}.$$

Der *Wärmeinhalt von Gas-Dampf-Gemischen* ist je kg trockenes Gas

$$i = c_G\, t + x\,(r + c_D\, t)\ \text{kcal/kg}. \tag{51}$$

Hierin bedeuten c_G bzw. c_D die spez. Wärmen bei konst. Druck für Gas bzw. Dampf und r die Verdampfungswärme des Dampfes bei der Temperatur $t = 0\,°C$. Für Wasserdampf-Luft-Gemisch ist

$$i = 0{,}24\, t + x\,(597 + 0{,}46\, t)\ \text{kcal/kg}. \tag{51a}$$

c) Bestimmung der Luftfeuchtigkeit. α) *Psychrometer* nach *Assmann:* Von zwei gleichen Thermometern ist das eine mit einem feuchten Wattebausch umgeben, das andere trocken. An beiden wird die Luft durch einen kleinen Ventilator mit ca. 2 m/sek Geschwindigkeit vorbeigeblasen. Das trockene Thermometer zeigt die Temperatur t, das feuchte die Temperatur t_f an. $(t - t_f)$ heißt die ***psychrometrische Temperaturdifferenz.*** Sind p' und p'_f die zu den Temperaturen t und t_f gehörigen Sättigungsdrücke in mm QS, so ist der wirkliche Teildruck des Wasserdampfes in der Luft nach der *Sprung*schen Psychrometerformel

$$p_D = p'_f - 0{,}5\,(t - t_f) \qquad (\text{gültig bis } t = 40\,°C)$$

und

$$\varphi = p_D/p'.$$

Beispiel: Das trockene Thermometer zeigt 30 °C, das feuchte 20 °C an. Dann ist der Partialdruck des Dampfes (bezüglich der Zahlenwerte s. Bild 15)

$$p_D = 17{,}5 - 0{,}5 \cdot 10 = 12{,}5\ \text{mm QS}, \qquad \varphi = 12{,}5/31{,}8 = 0{,}394 = 39{,}4\,\%.$$

β) *Haarhygrometer* zeigen die ***relative*** Feuchtigkeit an. Sie müssen öfter geeicht werden. Bei Temperaturen über 0° sind Haarhygrometer sehr zweckmäßig. Bei Temperaturen unter 0 °C kann man, je nach dem Zweck, die relative Feuchtigkeit auf die Dampfspannung über Wasser oder über Eis beziehen.

d) Im **Mollier-i, x-Diagramm,** Bild 15, ist die Enthalpie i in kcal/kg für $(1 + x)$ kg feuchter Luft nach Gl. (51a) über dem Wasserdampfgehalt x aufgetragen.

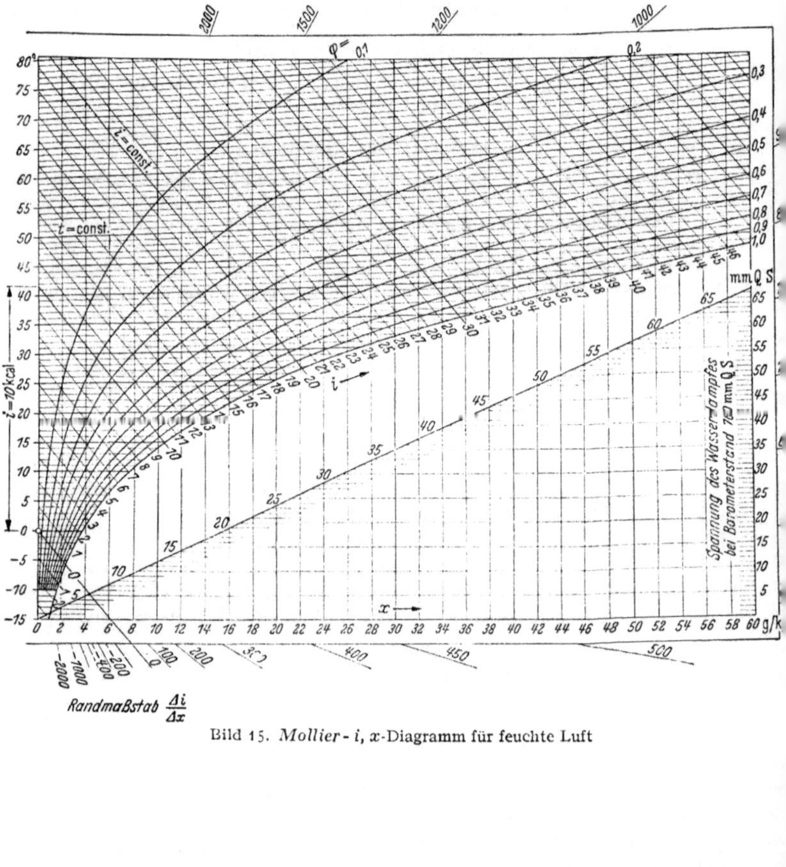

Bild 15. *Mollier-i, x*-Diagramm für feuchte Luft

getragen, wobei die Abszisse schräg nach rechts unten gelegt ist, so daß die 0 °C-Isotherme horizontal verläuft. Die Isothermen über 0 °C erscheinen als leicht ansteigende Linien. Für den Gesamtdruck $p = 760$ mm QS sind die Linien gleicher relativer Feuchtigkeit eingetragen; $\varphi = 1$ stellt die Sättigungskurve dar; links von ihr ist die Luft ungesättigt, rechts von ihr enthält die Luft Nebel. Die Ordinaten der unter dem Diagramm eingezeichneten Schrägen geben für jeden Punkt im i, x-Diagramm den zugehörigen Dampfdruck in mm QS an.

e) Zustandsänderungen des Wasserdampf-Luft-Gemisches. α) Bei *Erwärmung* bleibt der Dampfgehalt x konstant, die relative Feuchtigkeit φ wird kleiner. Um $(1 + x)$ kg Wasserdampf-Luft-Gemisch von t_1 auf t_2 zu erwärmen, muß je kg trockene Luft die Wärmemenge

$$Q = i_2 - i_1 \tag{52}$$

zugeführt werden.

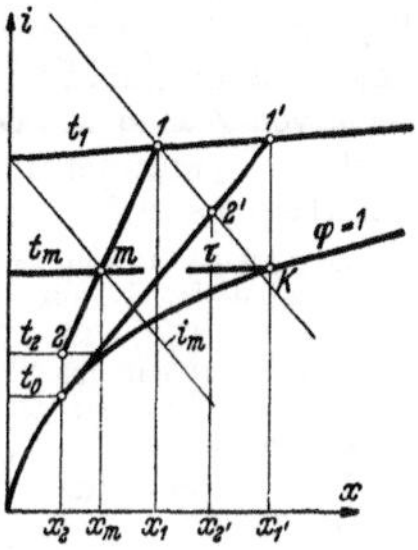

Bild 16. Zustandsänderungen feuchter Luft im *Mollier*-i, x-Diagramm. Mischung zweier Luftströme ($\overline{12}$ Mischgerade); Abkühlung feuchter Luft (K Taupunkt)

β) *Mischung.* Wird feuchte Luft vom Zustand t_1, x_1 (Punkt 1 in Bild 16) mit feuchter Luft vom Zustand t_2, x_2 (Punkt 2) gemischt, so liegt der Zustand der feuchten Luft nach der Mischung (Punkt m) auf der *Mischgeraden* (Strecke 12 in Bild 16).

Nach der Wärmebilanz ist

$$G_{L_1} i_1 + G_{L_2} i_2 = (G_{L_1} + G_{L_2})\, i_m.$$

Nach der Stoffbilanz ist

$$G_{L_1} x_1 + G_{L_2} x_2 = (G_{L_1} + G_{L_2})\, x_m,$$

wobei G_{L_1} und G_{L_2} die trockene Luftmenge vom Zustand 1 bzw. 2 in kg bedeuten. Daraus folgt

$$i_m = \frac{G_{L_1} i_1 + G_{L_2} i_2}{G_{L_1} + G_{L_2}} \text{ kcal/kg} \tag{53}$$

und

$$x_m = \frac{G_{L_1} x_1 + G_{L_2} x_2}{G_{L_1} + G_{L_2}}\,. \tag{54}$$

Beispiel: Auf welchen Zustand verändert sich die Luft, wenn $G_{L_1} = 10\,000$ kg trockener Luft von der Temperatur $t_1 = 0$ °C und der relativen Feuchtigkeit $\varphi_1 = 0{,}7$ mit $G_{L_2} = 20\,000$ kg trockener Luft von $t_2 = 20°$ C und $\varphi_2 = 0{,}6$ gemischt werden? Der Druck ist $p = 760$ Torr. Es ist nach Gl. (50a)

$$x_1 = 0{,}622 \cdot \frac{0{,}7 \cdot 62{,}28}{10\,332 - 0{,}7 \cdot 62{,}28} = 0{,}00264 \text{ kg/kg} = 2{,}64 \text{ g/kg trockener Luft},$$

$$x_2 = 0{,}622 \cdot \frac{0{,}6 \cdot 238{,}3}{10\,332 - 0{,}6 \cdot 238{,}3} = 0{,}00875 \text{ kg/kg} = 8{,}75 \text{ g/kg trockener Luft}$$

(Sättigungsdruck $p_1' = 62{,}28$ kg/m² entsprechend t_1, und $p_2' = 238{,}3$ kg/m² entsprechend $t_2 = 20$ °C aus Dampftabelle im Anhang).

Nach Gl. (51a) $\quad i_1 = 0{,}00264 \cdot 597 = 1{,}57$ kcal/kg,

$$i_2 = 0{,}24 \cdot 20 + 0{,}00875\,(597 + 0{,}46 \cdot 20) = 10{,}1 \text{ kcal/kg},$$

nach Gl. (53)

$$i_m = \frac{10\,000 \cdot 1{,}57 + 20\,000 \cdot 10{,}1}{10\,000 + 20\,000} = 7{,}26 \text{ kcal/kg},$$

nach Gl. (54)

$$x_m = \frac{10\,000 \cdot 0{,}00264 + 20\,000 \cdot 0{,}00875}{10\,000 + 20\,000} = 0{,}0067 \text{ kg/kg} = 6{,}7 \text{ g/kg},$$

nach Gl. (51a) ist die Temperatur nach der Mischung

$$t_m = \frac{i_m - 597\,x_m}{0{,}24 + 0{,}46\,x_m} = \frac{7{,}26 - 597 \cdot 0{,}0067}{0{,}24 + 0{,}46 \cdot 0{,}0067} = 13{,}4 \text{ °C}.$$

Die Mischungstemperatur läßt sich schneller mit Hilfe des *Mollier*-i, x-Diagramms (Bild 15) ermitteln. Man verbindet Punkt *1*, der durch $t_1 = 0$ °C und $\varphi_1 = 0{,}7$ gegeben, mit Punkt *2*, der durch $t_2 = 20$ °C und $\varphi_2 = 0{,}6$ gegeben ist, durch eine Gerade. Da nach Gl. (54):

$$(x_2 - x_m)/(x_m - x_1) = G_{L_1}/G_{L_2},$$

muß der Mischpunkt m auf der Mischgeraden $\overline{12}$ so liegen, daß Strecke $\overline{2m}$/Strecke $\overline{1m} = G_{L_1}/G_{L_2} = 10000/20000 = 1/2$ ist. Zu dem so gefundenen Punkt m lassen sich $t_m = 13{,}4$ °C und $x_m = 6{,}7$ g/kg aus dem i, x-Diagramm ablesen.

γ) *Abkühlung.* Wird feuchter Luft z. B. vom Zustand 1′ (Bild 16) längs einer kalten Fläche mit der Temperatur t_0 °C in einem Luftkühler die Wärmemenge Q_0 kcal entzogen, so liegt der Zustand 2′ der abgekühlten Luft auf der Verbindungsgeraden des Punktes 1 mit dem Schnittpunkt der Isothermen t_0 und der Sättigungslinie $\varphi = 1$ *. Nach der Wärmebilanz ist die abzuführende Wärmemenge

$$Q_0/G_L = i_{1'} - i_{2'} - (x_{1'} - x_{2'})\, t_{2'} \text{ kcal/kg trockener Luft} \tag{55}$$

(G_L kg ist die Menge der trockenen Luft).

Die dabei ausgeschiedene Wassermenge ist

$$W = G_L\,(x_{1'} - x_{2'}) \text{ kg}. \tag{56}$$

Bei einer bestimmten Oberflächentemperatur τ der Kühlrohre im Luftkühler liegt der Schnittpunkt K der Isotherme τ mit der Sättigungslinie senkrecht unter dem Zustandspunkt 1′ (Bild 16). In diesem Fall kühlt sich Luft ohne Ausscheidung von Wasser ab. Die Temperatur τ wird *Taupunkt* genannt. Erst bei Oberflächentemperaturen im Kühler, die unter dem Taupunkt liegen, tritt Wasserausscheidung auf.

Beispiele: 1. Für Luft von 30 °C und $\varphi = 0{,}7$ soll der Taupunkt bestimmt werden. Taupunkt 24 °C ist auf der Sättigungslinie senkrecht unter dem Schnittpunkt der Linie $\varphi = 0{,}7$ mit der Temperaturlinie $t = 30$ °C aus Bild 15 abzulesen.

2. $V_L = 100$ m³ feuchte Luft von 760 mm QS, 30 °C und 75% relativer Feuchtigkeit sollen auf 10 °C abgekühlt werden (im Endzustand gesättigt). Welche Wärmemenge ist der Luft zu entziehen?

Die trockene Luftmenge ist mit Gl. (47) und (48):

$$V_{L\text{tr}} = V_L\left(1 - \varphi\,\frac{p'}{p}\right) = 100\left(1 - 0{,}75\,\frac{31{,}82}{760}\right) = 96{,}86 \text{ m}^3$$

und nach Gl. (12a)

$$G_L = \frac{10\,332 \cdot 96{,}86}{29{,}27 \cdot 303} = 113 \text{ kg}.$$

Nach Gl. (50a) sind die Feuchtigkeitsgrade

$$x_1 = 0{,}622 \cdot \frac{0{,}75 \cdot 31{,}82}{760 - 0{,}75 \cdot 31{,}82} = 0{,}0202 \text{ kg/kg},$$

$$x_2 = 0{,}622 \cdot \frac{9{,}21}{760 - 9{,}21} = 0{,}00764 \text{ kg/kg}.$$

Somit ist nach Gl. (51a) und (55)

$$Q_0 = 113\,[0{,}24 \cdot 30 + 0{,}0202\,(597 + 0{,}46 \cdot 30) - 0{,}24 \cdot 10 - 0{,}00764\,(597 + 0{,}46 \cdot 10) - 0{,}01256 \cdot 10] = 1399 \text{ kcal}.$$

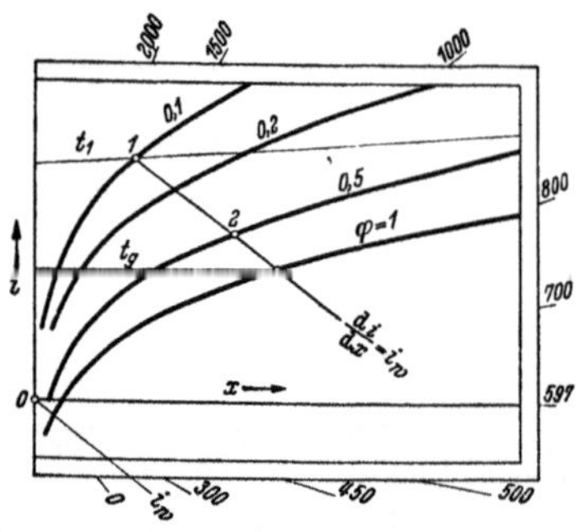

Bild 17. Zustandsänderungen feuchter Luft im *Mollier*-i, x-Diagramm

δ) *Wasserzusatz.* Wird feuchter Luft z. B. vom Zustand 1 (Bild 17) Wasser oder Wasserdampf mit der Enthalpie i_w kcal/kg zugesetzt, so ist die Zustandsänderung der Luft im i, x-Diagramm durch die Gerade

$$di/dx = i_w \text{ kcal/kg} \tag{57}$$

gegeben. Der Zustandspunkt der Luft nach der Mischung liegt auf der Parallelen durch den Punkt 1 zur Verbindungslinie vom Koordinatenanfangspunkt O nach dem auf dem Randmaßstab angegebenen Wert der Enthalpie i_w des Wassers oder Wasserdampfes. Der Punkt 2 ist dann gegeben durch

$$x_2 = x_1 + W/G_L, \tag{58}$$

wobei W kg die zugesetzte Wassermenge und G_L kg die Menge der trockenen Luft bedeuten. Wird die Sättigungslinie überschritten, so entsteht Nebel.

* *Linge, K.:* Die Beherrschung des Luftzustandes in gekühlten Räumen. Beiheft z. Zeitschr. f. d. ges. Kältcind. Reihe 2, Heft 7 (1933).

ε) *Verdunstung.* Streicht ungesättigte Luft, z. B. vom Zustand t_1 und φ_1, über eine Wasserfläche, so geht ein Teil des Wassers durch Verdunstung in die Luft über. Das nicht verdunstete Wasser nimmt im Beharrungszustand die Kühlgrenztemperatur t_g an. Man findet die Kühlgrenztemperatur, indem man zunächst einen Wert für t_g annimmt und durch Punkt 1 eine Gerade parallel zur Verbindungslinie $O i_w$ ($i_w \triangleq t_g$) legt (Bild 17). Ist die dabei zunächst angenommene Kühlgrenztemperatur t_g richtig, so muß durch den Schnittpunkt der Geraden 12 mit der Sättigungslinie $\varphi = 1$ auch die Isotherme für den angenommenen Wert t_g hindurchgehen. Der Luftzustand verändert sich längs der Geraden 12*.

V. Kreisprozesse

Ein Kreisprozeß besteht aus mehreren aufeinanderfolgenden Zustandsänderungen, an deren Ende das Arbeit leistende Gas wieder seinen Anfangszustand einnimmt.

a) Der **Carnotsche Kreisprozeß** besteht aus folgenden Zustandsänderungen (Bild 18):

1—2: isothermische Ausdehnung bei der Temperatur T,
2—3: adiabatische Ausdehnung, wobei die Temperatur von T auf T_0 sinkt,
3—4: isothermische Verdichtung bei der Temperatur T_0,
4—1: adiabatische Verdichtung, wobei die Temperatur von T_0 auf T ansteigt.

Bei der isothermischen Ausdehnung ist dem Gas die Wärmemenge

$$Q = A G R T \ln v_2/v_1 \text{ kcal} \quad \text{(Bild 18: Fläche } 12ab)$$

zuzuführen, bei der isothermischen Verdichtung die Wärmemenge

$$Q_0 = A G R T_0 \ln v_3/v_4 \text{ kcal} \quad \text{(Bild 18: Fläche } 3ab4)$$

abzuführen. Da nach Gl. (32b)

$$T/T_0 = (v_3/v_2)^{\varkappa-1} = (v_4/v_1)^{\varkappa-1},$$

also $v_3/v_4 = v_2/v_1$ ist, folgt $Q/Q_0 = T/T_0$.

Die *gewonnene Arbeit* ist $AL = Q - Q_0$ kcal; sie ist in Bild 18 als Fläche innerhalb des Kurvenzuges 1234 dargestellt.

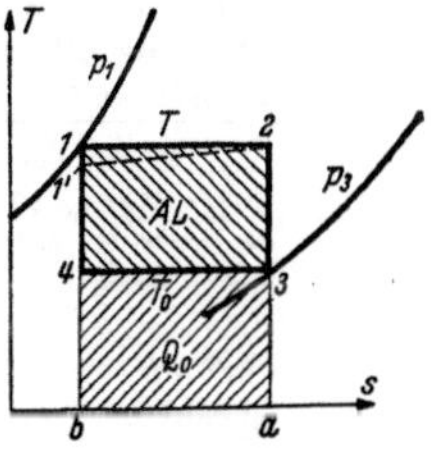

Bild 18. *Carnot*scher Kreisprozeß

α) Der *thermische Wirkungsgrad* η_t gibt an, welcher Teil der zugeführten Wärme in Arbeit verwandelt wird. Es ist

$$\eta_t = \frac{AL}{Q} \cdot 100\,\%. \tag{59}$$

Für den *Carnot*prozeß ist demnach

$$\eta_t = (Q - Q_0)/Q = 1 - Q_0/Q = 1 - T_0/T. \tag{60}$$

Der thermische Wirkungsgrad des *Carnot*prozesses ist unabhängig von der Art des arbeitenden Gases.

Der *Carnot*sche Kreisprozeß hat den höchstmöglichen Wirkungsgrad. Bei einem Kreisprozeß, bei dem die Temperatur des Gases während der Wärmezufuhr zunimmt (Bild 18: Linie 1'2), wird $\eta_t = AL/Q$, wie aus Bild 18 ersichtlich, kleiner als beim *Carnot*prozeß. Bei diesem wird also der größtmögliche Teil der dem Gas zugeführten Wärme in Arbeit verwandelt.

β) Zur Beurteilung eines Kreisprozesses ist neben dem thermischen Wirkungsgrad auch der *mittlere indizierte Druck* P_{m_i}, d. i. die geleistete Arbeit dividiert durch die Differenz aus dem größten und kleinsten Volumen, also $P_{m_i} = L_i/(v_3 - v_1)$ erforderlich. Beim *Carnot*prozeß ist P_{m_i} gegenüber anderen Kreisprozessen klein[1].

* Weiteres über Verdunstung s. *Kirschbaum, E.:* Neue Erkenntnisse über den Verdunstungsvorgang. Chem.-Ing.-Technik Bd. 21 (1949) S. 89/94.

[1] *Plank, R.:* Vergleich der thermodynamischen Kreisprozesse von *Carnot, Ackeret-Keller* und *Joule* für Wärmekraft- und Kältemaschinen. VDI-Z. Bd. 90 (1948) S. 19/26.

Beispiel: 1 kg Luft von $p_3 = 1$ ata und $t_3 = 20$ °C soll einen *Carnot*schen Kreisprozeß durchlaufen und am Ende des Verdichtungsvorgangs einen Druck von $p_1 = 60$ ata und eine Temperatur von $t_1 = 300$ °C haben. Wie groß sind Druck, Temperatur und Volumen in den Eckpunkten des Kreisprozesses? Welche Wärmemenge ist zu- und abzuführen? Wie groß sind die geleistete Arbeit, der mittlere indizierte Druck und der thermische Wirkungsgrad?

$p_1 = 60$ ata; $T_1 = 300 + 273 = 573$ °K;

$v_1 = R\,T_1/P_1 = 29{,}27 \cdot 573/600000 = 0{,}028$ m³/kg.

$p_2 = p_3\,(T/T_0)^{\varkappa/(\varkappa-1)} = 1\,(573/293)^{1{,}4/0{,}4} = 10{,}41$ ata;

$T_2 = 573°$ K; $v_2 = \dfrac{29{,}27 \cdot 573}{104\,100} = 0{,}161$ m³/kg.

$p_3 = 1$ ata; $T_3 = 293$ °K; $v_3 = 29{,}27 \cdot 293/10000 = 0{,}858$ m³/kg.

$p_4 = p_1\,(T_0/T)^{\varkappa/(\varkappa-1)} = 60\,(293/573)^{1{,}4/0{,}4} = 5{,}77$ ata;

$T_4 = 293$ °K; $v_4 = 29{,}27 \cdot 293/57700 = 0{,}149$ m³/kg.

$$q = A\,R\,T \ln p_1/p_2 = \frac{29{,}27 \cdot 573}{427} \cdot \ln 5{,}77 = 68{,}8 \text{ kcal/kg};$$

$$q_0 = A\,R\,T_0 \ln p_4/p_3 = \frac{29{,}27 \cdot 293}{427} \cdot \ln 5{,}77 = 35{,}2 \text{ kcal/kg};$$

$A\,L = q - q_0 = 33{,}6$ kcal/kg.

$P_{m_i} = L/(v_3 - v_1) = 33{,}6 \cdot 427/(0{,}858 - 0{,}028) = 17300$ kg/m² oder $p_{m_i} = 1{,}73$ at.

$\eta_t = A\,L/q = 33{,}6/68{,}8 = 0{,}489 = 48{,}9\%$,

oder nach Gl. (60): $\eta_t = 1 - T_0/T = 1 - 293/573 = 0{,}489$.

γ) *Wärmepumpe.* Läßt man ein Gas den *Carnot*schen Kreisprozeß entgegen dem Uhrzeigersinn durchlaufen, so muß ihm die Arbeit L zugeführt werden. Ferner wird ihm nun die Wärmemenge Q_0 bei konstanter Temperatur T_0 zugeführt und die Wärmemenge Q bei konstanter Temperatur T entzogen. Dies ist die Arbeitsweise einer *idealen Wärmepumpe.* Ihre Leistungszahl ist

$$\varepsilon_w = Q/A\,L = Q/(Q - Q_0) = T/(T - T_0). \tag{61}$$

Beispiel: Welche Wärmemenge je kWh aufgewendeter Arbeit liefert eine Wärmepumpe, in der das Gas einen *Carnot*schen Kreisprozeß zwischen den Temperaturen $t_1 = 20$ °C und $t_3 = 4$ °C durchläuft? Nach Gl. (61) ist:

$$Q = A\,L\,T/(T - T_0) = 860 \cdot 293/16 = 15750 \text{ kcal}.$$

δ) Ebenso wie die Wärmepumpe arbeitet die *ideale Kältemaschine*[1]. Ihre Leistungszahl ist

$$\varepsilon_k = Q_0/A\,L = Q_0/(Q - Q_0) = T_0/(T - T_0). \tag{62}$$

b) Der ideale Kreisprozeß der Heißluftmaschine (Joule-Prozess) besteht aus folgenden Zustandsänderungen (Bild 19):

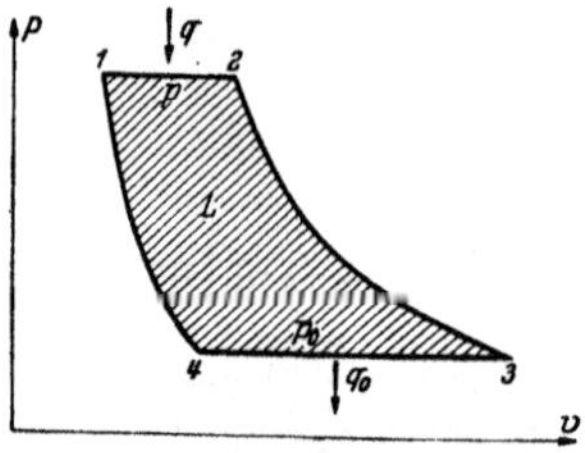

Bild 19. Idealer Kreisprozeß der Heißluftmaschine

1 — 2: isobare Ausdehnung durch Zufuhr der Wärmemenge q,
2 — 3: adiabatische Ausdehnung,
3 — 4: isobare Verdichtung durch Abfuhr der Wärmemenge q_0,
4 — 1: adiabatische Verdichtung.

Für ideales Gas ist

$q = c_p\,(T_2 - T_1)$ kcal/kg

und $q_0 = c_p\,(T_3 - T_4)$ kcal/kg,

$\eta_t = A\,L/q = 1 - q_0/q =$
$= 1 - c_p\,(T_3 - T_4)/c_p\,(T_2 - T_1)$.

Da $T_2/T_3 = (p/p_0)^{(\varkappa-1)/\varkappa} = T_1/T_4$, also $T_2/T_1 = T_3/T_4$, ist

$$\eta_t = 1 - T_4/T_1 = 1 - (p_0/p)^{(\varkappa-1)/\varkappa}. \tag{63}$$

In der *Kaltluftmaschine* wird dieser Kreisprozeß entgegen dem Uhrzeigersinn durchlaufen. Ihre Leistungszahl ist

$$\varepsilon_k = Q_0/A\,L = q_0/(q - q_0).$$

[1] Thermodynamische Grundlagen der Kältemaschinen s. Bd. II, Abschn. Kältetechnik.

c) Der ideale Kreisprozeß des Ottomotors besteht aus folgenden Zustandsänderungen (Bild 20):

1—2: adiabatische Verdichtung,
2—3: isochore Zufuhr der Wärme q,
3—4: adiabatische Ausdehnung,
4—1: isochore Abfuhr der Wärme q_0.

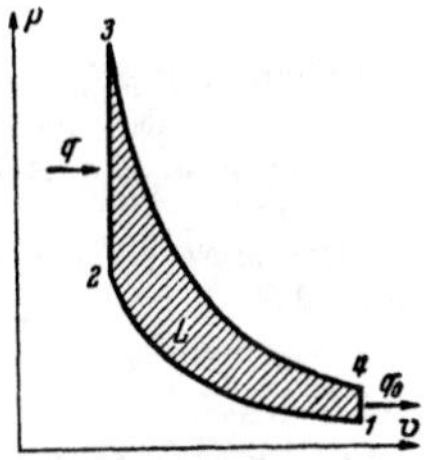

Bild 20. Idealer Kreisprozeß des Ottomotors

Für ideales Gas ist

$$q = c_v (T_3 - T_2) \quad \text{und} \quad q_0 = c_v (T_4 - T_1).$$

Der *thermische Wirkungsgrad* ist

$$\eta_t = 1 - q_0/q = 1 - c_v (T_4 - T_1)/c_v (T_3 - T_2) = = 1 - \frac{T_1 (T_4/T_1 - 1)}{T_2 (T_3/T_2 - 1)}.$$

Da $T_2/T_1 = (v_1/v_2)^{\varkappa - 1} = T_3/T_4$, also $T_4/T_1 = T_3/T_2$ ist, folgt

$$\eta_t = 1 - T_1/T_2 = 1 - (v_2/v_1)^{\varkappa - 1}.$$

Mit dem *Verdichtungsverhältnis* $\varepsilon = v_1/v_2$ ist

$$\eta_t = 1 - 1/\varepsilon^{\varkappa - 1}. \tag{64}$$

d) Der ideale Kreisprozeß des Dieselmotors besteht aus folgenden Zustandsänderungen (Bild 21):

1—2: adiabatische Verdichtung,
2—3: isobare Zufuhr der Wärmemenge q,
3—4: adiabatische Ausdehnung,
4—1: isochore Abfuhr der Wärmemenge q_0.

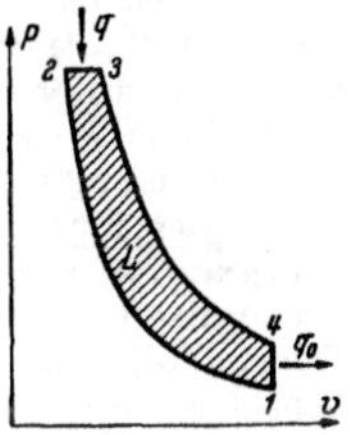

Bild 21. Idealer Kreisprozeß des Dieselmotors

Für ideales Gas ist

$$q = c_p (T_3 - T_2), \quad q_0 = c_v (T_4 - T_1)$$

und

$$\eta_t = 1 - q_0/q = 1 - c_v (T_4 - T_1)/c_p (T_3 - T_2) = = 1 - \frac{T_1}{T_2} \frac{(T_4/T_1 - 1)}{\varkappa (T_3/T_2 - 1)}.$$

Mit $\quad T_2/T_1 = (v_1/v_2)^{\varkappa - 1} = \varepsilon^{\varkappa - 1},$

dem Füllungsgrad $\quad \varrho = v_3/v_2 = T_3/T_2$

und $\quad T_4/T_1 = p_4/p_1 = \frac{p_4}{p_3} \cdot \frac{p_2}{p_1} = \left(\frac{v_3}{v_4} \cdot \frac{v_1}{v_2}\right)^{\varkappa} = (v_3/v_2)^{\varkappa} = \varrho^{\varkappa}$ ist

$$\eta_t = 1 - \frac{1}{\varkappa \varepsilon^{\varkappa - 1}} \cdot \frac{\varrho^{\varkappa} - 1}{\varrho - 1}. \tag{65}$$

e) Der ideale Kreisprozeß der Gasturbine (Ericson-Prozeß, von *Ackeret-Keller* näherungsweise verwirklicht) besteht aus folgenden Zustandsänderungen (Bild 22):

1—2: isothermische Verdichtung, hierbei Abfuhr der Wärmemenge q_0,
2—3: isobare Zufuhr der Wärmemenge q',
3—4: isothermische Ausdehnung, hierbei Zufuhr der Wärmemenge q,
4—1: isobare Abfuhr der Wärmemenge q'.

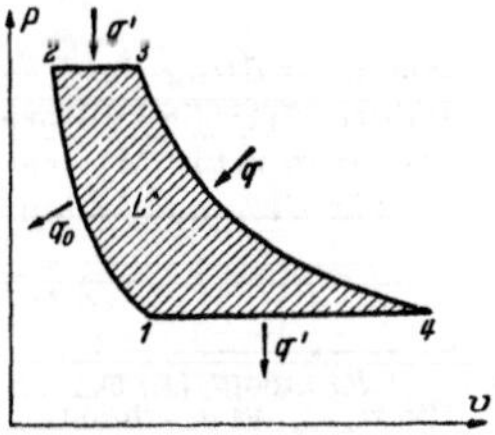

Bild 22. Idealer Kreisprozeß der Gasturbine

Die isobar auf dem Weg 4—1 abzuführende Wärmemenge ist gleich der dem Gas auf dem Weg 2—3 zuzuführenden Wärmemenge. Diese beiden Wärmemengen werden innerhalb der Maschinenanlage lediglich ausgetauscht. Von außen wird bei der isothermischen Ausdehnung die Wärmemenge

$$q = A\,R\,T \ln p_3/p_4 \text{ kcal/kg}$$

zugeführt und bei der isothermischen Verdichtung die Wärmemenge

$$q_0 = A\,R\,T_0 \ln p_2/p_1 \text{ kcal/kg}$$

abgeführt. Da $p_2/p_1 = p_3/p_4$, folgt $\eta_t = 1 - Q_0/Q = 1 - T_0/T = 1 - T_1/T_4$. (66)

Zwischen dem gleichen Temperaturgefälle von T bis T_0 ist der thermische Wirkungsgrad des *Ackeret-Keller*-Prozesses ebenso groß wie der des *Carnot*prozesses.

Der *mittlere indizierte Druck* ist jedoch wesentlich größer als beim *Carnot*prozeß.

VI. Wärmeübertragung[1]

Literatur: 1. *Merkel, F.:* Die Grundlagen der Wärmeübertragung. Dresden: Th. Steinkopff 1927. — 2. *Gröber, H.*, u. *S. Erk:* Die Grundgesetze der Wärmeübertragung. 3. Aufl. Berlin: Springer 1955. — 3. *ten Bosch, M.:* Die Wärmeübertragung. 3. Aufl. Berlin: Springer 1936. — 4. *Schack, A.:* Der industrielle Wärmeübergang. 5. Aufl. Düsseldorf: Stahleisen 1957. — 5. *Eckert, E.:* Einführung in den Wärme- und Stoffaustausch. Berlin: Springer 1949. — 6. *Hausen, H.:* Wärmeübertragung im Gegenstrom, Gleichstrom und Kreuzstrom. Berlin: Springer 1950. — 7. *Cammerer, J. S.:* Der Wärme- und Kälteschutz in der Industrie. 3. Aufl. Berlin: Springer 1951. — 8. VDI-Wärmeatlas. Berechnungsblätter für den Wärmeübergang. Düsseldorf: VDI-Verlag 1958.

Wärme kann auf drei Arten übertragen werden:

A. Durch *Wärmeleitung* = Fortpflanzung der Wärme *innerhalb* eines Stoffes: Hierbei geht die Wärme von einem Stoffteilchen auf das benachbarte über, z. B. in festen Körpern, ohne daß sich die Lage der Teilchen zueinander verändert.

B. Durch *Konvektion*: Hierbei wird die Wärme durch die gegeneinander sich bewegenden Stoffteilchen von einer warmen Stelle an eine kältere übertragen, z. B. in bewegten Flüssigkeiten oder Gasen. Man spricht von Wärmeübergang bei *erzwungener Strömung*, wenn die Bewegung der Stoffteilchen vorwiegend durch äußere Kräfte verursacht, z. B. durch Pumpe oder Ventilator, von Wärmeübergang bei *freier Strömung*, wenn die Bewegung nur durch den Auftrieb verursacht ist, den die warmen Teilchen gegenüber den kalten erfahren. *Wärmeübergang* = Übertragung der Wärme von einem Medium an eine Wand oder umgekehrt.

C. Durch *Strahlung*: Hierbei geht die Wärme durch Strahlung über, das sind elektromagnetische Wellen, die der warme Körper ausstrahlt und der kalte Körper teilweise absorbiert. Die Wärmestrahlen haben Wellenlängen von 0,75 bis 400 μ (1 μ = 1 Mikron = $^1/_{1000}$ mm).

D. Meist wird die Wärme durch Leitung, Konvektion und durch Strahlung gleichzeitig übertragen. In diesem Fall spricht man von *Wärmedurchgang* = Wärmeübergang von einem Medium an ein anderes durch eine Wand (oder mehrere) hindurch.

A. Wärmeleitung

Durch den Querschnitt von F m² eines festen Körpers (Bild 23) strömt in z Stunden nach dem *Fourier*schen Gesetz die Wärmemenge

$$Q = -\lambda F z \, \mathrm{d}t/\mathrm{d}x \text{ kcal.} \tag{67}$$

Hierin ist $\mathrm{d}t/\mathrm{d}x$ das Temperaturgefälle in Richtung des Wärmeflusses und λ die *Wärmeleitzahl* in kcal/mh grd. Diese ist abhängig von der Art des Körpers und von der Temperatur. Wärmeleitzahlen für verschiedene Stoffe s. Tafeln im Anhang.

Für Gase und Dämpfe gilt angenähert[2]

$$\lambda = 3600 \left(\frac{4{,}47}{M c_v} + 1\right) \cdot g c_v \eta \text{ kcal/mh grd},$$

---

[1] *Kraußold, H.:* Der konvektive Wärmeübergang. Die Technik Bd. 3 (1948) S. 205/07. — *Wicke, E.:* Einige Probleme des Stoff- u. Wärmeübergangs an Grenzflächen. Chem.-Ing.-Techn. Bd. 23 (1951) S. 5/12.

[2] *Eucken, A.:* Allgemeine Gesetzmäßigkeiten für das Wärmeleitvermögen. Forschg. Ing.-Wes. Bd. 11 (1940) S. 6.

wobei λ die Wärmeleitzahl in kcal/m h grd,
c_v die spez. Wärme bei konstantem Volumen in kcal/kg grd,
η die dynamische Zähigkeit in kgsek/m² (s. Tafeln im Anhang),
M das Molekulargewicht,
g = 9,81 m/sek² die Fallbeschleunigung bedeuten.

Man nennt $1/\lambda$ m h grd/kcal den spez. Wärmeleitwiderstand,
Q/z kcal/h den Wärmestrom (nachfolgend mit Q_z bezeichnet) und
$q = Q/(Fz)$ kcal/m²h die Wärmestromdichte oder Heizflächenbelastung.

1. Wärmeleitung durch ebene Wand

In einer ebenen Wand, durch welche die Wärme nur senkrecht zur Wandoberfläche strömt, fällt die Temperatur von t_{w_1} an der einen Oberfläche auf t_{w_2} an der anderen Oberfläche linear ab (Bild 23). Für diesen Fall ist $dt/dx = (t_{w_1} - t_{w_2})/\delta$ und somit der Wärmestrom nach Gl. (67):

$$Q_z = \frac{\lambda}{\delta} F\left(t_{w_1} - t_{w_2}\right) \text{ kcal/h.} \qquad (68)$$

Mit dem Wärmeleitwiderstand $\delta/(\lambda F) = R_\lambda$ in h grd/kcal wird $Q_z = (t_{w_1} - t_{w_2})/R_\lambda$ kcal/h (vgl. *Ohm*sches Gesetz der Elektrotechnik: Stromstärke = Spannung/Widerstand).

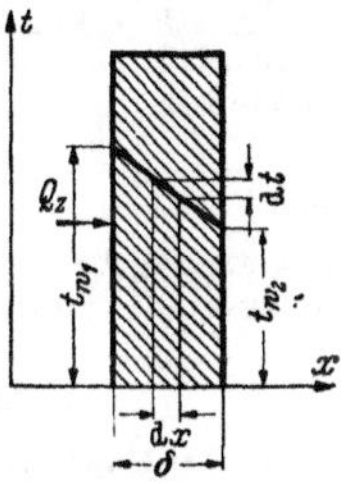

Bild 23. Wärmeleitung durch ebene Wand

2. Wärmeleitung durch Rohrwand

In einer Rohrwand, durch welche die Wärme senkrecht zur Rohrachse strömt (Bild 24), ist der Temperaturabfall logarithmisch. Wenn t_{w_i} und t_{w_a} die Oberflächentemperaturen der Rohrwand, d_i und d_a den Innen- bzw. Außendurchmesser in m und L die Rohrlänge in m bedeuten, ist der Wärmestrom

$$Q_z = \frac{2\pi \lambda L}{\ln (d_a/d_i)} \left(t_{w_i} - t_{w_a}\right) \text{ kcal/h.} \qquad (69)$$

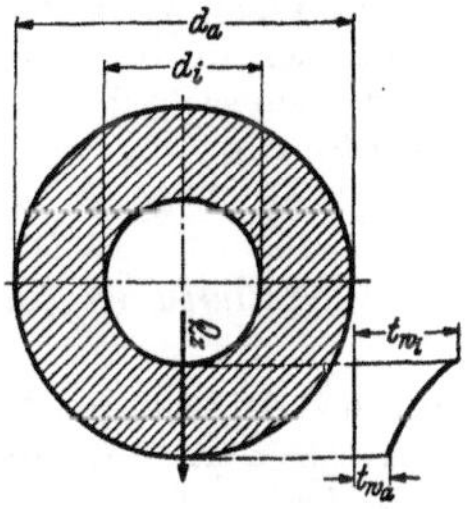

Bild 24. Wärmeleitung durch Rohrwand

B. Konvektion

Der Wärmestrom von einer bewegten Flüssigkeit oder einem bewegten Gas von der Temperatur t an eine feste Wand von der Fläche F m² und der Temperatur t_w ist nach dem *Newton*schen Gesetz

$$Q_z = \alpha F\,(t - t_w) \text{ kcal/h.} \qquad (70)$$

Hierin ist α die *Wärmeübergangszahl* in kcal/m²h grd. Man nennt $1/\alpha$ m²h grd/kcal den spez. Wärmeübergangswiderstand und $1/(\alpha F) = R_\alpha$ h grd/kcal den Wärmeübergangswiderstand.

a) Kenngrößen des Wärmeübergangs. Aus der Ähnlichkeitstheorie[1] ergibt sich, daß die Abhängigkeit der Wärmeübergangszahl von den sie beeinflussenden Größen sich durch folgende dimensionslosen Kenngrößen wiedergeben läßt:

*Nußelt*sche *Kennzahl*	$\mathrm{Nu} = \alpha l/\lambda$,
*Reynolds*sche *Kennzahl*	$\mathrm{Re} = wl/\nu$,
*Péclet*sche *Kennzahl*	$\mathrm{Pe} = 3600\, wl\gamma c_p/\lambda = wl/a$,
*Prandtl*sche *Kennzahl*	$\mathrm{Pr} = \mathrm{Pe}/\mathrm{Re} = 3600\, \eta g c_p/\lambda = \nu/a$,
*Grashof*sche *Kennzahl*	$\mathrm{Gr} = l^3 g \beta\,(t - t_w)/\nu^2$.

[1] *Nußelt, W.*: Gesundheitsing. Bd. 38 (1915) S. 477; s. a. S. 325/326.

Hierin bedeuten:

- λ die Wärmeleitzahl in kcal/mh grd,
- η die dynamische Zähigkeit in kg sek/m²,
- ν die kinematische Zähigkeit in m²/sek; $\nu = \eta g/\gamma$,
- a die Temperaturleitzahl in m²/sek; $a = \lambda/3600\,\gamma\,c_p$,
- g die Fallbeschleunigung 9,81 m/sek²,
- γ das spez. Gewicht in kg/m³,
- c_p die spez. Wärme bei konstantem Druck in kcal/kg grd,
- β den kubischen Ausdehnungskoeffizienten in 1/grd,
- $(t - t_w)$ den Temperaturunterschied zwischen Flüssigkeit oder Gas und der Wand in grd,
- w die Geschwindigkeit in m/sek,
- l eine für die Strömung und den Wärmefluß charakteristische Länge in m; z. B. ist diese für eine im Rohr strömende Flüssigkeit gleich dem Rohrdurchmesser d.

Die Stoffwerte sind mit solchen Dimensionen einzusetzen, daß die Kennzahlen dimensionslos werden. Stoffwerte s. Tafeln im Anhang.

b) Ermittlung der Wärmeübergangszahl. Die Beziehung zwischen den Kennzahlen läßt sich nur durch Versuche finden. Es zeigt sich, daß sich die Versuchsergebnisse durch die Formeln

$$\mathrm{Nu} = C_1\,\mathrm{Re}^m\,\mathrm{Pr}^n \quad \text{für erzwungene Strömung}$$

und

$$\mathrm{Nu} = C_2\,\mathrm{Gr}^p\,\mathrm{Pr}^s \quad \text{für freie Strömung}$$

gut wiedergeben lassen, wenn im strömenden Stoff keine Änderungen des Aggregatzustandes auftreten. Hieraus ergibt sich die Wärmeübergangszahl $\alpha = \mathrm{Nu}\,\lambda/l$.

1. Wärmeübergang bei erzwungener Strömung

a) Im Rohr. Zunächst ist zu prüfen, ob die Strömung *laminar* oder *turbulent* ist. Die beiden Strömungsformen unterscheiden sich durch die Geschwindigkeits- und Temperaturverteilung über den Rohrquerschnitt. Bei laminarer Strömung steigen die Geschwindigkeit vom Wert null und die Temperatur vom Wert t_w an der Wand bis zu ihren Maximalwerten in der Rohrachse an. Bei turbulenter Strömung tritt der Geschwindigkeits- und Temperaturanstieg auf den Maximalwert hauptsächlich in einer dünnen Flüssigkeitsschicht an der Wand (Grenzschicht) ein.

Die Strömung ist *turbulent*, wenn $\mathrm{Re} = wd/\nu > 2300$ und *laminar*, wenn $\mathrm{Re} \leqq 2300$. (71 a)

α) Für *turbulente Strömung im Rohr* gilt[1]

$$\mathrm{Nu} = 0{,}032\,\mathrm{Re}^{0,8}\,\mathrm{Pr}^n\,(d/L)^{0,054} \tag{71}$$

mit $n = 0{,}37$ für Aufheizung und $n = 0{,}3$ für Abkühlung der im Rohr strömenden Flüssigkeit. Gl. (71) gilt für $\mathrm{Pr} = 0{,}7$ bis 370 und $\mathrm{Re} = 4500$ bis 90000 bei Ölen, bis 500000 bei Wasser.

Es bedeuten d den Rohrdurchmesser und L die Rohrlänge in m. Die Stoffwerte λ, ν und a sind entsprechend dem arithmetischen Mittelwert zwischen der Wandtemperatur und der mittleren Flüssigkeitstemperatur einzusetzen. Dies gilt auch für Gl. (71 a).

Für *Gase* und *Dämpfe* gilt:

$$\mathrm{Nu} = 0{,}024\,\mathrm{Re}^{0,786}\,\mathrm{Pr}^{0,45}\,[1 + (d/L)^{2/3}].$$

Für turbulente Strömung von Flüssigkeiten oder Gasen gilt auch[2]

$$\mathrm{Nu} = 0{,}116\,(\mathrm{Re}^{2/3} - 125)\,\mathrm{Pr}^{1/3}\,[1 + (d/L)^{2/3}]\,(\eta_{\mathrm{fl}}/\eta_{\mathrm{w}})^{0,14}; \tag{72}$$

Gl. (72) gilt für einen größeren Bereich als Gl. (71).

In Gl. (72) sind η_{w} in kg sek/m² die dynamische Zähigkeit der Flüssigkeit entsprechend der Wandtemperatur und η_{fl} in kg sek/m² die dynamische Zähigkeit entsprechend der mittleren Temperatur der Flüssigkeit. Alle anderen Stoffwerte sind ebenfalls auf die mittlere Flüssigkeitstemperatur zu beziehen.

---

[1] *Kraußold, H.:* Die Wärmeübertragung an Flüssigkeiten in Rohren bei turbulenter Strömung. Forschg. Ing.-Wes. Bd. 4 (1933) S. 39.

[2] *Hausen, H.:* Darstellung des Wärmeüberganges in Rohren. Z. VDI, Beihefte Verfahrenstechnik (1943) S. 91/98.

Für *turbulente* Strömung von *Wasser im Rohr* gilt angenähert

$$\alpha \approx 2900 \cdot w^{0,85} (1 + 0,014\, t) \text{ kcal/m}^2\text{h grd}, \tag{73}$$

wobei t die mittlere Flüssigkeitstemperatur bedeutet. Gl. (73) gilt für längere Rohre mit $d = 10$ bis 100 mm Dmr.

Beispiel: In einem Rohr von $d = 25$ mm lichter Weite und 2 m Länge strömt Wasser mit der Geschwindigkeit $w = 0{,}5$ m/sek. Wie groß ist die Wärmeübergangszahl α, wenn das Wasser im Rohr erwärmt wird und seine mittlere Temperatur 40 °C ist?

Aus Tafeln im Anhang:
Kinematische Zähigkeit $\nu = 6{,}58 \cdot 10^{-7}$ m²/sek;
Temperaturleitzahl: $a = 1{,}51 \cdot 10^{-7}$ m²/sek;
Wärmeleitzahl: $\lambda = 0{,}539$ kcal/mhgrd.

$$\text{Re} = \frac{0{,}5 \cdot 0{,}025}{0{,}658 \cdot 10^{-6}} = 19000;$$ die Strömung ist also turbulent.

$$\text{Pr} = \frac{6{,}58 \cdot 10^{-7}}{1{,}51 \cdot 10^{-7}} = 4{,}35.$$

Nach Gl. (71):
$$\text{Nu} = 0{,}032 \cdot 19\,000^{0,8} \cdot 4{,}35^{0,37} (0{,}025/2)^{0,054}$$
$$= 0{,}032 \cdot 2648{,}5 \cdot 1{,}723 \cdot 0{,}79 = 115{,}5;$$

somit:
$$\alpha = 115{,}5 \cdot 0{,}539/0{,}025 = 2490 \text{ kcal/m}^2\text{h grd}$$

oder nach Gl. (73):
$$\alpha \approx 2900 \cdot 0{,}5^{0,85} (1 + 0{,}014 \cdot 40)$$
$$\approx 2510 \text{ kcal/m}^2\text{h grd.}$$

β) Für *laminare Strömung* im Rohr gilt[1]:

$$\text{Nu} = C\, \text{Pe}^{0,23} (d/L)^{0,5}, \tag{74}$$

wobei $C = 15$ für Aufheizung und $C = 11{,}5$ für Abkühlung der Flüssigkeit, oder[2]

$$\text{Nu} = \left[3{,}65 + \frac{0{,}0668\, \text{Pe}\, d/L}{1 + 0{,}045\, (\text{Pe}\, d/L)^{2/3}}\right] (\eta_{\text{fl}}/\eta_{\text{w}})^{0,14}. \tag{75}$$

Bei Gasen ist der Faktor $\eta_{\text{fl}}/\eta_{\text{w}}$ gleich 1 zu setzen.

Auch hier sind die Stoffwerte auf die mittlere Flüssigkeitstemperatur zu beziehen.

γ) Die Gln. (71) bis (75) gelten auch für *nicht kreisförmige Kanäle*, wenn an die Stelle des Rohrdurchmessers d der gleichwertige Durchmesser $d_g = 4f/U$ eingesetzt wird, wobei f den Querschnitt des Kanales in m² und U den Umfang in m des Strömungsquerschnittes bedeuten.

Zum Beispiel ist für *Ringquerschnitt* (Bild 25)

$$d_g = 4\pi (D^2 - d^2)/4\pi (D + d) = D - d,$$

für *rechteckigen Kanal*

$$d_g = 4\,a\,b/2\,(a + b) = 2\,a\,b/(a + b),$$

wobei a und b die Seiten des Rechtecks bedeuten.

Für ein *Mantelrohr* (Durchmesser D) *mit n innen beheizten Rohren* (Durchmesser d) ist, wenn die Strömung parallel zur Rohrachse gerichtet ist,

$$d_g = 4\pi(D^2 - n\,d^2)/4\pi\,(D + n\,d) = (D^2 - n\,d^2)/(D + n\,d).$$

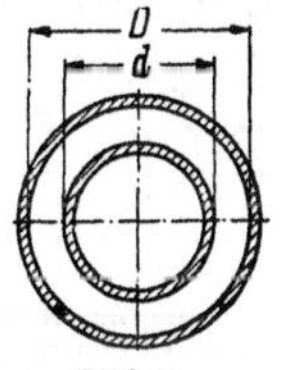

Bild 25
Ringförmiger Kanal

δ) Neben der Wärmeübergangszahl ist zur Beurteilung eines Wärmeaustauschers auch der *Druckabfall* ΔP von maßgebender Bedeutung.

Für eine im geraden Rohr strömende Flüssigkeit oder ein Gas gilt

$$\Delta P = \zeta \frac{L}{d} \gamma \frac{w^2}{2g} \text{ mm WS} \quad \text{(s. a. S. 291)}, \tag{76}$$

wobei L die Rohrlänge in m, d den Rohrdurchmesser in m, γ das spez. Gew. in kg/m³, w die Geschwindigkeit in m/sek, $g = 9{,}81$ m/sek² die Fallbeschleunigung und ζ die Widerstandszahl bedeuten. Diese ist für glatte Rohre

für $2300 < \text{Re} < 100000$: $\zeta = 0{,}3164 \sqrt[4]{1/\text{Re}}$,
für $100000 < \text{Re} < 2000000$: $\zeta = 0{,}00540 + 0{,}3964\, \text{Re}^{-0,3}$,
für $\text{Re} < 2300$: $\zeta = 64/\text{Re}$.

---

[1] Siehe Anm. 1, S. 444. [2] Siehe Anm. 2, S. 444.

Für rauhe Rohre gilt:

$$\zeta = 1/(1{,}138 + 2 \lg (d/k))^2,$$

wobei k die mittlere Höhe der Rauhigkeitserhebung und d den inneren Rohrdurchmesser bedeuten. Weiteres s. a. S. 292.

ε) Für den Wärmeübergang von einer in einem *spiralförmig gekrümmten Rohr* (Rohrwendel) turbulent strömenden Flüssigkeit an die Rohrwand sind nach *Jeschke*[1] die Wärmeübergangszahl für das gerade Rohr mit $(1 + 1{,}77\, d/R)$ und der Druckabfall im geraden Rohr mit $(1 + 1{,}87\, d/R)$ zu multiplizieren. Es bedeuten d den Rohrdurchmesser und R den Krümmungsradius des Rohres in m.

b) Senkrecht zur Achse angeströmte Rohre und Rohrbündel. α) Für *Einzelrohr* im Gas- und Flüssigkeitsstrom gilt

$$\mathrm{Nu} = C\, \mathrm{Re}^m\, \mathrm{Pr}^{0,31}; \tag{77}$$

für Einzelrohr im Luftstrom gilt[2]:

$$\mathrm{Nu} = C'\, \mathrm{Re}^m. \tag{78}$$

Die Konstanten C, C' und m sind folgender Zahlentafel zu entnehmen:

Re	1 bis 4	4 bis 40	40 bis 4000	4000 bis 40 000	40 000 bis 400 000
m	0,330	0,385	0,466	0,618	0,805
C	0,987	0,910	0,681	0,193	0,027
C'	0,891	0,821	0,615	0,174	0,024

In der Re-Kennzahl ist als charakteristische Länge der Außendurchmesser d des Rohres einzusetzen.

β) Für *Rohrbündel* mit 10 oder mehr hintereinanderliegenden Rohrreihen im Luftstrom gilt nach *Schack*

$$\mathrm{Nu} = 0{,}286\, f_a\, \mathrm{Re}^{0,61}. \tag{79}$$

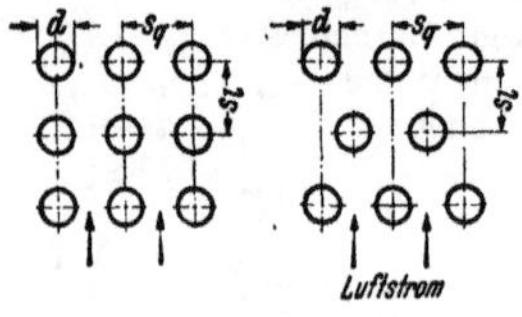

Bild 26. Rohrbündel
a) mit fluchtender Rohranordnung
b) mit versetzter Rohranordnung

Hierin ist der Anordnungsfaktor f_a

für fluchtende Rohranordnung (Bild 26a):

$$f_{a_{\mathrm{fl}}} = 1{,}07 - 0{,}65\, (s_q/d)^{1,5}/(s_l/d)^4,$$

für versetzte Rohranordnung (Bild 26b):

$$f_{a_{\mathrm{v}}} = 0{,}874 + 0{,}286/(s_l/d)^2 + 0{,}084\, s_q/d.$$

In Nu und Re sind als charakteristische Länge der Rohrdurchmesser d, die kinematische Zähigkeit ν und die Wärmeleitzahl λ entsprechend der mittleren Lufttemperatur und für w die im engsten Querschnitt zwischen zwei Rohren herrschende Geschwindigkeit einzusetzen. Die Wärmeübergangszahl α nimmt mit kleiner werdender Rohrreihenzahl ab, und zwar auf 93% bei 5 Rohrreihen und auf 70% bei 1 Rohrreihe.

γ) Für den *Druckabfall* im Rohrbündel gilt nach *Schack*

$$\Delta P = 0{,}204\, f\, n\, w^2 \gamma \text{ mm WS}, \tag{80}$$

wobei f für fluchtende Rohrbündel: $f_{\mathrm{fl}} = 0{,}08\, (s_l/d)/(s_q/d)^{1,5}$,

f für versetzte Rohrbündel: $f_{\mathrm{v}} = 0{,}10/(s_q/d - 1)^{1/3}$

und n die Anzahl der hintereinanderliegenden Rohrreihen bedeuten. Gl. (80) gilt bei $n = 10$ oder mehr Rohrreihen.

[1] *Jeschke:* Wärmeübergang und Druckverlust in Rohrschlangen. Techn. Mechanik [Ergänzungsheft zu Z. VDI Bd. 69 (1925)].

[2] *Hilpert:* Wärmeabgabe von geheizten Drähten und Rohren im Luftstrom. Forschg. Ing.-Wes. Bd. 4 (1933) S. 215/24.

δ) Für *Flächen mit aufgesetzten Rippen*, z. B. Rippenrohren, ist die Wärmeübergangszahl[1]

$$\alpha = \alpha_0 \zeta [\vartheta F_R/F + (F - F_R)/F] \text{ kcal/m}^2\text{h grd}. \quad (81)$$

Hierin bedeuten

α_0 die Wärmeübergangszahl in kcal/m² h grd, die sich aus den für die unberippte Fläche geltenden Formeln ergibt,
F die gesamte Oberfläche der berippten Fläche in m²,
F_R die Rippenoberfläche in m²,
$\zeta = 1 - 0{,}18\,(h/t)^{0{,}63}$,
h die Rippenhöhe in m,
t die lichte Weite zwischen den Rippen in m,
ϑ den Rippenwirkungsgrad, der Bild 27 zu entnehmen ist.

Hier ist $x = h\sqrt{2\,\zeta\,\alpha_0/(\lambda_R\,\delta_R)}$ für Spiralrippenrohre und Rippen auf ebenen Flächen

und $x = r\,\varphi\sqrt{2\,\zeta\,\alpha_0/(\lambda_R\,\delta_R)}$ für Kreis-, Rechteckrippen und Lamellen.

r der Halbmesser des Rohres in m,
φ ist Bild 27 zu entnehmen,
λ_R die Wärmeleitzahl des Rippenmaterials in kcal/m h grd,
δ_R die mittlere Dicke einer Rippe in m.

Die auf die gesamte berippte Oberfläche F bezogene Wärmedurchgangszahl (siehe S. 452) wird mit α aus Gl. (81):

$$\frac{1}{k} = \frac{1}{\alpha} + \frac{F}{F_1}\left(\frac{\delta}{\lambda} + \frac{1}{\alpha_1}\right).$$

Hierin bedeuten F_1 die Fläche in m² und α_1 die Wärmeübergangszahl in kcal/m²h grd auf der unberippten Wandseite, δ die Dicke der Trennwand in m und λ ihre Wärmeleitzahl in kcal/mh grd.

Beispiel: Durch einen Rohrbündel-Wärmeaustauscher strömt Luft, deren mittlere Temp. 50 °C ist, mit $w = 6$ m/sek Geschwindigkeit an der engsten Stelle zwischen zwei Rohren. Das Quer- bzw. Längsteilungsverhältnis ist $s_q/d = s_l/d = 2$ und die Anzahl der Rohrreihen ist $n = 10$. Die Rohre haben 60 mm äußeren Dmr. und sind fluchtend angeordnet. Wie groß sind Wärmeübergangszahl und Druckverlust?

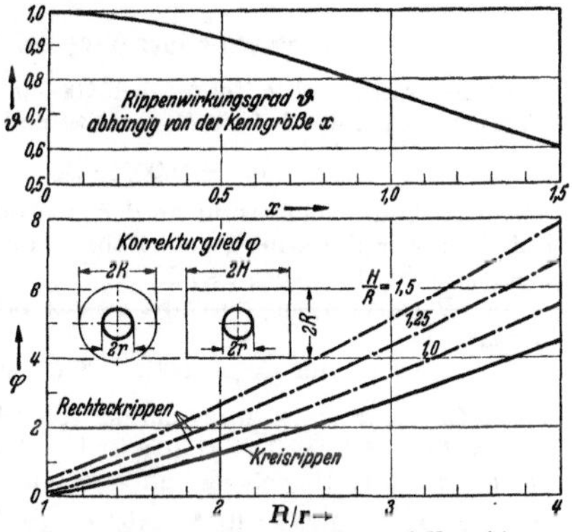

Bild 27. Rippenwirkungsgrad ϑ und Korrekturglied φ für berippte Flächen

Aus Tafeln im Anhang: Kinematische Zähigkeit $\nu = 0{,}185 \cdot 10^{-4}$ m²/sek;
Anordnungsfaktor $f_{a_{fl}} = 1{,}07 - 0{,}65 \cdot 2^{1{,}5}/2^4 = 0{,}955$.

Nach Gl. (79): $Nu = 0{,}286 \cdot 0{,}955\,[6 \cdot 0{,}06/(0{,}185 \cdot 10^{-4})]^{0{,}61} = 112{,}5$.

Aus Tafeln im Anhang: Wärmeleitzahl $\lambda = 0{,}0239$ kcal/m h grd.

Damit wird: $\alpha_0 = 112{,}5 \cdot 0{,}0239/0{,}06 = 45$ kcal/m² h grd.

Widerstandsbeiwert: $f_{fl} = 0{,}08 \cdot 2/2^{1{,}5} = 0{,}0566$;

nach Gl. (80): $\Delta P = 0{,}204 \cdot 0{,}0566 \cdot 10 \cdot 6^2 \cdot 1{,}057 = 4{,}4$ mm WS.

Wie groß ist die Wärmeübergangszahl, wenn bei diesem Beispiel auf den Rohren gußeiserne Kreisrippen, deren Außenradius $R = 54$ mm, Höhe $h = 24$ mm, mittlere Dicke $\delta_R = 2$ mm, $\lambda_R = 50$ kcal/m h grd sind, in einem lichten Abstand von $t = 6$ mm aufgebracht werden?

Es ist $\zeta = 1 - 0{,}18\,(24/6)^{0{,}63} = 0{,}57$.

Entsprechend $R/r = 54/30 = 1{,}8$ ist $\varphi = 1$

und entsprechend $x = 0{,}03 \cdot 1\sqrt{2 \cdot 0{,}57 \cdot 45/(50 \cdot 0{,}002)} = 0{,}68$ aus Bild 27 $\vartheta = 0{,}87$ zu entnehmen.

Die Rippenoberfläche ist

$$F_R = 2\pi(R^2 - r^2) + 2\pi R\,\delta_R = 2\pi\,(5{,}4^2 - 3^2) + 2\pi \cdot 5{,}4 \cdot 0{,}2 = 133 \text{ cm}^2;$$

auf 1 Rippe trifft $2\pi r t = 2\pi \cdot 3 \cdot 0{,}6 = 11{,}3$ cm² unberippte Rohroberfläche, somit ist die Fläche einer Rippe + unberippte Rohroberfläche zwischen den Rippen: $F = 133 + 11{,}3 = 144{,}3$ cm² und folglich:

$$F_R/F = 133/144{,}3 = 0{,}92 \quad \text{und} \quad (F - F_R)/F = 11{,}3/144{,}3 = 0{,}08.$$

Somit ist nach Gl. (81): $\alpha = 45 \cdot 0{,}57\,[0{,}87 \cdot 0{,}92 + 0{,}08] = 22{,}6$ kcal/m² h grd.

---

[1] *Schmidt, Th. E.:* Wärmeleistung von berippten Flächen. Mitt. des Kältetechn. Inst. d. T. H. Karlsruhe, H. 4 (1949). — *Hausen, H.:* Wärmeübertragung durch Kreisrippen von dreieckförmigem Querschnitt. Allgem. Wärmetechn. Bd. 2 (1951) S. 229/31.

Es verhält sich demnach in diesem Beispiel

$$(\alpha F)_{\text{unberipptes Rohr}}/(\alpha F)_{\text{Rippenrohr}} = 45 \cdot 2\pi \cdot 3 \cdot 0{,}8/22{,}6 \cdot 144{,}3 = 1/4{,}8.$$

Auf 1 m Länge vermag bei gleicher Temperaturdifferenz zwischen Rohroberfläche und Luft das Rippenrohr 4,8mal soviel Wärme zu übertragen wie das unberippte Rohr.

c) Erzwungene Strömung längs ebener Wände. Für kleine Geschwindigkeiten ($Re < 1{,}5 \cdot 10^5$) ist[1]

$$Nu = 0{,}664\, Re^{0,5}\, Pr^{1/3}. \quad (82)$$

Als charakteristische Länge ist hier die Länge L der Wand in Richtung der Strömung einzusetzen.

Für Luft gilt[2]

bei Luftgeschwindigkeit	$w < 5$ m/sek	$w > 5$ m/sek
glatte, polierte Wand	$\alpha = 4{,}8 + 3{,}4\, w$	$\alpha = 6{,}12\, w^{0,78}$
gewalzte Wand	$\alpha = 5{,}0 + 3{,}4\, w$	$\alpha = 6{,}14\, w^{0,78}$
aufgerauhte Wand	$\alpha = 5{,}3 + 3{,}6\, w$	$\alpha = 6{,}47\, w^{0,78}$

2. Wärmeübergang bei freier Strömung

a) Für **waagerechte Rohre** über 100 mm Außendurchmesser in Luft gilt bei Wärmeübergang durch freie *Konvektion und Strahlung* nach *Schack*

$$\alpha = 8{,}2 + 0{,}00733\,(t_w - t_L)^{4/3}\ \text{kcal/m}^2\,\text{h grd}. \quad (83)$$

Hierin ist t_w die Temperatur an der Rohroberfläche und t_L die Temperatur der Luft in großer Entfernung vom Rohr. Diese Gleichung gilt angenähert auch für Rohre, die bis 45° geneigt sind.

Bei Wärmeübergang durch *freie Strömung allein* gilt für waagerechtes Rohr in Gasen[3]

$$\text{für } Gr > 1000: \quad Nu = \alpha d/\lambda = 0{,}468\, Gr^{1/4}, \quad (84)$$

wobei $Gr = g\, d^3 \beta\, (t_w - t)/\nu^2$ und der Ausdehnungskoeffizient $\beta = 1/T$ in $1/°K$ ist. Die kinematische Zähigkeit ν ist in m²/sek entsprechend der mittleren Temperatur zwischen Umgebung und Wand einzusetzen. Für $Gr < 1000$ gilt für Luft:

Gr =	10^{-6}	10^{-5}	10^{-4}	10^{-3}	10^{-2}	10^{-1}	1	10	100	1000
Nu =	0,435	0,447	0,468	0,512	0,585	0,716	0,905	1,203	1,698	2,66

Für waagerechtes Rohr in Flüssigkeiten gilt bei $Gr \cdot Pr > 1000$

$$Nu = 0{,}53\,(Gr \cdot Pr)^{1/4}. \quad (85)$$

b) Für Wärmeübergang bei freier Strömung **längs einer senkrechten Platte** von der Höhe H m ist

$$Nu = \alpha H/\lambda = 0{,}59\,(Gr \cdot Pr)^{1/4} \text{ bei } Gr \cdot Pr = 10^4 \text{ bis } 10^9, \quad (86)$$

wobei in Gr die Höhe H in m als charakteristische Länge einzusetzen ist und α die mittlere Wärmeübergangszahl über die Plattenhöhe bedeutet.

c) Es gilt bei **freier Strömung von Luft**[3]

an horizontaler Platte, Wärmeübertragung nach oben:

$$\alpha = 2{,}14\, \Delta t^{1/4}\ \text{kcal/m}^2\,\text{h grd},$$

an horizontaler Platte, Wärmeübertragung nach unten:

$$\alpha = 1{,}13\, \Delta t^{1/4},$$

an vertikaler Platte, über 0,30 m hoch:

$$\alpha = 1{,}52\, \Delta t^{1/4},$$

an vertikaler Platte, unter 0,30 m hoch (H = Plattenhöhe in m):

$$\alpha = 1{,}18\,(\Delta t/H)^{1/4},$$

---

[1] *Eckert, E.:* Wärmeübertragung an eine längs angeströmte Platte. Z. VDI Bd. 84 (1940) S. 1032.

[2] *Jürges, W.:* Der Wärmeübergang an einer ebenen Wand. Beih. z. Gesundh. Ing., Reihe 1, Nr. 19, Oldenbourg 1924.

[3] *McAdams, W. H.:* Heat Transmission, 2. Aufl. New York 1942. S. 240/41.

an vertikalem Rohr, über 0,30 m hoch (d = Rohrdmr. in m):

$$\alpha = 1{,}13\,(\Delta t/d)^{1/4},$$

an horizontalem Rohr (d = Rohrdmr. in m):

$$\alpha = 1{,}13\,(\Delta t/d)^{1/4}.$$

Hierin ist $\Delta t = t_w - t_L$ der Temperaturunterschied in grd zwischen Rohrwand und Luft.

3. Wärmeübergang bei Änderung des Aggregatzustandes

a) Kondensation. α) Für *Filmkondensation*, d. h. wenn sich an der Kühlfläche ein zusammenhängender Kondensatfilm ausbildet, gilt bei *senkrechtem Rohr* oder *senkrechter Wand*[1]

$$\alpha = 7{,}3\,\sqrt[4]{\frac{r\,\gamma^2\,\lambda^3}{\eta\,H\,(t_D - t_w)}}\ \text{kcal/m}^2\,\text{h grd}. \tag{87}$$

Hierin bedeuten:

α die Wärmeübergangszahl in kcal/m²h grd,
r die Verdampfungswärme in kcal/kg,
γ das spez. Gewicht der kondensierten Flüssigkeit in kg/m³,
λ die Wärmeleitzahl der kondensierten Flüssigkeit in kcal/m h grd,
η die dynamische Zähigkeit der kondensierten Flüssigkeit in kg sek/m²,
H die Höhe der Wand bzw. Länge des senkrechten Rohres in m,
$(t_D - t_w)$ den Temperaturunterschied zwischen Dampf und Wand in grd.
Die Stoffwerte sind entspr. der mittleren Temperatur des Kondensats einzusetzen.

Für Filmkondensation an einem *waagerechten Rohr* vom Außendurchmesser d in m ist in Gl. (87) an Stelle von H der Wert $2{,}5\,d$ und für n untereinanderliegende waagerechte Rohre der Wert $2{,}5\,n\,d$ einzusetzen.

Befindet sich im Kondensator überhitzter Dampf, so ist für die Verdampfungswärme r die Enthalpiedifferenz $i_D - i'$ kcal/kg zu setzen, wobei i_D die Enthalpie des überhitzten Dampfes und i' die Enthalpie des Kondensates bedeuten.

Für die Berechnung von Kondensatoren ist es unbequem, daß in Gl. (87) die zunächst unbekannte Wandtemperatur t_w auftritt. *F. Neumann*[2] gibt ein graphisches Verfahren an, nach dem sich die Wärmedurchgangszahlen für Kondensatoren aus den gegebenen Größen ermitteln lassen.

Bei großen Wandhöhen ist der Kondensatfilm vor allem am unteren Teil der Wand so dick, daß im abwärtsströmenden Kondensat Turbulenz auftritt. Hierdurch wird die Wärmeübergangszahl gegenüber Gl. (87) vergrößert[3].

β) Bei *Tropfenkondensation* schlägt sich das Kondensat an der gekühlten Wand in Form von Tropfen nieder, die als solche an der Wand herablaufen; sie tritt auf an glatten, polierten Wänden und besonders dann, wenn die Wand mit einer dünnen Ölschicht bedeckt ist. Die Wärmeübergangszahl für Tropfenkondensation[4], $\alpha \approx 60000$ kcal/m²h grd, ist wesentlich höher als die für Filmkondensation. Da sich eine Tropfenkondensation nicht mit Sicherheit voraussagen läßt, legt man der Berechnung des Kondensators zweckmäßig die Filmkondensation zugrunde und erhält damit für jeden Fall hinreichende Abmessungen.

γ) Durch die *Anwesenheit nicht kondensierbarer Gase* im Dampf wird die Wärmeübergangszahl bei der Kondensation beträchtlich vermindert. In Bild 28 ist nach *Lüder*[5] für kondensierenden Wasserdampf und Zusatz von Luft die Wärmeübergangszahl α über dem Verhältnis des Teildruckes P_2 der Luft zum

[1] *Nußelt, W.:* Die Oberflächenkondensation des Wasserdampfes. Z. VDI Bd. 60 (1916) S. 541.
[2] *Neumann, F.:* Vereinfachte Berechnung der Wärmedurchgangszahl von Kondensatoren. Z. VDI Bd. 91 (1949) S. 331/35.
[3] *Grigull, U.:* Wärmeübergang bei Kondensation mit turbulenter Wasserhaut. Forschg. Ing.-Wes. Bd. 13 (1942) S. 49. — *Ders.:* Wärmeübergang bei Filmkondensation. Forsch. Ing.-Wes. Bd. 8 (1952) S. 10/12.
[4] *Schmidt, E., W. Schurig* u. *W. Sellschopp:* Techn. Mech. u. Thermodynamik. Bd. 1 (1930) S. 53.
[5] *Lüder, H.:* Z. VDI Bd. 83 (1939) S. 596. — *Jaroschek, K.:* Z. VDI Beihefte Verfahrenstechnik (1939) S. 135.

Teildruck P_1 des Wasserdampfes aufgetragen. Schon ein geringer Luftzusatz bewirkt eine starke Abnahme der Wärmeübergangszahl gegenüber der bei reinem Dampf.

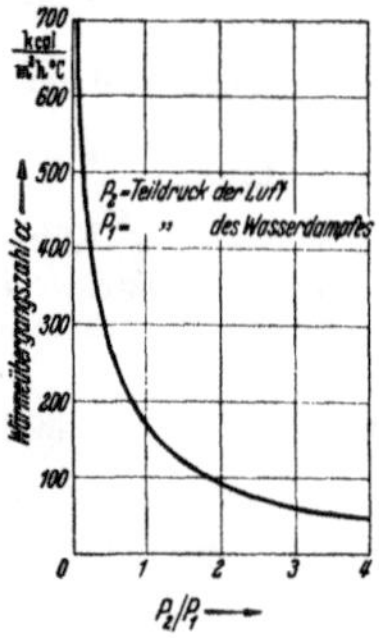

Bild 28. Wärmeübergangszahl für Kondensation von lufthaltigem Wasserdampf

b) Verdampfung. An der beheizten Fläche bilden sich Dampfblasen, die sich bei gewisser Größe ablösen und in der Flüssigkeit unter weiterer Vergrößerung hochsteigen. Dadurch wird die Flüssigkeit durchwirbelt. Die Wärmeübergangszahl ist um so größer, je mehr Dampfbläschen aufsteigen. Die Anzahl der Dampfbläschen nimmt mit der Heizflächenbelastung q zu. Bei sehr großer Heizflächenbelastung q jedoch bildet sich auf der Heizfläche eine zusammenhängende Dampfschicht, die den Wärmeübergang behindert. Für den Wärmeübergang von waagerechten Platten an siedendes Wasser gilt

$$\left.\begin{aligned} \alpha &= 152\ q^{0,26}\ \text{kcal/m}^2\,\text{h grd} \\ &\text{für } q = 0 \text{ bis } 15\,000\ \text{kcal/m}^2\,\text{h}, \\ \alpha &= 1{,}48\ q^{0,75}\ \text{kcal/m}^2\,\text{h grd} \\ &\text{für } q = 15\,000 \text{ bis } 200\,000\ \text{kcal/m}^2\,\text{h}. \end{aligned}\right\} \quad (88)$$

Bei Verdampfung in senkrechten Rohren sind die α-Werte nach Gl. (88) mit 1,25 zu multiplizieren[1].

Für Drücke < 760 Torr gilt mit p in physikalischen Atm:

$$\alpha_p = \alpha_{760\ \text{Torr}} \cdot p^{0,4}$$

und für Drücke > 760 Torr gilt bis 16 Atm:

$$\alpha_p = \alpha_{760\ \text{Torr}} \cdot p^{1/6}.$$

Für andere Flüssigkeiten als Wasser gilt[2] $\alpha = C \cdot \alpha_{\text{Wasser}}$. Hierin ist C für:

10% Na_2SO_4	0,94	Isopropanol	0,70
20% Zuckerlösung	0,87	Methanol	0,53
40% Zuckerlösung	0,84	Petroleum	0,52
25% Glyzerinwasser	0,83	Toluol	0,36
55% Glyzerinwasser	0,75	Tetrachlorkohlenstoff	0,35
24% NaCl	0,61	n-Butanol	0,32

C. Strahlung

a) Begriffe. Stehen sich zwei verschieden temperierte feste Körper gegenüber, so gibt die Oberfläche des warmen Körpers Wärme durch Strahlung an den kalten Körper ab. Die auftreffende Strahlung kann *absorbiert, reflektiert* und *durchgelassen* werden. Der „*absolut schwarze Körper*" absorbiert die gesamte auftreffende Strahlung. Der „*graue Körper*" absorbiert einen Teil und reflektiert den übrigen Teil der Strahlung. Der „*weiße Körper*" reflektiert alle Strahlen. Der „*diathermane Körper*" läßt alle Strahlen hindurch.

Absolut schwarze Körper gibt es in der Natur nicht, doch kann ein Hohlraum mit gleichmäßiger Wandtemperatur und kleiner Öffnung nach außen hin als absolut schwarzer Körper aufgefaßt werden, z. B. ein Feuerraum mit kleiner Beschickungsöffnung. Diese Öffnung absorbiert alle Strahlen und reflektiert nichts. Sie strahlt daher wie eine absolut schwarze Fläche von der Temperatur der Hohlraumwandung.

b) Nach dem **Stefan-Boltzmannschen Gesetz** ist der Wärmestrom, der von der Fläche F m² des absolut schwarzen Körpers mit der Temperatur T °K ausgestrahlt wird:

$$Q_s = C_s F\ (T/100)^4\ \text{kcal/h}. \quad (89)$$

Hierin ist $C_s = 4{,}96\ \text{kcal/m}^2\,\text{h}\ (\text{grd})^4$ die *Strahlungszahl* des absolut schwarzen Körpers.

[1] *Jacob, M.:* Heat Transfer, Bd. 1, New York 1950. S. 651.
[2] *Fritz, W.:* Verdampfen und Kondensieren. Z. VDI Beihefte Verfahrenstechnik Nr. 1 (1943) S. 1.

c) Nach dem **Kirchhoffschen Gesetz** verhält sich die Emission E eines wirklichen Körpers zur Emission E_s des absolut schwarzen Körpers wie die Absorptionszahlen A und A_s der beiden Körper zueinander. Das Emissionsvermögen $\varepsilon = E/E_s$ ist demnach gleich dem Absorptionsvermögen A/A_s. Für den absolut schwarzen Körper, der alle Strahlen absorbiert, ist $A_s = 1$, und es wird $\varepsilon = Q/Q_s = A$. Mit Gl. (89) folgt:

$$\varepsilon = C/C_s,$$

wobei C die Strahlungszahl des wirklichen Körpers ist. Daraus folgt: $C < C_s$. Strahlungszahlen s. Tafel im Anhang.

d) Lambertsches Gesetz. Der absolut schwarze Körper sendet normal zur Fläche die Strahlung

$$Q_n = Q/\pi \text{ kcal/m}^2\,\text{h}$$

und in Richtung φ gegen die Normale die Strahlung

$$Q_\varphi = \frac{Q}{\pi} \cos\varphi \text{ kcal/m}^2\,\text{h} \tag{90}$$

aus (*Lambert*sches Gesetz). Wirkliche Körper mit matter Oberfläche, soweit es sich nicht um blanke Metalle handelt, gehorchen dem *Lambert*schen Gesetz angenähert.

e) Strahlung zwischen zwei Flächen. Zwischen *zwei zueinander parallel stehenden Flächen* von F m², den Temperaturen T_1 und T_2 °K und den Strahlungszahlen C_1 und C_2 kcal/m² h (grd)⁴ ist der durch Strahlung ausgetauschte Wärmestrom

$$Q_z = C' F\,[(T_1/100)^4 - (T_2/100)^4] \text{ kcal/h, wobei} \tag{91}$$

$$C' = \frac{1}{1/C_1 + 1/C_2 - 1/4{,}96} \text{ in kcal/m}^2\,\text{h (grd)}^4. \tag{91 a}$$

Ist ein Körper mit der Oberfläche F_1 m² und der Strahlungszahl C_1 von einem oder mehreren Körpern mit der Gesamtoberfläche F_2 m² und der Strahlungszahl C_2 *umhüllt*, so ist der durch Strahlung ausgetauschte Wärmestrom

$$Q_z = C'' F_1\,[(T_1/100)^4 - (T_2/100)^4] \text{ kcal/h, wobei} \tag{92}$$

$$C'' = \frac{1}{1/C_1 + F_1/F_2 \cdot (1/C_2 - 1/4{,}96)} \text{ in kcal/m}^2\,\text{h (grd)}^4. \tag{92 a}$$

Ist die Oberfläche F_2 der umhüllenden Körper groß gegenüber der Oberfläche des eingeschlossenen Körpers, so ist $F_1/F_2 = 0$ und somit $C'' = C_1$ kcal/m² h(grd)⁴.

Zur Vereinfachung obiger Gleichungen setzt man

$$Q_z = \beta\, C\, F\,(t_1 - t_2) \text{ kcal/h, wobei} \tag{93}$$

$$\beta = \frac{(T_1/100)^4 - (T_2/100)^4}{t_1 - t_2} \tag{93a}$$

ist und in Gl. (93) die Oberflächentemperaturen der Wand t_1 bzw. t_2 in °C einzusetzen sind.

Zahlentafel 2. *Temperaturfaktor* $\beta = \dfrac{(T_1/100)^4 - (T_2/100)^4}{T_1 - T_2}$ in (grd)³

t_1	t_2 = −10	0	10	20	50	100	200	300	400	500	600	700	800	900
−10	0,728													
0	0,770	0,814												
10	0,814	0,859	0,906											
20	0,862	0,908	0,954	1,008										
50	1,017	1,060	1,119	1,172	1,34									
100	1,32	1,38	1,44	1,49	1,70	2,08								
200	2,14	2,23	2,28	2,36	2,69	3,07	4,23							
300	3,33	3,41	3,50	3,60	3,87	4,42	5,77	7,53						
400	4,88	4,99	5,08	5,20	5,55	6,19	7,75	9,73	12,19					
500	6,92	7,03	7,16	7,29	7,71	8,44	10,23	12,46	15,19	18,48				
600	9,45	9,59	9,74	9,89	10,36	11,30	13,27	15,77	18,70	22,38	26,61			
700	12,56	12,72	12,90	13,07	13,62	14,62	16,92	19,71	23,04	26,96	31,55	36,84		
800	16,30	16,50	16,70	16,90	17,53	18,66	21,26	24,36	28,01	32,29	37,29	42,93	49,5	
900	20,79	20,97	21,25	21,47	22,20	23,42	26,33	29,76	33,76	38,41	43,75	49,85	56,8	64,6
1000	25,95	26,21	26,48	26,75	27,54	28,96	32,20	35,98	40,35	45,38	51,1	57,6	65,0	73,3

Oft treten *Wärmeübergang durch Strahlung und Konvektion* gleichzeitig auf, dann setzt man zweckmäßig

$$Q_z = (\alpha + \alpha_s) F (t_1 - t_2) \text{ kcal/h}, \tag{94}$$

wobei α kcal/m² h grd die Wärmeübergangszahl bei Konvektion,
$\alpha_s = \beta C$ kcal/m² h grd die Wärmeübergangszahl durch Strahlung bedeuten.

Beispiel: Wie groß ist die zwischen den beiden versilberten Wänden einer Thermosflasche durch Strahlung ausgetauschte Wärmemenge je m² Wandfläche und Stunde?

Die Temperatur der heißen Wand ist 80° C, die der kalten 20° C. Aus Tafeln im Anhang $C = 0{,}1$ kcal/m² h (grd)⁴. Es ist

$$C' = \frac{1}{1/0{,}1 + 1/0{,}1 - 1/4{,}96} = 0{,}0505 \text{ kcal/m}^2\text{ h (grd)}^4$$

und nach Gl. (91)

$$Q = 0{,}0505\,[3{,}53^4 - 2{,}93^4] = 4{,}11 \text{ kcal/m}^2\text{ h}.$$

f) Gasstrahlung. *Gase* emittieren nur Strahlung von bestimmter Wellenlänge; sie emittieren in einigen Banden. Von technischer Bedeutung ist nur die Strahlung von H_2O und CO_2.

Ein Gasgemisch von der Temperatur T_g °K, in welchem der Teildruck der Kohlensäure p Atm (phys. Atmosphären) ist, und die Schichtdicke des Gases s m beträgt, strahlt gegen einen Körper von der Oberflächentemperatur T_w °K und der Strahlungszahl C nach *Schack* den Wärmestrom

$$q_{CO_2} = 8{,}9 \frac{C}{C_s} (ps)^{0{,}4} \left[(T_g/100)^{3{,}2} - (T_w/100)^{3{,}2} (T_g/T_w)^{0{,}65}\right] \text{ kcal/m}^2\text{h} \tag{95}$$

aus. Diese Gleichung gilt für $ps = 0{,}003$ bis 0,4 (Atm · m) und für $t_g = 500$ bis 1800 °C.

Für ein Gasgemisch, das Wasserdampf enthält (Teildruck des Wasserdampfes p Atm), gilt

$$q_{H_2O} = \frac{C}{C_s} (40 - 73ps)\,(ps)^{0{,}6} \left[(T_g/100)^{2{,}32 + 1{,}37\sqrt[3]{ps}} - (T_w/100)^{2{,}32 + 1{,}37\sqrt[3]{ps}}\right] \text{ kcal/m}^2\text{ h}. \tag{96}$$

Diese Gleichung gilt für $ps = 0$ bis 0,36 und $t_g = 400$ bis 1900 °C.

Für ein Gasgemisch, das Wasserdampf und Kohlensäure enthält, ist die ausgestrahlte Wärmemenge um 2 bis 5% kleiner als die Summe der Einzelstrahlungen.

D. Wärmedurchgang

a) Wärmedurchgangszahl. Von einem strömenden Stoff (Flüssigkeit oder Gas) mit der Temperatur t_1 °C wird die Wärme durch Konvektion an die Oberfläche F m² einer Wand mit der Temperatur t_{w_1} °C übertragen, *durch die Wand* mit der Wärmeleitzahl λ kcal/m h grd und der Dicke δ m fortgeleitet und schließlich durch Konvektion von der anderen Wandoberfläche mit der Temperatur t_{w_2} °C an einen strömenden Stoff mit der Temperatur t_2 °C übertragen. Hierbei ist der Wärmestrom nach Gl. (68) und (70)

$$Q_z = \alpha_1 F (t_1 - t_{w_1}) = \frac{\lambda}{\delta} F (t_{w_1} - t_{w_2}) = \alpha_2 F (t_{w_2} - t_2).$$

Man setzt

$$Q_z = kF (t_1 - t_2) \text{ kcal/h}, \tag{97}$$

wobei

$$k = \frac{1}{1/\alpha_1 + \delta/\lambda + 1/\alpha_2} \text{ kcal/m}^2\text{ h grd} \tag{98}$$

die *Wärmedurchgangszahl* ist.

Die Wandtemperaturen ergeben sich hiermit aus

$$\alpha_1 (t_1 - t_{w_1}) = k (t_1 - t_2) \quad \text{zu} \quad t_{w_1} = t_1 - \frac{k}{\alpha_1} (t_1 - t_2)\ {}^\circ\text{C},$$

$$\alpha_2 (t_{w_2} - t_2) = k (t_1 - t_2) \quad \text{zu} \quad t_{w_2} = t_2 + \frac{k}{\alpha_2} (t_1 - t_2)\ {}^\circ\text{C}.$$

Ist die Wand aus mehreren Stoffschichten (Bild 29) von den Stärken $\delta_1, \delta_2, \ldots$ m mit den Wärmeleitzahlen $\lambda_1, \lambda_2, \ldots$ kcal/m h grd zusammengesetzt, so ist die Wärmedurchgangszahl

$$k = \frac{1}{1/\alpha_1 + \delta_1/\lambda_1 + \delta_2/\lambda_2 + \cdots + 1/\alpha_2}\ \text{kcal/m}^2\,\text{h grd}. \qquad (98\text{a})$$

Die Temperaturen sind an der Berührungsfläche zwischen der ersten und zweiten Stoffschicht

$$t' = t_{w_1} - k (t_1 - t_2)\, \delta_1/\lambda_1\ {}^\circ\text{C}$$

und an der Berührungsfläche zwischen der zweiten und dritten Stoffschicht

$$t'' = t' - k (t_1 - t_2)\, \delta_2/\lambda_2\ {}^\circ\text{C}.$$

Analog gilt für den Wärmestrom durch eine *Rohrwand*, die aus mehreren Schichten zusammengesetzt sein kann (Bild 30) und die Länge L hat,

$$Q_z = k\,L\,(t_i - t_a)\ \text{kcal/h}, \qquad (99)$$

wobei die auf 1 m Rohrlänge bezogene Wärmedurchgangszahl

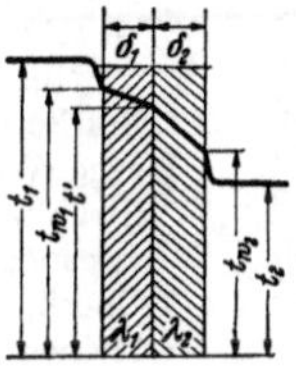

Bild 29. Wärmedurchgang durch ebene, aus mehreren Schichten zusammengesetzte Wand

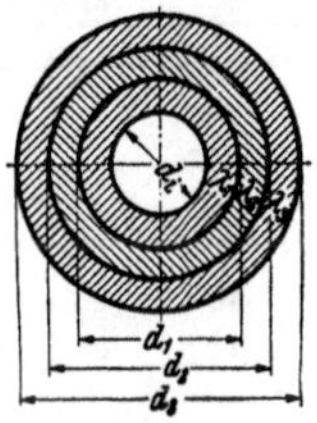

Bild 30. Wärmedurchgang durch aus mehreren Schichten zusammengesetzte Rohrwand

$$k = \frac{\pi}{\dfrac{1}{\alpha_i d_i} + \dfrac{1}{2\lambda_1} \ln \dfrac{d_1}{d_i} + \dfrac{1}{2\lambda_2} \ln \dfrac{d_2}{d_1} + \cdots + \dfrac{1}{\alpha_a d_a}}\ \text{kcal/m h grd} \qquad (99\text{a})$$

ist (d_i, d_a Innen- bzw. Außendurchmesser des Rohres).

Für *dünnwandige Rohre* aus einem Material mit großer Wärmeleitzahl gilt wie für die ebene Wand

$$Q_z = kF\,(t_i - t_a)\ \text{kcal/}h,$$

worin $F = \pi d_i L\ \text{m}^2$ und $k = \alpha_i$, wenn $\alpha_i \ll \alpha_a$,

oder $F = \pi d_a L\ \text{m}^2$ und $k = \alpha_a$, wenn $\alpha_i \gg \alpha_a$,

oder $F = \pi (d_i + d_a)/2\ \text{m}^2$ und $k = \alpha_i \alpha_a/(\alpha_i + \alpha_a)$, wenn $\alpha_i \approx \alpha_a$.

Beispiel: In einem eisernen Rohr von $L = 2$ m Länge, Innendurchmesser $d_i = 25$ mm, Außendurchmesser $d_a = 30$ mm, strömt Wasser mit der Geschwindigkeit $w = 0{,}5$ m/sek und der mittleren Temperatur 40 °C. Wie groß ist die Wärmedurchgangszahl, wenn auf der Außenseite der Rohrwand Wasserdampf kondensiert ($\alpha_a = 10\,000$ kcal/m²h grd)? Wie groß ist die Wärmedurchgangszahl, wenn sich auf der Innenseite der Rohrwand eine 0,3 mm starke Kesselsteinschicht ($\lambda = 0{,}07$ kcal/m h grd) ansetzt?

Nach Beispiel S. 445: $\alpha_i = 2490$ kcal/m² h grd.

Damit ist nach Gl. (99a) für das reine Rohr mit $\lambda_{\text{Eisen}} = 50$ kcal/m h grd die Wärmedurchgangszahl

$$k = \frac{\pi}{1/2490 \cdot 0{,}025 + \dfrac{1}{2 \cdot 50} \ln 0{,}03/0{,}025 + 1/10000 \cdot 0{,}03} = 3{,}14/0{,}0212 = 148{,}2\ \text{kcal/m h grd}.$$

Für ein Rohr mit Kesselsteinschicht ist die Wärmedurchgangszahl

$$k = \frac{\pi}{1/2490 \cdot 0{,}0244 + \dfrac{1}{2 \cdot 0{,}07} \ln 0{,}025/0{,}0244 + \dfrac{1}{2 \cdot 50} \ln 0{,}03/0{,}025 + \dfrac{1}{1/10000 \cdot 0{,}03}} =$$

$$= 3{,}14/0{,}195 = 16{,}1\ \text{kcal/m h grd}.$$

Der Wärmedurchgang durch eine *ebene Wand*, in der eine *Luftschicht* von der Dicke δ m eingeschlossen ist, läßt sich mit Gl. (98a) für eine aus mehreren

Schichten zusammengesetzte Wand berechnen, wobei für die Luftschicht in Gl. (98a) die äquivalente Wärmeleitzahl λ' einzusetzen ist. Für eine vertikale ebene Luftschicht ist diese (vgl. S. 442, Lit. 7)

$$\lambda' = \lambda_0 + \lambda_k + \lambda_s,$$

wobei λ_0 die eigentliche Wärmeleitzahl der Luft in kcal/m h grd,

$\lambda_s = \beta C' \delta$ die Wärmeübergangszahl durch Strahlung (C' nach Gl. 91a berechnen),

λ_k die Konvektionszahl in kcal/m h grd, durch welche die durch Konvektion übertragene Wärmemenge berücksichtigt wird, aus folgender Zahlentafel:

Dicke der Luftschicht δ_l mm	Konvektionszahl λ_k kcal/m h grd
10	0,003
20	0,008
30	0,016
40	0,026
50	0,037
75	0,073
100	0,118
150	0,225

Für eine *zylindrische Luftschicht* ist

$$\lambda' = \lambda_0 + \lambda_k + \tfrac{1}{2} d_i \lambda_s \ln d_a/d_i,$$

wobei d_i, d_a der innere bzw. äußere Durchmesser der Luftschicht in m und $\lambda_s = \beta \cdot C''$ die Wärmeübergangszahl durch Strahlung ist (C'' nach Gl. 92a berechnet).

Nur durch Luftschichten von weniger als 1 cm Stärke erzielt man eine gute Isolierung der Wand gegen Wärmeabgabe. Die durch die Luftschicht durch Strahlung übergehende Wärmemenge wird dadurch verringert, daß in den Raum dünne Folien, deren Oberfläche eine niedrige Strahlungszahl hat, in kleinem Abstand voneinander eingebracht werden, z. B. mehrfache Schichten von Aluminiumfolien für die Isolierung von Kühlwagen.

b) In einem **Wärmeaustauscher** geht Wärme von einer warmen Stoffmenge G_1 kg/h (spez. Wärme c_1 kcal/kg grd), die längs der Oberfläche F m² der Trennwand strömt, an eine kalte Stoffmenge G_2 kg/h (spez. Wärme c_2 kcal/kg grd), die längs der anderen Oberfläche der Trennwand strömt, über. Längs der Wand verändert sich der Temperaturunterschied zwischen den beiden Stoffen. Bezeichnen im allgemeinen Schema des Bildes 31 t_1' und t_1'' die Temperaturen der warmen Flüssigkeit und t_2' und t_2'' die Temperaturen der kalten Flüssigkeit an den in Bild 31 angegebenen Stellen der Wand, so ist die längs der Fläche F m² übergehende Wärmemenge:

$$Q_z = G_1 c_1 (t_1' - t_1'') = G_2 c_2 (t_2'' - t_2')$$
$$= W_1 (t_1' - t_1'') = W_2 (t_2'' - t_2') = k F \Delta t_m \text{ kcal/h} \quad (100)$$

mit $W_1 = G_1 c_1$ und $W_2 = G_2 c_2$.

Die Wärmeaustauscher werden nach dem Gleichstrom- oder nach dem Gegenstromprinzip betrieben. Bei *Gleichstrom* strömen beide Flüssigkeiten in gleicher Richtung längs der Trennwand, bei *Gegenstrom* in einander entgegengesetzter Richtung. Der Verlauf der Flüssigkeitstemperaturen, Bild 32, ist dementsprechend verschieden und hängt außerdem noch vom Verhältnis $G_1 c_1 / G_2 c_2 = W_1 / W_2$ ab.

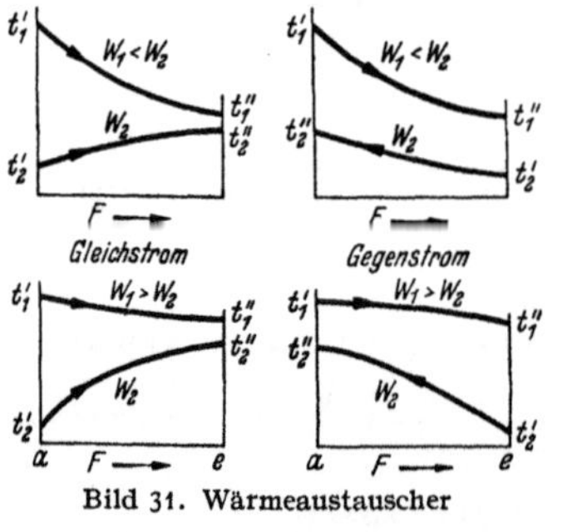

Bild 31. Wärmeaustauscher

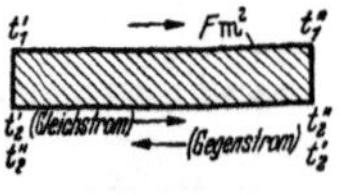

Bild 32. ⇉ Gleichstrom, ⇄ Gegenstrom

Die mittlere Temperaturdifferenz Δt_m längs der Wärmeaustauschfläche ist

$$\Delta t_m = \frac{\vartheta_a - \vartheta_e}{\ln (\vartheta_a/\vartheta_e)},$$

wobei ϑ_a den Temperaturunterschied zwischen den beiden Flüssigkeiten am Anfang a und ϑ_e den Temperaturunterschied am Ende e der Wärmeaustauschfläche bedeuten, also ist

für Gleichstrom: $\vartheta_a = t_1' - t_2'$ und $\vartheta_e = t_1'' - t_2''$,
für Gegenstrom: $\vartheta_a = t_1' - t_2''$ und $\vartheta_e = t_1'' - t_2'$.

Sind die auszutauschende Wärmemenge und die Temperaturen der Stoffe am Eintritt und Austritt aus dem Wärmeaustauscher gegeben, so wird die Wärmedurchgangszahl nach den Gln. (98) oder (98a) ermittelt; die *erforderliche Wärmeaustauschfläche* einer ebenen Wand ist dann $F = Q/(k\,\Delta t_m)$ m² bzw. mit der Wärmedurchgangszahl k nach Gl. (99a) die *erforderliche Rohrlänge:*

$$L = \frac{Q}{k\,\Delta t_m}.$$

Die *Ablauftemperaturen* t_1'' und t_2'' ergeben sich aus (vgl. S. 414, Lit. 2, dort S. 278ff.):

$$t_1'' = t_1' - \psi\,(t_1' - t_2')\,W_2/W_1, \qquad (101) \qquad t_2'' = t_2' + \psi\,(t_1' - t_2'), \qquad (102)$$

wobei für Gleichstrom: und für Gegenstrom:

$$\psi_{\mathrm{gl}} = \frac{1 - e^{-\left(1 + \frac{W_1}{W_2}\right)\frac{kF}{W_1}}}{W_2/W_1 + 1} \qquad \psi_{\mathrm{gg}} = \frac{1 - e^{-\left(1 - \frac{W_1}{W_2}\right)\frac{kF}{W_1}}}{\frac{W_2}{W_1} - e^{-\left(1 - \frac{W_1}{W_2}\right)\frac{kF}{W_1}}}.$$

c) Temperaturabfall im isolierten Rohr. Bedeuten:

t die Temperatur des im Rohr strömenden Stoffes,
t_L die Temperatur der umgebenden Luft,
$\vartheta = (t - t_L)$ die Temperaturdifferenz zwischen Stoff und Umgebungsluft,
G kg/h die stündlich durch das Rohr strömende Stoffmenge,
c_p kcal/kg grd die spez. Wärme bei konstantem Druck des im Rohr strömenden Stoffes,

so ist der Temperaturabfall des Stoffes längs des Wegelementes $\mathrm{d}L$

$$-\,\mathrm{d}\vartheta/\mathrm{d}L = Q/G c_p \text{ grd/m},$$

wobei

$$Q = \frac{\pi\vartheta}{\frac{1}{\alpha_i d_i} + \frac{1}{2\lambda}\ln\frac{d_a}{d_i} + \frac{1}{\alpha_a d_a}} \text{ kcal/m h}.$$

Befindet sich das isolierte Rohr in ruhender Luft, so ist $\alpha_a \ll \alpha_i$ und deshalb $1/\alpha_i d_i$ gegenüber $1/\alpha_a d_a$ vernachlässigbar.

Dann wird

$$\mathrm{d}\vartheta/\vartheta = -\frac{\mathrm{d}L}{G c_p}\cdot\frac{\pi}{1/2\lambda\cdot\ln(d_a/d_i) + 1/\alpha_a d_a}.$$

Sind die Größen α, c und λ konstant und beziehen sich die Indizes a und e auf Anfang und Ende der Leitung, so wird

$$\ln\frac{(t - t_L)_a}{(t - t_L)_e} = \frac{L}{G c_p}\cdot\frac{\pi}{1/2\lambda\cdot\ln(d_a/d_i) + 1/\alpha_a d_a}. \qquad (103)$$

Beispiel: **10 000 kg/h Heißdampf von 25 atü und 400 °C strömen einer 160 m langen gegen Wärmeabgabe isolierten Rohrleitung von 150 mm Durchmesser zu. Der Außendurchmesser der Isolierung ist $d_a = 360$ mm, die Wärmeleitzahl der Isolierung $\lambda = 0{,}08$ kcal/m h grd. Die Temperatur der Umgebungsluft ist $t_L = 20$ °C. Wie groß sind der Temperaturabfall im Rohr und die an die Umgebung übergehende Wärmemenge?**

Der Wärmeübergangswiderstand im Innern des Rohres und der Wärmeleitwiderstand durch das eiserne Rohr können vernachlässigt werden.

Man schätzt zunächst die Außentemperatur t_{wa} der Isolierschicht. Es sei $t_{wa} = 60$ °C, dann ist nach Gl. (83)

$$\alpha_a = 8{,}2 + 0{,}00733\,(60 - 20)^{4/3} = 9{,}2 \text{ kcal/m}^2\text{h grd}.$$

Damit wird nach Gl. (103)

$$\ln \frac{380}{(t-t_L)_e} = \frac{160}{10\,000 \cdot 0{,}55} \cdot \frac{\pi}{\frac{1}{2 \cdot 0{,}08} \ln \frac{0{,}36}{0{,}15} + 1/(9{,}2 \cdot 0{,}36)} = 0{,}0158,$$

daraus:

$$\frac{380}{(t-t_L)_e} = e^{0{,}0158} \quad \text{und} \quad (t-t_L)_e = \frac{380}{e^{0{,}0158}} = 374,$$

somit $t_e = 20 + 374 = 394°\,C$ und $t_a - t_e = 400 - 394 = 6$ grd.

Nun muß die Richtigkeit der oben angenommenen Außentemperatur t_{wa} der Isolierschicht nachgeprüft werden. Es ergibt sich aus

$$\alpha_a \pi d_a (t_{wa} - t_L) = \frac{2\pi\lambda}{\ln(d_a/d_i)} (t_{wi} - t_{wa}),$$

wobei die Innentemperatur der Isolierschicht $t_{wi} = (t_a + t_e)/2 = 397°$ C ist:

$$t_{wa} = \frac{\alpha_a d_a t_L + 2\lambda t_{wi}/\ln(d_a/d_i)}{\alpha_a d_a + 2\lambda/\ln(d_a/d_i)} = \frac{9{,}2 \cdot 0{,}360 \cdot 20 + 2 \cdot 0{,}08 \cdot 397/\ln(360/150)}{9{,}2 \cdot 0{,}360 + 2 \cdot 0{,}08/\ln(360/150)} = 39{,}4\,°C$$

Die nochmalige Durchrechnung mit $t_{wa} = 40\,°C$ ergibt:

$$\alpha_a = 8{,}2 + 0{,}00733\,(40-20)^{4/3} = 8{,}6\ \text{kcal/m}^2\,\text{h grd},$$

$$\ln \frac{380}{(t-t_L)_e} = \frac{160}{10\,000 \cdot 0{,}55} \cdot \frac{\pi}{\frac{1}{2 \cdot 0{,}08} \ln(360/150) + 1/(8{,}6 \cdot 0{,}36)} = 0{,}0157,$$

damit

$$t_e = 20 + \frac{380}{e^{0{,}0157}} = 394°\,C.$$

Die Unsicherheit in der Annahme der Wandtemperatur macht sich in diesem Fall auf den errechneten Temperaturabfall im Rohr kaum bemerkbar. Die an die Umgebung übergehende Wärmemenge ist mit $c_p = 0{,}55$ kcal/kg grd nach Gl. (15):

$$Q = 10\,000 \cdot 0{,}55 \cdot 6 = 33\,000\ \text{kcal/h}.$$

d) Praktische Folgerungen. In der Gleichung $1/k = 1/\alpha_1 + \delta/\lambda + 1/\alpha_2$ ist k immer kleiner als der kleinste Wert von α, so daß man vor allem bestrebt sein muß, den kleinsten α-Wert durch Erhöhen der Geschwindigkeit oder durch Erzeugen von Strömungswirbeln, die den Wärmeübergang um 15 bis 30% steigern, zu vergrößern. Es ist deshalb verfehlt, den Wärmeübergang z. B. in Dampfkesseln, Luftkühlern, Lufterhitzern, Ölkühlern usw. durch Steigerung der Wassergeschwindigkeit verbessern zu wollen, da

$$\alpha_{\text{Wasserseite}} > \alpha_{\text{Rauchgas- oder Luftseite}}.$$

Umgekehrt ist bei Kondensatoren $\alpha_{\text{Wasserseite}} < \alpha_{\text{Dampfseite}}$, so daß hier der Wärmeübergang vor allem durch Erhöhung der Wassergeschwindigkeit oder Einbau von Wirbelstreifen auf der Kühlwasserseite der Rohre vergrößert werden kann.

Flüssigkeiten mit kleinerer Wärmeübergangszahl sind *um* die Außenflächen der Rohre zu führen, also z. B. Luft um die Rohre der Lufterhitzer oder -kühler, das Öl um die Rohre der Ölkühler.

Im Gegensatz hierzu wird bei Kondensatoren das Wasser *durch* die Rohre geführt, damit das Kondensat außen leichter abfließen kann und das Entstehen eines dicken, die Wärmeströmung behindernden Kondensatfilms vermieden wird.

Anordnung von Rippen bei Wärmeaustausch verschiedener Flüssigkeiten ist nur an der Seite des Stoffes mit kleinerer Wärmeübergangszahl zweckmäßig, also zwecklos, wenn die Flüssigkeiten annähernd gleiche Wärmeübergangszahlen haben.

Zu beachten ist die Verringerung der Wärmeübertragung, wenn sich auf der Wand des Wärmeaustauschers Kesselstein ($\lambda = 0{,}07$ bis 2 kcal/m h grd) ansetzt oder eine Ölschicht ($\lambda = 0{,}1$ kcal/m h grd) oder Schmutzschicht bildet. In folgender Zahlentafel sind Anhaltswerte für den Wärmeleitwiderstand der bei Betrieb von Wärmeaustauschern sich ansetzenden Schmutzschichten zusammengestellt[1].

[1] *McAdams, H. W.:* Heat Transmission, 2. Aufl., New York 1942.

Wärmeleitwiderstand δ/λ in $m^2h\,grd/kcal$ *von Schmutzschichten*

für Wasser

bei Wandtemperatur	bis 120 °C		120 bis 200 °C	
bei Wassertemperatur	unter 50 °C		über 50 °C	
bei Strömgeschwindigkeit	unter 1 m/sek	über 1 m/sek	unter 1 m/sek	über 1 m/sek
Meerwasser	1/10000	1/10000	1/5000	1/5000
aufbereitetes Kesselspeisewasser	1/10000	1/10000	1/2500	1/5000
aufbereitetes Wasser für Kühltürme	1/5000	1/5000	1/2500	1/2500
Trinkwasser, Quellwasser, Wasser großer Seen	1/5000	1/5000	1/2500	1/2500
sauberes Flußwasser	1/2500	1/5000	1/1600	1/2500
Wasser schmutzhaltiger Flüsse	1/1600	1/2500	1/1200	1/1600
hartes Wasser	1/1600	1/1600	1/1000	1/1000
Abwässer	1/600	1/800	1/500	1/600

für organische Stoffe

organische Dämpfe, Benzin	1/10000
organische Flüssigkeiten, flüssiges Kältemittel, Sole	1/5000
Gasöl, Schmieröl, Kältemitteldämpfe, staubhaltige Luft	1/2500
pflanzliche Öle	1/1600
flüssiges Naphthalin, Härteöl	1/1200
Heizöl	1/1000
Koksofengas, Leuchtgas	1/500

GPSR Compliance

The European Union's (EU) General Product Safety Regulation (GPSR) is a set of rules that requires consumer products to be safe and our obligations to ensure this.

If you have any concerns about our products, you can contact us on ProductSafety@springernature.com

In case Publisher is established outside the EU, the EU authorized representative is:

Springer Nature Customer Service Center GmbH
Europaplatz 3
69115 Heidelberg, Germany

Batch number: 10682534

Printed by Printforce, the Netherlands